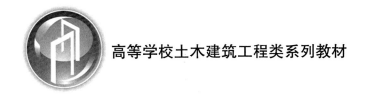

高等学校土木建筑工程类系列教材

土木工程施工（第三版）

■ 主　编　杨和礼
■ 副主编　何亚伯

WUHAN UNIVERSITY PRESS
武汉大学出版社

图书在版编目(CIP)数据

土木工程施工/杨和礼主编;何亚伯副主编 .—3 版.—武汉:武汉大学出版社,2013. 6(2024.7 重印)
高等学校土木建筑工程类系列教材
ISBN 978-7-307-10554-6

Ⅰ.土… Ⅱ.①杨… ②何… Ⅲ. 土木工程—工程施工—高等学校—教材 Ⅳ.TU7

中国版本图书馆 CIP 数据核字(2013)第 044272 号

责任编辑:李汉保　　　责任校对:刘　欣　　　版式设计:马　佳

出版发行:**武汉大学出版社**　(430072　武昌　珞珈山)
(电子邮箱:cbs22@ whu.edu.cn 网址:www.wdp.com.cn)
印刷:武汉邮科印务有限公司
开本:787×1092　1/16　印张:36.25　字数:876 千字　插页:1
版次:2004 年 9 月第 1 版　2010 年 8 月第 2 版
2013 年 6 月第 3 版　2024 年 7 月第 3 版第 5 次印刷
ISBN 978-7-307-10554-6/TU · 121　定价:54. 00 元

内容简介

本书是按照高等学校土木工程专业的培养目标和国家教育部土木工程专业教学指导委员会制定的课程教学大纲编写的。本书编写过程中力求反映国内外的新技术、新工艺和新方法，力求扩宽学生的专业面和知识面，以满足土木工程专业培养目标的要求。

本书主要介绍和研究土木工程施工技术和管理方面的基本理论、基本方法和有关施工规律。全书共分15章，分别为土方工程、深基础工程施工、砌体工程、混凝土结构工程、预应力混凝土工程、高层建筑主体结构施工、结构安装工程、地下工程施工、道路桥梁施工、防水工程、建筑装饰工程、流水施工、网络计划技术、单位工程施工组织设计、施工组织总设计。

本书可以作为高等学校土木工程专业或工程管理专业本科生教材，也可以供高等学校相关专业的教师以及土木工程施工技术人员参考。

序

建筑业是国民经济的支柱产业，就业容量大，产业关联度高，全社会50%以上固定资产投资要通过建筑业才能形成新的生产能力或使用价值，建筑业增加值占国内生产总值较高比率。土木建筑工程专业人才的培养质量直接影响建筑业的可持续发展，乃至影响国民经济的发展。高等学校是培养高新科学技术人才的摇篮，同时也是培养土木建筑工程专业高级人才的重要基地，土木建筑工程类教材建设始终应是一项不容忽视的重要工作。

为了提高高等学校土木建筑工程类课程教材建设水平，由武汉大学土木建筑工程学院与武汉大学出版社联合倡议、策划，组建高等学校土木建筑工程类课程系列教材编委会，在一定范围内，联合多所高校合作编写土木建筑工程类课程系列教材，为高等学校从事土木建筑工程类教学和科研的教师，特别是长期从事土木建筑工程类教学且具有丰富教学经验的广大教师搭建一个交流和编写土木建筑工程类教材的平台。通过该平台，联合编写教材，交流教学经验，确保教材的编写质量，同时提高教材的编写与出版速度，有利于教材的不断更新，极力打造精品教材。

本着上述指导思想，我们组织编撰出版了这套高等学校土木建筑工程类课程系列教材，旨在提高高等学校土木建筑工程类课程的教育质量和教材建设水平。

参加高等学校土木建筑工程类系列教材编委会的高校有：武汉大学、华中科技大学、南京航空航天大学、南昌航空大学、湖北工业大学、汕头大学、南通大学、江汉大学、三峡大学、孝感学院、长江大学、昆明理工大学、江西理工大学、江西农业大学、江西蓝天学院15所院校。

高等学校土木建筑工程类系列教材涵盖土木工程专业的力学、建筑、结构、施工组织与管理等教学领域。本系列教材的定位，编委会全体成员在充分讨论、商榷的基础上，一致认为在遵循高等学校土木建筑工程类人才培养规律，满足土木建筑工程类人才培养方案的前提下，突出以实用为主，切实达到培养和提高学生的实际工作能力的目标。本教材编委会明确了近30门专业主干课程作为今后一个时期的编撰、出版工作计划。我们深切期望这套系列教材能对我国土木建筑事业的发展和人才培养有所贡献。

武汉大学出版社是中共中央宣传部与国家新闻出版署联合授予的全国优秀出版社之一，在国内有较高的知名度和社会影响力。武汉大学出版社愿尽其所能为国内高校的教学与科研服务。我们愿与各位朋友真诚合作，力争使该系列教材打造成为国内同类教材中的精品教材，为高等教育的发展贡献力量！

高等学校土木建筑工程类系列教材编委会

2012年8月

前　言

本书于 2004 年 9 月在武汉大学出版社首次出版，2010 年 8 月再版以来，受到一大批高等学校土木工程专业广大师生的欢迎，出于对本书的关爱，提出了许多宝贵意见，在此作者表示衷心的感谢！这次第三版的修订主要按照近几年国家颁布的新规范进行修改，同时针对广大读者的意见，这次修订中也有所体现。本次修订力求本书能够反映国家各种新规范的要求，若有不足，请各位专家、学者多多赐教。

土木工程施工是高等学校土木工程专业重要的专业课程之一，本课程主要研究土木工程施工技术和管理方面的基本理论、基本方法和有关施工规律。通过本课程的学习，主要要求学生了解土木工程施工领域内国内外的新技术和发展状态，掌握土木工程施工中常用的施工技术和施工方法，掌握单位工程施工组织设计及施工组织总设计的编制步骤、方法，具有初步解决土木工程施工技术和施工组织设计问题的能力。

本书是按照高等学校土木工程专业的培养目标和国家教育部土木工程专业指导委员会制定的课程教学大纲编写的。本书编写过程中，按照国家近几年来新颁布土木工程设计规范和各种施工质量及验收规范进行编写，删除了规范中已经废除和已经过时的施工技术和施工方法，力求反映国内外的新技术、新工艺和新方法，力求扩宽学生的专业面和知识面，以满足高等学校土木工程专业培养目标的要求。

本书第三次修订过程中，本着删繁就简，有利于课堂教学的原则，增加了一些必须的知识点。如第 1 章中删除了爆破工程内容；在第 3 章中删除了混凝土小型空心砌块墙体的裂、渗问题，增加了脚手架和垂直运输设备，砖砌体的施工等；同时在各章中删除了大量的表格，以去掉参考工具书的痕迹。另一方面按照近几年来国家新颁布的各种规范，对原书老规范的内容进行了修订，如第 4 章中增加了钢筋的品种，对混凝土质量检验标准进行了修订，对混凝土强度检验和评定方法进行了修订；第 5 章中后张法施工预应力钢筋制作一节去掉了粗钢筋的下料长度计算，而增加了精轧螺纹钢筋下料长度计算等；第 10 章屋面防水工程中去掉了新规范中已经淘汰的刚性防水屋面等；在第 12 章单位施工组织设计中，按照绿色施工要求，绿色施工方案应在施工组织设计中独立成章，所以增加了绿色施工方案等内容。本书这次修订过程中依然保留了地下工程施工这一章节，这是本书与其他土木工程施工教材最大的不同点，因为随着城市建设的不断发展，采用盾构方法和沉管方法建设地下铁路和地下隧道的工程越来越多，有必要让学生了解这方面的知识，掌握这方面的施工工艺和施工方法。

本书可以作为高等学校土木工程专业或工程管理专业的教学用书，也可以作为高等学校相关专业的教学用书，同时也可以作为高等学校相关专业教师以及土木工程技术人员解决施工技术和施工管理方面问题的参考用书。

本书共分 15 章，具体编写分工如下：陈悦华第 1 章、第 9 章；杨海红第 2 章、第 3

章；王望珍第 4 章、第 12 章；何亚伯第 5 章、第 6 章；杨和礼第 7 章（李洪波负责单层工业厂房实例的编写）、第 8 章、第 10 章、第 11 章；孔文涛第 13 章；王传玺第 14 章、第 15 章（孔文涛参加了这两章的修订工作）全书由杨和礼负责统稿。

本书编写的过程中参考了相关书籍及资料，在此谨向各位作者表示衷心的感谢！

由于作者水平有限，书中的错误和不足之处在所难免，恳请读者提出宝贵意见。

杨和礼

2012 年 12 月于珞珈山

目　录

第 1 章　土 方 工 程

土方工程是各类土木工程项目开始施工的第一道工序，土方工程具有工程量大、施工条件复杂、劳动强度大等特点，在土木工程施工中占有重要地位。土方工程施工包括一切土的挖掘、填筑和运输等过程以及排水、降水和土壁支撑等过程。

§1.1　土的工程分类及性质

1.1.1　土的工程分类

土的分类方法较多，如根据土的颗粒级配或塑性指数可以将其分为碎石类土（漂石土、块石土、卵石土、碎石土、圆砾土、角砾土）、砂土（砾砂、粗砂、中砂、细砂、粉砂）和粘性土（粘土、亚粘土、轻亚粘土）等；根据土的沉积年代，粘性土可以分为老粘性土、一般粘性土、新近沉积粘性土等；根据土的工程特性，又可以分出特殊性土，如软土、人工填土、黄土、膨胀土、红粘土、盐渍土、冻土等。不同的土，其物理性质、力学性质均不同，只有充分掌握各类土的特性及其对施工过程的影响，才能选择正确的施工方法。

在实际工程中常根据土方施工时土（石）的开挖难易程度，将土分为松软土、普通土、坚土、砂砾坚土、软石、次坚石、坚石、特坚石 8 类，称为土的工程分类。前 4 类属一般土，后 4 类属岩石，土的分类法及其现场开挖方法，如表 1.1.1 所示。

表 1.1.1　　**土的工程分类**

土的分类	土的名称	土的密度/（t/m^3）	开挖方法
一类土（松软土）	砂土、粉土、冲积砂土层、疏松的种植土、淤泥（泥炭）	0.6~1.5	用锹、锄头挖掘，少许用脚蹬
二类土（普通土）	粉质粘土；潮湿的黄土；夹有碎石、卵石的砂；粉土混卵（碎）石；种植土、填土	1.1~1.6	用锹、锄头挖掘，少许用镐翻松
三类土（坚土）	软及中等密实粘土；重粉质粘土、砾石土；干黄土、含有碎石卵石的黄土、粉质粘土；压实的填土	1.8~1.9	主要用镐，少许用锹、锄头挖掘，部分用撬棍
四类土（砂砾坚土）	坚硬密实的粘性土或黄土；含碎石卵石的中等密实的粘性土或黄土；粗卵石；天然级配砂石；软泥灰岩	1.9	先用镐、撬棍，后用锹挖掘，部分用楔子及大锤

续表

土的分类	土的名称	土的密度/（t/m³）	开挖方法
五类土（软石）	硬质粘土；中密的页岩、泥灰岩、白垩土；胶结不紧的砾岩；软石灰及贝壳石灰石	1.2~2.7	用镐或撬棍、大锤挖掘，部分使用爆破方法
六类土（次坚石）	泥岩、砂岩、砾岩；坚实的页岩、泥灰岩，密实的石灰岩；风化花岗岩、片麻岩及正长岩	2.2~2.9	用爆破方法开挖，部分用风镐开挖
七类土（坚石）	大理石；辉绿岩；玢岩；粗、中粒花岗岩；坚实的白云岩、砂岩、砾岩、片麻岩、石灰岩；微风化安山岩；玄武岩	2.5~2.9	用爆破方法开挖
八类土（特坚石）	安山岩；玄武岩；花岗片麻岩；坚实的细粒花岗岩、闪长岩、石英岩、辉长岩、辉绿岩、玢岩、角闪岩	2.7~3.3	用爆破方法开挖

1.1.2 土的工程性质

土的工程性质对土方工程的施工有直接影响，其主要的性质如下。

1. 土的可松性

土的可松性是指在自然状态下的土经开挖后组织被破坏，其体积因松散而增大，以后虽经回填压实，仍不能恢复成原来状态的体积。土的可松性程度，一般用最初可松性系数 K_s 和最后可松性系数 K'_s 来表示，见式（1.1.1）与式（1.1.2）。

$$K_s = \frac{V_2}{V_1} \tag{1.1.1}$$

$$K'_s = \frac{V_3}{V_1} \tag{1.1.2}$$

式中：V_1——土在天然状态下的体积；

V_2——土经开挖后的松散体积；

V_3——土经回填压实后的体积。

2. 土的含水量

一般土的干湿程度用含水量表示，土的含水量（ω）是土中水的质量（m_w）与土的固体颗粒质量（m_s）之比，以百分比表示。即

$$\omega = \frac{m_w}{m_s} \times 100\% \tag{1.1.3}$$

一般土的含水量在5%以下的称为干土；在5%~30%之间的称为潮湿土；大于30%的称为湿土。含水量越大，土就越湿，对施工就越不利。含水量对挖土的难易、施工时的放坡、回填土的夯实等均有影响。

3. 土的透水性

土的透水性是指水流通过土中孔隙的难易程度。土体孔隙中的自由水在重力作用下会发生流动，当基坑土方开挖到地下水位以下，地下水的平衡被破坏后，地下水会不断流入基坑。地下水的流动以及在土中的渗透速度都与土的透水性有关。地下水在土中的渗流速度一般可以按达西定律计算（见图1.1.1），其公式为

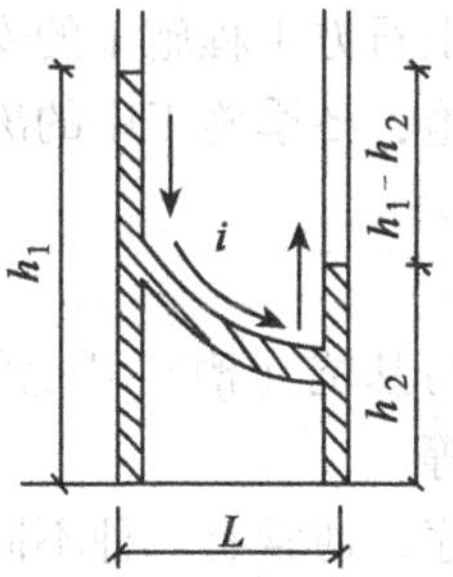

图1.1.1 水力坡度示意图

$$v=K\cdot i=K\cdot\left(\frac{h_1-h_2}{L}\right) \tag{1.1.4}$$

式中：v——水在土中的渗流速度（m/d）；

K——土的渗透系数（m/d）；

i——水力坡度，表示两点水头差（h_1-h_2）与其水平距离L之比。

§1.2 场地平整

1.2.1 场地平整前的施工准备工作

场地平整是将现场平整成施工所要求的设计平面，以方便下一步施工。场地平整前需做好以下主要准备工作：

（1）充分了解施工现场技术资料。在组织施工前，施工单位应充分了解施工现场的地形、地貌，掌握原有地下管线或构筑物的竣工图、土石方施工图以及工程、水文地质、气象条件等技术资料，做好平面控制桩位及垂直水准点位的布设及保护工作，施工时不得随便搬移和碰撞。

（2）场地清理。将施工区域内的建筑物和构筑物、管道、坟墓、沟坑等进行清理。对影响工程质量的树根、垃圾、草皮、耕植土和河塘淤泥等进行清除。将场地内对环境有污染的土壤及其他物质进行清除。

（3）地面水排除。在施工区域内设置排水设施，一般采用排水沟、截水沟、挡水土坝等，临时性排水设施应尽量与永久性排水设施结合考虑。应尽可能利用自然地形来设置排水沟，使水直接排至场外或流向低洼处。沟的横断面尺寸可以根据当地实际气象资料，按照施工期内的最大排水量确定，一般不小于500mm×500mm。排水沟的边坡坡度应根据土质和沟深确定，一般为1：0.7~1：1.5，岩石边坡可以适当放陡。

(4) 修建临时道路、临时设施。主要道路应结合永久性道路一次修筑。临时道路除路面宽度要能保证运输车辆正常通行外，最好能在每隔 30~50m 的距离设一会车带。路基夯实后再铺上碎石面层即可，但在施工过程中随时注意整平，以保证道路通畅。在城市施工时，为保证施工场地内的泥土不被车辆轮胎带入市区道路造成城市环境污染，场地内一般可以用低标号混凝土浇筑一层混凝土路面，确保城市内的文明化施工。

(5) 制定冬季、雨季施工措施。如果土石方工程的施工期中有冬季或雨季，在编制施工组织设计时应制定冬季、雨季土石方工程施工的安全、质量与进度的保证措施，如雨季施工中的防洪、土方边坡稳定措施，冬季施工中的冻土开挖、填方等内容。

1.2.2 场地平整土方量计算

场地平整前，要确定场地平整与基坑（槽）开挖的施工顺序，确定场地的设计标高，计算挖、填土方量，进行土方调配等。

场地平整与基坑开挖的施工顺序，通常有三种不同情况：

(1) 对场地挖、填土方量较大的工地，可以先平整场地，后开挖基坑。这样，可以为土方机械提供较大的工作面，使其充分发挥工作效能，减少与其他工作的相互干扰。

(2) 对较平坦的场地，可以先开挖基坑，待基础施工后再平整场地。这样可以减少土方的重复开挖，加快建筑物的施工进度。

(3) 当工期紧迫或场地地形复杂时，可以按照现场施工的具体条件和施工组织的要求，划分施工区域。施工时，可以平整某一区域场地后，随即开挖该区域的基坑；或开挖某一区域的基坑，并做好基础后进行该区域的场地平整。

场地平整一般是进行挖高填低。平整前首先计算场地的挖方量和填方量，确定场地的设计标高，由设计平面的标高和天然地面的标高之差，可以得到场地各点的施工高度(即填、挖高度)，由此可以计算场地平整的挖方和填方的工程量。

1. 场地设计标高确定

场地设计标高是进行场地平整和土方量计算的依据，也是总图规划和竖向设计的依据。合理确定场地的设计标高，对减少土石方量、加速工程进度都有重要的经济意义。如图 1.2.1 所示，当场地标高为 H_0 时，填挖基本平衡，可以将场地土石方移挖作填，就地处理；当设计标高为 H_1 时，填方大大超过挖方，则需从场地外大量取土回填；当设计标高为 H_2 时，挖方大大超过填方，则要向场外大量弃土。因此，在确定场地设计标高时，应结合现场的具体条件充分进行技术经济比较，选择其中相对最优方案。其原则是：满足生产工艺和运输的要求；满足设计时考虑的最高洪水位的影响；充分利用地形，尽量使挖、填平衡，以减少土方运输量。场地设计标高若无其他特殊要求，则可以根据挖、填土方量平衡的原则加以确定。

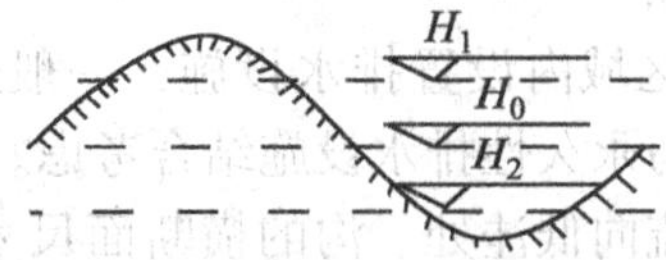

图 1.2.1 场地不同标高的影响

（1）初步确定场地设计标高（H_0）

将场地划分成边长为 $d=10\sim40$m 的若干个正方形方格。每个方格的角点标高，在地形较平坦时，可以根据地形图上相邻两条等高线的高程，用插入法求得；当地形起伏较大，用插入法有比较大的误差时，则可以在现场用木桩打好方格网，然后用测量的方法求得。

如图 1.2.2 所示，根据场地内挖、填土方量平衡的原则，若平整前后土方量相等，则

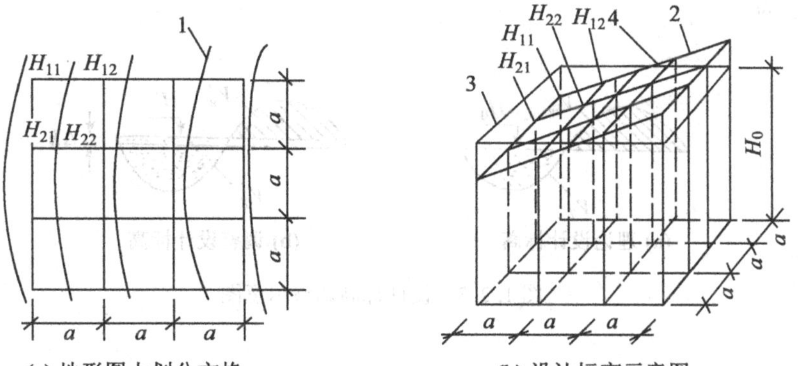

1—等高线；2—自然地坪；3—设计标高平面；4—自然地面与设计标高平面的交线（零线）

图 1.2.2　场地设计标高简图

$$H_0 N a^2 = \sum_1^N \left(a^2 \frac{H_{11} + H_{12} + H_{21} + H_{22}}{4} \right)$$

即

$$H_0 = \sum_1^N \frac{(H_{11} + H_{12} + H_{21} + H_{22})}{4N} \tag{1.2.1}$$

式中：H_0——所计算场地的设计标高（m）；

a——方格边长（m）；

N——方格数；

H_{11}、H_{12}、H_{21}、H_{22}——某一方格的 4 个角点标高（m）。

从图 1.2.2 可见，H_{11}是 1 个方格的单独角点标高，H_{12}、H_{21}为 2 个方格共有的角点标高；H_{22}为 4 个方格共有的角点标高。因此，如果将所有方格的 4 个角点标高相加，则类似 H_{11}这样的角点标高加 1 次，类似 H_{12}、H_{21}的角点标高加 2 次，类似 H_{22}的角点标高加 4 次。此外还有三方格共有一个角点标高（加 3 次）的情况。因此，式（1.2.1）可以改写为

$$H_0 = \frac{\sum H_1 + 2\sum H_2 + 3\sum H_3 + 4\sum H_4}{4N} \tag{1.2.2}$$

式中：H_1——1 个方格独有的角点标高（m）；

H_2——2 个方格共有的角点标高（m）；

H_3——3 个方格共有的角点标高（m）；

H_4——4 个方格共有的角点标高（m）。

（2）计算设计标高的调整值

按式（1.2.2）计算出的设计标高为一理论值，而在实际施工过程中，还需考虑下列因素的影响而对设计标高进行调整。

1）土的可松性影响

由于土具有可松性，虽经回填压实，还会造成填土的多余，相应地提高了设计标高。如图 1.2.3 所示，设 Δh 为土的可松性引起设计标高的增加值，则设计标高调整后的总挖方体积 V'_W 为

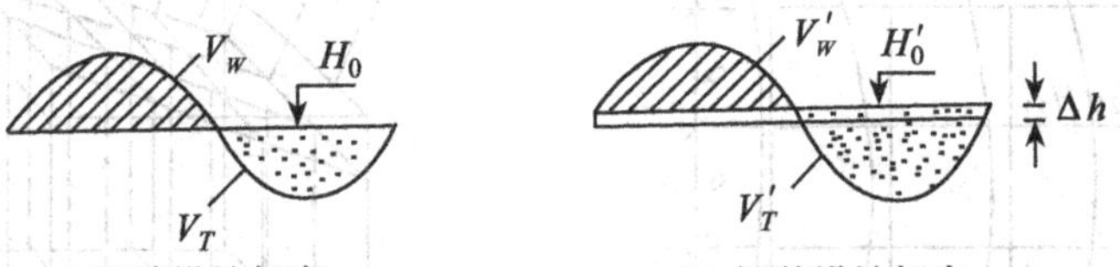

图 1.2.3　设计标高调整示意图

$$V'_W = V_W - F_W \cdot \Delta h \tag{1.2.3}$$

式中：V'_W——设计标高调整后的总挖方体积；

V_W——设计标高调整前的总挖方体积；

F_W——设计标高调整前的挖方区总面积。

设计标高调整后，总填方体积变为

$$V'_T = V'_W K'_s = (V_W - F_W \Delta h) K'_s \tag{1.2.4}$$

式中：V'_T——设计标高调整后的总填方体积；

K'_s——土的最后可松性系数。

此时，填方区的标高也应与挖方区一样，提高 Δh，即

$$\Delta h = \frac{V'_T - V_T}{F_T} = \frac{(V_W - F_W \Delta h) K'_s - V_T}{F_T}$$

式中：V_T——设计标高调整前的总填方体积；

F_T——设计标高调整前的总填方区总面积。

经移项整理简化得（当 $V_T = V_W$ 时）

$$\Delta h = \frac{V_W \cdot (K'_s - 1)}{F_T + F_W \cdot K'_s} \tag{1.2.5}$$

故考虑土的可松性后，场地设计标高的计算公式应调整为

$$H'_0 = H_0 + \Delta h \tag{1.2.6}$$

2）考虑泄水坡度对设计标高的影响

按上述计算出设计标高进行场地平整时，是假设整个场地为一个水平面，实际上由于排水的要求，场地表面要有一定的泄水坡度。泄水坡度要符合设计要求，若设计无要求，一般要求泄水坡度不小于 0.2%。设计时要根据场地泄水坡度的要求（单向泄水或双向泄水），计算出场地内各方格角点实施施工时所用的设计标高，如图 1.2.4 所示。

在进行双向泄水坡度设计标高计算时，考虑本场地土石方量的填、挖平衡，将已调整的设计标高（H'_0）作为场地纵横方向的中心点的设计标高，则场地内任意一点的设计标高为

$$H_n = H'_0 \pm l_x \cdot i_x \pm l_y \cdot i_y \tag{1.2.7}$$

式中：l_x、l_y——计算点沿 x、y 方向距中心点的距离；

i_x、i_y——场地沿 x、y 方向的泄水坡度。当 i_x（或 i_y）为零时，为单向泄水；

计算点比中心点高时，取“+”；计算点比中心点低时，则取“-”。

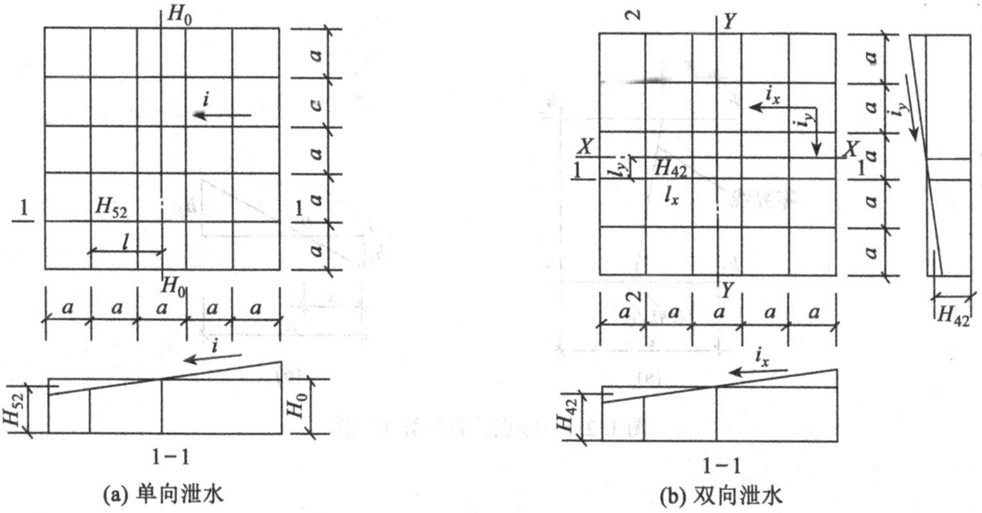

图 1.2.4　考虑泄水坡度对设计标高的影响

例如，在图 1.2.4 中，要求分别计算角点 H_{52}、H_{42}的设计标高分别为：

①对于 H_{52}点，属单向泄水，$H_{52} = H_0 - l_i = H_0 - 1.5ai$；

②对于 H_{42}点，属双向泄水，$H_{42} = H_0 - l_x i_x - l_y i_y = H_0 - 1.5ai_x - 0.5ai_y$。

2. 场地平整土方量计算

场地土方量的计算方法有方格网法和断面法两种，当场地地形较为平坦时宜采用方格网法；当场地地形比较复杂或挖填深度较大、断面不规则时，宜采用断面法。

（1）方格网法

1）方格网法的步骤

方格网法是利用方格网来控制整个场地，从而计算土方工程量，主要适用于地形较为平坦、面积较大的场地。场地宜划分为正方形方格网，通常边长以 10~40m 居多。

在求出场地各方格角点的自然地面标高和设计标高后，可以按下式计算各角点的施工高度（挖或填）

$$h_n = H_n - H \tag{1.2.8}$$

式中：h_n——角点的施工高度（m），计算结果“+”值表示填方，“-”值表示挖方；

H_n——角点的设计标高（m）；

H——角点的自然地面标高（m）。

然后分别计算每一方格的填、挖方量，并计算出场地边坡的土方量，将挖方区（或填方区）的所有方格计算的土方量和边坡土方量汇总，即得出场地挖方和填方的总土方量。

计算挖、填方土方量前先确定“零线”的位置。零线即挖方区与填方区的分界线，在该线上的施工高度为零。零线的确定方法是：在相邻角点施工高度为一挖一填的方格边线上（即方格边线角点的施工高度一正一负），用插入法求出各零点的位置，将方格网中各相邻边线上的零点连接起来，即为零线。

零点位置可以通过下式确定（见图 1.2.5）

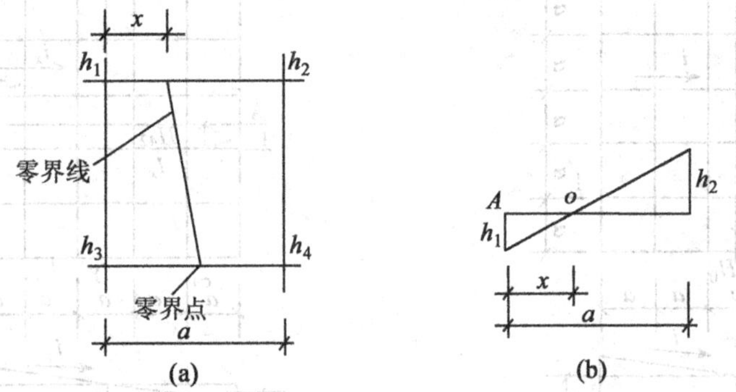

图 1.2.5 零点位置计算示意图

$$x=\frac{ah_1}{h_1+h_2} \tag{1.2.9}$$

式中：x——零点至 A 点距离；

h_1、h_2——施工高度；

a——方格边长（m）。

零线确定后，便可以进行土方量计算。

2）方格中土方量的计算方法

方格中土方量的计算可以用四角棱柱体法。计算时，根据方格角点的施工高度，分为三种类型：

①方格四角全部为挖或填时（见图 1.2.6），其体积为

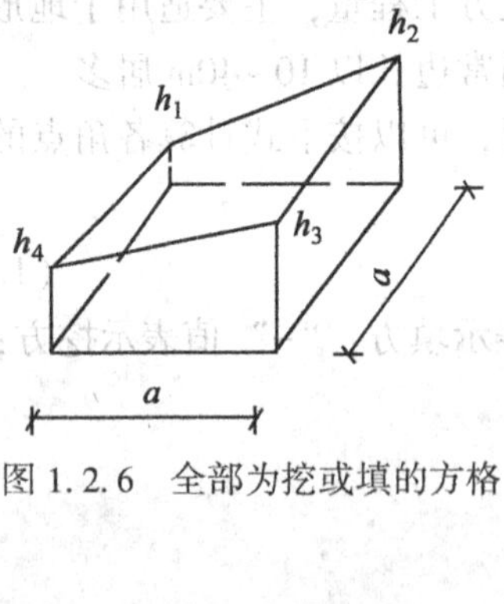

图 1.2.6 全部为挖或填的方格

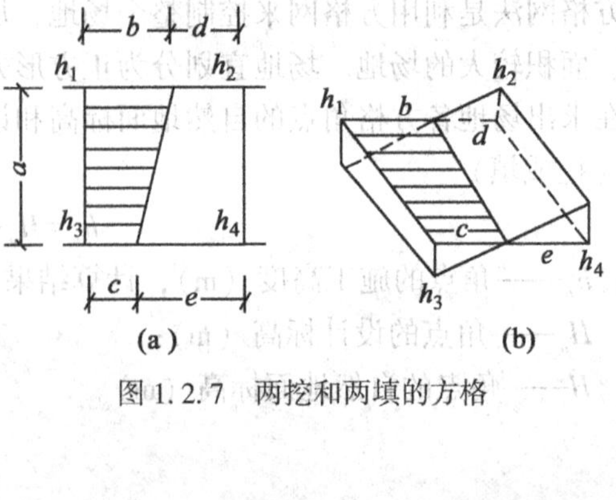

图 1.2.7 两挖和两填的方格

$$V=\frac{a^2}{4}(h_1+h_2+h_3+h_4) \quad (1.2.10)$$

式中：V——填方或挖方体积（m^3）；

h_1、h_2、h_3、h_4——方格四个角点的施工高度（m）；

a——方格边长（m）。

②方格的相邻两角点为挖方，另两角点为填方（见图 1.2.7）时，则填方部分土方量为

$$V_{填}=\frac{b+c}{2}a\frac{\sum h}{4}=\frac{a}{8}(b+c)(h_1+h_3) \quad (1.2.11)$$

挖方部分的土方量为

$$V_{挖}=\frac{d+e}{2}a\frac{\sum h}{4}=\frac{a}{8}(d+e)(h_2+h_4) \quad (1.2.12)$$

式中：$\sum h$——填方或挖方施工高程总和，用绝对值代入；

b、c——零点到一角点的边长。

③方格的 3 个角点为挖方（或填方），另一角点为填方（或挖方），如图 1.2.8 所示。

填方部分的土方量为

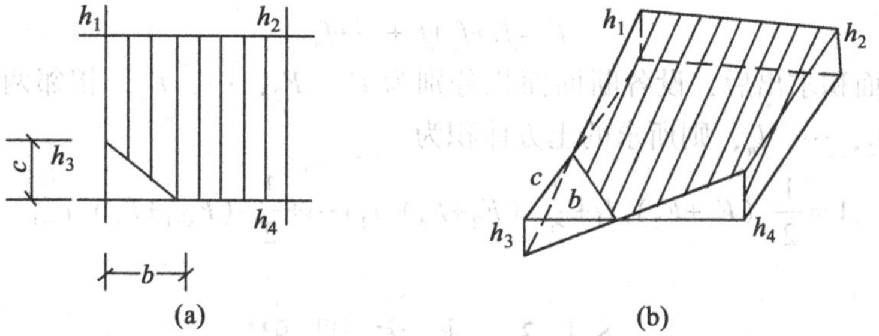

图 1.2.8　三挖一填的方格

$$V_{填}=\frac{bch_3}{6} \quad (1.2.13)$$

挖方部分的土方量为

$$V_{挖}=\left(a^2-\frac{bc}{2}\right)\frac{\sum h}{5}=\left(a^2-\frac{bc}{2}\right)\frac{h_1+h_2+h_4}{5} \quad (1.2.14)$$

（2）断面法

断面法是沿场地取若干个相互平行的断面（当精度要求不高时可以利用地形图定出，若精度要求较高时，应实地测量定出），将所取的每个断面（包括边坡断面）划分为若干个三角形或梯形，如图 1.2.9 所示。对于任一断面，其三角形或梯形的面积计算为

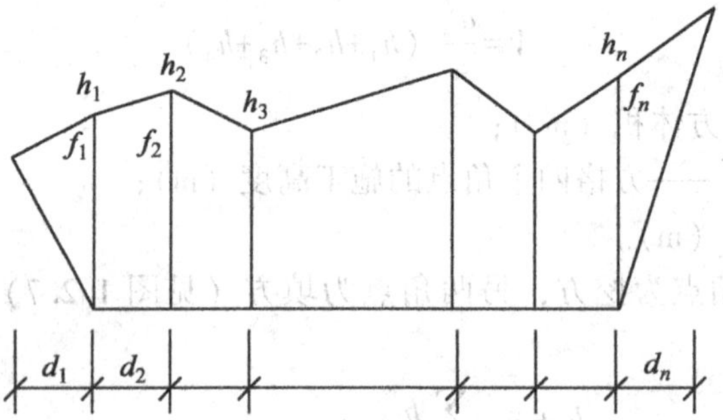

图 1.2.9 断面法示意图

$$f_1=\frac{1}{2}h_1d_1$$

$$f_2=\frac{1}{2}(h_1+h_2)\ d_2$$

$$\vdots \qquad \vdots$$

$$f_n=\frac{1}{2}h_nd_n$$

断面面积为

$$F_i=f_1+f_2+f_3+\cdots+f_n$$

各个断面面积求出后，设各断面面积分别为 F_1，F_2，…，F_n，相邻两断面之间的距离依次为 l_1，l_2，…，l_n，则所求的土方体积为

$$V=\frac{1}{2}(F_1+F_2)\ l_1+\frac{1}{2}(F_2+F_3)\ l_2+\cdots+\frac{1}{2}(F_{n-1}+F_n)\ l_{n-1} \qquad (1.2.15)$$

§1.3 土方调配

土方的调配工作是土石方工程施工设计的重要内容之一，一般在土方工程量计算完毕后即进行。土方调配是指在土方施工中对挖土的利用、堆弃和填土这三者之间的关系进行综合协调，确定填、挖区土方调配的数量和方向，力图使土方总运输量（m^3-m）最小或土方施工成本最低。在进行土方调配时，应综合考虑工程实际情况、相关技术经济资料、工程进度要求以及施工方案等，避免重复挖、填和运输。

1.3.1 土方调配的原则

（1）达到填、挖方平衡和总运输量最小的原则，依据整个场地达到填、挖方量平衡和总运输量最小的原则，可以降低工程成本。在局部场地范围内，难以同时满足这两方面的要求，此时，可以结合场地和周围地形情况，考虑在填方区周围就近借土或在挖方区就近弃土，以使土方调配方案更为经济合理。

（2）考虑近期施工与后期利用相结合的原则，当土方工程是分批进行施工时，先期工程的土方欠额可以由后期工程挖方区取得；先期工程的土方余额应结合后期工程填方需要考虑利用的数量和堆弃的位置，堆弃的数量和位置应为后期工程创造工作面和施工条件，避免重复挖运。

（3）土方工程分区进行施工时，每个分区范围内土方的欠额或余额，必须结合全场土方调配，不能只考虑本区土方的填、挖平衡和运输量最小而确定。质量较好的土，应尽量回填到对填方质量要求较高的地区。

（4）遵循与大型地下建筑施工相吻合的原则。

（5）布置填方区和挖方区，选择合适的调配方向、运输路线，使综合施工过程所需要的机械设备的功效得到充分的利用。

1.3.2 土方调配的步骤及方法

1. 调配区的划分

进行土方调配时首先要划分调配区，计算出各调配区的土方量，并在调配图上标明，在划分土方调配区时应注意下列几个方面：

（1）土方调配区的划分应与房屋和构筑物的平面位置相协调，考虑工程施工顺序、分期分区施工顺序的要求；

（2）土方调配区的大小，应使土方机械和运输车辆的技术性能得到充分发挥；

（3）土方调配区的范围，应与计算场地平整时所采用的方格网相吻合；

（4）当一个局部场地不能满足填、挖平衡和总运输量最小时，可以考虑就近借土或弃土，这时每一个借土区或弃土区应作为一个独立的土方调配区。

2. 计算土方调配区之间的平均运距

用同类机械（如推土机或铲运机等）进行土方施工时，土方调配的目标是总的土方运输量最小，平均运距就是挖方区土方重心至填方区土方重心之间的距离。一般情况下，为了便于计算，假定调配区的几何中心即为其质量的重心。取场地纵横两边作为坐标轴，各土方调配区土方的重心坐标为

$$X=\frac{\sum V_i \cdot x_i}{\sum V_i} \tag{1.3.1}$$

$$Y=\frac{\sum V_i \cdot y_i}{\sum V_i} \tag{1.3.2}$$

式中：X、Y——土方调配区的重心坐标（m）；

V_i——每个方格的土方工程量（m^3）；

x_i、y_i——每个方格的重心坐标（m）。

每对土方调配区的平均运距 l_0 为

$$l_0=\sqrt{(X_W-X_T)^2+(Y_W-Y_T)^2} \tag{1.3.3}$$

式中：X_W、Y_W——挖方区的重心坐标（m）；

X_T、Y_T——填方区的重心坐标（m）。

当使用多种机械同时进行土方施工时，实际是一个挖、运、填、夯等工序的综合施工过程，其施工单价不仅要考虑单机核算，还要考虑挖、运、填、夯配套机械的施工单价，其调配的目标是总施工费用最小。用简化方法计算土方施工单价时可以用下式计算

$$C_{ij}=\frac{\sum E_s}{P}+\frac{E_0}{V} \tag{1.3.4}$$

式中：C_{ij}——i 挖方区至 j 填方区的综合单价（元/m^3）；

E_s——参加综合施工过程的各土方机械的台班费用（元/台班）；

P——由挖方区至填方区的综合施工过程的生产率（m^3/班）；

E_0——参加综合施工过程所有机械一次性费用（元），包括机械进出场费、安装拆除费、临时设施费等；

V——该套机械在施工期内完成的土方工程量（m^3），可以由定额估算。

3. 土方调配

土方调配是以运筹学中线性规划问题的解决方法为理论依据的。假设某工程有 m 个挖方区，用 W_i（$i=1, 2, \cdots, m$）表示，挖方量为 a_i；有 n 个填方区，用 T_j（$j=1, 2, \cdots, n$）表示，填方量为 b_j。挖方区 W_i 将土运输至填方区 T_j 的平均运距为 C_{ij}。如表 1.3.1 所示。

表 1.3.1　　挖、填土方量及平均运距表

填方区 / 挖方区	T_1	T_2	…	T_j	…	T_n	挖方量
W_1	X_{11} C_{11}	X_{12} C_{12}	…	X_{1j} C_{1j}	…	X_{1n} C_{1n}	a_1
W_2	X_{21} C_{21}	X_{22} C_{22}	…	X_{2j} C_{2j}	…	X_{2n} C_{2n}	a_2
⋮	⋮	⋮	⋮	⋮	⋮	⋮	⋮
W_i	X_{i1} C_{i1}	X_{i2} C_{i2}	…	X_{ij} C_{ij}	…	X_{in} C_{in}	a_i
⋮	⋮	⋮	⋮	⋮	⋮	⋮	⋮
W_m	X_{m1} C_{m1}	X_{m2} C_{m2}	…	X_{mj} C_{mj}	…	X_{mn} C_{mn}	a_m
填方量	b_1	b_2	…	b_j	…	b_n	

表 1.3.1 中 X_{ij} 表示从 a_i 挖方区调配给 b_j 填方区的土方量。

土方调配问题可以转化为这样一个数学模型，即要求求出一组 X_{ij} 的值，使得目标函数

$$Z=\sum_{i=1}^{m}\sum_{j=1}^{n}c_{ij}X_{ij} \tag{1.3.5}$$

为最小值，而且 X_{ij} 满足下列约束条件

$$\sum_{j=1}^{n}X_{ij}=a_i \quad i=1, 2, \cdots, m \tag{1.3.6}$$

$$\sum_{i=1}^{m}X_{ij}=b_j \quad j=1, 2, \cdots, n \tag{1.3.7}$$

$$X_{ij} \geqslant 0$$

根据约束条件可知，变量有 $m \times n$ 个，而方程个数有 $m+n$ 个，由于填、挖方量平衡，前面 m 个方程相加减去后面 $n-1$ 个方程之和得第 n 个方程，则独立方程的实际数量有 $m+n-1$ 个。若要用数值方法求解，必须另加人为的条件，计算过程非常繁琐。目前求这类土方运输问题多采用“表上作业法”。

用“表上作业法”求解平衡运输问题，首先给出一个初始方案，并求出该方案的目标函数值，经过检验，若该方案不是最优方案，则可以对方案进行调整、改进，直到求得最优方案为止。

下面通过一个例子来说明采用“表上作业法”求解平衡运输问题的方法步骤。

如图 1.3.1 所示是一矩形场地，现已知各土方调配区的土方量和各填、挖区相互之间的平均运距，试求最优土方调配方案。

首先将图 1.3.1 中的数值填入挖、填土方量及平均运距表，如表 1.3.2 所示。

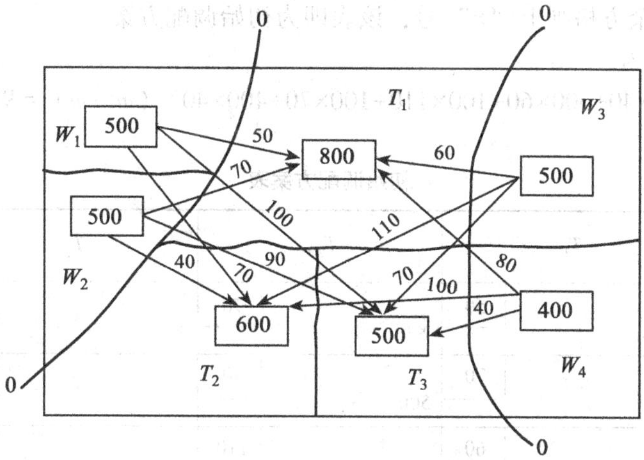

图 1.3.1　各土方调配区的土方量和平均运距（单位：m^3-m）

表 1.3.2　　**挖、填土方量及平均运距表**　　（单位：m）

填方区 挖方区	T_1	T_2	T_3	挖方量/m^3
W_1	50 X_{11}	70 X_{12}	100 X_{13}	500
W_2	70 X_{21}	40 X_{22}	90 X_{23}	500
W_3	60 X_{31}	110 X_{32}	70 X_{33}	500
W_4	80 X_{41}	400 X_{42}	40 X_{43}	400
填方量/m^3	800	600	500	1900

(1) 初始方案的确定

初始方案的确定方法很多，目前常采用一种简单方便、迭代运算次数少的“最小元素法”。

所谓最小元素法，即从平均运距表中选择运距最小的一对挖填调配区，优先地、最大限度地供应土方量。具体计算步骤如下：

①在表 1.3.2 中找到平均运距最小的值所在的区格（本例中，可以在 C_{22}、C_{43}任取其中一个，如 C_{43}）。首先确定 X_{43}的值，使其尽可能的大，即 $X_{43}=\min$ （400，500） = 400。

由于 W_4 挖方区的土方全部调到 T_3 填方区，所以 $X_{41}=X_{42}=0$，将 400 填入表 1.3.3 中的 X_{43}格内，同时在 X_{41}，X_{42}格内画上一个“×”号。

②然后在其余的没有调配土方量和“×”号的方格内，再选一个运距最小的方格，即 $C_{22}=40$，让 X_{22}值尽可能的大，即 $X_{22}=\min$ （500，600） = 500。同时使 $X_{21}=X_{23}=0$。同样将 500 填入表 1.3.3 中 X_{22}格内，并且在 X_{21}、X_{23}格内画上“×”号。

③按同样的原理，可以依次确定 $X_{11}=500$，$X_{12}=X_{13}=0$；$X_{31}=300$，$X_{32}=X_{33}=100$，并填入表 1.3.3，其余方格画上“×”号，该表即为初始调配方案。

其目标函数值为

$Z=$ （500×50+500×40+300×60+100×110+100×70+400×40）（m^3-m） = 97000（m^3-m）。

表 1.3.3 **初始调配方案表** （单位：m）

挖方区 \ 填方区	T_1	T_2	T_3	挖方量/m³
W_1	500 (50)	× (70)	× (100)	500
W_2	× (70)	500 (40)	× (90)	500
W_3	300 (60)	100 (110)	100 (70)	500
W_4	× (80)	× (100)	400 (40)	400
填方量/m³	800	600	500	1900

(2) 方案检验

以上基本可行方案考虑了就近调配的原则，目标函数应是较小的，但不能保证为最小，是否为最优方案，还需要进行判别。

判别是否最优方案的方法有“位势法”、“闭回路法”等，其实质都是求一组检验数 λ_{ij}，只要所有的检验数 $\lambda_{ij}\geq 0$，该方案即为最优方案，否则尚需要进行调整。用“位势法”求检验数较“闭回路法”简便，所以这里只介绍“位势法”。

检验时首先将初始方案中有调配数字方格的平均运距列出来，然后根据这些数字的方格，按下式求出两组位势数 u_i（$i=1, 2, \cdots, m$）和 v_j（$j=1, 2, \cdots, n$）

$$C_{ij}=u_i+v_j \tag{1.3.8}$$

位势数求出后，可以根据式（1.3.9）求出检验数 λ_{ij}

$$\lambda_{ij}=C_{ij}-u_i-v_j \tag{1.3.9}$$

如果所求出的检验数 λ_{ij} 全部为正，则说明该初始调配方案为最优调配方案，否则该方案不是最优调配方案。

求检验数时首先把表 1.3.3 中有调配数字方格的平均运距列于表 1.3.4 中（表 1.3.4 是在表 1.3.3 的基础上分别增加一行一列，以便于填写位势数）。位势数计算如表 1.3.4 所示。

先令 $u_1=0$，则

$v_1=C_{11}-u_1=50-0=50$，　　$u_3=C_{31}-v_1=60-50=10$

$v_2=C_{32}-u_3=110-10=100$，　　$v_3=C_{33}-u_3=70-10=60$

$u_2=C_{22}-v_2=40-100=-60$，　　$u_4=C_{43}-v_3=40-60=-20$

位势数求出后，将其填入表 1.3.4 中。再根据式（1.3.9），依次求出各空格检验数 λ_{ij}

$\lambda_{12}=C_{12}-u_1-v_2=70-0-100=-30$，　　$\lambda_{13}=C_{13}-u_1-v_3=100-0-60=40$

$\lambda_{21}=C_{21}-u_2-v_1=70-(-60)-50=80$，　　$\lambda_{23}=C_{23}-u_2-v_3=90-(-60)-60=90$

$\lambda_{41}=C_{41}-u_4-v_1=80-(-20)-50=50$，　　$\lambda_{42}=C_{42}-u_4-v_2=100-(-20)-100=20$

将计算结果填入表 1.3.4 中。表中出现了负的检验数（$\lambda_{12}=-30$），这说明初始方案不是最优方案，需要作进一步调整。

表 1.3.4　　位势数、运距和检验数表

挖方区＼填方区	挖方量	T_1	T_2	T_3
	u_i＼v_j	$v_1=50$	$v_2=100$	$v_3=60$
W_1	$u_1=0$	0 [50]	-30 [70]	40 [100]
W_2	$u_2=-60$	80 [70]	0 [40]	90 [90]
W_3	$u_3=10$	0 [60]	0 [110]	0 [70]
W_4	$u_4=-20$	50 [80]	20 [100]	0 [40]

（3）方案调整

方案调整的方法采用闭回路法。在所有负检验数中选择一个（一般选择最小的一个，即绝对值最大者），本例中便是 λ_{12}，把该检验数对应的变量 X_{12} 作为调整的对象。

找出 X_{12} 的闭回路。其方法是：从 X_{12} 格出发，沿水平或竖直方向前进，遇到有数字的方格作 90°转弯（或不转弯），然后继续前进。经有限步后便可以回到出发点，形成一条以有数字的方格为转角点、用水平和竖直线连接起来的闭合回路，如表 1.3.5 所示。

表 1.3.5 X_{ij}的闭合回路

挖方区＼填方区	T_1	T_2	T_3
W_1	500← |	X_{12} ↑	
W_2	↓	500 |	
W_3	300→	↑ 100	100
W_4			400

再从空格X_{12}出发，沿着闭合回路的一个方向一直前进，在各奇数次转角点的数字中挑选一个最小的（本例中便是在“100，500”中选出“100”），将这个数字由X_{32}，调到方格X_{12}中。

将“100”填入方格X_{12}中，被挑选出数字的X_{32}为0（该方格变为空格）；同时将闭回路上其他的奇数次转角上的数字都减去“100”，偶数次转角上的数字都增加“100”，使得填挖的土方量仍然保持平衡。这样调整后，便可以得到新的调配方案，如表 1.3.6 所示。

表 1.3.6 新方案的位势数、运距和检验数表 （单位：m）

挖方区＼填方区	位势	T_1	T_2	T_3	挖方量/m³
	u_i＼v_j	v_1=50	v_2=70	v_3=60	
W_1	u_1=0	400 (50)	100 (70)	+ (100)	500
W_2	u_2=−30	+ (70)	500 (40)	+ (90)	500
W_3	u_3=10	400 (60)	+ (110)	100 (70)	500
W_4	u_4=−20	+ (80)	+	400 (40)	400
挖方量/m³		800	600	500	1900

对新的调配方案，仍用“位势法”进行检验，看其是否已是最优方案。如果检验数中仍有负数出现，那就仍然按上述步骤继续调整，直到找到最优方案为止。

经用“位势法”对表的方案进行检验，所有的检验数均为正号（见表 1.3.6），故该方案即为最优方案。

该最优土方调配方案的土方运输总量为

$Z=(400\times50+100\times70+500\times40+400\times60+100\times70+400\times40)\ (m^3\text{-}m)=94000\ (m^3\text{-}m)$。

最后，将表中的土方调配数值绘制成土方调配图，如图 1.3.2 所示。

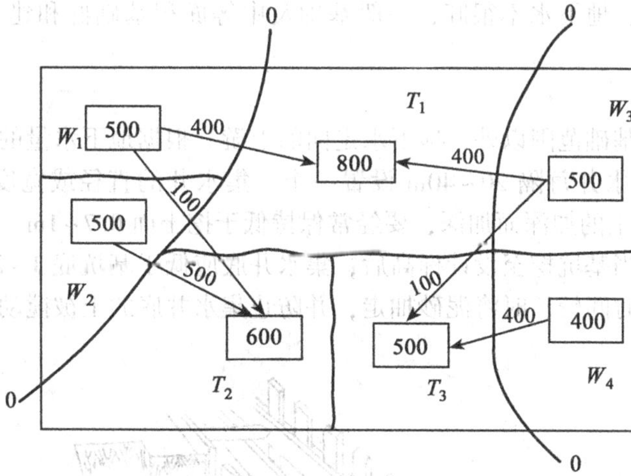

图 1.3.2　土方调配图（单位：m^3-m）

§1.4　施 工 排 水

实际工程中开挖基坑或沟槽时，有时候会遇到地下水，若不及时进行排除，不仅影响正常施工，还会造成地基承载力降低或边坡坍塌等安全事故。因此，正确地进行施工排水是非常重要的。施工排水可以分为排除地面水和降低地下水两类。

1.4.1　排除地面水

为了保证土方施工顺利进行，对施工现场的排水系统应有一个总体规划，做到场地排水畅通，尤其在雨期中施工，能尽快地将地面水排走。在施工区域内考虑临时排水系统时，应注意与原市政排水系统相适应。

地面水的排除通常可以采用设置排水沟、截水沟或修筑土堤等设施来进行。

设置排水沟时应尽量利用自然地形，以便将水直接排至场外，或流至低洼处再用水泵抽走。一般排水沟的横断面不小于 0.5m×0.5m，纵向坡度应根据地形确定，一般应不小于 3%，平坦地区不小于 2%，沼泽地区可以减至 1%。

在山坡地区施工，应在较高一面的山坡上，先做好永久性截水沟，或设置临时截水沟，阻止山坡水流入施工现场。在平坦地区施工时，除开挖排水沟外，必要时还需修筑土堤，以阻止场外水流入施工场地。

出水口应设置在远离建筑物或构筑物的低洼地点，并应保证排水畅通。

1.4.2　降低地下水位

降低地下水位的方法主要有：集水井降水法、井点降水法等。

1. 集水井降水

集水井降水也称基坑排水，是指在基坑开挖过程中，在基坑底设置集水井，并在基坑底四周或中央开挖排水沟，使水流入集水井内，然后用水泵抽走的一种施工方法，如图1.4.1所示。该方法施工方便，设备简单，降水费用低，管理维护较易，应用最多。主要适用于土质情况较好，地下水不很旺，一般基础及中等面积基础群和建（构）筑物基坑（槽、沟）的排水。

(1) 集水井设置

集水井应设置在基础范围以外，地下水走向的上游。根据地下水量的大小、基坑平面形状及水泵能力，集水井每隔20~40m设置一个。集水井的直径或宽度，一般为0.6~0.8m。其深度随着挖土的加深而加深，要经常保持低于挖土面0.7~1m。集水井壁可以用竹、木等简易加固。当基坑挖至设计标高后，集水井底应低于基坑底1~2m，并铺设碎石滤水层，以免在抽水时间较长时将泥砂抽走，并防止集水井底的土被搅动。

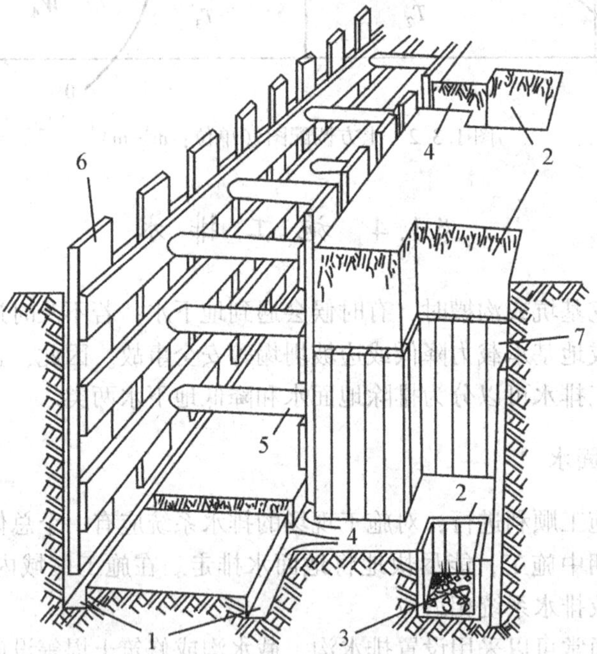

1—排水沟；2—集水井；3—反滤层；4—进水口；5—撑杠；6—竖撑板；7—撑板

图1.4.1 集水井降水

(2) 水泵的性能与选用

在建筑工地上，基坑排水用的水泵主要有离心泵、潜水泵和软轴水泵等。

①离心泵。离心泵由泵壳、泵轴及叶轮等主要部件所组成，其管路系统包括滤网和底阀、吸水管及出水管等。

离心泵的抽水原理是利用叶轮高速旋转时所产生的离心力，将轮心部分的水甩往轮边，沿出水管压向高处。水泵的主要性能指标包括：流量、总扬程、吸水扬程和功率等。

离心泵的选择，主要根据流量与扬程而定。对基坑排水来说，离心泵的流量应满足基坑涌水量的要求，一般选用吸水口径2~4英寸（5.08~10.16cm）的离心泵；离心泵的扬程在满足总扬程的前提下，主要是考虑吸水扬程是否能满足降水深度的要求，如果不够，则可以另选水泵或将水泵位置降低至坑壁台阶或坑底上。离心泵的抽水能力大，宜用于地下水量较大的基坑。

②潜水泵。潜水泵是由立式水泵与电动机组合而成的，潜水泵的特点是工作时完全浸在水中。水泵装在电动机上端，叶轮可以制成离心式或螺旋桨式，电动机要有密封装置。

这种泵具有体积小、重量轻、移动方便、安装简单和开泵时不需引水等优点，因此在基坑排水中采用较广泛。

使用潜水泵时，为了防止电机烧坏，应特别注意不得脱水运转，或陷入泥中，也不适于排除含泥量较高的水质或泥浆水，以免泵叶轮被杂物堵塞。

集水井降水法由于设备简单，排水方便，降水费用低，管理维护较易，工地上采用比较广泛。该方法适宜于粗粒土层的排水，因为水流一般不致将粗粒土带走，也可以用于渗水量小的粘性土。但当土质为细砂或粉砂时，用集水坑降水法排降地下水，会将细土粒带走，发生流砂现象，使边坡坍塌、坑底凸起、难以施工。在这种情况下，就必须采用有效的措施和方法，防止流砂现象发生。

（3）流砂及其防治

当基坑挖土到达地下水位以下，而土质是细砂或粉砂，又采用集水井降水时，基坑底下的土就会形成流动状态，随地下水一起流动涌进坑内，这种现象称为流砂现象。发生流砂现象时，土完全丧失承载力，工人难以立足，施工条件恶化，土边挖边冒，难挖到设计深度。流砂严重时，会引起基坑边坡塌方，如果附近有建筑物，就会因地基被掏空而使建筑物下沉、倾斜，甚至倒塌。

1）流砂发生的原因

当水由高水位处流向低水位处时，水在土中渗流过程中受到土颗粒的阻力，同时水对土颗粒也作用一个压力，这个压力称为动水压力，记为 G_D。

动水压力与水的重力密度和水力坡度有关为

$$G_D=\gamma_w I \tag{1.4.1}$$

式中：G_D——动水压力（kN/m^3）；

γ_w——水的重力密度；

I——水力坡度（等于水位差除以渗流路线长度）。

由于动水压力与水流方向一致，当水流从上向下时，则动水压力与重力方向相同，加大土粒间的压力；当水流从下向上时，则动水压力与重力方向相反，减小土粒间的压力，也就是土粒除了受水的浮力外，还受到动水压力向上举的趋势。如果动水压力等于或大于土的浸水容重 γ'_w，即

$$G_D \geqslant \gamma'_w \tag{1.4.2}$$

则土颗粒失去自重，处于悬浮状态，土的抗剪强度等于零，土颗粒能随着渗流的水一起流动，这时，就产生了“流砂”现象。

在一定的动水压力作用下，细颗粒、颗粒均匀、松散且饱和的土容易产生流砂现象。

通常情况下，当地下水位愈高，坑内外水位差愈大时，动水压力也就愈大，愈容易发生流砂现象。实践证明：在可能发生流砂的土质处，基坑挖深超过地下水位线0.5m左右

时，就要注意防止流砂现象的发生。

此外，如图 1.4.2 所示，当基坑坑底位于不透水层内，而其下面为承压水的透水层，基坑不透水层的覆盖厚度的重量小于承压水的顶托力时，基坑底部便可能发生管涌现象，即

$$H \cdot \gamma_w > h \cdot \gamma \tag{1.4.3}$$

式中：H——压力水头（m）；

h——坑底不透水层厚度（m）；

γ_w——水的密度（1000kg/m^3）；

γ——土的密度（kg/m^3）。

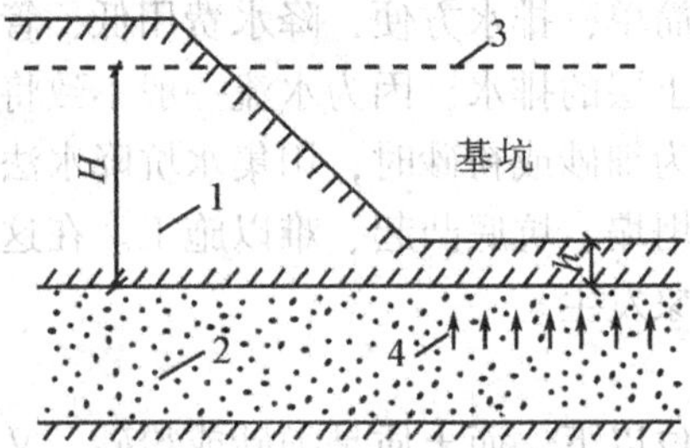

1—不透水层；2—透水层；3—压力水位线；4—承压水的顶托力

图 1.4.2 管涌冒砂

2）流砂的防治

发生流砂现象的重要条件是动水压力的大小与方向。因此，在基坑开挖中，防止流砂的途径有：一是减小或平衡动水压力；二是设法使动水压力的方向向下，或是截断地下水流。其具体措施如下：

①在枯水期施工。因地下水位低，坑内外水位差小，动水压力小，此时不易发生流砂现象。

②抛大石块。往基坑底抛大石块，增加土的压重，以平衡动水压力。采用该方法时应组织人力分段抢挖，使挖土速度超过冒砂速度，挖至标高后立即铺设芦席并抛大石块把流砂压住。

③打板桩。将板桩打入基坑底下面一定深度，增加地下水从坑外流入坑内的渗流路线，从而减少水力坡度，降低动水压力，防止流砂现象发生。

④水下挖土。即采用不排水施工，使基坑内水压与坑外水压相平衡，阻止流砂现象发生。

⑤井点降低地下水位。如采用轻型井点或管井井点等降水方法，使地下水的渗流向下，动水压力的方向也朝下，从而可以有效地防止流砂现象，并增大了土粒间压力。这种方法采用较广泛并比较可靠。

此外，还可以采用地下连续墙法、土壤冻结法等，截止地下水流入基坑内，以防止流砂现象。

2. 井点降水法

井点降水法是在基坑开挖前，预先在基坑四周埋设一定数量的滤水管（井），利用抽水设备在开挖前和开挖过程中不断地抽水，使地下水位降低到坑底以下，直至基础工程施工完毕。这样，可以使基坑挖土始终保持干燥状态，从根本上消除了流砂现象。同时，由于土层水分排除后，还能使土密实，增加地基土的承载能力；在基坑开挖时，土方边坡也可以设置得陡一些，从而也减少了挖方量。

井点降水的方法有：轻型井点、喷射井点、电渗井点、管井井点及深井井点等。其中以轻型井点、管井井点采用较广。施工时可以根据土层的渗透系数、要求降低水位的深度、设备条件及经济性比较等因素，参照表1.4.1选用。

表1.4.1 各类井点的适用范围

井的类别	土层渗透系数 K/（m/d）	降低水位深度/m
单层轻型井点	0.1~50	3~6
多层轻型井点	0.1~50	6~12
喷射井点	0.1~2	8~20
电渗井点	<0.1	5~6
管井井点	20~200	3~5
深井井点	10~250	>15

（1）轻型井点

轻型井点是沿基坑四周每隔一定距离埋入井点管（下端为滤管）至地下蓄水层内，井点管上端通过弯联管与总管连接，利用抽水设备将地下水从井点管内不断抽出；使原有地下水位降至坑底以下，如图1.4.3所示。

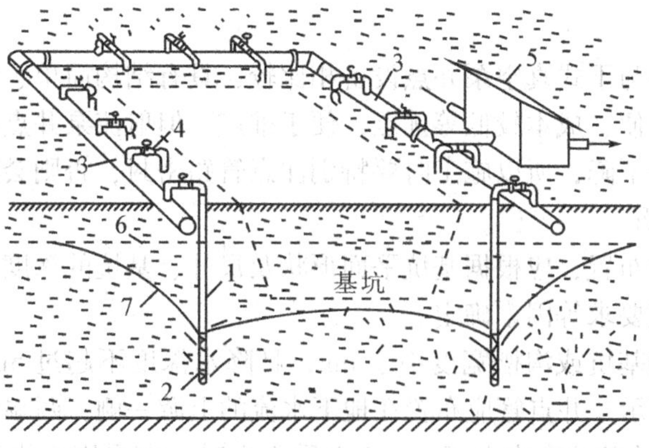

1—井点管；2—滤管；3—集水总管；4—弯联管；5—水泵房；6—原地下水线；7—降低后的地下水位线

图1.4.3 轻型井点全貌图

1）轻型井点设备

轻型井点设备主要是由井点管、滤管、集水总管及抽水机组等组成。

井点管直径为38~50mm、长为5~7m（一般为6m）的无缝钢管，可以采用整根或分节组成。上端用弯联管与总管相连接，弯联管可以用塑料管连接或采用90°弯头连接，如图1.4.4（a）所示。井点管下端配有外径为38~51mm的无缝钢管作为滤管，长1.0~1.2m，下端为一铸铁塞头，其构造如图1.4.4（b）所示。集水总管为内径127mm的无缝钢管，每段长4m，上面装有与井点管连接的短接头，接头间距0.8~1.6m。

轻型井点设备的抽水机常用的有干式真空泵井点设备和射流泵井点设备两类。

干式真空泵井点设备是由真空泵、离心泵和水汽分离器（又称为集水箱）等组成。

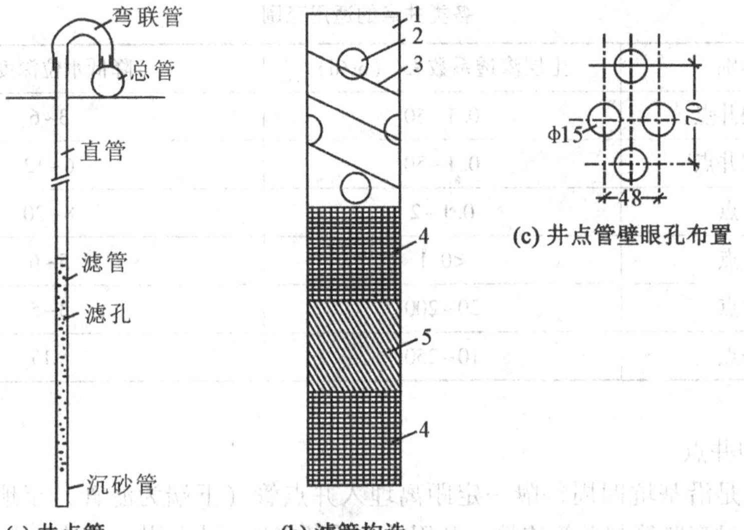

(a) 井点管　(b) 滤管构造　(c) 井点管壁眼孔布置

1—井点滤管；2—滤孔；3—塑料绳骨架；4—纤维网眼布；5—筛绢

图1.4.4　井点管的构造

射流泵井点设备与干式真空泵井点设备相比较，具有结构简单、体积小、重量轻、制造容易、使用维修方便、成本较低等优点，便于推广。但射流泵井点排气量较小，真空度的波动较敏感，易于下降，所以施工时要特别注意管路密封，否则会降低抽水效果。

2）轻型井点布置

轻型井点系统的布置，应根据基坑平面形状及尺寸、基坑的深度、土质、地下水位高低与流向、降水深度要求等因素确定。

①平面布置。当基坑或沟槽宽度小于6m，且降水深度不超过5m时，可以采用单排井点，如图1.4.5所示。井点管应布置在地下水流的上游一侧，两端延伸长度以不小于坑（槽）的宽度为准。若基坑宽度大于6m或土质不良时，宜采用双排井点。对于面积较大的基坑，可以采用环状井点，环状井点的四周应加密，如图1.4.6所示。为防止抽水时局部发生漏气，要求井管距井壁边缘一般保持在0.7~1m。

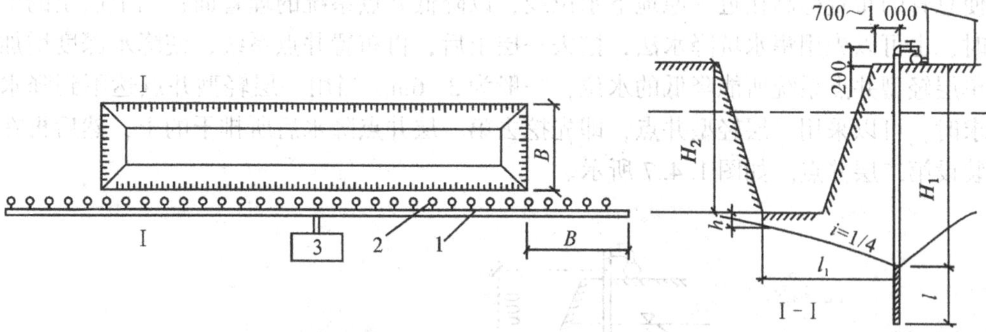

(a) 平面示意图　　(b) 剖面图

1—集水总管；2—井点管；3—抽水设备

图 1.4.5　单排井点

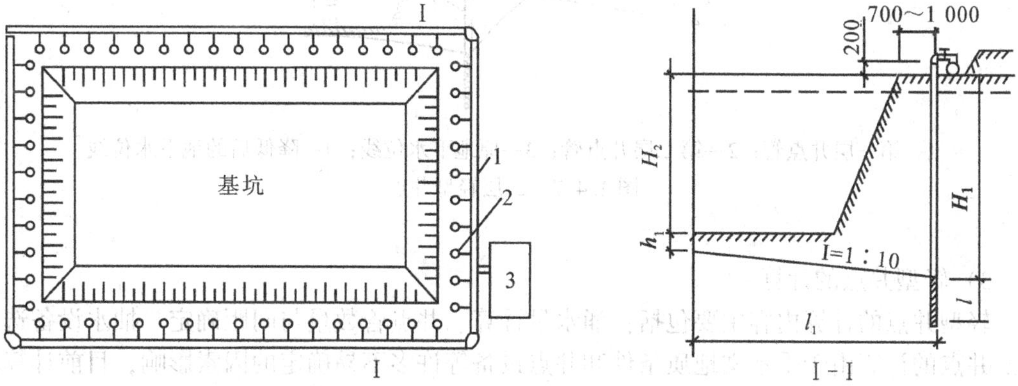

(a) 平面示意图　　(b) 剖面图

1—集水总管；2—井点管；3—抽水设备

图 1.4.6　环状井点

②高程布置。轻型井点的降水深度，在井点管底部（不包括滤管），一般不超过6m。对井点系统进行高程布置时，应考虑井点管的标准长度，井点管露出地面的长度（为0.2~0.3m）以及使滤管必须埋设在透水层内。

井点管的埋设深度 H_1，可以按下式计算（见图1.4.6）

$$H_1 \geqslant H_2 + h_1 + Il_1 \tag{1.4.4}$$

式中：H_2——井点管埋置面至基坑底面的距离（m）；

h_1——基坑底面至降低后的地下水位线的距离，一般取0.5~1m；

I——水力坡度，单排井点取1/4，环形井点取1/10；

l_1——井点管至基坑中心的水平距离（m）。

按上式计算出的 H_1 值，若大于降水深度6m，则应降低井点系统的埋置面，以适应降水深度的要求。

为了充分利用抽水设备的抽吸能力，通常可以在井点系统平面布置的位置上，事先挖槽，使总管的布置标高接近于原地下水位线，以降低井点系统的埋置面；当上层土的土质较好时，也可以先用集水坑降水法，挖去一层土后，再布置井点系统，使降水深度增加。

单层轻型井点系统所能降低的水位，一般为3~6m。当用一层轻型井点达不到降水深度要求时，可以采用二层轻型井点，即先挖去第一层井点降水后所排干的土，然后再在其底部装设第二层井点。如图1.4.7所示。

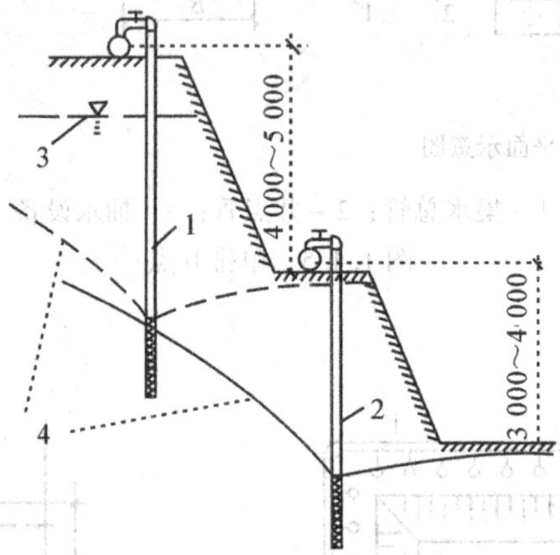

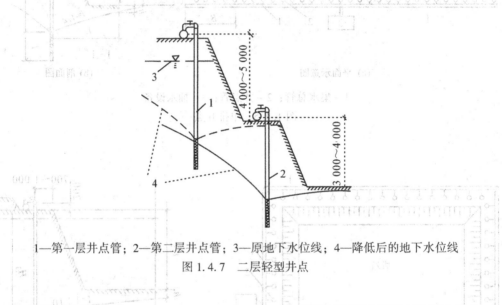

1—第一层井点管；2—第二层井点管；3—原地下水位线；4—降低后的地下水位线

图1.4.7 二层轻型井点

3）轻型井点的计算

轻型井点的计算内容主要包括：涌水量计算、井点管数量与间距确定、抽水设备选择等。井点的计算由于受水文地质条件和井点设备等许多不易确定的因素影响，目前计算出的数值只是近似值。井点系统的涌水量按水井理论进行计算。

<1>水井的类型

水井根据其井底是否到达不透水层，分为完整井与非完整井。井底到达不透水层的称为完整井（见图1.4.8（a）、（c））；否则为非完整井（见图1.4.8（b）、（d））。根据地下水有无压力，水井又可以分为承压井与无压井（潜水井）。凡水井布置在两层不透水层之间充满水的含水层内，因地下水具有一定的压力，该井称为承压井（见图1.4.8（c）、（d））；若水井布置在潜水层内，这种地下水无压力，这种井称为无压井（见图1.4.8（a）、（b））。

水井的类型不同，其涌水量的计算方法也不相同，其中以无压完整井的计算理论较为完善。

<2>涌水量计算

①无压完整井单井涌水量的计算。无压完整井抽水时水位的变化如图1.4.8（a）所示。当水井开始抽水后，井内水位逐步下降，周围含水层中的水则流向井内，经一定时间的抽水后，井周围的水面由水平面逐步变成漏斗状的曲面，渐趋稳定形成水位降落漏斗。自井轴至漏斗外缘（该处保持水位不变）的水平距离称为抽水影响半径，记为R。

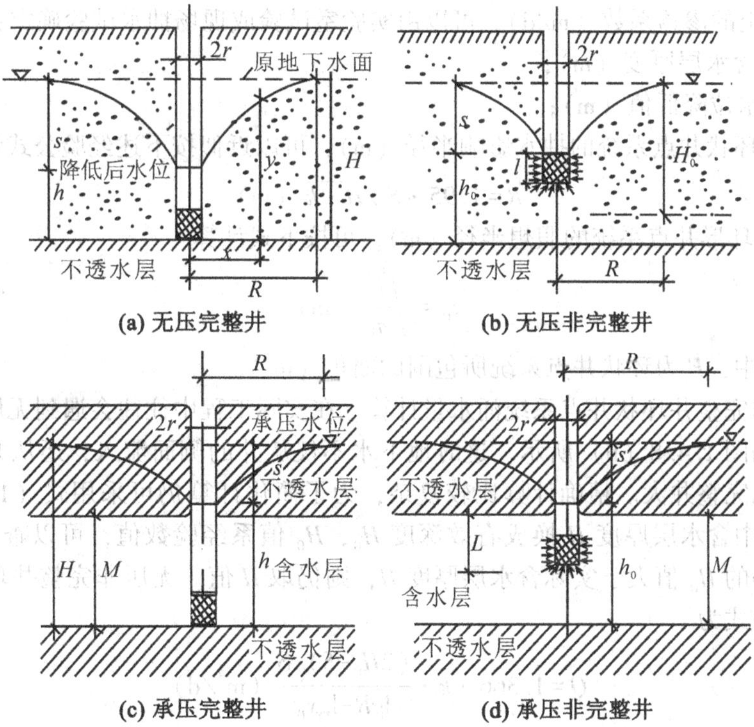

图 1.4.8　水井类型

根据达西直线渗透定律，无压完整井的涌水量 Q 为

$$Q=1.366\cdot k\cdot\frac{H^2-h^2}{\lg R-\lg r} \tag{1.4.5}$$

式中：Q——涌水量（m^3/d）；

H——含水层厚度（m）；

R——抽水影响半径（m）；

r——水井半径（m）；

h——井内水深（m）；

k——渗透系数（m/d）。

设水井水位降低值 $S=H-h$；代入式（1.4.5）后则得无压完整井单井涌水量计算公式

$$Q=1.366\cdot k\cdot\frac{(2H-S)\ S}{\lg R-\lg r} \tag{1.4.6}$$

②无压完整井环状井点系统（群井）涌水量的计算。井点系统是由许多井点同时抽水，各个单井水位降落漏斗相互影响，每个井的涌水量比单独抽水时小，所以总涌水量不等于各个单井涌水量之和。

当基坑的长宽比小于或等于 5，宽度小于或等于 2 倍抽水影响半径（$B\leqslant 2R$）时，可以将矩形井点系统换算成一个假想半径为 x_0 的圆形井点系统计算，涌水量计算公式为

$$Q=1.366\cdot k\cdot\frac{(2H-S)\ S}{\lg R-\lg x_0} \tag{1.4.7}$$

式中：Q——井点系统总涌水量（m^3/d）；

k——土的渗透系数（m/d），可以由实验室试验或现场抽水试验确定；

H——含水层厚度（m）；

S——水位降低值（m）；

R——环状井点系统的抽水影响半径（m），可以近似按下述经验公式计算

$$R=1.95\cdot S\sqrt{H\cdot k}\ (\mathrm{m}) \tag{1.4.8}$$

x_0——环形井点系统的假想半径（m），可按下式计算

$$x_0=\sqrt{\frac{F}{\pi}}\ (\mathrm{m}) \tag{1.4.9}$$

式（1.4.9）中，F 为环状井点系统所包围的面积（m^2）。

③无压非完整井环状井点系统涌水量计算。在实际工程中往往会遇到无压非完整井的井点系统，如图 1.4.8（b）所示。这时地下水不仅从井的侧面流入，还从井底渗入。因此涌水量要比完整井大。精确计算比较复杂，为了简化计算仍可采用式（1.4.6）。此时式（1.4.6）中含水层厚度 H 换成有效深度 H_0，H_0 值系经验数值，可以查表 1.4.2。但是，如果算得的 H_0 值大于实际含水层厚度 H，则仍取 H 值。无压非完整井环状井点系统涌水量计算公式为

$$Q=1.366\cdot k\cdot\frac{(2H_0-S)\ S}{\lg R-\lg x_0}\ (\mathrm{m^3/d}) \tag{1.4.10}$$

式中：H_0——含水层有效深度（m）；

k、S、R、x_0 符号意义同前。

表 1.4.2 **有效深度 H_0 值**

$\frac{S'}{s'+l}$	0.2	0.3	0.5	0.8
H_0	1.3（$s'+l$）	1.5（$s'+l$）	1.7（$s'+l$）	1.85（$s'+l$）

注：s'——井管处水位降低值；l——滤管长度。

<3>井点管数量与井距的确定

井点管的数量 n，根据井点系统涌水量 Q 和单根井点管最大出水量 q，按下式确定

$$n=1.1\frac{Q}{q}\ (\text{根}) \tag{1.4.11}$$

式中：$q=65\pi\cdot d\cdot l\cdot\sqrt[3]{k}$（$m^3/d$）；

d——滤管直径（m）；

l——滤管长度（m）。

井点管间距 D，按下式确定

$$D=\frac{L}{n} \tag{1.4.12}$$

式中：L——总管长度（m）。

<4>选择抽水设备。

轻型井点抽水设备一般多采用干式真空泵井点设备。干式真空泵的型号可以根据所带的总管长度、井点管根数进行选用。采用 W_5 型泵时，总管长度不大于100m，井点管数量约80根；采用 W_6 型泵时，总管长度不大于120m，井点管数量约100根。

当采用射流泵井点设备时，总管长度不大于50m，井点管数量约40根。

4）轻型井点施工

轻型井点系统的施工，主要包括施工准备、井点系统安装与使用。

井点施工前，应认真检查井点设备，施工机具、砂滤料规格和数量、水源、电源等准备情况。同时还要挖好排水沟，以便于泥浆水的排放。为了检查降水效果，必须选择有代表性的地点设置水位观测孔。

井点系统的安装顺序是：挖井点沟槽、铺设集水总管→冲孔、沉设井点管、灌填砂滤料→用弯联管将井点管与集水总管连接→安装抽水设备→试抽。

井点系统施工时，各工序之间应紧密衔接，以保证施工质量。各部件连接接头均应安装严密，以防止接头漏气，影响降水效果，弯联管宜采用软管，以便于井点安装，减少可能漏气的部位，避免因井点管沉陷而造成管件损坏。南方地区可以用透明的塑料软管，便于直接观察井点抽水状况，北方寒冷地区宜采用橡胶软管。

井点管的沉设方法，常用的有下列两种：

①用冲水管冲孔后，沉设井点管；

②直接利用井点管水冲下沉。

采用冲水管冲孔法沉设井点管时，可以分为冲孔与埋管两个过程，如图1.4.9所示。冲孔时，用起重设备将冲管吊起并插在井点位置上，然后开动高压水泵，将土冲松，冲管则边冲边沉。冲管采用直径为50~70mm的钢管，长度比井点管长1.5m左右。冲管下端装有圆锥形冲嘴，在冲嘴的圆锥面上钻三个喷水孔，各孔间焊有三角形立翼，以辅助冲水时扰动土层，便于冲水管下沉。冲孔所需的水压，根据土质不同，一般为0.6~1.2MPa。

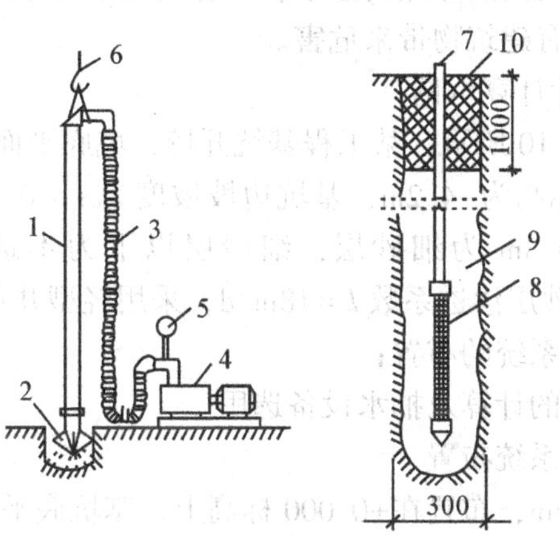

(a) 冲孔　　(b) 埋管

1—冲管；2—冲嘴；3—胶皮管；4—高压水泵；5—压力表；6—起重机吊钩

7—井点管；8—滤管；9—填砂；10—粘土封口

图1.4.9　冲水管冲孔法沉设井点管

冲孔时应注意冲水管垂直插入土中，并作上下左右摆动，加剧土层松动。冲孔孔径不应小于300m，并保持垂直，上下一致，使滤管有一定厚度的砂滤层。冲孔深度应比滤管底部低0.5m以上，以保证滤管埋设深度，并防止被井孔中的沉淀泥砂所淤塞。

井孔冲成后，应立即拔出冲水管，插入井点管，并在井点管与孔壁之间，填灌干净粗砂做砂滤层，砂滤层厚度一般为60～100mm，填灌高度至少达到滤管顶以上1～1.5m，以保证水流畅通。

直接用井点管水冲下沉方法，是在井点管的底端，装上冲水装置来进行冲孔沉设井点管。

每根井点管沉设后应检查渗水性能。检查的方法是：在正常情况下，当灌填砂滤层时，井点管口应有泥浆水冒出；否则应从井点管口向管内灌清水，测定管内水位下渗快慢的情况，若下渗很快，则表明滤管质量良好。

在第一组轻型井点系统安装完毕后，应立即进行抽水试验，检查管路接头质量、井点出水状况和抽水机运转情况等，若发现漏气、漏水现象，应及时处理。若发现滤管被泥砂堵塞，则属于“死井”，特别是在同一范围有连续数根“死井”时，将严重影响降水效果。在这种情况下，应对“死井”逐根用高压水反向冲洗或拔出重新沉设。

轻型井点系统使用时，应连续抽水，若时抽时停，滤管易堵塞，也容易抽出土粒，使出水混浊，严重时会引起附近建筑物由于土粒流失而沉降开裂；同时由于中途停抽，地下水回升，也会引起土方边坡坍塌或在建的地下结构（如地下室底板等）上浮等事故。

轻型井点的正常出水规律是：“先大后小，先混后清”，否则应立即检查纠正。在降水过程中，应按时观测流量并做好记录。

采用轻型井点降水时，由于土层水分排除后，土壤会产生固结，使得在抽水影响半径范围内引起地面沉降，这往往会给周围已有的建筑物带来一定危害。因此，在进行降低地下水位施工时，为避免引起周围建筑物产生过大的沉降，采用回灌井点方法是一种有效措施。这种方法，就是在抽水影响半径范围内建筑物的附近，预先布置一排回灌井点，在井点系统进行抽水的同时，向回灌井点内灌水，以保持已有建筑物附近原地下水位不变化，防止地面产生沉降而给已有建筑物带来危害。

5）轻型井点降水设计计算示例

［**例1.4.1**］如图1.4.10所示，某工程基坑开挖，坑底平面尺寸为20m×15m，天然地面标高为±0.00，基坑底标高为-4.2m，基坑边坡坡度为1∶0.5；土质为：地面至-1.5m为杂填土，-1.5m至-6.8m为细砂层，细砂层以下为不透水层。地下水位标高为-0.70m，经扬水试验，细砂层渗透系数$k=18$m/d，采用轻型井点降低地下水位。

试求：（1）轻型井点系统的布置；

（2）轻型井点的计算及抽水设备选用。

解：（1）轻型井点系统布置

总管的直径选用127mm，布置在±0.000标高上，基坑底平面尺寸为20m×15m，上口平面尺寸为

$$长=20+(4.2\times0.5)\times2=24.2\text{m},\qquad 宽=15+2\times4.2\times0.5=19.2\text{m}$$

井点管布置距离基坑壁为1.0m，采用环形井点布置，则总管长度为

$$L=2\times(26.2+21.2)=94.8\text{m}$$

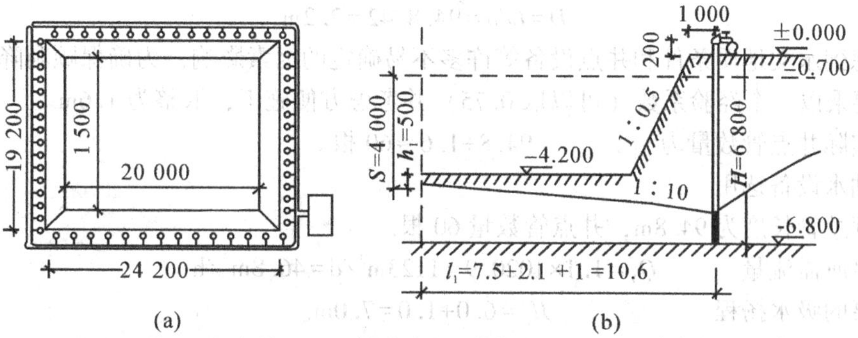

图 1.4.10 轻型井点系统布置图（单位：m）

井点管长度选用6m，直径为50mm，滤管长为1.0m，井点管露出地面为0.2m，基坑中心要求降水深度为

$$S=4.2-0.7+0.5=4\text{m}$$

采用单层轻型井点，井点管所需埋设深度为

$$H_1=H_2+h_1+Il_1=4.2+0.5+0.1\times10.6=5.76\text{m}<6\text{m}$$

符合埋深要求。

井点管加滤管总长为7m，井管外露地面0.2m，则滤管底部埋深在-6.8m标高处，正好埋设至不透水层上。基坑长宽比小于5，因此，可以按无压完整井环状井点系统计算。轻型井点系统布置如图1.4.10所示。

(2) 轻型井点的计算及设备选用

①基坑涌水量计算。

按无压完整井环状井点系统涌水量计算公式

$$Q=1.366\cdot k\cdot\frac{(2H-S)\ S}{\lg R-\lg x_0}$$

其中：

含水层厚度　　　$H=6.8-0.7=6.1\text{m}$

基坑中心降水深度　$S=4\text{m}$

抽水影响半径　　$R=1.95\cdot S\sqrt{H\cdot k}=1.95\times4\times\sqrt{6.1\times18}=81.7\text{m}$

环状井点假想半径　$x_0=\sqrt{\frac{F}{\pi}}=\sqrt{\frac{26.2\times21.2}{3.1416}}=13.3\text{m}$

故 $$Q=1.366\times18\times\frac{(2\times6.1-4)\ 4}{\lg81.7-\lg13.3}=1020.9\text{m}^3/\text{d}。$$

②井点管数量与间距计算

单根井点出水量

$$q=65\pi\cdot d\cdot l\cdot\sqrt[3]{k}=65\times3.1416\times0.05\times1.0\times\sqrt[3]{18}=26.7\text{m}^3/\text{d}$$

井点管数量

$$n=1.1\times Q/q=1.1\times1020.9/26.7=42.1\ （根）$$

井点管间距

$$D=L/n=94.8/42=2.2\text{m}$$

考虑到水文地质条件和井点设备等许多不易确定的因素影响，为确保顺利降水，间距 D 一般要乘以一个经验系数（可以取0.75）并考虑方便施工，取整为1.6m。

则实际井点管数量为　　$94.8\div1.6\approx60$ 根。

③抽水设备选用

根据总管长度为94.8m，井点管数量60根。

水泵所需流量　　$Q_1=1.1\times1020.9=1123\text{m}^3/\text{d}=46.8\text{m}^3/\text{h}$

水泵的吸水扬程　　$H_S=6.0+1.0=7.0\text{m}$。

根据以上参数，查阅相关离心泵手册，可选用3B33型离心水泵。(例1.4.1毕)。

（2）管井井点

当基坑的地下水丰富，其渗透系数很大（如 $k=20\sim200\text{m/d}$），轻型井点不易解决降水问题时，可以采用管井井点的方法进行降水。管井井点是沿基坑每隔一定距离设置一个管井，每个管井单独用一台水泵不断地抽水，以降低地下水位。

管井井点的设备主要由管井、吸水管及水泵组成，如图1.4.11所示。管井可以采用钢管管井和混凝土管管井等。钢管管井的管身采用直径为150~250mm的钢管，其过滤部分采用钢筋焊接骨架外缠镀锌铁丝并包滤网（孔眼为1~2mm），长度为2~3m。混凝土管管井的内径为400mm，分为实管与过滤管两种，过滤管的孔隙率为20%~25%，吸水管可以采用直径为50~100mm的钢管或胶管，其下端应沉入管井抽吸时的最低水位以下，为了启动水泵和防止在水泵运转中突然停泵时发生水倒灌，在吸水管底应装逆止阀。管井井点的水泵可以采用潜水泵或单级离心泵。

滤水井管的埋设，可以采用泥浆护壁钻孔法成孔。孔径应比井管直径大200mm以上。井管下沉前要进行清孔，并保持滤网的畅通。井管与土壁之间用粗砂或小砾石填灌作过滤层。

（3）深井井点降水法

若施工要求降水深度较大，而且土的渗透系数又很大，在管井井点内采用一般的离心泵和潜水泵已不能满足要求时，可以改用深井泵，即深井井点降水法来解决。该方法是依靠水泵的扬程把深处的地下水抽到地面上来，适用于土的渗透系数为10~250m/d、降水深度大于15m的情况。

（4）喷射井点

当要求降水深度大于6m，而土的渗透系数又较小（$k=0.1\sim2\text{m/d}$）时，若采用轻型井点就必须采用多层井点，这样不仅增加井点设备，而且增大基坑的挖土量，延长工期等，往往是不经济的。在这种情况下，可以采用喷射井点法进行降水，其降水深度可以达到8~20m。喷射井点的设备，主要由喷射井管、高压水泵和管路系统组成。喷射井点的平面布置可以依据其宽度而定，当基坑宽度小于10m时，可以用单排布置；大于10m时，用双排或环形布置。井点间距一般为2~3m，每一套喷射井点设备可以带动30根左右喷射井管。

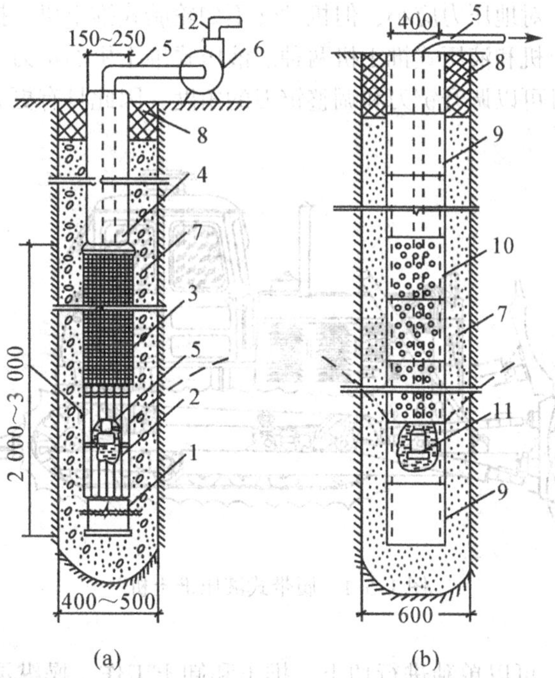

1—沉砂管；2—钢筋焊接骨架；3—滤网；4—管身；5—吸水管；6—离心泵；7—小砾石过滤层；
8—粘土封口；9—沉砂管（混凝土实管）；10—混凝土过滤管；11—潜水泵；12—出水管

图1.4.11 管井井点

(5) 电渗井点法降水

对于渗透系数很小的土（$k<0.1\text{m/d}$），土粒间微小孔隙的毛细管作用，将水保持在孔隙内，单靠用真空吸力的井点降水方法效果不大，对这种情况需采用电渗井点法降水。

电渗井点是井点管作阴极，在其内侧相应地插入钢筋或钢管作阳极，通入直流电后，在电场作用下，使土中的水加速向阴极渗透，流向井点管，这种利用电渗现象与井点相结合的做法，称为电渗井点。这种方法因耗电较多，只有在特殊情况下使用。

§1.5 土方工程的机械化施工

土方工程施工的内容包括：场地平整、土方开挖、运输、填筑与压实等。土方工程量大、面广、劳动繁重、露天作业，而且施工工期长、生产效率低、成本高。因此，除了一些小型基坑（槽）、管沟和少量零星土方工程采用人工方法施工外，应尽量采用机械化施工。

1.5.1 主要土方机械的性能

1. 推土机

推土机是土方工程施工的一种主要机械之一，如图1.5.1所示。推土机是在动力机械（如拖拉机等）的前方安装推土板等工作装置而成的机械，可以独立地完成铲土、运土及卸土等作业。按行走机构的形式，推土机可以分为履带式推土机和轮胎式推土机两种。履带式推土机附着牵引力大，对地压力应小，但机动性不如轮胎式推土机。按推土板的操纵机构不同，可以分为索式推土机和液压式推土机两种。液压式推土机的铲刀用液压操纵，能强制切入土中，切土较深，且可以调升铲刀和调整铲刀的角度，因此具有更大的灵活性。

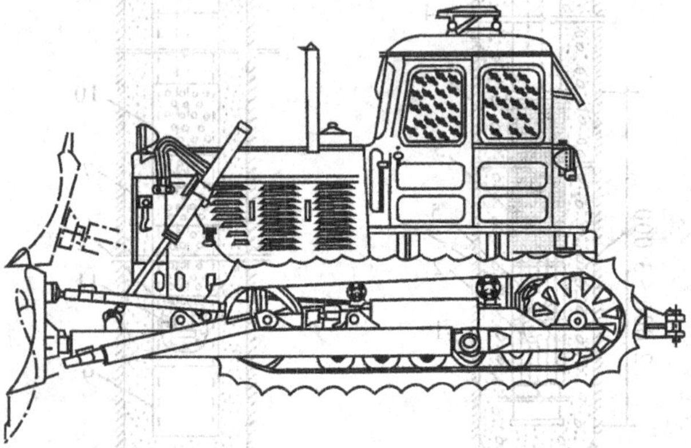

图 1.5.1　履带式液压推土机

推土机的特点是：可以单独进行切土、推土和卸土工作，操纵灵活，运转方便，所需工作面较小，行驶速度快，易于转移，因此应用范围较广。多用于场地清理、开挖深度不大的基坑、填平沟坑，运距在经济运距范围内的推土、压实以及配合铲运机、挖掘机工作等。主要适用于开挖一、二、三类土。

推土机的生产率主要取决于推土板移土的体积以及切土、推土、回程等工作的循环时间。为了提高推土机的生产率，可以采用以下措施：

①槽形推土：推土机在一条作业线上重复多次切土和推土，使地面逐渐形成一条浅槽，以减少土从铲刀两侧散失。

②多铲集运：在硬质土中，切土深度不大，可以采用多次铲土，分批集中，一次推送的方法，以便有效地利用推土机的功率，缩短运土时间。但堆积距离不宜大于30m，堆土高度不宜大于2m。

③下坡推土：推土机可以借助于自重，朝下坡方向切土与推土，可以提高生产率30%左右。但坡度不宜超过15°，以免后退时爬坡困难。下坡推土可以和其他推土法结合使用。

④并列推土：用多台推土机并列推土，铲刀宜相距150~300mm，两台推土机并列推土能够增大推土量15%~30%；而三台推土机并列推土能够增大推土量30%~40%。但平均运距不宜超过50~70m，亦不宜小于20m。

⑤在铲刀两侧附加侧板，可以增加推土机的推土板面积，达到多推土的目的。

2. 铲运机

铲运机是一种能综合完成挖土、运土、卸土、填筑、整平的机械。按行走机构的不同可以分为拖式铲运机和自行式铲运机，如图 1.5.2 所示。按铲运机的操作系统的不同，又可以分为液压式铲运机和索式铲运机。

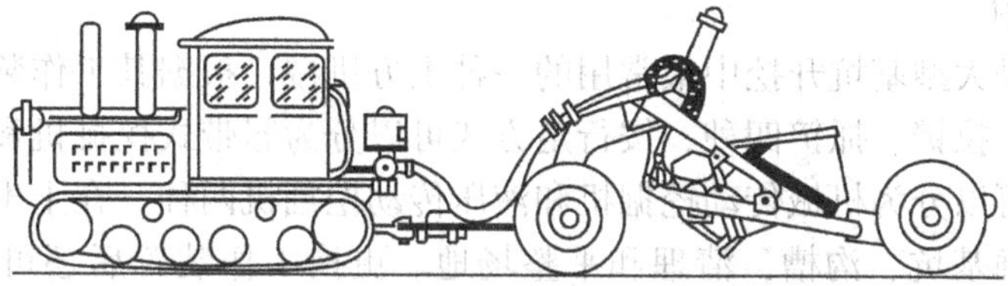

图 1.5.2 铲运机

铲运机操作灵活，不受地形限制，不需特设道路，生产效率高。在土方工程中常应用于大面积场地平整，开挖大型基坑、沟槽以及填筑路基、堤坝等工程。最适宜铲运含水量不大于27%的松土和普通土，但不适宜在砾石层、冻土地带及沼泽区工作，当铲运三、四类较坚硬的土壤时，宜用推土机助铲或选用松土机械配合把土翻松以提高生产率。自行式铲运机的经济运距为800～1500m。拖式铲运机的运距以600m为宜，当运距为200～300m时效率最高。

铲运机的运行路线，对提高生产效率影响很大，应根据挖、填方区的分布情况并结合施工现场的当地具体条件进行合理选择。一般有环形路线和"8"字形路线两种。

对于地形起伏不大，而施工地段又较短（50～100m）、填方不高（小于1.5m）和路堤、基坑及场地平整工程宜采用环形路线（见图1.5.3（a）、（b））。当填挖交替，相互之间距离又不大时，可以采取大环形路线（见图1.5.3（c））。这样每作一次环形行驶，可以进行多次铲土和卸土，而减少转弯次数，提高工作效率。采用环形路线行驶时，铲运机应经常调换行驶方向，以免长时间沿一侧转弯导致机械的单侧磨损。

在地形起伏较大，施工地段狭长的情况下，宜采用"8"字形路线（见图1.5.3（d））。采用这种运行路线，铲运机在上下坡时是斜向行驶，所以坡度应平缓。一个工作循环中两次转弯方向不同，因而机械磨损均匀。一个循环能完成两次铲土和卸土，减少了转弯次数及空车行驶距离，缩短运行时间，提高生产效率。当工作路线很长，如路基、堤坝等从两侧取土进行填筑时，采用锯齿形路线最为有效。

铲运机在坡上行走和工作时，上下纵坡不宜超过25°，横坡不宜超过6°，在陡坡上不能急转弯，工作时应避免转弯铲土，以免铲刀受力不均匀时引起翻车事故。

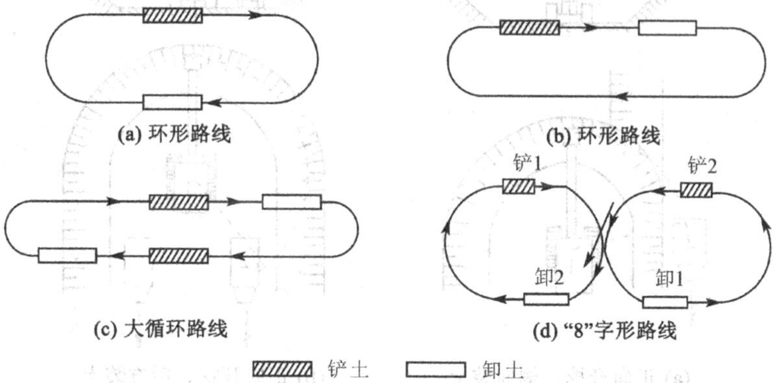

图 1.5.3 铲运机开行线路

3. 单斗挖掘机

单斗挖掘机是大型基坑开挖中最常用的一种土方机械。根据其工作装置的不同，可以分为正铲、反铲、拉铲、抓铲四种，按行走方式可以分为履带式挖掘机和轮胎式挖掘机两类，按传动方式可以分为机械传动挖掘机和液压传动挖掘机两种。在土木工程施工中，单斗挖掘机可以挖掘基坑、沟槽，清理和平整场地。更换工作装置后还可以进行装卸、起重、打桩等作业任务，是土木工程施工中很重要的机械设备。

(1) 正铲挖掘机

正铲挖掘机挖掘能力大，生产效率高，装车灵活，能挖掘坚硬土层，易于控制开挖尺寸，如图 1.5.4 所示。其工作特点是前进向上，强制切土，能开挖停机面以上的一至四类土；但在开挖基坑时要通过坡道进入坑中挖土（坡道坡度宜小于 1∶8），并要求停机面干燥，故在使用正铲挖掘机进行土方施工前必须做好基坑排水、降水工作。

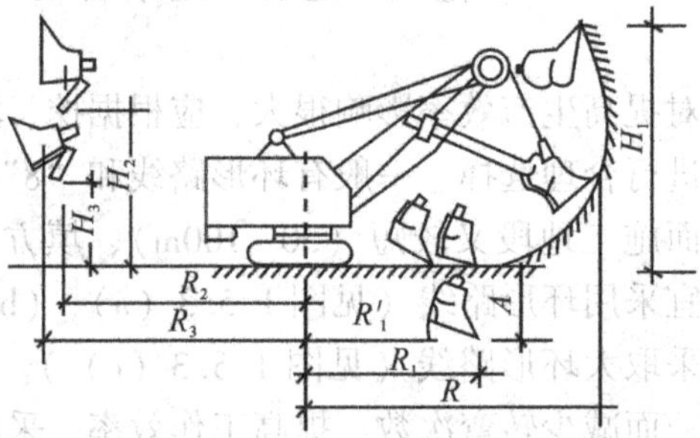

图 1.5.4　正铲挖掘机

正铲挖掘机的挖土方式，根据开挖路线和运输工具的相对位置不同，有以下两种：

①正向开挖、侧向装土（见图 1.5.5（a））。正铲挖掘机向前进方向挖土，运输机具位于侧面装土。采用这种方法，铲臂卸土时回转半径小，运输机具行驶方便，生产效率高。

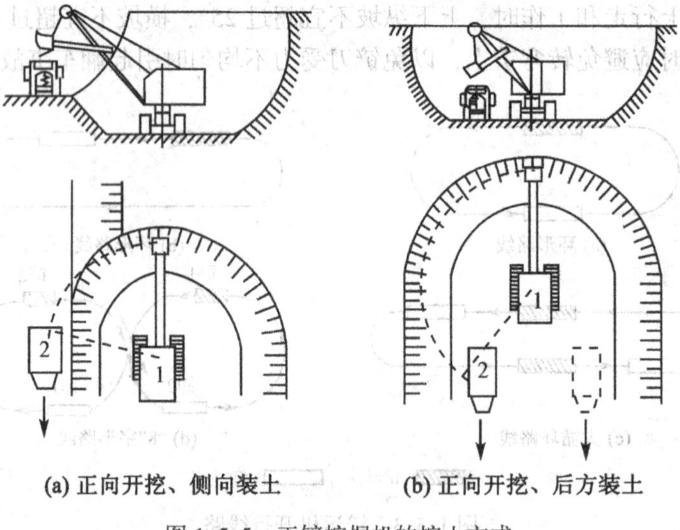

(a) 正向开挖、侧向装土　　(b) 正向开挖、后方装土

图 1.5.5　正铲挖掘机的挖土方式

②正向开挖、后方装土（见图1.5.5（b））。正铲挖掘机向前进方向挖土，运输机具停在挖掘机后面装土。采用这种方法铲臂回转角度较大，运输机具要倒车进入，生产效率低，因而仅用于开挖工作面狭窄且较深的基坑（槽）、管沟和路堑以及施工区域的进口处。

正铲挖掘机的开挖方式不同，其工作面（亦即常称的掌子面）的大小也不同，是挖掘机一次开行中进行挖土的工作范围，其大小和形状要受挖掘机的技术性能、挖土和卸土的施工方式等因素的影响。

在用挖掘机进行土方施工前，应对挖掘机的开行路线和进出口通道进行规划设计，绘制出开挖平面图与剖面图，以便于挖掘机按计划开挖。

（2）反铲挖掘机

反铲挖掘机适用于开挖停机面以下的一、二、三类土，不需在开挖区设置进出口通道。其工作特点是后退开进，铲土机具向下强制切土。适用于开挖基坑、基槽、管沟及地下水位较高的土方或泥泞土壤。一次开挖的深度取决于挖掘机的最大挖掘深度的技术参数。

①沟端开挖（见图1.5.6（a））。挖掘机停放在沟端，后退挖土，运输机具停放在两侧装土。其挖掘宽度不受挖掘机最大挖掘半径的限制。其优点是挖土方便，挖土宽度较大，单面装土时为1.3R（R为回转半径），双面装土为1.7R。深度可以达最大挖土深度。当基坑宽度超过1.7R时，可以分次开挖或按“之”字形路线开挖。

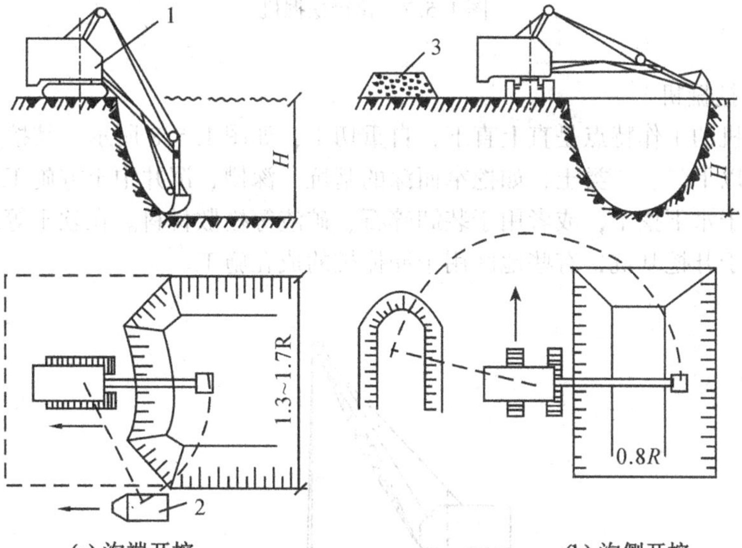

(a) 沟端开挖　　(b) 沟侧开挖

1—反铲挖土机；2—自卸汽车；3—弃土堆

图1.5.6 反铲挖掘机挖土方式

②沟侧开挖（见图1.5.6（b））。挖掘机停放在沟侧，沿沟沿挖土，运输机具停放在机械边装土，或者将土直接卸于一侧。这种开挖方法铲臂回转角度小，当土方需就近堆放于沟槽边时，能将土弃于距沟边较远的地方。但由于挖掘机移动方向与挖土方向垂直，

其稳定性较差，挖土宽度和深度也较小，且挖土边坡不易控制。因此只在无法采用沟端开挖或所挖的土不需要运走时采用。

(3) 拉铲挖掘机

拉铲挖掘机用于开挖停机面以下的一、二类土。工作装置简单，可以直接由起重机改装。其工作特点是：铲斗悬挂在钢丝绳下而不需刚性斗柄，土斗借自重使斗齿切入土中，开挖深度及宽度均较大。常用于开挖大型基坑和沟槽。拉铲卸土时斗齿朝下，并有惯性，在土壤较湿的情况下也能卸干净，可以水下挖土或开挖有地下水的土。拉铲挖掘机的工作方式如图 1.5.7 所示，基本与反铲挖掘机相同，但拉铲挖掘机的挖土深度、挖土半径和卸土半径均较大，开挖的精确性较差，且大多将土弃于机器附近堆土，若需卸在运输机具上，则操作技术要求高，效率较低。拉铲挖掘机的开行路线与反铲挖掘机相同。

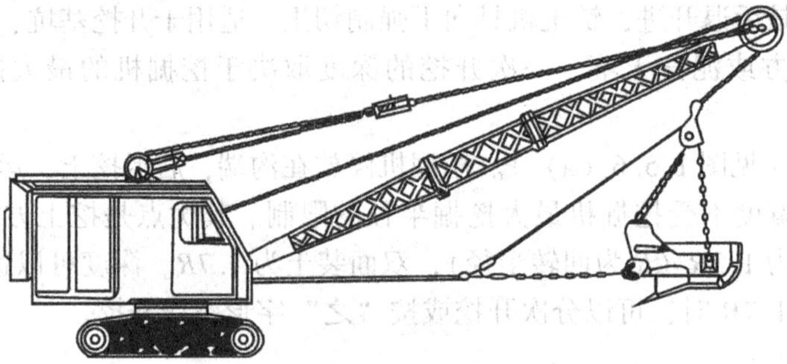

图 1.5.7 拉铲挖掘机

(4) 抓铲挖掘机

抓铲挖掘机的工作特点是直上直下，自重切土，如图 1.5.8 所示。其挖掘力较小，只能开挖停机面以下一、二类土，如挖窄而深的基坑、深槽、沉井中土方施工、疏通旧有的渠道，特别适于水下挖土，或者用于装卸碎石、矿渣等松散材料。在软土等地质条件不良的地区，常用于开挖基坑，有些地区用于冲抓桩的成孔施工。

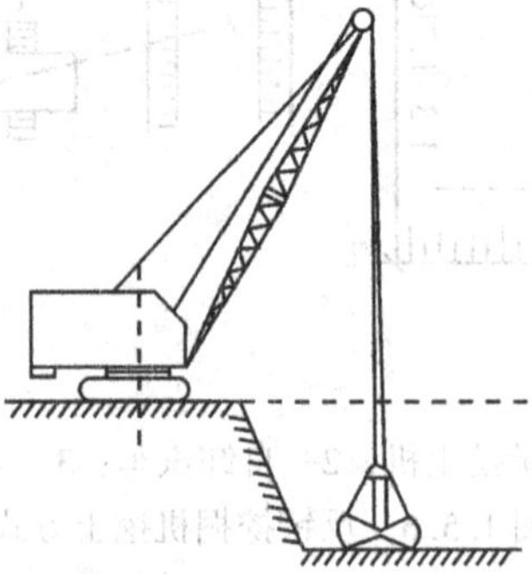

图 1.5.8 抓铲挖掘机

1.5.2 土方机械的选择与机械配合

1. 土方机械的选择

在土方工程施工中合理地选择土方机械，充分发挥机械效能，并使各种机械在施工中配合协调，对加快施工进度，保证施工质量，降低工程成本，具有十分重要的作用。

选择土方机械的要点：

(1) 在场地平整施工中，当地形起伏不大（坡度小于15°），填挖平整土方的面积较大，平均运距较短（一般在1500m以内），土的含水量适当（不大于27%）时，采用铲运机较为合适。如果土质为硬土，必须用其他机械翻松后再铲运。

(2) 在地形起伏较大的丘陵地带，挖土高度在3m以上，运输距离超过2000m，土方工程量较大又较集中时，一般应选用正铲挖土机挖土，自卸汽车配合运土，并在弃土区配备推土机平整土堆。也可以采用推土机预先把土推成一堆，再用装载机把土装到自卸汽车上运走。

(3) 对基坑开挖，当基坑深度在1~2m，而长度又不太长时，可以采用推土机；对于深度在2m以内的线状基坑，宜采用铲运机开挖；当基坑面积较大，工程量又集中时，可以选用正铲挖土机挖土、自卸汽车配合运土；若地下水位较高，又不采用降水措施，或土质松软，则应采用反铲、拉铲或抓铲挖土机施工。

(4) 移挖作填以及基坑和管沟的回填土，当运距在100m以内时，可以采用推土机施工。

2. 挖土机与运土车辆配套计算

土方工程采用单斗挖土机施工时，一般需用运土车辆配合，共同作业，将挖出的土随时运走。因此，挖土机的生产率不仅取决于挖土机本身的技术性能，而且还与所选用的运土车辆是否与之协调有关。为使挖土机充分发挥生产能力，运土车辆的载重量应与挖土机的每斗土重保持一定倍率关系，一般情况下，运土车辆载重量宜为每斗土重的3~5倍，并应有足够数量的运土车辆以保证挖土机连续工作。

(1) 挖土机数量的确定。

挖土机的数量N，应根据土方量大小和工期要求来确定，可以按下式计算

$$N=\frac{Q}{P}\times\frac{1}{T\cdot C\cdot K} \tag{1.5.1}$$

式中：Q——土方量（m^3）；

P——挖土机生产率（m^3/台班）；

T——工期（工作日）；

C——每天工作班数（1~3）；

K——时间利用系数（0.8~0.9）。

单斗挖土机的生产率P，可以按下式计算

$$P=\frac{8\times3600}{t}\cdot q\cdot\frac{K_c}{K_s}\cdot K_B \tag{1.5.2}$$

式中：t——挖土机每次作业循环延续时间（s），如W_1-100型正铲挖土机为25~40s；

q——挖土机斗容量（m^3）；

K_c——土斗的充盈系数（0.8~1.1）；

K_s——土的最初可松性系数（见本章§ 1.1）；

K_B——工作时间利用系数（0.7~0.9）。

在实际施工中，若挖土机的数量已定，也可以利用公式（1.5.1）来计算工期 T。

（2）运土车辆配套计算

运土车辆的数量 N_1，应保证挖土机连续作业，可以按下式计算

$$N_1=\frac{T_1}{t_1} \tag{1.5.3}$$

式中：T_1——运土车辆每一工作循环延续时间（min），即

$$T_1=t_1+\frac{2l}{V_C}+t_2+t_3 \tag{1.5.4}$$

t_1——运土车辆每次装车时间（min），即

$$t_1=n\cdot t \tag{1.5.5}$$

n——运土车辆每车装土次数（挖土机装土次数），即

$$n=\frac{Q_1}{q\cdot\frac{K_c}{K_s}\cdot r} \tag{1.5.6}$$

式中：Q_1——运土车辆的载重量（t）；

r——实土容重（t/m^3），一般取 1.7t/m^3；

l——运土距离（m）；

V_C——重车与空车的平均速度（m/min），一般取 20~30km/h；

t_2——卸土时间，一般为 1min；

t_3——操纵时间（包括停放待装、等车、让车等）一般取 2~3min。

[例 1.5.1] 某厂房基坑土方开挖，土方量为 10 000m^3，选用一台 W_1-100 型正铲挖土机，斗容量为 1m^3，两班制作业，采用载重量 4t 的自卸汽车配合运土，要求运土车辆数能保证挖土机连续作业，已知 $K_c=0.9$，$K_s=1.15$，$K=K_B=0.85$，$t=40s$，$l=2km$，$V_C=20km/h$，试求：（1）挖土工期 T；（2）运土车辆数 N_1。

解：（1）挖土工期 T 由公式（1.5.1）得

$$T=\frac{Q}{P\cdot C\cdot K\cdot N}$$

挖土机生产率 P 按公式（1.5.2）求出

$$P=\frac{8\times3\ 600}{t}\cdot q\cdot\frac{K_c}{K_s}\cdot K_B=\frac{8\times3\ 600}{40}\times1\times\frac{0.9}{1.15}\times0.85=479\ (m^3/\text{台班})$$

则挖土工期为

$$T=\frac{10\ 000}{479\times2\times0.85}=12.3\ (\text{天})。$$

（2）运土车辆数 N_1 按公式（1.5.3）求出

$$N_1=\frac{T_1}{t_1}$$

每车装土次数
$$n=\frac{Q_1}{q\cdot\frac{K_c}{K_s}\cdot r}=\frac{4}{1\times\frac{0.9}{1.15}\times1.7}=2.6\text{（取 3 次）}$$

每次装车时间
$$t_1=n\cdot t=3\times40=120\text{s}=2\text{min}$$

运土车辆每一个工作循环延续时间为

$$T_1=t_1+\frac{2l}{V_c}+t_2+t_3=2+\frac{2\times60}{20}+1+3=12\text{min}$$

则运土车辆数量为

$$N_1=\frac{12}{2}=6\text{（辆）。}$$

1.5.3 土方的填筑与压实

由于土方具有的特殊性质，为了保证填方工程的质量，满足强度、变形和稳定性方面的要求，既要正确选择填土的材料，又要合理选择填筑和压实的方法。

1. 土料的选择

填方土料的选择应符合设计要求，若设计无要求，应符合下列规定：

碎石类土、砂土（使用细、粉砂时应取得设计单位同意）和爆破石渣，可以用做表层以下的填料；含水量符合压实要求的粘性土，可以用做各层填料；碎块草皮和有机质含量大于 8%的土，仅用于无压实要求的填方；淤泥和淤泥质土一般不能用做填料；填料中不得含有盐晶、盐块或含盐植物的根茎。

碎石类土或爆破石渣用做填料时，其最大粒径不得超过每层铺填厚度的 2/3（当使用振动碾时，不得超过每层铺填厚度的 3/4）。铺填时，大块料不应集中，且不得填在分段接头或填方与山坡连接处。如果填方区内有打桩或其他特殊工程时，块（漂）石填料的最大粒径不应超过设计要求。

2. 基底的处理

填方基底的处理，应符合设计要求。若设计无要求，应符合下列规定：

①基底上树墩及主根应拔除，坑穴应清除积水、淤泥和杂物等，并应在回填时分层夯实；

②在建筑物和构筑物地面下的填方或厚度小于 0.5m 的填方，应清除基底上的草皮和垃圾；

③在土质较好的平坦地区（地面坡度不陡于 1/10）填方时，可以不清除基底上的草皮，但应割除长草；

④在稳定山坡上填方时，当山坡坡度为 1/10~1/5 时，应清除基底上的草皮；当坡度陡于 1/5 时，应将基底挖成阶梯形，阶宽不小于 1.0m；

⑤如果填方基底为耕植土或松土，应将基底碾压密实；

⑥在水田、沟渠、池塘上进行填方时，应根据实际情况采用排水疏干、挖除淤泥或抛填块石、砂砾、矿渣等方法处理后，再进行填土。

3. 填筑要求

填土前，应按规定对填方基底和已完隐蔽工程进行检查和中间验收，并做好隐蔽工程记录。开工前，应根据工程特点、填料厚度、压实遍数和施工条件等合理选择压实机具，并确定填料含水量控制范围、铺土厚度和压实遍数等施工参数。

对于重要的填方或采用新型压实机具时，上述参数应由填土压实试验确定。

填土施工应接近水平地分层填土、压实。压实后测定土的干密度，检验其压实系数和压实范围符合设计要求后，才能填筑上层。填土应尽量采用同类土填筑。若采用不同填料分层填筑，上层宜填筑透水性较小的填料，下层宜填筑透水性较大的填料；填方基土表面应做成适当的排水坡度，边坡不能用透水性较小的填料封闭，以免填方内形成水囊。若因施工条件限制，上层必须填筑透水性较大的填料，应将下层透水性较小的土层表面做成适当的排水坡度或设置盲沟。

挡土墙后的填土，应选用透水性较好的土或在粘性土中掺入石块作填料；分层夯填，确保填土质量，并应按设计要求做好滤水层和排水盲沟；在季节性冻土地区，挡土墙后的填料宜采用非冻胀性填料。

填料为红粘土时，其施工含水量宜高于最优含水量2%~4%，填筑中应防止土料发生干缩、结块现象，填方压实宜使用中、轻型碾压机械。

填方应按设计要求预留沉降量，若设计无要求，可以根据工程性质、填方高度、填料种类、压实系数和地基情况等与业主单位共同确定（沉降量一般不超过填方高度的3%）。

填方施工应从场地最低处开始水平分层整片回填压实；分段填筑时，每层接缝处应做成斜坡形状，辗迹重叠0.5~1.0m。上、下接缝应错开不小于1.0m，且接缝部位不得在基础下、墙角、柱墩等重要部位。

在回填基坑（槽）或管沟时，应注意填土前清除沟槽内的积水和有机杂物；待基础或管沟的现浇混凝土达到一定强度后，不致因填土而受影响时，方可回填；基坑（槽）或管沟回填应在相对两侧或四周，同时均匀分层进行，以防止基础和管道在土压力作用下产生偏移或变形。回填管沟时，为防止管道中心线位移或损坏管道，应用人工先在管子周围填土夯实，并应从管道两边同时进行，直到管顶以上。在不损坏管道的情况下，方可采用机械回填和压实。

4. 填土的压实方法

填土的压实方法有碾压、夯实和振动3种，如图1.5.9所示。此外，还可以利用运土机械等压实。碾压法主要用于大面积的填土，如场地平整、大型建筑物的室内填土等。对于小面积填土，宜选用夯实法压实；振动压实法主要用于压实非粘性土。

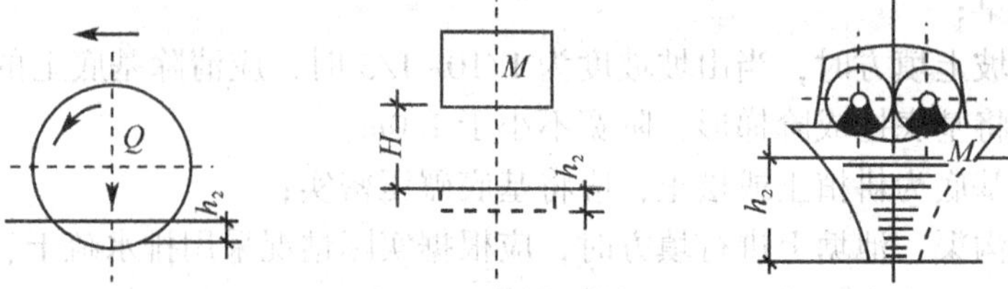

(a) 碾压 (b) 夯实 (c) 振动

图1.5.9 填土的压实方法

碾压机械有平滚碾、羊足碾和振动碾，如图1.5.10所示。平滚碾是应用最为广泛的一种碾压机械，可以压实砂类土和粘性土。羊足碾适用于压实粘性土，羊足碾是在滚轮表面装有许多羊足形滚压件，用拖拉机牵引，其单位面积压力大，压实效果、压实深度均较平碾高。振动碾是一种兼有振动作用的碾压机械，主要适用于碾压填料为爆破石渣、碎石类土、杂填土或轻亚粘土的大型填方。

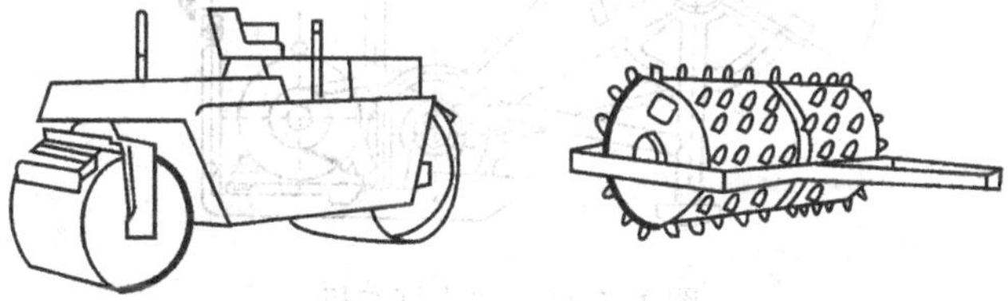

(a)自行式平滚碾 (b)拖式羊足碾

图1.5.10 碾压机械

按碾轮重量，平滚碾分为轻型（5t以下）、中型（8t以下）和重型（10t）三种。轻型平滚碾压实土层的厚度不大，但土层上部可以变得较密实，当用轻型平滚碾初碾后，再用重型平滚碾碾压，就会取得较好的效果。若直接用重型平滚碾碾压松土，则形成强烈的起伏现象，其碾压效果较差。

用碾压法压实填土时，铺土应均匀一致，碾压遍数要一样，碾压方向以从填方区的两边逐渐推向中心，每次碾压应有150~200mm的重叠。碾压机械在压实填方时，应控制行驶速度，一般不应超过表1.5.1中的规定。

表1.5.1 **碾压机械行驶速度上限** （单位：km/h）

碾压机械	平　碾	羊足碾	振动碾
速　度	2	3	2

夯实机械有夯锤、蛙式打夯机等，如图1.5.11所示。夯锤是借助于起重机悬挂重锤进行夯土的夯实机械，质量不小于1 500kg，落距为2.5~4.5m，夯土影响深度为0.6~1.0m，适用于夯实砂性土、湿陷性黄土、杂填土以及含有石块的填土。蛙式打夯机具有体积小、操作轻便等优点，适用于基坑（槽）、管沟以及各种零星分散、边角部位的小型填方的夯实工作。对于密实度要求不高的大面积填方，在缺乏碾压机械时，可以采用推土机、拖拉机或铲运机结合行驶、推（运）土、平土施工过程来压实土料。而对于松填的特厚土层亦可以采用重锤夯、强夯等方法。

振动法是将重锤放在土层的表面或内部，借助于振动设备使重锤振动，使土壤颗粒发生相对位移达到紧密状态。该方法用于振实非粘性土效果较好。

近年来，又将碾压与振动结合而设计和制造了振动平碾、振动凸块碾等新型压实机械，振动平碾适用于填料为爆破碎石渣、碎石类土、杂填土或粉土的大型填方，振动凸块碾则适用于粉质粘土或粘土的大型填方。当压实爆破石渣或碎石类土时，可以选用8~15t

重的振动平碾，铺土厚度为0.6~1.5m，先静压、后振压，碾压遍数应由现场试验确定，一般为6~8遍。

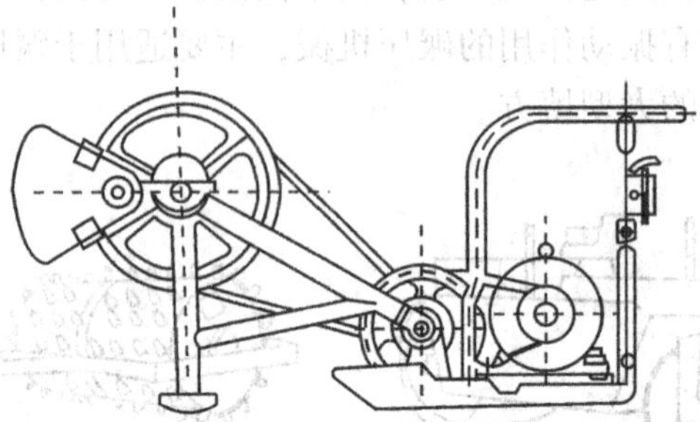

图1.5.11 蛙式打夯机

在填方区采用机械施工时，应保证边缘的压实质量。对不要求修整边坡的填方工程，边缘应超宽填0.5m；对设计要求边坡整平拍实时，可以只宽填0.2m。

5. 影响填土压实的因素

填土压实质量与许多因素有关，其中主要影响为压实功、土的含水量以及每层铺土厚度。

（1）压实功的影响

填土压实后的密度与压实机械在其上所施加的功有一定关系，如图1.5.12所示。当土的含水量一定，在开始压实时，土的密度急剧增加。等到接近土的最大干密度时，压实功虽然增加很多，而土的密度则变化很小。因此，实际施工时，应根据不同的土料以及要求压实的密实程度和不同的压实机械来决定填土压实的遍数，亦可以参考表1.5.2。

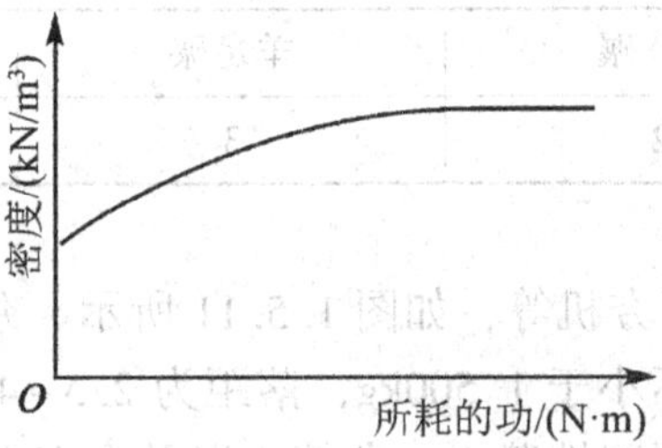

图1.5.12 土的密度与压实功的关系图

表1.5.2 填方每层的铺土厚度和压实遍数

压实机具	每层铺土厚度/（mm）	每层压实遍数
平碾	200~300	6~8
羊足碾	200~300	8~16
蛙式打夯机	200~250	3~4
人工打夯	不大于200	3~4

(2) 含水量的影响

在同一压实功的条件下，填土的含水量对压实质量有直接影响，如图 1.5.13 所示。较为干燥的土，由于土颗粒之间的摩阻力较大，因而不易压实；当含水量过大，超过一定限度时，土颗粒之间孔隙由水填充而呈饱和状态，也不能被压实。只有当土含水量适当，土颗粒之间的摩阻力由于适当水的润滑作用而减小时，土才易被压实。

如图 1.5.13 所示，曲线最高点的含水量称为填土压实的最优含水量。土在这种含水量条件下，使用同样的压实功进行压实，所得到的密度最大。为了保证填土在压实过程中的最优含水量，当填土过湿时，应予以翻松、晾晒、均匀掺入同类干土（或吸水性填料）等措施；若填土含水量偏低，可以采用预先洒水润湿、增加压实遍数等措施。

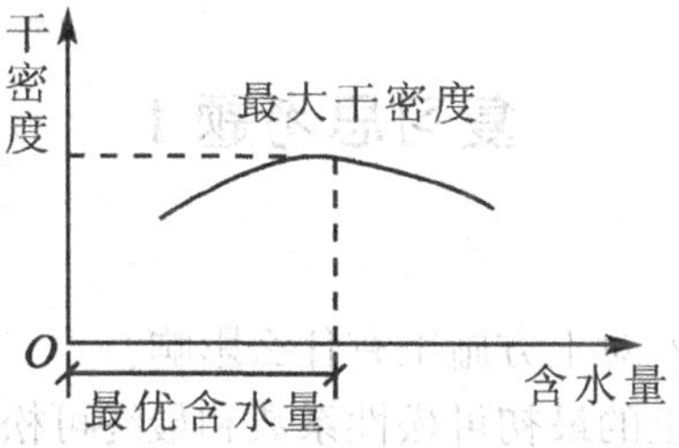

图 1.5.13 土的含水量与密度关系

(3) 铺土厚度的影响

土在压实功的作用下，其应力随深度加深逐渐减小，超过一定深度后，则土的压实程度和未压实前相差极微。各种压实机械的影响深度与土的性质和含水量有关。铺得过厚，要压许多遍才能达到规定的密实程度，铺得过薄也会增加机械的总压实遍数。因此，填土压实时每层铺土厚度的确定应根据所选用的压实机械和土的性质，在保证压实质量的前提下，使填方压实机械的功耗最小。一般铺土厚度可以按表 1.5.2 参考选用。

6. 填土压实的质量检查

填土压实后要达到一定的密实度要求。填土密实度以压实系数（设计规定的施工控制干密度与最大干密度之比）表示。不同的填方工程，设计要求的压实系数不同，一般的场地平整，其压实系数为 0.9 左右，对地基填土压实系数为 0.91~0.97，具体取值应视结构类型和填土部位而定。填方施工前，应先求得现场各种土料的最大干密度，土的最大干密度可以由实验室击实试验确定，也可以按下式计算

$$\rho_{d\max} = \eta \frac{\rho_w d_s}{1+0.01\omega_{0p} d_s} \tag{1.5.7}$$

式中：η——经验系数，粘土取 0.95，粉质粘土取 0.96，粉土取 0.97；

ρ_w——水的密度（g/cm^3）；

d_s——土粒相对密度（比重）；

ω_{0p}——土的最优含水量（%），可以根据经验、实验或取 ω_p+2，粉土取 14~18。

土的最大干密度求出后，乘以设计规定的压实系数，即求得土的控制干密度 ρ_d，作为检查施工质量的依据。压实后土的实际干密度 ρ_0 应大于或等于土的控制干密度 ρ_d。

填方压实后的密实度应在施工时取样检查，基坑（槽）、管沟回填，每层按长度每

20~50m取样一组；室内填土每层按100~500m^{2}取样一组；场地平整填土，每层按400~900m^{2}取样一组。目前一般采用环刀法取样测定土的实际密度和含水量。取样部位在每层压实后的下半部。取样后先称出土的湿密度并测定含水量，然后用下式计算土的实际干密度ρ_0

$$\rho_0=\frac{\rho}{1+0.01\omega} \tag{1.5.8}$$

式中：ρ——土的湿容重（g/cm^3）；

ω——土的含水量（%）。

若计算结果$\rho_0 \geqslant \rho_d$，则符合要求；否则，应采取措施，提高填土的密实度。

复习思考题1

一、问答题

1. 土的工程性质是什么？对土方施工有什么影响？
2. 什么是土的可松性？土的最初可松性系数和最终可松性系数如何确定？
3. 确定场地平整设计标高时应考虑哪些因素？
4. 试述按填、挖平衡时确定场地平整设计标高的步骤与方法。
5. 在什么情况下对场地设计标高应进行调整？如何调整？
6. 试述场地土方量计算的步骤与方法。
7. 土方调配时，怎样使土方运输量最小？
8. 流砂的主要成因是什么？防治流砂的途径是什么？有哪些有效措施？
9. 基坑降水有哪几种方法？各自的适用范围如何？
10. 如何进行轻型井点系统的平面布置与高程布置？
11. 水井的类型是怎样划分的？涌水量计算的步骤有哪些？
12. 轻型井点的井点管沉设与井点系统安装时，应如何保证施工质量？
13. 影响土方边坡大小的因素有哪些？
14. 试述常用的土方机械类型、工作特点及适用范围。
15. 土方回填时对土料的选择有何要求？压实方法有哪几种？各有什么特点？
16. 影响填土压实质量的主要因素有哪些？怎样检查填土压实质量？

二、计算题

1. 基础平面尺寸为30m×10m，埋设深度标高为-3.5m，自然地面标高为-0.5m，四面放坡1∶0.33，并要求每边留出0.5m的工作宽度，试求：

（1）基坑放灰线的尺寸（保留1位小数）；

（2）基坑的挖土工程量（按实土计算）；

（3）当基础体积为153m^{3}时，则弃土量为多少（$k_s=1.24$，$k'_s=1.04$）？

2. 某建筑场地方格网（$a=20$m）及各方格顶点地面标高如题2图所示。土质为亚粘土（普通土），$k'_s=1.05$，地面设计双向泄水，泄水坡度$i_x=i_y=3‰$，按挖平衡要求，试求：

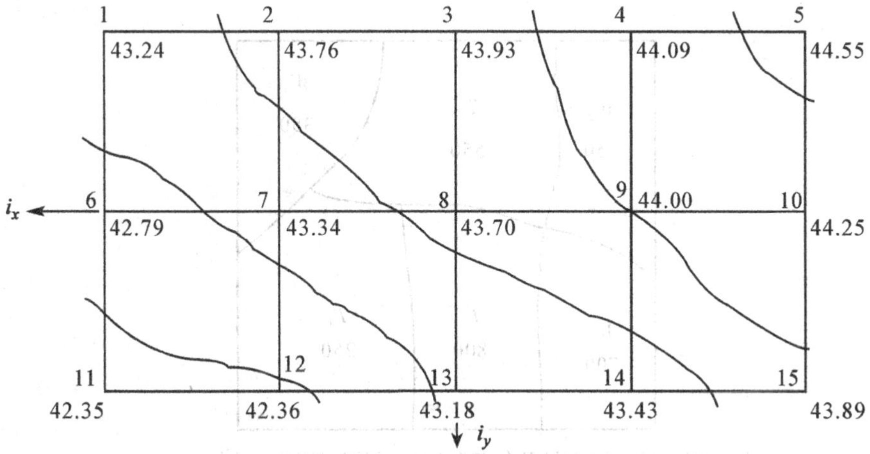

题2图 建筑场地方格网及顶点标高图

（1）场地各方格顶点设计标高；

（2）计算各角点施工高度并标出零线位置；

（3）计算填、挖土方量（不考虑边坡土方量）；

（4）考虑土的可松性影响调整后的设计标高。

3. 某工程基坑开挖，坑底平面尺寸为18m×36m，基坑底标高为-5m，自然地面标高-0.2m，地下水位标高为-1.6m。土质为：地面至-2.5m为杂填土，-2.5m至-9m为细砂层，土的渗透系数为k=5m/d，-9m以下为不透水层。土方边坡坡度为1：0.5，采用轻型井点降低地下水位。试求：

（1）轻型井点的平面布置与高程布置；

（2）计算涌水量、井点管数量和间距。

已知：现有井点管长为6m，直径为ϕ50mm，滤管长为1m。

4. 已知场地的挖方区为W_1、W_2、W_3；填方区为T_1、T_2、T_3。填、挖方量及每调配区的平均运距如题4表及题4图所示。

（1）试用表上作业法求最优土方调配方案；

（2）试绘制出土方调配图。

题4表　　挖、填方量及平均运距表　　（单位：m）

填方区 / 挖方区	T_1	T_2	T_3	挖方量/m³
W_1	50	80	40	350
W_2	100	70	60	550
W_3	90	40	80	700
填方量/m³	250	800	550	

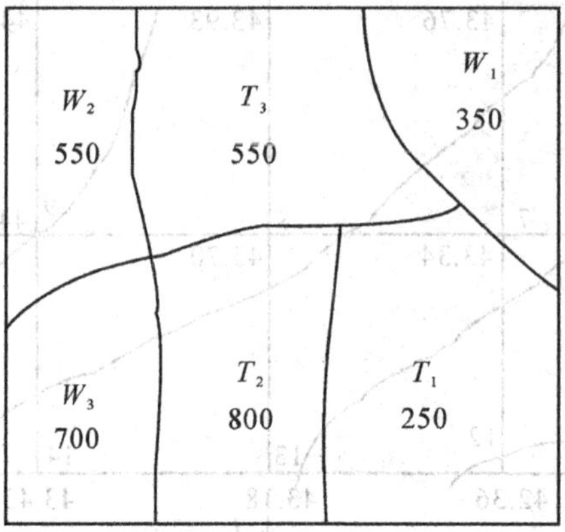

题4图 填、挖方量及各调配区的平均运距图（单位：m^3）

第2章　深基础工程施工

近年来，在土木工程建设中，各种大型、超高型建筑物、构筑物日益增多，规模越来越大，对基础工程的要求也越来越高。为了有效地把结构的上部荷载传递到周围土层深处，或承载力较高的土层上，深基础技术被越来越广泛地运用于土木建筑工程中。目前常用的深基础形式有桩基础、地下连续墙、沉井基础、沉箱基础等，其中桩基础应用最广。

§2.1　桩基础施工

桩基础是一种常用的深基础形式，桩基础是由设置于岩土中的桩和与桩顶连接的承台共同组成的基础或由柱与桩直接连接的单桩基础。

按基桩的承载性状不同，桩可以分为端承型桩和摩擦型桩。端承型桩又可以分为端承桩和摩擦端承桩；摩擦型桩又可以分为摩擦桩和端承摩擦桩。

端承桩在承载能力极限状态下，桩顶竖向荷载由桩端阻力承受，桩侧阻力小到可以忽略不计；摩擦端承桩在承载能力极限状态下，桩顶竖向荷载主要由桩端阻力承受。摩擦桩在承载能力极限状态下，桩顶竖向荷载由桩侧阻力承受，桩端阻力小到可以忽略不计；端承摩擦桩在承载能力极限状态下，桩顶竖向荷载主要由桩侧阻力承受。

按桩身材料的不同，桩可以分为木桩、混凝土桩（包括钢筋混凝土桩和预应力混凝土桩）、钢桩（包括钢管桩、型钢桩）、砂石桩、灰土桩、水泥土桩等。

按桩的使用功能不同，桩可以分为竖向抗压桩、竖向抗拔桩、水平受荷载桩（主要承受水平荷载）、复合受荷载桩（竖向、水平荷载均较大）。

按桩径大小不同，桩可以分为小桩（指桩径 $d \leqslant 250$mm 的桩）、中等直径桩（指桩径在 250mm$<d<$800mm 的桩）、大直径桩（指直径 $d \geqslant 800$mm 的桩）。

按照施工方法的不同，桩可以分为预制桩和灌注桩。预制桩是在工厂或施工现场预制成的各种材料和形式的桩。灌注桩是在施工现场的桩位上先成孔，然后在孔内灌注混凝土或加入钢筋后再灌注混凝土而形成的桩。

按成桩方法的不同，桩可以分为非挤土桩，如干作业法钻（挖）孔灌注桩、泥浆护壁法钻（挖）孔灌注桩、套管护壁法钻（挖）孔灌注桩；部分挤土桩，如长螺旋压灌灌注桩、冲孔灌注桩、钻孔挤扩灌注桩、搅拌劲芯桩、预钻孔打入（静压）预制桩、打入（静压）式敞口钢管桩、敞口预应力混凝土空心桩和H型钢桩；挤土桩，如沉管灌注桩、沉管夯（挤）扩灌注桩、打入（静压）预制桩、闭口预应力混凝土空心桩和闭口钢管桩。

2.1.1　钢筋混凝土预制桩施工

钢筋混凝土预制桩常用的截面形式有方形实心截面、圆柱体空心截面、预应力混凝土管形桩。方形桩边长通常为200~500mm，长7~25m，如需打设30m以上的桩，或者受运输条件和桩架限制时，可以将桩分成若干段预制，在施工过程中根据需要逐段接长。空心管桩外径为300~550mm，每节长度为4~12m，管壁厚为80~100mm，在工厂内采用离心法制成，与实心桩相比较可以大大减轻桩的自重，在施工过程中，常用钢制法兰盘及螺栓连接。

钢筋混凝土预制桩施工包括预制、起吊、运输、堆放、沉桩和接桩等过程。

1. 钢筋混凝土桩的预制、起吊、运输和堆放

对于长度较小（10m以内）的钢筋混凝土预制桩可以在预制工厂预制，对于较长的预制桩，可以在施工现场附近或现场内就地预制。现场预制多采用工具式木模板或钢模板，支在坚实平整的地坪上，模板应平整牢靠，尺寸准确。制作预制桩的方法有并列法、间隔法、重叠法和翻模法等，现场多采用重叠法间隔生产，如图2.1.1所示。施工时，邻桩与上层桩的混凝土必须待邻桩或下层桩的混凝土达到设计强度的30%以后进行，一般重叠层数不宜超过4层。

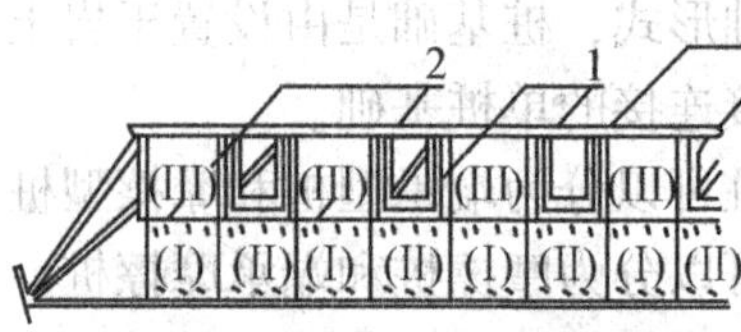

1—侧模板；2—隔离剂或隔离层；3—卡具

Ⅰ、Ⅱ、Ⅲ—第一、二、三批浇筑桩

图2.1.1 重叠法间隔施工

钢筋混凝土桩的预制程序是：现场制作场地压实、整平→场地地坪作三七灰土或浇筑混凝土→支模→绑扎钢筋骨架、安设吊环→浇筑混凝土→养护至30%强度拆模→支间隔端头模板、刷隔离剂、绑扎钢筋→浇筑间隔桩混凝土→同法间隔重叠制作第二层桩→养护至70%强度起吊→达100%强度后运输、堆放。

长桩可以分节制作，单节长度应满足桩架的有效高度，制作场地条件，运输与装卸能力等方面的要求，并应避免在桩尖接近硬持力层或桩尖处于硬持力层中接桩。

桩内的钢筋应严格保证位置的正确，钢筋骨架主筋连接宜采用对焊或电弧焊；主筋接头配置在同一截面内的数量，对于受拉钢筋不得超过50%；相邻两根主筋接头截面的距离应大于35倍的主筋直径，且不小于500mm。

混凝土强度等级应不低于C30，粗骨料采用料径为5~40mm的碎石或卵石，用机械拌制混凝土，混凝土坍落度不大于6cm，为防止桩顶被击碎，混凝土浇筑应由桩顶向桩尖方向连续浇筑，不得中断，且应防止另一端的砂浆积聚过多。浇筑完毕应覆盖、洒水养护不少于7d，若用蒸汽养护，在蒸养后，尚应适当自然养护，达到设计强度等级后方可使用。

当桩的混凝土强度达到设计强度标准值的70%后方可起吊。若需提前起吊，必须采取必要的措施并经验算合格后方可进行。吊点应严格按设计规定的位置绑扎。若设计无规定，应按照起吊弯矩最小的原则确定绑扎位置，如图2.1.2所示。起吊时应采取相应措施，保持平稳提升，保护桩身质量，防止撞击和受振动。

桩运输时的混凝土强度应达到设计强度标准值的 100%。长桩运输可以采用平板拖车、平台挂车或汽车后挂小炮车运输；短桩运输可以采用载重汽车，现场运距较近时，亦可以采用轻轨平板车运输。装载时桩支承点应按设计吊钩位置或接近设计吊钩位置设置，并支撑、垫实和绑扎牢固，以防止运输中晃动或滑动；长桩采用挂车或炮车运输时，桩不宜设活动支座，行车应平稳，并掌握好行驶速度，防止任何碰撞和冲击。严禁在场地上以直接拖拉桩体方式代替装车运输。

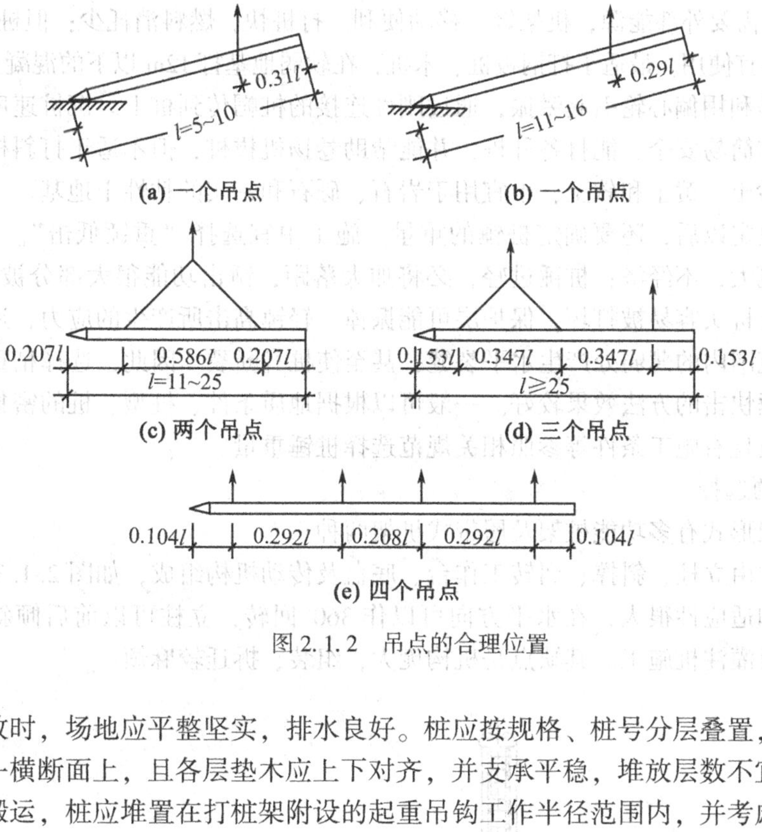

图 2.1.2　吊点的合理位置

桩堆放时，场地应平整坚实，排水良好。桩应按规格、桩号分层叠置，垫木与吊点应保持在同一横断面上，且各层垫木应上下对齐，并支承平稳，堆放层数不宜超过 4 层。为减少二次搬运，桩应堆置在打桩架附设的起重吊钩工作半径范围内，并考虑起重方向，避免空中转向。

2. 打桩机械的设备及选用

打桩所用的机械设备主要有桩锤、桩架及动力装置三部分组成。桩锤是对桩施加冲击力，将桩打入土中的机具；桩架的主要作用是支持桩身和桩锤，将桩吊到打桩位置，并在打入过程中引导桩的方向，保证桩锤沿着所要求的方向冲击；动力装置包括启动桩锤用的动力设施，如卷扬机、锅炉、空气压缩机等。

（1）桩锤的选择

施工中常用的桩锤有落锤、单动汽锤、双动汽锤、柴油桩锤和振动桩锤等。

落锤为一铸铁块，重 1~2t，用人力或卷扬机提起桩锤，然后自由下落，利用桩锤重力冲击桩顶，使桩沉入土中。其构造简单，使用方便，冲击力大，能随意调整落距，但锤击速度慢（每分钟 6~20 次），效率较低。落锤适于打木桩及细长尺寸的混凝土桩，在一般土层及粘土、含有砾石的土层中均可使用。

汽锤是利用蒸汽或压缩空气的压力将锤头上举，然后由锤的自重向下冲击沉桩。单动汽锤常用锤重 3~10t，结构简单，落距小，对设备和桩头不易损坏，打桩速度及冲击力较落锤大，效率较高（每分钟 25~30 次），适于打各种桩，最适于套管法打就地灌注混凝土桩。双动汽锤常用锤重 0.6~6t，冲击次数多，冲击力大，工作效率高（每分钟 100~200 次），但设备笨重，移动较困难，适于打各种桩，并可以用于打斜桩，使用压缩空气时，可以用于水下打桩。

柴油桩锤是利用燃油爆炸，推动活塞往复运动产生冲击力，进行锤击打桩。附有桩架、动力等设备，不需要外部能源，机架轻，移动便利，打桩快，燃料消耗少；但桩架高度低，遇硬土或软土不宜使用。最适于打钢板桩、木桩，在软弱地基打 12m 以下的混凝土桩。

振动桩锤是利用偏心轮引起激振，通过刚性连接的桩帽传到桩上。沉桩速度快，适用性强，施工操作简易安全，能打各种桩，并能帮助卷扬机拔桩，但不适于打斜桩，适于粉质粘土、松散砂土、黄土和软土，不宜用于岩石、砾石和密实的粘性土地基。

桩锤类型决定以后，还要确定桩锤的重量。施工中宜选择“重锤低击”。桩锤过重，所需动力设备也大，不经济；桩锤过轻，必将加大落距，锤击功能很大部分被桩身吸收，桩不易打入，且桩头容易被打坏，保护层可能振掉。轻锤高击所产生的应力，还会促使距桩顶 1/3 桩长范围内的薄弱处产生水平裂缝，甚至使桩身断裂。因此，选择稍重的锤，用重锤低击和重锤快击的方法效果较好。一般可以根据地质条件、桩型、桩的密集程度、单桩竖向承载力及现有施工条件等参照相关规范选择桩锤重量。

（2）桩架的选择

常用的桩架形式有多功能桩架及履带式桩架两种。

多功能桩架由立柱、斜撑、回转工作台、底盘及传动机构组成，如图 2.1.3 所示。这种桩架机动性和适应性很大，在水平方向可以作 360°回转，立柱可以前后倾斜，可以适应各种预制桩及灌注桩施工。其缺点是机构庞大，组装、拆迁较麻烦。

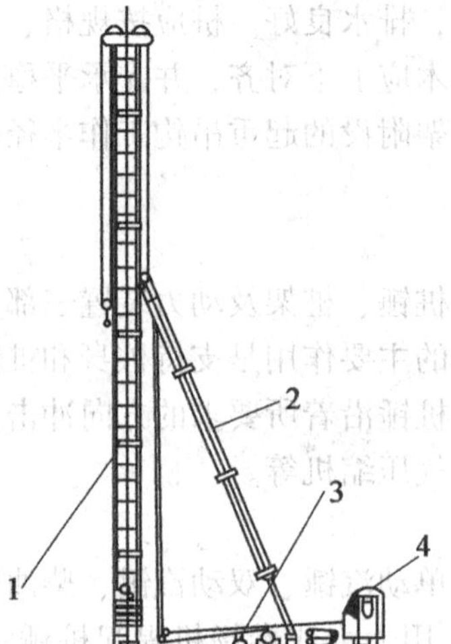

1—立柱；2—斜撑；3—回转工作台；4—传动机构

图 2.1.3 多功能桩架

履带式桩架以履带式起重机为底盘，增加立柱与斜撑用以打桩，如图 2.1.4 所示。这种桩架性能灵活，移动方便，适应各种预制桩及灌注桩施工。

选择桩架时应考虑：桩的材料、材质和截面形状、尺寸，单节桩或多节桩，桩的连接形式与数量，施工场地条件、作业环境和空间，选定的锤型、锤质量和尺寸，施工进度等因素。通常桩架的高度由桩的长度、桩锤高度、桩帽厚度及所用滑轮组的高度来决定，还应留 1~2m 的起锤所需的工作高度。

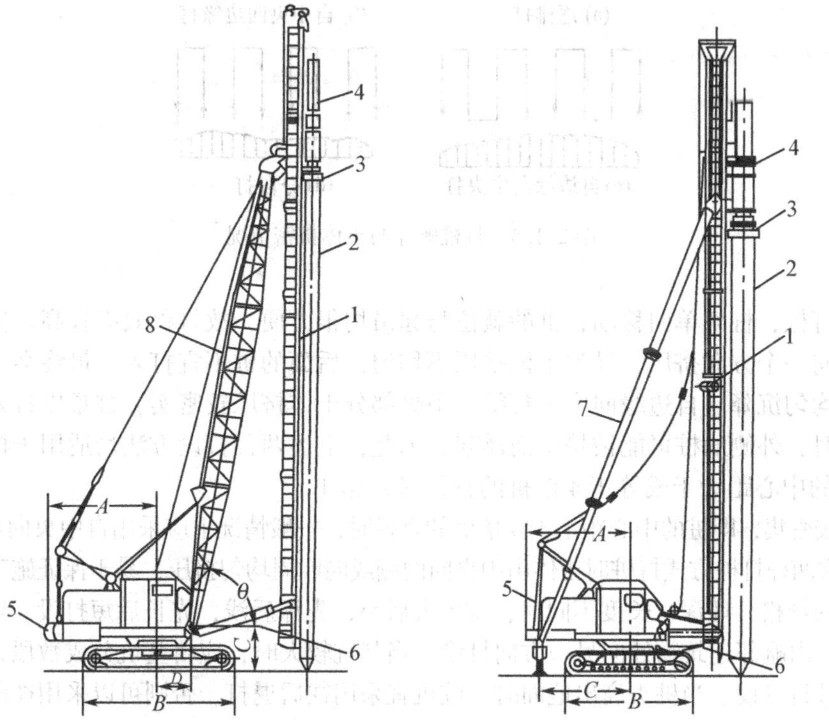

(a) 起重机式打桩机　　(b) 柴油打桩机

1—立柱；2—桩；3—桩帽；4—桩锤；5—机体；6—支撑；7—斜撑；8—起重杆

图 2.1.4　履带式桩架

3. 锤击沉桩法

（1）施工前的准备工作

①平整压实场地，清除打桩范围内的高空、地面、地下障碍物；架空高压线至打桩架的距离不得小于 10m；修筑桩机进出、行走的道路，做好排水措施。

②按施工图纸布置进行测量放线，定出桩基轴线并定出桩位，在不受打桩影响的适当位置设置不少于 2 个水准点，以便控制桩的入土标高。

③检查桩的质量，将需用的桩按平面布置图堆放在打桩机附近，不合格的桩不能运至打桩现场。

④准备好施工机具，接通现场的水、电管线，进行设备架立组装和试打桩。

⑤若打桩场地的建筑物（或构筑物）有防震要求，应采取必要的防护措施。

（2）打桩顺序

为了保证打桩的工程质量，防止周围建筑物受挤压土体的影响，打桩前应根据桩的密集程度、桩的规格、长短和桩架移动方便来正确选择打桩顺序。打桩顺序一般有逐排打、自中央向边缘打、自边缘向中央打和分段打4种，如图2.1.5所示。

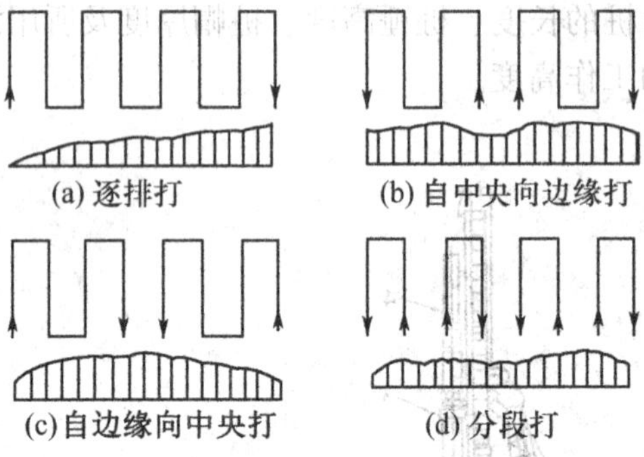

图2.1.5 打桩顺序与土体挤密情况

逐排打桩，桩架单向移动，桩的就位与起吊均很方便，故打桩效率较高。但逐排打桩会使土体向一个方向挤压，导致土体挤压不均匀，后面的桩不宜打入，最终会引起附近建筑物的不均匀沉降。自边缘向中央打桩，中央部分土体挤压较密实，桩难以打入，而且在打中央桩时，外侧的桩可能被挤压而浮起，因此，上述两种打设方法均适用于桩不太密集时（即桩的中心距大于或等于4倍桩的直径时）施工。

当桩较密集，即桩的中心距小于4倍桩的直径时，一般情况下应采用自中央向边缘打或分段打。按这两种打桩方式打桩时土体由中央向两侧或向四周均匀挤压，易于保证施工质量。

当桩的规格、埋深、长度不同时，宜先大后小，先深后浅，先长后短打设。当一侧毗邻建筑物时，由毗邻建筑物处向另一方向打设。当基坑较大时，应将基坑分成数段，而后在各段内分别进行打设。当桩头高出地面时，桩机宜采用往后退打，否则可以采用往前顶打。

（3）吊桩就位

按预定的打桩顺序，将桩架移动至桩位处并用缆风绳稳定，然后将桩运至桩架下，利用桩架上的滑轮组，由卷扬机将桩提升为直立状态。在桩的自重和锤重的压力下，桩便会沉入土中一定深度，待桩下沉达到稳定状态，桩位和垂直度经全面检查和校正符合要求后，即可开始打桩。

（4）打桩

打桩时宜采用重锤低击。开始打桩时，应选较小的桩锤落距，一般为0.5~0.8m，以保证桩能正常沉入土中。待桩入土一定深度（1~2m），桩尖不宜产生偏移时，可以适当增加落距，并逐渐提高到规定数值，连续锤击，直至将桩锤击到设计规定深度。

在整个打桩过程中应做好测量和记录工作，以方便工程验收。用落锤、单动汽锤或柴油锤打桩时，从开始即需统计桩身每沉落1m所需的锤击数；当桩下沉接近设计标高时，则应继续锤击3阵，测量每阵10击的贯入度，以保证使其达到设计承载力所要求的最小贯入度。若用双动汽锤，从开始就应记录桩身每下沉1m所需要的工作时间，以观察其沉入速度，当桩下沉接近设计标高时，则应测量桩每分钟的下沉值，以保证桩的设计承载力。

（5）接桩

钢筋混凝土预制长桩，受运输条件和桩架高度的限制，一般分成若干节预制，分节打入，在现场进行接桩。接桩的方法可以采用焊接、法兰连接或机械快速连接（螺纹式、啮合式）。目前多采用焊接接桩。

采用焊接法接桩时，必须对准下节桩且垂直无误后，用点焊将拼接角钢连接固定，再次检查位置正确无误后，再进行焊接。施焊时，应两人同时对角对称地进行，以防止节点变形不均匀而引起桩身歪斜，焊缝要连续饱满。

法兰接桩法是用法兰盘和螺栓连接。其接桩速度快，但耗钢量大，多用于混凝土管桩。

机械快速连接包括螺纹式和啮合式。螺纹式接桩应保证桩两端制作尺寸及连接件的正确性，其下节桩端宜高出地面 0.8m，接头处应洁净并涂润滑脂。接头应采用专用接头锥度对中，对准上下节桩进行旋紧连接；锁紧后两端板应有 1~2mm 的间隙。采用机械啮合接头，将上、下接头钣清理干净，用扳手将已涂抹沥青涂料的连接销逐根旋入上节桩Ⅰ型端头钣的螺栓孔内，并用钢模板调整好连接销的方位；剔除下节桩Ⅱ型端头钣连接槽内泡沫塑料保护块，在连接槽内注入沥青涂料，并在端头钣面周边抹上宽度 20mm、厚度 3mm 的沥青涂料；当地基土、地下水含中等以上腐蚀介质时，桩端钣板面应满涂沥青涂料；将上节桩吊起，使连接销与Ⅱ型端头钣上各连接口对准，随即将连接销插入连接槽内；加压使上、下节桩的桩头钣接触，接桩完成。

（6）截桩

当预制钢筋混凝土桩的桩顶露出地面并影响后续桩施工时，应立即进行截桩头。截桩头前，应测量桩顶标高，将桩头多余部分凿去。截桩头可以用人工或风动工具（如风镐等），亦可以用无声爆破法来完成；空心管桩宜采用人工凿除。无论采用哪种方法均不得把桩身混凝土打裂，且应保证桩身主筋伸入承台内。其锚固长度必须符合设计规定。一般桩身主筋伸入混凝土承台内的长度：受拉时不少于 25 倍主筋直径；受压时不少于 15 倍主筋直径。主筋上粘着的混凝土碎块应清除干净。

当桩顶标高在设计标高以下时，应在桩位上挖成喇叭口，凿去桩头表面混凝土，凿出主筋并焊接接长至设计要求的长度，再与承台底的钢筋绑扎在一起。然后，用与桩身同标号的混凝土与承台一起浇灌混凝土。

（7）打桩的质量控制

打桩的质量通常以打入后的偏差是否在相关规范允许范围内，最后贯入度与沉桩标高是否满足设计要求，桩顶、桩身是否被打坏以及对周围环境有无造成严重危害等几方面进行控制。

桩的垂直偏差应控制在 0.5%之内，平面位置的偏差，单排桩不大于 100mm，多排桩一般为 0.5~1 个桩的直径或边长。按标高控制的桩，桩顶标高的允许偏差为-50~+100mm。

为保证打桩质量，应遵循以下停打控制原则：当桩端位于一般土层时，应以控制桩端设计标高为主，贯入度为辅；桩端达到坚硬、硬塑的黏性土、中密以上粉土、砂土、碎石类土及风化岩时，应以贯入度控制为主，桩端标高为辅；贯入度已达到设计要求而桩端标高未达到时，应继续锤击 3 阵，且按每阵 10 击的贯入度不应大于设计规定的数值确认，必要时，施工控制贯入度应通过试验确定。

如果沉桩尚未达到设计标高，而贯入度突然变小，则可能土层中夹有硬土层，或遇到孤石等障碍物，此时应会同设计勘探部门共同研究解决，切勿盲目施打。打桩时，若桩顶过分破碎或桩身严重裂缝，应立即暂停，在采取相应的技术措施后，方可继续施打。

打桩时，引起桩区及附近地区的土体隆起和水平位移虽然不属于单桩本身的问题，但由于邻桩相互挤压导致桩位偏移，产生浮桩，则会影响整个工程质量。在已有建筑群中施工，打桩还会引起已有地下管线、地面交通道路和建筑物的损坏和不安全。为避免或减小沉桩挤土效应和对邻近建筑物、地下管线等的影响，施打大面积密集桩群时，可以采取下列辅助措施：

①预钻孔沉桩，预钻孔孔径比桩径（或方桩对角线）小 50~100mm，深度视桩距和土的密实度、渗透性而定，深度宜为桩长的 0.3~0.5，施工时应随钻随打，桩架宜具备钻孔与锤击双重性能。

②设置袋装砂井或塑料排水板，该方法可以消除部分超孔隙水压力，减少挤土现象；袋装砂井的直径一般为 70~80mm，间距 1~1.5m，深度 10~12m；塑料排水板的深度、间距与袋装砂井相同。

③设置隔离板桩或地下连续墙。

④开挖地面防震沟，该方法可以消除部分地面震动，可以与其他措施结合使用，沟宽为 0.5~0.8m，其深度按土质情况以边坡能自立为准。

⑤限制打桩速率。

⑥沉桩结束后，宜普遍实施一次复打。

⑦沉桩过程中应加强对邻近建筑物，地下管线等的观测、监护。

4. 振动沉桩法

振动沉桩法与锤击沉桩法的原理基本相同，所不同的是用振动沉桩机代替桩锤。如图 2.1.6 所示，振动沉桩机由电动机、弹簧支承、偏心振动块和桩帽组成。振动机内的偏心振动块，分左、右对称两组，其旋转速度相等，方向相反。所以，当工作时，两组偏心块的离心力的水平分力相抵消，但垂直分力则相叠加，形成垂直方向（向上或向下）的振动力。由于桩与振动机是刚性连接在一起的，故桩也随着振动力沿垂直方向上下振动而下沉。

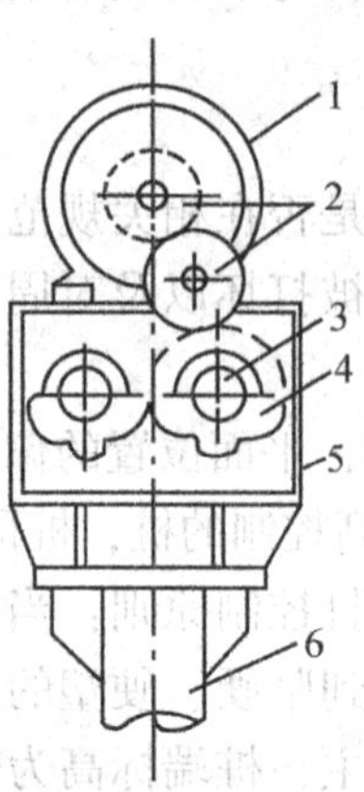

1—电动机；2—传动齿轮；3—轴；4—偏心块；5—箱壳；6—桩

图 2.1.6 振动沉桩机

振动沉桩法主要适用于砂石、黄土、软土和亚粘土，在含水砂层中的效果更为显著，但在砂砾层中采用该方法时，尚需配以水冲法。沉桩工作应连续进行，以防止间歇过久难以沉下。

5. 射水法沉桩

射水法沉桩又称为水冲法沉桩，是将射水管附在桩身上，用高压水流束将桩尖附近的土体冲松液化，桩借自重（或稍加外力）沉入土中，如图 2.1.7 所示。

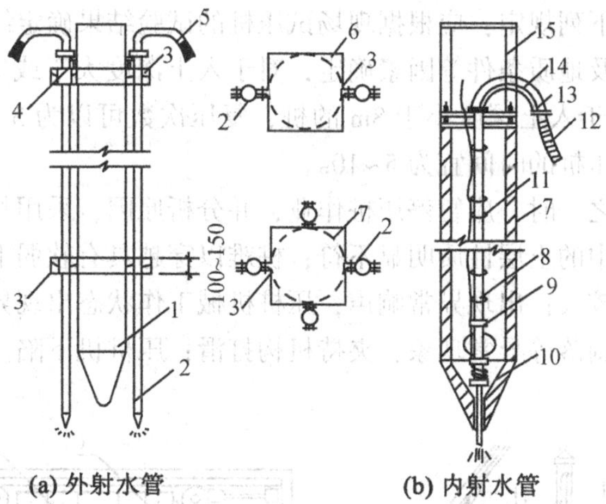

1—预制实心桩；2—外射水管；3—夹箍；4—木楔打紧；5—胶管；6—两侧外射水管夹箍；7—管桩
8—射水管；9—导向环；10—挡砂板；11—保险钢丝绳；12—弯管；13—胶管
14—电焊加强圆钢；15—钢送桩

图 2.1.7　射水法沉桩装置

射水法沉桩大多与锤击或振动相辅使用。沉桩时，应使射水管末端经常处于桩尖以下 0.3~0.4m 处。射水过程中，射水管和桩必须垂直，并要求射水均匀，水冲压力一般为 0.5~1.6MPa。施工时不要使桩下沉过猛，下沉渐趋缓慢时，可以开锤轻击，下沉转快时停止锤击。当桩沉至距设计标高 1~2m 时应停止射水，拔出射水管，用锤击或振动打至设计标高，以免将桩尖处土体冲坏，降低桩的承载力。

当在坚实的砂土中沉桩，桩难以打下或久打不下时，使用射水法可以防止将桩打断，或桩头打坏；比锤击法提高工效 2~4 倍；但需一套冲水装置。射水法沉桩最适用于砂土或碎石。

6. 静力压桩法

静力压桩法是用静力压桩机将预制钢筋混凝土桩分节压入地基土层中成桩。该方法为液压操作，自动化程度高，施工无噪声、无振动、无污染，不会打碎桩头，节省材料，施工速度快。适用于软弱土层和邻近有怕振动的建筑物（构筑物）等地区，当存在厚度大于 2m 的中密以上砂夹层时，不宜采用该方法。

静力压桩机由液压吊装机构、液压夹持、压桩机构、行走机构及回转机构等组成，如图 2.1.8 所示。压桩时用起重机先将预制桩吊入夹持器中，夹持油缸将桩从侧面夹紧，压桩油缸伸程，把桩压入土层中。伸长完后，夹持油缸回程松夹，压桩油缸回程，重复上述动作，可以实现连续压桩操作，直至把桩压入预定深度土层中。若桩长不够，可以压至桩顶离地面0.5~1.0m将桩接长。当桩歪斜，可以利用压桩油缸回程，将压入土层中的桩拔出，实现拔桩作业。

施工时，压桩机应根据土质情况配足额定重量，桩帽、桩身和送桩的中心线应重合。第一节桩下压时其垂直度偏差不应大于0.5%；宜将每根桩一次性连续压到底，且最后一节有效桩长不宜小于5m；抱压力不应大于桩身允许侧向压力的1.1倍。

终压条件应符合下列规定：应根据现场试压桩的试验结果确定终压力标准；终压连续复压次数应根据桩长及地质条件等因素确定，对于入土深度大于或等于8m的桩，复压次数可以为2~3次；对于入土深度小于8m的桩，复压次数可以为3~5次；稳压压桩力不得小于终压力，稳定压桩的时间宜为5~10s。

当出现下列情况之一时，应暂停压桩作业，并分析原因，采用相应措施：压力表读数显示情况与勘察报告中的土层性质明显不符；桩难以穿越具有软弱下卧层的硬夹层；实际桩长与设计桩长相差较大；出现异常响声；压桩机械工作状态出现异常；桩身出现纵向裂缝和桩头混凝土出现剥落等异常现象；夹持机构打滑；压桩机下陷。

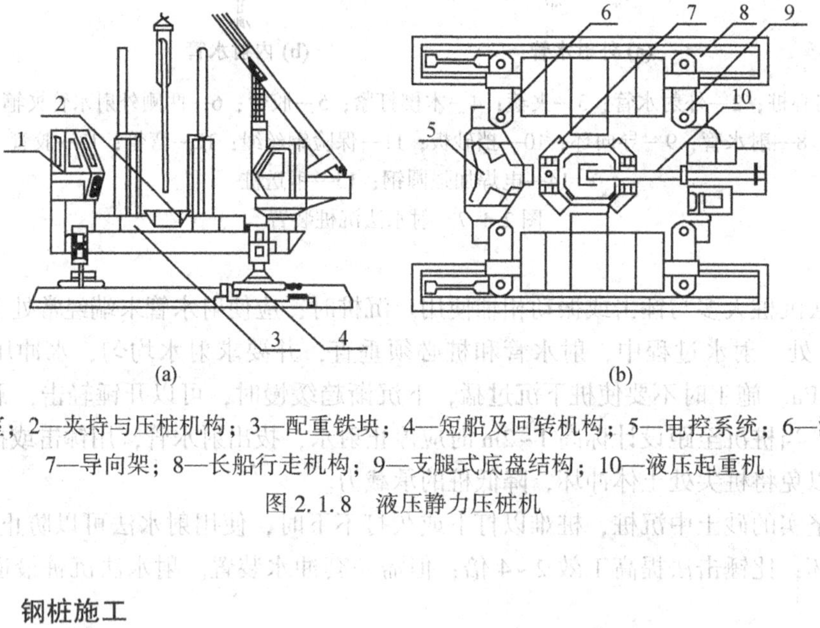

1—操作室；2—夹持与压桩机构；3—配重铁块；4—短船及回转机构；5—电控系统；6—液压系统
7—导向架；8—长船行走机构；9—支腿式底盘结构；10—液压起重机

图2.1.8　液压静力压桩机

2.1.2　钢桩施工

钢桩因其强度高、承载力大、自重轻、运输方便，被广泛使用。目前，钢桩类型主要有钢管桩、H型钢桩、异型钢桩等，其中钢管桩使用比较普遍。钢管桩直径一般为400~1000mm，壁厚为9~18mm，每节长度一般不超过12~15m。

钢管桩施工，有先挖土后打桩和先打桩后挖土两种，一般采用先打桩后挖土方法。其施工顺序是：桩机安装→桩机移动就位→吊装→插桩→锤击下沉→接桩→锤击至设计深度→内切钢管桩→精割→戴帽。为防止打桩过程中对邻桩和相邻建筑物造成较大位移和变位，一般采取先打中间后打外围（或先打中间后打两侧），先打长桩后打短桩，先打大直径桩后打小直径桩。在打桩机回转半径范围内的桩宜一次流水施打完毕。

钢桩沉桩可以采用锤击法或静压法沉桩。钢桩接桩一般采用焊接。焊接时必须清除桩端部的浮锈、油污等脏物，保持干燥；下节桩顶经锤击后变形的部分应割除；上下节桩焊接时应校正其垂直度，对口的间隙宜为 2～3mm；焊接应对称进行，并采用多层焊，各层焊缝的接头应错开，焊渣应清除；当气温低于 0℃ 或雨雪天，无可靠措施确保焊接质量时，不得焊接；每个接头焊接完毕，应冷却 1min 后方可锤击。

为便于基坑机械化挖土，基底以上的钢管桩要切割。切割设备有等离子体切桩机、氧乙炔切桩机等。工作时可以吊挂送入钢管桩内设计切割深度，靠风动顶针装置固定在钢管桩内壁，割嘴按预先调整好的间隙进行回转切割。为使钢管桩与承台共同作用，可以在每个钢管桩上加焊一个桩盖，桩盖形式有平桩盖和凹面型桩盖两种，并在外壁加焊 8～12 根 20mm 的锚固钢筋。挖土至设计标高，使钢管桩外露，取下临时桩盖，按设计标高用气焊进行钢管桩桩顶的精割，切割平整后打坡口，放上配套桩盖焊牢。钢管桩顶端与承台连接采用刚性接头，桩头嵌入承台长度不小于 1d（d 为钢管桩外径）或嵌入承台内 100mm 左右，再利用钢筋予以补强或在钢管桩顶端焊以基础锚固钢筋。

2.1.3　灌注桩施工

灌注桩是在施工现场的桩位上先成孔，然后在孔内灌注混凝土或加入钢筋后再灌注混凝土而形成。与预制桩相比较，灌注桩不受土层变化的限制，而且不用截桩与接桩，避免了锤击应力，桩的混凝土强度及配筋只要满足设计与使用要求即可，因此，灌注桩具有节约材料，成本低，施工无振动、无挤压，噪音小等优点。但灌注桩施工操作要求严格，施工后混凝土需要一定的养护期，不能立即承受荷载，施工工期较长，在软土地基中易出现颈缩、断裂等质量事故。

根据成孔方法的不同，灌注桩可以分为干作业成孔灌注桩、泥浆护壁成孔灌注桩、沉管灌注桩和人工挖孔灌注桩等。

1. *泥浆护壁成孔灌注桩*

泥浆护壁成孔灌注桩是用泥浆来保护孔壁，防止孔壁塌落，排出土渣而成孔。适用于地下水位以下的粘性土、粉土、砂土、填土、碎（砾）石土及风化岩层，以及地质情况复杂、夹层多、风化不均、软硬变化较大的岩层。常用的成孔机械有冲抓锥成孔机、斗式钻头成孔机、冲击式钻孔机、潜水电钻机、回转钻机等。

（1）成孔方式

①冲抓锥成孔。冲抓锥成孔是用卷扬机悬吊冲抓锥，钻头内有压重铁块及活动抓片，下落时，松开卷扬刹车，叶瓣抓片张开，钻头下落冲入土中，然后提升钻头，抓头闭合抓土，提升至地面将土卸去，依次循环作业直至形成要求的桩孔。冲抓锥成孔钻机的构造如图 2.1.9 所示，冲抓锥的构造如图 2.1.10 所示。冲抓锥成孔设备简单，所成孔壁完整；施工操作简便，可以连续作业，生产效率较高（每台班可冲深 5～8m 的孔 5～6 个），不受现场限制，无噪声和振动影响。但也存在现场泥泞、污染环境等问题。冲抓锥成孔适用于一般较松软粘土、粉质粘土、砂土、砂砾层以及软质岩层，成孔直径一般为 450～600mm，成孔深为5～18m。

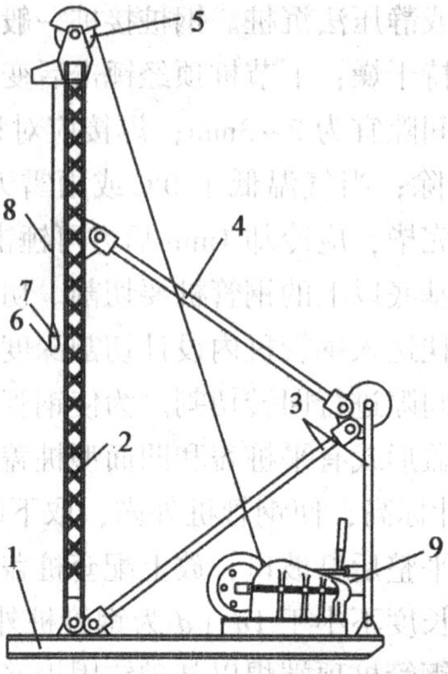

1—底座；2—龙门钻架；3—起吊架；4—螺旋式活动连杆；5—转向滑轮
6—冲抓锤；7—绳帽套；8—起重钢丝绳；9—双滚筒卷扬机

图 2.1.9　冲抓锤成孔钻机构造

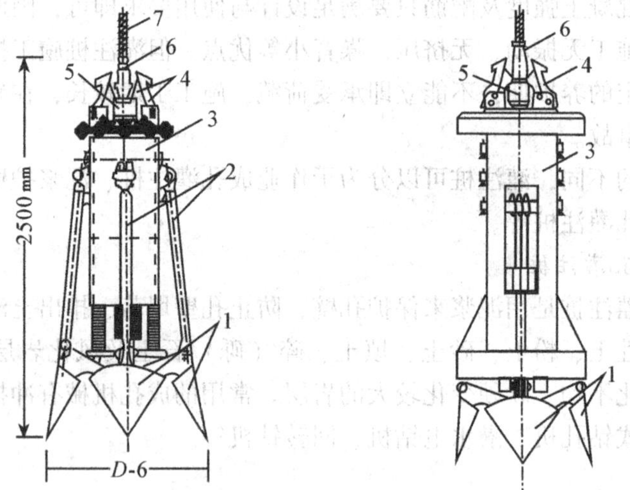

(a) 外着力连杆冲抓锤　　**(b) 内着力连杆冲抓锤**

1—冲瓣；2—着力连杆；3—空心套柱；4—自动挂钩；5—挂砣；6—绳帽套；7—起重钢丝绳

图 2.1.10　冲抓锤构造

②冲击成孔。冲击成孔是用冲击式钻机或卷扬机悬吊冲击钻头（又称冲锤）上下往复冲击，将硬质土或岩层破碎成孔，部分碎渣和泥浆挤入孔壁中，大部分成为泥渣，用掏渣筒掏出成孔，如图 2.1.11 所示。冲击成孔设备构造简单，适用范围广，操作方便，所成孔壁较坚实、稳定，塌孔少，不受施工场地限制，无噪音和振动影响。但存在掏泥渣较

费工费时，不能连接作业，成孔速度较慢，泥渣污染环境，孔底泥渣难以掏尽，使桩承载力不够稳定等问题。冲击成孔适用于黄土、粘性土或粉质粘土和人工杂填土层中应用，特别适于有孤石的砂砾石层、漂石层、坚硬土层、岩层中使用，对流砂层亦可以克服，还能穿透旧基础大孤石等障碍物，但岩溶发育地区应慎重使用。对地下水大的土层，会使桩端承载力和摩阻力大幅度降低，故不宜采用。

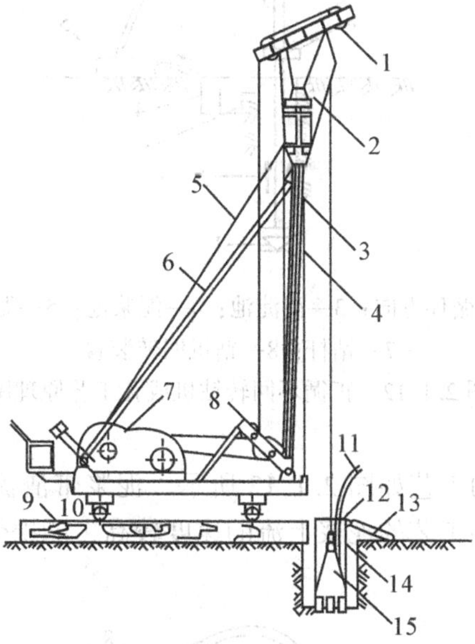

1—副滑轮；2—主滑轮；3—主杆；4—前拉索；5—后拉索；6—斜撑；7—双滚筒卷扬机；8—导向轮
9—垫木；10—钢管；11—供浆管；12—溢流口；13—泥浆流槽；14—护筒回填土；15—钻头

图 2.1.11　冲击钻成孔示意图

③潜水电钻成孔。潜水电钻成孔是利用潜水电钻机构中密封的电动机、变速机构，直接带动钻头在泥浆中旋转削土，同时用泥浆泵压送高压泥浆（或用水泵压送清水）从钻头底端射出，与切碎的土颗粒混合，以正循环方式不断由孔底向孔口溢出，将泥渣排出，或用砂石泵或空气吸泥机采用反循环方式排除泥渣，如此连续钻进，直至形成需要深度的桩孔，浇筑混凝土成桩。

潜水电钻成孔具有钻机设备定型，体积较小，重量轻，移动灵活，维修方便，可钻深孔，成孔精度和效率高，质量好，扩孔率低，成孔率 100%，钻进速度快，施工无噪音、无振动，操作简便，劳动强度低等特点。但设备较复杂，费用较高。潜水电钻成孔适用于地下水位较高的软硬土层，如淤泥、淤泥质土、粘土、粉质粘土、砂土、砂夹卵石及风化页岩层中使用，不得用于漂石，钻孔直径 500～1500mm，钻孔深 20～30m，最深可以达到 50m。

④回转钻机成孔。回转钻机是由动力装置带动钻机回转装置转动，再由其带动带有钻头的钻杆转动，由钻头切削土壤。根据泥浆循环方式的不同，分为正循环回转钻机成孔和反循环回转钻机成孔。

正循环回转钻机成孔的工艺如图 2.1.12 所示。由空心钻杆内部通入泥浆或高压水，从钻杆底部喷出，携带钻下的土渣沿孔壁向上流动，由孔口将土渣带出流入泥浆池。

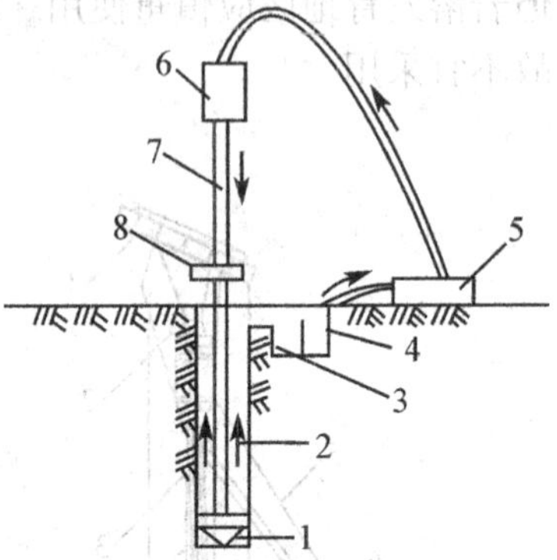

1—钻头；2—泥浆循环方向；3—沉淀池；4—泥浆池；5—泥浆泵；6—水龙头
7—钻杆；8—钻机回转装置
图 2.1.12 正循环回转钻机成孔工艺原理图

反循环回转钻机成孔的工艺如图 2.1.13 所示。泥浆带渣流动的方向与正循环回转钻机成孔的情形相反。反循环工艺的泥浆上流的速度较高，能携带较大的土渣。

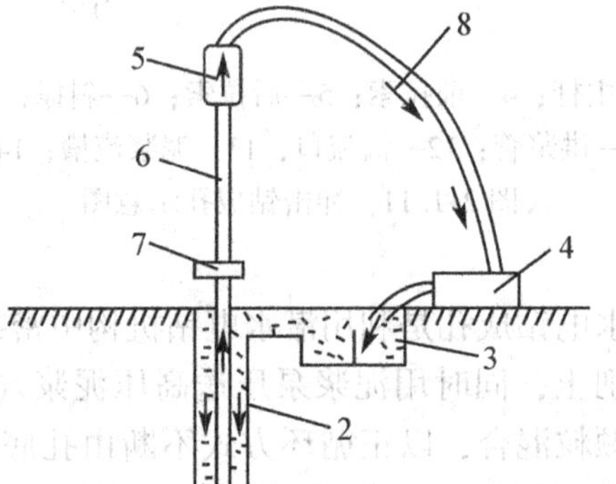

1—钻头；2—新泥浆流向；3—沉淀池；4—砂石泵；5—水龙头；6—钻杆
7—钻杆回转装置；8—混合液流向
图 2.1.13 反循环回转钻机成孔工艺原理图

回转钻机成孔可以用于各种地质条件、各种大小孔径和深度，护壁效果好，成孔质量可靠，施工无噪音、无振动、无挤压，设备简单，操作方便，费用较低，为国内最常用的成桩方法之一。但该方法成孔速度慢、效率低，用水量大，泥浆排放量大，污染环境，扩孔率较难控制。回转钻机成孔适用于地下水位较高的软、硬土层，如淤泥、粘性土、砂土、软质岩层等。

(2) 施工工艺

首先测定桩位，然后在桩位上埋设护筒，如图2.1.14所示，护筒一般由3~5mm厚钢板做成，其内径应大于钻头直径，当用回转钻时，宜大于100mm；用冲击钻时，宜大于200mm，以便于钻头提升等操作。护筒的作用有三个：其一是起导向作用，使钻头能沿着桩位的垂直方向工作；其二是提高孔内泥浆水头，以防止塌孔；其三是保护孔口。因此，护筒位置应准确，护筒中心线与桩位的中心线偏差不得大于50mm。护筒的埋置应牢固密实，当埋于砂土中时不宜小于1.5m，埋于粘土中时不宜小于lm。在护筒与坑壁之间应用粘土分层夯实，必要时在面层铺设20mm厚水泥砂浆，以防止漏水。在护筒上设有1~2个溢浆口，便于溢出泥浆流回泥浆池进行回收，护筒高出地面0.4~0.6m。

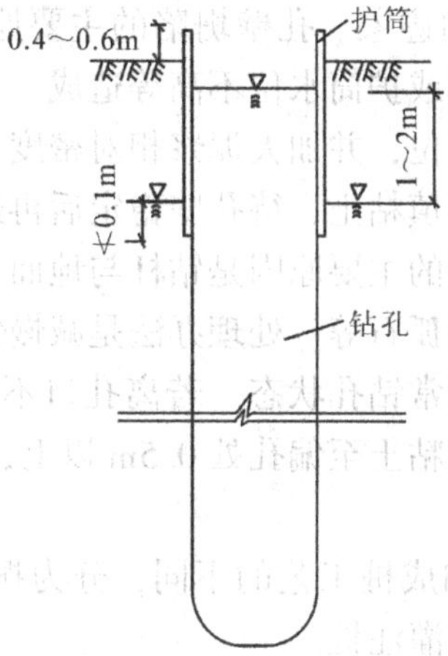

图2.1.14　护筒埋置图

钻孔的同时注入泥浆。泥浆的作用是将锚孔内不同土层中的空隙渗填密实，使孔内渗漏水达最低限度，且维持孔内一定的水压以稳定孔壁。由于泥浆的相对密度比水大，更加大了孔壁内水压，从而可以防止塌孔。因此在成孔过程中严格控制泥浆的相对密度很重要。在粘土和亚粘土层中成孔时只需注入清水，以原土造浆护壁。在其他土层中成孔，泥浆制备应选用高塑性粘性土或膨润土。排渣泥浆的密度应控制在1.1~1.2。在砂土和较厚的夹砂层中成孔时，泥浆相对密度应控制在1.1~1.3；在穿过砂夹卵石层或容易塌孔的土层中成孔时，泥浆相对密度应控制在1.3~1.5。施工中应经常测定泥浆的相对密度，及时加以调整。

钻孔达到要求深度后应及时清孔。以原土造浆的钻孔，清孔时可以用射水法，同时钻具只转不进，待泥浆比重降到1.1左右即认为清孔合格；以注入制备泥浆的钻孔，清孔时可以用压缩空气喷翻泥浆，同时注入清水，被稀释的泥浆便夹杂着沉渣逐渐流出孔外。但这时护筒内仍应保持着高出地下水位1.5m的水位。当孔壁土质较好不易塌孔时，可以用空气吸泥机清孔。当孔壁土质较差时，宜采用泥浆循环清孔，清孔后泥浆的相对密度应控制在1.15~1.25。清孔过程中，必须及时补给足够的泥浆，并保持浆面稳定。

泥浆护壁成孔经清孔后，当桩以摩擦力为主时，沉渣允许厚度不得大于100mm，以端承力为主的桩沉渣允许厚度不得大于50mm。

清孔后应及时吊放钢筋骨架并进行水下浇筑混凝土。水下浇筑的混凝土强度等级应不低于 C20，骨料粒径不宜大于 30mm，混凝土坍落度 16～22cm。为了改善混凝土的和易性，可以掺入减水剂和粉煤灰等掺合料。水泥标号不低于 32.5 级，每立方米混凝土水泥用量不小于 350kg。

(3) 施工中常见的问题和处理方法

①护筒冒水。埋设护筒时若周围填土不密实或者由于起落钻头时碰动了护筒，易造成护筒外壁冒水。若不及时处理，严重者会造成护筒倾斜和位移，桩孔偏斜，甚至无法施工。处理办法：若发现护筒冒水，可以用粘土在护筒四周填实加固。若护筒严重下沉或位移，则返工重埋。

②孔壁坍塌。在钻孔过程中，若发现排出的泥浆中不断出现气泡，或护筒内的泥浆液面水位突然下降，这都是塌孔的迹象。孔壁坍陷的主要原因为：土质松散、泥浆护壁不好、护筒周围未用粘土紧密封填或护筒水位不高等造成。处理办法是：若在钻孔过程中出现的缩颈、塌孔，应保持孔内水位，并加大泥浆相对密度，以稳定孔壁。若缩颈、塌孔严重，或泥浆突然漏失，应立即回填粘土，待孔壁稳定后再进行钻孔。

③钻孔偏斜。造成钻孔偏斜的主要原因是钻杆与地面不垂直、钻头导向部分太短、导向性差，土质软硬不一，或遇到孤石等。处理办法是减慢钻速，并提起钻头，上下反复扫钻几次，以便削去硬层，转入正常钻孔状态。若离孔口不深处遇孤石，可以用炸药炸除。若纠正无效，应与孔中局部回填粘土至偏孔处 0.5m 以上，重新钻进。

2. 沉管灌注桩

沉管灌注桩根据使用桩锤和成桩工艺的不同，分为振动沉管灌注桩、锤击沉管灌注桩、静压沉管灌注桩和沉管夯扩灌注桩。

(1) 振动沉管灌注桩

振动沉管灌注桩是用振动沉桩机将带有活瓣式桩尖（见图 2.1.15）或钢筋混凝土预制桩靴（见图 2.1.16）的桩管振动沉入土中，然后边浇混凝土，边振动，边拔出桩管而成桩。振动沉管灌注桩适于在一般粘性土、淤泥、淤泥质土，粉土、湿陷性黄土、稍密及松散的砂土及回填土中使用。但在坚硬砂土、碎石土及有硬夹层的土层中，因易损坏桩尖，不宜采用。

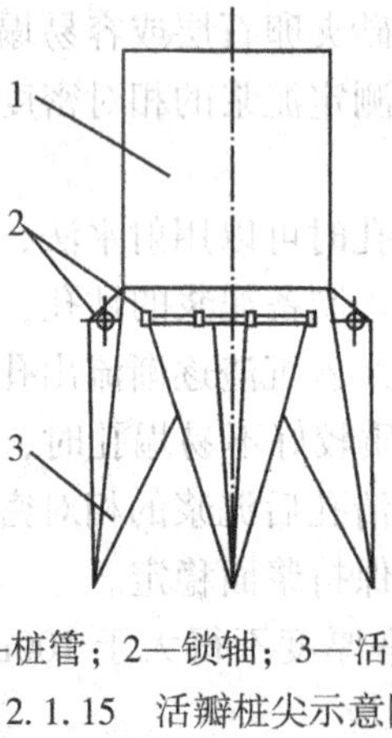

1—桩管；2—锁轴；3—活瓣

图 2.1.15 活瓣桩尖示意图

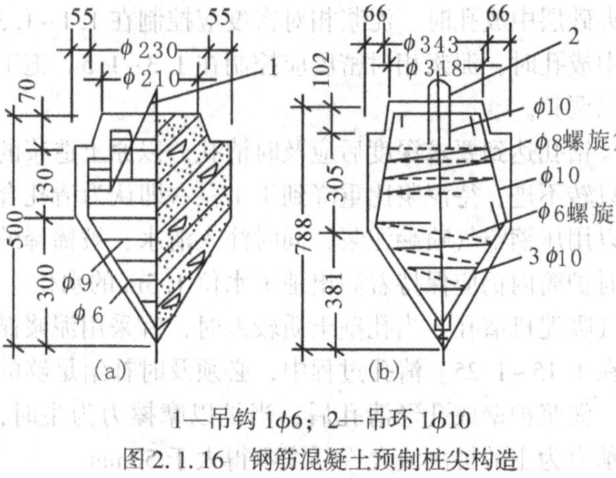

1—吊钩 1ϕ6；2—吊环 1ϕ10

图 2.1.16 钢筋混凝土预制桩尖构造

振动沉管灌注桩成桩工艺原理如图 2.1.17 所示。施工时，首先将桩管对准桩位中心，桩尖活瓣合拢，放松卷扬机钢绳，利用振动机及桩管自重，把桩尖压入土中；然后，开动振动箱，桩管即在强迫振动下迅速沉入土中。沉管过程中，应经常探测管内有无水或泥浆，若发现水或泥浆较多，应拔出桩管，用砂回填桩孔后重新沉管；若发现地下水和泥浆进入套管，一般在沉入前先灌入1m 高左右的混凝土或砂浆，封住活瓣桩尖缝隙，然后再继续沉入。桩管沉到设计标高后，停止振动，放入钢筋骨架，灌入混凝土，混凝土一般应灌满桩管或略高于地面。开始拔管时，应先启动振动箱片刻，再拔桩管，并探测得桩尖活瓣确已张开，混凝土已从桩管中流出以后，方可继续抽拔桩管，边振边拔。拔管方法根据承载力的不同要求，可以分别采用以下方法：

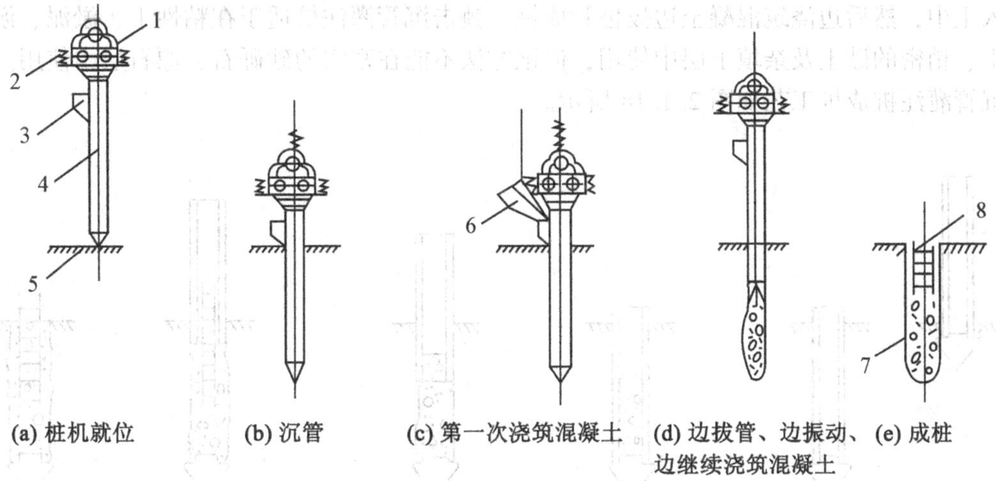

1—振动锤；2—加压减振弹簧；3—加料口；4—桩管；5—活瓣桩尖；6—上料斗
7—混凝土桩；8—短钢筋骨架

图 2.1.17 振动沉管灌注桩成桩工艺原理图

①单打法，即一次拔管法。拔管时，先振动 5~10s，再开始拔桩管，拔管时应边振边拔，每提升 0.5~1.0m，振 5~10s，再拔管 0.5m，再振 5~10s，如此反复进行直至将桩管拔出地面。在一般土层中，拔管速度宜为 1.2~1.5m/min，在软土层中，拔管速度宜控制在 0.6~0.8m/min。用活瓣桩尖时宜慢，用预制桩尖时可以适当加快。

②复打法，即在同一桩孔内进行两次单打，或根据需要进行局部复打。成桩后的桩身混凝土顶面标高应不低于设计标高 500mm。全长复打桩的入土深度宜接近原桩长，局部复打应超过断桩或缩颈区 1m 以上。全长复打时，第一次浇筑混凝土应达到自然地面。第二次复打在第一次单打的基础上进行。复打施工必须在第一次浇筑的混凝土初凝之前完成，应随拔管随清除粘在管壁上和散落在地面上的泥土，同时前后两次沉管的轴线必须重合。

③反插法，先振动再拔管，每提升 0.5~1.0m，再把桩管下沉 0.3~0.5m（且不宜大于活瓣桩尖长度的 2/3）。在拔管过程中分段添加混凝土，使管内混凝土面始终不低于地表面，或高于地下水位 1.0~1.5m 以上，如此反复进行直至地面。反插次数按设计要求进

行，并应严格控制拔管速度不得大于 0.5m/min。在桩尖的 1.5m 范围内，宜多次反插以扩大端部截面。在淤泥层中采用该方法，可以消除混凝土缩颈，增大桩的断面，增加桩的承载力。反插法适应于在较差的软土地基上使用，不适于流动性淤泥中和坚硬土层中使用。特别是当需要穿过淤泥夹层时，应放慢拔管速度，并减少拔管高度和反插深度。

拔管过程中，桩管内的混凝土应至少保持 2m 高或不低于地面，可以用吊陀探测，不足时及时补灌，以防止混凝土中断形成缩颈。

通常情况下，单打法所成的桩截面比桩管可以扩大 30%，复打法可以扩大 80%，反插法可以扩大 50%左右。

（2）锤击沉管灌注桩

锤击沉管灌注桩是用锤击打桩机，将带活瓣的桩尖或钢筋混凝土预制桩靴的钢管锤击沉入土中，然后边浇筑混凝土边拔桩管成桩。锤击沉管灌注桩适于在粘性土、淤泥、淤泥质土、稍密的砂土及杂填土层中使用，但该方法不能在密实的砂砾石、漂石层中使用。锤击沉管灌注桩成桩工艺如图 2.1.18 所示。

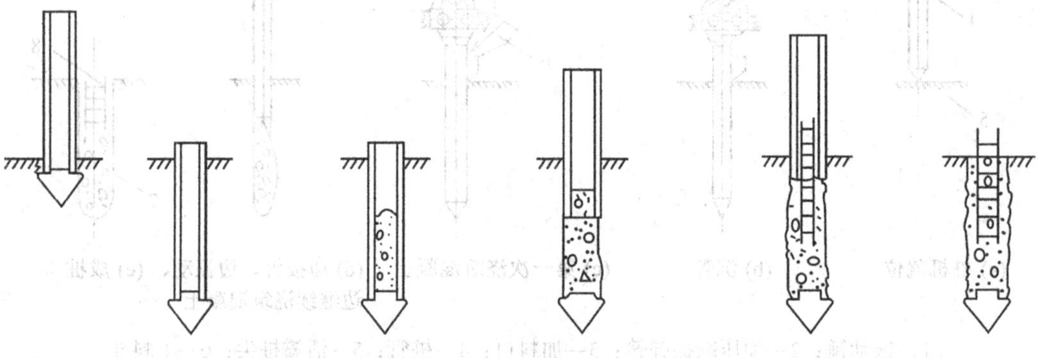

图 2.1.18　锤击沉管灌注桩成桩工艺原理图

施工过程为：预埋桩尖→桩机就位→桩管套入桩尖→桩身上扣桩帽→锤击→直至符合设计要求深度→放入钢筋骨架→浇注混凝土→拔管。

若沉管过程中桩尖损坏，应及时拔出桩管，用土或砂填实后另安装桩尖重新沉管。沉管至设计标高，检查管内有无泥浆或水进入，即可浇筑混凝土。混凝土应尽量灌满桩管，然后开始拔管。拔管应均匀，第一次拔管高度不宜过高，应控制在能容纳第二次需要灌入的混凝土体积为限，并应在管内保持不少于 2m 高度的混凝土，然后再灌足混凝土。拔管时应保持连续密锤低击不停，并控制拔管速度。对一般土可以控制在不大于 1m/min，淤泥和淤泥质软土不大于 0.8m/min，在软弱土层和软硬土层交界处宜控制在 0.3～0.8m/min。拔管时还要经常探测混凝土落下的扩散情况，始终保持使管内混凝土量略高于地面。当混凝土灌至钢筋笼底标高时，放入钢筋骨架，继续浇筑混凝土及拔管，直到全部钢管拔完为止。

当为扩大桩径，提高承载力或补救缺陷，可以采用复打法。复打方法和要求与振动沉管灌注桩相同，但以扩大一次为宜。当作为补救措施时，常采用半复打法或局部复打法。

（3）施工常遇问题及处理方法

①断桩。断桩是指桩身局部残缺夹有泥土，或桩身的某一部位混凝土坍塌，上部被土填充。其裂缝是水平的或略带倾斜，一般都贯通整个截面，常出现于地面以下1~3m的不同软硬土层交接处。断桩的原因主要有：桩距过小，邻桩施打时土的挤压所产生的水平横向推力和隆起上拔力影响；软、硬土层之间传递水平力大小不同，对桩产生水平剪应力；桩身混凝土终凝不久，强度弱，承受不了外力的影响。避免断桩的措施有：桩的中心距宜大于3.5倍桩径；考虑打桩顺序及桩架行走路线时，应注意减少对新打桩的影响；采用跳打法或控制时间法以减少对邻桩的影响。对断桩的检查，在2~3m以内，可以用木锤敲击桩头侧面，同时用脚踏在桩头上，若桩已断，会感到浮振。若深处断桩，目前常用开挖检查法和动测法检查。断桩一经发现，应将断桩段拔去，将孔清理干净后，略增大面积或加上钢箍连接，再重新灌注混凝土。

②缩颈。缩颈桩又称为瓶颈桩，是指浇筑混凝土后的桩身局部直径小于设计尺寸，截面积不符合要求。产生缩颈的原因是：在含水量大的粘性土中沉管时，土体受强烈扰动和挤压，产生很高的孔隙水压力，桩管拔出后，这种水压力便作用到新灌注的混凝土桩上，使桩身发生不同程度的缩颈现象；拔管过快，管内混凝土存量过少；混凝土和易性差；混凝土出管时扩散差等也易造成缩颈。施工中应经常测定混凝土落下情况，发现问题及时纠正，一般可以用复打法处理。

③桩靴进水、进泥砂。桩靴进水或进泥砂，是指套管活瓣处涌水或是泥砂进入桩管内。常见于地下水位高，含水量大的淤泥和粉砂土层。处理方法：可以将桩管拔出，修复改正桩尖缝隙后，用砂回填桩孔重打。若地下水量大，桩管沉到地下水位时，用水泥砂浆灌入管内约0.5m作封底，并再灌1m高混凝土，然后打下。

④吊脚桩。吊脚桩是指桩底部的混凝土隔空，或混凝土中混进泥砂而形成松软层的桩。造成吊脚桩的原因是预制桩尖被打坏而挤入桩管内，拔桩时桩尖未及时被混凝土压出或桩尖活瓣未及时张开。为防止桩尖活瓣不张开，可以采取“密振慢抽”的方法，开始拔管50cm，将桩管反插几次，然后再正常拔管。若发现桩尖被打坏，应将桩管拔出，填砂重打。

3. 干作业成孔灌注桩

干作业成孔灌注桩按成孔方法的不同可以分为干作业螺旋钻孔灌注桩和人工挖孔灌注桩。

（1）干作业螺旋成孔灌注桩

干作业螺旋成孔灌注桩适用于地下水位以上的粘性土、粉土、填土、中等密实以上的砂土、风化岩层，成孔时不必采取护壁措施而直接取土成孔。

干作业成孔的常用机械是全叶螺旋钻机，如图2.1.19所示。该钻机是利用电动机带动钻杆转动，使钻头螺旋叶片旋转削土，土块沿螺旋叶片上升排出孔外。成孔直径一般为300~500mm，最大可以达800mm，钻孔深度8~12m。钻孔时钻杆应保持垂直稳固，位置正确，防止因钻杆晃动引起扩大孔径；钻孔过程中若发现钻杆摇晃或难钻进时，应立即停车检查。在钻进过程中，应随时清理孔口积土，遇到地下水、塌孔、缩孔等异常情况，应及时处理。当钻到设计标高时，应先在原位空钻清土，然后停钻，提出钻杆弃土。若孔底虚土超过相关规范允许的厚度，应掏土或二次投钻清孔，然后保护好孔口。清孔后应及时放入钢筋笼，浇筑混凝土，随浇随振，每次浇注高度不得大于1.5m。

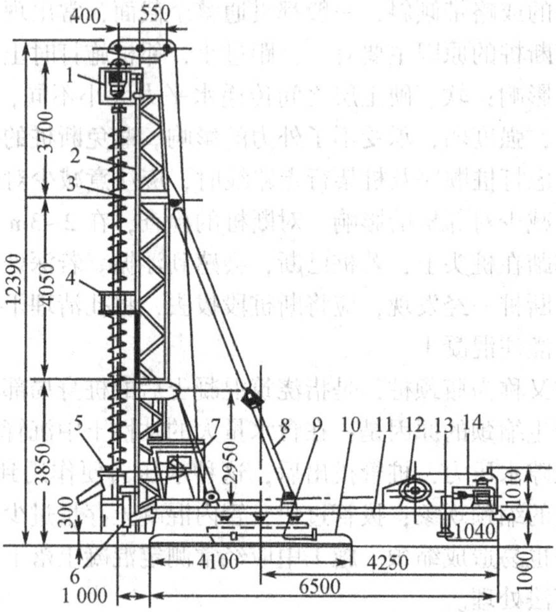

1—减速箱总成；2—臂架；3—钻杆；4—中间导向套；5—出土装置；6—前支腿
7—操纵室；8—斜撑；9—中盘；10—下盘；11—上盘；12—卷扬机；13—后支腿；14—液压系统

图 2.1.19 全叶螺旋钻机（单位：mm）

(2) 人工挖孔灌注桩

人工挖孔灌注桩是用人工挖土成孔，然后放入钢筋笼，浇筑混凝土而成。挖孔桩所用设备简单；施工现场较干净；噪音小，振动小，无挤土现象；施工速度快，可以按施工进度要求决定同时开挖桩孔的数量，必要时，各桩孔可以同时施工；施工中可以直接观察到地质变化情况，土层情况明确，桩底沉渣可以清除干净，施工质量可靠；而且桩径不受限制，承载力大，与其他桩相比较经济。但挖孔时工人在井下作业，劳动条件差。因此施工中应特别重视流砂、流泥、有害气体等影响，要严格按操作规程施工，制定可靠的安全措施。

挖孔桩的直径除了能满足设计承载力的要求外，还应考虑施工操作的要求，故桩芯直径不宜小于0.8m，且不宜大于2.5m；桩底一般都扩大，扩底变径尺寸按

$$\frac{D_1-D}{2}:h=1:4,\quad h_1\geqslant\frac{D_1-D}{4}$$

进行控制，如图2.1.20所示。一般采用一柱一桩，桩底应支承在可靠的持力层上。当桩净距小于2倍桩径且小于2.5m时，应采用间隔开挖。排桩跳挖的最小施工净距不得小于4.5m，孔深不宜大于30m。

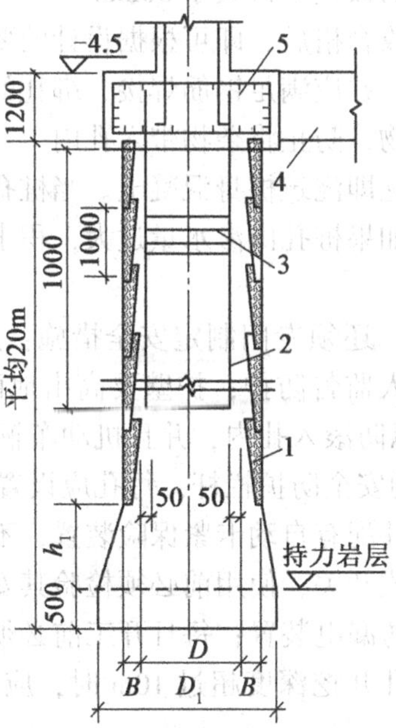

1—护壁；2—主筋；3—箍筋；4—地梁；5—桩帽

图 2.1.20 人工挖孔桩构造图（单位：mm）

人工挖孔桩的施工顺序：场地平整→防水、排水措施→放线、定桩位、复核、验收→人工挖孔、绑扎护壁钢筋、支护模板、浇捣护壁混凝土（按节循环作业，直至设计深度）→桩底扩孔→全面终孔验收→清理桩底虚土、沉渣及积水→放置钢筋笼→浇筑桩身混凝土→检测和验收。

挖土是人工挖孔的一道主要工序，应事先编制好防治地下水方案。否则，就会产生渗水、冒水、塌孔、挤偏桩位等不良后果。在挖土过程中消除地下水影响的方法有：在地下水不大时，可以采用桩孔内降水法，即在桩孔一侧，挖集水坑，用潜水泵将水抽出孔外。需要注意的是，若出现流砂现象，首先考虑采用缩短护壁分节和抢挖、抢浇筑护壁混凝土的办法；若该方法不行，就必须沿孔壁打板桩或用高压泵在孔壁冒水处灌注玻璃水泥砂浆。在地下水较丰富时，采用孔外布井降水法，即在周围布置管井，在管井内不断抽水使地下水位降至桩孔底以下 1.0~2.0m。需要注意的是要先研究、收集地下水水源、流向、流量等相关资料，要将管井数量、位置和深度科学、合理地做好安排。

人工挖孔桩施工时，必须采用人工护壁措施，以防止土体坍塌，保证施工人员的安全。护壁的方法很多，如砖护壁、现浇混凝土护壁、喷射混凝土护壁、型钢护壁、木板桩工具护壁、沉井护壁等。人工挖孔桩混凝土护壁的厚度不应小于 100mm，混凝土强度等级不应低于桩身混凝土强度等级，并应振捣密实；护壁应配置直径不小于 8mm 的构造钢筋，竖向筋应上下搭接或拉接。采用现浇混凝土分段护壁时，孔口第一节护壁应高出地面 100~150mm，增厚 100~150mm，上下节护壁的搭接长度不得小于 50mm；每节护壁均应在当日连续施工完毕；护壁混凝土必须保证振捣密实，应根据土层渗水情况使用速凝剂；

护壁模板的拆除应在灌注混凝土 24h 之后；发现护壁有蜂窝、漏水现象时，应及时补强；同一水平面上的井圈任意直径的极差不得大于 50mm。

桩孔挖好并经相关人员验收合格后，即可根据设计的要求放置钢筋笼。钢筋笼可以在地面上绑扎好，通过吊装就位，并应满足钢筋焊接、绑扎的施工验收规范要求。钢筋笼放置前，要清除油污、泥土等杂物，防止将杂物带入孔内。

钢筋笼吊入验收合格后应立即浇筑桩身混凝土。当桩孔内渗水量不大时，抽除孔内积水后，用串筒法浇筑混凝土。如果桩孔内渗水量过大，积水过多不便排干，则应采用导管法水下浇筑混凝土。

人工挖孔桩在开挖过程中，还须专门制定安全措施：施工人员进入孔内必须戴安全帽；孔内有人时，孔上必须有人监督防护；护壁要高出地面 150~200mm，挖出的土方不得堆在孔四周 1.0m 范围内，以防滚入孔内，并且机动车辆的通行不得对井壁的安全造成影响；孔周围要设置 0.8m 高的安全防护栏杆，每孔应设置安全绳及安全软梯；使用的电葫芦、吊笼等器具应安全可靠并配有自动卡紧保险装置，不得使用麻绳和尼龙绳或脚踏井壁凸缘上下，电葫芦宜用按钮式开关，使用前必须检验其安全起吊能力；孔下照明要用安全电压；使用潜水泵，必须有防漏电装置；每日开工前必须检测井下的有毒有害气体，且应有足够的安全防护措施；桩孔开挖深度超过 10m 时，应设置鼓风机专门向井下输送洁净空气，风量不少于 25L/s 等。

§2.2 地下连续墙施工

2.2.1 概述

地下连续墙是在地面上采用一种挖槽机械，沿着深开挖工程的周边轴线，在泥浆护壁的条件下，开挖出一条狭长的深槽，清槽后在槽内吊放入钢筋笼，然后用导管法灌筑水下混凝土，筑成一个单元槽段，如此逐段进行，以特殊接头方式，在地下筑成一道连续的钢筋混凝土墙壁。

地下连续墙具有以下优点：墙体刚度大，强度高，可承重、挡土、截水、抗渗，耐久性能好；开挖时，无须放坡，无须降低地下水位，施工噪音低，土方开挖量小；用于密集建筑群中建造深基础，对周围地基无扰动，对相邻建筑物、地下设施影响较小，对附近地面交通影响较小。

地下连续墙适用于建造建筑物的地下室、地下商场、停车场、地下油库、挡土墙、高层建筑的深基础、逆作法施工的围护结构；工业建筑的深池、坑、竖井；邻近建筑物基础的支护以及水工结构的堤坝防渗墙、护岸、码头、船坞；桥梁墩台、地下铁道、地下车站、通道或临时围堰工程等，特别适用作地下挡土、防渗结构。

2.2.2 地下连续墙施工

地下连续墙施工工艺过程如图 2.2.1 所示。

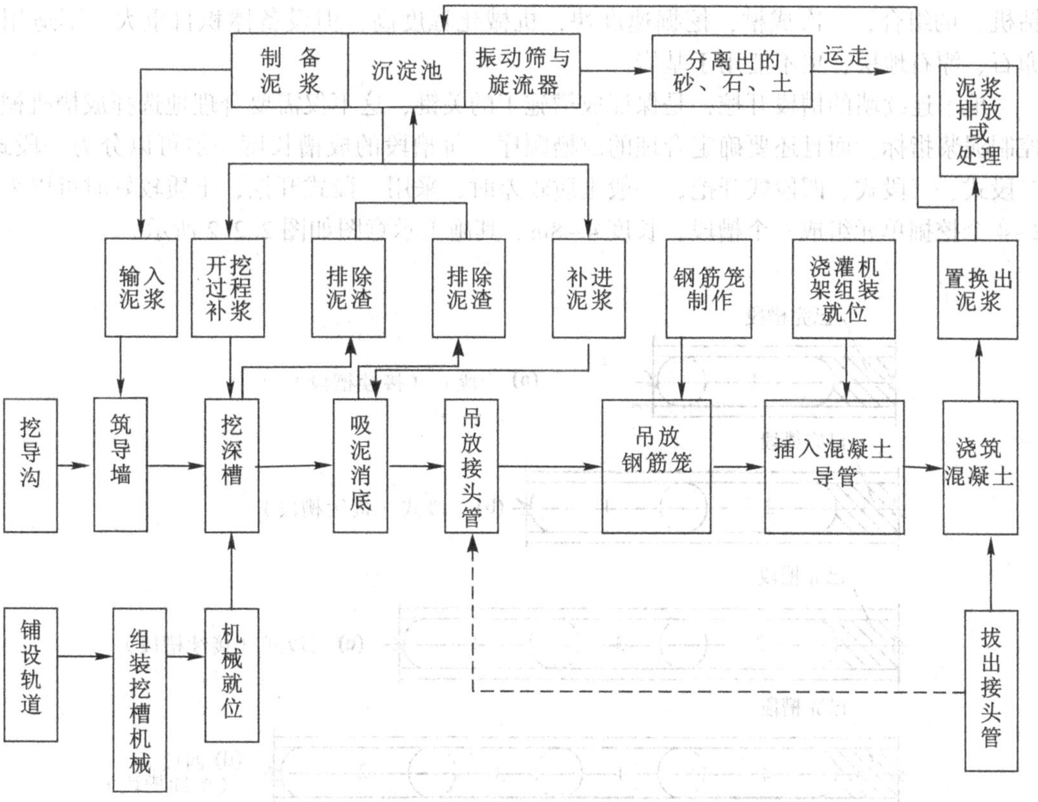

图 2.2.1 现浇钢筋混凝土地下连续墙施工工艺过程框图

1. 导墙施工

深槽开挖前，必须沿着地下连续墙设计的纵轴线位置开挖导沟，在两侧浇筑混凝土或钢筋混凝土导墙。导墙的作用是：控制挖槽位置，为挖槽机导向；容蓄泥浆，防止槽顶部坍塌；作施工时水平测量与竖向测量的基准；作吊放钢筋笼、设置导管以及架设挖槽设备的支承点。导墙的截面形式根据土质、地下水位、与邻近建筑物距离、工程特点以及机具重量、使用期限等情况而定。导墙的深度一般为 1.2~2.0m，厚度一般为 0.15~0.25m，底部宜落在原土层上，顶面应高于施工场地 5~10cm，以阻止地表水流入。在地下水位高的地方，导墙应高出地下水位 1.5m，以保证槽内泥浆液面高出地下水位 1m 以上的最小压差要求，防止塌方。为防止导墙产生位移，在导墙内侧每隔 2m 设一木支撑。

2. 挖槽与清槽

挖槽是地下连续墙施工中的主要工序，槽宽取决于设计墙厚。挖槽是在泥浆中进行，目前我国常用的挖槽设备有抓斗式成槽机、冲击式成槽机、液压铣槽机、多头钻成槽机等。抓斗式成槽机结构简单，易于操作维修，运转费用低，广泛应用于较软弱的冲积地层，不适用大块石、漂石、基岩等，当地的标准贯入度值大于 40 时，效率很低。冲击式成槽设备对地层适应性强，适用于一般软土地层，也可以使用砂砾石、卵石、基岩，设备低廉，但效率低。液压铣槽机最先进、工效快，适用于不同地质条件，包括基岩，不适用于漂石、大孤石地层，但设备昂贵，成本高。多头钻成槽机实际是几台回转钻机（潜水钻机）的组合，一次成槽，挖掘速度快，机械化程度高，但设备体积自重大，不适用于卵石、漂石地层，更不能用于基岩。

地下连续墙的槽段开挖，是保证成槽施工的关键，这不仅需要合理地选择成槽机械和控制泥浆指标，而且还要确定合理的成槽顺序。每槽段的成槽长度一般可以分为一段式、二段式、三段式、四段式开挖，一般土质较差时，采用一段式开挖，土质较好时可以采用2~4个挖掘单元组成一个槽段，长度4~8m。其施工示意图如图2.2.2所示。

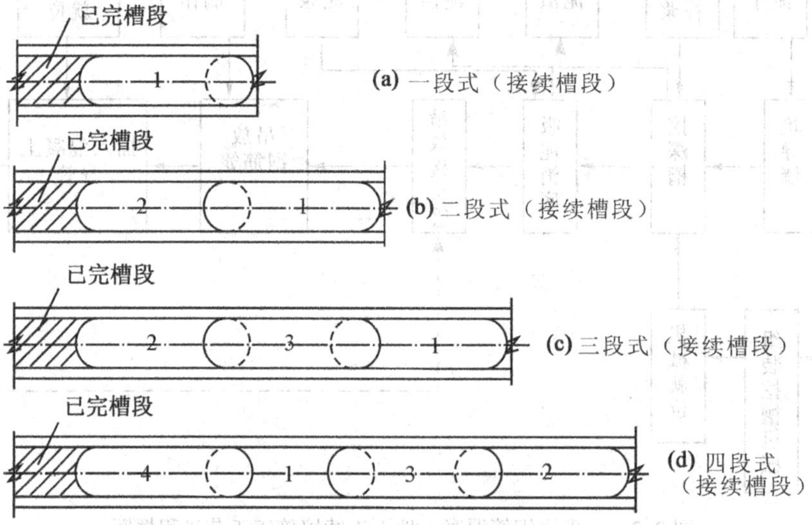

图 2.2.2 槽段开挖示意图

挖槽达到设计深度后应认真清渣，以减少槽底沉淀。清渣一般分为直接用带活底板的排渣筒、导管吸力机、压缩空气吸泥砂泵、抓斗等直接出土方式和使用泥浆循环出土方式两种。泥浆循环出土又划分为正循环和反循环两种。

成槽完成后，必须对槽底泥浆进行置换和清除，置换一般在不少于槽段总体量的1/3或下部5m，置换清渣必须边清边在槽顶补浆，使底部泥浆比重不大于1.2，沉渣厚度不大于200mm，具有垂直承载功能的地下连续墙，沉渣厚度不大于100mm。清槽后尽快下放接头管和钢筋笼，并立即浇筑混凝土，以防槽段塌方。

3. 泥浆制备与管理

泥浆在成槽过程中起液体支撑，保护开挖槽面的稳定，使开挖出的泥渣悬浮不沉淀，在掘削过程中起携渣的作用；同时，泥浆在槽壁面上形成一层不透水薄膜——泥皮，对非粘性土地层，可以保护槽壁面主颗粒稳定，防止剥落，防止地下水流入或浆液漏掉；还可以冷却切削机具；对刀具切土进行润滑等作用，其中最重要的是固壁作用，该作用是确保挖槽机成槽的关键。

泥浆是由膨润土、羧甲基纤维素（又称化学浆糊，简称CMC）、纯碱、铁铬木质磺酸钙（简称FCL）等原料按一定的比例配合，并加水搅拌而成的悬浮液。泥浆制备时，膨润土泥浆应采用搅拌器搅拌均匀，拌好后，在贮浆池内一般静止24h以上，最少不少于3h，以便膨润土颗粒充分水化、膨胀，确保泥浆质量；一般新配泥浆相对密度控制在

1.04~1.05，循环过程中的泥浆密度控制在1.25~1.30；遇松散地层，泥浆密度可以适当加大；浇筑混凝土前，槽内泥浆密度控制在1.15~1.20。在成槽过程中，要不断向槽内补充新泥浆，使其充满整个槽段。泥浆面应保持高出地下水位0.5m以上，亦不应低于导墙顶面0.3m。在同一槽段钻进，若遇不同地质条件和土层，要注意调整泥浆的性能和配合比，以适应不同土质情况，以防塌方。

实际施工中，要加强泥浆的管理，经常测试泥浆性能和调整泥浆配合比，保证顺利地施工。对新浆拌制后，静置24h，就要测一次全项目（包括泥浆相对密度、粘度、胶体率、失水率、泥皮厚度、静切力、稳定性、pH值，含砂量除外）。成槽过程中，每进尺3~5m或每小时需测定一次泥浆密度和粘度；在清槽前后，各测一次密度、粘度；在浇筑混凝土前测一次密度。取样位置在槽段底部、中部及上口；失水量、泥皮厚度和pH值，在每槽段的中部和底部各测一次。若发现有不符合规定指标要求的，应随时进行调整。

4. 地下连续墙墙段接头施工

地下连续墙每槽段之间依靠接头连接，接头通常应满足设计受力要求和抗渗要求，同时又应施工简单，便于操作。接头施工方法的采用，应根据地下连续墙设计的刚性接头、柔性接头和止水的要求来确定。柔性连接是指相邻单元墙段之间的墙体材料直接粘接，形成平面或曲面式接缝，接头形式有模具接头（锁口管、箱体）、预制接头（王字形式、工字形式）等。柔性接头不传递墙体内力，抗剪能力差，但可以防渗。刚性接头是指在连接处必须以钢结构将相邻墙段的钢筋笼进行局部（或全部）搭接，形成一个刚性接头，增加连接部位的刚度和强度，保证墙体整体质量。刚性接头可以将相邻墙段自下而上形成一个整体，接头形式有十字钢板接头、公母刚性接头、王字刚性接头等。国内最常见的是柔性接头方法，这种方法具有用钢量少、造价低、便于操作的优点，同时也能满足一般防渗漏要求。

单元槽段的接头管是在成槽后吊入钢筋笼之前插入，浇筑混凝土初凝后逐渐拔出的。在单元槽段成孔后，于一端先吊放接头管，再吊入钢筋笼，浇筑混凝土，在管外混凝土能够自立不塌时，即可用拔管机将接头管拔出。形成半圆接头，如图2.2.3所示。决定拔管的时间必须选择适当，应根据混凝土的坍落度损失的速度，粘结力增长情况，拔管设备的能力等，通过现场试验确定。一般按第一斗混凝土注入4~5h后开始转动接头管，浇筑完毕后5~6h后进行试拔，当未出现其他情况时即可全部拔出。

如果地下连续墙用做主体结构侧墙或结构的地下墙，则除要求接头抗渗外，还要求接头有抗剪能力，此时就需要在接头处增加钢板使相邻槽段有力地联成整体。

5. 钢筋笼的制作与吊装

为保证钢筋笼的几何尺寸和相对位置正确，钢筋加工一般应在工厂平台上放样成型，主筋接头用闪光接触对焊，下端纵向主筋宜稍向内弯曲一点，以防止钢筋笼放下时损伤槽壁。

钢筋笼在现场地面平卧组装。先将闭合钢箍排列整齐，再将通长主筋依次穿入钢箍，点焊就位，要求钢筋笼表面平整度误差不得大于5cm。为保证钢筋笼具有足够的刚度，吊放时不发生变形，钢筋笼除设结构受力筋外，一般还设纵向钢筋桁架与主筋平面内的水平及斜向拉条，拉条与闭合箍筋点焊成骨架；钢筋笼的主筋和箍筋交点采用点焊，也可以视钢筋笼结构情况除四周两道主筋交点全部点焊外，其余采用50%交错点焊和用直径为

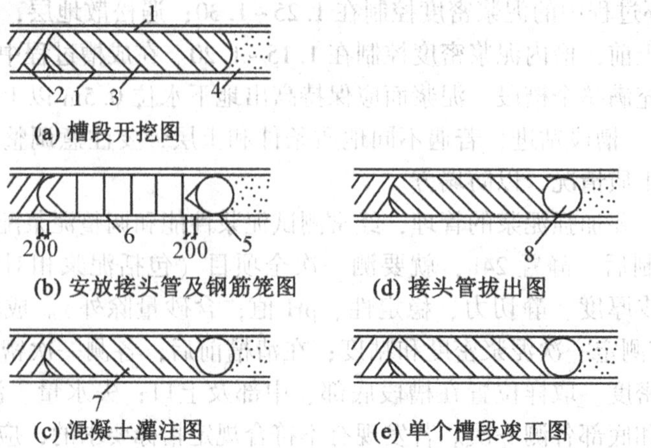

1—导墙；2—已完工的混凝土地下墙；3—正在开挖的槽段；4—未开挖地段；5—接头管
6—钢筋笼；7—已完工的混凝土地下墙；8—接头管拔出后的孔洞

图 2.2.3 接头管施工程序图

0.8mm 以上铁丝绑扎。成型时用的临时绑扎铁丝，应在焊后全部拆除，以免挂泥。对较宽尺寸的钢筋笼，应增设直径 25mm 的水平筋和剪刀拉条组成的横向水平桁架。

对长度小于 15m 的钢筋笼，一般采用整体制作，用履带式吊车一次整体吊放；对长度超过 15m 的钢筋笼，常采取分二段制作吊放。钢筋笼接头尽量布置在应力小的地方，用帮条焊焊接（或搭接焊接）。因在泥浆中浇筑混凝土，钢筋与混凝土握裹力约降低 20%，故钢筋锚固长度要比普通钢筋锚固长度长 20%左右。插入槽段时要使吊头中心对准槽段中心，缓慢垂直落入槽内，防止碰撞槽壁造成塌方，加大清槽的工作量。为保证槽壁不塌，应在清槽完后 3~4h 以内下完钢筋笼，且开始浇筑混凝土。

6. 混凝土施工

浇筑混凝土是在泥浆中进行的，用导管法进行水下浇筑。在混凝土浇筑过程中，导管下口总是埋在混凝土内 1.5m 以上，使从导管下口流出的混凝土将表层混凝土向上推动而避免与泥浆直接接触，否则混凝土流出时会把混凝土上升面附近的泥浆卷入混凝土内。但导管插入也不能太深，若太深会使混凝土在导管内流动不畅，有时还可能出现钢筋笼上浮，因此，导管最大插入深度不宜超过 9m。在浇筑过程中，导管不能做横向运动，导管横向运动会把沉渣和泥浆混入混凝土内。当混凝土浇筑到地下连续墙顶附近时，导管内混凝土不宜流出，此时应降低浇筑速度，将导管的最小埋深减为 1m 左右，如果混凝土还浇筑不下去，可以将导管上下抽动，但抽动范围不得超过 30cm。因为混凝土表面存在一层与泥浆接触的浮浆层需要凿去，混凝土高度往往需超浇 300~500mm。

§2.3 逆作法施工

逆作法施工是以地面为起点，先建地下室的外墙和中间支承桩，然后由上而下逐层建造梁、板或框架，利用这些构件做水平支承系统，进行下部地下工程的结构施工，同时按常规自下而上进行上部建筑物的施工。美、德、法、日等国家在多层地下结构施工中广泛应用逆作法施工，已取得较好效果。我国沿海地区率先成功引用逆作法施工，并在全国范围内推广使用。目前深基础采用逆作法施工的围护结构有地下连续墙、密排桩、钢板桩等，而使用最多的为地下连续墙。逆作法施工是施工高层建筑多层地下室和其他多层地下结构的有效方法，是一种比较先进的深基础施工技术。与传统的施工方法相比较，采用逆作法施工多层地下室具有节省支护结构支撑、缩短工程施工总工期、基坑变形减小、相邻建筑物等沉降少、使底板设计更趋向合理等优点。

2.3.1　逆作法施工原理

沿建筑物地下室四周外墙施工地下连续墙或密排桩（当地下水位较高，土层透水性较强，密排桩外围需加止水帷幕），既作地下室永久性承重外墙的一部分又作基坑开挖挡土、止水的围护结构，同时在地下室柱的中心和地下室纵横框架梁与剪力墙相交处等位置，施工楼层中间支承桩。从而组成逆作阶段的竖向承重体系，随之从上向下挖一层土方，利用地模或木模（钢模），浇筑一层地下室楼层梁板结构（每一层留一定数量的混凝土楼板不浇筑，作为下层的出土口与下料口）。利用已施工且达到一定强度的地下室楼层梁板作为围护结构的内水平支撑，以满足继续往下开挖土方的安全要求，这样直至地下室各层梁板结构与基础底板施工完成，然后自下向上浇筑地下室四周内衬墙混凝土、中间支承柱外包混凝土、剪力墙混凝土以及遗留下未浇筑混凝土的楼板等，完成地下室结构施工。这种地下室施工不同于传统方法的先开挖土方到底、浇筑底板、然后自下而上逐层施工的方法。故称为“逆作法”。如图 2.3.1 所示。

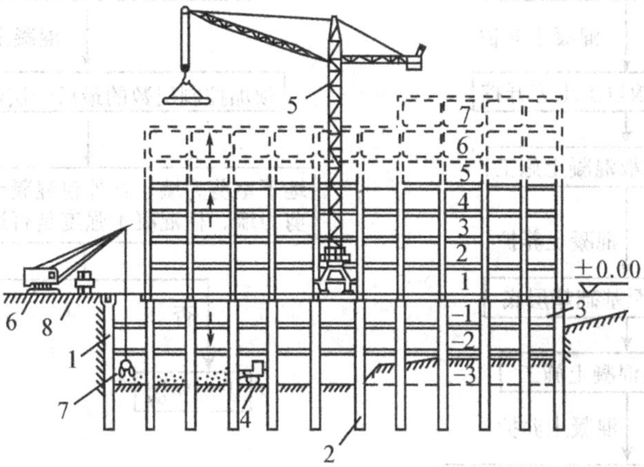

1—地下连续墙；2—中间支承桩；3—地下车库；4—小型推土机；5—塔式起重机；6—抓斗挖土机
7—抓斗；8—运土自卸汽车

图 2.3.1　逆作法施工示意图

2.3.2　逆作法施工程序

逆作法施工程序一般要根据工程地质、水文地质、建筑规模、地下室层数、地下室承重结构体系与基础选型，建筑物周围环境以及施工机具与施工经验等因素，先确定采用封闭式逆作法施工（亦称全逆作法施工）还是采用开敞式逆作法施工（亦称半逆作法施工）。

1. 封闭式逆作法施工程序

先沿建筑物地下室轴线或周围施工地下连续墙，同时，在建筑物内部的相关位置，浇筑或打下中间支承桩，作为施工期间于底板封底之前的承受上部结构自重和施工荷载的支撑，然后由上向下逐层开挖土方和浇筑各层地下结构，直至底板封底。同时，由于地面一层的楼面结构已完成，为上部结构施工创造了条件，这样可以同时向上逐层进行地上结构的施工。封闭式逆作法常用于地下层数多于3层的地下工程，围护结构采用地下连续墙，在建筑规模大、上下层数多时，大约可缩短施工总工期的1/3。其施工程序如图2.3.2所示。

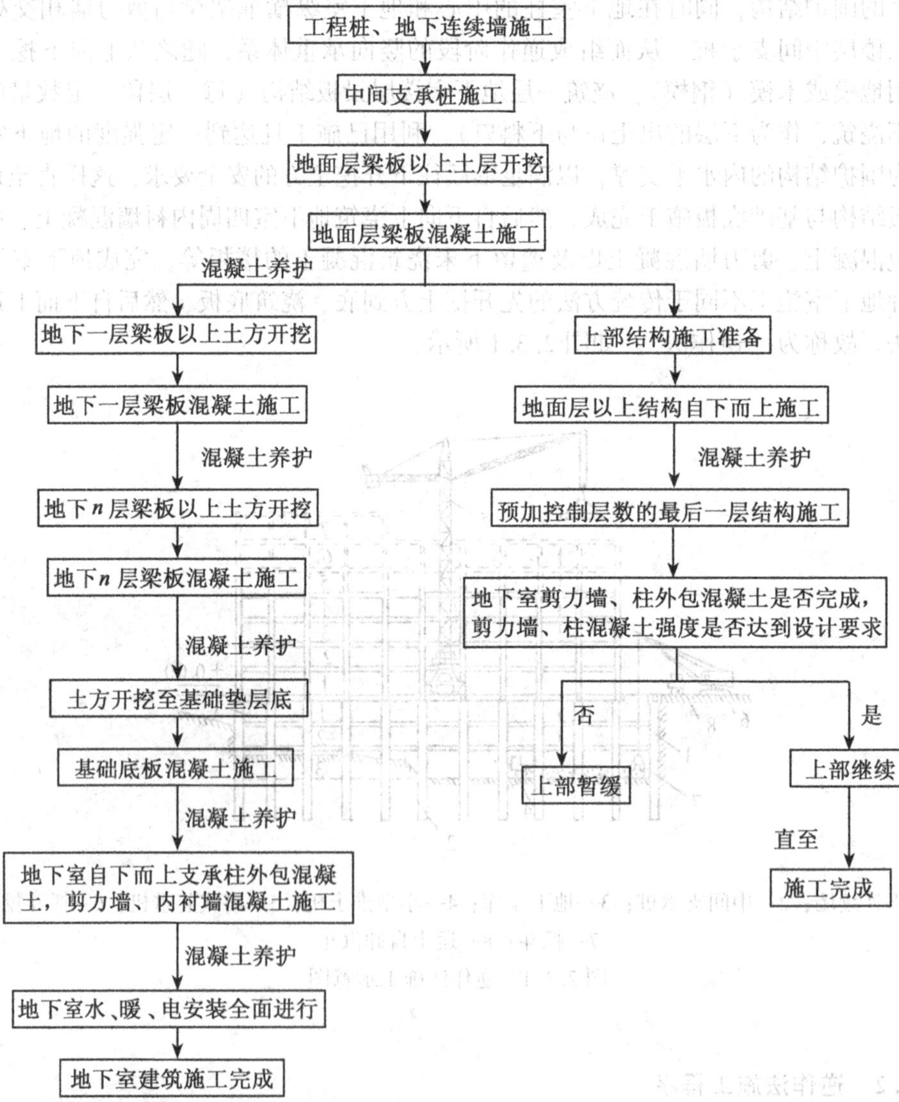

图2.3.2 封闭式逆作法程序框图

2. 开敞式逆作法施工程序

开敞式逆作法又称为半逆作法施工，即在地面以下，从地面开始向地下室底面施工。其方法与封闭式逆作法相同，只是不同时向上层施工。开敞式逆作法的施工程序是：中间支承桩和地下连续墙施工→地下室-1 层挖土→浇筑其顶 T 形楼盖的肋梁和四周部分板带混凝土→地下室-2 层挖土→浇筑其顶 T 形楼盖的肋梁和四周部分板带混凝土→依此循环至土方全部挖完，地下室底板封底并养护至设计强度→从下而上逐层浇筑内衬墙、柱外包混凝土、剪力墙和未浇筑楼板→顺次进行地上结构施工，直至工程结束。围护结构可以是地下连续墙兼作地下室承重外墙，也可以是密排桩与内衬墙组成桩墙合一的地下室承重外墙。一般情况下，软土地基宜优先采用地下连续墙；地质条件较好，地下水位较低，地下层数不超过 3 层，可以采用密排桩（人工挖孔桩或钻孔灌注桩）。这种施工方法主要节省材料，缩短施工工期很有限。

2.3.3 逆作法施工技术

根据逆作法的工艺原理可知，逆作法的施工内容主要包括地下连续墙、中间支承桩和地下室结构的施工等。

1. 地下连续墙施工

地下连续墙施工上一节已详细阐述，在此不再重述。

2. 中间支承桩施工

中间支承桩的作用是在逆作法施工期间，于地下室底板未浇筑之前与地下连续墙一起承受地下和地上各层的结构自重和施工荷载；在地下室底板浇筑后，与底板联结成整体，作为地下室结构的一部分，将上部结构及承受的荷载传递给地基。

中间支承桩的位置和数量，应根据地下室的结构布置和制定的施工方案详细考虑后经计算确定，一般布置在柱子位置或纵、横墙相交处。中间支承桩所承受的最大荷载，是地下室已修筑至最下一层而地面上已修筑至规定的最高层数时的荷载。中间支承桩是以支承柱四周与土的摩阻力和柱底的正应力来平衡中间支承桩承受的上部荷载。因此，中间支承桩的直径一般都设计得较大。由于底板以下的中间支承桩应与底板结合成整体，多做成灌注桩形式，其长度亦不能太长，否则影响底板的受力形式。亦有的采用预制桩（钢管桩等）作为中间支承桩。采用灌注桩时，底板以上的中间支承柱的柱身，多为钢管混凝土柱或 H 型钢柱，断面小而承载能力大，而且也便于与地下室的梁、柱、墙、板等连接。

由于中间支承桩上部多为钢柱，下部为混凝土柱，所以多采用钻孔灌注桩方法施工。钻孔时首先埋设护筒，然后在泥浆护壁的情况下采用反循环或正循环潜水电钻机钻孔。钻孔后立即吊放钢管，并进行校正，以保证钢管的位置十分准确，否则与上部柱子不在同一垂线上会对结构受力不利。钢管的壁厚一般按其承受的荷载计算确定。利用导管浇筑混凝土时，钢管的内径应比导管接头处的直径大 50~100mm。而采用钢管内的导管浇筑混凝土时,其压力不可能将混凝土压上很高，所以钢管底端埋入混凝土不可能很深，一般为 1m 左右。为使钢管下部与现浇混凝土柱能较好结合，应在钢管下端加焊适量竖向分布的钢筋。混凝土柱的顶端一般高出底板面 30mm 左右，高出部分可以在浇筑底板时将其凿除，以保证底板与中间支承桩联成一体。由于钢管外面不浇筑混凝土，钻孔上段中的泥浆应进行固化处理，以便在清除开挖的土方时，防止泥浆四处流淌而污染施工场地。此外，中间支承桩亦可以用套管式灌注桩成孔方法或用挖孔桩施工方法进行施工。在中间支承桩的施工期间，应注意观察其沉降和升抬的数值。当中间支承桩用预制打入桩时，还要求打入桩的位置应十分准确，以使其处于地下结构柱、墙的位置，且应便于与横向结构的连接。

3. 地下室结构施工

根据逆作法的施工特点，地下室结构无论是墙板结构或框架结构，其内部结构构件墙、柱、梁等都是由上而下分层浇筑的，浇筑混凝土用的模板应支撑在刚开挖的土层上。地下室结构的浇筑方法主要有两种：

(1) 利用支模方式浇筑梁板

采用该方法施工时，应先挖去地下结构一层高的土层，然后按常规方法搭设梁板模板，浇筑梁板混凝土，再向下延伸竖向结构。但在施工中还应设法减少梁板支撑的沉降和结构的变形，并解决竖向构件的上、下连接和混凝土浇筑的问题。为了减少楼板支撑的沉降和结构变形，施工时需对土层采取措施进行临时加固。具体加固时可以采取两种方法：一是浇筑一层素混凝土，以提高土层的承载能力和减少沉降，待墙、梁浇筑完毕，开挖下层土方时随土一同挖去；二是铺设砂垫层，上铺枕木以扩大支承面积，如图 2.3.3 所示，这样上层柱子或墙板的钢筋可以插入砂垫层，以便与下层后浇筑的结构的钢筋连接。

逆作法施工时混凝土的浇筑一般是从顶部的侧面入仓，为便于浇筑和保证连接处混凝土的密实性，应对竖向钢筋的间距作适当调整，同时还应把构件顶部的模板做成喇叭形。浇筑混凝土时，由于上、下层构件的结合面在上层构件的底部，再加上地面土的沉降和刚浇筑混凝土的收缩，在结合面处易出现裂缝。为此，宜在结合面处的模板上预留若干压浆孔，以便用压力灌浆来消除缝隙，保证构件连接处的密实性。

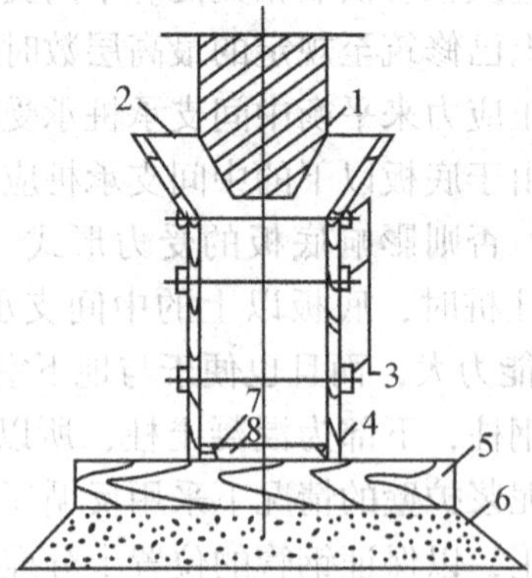

1—上层板；2—浇筑入仓口；3—螺栓；4—模板；5—枕木；6—砂垫层；7—插筋用木条；8—钢模板

图 2.3.3 墙板浇筑时的模板

(2) 利用土模浇筑梁板

如果土体较好，地下室结构的楼盖部分亦可以用土模浇筑，待楼盖浇筑达到规定的强度后，再向下挖土，浇筑柱或墙。

对于地面梁板或地下各层梁板，挖至其设计标高后，将土面整平夯实，浇筑一层厚约50mm的素混凝土，然后刷一层隔离层，即成楼板模板。对于梁模板，若土质较好，可以用土胎模，按梁断面挖出槽穴即可，如图2.3.4（a）所示；若土质较差，则应用模板搭设梁模板，如图2.3.4（b）所示。在柱头部位的模板，施工时应先把柱头处的土挖至梁底以下50mm左右处，设置柱子的施工缝模板，如图2.3.5所示，为使下部柱子易于浇筑，该模板宜呈斜面安装，柱子钢筋通穿模板向下伸出接头长度。在施工缝模板上面组立柱头模板与梁模板相连接，若土质好，柱头可以用土胎模，否则应用模板搭设。

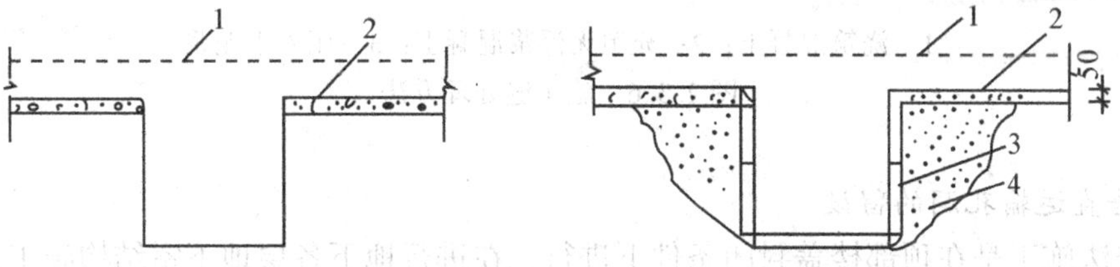

(a) 梁模用土胎模　　(b) 用钢模板组成梁模

1—楼板面；2—素混凝土层与隔离层；3—钢模板；4—填土

图2.3.4　逆筑法施工时的梁、板模板

施工缝处的浇筑方法常用直接法、充填法和注浆法施工，如图2.3.6所示。直接法是在施工缝下部继续浇筑混凝土时，仍然浇筑相同的混凝土，有时添加一些铝粉以减少收缩。为浇筑密实，也可以做出一些假牛腿，混凝土硬化后可以凿去。充填法是指在施工缝处留出充填接缝，待混凝土面处理后，再于接缝处充填膨胀混凝土或无浮浆混凝土。注浆法是指在施工缝处留出缝隙，待后浇混凝土硬化后用压力压入水泥砂浆充填。上述三种方法中，直接法施工最简单。施工时可以对接缝处混凝土进行二次振捣，以进一步排除混凝土中的气泡，确保混凝土密实和减少收缩。

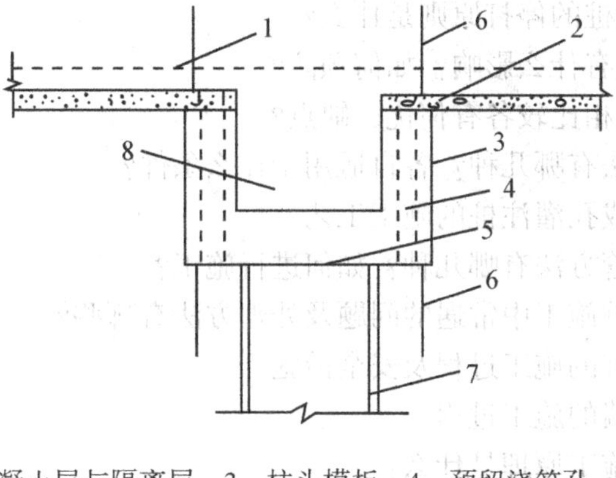

1—楼板面；2—素混凝土层与隔离层；3—柱头模板；4—预留浇筑孔；5—施工缝；6—柱筋
7—H型钢；8—梁

图2.3.5　柱头模板与施工缝

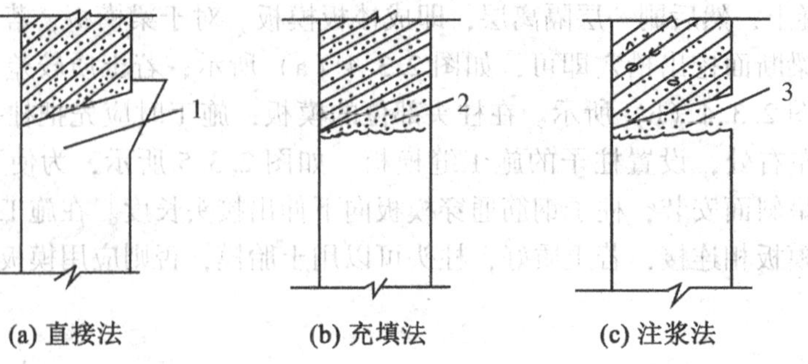

1—浇筑混凝土；2—充填无浮浆混凝土；3—压入水泥浆

图 2.3.6 施工缝处理方法

4. 垂直运输孔洞的留设

逆作法施工是在顶部楼盖封闭条件下进行，在进行地下各层地下室结构施工时，需进行施工设备、土方、模板、钢筋、混凝土等的上下运输，所以需预留一个或若干个上下贯通的垂直运输通道。为此，在设计时就要在适当部位预留一些从地面直通地下室底层的施工孔洞。亦可以利用楼梯间或无楼板处做为垂直运输孔洞。

复习思考题 2

1. 按受力情况桩分为哪几类？桩上的荷载由哪些部分承担？
2. 试述钢筋混凝土预制桩吊点设置的原则是什么？如何设置？
3. 试述桩锤的类型及其适用范围，打桩时为什么宜用重锤低击？
4. 试述打桩顺序有哪几种？打桩顺序与哪些因素有关？如何确定合理的打桩顺序？
5. 钢筋混凝土预制桩接桩的方法有哪些？试述各自适用于什么情况？
6. 打桩过程中可能出现哪些情况？如何处理？
7. 钢筋混凝土预制桩的停打原则是什么？
8. 打桩对周围环境有什么影响？如何预防？
9. 灌注桩与预制桩相比较各有何优、缺点？
10. 灌注桩成孔方法有哪几种？各自适用于什么条件？
11. 试述泥浆护壁成孔灌注桩的施工工艺。
12. 沉管灌注桩拔管方法有哪几种？如何进行施工？
13. 试述沉管灌注桩施工中常遇的问题及处理方法有哪些？
14. 试述人工挖孔桩的施工过程及安全措施。
15. 试述地下连续墙的施工过程。
16. 试述逆作法的施工原理是什么？
17. 试述逆作法施工的程序如何确定？
18. 试述逆作法施工中的中间支承桩与地下室结构施工技术。

第3章 砌体工程

砌体工程是指砖、石和各类砌块的砌筑。在建筑工程中，虽然砖、石是脆性材料，但因砖、石结构取材方便，造价低廉，施工工艺简单，又是我国传统建筑施工方法，有着悠久的历史，至今在偏远地区、机械化不发达的地区仍有使用。但是，由于人们对各种砌体均习惯于手工操作，操作劳动强度大、生产效率低、施工进度慢，工期长，难以适应建筑工业化的需要，并且随着国家可持续发展战略的实施，为了更好地保护国土资源，改善生态环境，国家四部局在（1999）295号文件《关于在住宅建设中淘汰落后产品的通知》中明确规定了160个大中城市于2003年6月30日完全禁止使用实心粘土砖。2001年5月份又有17个城市加盟。这极大地推动了新型墙体材料的发展。

近10多年来，采用混凝土、轻骨料混凝土或加气混凝土，以及利用砂、各种工业废料、粉煤灰、煤矸石等制成无熟料水泥混凝土砌块或蒸压灰砂砖、粉煤灰硅酸盐砖、砌块等在我国有较大的发展。砌块种类、规格很多，其中以中、小型砌块较为普遍，在小型砌块中又开发出多种强度等级的承重砌块和装饰砌块。在多层建筑，小砌块结构将逐步代替砖混结构，成为主要的建筑体系；在中、高层建筑，小砌块住宅和现浇钢筋混凝土住宅将成为同时并存的两大建筑体系。

砌块的生产工艺简单，设备属通用机械，投资少、收效快，成本可以接近或低于粘土砖，劳动生产率比粘土砖高两倍多，而且可以大量利用工业废渣，节约堆放废渣的场地，不占用耕作土地。因此，发展砌块建筑是适合我国当前建筑施工水平的墙体改革的有效途径之一。

§3.1 砌筑材料

常用的砌筑材料有砖、石、砌块和砂浆。

3.1.1 砖

常用的砖有烧结普通砖、烧结多孔砖、烧结空心砖、蒸压灰砂空心砖、蒸压粉煤灰砖等。

烧结普通砖为实心砖，是以粘土、页岩、煤矸石或粉煤灰为主要原料经压制焙烧而成。按原料不同，可以分为烧结粘土砖、烧结页岩砖、烧结煤矸石砖和烧结粉煤灰砖。烧结普通砖外形尺寸为长240mm、宽115mm、高53mm。按抗压强度可以分为MU30、MU25、MU20、MU15、MU10五个强度等级。

烧结多孔砖使用的原材料和生产工艺与烧结普通砖基本相同，其空洞率不小于25%，多用于承重部位。其长度有290mm、240mm、190mm等，宽度有190mm、140mm、

115mm 等，高度一般为 90mm。常用规格有 P 型 240mm×115mm×90mm，M 型 190mm×190mm×90mm。按抗压强度可以分为 MU30、MU25、MU20、MU15、MU10 五个强度等级。

烧结空心砖的烧制、外形、尺寸要求与烧结多孔砖一致，其空洞率不小于 40%，多用于砌筑围护结构或结构非承重部位。按抗压强度可以分为 MU5、MU3、MU2 三个强度等级。

蒸压灰砂空心砖是以石英砂和石灰为主要原料，焙料制备，压制成型，经蒸压养护而成的空洞率大于 15% 的空心砖。其外形规格与烧结普通砖一致，按抗压强度可以分为 MU25、MU20、MU15、MU10、MU7. 5 五个强度等级。

蒸压粉煤灰砖是以粉煤灰为主要原料，掺配适量的石灰、石膏或其他碱性激发剂，再加入一定数量的炉渣作为骨料，经焙料制备，压制成型，高压蒸汽养护而成的实心砖，简称粉煤灰砖。其外形规格与烧结普通砖一致，按抗压强度可以分为 MU30、MU25、MU20、MU15、MU10 五个强度等级。

3. 1. 2 砌筑用石

砌筑用石可以分为毛石、料石两类。

毛石又可以分为乱毛石和平毛石。乱毛石是指形状不规则的石块；平毛石是指形状不规则但有两个平面大致平行的石块。毛石应呈块状，其中部厚度不应小于 150mm。

料石按其加工面的平整程度分为细料石、半细料石、粗料石和毛料石四种。料石的宽度、厚度均不宜小于 200mm，长度不宜大于厚度的 4 倍。

石材的强度等级是以 70mm 边长的立方体试块的抗压强度表示的，划分为 MU100、MU80、MU60、MU50、MU40、MU30、MU20、MU15 和 MU10 九个等级。

3. 1. 3 砌块

砌块按用途分为承重砌块与非承重砌块。按有无孔洞分为实心砌块和空心砌块（包括单排孔砌块和多排孔砌块）。按大小分为小型砌块和中型砌块，目前常用的小型砌块主规格为 390mm×190mm×190mm，中型砌块的规格有 880mm×380mm×190mm、580m×380mm×190mm 等，在使用时需辅助其他规格使用。按使用的原材料分为普通混凝土砌块、粉煤灰砌块、加气混凝土砌块、轻骨料混凝土砌块。其中轻骨料混凝土砌块常用的品种有煤矸石混凝土空心砌块、浮石混凝土空心砌块及各种陶粒混凝土空心砌块等。

用碎石、卵石、石屑、山砂、河砂配制而成的普通混凝土小型砌块，块体密度为 1000~1500kg/m^3，适用于承重墙。用浮石、火山渣、煤渣、陶粒、自然煤矸石等配制而成的轻质混凝土小型砌块，块体密度为 700~1000kg/m^3，适用于填充墙。空心砌块强度等级有 MU20、MU15、MU10、MU7. 5、MU5、MU3. 5 等。作为非承重填充墙体或内墙隔断时砌块强度等级为 MU3. 5~MU5. 0 即可，高的更好；对于 6~8 层混合结构承重墙体，砌块抗压强度不能低于 MU10；对于建筑 10 层以上浇筑混凝土芯柱的高层建筑砌块强度等级则需 MU20。因此，作为承重用的砌块抗压强度，宜定在 MU10~MU20 之间。

粉煤灰砌块是以粉煤灰、石灰、石膏和骨料等为主要原料，经搅拌、成型、蒸汽养护而成的实心砌块，砌块端面带有灌浆槽。其主规格尺寸有 880mm×190mm×380mm、880mm×240mm×430mm 两种。强度等级有 MU13、MU10 两个等级。

加气混凝土砌块是用水泥、矿渣、砂、石灰等为主要原料，加入发气剂经搅拌成型、蒸压养护而成的实心砌块。一般规格有A、B两个系列，A系列长度为600mm，高度为200mm、250mm、300mm，宽度75mm起，以25mm递增；B系列长度为600mm，高度为240mm、300mm，宽度60mm起，以60mm递增。加气混凝土砌块强度等级有A10、A7.5、A5.0、A3.5、A2.5、A2.0、A1.0七个等级。除粉煤灰砌块和加气混凝土砌块外，还包括煤矸石混凝土空心砌块、煤渣混凝土空心砌块、浮石混凝土空心砌块、粘土陶粒大孔混凝土空心砌块等。

砌块生产单位供应砌块时，必须提供产品出厂合格证，写明砌块的强度等级和质量指标等。施工单位应按规定的质量标准及出厂合格证进行验收，必要时可以在施工现场取样检验。

3.1.4 砂浆

砂浆是使单块砖、石、砌块按一定要求铺砌成砌体的必不可少的胶凝材料。砂浆既与砖、石、砌块产生一定的粘结强度，共同参与工作，使砌体受力均匀，又减少砌体的透气性，增加密实性。按组成材料的不同，砂浆可以分为纯水泥砂浆（仅有水泥和砂掺合而成）与水泥混合砂浆（在水泥砂浆中掺入一定数量的石灰膏或粘土膏制成）。

1. 原材料要求

砌筑砂浆使用的水泥品种及标号，应根据砌体部位和所处环境来选择。水泥应按品种、标号、出厂日期分别堆放，并保持干燥。若遇水泥标号不明或出厂日期超过三个月等情况，应经试验鉴定后方可使用。不同品种的水泥不得混合使用。

砂宜采用中砂并应过筛，不得含有草根等杂物。砂的含泥量应符合现行行业标准《普通混凝土用砂、石质量及检验方法标准》（JGJ52）中的相关规定。人工砂、山砂及特细砂，应经试配能满足砌筑砂浆技术条件要求。

用块状生石灰熟化成石灰膏时，应用空洞不大于3mm×3mm网过滤，其熟化时间不得少于7d。对于磨细生石灰粉，其熟化时间不得少于2d。在沉淀池中储存的石灰膏，应防止干燥、冻结和污染。严禁使用已脱水硬化的石灰膏。

砂浆中掺入适量微沫剂和塑化剂，可以增强砂浆的和易性。

拌制砂浆用水的水质，应符合现行行业标准《混凝土用水标准》（JGJ63）中的相关规定。

2. 砂浆强度

砌筑砂浆的强度等级是用边长70.7mm的立方体试块，经（20±5）℃及正常湿度条件下的室内不通风处养护28d的平均抗压极限强度确定的。砂浆强度等级有M15、M10、M7.5、M5、M2.5、M1和M0.4七个等级。

3. 砂浆制备与使用

砂浆配料应采用质量比，配料要准确。水泥、微沫剂的配料精确度应控制在±2%以内；砂、石灰膏、粘土膏、电石膏、粉煤灰和磨细生石灰粉的配料精确度应控制在±5%以内。

用砂浆搅拌机搅拌水泥砂浆时，应先将砂与水泥投入，干拌均匀后，再加入水搅拌均匀；搅拌水泥混合砂浆时，应先将水泥和砂投入，干拌均匀后，再投入石灰膏（或粘土膏等）加水搅拌均匀；在砂浆中掺入微沫剂时，宜用不低于70℃的水将微沫剂稀释至

5%~10%的浓度，随拌合水投入搅拌机中。微沫剂掺量一般为水泥用量的$\frac{0.5}{1000}$~$\frac{1}{1000}$（微沫剂按100%纯度计）。水泥砂浆和水泥混合砂浆的拌合时间不得少于2min；掺用外加剂的砂浆不得少于3min；掺用微沫剂的砂浆为3~5min。

现场拌制的砂浆应随拌随用，拌制的砂浆必须在拌成后3h使用完毕；若施工期间最高气温超过30℃，必须在拌成后2h内使用完毕。预拌砂浆及蒸压加气混凝土砌块专用砂浆的使用时间应按照厂方提供的说明书确定。

4. *专用砌筑砂浆*

用砂浆砌筑混凝土小型空心砌块与砌筑实心砖有明显的差异：混凝土小型空心砌块吸水率小且吸水速度迟缓，所以规定混凝土小型空心砌块在常温条件下砌筑前不宜浇水，只有在天气炎热干燥条件下可以在砌筑前稍洒水湿润；而实心砖在常温条件下，砌筑前应浇水。混凝土小型空心砌块的壁、肋厚度小，粘结砂浆面积小；实心砖粘结砂浆面积大。因此，与实心砖的砌筑砂浆相比较，混凝土小型空心砌块的砌筑砂浆应采用砌块专用砂浆。该砂浆可以使空心砌块砌体灰缝饱满，粘结性能好，可以减少墙体开裂和渗漏，提高墙体的砌筑质量。

混凝土小型空心砌块专用砌筑砂浆由水泥、砂、水以及根据需要掺入的掺合料和外加剂等组分，按一定比例，采用机械搅拌制成。其中由水泥、钙质消石灰粉、砂、掺合料以及外加剂按一定比例干混合制成的混合物称为干拌砂浆。干拌砂浆在施工现场加水经机械拌合成为专用砌筑砂浆。

专用砌筑砂浆的抗压强度不用M标记，而用Mb标记。专用砌筑砂浆划分为Mb5.0、Mb7.5、Mb10.0、Mb15.0、Mb20.0、Mb25.0六个强度等级。

专用砌筑砂浆水泥采用普通硅酸盐水泥或矿渣硅酸盐水泥，砂采用中砂，石灰膏采用充分熟化的石灰膏，熟化时间不少于3d，砂浆中也可以掺入粉煤灰以改善砂浆的和易性，但粉煤灰不得含有影响砂浆性能的有害物质。

3.1.5 灌孔混凝土

在混凝土小型空心砌块建筑中，设置芯柱（孔洞中插筋、灌注混凝土）是保证小砌块建筑整体工作性能的重要结构措施。在抗震验算中，芯柱还作为受力构件与墙体共同抵抗地震作用。而在墙体某些部位，小砌块孔洞中用混凝土灌实形成芯孔，主要是满足承受局部荷载的需要，或为了防止墙体渗水和提高其耐久性。为此，将芯柱和芯孔的混凝土统称为灌孔混凝土，是砌块建筑中的专用混凝土，强度等级用Cb标记，分为Cb20、Cb25、Cb30、Cb35、Cb40五个等级。

灌孔混凝土由水泥、集料、水以及掺合料和外加剂等组分，按一定比例，采用机械搅拌制成。其中水泥应采用硅酸盐水泥、普通硅酸盐水泥或矿渣硅酸盐水泥。由于小砌块孔洞的截面面积最小仅为120mm×120mm，因此灌孔混凝土宜采用细石混凝土。粗集料的粒径宜为5~12mm，最大粒径小于16mm。粗集料用碎石或卵石，细集料宜采用中砂。又由于灌孔混凝土属于大流动性混凝土，要求混凝土均匀、不离析、不泌水。因此，从材料方面考虑宜加入粉煤灰或磨细矿渣等掺合料。混凝土中加入粉煤灰，可以提高拌合物的稳定性，粉煤灰微珠的滚珠作用，又增加了拌合物的流动性，还可以取代部分水泥，降低灌孔混凝土的成本。另外掺入减水剂等外加剂，可以使灌孔混凝土能完全填满砌块中的孔洞，增加小砌块孔洞壁、肋内表面与灌孔混凝土的粘结力，在混凝土硬化过程中减少体积收缩。

制备灌孔混凝土时，原材料按重量计量，允许偏差不得超过相关规范的规定范围。配合比确定后，在使用前先进行实验室检验，检验项目包括抗压强度、坍落度和均匀性，有抗冻性要求时应同时进行抗冻性检验，各项指标符合要求后方可正式使用。混凝土搅拌应优先采用强制式搅拌机，如采用自落式搅拌机，应适当延长搅拌时间。搅拌时通常先加粗集料、掺合料、水泥干拌1min，再加水湿拌1min，最后加外加剂搅拌，总的搅拌时间不宜少于5min。

§3.2 脚手架及垂直运输设备

3.2.1 脚手架

脚手架是施工中堆放材料和工人进行操作的临时设施，是为方便工人进行操作而搭设的工作平台或作业通道，也是保证工人高空作业的安全防护。一般搭设脚手架高度在1.2m左右，称为“一步架高度”，又称为墙体的可砌高度。

脚手架种类很多，按其所用材料可以分为木脚手架、竹脚手架、金属脚手架；按用途可以分为结构用脚手架、装修用脚手架、支撑用脚手架；按搭设位置可以分为外脚手架、里脚手架；按构造形式可以分为多立杆式（有扣件式、碗扣式，分单排、双排和满堂脚手架）、门型框式、桥式、吊篮式、悬挂式、挑架式、升降式及用于楼层间操作平台的工具式脚手架。

脚手架搭设的基本要求是：脚手架宽度应满足工人操作、材料堆放及运输的要求，一般2m左右，不得小于1.5m；脚手架应有足够的强度、刚度及稳定性；装拆简单，搬运方便，能够多次周转使用；脚手架应根据当地材料供应情况，因地制宜，就地取材，尽量节省用料。

1. 扣件式钢管脚手架

扣件式钢管脚手架主要由钢管和扣件组成，具有工作可靠、装拆方便和通用性强等特点。主要杆件有立杆、大横杆、小横杆、护栏、剪刀撑、连墙杆、纵向扫地杆、横向扫地杆和底座等。扣件式钢管脚手架的基本形式有双排式和单排式两种，其构造如图3.2.1所示。

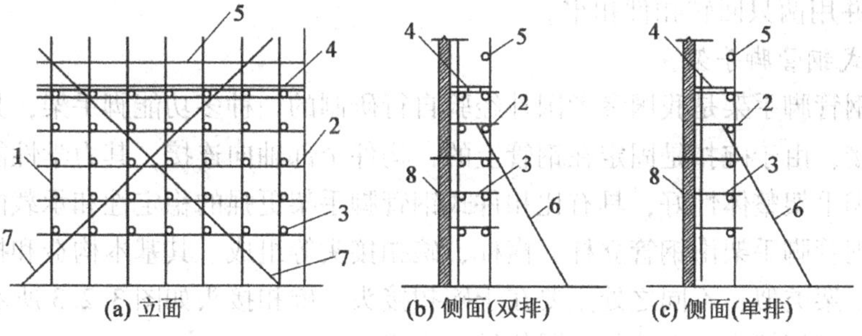

1—立杆；2—大横杆；3—小横杆；4—脚手板；5—栏杆；6—抛撑；7—斜撑；8—墙体图

图3.2.1 扣件式钢管脚手架

扣件用于钢管之间的连接，基本形式有三种，如图 3.2.2 所示。对接扣件用于两根钢管的对接连接；旋转扣件用于两根钢管呈任意角度交叉的连接；直角扣件用于两根钢管呈垂直交叉的连接。

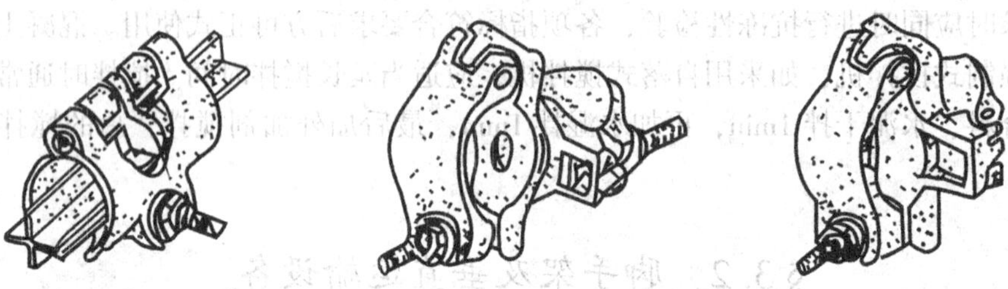

(a) 对接扣件　(b) 旋转扣件　(c) 直角扣件

图 3.2.2　扣件形式

搭设扣件式钢管脚手架时，应注意地基平整坚实，设置底座和垫板，且有可靠的排水措施，防止积水浸泡地基。立杆之间的纵向间距：当为单排设置时，立杆离墙 1.2~1.4m；当为双排设置时，里排立杆离墙 0.4~0.5m，里、外排立杆之间间距为 1.5m 左右。相邻立杆接头要错开，对接时需用对接扣件连接，也可以采用长度为 400mm、外径等于立杆内径，中间焊法兰的钢管套管连接。立杆的垂直偏差不得大于架高的 1/200。上下两层相邻大横杆之间的间距为 1.5~1.8m。大横杆杆件之间的连接应位置错开，并用对接扣件连接，若采用搭接连接，搭接长度应不小于 1m，并用三个回转扣件扣牢。与立杆之间应采用直角扣件连接，纵向水平高差应不大于 50mm。小横杆的间距不大于 1.5m。当为单排设置时，小横杆的一头搁入墙内不少于 240mm，一头搁于大横杆上，至少伸出 100mm；当为双排设置时，小横杆端头离墙距离为 50~100mm。小横杆与大横杆之间用直角扣件连接。每隔三步的小横杆应加长，并注意与墙的拉结。纵向支撑的斜杆与地面的夹角宜在 45°~60°范围内。斜杆的搭设是利用回转扣件将一根斜杆扣在立杆上，另一根斜杆扣在小横杆的伸出部分上，这样可以避免两根斜杆相交时把钢管别弯。斜杆用扣件与脚手架扣紧的连接接头距脚手架节点（即立杆和横杆的交点）不大于 200mm。除两端扣紧外，中间尚需增加 2~4 个扣节点。为保证脚手架的稳定，斜杆的最下面一个连接点距地面不宜大于 500mm。斜杆的接长宜采用对接扣件的对接连接，当采用搭接时，搭接长度不小于 400mm，并用两只回转扣件扣牢。

2. 碗扣式钢管脚手架

碗扣式钢管脚手架是我国参考国外经验自行研制的一种多功能脚手架，其杆件节点处采用碗扣连接，由于碗扣是固定在钢管上的，构件全部轴向连接，其力学性能好，连接可靠，组成的脚手架整体性好，具有比扣件式钢管脚手架更强的稳定性和承载能力。

碗扣式钢管脚手架由钢管立杆、横杆、碗扣接头等组成。其基本构造和搭设要求与扣件式钢管脚手架类似，不同之处主要在于碗扣接头。碗扣接头如图 3.2.3 所示，是由上碗扣、下碗扣、横杆接头和上碗扣的限位销等组成。

碗扣式脚手架搭设时，立柱横距为 1.2m；纵距根据脚手架荷载可以为 1.2m、1.5m、

1.8m、2.4m；步距为1.8m、2.4m；搭设时立杆的接长缝应错开，第一层立杆应采用长1.8m和3.0m的立杆错开布置，往上均用3.0m长杆，至顶层再采用1.8m和3.0m两种长度找平。高30m以下脚手架垂直度应在1/200以内，高30m以上脚手架垂直度应控制在1/400~1/600，总高垂直度偏差应不大于100mm。

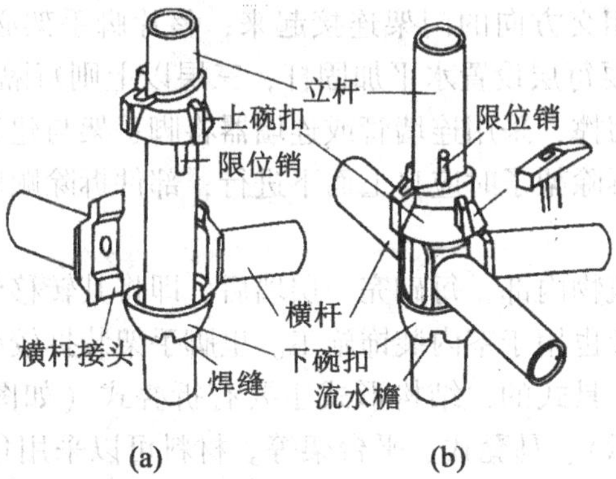

图3.2.3 碗扣式钢管脚手架节点

3. 门型脚手架的构造

门型脚手架是一种工厂生产、现场搭设的钢管脚手架，门型脚手架不仅可以作为外脚手架，也可以作为内脚手架或满堂脚手架。门型脚手架因其几何尺寸标准化、结构合理、受力性能好、施工中装拆容易、安全可靠、经济实用等特点，广泛应用于建筑、桥梁、隧道、地铁等工程施工，若在门架下部安放轮子，也可以作为机电安装、油漆粉刷、设备维修、广告制作的活动工作平台。

门型脚手架由门式框架、剪刀撑和水平梁架或脚手板构成基本单元，将基本单元连接起来即构成整片脚手架，如图3.2.4所示。门型脚手架的主要部件之间的连接形式有制动片式和偏重片式。

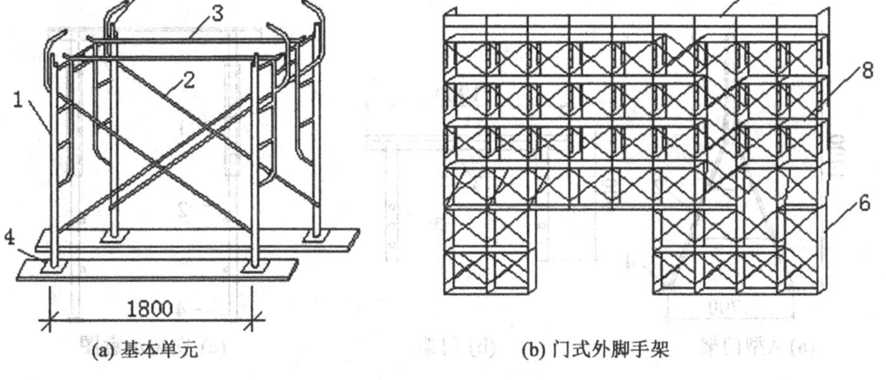

1—门式框架；2—剪刀撑；3—水平梁架；4—螺旋基脚；5—连接器；6—梯子；7—栏杆；8—脚手板

图3.2.4 门型脚手架（单位：mm）

门型脚手架一般按以下程序搭设：铺放垫木（板）→拉线、放底座→自一端起立门架并随即装剪刀撑→装水平梁架（或脚手板）→装梯子→需要时装设通常的纵向水平杆→装设连墙杆→插上连接棒、安上一步门架、装上锁臂→照上述步骤，逐层向上安装→装加强整体刚度的长剪刀撑→装设顶部栏杆。

搭设门型脚手架时，基底必须先平整夯实。外墙脚手架必须通过扣墙管与墙体拉结，并用扣件把钢管和处于相交方向的门架连接起来，整片脚手架必须适量放置水平加固杆（纵向水平杆），前三层要每层设置水平加固杆，三层以上则每隔三层设一道水平加固杆。在架子外侧面设置长剪刀撑，采用连墙管或连墙器将脚手架与建筑物连接。高层脚手架应增加连墙点布设密度。拆除架子时应自上而下进行，部件拆除顺序与安装顺序相反。

4. 里脚手架

里脚手架搭设于建筑物内部，每砌完一层墙后，即将其转移到上一层楼面，进行新的一层墙体砌筑。里脚手架也用于室内装饰施工。里脚手架装拆较频繁，要求轻便灵活，装拆方便。通常将其做成工具式的，结构形式主要有折叠式（如图 3.2.5 所示）、支柱式、门架式（如图 3.2.6 所示）、马凳式、平台架等。材料可以采用角钢或钢管制作，连接形式有套管式和承插式。

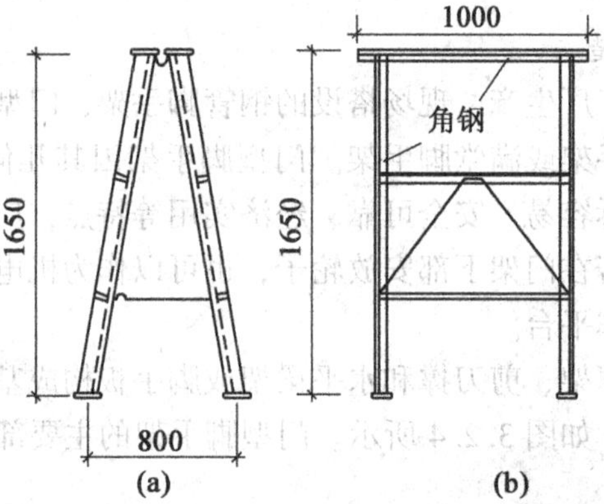

图 3.2.5 折叠式里脚手架（单位：mm）

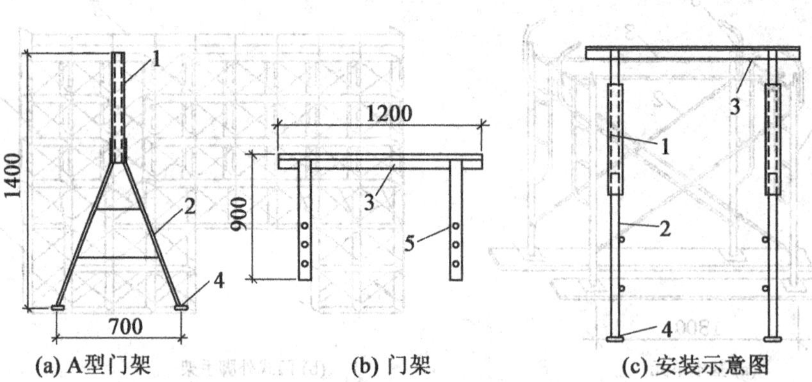

1—立管；2—支脚；3—门架；4—垫板；5—销孔

图 3.2.6 门架式里脚手架（单位：mm）

3.2.2 垂直运输设备

垂直运输设备是垂直运送各种材料和人员上下的机械设备和设施。砌筑工程中的垂直运输量比较大，需要将大量的砌块、砂浆、脚手架、脚手板及预制构件运送到各楼层的施工平面上去，因此需要合理安排垂直运输设备，以加快施工进度，降低工程成本。砌筑工程中常用的垂直运输设备有井架、龙门架、塔式起重机和施工电梯等。

1. 井架

井架是砌体工程中最常使用的垂直运输机械，如图 3.2.7 所示，井架可以采用型钢或钢管加工成定型产品，也可以采用脚手架部件搭设。井架的优点是取材方便、稳定性好、运输量大，可以同时带有起重臂和吊盘，也可以不带重臂。其缺点是缆风绳多，影响施工和交通。

2. 龙门架

龙门架是由两组格构式立杆和横梁（天轮梁）组合而成的门式架，如图 3.2.8 所示。在横梁上设置滑轮、导轨、吊盘，进行材料的垂直运输。龙门架构造简单，制作方便，常用于多层建筑施工，起吊高度为 15~30m，起重量为 6~52kN。

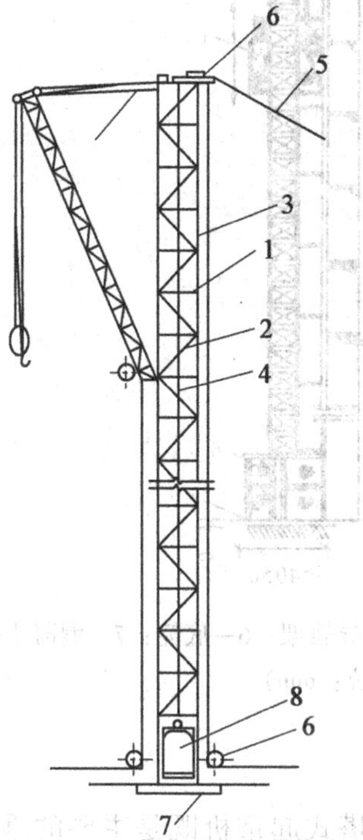

1—平撑；2—斜撑；3—立柱；4—钢丝绳
5—缆风绳；6—滑轮；7—垫木；8—内吊盘

图 3.2.7 井架

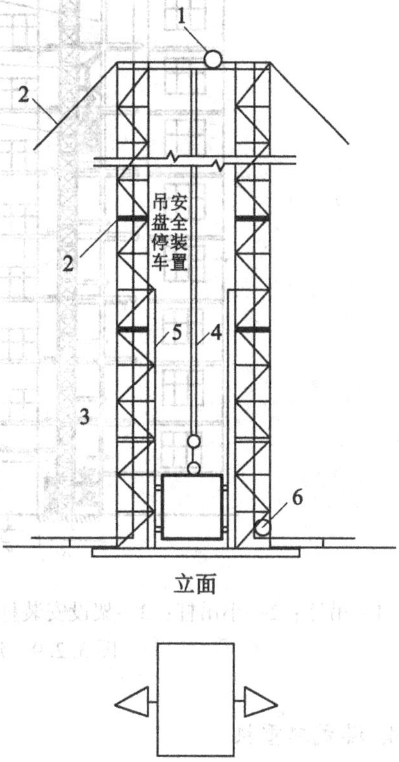

1—天轮；2—缆风绳；3—立柱
4—钢丝绳；5—导轨；6—地轮

图 3.2.8 龙门架

3. 施工电梯

在高层建筑施工中，常采用人货两用施工电梯，如图 3.2.9 所示。这种施工电梯主要由底笼（外笼）、驱动机构、安全装置、附墙架、起重装置和起重拔杆等构成。吊笼装在井架的外侧，沿齿条式轨道升降，可以载重货物 10~20kN，可以承载 12~14 人。其高度随建筑物主体结构的施工而接高。

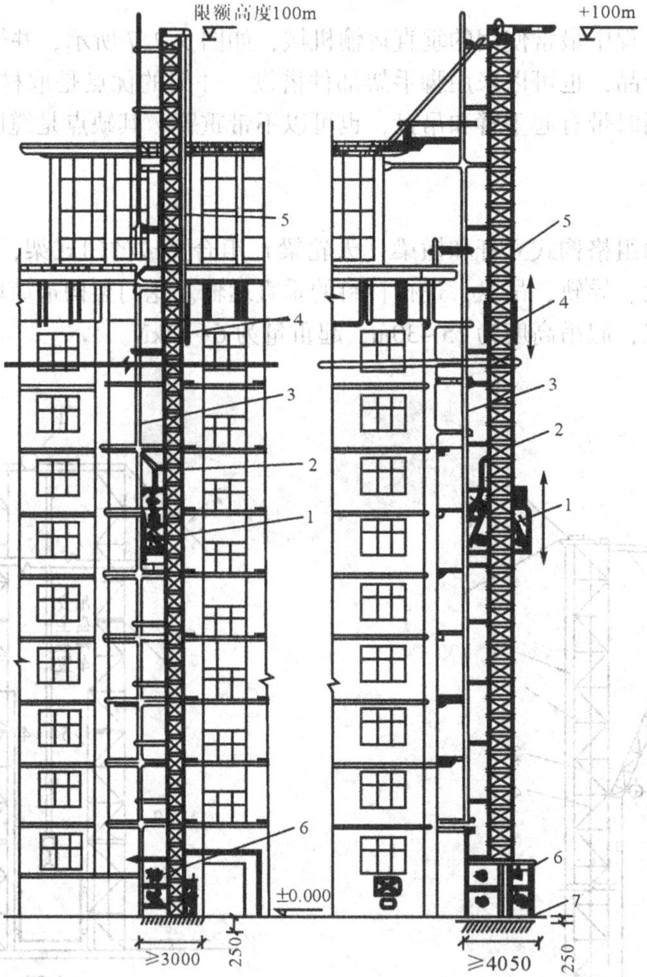

1—吊笼；2—小吊杆；3—架设安装杆；4—平衡箱；5—导轨架；6—底笼；7—混凝土基础

图 3.2.9 建筑施工电梯（单位：mm）

4. 塔式起重机

塔式起重机具有提升、回转、水平运输等功能，塔式起重机既是主要的垂直运输设备，又是重要的吊装机械，尤其在吊运大、长、重的物料时有明显的优势，因此若条件允许，实际工程中宜优先采用塔式起重机。塔式起重机的类型、特点及性能详见第 7 章。

§3.3 砖砌体施工

砖的品种、强度等级必须符合设计要求，且应规格一致。用于清水墙、柱表面的砖，外观要求应尺寸准确、边角整齐、色泽均匀、无裂纹、掉角、缺棱和翘曲等现象。常温下砌砖，为避免砖吸收砂浆中过多的水分而影响粘结力，砖应提前1~2d浇水湿润，并可以除去砖面上的粉末。烧结普通砖相对含水率宜为60%~70%，但浇水过多会产生砌体走样或滑动。气候干燥时，砌筑前应先喷水润湿。但灰砂砖、粉煤灰砖不宜浇水过多，其相对含水率应控制在40%~50%为宜。

3.3.1 砖基础的组砌形式

砖基础有带形基础和独立基础，基础下部扩大部分称为大放脚、上部为基础墙。大放脚有等高式和不等高式两种，如图3.3.1所示。等高式大放脚是两皮一收，两边各收进1/4砖长；不等高大放脚是两皮一收和一皮一收相间隔，两边各收进1/4砖长。大放脚一般采用一顺一丁砌法，上下皮垂直灰缝相互错开60mm。砖基础的转角处、交接处，为错缝需要应加砌配砖（3/4砖、半砖或1/4砖）。在这些交接处，纵横墙要隔皮砌通；大放脚的最下一皮及每层的最上一皮应以丁砖砌筑为主。

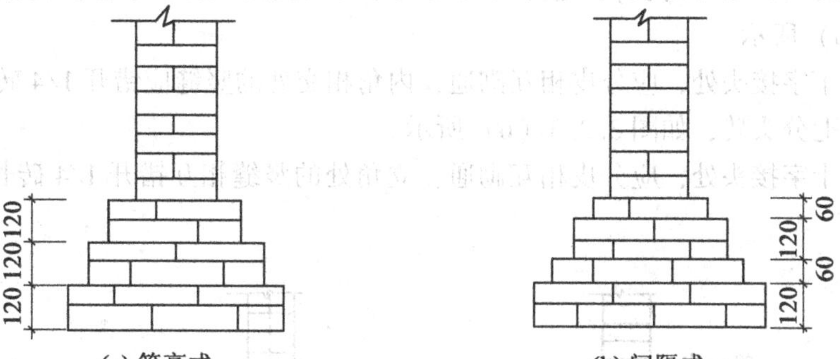

图3.3.1 砖基础大放脚形式（单位：mm）

3.3.2 砖墙的组砌形式

砖砌体的组砌，要求上下错缝，内外搭接，以保证砌体的整体性。同时组砌要尽量少砍砖，以提高砌筑效率，节约材料。砖墙的组砌形式主要有五种：一顺一丁、三顺一丁、梅花丁、两平一侧、全顺和全丁式，如图3.3.2所示。

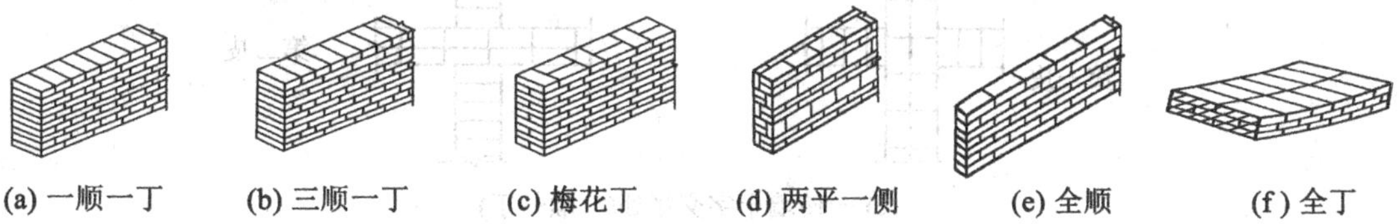

图3.3.2 砖墙组砌形式

一顺一丁砌法是一皮中全部顺砖与一皮中全部丁砖相互间隔砌成，上下皮之间的竖缝相互错开 1/4 砖长，如图 3.3.2（a）所示。这种砌法效率较高，适用于砌一砖墙、一砖半墙及二砖墙。

三顺一丁砌法是三皮中全部顺砖与一皮中全部丁砖间隔砌成，上下皮顺砖与丁砖间竖缝错开 1/4 砖长，上下皮顺砖间竖缝错开 1/2 砖长，如图 3.3.2（b）所示。这种砌法因顺砖较多，砌筑效率较高，适用于砌筑一砖或一砖以上的墙厚。

梅花丁砌法是每皮中丁砖与顺砖相隔，上皮丁砖坐中于下皮顺砖，上下皮间竖缝相互错开 1/4 砖长，如图 3.3.2（c）所示。这种砌法内外竖缝每皮都能错开，故整体性较好，灰缝整齐，比较美观，但砌筑效率较低。适用于砌一砖墙及一砖半墙，尤其适宜于清水墙的砌筑。

两平一侧是连砌两皮顺砖或丁砖，然后贴一层侧砖，顺砖层上下皮搭接 1/2 砖长，丁砖层上下皮搭接 1/4 砖长，每砌两皮砖后，将平砌砖和侧砖里外互换，如图 3.3.2（d）所示。该砌法适用于砌 180mm 或 300mm 厚的砖墙。

全顺即全部采用顺砖砌筑，每皮砖搭接 1/4 砖长，如图 3.3.2（e）所示，适用于 120mm 半砖墙砌筑。

全丁即全部采用丁砖砌筑，每皮砖搭接 1/4 砖长，如图 3.3.2（f）所示，适用于烟囱和窨井的砌筑。

为了使砖墙的转角处各皮砖之间竖缝相互错开，当采用一顺一丁组砌时，必须在外角处砌七分头砖（即 3/4 砖长），七分头的顺面方向依次砌顺砖，丁面方向依次砌丁砖，如图 3.3.3（a）所示。

砖墙的丁字接头处，应分皮相互砌通，内角相交处的竖缝应错开 1/4 砖长，并在横墙端头处加砌七分头砖，如图 3.3.3（b）所示。

砖墙的十字接头处，应分皮相互砌通，立角处的竖缝相互错开 1/4 砖长，如图 3.3.3（c）所示。

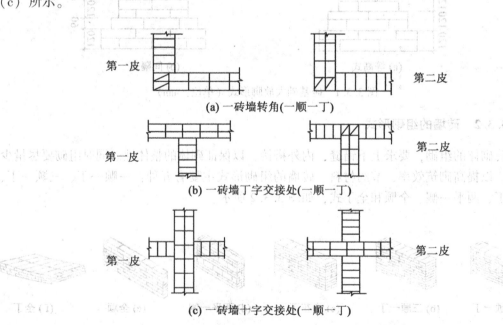

(a) 一砖墙转角(一顺一丁)

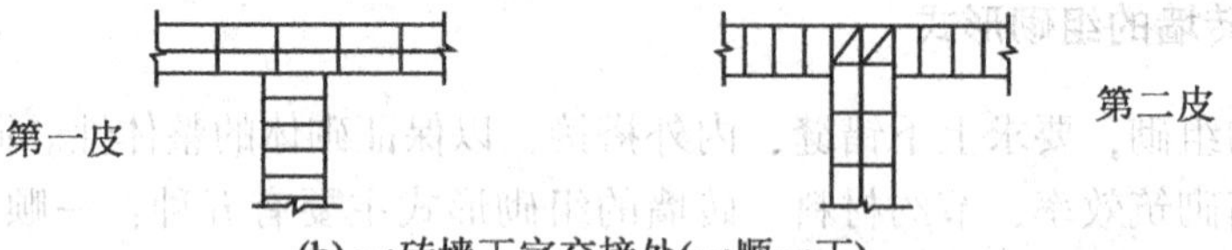

(b) 一砖墙丁字交接处(一顺一丁)

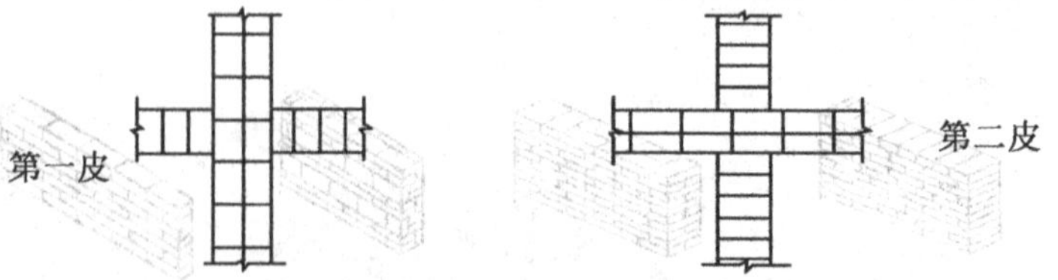

(c) 一砖墙十字交接处(一顺一丁)

图 3.3.3　砖墙交接处组砌

3.3.3 砖墙的砌筑工艺

砖墙砌筑的施工过程一般有抄平、放线、摆砖、立皮数杆、盘角、挂线、砌砖、勾缝、清理、轴线、标高引测与控制等工序。

1. 抄平

砌墙前应在基础防潮层或楼面上定出各层标高，并用M7.5水泥砂浆或C10细石混凝土找平，使各段砖墙底部标高符合设计要求。

2. 放线

根据龙门板上给定的轴线及图纸上标注的墙体尺寸，在基础顶面上用墨线弹出墙的轴线和墙的宽度线，并定出门窗洞口位置线。二楼以上墙体的轴线可以用经纬仪或锤球将轴线引上，并弹出墙体轴线、墙的宽度线及门窗洞口位置线。轴线的引测是放线的关键，必须按图纸要求尺寸用钢尺进行校核。

3. 摆砖

摆砖是指在放线的基面上按选定的组砌方式用干砖试摆。摆砖的目的是为了核对所放的墨线在门窗洞口、附墙垛等处是否符合砖的模数，对灰缝进行调整，以使每层砖的砖块排列和灰缝均匀，尽可能减少砍砖。

4. 立皮数杆

皮数杆是指在其上画有每皮砖和砖缝厚度以及门窗洞口、过梁、楼板、梁底、预埋件等标高位置的一种木制标杆，如图3.3.4所示，用于控制墙体各部位构件的标高。皮数杆长度应有一层楼高，一般立于墙转角处、内、外墙交接处、楼梯间及门窗洞口处，间距不超过15m。立皮数杆时，应使皮数杆上的±0.000线与房屋的设计标高线相吻合。

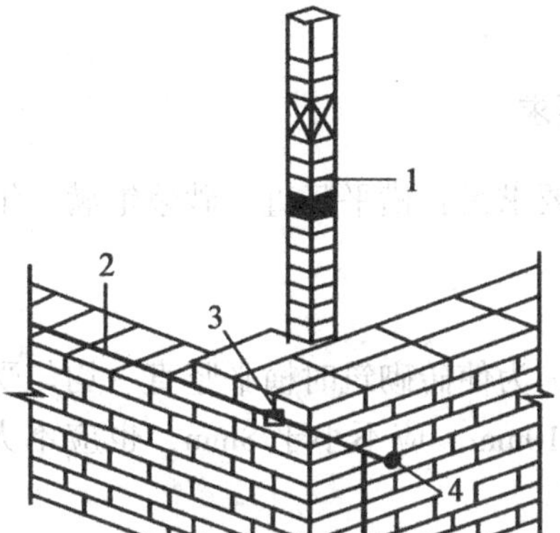

1—皮数杆；2—准线；3—竹片；4—圆铁钉

图3.3.4 皮数杆示意图

5. 盘角、挂线

砌墙前应先盘角，即对照皮数杆的砖层和标高，先砌墙角，保证转角垂直、平整。每次盘角不超过五皮，并应及时进行吊靠，发现偏差及时修整。根据盘角将准线挂在墙侧，作为墙身中部砌筑的依据。挂线是盘角后结合皮数杆连接墙体两端的连线，施工中一般采用麻绳线或棉线等。挂线的目的是使墙体两端的同一皮砖顶面处于同一标高，做到砖体排列均匀，砂浆灰缝厚薄一致，提高砖砌体的砌筑质量。一般二四墙可以单面挂线，三七墙及以上的墙则应双面挂线。墙体挂线时，应依据皮数杆每砌筑一皮砖向上移动一次。

6. *砌砖*

砖砌体的砌筑方法有“三一”砌砖法、“二三八一”砌砖法、挤浆法、刮浆法和满口灰法。其中，“三一”砌砖法和挤浆法最为常用。

“三一”砌砖法即是一铲灰、一块砖、一挤揉，并随手将挤出的砂浆刮去的砌筑方法。这种砌法的优点是灰缝容易饱满，粘结性好，墙面整洁。故实心砖砌体宜采用“三一”砌砖法。

挤浆法即用灰勺、大铲或铺灰器在墙顶上铺一段砂浆，然后双手拿砖或单手拿砖，用砖挤入砂浆中一定厚度之后把砖放平，达到下齐边、上齐线、横平竖直的要求。这种砌法的优点是可以连续挤砌几块砖，减少繁琐的动作，平推平挤可以使灰缝饱满，效率高，保证砌筑质量。

7. 勾缝、清理

清水墙砌筑完后，要进行墙面修正及勾缝。勾缝的作用，除使墙面清洁、整齐、美观外，主要是保护墙面。勾缝的方法有原浆勾缝和加浆勾缝两种。原浆勾缝是利用原砌筑墙体用砂浆随砌随勾；加浆勾缝是墙体砌筑完成，用 1∶1 水泥砂浆勾缝，也可以采用加色砂浆勾缝。墙面勾缝应横平竖直，深浅一致，搭接平整，不得有丢缝、开裂和粘结不牢等现象。勾缝完毕后，应进行墙面、柱面和落地灰的清理。

8. 轴线、标高引测与控制

当墙砌筑到各楼层时，可以根据设在底层的轴线和标高引测点，利用经纬仪或线锤，把控制轴线和标高引测到各楼层外墙上，弹 50mm 线，以控制各层的过梁、圈梁及楼板的位置。

3.3.4 砖砌体的质量要求

砖砌体砌筑质量的基本要求是：横平竖直、砂浆饱满、组砌得当、接槎可靠，保证墙体有足够的强度和稳定性。

1. 横平竖直

砖砌体主要承受垂直力，为使砖砌筑时横平竖直、均匀受压，要求砌体的水平灰缝应平直、厚薄均匀，缝厚宜为 10mm，应不小于 8mm，也应不大于 12mm。竖向灰缝应垂直对齐，不得游丁走缝。

2. 砂浆饱满

砂浆层的厚度和饱满度对砖砌体的抗压强度影响很大，这就要求水平灰缝和垂直灰缝的厚度控制在 8~12mm 以内，且水平灰缝的砂浆饱满度不得小于 80%（可以用百格网检查）。竖缝不得出现透明缝、瞎缝和假缝等。竖向灰缝的饱满程度会影响砌体抗透风、抗渗、保温和砌体的抗剪强度。

3. 组砌得当

为提高砌体的整体性、稳定性和承载力，砖块排列应遵守上下错缝、内外搭砌的原则，避免垂直通缝出现，错缝或搭砌长度一般不小于 60mm。为满足错缝要求，实心墙体组砌时，一般采用一顺一丁、三顺一丁和梅花丁（同一皮砖中丁砖与顺砖相间排列）的砌筑形式。与构造柱连接时应设马牙槎。砌筑方法一般采用“三一”砌法，即一铲灰、一块砖、一挤揉的砌筑方法。

4. 接槎可靠

接槎是指墙体临时间断处的接合方式，一般有斜槎和直槎两种方式。

砖砌体的转角处和交接处应同时砌筑，对不能同时砌筑而又必须留置的临时间断处，应砌成斜槎，且实心砖砌体的斜槎长度不应小于墙体高度的2/3，如图3.3.5所示。若临时间断处留斜槎有困难，除转角处外，也可以留直接，但必须做成阳槎，并加设拉结筋；拉结筋的数量为每120mm墙厚放置一根ϕ6的钢筋，间距沿墙高不得超过500mm，埋入长度从墙的留槎处算起，每边不应小于500mm，抗震设防烈度6度、7度的地区，不应小于1000mm，末端应有90°弯钩，如图3.3.6所示。墙砌体接槎时，必须将接槎处的表面清理干净，浇水湿润，并应填实砂浆，保持灰缝平直。

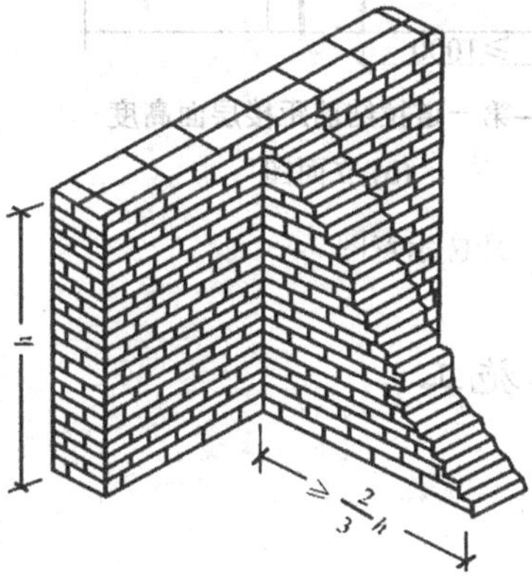

图3.3.5 斜槎

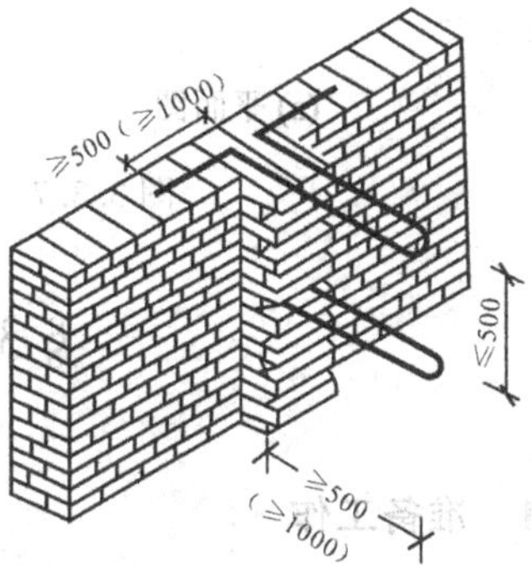

图3.3.6 直槎

3.3.5 特殊砖砌体施工

1. 砖柱

砖柱应选用整砖砌筑。砖柱断面宜为方形或矩形。最小断面尺寸为240mm×365mm。砖柱砌筑应保证砖柱外表面上、下皮垂直灰缝相互错开1/4砖长，砖柱内部少通缝，为错缝需要应加配砖，不得采用包心砌法。砖柱的水平灰缝厚度和垂直灰缝宽度宜为10mm，但应不小于8mm，也应不大于12mm。砖柱水平灰缝的砂浆饱满度不得小于80%。成排同断面砖柱，宜先砌两端的砖柱，以此为准，拉准线砌中间部分砖柱，这样可以保证各砖柱皮数相同，水平灰缝厚度相同。砖柱中不得留脚手架眼。砖柱每日砌筑高度不得超过1.8m。

2. 构造柱

设有钢筋混凝土构造柱的墙体，应先绑扎构造柱钢筋，然后砌砖墙，最后支模浇注混凝土。砖墙应砌成马牙槎（五退五进，先退后进），墙与柱应沿高度方向每500mm设水平拉结筋，每边伸入墙内应不少于1m，如图3.3.7所示。浇筑混凝土前应先湿润墙面，清理模板并刷隔离剂。混凝土可以分段浇筑，每段高度不大于 2m，或每个楼层分两次浇筑。若施工条件较好，也可以每一楼层一次浇筑完成。

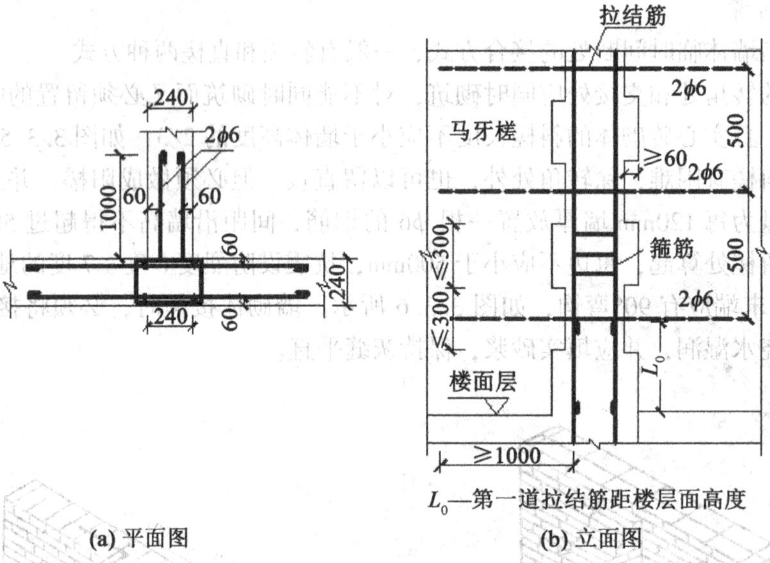

图 3.3.7　拉结钢筋布置及马牙槎示意图

§3.4　石砌体施工

3.4.1　准备工作

在砌筑石砌体前，应做好以下准备工作：

①石砌体用石应选择质地坚实、无风化剥落和裂纹的石块，用于清水墙、柱表面的石材，尚应色泽均匀；石材的放射性应经检验，其安全性应符合国家相关标准的规定。

②砌筑前，应清除石块表面的泥垢，水锈等杂质，必要时用水清洗。

③在砌筑部位放出石砌体的中心线及边线。

④复核各砌筑部位的原有标高，若有高低，应用细石混凝土填平。

⑤按石砌体的每皮高度及灰缝厚度等制作皮数杆，皮数杆立于石砌体的转角和交接处。在皮数杆之间拉准线，依准线逐皮砌石。

⑥准备脚手架。当石砌体砌高 1.2m 以上时就要搭设脚手架。

⑦选用的石块，其强度等级应不低于 MU20。制备的砂浆应为水泥砂浆或水泥混合砂浆，用于石墙的砂浆强度等级应不低于 M2.5；用于石基础的砂浆强度等级应不低于 MU5。

3.4.2　毛石砌体

1. 毛石基础

毛石基础是用乱毛石或平毛石与水泥混合砂浆或水泥砂浆砌筑而成。毛石基础可以做墙下条形基础或柱下独立基础。毛石基础按其断面形状有矩形、梯形和阶梯形等。基础顶面宽度应比墙基底面宽度大200mm；基础底面宽度依设计计算而定。梯形基础坡角应大于60°。阶梯形基础每阶高不小于300mm，每阶挑出宽度不大于200mm，如图3.4.1所示。

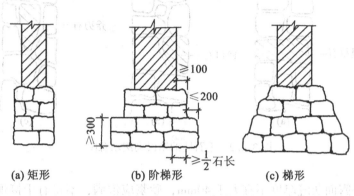

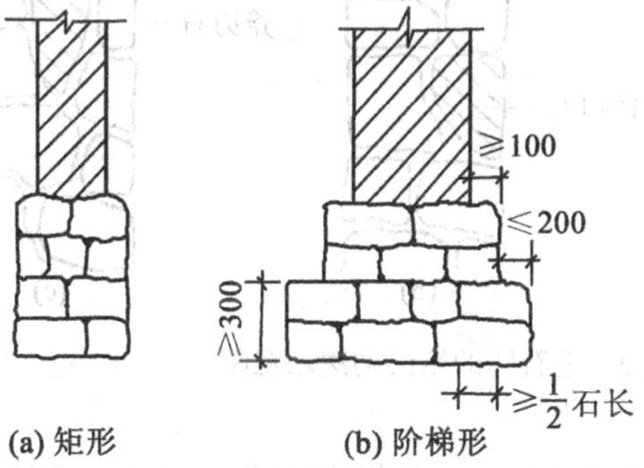

图3.4.1 毛石基础

毛石基础砌筑时，应双面拉准线，第一皮按所放的基础边线砌筑，以上各皮按准线砌筑。砌第一皮毛石时，应先在基坑底铺设砂浆，选用有较大平面的石块，并使毛石的大面向下。砌每一皮毛石时，应分皮卧砌，并应上下错缝，内外搭砌，不得采用先砌外面石块后中间填心的砌筑方法；石块之间较大的空隙应先填塞砂浆后用碎石嵌实，不得采用先摆碎石块后塞砂浆或干填碎石块的方法。毛石砌体外露面灰缝厚度不宜大于40mm，砂浆应饱满，石块之间不得有相互接触现象。每皮毛石内每隔2m左右设置一块拉结石，若基础宽度等于或小于400mm，拉结石宽度应与基础宽度相等；若基础宽度大于400mm，可以用两块拉结石内外搭接，搭接长度应不小于150mm，且其中一块长度应不小于基础宽度的2/3。阶梯形毛石基础，上阶的石块应至少压砌下阶石块的1/2，相邻阶梯毛石应相互错缝搭接。基础最上一皮、转角处、交接处和洞口处，宜选用较大的平毛石砌筑。有高低台的毛石基础，应从低处砌起，并由高台向低台搭接，搭接长度不小于基础高度。毛石基础转角处和交接处应同时砌起，若不能同时砌筑又必须留槎时，应留成斜槎，斜槎长度应不小于其高度，斜槎面上毛石应不找平，继续砌时应将斜槎面清理干净，浇水湿润。每天可砌高度为1.2m。

2. 毛石墙

毛石墙是用平毛石或乱毛石与水泥混合砂浆或水泥砂浆砌成，墙面灰缝不规则，外观要求整齐的墙面，其外皮石材可以适当加工。毛石墙的转角可以用料石或平毛石砌筑。毛石墙的厚度应不小于350mm。毛石可以与普通砖组合砌筑，墙的外侧为砖，里侧为毛石。毛石亦可以与料石组合砌筑，墙的外侧为料石，里侧为毛石。

砌筑毛石墙时，也应双面拉准线，第一皮按墙边线砌筑，以上各皮按准线砌筑。第一皮、每个楼层最上一皮、转角处、交接处及门窗洞口处应用较大的平毛石砌筑。毛石墙应分皮卧砌，各皮石块之间利用自然形状，经敲打修整使能与先砌石块基本吻合、搭砌紧密，上下错缝，内外搭砌，不得采用外面侧立石块，中间填心的砌筑方法，中间不得有铲口石（尖石倾斜向外的石块）、斧刃石（下尖上宽的三角形石块）和过桥石（仅在两端搭砌的石块)，如图 3.4.2 所示是几种错误砌法。毛石墙每天的砌筑高度应不超过 1.2m。

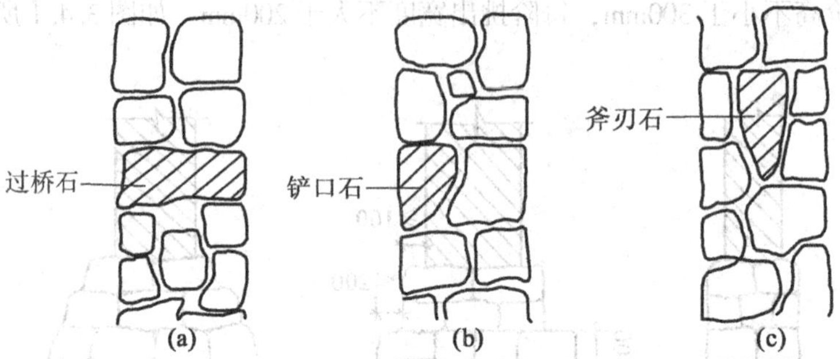

图 3.4.2 毛石墙的错误砌法示意图

毛石砌体外露面灰缝厚度不宜大于 40mm，砂浆应饱满，不得有干接现象。石块之间较大空隙应先填砂浆后塞碎石块。毛石墙必须设置拉结石，拉结应均匀分布，相互错开，一般每 0.7m^2墙面至少设置一块，且同皮内的中距不大于 2m，墙厚等于或小于 400mm，拉结石应与墙厚度相等；墙厚大于 400mm，可以用两块拉结石内外搭接，搭接长度不小于 150mm，且其中一块长度不小于墙厚的 2/3。在毛石和普通砖的组合墙中，毛石与砖应同时砌筑，并每隔 5~6 皮砖用 2~3 皮丁砖与毛石拉结砌合，砌合长度应不小于 120mm，两种材料之间的空隙应用砂浆填满，如图 3.4.3 所示。

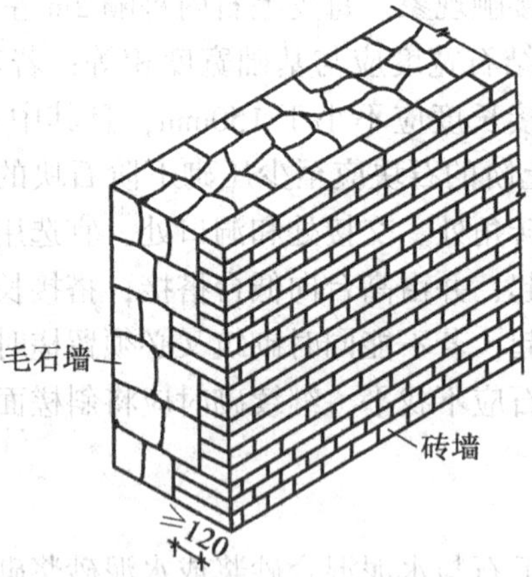

图 3.4.3 毛石和砖组合墙

毛石墙与砖墙相接的转角处、与砖墙交接处应同时砌筑。砖墙与毛石墙在转角处相接，可以从砖墙每隔 4~6 皮砖高度砌出不小于 120mm 长的阳槎与毛石墙相接；亦可以从毛石墙每隔 4~6 皮砖高度砌出不小于 120mm 长的阳槎与砖墙相接，如图 3.4.4 所示。砖纵墙与毛石横墙交接处，应自砖墙每隔 4~6 皮砖高度引出不小于 120mm 的阳槎与毛石墙相接；毛石纵墙与砖横墙交接处，应自毛石墙每隔 4~6 皮砖高度引出不小于 120mm 的阳槎与砖墙相接，如图 3.4.5 所示。

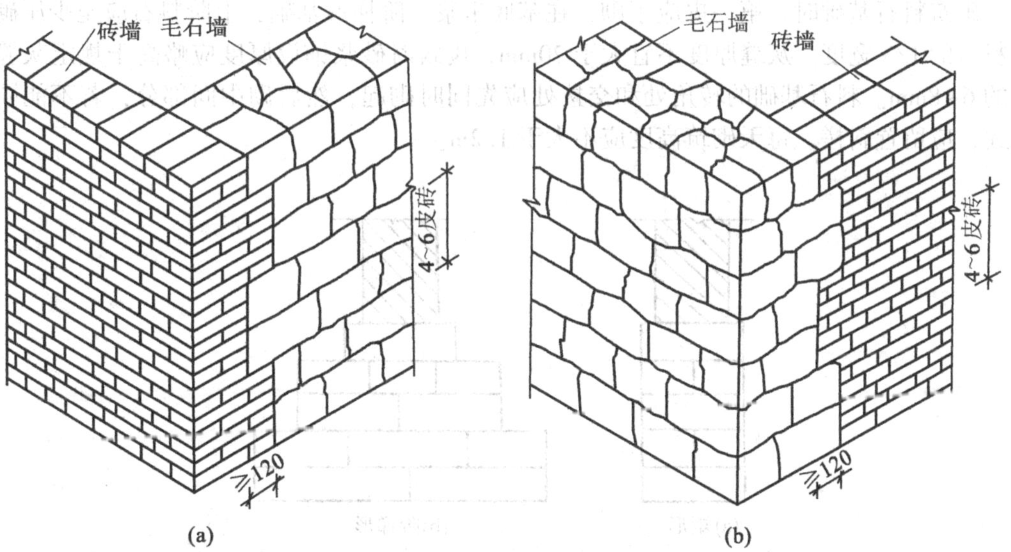

图 3.4.4 毛石墙与砖墙转角处砌筑示意图

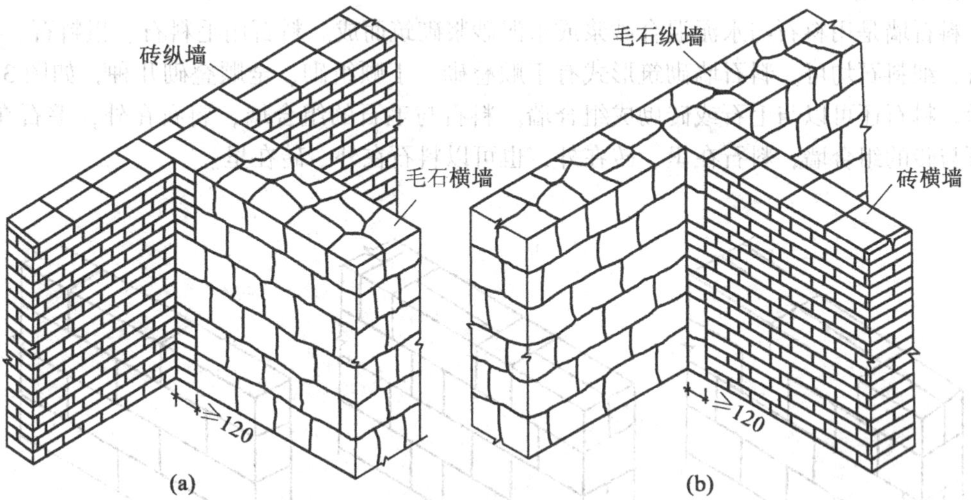

图 3.4.5 毛石墙与砖墙交接处示意图

3.4.3 料石砌体

1. 料石基础

料石基础有墙下的条形基础和柱下独立基础等。其断面形状有矩形、阶梯形，如图 3.4.6 所示。阶梯形基础每阶挑出宽度不大于 200mm，每阶为一皮料石或二皮料石。料石基础的砌筑形式有丁顺叠砌和丁顺组砌。丁顺叠砌是一皮顺石与一皮丁石相隔砌成，上下皮竖缝相互错开 1/2 石宽；丁顺组砌是同皮内 1~3 块顺石与一块丁石相隔砌成，丁石中距不大于 2m，上皮丁石坐中于下皮顺石，上、下皮竖缝相互错开至少 1/2 石宽。

砌筑料石基础时，第一皮应丁砌，在基底坐浆。阶梯形基础，上阶料石应至少压砌下阶料石的1/3宽度。灰缝厚度不宜大于20mm，砌筑时砂浆铺设厚度应略高于规定灰缝厚度的6~8mm。料石基础的转角处和交接处应先同时砌起，然后砌中间部分，若不能同时砌起，应留置斜槎。每天砌筑高度应不大于1.2m。

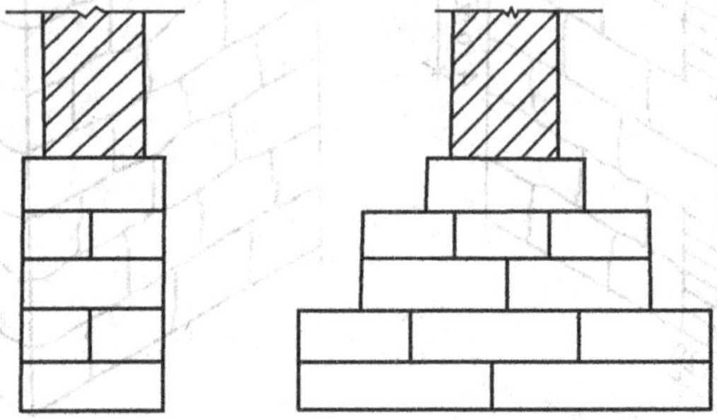
(a)矩形 (b)阶梯形

图3.4.6 料石基础断面形状

2. *料石墙*

料石墙是用料石与水泥混合砂浆或水泥砂浆砌筑而成。料石用毛料石、粗料石、半细料石、细料石均可。料石墙砌筑形式有丁顺叠砌、丁顺组砌、全顺叠砌几种，如图3.4.7所示。料石还可以与毛石或砖砌成组合墙。料石与毛石的组合墙，料石在外，毛石在里；料石与砖的组合墙，料石在里，砖在外，也可以料石在外，砖在里。

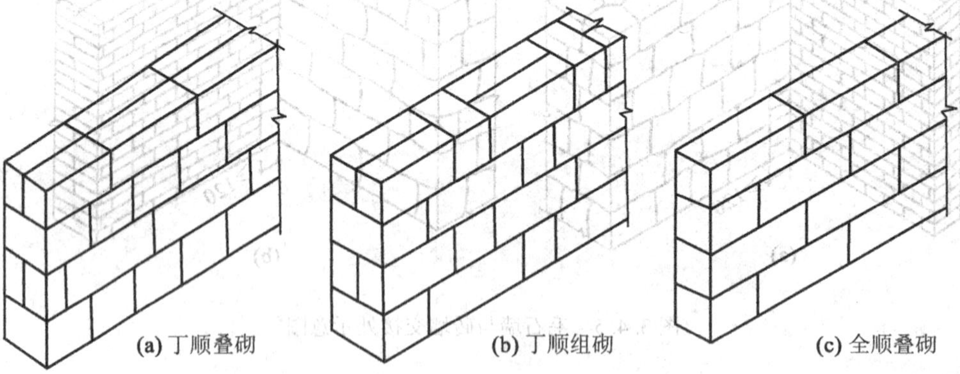
(a) 丁顺叠砌 (b) 丁顺组砌 (c) 全顺叠砌

图3.4.7 料石墙砌筑形式

砌筑料石墙时，第一皮及每个楼层的最上一皮应丁砌。细料石墙灰缝厚度不宜大于5mm，半细料石墙灰缝厚度不宜大于10mm，粗料石和毛料石墙灰缝厚度不宜大于20mm。砂浆铺设厚度应略高于规定灰缝厚度，其高出厚度：细料石、半细料石宜为3~5mm，粗料石、毛料石宜为6~8mm。在料石和毛石或砖的组合墙中，料石和毛石或砖应同时砌起，并每隔2~3皮料石用丁砌石与毛石或砖拉结砌合，丁砌料石的长度宜与组合墙厚度相同，如图3.4.8所示。墙的转角处及交接处应先同时砌起，若不能同时砌起，应留置斜槎。料石清水墙中不得留脚手架眼。每天砌筑高度不宜超过 1.2m。

图 3.4.8 料石和砖组合墙

3. 料石柱

料石柱是用半细料石或细料石与水泥混合砂浆或水泥砂浆砌成。料石柱有整石柱和组砌柱两种。整石柱每一皮料石是整块的，即料石的叠砌与柱断面相同，只有水平灰缝无竖向灰缝。柱的断面形状多为方形、矩形或圆形。组砌柱每皮由几块料石组砌，上、下皮竖缝相互错开，柱的断面形状有方形、矩形、T形或十字形，如图 3.4.9 所示。

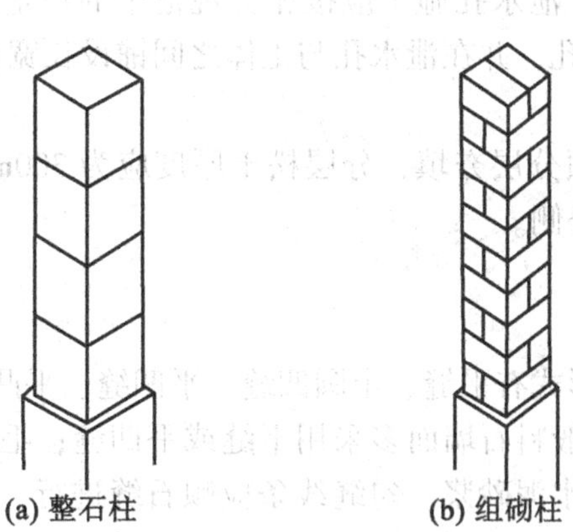

图 3.4.9 料石柱示意图

砌筑料石柱前，应在柱座面上弹出柱身边线，在柱座侧面弹出柱身中心线。整石柱所用石块其四侧应弹出石块中心线。砌筑整石柱时，应将石块的叠砌面清理干净。先在柱座面上抹一层水泥砂浆，厚约 10mm，再将石块对准中心线砌筑上，以后各皮石块砌筑应先铺好砂浆，对准中心线，将石块砌筑上。石块若有竖向偏斜，可以用铜片或铝片在灰缝边缘内垫平。砌筑组砌柱时，应按规定的组砌形式逐皮砌筑，上、下皮竖缝相互错开，无通天缝，不得使用垫片。灰缝要横平竖直。灰缝厚度：细料石柱不宜大于 5mm；半细料石柱不宜大于 10mm。砂浆铺设厚度应略高于规定灰缝厚度，其高出厚度为 3~5mm。砌筑料石柱，应随时用线坠检查整个柱身的垂直，若有偏斜应拆除重砌，不得用敲击方法去纠正。料石柱每天砌筑的高度不宜超过 1.2m，砌筑完后应立即加以围护，严禁碰撞。

3.4.4 挡土墙砌筑

砌筑毛石挡土墙时，除应符合上述相关砌筑要点外，还应符合下列要求：

毛石的中部厚度不小于 150mm；每砌 3~4 皮毛石为一个分层高度，每个分层高度应找平一次；毛石挡土墙外露面的灰缝宽度不得大于 40mm，两个分层高度之间分层处的错缝不得小于 80mm，如图 3.4.10 所示。

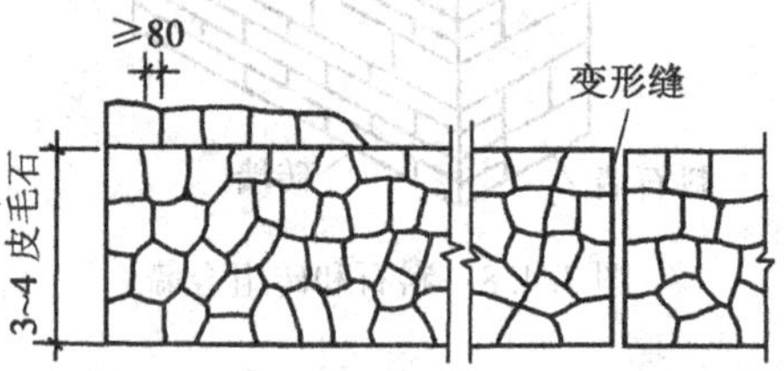

图 3.4.10 毛石挡土墙立面图

料石挡土墙宜采用同皮内丁顺相同的砌筑形式。当中间部分用毛石填砌时，丁砌料石伸入毛石部分的长度应不小于 200mm。

砌筑挡土墙应按设计要求收坡或收台，设置伸缩缝和泄水孔，干砌挡土墙可以不设泄水孔。若设计无明确规定，泄水孔施工应按相关规范中的规定执行：在每米高度上间隔 2m 左右均匀设置一个泄水孔，并在泄水孔与土体之间铺设长宽各为 300mm、厚 200mm 的卵石或碎石作疏水层。

挡土墙内侧回填土必须分层夯填，分层松土厚度应为 300mm。墙顶土面应有适当坡度，以便流水流向挡土墙外侧。

3.4.5 石墙面勾缝

石墙面或柱面的勾缝形式有平缝、半圆凹缝、平凹缝、平凸缝、半圆凸缝和三角凸缝等，如图 3.4.11 所示。一般料石墙面多采用平缝或平凹缝；毛石墙面多采用平缝或平凸缝。勾缝砂浆宜用 1∶1.5 水泥砂浆。勾缝线条应顺石缝进行，且均匀一致，深浅及厚度相同，压实抹光，搭接平整。阳角勾缝要两面方正。阴角勾缝不能上下直通。勾缝不得有丢缝、开裂或粘结不牢的现象。勾缝完毕，应清扫墙面或柱面，早期应洒水养护。

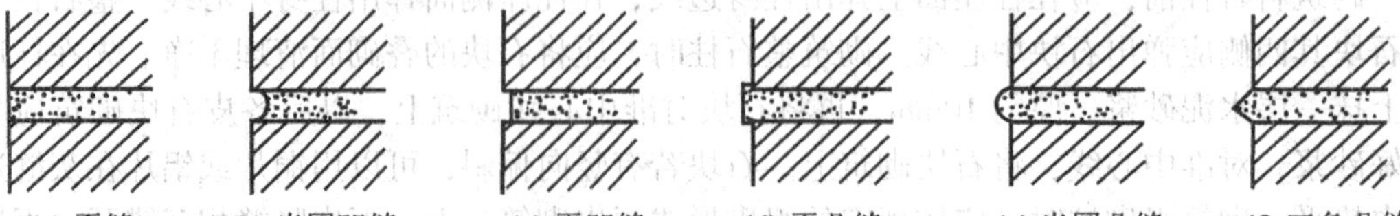

(a) 平缝 (b) 半圆凹缝 (c) 平凹缝 (d) 平凸缝 (e) 半圆凸缝 (f) 三角凸缝

图 3.4.11 石墙面勾缝形式示意图

§3.5 混凝土小型空心砌块砌体施工

3.5.1 砌块建筑的结构构造

砌块建筑与粘土砖建筑有类似的结构构造，但是也有其自己的特点。实践证明，砌块的错缝搭接、内外墙交错搭接、钢筋网片的铺设、设置圈梁等措施对砌块建筑的整体刚度有较大的影响。施工人员应在施工中保证结构构造的施工质量，以保证砌块建筑的整体刚度。

1. 砌块的错缝搭接

良好的错缝和搭接是保证砌块建筑整体性的重要措施。

（1）砌体上、下皮错缝搭接

每层按多皮分法的砌块建筑，在墙面中，砌块排列的搭接长度需要予以保证，上、下皮要有一定错缝长度，一般应为砌块长度的1/2，最少不能小于砌块高度的1/3。如果不能满足搭接长度，可以采用长度为600mm、直径为4mm的钢筋点焊而成的拉结钢筋网片搭接补强。

（2）纵墙、横墙交错搭接

墙转角处及纵墙、横墙交接处均需相互搭接，以保证相互拉结牢固。纵墙、横墙若不能采用刚性砌合，纵墙、横墙之间的柔性拉结条可以采用直径为6mm以下的钢筋制成的点焊网片补强，每两皮砌块拉一道，如图3.5.1所示。

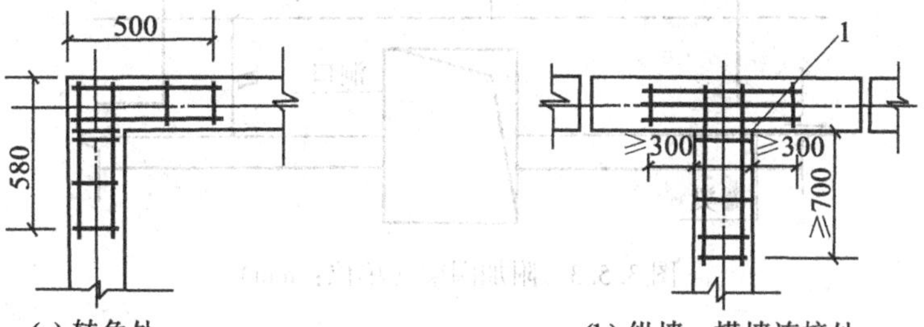

图3.5.1 纵墙、横墙连接处柔性连接示意图（单位：mm）

对于空心砌块的砌筑，应注意使其孔洞在转角处和纵墙、横墙交界处上下对准贯通，在竖孔内浇筑混凝土成为构造小柱，如图3.5.2所示，亦可以在竖孔内插入$\phi8\sim\phi12$的钢筋，增强建筑物的整体刚度，有利于抗震。

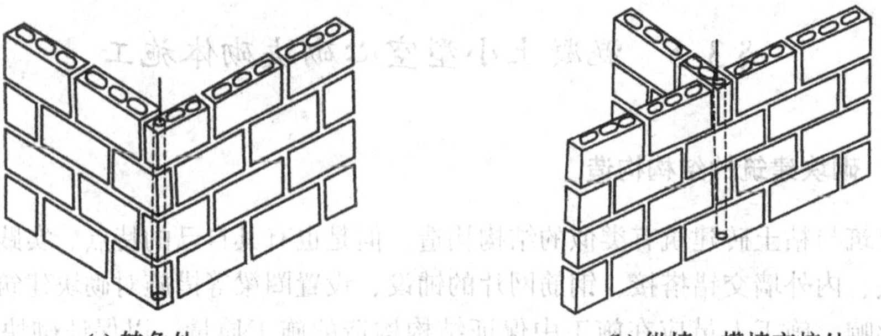

图 3.5.2 空心砌块纵墙、横墙交接处连接示意图

2. 圈梁

在砌块建筑中，加强多层砌体房屋圈梁的设置和构造，可以增强房屋的整体刚度、减小地基不均匀沉降和温度变形所导致的墙体裂缝，对抗震和抗倒塌能力也具有重要作用。

圈梁宜连续地设在同一水平面上，并形成封闭状；当圈梁被门窗洞口截断时，应在洞口上部增设相同截面的附加圈梁，如图 3.5.3 所示。附加圈梁与圈梁的搭接长度应不小于其中到中垂直距离的 2 倍，且不得小于 1m。圈梁内纵筋的搭接长度为 $35d$（d 为钢筋直径），交错搭接，搭接接头间距不小于 500mm。

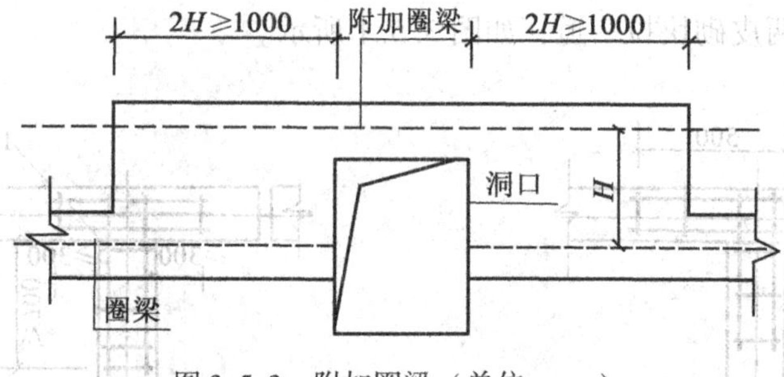

图 3.5.3 附加圈梁（单位：mm）

3. 板、梁与墙的连接部位

当未设圈梁时，在钢筋混凝土楼板的支承面高度不小于 200mm 的砌体范围内，应采用不低于 Cb20 灌孔混凝土将孔洞灌实。当梁的跨度小于 4.2m，墙体局部受压承载能力能满足时，梁下一皮砌块 600mm 范围内孔洞中灌注 Cb20 灌孔混凝土；梁跨度为 $4.2\text{m} \leq L \leq 4.8\text{m}$，墙体局部受压承载能力能满足要求时，梁下二皮砌块 600mm 范围内宽孔洞中灌注混凝土；梁跨度为 $4.2\text{m} \leq L \leq 4.8\text{m}$，墙体局部受压承载力不能满足要求时，梁下三皮砌块孔洞中灌注混凝土；若孔洞内填实三皮后，墙体局部受压仍不满足要求，则在梁底设置混凝土垫块或壁柱。

顶层挑梁末端下墙体灰缝内设置 3 道焊接钢筋网片（纵向钢筋不宜小于 $2\phi4$，横向钢筋间距不宜大于 200mm）或 $2\phi6$ 钢筋，钢筋网片或钢筋自挑梁末端伸入两边墙体不小于 1m，如图 3.5.4 所示。

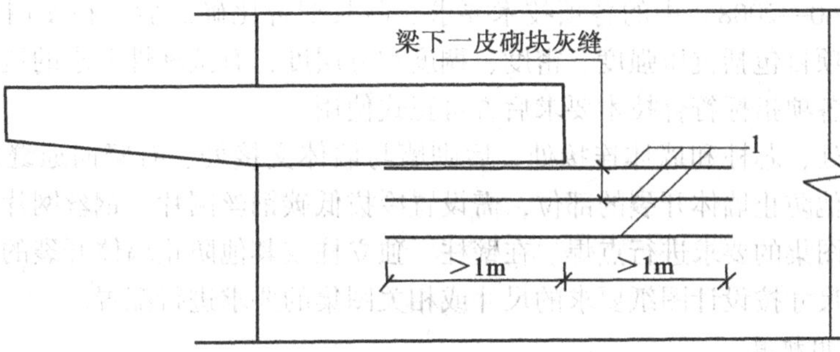

1—2ϕ 4 钢筋网片或 2ϕ6 钢筋

图 3.5.4 顶层挑梁末端与墙的连接

为了加强楼板和墙体的结合，当楼板搁置在横墙上时，可以用直径不小于 6mm 的钢筋配置在预制楼板的板缝中，搁置在横墙上，用强度等级不低于 5MPa 的水泥砂浆浇筑密实，使楼板与横墙锚固，如图 3.5.5 所示。为了加强与纵墙的锚固，可以采用如图 3.5.6 所示的构造。

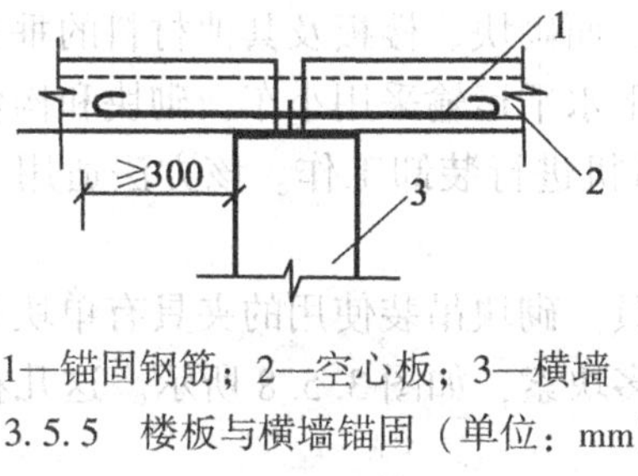

1—锚固钢筋；2—空心板；3—横墙

图 3.5.5 楼板与横墙锚固（单位：mm）

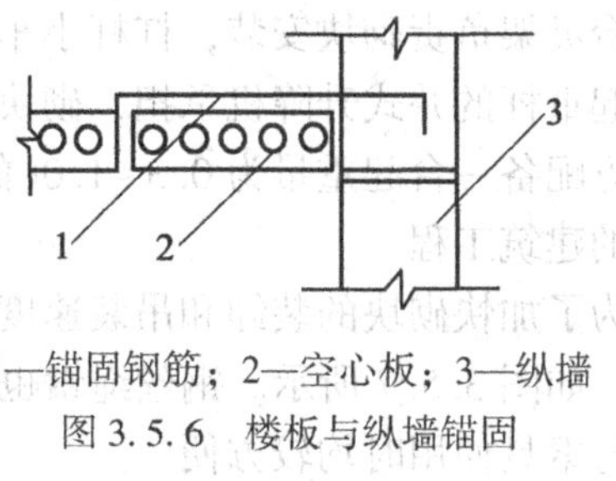

1—锚固钢筋；2—空心板；3—纵墙

图 3.5.6 楼板与纵墙锚固

3.5.2 砌块施工前的准备工作

混凝土小型空心砌块墙体砌筑与传统的粘土砖砌筑基本相同，但又不完全相同，因此，在小型砌块砌筑施工前，做好充分的施工准备，对保证砌块墙体的施工质量是十分必要的。

1. 原材料的质量控制

砌筑小型砌块墙体主要原材料有：混凝土小型空心砌块、砂浆、钢筋或钢筋网片。

混凝土小型空心砌块进场后必须按照施工组织设计的要求，按品种、型号、强度等级分垛堆码，每垛最下面的砌块不得接触地面。混凝土小型空心砌块运到操作现场前，必须进行质量检查，龄期应不小于 28d，质量不合格品不得上墙使用。与实心粘土砖不同，在常温情况下混凝土小型空心砌块上墙前不宜浇水，在天气干燥炎热的情况下，可以提前洒水湿润砌块；对砌块吸水率较大的轻集料混凝土小型空心砌块，应提前浇水湿润，块体的相对含水率宜为 40%~50%。雨天及小型砌块表面有浮水时，均不得上墙砌筑。

由于混凝土小型空心砌块具有薄壁、空心、混凝土制品、砌筑时不浇水、吸水率小等特点，砌筑混凝土小型空心砌块的专用砂浆必须满足《混凝土小型空心砌块和混凝土砖砌筑砂浆》（JC860—2008）中的各项技术要求。砂浆配合比确定后，在使用前应进行实验室检验，检验项目包括抗压强度、密度、稠度和分层度，有抗冻性要求的地区同时要进行抗冻性试验，各项指标符合技术要求后方可正式使用。

在墙体交接处、芯柱和墙体连接处、后砌墙与墙体交接处、有竖向通缝的墙面、壁柱、独立柱或其他防止墙体开裂的部位，需设置冷拔低碳钢丝网片，钢丝网片应按设计要求的尺寸或相关图集的要求进行点焊。在壁柱、独立柱或其他防止墙体开裂的部位设置墙夹筋时，钢筋的尺寸按设计图纸要求的尺寸或相关图集的要求进行配置。

2. *砌块吊装用机具*

由于中型砌块的体积大，质量较重，人力难以搬运，故需要起重设备协助。一般常用的起重设备是：带起重杆的井架、少先吊式起重机和台灵架等。这些设备易于取得，投资少，但移动不便，需要水平运输工具相配合。有条件的地区，可以采用轻型塔式起重机，这种机械移动灵活，工作幅度大，起吊高度和起重量也较大，吊装速度快，工作效率高，不仅可以作垂直运输，而且还可以作水平运输。但设备进场费用大，要占用一部分施工场地。

中小型砌块建筑的吊装方案常见的有下述两种：

（1）以带起重杆的井架、台灵架、杠杆小车等为主要吊装运输机械的方案。

台灵架负责砌块安装，杠杆小车负责安装楼板，而砌块、楼板及其他材料的垂直运输由带起重杆的井式升降机承担，砌块及构件的上、下水平运输采用小车，砌块和构件的堆置地方配备一台起重量为0.3~1.0t的少先吊式起重机进行装卸工作。该方法适用于工程量小的建筑工程。

为了加快砌块的装卸和吊装速度，可以使用夹具。砌块吊装使用的夹具有单块夹和多块夹，如图3.5.7所示。钢丝绳索也具有单块索和多块索，如图3.5.8所示。这几种砌块夹具与索具使用时均较方便。

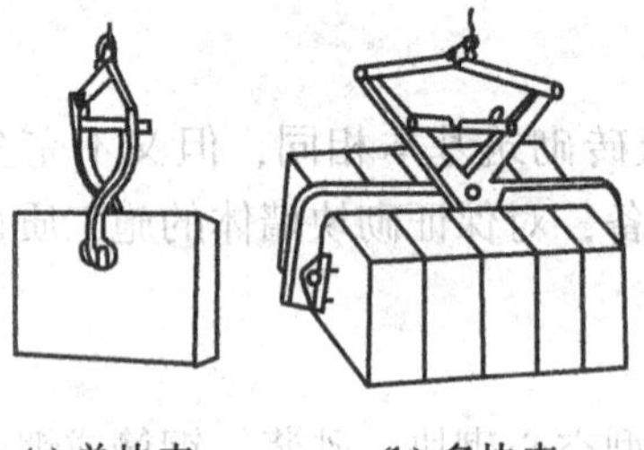

(a) 单块夹　(b) 多块夹

图3.5.7　夹具

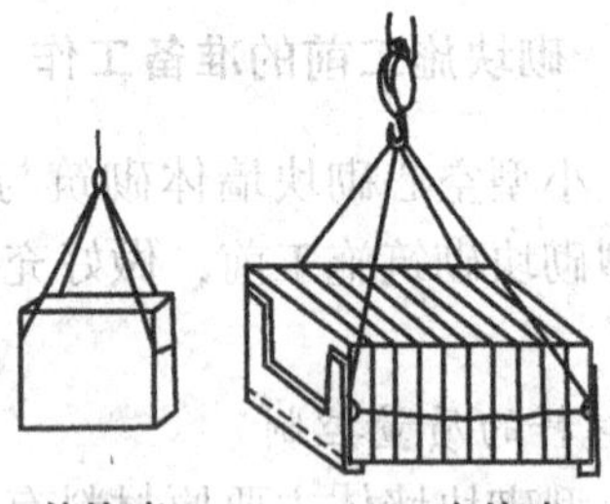

(a) 单块索　(b) 多块索

图3.5.8　钢丝绳索具

台灵架构造如图3.5.9所示。当房屋宽度小于11m时，台灵架沿纵向中轴线倒退运行（如图3.5.10（a）、（b）所示）；当房屋宽度大于11m时，台灵架可以按平行直线（一台在前，一台在后，如图3.5.10（c）所示）或弓字形路线（如图3.5.10（d）所示）倒退移动。

（2）以轻型塔式起重机、台灵架为主要吊装运输机械的方案。

台灵架负责砌砖和预制过梁的安装，而塔式起重机则负责砌块和预制构件等的水平和

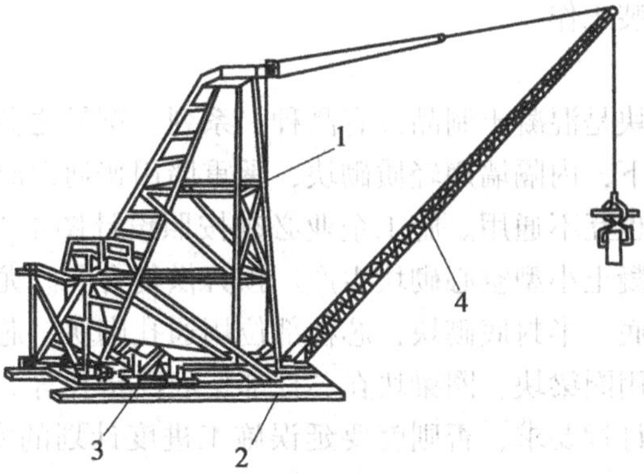

1—支架；2—底盘；3—卷扬机；4—桅杆

图 3.5.9 台灵架

垂直运输，以及楼板、屋面板、楼梯等构件的吊装工作。也可以由塔式起重机把台灵架由下一层楼面转移到上一层楼面。塔式起重机也可以承担砌块的吊装，但由于砌块数量大、费时多，因此不如用台灵架来安装更经济。该方法适用于工程量大的建筑工程。

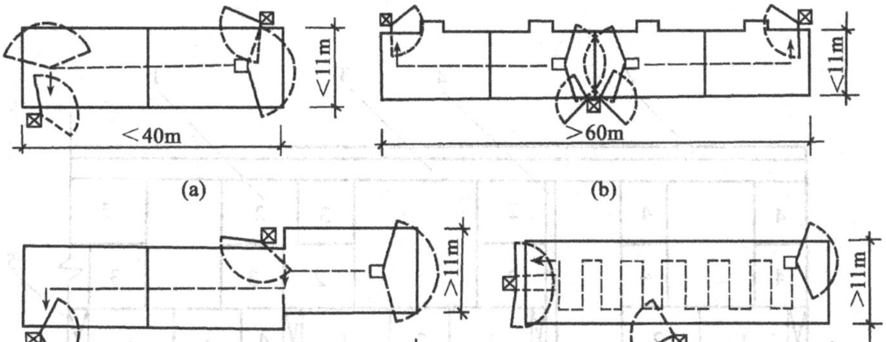

图 3.5.10 台灵架吊装路线示意图

3. *砌块的堆放*

选择砌块堆放场地应考虑场内运输路线最短，最好在井架起吊范围内，以减少二次搬运。运输道路应畅通无阻，堆垛之间应留出必要的通道，便于装卸机械和运输工具通行。

砌块堆置场地应该平整夯实，具有一定的泄水坡度，必要时开挖排水沟，使场地不致积水。砌块不宜直接堆放在地面上，应堆在草包、煤渣垫层或其他垫板上，避免砌块底面沾污，以及冬季施工时砌块与地面冻结在一起。

砌块与各种预制构件应按类型规格分别堆放。砌块叠放高度：空心砌块以一皮为宜，实心砌块应上、下皮交叉叠放，堆置高度不宜超过 3m，顶层两皮应用阶梯形收头。

砌块堆放场应储存足够数量的制品，并根据施工进度，不断地补充相应数量，以保证均衡和不间断地进行安装工作。

4. 砌块排列图

混凝土小型空心砌块是混凝土制品，有品种、系列、型号之分。砌块在施工过程中不能随意砍凿。通常情况下，内隔墙用轻质砌块，承重墙用普通混凝土小型空心砌块，两者不能通用，各系列之间也互不通用。施工企业必须按照设计图纸提出的砌块品种、系列、型号、强度等级，向混凝土小型空心砌块生产厂预订供货合同。尤其对一些有特殊要求的砌块，如主规格块用封底、半封底砌块，芯柱部位用通孔砌块，芯柱底部用侧壁开口的砌块，过梁、圈梁采用专用圈梁块，圈梁块在芯柱部位底面带孔等。这些特殊砌块，施工企业应提前向砌块厂提出订货要求，否则就要延误施工进度计划的实施。为加快施工进度，确保墙体质量，砌块砌筑施工前，必须绘制墙体砌块排列图，以便于有效地组织砌块砌筑的施工。根据墙体砌块排列图，可以计算出工程所需各种砌块的数量，以保证砌块的订货数量准确。再者，工地可以根据墙体砌块排列图和施工进度，组织各种砌块的进场时间，减少砌块在施工现场的堆放场地。根据每个轴线墙体砌块排列图，组织各种砌块的垂直和水平运输，提高工人的劳动效率。

砌块排列图应以主规格砌块为主，参照建筑施工图中的平面图、立面图以及剖面图上的门窗大小、楼层标高和构造要求等绘制。主要说明墙面砌块排列的式样与砌块数量，采用立面图形式表示，如图 3. 5. 11 所示。

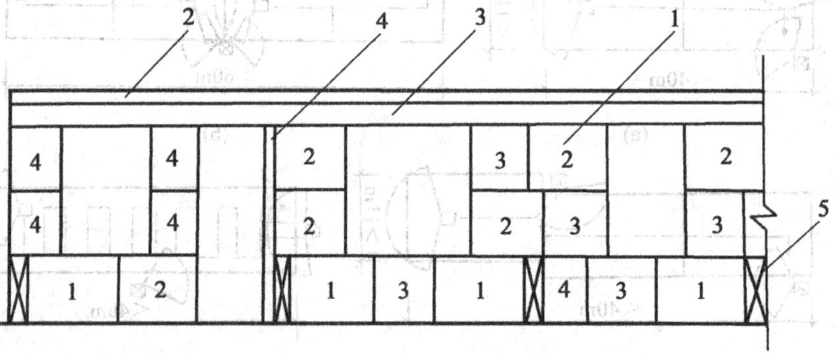

1—空心砌块顺砌；2—楼板；3—圈梁；4—立柱；5—空心砌块顶砌

图 3. 5. 11　混凝土空心砌块排列图

砌块排列一般采用的方法是：先把开洞墙体按不开洞墙体排列砌块，然后根据洞口的位置和大小扣除已排好的砌块，并在洞口周边调整原先的排列。排列砌块时应尽可能采用主规格砌块（390mm×190mm×190mm），少用辅助砌块；上下两皮砌块应对孔、错缝排列，搭接长度应不小于 90mm；转角部位应采用单顶面全长砌块；丁字墙和纵、横十字墙交叉部位宜采用七分头小砌块咬槎交错搭接，丁字墙也可以采用芯柱横向连接代替小砌块咬槎交错连接；芯柱部位的小型砌块孔心必须上下贯通，在芯柱底部位置设置清扫口砌块；设置水平配筋带的位置应采用系梁砌块，设置水平配筋带的丁字墙交叉部位应采用节点砌块，过梁部位宜采用通孔系梁砌块；还应根据所选用的控制缝形式采用相应的砌块块型。

5. 校核放线尺寸，做好技术交底

混凝土小型空心砌块建筑墙体砌筑前，应校核放线尺寸，允许偏差应符合相关规定。由施工技术部门制定“小型砌块墙体砌筑工艺施工技术措施”，并应向工长、操作工人、质量检查人员进行技术交底。利用一定场地和已运进现场的砌块，在不同墙体联结、芯柱与墙体、构造柱与墙体、L形、丁字形和十字形墙体节点等部位作实习砌筑操作训练，使参与砌块建筑的砌筑工人必须全部掌握后方可上墙砌筑。

3.5.3 混凝土小型空心砌块施工工艺

砌块墙体施工的基本要求是横平竖直，灰缝均匀饱满，墙面清洁，施工中不随意凿洞，按设计图和砌块排列图认真进行砌筑，保证工程质量。

1. 墙体砌筑

小型空心砌块墙体砌筑施工工艺为：抄平放线→干排第一皮、第二皮砌块→立皮数杆→砌块砌筑→清缝→原浆勾缝→自检。

砌筑小型空心砌块时，应清除砌块表面污物，剔除外观质量不合格的砌块，浇过水或被水淋湿的砌块不准上墙使用、墙体严禁使用断裂小型空心砌块。

砌筑小型空心砌块要遵守“反砌”原则，即底面朝上反砌于墙上。从转角或定位处开始，纵墙、横墙同时砌筑，上、下皮砌块的搭接长度应为主规格块的一半（190mm），必要时可以出现90mm的搭接长度，搭接长度小于90mm时，应在灰缝中增加拉结钢筋或拉结钢筋网片，但竖向通缝仍不超过二皮小型空心砌块。墙临时间断处应砌筑成斜槎，斜槎水平投影长度应不小于斜槎高度，如图3.5.12所示。若留斜槎有困难，除外墙转角处及抗震设防地区墙体临时间断处应不留直槎外，可以从墙面伸出200mm砌筑成阴阳槎，沿墙高三皮砌块600mm设置拉结钢筋或拉结钢筋网片，如图3.5.13所示。

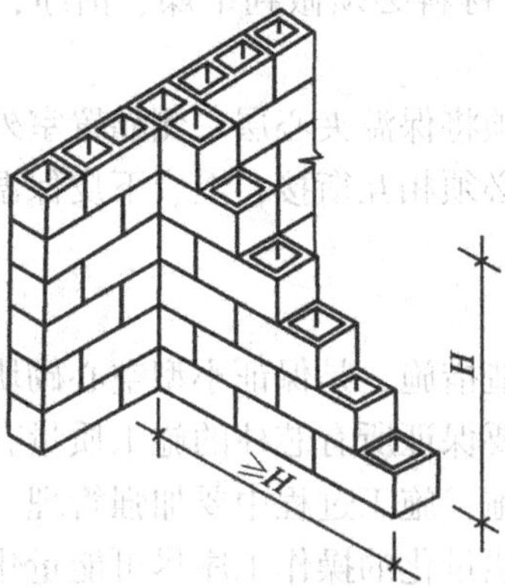

图3.5.12 空心砌块墙斜槎

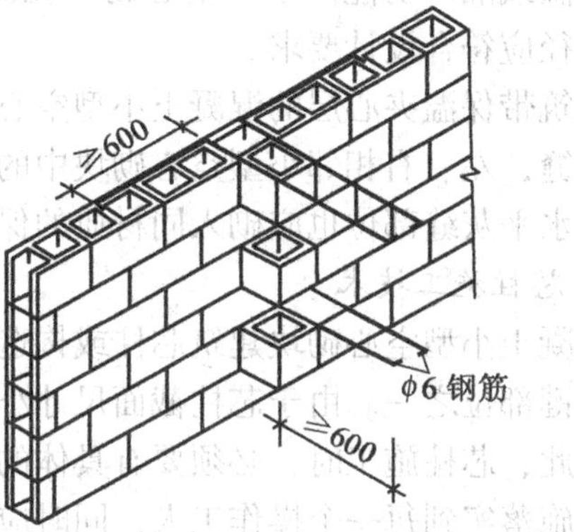

图3.5.13 空心砌块墙直槎（单位：mm）

砌筑小型空心砌块时应对孔错缝搭砌。因为小型空心砌块是通过壁和肋来传递荷载的，如果上、下皮砌块错孔砌筑，将会影响砌体的强度。当个别情况无法对孔砌筑时，小型空心砌块的搭接长度应不小于90mm，若不能保证90mm的搭接长度，应在灰缝中增加拉结钢筋或拉结钢筋网片。

砂浆的铺设一般采用铺灰器法，即把砂浆平铺在已砌好的砌块墙体上面的铺灰器上，而后将砌块放在已用铺灰器铺好的砂浆上，也称为“坐浆法”砌筑。小型砌块墙体宜逐块座浆砌筑，灰缝宽度 8～12mm。砌体灰缝应横平竖直，水平灰缝和竖向灰缝的饱满度，按净面积计算不得低于 90%，墙体中不得出现瞎缝和透明缝。砌筑时铺灰长度不得超过 800mm，施工中严禁用水冲浆灌缝。当缺少辅助规格的小型砌块时，墙体通缝不应超过两皮砌块。

砂浆随砌随将伸出灰缝的舌头灰刮掉，待砂浆稍凝固后进行原浆勾缝。勾缝可以采用 ϕ10 钢筋在水平缝、垂直缝中用力勒，使砂浆更加饱满、密实、灰缝均匀、美观。而且砌块不易松动，增强了墙体的整体性，提高了小型空心砌块墙体的抗剪、抗渗能力。

需要移动已砌好的小型空心砌块或小型空心砌块被撞动时，应重新铺浆砌筑。

施工洞的位置按砌块排列图的要求位置留设，施工洞两侧增设芯柱，砌筑时预留伸出墙体的钢筋或钢筋网片。填砌施工洞时，应将砌筑砂浆的强度等级提高一级。或采取洞口两侧用素膨胀细石混凝土填实 50mm，随砌随填，最上皮砌块用素浇膨胀混凝土。墙体抹灰时，施工洞周边粘贴铁丝网，宽度为 400mm，避免因墙体收缩不均匀致使抹灰层出现裂缝。

雨季施工时，现场堆放的混凝土小型空心砌块和已砌好的小型空心砌块墙体应有防雨措施。雨后继续施工时，应复核已砌筑墙体的垂直度。

小型空心砌块墙体的砌筑高度，应根据气温、风压、墙体部位及混凝土小型空心砌块材质等不同情况分别控制。常温条件下的砌筑高度，混凝土小型空心砌块控制在 1.8m 以内，轻集料混凝土小型空心砌块控制在 2.4m 以内。两个施工段墙体的高度差，不大于一个楼层的高度或不大于 4m。

小型空心砌块墙体孔洞中可以填充隔热保温材料，也可以填充隔声材料。隔热保温材料和隔声材料应砌筑一皮小型空心砌块填灌一皮。要求填满，但不允许捣实，以免影响其隔热保温或隔声功能。小型空心砌块孔洞内所填充的材料必须做到干燥、洁净，不含杂物，粒径应符合设计要求。

砌筑带保温夹心层的混凝土小型空心砌块时，必须将保温夹心层一侧靠置室外，并应对孔错缝，左、右相邻小型空心砌块中的保温夹心层必须相互衔接，上、下皮保温夹心层之间的水平灰缝部位也应砌入同材质的保温材料。

2. *芯柱施工技术*

混凝土小型空心砌块建筑芯柱或构造柱加芯柱构造措施，是保证小型空心砌块建筑质量的关键部位之一。由于芯柱截面尺寸小、数量多，要保证所有芯柱的施工质量有一定难度。因此，芯柱施工时，必须要有具体的施工技术措施，施工过程中要加强管理，把施工技术措施落实到每一个操作工人，同时应加强检查，能量化的操作工序尽可能量化，并做好施工记录。

芯柱的施工工艺为：芯柱砌块的砌筑→芯孔的清理→芯柱钢筋的绑扎→用水冲洗芯孔→隐检→封闭芯柱清扫口→孔底灌适量素水泥浆→浇筑灌孔混凝土→振捣→芯柱质量检查。

砌筑芯柱时，芯柱部位用通孔砌块砌筑，为保证芯孔截面尺寸（120mm×120mm），应将芯孔壁顶面和底面的飞边、毛刺打掉，以避免芯柱混凝土颈缩。注意施工中禁止使用半封底的砌块。

在楼地面砌筑第一皮砌块时，在芯柱部位采用开口砌块或U字形砌块作为清扫孔。边砌边清除伸入芯孔内的灰缝砂浆。避免灰缝砂浆、残留在砌块壁上的砂浆以及孔底砂浆影响芯柱混凝土的截面尺寸。

芯柱钢筋的大小按设计图纸要求，放在孔洞的中心位置。钢筋应与基础或基础梁上预埋的钢筋连接，上、下楼层的钢筋可以在楼板面上搭接，搭接长度应不小于40*d*（*d*为钢筋直径）。当预埋钢筋位置有偏差时，应将钢筋斜向与芯柱内钢筋连接，禁止将预埋钢筋弯折与芯柱内钢筋连接。

浇筑混凝土前应用水冲洗孔洞内壁，将积水排出，进行隐检，然后用砌块或模板封闭清扫口，灌入适量的与灌孔混凝土配比相同的水泥砂浆，并在混凝土的浇筑口放一块钢板。小型砌块墙砌筑完一个楼层高度、芯柱砌块的砌筑砂浆强度大于1MPa时，方可浇灌混凝土。混凝土应分层浇筑，每浇400~500mm高度需振实一次，或边浇筑边振捣。严禁浇满一个楼层后再振捣，振捣宜采用机械式振捣。当现浇圈梁与芯柱一起浇筑时，在未设芯柱部位的孔洞应设钢筋网片，以避免混凝土灌入砌块孔洞内。楼板在芯柱部位应留缺口，以保证芯柱贯通。

芯柱混凝土不得漏灌。灌注时应严格核实混凝土灌入量，对其密度确认后，方可继续施工。芯柱混凝土外观质量检查，目前常用的方法是锤击法，质量检查人员用小锤在芯柱砌块的外壁进行敲打，听声音的变化来判断灌入孔洞中混凝土的质量。

3. 轻骨料混凝土空心砌块填充墙施工

采用吸水率较小的轻骨料混凝土小型空心砌块砌筑填充墙时，砌筑前应不对其浇水湿润；采用吸水率较大的轻骨料混凝土小型空心砌块砌筑填充墙时，宜提前1~2d适当浇水湿润。但严禁在雨天施工，砌块表面有浮水时也不得进行砌筑。砌块应保证有28d以上的龄期。在厨房、卫生间、浴室等处采用轻骨料混凝土小型空心砌块、蒸压加气混凝土砌块砌筑墙体时，墙底部宜现浇混凝土坎台，其高度宜为150mm。轻骨料混凝土空心砌块砌筑墙体时同样要遵守“反砌”原则，应错缝搭砌，搭砌长度应不小于90mm，竖向通缝应不大于2皮砌块。轻集料混凝土空心砌块应不和其他块材混合砌筑。填充墙砌体的砂浆水平缝和垂直缝的饱满度不小于80%，砌体灰缝应为8~12mm。填充墙砌体预留的拉结钢筋或网片的位置应与块体皮数相符合。拉结钢筋或网片应置于灰缝中，埋置长度应符合设计要求，竖向位置偏差应不超过一皮砌块高度。当填充墙砌筑至接近梁、板底时，应留一定空隙，待填充墙砌筑完且至少间隔7d后，使砌体产生一定变形，再将其补砌挤紧，避免在结合部位产生水平裂缝。

§3.6 加气混凝土砌块施工

加气混凝土砌块是一种节能、节土、利废的新型墙体材料，具有质轻、隔热保温、吸声隔音、抗震、防火、可锯、可刨、可钉、施工进度快等优点，但也存在强度较低、干燥收缩值较大及砂浆粘结不牢等不足之处，需要采取专门措施。加气混凝土砌块可以用于框架结构、现浇混凝土结构建筑的外墙填充、内墙隔断，也可以用于多层建筑的外墙或保温隔热复合墙体。

3.6.1 一般构造规定

1. 加气混凝土砌块若无有效措施，不得使用于以下部位：

①建筑物标高±0.00 以下；

②长期浸水或经常受干湿交替部位；

③受酸碱化学物质侵蚀的部位；

④制品表面温度高于 80℃的部位。

2. 加气混凝土外墙墙面水平方向的凹凸部分（如线脚、雨罩、出檐、窗台等），应做泛水和滴水，以避免积水。墙表面应做饰面保护层。

3. 外墙转角及内、外墙交接处应咬砌，并在沿墙高 600mm 左右的灰缝内配置 2ϕ6（或 3ϕ6）钢筋或钢筋网片，每边伸入墙内不小于 800mm，如图 3.6.1 所示。山墙中沿墙高 600mm 左右的灰缝内另加 3ϕ6 的通长钢筋，如图 3.6.2 所示。后砌筑的非承重墙、填充墙或隔墙与承重墙相交处，应沿墙高 600mm 与外墙采用 2ϕ6 的钢筋拉接，且每边伸入墙内的长度不得小于 800mm。

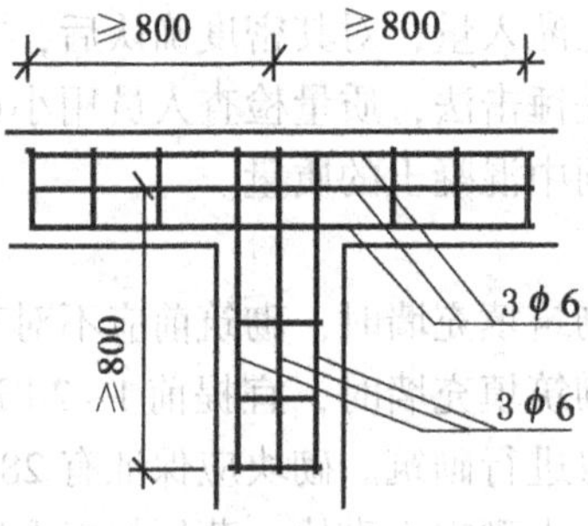

图 3.6.1 内、外墙交接构造（单位：mm）

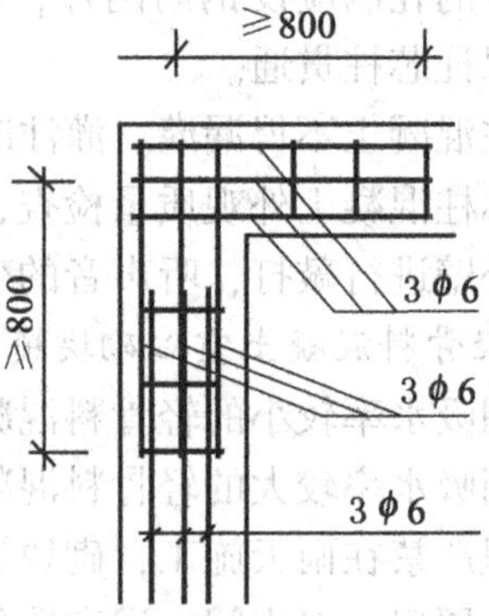

图 3.6.2 外墙转角构造（单位：mm）

4. 砌块墙的转角处，应隔皮纵、横墙砌块相互搭砌错缝，砌块墙的 T 字形交接处，应使横墙砌块隔皮端面露头，如图 3.6.3 所示。上、下皮竖缝相互错开不小于砌块长度的 1/3，且应不小于 150mm。若不能满足上述要求，在水平灰缝中设置两根直径为 6mm 的钢筋或直径为 4mm 的钢筋网片，加筋长度不小于 700mm，如图 3.6.4 所示。

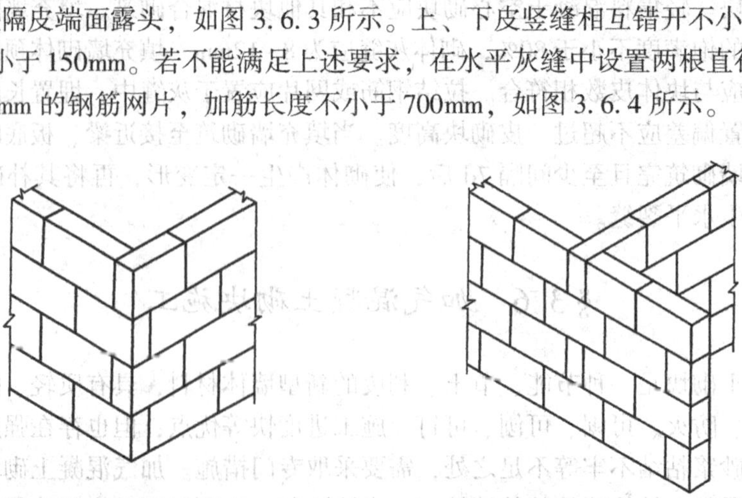

(a) 转角处　　(b) T字形交接处

图 3.6.3 加气混凝土墙转角处及交接处砌法示意图

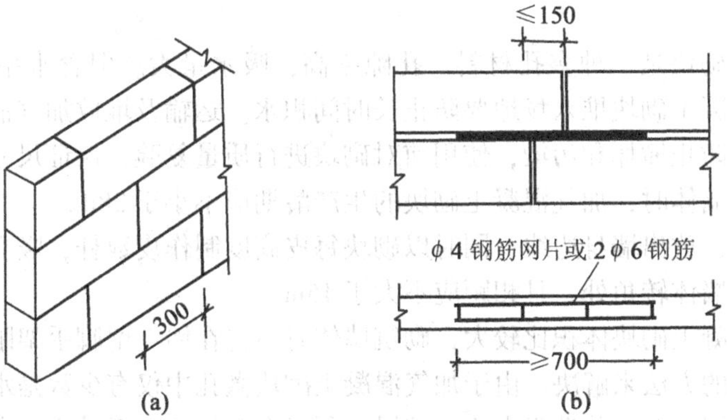

图3.6.4 加气混凝土墙砌筑形式示意图（单位：mm）

3.6.2 施工准备

1. 绘制砌块排列图

为减少施工中的现场切锯工作量，避免浪费，便于备料，加气混凝土砌块砌筑前均应进行砌块排列设计。排列时，要考虑加气混凝土砌块的规格、砌筑灰缝的厚度、层高、门窗洞口的尺寸、过梁、圈梁的高度和预留洞的大小等，并尽量采用主规格砌块，以提高工作效率和节约材料。

2. 材料准备

加气混凝土砌块的质量优劣是保证工程质量的首要环节，砌块必须有建筑行业管理部门颁发的准用证和出厂的产品质量说明书。根据设计图和绘制的砌块排列图，计算出砌块的用量，并根据施工堆场的大小和施工进度计划的需要，安排砌块分批进场。卸货时不得随意抛掷，要小心轻放在预先夯实平整且便于排水的场地，并有简易的遮盖防雨设施。由于加气混凝土砌块强度低，施工现场不同强度等级的砌块应严格区分堆放，堆放高度不宜超过1.5m。进场的蒸压加气混凝土砌块应从同一批砌块中随机抽样检查外观质量、外形尺寸，有裂纹、缺棱掉角、平直度差的砌块予以退场。在外观质量和外形尺寸检验合格的砌块中，再随机抽取15块砌块进行体积密度、干燥收缩、导热系数、抗冻性和强度级别的检测，要求全部性能指标达到相关规范中规定的要求方为合格砌块。

加气混凝土砌块墙体宜采用粘结性能良好的专用砂浆砌筑。另外，加气混凝土砌块的施工与粘土砖不完全一样，为保证墙体的施工质量，要求操作工人在砌筑前必须接受技术培训，掌握砌筑工艺，特别对一线工人要进行详细的技术交底。

3.6.3 墙体砌筑施工工艺

加气混凝土砌块墙体施工的基本要求是横平竖直，灰缝均匀饱满，墙面平直清洁，施工中不随意凿洞，按设计图与砌块排列图认真进行砌筑，以保证工程质量。

1. 施工工艺

加气混凝土砌块墙体施工工艺流程一般为：选定合格砌块→运输和堆放→放线→洒水湿润→立皮数杆→盘角→砌筑就位→校正→竖缝灌浆→勒缝。

2. 施工要点

加气混凝土砌块是一种多孔材料，孔隙率高，吸水量大。但含水率过高会降低其性能。所以加气混凝土砌块堆入场地要防止长时间积水。运输及堆放加气混凝土砌块应有防雨和保护措施，防止撞坏和污染，使用前对砌块进行质量复验，保证尺寸偏差、外观质量符合要求。砌筑墙体时，加气混凝土砌块的生产龄期应不小于28d。

墙体砌筑前，放出墙身边线，同时以砌块每皮高度制作皮数杆，竖立于墙的两端。一般皮数杆宜立于墙体转角处，且相距应不大于15m。

由于加气混凝土砌块体积比较大，砌筑墙体时不得在墙上留脚手架眼，可以采取里脚手或双排外脚手的方法来解决。由于加气混凝土砌块微孔中仅有少数是水分蒸发形成的毛细孔，毛细管作用较差，单端吸水速度较慢，所以在砌筑前一天，应派专人将砌块与砌筑面适量洒水湿润，砌筑时砌块的含水率宜小于30%，天气炎热干燥时可以适当洒水阴干8h后再砌筑，以防止粘结不好或干裂脱落。

不同干密度和强度等级的加气混凝土砌块不应混砌。加气混凝土砌块也不得与其他砖、砌块混砌。但在墙底、墙顶局部采用小块实心砖和多孔砖砌筑不视为混砌。

砌块墙与承重墙或柱交接处，应在承重墙或柱的水平灰缝内预埋拉结钢筋，拉结钢筋沿墙或柱高1m左右设一道，每道由两根直径为6mm的带弯钩钢筋组成，伸出墙或柱面的长度不小于700mm，在砌筑砌块时，将该拉结筋伸出部分埋置于砌块墙的水平灰缝中，如图3.6.5所示。灰缝应横平竖直，砂浆饱满。水平灰缝厚度为8~12mm，最大不得大于15mm。竖向灰缝宜用内、外临时夹板夹住后灌缝，其宽度不得大于20mm。

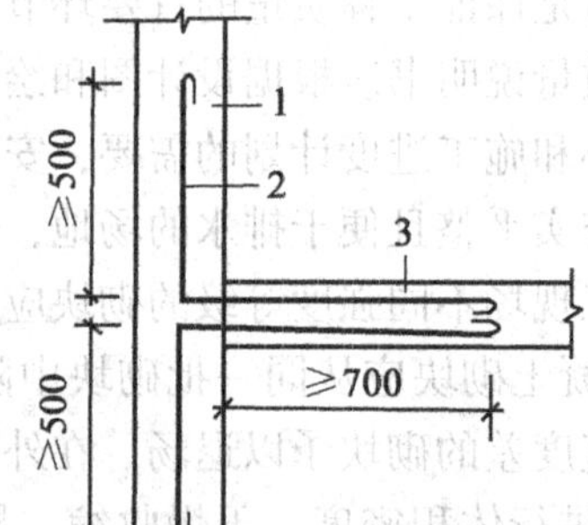

1—承重墙；2—ϕ6钢筋；3—加气混凝土砌块墙

图3.6.5 砌块墙与承重墙拉结（单位：mm）

墙体全部使用加气混凝土砌块的建筑物，其内、外墙体应同时咬槎砌筑，同步升高，尽量不留槎口，必须要留槎口时，要留长斜槎而不允许留直槎。

砌筑到接近上层梁、板底时，宜采用烧结普通砖斜砌挤紧，砖倾斜度为60°左右，砂浆应饱满。宽度不超过1500mm的门窗，可以用加气混凝土砌块取代过梁，但应铺设2~3道钢筋。门窗下部和两侧不能使用零星砌块，以便于埋设预埋件固定门窗。加气混凝土砌块本身强度较低，不允许直接用钉子或膨胀螺栓将门窗框固定在砌块墙体上，应按规定要求用胶结圆木方法固定门窗框或预制为加气混凝土砌块长度一半的素混凝土块，按门窗框所需固定间距预埋在加气混凝土砌块墙内，以便钻孔打入膨胀螺栓等固定门窗框。

切锯加气混凝土砌块或墙体上的钻孔、开槽等，均应采用专用工具，不得任意砍劈、钻凿、不得横向开槽。洞口两侧应选用规格整齐的砌块砌筑。洞口上部应放置两根直径为6mm的钢筋，伸出洞口两边长度每边不小于500mm。

砌块端与墙、柱应用砂浆挤严塞实。砌筑高度约1.25m时，宜停歇24h后再继续砌筑，使砌块阴干成型，以防收缩裂缝。

墙上孔洞需要堵塞时，应采用经切锯而成的异型砌块和加气混凝土修补砂浆填堵，不得采用其他材料（如碎砖、混凝土块或普通砂浆等）塞堵。

砌筑时每皮砌块均须拉基准线，灰缝要求横平竖直。砌筑砂浆铺浆长度以砌块长度为宜，不得超过1.5m。铺浆要厚薄均匀，浆面平整，以保证灰缝厚度，饱满度不低于80%。铺浆后立即放置砌块，要求一次摆正找平。砌筑就位应先远后近、先下后上、先外后内。每层应从转角或定位砌块处开始，砌一皮校正一皮，皮皮拉线控制砌体标高和正面平整度。若铺浆后没有立即放置砌块，砂浆凝固了，必须铲去砂浆，重新砌筑。凡碰动或校正已砌好的砌块时，也应清除原有砂浆，重新铺灰砌筑。砌块就位与校正好之后，可以采用挡板堵缝法填满、捣实、刮平，也可以采用其他能保证竖缝砂浆饱满的方法，严禁用水冲浆灌缝。随砌随将灰缝勒成深0.5~0.8mm的凹缝，竖缝宽不得大于20mm。

设计无规定时，不得将集中荷载直接作用在加气混凝土墙上，否则，应设置梁垫或采取其他措施。穿越墙体的水管要严防渗漏。穿墙、附墙或埋入墙内的铁件应做好防腐处理。

3. 冬、雨季施工

加气混凝土砌块施工中，应有防雨设施。下大雨时，应停止砌筑；砌好的墙体应采取防雨淋措施；被雨水淋透了的砌块要待水分散失到一定程度才准上墙砌筑。

冬季施工应清除砌块上的冰霜，拌制砂浆的水中不得有碎冰，砂浆稠度应适当降低，铺灰长度不宜过长。必要时可以将砂与水加热。每日砌筑后应在砌体上覆盖保温材料。

复习思考题3

1. 试述砌块的分类及各类砌块的组成。
2. 试述混凝土小型空心砌块专用砂浆的原材料要求有哪些？
3. 何谓灌孔混凝土？其原材料有何要求？
4. 试述砌筑用脚手架及垂直运输设备有哪些？
5. 试述砖砌体的施工工艺及质量要求有哪些？
6. 试述毛石基础、毛石墙的砌筑要点是什么？
7. 试述料石基础、料石墙与料石柱的砌筑要点是什么？
8. 试述小型空心砌块建筑的结构构造有哪些？
9. 何谓砌块排列图？绘制砌块排列图的作用是什么？
10. 试述混凝土小型空心砌块墙体砌筑的施工工艺是什么？
11. 试述混凝土小型空心砌块建筑芯柱的施工工艺是什么？
12. 试述加气混凝土砌块墙体的砌筑要点是什么？

第4章 混凝土结构工程

混凝土结构工程是将钢筋和混凝土两种材料，按设计要求浇筑而成各种形状的构件和结构。在土木建筑工程施工中，混凝土结构工程不仅在项目的工程造价中占有绝对的比重，而且对工期有很大的影响。钢筋混凝土工程按施工方法可以分为现浇整体式、预制装配式和装配整体式三类。

现浇整体式结构工程是在施工现场，在结构设计位置支设模板，绑扎钢筋，浇筑混凝土，并经过振捣、养护，在混凝土达到设计要求的拆模强度时拆除模板，制成结构构件。该结构具有构件布置灵活、适应性强，施工时不需要大型起重机械，且结构的整体性和抗震性能好，因而在工业与民用建筑工程中得到了广泛的应用。但这种结构在施工时模板消耗多，现场工人劳动强度大，且结构的施工质量受气候的影响，工期相对较长。

预制装配式结构是在施工现场或工厂先制作好构件，运到施工现场通过施工机械安装到设计位置。该结构可以缩短施工工期，降低工程费用，改善现场工人的作业条件，提高劳动效率，构件质量较好，但存在整体性和抗震性较差等不足，在有抗震要求的地区不宜使用。

装配整体式结构是在近几年出现的具有二者优点的结构工程，既节省模板，降低工程费用，又提高了结构的整体性和抗震性，这类结构在现代土木建筑工程中正得到越来越多的应用。

钢筋混凝土工程具有耐久性、耐火性、整体性和可塑性好，节约钢材等优点，但存在自重大、抗裂性差，现场浇筑受气候影响等缺点。为改善混凝土结构的性能，新材料、新技术和新工艺在不断的出现和发展，如预应力混凝土工艺技术，有效地提高了混凝土构件的刚度、抗裂性和耐久性，减轻了构件的截面和自重，节约了材料。

混凝土结构工程包括模板工程、钢筋工程和混凝土工程三个主要工种工程，在施工过程中要加强施工管理、统筹安排、合理组织，以保证工程质量，加快施工进度，降低工程造价，提高经济效益。

混凝土工程的施工工艺过程如图4.0.1所示。

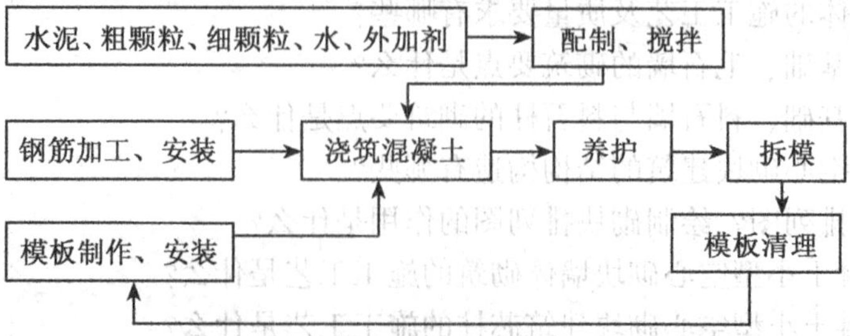

图4.0.1 混凝土结构工程施工工艺框图

§4.1 模板工程

在混凝土结构中，模板是使钢筋混凝土构件成型的模型，已浇筑的混凝土需要在该模型内养护、硬化、增长强度，形成所要求的结构构件。据统计，现浇混凝土结构用模板工程的造价约占钢筋混凝土工程总造价的30%，总用工量的50%。因此，推广应用先进、适用的模板技术，对于提高工程质量、加快施工速度、提高劳动生产率、降低工程成本和实现文明施工，都具有十分重要的意义。

4.1.1 模板系统的组成和要求

整个模板系统包括模板和支架系统两部分。模板部分是指与混凝土直接接触使混凝土具有构件所要求形状的部分；支架系统是指保证模板形状、尺寸及其空间位置的支撑体系，该体系既要保证模板形状、尺寸和空间位置正确，又要承受模板、混凝土及施工荷载。

模板及其支架系统应符合下列基本要求：

1. 保证工程结构和构件各部分形状和相互位置的准确性；

2. 应具有足够的承载能力、刚度和稳定性，能可靠地承受浇筑混凝土的重量、侧压力以及施工荷载；

3. 为提高模板工程的工效和经济性，要求模板系统构造简单，装拆方便；

4. 模板的接缝不应漏浆；

5. 对清水混凝土工程及装饰混凝土工程，应使用能达到设计效果的模板。

4.1.2 模板分类

1. 按材料分类

模板按所用材料分为木模板、钢模板、胶合板模板、钢框木（竹）胶合板模板、塑料模板、玻璃钢模板、铝合金模板、钢丝网水泥模板和钢筋混凝土模板等。

2. 按施工方法分类

根据施工方法的不同，模板可以分为现场装拆式模板、固定式模板、移动式模板和永久性模板四类。

现场装拆式模板是按照设计要求的结构形状、尺寸及空间位置在施工现场组装的模板，当混凝土达到拆模强度后拆除模板。该模板多用定型模板和工具式支撑，主要包括组合钢模板、工具式模板等。

固定式模板一般用来制作预制构件，按照构件的形状、尺寸在现场或预制厂制作模板。如各种胎模（土胎模、砖胎模、混凝土胎模）即属固定式模板。

移动式模板是指随着混凝土的浇筑，模板可以沿水平方向或垂直方向移动，如烟囱、水塔、墙柱混凝土浇筑用的滑升模板、提升模板、爬升模板、大模板，高层建筑楼板施工采用的飞模，筒壳混凝土浇筑时采用的水平移动式模板等。

永久性模板，又称一次性消耗模板，即在现浇混凝土结构浇筑后模板不再拆除，其中有的模板与现浇结构叠合后组合成共同受力构件。目前国内外常用的有异形金属薄板、预应力混凝土薄板、玻璃纤维水泥模板、钢桁架型混凝土板、钢丝网水泥模板等。该模板多用于现浇钢筋混凝土楼（顶）板工程，亦可以应用于竖向现浇结构。

永久性模板的最大优点是：简化了现浇钢筋混凝土结构的模板支、拆工艺，使模板的支拆工作量大大减少，从而改善了劳动条件，节约了模板支、拆用工，加快了施工进度。

(1) 组合钢模板

组合钢模板又称为组合式定型小钢模，是目前使用较广泛的一种通用性组合模板，主要由钢模板、连接件和支承件三部分组成。

组合钢模板的优点是通用性强、组装灵活、节省用工，浇筑的构件尺寸准确、棱角整齐、表面光滑，模板周转次数多，节约大量木材。其缺点是一次性投资大，浇筑成型的混凝土表面过于光滑，不利于表面装修等。

①钢模板，钢模板主要包括平面模板、阴角模板、阳角模板和连接角模四种，如图4.1.1所示，分别用字母P、E、Y、J表示。钢模板面板厚度为2.3mm、2.5mm。钢模板采用模数制设计，宽度以100mm为基础，以50mm为模数进级；长度以450mm为基础，以150mm为模数进级，当长度超过900mm时，以300mm为模数进级，肋高55mm。

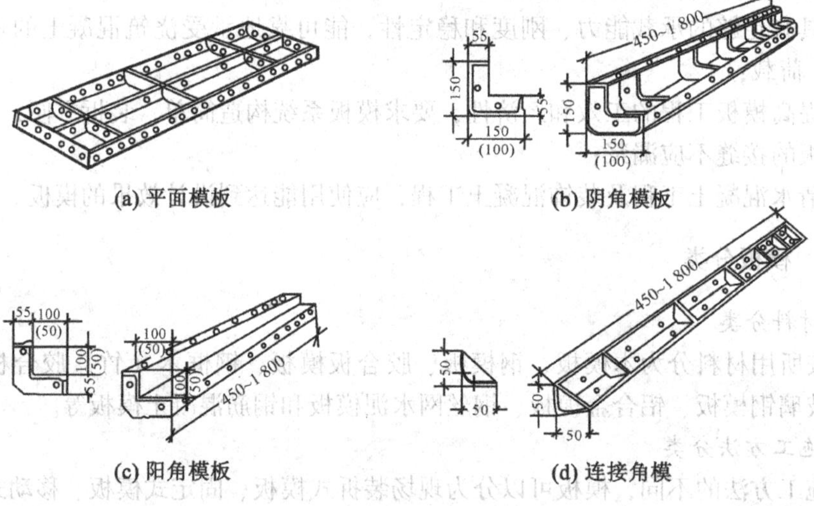

图4.1.1　钢模板类型（单位：mm）

钢模板的代号为□××××，其中□为钢模板类型代号，前两个数字代表钢模板的表面宽度，后两个数字代表钢模板表面长度。如P2015表示平面模板，其宽度为200mm，长度为1500mm；E1512表示阴角模板，其宽度150mm×150mm，长度为1200mm；Y0504表示阳角模板，其宽度为50mm×50mm，长度为400mm，J0015表示连接角模，其宽度为50mm×50mm，长度为1500mm。

在现场拼接过程中，对某些特殊部位当定型钢模板不能满足要求时，需用少量木模填补。

②连接件，连接件主要包括U形卡、L形插销、钩头螺栓、紧固螺栓和对拉螺栓等，如图4.1.2所示。

U 形卡主要用于模板纵、横向的拼接；L 形插销用于增加钢模的纵向拼接刚度，以保证接头处板面的平整；钩头螺栓用于钢模板与内、外钢楞之间的连接固定；紧固螺栓用于紧固内、外钢楞，增加模板拼装后的整体刚度；对拉螺栓用于连接两侧模板，保持两侧模板的设计间距，并承受混凝土侧压力及其他荷载，确保模板的强度和刚度。

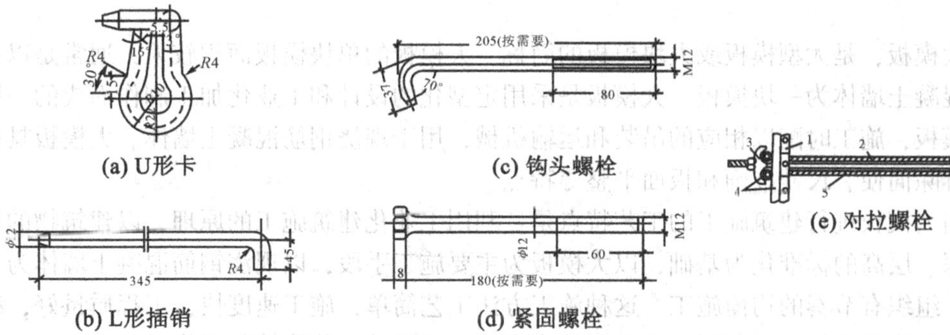

1—钢模板；2—对拉螺栓；3—扣件；4—钢楞；5—套管

图 4. 1. 2　钢模板连接件（单位：mm）

③支承件，组合钢模板的支承件包括钢楞、柱箍、梁卡具、钢管架、钢管脚手架、平面可调桁架等。

钢楞亦称为龙骨，常用于支撑钢模板并加强其整体刚度，可以采用圆钢管、矩形钢管、内卷边槽钢、轻型槽钢、轧制槽钢等制成。

柱箍用于直接支承和夹紧各类柱模的支承件，使用时根据柱模的外形尺寸和侧压力大小等选用。

梁卡具用于夹紧固定矩形梁模板，并承受混凝土侧压力，可以用角钢、槽钢和钢管制作。较为常用的钢管型梁卡具如图 4. 1. 3 所示，适用于断面为 700mm×500mm 以内的梁，卡具的高度和宽度均可以调节。

钢管架又称为钢支撑，用于承受水平模板传递来的竖向荷载，一般由内外两节钢管组成，可以伸缩调节支柱高度，如图 4. 1. 4 所示。

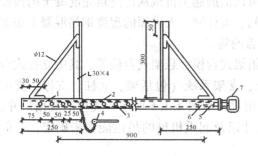

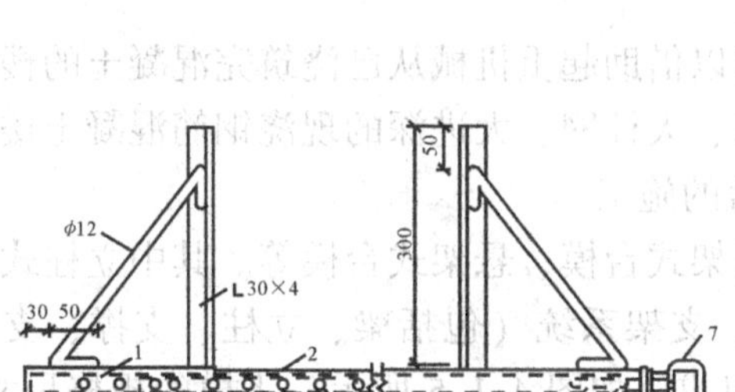

1—ϕ32 钢管；2—ϕ25 钢管；3—ϕ 圆孔；4—钢销；5—螺栓；6—螺母；7—钢筋环

图 4. 1. 3　钢管型梁卡具（单位：mm）

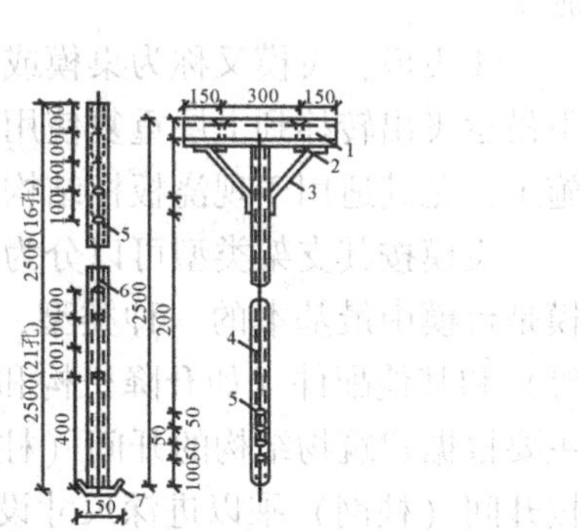

1—垫木；2—ϕ12 螺栓；3—ϕ16 钢筋；4—内径管；5—ϕ14 孔；5—ϕ50 钢管；7—150×150 钢板

图 4. 1. 4　钢管架（单位：mm）

钢桁架用于楼板、梁等水平模板的支架，用钢桁架作支撑，可以节省模板支撑及扩大楼层的施工空间。钢桁架的类型较多，常用的有轻型桁架和组合桁架两种。轻型桁架由两榀桁架组合而成，其跨度可以调整到2100~3500mm。

（2）工具式模板

工具式模板，是指专门针对某一种现浇混凝土结构体系施工的需要研究开发的一种专用模板。

①大模板，是大型模板或大块模板的简称。大模板的单块模板面积较大，通常是以一面现浇混凝土墙体为一块模板。大模板是采用定型化的设计和工业化加工制作而成的一种工具式模板，施工时配以相应的吊装和运输机械，用于现浇钢筋混凝土墙体。大模板具有安装和拆除简便、尺寸准确和板面平整等特点。

采用大模板进行建筑施工的工艺特点是：利用工业化建筑施工的原理，以建筑物的开间、进深、层高的标准化为基础，以大模板为主要施工手段，以现浇钢筋混凝土墙体为主导工序，组织有节奏的均衡施工。这种施工方法工艺简单，施工速度快，工程质量好，结构整体性和抗震性能好，混凝土表面平整光滑，且可以减少装修抹灰湿作业。由于该工艺的工业化、机械化施工程度高，综合经济技术效益好，因而受到普遍欢迎。

大模板主要用于剪力墙结构或框架—剪力墙结构中的剪力墙施工。

②滑升模板，简称“滑模”施工，该施工工艺创始于20世纪初，是现浇混凝土工程的一种机械化程度较高的连续成型施工工艺。

滑升模板施工的特点是在建筑物的底部，沿墙、柱、梁等构件周边一次组装1.2m左右高的模板，随后在模板内不断分层绑扎钢筋和浇筑混凝土，利用液压提升设备不断向上滑升模板，连续完成混凝土的浇筑工作。利用该施工工艺，不但施工速度快、结构整体性强、施工占地少、节约模板和劳动力，改善劳动条件，而且有利于安全施工，提高工程质量。这种施工工艺不仅广泛应用于贮仓、水塔、烟囱、桥墩、竖井壁、框架等工业构筑物，而且逐步向高层和超高层民用建筑发展。

③爬升模板，即爬模，是一种适用于现浇钢筋混凝土竖直结构或倾斜结构施工的模板工艺，该工艺将大模板工艺和滑模工艺相结合，既保持大模板施工墙面平整的优点，又具有滑模利用自身设备使模板向上提升的优点，可以用于高层建筑的墙体、桥梁、塔柱等的施工。

④飞模，飞模又称为桌模或台模。该工艺可以借助起重机械从已浇筑完混凝土的楼板下吊运飞出转移到上层重复使用。适用于大开间、大柱网、大进深的现浇钢筋混凝土楼盖施工，尤其适用于现浇板柱结构（无柱帽）楼盖的施工。

飞模按其支架类型可以分为立柱式台模、桁架式台模、悬架式台模等。其中立柱式台模是台模中最基本的一种类型，主要由平台板、支架系统（包括梁、立柱、支撑、支腿等）和其他配件（如升降机构和行走机构等）组成，如图4.1.5所示。飞模的规格尺寸，主要根据建筑物结构的开间（柱网）和进深尺寸以及起重机械的吊运能力来确定，一般按开间（柱网）乘以进深尺寸设置一台或多台。

⑤隧道模板，隧道模板是一种用于在现场同时浇筑墙体和楼板混凝土的工具式定型模板，因为其外形像隧道，故称其为隧道模板。

隧道模分全隧道模和半隧道模两种。全隧道模的基本单元是一个完整的隧道模板，半

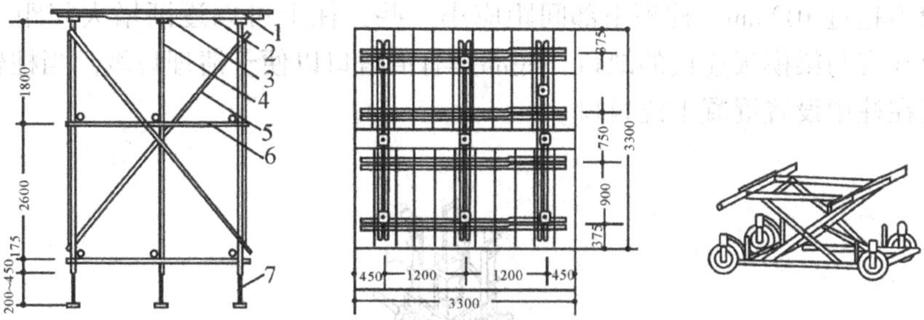

(a) 侧视图　(b) 仰视图　(c) 台模升降车

1—平台板；2—次梁；3—主梁；4—立柱；5—斜撑；6—水平撑；7—伸缩支腿

图 4. 1. 5　立柱式台模

隧道模则是由若干个单元角模组成，然后用两个半隧道模对拼而成为一个完整的隧道模。在使用上全隧道模不如半隧道模灵活，对起重设备的要求也较高，故其逐渐被半隧道模所取代。

3. 按结构类型分类

由于各种现浇钢筋混凝土结构构件的形状、尺寸、构造不同，模板的构造及组装方法也不同，形成各自的特点。按结构的类型模板可以分为：基础模板、柱模板、梁模板、楼板模板、楼梯模板、墙模板、壳模板、烟囱模板等多种。

（1）基础模板

基础模板根据基础的形式可以分为独立基础模板、杯形基础模板、条形基础模板等。阶梯形独立基础模板如图 4. 1. 6 所示，若是杯形基础，则在其中放入杯芯模板。施工时，要求作模板的地坪、胎模等应平整光洁，不得产生影响构件质量的下沉、裂缝、起砂或起鼓。安装时，要保证上、下模板不发生相对位移。

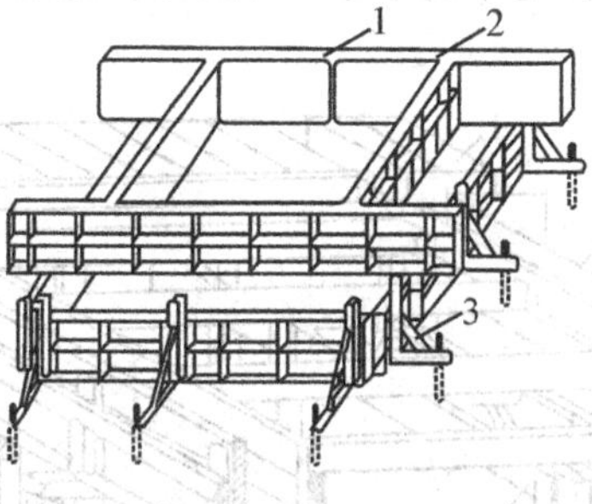

1—扁钢连接杆；2—T 形连接杆；3—角钢三角撑

图 4. 1. 6　阶梯形独立基础模板

（2）柱模板

矩形柱的模板由四面拼板、柱箍、连接角模等组成，如图 4. 1. 7 所示。柱子的特点是断面尺寸不大而高度较高，因此柱模板主要是解决垂直度及抵抗侧压力问题。为了防止在混凝土浇筑时模板产生鼓胀变形，模外应设置柱箍，柱箍间距应根据柱模断面大小经计算确定，一般不超过100mm，柱模下部间距应小一些，往上可以逐渐增大间距。柱模板顶部根据需要开有与梁模板连接的缺口，底部开有清渣口以便于清理垃圾。当柱较高时，可以根据需要在柱中设置混凝土浇筑口。

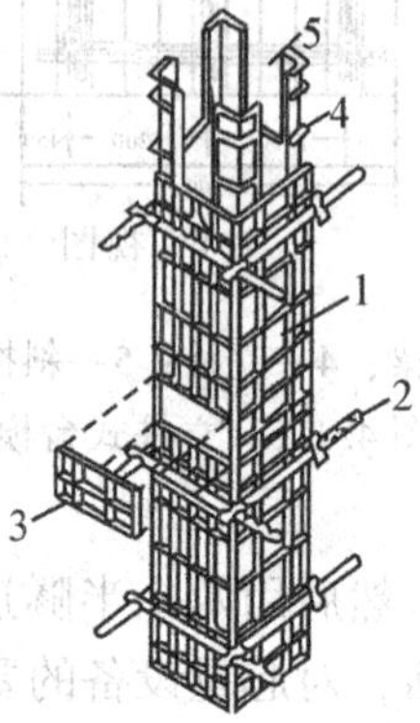

1—拼板；2—柱箍；3—盖板；4—连接角模；5—梁缺口

图 4.1.7 柱模板

安装柱模板时，应先在基础面（或楼面）上弹出柱轴线及边线，同一柱列应先弹两端柱轴线及边线，然后拉通线弹出中间部分柱的轴线及边线。按照边线先把底部方盘固定好，然后再对准边线安装柱模板。为了保证柱模的稳定，柱模之间要用水平撑、剪刀撑等互相拉结固定。同一柱列的模板，可以采取先校正两端的柱模，然后在柱模顶中心拉通线，按通线校正中间部分的柱模。

（3）梁模板及楼板模板

梁模板主要由底模板、侧模板及支撑等组成，如图 4.1.8 所示。为了确保梁模支设的坚实，应在夯实的地面上立柱底垫厚度不小于40mm、宽度不小于200mm的通长垫板，用

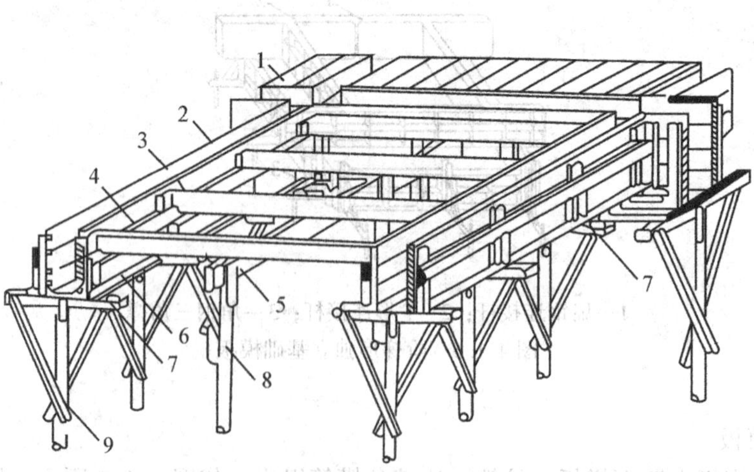

1—楼板模板；2—梁侧模板；3—搁栅；4—横档；5—牵杠；6—夹条；7—短撑木；8—牵杠撑；9—支撑

图 4.1.8 梁模板

木楔调整标高。在多层房屋施工中，应使上、下层支柱对准在同一条竖直线上。当层高大于5m时，宜选用桁架支模或多层支架支模。梁侧模板承受混凝土侧压力，底部用钉在支撑顶部的夹条夹住，顶部可以由支撑楼板模板的搁栅顶住，或用斜撑顶住。

楼板模板多用定型模板或胶合板，该模板支撑在搁栅上，搁栅支撑在梁侧模板外的横挡上。现多采用工具式的组合钢模板，由边框、面板和纵横肋组成。

4.1.3　模板结构设计

模板结构设计包括模板结构形式及模板材料的选择、模板及支架系各部件规格尺寸的确定以及节点设计等。模板及其支架应根据工程结构形式、荷载大小、地基土类别、施工设备和材料供应等条件进行设计。模板及其支架应具有足够的承载能力、刚度和稳定性，能可靠地承受混凝土的重量、侧压力以及施工荷载。

1. 荷载

荷载可以分为荷载标准值和荷载设计值，而荷载设计值等于荷载标准值乘以相应的荷载分项系数。

（1）荷载标准值

1）模板及支架自重：应根据设计图纸或实物计算确定，对肋形楼板及无梁楼板模板的自重，可以参考表4.1.1确定。

表4.1.1　　模板及支架自重　　（单位：kN/m^2）

模板构件的名称	组合钢模板	木模板
平板的模板及小楞	0.50	0.30
楼板模板（其中包括梁的模板）	0.75	0.50
楼板模板及其支架（楼层高度为4m以下）	1.10	0.75

2）新浇混凝土自重：对普通混凝土，可以采用24.0kN/m^3；对其他混凝土，可以根据实际重力密度确定。

3）钢筋自重：按设计图纸计算确定。一般梁板结构钢筋混凝土的钢筋自重标准值可以按下列数值采用：框架梁：1.5kN/m^3；楼板：1.1kN/m^3。

4）施工人员及设备荷载：

①计算模板及直接支承模板的小楞时，对均布荷载取2.5kN/m^2，另应以集中荷载2.5kN再行验算，比较两者所得的弯矩值，按其中较大者采用；

②计算直接支承小楞结构构件时，均布活荷载取1.5kN/m^2；

③计算支架立柱及其他支承结构构件时，均布活荷载取1.0kN/m^2；

④对大型浇筑设备，如上料平台、混凝土输送泵等，按实际情况计算，当混凝土堆集料高度超过100mm以上者，按实际高度计算，当模板单块宽度小于150mm时，集中荷载可以分布在相邻的两块板上。

5）振捣混凝土时产生的荷载，对水平面模板可以采用2.0kN/m^2，对垂直面模板可以采用4.0kN/m^2，其作用范围为新浇筑混凝土侧压力的有效压头高度以内。

6）新浇筑混凝土对模板侧面的压力，采用内部振捣器时，可以按以下两式计算，并取二式计算结果中的较小值

$$F=0.22\gamma_c t_0 \beta_1 \beta_2 V^{1/2} \tag{4.1.1}$$

$$F=\gamma_c H \tag{4.1.2}$$

式中：F——新浇筑混凝土对模板的最大侧压力（kN/m^2）；

γ_c——混凝土的密度（kN/m^3）；

t_0——新浇筑混凝土的初凝时间（h），可以按实测确定。当缺乏试验资料时，可以采用 $t_0=200/(T+15)$ 计算（T 为混凝土的温度（℃））；

V——混凝土的浇筑速度（m/h）；

H——混凝土侧压力计算位置处至新浇筑混凝土顶面的总高度（m）；

β_1——外加剂影响修正系数，不掺外加剂时取 1.0，掺具有缓凝作用的外加剂时取 1.2；

β_2——混凝土坍落度影响修正系数，当坍落度小于 30mm 时，取 0.85，当坍落度为 50~90mm 时，取 1.0，当坍落度为 110~150mm 时，取 1.15。

混凝土侧压力的计算分布图形如图 4.1.9 所示，图 4.1.9 中 h 为有效压头高度，$h=\dfrac{F}{\gamma_C}$。

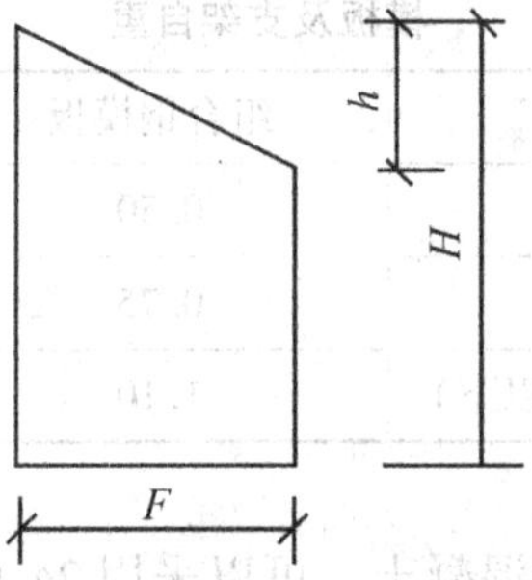

图 4.1.9　混凝土侧压力的计算分布图

7）倾倒混凝土时产生的荷载标准值，倾倒混凝土时对垂直面模板产生的水平荷载标准值，可以按表 4.1.2 采用。

表 4.1.2　　倾倒混凝土时产生的水平荷载值　　（单位：kN/m^2）

项次	向模板内供料方法	水平荷载
1	溜槽、串筒和导管	2
2	容量小于 $0.2m^3$ 的运输工具	2
3	容量为 $0.2\sim0.8m^3$ 的运输工具	4
4	容量为大于 $0.8m^3$ 的运输工具	6

除上述 7 项荷载外，当水平模板支撑结构的上部继续浇筑混凝土时，还应考虑由上部传递下来的荷载。

（2）荷载设计值

计算模板及其支架的荷载设计值，应为荷载标准值乘以相应的荷载分项系数，如表 4. 1. 3 所示。

表 4. 1. 3　　　　荷载编号、类别及分项系数

<table>
<tr><th>荷载编号</th><th>荷载类别</th><th>荷载项目名称</th><th>分项系数 γ_i</th></tr>
<tr><td>(1)</td><td>恒　载</td><td>模板及支架自重</td><td rowspan="3">1. 2</td></tr>
<tr><td>(2)</td><td>恒　载</td><td>新浇混凝土自重</td></tr>
<tr><td>(3)</td><td>恒　载</td><td>钢筋自重</td></tr>
<tr><td>(4)</td><td>活　载</td><td>施工人员及施工设备荷载</td><td rowspan="2">1. 4</td></tr>
<tr><td>(5)</td><td>活　载</td><td>振捣混凝土时产生的荷载</td></tr>
<tr><td>(6)</td><td>恒　载</td><td>新浇混凝土时对模板侧面的压力</td><td>1. 2</td></tr>
<tr><td>(7)</td><td>活　载</td><td>倾倒混凝土时产生的荷载</td><td>1. 4</td></tr>
</table>

（3）荷载折减（调整）系数

模板工程属临时性工程，因此对钢模板及其支架的设计，其荷载设计值可以乘以 0. 85 的折减系数，但其截面塑性发展系数取 1. 0；对冷弯薄壁型钢材，其荷载设计值乘以 1. 0 的折减系数；对木模板及其支架的设计，当木材含水率小于 25%时，其荷载设计值乘以 0. 9 的折减系数；在风荷载作用下，验算模板及其支架的稳定性时，其基本风压值可以乘以 0. 8 的折减系数。

2. 荷载组合

对于模板工程不同类型的各种部件，应按表 4. 1. 4 进行荷载组合。

表 4. 1. 4　　　　荷　载　组　合

项　次	模板工程名称	荷　载　组　合	
		承载力计算	刚度验算
1	平板和薄壳的模板及其支架	(1) + (2) + (3) + (4)	(1) + (2) + (3)
2	梁和拱模板的底板	(1) + (2) + (3) + (5)	(1) + (2) + (3)
3	梁、拱、柱（边长≤300mm）、墙（厚≤100mm）的侧面模板	(5) + (6)	(6)
4	大体积混凝土结构、柱（边长>300mm）、墙（厚>100mm）的侧面模板	(6) + (7)	(6)

注：荷载类别及编号见表 4. 1. 3。

4.1.4 模板的安装

模板安装应满足下列要求：

①安装现浇混凝土结构的上层模板及其支架时，下层楼板应具有承受上层荷载的承载能力，或加设支架；上下层支架的立柱应对准，并铺设垫板。

②在涂刷模板隔离剂时，不得玷污钢筋和混凝土接搓处。

③模板的接缝不应漏浆；在浇筑混凝土前，木模板应浇水湿润，但模板内不应有积水。

④模板与混凝土的接触面应清理干净并涂刷隔离剂，但不得采用影响结构性能或妨碍装饰工程施工的隔离剂。

⑤浇筑混凝土前，模板内的杂物应清理干净。

⑥对清水混凝土工程及装饰混凝土工程，应使用能达到设计效果的模板。

⑦用做模板的地坪、胎膜等应平整光洁，不得产生影响构件质量的下沉、裂缝、起砂或起鼓。

⑧对跨度不小于4m的现浇钢筋混凝土梁、板，其模板应按设计要求起拱；若设计无要求，起拱高度宜为全长跨度的1/1000～3/1000。

4.1.5 模板的拆除

1. 拆除模板时混凝土的强度要求

混凝土结构浇筑后，达到一定强度，方可拆模。模板拆除日期，应按结构的特点和混凝土所达到的强度来确定。

①对不承重的侧面模板，应在混凝土强度能保证其表面及棱角不因拆模板而受损坏，方可拆除。

②底模及其支架拆除时的混凝土强度应符合设计要求；若设计无具体要求，混凝土强度应符合表4.1.5中规定的强度以后，才能开始拆除。

③对后张法预应力混凝土结构构件，侧模宜在预应力张拉前拆除；底模支架的拆除应按施工技术方案执行，若无具体要求，不应在结构构件建立预应力前拆除。

④模板拆除时，不应对楼层形成冲击荷载，拆除的模板和支架宜分散堆放并及时清运。

表4.1.5　底模拆除时的混凝土强度要求

构件类型	构件跨度/m	达到设计的混凝土立方体抗压强度标准值的百分率/%
板	≤2	≥50
	>2，≤8	≥75
	>8	≥100
梁、拱、壳	≤8	≥75
	>8	≥100
悬臂构件	–	≥100

2. 模板拆除的顺序与方法

模板拆除的顺序一般是先非承重模板，后承重模板；先拆侧板，后拆底板。框架结构模板的拆模顺序一般是：柱→楼板→梁侧板→梁底板。大型结构的模板，拆除时必须事前制定详细方案。

§4.2 钢筋工程

4.2.1 钢筋的种类与验收

1. 钢筋的种类

钢筋品种很多，在混凝土结构中所用的钢筋按其轧制外形、化学成分、生产工艺和钢筋强度等可以分为下列若干种类。

①按其轧制外形分：光圆钢筋和变形钢筋。变形钢筋又分为螺纹钢筋和人字纹钢筋。

②按化学成分分：碳素钢筋和普通低合金钢筋。碳素钢筋按含碳量的多少又分为低碳钢（含碳量在0.25%以下）钢筋、中碳钢（含碳量在0.25%~0.7%之间）钢筋、高碳钢（含碳量在0.7%以上）钢筋；普通低合金钢钢筋是在低碳钢和中碳钢中加入某些合金元素（如钛、钒，锰等，其含量一般不超过总量的3%）冶炼而成，可以提高钢筋的强度，改善其塑性、韧性和可焊性。

③按生产工艺分：热轧钢筋和冷加工钢筋。冷加工钢筋分为冷轧带肋钢筋、冷轧扭钢筋、冷拔螺旋钢筋、冷拉钢筋和冷拔低碳钢丝等。热轧钢筋分为热轧带肋钢筋（HRB）、热轧光圆钢筋（HPB）、余热处理钢筋（RRB）、细晶粒热轧带肋钢筋（HRBF），以及具有较高抗震性能要求的普通热轧带肋钢筋（HRBE）。

④普通钢筋一般采用HPB300、HRB335、HRBF335、HRB400、HRBF400、RRB400、HRB500和HRBF500，后面的数值代表钢筋的屈服强度标准值。纵向受力普通钢筋宜采用HRB400、HRB500、HRBF400、HRBF500钢筋，也可以采用HPB300、HRB335、HRBF335、RRB400钢筋；梁、柱受力钢筋应采用HRB400、HRB500、HRBF400、HRBF400钢筋；箍筋宜采用HRB400、HRBF400、HPB300、HRB500、HRBF500钢筋，也可以采用HRB335、HRBF335钢筋。预应力筋宜采用预应力钢丝、钢绞线和预应力螺纹钢筋。

2. 钢筋的验收

（1）主控项目

1）钢筋进场时，应按国家现行相关标准的规定抽取试件作力学性能和重量偏差检验，检验结果必须符合相关标准中的规定。

检查数量：按进场的批次和产品的抽样检验方案确定。

检验方法：检查产品合格证、出厂检验报告和进场复验报告。

2）对有抗震设防要求的结构，其纵向受力钢筋的强度应满足设计要求；当设计无具体要求时，对一、二、三级抗震等级设计的框架和斜撑构件（含梯段）中的受力钢筋应采用HRB335E、HRB400E、HRB500E、HRBF335E、HRBF400E或HRBF500E钢筋，其强度和最大力下总伸长率的实测值应符合下列规定：

①钢筋的抗拉强度实测值与屈服强度实测值的比值不应小于1.25。

②钢筋的屈服强度实测值与屈服强度标准值的比值不应大于1.30。

③钢筋的最大力下总伸长率不应小于9%。

检查数量：按进场的批次和产品的抽样检验方案确定。

检验方法：检查进场复验报告。

3）当发现钢筋脆断、焊接性能不良或力学性能显著不正常等现象时，应对该批钢筋进行化学成分检验或其他专项检验。

（2）一般项目

钢筋应平整、无损伤，表面不得有裂纹、油污、颗粒状或片装锈蚀。

检查数量：进场时和使用前全数检查。

检查方法：观察。

（3）钢筋隐蔽工程验收

在浇筑混凝土之前，应进行钢筋隐蔽工程验收，其内容包括：

①纵向受力钢筋的品种、规格、数量、位置等；

②钢筋的连接方式、接头位置、接头数量、接头面积百分率等；

③箍筋、横向钢筋的品种、规格、数量、间距等；

④预埋件的规格、数量、位置等。

4.2.2 钢筋的加工

钢筋的加工包括除锈、调直、剪切和弯曲成型等几种方法。

1. 钢筋除锈

钢筋的除锈，除采用手工除锈（用钢丝刷、砂盘）、喷砂和酸洗除锈外，还有两种方法：

（1）在钢筋冷拉或钢丝调直过程中除锈，对大量钢筋的除锈较为经济省力；

（2）采用机械方法除锈，如采用电动除锈机除锈，对钢筋的局部除锈较为方便。

在除锈过程中若发现钢筋表面的氧化铁皮鳞落现象严重并已损伤钢筋截面，或在除锈后钢筋表面有严重的麻坑、斑点伤蚀截面时，应降级使用或剔除不用。

2. 钢筋调直

钢筋宜采用无延伸功能的机械设备进行调直，也可以采用冷拉方法调直，一般采用钢筋调直机、数控钢筋调直机或卷扬机拉直设备等进行。钢筋调直后应进行力学性能和重量偏差的检验，其强度应符合相关标准中的规定。

（1）钢筋调直机

钢筋调直机的技术性能如表4.2.1所示。

表4.2.1 钢筋调直机技术性能

机械型号	钢筋直径 /（mm）	调直速度 /（m/min）	断料长度 /（mm）	电机功率 /（kW）	外形尺寸 /（mm） 长×宽×高	机重 /（kg）
GT/38	3~8	40、65	300~6500	9.25	1854×741×1400	1280
GT6/12	6~12	36、54、72	300~6500	12.6	1770×535×1457	1230

采用钢筋调直机调直冷拔钢丝和细钢筋时，要根据钢筋的直径选用调直模和传送压辊，且要正确掌握调直模的偏移量和压辊的压紧程度。

如图 4.2.1 所示，调直模的偏移量根据其磨耗程度及钢筋品种通过试验确定；调直筒两端的调直模一定要在调直前后导孔的轴心线上，这是钢筋能否调直的一个关键。

冷拔钢丝和冷轧带肋钢筋经调直机调直后，其抗拉强度一般要降低 10%～15%。使用前应进行力学性能和重量偏差的检验，其强度应符合相关标准中的规定。如果钢丝抗拉强度降低过大，则可以适当降低调直筒的转速和调直块的压紧程度。

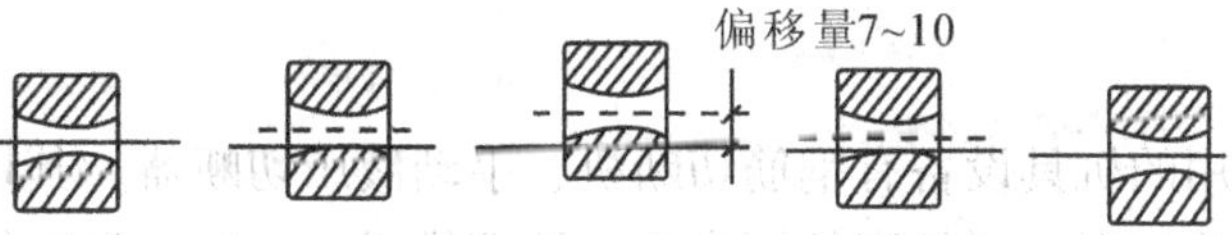

图 4.2.1　调直模的安装（单位：mm）

（2）数控钢筋调直切断机

数控钢筋调直切断机是在原有钢筋调直机的基础上应用电子控制仪，准确控制钢丝断料长度，并自动计数。该机的工作原理如图 4.2.2 所示。

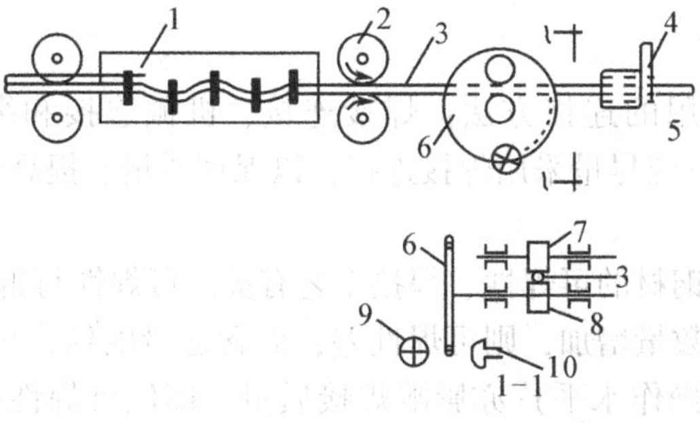

1—调直装置；2—牵引轮；3—钢筋；4—上刀口；5—下刀口；6—光电盘；7—压轮；8—摩擦轮
9—灯泡；10—光电管

图 4.2.2　数控钢筋调直切断机工作简图

数控钢筋调直切断机断料精度高（偏差仅为 1～2mm），并实现了钢丝调直切断自动化。采用这类机械时，要求钢丝表面光洁，截面均匀，以免钢丝移动时速度不匀，影响切断长度的精确性。

（3）卷扬机拉直设备

卷扬机拉直设备如图 4.2.3 所示。该方法设备简单，宜用于施工现场或小型构件厂。

采用该方法调直钢筋时，HPB235、HPB300 光圆钢筋的冷拉率不宜大于 4%，HRB335、HRB400、HRB500、HRBF335、HRBF400、HRBF500 及 RRB400 带肋钢筋的冷拉率不宜大于 1%。

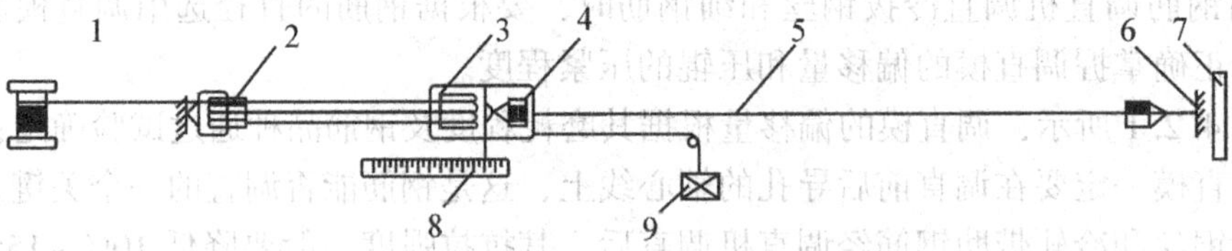

1—卷扬机；2—滑轮组；3—冷拉小车；4—钢筋夹具；5—钢筋；6—地锚

7—防护壁；8—标尺；9—荷重架

图 4.2.3　卷扬机拉直设备布置

3. 钢筋切断

钢筋切断时采用的机具设备有钢筋切断机、手动液压切断器。其切断工艺如下：

①将同规格钢筋根据不同长度长短搭配，统筹排料；一般应先断长料，后断短料，减少短头，减少损耗。

②断料时应避免用短尺量测长料，防止在量测中产生累计误差。

③钢筋切断机的刀片，应由工具钢热处理制成。

④在切断过程中，若发现钢筋有劈裂、缩头或严重的弯头等必须切除；若发现钢筋的硬度与该钢筋有较大的出入，应及时向相关人员反映，查明情况。

⑤钢筋的断口，不得有马蹄形或起弯等现象。

4.2.3　钢筋的连接

钢筋连接有三种常用的连接方法：焊接连接、机械连接和绑扎连接。除个别情况（如不准出现明火）外，应尽量采用焊接连接，以保证质量、提高效率和节约钢材。

1. 钢筋焊接

钢筋的焊接质量与钢材的可焊性、焊接工艺有关。可焊性与钢材的含碳量、合金元素的含量有关，含碳、锰数量增加，则可焊性差；而含适量的钛，可以改善钢材的可焊性。焊接工艺（焊接参数与操作水平）亦影响焊接质量，即使可焊性差的钢材，若焊接工艺合宜，也可以获得良好的焊接质量。

钢筋常用的焊接方法有闪光对焊、电弧焊、电渣压力焊、埋弧压力焊和气压焊等。

（1）闪光对焊

钢筋闪光对焊是将钢筋安放成对接形式，利用电阻热使接触点金属熔化，产生强烈飞溅，形成闪光，迅速施加顶锻力完成的一种压焊方法。

闪光对焊是钢筋接头焊接中操作工艺简单、效率高、施工速度快、质量好、成本低的一种焊接方法。闪光对焊广泛应用于钢筋的纵向连接及预应力钢筋与螺丝端杆的焊接。热轧钢筋的焊接宜优先选用闪光对焊，不可能实施闪光对焊时才采用电弧焊。

1）对焊工艺。根据钢筋品种、直径和所用焊机功率大小，钢筋闪光对焊工艺分为连续闪光焊、预热闪光焊和闪光—预热—闪光焊三种。

①连续闪光焊。连续闪光焊的工艺过程包括连续闪光、顶锻过程。施焊时，闭合电源使两钢筋端面轻微接触。此时端部接触点很快熔化并产生金属蒸气飞溅，形成闪光现象。接着徐徐移动钢筋，形成连续闪光过程，同时接头被加热；待接头烧平、闪去杂质和氧化

膜、白热熔化时，立即施加轴向压力迅速进行顶锻，使两根钢筋焊牢。

②预热闪光焊。预热闪光焊的工艺过程包括预热、连续闪光及顶锻过程，即在连续闪光焊前增加了一次预热过程，使钢筋预热后再连续闪光烧化进行加压顶锻。

③闪光—预热—闪光焊。即在预热闪光焊前增加了一次闪光，使不平整的钢筋端部烧化平整，预热均匀，最后进行加压顶锻。

2）适用范围

闪光对焊的适用范围如表 4.2.2 所示。连续闪光焊所能焊接的钢筋上限直径，应根据焊机容量、钢筋牌号等具体情况而定，应符合表 4.2.3 中的规定。

表 4.2.2　闪光对焊的适用范围

焊接方法	适用范围	
	钢筋牌号	钢筋直径/（mm）
闪光对焊	HPB300 HRB335　HRBF335 HRB400　HRBF400 GRB500　HRB500 RRB400	8~22 8~32 8~32 10~32 10~32
箍筋闪光对焊	HPB300 HRB335　HRBF335 HRB400　HRBF400	6~16 6~16 6~16

表 4.2.3　连续闪光焊钢筋上限直径

焊机容量	钢筋牌号	钢筋直径/（mm）
160 （150）	HPB300 HRB335　HRBF335 HRB400　HRBF400　HRB500 HRBF500	22 22 20 20
100	HPB300 HRB335　HRBF335 HRB400　HRBF400 HRB500　HRBF500	20 20 18 18
80 （75）	HPB300 HRB335　HRBF335 HRB400　HRBF400	16 14 12

注：对于有较高要求的抗震结构用钢筋在牌号后加 E（例如：HRB400E、HRBF400E），可以参照同级别钢筋进行闪光对焊。

生产中，可以按不同条件选用：

①当钢筋直径较小，箍筋强度级别较低，在表4.2.3中规定的范围内，可以采用“连续闪光焊”；

②当超过表中规定，且钢筋端面较平整，宜采用“预热闪光焊”；

③当超过表中规定，且钢筋端面不平整，宜采用“闪光—预热—闪光焊”。

3）对焊参数。连续闪光焊的焊接参数包括：调伸长度、烧化留量、闪光速度、顶锻留量、顶锻速度、顶锻压力与变压器级数等。而当采用预热闪光焊时，除上述参数外，还应包括一次烧化留量、二次烧化留量、预热留量与预热频率等参数。

①调伸长度。调伸长度是指焊接前，两钢筋端部从电极钳口伸出的长度。调伸长度的选择与钢筋品种和直径有关，应使接头能均匀加热，并使钢筋顶锻时不致发生旁弯。调伸长度的选择，应随着钢筋牌号的提高和钢筋直径的加大而增长，主要是减缓接头的温度梯度，防止在影响区产生淬硬组织，当焊接 HRB400、HRB500 等级钢筋时，调伸长度在40~60mm 内选用。

②烧化留量。烧化留量是指在闪光过程中，留出金属所消耗的钢筋长度。烧化留量的选择，应根据焊接工艺方法确定。当连续闪光焊时，闪光过程应较长。烧化留量应等于两根钢筋在断料时切断机刀口严重压伤部分（包括端面的不平整度），再加 8mm。闪光—预热—闪光焊时，应区分一次烧化留量和二次烧化留量，一次烧化留量应不小于 10mm，预热闪光焊时的烧化留量应不小于 10mm。

③顶锻留量。顶锻留量是指在闪光结束时，将钢筋顶锻压紧时因接头处挤出金属而缩短的钢筋长度。顶锻留量应为 4~10mm，且应随钢筋直径的增大和钢筋牌号的提高而增加。其中，有电顶锻留量约占 1/3，无电顶锻留量约占 2/3，焊接时必须控制得当。焊接 HRB500 钢筋时，顶锻留量宜稍微增大，以确保焊接质量。

④预热留量与预热频率。需要预热时，宜采用电阻预热法，预热留量为 1~2mm，预热次数应为 1~4 次；每次预热时间应为 1.5~2s，间歇时间应为 3~4s。

⑤变压器级数。变压器级数是用以调节焊接电流大小，应根据钢筋牌号、直径、焊机容量以及焊接工艺方法等具体情况选择。钢筋级别高或直径大的，其级次要高。焊接时若火花过大并有强烈声响，应降低变压器级次。

（2）电阻点焊

钢筋点焊是将两钢筋安放成交叉叠接形式，压紧于两电极之间，利用电阻热熔化母材金属，加压形成焊点的一种压焊方法。

电阻点焊主要用于钢筋的交叉连接，如用来焊接钢筋网片、钢筋骨架等，宜于批量生产。钢筋焊接骨架和钢筋焊接网可以采用 HPB300、HRB335、HRBF335、HRB400、HRBF400、HRB500、CRB550 钢筋制成。

若两根钢筋直径不同，焊接骨架较小钢筋直径小于或等于 10mm 时，大、小钢筋直径之比不宜大于 3；当较小钢筋直径为 12~16mm 时，大、小钢筋直径之比不宜大于 2。焊接网较小钢筋直径不得小于较大钢筋直径的 0.6 倍。

①电阻点焊设备。常用的点焊机有单点电焊机、多点电焊机、悬挂式电焊机、手提式电焊机。其中多点电焊机一次可焊数点，用于焊接宽大的钢筋网；悬挂式电焊机可以焊接各种形状的大型钢筋网和钢筋骨架；手提式电焊机主要用于施工现场。

②电阻点焊工艺。点焊过程可以分为预压、通电、锻压三个阶段。

通电阶段包括两个过程：在通电开始一段时间内，接触点扩大，固态金属因加热膨胀，在焊接压力作用下，焊接处金属产生塑性变形，并挤向工作间缝隙中；继续加热后，开始出现熔化点，并逐渐扩大成所要求的核心尺寸时切断电流。

焊点应有一定的压入深度。焊点的压入深度应为较小钢筋直径的 18%~25%。

③电阻点焊参数。电阻点焊的工艺参数包括：变压器级数、通电时间和电极压力。通电时间根据钢筋直径和变压器级数而定，电极压力则根据钢筋级别和直径选择。

(3) 气压焊

气压焊是利用氧乙炔火焰或其他火焰对两钢筋对接处加热，使其达到塑性状态，或熔化状态后，加压完成的一种压焊方法。其焊接机理是在还原性气体的保护下，钢筋发生塑性变形后，相互紧密地接触，促使端面金属晶体相互扩散渗透，使其再结晶、再排列，形成牢固的连接。焊接过程中，加热温度只为钢材熔点的 0.8~0.9 倍，钢材未呈熔化状态，且加热时间短，所以不会出现钢材劣化倾向。气压焊具有设备简单轻便、使用灵活、效率高、节省电能、焊接成本低，可以进行全方位的焊接，但对焊工要求较严，焊前对钢筋端部处理要求高。

气压焊适于高层框架结构和烟囱等高耸结构物的竖向钢筋的垂直位置、水平位置或倾斜位置的现场焊接连接，直径可达 ϕ16~ϕ40mm。当两钢筋直径不同时，其直径之差不得大于 7mm。

1) 气压焊工艺

气压焊工艺流程如图 4.2.4 所示，焊接分两个阶段进行，首先对钢筋适当预压（10~20MPa），用强碳化火焰对焊面加热 30~40s，当焊口呈桔黄色（有油性亮光，温度1000~1100℃），立即再加压（30~40MPa）到使缝隙闭合，然后改用中性焰对焊口往复摆动进行宽幅（范围约 2d）加热。当表面出现黄白色珠光体（温度达到 1050℃）时，再次顶锻加压（30~40MPa），使接缝处胀鼓的直径达到 1.4d，变形长度为 1.3~1.5d 时停止加热。待焊头冷至暗红色，拆除卡头，焊接即告完成，整个时间为 100~120s。

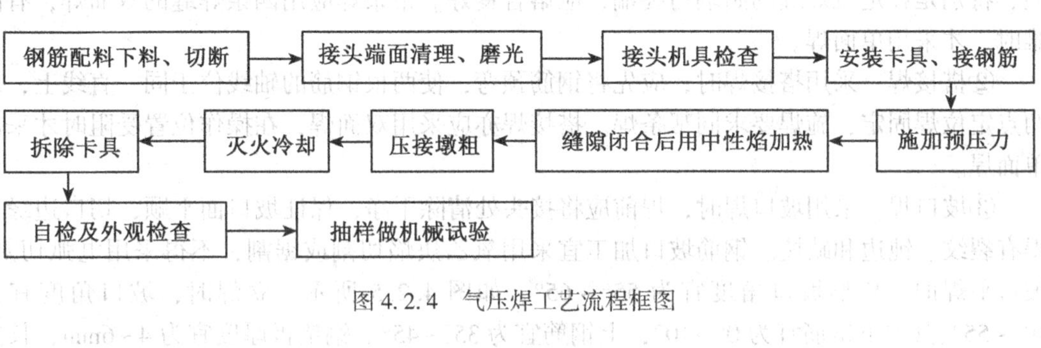

图 4.2.4 气压焊工艺流程框图

2) 气压焊参数

气压焊焊接参数包括加热温度、挤压力、火焰功率等。

①加热温度。加热温度对气压焊接起极为重要的作用。当加热温度过高，接近熔点时，气压焊的接缝可能会发生金属过烧、晶粒破碎的现象。当加热温度不够时，钢筋接头

处的晶体难以获得充分的共生。因此，加热温度宜在熔点以下 100~200℃。对低碳钢钢筋，加热温度可以取 1300~1350℃。

②挤压力。挤压力的大小应使加热至高温的金属产生塑性变形，使两个压接面的空隙完全消失，并为晶体结合创造有利条件。对于钢筋，单位挤压力宜取 30MPa 以上。一般只要加热温度合适，在一定的挤压力下接点的凸起会自然形成，无须增加挤压力。在操作过程中挤压力过大往往是由于加热温度不够或机械故障而造成的。

③火焰功率。火焰功率对焊接时间有较大影响。只要在钢筋接头不过烧、表面不熔化、火焰也稳定的情况下，就可以采用大功率火焰进行焊接。氧气的工作压力不大于 0.7MPa，乙炔工作压力为 0.05~0.1MPa。

(4) 电弧焊

电弧焊是利用弧焊机使焊条与焊件之间产生电弧高温，集中热量熔化钢筋端面和焊条末端，使焊条金属熔化在接头焊缝内，冷凝后形成焊缝，将金属结合在一起。

电弧焊焊接设备简单，价格低廉，维护方便，操作技术要求不高，可以广泛应用于钢筋接头、钢筋骨架焊接、装配式骨架接头的焊接、钢筋与钢板的焊接及各种钢结构的焊接。

1) 电弧焊设备

电弧焊的主要设备为弧焊机，分交流弧焊机、直流弧焊机两类。交流弧焊机结构简单，价格低廉，保养维修方便；直流弧焊机焊接电流稳定，焊接质量高，但价格高。当有的焊件要求采用直流焊条焊接时，或网路电源容量很小，要求三相用电均衡时，应选用直流弧焊机。弧焊机容量的选择可以按照需要的焊接电流选择。

2) 电弧焊工艺

电弧焊焊接接头形式分为帮条焊、搭接焊和坡口焊，后者又分为平焊和立焊。

①帮条焊。采用帮条焊时，两主筋端面之间的间隙应为 2~5mm，帮条与主筋之间应先用四点定位焊固定，定位焊缝应离帮条端部 20mm 以上。施焊引弧应在帮条内侧开始，将孤坑填满。多层施焊时，第一层焊接电流宜稍大，以增加熔化深度。主焊缝与定位焊缝，特别是在定位焊缝的始端与终端，应熔合良好。帮条焊应用四条焊缝的双面焊，有困难时，才采用单面焊。

②搭接焊。采用搭接焊时，应先将钢筋预弯，使两根钢筋的轴线位于同一直线上，用两点定位焊固定，施焊要求同帮条焊。搭接焊亦应采用双面焊，在操作位置受阻时才采用单面焊。

③坡口焊。采用坡口焊时，焊前应将接头处清除干净，保证坡口面平顺，切口边缘不得有裂纹、钝边和缺棱。钢筋坡口加工宜采用氧乙炔焰切割或锯割，不得采用电弧切割。坡口平焊时，V 形坡口角度宜为 55°~65°，如图 4.2.5 所示。立焊时，坡口角度宜为 40°~55°,其中下钢筋宜为 0°~10°，上钢筋宜为 35°~45°。钢垫板厚度宜为 4~6mm，长度为 40~60mm。坡口平焊时，垫板宽度应为钢筋直径加 10mm；立焊时，垫板宽度宜等于钢筋直径。钢筋根部间隙，坡口平焊时宜为 4~6mm，立焊时宜为 3~5mm，其最大间隙均不宜超过 10mm。

钢筋坡口焊应采取对称、等速施焊和分层轮流施焊等措施，以减少变形。当发现接头中有弧坑、气孔及咬边等缺陷时，应立即补焊。

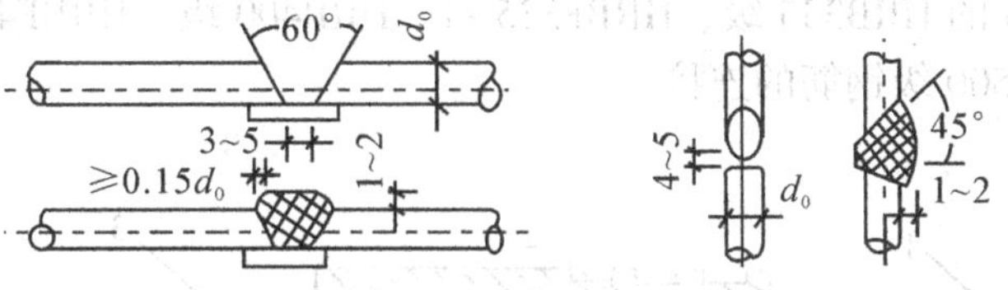

(a) 平焊　(b) 立焊

图4.2.5　钢筋坡口焊接头

(5) 电渣压力焊

电渣压力焊是将钢筋安放成竖向对接形式，利用焊接电流通过两钢筋端面间隙，在焊剂层下形成电弧过程和电渣过程，产生电弧热和电阻热，熔化钢筋，加压完成的一种压焊方法。这种方法比电弧焊易于掌握、工效高、节省钢材、成本低、质量可靠，适用于现浇钢筋混凝土结构中竖向或斜向（倾斜度在4∶1的范围内）钢筋的接长连接，但不宜用于热轧后余热处理的钢筋。直径12mm钢筋电渣压力焊时，应采用小型焊接夹具，上、下两钢筋对正，不偏歪，多做焊接试验，确保焊接质量。

1) 焊接设备

电渣压力焊的主要设备是竖向钢筋电渣压力焊机，按控制方式可以分为手动式钢筋电渣压力焊机、半自动式钢筋电渣压力焊机和全自动式钢筋电渣压力焊机。钢筋电渣压力焊机主要有焊接电源、控制箱、焊接夹具、焊剂盒等几部分组成。

2) 焊接工艺

竖向钢筋电渣压力焊的工艺过程包括：引弧、稳弧和顶锻过程，整个工艺过程应符合下列要求：

①焊接夹具的上、下钳口应夹紧于上、下钢筋上，钢筋一经夹紧，不得晃动。

②引弧宜采用铁丝圈或焊条头引弧法，亦可以采用直接引弧法。

③引燃电弧后，应先进行稳弧过程，然后，加快上钢筋下送速度，使钢筋端面与液态渣池接触，转变为电渣过程，最后在断电的同时，迅速下压上钢筋，挤出熔化金属和熔渣，

④接头焊毕，应停歇后，方可回收焊剂和卸下焊接夹具，并敲去渣壳。四周焊包应均匀，凸出钢筋表面的高度应不小于4mm。

3) 焊接参数

电渣压力焊的工艺参数为焊接电流、焊接电压、通电时间、钢筋熔化量等，根据钢筋直径选择，钢筋直径不同时，根据较小直径的钢筋选择参数。

2. 钢筋的机械连接

(1) 钢筋挤压连接

钢筋挤压连接亦称为带肋钢筋套筒冷压连接。该工艺是将需连接的变形钢筋插入特制的钢套筒内，利用液压驱动的挤压机进行径向或轴向挤压，使钢套筒产生塑性变形，依靠变形后的钢套筒与被连接钢筋纵、横肋产生的机械咬合成为整体的钢筋连接方法，如图4.2.6所示。与焊接相比较，这种连接方法具有节省电能、不受钢筋可焊性好坏的影响、不受气候影响、无明火、施工简便和接头可靠度高等优点。适用于竖向、横向及其他方向

的直径为16~40mm的HRB335级、HRBF335级、HRB400级、HRBF400级、RRB400级、HRB500级、HRBF500级钢筋的连接。

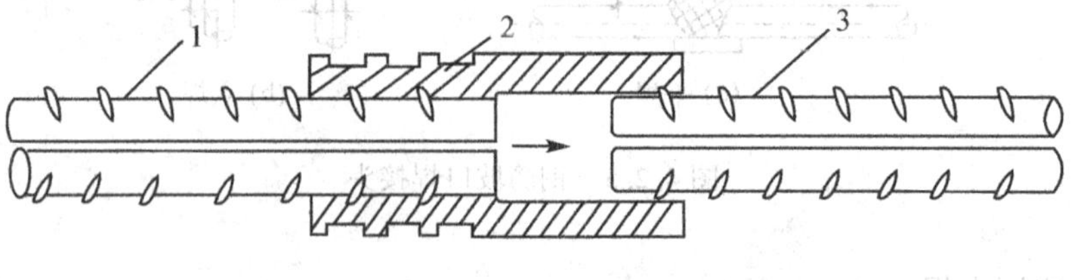

1—已挤压的钢筋；2—钢套筒；3—未挤压的钢筋；

图4.2.6 套筒挤压连接

(2) 钢筋锥螺纹套管连接

把钢筋的连接端加工成锥形螺纹（简称丝头），通过锥螺纹连接套把两根带丝头的钢筋，按规定的力矩值连接成一体的钢筋接头。连接时，经对螺纹检查无油污和损伤后，先用手旋入钢筋，然后用扭矩扳手紧固至规定的扭矩即完成连接。这种连接方法施工速度快、不受气候影响、质量稳定、对中性好、施工速度快，可以连接各种钢筋，不受钢筋种类和钢筋含碳量的限制，但所连钢筋直径之差不宜大于9mm。

连接钢筋前，将下层钢筋上端的塑料保护帽拧下来露出丝扣，并将丝扣上的水泥浆等污物清理干净。钢筋规格和连接套的规格应一致，并确保钢筋和连接套的丝扣干净完好无损。用预埋接头时，连接套的位置、规格和数量应符合设计要求。带连接套的钢筋应固定牢，连接套的外露端应有密封盖。连接钢筋时，应对正轴线将钢筋拧入连接套，然后用力矩扳手拧紧。

4.2.4 钢筋的配料与代换

在钢筋混凝土结构构件中要配多少钢筋，其种类、形状怎样，配在什么位置上等，都要通过设计及详细的计算，有些新结构、新构件还要通过大量的试验总结后才能确定。为了确保钢筋混凝土结构的质量，国家还制定了专门规范，对结构构件配筋要求作了具体的规定。

1. 钢筋配料

钢筋配料是根据构件配筋详图，将构件中各个编号的钢筋，分别计算出钢筋切断时的直线长度（简称为下料长度）；并且统计出每个构件中每一种规格的钢筋数量，以及该项目中各种规格的钢筋共计数量，填写配料单，以便进行钢筋的备料和加工。

在进行钢筋的配料计算中，关键是计算钢筋下料长度。由于结构受力上的要求，大多数钢筋需在中间弯曲和两端做成弯钩。钢筋因弯曲或弯钩会使其长度变化，其外壁伸长，内壁缩短，而中心线长度不改变。但是构件配筋图中注明的尺寸一般是外包尺寸，且不包括端头弯钩长度。显然外包尺寸大于中心线长度，钢筋外包尺寸与钢筋中心线长度之间存在一个差值，称为“量度差值”。因此，各种钢筋下料长度计算如下：

钢筋下料长度=钢筋外包尺寸+弯钩增加长度-量度差值

箍筋下料长度=箍筋周长+箍筋调整值。

(1) 量度差值

钢筋的弯钩形式有三种：半圆弯钩、直弯钩及斜弯钩。半圆弯钩是最常用的一种弯钩。直弯钩只用在柱钢筋的下部、箍筋和附加钢筋中。斜弯钩只用在直径较小的钢筋中。钢筋弯曲的量度差值，按图 4.2.7 所示的计算简图，其计算方法如下：

①钢筋端部作半圆弯钩时的增加长度。若弯心直径为 2.5d，平直部分为 3d 时（d 为钢筋直径），如图 4.2.7（a）所示。

弯钩全长 $3d+3.5d\dfrac{\pi}{2}=8.5d$

弯钩增加长度（包括量度差值） $8.5d-2.25d=6.25d$。

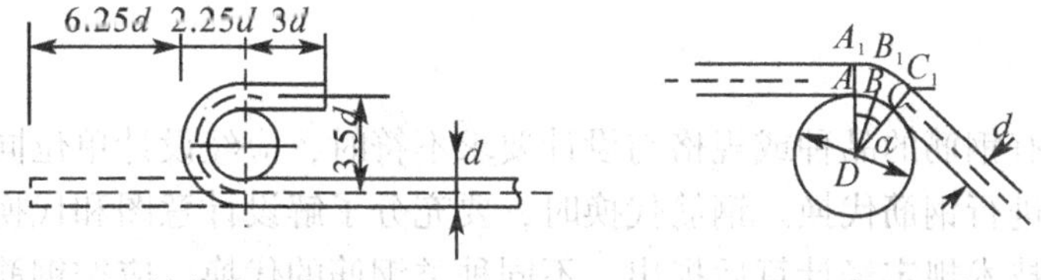

(a) 端部半圆弯钩　　(b) 钢筋中部弯曲

图 4.2.7 钢筋弯曲计算简图

在生产实践中，由于实际弯心直径与理论弯心直径有时不一致，钢筋的粗细和机具条件不同等而影响钢筋平直部分的长短（手工弯钩时钢筋平直部分可以适当加长，机械弯钩时钢筋平直部分可以适当缩短），因此在实际配料计算时，对钢筋弯钩增加长度常根据具体条件，采用经验数据，如表 4.2.4 所示。

表 4.2.4　　半圆弯钩增加长度参考表　　（单位：mm）

钢筋直径	≤6	8~10	12~18	20~28	32~36
一个弯钩长度	40	6d	5.5d	5d	4.5d

②钢筋中部弯曲时的量度差值。钢筋中部弯曲时的量度差值与弯心直径 D 及弯曲角度 α 有关。从图 4.2.8（b）可以得出钢筋弯曲处的量度差值的计算，即

$$量度差值=(A_1B_1+B_1C_1)-ABC=2A_1B_1-ABC=2\left(\frac{D}{2}+d\right)\tan\frac{\alpha}{2}-\pi(D+d)\frac{\alpha}{360}$$

当钢筋作不大于 90°的弯曲时，其弯心直径 D 不应小于钢筋直径 d 的 5 倍。当 $D=5d$ 时，不同角度弯曲时的量度差值如表 4.2.5 所示。

表 4.2.5　　钢筋弯曲时的量度差值

钢筋弯曲角度	30°	45°	60°	90°
量度差值	0.3d	0.5d	0.9d	2d

（2）箍筋调整值

箍筋调整值，即为弯钩增加长度和弯曲调整值两项之差之和，根据箍筋量外包尺寸或内包尺寸而定，其调整值如表 4.2.6 所示。

表 4.2.6　　箍筋调整值　　（单位：mm）

箍筋量度方法	箍筋直径			
	4~5	6	8	10~12
量外包尺寸	40	50	60	70
量内包尺寸	80	100	120	150~170

2. 钢筋代换

当施工中遇有钢筋的品种或规格与设计要求不符时，应经设计单位同意，并办理技术核定手续后方能进行钢筋代换。钢筋代换时，要充分了解设计意图和代换材料的性能，按设计规范和各项技术规定经计算后提出。不同种类钢筋的代换，应按钢筋受拉承载力设计值相等的原则进行。钢筋代换后，应满足混凝土结构设计规范中所规定的钢筋间距、锚固长度、最小钢筋直径、根数等要求，并且其用量不宜大于原设计的 5%，不低于原设计的 2%。

（1）等强代换方法

不同等级品种的钢筋进行代换，若构件受强度控制，钢筋可以按强度相等原则进行代换，即只要代换钢筋的承载能力值和原设计钢筋的承载能力值相等，就可以代换。

①计算法。代换后的钢筋根数可以用下式计算

$$n_2 \geqslant \frac{n_1 d_1^2 f_{y1}}{d_2^2 f_{y2}} \tag{4.2.1}$$

式中：n_2——代换钢筋根数；

n_1——原设计钢筋根数；

d_2——代换钢筋直径；

d_1——原设计钢筋直径；

f_{y2}——代换钢筋抗拉强度设计值；

f_{y1}——原设计钢筋抗拉强度设计值。

②查表法。相关规范中列有各种类别、直径和根数的钢筋拉力（$A_s f_y$）值。查表时，首先根据原设计钢筋的类别、直径及根数、查得钢筋拉力；然后根据代换钢筋的类别、直径，在相同拉力条件下，查得代换钢筋根数。

（2）等面积代换

当构件按最小配筋率配筋时，钢筋要按面积相等原则进行代换。用下面公式计算

$$n_2 \geqslant n_1 \frac{d_1^2}{d_2^2} \tag{4.2.2}$$

式中符号意义同上。

（3）裂缝及抗裂度验算

当结构构件按裂缝宽度或抗裂性要求控制时，钢筋的代换需进行裂缝及抗裂性验算。

钢筋代换后，有时由于受力钢筋直径加大或根数增多而需要增加排数，则构件截面的有效高度 h_0 减小，截面强度降低。通常对这种影响可以凭经验适当增加钢筋面积，然后再作截面强度复核。

对矩形截面的受弯构件，可以根据弯矩相等，按下式复核截面强度

$$N_2\left(h_{02}-\frac{N_2}{2f_{cm}b}\right)\geqslant N_1\left(h_{01}-\frac{N_1}{2f_{cm}b}\right) \tag{4.2.3}$$

式中：N_1——原设计的钢筋拉力，等于 $A_{s1}f_{y1}$（A_{s1} 为原设计钢筋的截面面积，f_{y1} 为原设计钢筋的抗拉强度设计值）；

N_2——代换钢筋拉力，同上；

h_{01}——原设计钢筋的合力点至构件截面受压边缘的距离；

h_{02}——代换钢筋的合力点至构件截面受压边缘的距离；

f_{cm}——混凝土的弯曲抗压强度设计值，对 C20 混凝土为 11MPa，对 C30 混凝土为 16.5MPa；

b——构件截面宽度。

§4.3　混凝土工程

混凝土工程在混凝土结构工程中占有很大比重，其质量的好坏直接影响到混凝土结构的承载力、耐久性和整体性。混凝土工程包括混凝土制备、运输、浇筑、振捣和养护等施工过程，各个施工过程相互联系和影响，其中任一施工过程处理不当都会影响混凝土工程的最终质量。近年来随着混凝土外加剂和商品混凝土的发展和广泛应用，极大地影响了混凝土的性能和施工工艺；此外，自动化、机械化的发展和新的施工机械和施工工艺的应用，也大大地改变了混凝土工程施工的落后面貌。

4.3.1　混凝土的制备

混凝土配合比的确定，应保证结构设计所规定的强度等级及施工对混凝土和易性的要求，并应符合合理使用材料，节约水泥的原则。在特殊的条件下，还应符合防水、抗冻、抗渗等要求。

混凝土应按国家现行标准《普通混凝土配合比设计规程》（JGJ55）中的相关规定，根据混凝土强度等级、耐久性和工作性能等要求进行配合比设计。对有特殊要求的混凝土，其配合比的设计尚应符合国家现行相关标准的专门规定。

1. 混凝土的配料

（1）混凝土施工配制强度的确定

为了保证混凝土的实际强度基本不低于结构设计要求的强度等级，混凝土的施工配制强度应比设计的混凝土的强度标准值提高一个数值，以达到95%的保证率，即

$$f_{cu,0}\geqslant f_{cu,k}+1.645\sigma \tag{4.3.1}$$

式中：$f_{cu,0}$——混凝土的施工配制强度（MPa）；

$f_{cu,k}$——设计的混凝土强度标准值（MPa）；

σ——施工单位的混凝土强度标准差（MPa），精确到0.01MPa；

混凝土强度标准差σ的取值应按式（4.3.2）计算，并应符合表4.3.1中的规定

$$\sigma=\sqrt{\frac{\sum_{i=1}^{n}f_{cu,i}^{2}-n\mu_{fcu}^{2}}{n-1}} \tag{4.3.2}$$

式中：$f_{cu,i}$——统计周期内第i组混凝土立方体试件的抗压强度值，精确到0.01MPa；

μ_{fcu}——统计周期内n组混凝土立方体试件的抗压强度平均值，精确到0.01MPa；

n——统计周期内相同强度等级混凝土的试件组数，$n\geqslant30$。

预拌混凝土搅拌站和预制混凝土构件厂的统计周期可以取一个月；施工现场搅拌站的统计周期可以根据实际情况确定，但不宜超过三个月。

表4.3.1 **混凝土强度标准σ** （单位：MPa）

生产场所	强度标准σ		
	<C20	C20~C40	≥C45
预拌混凝土搅拌站 预制混凝土构件厂	≤3.0	≤3.5	≤4.0
施工现场搅拌站	≤3.5	≤4.0	≤4.5

(2) 混凝土施工配合比的确定

首次使用的混凝土配合比应进行开盘鉴定，其工作性能应满足设计配合比的要求。开始生产时留置一组养护试件，作为验证配合比的依据。混凝土拌制前，应测定砂、石的含水率，且根据测试结果调整材料用量，提出施工配合比。

一般混凝土的配合比是实验室配合比（理论配合比），即假定砂、石等材料处于完全干燥状态下。但在现场施工中，砂、石一般都露天堆放，因此不可避免地含有一些水分，并且含水量随气候而变化。配料时必须把材料的含水率加以考虑，以确保混凝土配合比的准确，从而保证混凝土的质量。根据施工现场砂、石的含水率，调整以后的配合比称为施工配合比。

若混凝土的实验室配合比为水泥：砂：石=1：s：g，水灰比为$\frac{w}{c}$，施工现场测出的砂的含水率为W_s，石的含水率为W_g，则换算后的施工配合比为：

$$水泥：砂：石=1：s(1+w_s)：g(1+w_g)$$

水灰比保持$\frac{w}{c}$不变，即用水量要减去砂、石中的含水量。

[**例4.3.1**] 已知某混凝土的实验室配合比为1：2.93：3.93，水灰比为$\frac{w}{c}=0.63$，每立方米混凝土水泥用量$c=280$kg，现场实测砂的含水率为$w_s=3.5\%$，石子的含水率为$w_g=1.2\%$，试求施工配合比及每立方米混凝土各种材料的用量。

解：(1) 施工配合比

水泥：砂：石 $=1:s\ (1+w_s)\ :g\ (1+w_g)$

$=1:2.93\ (1+3.5\%)\ :3.93\ (1+1.2\%)\ =1:3.03:3.98$

(2) 按施工配合比每立方米混凝土各组成材料用量：

水泥：$c=280\text{kg}$；

砂：$s=280\times3.03=848.4\text{kg}$；

石：$g=280\times3.98=1\ 114.4\text{kg}$；

水：$w=\ (w/c-w_s\times s-w_g\times g)\ c=\ (0.63-2.93\times3.5\%-3.93\times1.2\%)\ \times280=134.48\text{kg}$。

2. 混凝土的拌制

混凝土的拌制是指将各种组成材料（水、水泥和粗、细骨料）搅拌成质地均匀、颜色一致、具备一定流动性的混凝土拌合物。由于混凝土配合比是按照细骨料恰好填满粗骨料的间隙，而水泥浆又均匀地分布于粗细骨料表面的原理设计的。如果混凝土制备得不均匀就不能获得密实的混凝土，影响混凝土的质量，所以混凝土的拌制是混凝土施工工艺过程中很重要的一道工序。

(1) 混凝土搅拌机

混凝土制备的方法，除工程量很小且分散用人工拌制外，皆应采用机械搅拌。混凝土搅拌机按其搅拌原理分为自落式搅拌机和强制式搅拌机两类。

①自落式搅拌机。自落式搅拌机主要是以重力机理设计的，其搅拌机理为交流掺合机理。自落式搅拌机的搅拌筒内壁焊有弧形叶片，当搅拌筒绕水平轴旋转时，弧形叶片不断将物料提高，然后自由落下而互相混合。由于下落时间、落点和滚动距离不同，使物料颗粒相互穿插、翻拌、混合而达到均匀。

自落式搅拌机适宜于搅拌塑性混凝土。筒体和叶片磨损较小，易于清理，但动力消耗大，效率低。搅拌时间一般为 90～120 秒/盘。根据鼓筒的形状与卸料方式的不同分为鼓筒式、锥形反转出料式和锥形倾翻出料式三种类型，如表 4.3.2 所示。

表 4.3.2　自落式搅拌机的类型

鼓筒式	锥式	
	反转出料	倾翻出料
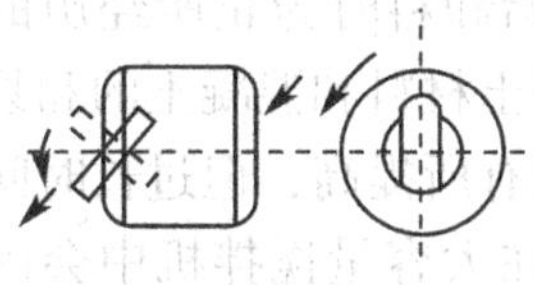	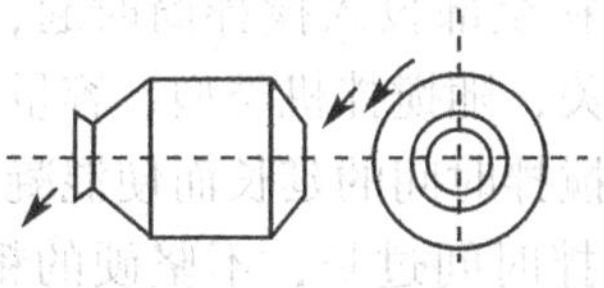	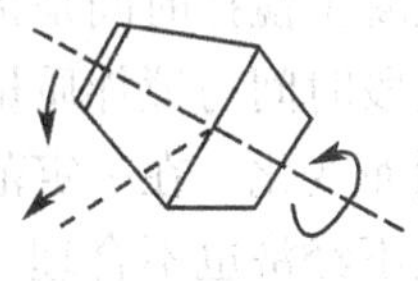

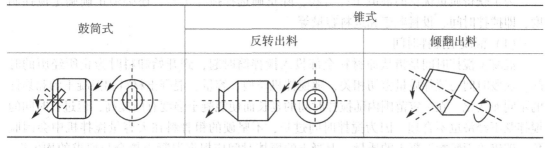

②强制式搅拌机。强制式搅拌机是按剪切搅拌机理进行设计的，其搅拌机理为剪切掺合机理。强制式搅拌机一般筒身固定，水平放置，物料的运动主要以水平位移为主。搅拌机搅拌时叶片旋转，叶片转动时对物料施加剪切、挤压、翻滚和抛出等的组合作用进行拌合。其类型如表 4.3.3 所示。

表 4.3.3　　强制式搅拌机的类型

立轴式			卧轴式	
涡浆式	行星式			
	定盘式	盘转式	单轴	双轴
				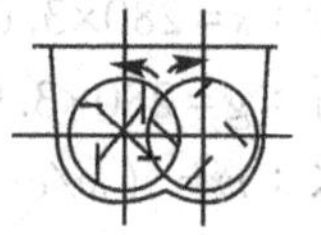

强制式搅拌机的搅拌作用比自落式搅拌机强烈，宜于搅拌干硬性混凝土和轻骨料混凝土，也可以搅拌低流动性混凝土。但强制式搅拌机的转速比自落式搅拌机高，动力消耗大，叶片、衬板等磨损也大，一般需用高强合金钢或其他耐磨材料做内衬，多用于集中搅拌站或预制厂。

混凝土搅拌机的选择应符合现行国家标准《混凝土搅拌机》（GB/T9142—2000）中的相关规定。混凝土搅拌宜采用强制式搅拌机。

（2）混凝土搅拌站

混凝土搅拌站是将混凝土拌合物在搅拌站集中搅拌，然后用混凝土运输车分别输送到一个或若干个施工现场进行浇筑使用。混凝土搅拌站能提高混凝土质量和取得较好的经济效益。

搅拌站根据其组成部分在竖向方式的不同分为单阶式和双阶式。在单阶式混凝土搅拌站中，原材料经皮带机、螺旋输送机等运输设备一次提升后经过贮料斗，然后靠自重下落进入称量和搅拌工序。在双阶式混凝土搅拌站中，原材料第一次提升后，依靠自重进入贮料斗，下落经称量配料后，再经第二次提升进入搅拌机。

3. 混凝土的搅拌制度

为了获得质量优良的混凝土拌合物，除正确选择搅拌机外，还必须正确确定搅拌制度，即搅拌时间、投料顺序和进料容量等。

（1）混凝土搅拌时间

混凝土搅拌时间是指从原材料全部投入搅拌筒时起，到开始卸料时为止所经历的时间。这段时间与搅拌质量密切相关，随搅拌机类型、容量、混凝土材料和混凝土的和易性的不同而变化。在一定范围内随搅拌时间的延长而使混凝土强度有所提高，但过长时间的搅拌既不经济也不合理。因为搅拌时间过长，不坚硬的粗骨料在大容量搅拌机中会因脱角、破碎等而影响混凝土的质量。混凝土的搅拌时间应根据混凝土拌合料要求的均匀性、混凝土强度增长的效果及生产效率几种因素确定，其搅拌的最短时间如表 4.3.4 所示。当搅拌高强度混凝土时，搅拌时间应适当延长；当采用自落式搅拌机时，搅拌时间延长 30s。对于双卧强制式搅拌机，可以在保证搅拌均匀的情况下适当缩短搅拌时间。混凝土搅拌时间应每班检查 2 次。

表4.3.4　混凝土搅拌的最短时间　(单位：s)

混凝土坍落度/(mm)	搅拌机机型	搅拌机出料量/L		
		<250	250~500	>500
≤40	强制式	60	90	120
>40且<100	强制式	60	60	90
≥100	强制式	60		

（2）混凝土投料顺序

混凝土投料顺序应从提高搅拌质量，减少叶片和衬板的磨损，减少拌合物与搅拌筒的粘结，减少水泥飞扬和改善工作环境等方面综合考虑确定。按原材料投料不同，混凝土的投料方法可以分为一次投料法、两次投料法和水泥裹砂法等。

一次投料法是将原材料（砂、水泥、石子）一起同时投入搅拌机内进行搅拌。为了减少水泥飞扬和粘壁现象，对自落式搅拌机要在搅拌筒内先加部分水，投料时砂压住水泥，水泥不致飞扬，且水泥和砂先进入搅拌筒形成水泥砂浆，可以缩短包裹石子的时间。对立轴强制式搅拌机，因出料口在下部，不能先加水，应在投入原料的同时，缓慢、均匀、分散地加水。

两次投料法（又称裹砂石法）分两次加水，两次搅拌。这种方法是先将全部的石子、砂和70%的拌合水倒入搅拌机，拌合15s使骨料湿润，再倒入全部水泥进行造壳搅拌30s左右，然后加入30%的拌合水再进行糊化搅拌60s左右即完成。与普通搅拌工艺相比较，采用裹砂石法搅拌工艺可以使混凝土强度提高10%~20%，或节约水泥5%~10%。在我国推广这种新工艺，有巨大的经济效益。

水泥裹砂法的拌制是先加一定量水，将砂表面含水量调节到某一规定数值，将石子倒入，与湿砂拌匀，然后倒入全部水泥与湿润的砂、石拌合，则水泥在砂、石表面形成低水灰比的水泥浆壳，最后将剩余的水分和外加剂倒入，拌制成混凝土。

（3）搅拌机容量

搅拌机容量有三种表达方式，即进料容量、出料容量和几何容量。进料容量是将搅拌前各种材料的体积累积起来的容量，又称干料容量；出料容量亦称公称容量，是搅拌机每次从搅拌筒内可以卸出的最大混凝土体积；几何容量是指搅拌筒内的几何容积。进料容量V_j与搅拌机搅拌筒的几何容量V_g有一定的比例关系，一般情况下$\frac{V_j}{V_g}=0.22\sim0.40$，该比值称为搅拌筒的利用系数。出料容量与进料容量的比值称为出料系数，其值一般为0.60~0.70，一般常取出料系数为0.65。我国规定以搅拌机的出料容量来标定其规格，如JZC-500型混凝土搅拌机，其出料容量为500L，进料容量为800L。不同类型的搅拌机都有一定的进料容量，若任意超载（进料容量超过10%以上），就会使材料在搅拌筒内无充分的空间进行拌合，影响混凝土拌合物的均匀性。反之，若装料过少，则又不能充分发挥搅拌机的效能。因此，投料量应控制在搅拌机的额定进料容量内。

（4）一次投料量

施工配合比换算是以每立方米混凝土为计算单位的，搅拌时要根据搅拌机的出料容量

(即一次可搅拌出的混凝土量) 来确定一次投料量。

[例4.3.2] 按例4.3.1，若已知条件不变，采用400L混凝土搅拌机，试求搅拌时的一次投料量。

解：(1) 400L搅拌机每次可搅拌出混凝土 $=400\times0.65=260L=0.26m^3$。

(2) 搅拌时的一次投料量：

水泥：$c=280kg\times0.26=72.8kg$；

砂：$s=72.82\times3.03=220.58kg$；

石：$g=72.8\times3.98=289.74kg$；

水：$w=\left(\frac{w}{c}-w_s\times s-w_g\times g\right)c=(0.63-2.93\times3.5\%-3.93\times1.2\%)\times72.8=34.97kg$。

搅拌混凝土时，根据计算出的各组成材料的一次投料量，按重量投料。投料时允许偏差不得超过下列规定：

水泥、外掺混合材料：±2%；粗、细骨料：±3%；水、外加剂：±1%。

4.3.2 混凝土的运输

1. 混凝土运输的基本要求

混凝土运输方案的选择，应根据建筑结构的特点、混凝土工程量、运输距离、地形、道路和气候条件，以及现有设备情况等进行综合考虑。无论采用何种运输方案，均应满足以下要求：

①在运输过程中，应控制混凝土不分层、不离析，并应控制混凝土拌合物性能满足施工要求。

②当采用机动翻斗车运输混凝土时，道路应平整。

③当采用搅拌泵车运输混凝土拌合物时，搅拌罐在冬季应有保温措施。

④当采用搅拌泵车运输混凝土拌合物时，卸料前应采用快档旋转搅拌罐不少于20s。因运距过远、交通或现场等问题造成塌落度损失较大而卸料困难时，可以采用在混凝土拌合物中掺入适当减水剂并快档旋转搅拌罐的措施，使用减水剂应有经试验确定的预案。

⑤当采用泵送混凝土时，混凝土运输应保证混凝土连续泵送，且应符合现行行业标准《混凝土泵送施工技术规程》(JGJ/T10—2011) 中的相关规定。

⑥混凝土拌合物从搅拌机卸出至施工现场接收的时间间隔不宜大于90min。根据生产地点的不同，混凝土拌合物从搅拌机中卸出后到浇筑完毕的连续时间不宜超过表4.3.5中的规定。若需进行长距离运输可以选用混凝土搅拌运输车。

表4.3.5　混凝土拌合物从搅拌机中卸出到浇筑完毕的延续时间　(单位：min)

混凝土生产地点	气温	
	低于或等于25℃	高于25℃
预拌混凝土搅拌站	150	120
施工现场	120	90
混凝土制品厂	90	60

2. 混凝土运输工具

混凝土运输分为水平运输、垂直运输两种情况，水平运输又分为地面运输和楼面运输两种情况。

（1）混凝土水平运输工具

①手推车。手推车是施工工地上普遍使用的水平运输工具，其种类有独轮、双轮和三轮手推车等多种。手推车具有小巧、轻便等特点，不但适用于一般的地面水平运输，还能在脚手架、施工栈道上使用；也可以与塔吊、井架等配合使用，解决垂直运输混凝土、砂浆等材料的需要。

②机动翻斗车。系用柴油机装配而成的翻斗车，功率 7355W，最大行驶速度达 35km/h。车前装有容量为 400L、载重 1000kg 的翻斗。机动翻斗车具有轻便灵活、结构简单、操纵简便、转弯半径小、速度快、能自动卸料等特点。适用于短距离水平运输。

③混凝土搅拌运输车。混凝土搅拌运输车是运送混凝土的专用设备。其特点是在运量大、运距远的情况下，能保证混凝土的质量均匀，一般于混凝土制备点（商品混凝土站）与浇筑点距离较远时采用。运送方式有两种：一是在 10km 范围内作短距离运送时，只作运输工具使用，即将拌合好的混凝土接送至浇筑点，在运输途中为防止混凝土分离，搅拌筒只作低速搅动，避免混凝土拌合物分离或凝固；二是在运距较长时，搅拌运输两者兼用：即先在混凝土拌合站将干料（砂、石、水泥）按配比装入搅拌鼓筒内，并将水注入配水箱，开始只作干料运送，然后在到达距使用点 10~15min 路程时，启动搅拌筒回转，并向搅拌筒注入定量的水，这样在运输途中边运输边搅拌成混凝土拌合物，送至浇筑点卸出。

（2）混凝土垂直运输工具

混凝土垂直运输工具有塔式起重机、混凝土提升机、井架、桅杆式起重机等。

①塔式起重机。塔式起重机主要用于大型建筑和高层建筑的垂直运输。塔式起重机可以通过料灌（又称料斗）将混凝土直接送到浇筑地点。料灌上部开口，下部有门；装料时平卧地上由搅拌机或汽车将混凝土自上口装入，吊起后料灌直立，在浇筑地点通过下口浇入模板内。

②混凝土提升机。混凝土提升机是供快速输送大量混凝土的垂直提升设备。混凝土提升机是由钢井架、混凝土提升斗、高速卷扬机等组成，其提升速度可达 50~100m/min。当混凝土提升到施工楼层后，卸入楼面受料斗，再采用其他楼面水平运输工具（如手推车等）运送到施工部位浇筑。一般每台容量为 0.5m^3×2 的双斗提升机，当其提升速度为 75m/min，最高高度达 120m 时，混凝土输送能力可达 20m^3/h。因此对于混凝土浇筑量较大的工程，特别是高层建筑，在缺乏其他高效能机具的情况下，是较为经济适用的混凝土垂直运输机具。

③井式升降机。井式升降机一般由井架、台灵拔杆、卷扬机、吊盘、自动倾卸吊斗及钢丝缆风绳等组成，具有一机多用、构造简单、装拆方便等优点。

④桅杆式起重机。桅杆式起重机具有制作简单、装拆方便，起重量大（可达 200t 以上）及受地形限制小等特点，能安装其他起重机所不能安装的一些特殊构件和设备。如在山区的建筑施工中，大型起重机不能运入时，桅杆式起重机的作用就显得尤为显著。但其灵活性差、服务半径小、移动较困难，并且需拉设较多的缆风绳。

（3）混凝土泵运输

混凝土泵运输又称泵送混凝土，是利用混凝土泵的压力将混凝土通过管道输送到浇筑地点，一次完成水平运输和垂直运输，是发展较快的一种混凝土运输方法。该方法具有输送能力大、速度快、效率高、节省人力、能连续输送等特点。适用于大型设备基础、坝体、现浇高层建筑、水下与隧道等工程的垂直运输与水平运输。

根据驱动方式，混凝土泵主要有气压泵、挤压泵和活塞泵三种，但目前用得较多的主要是活塞泵。液压活塞泵是一种较为先进的混凝土泵，其工作原理如图 4.3.1 所示。

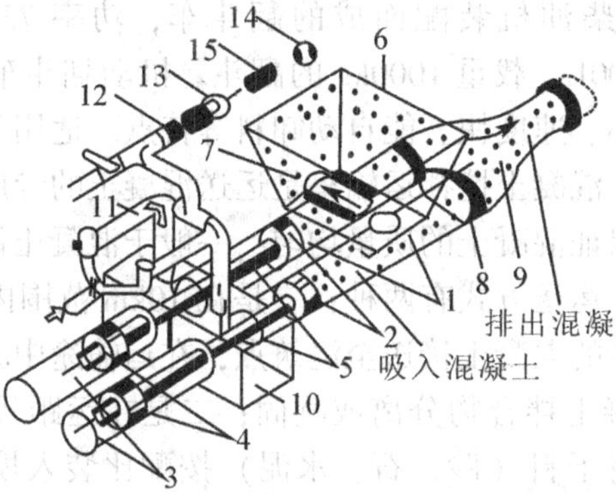

1—混凝土缸；2—推压混凝土的活塞；3—液压缸；4—液压活塞；5—活塞杆；6—料斗
7—吸入阀门；8—排出阀门；9—Y形管；10—水箱；11—水洗装置换向阀
12—水洗用高压软管；13—水洗用法兰；14—海绵球；15—清洗活塞

图 4.3.1 液压活塞式混凝土泵工作原理图

活塞泵工作时，利用活塞的往复运动，将混凝土吸入或压出。将搅拌好的混凝土倒入料斗，分配阀开启、另一分配阀关闭，液压活塞在液压的作用下通过活塞杆带动活塞后移，料斗内的混凝土在重力和吸力的作用下进入混凝土缸。然后，液压系统中压力油的进出方向相反，活塞右移，同时分配阀关闭，而另一分配阀开启，混凝土缸中的混凝土拌合物被压入输送管，送至浇筑地点。由于有两个缸体交替进料和出料，因而能连续稳定的排料。不同型号的混凝土泵，其排量不同，水平运距和垂直运距亦不同，常用者，混凝土排量 30~90m^3/h，水平运距 200~900m，垂直运距 50~300m。目前我国自行设计生产的混凝土泵已能一次垂直泵送混凝土 417m，更高的高度可以采用接力泵输送。

常用的混凝土输送管为钢管、橡胶管和塑料管。直径为 75~200mm，每段长约 3m，还配有 45°、90°等弯管和锥形管，弯管、锥形管和软管的流动阻力大，计算输送距离时应换算成水平换算长度。垂直输送时，在立管的底部要增设逆流阀，以防止停泵时立管中的混凝土反压回流。

泵送混凝土工艺对混凝土的配合比提出了要求：碎石最大粒径与输送管内径之比不宜大于 1∶3，卵石则不宜大于 1∶2.5，泵送高度在 50~100m 时不宜大于 1∶3~1∶4，泵送高度在 100m 以上时不宜大于 1∶4~1∶5，以免堵塞。若用轻骨料则以吸水率小者为宜，并宜用水预湿，以免在压力作用下强烈吸水，使混凝土坍落度降低而在管道中形成阻塞。泵送混凝土宜采用中砂，且 300μm 筛孔的颗粒通过量不宜少于 15%。砂率宜控制在

40%～50%，若粗骨料为轻骨料还可以适当提高。水泥用量不宜过少，否则泵送阻力增大，最小水泥用量为 300kg/m³。水灰比宜为 0.4～0.6。泵送混凝土的拌合物坍落度设计值不宜大于 180mm，泵送高强混凝土的扩展度不宜小于 500mm，自密实混凝土的扩展度不宜小于 600mm。对不同泵送高度，入泵时混凝土的坍落度可以参考表 4.3.6 选用。

表 4.3.6　　不同泵送高度混凝土坍落度选用值

泵送高度/m	30 以下	30～60	60～100	100 以上
坍落度/mm	100～140	140～160	160～180	180～200

4.3.3 混凝土的浇筑和捣实

1. 混凝土浇筑的一般要求

①浇筑前，应根据工程对象、结构特点，结合具体条件，制定具体的浇筑方案。检查并控制模板、钢筋、保护层和预埋件等的尺寸、规格、数量和位置，其偏差应符合现行国家标准《混凝土结构工程施工质量验收规范》（GB50204—2002）（2011 年版）中的相关规定，且应检查模板支撑的稳定性以及接缝的密合情况，应保证模板在混凝土浇筑中不失稳、不跑模和不漏浆。

②浇筑混凝土前，应清除模板内以及垫层上的杂物，表面干燥的地基土、垫层、木模板应浇水湿润。

③浇筑竖向尺寸较大的结构物时，应分层浇筑，每层浇筑厚度宜控制在 300～350mm。大体积混凝土宜采用分层浇筑方法，可以利用自然流淌形成斜坡沿高度均匀上升，分层厚度不应大于 500mm。对于清水混凝土，可以多采用振捣棒，应边浇筑边振捣，宜连续成型。

④混凝土应连续浇筑，以保证结构的整体性。若必须间歇，间歇时间不应超过表 4.3.7 中的规定，且应在前层混凝土凝结前，将次层混凝土浇筑完毕。

表 4.3.7　　混凝土运输、浇筑和间歇的允许时间　　（单位：min）

混凝土强度等级	气温	
	≤25℃	>25℃
≤C30	210	180
>C30	180	150

注：当混凝土中掺有促凝剂或缓凝型外加剂时，其允许时间应根据试验结果确定。

⑤混凝土施工阶段应注意天气的变化情况，以保证混凝土连续浇筑的顺利进行。在降雨、降雪时，不宜露天浇筑混凝土，若必须浇筑，应采取有效措施，确保混凝土质量。

⑥在浇筑过程中，应有效控制混凝土的均匀性、密实性和整体性。

⑦在混凝土浇筑及静置过程中，应在混凝土终凝前对浇筑面进行抹面处理。

⑧混凝土构件成型后，在强度达到 1.2MPa 以前，不得在构件上面践踏行走。

2. 混凝土浇筑应注意的问题

①浇筑混凝土时，应注意防止混凝土的分层离析。混凝土拌合物由料斗、漏斗、混凝土输送管、运输车内卸出时，若自由倾落高度过大，由于粗骨料在重力作用下，克服粘着力后的下落动能大，下落速度较砂浆快，因而可能形成混凝土离析。因此，当混凝土自由倾落高度大于 3.0m 时，宜采用串筒、溜槽或振动溜管等辅助设备下料。串筒用薄钢板分节制作而成，每节 700mm，用钩环相连接，筒内设有缓冲挡板。溜槽一般用木板制作，表面包铁皮，使用时其水平倾角不宜超过 30°，如图 4.3.2 所示。

②在浇筑中，应控制混凝土的均匀性和密实性。混凝土拌合物运至浇筑地点后，应立即浇筑入模。在浇筑过程中，若发现混凝土拌合物的均匀性和稠度发生较大的变化，应及时处理。

③浇筑竖向结构混凝土前，底部应先填以 50～100mm 厚与混凝土内砂浆成分相同的水泥浆或水泥砂浆。混凝土的水灰比和坍落度，应随浇筑高度的上升，酌情予以递减。

④浇筑混凝土时，应经常观察模板、支架、钢筋、预埋件和预留孔洞的情况，当发现有变形、移位时，应立即停止浇筑，并应在已浇筑的混凝土初凝前修整完毕。

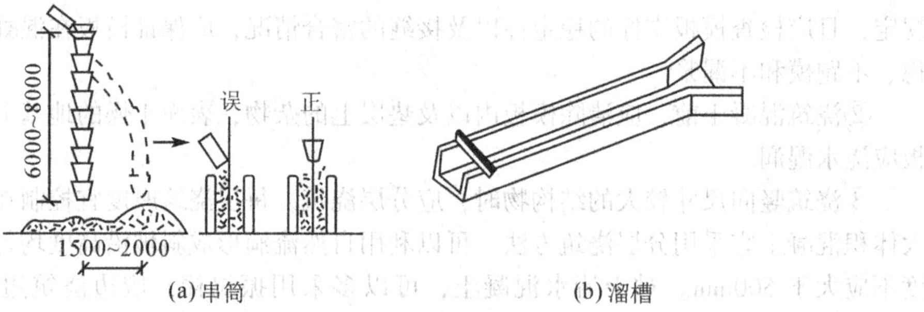

图 4.3.2 串筒与斜槽（单位：mm）

⑤混凝土在浇筑及静置过程中，应采取措施防止产生裂缝。由于混凝土的沉降及干缩产生的非结构性的表面裂缝，应在混凝土终凝前予以修整。在浇筑与柱和墙连成整体的梁和板时，应在柱和墙浇筑完毕后停歇 1～1.5h，使混凝土获得初步沉实后，再继续浇筑，以防止接缝处出现裂缝。

⑥梁和板应同时浇筑混凝土。较大尺寸的梁（梁的高度大于 1m）、拱和类似的结构，可以单独浇筑。但施工缝的设置应符合相关规定。

3. 施工缝的设置与处理

混凝土结构多要求整体浇筑，若因技术或组织上的原因不能连续浇筑，且停顿时间有可能超过表 4.3.7 中规定的时间时，则应事先确定在适当位置留置施工缝。

(1) 施工缝的设置

混凝土施工缝不应随意留置，其位置应事先在施工技术方案中确定。确定施工缝的原则是：施工缝应尽可能留置在结构剪力较小且便于施工的部位，柱应留水平缝，梁、板、墙应留垂直缝。不同构件施工缝的留置应符合下列规定：

①柱子的施工缝宜留在基础顶面、梁或吊车梁牛腿的下面、吊车梁的上面、无梁楼盖

柱帽的下面，如图 4.3.3 所示。

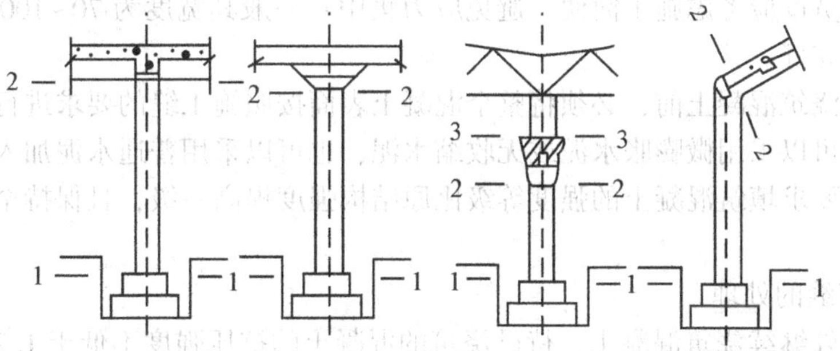

图 4.3.3 柱子的施工缝位置

②有主次梁楼盖，宜顺着次梁方向浇筑，施工缝应留在次梁跨度中间 1/3 范围内，如图 4.3.4 所示。

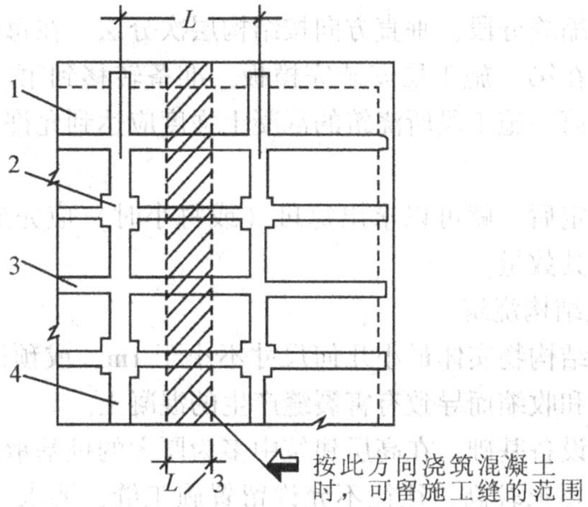

1—楼板；2—柱；3—次梁；4—主梁

图 4.3.4 有主次梁楼盖的施工缝位置

③单向板的施工缝应留在平行于板短边的任何位置。

其余混凝土构件施工缝的预留位置按相关规定留设。

(2) 后浇带的设置

后浇带是为在现浇钢筋混凝土结构施工过程中，克服由于温度、收缩而可能产生有害裂缝而设置的临时施工缝。后浇带对避免混凝土结构的温度收缩裂缝等有较大作用，其位置应按设计要求留置，其浇筑时间和处理方法应事先在施工技术方案中确定。

后浇带的设置距离，应考虑有效降低温差和收缩应力的条件下，通过计算来获得。在正常的施工条件下，相关规范中对后浇带的设置距离的规定是：若混凝土置于室内和土中则为30m，若在露天则为20m。

后浇带的保留时间应根据设计确定，若设计无要求，一般至少保留28d以上。

后浇带的宽度应考虑施工简便，避免应力集中。一般其宽度为70~100cm。后浇带内的钢筋应保存完好。

后浇带在浇筑混凝土前，必须将整个混凝土表面按照施工缝的要求进行处理。填充后浇带的混凝土可以采用微膨胀水泥或无收缩水泥，也可以采用普通水泥加入相应的外加剂拌制，但必须要求填筑混凝土的强度等级比原结构强度提高一级，且保持至少15d的湿润养护。

(3) 施工缝的处理

在施工缝处继续浇筑混凝土，待已浇筑的混凝土的抗压强度不低于1.2N/mm^{2}时才允许继续浇筑。浇筑前应除掉水泥浆膜和松动石子，加以湿润并冲洗干净，先铺抹水泥浆或与混凝土砂浆成分相同的砂浆一层，再继续浇筑混凝土，以保证接缝的质量。

4. *混凝土浇筑方法*

(1) 现浇多层钢筋混凝土框架结构的浇筑

浇筑多层钢筋混凝土框架结构首先要划分施工层和施工段，施工层一般按结构层划分，而每一施工层如何划分施工段，则要考虑工序数量、技术要求、结构特点等。一般水平方向以结构平面的伸缩缝分段，垂直方向按结构层次分层。在每层中先浇筑柱，再浇筑梁、板。要做到当木工在第一施工层安装完模板，准备转移到第二施工层的第一施工段时，下面第一施工层和第一施工段所浇筑的混凝土强度应达到允许工人在上面操作的强度(1.2MPa)。

施工层与施工段确定后，就可以求出每班（或每小时）应完成的工程量，据此选择施工机具和设备并计算其数量。

(2) 大体积混凝土结构浇筑

大体积混凝土是指结构物实体最小几何尺寸不小于1m，或预计会因混凝土中胶凝材料水化引起的温度变化和收缩而导致有害裂缝产生的混凝土。

在工业建筑中多为设备基础，在高层建筑中多为厚大的桩基承台或基础底板等，其上有巨大的荷载，整体性要求较高，往往不允许留置施工缝，要求一次连续浇筑完毕。另外，大体积混凝土结构浇筑后水泥的水化热量大，水化热聚积在内部不易散发，混凝土内部温度显著升高，而表面散热较快，这样形成较大的内外温差，内部产生压应力，而表面产生拉应力，若温差过大则易在混凝土表面产生裂纹。当混凝土内部逐渐散热冷却产生收缩时，由于受到基底或已浇筑的混凝土约束，接触处将产生很大的拉应力，当拉应力超过混凝土的极限抗拉强度时，与约束接触处会产生裂缝，甚至会贯穿整个混凝土块体，由此带来严重的危害。

要防止大体积混凝土浇筑后产生裂缝，就要降低混凝土的温度应力。对于大体积混凝土，养护过程中应进行温度控制，混凝土内部和表面的温差不宜超过25℃，表面与外界温差不宜大于20℃。为此，在施工中可以采取以下措施：

①大体积混凝土宜采用中、低热硅酸盐水泥或低热矿渣硅酸盐水泥。

②掺入适量的粉煤灰，以降低水泥用量，减少放热量。

③应掺加减水剂、缓凝剂等，降低水灰比，降低水化热。

④采用粒径较大、级配良好的石子和中粗砂。对于大体积混凝土，粗骨料最大公称粒径不宜小于31.5mm。

⑤采用拌合水中加冰屑或地下水，或将骨料用水冲洗等，降低混凝土的入模温度。

⑥预埋冷却水管，通过循环水将混凝土内部热量带出，进行人工导热。

⑦降低浇筑速度和减小浇筑层厚度，或采取人工降温措施。

⑧必要时，经过计算和取得设计单位同意后可以留置施工缝而分段分层浇筑。

如要保证混凝土的整体性，则要保证使每一浇筑层在初凝前就被上一层混凝土覆盖并捣实成为整体。为此要求其最小混凝土浇筑强度满足下式

$$Q=\frac{FH}{T_1-T_2} \tag{4.3.3}$$

式中：Q——混凝土最小浇筑强度（m^3/h）；

F——混凝土浇筑区的面积（m^2）；

H——浇筑层厚度（m），应符合表4.3.7中的要求；

T_1——混凝土的初凝时间（h）；

T_2——混凝土的运输时间（h）。

根据所计算的每小时混凝土浇筑强度来选择混凝土搅拌运输车、混凝土运输泵等建筑机械及安排人力、物力，以满足每小时混凝土浇筑强度的需要。

大体积混凝土结构的浇筑方案，一般分为全面分层、分段分层和斜面分层三种，如图4.3.5所示。全面分层方案一般适用于平面尺寸不大的结构，混凝土浇筑时从短边开始，沿着长边方向进行浇筑，第一层浇筑完毕回头再浇筑第二层，浇筑第二层时第一层混凝土还未初凝，如此逐层进行，直至混凝土全部浇筑完毕；分段分层方案适用于结构厚度不大而面积或长度较大时采用，浇筑时从底层开始，浇筑一段距离后，再回头浇筑第二层，如此依次进行浇筑以上各层，要求全部混凝土浇筑完毕，底层混凝土还未产生初凝；斜面分层方案适用于结构的长度超过结构厚度的三倍，振捣工作从浇筑层的下端开始逐渐上移，以保证混凝土的浇筑质量。混凝土浇筑时的分层厚度取决于混凝土供应量的大小、振荡器长短和振动力的大小等，分层厚度一般取20~30cm。

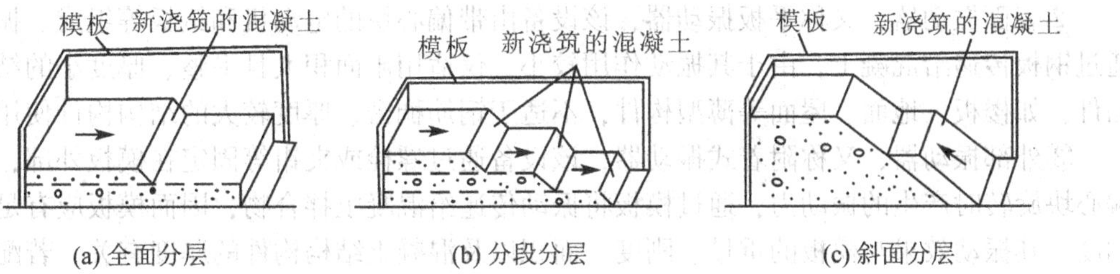

图4.3.5 大体积混凝土浇筑方案示意图

浇筑混凝土应在室外气温较低时进行，混凝土浇筑温度不宜超过28℃（混凝土振捣后50~100mm深处的温度）。对大体积基础的地脚螺栓、预留螺栓孔、预埋管道的浇筑，四周混凝土应均匀上升，同时应避免碰撞，以免发生位移或倾斜。

5. 混凝土密实成型

混凝土浇入模板时是很疏松的，而混凝土的强度、抗冻性、抗渗性以至于耐久性，都与混凝土的密实程度有关，应根据混凝土拌合物特性及混凝土结构、构件或制品的制作方式选择适当的振捣方式和振捣时间。

（1）混凝土振动密实的原理

混凝土振动密实的原理，在于产生振动的机械将一定频率、振幅和激振力的振动能量通过某种方式传递给混凝土拌合物时，拌合物中所有的骨料颗粒都受到强迫振动，并使混凝土拌合物之间的粘着力和内摩擦力大大降低，受振混凝土拌合物，在其自重作用下向新的稳定位置沉落，排除存在于混凝土拌合物中的气体，消除空隙，使骨料和水泥浆在模板中得到致密的排列和迅速有效的填充。

（2）振动机械的类型

振动机械按其工作方式不同，可以分为内部振动器、表面振动器，外部振动器和振动台四种，如图 4.3.6 所示。

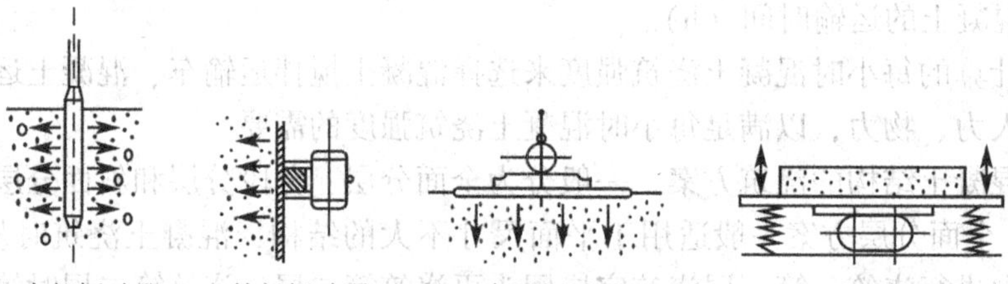

(a) 内部振动器　(a) 外部振动器　(c) 表面振动器　(d) 振动台

图 4.3.6　振动机械示意图

①内部振动器，又称插入式振动器，是实际工程中用得最多的一种，其工作部分是一棒状空心圆柱体，内部装有偏心振子，在电动机带动下高速转动而产生高频微幅的振动。内部振动器只用一人操作，具有振动密实，效率高，结构简单，使用维修方便的优点，但劳动强度大。主要适用于梁、柱、墙、厚板和大体积混凝土等结构和构件的振捣。当钢筋十分稠密或结构厚度很薄时，其使用会受到一定的限制。

②表面振动器，又称平板振动器，该设备由带偏心块的电动机和钢板等组成。振动力通过钢板传递给混凝土，由于其振动作用较小，仅适用于面积大且平整、厚度小的结构或构件，如楼板、地面、屋面等薄型构件，不适于钢筋稠密、厚度较大的结构构件使用。

③外部振动器，又称附着式振动器，该设备通过螺栓或夹钳等固定在模板外部，利用偏心块旋转时产生的振动力，通过模板将振动传递给混凝土拌合物，因而模板应有足够的刚度。其振动效果与模板的重量、刚度、面积以及混凝土结构构件的厚度有关，若配置得当，振实效果好。外部振动器体积小，结构简单，操作方便，劳动强度低，但安装固定较为繁琐。适用于钢筋较密、厚度较小、不宜使用插入式振动器的结构构件。

④振动台，振动台是混凝土构件成型工艺中生产效率较高的一种设备，只产生上下方向的定向振动，对混凝土拌合物非常有利，适用于混凝土预制构件的振捣。

（3）振动器的使用

①内部振动器。使用插入式振动器有两种方法，一种是垂直插入，一种是斜向插入

(与混凝土表面呈 40°~45°), 垂直振捣使用较多。每次插入应将振动棒头插进下层未初凝的混凝土中 50mm 左右，使上下层结合密实。由于振动棒下部的振幅比上部大得多，因此在每一插点振捣时应将振动棒上下抽动 50~100mm，使振捣均匀。操作时，要“快插慢拔”。“快插”是为了防止先将表面混凝土振实而与下面混凝土发生分层、离析现象；“慢拔”是为了使混凝土能填满振动棒抽出时所造成的空洞。

插点的分布有行列式和交错式两种，如图 4.3.7 所示。各插点的间距要均匀，对普通混凝土插点间距不大于 1.5*R*，对轻骨料混凝土，则不大于 1.0*R*。若是交错式排列，不要超过振动棒作用半径的 1.75 倍。

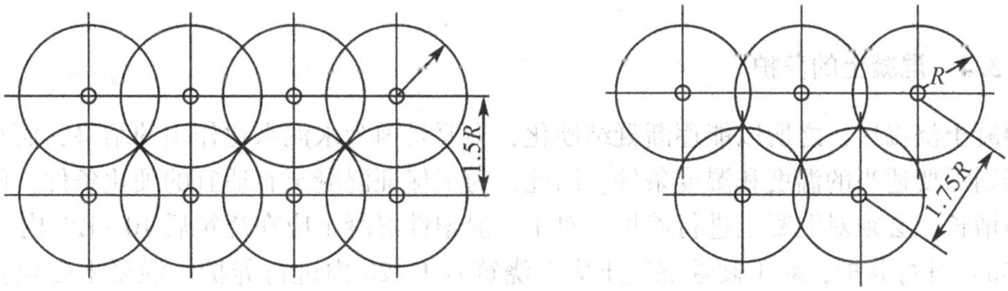

(a) 行列式分布 (b) 交错式分布

R—振动棒的作用半径

图 4.3.7 插入式振捣器的插点分布示意图

混凝土振捣时间宜按拌合物稠度和振捣部位等不同情况，控制在 10~30s 内，当混凝土拌合物表面出现泛浆，基本无气泡逸出，可以视为捣实。一般从现象上来判断，以混凝土不再显著下沉，基本上不再出现气泡，混凝土表面呈水平并出现水泥浆为合适。

振捣器应避免碰撞钢筋、模板、芯管、吊环、预埋件或空心胶囊等。

②表面振动器。表面振动器在每一位置上应连续振动一定时间，正常情况下为 25~40s，以混凝土表面均匀出现浮浆为准。移动时应成排依次振捣前进，前后位置相互搭接应有 30~50mm，防止漏振。

③外部振动器。外部振动器的振动作用深度为 250mm 左右。若构件尺寸较厚，需在构件两侧安设振动器，同时进行振捣。当振捣竖向浇筑的构件，应分层浇筑混凝土。每层高度不宜超过 1m。每浇筑一层混凝土需振捣一次。振捣时间应不少于 90s，但不宜过长。

待混凝土入模后方可开动振动器，混凝土浇筑高度要高于振动器安装部位。当钢筋较密和构件断面较深、较窄时，亦可以采取边浇筑边振动的方法。

振动时间和有效作用半径，由结构形状、模板坚固程度、混凝土坍落度及振动器功率大小等各项因素而定。一般每隔 1~1.5m 距离设置一个振动器。当混凝土成一水平面不再出现气泡时，可以停止振动。必要时应通过试验确定。

④振动台。当混凝土构件厚度小于 200mm 时，可以将混凝土一次装满振捣；若厚度大于 200mm，则需分层浇筑，每层厚度不大于 200mm，或随浇随振。

(4) 混凝土真空作业法

在混凝土的浇筑施工中，为了取得较好的混凝土和易性，一般都采用有较大流动性的塑性混凝土进行浇筑。混凝土经振捣后，其中仍残留有水化作用以外的多余游离水分和气泡。混凝土真空作业法是借助于真空负压，将游离水和气泡从刚浇筑成型的混凝土拌合物中吸出，同时使混凝土密实的一种成型方法。

按真空作业的方式，分为表面真空作业与内部真空作业。表面真空作业是在混凝土构件的上、下表面或侧表面布置真空腔进行吸水。上表面真空作业适用于楼板、预制混凝土平板、道路、机场跑道等；下表面真空作业适用于薄壳、隧道顶板等；墙壁、水池、桥墩等则宜用侧表面真空作业。有时还可以将上述几种方法结合使用。

内部真空作业是利用插入混凝土内部的真空腔进行，比较复杂，实际工程中应用较少。

4.3.4 混凝土的养护

混凝土浇捣后，之所以能逐渐凝结硬化，主要是因为水泥水化作用的结果，而水泥水化作用则需要适当的温度和湿度条件。因此，为了保证混凝土有适宜的硬化条件，使其强度不断增长，必须对混凝土进行养护。对于一般塑性混凝土应在浇筑后10~12h内（炎夏时2~3h）进行养护，对干硬性混凝土应在浇筑后1~2h内进行养护。混凝土必须养护至其强度达到1.2MPa以上，方才允许在其上行人或安装模板和支架。

养护条件对于混凝土强度的增长具有重要影响。在施工过程中，应根据原材料、配合比、浇筑部位和季节等具体情况，制定合理的施工技术方案，采取有效的养护措施，保证混凝土强度的正常增长。混凝土的养护方法分为自然养护和加热养护两种。

1. 自然养护

混凝土自然养护是指在平均气温高于+5℃的条件下，对混凝土用草帘或草袋覆盖，并采取浇水湿润、挡风、保温等养护措施，使混凝土在一定时间内保持温湿状态的养护方法。该方法具有养护简单，不消耗能源等优点，但养护时间长。适用于各种混凝土构件的养护。

混凝土自然养护分为洒水养护、塑料薄膜养护和喷涂薄膜养生液养护三种。

混凝土洒水养护是用草帘等将混凝土覆盖，通过洒水使其保持湿润。养护时间长短取决于水泥品种：硅酸盐水泥、普通硅酸盐水泥或矿渣硅酸盐水泥拌制的混凝土，不少于7d；粉煤灰硅酸盐水泥、火山灰质硅酸盐水泥、复合硅酸盐水泥配置的混凝土，或掺有缓凝型外加剂以及大掺量矿物掺合料混凝土，不少于14d；对于竖向混凝土结构，养护时间要适当延长。洒水次数以能保证湿润状态为宜；混凝土养护用水应与拌制用水相同。当平均气温低于5℃时，不得洒水养护。

混凝土塑料薄膜养护是用薄膜布（不透水、气）把混凝土表面敞露的部分全部严密地覆盖起来，保证混凝土在不失水的情况下得到充足的养护。养护时要求将混凝土全部表面覆盖严密，且应保持膜内有凝结水。该方法的优点是不必浇水，操作方便，能重复使用。

混凝土薄膜养生液养护是将可成膜的溶液（如过氯乙烯树脂）用喷枪喷涂在混凝土表面上，将混凝土与空气隔绝，阻止其中水分的蒸发以保证水化作用的正常进行。适用于不易洒水养护的高耸构筑物和大面积混凝土结构。

在混凝土养护过程中，若发现遮盖不好、洒水不足、表面泛白或有干缩细小裂纹时，应立即加以遮盖，充分洒水，并延长洒水时间，加以补救。

2. 加热养护

混凝土加热养护是在较高湿度和较高温度下，使混凝土的强度得到增长，适用于工厂生产预制构件或冬期施工现场养护预制构件，以蒸汽养护为主。蒸汽养护分为四个阶段：

（1）静停阶段：是指混凝土浇筑完毕至升温前在室温下先放置一段时间。以增强混凝土对升温阶段结构破坏作用的抵抗能力。一般需 2~6h（干硬性混凝土为 1h）。

（2）升温阶段：是指混凝土从原始温度上升到恒温阶段的过程。为避免温度急速上升使混凝土表面产生裂缝必须控制升温速度，不宜超过 25℃/h（干硬性混凝土为 35~40℃/h）。

（3）恒温阶段：是指混凝土强度增长最快的阶段。混凝土升温中的最高恒温温度不宜超过 65℃。一般恒温时间为 5~8h，恒温加热阶段应保持 90%~100%的相对湿度。

（4）降温阶段：一般情况下，构件厚度在 100mm 左右时，降温速度不宜超过每小时 20℃。

为了避免由于蒸汽温度骤然升降而引起混凝土构件产生裂缝变形，必须严格控制升温和降温的速度。混凝土构件或制品在出池或撤除养护措施前，应进行温度测量，当表面与外界温差不大于 20℃时，构件方可出池或撤除养护措施。

若混凝土中掺普通减水剂或加气剂，一般不宜采用蒸汽养护，若由于某种原因需要掺加外加剂时，应通过试验后确定。

4.3.5　混凝土的冬期施工

1. 混凝土冬期施工原理

前文已叙及，混凝土之所以能凝结、硬化并获得强度，是由于水泥和水进行水化作用的结果。水化作用的速度在一定湿度条件下主要取决于温度，温度愈高，强度增长也愈快，反之则慢。当温度降至 0℃以下时，水化作用基本停止，温度再继续降至(-2~-4℃)，混凝土内的水开始结冰，水结冰后体积膨胀 8%~9%，在混凝土内部产生冰晶应力，使强度很低的水泥石结构内部产生微裂纹，同时减弱了水泥与砂石和钢筋之间的粘结力，从而使混凝土强度降低。

根据当地多年气温资料，凡连续 5d 室外日平均气温稳定低于 5℃时，应采取冬期施工技术措施进行混凝土施工。

混凝土在受冻前若已具有一定的抗拉强度，混凝土内剩余游离水结冰产生的冰晶应力，若不超过其抗拉强度，则混凝土内就不会产生微裂缝，早期冻害就很轻微。一般把遭冻结后其抗压强度损失在 5%以内的预养强度值，定为“混凝土受冻临界强度”。由试验得知，临界强度与水泥品种、混凝土标号有关。对普通硅酸盐水泥或硅酸盐水泥配制的混凝土，受冻临界强度定为设计的混凝土强度标准值的 30%；对矿渣硅酸盐水泥配置的混凝土，为设计混凝土强度标准值的 40%，但 C10 及 C10 以下的混凝土，不得低于 5.0N/mm^2。任何情况下，混凝土受冻前的强度不得低于 5.0 N/mm^2。

2. 混凝土的配置和搅拌

混凝土冬期施工时，混凝土的配置和搅拌必须符合下列规定：

①混凝土的配制，应优先选用硅酸盐水泥或普通硅酸盐水泥。水泥强度等级不应低于

42.5，最小水泥用量不宜少于300kg/m³，水灰比不应大于0.6。使用矿渣硅酸盐水泥，宜采用蒸汽养护；使用其他品种水泥，应注意其中掺合材料对混凝土抗冻、抗渗等性能的影响。掺用防冻剂的混凝土，严禁使用高铝水泥。当进行大体积混凝土的施工时，混凝土最小水泥用量应根据实际情况确定。

②混凝土宜使用无氯盐类防冻剂，对抗冻性要求高的混凝土，宜使用引气剂或引气减水剂。掺用防冻剂、引气剂或引气减水剂的混凝土的施工，应符合现行国家标准《混凝土外加剂应用技术规范》（GB50119—2003）中的规定。

③在钢筋混凝土中掺用氯盐类防冻剂时，氯盐掺量按无水状态计算不得超过水泥重量的1%。掺用氯盐的混凝土必须振捣密实，且不宜采用蒸汽养护。

④若采用素混凝土，氯盐掺量不得大于水泥重量的3%。

⑤冬期拌制混凝土时宜优先采用加热水的方法，也可以同时采用加热骨料的方法提高拌合物温度。当拌合用水和骨料加热时，拌合用水及骨料的加热温度不应超过表4.3.8中的规定。当骨料不加热时，拌合用水可以加热到60℃以上。应先投入骨料和热水进行搅拌，然后再投入胶凝材料等共同搅拌。

表4.3.8　拌合水及骨料最高温度　（单位：℃）

采用的水泥品种	拌合水	骨料
硅酸盐水泥和普通硅酸盐水泥	60	40

⑥混凝土所用骨料必须清洁，不得含有冰、雪等冻结物及易冻裂的矿物质。在掺用含有钾、钠离子防冻剂的混凝土中，不得混有活性骨料。

3. 混凝土运输和浇筑

进入冬季施工的混凝土的运输和浇筑必须符合下列规定：

（1）混凝土在浇筑前，应清除模板和钢筋上的冰雪和污垢。运输和浇筑混凝土用的容器应具有保温措施。

（2）混凝土在运输、浇筑过程中的温度，应与热工计算的要求相符，当与要求不符时，应采取措施进行调整。混凝土拌合物的入模温度不应低于5℃，且应有保温措施。

（3）冬期不得在强冻胀性地基土上浇筑混凝土；当在弱冻胀性地基土上浇筑混凝土时，基土不得遭冻。当在非冻胀性地基土上浇筑混凝土时，在受冻前，混凝土的抗压强度应符合下列规定：

①在受冻前，硅酸盐水泥或普通硅酸盐水泥配置的混凝土，其抗压强度不得低于混凝土设计强度标准值的30%。

②矿渣硅酸盐水泥配置的混凝土，其抗压强度不得低于混凝土设计强度标准值的40%，但不大于C10的混凝土，不得小于5.0MPa。

（4）对加热养护的现浇混凝土结构，混凝土的浇筑程序和施工缝的位置，应能防止在加热养护时产生较大的温度应力，当加热温度在40℃以上时，应征得设计单位同意。

（5）当分层浇筑大体积结构，已浇筑层的混凝土温度，在被上一层混凝土覆盖前，不得低于按热工计算的温度，且不得低于2℃。

4. 混凝土冬期施工方法选择

混凝土冬期施工方法归结起来为三类：蓄热法、外部加热法（热源如蒸汽、电、热空气，红外线等）和掺外加剂法。蓄热法工艺简单，冬季施工费用增加不多，但为使混凝土达到要求的设计强度，所需的养护时间较长。外部加热法能使构件在较高温度下养护，混凝土强度增长较快，但设备复杂，能源消耗较多，且热效率低。掺外加剂法虽然施工简便，但混凝土强度增长缓慢，有些外加剂对混凝土尚有某些副作用。因此，上述每一种施工方法都非完美，其适用范围都受一定条件的制约。

冬期选择混凝土施工方法，应考虑的主要因素是：自然气温条件、结构类型、水泥品种、工期限制和经济指标。一般情况下，对工期不紧和无特殊限制的工程，从节约能源和降低冬季施工费用着眼，应优先选用蓄热法或掺外加剂法。否则要经过经济比较才能确定，比较时不应只比较冬季施工增加费，还应考虑对工期影响等综合经济效益。

(1) 蓄热法

蓄热法是指除水泥外将混凝土组成材料进行适当加热、搅拌，使浇筑后构件具有一定温度的养护方法（参见表 4.3.9），混凝土成型后在外围用保温材料严密覆盖，利用混凝土预加的热量及水泥的水化热量进行保温，使混凝土缓慢冷却，并在冷却过程中逐渐硬化，当混凝土冷却到 0℃时，便达到抗冻临界强度或预期的强度。

蓄热法保温应选用导热系数小、就地取材、价廉耐用的材料，如稻草板、草垫、草袋、稻壳、麦秸、稻草、锯末、炉渣、岩棉毡、聚苯乙烯板等，并要保持干燥。保温方式可以成层或散装覆盖，或做成工具式保温模板，在保温时再在表面覆盖（或包）一层塑料薄膜、油毡或水泥袋纸等不透风材料，可以有效地提高保温效果，或保持一定空气间层，形成一密闭的空气隔层，起保温作用。

混凝土蓄热法养护可以掺用早强剂、抗冻剂，以加速混凝土硬化和降低冻结温度；采用高标号水泥、快硬早强水泥或增加水泥用量，增大水泥的早期水化热或掺入减水剂，降低水灰比；可以利用保温材料储备热量，如采用生石灰、锯末和水（0.7∶1∶1 重量比）拌合均匀，覆盖在混凝土表面和周围，利用放出的热量，对混凝土进行短期加热和保温；将蓄热法与混凝土外部加热法或早期短时加热法合并应用，防止降温过快；对地面以下的结构，可以利用未冻土的热量，用保温材料严密覆盖基坑，提高环境温度，减缓降温速度。

蓄热法具有方法简单，不需混凝土加热设备，节省能源，混凝土耐久性较高，质量好，费用较低等优点，但混凝土强度增长较慢。该方法一般适用于不太寒冷的地区（室外最低气温在-15℃以上）、厚大结构（表面系数不大于 5）等。如选用适当的保温材料，掺加外加剂以及附加其他措施，表面系数大于 5 的结构，气温高于-20℃时亦可以使用，对于地下的混凝土结构和大型设备基础更为适宜。

(2) 掺外加剂法

在负温条件下，混凝土拌合物中的水要结冰，随着温度的降低，固相逐渐增加，结果一方面增加了冰晶应力，使水泥石内部结构产生微裂缝；另一方面由于液相减少，使水泥水化反应变得十分缓慢而处于休眠状态。在混凝土中掺入一定量外加剂（或用负温硬化水溶液拌制混凝土），把混凝土浇筑于普通模板内，在养护过程中，不需采取加热措施，仅作保护性遮盖，就能使混凝土在负温条件下继续硬化，达到要求的强度。

掺外加剂的作用，就是使混凝土产生抗冻、早强、催化、减水等效用，降低混凝土的冰点，使之在负温下加速硬化以达到要求的强度。掺外加剂法具有施工简便，使用可靠，加热和保温方法较简单，费用较低等优点，但混凝土强度增长较慢。适用于截面较厚大的结构及一般低温（-10℃以上）和冻结期较短的情况下使用，在严寒条件下，可以与原材料加热、蓄热法以及其他方法结合使用。

外加剂种类的选择取决于施工要求和材料供应，而掺量应由试验确定，但混凝土的凝结速度不得超过其运输和浇筑所规定的允许时间，且混凝土的后期强度损失不得大于5%，其他物理力学性能不得低于普通混凝土。近年来，新型外加剂不断出现，其效果愈来愈好。

能使混凝土在负温下硬化，并在规定时间内达到足够强度的外加剂，称为防冻剂。按照产品性质，将防冻剂分为无机盐类、有机化合物类和复合型防冻剂。

氯盐类防冻剂对钢筋具有锈蚀作用，不得用于钢筋混凝土和预应力钢筋混凝土结构。氯盐类防冻剂一般只用于砂浆或者素混凝土工程中。

氯盐阻锈类防冻剂对钢筋的锈蚀作用与阻锈组分和氯盐的用量比例有很大关系，只有在阻锈组分与氯盐的摩尔比大于一定比例时，才能保证钢筋不被锈蚀。

无氯盐类防冻剂主要有亚硝酸盐、硝酸盐、硫酸盐和碳酸盐等无机盐。某些醇类主要是指乙二醇、三乙醇胺、二乙醇胺、三异丙醇胺等。大多数情况下使用的防冻剂包括了无机盐类化合物、水溶性有机化合物、减水剂和引气剂等，以满足混凝土施工性能和防冻等要求。

常用外加剂种类及效用如表 4.3.9 所示。

表 4.3.9　　常用外加剂的效用分类

外加剂名称	效用					
	早强	抗冻	缓凝	减水	塑化	阻锈
氯化钠	+	+				
氯化钙	+	+				
硫酸钠	+		+			
硫酸钙			+	+	+	+
亚硝酸钠		+				
碳酸钾	+	+				
三乙醇胺	+					
硫代硫酸钠	+					
重铬酸钾		+				
氨水		+	+		+	
尿素		+	+		+	
木质素磺酸钙			+	+	+	+

(3) 蒸汽加热法

蒸汽加热法是利用低压饱和蒸汽（蒸汽压力不高于 0.07MPa，湿度 90%～95%）对新浇筑的混凝土构件进行加热养护的一种方法。

蒸汽加热法除去预制构件厂用的蒸汽养护窑之外，还有汽套法、毛细管模板法、热拌热膜法和构件内部通气法等。

①蒸汽养护窑法，该方法是在结构或构件周围用保温材料（木材、砖、篷布等）加以围护，构成密闭空间（蒸汽窑）或利用坑道、地槽上部遮盖，四周用土或砂压严，然后通入蒸汽加热混凝土。该方法施工方便简单、养护时间短，但蒸汽耗用量大，适于现场预制数量较多，尺寸较大的大、中型构件或现浇地面以下墙、柱、基础、沟道和构筑物等的加热养护。

②汽套法，即在构件模板外再加密封的套板，模板与套板之间的空隙不宜超过 150mm，在套板内通入蒸汽加热养护混凝土。该方法加热均匀，但设备复杂，费用大，只在特殊条件下养护水平结构的梁、板等。

③毛细管法，该方法是在混凝土木模板内侧沿高度方向开设通长的通汽沟槽，即利用所谓“毛细管模板”，将蒸汽通在模板内进行养护。该方法蒸汽用量少，耗汽量在 400～500kg/m^3，利用率高，加热均匀，温度易控制，养护时间短，但模板制作较复杂，耗料多，费用大，适用于垂直结构。此外大模板施工，亦有在模板背面加装蒸汽管道，再用薄铁皮封闭并适当加以保温，用于大模板工程冬期施工。

④热拌热模法，该方法采用特制的空腔式模板，或在构件胎模内预埋 3～4 根 ϕ30mm 蒸汽排管，用纤维板或硬质泡沫塑料板封闭，通气加热混凝土，或仅在模底通入蒸汽，自下而上加热构件，使其均匀受热，再加上热拌骨料蓄热，使混凝土强度快速增长。该方法可以在严寒（-30℃）条件下使用，加热均匀，能节约能源，缩短生产周期。适用于有条件的现场预制构件和中、小型低碳冷拨钢丝预应力构件使用。

⑤构件内部通汽法，即在构件内部预埋外表面涂有废机油隔离剂的钢管或胶皮管（ϕ25～ϕ50mm），浇筑混凝土后隔一定时间将管子抽出，形成孔洞。然后在孔洞内插入短管或排管通入蒸汽加热混凝土。构件加热一般可以不保温，但低于-10℃时，为避免温差过大，减少热损失，表面应采取简单的围护保温措施。混凝土加热时温度一般控制在 30～60℃，待混凝土达到要求强度后，用砂浆或细石混凝土灌入通气孔加以封闭。该方法施工简单，热量可以有效利用，节省蒸汽（200～300kg/m^2）、燃料、设备，但加热温度不够均匀，适于加热预制多孔板及捣制柱、梁等构件。

(4) 电热法

电热法是利用电流通过不良导体混凝土（或通过电阻丝）所发出的热量来养护混凝土的一种方法。其设备简单，施工方便，但耗电量大，施工费用高，应慎重选用。

电热法养护混凝土，分电极法、电热器法和工频涡流加热法等 3 类。

①电极加热法，即在新浇筑的混凝土中，按一定间距（单根电极间距常为 200～400mm）插入电极（ϕ6～ϕ12mm 短钢筋），接通电源，利用混凝土本身的电阻，将电能转化为热能进行加热。该方法可以在任何气温条件下使用，收效快。但电能耗用量大，费用较高，适用于表面系数大于 6 的结构以及采用其他方法不能保证混凝土达到预期强度的结构。

②电热器法，是利用电流通过电阻丝产生的热量进行加热养护。根据需要，电热器可以制成多种形状，如加热现浇楼板可以用板状电热器，加热装配整体式钢筋混凝土框架的接头可以用针状电热器，对用大模板施工的现浇墙板，可以用电热模板（大模板背面装电阻丝形成热夹层，其外用铁皮包矿渣棉封严）等进行加热。该方法简单，加热温度较均匀，混凝土质量好，且易于控制，但需制作专用模板。

③工频涡流加热法，是在钢模板的外侧布设钢管，钢管与板面紧贴焊牢，管内穿以导线，当导线中有电流通过时，在管壁上产生热效应，通过钢模板将热量传递给混凝土，对混凝土进行加热养护。这种加热方法简单，维护安全、方便，加热温度较均匀，电热转换利用效率高（耗能为电极法的1/2，耗电量约为130kW. h/m^2），养护周期短（在12~28h内可达强度的50%~70%），质量好，适于用钢模板浇筑，气温在-20℃条件下的墙板、柱和接头，配筋均匀的梁柱，并能对钢筋及模板进行预热。

4.3.6 混凝土的质量检查

1. 一般要求

①结构构件的混凝土强度应按现行国家标准《混凝土强度检验评定标准》（GB/T50107—2010）中的规定分批检验评定。

②检验评定混凝土强度用的混凝土试件的尺寸及强度的尺寸换算系数应按表4.3.10取用；其标准成型方法、标准养护条件及强度试验方法应符合普通混凝土力学性能试验方法标准的规定。

表4.3.10 混凝土试件尺寸及强度的尺寸换算系数

骨料最大粒径/mm	试件边长/mm	强度的尺寸换算系数
≤31.5	100×100×100	0.95
≤40	150×150×150	1.00
≤63	200×200×200	1.05

注：对强度等级为C60及以上的混凝土试件，其强度的尺寸换算系数可以通过试验确定。

③结构构件拆模、出池、出厂、吊装、张拉、放张及施工期间临时负荷时的混凝土强度，应根据同条件养护的标准尺寸试件的混凝土强度确定。

④当混凝土试件强度评定不合格时，可以采用非破损或局部破损的检测方法，按国家现行相关标准中的规定对结构构件中的混凝土强度进行推定，并作为处理的依据。

⑤混凝土冬期施工应符合国家现行标准《建筑工程冬期施工规程》（JGJ104—2011）和施工技术方案的规定。

2. 混凝土施工的强度检查

(1) 混凝土的取样

混凝土强度试样应在混凝土的浇筑地点随机抽取。试件的取样频率和数量应符合下列规定：

①每拌制100盘且不超过100m^{3}的同配合比的混凝土，取样次数应不少于一次；

②每一工作班拌制的同一配合比的混凝土，不足 100 盘和 $100m^3$时，其取样次数应不少于一次；

③当一次连续浇筑的同配合比混凝土超过 $1000m^3$时，每 $200m^3$取样应不少于一次；

④对房屋建筑，每一楼层、同一配合比的混凝土，取样应不少于一次。

每批混凝土试样应制作的试件总组数，除满足（3）中规定的混凝土强度评定所需的组数外，还应留置为检验结构或构件施工阶段混凝土强度所必须的试件。

（2）混凝土试件的试验

混凝土试件的立方体抗压强度试验应根据现行国家标准《普通混凝土力学性能试验方法标准》（GB/T 50081）中的规定执行。每组混凝土试件强度代表值的确定，应符合下列规定：

①取 3 个试件强度的算术平均值作为每组试件的强度代表值；

②当一组试件中强度的最大值或最小值与中间值之差超过中间值的 15%时，取中间值作为该组试件的强度代表值；

③当一组试件中强度的最大值和最小值与中间值之差均超过中间值的 15%时，该组试件的强度不应作为评定的依据。

（3）混凝土试件的折算

当采用非标准尺寸试件时，应将其抗压强度乘以尺寸折算系数，折算成边长为 150mm 的标准尺寸试件抗压强度。尺寸折算系数按下列规定采用：

①当混凝土强度等级低于 C60 时，对边长为 100mm 的立方体试件取 0.95，对边长为 200mm 的立方体试件取 1.05；

②当混凝土强度等级不低于 C60 时，宜采用标准尺寸试件。使用非标准尺寸试件时，尺寸换算系数应由试验确定，其试件数量应不少于 30 对组。

（4）混凝土强度的检验评定

1）统计方法评定

采用统计方法评定，应按下列规定进行：当连续生产的混凝土，生产条件在较长时间保持一致，且同一品种、同一强度等级混凝土的强度变异性保持稳定时，应按下面第①条的规定进行评定；其他情况应按下面第②条的规定进行评定。

①一个检验批的样本容量应为连续的 3 组试件，其强度应同时符合下列要求

$$m_{f_{cu}} \geqslant f_{cu,k} + 0.7\sigma_0 \tag{4.3.4}$$

$$f_{cu,\min} \geqslant f_{cu,k} - 0.7\sigma_0 \tag{4.3.5}$$

检验批混凝土立方体抗压强度的标准差按下式计算

$$\sigma_0 = \sqrt{\frac{\sum_{i=1}^{n} f_{cu,\ i}^2 - nm_{f_{cu}}^2}{n-1}} \tag{4.3.6}$$

当混凝土强度等级不高于 C20 时，其强度的最小值尚应符合下式要求

$$f_{cu,\min} \geqslant 0.85 f_{cu,k} \tag{4.3.7}$$

当混凝土强度等级高于 C20 时，其强度的最小值尚应符合下式要求

$$f_{cu,\min} \geqslant 0.90 f_{cu,k} \tag{4.3.8}$$

式中：$m_{f_{cu}}$——同一检验批混凝土立方体抗压强度的平均值（N/mm^2），精确

到0.1（N/mm²）；

$f_{cu,k}$——混凝土立方体抗压强度标准值（N/mm²），精确到0.1（N/mm²）；

σ_0——检验批混凝土立方体抗压强度的标准差（N/mm²），精确到0.01（N/mm²），当检验批混凝土强度标准差 σ_0 计算值小于2.5N/mm²时，应取2.5N/mm²；

$f_{cu,i}$——前一个检验批内同一品种、同一强度等级的第 i 组混凝土试件的立方体抗压强度代表值（N/mm²），精确到0.1（N/mm²）；该检验期应不少于60d，也应不大于90d；

n——前一检验期类的样本容量，在该期间内样本容量应不少于45；

$f_{cu,\min}$——同一检验批混凝土立方体抗压强度的最小值（N/mm²），精确到0.1（N/mm²）。

②当样本容量不少于10组时，其强度应同时满足下列要求

$$m_{f_{cu}} \geqslant f_{cu,k}+\lambda_1 S_{f_{cu}} \tag{4.3.9}$$

$$f_{cu,\min} \geqslant \lambda_2 f_{cu,k} \tag{4.3.10}$$

同一检验批混凝土立方体抗压强度的标准差应按下式计算

$$S_{f_{cu}}=\sqrt{\frac{\sum_{i=1}^{n} f_{cu,i}^2-nm_{f_{cu}}^2}{n-1}} \tag{4.3.11}$$

式中：$S_{f_{cu}}$——同一检验批混凝土立方体抗压强度的标准差（N/mm²），精确到0.1（N/mm²），当检验批混凝土强度标准差 $S_{f_{cu}}$ 计算值小于2.5N/mm²时，应取2.5N/mm²；

λ_1、λ_2——合格评定系数，按表4.3.11取用；

n——本检验批的样本容量。

表4.3.11　混凝土强度的合格评定系数

试件组数	10~14	15~19	≥20
λ_1	1.15	1.05	0.95
λ_2	0.90	0.85	

2）非统计方法评定

当用于评定的样本容量小于10组时，应采用非统计方法评定混凝土强度。按非统计方法评定混凝土强度时，其强度应同时符合下列规定

$$m_{f_{cu}} \geqslant \lambda_3 \cdot f_{cu,k} \tag{4.3.12}$$

$$f_{cu,\min} \geqslant \lambda_4 \cdot f_{cu,k} \tag{4.3.13}$$

式中：λ_3、λ_4——合格评定系数，应按表4.3.12取用。

表4.3.12　混凝土强度的非统计方法合格评定系数

混凝土强度等级	<C60	≥C60
λ_3	1.15	1.10
λ_4	0.95	

复习思考题 4

一、问答题

1. 模板由哪几部分组成？对模板有何要求？
2. 定型组合钢模板的板块尺寸常用的有哪些？板块如何拼接？配板时若出现不足模数的空缺应如何处理？
3. 试分析柱、梁、楼板模板的计算荷载及计算简图。
4. 新浇筑混凝土对模板的侧压力是怎样分布的？如何确定侧压力最大值？
5. 试结合工程实际，总结各种模板的类型、构造、支模和拆模的方法。
6. 试述钢筋的种类及其主要性能。
7. 预应力钢筋的纵向接长用什么焊接方法？闪光对焊的工艺参数有哪些？这些参数有什么影响？
8. 现浇框架结构中竖向钢筋的接长宜采用何种焊接方法？为什么？电渣压力焊的工艺参数有哪些？
9. 钢筋网片宜采用何种焊接方法？电阻点焊的工艺参数有哪些？如何确定？
10. 混凝土的配制强度如何确定？
11. 如何将混凝土的理论配合比换算成施工配合比？如何进行施工配料？
12. 如何才能使混凝土搅拌均匀？为什么要控制搅拌机的转速和搅拌时间？
13. 搅拌机为什么不宜超载？其出料容量和装料容量如何换算？
14. 混凝土在运输和浇筑中如何避免产生分层离析？
15. 混凝土搅拌机是根据什么原理设计的？目前常用的混凝土搅拌机有哪几种类型？
16. 混凝土长途运输为何会离析？混凝土搅拌运输车运输混凝土为何不会产生离析？
17. 试述活塞式混凝土泵的工作原理。泵送混凝土对配合比有何要求？为什么有这些要求？
18. 柱、梁、板的施工缝应如何留置？为什么？
19. 混凝土浇筑时应注意哪些事项？
20. 试述振捣器的种类、工作原理及适用范围。
21. 使用插入式振捣器时，为何要“快插慢拔”？
22. 大体积混凝土结构浇筑会出现哪些裂缝？为什么？大体积混凝土的三种浇筑方案中，哪种方案的单位时间浇筑量最大？
23. 混凝土早期受冻有何危害？何谓“混凝土受冻临界强度”？什么情况下才应采用冬季施工的技术措施？
24. 如何采用蓄热法进行施工？其热工计算如何进行？
25. 蒸汽加热法和电热法各有哪几种？各适合于何种情况？
26. 常用的混凝土自然养护方法有哪几种？对于拆模有何要求？

二、计算题

1. 某建筑物的现浇钢筋混凝土柱，断面为500mm×550mm，楼面至上层梁底的高度为

3m，混凝土的坍落度为30mm，不掺外加剂。混凝土浇筑速度为2m/h，混凝土入模温度为15℃，试作配板设计。

2. 某主梁设计中HRB335级钢筋直径为20mm（$A_0=3.142cm^2$），现拟用HPB235级钢筋直径为24mm（$A_0=4.529cm^2$）代替，试计算所需代用的钢筋根数。

3. 已知混凝土的理论配合比为1：2.5：4.75：0.65。现测得砂的含水率为3.3%，石子的含水率为1.2%，每立方米混凝土水泥用量280kg，试计算其施工配合比。若搅拌机的进料容量为400L，试计算每搅拌一次所需材料的数量。

4. 某钢筋混凝土设备基础，其平面尺寸为长×宽×高＝20m×8m×3m，要求连续浇筑混凝土。搅拌站设有三台400L搅拌机，每台实际生产率为$5m^3/h$，若混凝土运输时间为24min，每浇筑层厚度为300mm，试确定：

（1）混凝土浇筑方案；

（2）每小时混凝土浇筑量；

（3）完成整个浇筑工作所需时间。

5. 某混凝土结构有三组试块强度分别为（单位：N/mm^2）：17.6、20.1、22.9；16.5、20、25.6；17.6、20.2、24.8。试求三组混凝土试块强度代表值。

6. 某重要混凝土结构设计强度等级为C20，混凝土试件共12组，各组强度代表值为（单位：N/mm^2）：17.1、20.5、21.4、19.8、21.2、19.0、21.0、22.0、20.1、17.5、20.7、20.6，试评定试压结果是否符合设计要求。

第 5 章　预应力混凝土工程

预应力混凝土是指预先在混凝土受拉区施加一定的预压应力并产生一定压缩变形的结构或构件。当结构或构件受力后，受拉区混凝土的拉应力和拉伸变形首先与施加的预压应力和压缩变形相互抵消，然后随着外力的增加，混凝土才产生拉应力和拉伸变形，从而推迟了裂缝的出现和限制了裂缝的开展，提高结构或构件的抗裂性能。

预应力混凝土能充分发挥钢筋和混凝土的各自的优势，可以有效地利用高强度钢筋和高强度混凝土。预应力混凝土与普通钢筋混凝土相比较，具有构件截面小、自重轻，抗裂性与裂缝闭合性好、耐久性好和材料省等优点，特别是在大跨度与荷载大的结构中使用，其综合效益更加显著。但预应力混凝土施工需要专门的机械设备，工艺比较复杂，操作要求较高且造价较高。

随着钢材和预应力张拉锚固技术的进步以及施工工艺的不断革新，以及预应力混凝土理论的不断完善，为发展预应力混凝土结构提供了可靠的技术保障，使得预应力混凝土技术得到广泛的应用。近年来，随着高强钢材和高强度等级混凝土的不断出现，更推动着预应力施工工艺的不断发展和完善。

本章主要介绍预应力混凝土的主要材料、锚具、张拉设备及施工工艺等。

§5.1　预应力钢筋

5.1.1　预应力钢筋的主要类型

预应力混凝土结构或构件的钢筋分为预应力钢筋和非预应力钢筋。常用的预应力钢筋主要有预应力螺纹钢筋、钢丝和钢绞线三种。

1. 预应力螺纹钢筋

（1）热处理钢筋

热处理钢筋是由普通热轧中碳低合金钢筋经淬火和回火等调质热处理制成。这种钢筋具有强度高、低松弛、粘结性好等优点。热处理钢筋的螺纹按外形分为带纵肋和无纵肋两种，常用于先张法预应力混凝土构件。带纵肋钢筋的公称直径有 8.2mm 和 10mm 两种；无纵肋钢筋的公称直径有 6mm 和 8.2mm 两种。随着高强度预应力钢材的广泛应用，热处理钢筋的应用越来越少。

（2）精轧螺纹钢筋

精轧螺纹钢筋如图 5.1.1 所示，是用热轧方法在整根钢筋的表面上轧出不带纵肋的螺纹外形的钢筋。直径为 18mm、25 mm、32 mm、40mm 和 50mm 的精轧螺纹钢筋的螺距分别为 9mm、12mm、16mm、20mm 和 24mm。这种钢筋做为预应力筋，连接非常方便，中部直接采用带有内螺纹的连接器，端头锚固直接采用螺母，无须冷拉与焊接，施工十分方便。精轧螺纹钢筋的力学性能如表 5. 1. 1 所示。

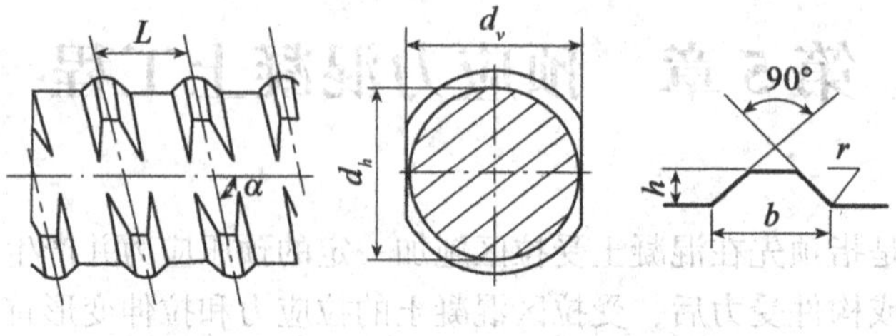

d_h、d_v—基圆直径；h—螺纹高；b—螺纹底宽；L—螺距；r—螺纹规弧

图 5. 1. 1　精轧螺纹钢筋外形示意图

表 5. 1. 1　　**精轧螺纹钢筋的力学性能**　　（单位：MPa）

种　类	符号	公称直径 d/（mm）	屈服强度标准值 f_{pyk}	极限强度标准值 f_{ptk}	抗拉强度设计值 f_{py}
精轧螺纹钢筋	ϕ^T	18、25、32、40、50	785	980	650
			930	1080	770
			1080	1230	900

2. 预应力钢丝

预应力钢丝是采用高碳钢线材加工而成、应用于预应力混凝土结构或预应力钢结构。按照强度级别可以分为中强度预应力钢丝 800～1270MPa，高强度预应力钢丝 1470～1860MPa 等；按照表面镀层可以分为无镀层预应力钢丝，涂环氧树脂预应力钢丝和镀锌预应力钢丝；按照表面形态可以分为光圆预应力钢丝和螺旋肋预应力钢丝（如图 5. 1. 2 所示）等；按照处理工艺可以分为冷拉预应力钢丝和低松弛预应力钢丝。预应力钢丝的力学性能如表 5. 1. 2 所示。

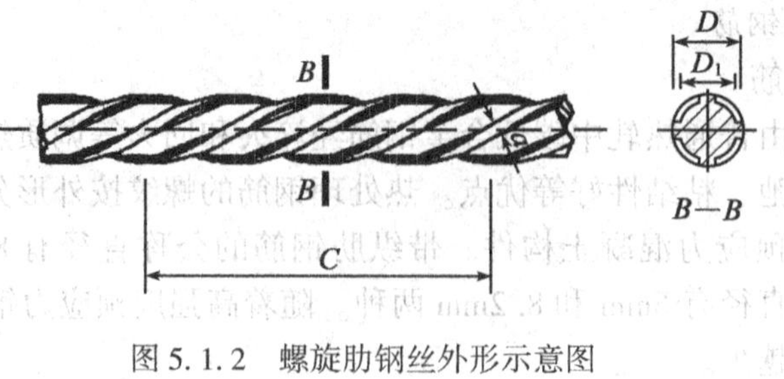

图 5. 1. 2　螺旋肋钢丝外形示意图

表 5.1.2　预应力钢丝的力学性能　(单位：MPa)

种类		符号	公称直径 d/(mm)	屈服强度标准值 f_{pyk}	极限强度标准值 f_{ptk}	抗拉强度设计值 f_{py}
中强度预应力钢丝	光面 螺旋肋	ϕ^{PM} ϕ^{HM}	5、7、9	620	800	510
				780	970	650
				980	1270	810
消除应力钢丝	光面 螺旋肋	ϕ^{P} ϕ^{H}	5	–	1570	1110
				–	1860	1320
			7	–	1570	1110
			9	–	1470	1040
				–	1570	1110

3. 预应力钢绞线

预应力钢绞线是由高强钢丝纽结而成，主要有 3 股（1×3）和 7 股（1×7）钢绞线。其中 7 股钢绞线是用 6 根冷拔钢丝围绕一根中心钢丝在绞线机上绞成螺旋状，并经低温回火制成。钢绞线的整根破断力大、柔性好、施工方便。为了提高钢绞线的耐腐蚀性，在钢丝表面喷涂一层环氧树脂保护膜，形成环氧涂层钢绞线。环氧涂层钢绞线从国外引进后，已编制企业标准，批量生产，推广应用。预应力钢绞线的规格与力学性能如表 5.1.3 所示。为减少应力损失，预应力混凝土结构设计应考虑钢绞线的松弛率的影响，宜选择低松弛钢材，提高结构的有效预应力值。

表 5.1.3　预应力钢绞线的力学性能　(单位：MPa)

种类		符号	公称直径 d/(mm)	屈服强度标准值 f_{pyk}	极限强度标准值 f_{ptk}	抗拉强度设计值 f_{py}
钢绞线	1×3 (3 股)	ϕ^{S}	8.6、10.8、12.9	–	1570	1110
				–	1860	1320
				–	1960	1390
	1×7 (7 股)		9.5、12.7、15.2、17.8	–	1720	1220
				–	1860	1320
				–	1960	1390
			21.6	–	1860	1320

注：极限强度标准值为 1960MPa 的钢绞线作后张预应力配筋时，应有可靠的工程经验。

4. 非金属预应力筋

为了提高预应力混凝土构件或结构的预应力筋耐腐蚀性能，非金属预应力筋的应用日益增多。非金属预应力筋主要是由多股连续纤维与树脂复合而成的增强塑料预应力筋。目前主要品种有：

①碳纤维增强塑料 CFRP：该品种是由碳纤维与环氧树脂复合而成。

②聚酰胺纤维增强塑料 AFRP：该品种是由聚酰胺纤维与环氧树脂或乙稀树脂复合而成。

③玻璃纤维增强树脂 GFRP：该品种是由玻璃纤维与环氧树脂或聚酯树脂复合而成。

非金属预应力筋的规格较多，可以适用于不同的使用要求。CFRP 线材的直径为 1.5~5.0mm，绞合线有 1×19、1×37、1×72 等；AFRP 棒材直径为 2.6~14.7mm，绞合线直径为 9.0~14.7mm。

非金属预应力筋与高强预应力筋相比较，具有以下特点：

①抗拉强度高，塑性变形小。CFRP、AFRP 和 GFRP 的破断强度与最高级别的预应力筋的极限强度接近，且达到破断强度前塑性变形很小。

②表观密度小，施工轻便。

③耐腐蚀性强，特别适用于水工、港口和海水环境。

④线膨胀系数与混凝土相近，温度影响小。

非金属预应力筋存在弹性模量较低、极限延伸率小、抗剪强度低及成本高等缺点。

5.1.2 预应力钢筋的检验

预应力筋的品种、级别、规格、数量必须符合设计要求。当预应力筋需要代换时，应进行专门计算，并应经原设计单位确认。

钢筋进场时，应按国家现行相关标准中的规定进行外观检验、抽取试件作力学性能和重量偏差检验，检验结果必须符合相关标准中的规定。

1. 外观检查

预应力钢筋使用前应进行外观检查，采用全数检查，要求有粘结预应力筋展开后应平顺，不得有弯折，表面不应有裂纹、小刺、机械损伤、氧化铁皮和油污等；无粘结预应力筋应光滑、无裂缝、无明显褶皱。无粘结预应力筋的涂包质量应符合无粘结预应力钢绞线标准的规定。当无粘结预应力筋的护套出现轻微破损时，应用外包防水塑料胶带修补；若出现严重破损则不得使用。

2. 力学性能检验

预应力钢筋进场时，应按现行国家标准中的规定抽取试件作力学性能试验，包括：屈服强度、抗拉强度、伸长率、松弛性能和冷弯性能等，其质量必须符合相关标准中的规定。一般应按下列规定验收：

钢丝外观检查合格后，进行力学性能抽样检验，按盘数的 2% 抽样，但不得小于 3 盘。从每盘钢丝的两端各截取一个试件，一个做拉伸试验（抗拉强度与伸长率），一个做反复弯曲试验。若有某一项试验结果不符合《预应力混凝土用钢丝》（GB/T 5223）标准中的要求，则该盘钢丝为不合格品；并从同一批未经试验的钢丝盘中再取双倍数量的试样进行复检。若仍有一个指标不合格，则该批钢丝为不合格品或逐盘检验取用合格品。

钢绞线力学性能应抽样检验。从每批中选取 5% 盘（不少于 3 盘）的钢绞线，各截取一个试件进行拉力试验。若有某一项试验结果不符合《预应力混凝土用钢绞线》（GB/T 5224）标准中的要求，则该盘钢丝为不合格品；其复验方法与钢丝相同。

5.1.3 预应力钢材的存放

预应力工程材料在运输、存放过程中，应采取防止其损伤、锈蚀或污染的保护措施。预应力钢材由于其强度高、塑性低，在无应力状态下抗腐蚀性能比普通钢筋差，在运输与存放过程中若遭受雨露、潮气或腐蚀性介质的侵蚀，易发生锈蚀，不仅降低质量，而且将出现腐蚀坑，有时甚至会造成钢材脆断。因此，预应力钢筋在运输时应用篷车或油布严密覆盖，存放时应架空堆放在有遮盖的棚内或仓库内，其周围环境不得有腐蚀性介质。若长期存放，宜用乳化防锈剂喷涂钢筋表面。

§5.2 预应力张拉锚固体系

预应力张拉锚固体系是预应力混凝土结构和施工的重要组成部分，完善的预应力张拉锚固体系包括锚具、夹具、连接器及锚下支承系统等。锚具是后张法预应力混凝土构件中为保持预应力筋的拉力并将其传递到混凝土上所用的永久性锚固装置。夹具是先张法预应力混凝土构件施工时为保持预应力筋拉力并将其固定在张拉台座（设备）上的临时锚固装置。连接器是将多段预应力筋连接形成一条完整预应力锚束的装置。锚下支承系统系指与锚具配套的布置在锚固区混凝土中的锚垫板、螺旋筋或钢丝网片等。

锚（夹）具应具有可靠的锚固性能且不损伤预应力钢筋；滑移、变形小，预应力损失小；此外，锚（夹）具还应构造简单、加工方便，张拉锚固迅速，体形小、成本低和全部零部件互换性好。

锚（夹）具的种类和形式繁多，按其传力及锚固原理可以分为：

①机械承压锚固类。靠预应力筋端部采用机械加工的方法，直接支承在混凝土上，如螺丝锚、镦头锚等。

②摩阻锚具类。利用楔形锚固原理，借助张拉预应力筋的回缩带动锚楔或锥销将钢筋楔紧而锚固，如圆锥齿板式夹具、锥塞式锚具、夹片式锚（夹）具等。

③粘结锚固类。利用预应力筋与混凝土之间的粘结力进行锚固，主要用于先张法构件预应力筋锚固和后张自锚中。

预应力锚具、夹具和连接器按照锚固方式可以分为夹片式锚具，如夹片式锚具、多孔夹片式锚具等；支承式锚具，如镦头锚具、冷轧螺纹锚具和精轧螺纹钢锚具等；锥塞式锚具，如钢质锥形锚、圆锥齿板式夹具等；握裹式锚具，如压花锚具和挤压锚具等。

锚具的选择应根据结构要求、产品技术性能和施工方法确定，保证结构安全可靠、施工可行和经济合理。常用锚具形式的选择如表 5.2.1 所示。

表 5.2.1　　常用锚具形式表

预应力筋品种	选用锚具形式		
	张拉端	固定端	
		安装在结构外部	安装在结构内部
钢绞线及钢绞线束	夹片式锚具	夹片式锚具 挤压锚具	压花锚具 挤压锚具
高强钢丝束	夹片式锚具 镦头锚具 锥塞式锚具	夹片式锚具 镦头锚具 挤压锚具	镦头锚具 挤压锚具
精轧螺纹钢	精轧螺纹钢螺母	精轧螺纹钢螺母	–

5.2.1　预应力筋用夹具

1. 夹片式夹具

夹片式夹具形式繁多，属于摩阻锚具类。圆套筒三片式夹具由套筒与夹片组成，如图5.2.1所示。套筒与夹片均采用45号钢制作，套筒热处理硬度为HRC35～40，夹片为HRC40~45。根据夹片的内径不同，可以用于夹持钢绞线，也可以作为千斤顶的工具锚使用。使用夹片式夹具时，夹片外表面和锚孔表面应涂抹一层润滑剂（如石墨、石蜡等），以利夹片松脱。张拉时为提高锚固可靠性和减少夹片回缩损失，要配套使用顶压器进行顶压。

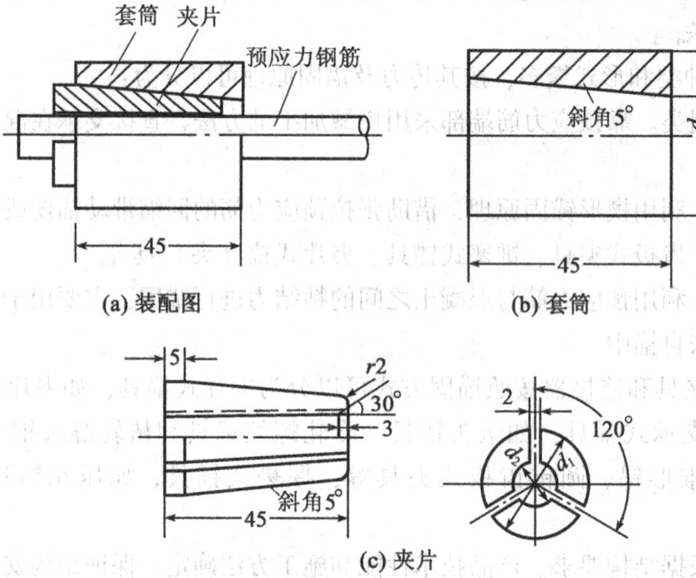

图 5.2.1　夹片式夹具示意图

方套筒二片式夹具由方套筒、夹片、方弹簧、插片及插片座等组成，如图5.2.2所示，用以夹持热处理钢筋。方套筒采用45号钢制作，热处理硬度为HRC40~45。夹片采用20Cr钢制作，表面渗碳，深度0.8~1.2mm，HRC58~62。夹片齿形根据钢筋外形确定，若钢筋外形改变，齿形也需作相应改变。

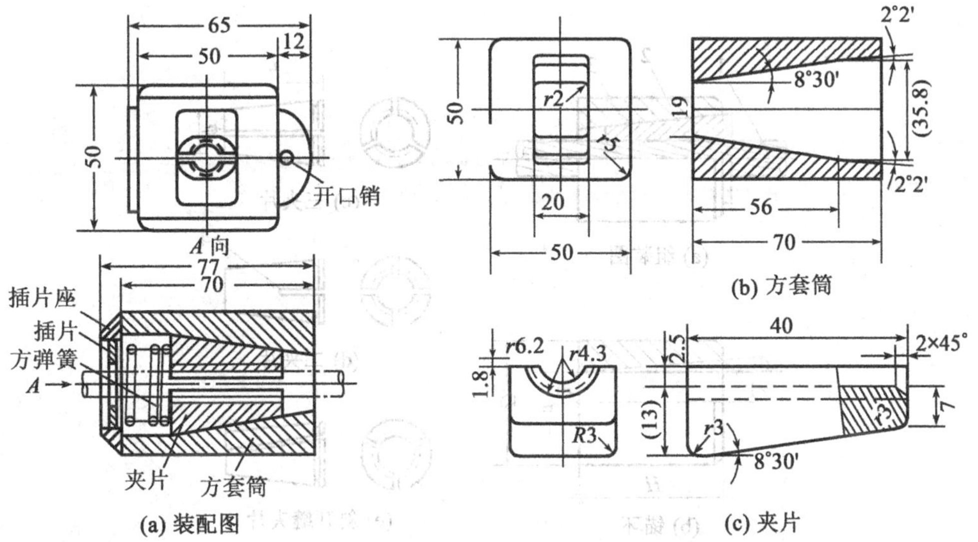

图5.2.2 方套筒二片式夹具示意图

2. 圆锥齿板式夹具

圆锥齿板式夹具由套筒与齿板组成，属于摩阻锚具类，如图5.2.3所示，均用45号钢制成。当夹持冷轧带肋钢丝时，齿板必须经热处理，其硬度为HRC40~45；当夹持螺旋肋钢丝时，套筒热处理硬度为HRC25~28，夹片采用倒齿形，热处理硬度为HRC55~58。

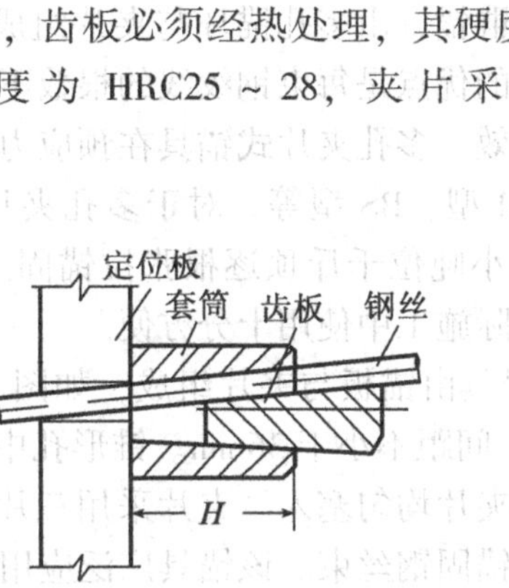

图5.2.3 圆锥齿板式夹具示意图

5.2.2 预应力筋用锚具

1. 夹片式锚具

(1) 单孔夹片锚具

单孔夹片锚由锚环和夹片组成，如图5.2.4所示。锚环顶面为平面，锚孔垂直于锚环顶面，沿锚环圆周排列。夹片有直开缝三片式、斜开缝三片式和直开缝两片式三种。直开缝三片式和直开缝两片式夹片用于锚固钢绞线；斜开缝三片式用于锚固钢丝束。锚环采用45号钢，调质热处理硬度为HRC32~35。夹片采用20Cr钢，表面热处理硬度为HRC58~61，以使其达到心软齿硬。该锚具适用于锚固钢绞线。

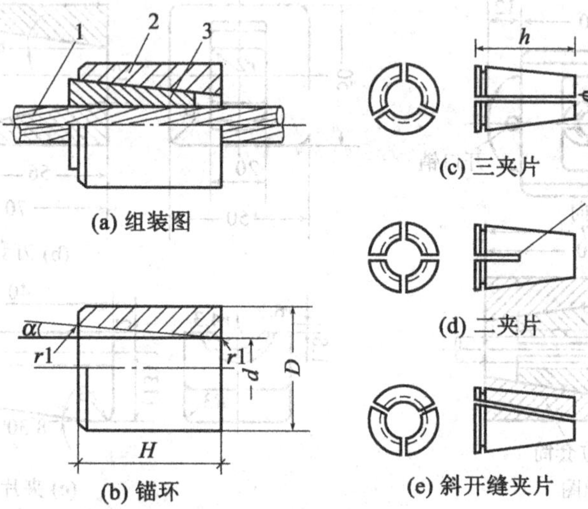

1—钢绞线；2—锚环；3—夹片；4—弹性槽

图5.2.4 单孔夹片锚具示意图

(2) 多孔夹片式锚具

多孔夹片式锚具也称为群锚，由多孔锚环与夹片组成。在每个锥形孔内装一副夹片，夹持一根钢绞线。这种锚具的优点是每束钢绞线的根数不受限制，任何一根钢绞线锚固失效，都不会引起整束锚固失效。多孔夹片式锚具在预应力混凝土施工中广泛应用，主要产品有：OVM型、XM型、QM型、BS型等。对于多孔夹片锚具，若采用大吨位千斤顶整束张拉有困难，也可以采用小吨位千斤顶逐根张拉锚固。多孔夹片锚具都有配套的钢垫板、喇叭管与螺旋筋等，实际施工中使用十分方便。

①XM型锚具。XM型锚具由锚板与夹片组成，如图5.2.5所示。锚板的锥形孔沿圆周排列，对ϕ^s15.2钢绞线，间距不小于36mm。锥形孔中心线的倾角1：20。锚板顶面应垂直于锥形孔中心线，以利夹片均匀塞入。夹片采用三片斜开缝形式。XM型锚具适用于锚固钢绞线，也可以应用于锚固钢丝束。该锚具广泛应用于各种后张法施工的预应力混凝土结构和构件，或应用于斜拉桥的缆索。

XM型锚具可以用做工作锚与工具锚，当用于工具锚时，可以在夹片与锚板之间涂抹一层能在极大压强下保持润滑性能的润滑剂，千斤顶回程时自动松脱。用于工作锚时，具有连续反复张拉的功能，可以用行程不大的千斤顶张拉任意长度的钢绞线。

②QM型锚具。QM型锚具由锚板与夹片组成，锚板顶面为平面，锥形孔为直孔；夹片为三片式直开缝。QM型锚具适用于锚固钢绞线。此外，备有配套喇叭形铸铁垫板与弹

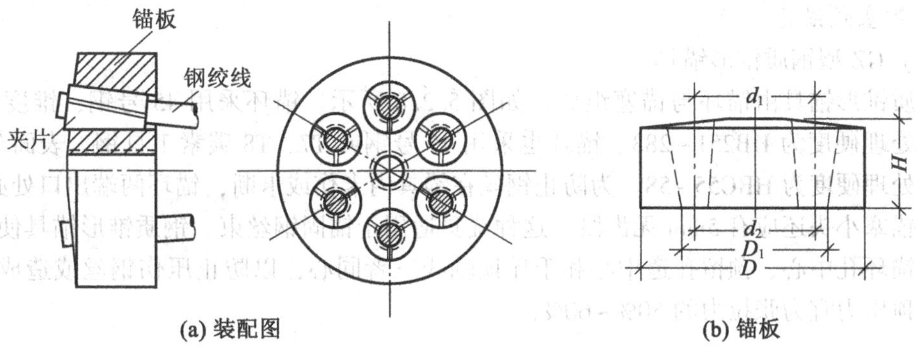

图 5.2.5 XM 型锚具示意图

簧圈等。QM 型锚固体系配有专门的工具锚，以保证每次张拉后退楔方便，并减少安装工具锚所花费的时间。

③OVM 型锚具。该锚具是在 QM 型锚具的基础上发展起来的，夹片改用直开缝，适用于锚固钢绞线。OVM 型锚具的形状如图 5.2.6 所示。

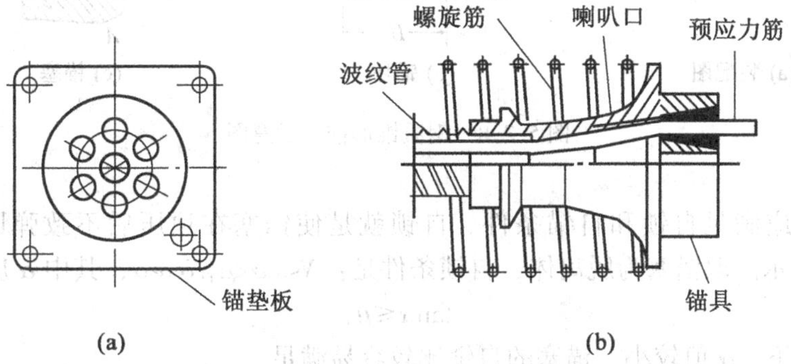

图 5.2.6 OVM 型锚具示意图

④BM 型扁锚具。当预应力钢绞线配置在板式结构内时，为了避免因配预应力筋而增大板的厚度，将锚具做成扁平形状，如图 5.2.7 所示。该锚具适用于锚固钢绞线。

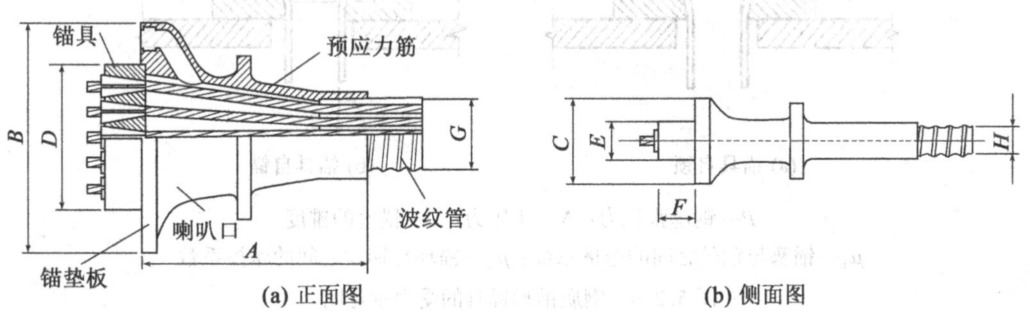

图 5.2.7 BM 型扁锚具示意图

2. 锥塞式锚具

(1) GZ 型钢质锥形锚具

钢质锥形锚具由锚环与锚塞组成，如图 5.2.8 所示。锚环采用 45 号钢，锥度为 5°，调质热处理硬度为 HB251~283。锚塞也采用 45 号钢或 T7、T8 碳素工具钢，表面刻有细齿，热处理硬度为 HRC55~58。为防止钢丝在锚具内卡伤或卡断，锚环两端出口处必须有倒角，锚塞小头还应有 5mm 无齿段。这种锚具适用于锚固钢丝束。钢质锥形锚具使用时，应保证锚环孔中心、预留孔道中心和千斤顶轴线三者同心，以防止压伤钢丝或造成断丝。锚塞的顶压力宜为张拉力的 50%~60%。

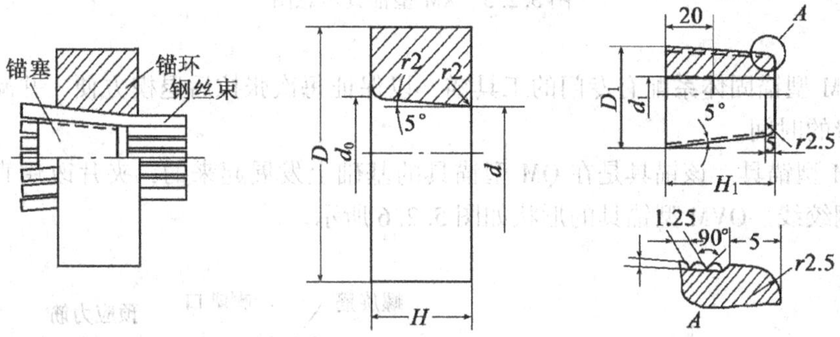

(a) 装配图　(b) 锚环　(c) 锚塞

图 5.2.8　钢质锥形锚具示意图

这类锚具应满足自锁和自锚条件。自锁就是使锚塞在顶压后不致弹回脱出，如图 5.2.9 (a) 所示。取锚塞为脱离体，自锁条件是：$N\sin\alpha < \mu_1 N\cos\alpha$，其中 α 应满足

$$\tan\alpha \leqslant \mu_1 \tag{5.2.1}$$

一般情况下，α 值较小，锚塞的自锁比较容易满足。

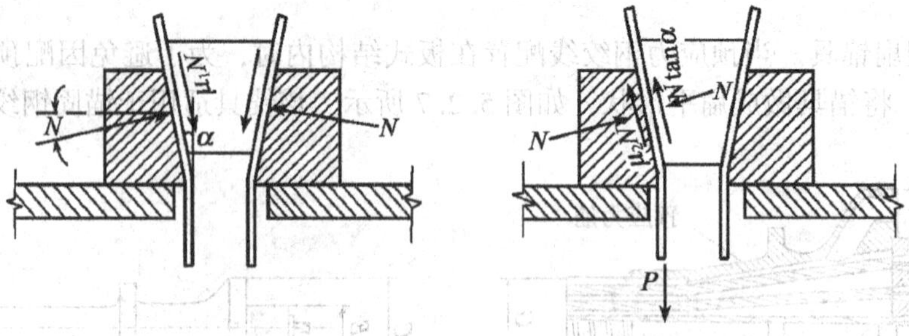

(a) 锚具自锁　(b) 锚具自锚

P—钢丝张拉力；N—正压力；α—锚塞的锥度

μ_1—锚塞与钢丝之间的摩擦系数；μ_2—锚环与钢丝之间的摩擦系数

图 5.2.9　钢质锥形锚具的受力示意图

自锚就是使钢丝在拉力作用下带着锚塞楔紧而又不发生滑移，如图 5.2.9 (b) 所示。

取钢丝为脱离体，略去钢丝在锚杯口处角度变化，平衡条件为

$$P=\mu_1 N+N\tan\alpha \tag{5.2.2}$$

阻止钢丝滑移的最大阻力

$$F_{\max}=\mu_1 N+\mu_2 N \tag{5.2.3}$$

自锚系数

$$K=\frac{F_{\max}}{P}=\frac{\mu_1+\mu_2}{\mu_2+\tan\alpha}\geqslant 1 \tag{5.2.4}$$

由上式可知，当 $\mu_1\geqslant\tan\alpha$ 时，$K\geqslant 1$；当减小 α、μ_2 值，加大 μ_1 值时，则 K 值就越大，即自锚性能越好。但 α 值不宜过小，否则锚环承受的环向拉力过大，易导致锚具失效。

(2) KT-Z 型锚具

KT-Z 型锚具是可锻铸铁锥形锚具的简称，由锚环与锚塞组成，如图 5.2.10 所示。锚环与锚塞均用 KT37~12 或 KT35~10 可锻铸铁铸造成型。加工时，锚塞槽口应平整清洁，铸铁件表面不允许有夹砂、气孔、蜂窝、毛刺。这种锚具为半埋式，使用时，先将锚环小头嵌入承压钢板中，并用断续焊缝焊牢，然后埋设在构件端部。适用于锚固多根钢筋或钢绞线等。

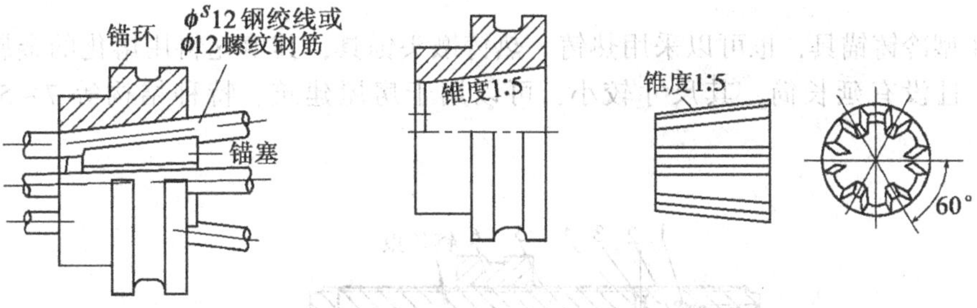

图 5.2.10　KT-Z 型锚具示意图

3. DM 型镦头锚具

镦头锚具是利用钢丝两端的镦粗头来锚固预应力钢丝的一种锚具，如图 5.2.11 所示。镦头锚具加工简单，张拉方便，锚固可靠，成本较低，但对钢丝束的等长要求较严。这种锚具可以根据张拉力大小和使用条件，设计成多种形式和规格，能锚固任意根数的 ϕ^P5 和 ϕ^P7 钢丝束。

锚具的型式与规格可以根据需要自行设计。最常用的镦头锚具分为 A 型和 B 型。A 型为张拉端，由锚环和螺母组成；B 型为固定端，为一锚板。DM 型锚具的加工材料：锚环与锚板采用 45 号钢，螺母采用 30 号钢或 45 号钢。制作锚环和锚板时，应先将 45 号钢粗加工并接近设计尺寸，再调质热处理，硬度为 HB251~283，然后精加工至设计尺寸。锚环、螺母和张拉用连接杆的配合精度为 3 级，且要求具有互换性。锚环内螺纹的退刀槽应严格按图加工，不得超过齿根。锚环底部（锚板）的锚孔，沿圆周分布，锚孔间距：对 ϕ^P5 钢丝，应不小于 8mm；对 ϕ^P7 钢丝，应不小于 11mm。

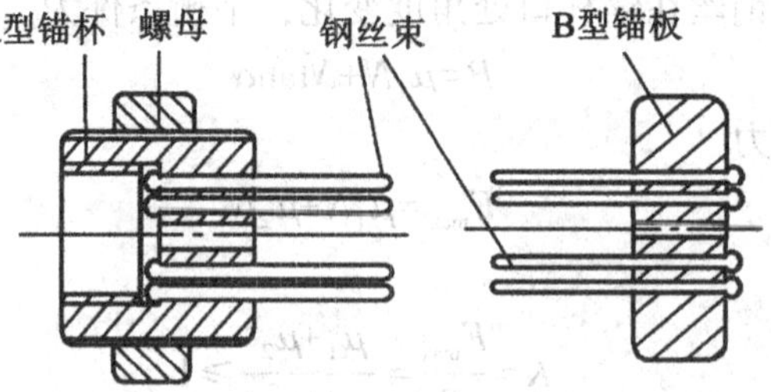

图 5.2.11 钢丝束镦头锚具示意图

4. 冷铸锚具

冷铸锚具是一种运用冷铸工艺将其与拉索固接并能传递载荷的部件，属于机械承压锚固类锚具。LZM 型冷铸锚具的构造如图 5.2.12 所示，主要靠浇筑在锚环内的填充料将钢丝锚固。填充料将锚具与钢丝结成一体，用于承受钢丝束的拉力。这种锚具的特点是锚固性能好，锚固吨位大，尤其是抗疲劳性强，可以承受高应力变化幅度的动荷载。冷铸填充料由铁砂和环氧树脂配制而成，适当加温固化。LZM 型锚具的固定方式有两种：带有外螺纹的锚环，利用螺母固定；锚环下设置对开垫块锚固。LZM 型冷铸锚具，适用于锚固多根钢丝，主要用于大跨度斜拉桥的拉索，是近年来发展起来的大吨位无粘结预应力体系。

LZM 型冷铸锚具，也可以采用热铸。热铸镦头锚具，其填充料用熔化的金属代替环氧铁砂，且没有延长筒，其尺寸较小，可以用于房屋建筑、特种结构等 7～54ϕ^P5 钢丝束。

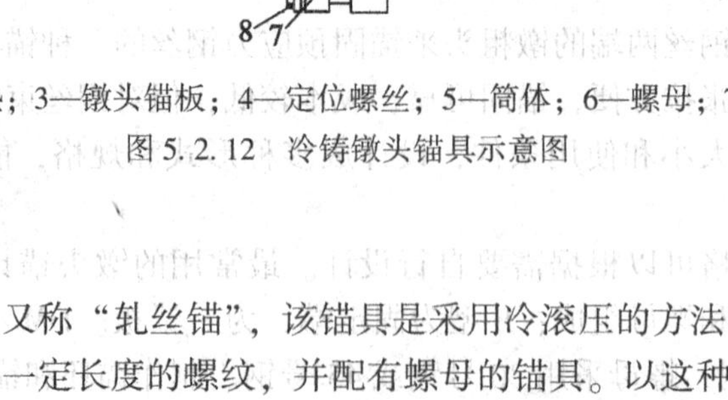

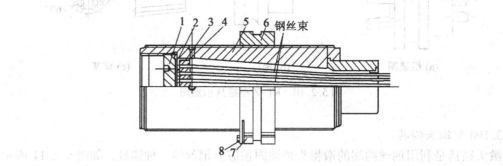

1—压板；2—筒体橡胶垫；3—镦头锚板；4—定位螺丝；5—筒体；6—螺母；7—锁紧螺钉；8—垫圈

图 5.2.12 冷铸镦头锚具示意图

5. 粗钢筋锚具

①冷轧螺纹锚具。又称“轧丝锚”，该锚具是采用冷滚压的方法在高强度圆钢筋的端部按照设计要求滚压出一定长度的螺纹，并配有螺母的锚具。以这种方法加工的螺纹，其外径大于原钢材外径而内径仅略小于原钢材直径，考虑到冷加工强化作用，可以仍按原钢材直径使用。

张拉端冷轧螺纹锚固体系如图 5.2.13 所示。内埋式固定端的螺母与锚垫板合一，形成锥形螺母。

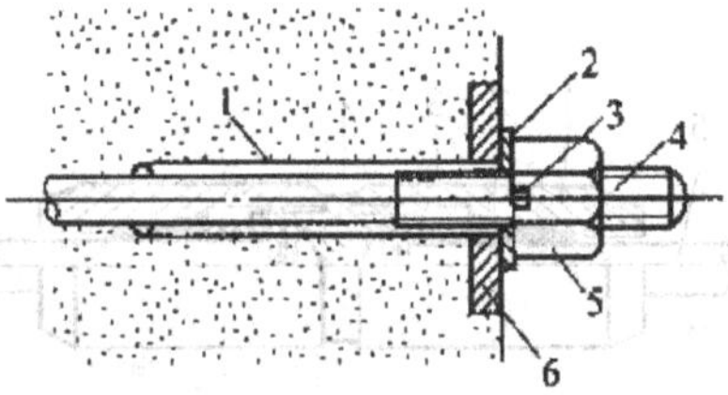

1—孔道；2—垫圈；3—排气槽；4—预应力筋冷轧螺纹；5—螺母；6—锚垫板

图 5.2.13　张拉端冷轧锚固示意图

②精轧螺纹钢筋锚具。由螺母及垫板组成，属于机械承压锚固类锚具。由于精轧螺纹钢筋本身轧有外螺纹，不需专门的螺杆，可以直接拧上螺母进行锚固。螺母的内螺纹应与精轧螺纹钢筋的螺纹匹配，防止钢筋从中拉脱。螺母分为平面螺母和锥形螺母两种。锥形螺母是通过锥体与锥孔的配合，保证预应力筋的正确对中；开缝的作用是增加螺母对预应力筋的夹持能力。螺母材料采用 45 号钢，调质热处理后其硬度为 HB220~253。垫板也相应分为平面垫板与锥形垫板。

5.2.3　连接器

连接器是一种将两段钢绞线或钢丝束连接成整体的机具。连接器主要有两种用途：一是将特别长的钢绞线或钢丝束在弯矩较小的部位断开，逐段张拉、逐段连接，使钢绞线或钢丝束连为一体；二是将分段搭接的短筋连成长筋，梁上不必设置凸出或凹出的齿板、齿槽，也不必对结构局部加厚。使用连接器，可以简化模板和锚具下大量复杂的配筋，使混凝土的浇筑质量更易得到保证，节约混凝土和预应力筋，减少张拉次数和缩短工期，同时也提高了结构的整体性。

1. 单根钢绞线锚头连接器

单根钢绞线锚头连接器是由带外螺纹的夹片锚具、挤压锚具与带内螺纹的套筒组成，如图 5.2.14 所示。钢绞线的前段用带外螺纹的夹片锚具锚固，后段利用挤压锚具穿在带内螺纹的套筒内，利用该套筒的内螺纹拧在夹片锚具的外螺纹上，达到连接作用。

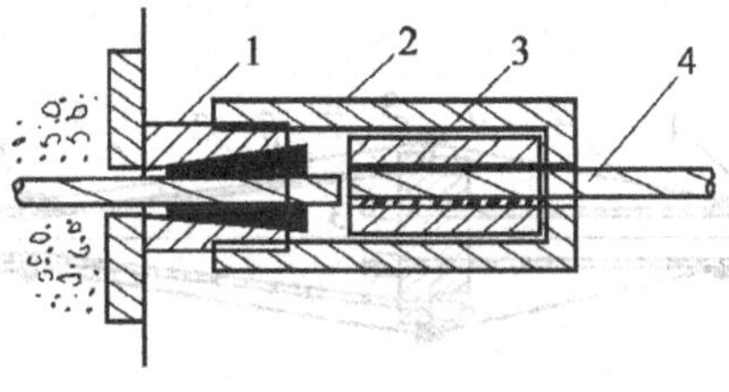

1—带外螺纹的锚环；2—带内螺纹的套筒；3—挤压锚具；4—钢绞线

图 5.2.14　单根钢绞线锚头连接器示意图

2. 单根对接式连接器

单根对接式连接器如图 5.2.15 所示，可以将群锚锚固的钢绞线逐根接长，然后外部用钢质护套罩紧，再浇筑混凝土，张拉后段钢绞线。

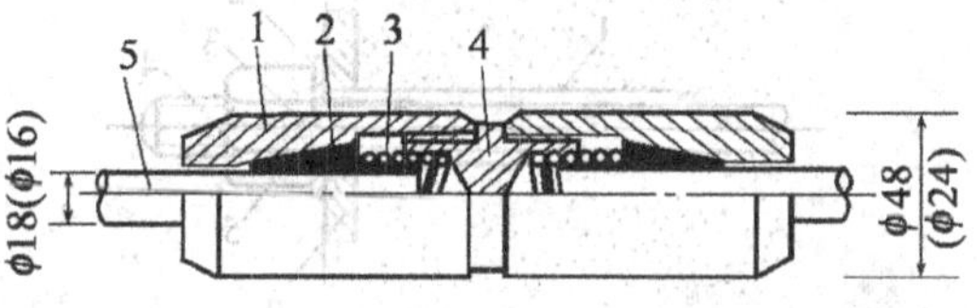

1—带内螺纹的锚环；2—夹片；3—弹簧；4—带外螺纹的连接头；5—钢绞线

图 5.2.15 单根钢绞线对接式连接器示意图

3. 周边悬挂式连接器

周边悬挂式连接器如图 5.2.16 所示，锚具中央为群锚，用以张拉、锚固前段预应力束；锚具直径大于群锚锚具，周边等距分布 U 形槽口，槽口数量和群锚锚孔数量相同；槽内放置有挤压式锚固头的钢绞线或 $7\phi^P5$ 钢丝束，并加以固定，然后用钢质护套罩紧。这种连接器构造简单、整体性好，适用范围广；但其直径较大，要求结构截面厚度不能太小，一般应用于结构分段的端部、剪力较小处。

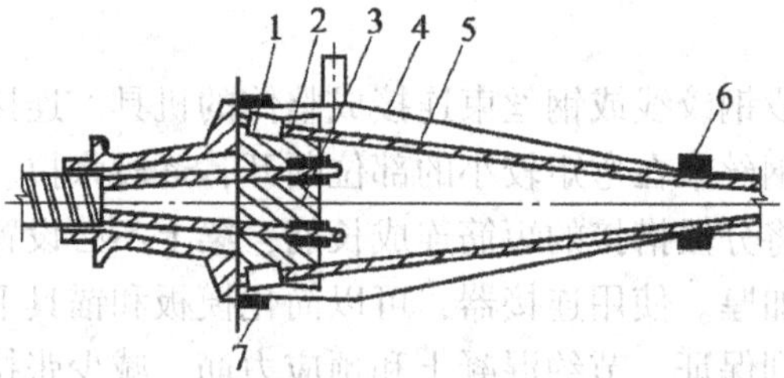

1—挤压式锚具；2—连接体；3—夹片；4—白铁护套；5—钢绞线；6—钢环；7—打包钢条

图 5.2.16 周边悬挂式连接器示意图

4. 接长连接器

接长连接器的构造如图 5.2.17 所示，这种连接器设置在孔道的直线区段，仅用于接长。连接器中，钢绞线的两端均用挤压锚具固定。张拉时连接器应有足够的活动空间。

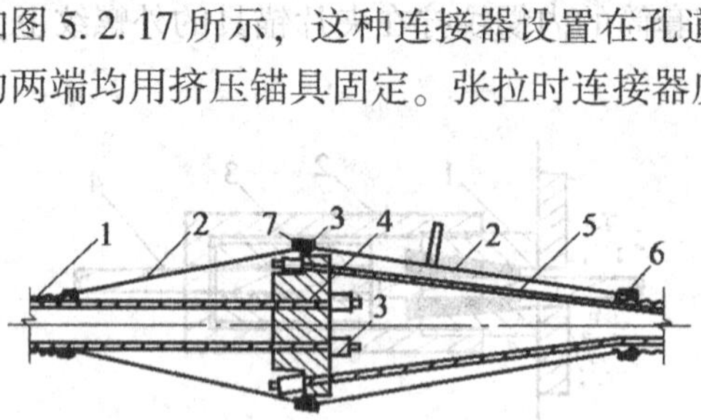

1—波纹管；2—白铁护套；3—挤压锚具；4—锚板；5—钢绞线；6—钢环；7—打包钢条

图 5.2.17 接长连接器示意图

5. 精轧螺纹钢筋连接器

精轧螺纹钢筋连接器如图 5.2.18 所示，这种连接器的材料、螺纹、加工工艺与精轧螺纹钢筋螺母的相同。

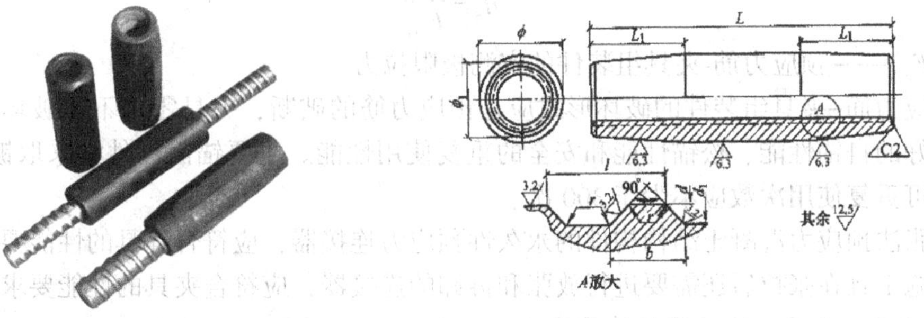

(a)　　　　　　　　　　　　(b)

图 5.2.18　精轧螺纹钢筋连接器

5.2.4 预应力锚具、夹具和连接器的质量检验和性能要求

1. 锚具、夹具和连接器的技术性能要求

预应力筋用锚具、夹具和连接器的性能均应符合现行国家标准《预应力筋用锚具、夹具和连接器》(GB/T 14370)和《预应力筋用锚具、夹具和连接器应用技术规程》(JGJ85)中的相关规定。

锚具的静载锚固性能，应由预应力筋-锚具组装件静载试验测定的锚具效率系数 η_a 和达到实测极限拉力时组装件受力长度的总应变 ε_{apu} 确定。锚具效率系数 η_a 不应小于 0.95，预应力筋总应变 ε_{apu} 不应小于 2.0%。锚具效率系数 η_a 应按下式计算

$$\eta_a = \frac{F_{apu}}{\eta_p F_{pm}} \tag{5.2.5}$$

式中：F_{apu}——预应力筋-锚具组装件的实测极限拉力；

F_{pm}——预应力筋的实际平均极限抗拉力。由预应力钢材试件实测破断荷载平均值计算得出；

η_p——预应力筋的效率系数。其值应按下列规定取用：预应力筋-锚具组装件中预应力钢材为 1～5 根时取 1；6～12 根时取 0.99；13～19 根时取 0.98；20 根及以上时取 0.97。

预应力筋-锚具组装件的破坏形式应是预应力筋的破断，锚具零件不应破裂。夹片式锚具的夹片在预应力筋拉应力未超过 $0.8f_{ptk}$ 时不应出现裂纹。

夹片式锚具的锚板应有足够的刚度和承载力，锚板性能由锚板的加载试验确定，加载至 $0.95F_{ptk}$ 后卸载，测得的锚板中心残余挠度不应大于相应锚垫板上口直径的 1/600；加载至 $1.2F_{ptk}$ 时，锚板不应出现裂纹或破坏。

有抗震要求的结构中采用的锚具，应满足低周反复荷载性能要求。

锚具尚应满足分级张拉、补张拉和放松拉力等张拉工艺的要求。锚固多根预应力筋的锚具，除应具有整束张拉的性能外，尚宜具有单根张拉的可能性。

预应力筋-夹具组装件的静载锚固性能试验实测的夹具效率系数 η_g 不应小于 0.92。实测的夹具效率系数 η_g 应按下式计算

$$\eta_g = \frac{F_{gpu}}{F_{pm}} \tag{5.2.6}$$

式中：F_{gpu}——预应力筋-夹具组装件的实测极限拉力。

预应力筋-夹具组装件的破坏形式应是预应力筋的破断，夹具零件不应破坏。夹具应具有良好的自锚性能、松锚性能和安全的重复使用性能。主要锚固零件宜采取镀膜防锈。夹具的可重复使用次数应不少于300次。

后张法预应力混凝土结构构件的永久性预应力连接器，应符合锚具的性能要求；用于先张法施工且在张拉后还需要进行放张和拆卸的连接器，应符合夹具的性能要求。

2. 锚具、夹具和连接器的质量检验

锚具产品进场验收时，除应按合同核对锚具的型号、规格、数量及适用的预应力筋品种、规格和强度外，尚应包括锚具产品质量保证书，其内容应包括：产品的外形尺寸，硬度范围，适用的预应力筋品种、规格等技术参数，生产日期、生产批次等。产品保证书应具有可追溯性。

锚具产品按合同验收后，应进行进场检验。同种材料和同一生产工艺条件下生产的产品，列为同一批量。进场检验时，每个检验批的锚具不宜超过2000套，每个检验批的连接器不宜超过500套，每个检验批的连接器不宜超过500套。获得第三方独立认证的产品，其检验批的批量可以扩大1倍。进场检验应按下列规定的项目进行：

①外观检查。应从每批产品中抽2%且应不少于10套样品，其外形尺寸应符合产品质量保证书所规定的尺寸范围，且表面不得有裂纹及锈蚀。当有1个零件尺寸不合格时，应双倍取样检验，仍有1件不合格，应逐件检查，合格者方可进行后续检验；当有1个零件表面有裂纹或夹片、锚孔锥面有锈蚀，也应逐套检查，合格者方可进入后续检验。

②硬度检验。对硬度有严格要求的锚具零件，应从每批产品中抽取3%且应不少于5套样品（多孔夹片式锚具的夹片，每套不少于6片）进行检验，硬度值应符合产品保证书的规定；当有1个零件不符合时，则应另取双倍数量的零件重做检验；在重做试验中仍有1个零件不合格时，则应对本批产品逐个检验，合格者方可进入后续检验。

③静载锚固性能试验。在通过外观检查和硬度检验的锚具中抽取样品，与相应规格和强度等级的预应力筋组装成3个预应力筋-锚具组装件，且应由国家或省级质量技术监督部门授权的专业质量检测机构进行静载锚固性能试验。当有1个试件不符合要求时，则应取双倍数量的锚具重做试验；仍有1个试件不符合要求时，则该批锚具应视为不合格品。

夹具进场验收时，应进行外观检查、硬度检验和静载锚固性能试验，检验方法与锚具相同。后张法连接器的进场验收规定应与锚具相同。先张法连接器的进场验收规定应与夹具相同。

§5.3 预应力张拉设备

预应力张拉设备系指张拉预应力钢筋的设备，分为液压张拉设备（如液压千斤顶等）和机械张拉设备（如电动螺杆张拉机）。预应力张拉设备主要以液压张拉为主，但应用长线法生产预制构件，张拉冷轧带肋钢丝等拉力不大的预应力筋时，采用电动螺杆张拉机，具有操作简单、张拉速度快，生产效率高等优点。因此，电动螺杆张拉机在预制构件厂应用较为广泛。

张拉设备是预应力结构实施张拉和确保张拉控制应力准确的关键工艺设备，因此要求张拉设备操作方便、可靠、能准确控制应力，能均匀地增大拉力。张拉设备应装有测力仪表，以准确建立张拉力。张拉设备应由专人使用和保管，并定期维护与校验。

5.3.1 预应力用液压千斤顶

1. 穿心式千斤顶

穿心式千斤顶的中轴线上有一通长的穿心孔道，供穿预应力筋或张拉杆之用，主要用于张拉单根粗钢筋、钢丝束、钢筋束和钢绞线束等预应力锚束。穿心式千斤顶分单作用式千斤顶和双作用式油压千斤顶两大类，单作用穿心式千斤顶只具有张拉预应力锚束的功能；双作用穿心式千斤顶具有张拉预应力锚束和顶压锚固的双重作用。单作用式千斤顶有 YCD 型和 YCQ 型等系列产品，如 YCD3500 型、YCQ1300 型千斤顶等；双作用式千斤顶有 YDCS 型系列产品，如 YDCS650 型千斤顶等，穿心式千斤顶的技术参数如表 5.3.1 所示。

表 5.3.1　　穿心式千斤顶技术参数表

项　目	单位	型　号		
		YCD3500 型	YCQ1300 型	YDCS650 型
功能		单作用	单作用	双作用
额定油压	MPa	50	63	40
张拉缸液压面积	mm^2	76576	21900	16250
理论张拉力	kN	3829	1380	650
张拉行程	mm	180	250	150
穿心孔径	mm	128	90	55
外形尺寸	mm	ϕ480×671	ϕ256×358	ϕ195×435
重量	kg		100	63
配套油泵		额定油压大于 50MPa 的油泵	额定油压大于 50MPa 的油泵	额定油压大于 50MPa 的油泵

①单作用穿心式千斤顶。单作用穿心式千斤顶如图 5.3.1 所示，具有构造简单、造价低、无须顶锚、操作方便等特点，但要求锚具的自锚性能可靠，主要用于张拉 QM 型或 OVM 型锚具的钢绞线束。这类千斤顶用限位板代替顶压器。限位板的作用是在钢绞线束张拉过程中限制工作锚夹片的外伸长度，以保证在锚固时所有夹片运动均匀一致，并使预应力筋的内缩值控制在规定的范围内。同时，这类千斤顶配有专门的工具锚，以保证张拉锚固后退楔方便。

②双作用穿心式千斤顶。双作用穿心式千斤顶具有张拉和顶压的双重作用，是一种用

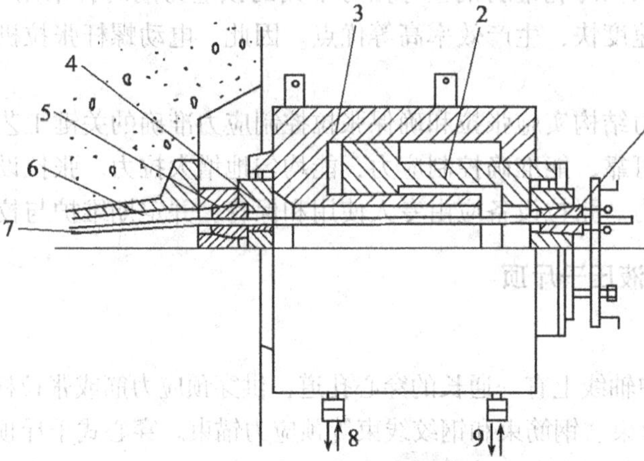

1—工具锚组件；2—活塞组件；3—油缸组件；4—限位板；5—工作锚组件
6—垫板；7—预应力筋；8、9—油嘴
图 5.3.1 单作用穿心式千斤顶构造示意图

途最广的穿心式千斤顶，主要用于张拉钢绞线束；也可以用于张拉粗钢筋或带有镦头锚具的钢丝束。此外，在千斤顶的前后端分别装上分束顶压器和工具锚后，还可以张拉带有钢质锥形锚具的钢丝束。双作用穿心式千斤顶的构造如图 5.3.2 所示。

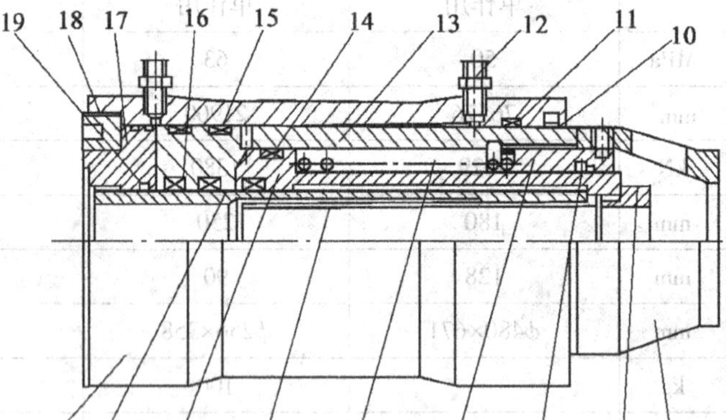

1—大缸体；2—穿心套；3—顶压活塞；4—护套；5—回程弹簧；6—连接套
7、10—JA 型防尘圈；8—顶压头；9—撑套；11、14、15、16—YX 密封圈；12—油嘴组件
13—大活塞；17—堵头；18—压环；19 — O 形密封圈
图 5.3.2 双作用穿心式千斤顶构造示意图

2. 锥锚式千斤顶

YDZ 型锥锚式千斤顶主要用于张拉采用钢质锥形锚具的预应力钢丝束和 KY-Z 型锚具的预应力钢筋束或钢绞线束。YDZ 型锥锚式千斤顶主要由张拉缸、顶压油缸、退楔缸、楔块、锥形卡环、锥形锚具等组成，其构造如图 5.3.3 所示。

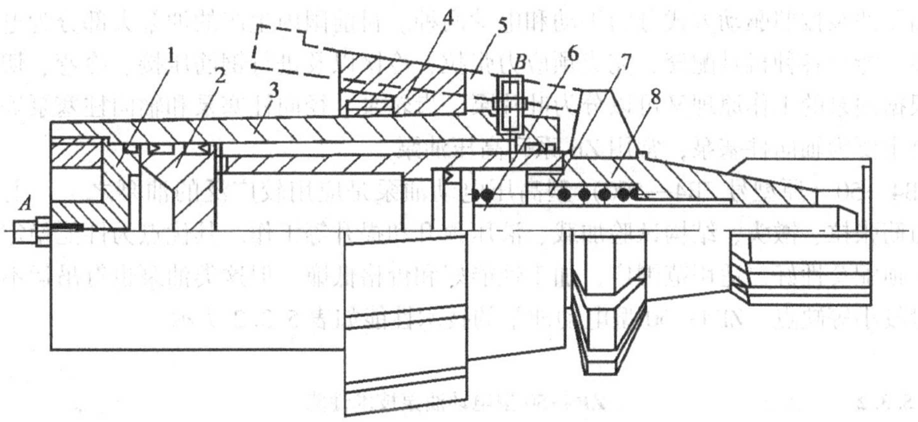

1—端盖；2—张拉活塞；3—油缸；4—卡盘；5—楔块；6—顶杆；7—回程弹簧；8—分丝头

图 5.3.3 锥锚式千斤顶构造示意图

5.3.2 电动螺杆式张拉机

电动螺杆式张拉机主要适用于预制厂在长线台座上，张拉冷轧带肋钢丝等预应力筋。DL_1型电动螺杆张拉机的构造如图 5.3.4 所示。其工作原理：电动机正向旋转时，通过减速箱带动螺母旋转，螺母即推动螺杆沿轴向向后运动，张拉钢筋。弹簧测力计上装有计量标尺和微动开关，当张拉力达到要求数值时，电动机能够自动停止转动。锚固好钢丝后，使电动机反向旋转，螺杆即向前运动，放松钢丝，完成张拉操作。DL_1型电动螺杆张拉机的最大张拉力 10kN，最大张拉行程 780mm；张拉速度 2m/min；适于 5mm 螺旋肋和冷轧带肋钢丝的张拉。为便于张拉和转移，常将其装置在带轮的小车上。

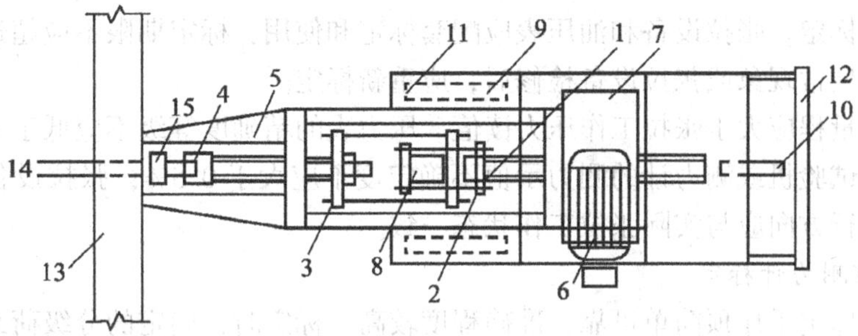

1—螺杆；2、3—拉力架；4—张拉夹具；5—顶杆；6—电动机；7—齿轮减速箱
8—测力计；9，10—车轮；11—底盘；12—手把；13—横梁；14—钢筋；15—锚固夹具

图 5.3.4 DL_1型电动螺杆张拉机构造示意图

5.3.3 高压油泵

预应力高压油泵是预应力液压机具的动力源。油泵的额定油压和流量，必须满足配套机具的要求。大部分预应力液压千斤顶等液压机具，都要求油压在 50MPa 以上，流量较小，要求能连续高压供油，油压稳定，操作方便。

高压油泵按照驱动方式分为手动和电动两种。目前国内生产的油泵大部分为电动式高压油泵，能与各种机具配套，完成预应力张拉、冷镦以及进行钢筋压接、冷弯、切断等工作。根据油泵的工作原理又可以分为叶片泵、齿轮泵、径向柱塞泵和轴向柱塞泵等。预应力油泵主要为轴向柱塞泵，常用ZB系列高压油泵。

ZB4—50（原型号ZB4—500）型高压电动油泵是应用较广泛的油泵之一，主要用于预应力筋张拉、镦头、结构试验加载、液压顶升和提升等工作。其优点为性能稳定、与液压千斤顶配套性好、适用范围广、加工性能好和价格低廉。但这类油泵也有吊运不便、油箱容量较小等缺点。ZB4—50型电动油泵的技术性能如表5.3.2所示。

表5.3.2 ZB4-50型电动油泵技术性能

<table>
<tr><td colspan="2">额定排量</td><td>2×2l/min</td><td rowspan="4" colspan="2">电动机</td><td>型　号</td><td>JO-32-4T</td></tr>
<tr><td colspan="2">额定油压</td><td>50MPa</td><td>电　压</td><td>三相380</td></tr>
<tr><td colspan="2">理论排量</td><td>2×2.29l/min</td><td>转　速</td><td>1430r/min</td></tr>
<tr><td colspan="2">斜盘倾角</td><td>6°30′</td><td>功　率</td><td>3.0kW</td></tr>
<tr><td rowspan="4">柱　塞</td><td>直　径</td><td>10mm</td><td colspan="2">油箱容积</td><td colspan="2">50l</td></tr>
<tr><td>行　程</td><td>6.8mm</td><td colspan="2">出 油 嘴</td><td colspan="2">两个M16×1.5</td></tr>
<tr><td>数　量</td><td>2×3</td><td colspan="2">自　重</td><td colspan="2">120kg</td></tr>
<tr><td>分布圆直径</td><td>60mm</td><td colspan="2">长×宽×高</td><td colspan="2">680mm×490mm×800mm</td></tr>
</table>

5.3.4 千斤顶的标定

施加预应力用的机具设备及仪表，应由专人使用和管理。预应力筋张拉设备及油压表应定期维护和标定。张拉设备和油压表应配套标定和使用，标定期限不应超过半年。当使用过程中出现反常现象或张拉设备检修后，应重新标定。

压力表的量程应大于张拉工作压力读值。压力表的精确度等级不应低于1.6级；标定张拉设备用的试验机或测力计的测力示值不确定度不应大于0.5%；张拉设备标定时，千斤顶活塞的运行方向应与实际张拉工作状态一致。

1. 用标准测力计标定

用测力计标定千斤顶简单可靠，准确程度较高。标定时，确定的分级荷载读数重复三次，取其平均值，将测得的各值绘制成标定曲线。实际使用时，可以由该标定曲线找出与要求的N值相对应的p值。

千斤顶张拉力与压力表读数的关系曲线如图5.3.5所示。如果需要测试孔道反摩擦损失，则还应求出千斤顶主动工作后回油时的标定曲线。

此外，也可采用两台千斤顶卧放对顶且在其连接处装标准测力计进行标定。

2. 用试验机标定

拉杆式千斤顶的标定，宜在拉力试验机上进行。穿心式、锥锚式和台座式千斤顶的标定，宜在压力试验机上进行。

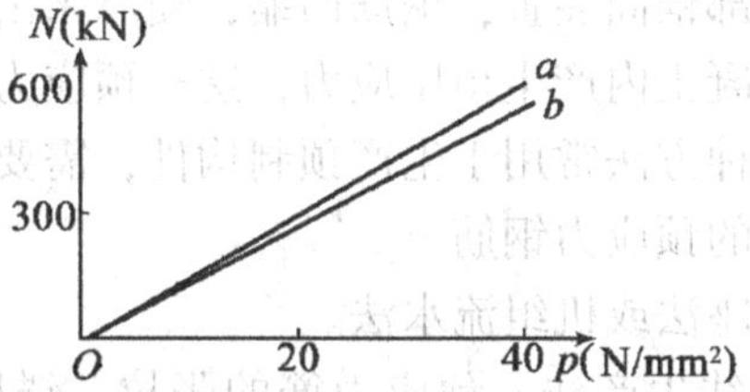

a—千斤顶被动工作；b—千斤顶主动工作

图 5.3.5　千斤顶张拉力与表读数的关系曲线

标定时，将千斤顶放在试验机上且应对准中心。开动油泵使千斤顶活塞运行至全部行程的 1/3 左右，开动试验机，使拉杆与试验机夹具连接好或使压板与千斤顶接触。当试验机处于工作状态时，再开动油泵，使千斤顶张拉或顶压试验机。分级记录读数，重复三次，取其平均值。若需要测试孔道摩擦损失，则标定时应将千斤顶进油嘴关闭，用试验机压千斤顶，得出千斤顶被动工作时油压与吨位的标定曲线。

液压千斤顶标定方法的试验研究表明：①油膜密封的试验机，试验机的吨位读数不必修正；②用密封圈密封的千斤顶，其正向与反向运行时内摩擦力不相等，且随着密封圈的做法、缸壁与活塞的表面状态、液压油的粘度等变化；③千斤顶立放与卧放运行时的内摩擦力差异小。因此，千斤顶立放标定时的表读数用于卧放张拉时不必修正。

§5.4　先张法施工

先张法是指先张拉钢筋，后浇筑混凝土的方法，如图 5.4.1 所示。在浇筑混凝土前先张拉预应力钢筋，并将其临时锚固在台座或钢模上，然后浇筑混凝土。当混凝土强度达到

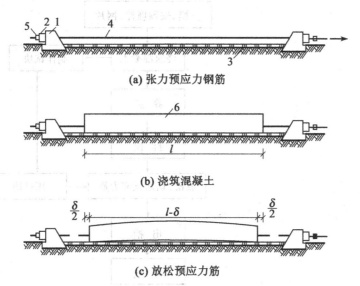

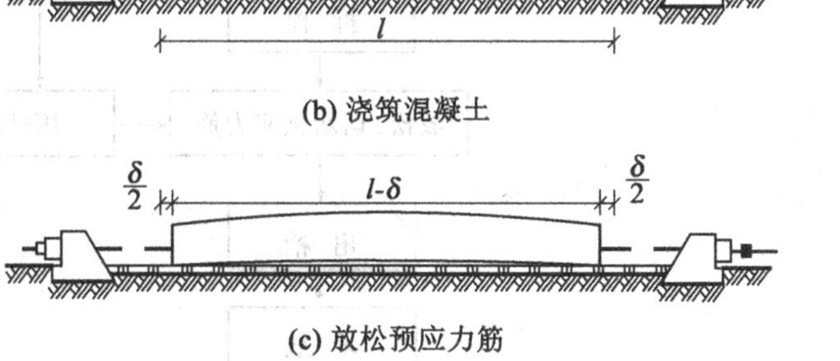

1—台座承力架；2—横梁；3—台面；4—预应力筋；5—锚固夹具；6—混凝土构件

图 5.4.1　先张法示意图

要求的放张强度后，放松端部锚固装置，钢筋回缩，使原来由台座或钢模板承受的张拉力由构件的混凝土承担，使混凝土内产生预压应力，这种预应力主要依靠混凝土与预应力筋的粘着力和握裹力实现。这种方法常用于生产预制构件，需要有张拉台座或承受张拉的钢模板，以便临时锚固张拉好的预应力钢筋。

先张法生产可以采用台座法或机组流水法。

（1）台座法，又称为长线生产法，预应力筋的张拉、锚固、混凝土构件的浇筑、养护和预应力筋的放松等工序皆在台座上进行，预应力钢筋的张拉力由台座承受。台座法不需复杂的机械设备，能适宜多种产品生产，可以露天生产，自然养护，也以可采用湿热养护，故应用范围较广，是我国当前应用较广泛的一种预制预应力构件的生产方法。

（2）机组流水法，又称为模板法，是利用钢模作为固定预应力筋的承力架，构件连同钢模通过固定的机组，按流水方式完成张拉、浇筑、养护等生产过程，生产效率高，机械化程度较高，一般用于生产各种中、小型构件。但采用该方法模板耗钢量大，需蒸汽养护，建厂一次性投资较大，且又不适合大、中型构件的制作。故具有较大局限性。对先张法施工，无论采用台座法或机组流水法，其基本原理都相同。其工艺流程如图 5.4.2 所示。

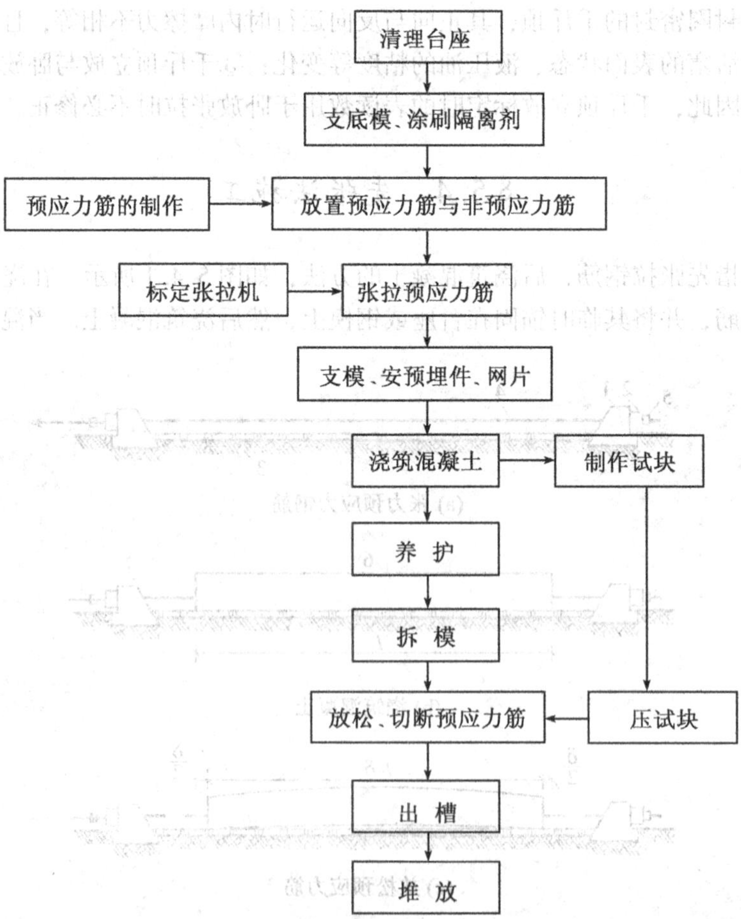

图 5.4.2 先张法生产工艺流程框图

5.4.1　台座

台座是先张法生产的主要设备之一，台座承受预应力筋的全部张拉力，因此要求台座具有足够的强度、刚度、稳定性，以避免台座变形、倾覆、滑移而引起预应力的损失。先张法生产的台座类型主要有以下几种：

1. 墩式台座

墩式台座是采用混凝土墩作为承力结构的台座，一般由台墩、台面与横梁组成。目前常用的是台墩与台面共同受力的墩式台座。墩式台座一般用于平卧生产的中、小型构件，如屋架、空心板、平板等。台座的尺寸由场地条件、构件类型和产量等因素确定。

(1) 台座长度

台座的长度 L，一般为 100~150m，其总长可以按下式计算

$$L=l\cdot n+0.5\,(n-1)\,+2k \tag{5.4.1}$$

式中：l——构件长度 (m)；

n——一条生产线内生产构件数；

k——台座横梁到第一个构件端头的距离；一般为 1.25~1.5m。

台座的宽度主要取决于构件的布筋宽度、张拉和浇筑混凝土是否方便，一般不大于 2m。

(2) 台墩

台墩一般由现浇混凝土做成，有重力式台墩和构架式台墩两种。

如图 5.4.3 所示，重力式台墩靠自重和土压力以平衡张拉力所产生的倾覆力矩，靠土壤的反力和摩擦力抵抗水平位移。因此台墩大、埋设深、不够经济。为了改变台墩的受力状况，常采用台墩与台面共同作用的做法和采用桩基的方法，以减少台墩的用料和埋深。

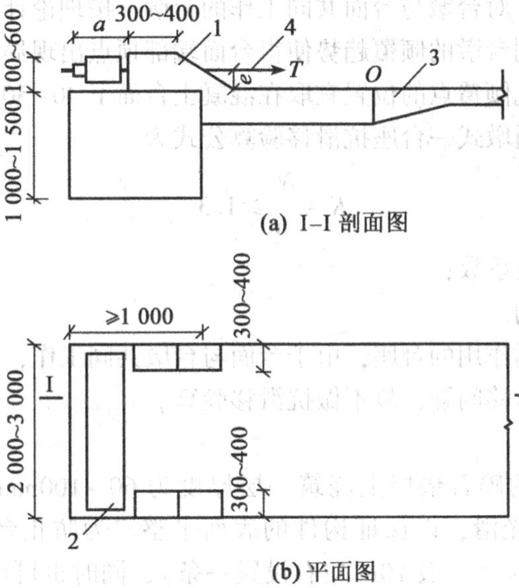

(a) I–I 剖面图

(b) 平面图

1—台墩；2—横梁；3—台面；4—预应力筋

图 5.4.3　墩式台座 (单位：mm)

台墩除应具有足够的强度和刚度外，还应进行抗倾覆与抗滑移等稳定性验算。

①抗倾覆验算。台墩与台面共同作用时，抗倾覆验算的力学分析图如图 5.4.4 所示，可以按下式计算：

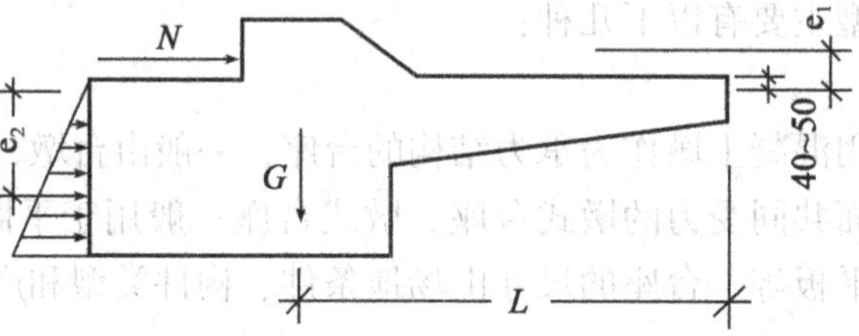

图 5.4.4 墩式台座的稳定性验算力学分析图

$$K=\frac{M_1}{M}=\frac{GL+E_Pe_2}{Ne_1}\geqslant 1.5 \tag{5.4.2}$$

式中：K——抗倾覆安全系数；

M——倾覆力矩，由预应力筋的张拉力产生；

N——预应力筋的张拉力；

e_1——张拉力合力作用点至倾覆点的力臂；

M_1——抗倾覆力矩，由台座自重力和土压力等产生；

G——台墩的自重力；

L——台墩重心至倾覆点的力臂；

E_P——台墩后面的被动土压力合力，当台墩埋置深度较浅时，可以忽略不计；

e_2——被动土压力合力至倾覆点的力臂。

台墩倾覆点的位置，对台墩与台面共同工作的台墩，按理论计算，倾覆点应在混凝土台面的表面处。但考虑到台墩的倾覆趋势使得台面端部顶点出现局部应力集中和混凝土面抹面层的施工质量，因此倾覆点的位置宜取在混凝土台面下 40~50mm 处。

②抗滑移验算。普通墩式一台座抗滑移验算公式为

$$K_c=\frac{N_1}{N}\geqslant 1.3 \tag{5.4.3}$$

式中：K_c——抗滑移安全系数；

N_1——抗滑移的力。

对于台墩与台面共同作用的台座，由于台面与台墩共同工作，台墩的水平推力几乎全部传递给台面，不存在滑移问题，故不做抗滑移验算。

(3) 台面

台面一般是在夯实的碎石垫层上浇筑一层厚度为 60~100mm 的混凝土而成。台面略高于地坪且必须平整光滑，以保证构件的表面平整。为防止台面开裂，可以根据当地温差和经验设置伸缩缝（一般 10m 左右设置一条），同时也可以在台面内沿上、下表面配置钢筋网片。必要时还可以采用预应力混凝土滑动台面，不留伸缩缝，如图 5.4.5 所示。

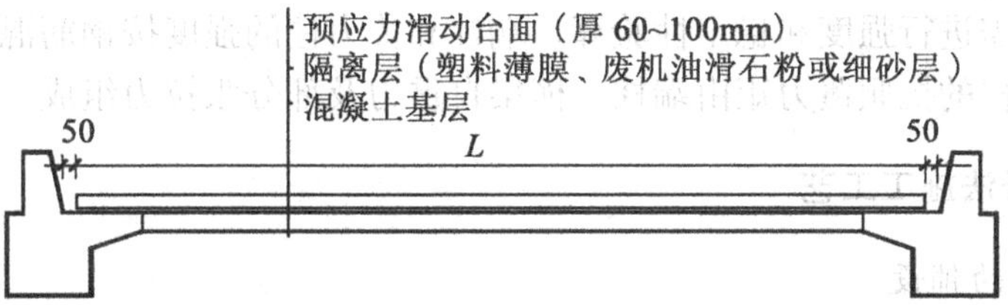

图5.4.5　预应力混凝土滑动台面示意图

（4）横梁

横梁以台墩为支座，直接承受预应力筋的张拉力，其挠度不应大于2mm，且不得产生翘曲。预应力筋的定位板必须安装准确，其挠度不大于1mm。

墩式台座按受力大小不同，可以因地制宜地采取不同的形式。当张拉力及倾覆力矩较大时，可以采用桩基构架式；当生产中型构件或多层叠浇构件，其张拉力为600~1000kN时，可以采用与台面共同作用式；当生产小型构件，如空心板、平板、过梁等，由于张拉力和倾覆力矩都不大，则可以采用如图5.4.6所示的简易墩式台座。

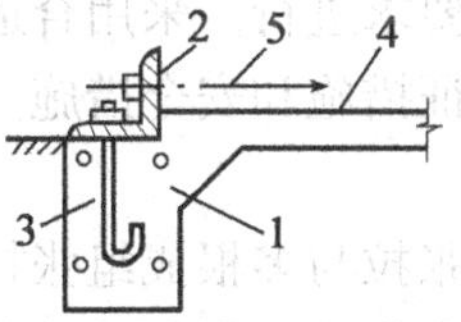

1—卧梁；2—75×75承力角钢；3—预埋螺栓；4—混凝土台面；5—钢丝

图5.4.6　预应力混凝土滑动台面示意图（单位：mm）

2. 槽式台座

槽式台座由端柱、传力柱、横梁和台面组成，如图5.4.7所示，既可承受拉力，又可作养护槽，适用于张拉较高的大型构件，如吊车梁、屋架等。

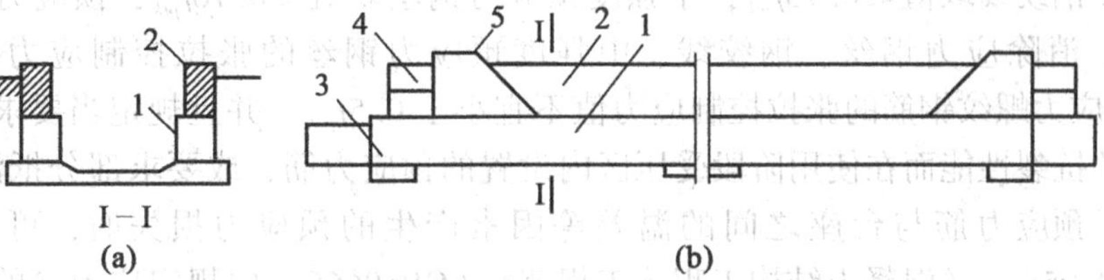

1—中间传力柱；2—砖墙；3—下横梁；4—上横梁；5—端柱

图5.4.7　槽式台座构造示意图

槽式台座的长度一般不大于80m，宽度随构件外形及制作方式而定，一般不小于1m。端柱、传力柱的端面必须平整，对接接头必须紧密，柱与柱垫必须牢靠连接。为便于混凝土输送及蒸汽养护，台座宜低于地面，但需考虑地下水位的影响及防雨排水的措施。为便于拆迁，台座应设计成装配式。

槽式台座亦需进行强度和稳定性验算。端柱和传力柱的强度按钢筋混凝土结构偏心受压构件计算。端柱的抗倾覆力矩由端柱、横梁自重力及部分张拉力组成。

5.4.2 先张法施工工艺

1. 预应力筋的铺设

为了便于脱模，在铺设预应力筋前，对台面及模板应先刷隔离剂。同时应采取措施防止隔离剂玷污预应力筋。如果预应力筋被污染应立即清理干净，在生产过程中应防止雨水等冲刷掉台面上的隔离剂。

预应力筋按结构形式需要，有单向和双向预应力筋（包括曲线筋），铺设时宜先铺下层筋，后铺上层筋。铺设前，应检查预应力筋编号标识，与模板孔位对号穿铺。

预应力钢丝宜采用牵引车铺设。若遇钢丝需要接长，用 20~22 号铁丝密排绑扎。冷轧带肋钢丝的绑扎长度不小于 $40d$（d 为钢丝直径）。

铺设预应力筋时，钢筋之间的连接或钢筋与螺杆的连接，应采用连接器进行连接。连接器必须符合夹具的锚固性能要求。

2. 预应力筋的张拉

预应力筋的张拉应严格按设计要求进行。采用合适的张拉控制应力、张拉方法、张拉程序等进行，且应有可靠的质量保证措施和安全措施。

（1）张拉方法

先张法预应力筋的张拉有单根张拉与多根成组张拉。

①单根预应力筋张拉。系指每次张拉一根预应力筋。采用该方法所用设备构造简单，易于保证应力均匀，但生产效率低，而且对预应力筋过密或间距不够大时，单根张拉和锚固较困难。

②多根预应力筋成组张拉。系指一次同时张拉多根预应力筋。成组张拉能提高工效，减轻劳动强度，但所用设备构造较复杂，且需用较大的张拉力。

（2）张拉控制应力

《混凝土结构设计规范》（GB50010）中规定预应力筋张拉控制应力 σ_{con} 分别为：消除应力钢丝、钢绞线取值≤$0.75f_{ptk}$；中强度预应力钢丝取值≤$0.70f_{ptk}$；预应力螺纹钢取值≤$0.85f_{pyk}$。消除应力钢丝、钢绞线、中强度预应力钢丝的张拉控制应力值应不小于 $0.4f_{ptk}$；预应力螺纹钢筋的张拉控制应力值不宜小于 $0.5f_{pyk}$。并且规定当要求提高构件在施工阶段的抗裂性能而在使用阶段受压区内设置的预应力筋，或要求部分抵消由于松弛、孔道摩擦、预应力筋与台座之间的温差等因素产生的预应力损失时，可以适当增加 $0.05f_{ptk}$ 或 $0.05f_{pyk}$。《混凝土结构工程施工规范》（GB50666）中规定应力筋的张拉控制应力应符合设计及专项施工方案的要求，并规定了当施工中需要超张拉时，调整后的最大张拉控制应力 σ_{con} 应符合表 5.4.1 中的规定。

表 5.4.1　**预应力筋张拉控制应力 σ_{con} 取值**

预应力筋种类	张拉控制应力 σ_{con}/（MPa）	
	一般情况	超张拉情况
消除应力钢丝、钢绞线	$\leqslant 0.75f_{ptk}$	$\leqslant 0.80f_{ptk}$
中强度预应力钢丝	$\leqslant 0.70f_{ptk}$	$\leqslant 0.75f_{ptk}$
预应力螺纹钢	$\leqslant 0.85f_{pyk}$	$\leqslant 0.85f_{pyk}$

注：f_{ptk} 为预应力筋极限抗拉强度标准值；f_{pyk} 为预应力筋屈服强度标准值。

当进行多根预应力筋成组张拉时，应设法调整各预应力筋的初应力，使其长度、松紧一致，以保证张拉后预应力筋的应力一致。

预应力筋张拉锚固后实际建立的预应力值与工程设计规定检验值的相对允许偏差为±5%。要求每工作班抽查预应力筋总数的 1%，且不少于 3 根，同时应检查预应力筋检测记录。

（3）张拉程序

预应力筋张拉时，应从零拉力加载至初拉力后，量测伸长值初读数，再以均匀速率加载至张拉控制力。

（4）张拉

根据设计的张拉控制应力 σ_{con}、预应力筋的截面积 A_P 计算预应力筋的张拉力 N_P，可以按下式计算

$$N_P = \sigma_{con} \cdot A_p \tag{5.4.4}$$

张拉时，为避免台座承受过大的偏心压力，应先张拉靠近台座截面重心处的预应力筋。张拉机具与预应力筋应在同一条直线上，张拉应以稳定的速率逐渐加大拉力。应避免预应力筋断裂或滑脱，当发生断裂或滑脱时，在浇筑混凝土前发生断裂或滑脱的预应力筋必须予以更换。

张拉完毕，预应力筋对设计位置的偏差不得大于 5mm，且不得大于构件截面最短边长的 4%。张拉时，台座两端应有防护设施，沿台座长度方向每隔 4～5m 放一个防护架，两端严禁站人，也不准进入台座。

（5）预应力值校核

预应力钢筋用应力控制方法张拉时，应校核预应力筋的伸长值。实际伸长值与设计计算理论伸长值的相对允许偏差为±6%。

预应力筋的设计计算理论伸长值 ΔL（mm），可以按下式计算

$$\Delta L = \frac{N_P L}{A_P E_s} \tag{5.4.5}$$

式中：N_P——预应力筋的平均张拉力（N），直线筋取张拉端的拉力，两端张拉的曲线筋，取张拉端的拉力与跨中扣除孔道摩阻损失后拉力的平均值；

L——预应力筋的长度（mm）；

E_s——预应力筋的弹性模量（MPa）；

A_P——预应力筋的截面积（mm^2）。

预应力筋的实际伸长值，宜在初应力约为 $10\%\sigma_{con}$ 时开始量测。实际伸长值 $\Delta L'$ 应为

$$\Delta L' = \Delta L_1 + \Delta L_2 \tag{5.4.6}$$

式中：ΔL_1——从初应力至最大张拉力之间的实际伸长值（mm）；

ΔL_2——初应力以下的推算伸长值（mm）。

关于推算伸长值 ΔL_2，可以根据弹性范围内张拉力与伸长值成正比的关系，用计算法或图解法确定。采用计算法时

$$\Delta L_2 = \frac{\sigma_0}{E_s} L \tag{5.4.7}$$

式中：σ_0——初应力值（MPa）。

预应力钢丝张拉时，伸长值不作校核。钢丝张拉锚固后，应采用钢丝内力测定仪检查钢丝的预应力值。预应力筋张拉锚固后实际建立的预应力值与工程设计规定检验值的相对允许偏差为±5%。

3. 混凝土的浇筑与养护

钢筋张拉、绑扎及立模工作完毕后，即应浇筑混凝土，每条生产线应一次浇筑完毕。构件应避开台面的温度缝，当不可能避开时，在温度缝上可以先铺薄钢板或垫油毡，然后浇筑混凝土。为保证钢丝与混凝土有良好的粘结，浇筑时，振动器不应碰撞钢丝，混凝土未达一定强度前，也不允许碰撞或踩动钢丝。

混凝土的用水量和水泥用量必须严格控制，混凝土必须振捣密实以减少混凝土由于收缩徐变而引起的预应力损失。

采用重叠法生产构件时，应待下层构件的混凝土强度达到 5MPa 后，方可浇筑上层构件的混凝土。当平均温度高于 20℃时，每两天可以叠浇一层。气温较低时，可以采用早强措施，以缩短养护时间，加速台座周转，提高生产率。

预应力叠合梁和叠合板的叠合面及预应力芯棒与后浇混凝土的接触面应划毛，必要时做成凹凸面，以提高叠合面的抗剪能力。

混凝土养护可以采用自然养护、蒸汽养护或太阳能养护等方法。当采用蒸汽养护时，应采用二阶段（次）升温法，第一阶段升温的温差控制在 20℃以内（一般以不超过 10~20℃/h 为宜），待混凝土强度达 10MPa 以上时，再按常规升温制度养护。

4. 预应力筋放张

当构件混凝土强度达到设计规定的要求时，方可放松预应力筋，当设计无规定时，不应低于设计混凝土强度标准值的 75%。当预应力筋为高强螺旋肋钢丝时，放张强度不应低于 30MPa。预应力筋放张时，宜同时、缓慢放松预应力筋。

（1）放张顺序

预应力筋的放张顺序应符合设计要求；当设计无专门要求时，应符合下列规定：①宜采取缓慢放张工艺进行逐根或整体放张；②对轴心受压构件，所有预应力筋宜同时放张；③对受弯或偏心受压的构件，应先同时放张预压应力较小区域的预应力筋，再同时放张预压应力较大区域的预应力筋；④当不能按上述规定放张时，应分阶段、对称、相互交错放张；⑤放张后，预应力筋的切断顺序，宜从张拉端开始逐次切向另一端。

（2）放张方法

放张前应拆除模板，使放张时构件能自由压缩，避免损坏模板或使构件开裂。常用的

放张方法有：

①钢丝钳或氧乙炔焰切割。对预应力筋为钢丝或细钢筋的板类构件，放张时可以直接用钢丝钳或氧炔焰切割，且宜从生产线中间处切断，以减少回弹量，有利于脱模；对每一块板，应从外向内对称放张，以免构件扭转两端部开裂。

②预热熔割。对预应力筋为数量较少的粗钢筋的构件，可以采用氧炔焰在烘烤区轮换加热每根粗钢筋，使其同步升温，此时钢筋内力徐徐下降，慢慢伸长，待钢筋出现缩颈，即可切断。该方法应采取隔热措施，防止烧伤构件端部混凝土。

③千斤顶放张。用千斤顶拉动单根钢筋，松开螺母。放张时由于混凝土与预应力筋已连成整体，松开螺母所需的间隔只能是最前端构件外露钢筋的伸长，因此，所施加的应力往往超过控制应力约 10%，比较费力。采用该方法放张时，应拟定合理的放张顺序并控制每一循环的放张吨位，以免构件在放张过程中受力不均，后放张的钢筋内力增大而造成拉断。

④砂箱放张。砂箱装置由钢制的套箱和活塞组成。内装石英砂或铁砂，装砂量宜为砂箱长度的 1/3～2/5。砂箱放置在台座与横梁之间，预应力筋张拉时，箱内砂被压实，承受横梁的反力。预应力筋放张时，将出砂口打开，砂慢慢流出，从而使整批预应力筋徐徐放张。采用砂箱放张，能控制放张速度，工作可靠，施工方便，可以用于张拉力大于 1000kN 的情况。

⑤楔块放张。楔块装置放置在台座与横梁之间。预应力筋放张时，旋转螺母使螺杆向上运动，带动楔块向上移动，钢块间距变小，横梁向台座方向移动，从而同时放张预应力筋。楔块放张，一般用于张拉力不大于 300kN 的情况。

对预应力筋配置较多的构件，不允许采用剪断或割断等方式突然放张，以避免最后放张的几根预应力筋产生过大的冲击力而断裂，致使构件开裂。为此应采用千斤顶放张、砂箱放张、楔块放张或在准备切割的一端预先浇筑一块混凝土块，作为切割时冲击力的缓冲体，使构件不受或少受冲击，进行缓慢放张。

为了检查构件放张时钢丝与混凝土的粘结是否可靠，切断钢丝时应测定钢丝往混凝土内的回缩情况。钢丝回缩值的简易测式方法是在板端贴玻璃片和在靠近板端的钢丝上贴胶带纸用游标卡尺读数，其精度可达 0.1mm。钢丝的回缩值：对冷轧带肋钢丝应不大于 0.6mm，对螺旋肋钢丝应不大于 1.2mm。当钢丝回缩量超过上述要求时，则应加强构件端部区域的分布钢筋、适当提高放张时混凝土的强度等。

放张后预应力筋的切断顺序，宜由放张端开始逐次切向另一端，钢丝的放张与切断宜在台座中部开始，逐根对称、交错地切断。切断粗钢筋、钢绞线，一般用氧乙炔焰、电弧或锯割；切断钢丝，一般用钢丝钳、无齿锯、放张板子等。用氧乙炔焰或电弧切割时，应采取隔热措施，防止烧伤构件端部混凝土，电弧切割时的地线不得搭在另一头，以防止过电后预应力筋伸长，造成应力损失。

§5.5　后张法施工

所谓后张法，就是先制作构件（或块体），并在预应力筋的位置预留出相应的孔道，待混凝土强度达到设计规定的数值后，穿入预应力筋（预埋金属螺旋管可事先穿筋）进行张拉并加以锚固，张拉力由锚具传递给混凝土构件产生预压应力，张拉完毕进行孔道内灌浆，如图 5.5.1 所示。

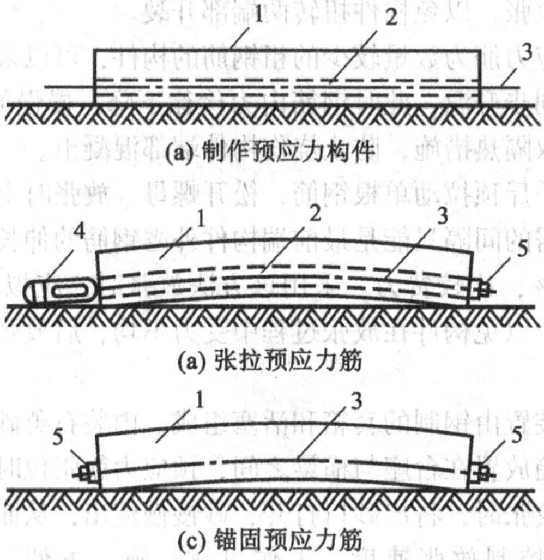

1—混凝土构件；2—预留孔道；3—预应力筋；4—张拉千斤顶；5—锚具

图 5.5.1　后张法施工示意图

后张法不需要台座设备，大型构件可以分块制作，运到现场拼装，利用预应力筋连成整体。因此，后张法灵活性较大，适用于现场预制或工厂预制块体，现场拼装的大中型预应力构件、特种结构和构筑物等。但后张法施工工序较多，且锚具不能重复使用，耗钢量较大。

后张法的施工工艺流程如图 5.5.2 所示。预应力后张法构件的生产分为两个阶段，一为构件生产阶段；二为预加应力阶段，其中包括锚具与预应力筋的制作、预应力筋的张拉和孔道灌浆等工艺。

5.5.1　预应力筋的制作

1. 预应力筋的下料长度计算

预应力筋的下料长度应按张拉方法需要详细计算，计算时要相应考虑以下因素：钢筋品种、结构或构件的直线或曲线孔道长度、锚具与垫片厚度、千斤顶长度、镦头预留量、露出锚具长度和张拉设备、施工方法等各种因素。

目前，常用的预应力筋有精轧螺纹钢筋、钢丝束、钢绞线三种。

（1）精轧螺纹钢筋的下料长度

精轧螺纹钢筋的下料长度应考虑构件的孔道长度、垫片与锚具长度、张拉端及固定端预留长度。由于精轧螺纹钢的可焊性较差，一般采用连接器连接，不允许焊接连接。精轧螺纹钢筋的下料长度计算分为一端（单向）张拉和两端（双向）同时张拉两种情况：

两端张拉时，精轧螺纹钢筋的下料长度计算简图如图 5.5.3（a）所示，可以按下式计算

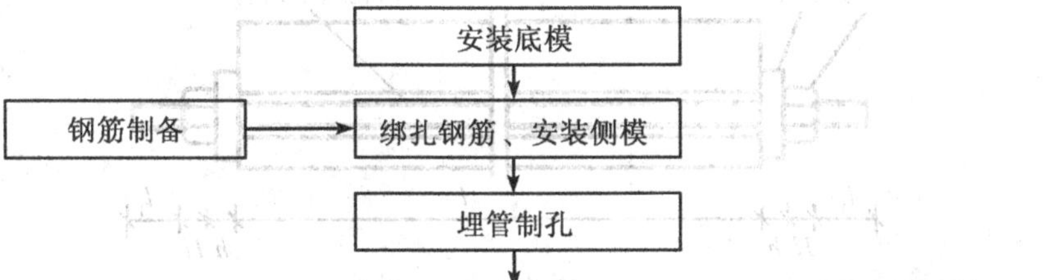

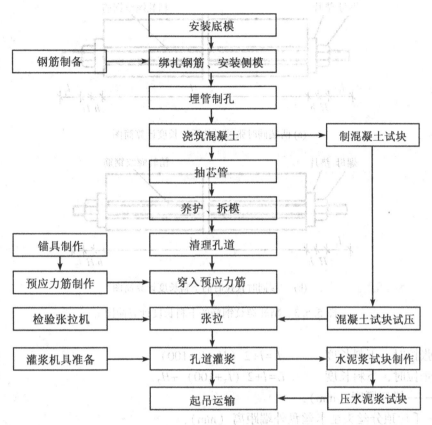

图 5.5.2　后张法生产工艺流程框图

$$L=l+2\ (H+h+l_1) \tag{5.5.1}$$

式中：L——精轧螺纹钢筋的下料长度（mm）；

l——构件的孔道长度（mm）；

H——扣除斜面高度后的锚具螺母高度（mm）；

h——垫板厚度（mm）；

l_1——张拉端露出锚具的钢筋长度（mm），一般取 6 倍钢筋螺距。

一端张拉时，精轧螺纹钢筋的下料长度计算简图如图 5.5.3（b）所示，可以按下式计算

$$L=l+2\ (H+h)\ +l_1+l_2 \tag{5.5.2}$$

式中：l_2——非张拉端露出锚具的钢筋长度（mm），一般取钢筋外径。

（2）钢丝束的下料长度

预应力钢丝束一般由多根直径为 5~7mm 的钢丝组成。由于使用的锚具不同，其下料长度计算分别如下：

①如图 5.5.4 所示，采用锥形锚具，以锥锚式千斤顶张拉时，下料长度 L 按下式计算：

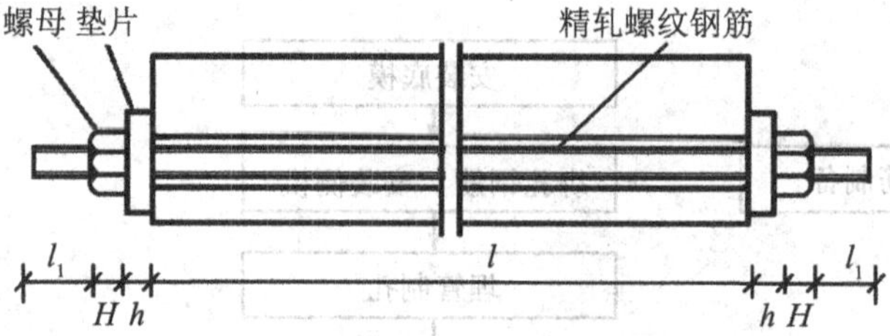

(a) 两端同时张拉时的下料长度计算简图

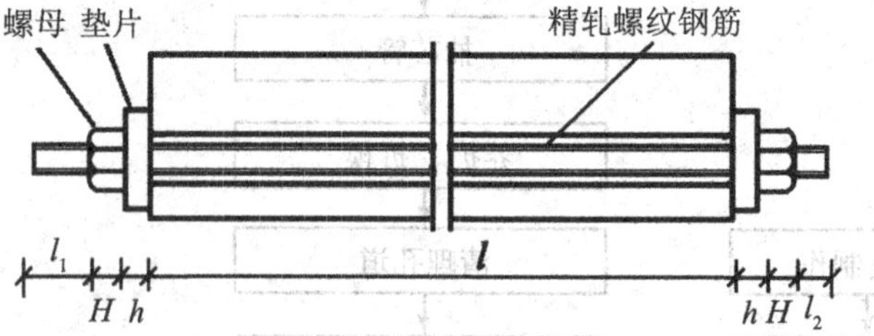

(b) 一端同时张拉时的下料长度计算简图

图 5.5.3 精轧螺纹钢筋的下料长度计算简图

两端张拉时，下料长度 $L=l+2(H_1+l_3+100)$ (5.5.3)

一端张拉时，下料长度 $L=l+2(l_3+100)+H_2$ (5.5.4)

式中：H_1——锚环厚度（mm）；

l_3——千斤顶分丝头至卡丝盘外端距离（mm）；

H_2——镦头式锚具锚板厚度（mm）。

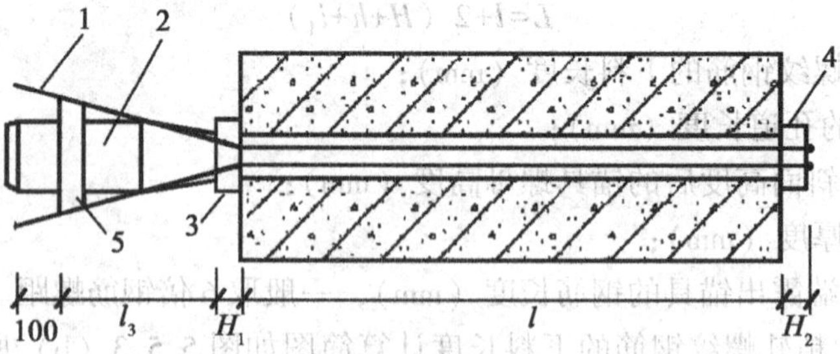

1—预应力钢丝；2—张拉千斤顶；3—锚环；4—镦头式锚板；5—卡丝盘

图 5.5.4 采用钢质锥形锚时的下料长度计算简图

②如图 5.5.5 所示，采用镦头锚具时，钢丝的下料长度为：

两端张拉时，下料长度 $L=l+2(H_5+\delta)-(H_3-H_4)-\Delta L-C$ (5.5.5)

一端张拉时，下料长度 $L=l+H_2+H_5+2\delta-0.5(H_3-H_4)-\Delta L-C$ (5.5.6)

式中：l——构件的孔道长度（mm）；

δ——钢丝镦头留量（mm），对 ϕ^P5 取 10mm；

H_2——镦头式锚具锚板厚度（mm）；

H_3——锚杯高度（mm）；

H_4——螺母高度（mm）；

H_5——锚杯底部厚度（mm）；

ΔL——钢丝束张拉伸长值；

C——张拉时构件混凝土的弹性压缩值（mm）。

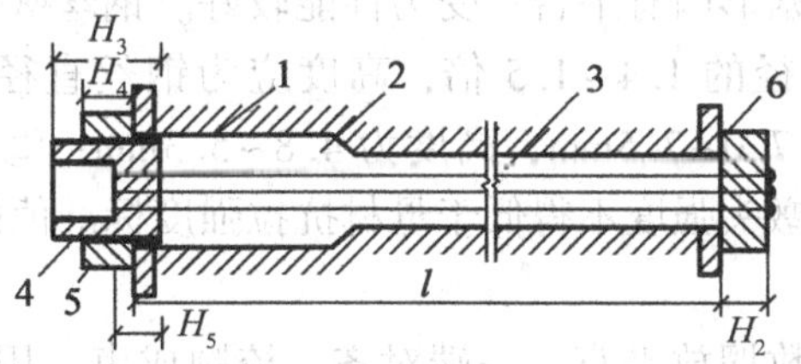

1—混凝土构件；2—孔道；3—钢丝束；4—锚杯；5—锚环；6—锚板

图 5.5.5　镦头锚具的钢丝下料计算简图

(3) 钢绞线的下料长度

采用卡片式锚具，在构件上使用穿心式千斤顶张拉，钢绞线下料长度 L 计算如下

两端张拉，下料长度　　$L=l+2\ (l_4+l_5+l_6+100)$　　(5.5.7)

一端张拉，下料长度　　$L=l+2\ (l_4+100)\ +l_5+l_6$　　(5.5.8)

式中：l——构件的孔道长度；

L_4——夹片式工作锚厚度；

L_5——穿心式千斤顶长度；

L_6——夹片式工具锚厚度。

2. 下料

预应力钢筋一般为高强钢材，若局部过热或急剧冷却，将引起该部位产生脆性变态，危险性很大。因此，对钢丝、钢绞线、粗钢筋，宜采用砂轮锯或切断机切断，不得采用电弧切割。用砂轮切割机下料具有操作方便，效率高、切口规则，无毛头等优点，尤其适合现场使用。

钢丝下料前先调直，如 ϕ5mm 大盘径钢丝，用调直机调直后即可下料。矫直回火钢丝放开后是直的，可以直接下料。当钢丝束两端采用镦头锚具时，同一束中各根钢丝下料长度的极差，应不大于钢丝束长度的 1/5000，且不得大于 5mm；当成组张拉长度不大于 10m 的钢丝时，同组钢丝下料长度的极差不得大于 2mm。夏季下料时应考虑温度变化的影响。为了减少下料长度误差，可以采用应力下料和管道内下料方法。实践证明，通过内径 ϕ15 管道下料，下料的误差相当小。

钢筋束的钢筋直径一般为 12mm 左右，成盘供料，下料前应经开盘、调直、镦粗（仅用镦头锚具），下料时每根钢筋长度应一致，误差不超过 5mm。

精轧螺纹钢筋接长时，拉长端必须用油漆或其他牢固色彩画出 1/2 连接器长度，以保证被连接钢筋与连接器相对位置准确。为了防止接长钢筋与连接器在施工过程中可能松动，宜在连接螺纹处涂抹环氧树脂水泥浆。环氧树脂配方中固化剂宜用乙二胺。当连接器处孔道与预应力筋孔道直径不一致时，连接器处加粗孔道宜用铁皮管或塑料管，并根据张拉方式、钢筋伸长值确定加粗孔道的位置（张拉前）与长度，且应注意加粗孔道的固定剂与抽拔钢管（或橡胶管）接合处的密封，不得漏浆。

3. 镦头

采用镦头锚时，钢丝镦头要在穿入锚环或锚板后进行，镦头采用钢丝镦头机冷镦成型。镦头的头型分为鼓形和蘑菇形两种。若锚板硬度较小，鼓形镦头易陷入锚孔，钢丝镦头处因受弯而易断裂；蘑菇形因有平台，受力性能较好。钢丝镦头应符合下列规定：①镦头的头型直径应为钢丝直径的1.4～1.5倍，高度应为钢丝直径的0.95～1.05倍，对于5mm钢丝镦粗头的直径为7.0~7.5mm，高度为4.8~5.3mm；②镦头不应出现横向裂纹，头形应圆整，不偏歪；③镦头强度不得低于母材抗拉强度标准值的98%。

4. 编束

钢丝编束应按每束根数摆放平直，一端对齐，梳顺成束，用20#细铅丝以2m左右间距捆绑。

（1）钢丝编束

钢丝编束随所用锚具形式的不同，编束方法也有差异。

采用镦头锚具时，根据钢丝分圈布置的特点，首先将内圈和外圈钢丝分别用铁丝按顺序编扎，然后将内圈钢丝放在外围钢丝内扎牢。为了简化编束，钢丝的一端可以直接穿入锚环，另一端在距端部约200mm处编束，以便穿锚板时钢丝不紊乱，钢丝束的中间部分可以根据长度适当编扎几道。

采用钢质锥形锚具时，钢丝编束可以分为空心束和实心束两种，但都需用圆盘梳丝板理顺钢丝，并在距钢丝端部50～100mm处编扎一道，使张拉分丝时不致紊乱。用空心束时，每隔1.5m放一个弹簧衬圈。其优点是束内空心，灌浆时每根钢丝都被水泥包裹，握裹力好。但钢丝束外径大，穿束困难，钢丝受力也不均。采用实心束可以简化工艺、减少孔道摩擦损失。

（2）钢绞线的编束

钢绞线编束时应先将钢筋或钢绞线理顺，然后用20#铁丝绑扎，间距1～1.5m，并尽量使各根钢绞线松紧一致。

5.5.2 后张法施工工艺

1. 孔道留设

孔道留设是预应力后张法构件制作中的关键工序之一。除粘结预应力筋预留孔道的尺寸、数量、位置和形状等应符合设计要求外，尚应符合下列规定：①孔道应平顺，端部的预埋锚板应垂直于孔道中心线；②预留孔道的定位应牢固，浇筑混凝土时不应出现移位和变形；③成孔用管道应密封良好，接头应严密且不得漏浆；④在曲线孔道的曲线波峰部位应设置排气兼泌水管，必要时可以在最低点设置排水孔；⑤灌浆孔及泌水孔的孔径应能保证浆液畅通。

孔道的留设方法有钢管抽芯法、胶管抽芯法和预埋管法等。

（1）钢管抽芯法

构件的模板和钢筋安装完成以后，在需要留设孔道的部位预埋钢管，在混凝土浇筑和养护过程中，每间隔一定时间要慢慢转动钢管一次，以防止混凝土与钢管粘结，待到混凝土终凝前，抽出钢管，即在构件中形成孔道。这种方法大多用于直线孔道的留设。

为了保证孔道质量，施工时要求钢管平直、表面光滑，使用前除锈，刷油。钢管在构件中用钢筋井字架固定，其间距不宜大于 1.0m，与钢筋骨架扎牢。每根管长不宜超过 15m，两端应各伸出 500mm，较长孔道时可以用两根管连接使用，接头处用厚 0.5mm，长 300~400mm的套管连接。

混凝土浇筑后，顺一个方向每隔 10~15min 应转管一次。在混凝土初凝后、终凝前抽管。掌握好抽管时间很重要，抽管时间过早，易造成塌孔；时间过晚钢管很难抽出。常温下抽管时间应在混凝土浇筑后 3~5h。抽管可以用人工或卷扬机。抽管顺序宜先上后下，要平稳、匀速，边抽边转，并与孔道保持在一条直线上。

孔道留设的同时还应在设计规定的位置留设灌浆孔。一般情况下，在构件两端和中间每隔 12m 留一个直径 20mm 的灌浆孔，并在构件两端各设一个排气孔。用预埋小钢管作为灌浆孔比较可靠，灌浆时不容易漏浆。灌浆孔应抵紧预留孔道，并应固定，严防混凝土振捣时脱开。

（2）胶管抽芯法

胶管抽芯法是在需留设孔道的部位埋设充气胶管或充水胶管，浇筑混凝土并养护一定时间后，放去管内的空气或水，拔出胶管，形成预留孔道，可以用于直线孔道、曲线孔道或折线孔道。留孔用胶管一般采用有 5~7 层帆布夹层、壁厚 6~7mm 的橡胶管，使用时将前一端密封，另一端接上阀门。固定胶管亦采用钢筋井字架固定，直线孔道其井字架间距为 0.4~0.5m，曲线孔道应适当加密，其间距为 0.3~0.4m。

管内的充气或充水压力为 0.5~0.8MPa，使胶管外径增大 3mm 左右。抽管时将阀门松开放水（或放气）降压，待胶管断面回缩自行脱离，即可抽出。抽管时间比钢管略迟，顺序先上后下，先曲后直，抽管时间可以参照气温和浇筑后的小时数的乘积达 200℃ · h 左右后进行抽管。

灌浆孔的留设与钢管抽芯法相同，曲线孔道的曲线波峰部位宜设置泌水管。

（3）预埋管法

预埋管法是将与孔道直径相同的导管埋于构件中，无需抽出。预埋管一般为塑料波纹管、金属螺旋管（简称波纹管）、薄钢管等。波纹管具有重量轻、刚度好、弯折方便、连接容易，与混凝土粘结良好，可形成各种形状的孔道等优点，是目前用预埋管法形成预应力孔道的首选管材。使用前应检查产品合格证、出厂检验报告和进场复验报告，其尺寸与性能应符合国家现行标准《预应力混凝土用金属波纹管》（JG225）和《预应力混凝土桥梁用塑料波纹管》（JT/T 529）中的规定。

预应力孔道应根据工程特点设置排气孔、泌水孔及灌浆孔，排气孔可以兼作泌水孔或灌浆孔，当曲线孔道波峰和波谷的高差大于 300mm 时，应在孔道波峰设置排气孔，排气孔间距不宜大于 30m；当排气孔兼作泌水孔时，其外接管道伸出构件顶面长度不宜小于 300mm。

预埋波纹管灌浆孔间距不宜大于 30m。其做法如图 5.5.6 所示，先在波纹管上开口，用带嘴的塑料弧形压板与海绵垫片覆盖并用铁丝扎牢，再接塑料管。

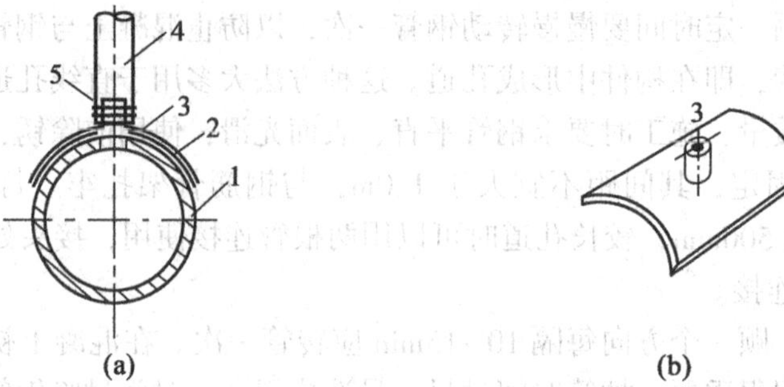

1—波纹管；2—海绵垫；3—塑料弧形压板；4—塑料管；5—铁丝扎牢

图 5.5.6 波纹管上留灌浆孔示意图

孔道成型用管道的连接应密封。圆形金属波纹管接长时，可以采用大一规格的同波形波纹管作为接头管，接头管长度可以取其直径的 3 倍，且不宜小于 200mm，两端旋入长度宜相等，且两端应采用防水胶带密封；塑料波纹管接长时，可以采用塑料焊接机热熔焊接或采用专用连接管；钢管连接可以采用焊接连接或套筒连接。波纹管埋设完毕，应灌水进行密封性检验。若发现漏水现象，应进行密封处理，以免漏浆，造成孔道堵塞。

预应力筋或成孔管道应与定位钢筋绑扎牢固，定位钢筋直径不宜小于 10mm，间距不宜大于 1.2m，板中无粘结预应力筋的定位间距可以适当放宽，扁形管道、塑料波纹管或预应力筋曲线曲率较大处的定位间距宜适当缩小；凡施工时需要预先起拱的构件，预应力筋或成孔管道宜随构件同时起拱。预应力筋或成孔管道竖向位置偏差应符合《混凝土结构工程施工规范》（GB50666）中的相关规定。

当采用减摩材料降低孔道摩擦阻力时，减摩材料不应对预应力筋、管道及混凝土产生不利的影响；灌浆前应将减摩材料清除干净。

2. 预应力筋穿入孔道

预应力筋穿入孔道，简称穿束。穿束需要解决两个问题：穿束时机与穿束方法。

（1）穿束时机

根据穿束与浇筑混凝土之间的先后关系，可以分为先穿束法和后穿束法两种。

①先穿束法。即在浇筑混凝土之前穿束。该方法穿束省力，但穿束占用工期，预应力钢筋束的自重引起的波纹管摆动会增大摩擦损失，束端保护不当易生锈。按穿束与预埋波纹管之间的配合，又可以分为以下三种情况。一是先放束后装管，即先将预应力筋放入钢筋骨架内，然后将波纹管逐节从两端套入并连接；二是先装管后穿束，即先将波纹管安装就位，然后将预应力筋穿入；三是两者组装后放入，即在梁外侧的脚手上将预应力筋与套管组装后，从钢筋骨架顶部放入就位，此时箍筋应做成开口箍。

②后穿束法。即在浇筑混凝土之后穿束。该方法可以在混凝土养护期内进行，不占工期，便于用通孔器或高压水通孔，穿束后即行张拉，可以避免预应力筋锈蚀，但穿束较为费力。

（2）穿束方法

根据一次穿入数量，穿束可以分为整束穿和单根穿。钢丝束应整束穿，钢绞线优先采用整束穿，也可以用单根穿。穿束工作可以由人工、卷扬机和穿束机进行。

①人工穿束。人工穿束可以利用起重设备将预应力束吊起，工人站在脚手架上逐步将预应力束穿入孔内。束的前端应扎紧并裹胶布，以便顺利穿过孔道。穿束时，宜采用特制的牵引头，工人在前头牵引，后头推送，用对讲机联络以确保前后两端同时出力。对长度≤50m 的二跨曲线束，人工穿束是比较方便的。在多波曲线束中，用人工穿单根钢绞线较为困难。

②用卷扬机穿束。用卷扬机穿束主要用于特长束、特重束、多波曲线束等整束穿入的情况。卷扬机的速度应控制在每分钟 14m 以内，电动机功率为 1.5~2kW。钢筋束的前端应装有穿束网套或特制的牵引头。穿束网套可以用细钢丝绳编织。网套上端通过挤压方式装有吊环。使用时将钢绞线穿入网套中（到底），前端用铁丝扎牢，顶紧不脱落即可。

③用穿束机穿束。用穿束机穿束适用于单根穿钢绞线的情况。穿束机的速度可以任意调节，穿束可进可退，使用方便。穿束时钢绞线前头应套上一个子弹头形的壳帽。

采用蒸汽养护的预制构件，预应力筋应在蒸汽养护结束后穿入孔道；预应力筋穿入孔道后至灌浆的时间间隔：当环境相对湿度大于60%或近海环境时，不宜超过 14d；当环境相对湿度不大于60%时，不宜超过 28d。否则应对预应力筋采取防锈措施。

3. 预应力筋的张拉

(1) 施工准备

在预应力筋张拉施工前应做好施工准备，主要工作有：

①结构或构件验收。预应力筋张拉前，应提供构件混凝土的强度试压报告。当混凝土的立方体抗压强度满足设计要求后，方可施加预应力。当设计无具体要求时，不应低于设计强度标准值的 75%，且不应低于锚具供应商提供的产品技术手册要求的混凝土最低强度要求。预应力梁和板，现浇结构混凝土的龄期分别不宜小于 7d 和 5d。同时还要检查结构或构件的几何尺寸、孔道等。构件端部预埋钢板与锚具接触处的焊渣、毛刺、混凝土残渣等应清除干净。

②清理锚垫板和张拉端预应力筋，检查锚垫板后混凝土的密实性。

③安装张拉设备。搭设安全可靠的张拉作业平台，安装张拉设备。对直线预应力筋，应使张拉力的作用线与孔道中心线重合；对曲线预应力筋，应使张拉力的作用线与孔道中心线末端的切线重合。

④计算张拉力和张拉伸长值，根据张拉设备标定结果确定油泵压力表读数。

(2) 张拉控制应力

预应力筋的张拉控制应力应符合设计及专项施工方案的要求。当施工中需要超张拉时，调整后的最大张拉控制应力 σ_{con} 应符合表 5.4.1 中的规定。

(3) 张拉方法

预应力筋应根据设计和专项施工方案的要求采用一端张拉或两端张拉。采用两端张拉时，宜两端同时张拉，也可以一端先张拉，另一端补张拉。当设计无具体要求时，有粘结预应力筋长度不大于 20m 时可以一端张拉，大于 20m 时宜两端张拉；预应力筋为直线形时，一端张拉的长度可以延长至 35m；无粘结预应力筋长度不大于 40m 时可以一端张拉，大于 40m 时宜两端张拉。当两端同时张拉同一根预应力筋时，宜先在一端锚固，再在另一端补足张拉力后进行锚固。有粘结预应力筋应整束张拉；对直线形或平行编排的有粘结预应力钢绞线束，当各根钢绞线不受叠压影响时，也可以逐根张拉。

对特殊预应力构件或预应力筋，应根据设计和施工要求采取专门的张拉工艺，如分阶段张拉、分批张拉、分级张拉、分段张拉、变角张拉等。

(4) 张拉程序

预应力筋张拉时，应从零拉力加载至初拉力后，量测伸长值初读数，再以均匀速率分级加载、分级测量伸长值，直至张拉控制力。张拉速度不宜过快，预应力筋应力增量应控制在30MPa/min内。张拉至控制力后，钢绞线束宜持荷2min；塑料波纹管成孔管道，宜持荷2~5min。达到张拉控制力后的持荷，对保证张拉力和伸长值的稳定有明显效果。

初拉力取值，应使预应力筋绷紧。根据国内工程实际经验，对直线预应力筋宜为张拉力的5%~10%，对曲线预应力筋宜为张拉力的15%~20%。

(5) 张拉顺序

预应力筋的张拉顺序应符合设计要求，当设计无具体要求时，可以采用分批、分阶段对称张拉，以免构件承受过大的偏心压力。

采用分批张拉方案时，后批预应力筋张拉时对混凝土构件产生弹性压缩变形，从而引起前批张拉且锚固好的预应力筋的应力值降低，因此，前批张拉预应力筋的张拉应力值应增加 $\alpha_E\sigma_{pci}$，即

$$N_P=A_P\ (\sigma_{con}+\alpha_E\sigma_{pci}) \tag{5.5.9}$$

$$\sigma_{pci}=\frac{(\sigma_{con}-\sigma_{L1})\ A_P}{A_n} \tag{5.5.10}$$

式中：N_P——前批预应力筋的张拉力（N）；

α_E——预应力筋与混凝土两者弹性模量的比值；

σ_{pci}——张拉后批预应力筋时在已张拉预应力筋重心处产生的混凝土法向应力；

σ_{L1}——预应力筋的第一批应力损失（MPa）；

A_n——混凝土构件的净截面面积（mm^2）。

当 $\alpha_E\sigma_{pci}$ 较大时，可能使实际张拉控制应力超过表5.4.1中的规定，这是不允许的。因此，在实际施工中也可以采取下列办法解决分批张拉预应力损失问题：①采用同一张拉值，逐根复位补足；②采用同一张拉值，在设计中扣除弹性压缩损失平均值；③对重要的预应力混凝土结构，为了使结构均匀受力并减少弹性压缩损失，可以分两阶段建立预应力，即全部预应力筋先张拉50%，然后第二次张拉至100%。

当预拉区配置了预应力筋时，应先张拉预拉区的预应力筋。例如某预应力混凝土吊车梁，如图5.5.7所示，6束预应力筋，采用两台千斤顶张拉，其张拉顺序为：先张拉上部两束直线预应力筋；下部四束曲线预应力筋采用两端张拉，分两批进行张拉。为使构件对称受力，每批两束先按一端张拉方法进行张拉；待两批四束均进行一端张拉后，再分批在另一端补张拉，以减少前批张拉的束所受的弹性压缩损失。

平卧重叠制作的构件，宜先上后下逐层进行张拉。张拉平卧重叠制作构件的预应力筋时，在相同张拉力的情况下，各层构件的弹性压缩变形值会自上而下逐步减小，这主要是由于上层构件的重量所产生的摩擦阻力阻止下层构件的自由变形所引起的。当构件起吊后，摩阻力影响消失，构件压缩变形增加，导致预应力筋的应力值降低。因此，为减少因摩阻引起的预应力损失，可以自上而下逐层加大张拉力。但底层的张拉力不能太大，一般

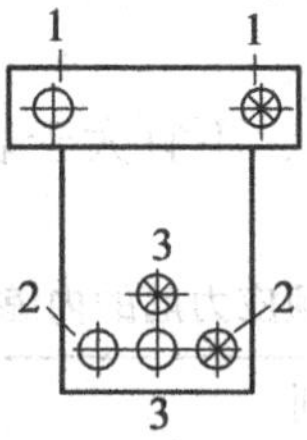

1、2、3—预应力筋的张拉顺序

图 5.5.7　吊车梁的预应力筋张拉顺序示意图

情况下不宜比顶层张拉力大 5%，且应满足相关规范中的要求。当隔离层效果较好时，摩擦阻力影响较小，此时可以采用同一张拉值。

（6）张拉伸长值校核

张拉宜采用应力控制方法，同时应校核预应力筋的伸长值。若实际伸长值与设计理论伸长值的相对允许偏差超出±6%范围，应暂停张拉，在采取措施予以调整后，方可继续张拉。通过这样的校核可以综合反映张拉力是否足够，孔道摩阻损失是否偏大，以及预应力筋是否有异常现象等。

预应力筋的实际伸长值（量测值），宜在初应力约为 $10\%\sigma_{con}$ 时开始量测。预应力筋的计算伸长值 ΔL 见式（5.4.5），实际伸长值（量测值）$\Delta L'$ 则为

$$\Delta L' = \Delta L_1 + \Delta L_2 - C \tag{5.5.11}$$

式中：ΔL_1——从初应力至最大张拉力之间的实际伸长值；

ΔL_2——初应力以下的推算伸长值，计算参见式（5.4.7）。

C——施加应力时，后张法构件的弹性压缩值（其值微小时可以略去不计），对于轴心预压构件其弹性压缩值可以按下式计算

$$C \approx \frac{\bar{N}_P L}{A_n E_c} \tag{5.5.12}$$

式中：$\bar{N}_P$——本批及以前所有批预应力筋的平均有效张拉力之和（N）；

L——混凝土构件长度（mm）；

A_n——混凝土构件净截面面积（mm^2）；

E_c——混凝土的弹性模量（MPa）。

（7）张拉注意事项

①当工程所处环境温度低于−15°C 时，不宜进行预应力筋的张拉。

②在预应力作业中，必须特别注意安全。由于预应力在钢丝束中积蓄了很大能量，万一预应力筋被拉断或锚具与张拉千斤顶失效，巨大能量急剧释放，有可能造成很大危害。因此必须保证所有设备都处于良好状态，且严禁任何工作人员站在预应力筋的两端，同时在张拉千斤顶的后面应设立防护装置。操作千斤顶和测量伸长值的人员，应站在千斤顶侧面操作，严格遵守操作规程。油泵开动过程中，不得擅自离开岗位。若需离开，必须把油泵阀门全部松开或切断电路。

③张拉时应认真做到孔道、锚环与千斤顶三对中，以便张拉工作顺利进行，且不致增加孔道摩擦损失。

④锚固阶段张拉预应力筋的内缩量，不宜大于表5.5.1中的规定。

表5.5.1　　张拉端预应力筋的内缩量限值　　（单位：mm）

锚具类别		内缩量限值
支承式锚具（镦头锚具等）	螺帽缝隙	1
	每块后加垫块的缝隙	1
夹片式锚具	有顶压	5
	无顶压	6~8

⑤对于钢丝束镦头锚固体系，张拉杆（连杆）拧入锚杯内必须具有足够的长度，在张拉过程中应随时拧紧螺母，以保证安全。锚固时若遇钢丝束偏长或偏短，应增加螺母或用连接器解决。

⑥工具锚的夹片应注意保持清洁和良好的润滑状态。新的工具锚夹片第一次使用前，应在夹片背面涂上润滑脂，以后每使用5~10次，应将工具锚上的挡板连同夹片一同卸下，向锚板的锥形孔中重新涂上一层润滑剂，以防止夹片在退楔时卡住。润滑剂可以采用石墨、二硫化钼、石蜡或专用退锚灵等。

⑦多根钢绞线束夹片锚固体系若遇到个别钢绞线滑移，可以更换夹片，用小型千斤顶单根张拉。

⑧预应力筋张拉中应避免预应力筋断裂或滑脱。对后张法预应力结构构件，断裂或滑脱的数量严禁超过同一截面预应力筋总根数的3%，且每束钢丝不得超过一根；对多跨双向连续板，其同一截面应按每跨计算。

⑨每根构件张拉完毕后，应检查端部和其他部位是否有裂缝，并填写张拉记录表。

4. 孔道灌浆

预应力筋张拉后，孔道应及时灌浆，其目的是保护预应力筋，以免锈蚀，增加结构的耐久性；同时亦使预应力筋与构件混凝土具有有效的粘结，以提高结构的抗裂性、承载能力并减轻梁端锚具的负荷状况。此外，试验研究证明，在预应力筋张拉后立即灌浆，可以减少预应力松弛损失20%~30%。因此，必须重视孔道灌浆的质量。

（1）灌浆材料

灌浆所用的水泥浆，既应有足够强度和粘结力，也应有较大的流动性和较小的干缩性及泌水性。孔道灌浆用水泥应采用普通硅酸盐水泥，强度等级不低于42.5MPa；水泥浆中氯离子含量不应超过水泥重量的0.06%。为了使灌浆更加密实，一般都在浆体中增加外加剂。灌浆所使用外加剂和水，不应含有对预应力筋或水泥有害的成分，且应符合环保要求。常用的外加剂有：木质素磺酸钙（掺量0.25%）、FDN（掺量0.25%）等。外加剂应符合《混凝土外加剂应用技术规范》（GB50119）、《预应力孔道灌浆剂》（GB/T 25182）和《后张法预应力混凝土孔道灌浆外加剂》（JC/T 2093）等标准中的要求。

灌浆用水泥浆的性能应符合下列规定：①采用普通灌浆工艺时稠度宜控制在12~20s，

采用真空灌浆工艺时稠度宜控制在 18~25s；②水胶比应不大于 0.45；③自由泌水率宜为 0，且应不大于 1%，泌水应在 24h 内全部被水泥浆吸收；④自由膨胀率应不大于 10%；⑤边长为 70.7mm 的立方体水泥浆试块 28d 标准养护的抗压强度应不低于 30MPa；⑥所采用的外加剂应与水泥作配合比试验并确定掺量后使用。

（2）水泥浆制备

水泥浆宜采用高速搅拌机进行搅拌，搅拌时间应不超过 5min，水泥浆在使用前应经筛孔尺寸不大于 1.2mm×1.2mm 的筛网过滤。搅拌后不能在短时间内灌入孔道的水泥浆，应保持缓慢搅动。水泥浆拌合后至灌浆完毕的时间应不超过 30min。

（3）灌浆工艺

灌浆前孔道应湿润、洁净。灌浆施工宜先灌注下层孔道，后灌注上层孔道。灌浆应连续进行，直至排气管排除的浆体稠度与注浆孔处相同且没有出现气泡后，再顺浆体流动方向将排气孔依次封闭。全部封闭后，宜继续加压 0.5~0.7MPa，并稳压 1~2min 后封闭灌浆口。当泌水较大时，宜进行二次灌浆或泌水孔重力补浆。若因故停止灌浆，应用压力水将孔道内已注入的水泥浆冲洗干净。

若在预留孔道比较狭小、孔道比较复杂的情况下灌浆，可以采用真空辅助灌浆，即在远离灌浆孔的排气孔利用抽气设备将灌浆孔内的空气排出，在孔内形成负压，使浆体流动更为流畅。实践证明，采用这种辅助方法后，灌浆效果非常好。

真空辅助灌浆前，应先关闭灌浆口的阀门及孔道全程的所有排气阀，然后在排浆端启动真空泵抽出孔道内的空气，使孔道真空负压达到 0.08~0.10MPa，并保持稳定，再启动灌浆泵开始灌浆。灌浆过程中，真空泵应保持连续工作，待浆体经过抽真空端时应关闭通向真空泵的阀门，同时打开位于排浆端上方的排浆阀门，在排出少许浆体后再关闭。

预应力混凝土的孔道灌浆，应在正温下进行。当工程所处环境温度高于 35°C 或连续 5 日环境日平均温度低于 5°C 时，不宜进行灌浆施工。冬季灌浆施工时，应对预应力构件采取保温措施或采用抗冻水泥浆。宜通入 50℃的温水，洗净孔道并提高孔道周边的温度，灌浆时水泥浆的温度宜为 10~25℃，水泥浆的温度在灌浆后至少应有 5d 保持在 5℃以上，且应养护到强度不小于 15MPa。

5. 锚具保护

预应力筋张拉端可以采取凸出式做法和凹入式做法。采取凸出式做法时，锚具位于梁端面或柱表面，张拉后用细石混凝土封裹。采取凹入式做法时，锚具位于梁（柱）凹槽内，张拉后用细石混凝土填平。

后张法预应力筋锚固后的外露部分宜采用机械方法切割，也可以采用氧-乙炔焰方法切割，其外露长度不宜小于预应力筋直径的 1.5 倍，且不宜小于 30mm。锚具的密封保护应符合设计要求；当设计无要求时，应采取防止锚具腐蚀和遭受机械损伤的有效措施。通常采用混凝土保护，锚具的保护层厚度应不小于 50mm；预应力筋的保护层，一般不得小于 20mm，处于易受腐蚀的环境时，保护层不得小于 50mm。

§5.6　无粘结预应力混凝土结构施工

无粘结预应力混凝土结构是指预应力筋全长不与混凝土粘结（能与混凝土发生相对

滑动)，依靠锚具传力的一种预应力混凝土结构。无粘结预应力是后张预应力技术的一个重要分支，起源于20世纪50年代的美国，20世纪70年代末移植到我国并开始研究，20世纪80年代初成功地应用于实际工程中，是国家"八五"重点推广技术，现已广泛应用于土木建筑工程。

无粘结预应力施工时，直接将预应力筋按照设计要求铺设在相应的位置，待混凝土浇筑完毕且达到规定强度后，张拉预应力筋并锚固。这种工艺的优点是无须预留孔道与灌浆，施工简单，张拉时摩阻力小，预应力筋具有良好的抗腐蚀性，且易弯成多跨曲线形状，适用于曲线配筋的结构，常用于多层及高层建筑大柱网板柱结构（平板或密肋板），大荷载的多层工业厂房楼盖体系，大跨度梁类结构。但预应力筋强度不能充分发挥（一般要降低10%~20%），对锚具的要求也较高。

5.6.1 无粘结预应力筋的用材与质量要求

无粘结预应力筋由钢绞线、专用防腐润滑脂涂料层和高密度聚乙烯塑料外护套构成，如图5.6.1所示。无粘结预应力筋除保证力学性能外，特别要注意其防腐和耐久性。

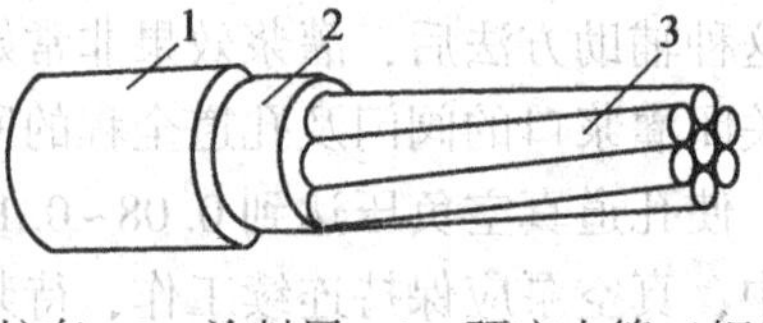

1—塑料护套；2—涂料层；3—预应力筋（钢绞线等）

图5.6.1 无粘结预应力筋构成图

1. 无粘结预应力筋用材料的要求

（1）预应力筋

无粘结预应力筋按钢筋种类和直径分为：$\phi^S12.7$、$\phi^S15.2$和$\phi^S17.8$钢绞线等，其质量应符合《预应力混凝土用钢绞线》（GB5224）和《无粘结预应力钢绞线》（JGJ161）中的要求，且应附有质量保证书。

（2）涂料层

涂料层的作用是使预应力筋与混凝土隔离，减少张拉时的摩擦损失，防止预应力筋锈蚀等。因此，对涂料层的要求是具有良好的化学稳定性；不透水，不吸湿，防水性好，抗腐蚀性能强；润滑性能好，摩阻力小；对周围材料（如混凝土、钢材和外包材料）无侵蚀作用；在规定温度范围（一般为-20℃~+70℃）内不流淌，不变脆，不裂缝，且具有一定韧性；同时还要考虑价格便宜，取材容易和施工方便等，常用的涂料层有防腐油脂和防腐沥青。

制作单根无粘结预应力筋时，宜优先选用防腐油脂作涂料层，油脂的涂层要饱满，塑料外包层宜采用塑料注塑机注塑成型，且外包层应松紧适度；成束无粘结预应力筋可以用防腐沥青或防腐油脂作涂料层，当使用防腐沥青时，应密缠塑料带作外包层，塑料带各圈之间的搭接宽度应不小于带宽的1/2，缠绕层数不少于4层。

(3) 塑料外包层

塑料外包层应具有足够的抗拉强度和防水性能，宜采用高密度聚乙烯。要求在-20℃~+70℃温度范围内，低温不脆化，高温化学稳定性好；必须具有足够的韧性、抗破损性；对周围材料（如混凝土、钢材）无侵蚀作用；防水性好。对一、二类环境塑料外包层厚度应不小于1.0mm，对三类环境应按设计要求确定。由于聚氯乙烯在长期的使用过程中氯离子将析出，对周围的材料有腐蚀作用，故严禁使用。

2. 无粘结预应力筋质量验收

(1) 质量要求

经力学性能检验合格的预应力钢材方可用于制作无粘结预应力筋。产品外观要求油脂饱满均匀，不漏涂；护套圆滚光滑，松紧恰当，无破损。对 $\phi^S 15.2$ 钢绞线或 $7\phi^P 5$ 钢丝束，油脂用量不小于0.5kg/10m；对 $\phi^S 12.7$ 钢绞线油脂用量不小于0.43kg/10m。在正常环境下护套厚度不小于0.8mm，在腐蚀环境下护套厚度不小于1.2mm。

(2) 抽检

无粘结预应力筋进场时应按以下规定验收：每次同规格订货为一检验批，且每批重量不大于30t；外观应逐盘检查；每批抽样三根进行油脂与塑料护套检查。每根长1m，称出产品重后，剖开塑料护套，分别用柴油清洗擦净并用天平称出钢材与塑料护套重，即得油脂重；再用千分卡量取塑料每段端口最薄和最厚处的两个厚度取平均值。

5.6.2 无粘结预应力筋的施工工艺

无粘结预应力筋的施工工艺主要包括预应力筋的铺设、张拉和锚固区防腐处理等。

1. 无粘结预应力筋的铺设

铺设前，应对无粘结预应力筋逐根进行外包层检查，对有轻微破损者，可包塑料带修补，对破损严重者应予报废。对配有镦头式锚具的钢丝束应认真检查锚杯内外螺纹，镦头外形尺寸及是否漏镦，并将定位连杆拧入锚杯内。无粘结预应力筋的铺设应严格按设计要求的曲线形状，正确就位并固定牢靠。无粘结预应力筋的铺设应满足下列要求：

(1) 无粘结预应力筋的铺设通常在绑扎完成底筋后进行。

(2) 预应力筋或成孔管道竖向位置偏差应符合表5.6.1中的规定。

表 5.6.1　预应力筋或成孔管道竖向位置允许偏差

截面高（厚）度/（mm）	≤300	300~1500	>1500
允许偏差/（mm）	±5	±10	±15

(3) 除符合上述（2）的规定外，尚应符合下列要求：①无粘结预应力筋的定位应牢固，浇筑混凝土时不应出现移位和变形；②端部的预埋锚垫板应垂直于预应力筋；③内埋式固定端垫板不应重叠，锚具与垫板应贴紧；④成束布置时应能保证混凝土密实，且能裹住预应力筋；⑤无粘结预应力筋的护套应完整，局部破损处应采用防水胶带缠绕紧密。

(4) 在单向连续梁板中，无粘结预应力筋的铺设基本上与非预应力筋相同。无粘结预应力筋的曲率，可以垫铁马凳控制。铁马凳高度应根据设计要求的无粘结预应力筋曲率确定，铁马凳间隔不宜大于2m，且应用铁丝与无粘结预应力筋扎紧。

（5）铺设双向配筋的无粘结预应力筋时，无粘结预应力筋需要配制成两个方向的悬垂曲线，由于两个方向的无粘结预应力筋互相穿插，给施工操作带来困难。因此必须事先编出无粘结预应力筋的铺设顺序。其方法是将各向无粘结预应力筋各搭接点处的标高标出，对各搭接点相应的两个标高分别进行比较，若一个方向某一无粘结预应力筋的各点标高均分别低于与其相交的各筋相应点标高时，则该筋就可以先放置。按此规律编出全部无粘结预应力筋的铺设顺序。

（6）多根无粘结预应力筋组成集束配置时，每根无粘结预应力筋应保持平行走向，不得相互扭绞。曲线筋的曲线段的起始点至张拉锚固点应有一段不小于300mm的直线过渡段。

（7）楼板中的无粘结预应力筋当遇到孔洞、管道、凹槽、插件时，在平面内需作出某些偏移。这时应注意，由于无粘结预应力筋的侧向力作用，可能使混凝土开裂，为避免和控制这类裂缝，无粘结预应力筋离开孔边要有一定的距离，并以足够大的曲率半径平缓绕过板中的开孔，如图5.6.2所示。洞口边还应配置构造钢筋予以加强。

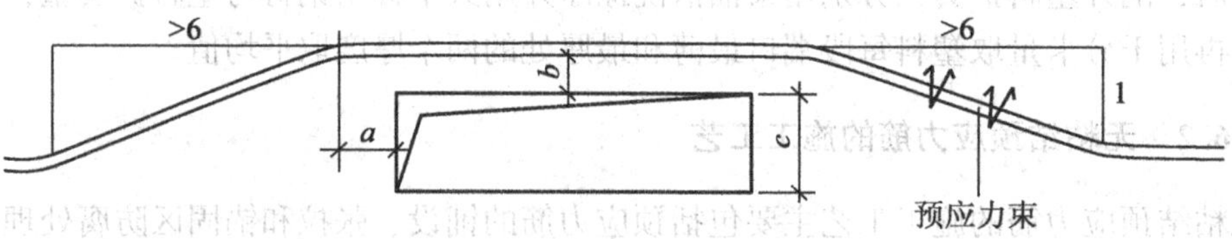

（1）$a \geqslant 300$mm，$b \geqslant 150$mm，$c \leqslant 1000$mm；

（2）弯折坡度>6∶1；（3）加V形钢筋$\phi 10$@150mm

图5.6.2 洞口处无粘结预应力筋构造要求示意图

（8）应注意梁、柱节点处，梁的预应力筋应穿入柱子主筋内，不要穿柱子保护层而过。若发现有这种做法应预以纠正。

2. *无粘结预应力筋的张拉*

无粘结预应力筋的张拉与有粘结预应力筋的后张法基本相似。无粘结预应力筋的张拉顺序，应根据其铺设顺序，先铺设的先张拉，后铺设的后张拉。楼盖结构宜先张拉楼板、后张拉楼板梁。楼板中的预应力筋可以依次张拉，梁中预应力筋宜对称张拉。

由于无粘结预应力筋一般为曲线配筋，当长度超过25m时，宜采取两端同时张拉；当长度超过60m时，宜采取分段张拉。

成束的无粘结预应力筋在正式张拉前，宜先用千斤顶往复抽动1～2次，以降低张拉摩擦损失。在张拉过程中，当有个别钢丝发生滑脱或断裂时，可以相应降低张拉力，但滑脱或断裂的数量，应不超过结构同一截面无粘结预应力筋总数的3%。

无粘结预应力筋在梁板结构中应用较多，经常遇到在梁板顶面或墙壁侧面的斜槽内张拉预应力筋等情况，此时宜采用变角张拉装置。变角张拉装置如图5.6.3所示，其关键部件是变角块。变角块可以是整体的或分块的，前者仅为一个特定工程所用；后者则可以根据需要由若干块组合使用。以分块式变角装置的每一个变角块的变角量为5°，根据需要进行组合，可以满足 5°~60°的变角要求。

采用变角度张拉工艺时，经实际测试，变角 10°~25°时，应超张拉 2%~3%；变角 25°~40°时，应超张拉 5%，弥补预应力损失。

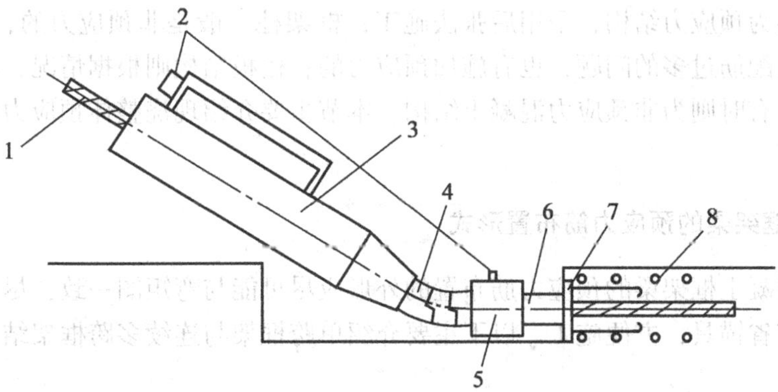

1—预应力筋；2—油嘴；3—YCQ20 千斤顶；4—变角块；5—顶压器或限位器；6—锚具
7—垫板；8—螺旋筋

图 5.6.3　变角张拉装置示意图

3. 锚固区防腐处理

锚具是无粘结预应力筋的关键部分，对锚固区的保护是至关重要的。无粘结预应力筋的外露长度应不小于 30mm，多余部分可以用手提砂轮切去。锚具等锚固部位应及时进行密封处理。一般应在锚具与承压板的表面涂以防水涂料，以防水汽进入。为了使无粘结预应力筋端头全密封，在锚具端头涂防腐润滑油脂，罩上封端塑料盖帽，以防预应力筋发生局部锈蚀。

对于凹入式锚固区，锚具经上述处理后，再用后浇膨胀混凝土或低收缩水泥砂浆或环氧砂浆密封，且应在与老混凝土交界处涂刷一层粘结剂。凹入式锚固区的处理如图 5.6.4 所示。

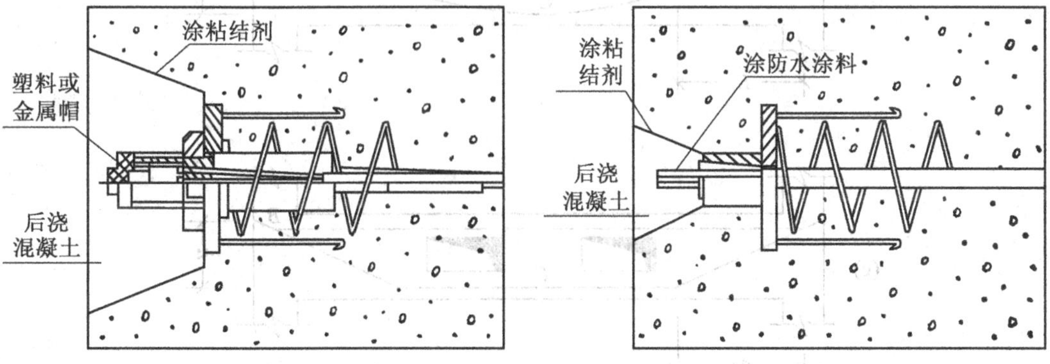

(a) 用盖子密封的锚头　(b) 防腐蚀锚头

图 5.6.4　凹入式锚固区的处理示意图

§5.7 预应力框架结构的施工

框架结构主要包括框架梁、框架柱和楼板等。一般情况下，现浇预应力混凝土框架结构中，框架梁为预应力结构，采用后张法施工；框架柱一般是非预应力的，对顶层边柱，有时为了解决配筋过多的问题，也有施加预应力的；楼板结构则根据情况，有时为无粘结预应力楼板，有时则为非预应力混凝土结构。本节主要介绍现浇整体预应力框架梁和柱的结构施工。

5.7.1 框架梁的预应力筋布置形式

预应力混凝土框架梁的预应力筋布置的外形应尽可能与弯矩图一致，尽可能减少孔道摩擦损失，节省锚具，方便施工。以下主要介绍单跨框架与连续多跨框架结构的预应力筋布置。

1. 单跨框架梁的预应力筋布置

在竖向荷载作用下，单跨预应力混凝土框架梁的支座弯矩与跨中弯矩差异不大。梁中的预应力筋有如图 5.7.1 所示的几种布置形式。

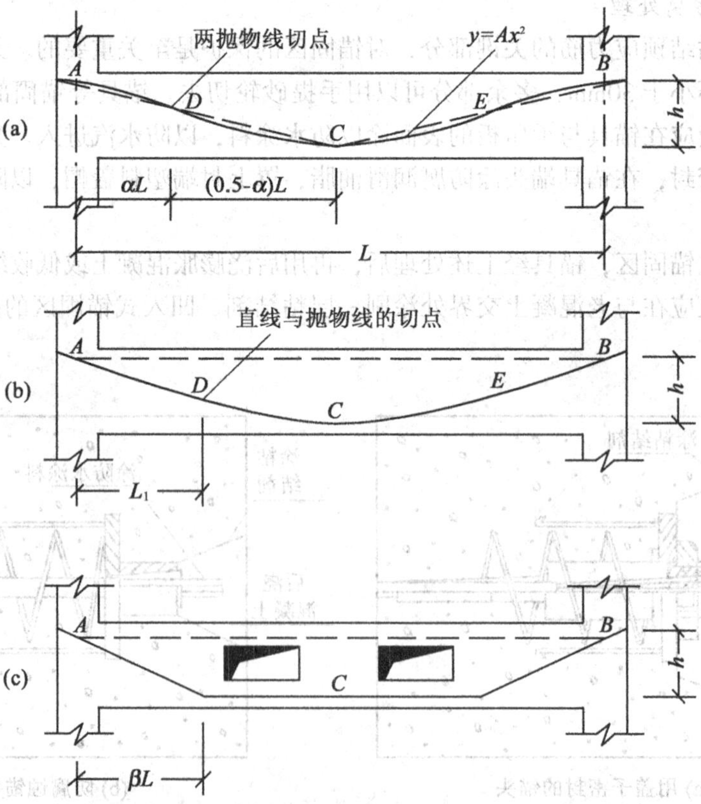

图 5.7.1 单跨框架梁的预应力筋布置方案图

①正反抛物线布置，如图5.7.1（a）所示。从跨中 C 点至支座 A 点（或 B 点）采用两段曲率相反的抛物线，在反弯点 D（或 E 点）处相接并相切，A 点（或 B 点）与 C 点分别为两抛物线的顶点。因此，反弯点位于 A 点（或 B 点）与 C 点的连线与反弯点位置线的交点上。反弯点的位置线距梁端的距离，一般取 $0.1\sim0.2L$（L 为梁的跨度），即 $\alpha=0.1\sim0.2$。图5.7.1（a）中的抛物线方程为

$$y=Ax^2 \tag{5.7.1}$$

$$A=\frac{2h}{(0.5-\alpha)\ L^2}\quad（跨中区段） \tag{5.7.2}$$

$$A=\frac{2h}{2L_{?}^2}\quad（梁端区段） \tag{5.7.3}$$

该方案常用于支座弯矩与跨中弯矩基本相等的单跨框架梁。

②直线与抛物线形相切布置，如图5.7.1（b）所示。跨中区段的抛物线与梁端区段的直线相切。切点位置 D 点（或 E 点）距梁端的距离 L_1，可以按下式计算

$$L_1=\frac{L}{2}\sqrt{2\alpha} \tag{5.7.4}$$

该方案宜用于支座弯矩较小的单跨框架梁。

③折线形布置，如图5.7.1（c）所示。β 值取1/4～1/3，宜用于集中荷载作用下的框架梁或开洞梁。

2. 多跨框架梁的预应力筋布置

在竖向荷载作用下，多跨预应力混凝土框架梁的内支座弯矩约为跨中弯矩或边支座弯矩的2倍。梁的预应力筋布置有连续布置，如图5.7.2（a）所示，和连续与局部组合布置，如图5.7.2（b）所示，对不等跨框架梁，部分顶应力筋在短跨切断，如图5.7.2（c）所示。

图5.7.2（a）中，直线与抛物线切点 D 的位置与求法如下

$$L_1=\frac{L}{2}\sqrt{1-\frac{h_1}{h_2}+2\alpha\frac{h_1}{h_2}} \tag{5.7.5}$$

图5.7.2（b）中，$\beta_1=0.25\sim0.5$；$\beta_2=0.25\sim0.35$。

如果内支座弯矩比跨中弯矩与边支座弯矩大得多，可以在中支座处加腋或局部加筋解决。

5.7.2　构造措施

1. 预应力筋孔道布置

①预应力筋保护层的最小厚度：对梁底取50mm，对梁侧取40mm，使预应力筋位于非预应力钢筋以内。

②预应力筋孔道直径宜比钢丝束或钢绞线束的外径大5～10mm，且孔道面积应不小于预应力筋净面积的2倍。

③预应力筋孔道的最小净距，应大于粗骨料最大直径的4/3。对曲线筋孔道，竖直方向净距应不小于孔径 d，对使用插入式振动器穿过孔道捣实时，水平方向净距应不小于 $1.5d$。

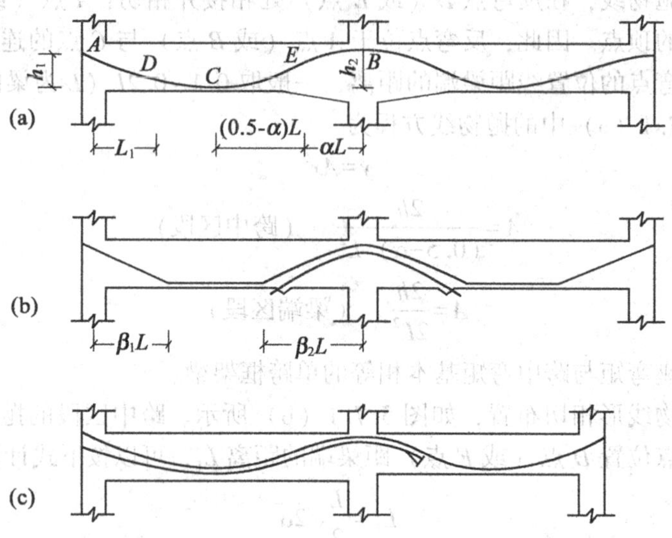

图 5.7.2 多跨框架梁的预应力筋布置方案图

④曲线孔道的曲率半径，对钢丝束，应不小于 4m。折线孔道的弯折处，宜采用圆弧线过渡，其曲率半径可以适当减小。

⑤灌浆孔的位置宜设置在孔道的最低处，其间距一般应不大于 15m；对波纹管孔道，可以放宽至 24m。曲线孔道的高差大于 500mm 时，应在孔道的每个峰顶处设置泌水管。

⑥在梁中部设置张拉端时，应在该处楼面板设置相应的施工孔，施工孔一般为 400mm×800mm，并预留钢筋，待预应力施工完毕后再浇筑施工孔处楼面板的混凝土。

2. 钢筋构造措施

①在框架梁的预应力筋弯折处，应加密箍筋或沿弯折处内侧设置钢筋网片，以增强预应力筋弯折区段的混凝土。

②当框架梁的截面高度范围内有集中荷载作用时，应在该处设置附加箍筋，不宜采用吊筋，以免将预应力筋孔道挤弯。

③当框架梁的非预应力负筋在锚固区向下弯有困难时，可以向上弯或缩进向下弯，弯折点位置至框架柱内侧的距离应大于 $h/2$（h 为柱截面高度），锚固长度必须满足相关规范中的要求。

④由于预应力筋扩大孔位于柱的外侧，框架柱的纵向受力钢筋宜尽量布置在柱的四角处。

3. 锚固区构造

锚固区是指后张预应力混凝土结构端部锚具下的局部高应力扩散到正常允许压应力所需的区段。锚固区的受力比较复杂，端头局部高应力在垂直于预应力筋方向会产生较大的拉应力，该区段的截面尺寸和承载力取决于：锚具与垫板尺寸、锚具间距与锚具至边缘距离、混凝土强度等级、钢筋网片或螺旋筋等。

锚固端位置与做法如图 5.7.3 所示。预应力筋锚固在梁柱节点时，由于柱的尺寸大，引起的拉应力一般不会使混凝土劈裂并逐步消散。预应力筋锚固在悬臂梁端时，由于梁的厚度薄所引起的拉应力大，通常需要配置附加钢筋，以防止混凝土沿孔道劈裂。预应力筋锚固在梁体内，只适用于固定端。

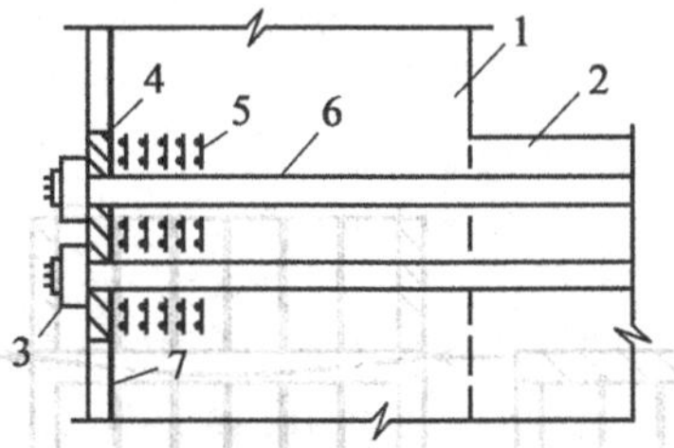

(a) 预应力筋锚固于柱的外侧

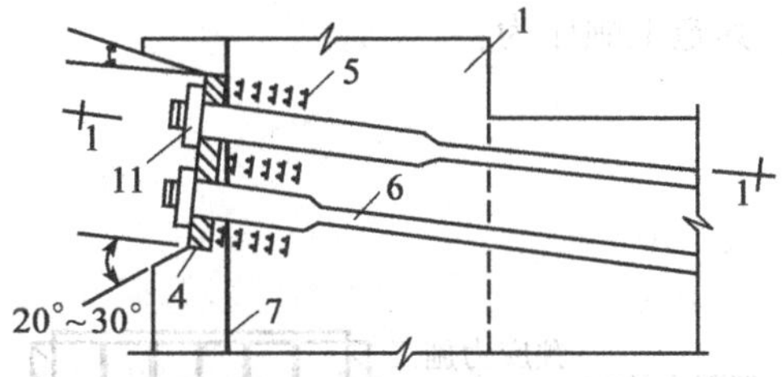

(b) 预应力筋锚固于柱的凹槽内

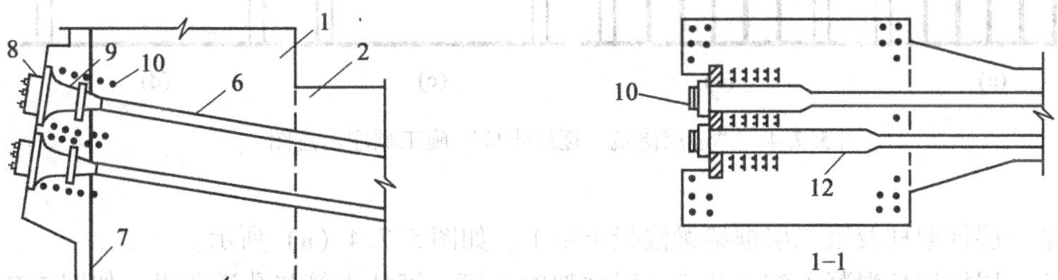

(c) 预应力筋锚固于柱的外侧

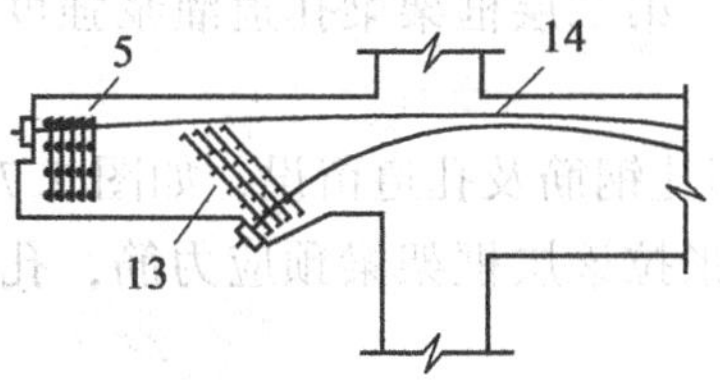

(e) 预应力筋锚固在悬臂梁端

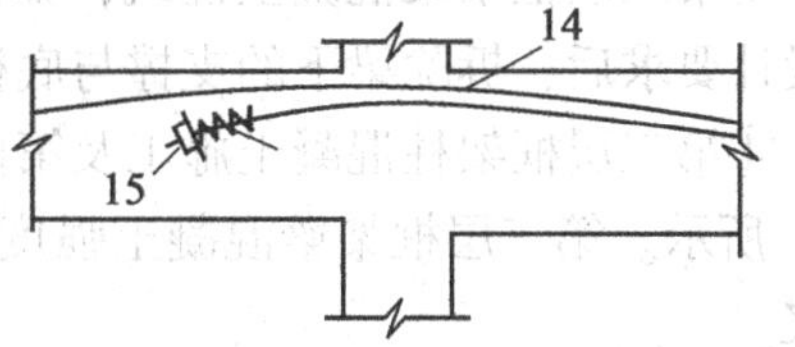

(e) 预应力筋埋设在梁体内

1—柱；2—梁；3—JM 型锚具；4—预埋钢板；5—网片；6—孔道；7—纵筋
8—QM 型锚具；9—喇叭形铸铁垫板；10—螺旋筋；11—DM 型锻具
12—扩大孔；13—附加钢筋；14—预应力筋；15—内埋式锚具

图 5.7.3　锚固端做法

预应力筋锚固端做法，又可以分为凸出式和凹入式。前者节点构造简单，但凸头影响美观，需加以装饰。后者用细石混凝土封裹与柱面齐平，且不易渗水，但节点复杂，有时难以处理。

5.7.3　预应力框架结构施工顺序

多层现浇预应力混凝土框架结构施工时，首先应安排好框架梁混凝土施工和预应力筋张拉两道工序之间的顺序关系。对框架混凝土施工与预应力筋张拉顺序，可以分为“逐层浇筑、逐层张拉”和“数层浇筑、顺向张拉”等。对现浇预应力混凝土楼盖，宜先张拉楼板、次梁的预应力筋，后张拉主梁的预应力筋。

1. 逐层浇筑、逐层张拉

多层现浇预应力混凝土框架结构施工时，浇筑一层框架的混凝土，张拉一层框架梁的预应力筋，自下而上逐层完成的施工顺序称为“逐层浇筑、逐层张拉”，如图 5.7.4 所示。其施工顺序为：

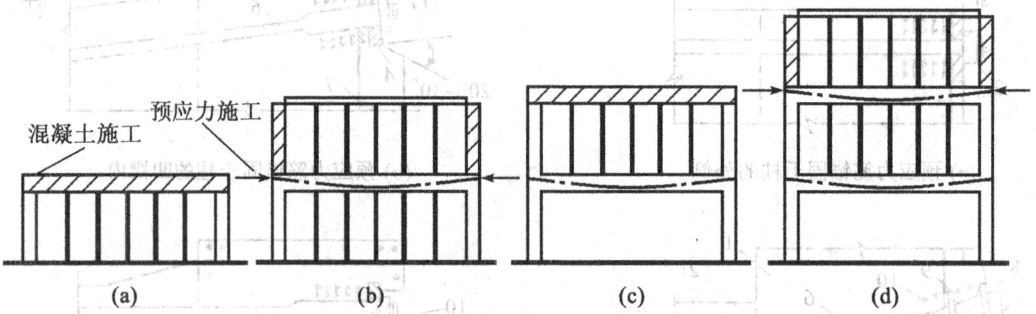

图 5.7.4 “逐层浇筑、逐层张拉”施工顺序示意图

①第一层框架柱及第二层框架梁混凝土施工，如图 5.7.4（a）所示。

②第二层框架柱混凝土施工及第三层框架梁支模、绑扎钢筋与孔道留设，如图 5.7.4（b）所示。第二层框架梁混凝土达到设计要求后，张拉该层框架梁预应力筋，孔道灌浆。

③第三层框架梁混凝土浇筑，如图 5.7.4（c）所示。第二层框架梁孔道灌浆强度达到设计要求后，拆除梁下的支撑与底模。

④第三层框架柱混凝土施工及第四层框架梁支模、绑扎钢筋及孔道留设，如图 5.7.4（d）所示。第三层框架梁混凝土强度达到设计要求后，张拉该层框架梁预应力筋，孔道灌浆。

重复进行以上过程，直至屋面梁施工完毕。

采用“逐层浇筑、逐层张拉”施工时，由于框架梁下支撑只承受一层施工荷载，预应力筋张拉后即可拆除，因此占用模板、支撑的时间和数量均较少。一般梁侧模板只需配置一套，梁底模及支撑需要配置两套。但是，预应力张拉专业队伍每层需要进场一次，花费时间较多。

采用这种施工顺序组织施工时，上层框架梁混凝土浇筑应在该下层框架梁预应力筋张拉后进行。每层框架梁混凝土浇筑后又都必须养护到设计规定强度时，方可张拉预应力筋。一般情况下，框架梁混凝土养护所需时间较长，所以，对于平面尺寸不大的工程，每层框架梁混凝土养护与预应力筋张拉都要占用一些工期。对于平面尺寸较大的工程，则可划分施工段组织流水施工，以减少混凝土养护对工期的影响。

2. 数层浇筑、顺向张拉

多层现浇预应力混凝土框架结构施工时，在浇筑 2~3 层框架梁混凝土之后，自下而上（顺向）逐层张拉框架梁预应力筋的施工顺序称为“数层浇筑、顺向张拉”，如图 5.7.5 所示。主要施工顺序为：

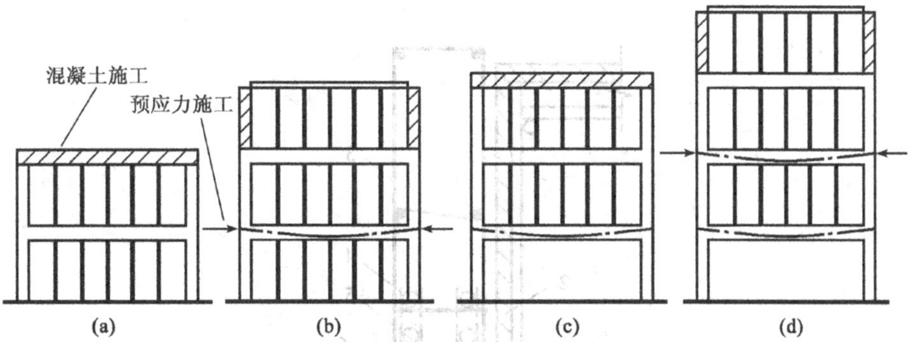

图 5.7.5 “数层浇筑、顺向张拉”施工程序示意图

①第一层框架柱至第三层框架梁混凝土施工，如图 5.7.5（a）所示。

②第三层框架柱混凝土施工及第四层框架梁支模、绑扎钢筋与孔道留设，如图 5.7.5（b）所示。第二层框架梁混凝土强度达到设计要求、第三层框架梁的混凝土也具有一定强度之后，张拉第二层框架梁预应力筋，进行孔道灌浆。

③第四层框架梁混凝土浇筑，如图 5.7.5（c）所示。第二层框架梁孔道灌浆强度达到设计要求后，拆除梁下的支撑与底模。

④第四层框架柱混凝土施工及第五层框架梁支模、绑扎钢筋与孔道留设，如图 5.7.5（d）所示。第三层框架梁预应力筋张拉。

按照以上施工顺序，依次完成全部工作。

采用数层浇筑、顺向张拉时，框架结构混凝土施工可以按普通钢筋混凝土结构一样逐层连续施工，框架梁预应力筋张拉可以错开一层，自下而上逐层跟着张拉。采用这种施工顺序，立体交叉作业，工作紧凑，可以缩短工期，但占用支撑和模板较多。

采用这种施工顺序时，由于下层框架梁预应力筋张拉后所产生的反拱，会通过支撑对上层框架梁产生影响，因此，张拉时要求上层框架梁混凝土的强度应达到 C15 以上。

5.7.4 预应力混凝土框架梁施工

多层现浇预应力混凝土框架结构具有跨度大、柱距大、施工荷载大和高空张拉等特点。因此，预应力框架梁施工与普通钢筋混凝土框架施工相比较，难度更大，施工技术要求更严。这里主要阐述预应力混凝土框架施工的特殊要求与方法。

1. 模板的安装与拆除

预应力混凝土框架梁由于梁的高度大、自重大、层高也较大，因此，支模时，支架的承载力应能承受施工过程中可能出现的最大施工荷载，而且稳定性要好。应特别注意框架梁底层梁模板支撑的地基必须稳定可靠，要做好地基处理，防止不均匀沉陷。

支撑方式有扣件式钢管排架、门式脚手架和可调独立支撑三种支撑方案，施工时可以结合施工顺序、荷载的大小和支撑供应条件等进行选用。

安装预应力框架梁模板时，先在支架上安装好梁底模板和梁一边侧模板，并在其上按曲线坐标弹出波纹管的位置线，然后绑扎梁的钢筋骨架并安装波纹管，如图 5.7.6 所示，波纹管及钢筋骨架安装完毕，应对波纹管进行检漏试验，经检查无误后再安装梁另一侧模板。

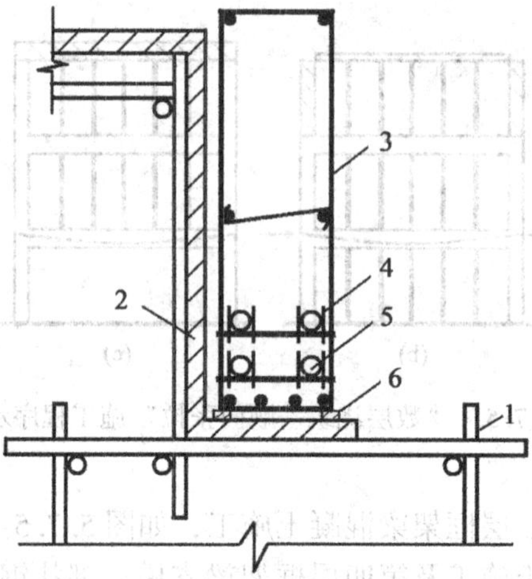

1—支架；2—模板；3—箍筋；4—钢筋支托；5—波纹管；6—垫块

图 5.7.6 梁模板与波纹管的安装示意图

预应力框架梁模板的起拱值，考虑到梁张拉后产生的反拱可以抵消部分梁自重产生的挠度，因此，预应力框架梁模板的起拱值应比普通钢筋混凝土框架梁要小，其起拱高度宜为全跨长度的 0.5‰~1‰。

预应力框架梁的侧模板和现浇楼板的底模板，应在预应力筋张拉前全部拆除，以避免施加预应力时模板束缚梁的混凝土自由变形，影响混凝土预加应力的建立。框架梁底模板及支撑应在预应力筋张拉结束，孔道灌浆强度达到 15MPa 后方可拆除。

2. *混凝土浇筑*

预应力混凝土框架结构混凝土的强度等级宜为 C35~C40。预应力混凝土框架梁的高度较大，混凝土应分层浇筑，且用插入式振动器振实。混凝土振捣过程中，应特别注意振动器不得触及波纹管，以防止损坏波纹管而引起漏浆，堵塞孔道，给穿入预应力筋带来困难。同时，在框架梁端部，梁柱节点处等关键部位，因钢筋密集，浇捣困难，宜采用小直径（$\phi30$）的振动棒或振动片，仔细振捣密实，切勿漏振，以免张拉时因梁端混凝土不密实，使预埋钢板凹陷，造成质量事故。

在框架梁浇筑过程中，为了防止波纹管偶而漏浆引起孔道堵塞，应采用尼龙绳牵引通孔器（比孔道直径小 10mm，长 70~30mm 的铁块）在波纹管孔道内来回拉动。在浇筑混凝土前，预应力筋已穿入孔道时，则应利用已穿入的预应力筋来回抽动，以保证孔道畅通。在孔道最低处设置排水孔（一般灌浆孔兼排水孔），混凝土浇筑完毕后，用高压水冲洗波纹管内壁，能有效清除孔道内的漏浆。

大面积框架梁与楼面混凝土浇筑时，可以采用泵送混凝土，但应采取减少混凝土收缩的措施。

梁柱混凝土应分开浇筑，施工缝一般留在梁下 20~50mm 处和梁上 200~400mm 处，后者系考虑到梁端预应力筋张拉时局部承压需要。

预应力框架梁一般不允许留施工缝，楼面的施工缝可以留在次梁的中间 1/3 跨中处。

3. 曲线预应力筋穿束

框架梁曲线预应力筋采用先穿或后穿，直接影响到施工顺序安排与留孔质量控制，应在施工组织设计中明确作出规定。一般情况下，框架结构的预应力钢筋束宜采用先穿法施工。

4. 曲线预应力筋张拉

在现浇后张预应力混凝土框架结构中，框架梁混凝土达到强度等级的75%以上，且不低于C30后，方可进行张拉。

对于单跨框架梁的曲线筋可以采用一端张拉，该方法是在研究曲线预应力筋的孔道反摩擦损失与锚固损失的基础上进一步提出的。通过12~24m单跨框架梁的抗裂度分析，对配置二束预应力筋（张拉端交错布置在两端）的梁，抗裂度影响甚微，对配置一束预应力筋的梁，支座处抗裂度下降仅1%~3%，一般仍能满足设计要求，必要时可以采取超张拉措施，以提高固定端应力。目前，该技术在单跨框架梁中已得到广泛采用。

在张拉过程中应用超张拉回松技术可以有效减少孔道摩擦损失，使预应力值沿长度方向分布较为均匀。该方法首先适当超张拉，可以提高内支座处的应力，随后再回松，张拉端应力下降，使预应力筋沿梁的长度方向分布的应力比较均匀。

在单向预应力混凝土框架结构中，其张拉顺序一般宜对称于整个楼层进行。当现浇预应力框架结构梁的断面尺寸较大，楼面整体性好时，框架梁的张拉顺序，也可以按轴线顺序从一边向另一边推进，使张拉设备移动线路最短。

对每榀框架梁中预应力筋的张拉顺序，可以自上而下或自下而上进行，应根据受力特点和安全施工等因素确定。由于框架梁的断面尺寸较大，混凝土的预压应力较小，楼板刚度较大，张拉端又在框架柱上，因此为便于施工，可以采取不对称一次张拉，即第一束先一次拉足张拉力。

当框架结构的主、次梁均采用预应力时，双向预应力框架梁的张拉顺序，应先张拉次梁，后张拉主梁。如果先张拉主梁，往往会由于主梁反拱较大，使位于主梁跨中的次梁被抬起，造成次梁与模板支撑脱开，这时次梁尚未张拉，有可能产生裂缝。

预应力井式梁结构的张拉顺序，按双向对称进行。

5.7.5 预应力混凝土框架柱施工

在大跨度预应力混凝土框架结构中，由于框架梁跨度大，荷载大，顶层梁柱节点采用刚接时，就会导致顶层边柱的偏心弯矩很大，柱中需配置许多纵向钢筋，造成钢材浪费。若将顶层边柱设计成预应力混凝土柱，可以有效地解决边柱中配筋过多的问题，而且又提高了边柱的刚度和抗裂度。

1. 预应力筋布置与固定端构造

大跨度顶层预应力混凝土框架边柱的纵向预应力筋布置方式有：二段抛物线与折线两种。二段抛物线布筋方式如图5.7.7（a）所示，其优点是能与使用弯矩图相吻合，施工也较方便，但孔道摩阻损失较大。折线筋方式如图5.7.7（b）所示，其优点是能与使用弯矩图基本吻合，摩阻损失可以小一些。

预应力筋下端的锚固，根据预应力筋种类不同，可以采用半粘结式锚具或全粘结式锚具。

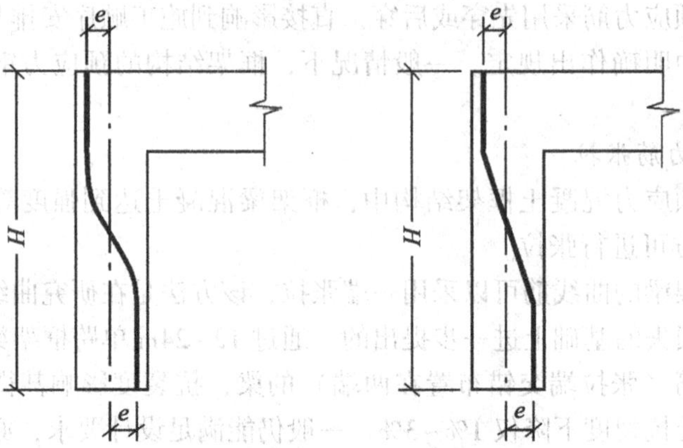

图 5.7.7　框架柱预应力筋布置方式

半粘结式锚具（如图 5.7.8（a）所示）是柱的预应力筋下端部分靠粘结锚固，部分靠机械零件锚固。若采用钢丝束体系，由于钢丝表面光滑，粘结力差，单靠部分长度钢丝粘结不能满足要求，因此，钢丝束下端还需设置镦头锚板进行锚固。为使浆体易于进入钢丝束端头，钢丝束下端作成扩大头，锚板底部焊有 4 根锚筋，以增加粘结。为了防止浇筑混凝土时锚板上浮而脱开镦头，锚板下还要焊一块薄钢板将镦头托住。固定端应配置螺旋筋，以增加局部承压能力。试验表明，当锚固长度大于 500mm 时，粘结部分可以承担钢丝极限强度的 10%~27%，其余均由锚板承担。

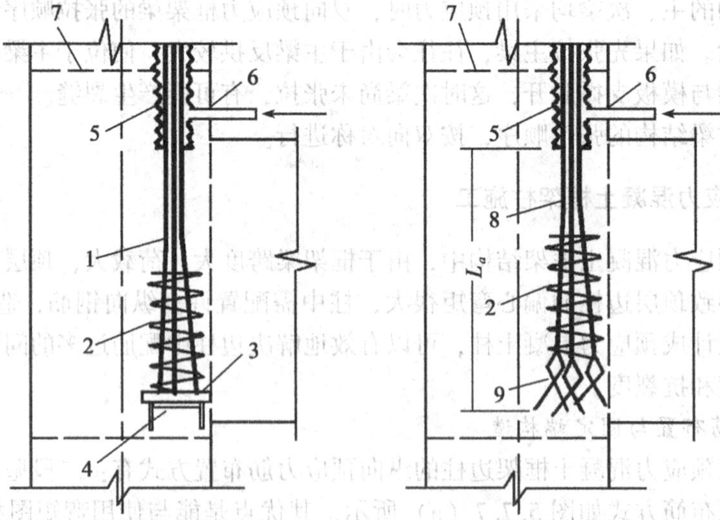

1—钢丝束；2—螺旋筋；3—锚板；4—薄钢板；5—波纹管；6—灌浆孔；7—施工缝

8—钢绞线束；9—压花锚具

图 5.7.8　柱脚固定端构造

全粘结式锚具（如图 5.7.8（b）所示）是柱的预应力筋下端全部靠粘结锚固。若采用钢绞线束体系，由于钢绞线粘结性能好，钢绞线下端可以采用压花头进行锚固。钢绞线的锚固长度 l_a 不小于 1200mm，压花头处混凝土强度等级不小于 C30。

2. 预应力混凝土柱施工

框架柱预应力筋采用钢丝束半粘结式锚固体系时，为了便于施工，可以事先将预应力筋各部件组成预应力筋组装件，然后随着框架往的施工分阶段进行就位固定。

制作预应力筋组装件，包括钢丝束、波纹管、螺旋筋、预埋钢板和镦头锚具等。其组装顺序为：预应力筋下料、组装固定端（穿锚板、镦头和焊托板）、套入波纹管与螺旋筋、组装张拉端（套入预埋钢板、穿锚具和镦头）。

在下层框架梁浇筑混凝土前，应将预应力筋组装件的固定端按设计位置埋入柱内固定，端部锚板应与柱钢筋焊牢。预应力筋组装件上部可以用支架进行临时固定，待混凝土浇筑至梁面时，将组装件的波纹管轻轻压入新浇筑混凝土内约 100mm。

框架柱钢筋绑扎后，将预应力筋组装件按设计位置进行固定，且在离下层梁面 50～100mm 处用塑料弧形压板留设灌浆孔，再用塑料管引出柱外，继续浇筑混凝土至上层梁底的施工缝处。

绑扎柱顶钢筋的同时，按设计坐标位置固定预应力筋组装件，并使波纹管上口伸入预埋钢板孔内，然后用胶带纸封裹接口。浇筑柱顶混凝土时，尽量提紧钢丝束，并使锚板紧贴预埋钢板，以保证柱的标高，端部混凝土必须振捣密实，并确保预应力筋组装件位置正确，不得向外偏移，以防止张拉时柱角劈裂。

预应力筋张拉时，将千斤顶立放，配有专用张拉套筒与锚板式镦头锚具相连接，张拉到吨位后，在锚板与垫板之间加入两片半圆环垫板。两片半圆环垫板之间应留出 5mm 左右孔隙，作为灌浆时的泌水孔。

竖向孔道灌浆，一般可以按常规方法进行。为使柱顶孔道灌浆饱满密实，在灌浆嘴处装一阀门，灌浆完毕后在稳压的情况下，关闭灌浆嘴阀门，弯折并扎紧灌浆孔处的塑料管，以防止竖向孔道内水泥浆倒流。此外，灌浆前在柱顶锚具处还设置有简易灌浆罩，灌浆时水泥浆从锚具的排气孔和半圆环垫板缝隙处喷出水泥浆，填满灌浆罩。停止灌浆后，罩内水泥浆能补充因泌水引起的孔隙，使竖向孔道水泥浆饱满。因罩内水泥浆容易堵塞排气孔，因此，应经常用铁丝通孔并随时人工补浆，以保证竖向孔道灌浆密实。

复习思考题 5

一、问答题

1. 什么叫做预应力混凝土？预应力混凝土有何特点？
2. 如何对预应力钢筋进行检查？对预应力钢筋进行检查应包括哪些指标？
3. 夹具和锚具有哪些？其适用的范围是什么？
4. 预应力张拉有哪些设备？各有何优、缺点？
5. 如何进行千斤顶的标定？有哪几种方法？
6. 先张法和后张法的施工有何不同？各适用什么范围？
7. 预应力钢筋的张拉控制应力如何确定？为什么规定张拉控制应力应符合设计及专

项施工方案的要求？

8. 先张法放松预应力钢筋时，应注意哪些问题？

9. 在台座上生产先张法预应力混凝土构件，采用蒸汽养护时，为什么要采用“二次升温养护”制度？

10. 后张法分批张拉时，如何弥补混凝土弹性压缩应力损失？

11. 试简述后张法中超张拉的目的。

12. 后张法施工时孔道的留设方法有哪几种？各适用什么范围？

13. 确定预应力筋的下料长度时要考虑哪些因素？如何计算？

14. 为什么要进行孔道灌浆？孔道灌浆对原材料有何要求？

15. 平卧叠浇构件在施加预应力时如何进行施工？施工时应注意哪些问题？

16. 无粘结预应力钢筋的施工特点是什么？如何进行无粘结预应力钢筋的施工？

17. 预应力框架结构施工与预应力张拉程序有哪两种？如何进行施工？

二、计算题

1. 采用先张法生产某种预应力混凝土预制构件，混凝土强度等级为C40，预应力钢丝采用ϕ^H5，其抗拉强度标准值为1570MPa，单根张拉。

（1）专项施工方案要求必须满足《混凝土结构工程施工规范》（GB50666）中的规定，试确定张拉程序及张拉控制应力；

（2）试计算张拉力并选择张拉机械；

（3）试计算预应力放张时应达到的强度值。

2. 某24m预应力混凝土屋架，孔道长度为23.80m，预应力钢筋为4根精轧螺纹钢，直径为25mm，螺距12mm。锚具的螺母（平面螺母）及垫板高度分别为65mm和25mm，预应力筋由12m精轧螺纹钢连接而成，试计算一端张拉和两端张拉时的下料长度。

第 6 章　高层建筑主体结构施工

我国现行相关规范中规定：当建筑物的层数达 10 层及以上的住宅建筑和房屋高度大于 24m 的公共建筑物均为高层建筑；当建筑物高度超过 100m 时，称为超高层建筑。

高层建筑多采用钢筋混凝土框架结构、框架—剪力墙结构、剪力墙结构等结构体系；超高层建筑采用筒体结构（包括筒中筒和多筒体结构）等。在结构体系和材料方面实现了多样性，钢结构、钢—混凝土混合结构等已被逐渐采用。如上海金茂大厦、深圳地王大厦都是钢—混凝土混合结构。此外，型钢混凝土结构和钢管混凝土结构在高层建筑中也得到了广泛应用。

高层建筑由于对抗震和抗风的要求高，其主体结构主要采用全现浇钢筋混凝土施工方法。

全现浇钢筋混凝土的高层施工中，模板选型十分重要，应遵循安全可靠、技术先进、经济合理的原则。现浇混凝土宜优先选用工具式模板，但不排除选用组合式模板、永久式模板，如预应力混凝土板或双向钢筋混凝土板等。为了提高工效，模板宜整体或分片预制安装和脱模。《高层建筑混凝土结构技术规程》（JGJ3）中规定，墙体宜选用大模板、倒模、滑动模板和爬升模板（顶升、提升）等工具式模板施工；楼板模板可以选用飞模（台模、桌模）、密助楼板模壳、永久性模板等；电梯井筒内模宜选用铰接式筒形大模板。

采用大模板、滑模和爬模等模板施工方法具有标准化、机械化和工具化程度高等优点，在提高工程质量，加快施工进度和提高施工效益等方面发挥了重要作用。另外，近年来钢结构安装技术有了新的进步，高强螺栓连接已取代铆接和部分焊接，改善了结构性能，提高了生产效率，取得了较好的技术经济效益。本章主要介绍高层主体结构施工方法中的滑模施工、爬模施工、大模板施工和高层钢结构施工等内容。

§6.1　高层建筑滑模施工

滑升模板是一种具有自升设备，可以随混凝土的浇筑而自行向上滑升的模板。滑升模板施工是现浇混凝土工程机械化程度较高的一种活动连续成型施工工艺。近年来，随着提升机具和模板结构的不断改进，特别是液压提升机自动化集中控制技术和施工精度调整技术的不断进步，使滑模施工工艺得到迅速地发展。我国各地应用滑模施工工艺，相继建成了一批 20~50 层的高层及超高层民用建筑。每层结构的施工周期（包括楼板）已达到 2~3d一层的先进水平。

滑模施工工艺按墙体的模板做法不同可以分为：一般滑模施工工艺、滑框倒模施工工艺等。按楼板的做法不同可以分为：逐层空滑、楼板并进施工工艺；先滑墙体、楼板跟进施工工艺；先滑墙体，楼板降模施工工艺等。

6.1.1 滑模施工的技术条件

《滑动模板工程技术规范》（GB50113）中规定，滑模施工的混凝土墙体的厚度应不小于140mm；圆形变截面筒体结构的筒壁厚度应不小于160mm；轻骨料混凝土墙体厚度应不小于190mm；钢筋混凝土梁的宽度应不小于200mm；钢筋混凝土矩形柱短边应不小于300mm，长边应不小于400mm。采用滑模施工的结构，其混凝土强度等级应符合下列规定：①普通混凝土应不低于C20；②轻骨料混凝土应不低于C15；③同一个滑升区段内的承重构件，在同一标高范围宜采用同一强度等级的混凝土。

框架结构布置应符合下列规定：①各层梁的竖向投影应重合，宽度宜相等；②同一滑升区段内宜避免错层横梁；③柱宽宜比梁宽每边大50mm以上；④柱的截面尺寸应减少变化，当需要改变时，边柱宜在同一侧变动，中柱宜按轴线对称变动。

大型构筑物的框架结构选型，可以设计成异形截面柱，以增大层间高度，减少横梁数量。

混凝土墙板结构各层平面布置在竖向的投影应重合；各层门窗洞口位置宜一致，同一楼层的梁底标高及门窗洞口的高度和标高宜统一；同一滑升区段内楼层标高宜一致；当外墙具有保温、隔热功能要求时，内、外墙体可以采用不同性能的混凝土。

滑模施工应根据工程结构的特点及滑模工艺的要求对设计进行全面细化，提出对工程设计的局部修改意见，确定不宜滑模施工部位的处理方法以及划分滑模作业的区段等。必须根据工程结构的特点及现场的施工条件编制滑模施工组织设计，包括：施工总平面布置(包含操作平台平面布置)；滑模施工技术设计；施工程序和施工进度计划；施工安全技术、质量保证措施；现场施工管理机构、劳动组织及人员培训；材料、半成品、预埋件、机具和设备等供应保障计划；特殊部位滑模施工方案。

滑模施工技术设计包括：滑模装置的设计；垂直与水平运输方式、能力及运输设备；混凝土配合比、浇灌顺序、浇灌速度、入模时限，混凝土供应能力；施工精度的控制方案；制定初滑程序、滑升制度、滑升速度和停滑措施；结构物和施工操作平台稳定及纠偏、纠扭等技术措施；滑模装置的组装与拆除方案；特殊部位的处理方法；安全措施等。

6.1.2 滑模装置的组成

滑模装置主要由模板系统、操作平台系统、液压系统以及施工精度控制系统等部分组成，如图6.1.1所示。

1. 模板系统

(1) 模板

模板的作用是使新浇混凝土按设计要求的截面形状成型。围圈向上运动时，带动模板沿混凝土表面向上滑动。模板主要承受混凝土的侧压力、冲击力和滑升时的摩阻力。

模板按其所在部位及作用不同，可以分为内模板、外模板、堵头模板以及阶梯形变截面处的衬模板等。

模板高度宜采用900~1200mm，对筒体结构宜采用1200~1500mm；滑框倒模的滑轨高度宜为1200~1500mm，单块模板宽度宜为300mm。模板的高度主要取决于模板的滑升速度和混凝土的凝结时间，若滑升速度较快或气温较低，可以适当加大模板的高度。为了

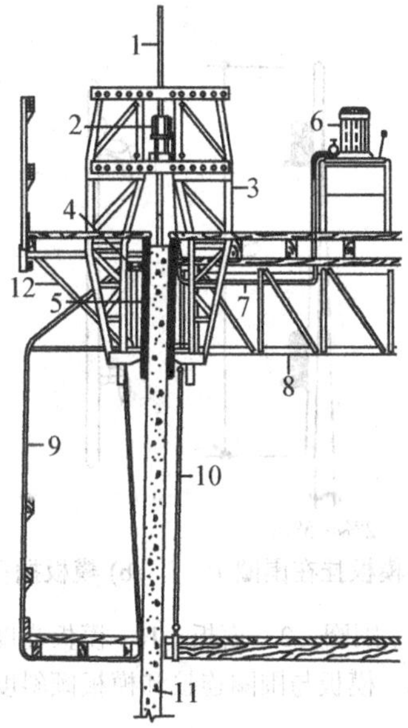

1—支承杆；2—液压千斤顶架；3—提升；4—围圈；5—模板；6—油泵；7—输油管
8—操作平台；9—外吊脚手；10—内吊脚手；11—混凝土墙体；12—外挑架

图 6.1.1 滑升模板组成示意图

防止混凝土在浇灌时向外溅出，外模板的上端一般应比内模板高 100~200mm。框架、墙板结构宜采用围模合一大钢模，标准模板的宽度为 900~2400mm；对筒体结构宜采用小型组合钢模板，模板宽度宜为 100~500mm，也可以采用弧形带肋定形模板。

模板可以采用 2~5mm 厚钢板及∠30×4~∠50×4 角钢制作，也可以采用定型组合钢模板。围模合一大钢模的板面采用 4~5mm 厚的钢板，边框为 5~7mm 厚扁钢，竖肋为 4~6mm 厚、60mm 宽扁钢，水平加强肋宜为 8 号槽钢，直接与提升架相连接。

滑框倒模施工所使用的模板宜选用组合钢模板。若混凝土外表面为直面，组合钢模板应横向组装；若为弧面，宜选用长 300~600mm 的模板竖向组装。

模板支承在围圈上，模板与围圈的连接一般有两种方法，如图 6.1.2 所示，一种是模板挂在围圈上；另一种是模板搁在围圈上。前者装拆稍显不便，但不需另加固定措施；后者装拆方便，但需绑扎固定。为了减少滑升时的摩阻力，便于脱模，模板安装后，内、外模板应上口小、下口大，单边模板的倾斜度一般取 2‰~5‰。可以取从模板上口以下 1/3 ~1/2 模板高度处作为结构截面的设计宽度。

(2) 围圈

围圈又称为围檩，其主要作用是固定模板位置，承受模板传递来的水平荷载和垂直荷载，使模板保持组装的平面形状并将模板与提升架连接成为一个整体。围圈沿模板横向布置在内外模板外侧，一般上、下各布置一道，如图 6.1.2 所示，分别支承在提升架的立柱上。内、外围圈必须各自形成闭合圈，在转角处必须做成刚性角，防止模板提升过程中产生较大的变形。围圈一般用∠65×5 或∠75×6 的角钢或用 8 号、10 号槽钢制成，上、下围圈的间距视模板的高度而定，以使模板在受力时产生的变形最小为原则，对高度为 1.0~

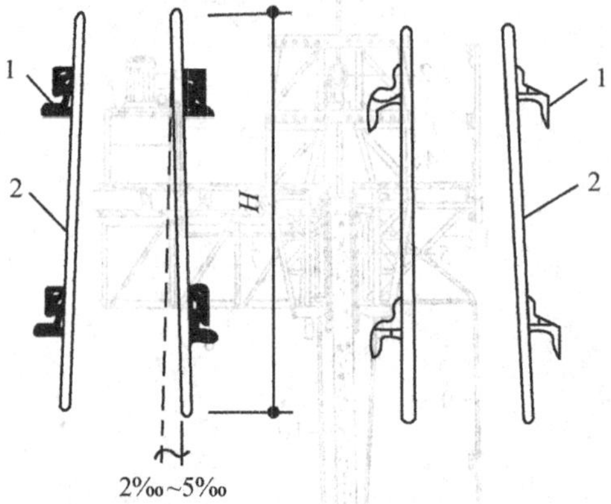

(a) 模板挂在围圈上　　(b) 模板搁在围圈上

1—围圈；2—模板；H—模板高度

图 6.1.2　模板与围圈连接和模板倾斜度示意图

1.2m 的模板，上、下围圈的间距可以取 500~700mm。上围圈距模板上口不宜大于 250mm，以保证模板上部的刚度；下围圈距模板下口可以稍大一些，使模板下部有一定的柔性，以利脱模，但不宜大于 300mm。当提升架之间的间距大于 2.5m 或操作平台的承重骨架直接支承在围圈上时，围圈宜设置成桁架式，从而增大围圈的竖向刚度。在荷载作用下，两个提升架之间围圈的垂直方向与水平方向的变形不应大于跨度的 1/500。

(3) 提升架

提升架又称为千斤顶架。提升架是安装千斤顶且与围圈、模板连接成整体的主要构件。提升架的主要作用是控制模板、围圈因混凝土的侧压力和冲击力而产生的向外变形；同时承受作用于整个模板上的竖向荷载，并将荷载传递给千斤顶和支承杆。当提升机具工作时，通过提升架带动围圈、模板及操作平台等一起向上滑动。

提升架由横梁和立柱组成，可以用槽钢或角钢制作。横梁一般用 12 号槽钢或∠60×5 角钢制成，立柱一般用 12~16 号槽钢或∠60×5 角钢焊接而成。横梁和立柱的交接处必须具有足够的刚度，交接处用螺栓连接，其螺栓位置与孔径必须准确，以防止立柱在受力后产生松动变形。

提升架按横梁数目可以分为单横梁式提升架和双横梁式提升架，如图 6.1.3 所示。单横梁式提升架轻便、节约材料；双横梁式提升架刚度好，且上横梁可以用做架设油管、电线等，使用方便。提升架按平面形式又可以分为“Ⅰ”形、“Y”形和“X”形，如图 6.1.4 所示，“Ⅰ”形提升架应用广泛、“Y”形提升架用于转角墙处，“X”形提升架用于十字交叉墙处。提升架的内净宽应根据结构断面的最大宽度、模板的厚度、围圈的厚度、支承围圈的支托宽度和由于模板的倾斜度要求而放宽的尺寸确定。提升架上放置千斤顶的横梁至模板顶部的净高度，对于配筋结构不宜小于 500mm，对于无筋结构不宜小于 250mm。

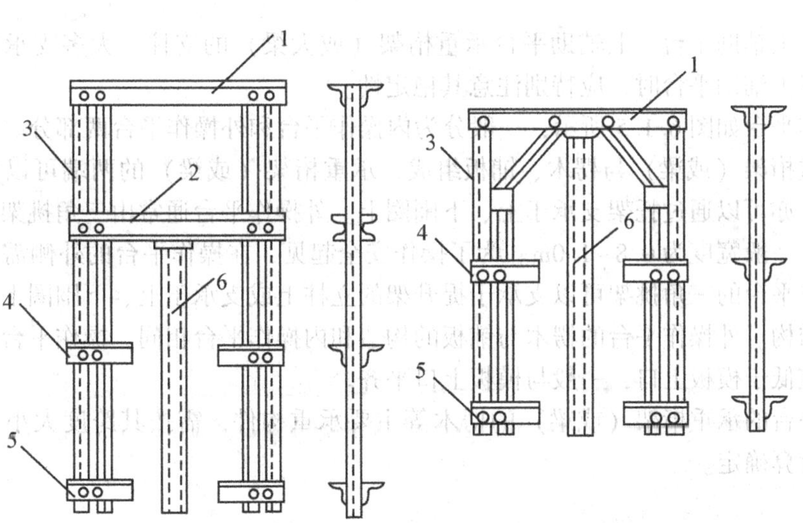

(a) 双横梁式　　(b) 单横梁式

1—上横梁；2—下横梁；3—立柱；4—上围圈支托；5—下围圈支托；6—套管

图6.1.3　钢提升架示意图

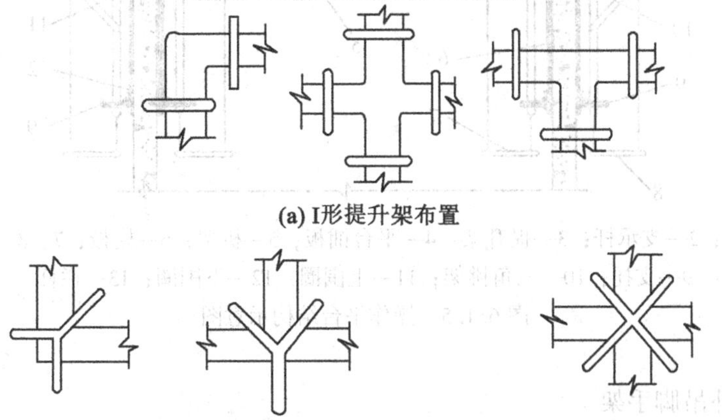

(a) I形提升架布置

(b) Y形提升架布置　　(c) X形提升架布置

图6.1.4　纵、横墙交界处提升架布置示意图

2. 操作平台系统

(1) 操作平台

滑模的操作平台是绑扎钢筋、浇灌混凝土、提升模板等的操作场所，也是钢筋、混凝土、埋设件等材料和千斤顶、振捣器等小型备用机具的暂时存放地。

按楼板施工工艺的不同要求，操作平台板可以采用固定式或活动式。对于逐层空滑楼板并进施工工艺，操作平台板宜采用活动式，以便平台板揭开后，进行现浇楼板的支模、绑扎钢筋和浇灌混凝土，或进行预制楼板的安装。

操作平台分为主操作平台和上辅助平台两种，一般只设置主操作平台。如主操作平台被墙体的钢筋所分割，使混凝土水平运输受阻，或为了避免各工种之间的相互干扰，有时也可以设置上辅助平台。上辅助平台承重桁架（或大梁）的支柱，大多支承于提升架的顶部。设置上辅助平台时，应特别注意其稳定性。

主操作平台如图 6.1.5 所示，一般分为内操作平台和外操作平台两部分。内操作平台通常由承重桁架（或梁）与楞木、铺板组成，承重桁架（或梁）的两端可以支承于提升架的柱上，亦可以通过托架支承于上、下围圈上。外操作平台通常由三角挑架及楞木、铺板等组成，一般宽度为 0.8~1.0m。为了操作安全起见，在操作平台的外侧需设置防护栏杆。外操作平台的三角挑架可以支承于提升架的立柱上或支承于上、下围圈上。三角挑架宜采用钢结构。外操作平台的楞木与铺板的构造和内操作平台相同。操作平台铺板的顶面标高，不宜低于模板上口，一般与模板上口平齐。

操作平台的承重桁架（或梁）的楞木等主要承重构件，需按其跨度大小和实际荷载情况通过计算确定。

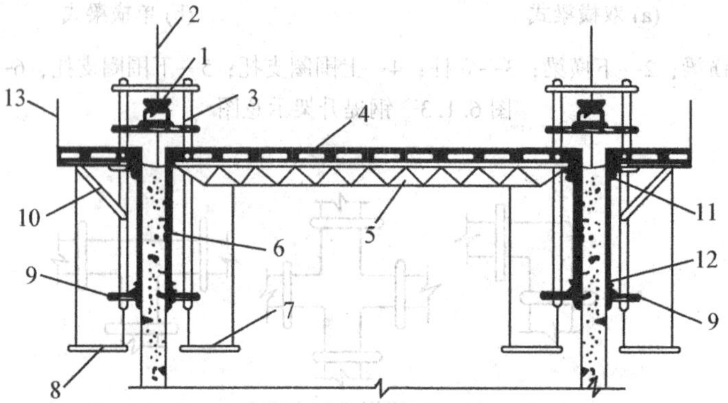

1—千斤顶；2—支承杆；3—提升架；4—平台铺板；5—桁架；6—模板；7、8—吊脚手架
9—支托；10—三角挑架；11—上围圈；12—下围圈；13—栏杆

图 6.1.5 操作平台结构示意图

(2) 内、外吊脚手架

外吊脚手架挂在提升架和外挑三角架上，内吊脚手架挂在提升架和操作平台上。吊脚手架供修整混凝土表面、检查质量、调整和拆除模板、支设梁底模等之用。吊杆可以采用直径为 16~18mm 的圆钢或 50×4 的扁钢制作。吊杆的上端通过螺栓悬吊于挑三角架或提升架的主柱上，吊脚手架外侧应挂安全网，吊脚手架的铺板宽度，一般为 500~800mm。

3. *液压滑升系统*

(1) 支承杆

支承杆又称为爬杆，支承杆埋设在混凝土内，是千斤顶向上爬行的轨道，又是滑升模板的承重轴，用以承受施工过程中的全部荷载。支承杆一般用 ϕ25mm 的 Q235 圆钢或用 ϕ25~ϕ28mm 的螺纹钢制成，也可以采用 ϕ48×3.5 钢管。为便于施工，支承杆的长度宜为 3~5m。支承杆的布置应均匀、对称且与千斤顶一致，相邻支承杆的接头，要相互错开，第一批插入千斤顶的支承杆其长度不得少于 4 种，两相邻接头高差应不小于 1m，同一高度上支承杆接头数应不大于总量的 1/4。

当采用钢管支承杆且设置在混凝土体外时，对支承杆的调直、接长、加固应作专项设计，确保支承体系的稳定。

圆钢支承杆的连接方法有三种，丝扣连接、榫接和焊接。丝扣连接操作简单，安全可靠，但加工量大，承受弯曲能力差，这种连接多用于支承杆外加套管的滑模施工；榫接连接施工方便，但加工量大，在滑升过程中易被液压千斤顶的卡头带起；焊接连接加工简单，承受弯曲能力好，但现场焊接量较大。

（2）液压千斤顶

液压千斤顶按其起重能力的大小，可以分为小型，起重能力为 30~50kN；中型，起重能力为 60~120kN；大型，起重能力为 120kN 以上。液压千斤顶按其卡头构造型式的不同，可以分为钢珠式和楔块式两种，均为穿心式单作用千斤顶。

液压千斤顶的工作原理如图 6.1.6 所示。千斤顶进油时，在缸体与活塞之间加压，下压活塞。上卡头卡紧，故活塞不能下行，在油压的作用下，缸体连带底座和下卡头一起向上运动，相应地带动提升架及整个滑升模板一起上升，直至完成一个提升行程。这时回油弹簧处于压缩状态，上卡头承受滑模的荷载。当油泵停止供油并回油时，油压消失，在回油弹簧的作用下，将活塞向上运动，缸内液压油从进油口排出。排油开始瞬间，下卡头卡紧，接替上卡头承受的荷载，使缸体和底座不能下降。如此不断循环，千斤顶就沿支承杆不断上升，模板也随之上升。

楔块式卡头液压千斤顶，具有加工简单，自锁能力强，承载力大，压痕小等特点，可以用于螺纹钢筋等作支承杆爬升。钢珠式千斤顶则体积小，动作灵活，但钢珠对支承杆的压痕较深，不利于工具式支承杆的重复使用，而且还会引起钢珠卡头的回缩下降现象。此外，钢珠还有可能被杂质卡死在斜孔内，导致卡头失灵等。

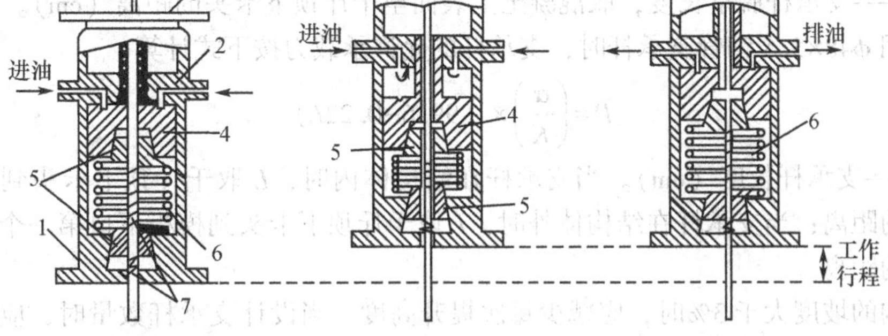

1—底座；2—缸体；3—缸盖；4—活塞；5—上、下卡头；6—排油弹簧；7—下卡头弹簧

图 6.1.6 液压千斤顶工作原理图

（3）液压控制台

液压控制台是液压滑模的心脏，是液压传动系统的控制中心。主要由电动机、油泵、换向阀、溢流阀、液压分配器和油箱等组成。液压控制台按操作方式的不同，可以分为手动控制、电动控制和自动控制等形式。

（4）油路系统

油路系统是连接控制台到千斤顶的通路，主要由油管、管接头、液压分配器和截止阀等元、器件组成。油管可以采用高压胶管或无缝钢管制作。一般不经常拆改的油路，可以采用无缝钢管，需经常拆改的油路，宜采用高压胶管。

滑模的油路系统可以按工程具体情况和千斤顶布置的不同，组装成串联式、并联式和混合式等，一般宜采用并联式油路系统。

6.1.3 液压滑升模板施工工艺

1. 滑模装置的设计

滑模装置设计的主要内容包括：绘制各层结构平面的投影叠合图；确定模板、围圈、提升架及操作平台的布置，进行各类部件设计，提出规格和数量；确定液压千斤顶、油路及液压控制台的布置，提出规格和数量；制定施工精度控制措施，提出设备仪器的规格和数量；特殊部位处理及特殊措施（附着在操作平台上的垂直和水平运输装置等）的布置与设计等。

千斤顶的数量应依据液压滑模的总荷载、单个千斤顶的允许承载力的大小计算确定。应当注意，单个千斤顶的承载力应为千斤顶与支承杆的允许承载力中的较小值。当采用 $\phi25$ 圆钢支承杆时，承载力可以按下式计算

$$P=\frac{\alpha 40EI}{K(L_0+95)^2} \tag{6.1.1}$$

式中：P——支承杆的允许承载力（kN）；

α——工作条件系数，一般取 0.7~1.0，视施工操作水平、滑模平台结构而定；

EI——支承杆的刚度（kN. cm^2）；

K——安全系数，一般取 $K\geqslant 2.0$；

L_0——支承杆脱空长度，取混凝土上表面至千斤顶下卡头的距离（cm）。

当采用 $\phi48\times3.5$ 钢管支承杆时，支承杆的允许承载力按下式计算

$$P=\left(\frac{\alpha}{K}\right)\times(99.6-0.22L) \tag{6.1.2}$$

式中：L——支承杆长度（cm）。当支承杆在结构体内时，L 取千斤顶下卡头到浇筑混凝土上表面的距离；当支承杆在结构体外时，L 取千斤顶下卡头到模板下口第一个横向支撑扣件节点的距离。

当结构的坡度大于3%时，应减少每次提升高度；当设计支承杆数量时，应适当降低设计承载力。

千斤顶的布置应根据结构的特点，且应尽量使千斤顶受力均衡与合理。一般情况下，筒壁结构宜沿筒壁均匀布置或成组等间距布置，框架结构宜集中布置在柱子上。当成串布置千斤顶或在梁上布置千斤顶时，必须对其支承杆进行加固，墙板结构宜沿墙体布置，且应避开门、窗洞口。提升架的布置应与千斤顶的位置相适应。

2. 液压滑升模板的组装

模板组装要认真、细致，严格符合允许误差的要求。模板组装前，要检查起滑线以下已施工好的基础或结构的标高和几何尺寸，并标出结构的设计轴线、边线和提升架的位置等。

模板的组装顺序为：安装提升架→安装内外围圈→绑扎竖向结构钢筋和提升架横梁以下的水平结构钢筋→安装模板→安装内操作平台的桁架、支撑、檩条和铺板→安装外操作平台的支架、铺板和栏杆→安装液压提升系统、垂直运输系统及精度控制和观测装置等→安装支承杆→安装内外吊脚手架及挂安全网。

3. 混凝土配合比的选择

用于滑模施工的混凝土，应事先做好混凝土配比的试配工作，其性能除应满足设计所规定的强度、抗渗性、耐久性以及季节性施工等要求外，尚应满足下列要求：

①混凝土宜采用硅酸盐水泥或普通硅酸盐水泥配制。

②用于滑模施工的混凝土要求具有良好的和易性。薄壁结构的混凝土宜采用硅酸盐水泥或普通硅酸盐水泥配制。石子最大粒径不宜大于构件截面最小尺寸的 1/8，对于墙壁结构，一般不宜超过 20mm。在颗粒级配中，可以适当加大细集料的用量，一般要求粒径在 7mm 以下的细集料宜达到 50%～55%，粒径在 0. 2mm 以下的细集料宜在 5%以上，以提高混凝土的工作度，减少模板滑升时的摩阻力。混凝土坍落度要综合考虑滑升速度和混凝土垂直运输机械等来确定。混凝土浇筑时的坍落度应满足《滑动模板工程技术规范》（GB50113）中的相关规定，如表 6. 1. 1 所示。当采用人工捣实时，坍落度可以适当增加。如果由于气温条件、施工条件、水泥品种等因素的影响，混凝土凝结速度过快或过慢，在规定的滑升速度下，不能保证最优出模强度要求时，则可以在混凝土中掺入缓凝剂或促凝剂。

表 6. 1. 1　　混凝土入模时的坍落度

结构种类	坍落度/（mm）	
	非泵送混凝土	泵送混凝土
墙板、梁、柱	50～70	100～110
配筋密集的结构（筒体结构及细长结构）	60～90	120～180
配筋特密结构	90～120	140～200

混凝土配合比应根据工程对象、预计滑升速度及现场气温变化情况分别试配，绘制出若干种在不同温度下初凝、终凝以及强度随时间增长的关系曲线，供施工时选用。

③混凝土的出模强度宜控制在 0. 2～0. 4N/mm^{2}或贯入阻力值为 0. 30～1. 5kN/cm。以保证混凝土出模后既能易于抹光表面，不致拉裂或带起，又能支承上部混凝土的自重，不致流淌、坍落或变形。

④模板的滑升速度，取决于混凝土的出模强度、支承杆的受压稳定和施工过程中结构的整体稳定性。在浇筑上层混凝土时，下层混凝土仍处于塑性状态。故要求混凝土早期强度的增长速度必须满足模板滑升速度的要求。一般初凝时间控制在 2h 左右，在出模时混凝土应接近终凝，故要求终凝时间控制在 4～6h。

4. 混凝土的浇筑与养护

混凝土的浇筑必须分层均匀交圈浇灌，每一浇灌层的混凝土表面应在一个水平面上，且应有计划、均匀地变换浇灌方向。分层的厚度不宜大于 200mm。每层表面高度需保持在模板上口以下100~150mm之间，且留出最上一层水平钢筋，以便继续绑扎钢筋。各层浇筑时间间隔应不大于混凝土的凝结时间，当时间间隔超过凝结时间（相当于混凝土贯入阻力值为0.35kN/cm²时的时间），对接搓处应按施工缝要求进行处理。在分段浇筑时，应对称浇筑，各段浇筑时间应大致相等。在气温高的季节，宜先浇灌内墙，后浇灌阳光直射的外墙等；先浇灌墙角、墙垛及门窗洞口等的两侧，后浇灌直墙；先浇灌较厚的墙，后浇灌较薄的墙。在浇筑混凝土的同时，应随时清理粘结在模板内表面的砂浆或混凝土，以免增加滑行阻力，影响表面光滑，造成质量事故。

预留孔洞、门窗口、烟道口、变形缝及通风管道等两侧的混凝土应对称均衡浇灌。

混凝土宜采用振捣器振捣或人工捣实。振捣时，不得触及钢筋、模板和支承杆，振捣棒插入下一层混凝土中的深度不得超过50mm。若遇特殊原因混凝土浇筑工作不能连续进行，则应使千斤顶每隔1h左右提升一次，以免混凝土与模板粘结。继续浇筑混凝土之前，尚应对施工缝进行处理。

混凝土出模后应及时进行检查修整，且应及时进行养护；养护期间，应保持混凝土表面湿润，除冬季施工外，养护时间不少于7d；养护方法宜选用连续均匀喷雾养护或喷涂养护液。

5. 模板的滑升

(1) 初滑升阶段

初滑升阶段是指混凝土浇筑开始至模板第一次滑升结束这一阶段。这一阶段只进行混凝土浇筑和模板滑升两项工作（钢筋已在模板组装时绑扎），混凝土浇筑高度一般为600~700mm（或模板高度的1/3~1/2）。待第一层混凝土强度达到0.2~0.4MPa或混凝土贯入度达到0.3~1.05kN/cm²时，应进行1~2个千斤顶行程提升，并对滑模装置和混凝土凝结状态进行全面检查，确定正常后，方可转入正常滑升。

(2) 正常滑升阶段

模板初升并经检查调整后，即可进入正常滑升阶段。正常滑升阶段的混凝土浇筑、钢筋绑扎、模板滑升三项工作相互交替连续进行。一般混凝土的浇筑和滑升速度控制在200mm/h左右。正常滑升时，每次滑升的时间间隔不宜超过0.5h，且应保证在浇筑上一层混凝土时，下一层混凝土尚未初凝，应在保持一定的滑升速度下分多次提升。在滑升过程中，还应注意千斤顶的工作状况，尽量减少升差，每次提升时应保证所有的千斤顶充分供油，回油时，则应保证所有千斤顶充分排油，以免因加压、回油不充分而造成升差不一致。若出现油压增至正常滑升油压值的1.2倍，尚不能使全部液压千斤顶升起时，应停止提升操作，立即检查原因，及时进行处理。

在滑升过程中，操作平台应保持水平。每滑升200~400mm，应对各千斤顶进行一次调平，特殊结构或特殊部位应采取专门措施保持操作平台基本水平。各千斤顶的相对标高差不得大于40mm，相邻两个提升架上千斤顶的升差不得大于20mm。

连续变截面结构，每滑升200mm高度，至少应进行一次模板收分。模板一次收分量不宜大于6mm。

在滑升过程中，应检查和记录结构垂直度、扭转及结构截面尺寸等偏差数值。每滑升一个浇灌层高度应自检一次，每次交接班时应全面检查、记录一次。结构垂直度、扭转及结构截面尺寸等偏差必须符合相关规范中的规定。在纠正结构垂直度偏差时，应缓缓进行，避免出现明显弯折。当采用倾斜操作平台的方法纠正垂直度偏差时，操作平台的倾斜度应控制在1%之内。

在滑升过程中，应检查操作平台结构、支承杆的工作状态及混凝土的凝结状态，若发现异常，应及时分析原因并采取有效的处理措施。

（3）完成滑升阶段

模板的完成滑升阶段又称为末升阶段。当模板滑升至距建筑物顶部标高1m左右时，滑模即进入完成滑升阶段，此时应放慢滑升速度，并进行准确的抄平和找正工作，以使最后一层混凝土能够均匀地交圈，保证顶部标高及位置的正确。当混凝土全部浇筑完毕后，尚应继续滑升，直至模板与混凝土脱离不致被粘住为止。

（4）停滑措施

因气候或其他原因，滑升过程中必须暂停施工时，应采取下列停滑措施，即要求：①混凝土应浇灌到同一水平面上；②每隔0.5~1h启动千斤顶一次，每次将模板提升30~60mm，如此连续进行4h以上，直至混凝土与模板不会粘结为止，但模板的累计最大滑升量，不得大于模板高度的1/2；③框架结构模板的停滑位置，宜设在梁底以下100~200mm处；④继续施工时，除应对液压系统进行检查外，还应将粘结于模板及钢筋表面的混凝土块清除干净，用水冲走残渣后，先浇灌一层减半石子的混凝土，然后转入正常滑模施工。

（5）模板滑空

模板滑空时，应事先验算支承杆在操作平台自重、施工荷载、风载等共同作用下的稳定性。若稳定性不能满足要求，应采取可靠的措施，对支承杆进行加固。

（6）模板滑升速度

①模板滑升速度，可以按下列规定确定：

当支承杆无失稳可能时，按混凝土的出模强度控制，模板滑升速度可以按下式确定

$$V=\frac{H-h-a}{T} \tag{6.1.3}$$

式中：V——模板滑升速度（m/h）；

H——模板高度（m）；

h——每个浇灌层厚度（m）；

a——混凝土浇灌满后，其表面到模板上口的距离，取0.05~0.1m；

T——混凝土达到出模强度所需的时间（h）。

②当按支承杆受压时，可以按其稳定条件控制模板的滑升速度。

当采用$\phi25$圆钢支承杆时，模板滑升速度可以按下式确定

$$V=\frac{10.5}{T\sqrt{KP}}+\frac{0.6}{T} \tag{6.1.4}$$

式中：P——单根支承杆的荷载（kN）；

T——在作业班的平均气温条件下，混凝土强度达到0.7~1.0MPa所需的时间（h），由试验确定；

K——安全系数，取$K=2.0$。

当采用$\phi48\times3.5$钢管支承杆时，模板滑升速度可以按下式确定

$$V=\frac{26.5}{T_2\sqrt{KP}}+\frac{0.6}{T_2} \tag{6.1.5}$$

式中：T_2——在作业班的平均气温条件下，混凝土强度达到 2.5MPa 所需的时间（h），由试验确定。

当以施工过程中的工程结构整体稳定来控制模板的滑升速度时，应根据工程结构的具体情况，计算确定。

6. 滑模施工的精度控制

（1）滑模施工的水平度控制

在滑模滑升过程中，整个模板系统能否水平上升，是保证滑模施工质量的关键，也是直接影响建筑物垂直度的一个重要因素。由于千斤顶的不同步，误差累计起来就会使模板系统产生很大的升差，若不及时加以控制，不仅建筑物的垂直度难以保证，也会使模板结构产生变形，影响工程质量。

目前，对千斤顶升差的控制，主要有以下几种方法：

①限位调平器控制法。限位调平器是在液压千斤顶上增加一种调平装置。主要由筒形套和限位挡体两部分组成，筒形套的内筒伸入千斤顶内直接与活塞上端接触，外筒与千斤顶缸盖的行程调节帽螺纹连接。使用时，将限位挡体按调平要求的标高固定在支承杆上。当筒形套被限位挡体顶住并压住千斤顶活塞时，活塞不能排油复位，千斤顶即停止爬升。因而起到自动限位的作用。

②限位阀控制法。限位阀是在液压千斤顶的进油嘴处增加的一个控制供油的顶压截止阀。限位阀体上有两个油嘴，一个连接油路；另一个通过高压胶管与千斤顶的进油嘴连接。使用时，将限位阀安装在千斤顶上，随千斤顶向上爬升，当限位阀的阀芯被支承杆上的挡体顶住时，油路中断，千斤顶停止爬升。当所有千斤顶的限位阀都被限位挡体顶住后，模板即可实现自动调平。

③激光自动调平控制法。激光自动调平控制法，是利用激光平面仪和信号元件，控制电磁阀动作，用以控制每个千斤顶的油路，使千斤顶达到调平的目的。激光平面仪安装在施工操作平台的适当位置，水准激光束的高度为 2m 左右。每个千斤顶都配备一个光电信号接收装置。

（2）滑模施工的垂直度控制

在滑模施工中，影响建筑物垂直度的因素很多，如千斤顶不同步引起的升差、滑模装置刚度不够出现变形、操作平台荷载不匀、混凝土的浇灌方向不变以及风力、日照的影响，等等。为了解决上述问题，除采取一些有针对性的预防措施外，在施工中还应经常加强观测，并及时采取纠偏、纠扭措施，以使建筑物的垂直度始终得到控制。

①垂直度的观测。观测建筑物垂直度的方法很多，除一般常用的线锤法、经纬仪法之外，近年来，采用激光铅直仪、激光经纬仪以及导电线锤等设备进行观测，收效较好。

激光导向法：可以在建筑物外侧转角处，分别设置固定的测点，设置激光铅直仪。模板滑升前，在操作平台对应地面测点的部位，设置激光接收靶。接收靶由毛玻璃、坐标纸及靶筒等组成。检测时，先进行对中校准，消除仪器本身的误差。然后，以仪器射出的铅直激光束打在接收靶上的光斑中心为基准位置，记录在观测平面图上。与接收靶原点位置对比，即可得知该测点的位移。施工中，每个结构层至少观测一次。

导电线锤法：导电线锤是一个重量较大的钢铁圆锥体，重约 20kg 左右。线锤的尖端有一根导电的紫铜棒触针。通过线锤上的触针与设在地面上的方位触点相碰，可以从液压控制台上的信号灯光，得知垂直偏差的方向及大于 10mm 的垂直偏差。

②垂直度的控制。常用的垂直度控制方法有平台倾斜法、顶轮纠偏法和外力法等。

平台倾斜法：平台倾斜法又称为调整高差控制法，其原理是：当建筑物出现向某侧位移的垂直偏差时，操作平台的同一侧，一般会出现负水平偏差。当建筑物向某侧倾斜时，可以将该侧的千斤顶升高，使该侧的操作平台高于其他部位，产生正水平偏差，然后，将整个操作平台滑升一段高度，其垂直偏差即可随之得到纠正。

顶轮纠偏法：这种纠偏方法是利用已滑出模板下口并具有一定强度的混凝土作为支点，通过改变顶轮纠偏装置的几何尺寸而产生一个外力，在滑升过程中，逐步顶移模板或平台，以达到纠偏的目的。顶轮纠偏工具加工简单，拆换方便，操作灵巧，效果显著，是滑模纠偏纠扭的一种有力工具。

外力法：当建筑物出现扭转偏差时，可以沿扭转的反方向施加外力，使平台在滑升过程中，逐渐向回扭转，直至达到要求为止。

6.1.4　滑框倒模施工

滑模施工速度快，节省模板和劳动力，有一系列优点，但由于滑模施工时模板与墙体产生摩擦，易使墙面粗糙，滑升速度掌握不当还易造成墙体拉裂。采用滑框倒模工艺，将有效地克服滑模施工中的上述缺点，收到良好效果。

滑框倒模施工如图 6.1.7 所示，仍然采用滑模施工的设备和装置，不同点在于围圈内侧增设控制模板的竖向滑道，该滑道随滑升系统一起滑升，而模板留在原地不动，待滑道滑出模板，再将模板拆除倒到滑道上重新插入施工。因此，模板的脱模时间不受混凝土硬化和强度增长的制约，不需考虑模板滑升时的摩阻力。

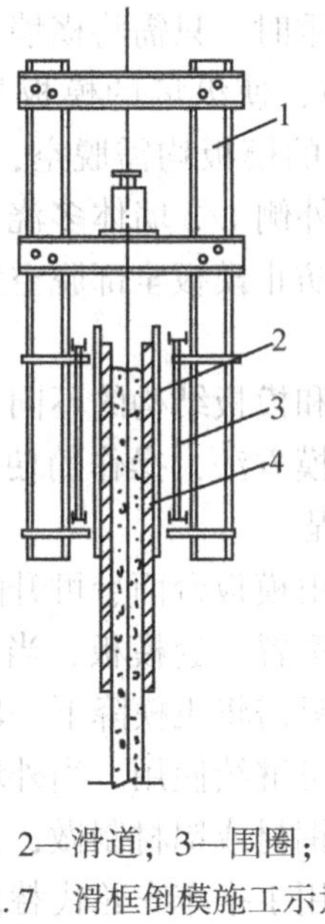

1-提升架；2—滑道；3—围圈；4—模板

图 6.1.7　滑框倒模施工示意图

在滑框倒模施工中，滑道随滑升系统滑升后，模板则因混凝土的粘结作用仍留在原处。滑模施工中存在的模板与混凝土之间的滑动摩擦，改变为滑道与模板之间的滑动摩擦。混凝土脱模方式，也由滑模施工的滑动脱模，改变为滑框倒模施工的拆倒脱模。

在滑框倒模施工中，滑道的滑升时间，以不引起支承杆失稳、混凝土坍落为准，一般混凝土强度达到0.5~1.0MPa为宜，但不得小于0.2MPa。

滑框倒模施工，虽然可以从容处理各种因素引起的施工停歇，但仍应做到以连续滑升为主。

滑框倒模技术虽然可以解决一些滑模施工中无法解决的问题，但模板的拆倒多，消耗人工，与滑模施工相比较增加了一道模板拆倒的工序，因此，一般只应用于滑模施工存在无法克服的缺陷情况下，否则，应优先选用滑模施工。

6.1.5 楼板结构的施工

采用滑模施工的高层建筑，其楼板等横向结构的施工方法目前主要有：逐层空滑楼板并进法、先滑墙体楼板跟进法和先滑墙体楼板降模法等。这些方法各有其特点，可以按不同的施工条件与工程情况选用。

1. 逐层空滑楼板并进法

逐层空滑楼板并进法又称为“逐层封闭”施工法或“滑一浇一”施工法，就是滑模施工时，当每层墙体滑升至上一层楼板底标高位置，即停止墙体混凝土的浇灌，待混凝土达到脱模强度后，将模板连续提升，直至模板下端与墙体上口脱空一段高度为止（脱空高度根据楼板的厚度而定）。然后，进行现浇楼板的支模、绑扎钢筋与浇灌混凝土或预制楼板的吊装等工序。按照这样的程序，逐层进行施工，直至所有楼层的施工完成。逐层空滑楼板并进法将滑模连续施工改变为分层间断周期性施工，因此，每层墙体混凝土，都有初试滑升、正常滑升和完成滑升三个阶段。

采用逐层空滑楼板并进法施工时，模板与墙体的脱空范围主要取决于楼板和阳台的结构情况。当楼板为单向板，横墙承重时，只需将横墙模板脱空，非承重纵墙应比横墙多浇灌一段高度（一般为500mm左右），使纵墙的模板与纵墙不脱空，以保持模板的稳定。当楼板为双向板时，则所有内外墙的模板均需脱空，此时，可以将外墙的外模板适当加长，如图6.1.8所示。或将外墙的外侧1/2墙体多浇灌一段高度（一般为500mm左右），使外墙的施工缝部位成企口状，以防止模板全部脱空后，产生平移或扭转变形。

（1）现浇楼板施工法

现浇楼板的模板，按支承方式和模板结构的不同，可以分为支柱法和飞模法等。支柱法为传统的楼板支模方法。这种支模方法，操作简便，适合于自下而上施工楼板的工程，但一般不适用于层高超过4m的工程。

飞模又称为台模、桌模，主要由模板台面、可升降的活动支腿、飞模桁架结构及移动滚轮等组成。一般每间房间的楼板配置一套模板，当外墙为开敞式的无窗台的大洞口时，待楼板混凝土强度达到设计要求，只需将飞模降下一段高度，利用人力将飞模向外推出一段，再用塔吊运至上一层楼板，即可继续使用。当外墙门窗洞口尺寸较小或有窗台时，可以采用折叠式飞模。飞模可以采用钢材或铝材制做，也可以采用组合钢模与钢管脚手架拼装成简易飞模。飞模的滚轮可以采用手推车车轮代替。

墙板结构采用逐层空滑现浇楼板工艺施工时应满足下列规定：①当墙体模板空滑时，其外周模板与墙体接触部分的高度不小于 200mm；②楼板混凝土强度达到 1.2MPa 后方能进行下一道工序，支设楼板的模板时，不应损害下一层楼板混凝土；③楼板模板支柱的拆除时间，除应满足现行国家标准《混凝土结构工程施工质量验收规范》（GB 50204—2002，2011 年版）的要求外，还应保证楼板的结构强度满足承受上部施工荷载的要求。

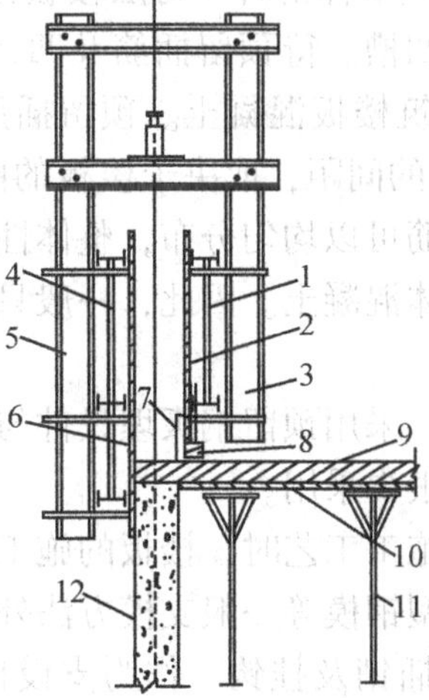

1—内圈梁；2—内模；3—提升架；4—外围圈；5—提升架外立柱；6—外模
7—铁皮；8—木楔；9—现浇楼板；10—楼板模板；11—支柱；12—外墙
图 6.1.8 逐层空滑楼板并进施工时的外墙模板

（2）预制楼板施工法

逐层空滑预制楼板施工法的作法是：当墙体滑升到楼板底部标高，待混凝土达到脱模强度后，将模板连续提升，直至模板下端与墙体上口脱空一段高度为止（一般为预制楼板厚度的 2 倍左右），然后，在模板下口与墙体混凝土之间的空挡，插入预制楼板。为保证模板平台结构的整体稳定，非承重墙体模板内浇灌一定高度（一般为 500mm 左右）的混凝土，使非承重墙模板不脱空。

安装楼板时，墙体混凝土强度不小于 4.0MPa 后方可安装楼板。为了加快施工速度，每层墙体的最上一段（300mm 左右）混凝土，可以采用早强混凝土或将混凝土标号适当提高。

逐层空滑预制楼板施工工艺的主要优点是施工完一层墙体，即可插入安装一层楼板，为立体交叉施工创造了有利的条件，同时，保证了施工期间的墙体结构稳定。其缺点是每层都有初始滑升、正常滑升和完成滑升三个阶段，施工速度较慢；每层承重墙体的模板需空滑一段高度稳定性较差，易产生偏差。因此，模板空滑前，必须严格验算每根支承杆的稳定性。

2. 先滑墙体楼板跟进法

当墙体连续滑升至数层高度后，即可自下而上地进行楼板的施工。为了保证结构的承载力和整体性，墙体与楼板的连接应安全可靠，保证施工质量。墙体与楼板的连接，可以采用钢筋混凝土键连接法和钢筋销与凹槽连接法。

（1）钢筋混凝土键连接法。当墙体滑升至每层楼板标高时，沿墙体每间隔一定的间距预留孔洞，孔洞的尺寸按设计要求确定。一般情况下，预留孔洞的宽度为200~400mm，孔洞的高度为楼板的厚度加100mm，以便操作。相邻孔洞的最小净距离应大于500mm。相邻两间楼板的主筋，可以由孔洞穿过，且与楼板的钢筋连接成一体，楼板混凝土浇灌后，孔洞处即构成钢筋混凝上键。采用钢筋混凝土键连接的现浇楼板，其结构形式可以作为双跨或多跨连续结构。

（2）钢筋销与凹槽连接法。当墙体滑升至每层楼板标高时，沿墙体间隔一定的距离，预埋插筋及留设通长的水平嵌固凹槽。待预留插筋及凹槽脱模后、扳直钢筋，修整凹槽，并与楼板钢筋连接成一体，再浇筑楼板混凝土。预留插筋的直径不宜过大，一般应小于10mm，否则不易扳直。预埋钢筋的间距，取决于楼板的配筋，可以按设计要求通过计算确定。这种连接方法，楼板的配筋可以均匀分布，整体性较好、但预留插筋及凹槽均比较麻烦，扳直钢筋时，容易损坏墙体混凝土。因此，一般只用于一侧有楼板的墙体工程，如山墙等处。

此外，也可以在墙体施工时，采用预留钢板埋设件与楼板钢筋焊接的方法，但由于施工较繁琐，而且不经济，故一般很少采用。

采用先滑墙体现浇楼板跟进施工工艺时，楼板的施工顺序应自下而上地进行。现浇楼板的模板，除可以采用支柱、定型钢模等一般支模方法外，还可以利用在梁、柱及墙体预留的孔洞或设置一些临时牛腿、插销及挂钩，作为支设模板的支承点。主要有下列几种方式：

①逐层组装悬承式模板（如图6.1.9所示）。将桁架、梁及板等模板的各部构件，自下而上地逐层组装和拆卸。具体做法是：在已滑升完的梁或墙壁的楼板位置上，利用钢销或挂钩作为临时牛腿支承，在支承上进行支模、绑扎钢筋和浇灌混凝土。当楼板达到拆模

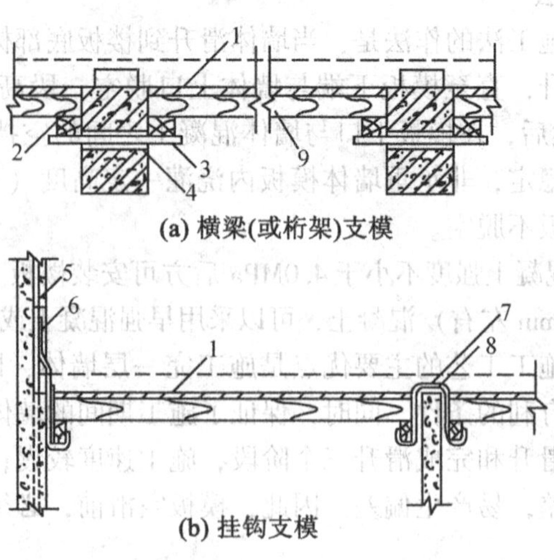

(a) 横梁(或桁架)支模

(b) 挂钩支模

1—楼板模板；2—方木；3—粗钢筋或螺栓；4—梁内预埋钢销；5—支承杆；6—单向挂钩

7—双向挂钩；8—垫板；9—横梁或桁架

图6.1.9 悬承式支模方法示意图

强度后，即拆除模板，将模板的各部构件运往上层楼板位置，再重新组装成一个整体，继续进行上一层楼板的施工。这种做法与一般桁架支模方法基本相同。由于没有支柱，可以不受层高的限制，操作比较简便，也有利于立体交叉作业。但是，模板需逐层组装与拆卸，比较费工。

②整体折叠式模板。将每个房间的楼板模板分成两块制作，组装时，在两块模板之间，通过铰链连接成整体。浇灌楼板混凝土时，在楼板的中部留出一条适当宽度与折叠模板接缝平行的板缝。以便下层楼板脱模折叠后，通过板缝吊往上一层楼板位置。然后，依靠墙体上预留的临时牛腿支承，重新将折叠模板展开，拼成平板形状，继续进行上一层楼板的施工。模板整体折叠，使安装及拆卸均较省工。但模板制作较为复杂，施工时需在操作平台上部设置起吊折叠式模板的设备，在楼板上尚需留设通长的板缝。

3. 先滑墙体楼板降模法

先滑墙体楼板降模施工法如图 6.1.10 所示，是针对现浇楼板结构而采用的一种施工工艺。当墙体连续滑升到顶或滑升至 8～10 层高度后，自上往下逐层进行混凝土楼板施工。混凝土楼面模板的提升与下降可以用卷扬机或其他提升机具完成。待上一层楼板的混凝土达到拆模强度（不低于 15MPa）要求时，才能将模板降至下一层楼板的位置，进行下一层楼板的施工。

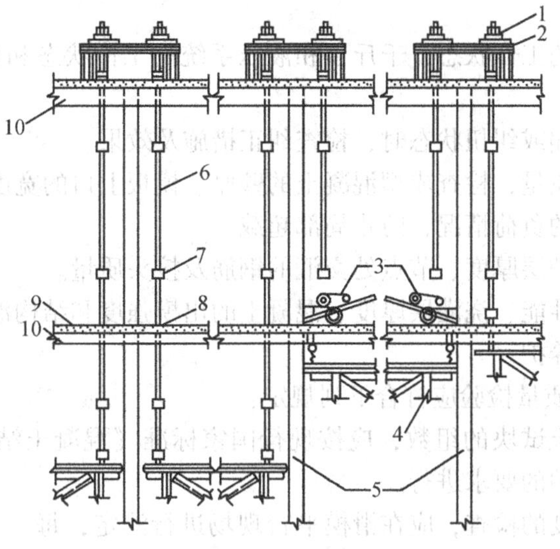

1—螺帽；2—槽钢；3—降模车；4—平台桁架；5—墙体；6—吊杆；7—接头；8—楼板留孔
9—楼板；10—梁

图 6.1.10　楼板降模施工法示意图

采用降模法施工时，现浇楼板与墙体的连接方式基本与采用间隔数层楼板跟进施工工艺的作法相同。梁板的主要受力支座部位，宜采用钢筋混凝土键连接方式；非主要受力支座部位，可以采用钢筋销凹槽等连接方式。如果采用井字形密肋双向板结构，则四面支座均须采用钢筋混凝土键连接方式。

降模施工工艺的机械化程度较高，模板量较少，垂直运输量也较少，楼层地面可以一次完成。但在降模施工前，墙体连续滑升的高度范围内，建筑物无楼板连接，结构的刚度较差；施工周期也较长；不便于进行内装修及水、暖、电等工序的立体交叉作业。降模是一种凌空操作，应制定可靠的施工安全保障措施。

6.1.6 滑模施工的工程质量

1. 质量检查

滑模工程施工应按《滑动模板工程技术规范》（GB50113）和国家现行相关强制性标准中的规定进行质量检查和隐蔽工程验收。对于兼作结构钢筋的支承杆焊接接头、预埋插筋等，均应作隐蔽工程验收。

（1）施工中的检查应包括地面上和平台上两部分：

①地面上进行的检查应超前完成，主要包括：所有原材料的质量检查；所有加工件及半成品的检查；影响平台上作业的相关因素和条件检查；各工种技术操作上岗资格的检查等。

②滑模平台上的跟班作业检查，必须紧随各工种作业进行，确保隐蔽工程的质量符合要求。

（2）滑模施工中操作平台上的质量检查工作除常规项目外，尚应包括下列主要内容：

①检查操作平台上各观测点与相对应的标准控制点之间的位置偏差及平台的空间位置状态。

②检查各支承杆的工作状态、千斤顶和液压系统的工作状态和各千斤顶的升差情况，复核调平装置。

③当平台处于纠偏或纠扭状态时，检查纠正措施及效果。

④检查滑模装置质量，检查成型混凝土的壁厚、模板上口的宽度及整体几何形状等。

⑤检查操作平台的负荷情况，防止局部超载。

⑥检查钢筋的保护层厚度、节点处交汇的钢筋及接头质量。

⑦检查混凝土的性能、浇灌层厚度、混凝土的出模强度和结构混凝土表面质量状态。

⑧检查混凝土的养护。

（3）对混凝土的质量检验应符合下列规定：

①标准养护混凝土试块的组数，应按现行国家标准《混凝土结构工程施工质量验收规范》（GB 50204）中的要求进行。

②混凝土出模强度的检查，应在滑模平台现场进行测定，每一工作班应不少于一次；当在一个工作班上气温有骤变或混凝土配合比有变动时，必须相应增加检查次数。

③在每次模板提升后，应立即检查出模混凝土的外观质量，若发现问题应及时处理，重大问题应做好处理记录。

（4）检查结构的垂直度，对高耸结构垂直度的测量、应以当地时间 6：00～9：00 间的测量结果为准。

2. 工程验收

滑模工程的验收应按《混凝土结构工程施工质量验收规范》（GB50204）、《高层建筑混凝土结构技术规程》（JGJ3）和《滑动模板工程技术规范》（GB50113）中的要求进行。其工程结构的允许偏差应符合相关规定。

§6.2　高层建筑爬模施工

爬升模板（简称爬模）是一种在楼层之间翻转自行爬升，不需要起重机吊运的工具式模板。爬升模板同时具备滑模和大模板的优点，模板不需要装拆，可以整体自行爬升；一次可以浇筑一个楼层的混凝土。采用爬模施工，可以减少起重机械的吊运工作量；大风天气对施工的影响小，施工工期较易控制；爬升平稳，工作安全可靠；每个楼层的墙体模板安装时，可以校正其平面位置与垂直度，施工误差小；模板与爬架的爬升、安装、校正等工序可以与楼层施工的其他工序平行作业，可以有效地缩短施工工期。因此，爬模施工是一种高效施工技术，在高层建筑剪力墙结构、框架结构核心筒、大型柱、桥墩、桥塔、高耸构筑物等现浇钢筋混凝土结构工程中已得到广泛应用。

爬升模板可以分为有爬架爬模和无爬架爬模；根据使用范围又可以分为外墙爬模和内、外墙整体爬模两种。

6.2.1　有爬架爬升模板施工

1. 有爬架爬模装置

有爬架爬升模板由模板、爬架和爬升设备三部分组成，如图6.2.1所示。

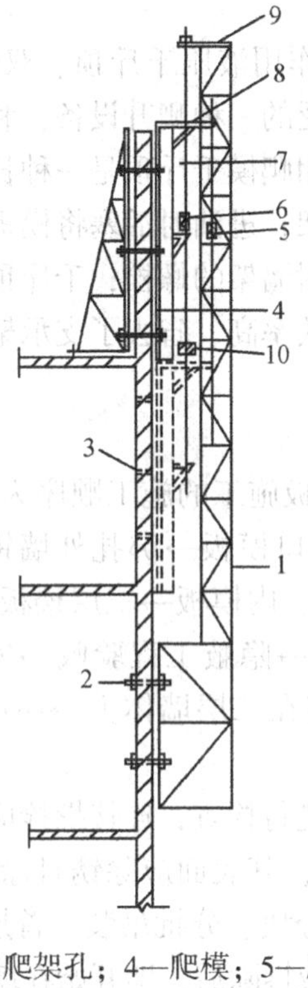

1—爬架；2—螺栓；3—预留爬架孔；4—爬模；5—爬架千斤顶；6—爬模千斤顶
7—爬杆；8—模板挑横梁；9—爬架挑横梁；10—脱模千斤顶

图6.2.1　有爬架爬升模板示意图

（1）模板

爬模的模板与大模板相似，构造亦相同，其高度一般为层高加100～300mm，增加部分为模板与下层已浇筑墙体的搭接高度，用做模板下端定位和固定。为了减少模板之间的拼接和提高墙面的平整度，应使模板的宽度尽量大。

在模板外侧必须设悬挂脚手架，供模板装拆、墙面清理及嵌填穿墙螺栓洞等工作之用。悬挂脚手架的角钢焊在模板竖向大肋上，其宽度为600～900mm，高度为4～5步高，每步高1800mm，其中有2~3步悬挂在模板之下，每步均满铺脚手板，外侧设栏杆和挂安全网。

（2）爬架

爬架的作用是悬挂模板和爬升模板。爬架由支承架、附墙架、挑横梁、爬升爬架的千斤顶架（或吊环）等组成。支承架由4根角钢组成，一般做成2个标准节，使用时再拼接，支承架的尺寸除了满足强度、刚度、稳定性等条件外，还要满足操作人员的工作面要求，保证操作人员在支承架内上下活动时安全自如，一般不应小于650mm×650mm。

附墙架由附墙螺栓与墙体相连，作为爬架的支承体。螺栓的位置应尽量与模板的穿墙螺栓孔相符，以减少墙上的留孔数目，附墙架的位置若在窗洞口处，也可以利用窗台作为支承。

爬架顶端一般要超出上一层楼层0.8～1.0m，而下端附墙架应在拆模层的下一层，因此，爬架的总高度为3～3.5个楼层高度。爬架的支撑架与墙面的距离一般应保持0.4～0.5m，以便模板的装拆。挑横梁、千斤顶架的位置，要与模板上相应装置处于同一竖线上，以便千斤顶爬杆或环链呈竖直，使模板或爬架能竖直爬升，提高安装精度。

（3）爬升装置

爬升装置有环链手动葫芦、单作用液压千斤顶、双作用液压千斤顶和专用爬模千斤顶等。环链手动葫芦是目前应用最广泛的一种爬升设备，利用人力拉动环链使起重钩上升，每个爬架处设两个环链手动葫芦。专用爬模千斤顶是一种长冲程千斤顶。活塞端连接模板，缸体端连接附墙架，不用爬杆和支承架，进油时活塞将模板举高一个楼层高度，待墙体混凝土达到一定强度，模板作支承，拆去附墙架的螺栓，千斤顶回油，活塞回程将缸体连同附墙架爬升一个楼层高度。这种千斤顶的效率高、省去了支承架，操作简便，但成本较高。

2. 有爬架爬升模板施工工艺

（1）外墙爬升模板施工

如图6.2.2所示，外墙爬升模板施工的施工顺序为：底层墙体施工完成后安装爬架→安装外模（悬挂在爬架上）及窗洞口模板→绑扎外墙钢筋→隐蔽工程验收→安装内侧模板→浇筑二层墙体混凝土→拆除外、内模板→三层楼板施工→爬升外模板并校正固定、安装窗洞口模板→绑扎三层墙体钢筋→隐蔽工程验收→安装内侧模板→浇筑三层墙体混凝土→以外模为支承爬升爬架并固定在二层墙体上→……按照上述施工顺序的规律进行施工，直至完成最后一层。

爬模安装前，必须对爬模设备进行检查，连接螺栓应拧紧。组装后的爬架垂直度，必须控制在1/1000内。大模板在组装前，其表面应除锈且涂刷隔离剂。大模板的重量应与起重机的起重能力相适应，否则应采取分块、分批吊装。首层大模板的安装用起重机吊装就位，以外模找正内模。在第一层墙体模板拆除后，即开始在墙体的预留穿墙螺栓孔内安装爬架的固定螺栓，因此，预留孔之间的相互位置偏差不得超过±2mm。绑扎钢筋时，要注意留出大模板的对拉螺栓位置。外墙外侧模板的脱模，不得在模板上口撬拨或硬拉模板。

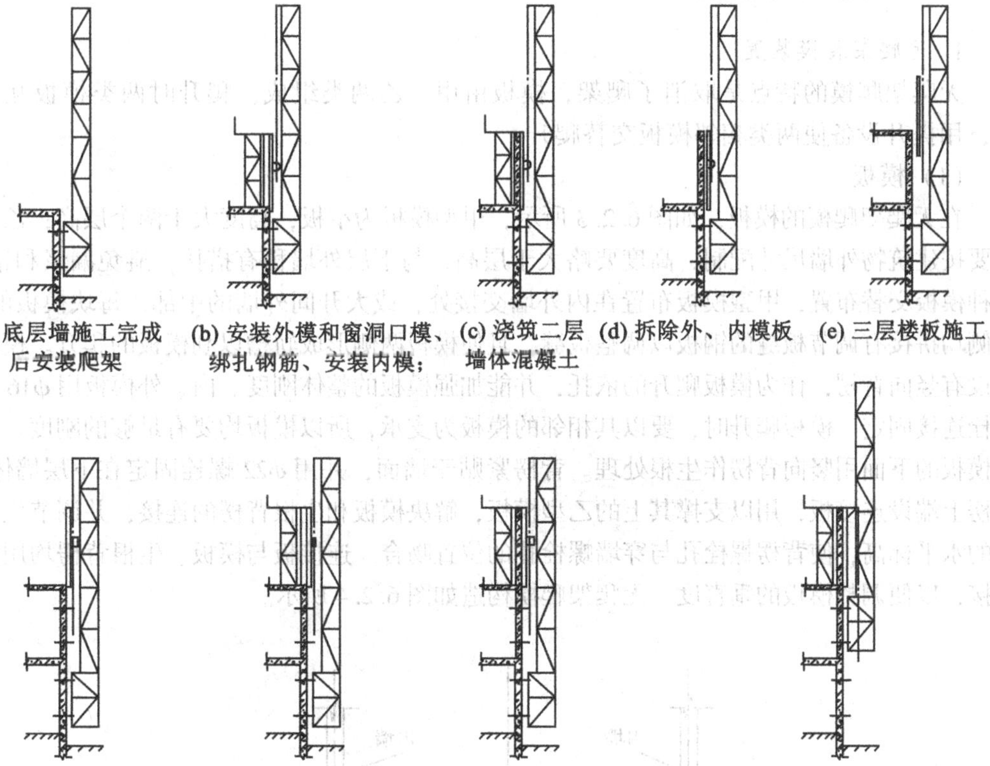

(a) 底层墙施工完成后安装爬架 (b) 安装外模和窗洞口模、绑扎钢筋、安装内模； (c) 浇筑二层墙体混凝土 (d) 拆除外、内模板 (e) 三层楼板施工

(f) 爬升外模并校正固定、安装窗洞口模 (g) 绑扎三层墙钢筋、安装三层墙内模 (h) 浇筑三层墙体混凝土 (i) 以外模为支承爬升爬架，固定在二层墙上

图 6.2.2 爬升模板的爬升施工程序示意图

（2）内、外墙整体爬模施工

内、外墙整体爬模施工时，应同时设置外爬架和内爬架。内爬架宜设置在纵、横墙交接处，高度稍大于两层层高，一般采用构格式钢结构。

内、外墙整体爬升施工顺序为：弹线抄平→内爬架限位→升外墙内爬架→升外爬架→升外墙外模→绑扎钢筋→升内爬架→升内模→铺设楼板台模模板→水电管线埋设→绑扎楼板钢筋→浇筑楼板混凝土→内模刷脱模剂就位校正→墙体内水电管线安装→搭设门式脚手架横梁→浇筑墙体混凝土→进入下一层施工→……。

第一层墙体混凝土的浇筑，仍采用大模板工程一般常规施工方法进行。待第一层外墙拆模后，即可进行外爬架和外墙外侧模板的组装。待一层楼板浇筑混凝土后，即可安装内爬架及外墙内侧模板和内墙模板。内爬架的安装，应先将控制轴线引测到楼层，并按“偏心法”放出500mm通长控制轴线，然后按开间尺寸划分弹出墙体中心线，才能作内爬架限位。水平标高的控制，可以采取在每根内爬架上画出500mm高的红色标记。爬架的提升靠外墙的内爬架，作为以后提升内、外模板的连接依靠。为了施工安全和便于绑扎外墙钢筋，当外爬架提升后应立即提升外墙外侧模板，且在模板到位后立即用螺栓与内爬架连接，随即清理模板和涂刷脱模剂。

6.2.2 无爬架爬模施工

1. 无爬架爬模装置

无爬架爬模的特点是取消了爬架，模板由甲、乙两类组成，爬升时两类模板互为依托，用提升设备使两类相邻模板交替爬升。

(1) 模板

在无爬架爬模的模板，如图 6.2.3 所示，甲型模板为窄板，高度大于两个层高；乙型模板要按建筑物外墙尺寸配制，高度要略大于层高，与下层外墙稍有搭接，避免漏浆和错台。两种模板交替布置，甲型模板布置在内外墙交接处，或大开间外墙的中部，每块模板的左、右侧均拼接有调节板缝的钢板以调整板缝，且使模板两侧形成轨槽以利模板的爬升。模板背面设有竖向背楞，作为模板爬升的依托，并能加强模板的整体刚度。内、外模板用 $\phi16$ 穿墙螺栓连接固定。模板爬升时，要以其相邻的模板为支承，所以模板均要有足够的刚度。在乙型模板的下面用竖向背楞作生根处理。背楞紧贴于墙面，并用 $\phi22$ 螺栓固定在下层墙体上。背楞上端设连接板，用以支撑其上的乙型模板，解决模板和生根背楞的连接，并调节生根背楞的水平标高，使背楞螺栓孔与穿墙螺栓孔的位置吻合。连接板与模板、生根背楞均用螺栓连接，以便调整模板的垂直度。无爬架爬模构造如图 6.2.4 所示。

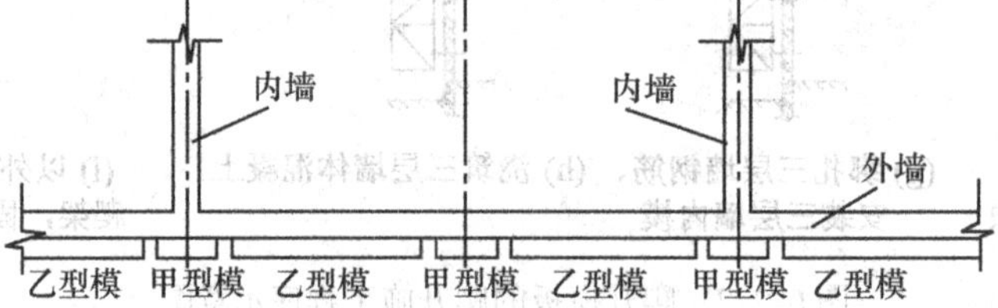

图 6.2.3 无爬架爬模布置示意图

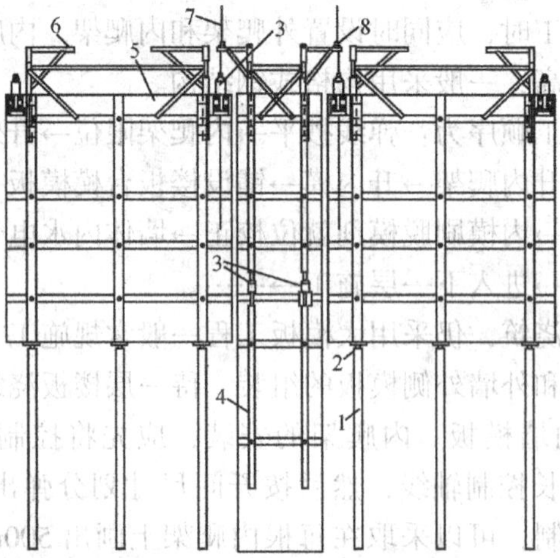

1—“生根”背楞；2—连接板；3—液压千斤顶；4—甲型模板
5—乙型模板；6—三角爬架；7—爬杆；8—卡座

图 6.2.4 无爬架爬模构造示意图

（2）爬升装置

爬升装置由三角爬架、爬杆、卡座和液压千斤顶组成。三角爬架插在模板上口两端套筒内，套筒用U形螺栓与竖向背楞连接，三角爬架可以自由回转，用以支承卡座和爬杆。爬杆用直径为25mm的圆钢制成，上端用卡座固定在三角爬架上。每块模板上安装两台起重量为35kN的液压千斤顶，甲型模板安装在模板中间偏下处，乙型模板安装在模板上口两端。千斤顶的供油用齿轮泵，输油管用高压胶管。

（3）操作平台挑架

如图6.2.5所示，操作平台用三角挑架作支撑，安装在乙型模板竖向背楞和其下面的生根背楞上，共设置三道，上面铺脚手板，外侧设护栏和安全网。上、中层平台供安装、拆除模板时使用。在中层平台上加设一道模板支撑，使模板、挑架和支撑形成稳固的整体，并用来调整模板的角度，也便于拆模时松动模板。下层平台供修理墙面用。

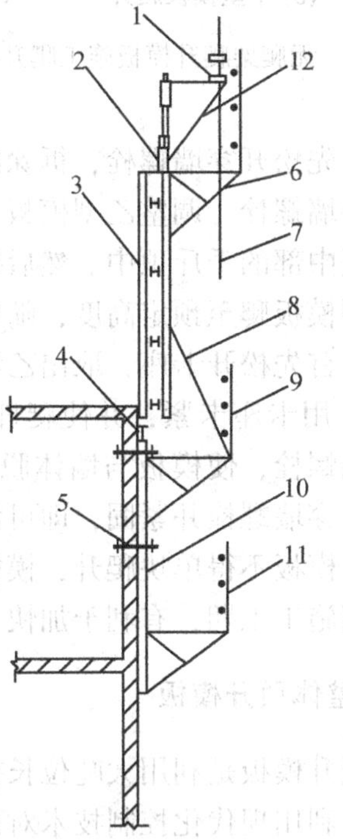

1—卡座；2—液压千斤顶；3—模板；4—连接板；5—螺栓；6—上挑架；7—爬杆
8—支撑；9—中挑架；10—“生根”背楞；11—下挑架；12—三角爬架

图6.2.5　无爬架爬模示意图

2. 无爬架爬升模板施工工艺

无爬架爬升模板施工，主要用于剪力墙结构标准层的外墙侧模板，内墙模板和外墙内侧模板，仍采用大模板工程常规施工方法施工。

爬模组装顺序是：先安装乙型模板下部的生根背楞，用穿墙螺栓固定在首层已浇筑的墙体上，再安装中挑架。在地面上将乙型模板的模板、三角爬架、液压千斤顶等组装好，然后将乙型模板吊起置于连接板上，并用螺栓连接，同时在中挑台上设临时支撑和校正模板。首次安装甲型模板时，由于模板下端无支承，故采用临时支撑校正固定，待外墙内侧模板吊运就位后，即用穿墙螺栓将内、外侧模板固定，并校正其垂直度。最后安装上、下两道平台挑架，铺放平台板、挂好安全网，即可浇筑墙体混凝土。无爬架爬升模板施工的爬升程序如图 6.2.6 所示。

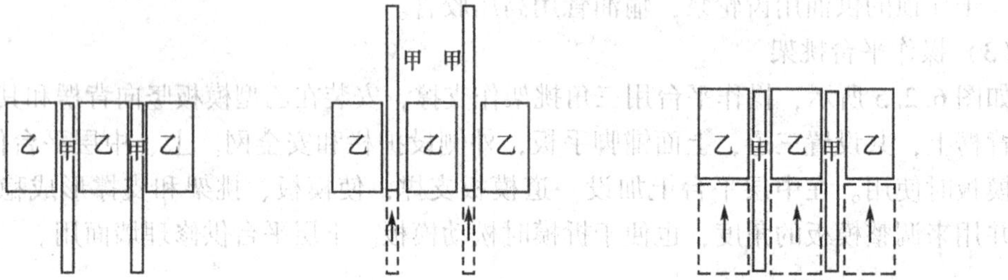

(a) 模板就位，浇筑混凝土　(b) 甲型模板爬升　(c) 乙型模板爬升就位，浇筑混凝土

图 6.2.6　无爬架爬升模板施工爬升程序示意图

无爬架爬模在爬升施工前，先松开穿墙螺栓，拆除内模板，并使外墙外侧的甲、乙型模板与混凝土脱离，但不拆除穿墙螺栓。调整乙型模板上三角架的角度，装上爬杆并用卡座卡紧，爬杆下端穿入甲型模板中部的千斤顶中。然后拆除甲型模板底部的穿墙螺栓，装好限位卡，启动液压泵，将甲型模板爬至预定高度，随即用穿墙螺栓与墙体固定。待甲型模板爬升后，再爬升乙型模板。首先松开卡座，取出乙型模板上的爬杆，然后调整甲型模板三角爬架的角度，装上爬杆，用卡座卡紧，并使爬杆下端穿入乙型模杆上端的千斤顶中，再拆除乙型模板上口的穿墙螺栓，使模板与墙体脱离，即可爬升乙型模板。校正甲、乙两种模板，安装好内模，装好穿墙螺栓并紧固，即可浇筑混凝土。施工时，应使每一个流水段内的乙型模板同时爬升，模板不得单块爬升，模板的爬升，可以安排在楼板支模和绑扎钢筋的同时进行，故不占用施工工期，有利于加快工程进度。

6.2.3　大吨位长行程油缸整体顶升模板

大吨位长行程千斤顶整体顶升模板是利用大吨位长行程双向作用液压千斤顶作为顶升装置，与大模板施工工艺结合，利用现代化控制技术对顶升过程精确控制，是整体平台与模板同步提升的一种综合施工技术。这项技术主要适于复杂多变的核心筒结构施工，具有顶升力大、一次提升高度大、控制精准、自动化程度高、施工速度快、减少施工缝、结构整体性好、施工安全和施工质量容易保证等特点，具有广泛的应用前景。

大吨位长行程千斤顶整体顶升模板由动力及控制系统、支撑系统、钢平台系统、吊架系统、模板系统和垂直交通系统组成。动力系统由双向液压大行程千斤顶、支撑大梁端部的小千斤顶及整套液压油路组成；控制系统由集中控制台、压力传感器和相关数据线组成，所有动作均提前编程并输入电脑。

钢平台需涵盖所有结构变化范围，钢平台需设计有足够的平面刚度，能承受上部整层的施工材料堆载、施工机具堆载、下部的挂架荷载、模板荷载以及所有的施工活荷载。平台下所有变化范围内设置吊架及模板滑动的轨道钢梁。钢平台下留空一层，可以保证在混凝土浇筑完成后立即插入钢筋工程作业，大大缩短了标准层的施工时间。

广州珠江新城西塔（103层），采用3台大吨位长行程双向作用液压千斤顶顶升模板施工；深圳京基金融中心工程（98层），采用4台大吨位长行程双向作用液压千斤顶顶升模板施工。大吨位长行程双向作用液压千斤顶的行程5m，额定顶升力3000kN、额定提升力350kN，顶升有效行程5000mm，顶升速度100mm/min。通过液控与电控两套系统协同工作，实现主千斤顶同步运行误差可控制在1mm内。

6.2.4　施工注意事项

①采用液压爬升模板进行施工必须编制爬模专项施工方案，进行爬模装置设计与工作荷载计算。承载螺栓、支承杆和导轨主要受力部件应分别按施工、爬升和停工三种工况进行强度、刚度及稳定性计算。

②在爬模装置爬升时，承载体受力处的混凝土强度必须大于10MPa，且必须满足设计要求。

③非标准层层高大于标准层层高时，爬升模板可以多爬升一次或在模板上口支模接高；非标准层层高小于标准层层高时，混凝土按实际高度要求浇筑。非标准层必须同标准层一样在模板上口以下规定位置预埋锥形承载接头或承载螺栓套管。

④爬架可以分段爬升和整体同步爬升，整体同步爬升控制参数的设定：每段相邻机位之间的升差值宜控制在1/200以内，整体升差值宜控制在50mm以内。

⑤安装模板前宜在下层结构表面弹出对拉螺栓、预埋承载螺栓套管或锥形承载接头位置线，以免竖向钢筋与对拉螺栓、预埋承载螺栓套管或锥形承载接头等相碰。采用千斤顶和提升架的爬模装置，绑扎钢筋时，千斤顶的支承杆应支承在混凝土结构上，当钢筋与支承杆相碰时，应及时调整水平钢筋位置。

⑥混凝土浇筑宜采用布料机均匀布料，分层浇筑，分层振捣，且应变换浇筑方向，顺时针方向、逆时针方向交错进行。混凝土振捣时严禁振捣棒碰撞承载螺栓套管或锥形承载接头等。混凝土浇筑位置的操作平台应采取铺铁皮、设置铁簸箕等措施，防止下层混凝土表面受污染。

⑦爬模施工应符合现行行业标准《建筑施工高处作业安全技术规范》（JGJ 80）中的相关规定。爬模工程必须编制安全专项施工方案，且必须经专家论证。爬模装置的安装、操作、拆除应在专业厂家的指导下进行，专业操作人员应进行爬模施工安全、技术培训，合格后方可上岗操作。模板和爬架的爬升，应由专业小组完成，统一指挥。

操作平台上应在显著位置标明允许荷载值，设备、材料及人员等荷载应均匀分布，人员、物料不得超过允许荷载；爬模装置爬升时不得堆放钢筋等施工材料，非操作人员应撤离操作平台。

爬模工程应设专职安全员，负责爬模施工的安全监控。

§6.3　高层建筑大模板施工

大模板（即大面积模板、大块模板）是一种工具式大型模板，其尺寸与整个房间或房间的每一面墙及楼地面的大小相吻合，钢筋绑扎等工序完成后，按照设计位置安装好后，在模板内浇筑混凝土。大模板施工的主要特点为：机械化程度高、模板装拆快、可以减轻劳动强度、节省劳力和施工进度快；减少结构的施工缝，结构性能好；混凝土表面质量好，减少装修的工作量等。但大模板的一次性投资较大，安装时需要起吊设备。

大模板建筑设计与施工应满足《高层建筑混凝土结构技术规程》(JGJ3)和《建筑工程大模板技术规程》(JGJ74)中的相关要求。

6.3.1 大模板建筑的主要类型

大模板建筑的主体结构可分为内、外墙全现浇筑、内墙现浇筑外墙预制和内墙现浇筑外墙砌筑等三种型式。

1. 内、外墙全现浇筑

内、外墙全现浇筑系指建筑物的内墙与外墙全部利用大模板进行整体浇筑的大模板体系。这种大模板体系的整体性好；由于减少了外墙板制作和运输的环节，造价较低。但是增加了现场工作量，存在外墙保温、隔热、饰面以及防止混凝土收缩等问题。

外墙现浇筑混凝土的集料有两种做法，一种是采用陶粒、浮石、火山渣、膨胀矿渣珠等轻集料，另一种是仍采用普通砂石集料。采用轻集料的优点是可以同时起保温作用，但价格较高，内、外墙采用两种不同的混凝土给现场施工带来困难，结构构造也难以处理。

为了防止现浇筑混凝土外墙出现收缩裂缝和满足外墙的保温隔热要求，可以在现浇筑外墙的外面挂上带保温隔热材料的预制混凝土板或金属板。

2. 内墙现浇筑外墙预制

内墙现浇筑外墙预制系指内墙采用大模板现浇筑混凝土，外墙采用大型预制墙板的大模板建筑体系。国内从 1974 年开始采用，各地简称为外板内模、内浇外板、内浇外挂、一模三板等。这种体系的特点是预制和现浇筑相结合，发挥各自的长处。外墙有围护、保温、隔热、饰面、防水、隔声、承重等多种功能要求，构造和施工较复杂，在工厂制作有较好的生产条件，较易保证质量，并且减少现场工作量，节省现场用工。但是由于增加了墙板的生产、运输和安装环节，一般较现浇筑外墙稍贵。

采用内墙现浇筑外墙预制方案时，内承重墙和楼板、阳台、楼梯等使用普通混凝土；外墙板有单一材料和复合材料两种做法。采用单一材料墙板时，一般选用保温隔热性能较好的轻混凝土，以各种陶粒、浮石、火山渣、膨胀矿渣珠等为轻集料。也可以在构件厂用普通混凝土生产外墙板，再粘贴具有保温隔热性能的面层。采用复合材料墙板时，可以用普通混凝土或轻混凝土作面层和结构层，以岩棉、苯板、膨胀珍珠岩、加气混凝土等保温隔热材料作夹层，发挥不同材料的特性，提高功能，且可以减薄厚度，增加使用面积。

小开间大模板建筑物，可以采用每间一块上、下面平整的整间大楼板，这有利于楼板与墙的整体连接，且可以减去地面找平层和抹面。在地震区，当建筑物高度超过 50m 时，一般就不能采用预制楼板，应采用现浇楼板或叠合楼板。

3. 内墙现浇筑外墙砌筑

内墙现浇筑外墙砌筑系指利用大模板现浇筑混凝土内墙与砌体外墙相结合的大模板体

系。1977年以来，国内在多层住宅和旅馆中，发展了外墙砌砖的大模板建筑，这种体系是大模板建筑和砖混建筑的结合，发挥了钢筋混凝土承重墙坚固耐久和砖墙便宜的各自长处。这种体系的外砖墙不仅起围护作用，而且还承担部分垂直荷载和水平荷载。由于高层建筑物的垂直荷载和水平荷载较多层建筑物的相应荷载大得多，砖墙一般不能承受，故仅起填充墙作用。因此，这种大模板体系仅用于层数不超过6层的建筑物。

6.3.2　大模板的构造与主要型式

大模板的结构构造应具有足够的承载力、刚度和稳定性；应简单、坚固耐用、便于加工制作；应能整装整拆，组拼便利，在正常维护下应能重复周转使用；板面光滑平整，拆模后可以不抹灰或少抹灰，减少装修工作量；重量轻，每块模板的重量不得超过起重机能力；支模、拆模、运输、堆放能做到安全方便；尺寸构造尽可能做到标准化，通用化；一次投资较省，摊销费用较少。

1. 模板组成

大模板通常由面板、骨架、支撑系统和附件组成，如图6.3.1所示。强度和刚度大的面板也可以不设骨架。

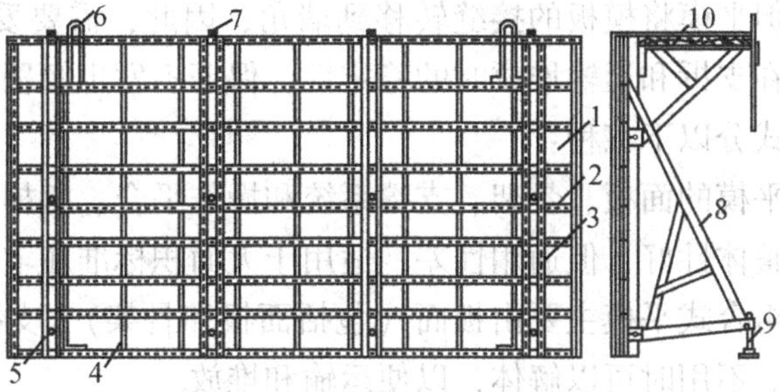

1—面板；2—横肋；3—竖肋；4—小肋；5—穿墙螺栓；6—吊环
7—上口卡座；8—支撑架；9—地脚螺栓；10—操作平台

图6.3.1　横墙大模板的构造示意图

(1) 面板

面板的作用是使混凝土墙面成型，具有设计所要求的外观。面板可以选用钢、竹、塑料等多种材料，如钢面板、钢框胶合板和塑料组合面板等。钢面板用厚度不小于5mm的钢板焊接拼成，板面平整，可以周转200次以上，这种面板使用最广，但自重较大，耗钢量多。钢框胶合板是在竹胶合板的四边镶上钢边框，可以提高模板整体刚度，保护四边不易损坏。塑料组合模板的重量轻，表面光滑，易于脱模。

(2) 骨架

骨架的作用是固定面板，保证其刚度，并将所受到的荷载传递到支撑系统。通常由型钢、冷弯薄壁型钢、槽钢、扁钢、钢管等做成的横肋和竖肋组成。骨架材质宜与钢面板材质同一牌号，以保证焊接性能和结构性能。

(3) 支撑系统

支撑系统的作用是将荷载传递到楼板、地面或下一层的墙体上，并调整面板到设计位置，在堆放时用以保持模板的稳定性。支撑系统包括支撑架和地脚调整螺栓。一块大模板至少要设两个地脚调整螺栓，用于调节整个模板的垂直度和水平标高等工作。大模板的支撑系统应能保持大模板竖向放置的安全可靠和在风荷载作用下的自身稳定性。地脚调整螺栓长度应满足调节模板安装垂直度和调整自稳角的需要，地脚调整装置应便于调整，转动灵活。

(4) 附件

大模板的主要附件包括操作平台、爬梯、对拉螺栓、上口卡板、吊环等。大模板对拉螺栓的材质应采用不低于Q235A的钢材制作，应有足够的强度承受施工荷载。大模板钢吊环应采用Q235A材料制作且应具有足够的安全储备，严禁使用冷加工钢筋。焊接式钢吊环应合理选择焊条型号，焊缝长度和焊缝高度应符合设计要求；装配式吊环与大模板采用螺栓连接时必须采用双螺母。

2. 大模板的主要型式

(1) 平模

平模尺寸一般相当于房间每面墙的大小，其优点是每面墙的大面上无接缝，充分体现大模板墙面平整的特点，与筒模相比较，自重较轻，灵活性较大，因此平模是各类大模板中采用最多的一种。但平模将模板的接缝转移到墙角，因此，需要妥善处理墙角的模板；另外还需要解决平模在支拆和运输堆放时的稳定性，保证不发生倾覆安全事故。

平模按拼装的方式分以下三种：

①整体式平模。平模的面板、骨架、支撑系统和操作平台、爬梯等构件组拼焊接成整体。其优点是模板的整体性好，但通用性差，适用于大面积标准住宅施工。

②组合式平模。组合式平模主要由板面（包括面板和骨架）、支撑系统和操作平台三部分用螺栓连接而成。不用时可以解体，以便运输和堆放。

为了减少大模板的型号，组合式平模以常用的进深、开间作为板面的基本尺寸，再辅以200mm、300mm或600mm的拼接窄板，就可以适应建筑平面模数进位的变化。

③装拆式平模。装拆式平模不仅支撑系统和操作平台与板面用螺栓固定，而且面板与钢边框、横肋、竖肋之间也是用螺栓连接，用完后可以完全拆散，灵活性较大。

(2) 小角模

小角模通常与平模配套使用，作为墙角模板。一般要求小角模支模、拆模方便，牢固，不漏浆；小角模的板面与平模板面保持在同一平面，在接缝处不应出现台阶。小角模与平模之间应有一定的伸缩量，作为不同墙厚和安装偏差调剂用，也为支模、拆模创造方便条件。

通常小角模有两种作法，如图6.3.2所示，第一种做法是在角钢的内面焊上扁钢，拆模后，在接缝处会出现突出墙面的一条棱，这要及时处理。第二种做法是在角钢的外面焊上扁钢，拆模后，在墙面留下扁钢的凹槽，清理后用腻子刮平。两种做法的共同点都是利用扁钢作为平模与角模间距调节，扁钢一端固定在角钢上，另一端与平模板面可以自由滑动。

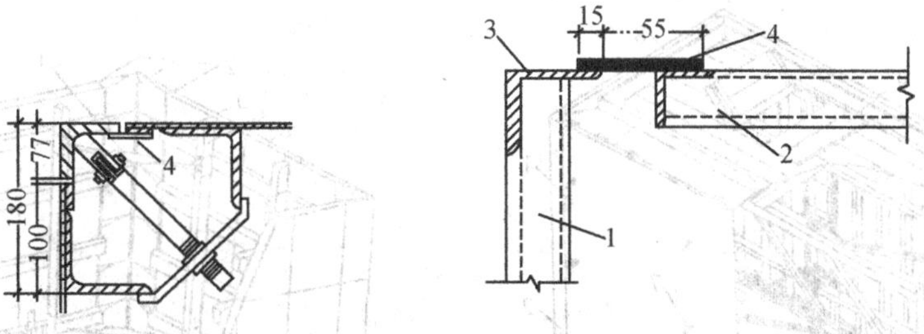

1—横墙平模板；2—纵墙平模板；3—角钢；4—扁铁

图 6.3.2 小角模构造图

（3）大角模

一个房间的模板由四块大角模组成，与平模的区别在于模板接缝的位置设在每面墙的中部。其优点是四个大角较规矩，接缝较少，但支、拆模板较难。通常也有两种做法，第一种做法是做成固定角，仅依靠 6mm 泡沫塑料塞缝调整。第二种做法是角模带合页，可以通过花篮螺丝调整，如图 6.3.3 所示。由于大角模的接缝处很难平整，在墙的大面很明显，现在已很少使用。

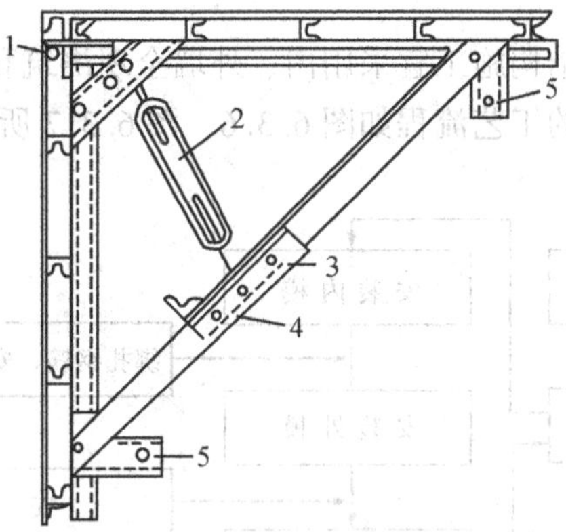

1—合页；2—花篮螺栓；3—固定销子；4—活动销子；5—调整用的螺旋千斤顶

图 6.3.3 大角模构造图

（4）筒模

筒模是在平模的基础上发展起来的，将一个房间各个现浇墙面各自独立的模板连接成空间整体模板。筒模的结构如图 6.3.4、图 6.3.5 所示。筒模的优点是模板的稳定性好，可以整间吊装，减少吊次，有整间大的操作平台，施工条件较好，但灵活性不如平模，自重较平模大。常用于电梯井、管道井，筒模尺寸较小，自重较轻，装、拆模较平模方便。

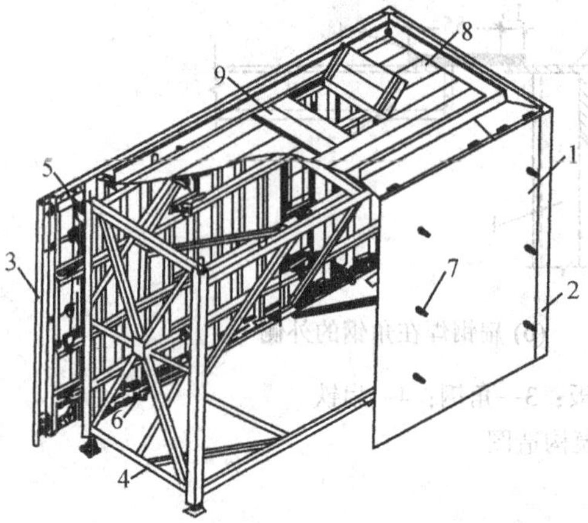

1—模板；2—内角模；3—外角模；4—钢架
5—吊环；6—支杆；7—穿墙螺栓
8—操作平台；9—出入孔
图 6.3.4 钢架筒模构造图

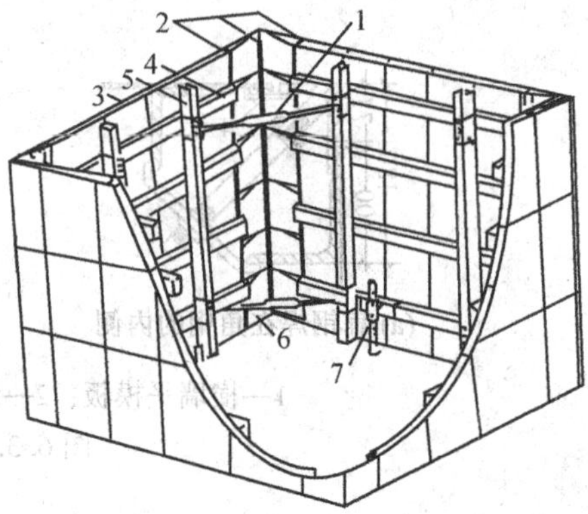

1—脱模器；2—铰链；3—组合模板；4—方钢横肋
5—方钢纵肋；6—角撑；7—地脚螺栓
图 6.3.5 组合式铰接筒模构造图

6.3.3 大模板施工工艺

1. 大模板施工工艺流程

对于高层建筑，大模板结构施工宜采用内、外墙全现浇筑和内墙现浇筑外墙预制两种施工方法。这两种施工方法的工艺流程如图 6.3.6、图 6.3.7 所示。

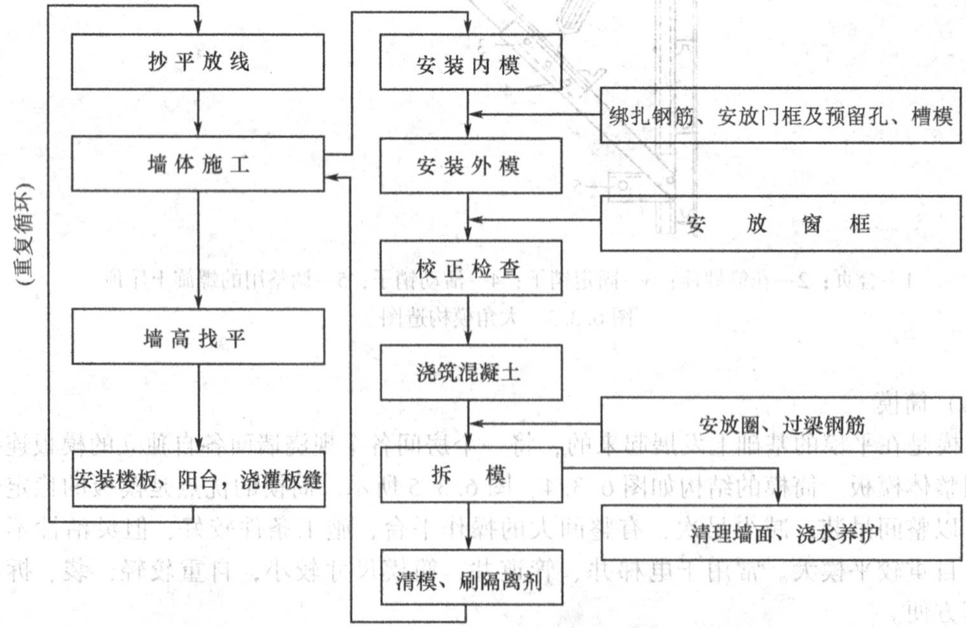

图 6.3.6 内、外墙全现浇筑施工工艺流程图

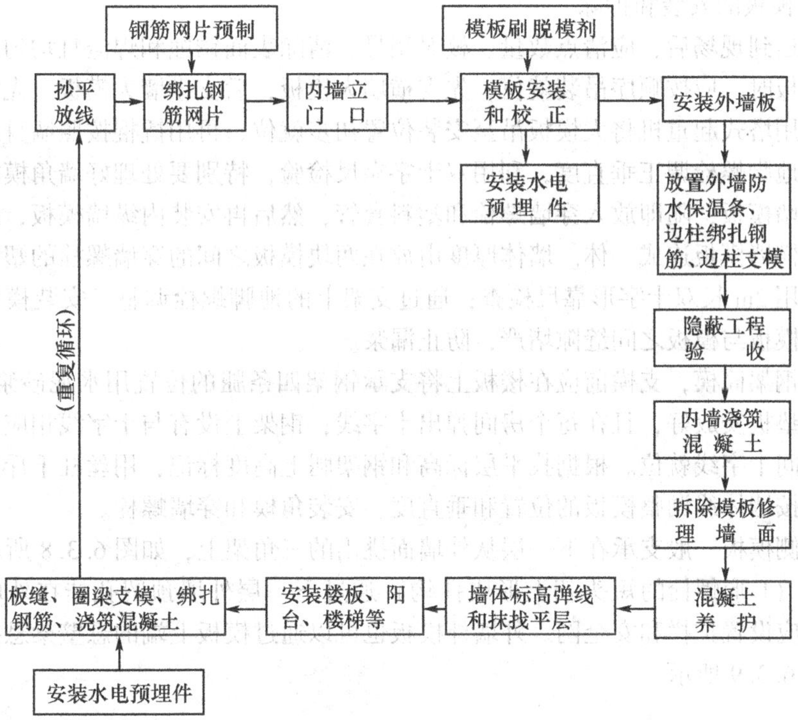

图 6.3.7　内墙现浇筑外墙预制施工工艺流程

2. 主要施工方法

(1) 抄平放线

每栋建筑物的四大角和流水段分段处，应设置标准轴线控制桩。根据标准轴线桩用经纬仪引测各层控制轴线，然后用钢尺放出其他轴线和墙身、门窗洞口位置线。每层墙体在拆模后应弹出两道水平线。一道距地面 500mm 高，供楼面、地面、装饰工程等用。另一道距楼板下皮 100mm，作控制墙体找平层和楼板安装高度用。另外，还可以在墙体钢筋上弹出水平线，用以控制墙体顶部的找平层、楼板的安装标高和控制大模板的水平度。

(2) 钢筋绑扎

大模板施工的墙体钢筋应优先采用点焊网片。网片之间的搭接长度和搭接部位都应符合设计规定。网片在堆放、运输和吊装过程中，要放在专用的金属网片架上，防止钢筋弯曲变形和焊点脱落。上、下层墙体钢筋网片搭接部分应理直，且绑扎牢固。双排钢筋网片之间应设置足够的定位连接筋，钢筋与模板之间应绑扎砂浆垫块定位，其间距不宜大于 1m，以保证钢筋位置的准确和保护层厚度。

外墙板安装前，应将两侧伸出的钢筋套环理直。外墙板就位后，两块外墙板的套环和内墙的钢筋套环应重合，将本层的竖筋插入内、外墙重合的套环内，对每块外墙板和内墙，插入套环均不得少于 3 个，且绑扎牢固。在施工段的分界处，应按设计规定留出墙体连接钢筋，可以预先弯折于模板内，待拆模板后理直，与下一施工段墙体钢筋绑扎连接。

墙体钢筋应尽量预先在加工厂按图纸要求点焊成网片，这样可以做到位置准确，且减少现场工作量。构造柱钢筋也应尽量在加工厂统一下料、弯钩、编号。

(3) 大模板的安装和拆除

大模板运到现场后，应清点数量、核对型号，清除表面锈蚀和焊渣且均匀地涂刷脱模剂。安装模板时，应按顺序吊装就位，先支横墙大模板，后支纵墙大模板。先安装横墙一侧的模板，用塔式起重机将大模板吊至安装位置初步就位，再用撬棍按照墙身线调整模板位置，并用地脚螺栓调正垂直度，利用双十字靠尺检验，特别要处理好墙角模板。再安装另一侧的横墙模板，随即放入穿墙螺栓和塑料套管，然后再安装内纵墙模板，最后安装角模，使纵、横墙模板连成一体。墙体厚度由放在两块模板之间的穿墙螺栓的塑料套管来控制，垂直度用 2m 长双十字形靠尺检查；通过支架上的地脚螺栓调整。安装模板时，要将模板之间或模板与模板之间缝隙堵严，防止漏浆。

若采用钢架筒模，支模前应在楼板上将支承钢架四条腿的位置用水泥砂浆抹找平层，找平时将铁垫板安放好，且在每个房间弹出十字线；钢架上设有与十字线相应的标记，模板吊装按房间十字线就位。根据找平层标高和钢架腿上高度标记，用丝杠千斤顶调整模板高度，然后按墙体线调整模板的位置和垂直度，安装角模和穿墙螺栓。

外墙外侧模板一般支承在下一层从外墙面挑出的三角架上，如图 6.3.8 所示，三角架用 L 形螺栓（L 形螺栓的短头朝上形成挂钩）通过下一层外墙预留孔挂在外墙上，为了保证安全，应设置护栏和安全网。外墙外模板也可以通过模板上端的悬壁梁悬挂在内侧模板上，如图 6.3.9 所示。

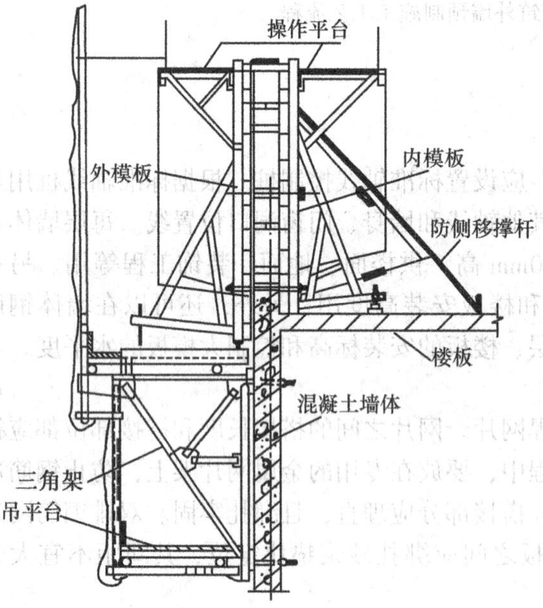

图 6.3.8 外侧模板支承在外三角架上

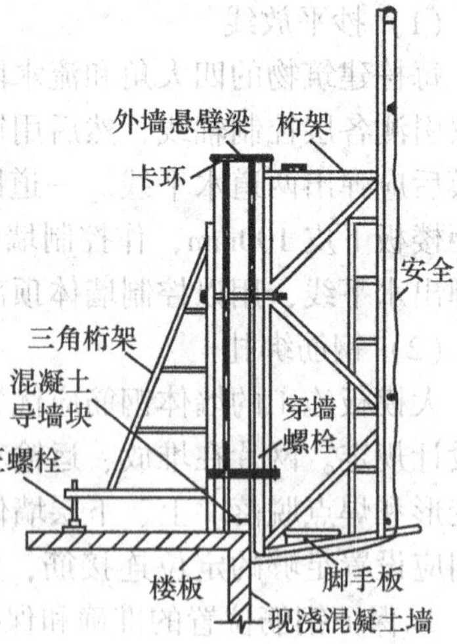

图 6.3.9 外墙模板悬挂支撑系统

现浇装饰混凝土外墙外侧模板，可以采用不同的衬模（采用聚氨酯、橡胶、塑料、铁木等材料制作），做出不同的花饰、线形与纹理质感的图案。

在常温条件下，混凝土强度需达到 1.0N/mm^2 方可拆模。宽度大于 1m 的门洞口的拆模强度，应与设计单位商定，以防止其产生裂缝。模板拆除后，应及时对墙面进行清理和修补。

（4）立门口、洞口

门口有先立和后立两种方法。后立门口是先用木方做假口，拆模后再立正式门口，采用该方法立门口不易牢固，门口两侧的砂浆容易发生空鼓和裂缝。先立门口是在支模时即将正式门口固定好，可以省工、省料，而且比较牢固，但在立门口时必须位置准确，在浇捣混凝土时要防止将门口挤歪。

（5）混凝土浇筑

常用的浇筑方法是料斗浇筑法，即用塔式起重机吊运料斗至浇筑部位，料斗口直对模板进行浇筑。当采用混凝土泵进行浇筑时，要注意混凝土的可泵性和混凝土的布料。

混凝土应具有良好的工艺性能，当采用塔式起重机吊运料斗上料时，坍落度为 60～80mm，当采用泵送混凝土时，坍落度为 120～180mm。

为保证新旧混凝土结合面处混凝土浇筑密实、饱满，在混凝土浇筑前，应先铺一层 50～100mm 厚与混凝土内砂浆成分相同的砂浆。墙体混凝土浇筑应分层进行，每层厚度不应超过 600mm。当浇筑到门窗洞口两侧时，应由门窗洞口正上方下料，两侧同时浇筑，高度应一致，振捣棒应距洞口边 300mm 以上，以防门窗洞口的模板走动与变形。

若要做到每天完成一个流水段的作业，模板每天周转一次，就要求混凝土浇筑后 10h 左右达到拆模强度。当使用矿渣硅酸盐水泥时，往往要掺早强剂。常用的早强剂为三乙醇胺复合剂和硫酸钠复合剂等。为增加混凝土的流动性，常在混凝土中掺减水剂。常用的减水剂有木质素磺酸钙等。

常温施工时，拆模后应及时喷水养护，连续养护 3d 以上。也可以采取喷涂氯乙烯-偏氯乙烯共聚乳液薄膜保水的方法进行养护。

（6）楼板施工

如果层数不太多，楼盖可以为预制楼板，尤其是采用整间的大楼板，有利于提高建筑物的整体性、抗震性能，并减少施工现场的装修作业量。当墙体混凝土强度不小于 $4.0N/mm^2$ 后，方可在其上安装楼板，否则要采取硬架支模等技术措施。

高层建筑物的层数多、高度大，或进深和开间尺寸很大时，为满足抗震要求或方便施工，楼板往往要求现浇筑。楼板现浇筑用的模板，有组合钢模板、钢框木（竹）组合模板、台模、预应力薄板、压延型钢等，应根据具体情况和技术经济比较后选用。

叠合楼板除可以采用条形预制混凝土薄板作永久性模板外，对小开间房间，宜采用整间大的混凝土薄板，安装后再浇筑 60～120mm 厚混凝土。这种叠合楼板的整体性好，对保证质量、缩短工期、减少现场用工有显著效益。由于板薄平面面积大，为了保证起吊时受力均匀，变形小，应采用有 8 个吊点的专用吊具。

（7）外墙板与内隔墙板的安装

外墙板安装前应预先抹好找平层。就位时浇筑水泥素浆以保证结合面的粘结。以墙的外边线为准，做到墙面平整，墙身垂直，缝隙一致，且注意保护外墙板的棱角和防水构造。上、下外墙板键槽内的连接钢筋应及时焊接，焊缝长度不小于 90mm，检查合格后，浇筑键槽混凝土，且完成外墙板根部砂浆捻塞作业。

当采用钢筋混凝土薄板（厚 50～60mm，两面平整）作分室隔墙和厨房、卫生间隔墙时，要求在上层楼板施工前即吊装就位，与承重墙焊接。当采用各种轻质条板，如加气混凝土板、空心石膏板、纸面石膏板等，可以在上层楼板施工前先运入，到装修阶段再进行墙板安装。若采用各种砌块、空心砖等，运输和施工安排可以更加灵活。

§6.4 高层钢结构施工

6.4.1 钢结构材料与构件

1. 钢结构材料的种类

目前，在我国钢结构工程中所采用的钢材有普通碳素钢、普通低合金钢和热处理低合金钢三类。其中以Q235，16Mn，16Mnq，15MnVq等几种钢材应用最普遍。Q235钢属于普通碳素钢，具有良好的塑性和韧性；16Mn钢属于普通低合金钢，强度较高，塑性及韧性好；16Mnq钢、15MnVq钢为我国的桥梁结构工程用钢材，其强度高，韧性好且具有良好的耐疲劳性能。

钢材的钢种、钢号、强度、机械性能、化学成分以及连接所用的焊接材料、螺栓紧固件等材料必须符合设计要求；必须满足《钢结构工程施工质量验收规范》（GB50205）、《高层民用建筑钢结构技术规程》（JGJ99）和《钢结构工程施工规范》（GB50755）中的相关规定。

抗震高层建筑物钢结构的钢材性能，还应满足下述要求：①钢材屈强比不低于1.2，按8度和8度以上抗震设防的结构不低于1.5；②钢材应具有明显的屈服台阶，伸长率大于20%，且有保持延性的良好可焊性；③甲、乙类高层建筑物钢结构的钢材屈服点不宜超过其标准值的10%。

承重结构处于外露和低温环境时，其钢材应满足耐大气腐蚀和避免低温冷脆的要求。梁—柱采用焊接连接时，当节点约束较强，板厚大于50mm，并承受沿板厚方向的拉力作用时，应满足板厚方向的伸长率不低于20%~25%的要求，以防止层状撕裂。

2. 钢结构构件

(1) 钢结构构件的截面形式

①柱子。在高层建筑物中，按高度及荷载大小选择柱截面，常用的截面形式有H形、箱形、十字形、圆形等。H型钢分为轻型焊接H型钢和焊接H型钢，其中轻型焊接H型钢的规格为100mm×50mm（高×翼缘宽）~454mm×300mm；焊接H型钢的规格为300mm×200mm~1200mm×600mm。箱形柱与梁的连接较简单，受力性能与经济效果较好，因此，应用最为广泛。十字形柱是由两个轧制工字形钢或钢板组合而成，适宜于承受双向弯矩。此外，在矩形、方形、圆形管中浇筑混凝土，形成钢管混凝土组合柱，可以大大提高柱的承载能力且可以避免管壁局部失稳，是一种技术经济性能较好的组合构件。

②梁。高层钢结构的梁，多为轧制或焊接的H型钢梁，在需要时也可以使用复合截面。若高度受限制，可以在型钢梁的最大弯矩区焊接附加翼缘板，或在型钢梁的上翼缘焊接槽钢以增加侧向刚度等。对于荷载较大的梁亦可以采用焊接箱形截面梁。

(2) 钢结构构件的连接方式

钢结构构件的连接方式主要有高强螺栓连接和焊接等。

①柱与柱的连接。柱与柱的连接因柱的截面不同而采用的连接方式不同。H型钢柱可以采用高强螺栓连接或高强螺栓与焊接相结合的混合连接；箱形截面柱多采用焊接，如图

6. 4. 1 所示。

②柱与梁的连接。由于梁截面多为 H 型钢梁，与柱的连接可以用高强螺栓连接、焊接和混合连接，如图 6. 4. 2 所示。

③梁与梁的连接。梁与梁的连接可以采用高强螺栓连接或焊接连接，如图 6. 4. 3 所示。

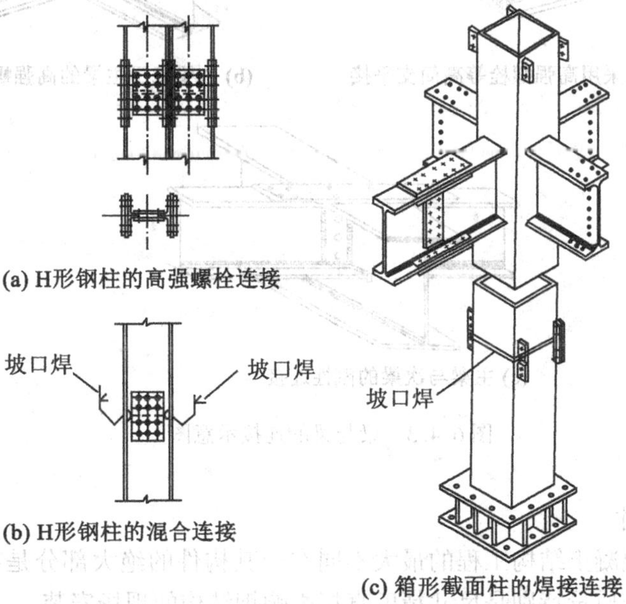

图 6. 4. 1　柱与柱的连接示意图

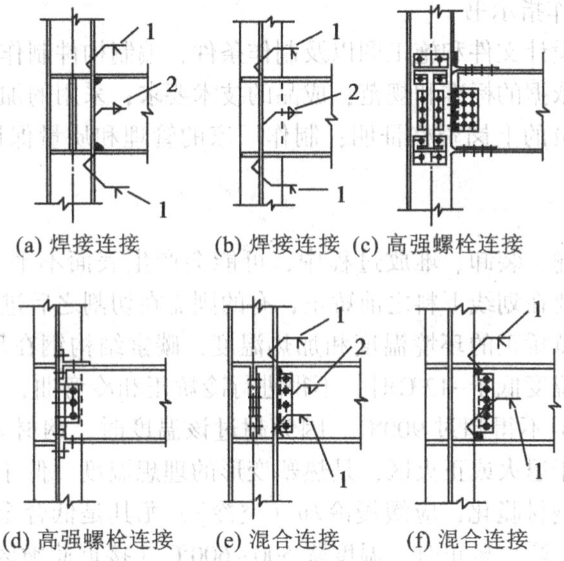

1—坡口焊；2—角焊

图 6. 4. 2　柱与梁的连接示意图

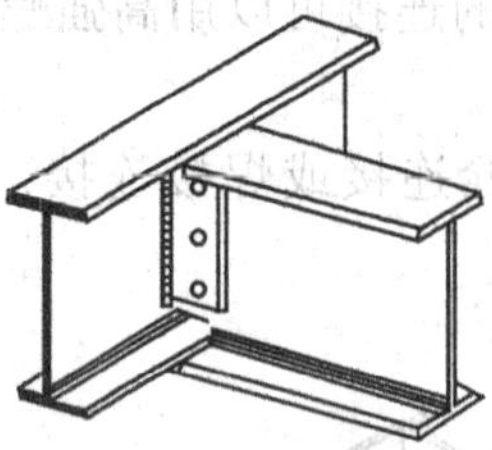

(a) 次梁与主梁采用高强螺栓等高简支平接

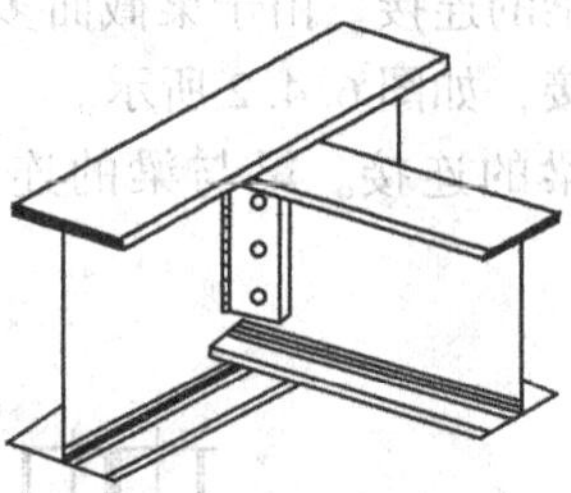

(b) 次梁低于主梁的高强螺栓连接

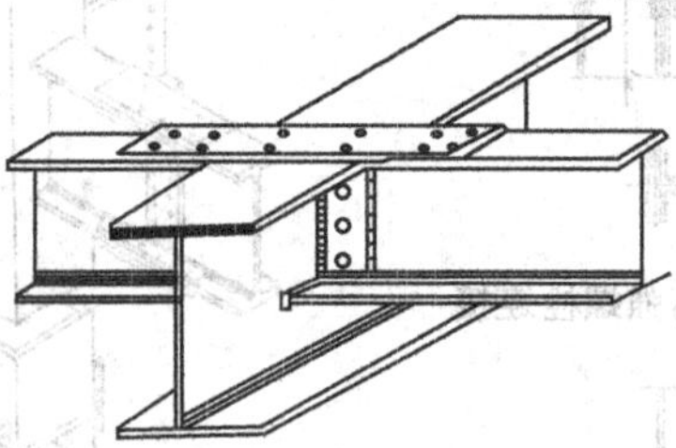

(c) 主梁与次梁的刚性连接

图 6.4.3 梁与梁的连接示意图

3. 钢构件的制作

钢结构工程与混凝土结构工程的最大不同在于其构件的绝大部分是在加工厂完成的，因此，钢构件的制作质量特别是尺寸精度直接影响钢结构的现场安装。

钢构件在加工厂制作的流程为：编制构件制作指示书→原材料矫正→放样、号料、切割→制孔→边缘加工→组装和焊接→端部加工和摩擦面处理→除锈和涂装→验收和发运。

（1）编制构件制作指示书

在制作前应根据设计文件和施工图以及制作条件，编制构件制作施工指示书。其主要内容包括：施工中所依据的标准和规范；成品的技术要求；采用的加工、焊接设备和工艺装备；焊工和检验人员的上岗资格证明；制作厂家的管理和质量保证体系；各类检查表格等。

（2）矫正

型材在轧制、运输、装卸、堆放过程中，可能会产生表面不平、弯曲、波浪形等缺陷。这些缺陷有的需要在划线下料之前矫正，有的则需在切割之后进行矫正。碳素结构钢和低合金结构钢应注意矫正的环境温度和加热温度，碳素结构钢在环境温度低于-16℃、低合金结构钢在环境温度低于-12℃时，不得进行冷矫正和冷弯曲；加热矫正时的温度应根据钢材性能选定，但不得超过900℃。因为超过该温度时，钢材表面容易渗碳甚至过烧，而800~900℃属于退火或正火区，是热塑变形的理想温度。低于600℃，则矫正效果不大。为防止加热区钢材脆化，应缓慢冷却（空冷），尤其是低合金结构钢更不应骤冷。当采用加热矫正与机械联合矫正时，温度降500~600℃（接近蓝脆区）之前应结束矫正。低合金结构钢在加热矫正后应缓慢冷却。矫正后的钢材表面，不应有明显的凹面或损伤，划痕深度不得大于0.5mm，且应不大于该钢材厚度负允许偏差的1/2。

当零件采用热加工成型时，可以根据材料的含碳量，选择不同的加热温度。加热温度应控制在900~1000℃，也可以控制在1100~1300℃；碳素结构钢和低合金结构钢在温度分别下降到700℃和800℃前，应结束加工；低合金结构钢应自然冷却。

热加工成型温度应均匀，同一构件不应反复进行热加工；温度冷却到200~400℃时，严禁捶打、弯曲和成形。

矫正和成型的质量应符合《钢结构工程施工质量验收规范》（GB50205）和《高层民用建筑钢结构技术规程》（JCJ99）中的相关规定。

（3）放样、号料和切割

放样和样板（样杆）是号料的依据，应根据批准的施工图进行放样，制作样板或样杆，并规定其允许偏差，便于工序检查。放样应采用经过计量检定的钢尺，并将标定的偏差值计入量测尺寸。尺寸划法应先量全长后分尺寸，不得分段丈量相加，避免误差积累。

放样和号料应预留收缩量（包括现场焊接收缩量）及切割、铣端等需要的加工余量，高层钢框架尚应预留弹性压缩量。

切割分为机械剪切、气割、锯切类型。机械剪切用于切割厚度不宜大于12mm的钢板；气割则用于切割厚度大于12mm的钢板；锯切用切割宽翼缘型钢。切割时，应根据设备类型、钢材厚度、切割气体等因素选择适合的工艺参数。碳素结构钢在环境温度低于-20℃、低合金结构钢在环境温度低于-15℃时，不得进行剪切、冲孔。气割前钢材切割区域表面应清理干净。

（4）边缘加工和制孔

切割后的钢板或型钢在焊接组装前需作边缘加工，形成焊接坡口。边缘加工可以采用气割和机械加工方法，对边缘有特殊要求时宜采用精密切割。边缘加工需用样板控制坡口角度和各部尺寸，当采用气割或机械剪切的零部件时，其边缘加工的刨削量不应小于2.0mm。焊缝坡口可以采用气割、铲削、刨边机加工等方法。边缘加工的允许偏差和焊缝坡口的允许偏差应符合《钢结构工程施工规范》（GB50755）中的相关规定。

制孔可以采用钻孔、冲孔、铣孔、铰孔、镗孔和锪孔等方法，对直径较大或长形孔也可以采用气割制孔。机械制孔或气割制孔后，应清除孔周边的毛刺、切屑等杂物；孔壁应圆滑，应无裂纹和大于1mm的缺棱。

（5）组装和焊接

板材、型材由于其长度（板材包括宽度）受到限制，往往需要在工厂进行拼接。一个较复杂的构件是由许多零件或部件（组合牛腿等）组成的。为减少构件的焊接残余应力，应先进行材料拼接和部件组装，待焊接、矫正后再进行构件的组装、焊接。

焊接工艺评定是保证钢结构焊缝质量的前提，通过焊接工艺评定选择最佳的焊接材料、焊接方法、焊接工艺参数、焊后热处理等，以保证焊接接头的力学性能达到设计要求。首次使用的钢材、焊材及改变焊接方法、焊后热处理等，必须进行焊接工艺评定，工艺评定合格后写出正式的焊接工艺评定报告和焊接工艺指导书，用以指导构件的焊接组装。

钢构件的板件之间焊接接头形式主要有对接接头、T形接头、角接接头、十字接头等。对接接头、T形接头和要求全熔透的角部焊缝，应在焊缝两端设置引弧和引出板，其材料应与焊件相同或通过试验选用。手工焊引出板长度应不小于60mm，埋弧自动焊引出板长度应不小于150mm，引焊到引板上的焊缝长度不得小于引出板长度的2/3。焊接完成后用气割切除引弧和引出板，并修磨平整。

构件组装宜在组装平台、组装支承架或专用设备上进行，组装平台及组装支承架应有足够的强度和刚度，且应便于构件的装卸、定位。在组装平台或组装支承架上宜画出构件的中心线、端面位置线、轮廓线和标高线等基准线。

构件组装可以采用地样法、仿形复制装配法、胎模装配法和专用设备装配法等方法。组装时可以采用立装、卧装等方式。设计要求起拱的构件，应在组装时按规定的起拱值进行起拱，起拱允许偏差为起拱值的0~10%，且应不大于10mm。设计没有要求但施工工艺要求起拱的构件，起拱允许偏差不应大于起拱值的±10%，且不应大于±10mm。

（6）端部加工和摩擦面处理

钢构件的端部加工应在矫正合格后进行，铣平端面应与轴线垂直。应根据工艺要求预先确定端部铣削量，铣削量不宜小于5mm。端部铣平面的允许偏差分别为：两端铣平时构件长度：±2mm；两端铣平时零件长度：±0.5mm；铣平面的平面度：0.3mm；两端倾斜度（正切值）：≤l/1500；表面粗糙度：0.03mm。

钢构件摩擦面处理是指使用高强螺栓连接时构件接触面的钢材表面加工，经过加工使其接触处表面的抗滑移系数达到设计要求额定值，一般取0.45~0.55。在施工条件受限制时，局部摩擦面可以采用角向磨光机打磨，打磨方向宜与构件受力方向垂直，范围不应小于螺栓孔径的4倍。通常摩擦面采用喷砂后生赤锈的处理方法，按该方法处理后的摩擦面在出厂前应按批作抗滑移试验，最小值应符合设计要求。

（7）涂装、编号与发运

在钢材表面涂刷防护涂层，是防止腐蚀的主要手段，其涂料、涂装遍数、涂层厚度均应符合设计要求。当设计对涂层厚度无要求时，宜涂装4~5遍，涂层干漆膜总厚度：室外应为150μm，室内应为125μm，其允许偏差为-25μm；涂装工程由工厂和安装单位共同承担时，每遍涂层干漆膜厚度的允许偏差为-5μm。当设计对涂层厚度有要求时，设计最小涂层干漆膜厚度加允许偏差的绝对值即为涂层的要求厚度，其允许偏差取值与设计对涂层厚度无要求时相同。涂装时环境温度一般为5~38℃，相对湿度应不大于85%，构件表面有结露时不得涂装，涂装后4h内不得淋雨。施工图中注明不涂装的部位不得涂装。安装焊缝处应留出30~50mm暂不涂装。

钢构件涂装完毕后，应在构件上标注构件的原编号。大型构件还应标明质量、重心位置和定位标记。

包装应在涂层干燥后进行。包装应保护构件涂层不受损伤，保证构件、零部件不变形、不损坏、不散失，且应符合运输的相关规定。包装箱上应标注构件、零部件的名称、编号、质量、重心和吊点位置等，且应填写包装清单。包装和发运应按照吊装顺序配套进行。

（8）验收

钢构件制作完成后需按施工图、编制的制作施工指导书以及《钢结构工程施工质量验收规范》（GB50205）以及《高层民用建筑钢结构技术规程》（JGJ99）中的规定进行验收。钢构件出厂时，应提交下列资料：产品合格证；施工图和设计变更文件，设计变更内容应在施工图中相应部位注明；制作中对技术问题处理的协议文件；钢材、连接材料和涂装材料的质量证明书或试验报告；焊接工艺评定报告；高强螺栓摩擦面抗滑移系数试验报告；焊缝无损检验报告及涂层检验资料；主要构件验收及预拼装记录等。

6.4.2 高层钢结构的安装

1. 结构安装前的准备工作

高层钢结构安装前的准备工作主要有：编制施工方案，拟定技术措施，构件检查，施工设备、工具、材料准备，组织安装力量等。

(1) 钢结构安装顺序

在制定钢结构安装方案时，主要应根据建筑物的平面形状、高度、单个构件的质量、施工现场条件等来确定施工顺序。高层钢结构宜划分多个流水作业段进行安装，流水作业段宜以每节框架为单位。流水作业段划分应符合下列规定：①流水作业段内的最重构件应在起重设备的起重能力范围内；②起重设备的爬升高度应满足下节流水作业段内构件的起吊高度；③每节流水作业段内的柱长度应根据工厂加工、运输堆放、现场吊装等因素确定，长度宜取2~3个楼层高度，分节位置宜在梁顶标高以上1.0~1.3m处；④流水作业段的划分应与混凝土结构施工相适应；⑤每节流水作业段可以根据结构特点和现场条件在平面上划分流水作业区段进行施工。

(2) 起重机械的选择

高层钢结构安装皆用塔式起重机，要求塔式起重机具有足够的起重能力、起重幅度及起重高度，所用钢丝绳要满足起吊高度的要求，起吊速度应能满足安装要求。钢结构吊装作业必须在起重设备的额定起重范围内进行。

(3) 钢结构构件质量验收与堆放

钢结构安装前，必须对所使用的构件进行检查与验收，其主要内容为：①构件尺寸与外观检查。根据施工图，测量构件的长度、宽度、高度、层高、坡口位置与角度、节点位置，高强螺栓或铆钉的开孔位置、间距、孔数以及构件弯曲、变形、扭曲和碰伤等；②构件加工精度的检查。包括切割面的位置、角度及粗糙度、毛刺、变形及缺陷，弯曲构件的弧度和高强螺栓摩擦面等；③焊缝的外观检查和无损探伤检查。

检查验收后的钢构件，应按照安装流水顺序由中转堆场配套运入现场堆放。其堆放场地应平整、坚实、排水良好。构件应分类型、单元、型号堆放，便于清点和预检。堆放构件应确保不变形，无损伤，稳定性好，一般梁、柱叠放不宜超过6层。

(4) 钢柱基础准备

钢结构安装前应对建筑物的定位轴线、基础中心线和标高、地脚螺栓位置等进行检查，并应进行基础检测和办理交接验收。

定位轴线以控制柱为基准。待基础混凝土浇筑完毕后根据控制桩将定位轴线引测到柱基钢筋混凝土底板面上，随后预检定位轴线是否同原定位线重合、封闭，纵、横定位轴线是否垂直、平行。独立柱基的中心线应与定位轴线相重合，并以此为依据检查地脚螺栓的预埋位置。

在柱基中心表面和钢柱底面之间，应有安装间隙作为钢柱安装的标高调整，一般安装间隙为50mm。以基准标高点为依据，对钢柱柱基表面进行标高实测，将测得的标高偏差用平面图表示，作为临时支承标高块调整的依据。

在钢柱吊装之前，应根据钢柱预检（实际长度、牛腿间距离、钢柱底板平整度等）结果，在柱子基础表面浇筑标高块，以精确控制钢结构上部结构的标高。标高块采用无收缩砂浆并立模浇筑，其强度不宜小于 $30N/mm^2$，标高块面必须埋设厚度为 16~20mm 的钢面板。浇筑标高块之前应凿毛基础表面，以增强粘结。

2. 钢结构构件的吊装与校正

(1) 钢构件的起吊

高层钢结构柱，多以 3~4 层为一节，节与节之间用坡口焊连接。根据钢柱的质量和起重机的起重量，钢柱的吊装可以采用单机起吊，不宜采用抬吊。单机起吊时需在柱子根部设置垫木，用旋转法吊装，严禁柱根拖地。

钢梁吊装时，一般在钢梁上翼缘处开孔作为吊点。吊点位置取决于钢梁的跨度。对于重量轻的次梁和其他小梁，可以采用多头吊索一次吊装若干根。有时，为了减少高空作业，加快吊装速度，也采用将柱梁在地面组装成排架后进行整体吊装。

(2) 钢构件的校正

柱的校正包括标高、轴线位移、垂直度等。钢柱就位后，其校正顺序是：先调整标高，再调整轴线位移，最后调整垂直度。柱要按相关规范要求进行校正，标准柱的垂直偏差应校正到零。当上、下节柱发生扭转错位时，可以在连接上、下柱的耳板处加垫板予以调整。

高层钢结构安装中，建筑物的高度可以按相对标高控制，也可以按设计标高控制。采用相对标高安装时，不考虑焊缝收缩变形和荷载对柱的压缩变形，只要求柱全长的累计偏差不大于分段制作允许偏差与荷载对柱的压缩变形值及柱焊接收缩值的总和。采用设计标高控制安装时，每节柱的调整都要以地面第一节柱的柱底标高基准点进行柱标高的调整，要预留焊缝收缩量、荷载对柱的压缩量。同层柱顶标高偏差不超过 5mm，否则，应用低碳钢垫板进行标高调整，直至满足要求为止。

高层钢结构柱垂直度校正直接影响到结构安装质量与安全，为了控制误差，通常应先确定标准柱。所谓标准柱即是能够控制框架平面轮廓的少数柱子，一般情况下多选择平面转角柱为标准柱。通常，取标准柱的柱基中心线为基准点，用激光铅直仪以基准点为依据对标准柱的垂直度进行观测。在安装、观测时，为了纠正因钢结构振动产生的误差和仪器安置误差、机械误差等，激光铅直仪每测一次转动 90°，在目标上共测 4 个激光点。以这 4 个激光点的对角连线的交点为基准，量测其安装误差。为使激光束通过，在激光仪上方的金属或混凝土楼板上皆需固定或埋设一个小钢管，激光仪设置在地下室底板的基准点上。其他柱子的误差量测用丈量法确定，即以标准柱为依据，在角柱上沿柱子外侧拉设钢丝绳组成平面方格封闭状，用钢尺丈量距离，若超过允许范围则需调整。

安装框架主梁时，要根据焊缝收缩量预留焊缝变形量。安装主梁时应对柱子垂直度进行监测，除监测安装主梁的柱子的两端垂直度变化外，还要监测相邻与主梁连接的各根柱子的垂直度变化情况，保证柱子除预留焊缝收缩值外，各项偏差均应符合相关规范中的规定。

3. 钢结构构件的焊接施工

(1) 高层钢结构的焊接施工准备

①气象条件检测。气象条件对焊接质量有较大影响。原则上雨雪天气应停止焊接作业

(除非采取相应措施)，当风速超过 10m/s 时，不准焊接，若有防雨雪及挡风措施，确认可以保证焊接质量，亦可以进行焊接。在-10℃气温条件下，焊缝应采取保温措施并延长降温时间。

②检验焊条、垫板和引弧板。焊条必须符合设计要求的规格，应存放在仓库内且保持干燥。焊条的药皮若有剥落、变质、污垢、受潮、生锈等均不得使用。垫板和引弧板均用低碳钢板制作，间隙过大的焊缝宜用紫铜板。垫板尺寸为：厚 6~8mm，宽 50mm；长度应与引弧板长度相适应。引弧板长 50mm 左右，引弧长 30mm。

③焊条预热。焊条使用前应在 300~350℃的烘箱内焙烘 1h，然后在 100℃温度下恒温保存。焊接时从烘箱内取出焊条，放在具有 120℃保温功能的手提式保温桶内带到焊接部位，随用随取，在 4h 内用完，超过 4h 则焊条必须重新焙烘，当天用不完者亦应重新烘焙，严禁使用湿焊条。

④焊接工具、设备、电源准备。焊机型号应正确且能正常工作，必要的工具应配备齐全，电源线路要合理且安全可靠，能满足所有焊接工作的需要。

⑤焊缝坡口检查。柱与柱、柱与梁上下翼缘的坡口焊接，电焊前应对坡口组装的质量进行检查，若达不到规定的质量要求，则应返修后再焊接。同时，焊前需对坡口进行清理，去除对焊接有妨碍的水分、油污、锈等。

(2) 高层钢结构的焊接顺序

为了确保焊接质量，减少焊接变形，必须确定正确的焊接顺序。一般情况下应从中心向四周扩展，采用结构对称、节点对称的焊接顺序。某工程的柱子的焊接施工顺序如图 6.4.4 所示。对于一节（三层）柱，其竖向焊接顺序应为：上层主梁焊接→上层压型钢板焊接→下层主梁焊接→下层压型钢板焊接→中层主梁焊接→中层压型钢板焊接→上柱与下柱焊接。

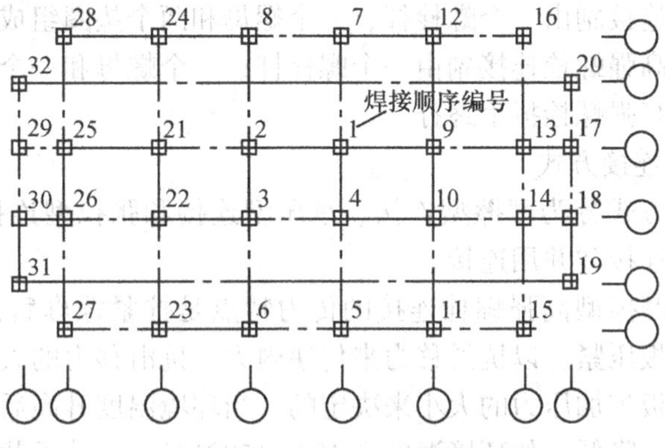

图 6.4.4 柱子的焊接施工顺序图

(3) 焊接工艺

柱与柱、柱与梁之间的焊接多为坡口焊。柱与柱的接头焊接，应由两名焊工在相对两面等温、等速对称施焊。加引弧板时，先焊第一个两相对面，焊层不宜超过 4 层，切除引弧板，清理焊缝表面，然后焊第二个两相对面，焊层可达 8 层，再换焊第一个两相对面，如此循环直至焊满整个焊缝。不加引弧板焊接时，一个焊工可以焊两面，也可以两个焊工从左向右逆时针方向转圈焊接。每焊一遍后要认真清渣。焊到柱棱角处要放慢施焊速度，使柱棱成为方角。

梁与柱的接头焊缝有两种方法，一种方法是先焊H型钢的下翼缘板，再焊上翼缘板，梁的两端应先焊一端，待其冷却至常温后再焊另一端；另一种方法是先焊上翼缘板，下翼缘板两端先焊一端板厚的二分之一，待另一端满焊后，再焊完余下部分。梁柱接头焊接时，必须在焊缝的两端头加引弧板。

(4) 焊缝质量检验

钢结构的焊缝质量应满足《钢结构工程施工质量验收规范》(GB50205)、《钢结构工程施工规范》(GB50755) 以及《高层民用建筑钢结构技术规程》中的相关规定。

①外观检查。焊缝质量的外观检查，应按设计文件规定的标准在焊缝冷却后进行；由低合金结构钢焊接而成的大型梁柱结构以及厚板焊接件，应在完成焊接24h以后进行。要求焊缝表面均匀、平滑，无褶皱、间断和未满焊，且与基本金属平缓连接，严禁有裂纹、夹渣、焊瘤、烧穿、弧坑、针状气孔和熔合性飞溅等缺陷。若发现有裂纹疑点，可以用磁粉探伤或着色渗透探伤进行复检。

②无损伤检验。图纸和技术要求全熔透的焊缝，应进行X射线检验或超声波检验。

4. 高层钢结构的高强螺栓连接施工

高强螺栓连接是目前土木建筑工程中钢结构最主要的连接方式之一，在国内许多著名的超高层建筑中，均大量采用。高强螺栓连接具有传力均匀、接头承载能力大、抗疲劳强度高、结构安全可靠、施工方便等特点。

(1) 高强螺栓连接副

高强螺栓连接副由螺栓杆、螺母和垫圈组成。螺栓用20MnTiB钢制作；螺母用15MnVB钢或35号钢制作；垫圈用45号钢制作。高强螺栓连接副分扭矩型和扭剪型两类。扭矩型高强螺栓连接副由一个螺栓杆、一个螺母和两个垫圈组成，用定扭矩扳手进行初拧和终拧。扭剪型高强螺栓连接副由一个螺栓杆、一个螺母和一个垫圈组成，用定扭矩扳手初拧，用扭剪型高强螺栓扳手终拧。

(2) 高强螺栓的连接方式

高强螺栓的连接方式分为摩擦型连接、承压型连接和张拉型连接三种。在实际工程中，还经常采用混用连接和并用连接。

①摩擦型连接。摩擦型高强螺栓连接的传力特点是拧紧螺母后，螺栓杆产生强大拉力，把接头处各层钢板压紧，以抗滑移力来传递内力。抗滑移力的大小是由钢板表面的粗糙程度和螺栓杆对钢板施加压力的大小来决定的。当环境温度升高后，摩擦型连接的高强螺栓的设计承载力相应降低，如环境温度为100~150℃时，设计承载力应降低10%。

②承压型连接。高强螺栓的承压型连接，是在螺栓拧紧后所产生的抗滑移力及螺栓杆在螺孔内和连接钢板之间产生的承压力来传递应力的一种连接方法。在一般荷载作用下，其受力机理和摩擦型高强螺栓相同。当特殊荷载（如地震荷载）作用时，摩擦承载力和螺栓杆与钢板的承压力共同作用，从而提高了接头的承载能力。

③张拉型连接。高强螺栓接头受外力作用时，螺栓杆只承受轴向拉力。在螺栓拧紧后，钢板之间产生的压力使板层处于密贴状态，螺栓在轴向拉力作用下，板层之间压力减

小，外力完全由螺栓承担。当外力作用超过螺栓的预拉力时，板层之间就相互离开，此时的荷载称为离间荷载。高强螺栓的张拉连接，其外力应小于离间荷载。

④混用连接和并用连接。在高强螺栓的接头中，同时有几种方式承受外力，这些连接中有高强螺栓的摩擦型连接和承压型连接并用；有高强螺栓连接和焊接混用等。混用连接为一个接头中的几种外力分别由各自的连接承担。并用连接则为一个接头中几种连接承受一种外力。例如梁与柱的接头，梁的翼缘板和柱采用焊接连接，用以承受弯矩；梁的腹板与柱用高强螺栓连接，用以承受剪力和轴力。

（3）高强螺栓连接的施工

①一般要求。实际工程中所用的高强螺栓必须有出厂质量保证书，且应按相关规定进行检验和验收。高强螺栓应存放在干燥、通风、避雨、防潮的仓库内，且不得污损。安装时，应按当天需用量领取，当天没用完的螺栓，必须装回容器内加以妥善保管。安装高强螺栓时，接头摩擦面上不允许有毛刺、铁屑、油污、焊接飞溅物，摩擦面应干燥，无结露、积霜、积雪，且不得在雨天进行安装。使用定扭矩扳手紧固高强螺栓前，应对其进行校核，合格后方能使用。

②连接构件的螺栓孔加工。高强螺栓的螺栓孔应钻孔成型，孔边应无飞边、毛刺。连接件的栓孔的精度应为 H15，栓孔孔径应符合表 6.4.1 中的规定。栓孔孔距偏差应满足表 6.4.2 中的规定。

表 6.4.1　　高强螺栓孔径的允许偏差

名称	允许偏差/（mm）						
螺栓	12	16	20	（22）	24	（27）	30
孔径	13.5	17.5	22	（24）	26	（30）	33
圆度（最大和最小直径差）	1.0		1.5				
中心线倾斜	不应大于板厚的 3%，且单层板不得大于 2.0mm，多层板叠组合不得大于 3.0mm						

表 6.4.2　　高强螺栓孔间距离的允许偏差

项目	允许偏差/（mm）			
	≤500	>500~1200	>1200~3000	>3000
同一组内相邻两孔间	±0.7	—	—	—
同一组内任意两孔间	±1.0	±1.2	—	—
相邻两组的端孔间	±1.2	±1.5	±2.0	±3.0

③高强螺栓的安装与紧固。高强螺栓应自由穿入螺栓孔内，当板层发生错孔时，应用铰刀扩孔修整，修整后孔的最大直径不得大于原孔径再加 2mm；扩孔数量不得超过一个接头螺栓孔的 1/3。严禁用气割进行高强螺栓孔的扩孔修整工作。

一个接头的多颗高强螺栓穿入方向应一致，垫圈有倒角的一侧应朝向螺栓头和螺母，螺母有圆台的一面应朝向垫圈，螺母和垫圈不应装反。在槽钢、工字钢翼缘上安装高强螺栓时，其斜面应使用斜度相协调的斜垫圈。

一个接头上的高强螺栓，应从螺栓群中部开始安装，逐个拧紧。当接头既有高强螺栓连接又有电焊连接时，是先紧固还是先焊接，应按设计要求规定的顺序进行。当设计无规定时，应按先紧固后焊接的施工工艺顺序进行，即先终拧完成后再焊接焊缝。

高强螺栓的紧固是采用专门扳手拧紧螺母，使螺栓杆内产生要求的拉力。实际工程中，常用的大六角头高强螺栓一般用扭矩法和转角法拧紧。

扭矩法拧紧应分为初拧、复拧、终拧。初拧扭矩为施工扭矩的50%左右，复拧扭矩等于初拧扭矩，终拧扭矩等于施工扭矩。一般情况下可以采用初拧和终拧两次拧紧。初拧扭矩用终拧扭矩的60%~80%，其目的是通过初拧，使接头各层钢板达到充分密贴。再用终拧扭矩将螺栓拧紧。

转角法也是按初拧和终拧两次进行。初拧用扭矩扳手以终拧扭矩的30%~50%进行，使接头各层钢板达到充分密贴，再在螺母和螺栓杆上面通过圆心画一条直线，然后用扭矩扳手转动螺母一个角度，使螺栓达到终拧要求。转动角度的大小在施工前由试验确定。

扭剪型高强螺栓紧固也分初拧和终拧两次进行。初拧用扭矩扳手，以终拧扭矩的50%~80%进行，使接头各层钢板达到充分密贴，再用电动扭剪型扳手把梅花头拧掉，使螺栓杆达到设计所要求的轴力。

④高强螺栓连接的检查。对于大六角头高强螺栓，先用小锤（0.3~0.5kg）逐个敲检，若发现欠拧、漏拧，应及时补拧；超拧应更换。然后对每个节点螺栓数的10%（不少于1个）进行扭矩检查，即先在螺母与螺杆的相对应位置画一细直线，然后将螺母退回30°~50°，再拧至原位并测定扭矩，该扭矩与检查扭矩的允许偏差为检查扭矩的±10%。若有不符合规定的，应再扩大检查10%，若仍有不合格者，则整个节点的高强螺栓应重新拧紧。扭矩检查应在终拧后1h以后，24h之前完成。

扭剪型高强螺栓可以采用目测法进行检查，即目测检查螺检尾部梅花头是否拧掉。

6.4.3 高层钢结构安装的安全措施

①高层钢结构安装时，应按规定在建筑物外侧搭设水平安全网和垂直安全网。第一层水平安全网离地面5~10m，挑出网宽6m，先用粗绳大眼网作支承结构，上铺细绳小眼网。在钢结构安装工作面下设第二层水平安全网，挑出网宽3m。第一、二层水平安全网应随钢结构安装进度向上移动，即两者相差一节柱距离，网下层已安装好的钢结构的各层外侧，设置垂直安全网，且沿建筑物外侧封闭严密。同时，在建筑物内部的楼梯、各种洞口位置，均应设置水平防护网、防护挡板或防护栏杆。

②附在柱、梁上的爬梯、走道、操作平台、高空作业吊篮、临时脚手架等，应与钢构件连接牢靠。

③操作人员需在水平钢梁上行走时，必须系好安全带，安全带要挂在钢梁上设置的安全绳上，安全绳的立杆钢管必须与钢梁连接牢固。

④高空操作人员携带的手动工具、螺栓、焊条等小件物品，必须放在工具袋内。

⑤随着安装高度的增加，各类消防设施应及时上移，一般不得超过两个楼层。

⑥各种用电设备要有接地装置，电力用具的接地电阻不得大于4Ω，各种用电设备和

电缆，要经常检查，以保证其绝缘性。进行电焊、气焊、栓钉焊等明火作业时，应配备专职人员值班。

⑦风力大于 5 级、雨、雪等天气和构件有积雪、结冰、积水时，应停止高空钢结构的安装作业。

复习思考题 6

1. 滑模装置主要由哪几部分组成？各有什么作用？
2. 试说明液压千斤顶的工作原理，钢珠式卡头液压千斤顶和楔块式卡头千斤顶有何不同？
3. 支承杆有哪几种接长方法？采取什么方法可以使支承杆反复使用？
4. 滑模施工模板的滑升分为哪几个阶段？什么是模板的初升阶段？
5. 如何控制滑模施工混凝土最佳出模强度？混凝土最佳出模强度为多少？
6. 控制滑模施工建筑物的垂直度有哪几种方法？什么叫做顶轮纠偏法？
7. 高层建筑滑模施工中，什么叫做逐层空滑楼板并进法？
8. 高层建筑大模板施工的特点有哪些？
9. 大模板主体结构建筑体系分为哪几种形式？什么叫做内墙现浇筑外墙预制？
10. 大模板由哪几部分组成？各起什么作用？
11. 大模板混凝土浇筑后强度达到多少时才可以拆模？
12. 什么叫做爬升模板？有何特点？
13. 试简述外墙爬升模板施工的施工顺序。
14. 我国钢结构工程中使用的钢材有哪几类？各有何特点？
15. 钢结构构件柱和梁的截面形式有哪几种？连接方式有哪几种？
16. 试简述钢结构构件的制作流程。
17. 钢结构安装前应做好哪些准备工作？
18. 如何进行钢结构构件的吊装与校正？
19. 如何进行钢结构构件的焊接施工？
20. 高层钢结构焊接应遵循什么样的焊接顺序？
21. 如何进行高强螺栓的安装与紧固？
22. 如何进行高强螺栓连接的质量检查？

第7章 结构安装工程

结构安装工程就是将许多单个构件，分别在预制厂和施工现场预制成型，然后用起重机械按照设计要求进行拼装，以构成一幢完整的建筑物或构筑物的整个施工过程。

结构安装工程是钢筋混凝土装配式房屋施工中的主导工程，这项工程直接影响整个工程的施工进度、工程质量、工程成本和施工安全。因此，必须引起充分重视。

装配式结构安装工程的特点是建筑设计标准化、构件定型化、产品工厂化、安装机械化。这种施工方法可以提高工人的劳动生产率、降低劳动强度、加快施工进度。

§7.1 起重机械

结构安装工程常用的起重机械分为桅杆式起重机、自行杆式起重机和塔式起重机。

7.1.1 桅杆式起重机

桅杆式起重机是用金属材料和木材制作的起重设备，桅杆式起重机具有制作简单、装拆方便、起重量大（可达2000kN以上），受施工场地限制小的特点。但这种起重机灵活性较差，服务半径小，不便移动，而且需要拉设较多的缆风绳，故一般只用于施工场地窄小，大型起重设备不能进入，工程量比较集中的工程。

桅杆式起重机按构造不同，又分为独脚拔杆、人字拔杆、悬臂式拔杆和纤缆式桅杆起重机等。

1. 独脚拔杆

独脚拔杆按制作的材料分为木独脚拔杆、钢管独脚拔杆和格构式独脚拔杆。

独脚拔杆是由桅杆、起重滑轮组、卷扬机、缆风绳及锚碇等组成。起重时桅杆的倾角不大于10°，以便在吊装时，构件不致碰撞桅杆，如图7.1.1所示。缆风绳数量根据起重

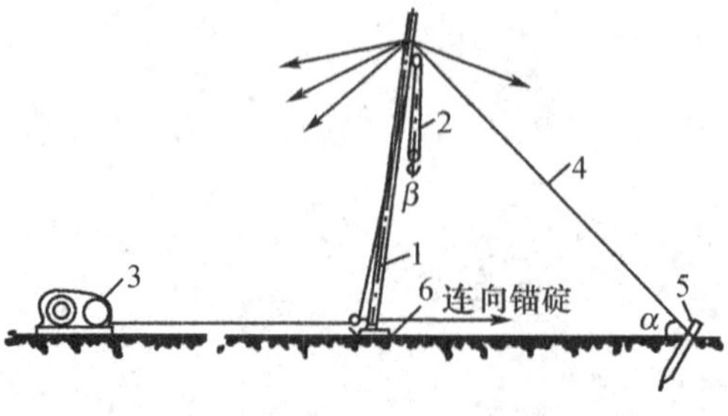

1—拔杆；2—起重滑轮组；3—卷扬机；4—缆风绳；5—锚碇；6—拖撬

图7.1.1 独角拔杆示意图

量、起重高度和绳索的强度而定，一般为 6~12 根，最少不得少于 4 根，缆风绳与地面的夹角 α，一般为 30°~45°。独脚拔杆的底部要设置拖撬以便于移动。

木独脚拔杆的起重量为 30~100kN，起重高度一般为 8~15m；钢管独脚拔杆适用于起重量在 300kN 以内，起重高度在 20m 以内；格构式独脚拔杆起重量可达 1000kN 以上，起重高度可达 70~80m。

2. 人字拔杆

人字拔杆一般是由两根圆木或钢管用钢丝绳绑扎或铁件铰接而成，下设起重滑轮组构成。如图 7. 1. 2 所示。其优点是侧向稳定性比独脚拔杆好，所用缆风绳数量少，但构件起吊后活动范围小。人字拔杆顶部两杆夹角一般为 30°左右，底部有拉杆或拉绳以平衡水平推力，人字拔杆起重时拔杆向前倾斜，在后面用两根缆风绳维持稳定。为保证起重时拔杆底部的稳固，在一根拔杆底部装一个导向滑轮，起重索通过导向滑轮连到卷扬机上，再用另一根钢丝绳连接到锚碇上。

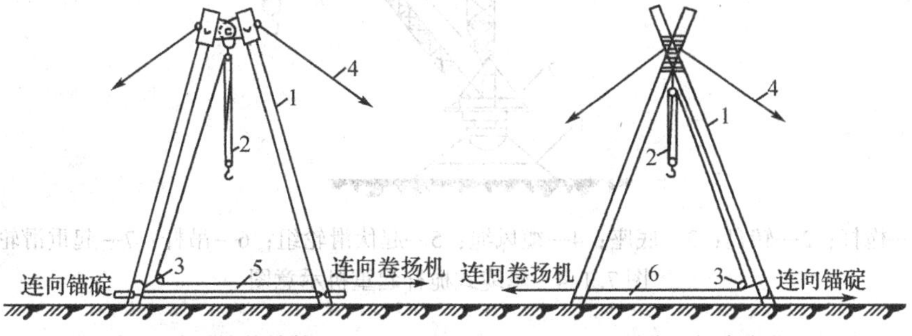

(a) 顶端用铁件铰接　　(b) 顶端用绳索绑扎

1—拔杆；2—起重滑轮组；3—导向滑轮；4—缆风绳；5—拉杆；6—拉绳

图 7. 1. 2　人字拔杆示意图

圆木人字拔杆，起重量 30~100kN，拔杆长 6~15m，圆木小头直径 160~350mm；钢管人字拔杆，一般起重量 100kN，拔杆长 20m，钢管外径 273mm，壁厚 10mm。

3. 悬臂拔杆

悬臂拔杆是在独脚拔杆中部或 2/3 高度处装一根起重臂而成，如图 7. 1. 3 所示。悬臂

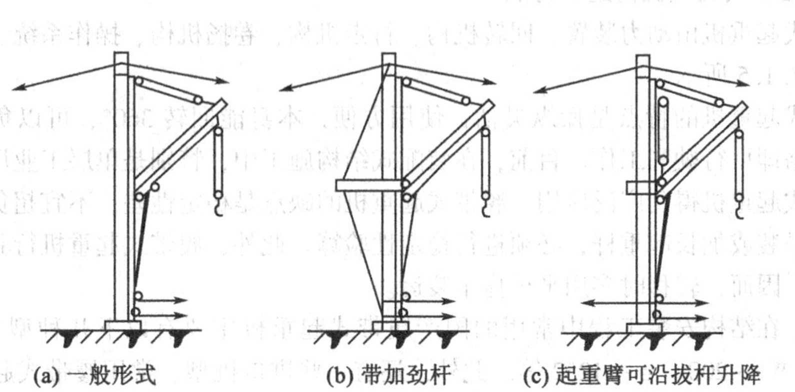

(a) 一般形式　　(b) 带加劲杆　　(c) 起重臂可沿拔杆升降

图 7. 1. 3　悬臂拔杆示意图

拔杆的特点是具有较大起重高度和起重半径，起重臂可以左右摆动 120°～270°。但这种起重机的起重量较小，多用于高度较高的轻型构件吊装。

4. 牵缆式桅杆起重机

牵缆式桅杆起重机是在独脚拔杆下端装一可以回转起伏的吊杆而成，如图 7.1.4 所示。这种起重机的机身可以回转 360°，可以在起重半径范围内把构件吊到任何位置。

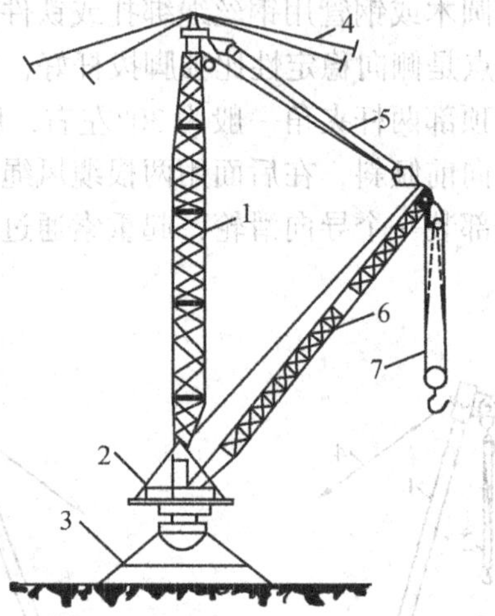

1—桅杆；2—转盘；3—底座；4—缆风绳；5—起伏滑轮组；6—吊杆；7—起重滑轮组

图 7.1.4 牵缆式桅杆起重机示意图

用圆木制作的牵缆式桅杆起重机，高度可达 25m，起重量 50kN 左右；用角钢组成的格构牵缆式桅杆起重机，高度可达 80m，起重量 100kN 左右。牵缆式桅杆起重机要设较多的缆风绳，适用于构件较多，且较集中的建筑物结构安装工程。

7.1.2 自行杆式起重机

自行杆式起重机包括履带式起重机、汽车式起重机和轮胎式起重机三种。

1. 履带式起重机

(1) 履带式起重机构造和特点

履带式起重机由动力装置、回转机构、行走机构、卷扬机构、操作系统、起重杆等组成，如图 7.1.5 所示。

履带式起重机的特点是操纵灵活，使用方便，本身能回转 360°，可以负荷行驶，在一般的道路即可行驶和工作。目前，在装配式结构施工中，特别是单层工业厂房结构安装中，履带式起重机得到广泛应用。履带式起重机的缺点是稳定性差，不宜超负荷吊装，若需超负荷吊装或加长起重杆，必须进行稳定性验算。此外，履带式起重机行驶速度慢，易损坏路面。因而，转移时多用平板拖车装运。

目前，在结构安装工程中常用的国产履带式起重机主要有以下几种型号：W_1—50、W_1—100、W_1—200、э—1252 等。此外，还有一些进口机型。常用履带式起重机的外形尺寸，如表 7.1.1 所示。

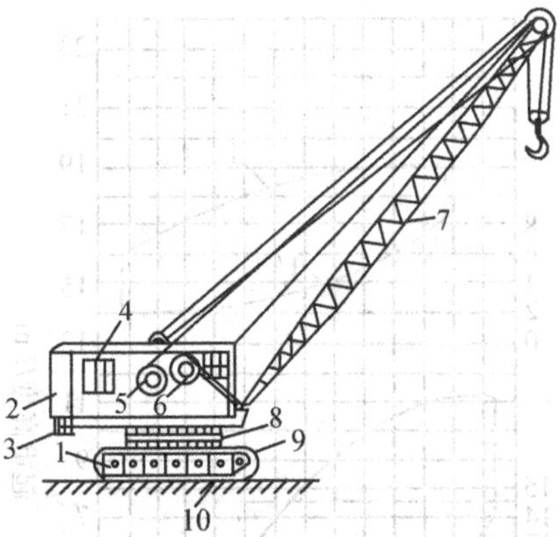

1—钢轮；2—车身；3—平衡重；4—发动机；5—吊杆卷扬机；6—起重卷扬机；7—起重臂
8—回转机构；9—履带

图 7.1.5　履带式起重机示意图

（2）履带式起重机的技术性能

履带式起重机主要技术性能包括三个主要参数，即起重量 Q、起重半径 R、起重高度 H。其中，起重量 Q 是指起重机安全工作所允许的最大起重物的质量；起重半径 R 是指起重机回转中心至吊钩的水平距离；起重高度 H 是指起重吊钩中心至停机面的垂直距离。

从 W_1—100 型履带式起重机工作曲线和性能表（见图 7.1.6 和表 7.1.2）可以看出，起重量 Q、起重高度 H 和起重半径 R 的大小取决于起重杆长度及其仰角。当起重杆长度一定时，随着仰角的增大，起重量和起重高度增加，而回转半径减小。当起重杆长度增加时，起重半径和起重高度增加而起重量减小。

表 7.1.1　履带式起重机技术参数表

名称		W_1—50	W_1—100	W_1—200	Э-1252
外形尺寸/(mm)	A 机棚尾部至回转中心距离	2900	3300	4500	3540
	B 机棚宽度	2700	3120	3200	3120
	C 机棚顶距地面高度	3220	3675	4125	4180
	D 机棚尾部底面距地面高度	1000	1095	1190	1095
	E 吊杆枢轴中心距地面高度	1555	1700	2100	1700
	F 吊杆枢轴中心距回转中心距	1000	1300	1600	1300
	G 履带长度	3420	4005	4950	4005
	M 履带架宽度	2850	3200	4050	3200
	N 履带板宽度	550	675	800	675
	J 行走底架距地面高度	300	275	390	270
	K 机身上部支架距地面高度	3800	4170	6300	3930

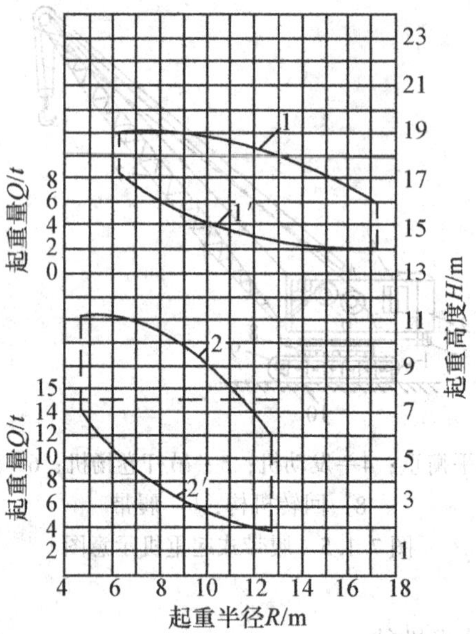

1′—L=23mR—H 曲线、Q—R 曲线；2′—L=13mR—H 曲线、Q—R 曲线

图 7.1.6 W_1-100 型履带式起重机工作曲线

表 7.1.2 W_1—100 型履带式起重机工作性能表

工作幅度/m	臂长 13m		臂长 23m		臂长 27m		臂长 30m	
	起重量/kN	起升高度/m	起重量/kN	起升高度/m	起重量/kN	起升高度/m	起重量/kN	起升高度/m
4.5	150	11.0	—	—	—	—	—	—
5	130	11.0	—	—	—	—	—	—
6	100	11.0	—	—	—	—	—	—
6.5	90	10.9	80	19.0	—	—	—	—
7	80	10.0	72	19.0	—	—	—	—
8	65	10.0	60	19.0	50	23.0	—	—
9	55	9.6	49	19.0	38	23.0	36	26.0
10	48	8.8	42	18.9	31	22.9	29	25.7
11	40	7.8	37	18.6	25	22.6	24	25.4
12	37	6.5	32	18.2	22	22.2	19	25.0
13	—	—	29	18.0	19	22.0	14	24.5
14	—	—	24	17.5	15	21.6	10	23.8
15	—	—	22	17.0	14	21.0	—	—
17	—	—	17	16.0	—	—	—	—

（3）履带式起重机稳定性验算

履带式起重机进行超负荷吊装和接长吊杆时，必须进行稳定性验算，以保证起重机在吊装过程中不发生倾覆事故。

①超负荷稳定性验算。履带式起重机稳定性最不利的情况如图 7.1.7 所示，此时，以履带的轨链中心 A 为倾覆中心，为保证机身稳定，必须使稳定力矩大于倾覆力矩。

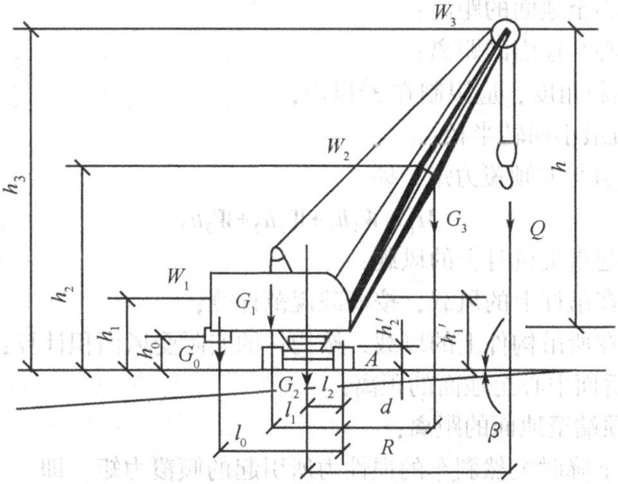

图 7.1.7　履带式起重机稳定性验算图

当考虑吊车荷载及附加荷载（风荷载、刹车惯性力等）时

$$K=\frac{稳定力矩}{倾覆力矩}\geqslant 1.15 \tag{7.1.1}$$

当仅考虑吊车荷载时

$$K=\frac{稳定力矩}{倾覆力矩}\geqslant 1.4 \tag{7.1.2}$$

即

$$K=\frac{G_1l_1+G_2l_2+G_0l_0-（G_1h'_1+G_2h'_2+G_0h_0+G_3h_2）\sin\beta}{Q（R-l_2）}-\frac{G_3d+M_F+M_G+M_L}{Q（R-l_2）}\geqslant 1.15 \tag{7.1.3}$$

为简化计算，验算起重机稳定性时一般不考虑附加荷载，故上式变为

$$K=\frac{G_1l_1+G_2l_2+G_0l_0-G_3d}{Q（R-l_2）}\geqslant 1.4 \tag{7.1.4}$$

式中：G_0——平衡重；

G_1——起重机机身可转动部分的重量；

G_2——起重机机身不转动部分的重量；

G_3——吊杆重量；

Q——吊装荷载（包括构件和索具重量）；

l_1——G_1 重心至 A 点的距离；

l_2——G_2 重心至 A 点的距离；

d——G_3 重心至 A 点的距离；

l_0——G_0 重心至 A 点的距离；

h'_1——G_1 重心至地面的距离；

h'_2——G_2 重心至地面的距离；

h_2——G_3 重心至地面的距离；

h_0——G_0 重心至地面的距离；

β——地面倾斜角度，应限制在3°以内；

R——起重机最小回转半径；

M_F——风载引起的倾覆力矩，即

$$M_F = W_1 h_1 + W_2 h_2 + W_3 h_3 \tag{7.1.5}$$

式中：W_1—作用在起重机机身上的风载；

W_2——作用在吊杆上的风载，按荷载规范计算；

W_3——作用在所吊构件上的风载，按构件的实际受风面积计算；

h_1——机棚后面中心至地面的距离；

h_3——吊杆顶端至地面的距离；

M_G——重物下降时突然刹车的惯性力所引起的倾覆力矩，即

$$M_G = \frac{Qv}{gt}(R - l_2) \tag{7.1.6}$$

式中：v——吊钩下降速度（m/s），取吊钩起重速度1.5倍；

g——重力加速度（9.8m/s²）；

t——从吊钩下降速度 v 变到0所需的制动时间，取1s；

M_L——起重机回转时离心力所引起的倾覆力矩，即：

$$M_L = \frac{QRn^2}{900 - n^2 h} h_3 \tag{7.1.7}$$

式中：n——起重机回转速度，取1r/min；

h——所吊构件于最低位置时，其重心至吊杆的距离；

h_3——同前。

②起重杆接长验算。当起重机的起升高度或回转半径不足时，可以将起重杆接长，此时，起重机的最大起重量 Q 可以根据力矩等量换算原理求得（见图7.1.8）

$$Q'\left(R' - \frac{M}{2}\right) + G'\left(\frac{R'+R}{2} - \frac{M}{2}\right) = Q\left(R - \frac{M}{2}\right)$$

整理后得

$$Q' = \frac{1}{2R' - M}\left[Q(2R - M) - G'(R' + R - M)\right] \tag{7.1.8}$$

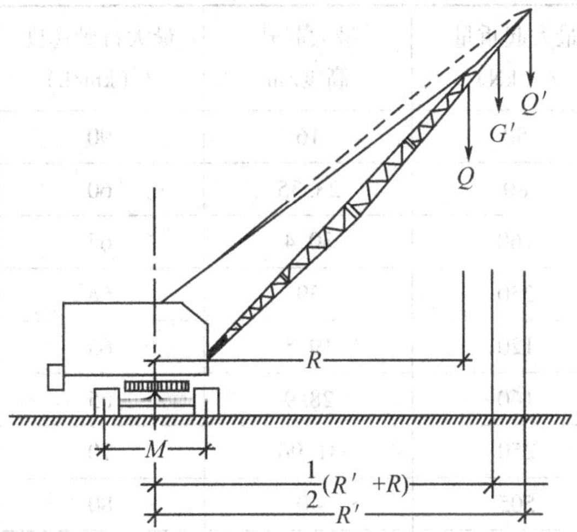

图 7.1.8　接长起重杆受力图

2. 汽车式起重机

汽车式起重机是把起重机构安装在通用汽车或专用汽车底盘上的一种起重机械。汽车式起重机的优点是机动性强，行驶速度快，转移迅速，对地面破坏小，是一种用途广泛，适用性强的通用型起重机。其缺点是吊装作业时稳定性差，为增加其稳定性，起重时必须使用可伸缩的支腿，起重时支腿落地，因而这种起重机不能负荷行驶，如图 7.1.9 所示。

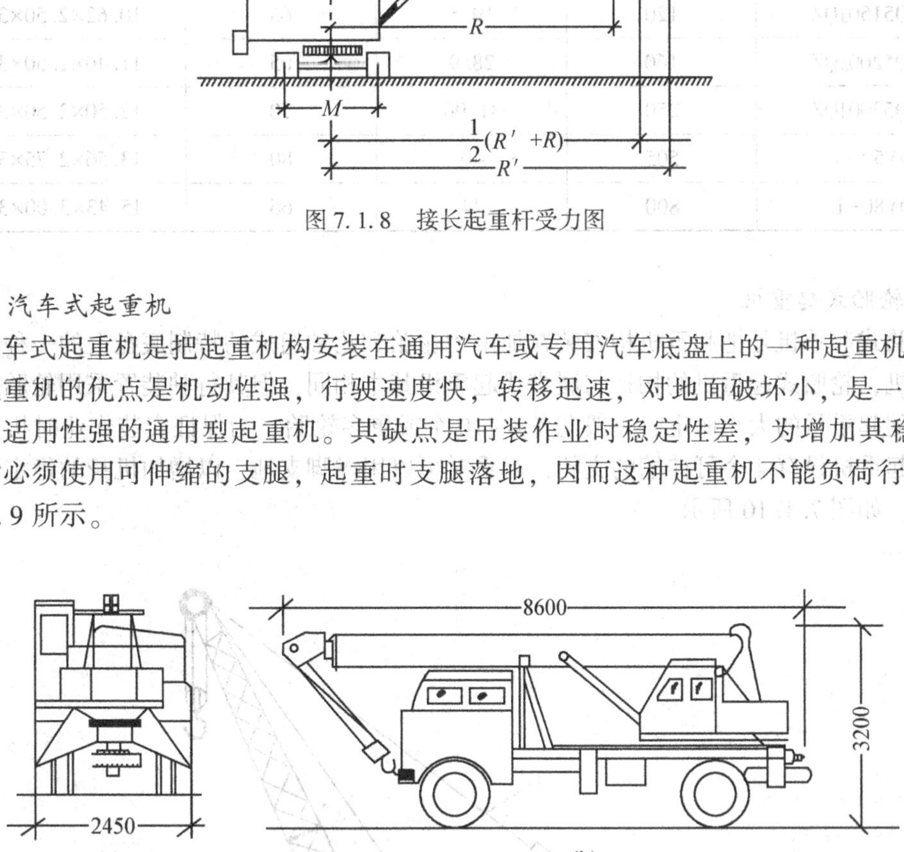

图 7.1.9　汽车式起重机构造示意图（单位：mm）

汽车式起重机按其重量的大小可以分为轻型、中型和重型三种。起重量在 200kN 以内的为轻型，起重量为 200～500kN 的为中型，起重量为 500kN 及以上的为重型；按传动方式可以分为机械传动、电力传动和液压传动；按起重臂形式可以分为桁架臂和箱形臂两种。

国产汽车式起重机有 TA 型、QY 型和 CCQ 型等，起重量从 50～1000kN 不等，国产的汽车式起重机常用型号和类型如表 7.1.3 所示。

表 7.1.3　　国产起重机的常用型号和类型

型　号	最大起重量/（kN）	最大起升高度/m	最大行驶速度/（km/h）	外形尺寸/m
TA5080JQZQY5	50	16	90	8.09×2.41×3.01
TA5102JQZQY8	80	23.35	60	8.80×2.40×3.06
TA5181JQZQY16	160	30.4	65	11.57×2.50×3.10
TA5282JQZQY25B	250	39	68	11.95×2.50×3.43
CCQ5150JQZ	120	19.5	65	10.62×2.50×3.40
CCQ5200JQZ	160	28.9	65	11.40×2.50×3.30
CCQ5300JQZ	250	31.96	70	12.50×2.50×3.53
QY50-5	505	40	80	13.56×2.75×3.55
QY80-1	800	44	66	15.43×3.00×3.78

3. 轮胎式起重机

轮胎式起重机是把起重机构安装在加重型轮胎和轮轴组成的特制底盘上的一种全回转式起重机，轮胎式起重机的构造与履带式起重机基本相同，但其行驶装置采用轮胎，轮胎的多少随起重量的大小而定，一般配备 4~10 个或更多轮胎。为保证安装作业时机身的稳定性，起重机设有 4 个可伸缩的支腿，起重时可以用撑脚支地，以增加机身的稳定性和保护轮胎，如图 7.1.10 所示。

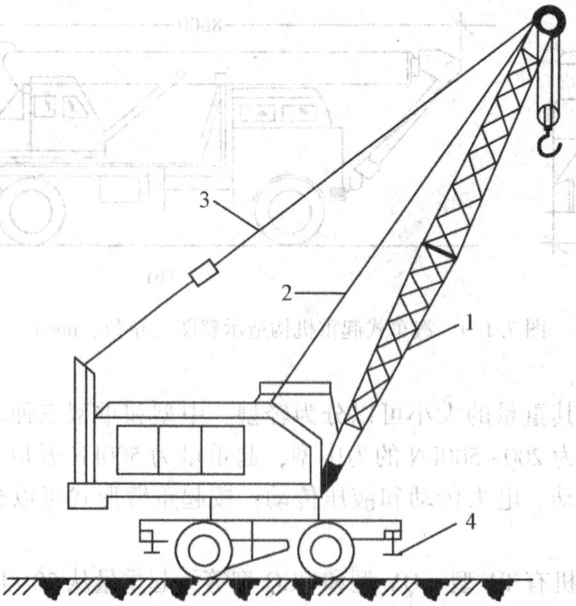

1—起重杆；2—起重绳；3—变幅绳；4—撑脚

图 7.1.10　轮胎式起重机示意图

轮胎式起重机的优点是设计、制造，轮距和轴距配合适当，横向稳定性好，并能 360°全回转作业，行驶时对路面的破坏性小。其缺点是起重量和起升高度较履带式起重机小，行驶速度慢，吊装时一般需要打开撑脚，所以不适合在松软和泥泞的场地上工作。

轮胎式起重机按传动方式可以分为机械式、电动式和液压式，早期机械式已被淘汰，液压式也逐渐取代电动式；电动式起重机主要有 QLD16 型、QLD20 型、QLD25 型、QLD40 型等，液压式主要有 QLY16 型、QLY25 型等。如 QLD20 型起重机，起重量最大可达 200kN，起重臂长度在 12~24m，最大起升高度可达 22.4m；QLY16 型起重机，起重量最大可达 160kN，起重臂长度在 8~19m，带副臂可达 24.5m，最大起升高度可达 24.4m。

7.1.3　塔式起重机

塔式起重机具有竖直的塔身，起重臂安装在塔身顶部，是一种全回转臂式起重机。塔式起重机具有较大的工作空间，起重高度大，广泛应用于多高层建筑结构工程施工。

塔式起重机按其构造形式分为轨道式塔式起重机、爬升式塔式起重机和附着式塔式起重机。按其起重能力分为轻型塔式起重机（起重量 5~50kN）、中型塔式起重机（起重量 50~150kN），重型塔式起重机（150~400kN）。

1. 轨道式塔式起重机

轨道式塔式起重机是一种在轨道上行驶的自行式塔式起重机。其特点为电力操纵、动作平稳，可以在轨道上负荷行驶，不需要缆风绳。常用的有 QT_1—2 型、QT_1—6 型、TD—25 型和 QT—60/80 型，这四种起重机性能如表 7.1.4 所示。

表 7.1.4　　轨道式塔式起重机性能

型号		起重半径 R/m	起重高度 H/m	起重量 Q/kN
QT_1—25		8	28.3	20
		16	17.2	10
TD—25		10	33.5	25
		20	27.5	12.5
QT_1—6		8.5	40.5	60
		20	26.5	20
QT—60/80	高塔	10	60	60
		30	50	20
	中塔	10	50	70
		25	39	32
	低塔	10	40	80
		20	28	40

轨道式起重机示意图如图 7.1.11 所示。

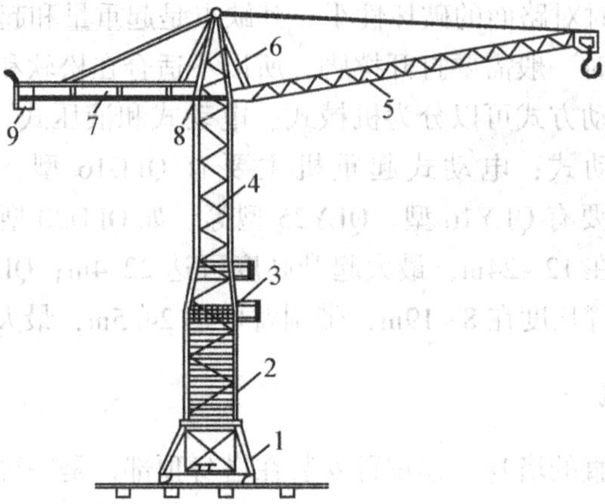

1—门架；2—压舱；3—驾驶室；4—塔身；5—起重杆；6—塔帽；7—平衡臂；8—转动机构；9—平衡重

图 7.1.11 QT_1—6 型塔式起重机示意图

2. 附着式塔式起重机

附着式塔式起重机是直接固定在建筑物附近的专门基础上，沿着建筑物升高，且每隔 20m 左右用锚固装置将塔身与建筑物连接牢固。附着式起重机上部设有套架和液压顶升装置，施工时可以借助顶升系统随着建筑施工进度而自行向上升高，每次顶升升高 2.5m，最大起吊高度可达 160m。

附着式塔式起重机种类较多，有进口的和国产的，国产的常用型号有 QT_1—4 型（起重量 16～40kN）、QT_4—10 型（起重量 30～100kN）、ZT—100 型（起重量 30～60kN）、ZT—1200 型（起重量 40～80kN）

附着式塔式起重机的外形及顶升示意图如图 7.1.12、图 7.1.13 所示。

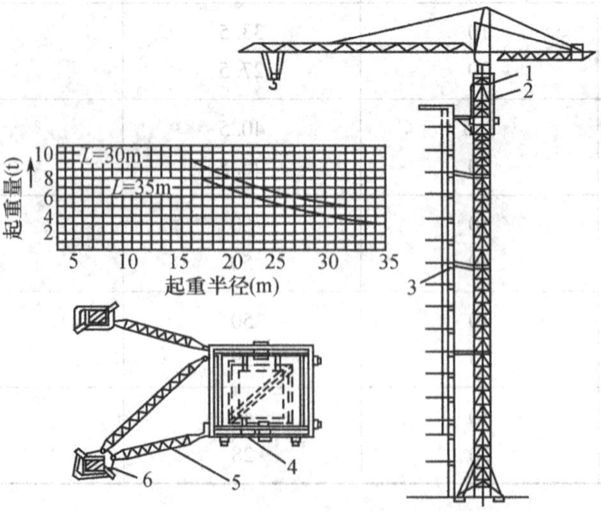

图 7.1.12 QT_4—10 型附着式塔式起重机示意图

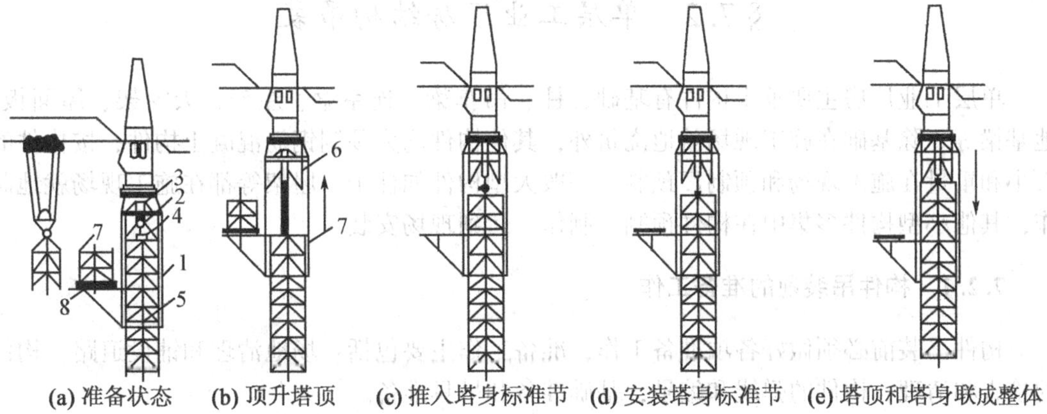

1—顶升套架；2—液压千斤顶；3—承座；4—顶升横梁；5—定位销
6—过渡节；7—标准节；8—摆渡小车

图 7.1.13　附着式塔式起重机的顶升接高示意图

3. 爬升式塔式起重机

爬升式塔式起重机是一种安装在建筑物内部（电梯井、特设房间）的结构上，借助于套架托架和爬升机构自己爬升的一种自升式塔式起重机。爬升式塔式起重机是由底座、套架、塔身、塔顶、行车式起重臂、平衡臂等组成。这种起重机的特点是机身小、重量轻、不需要铺设轨道和不占用施工场地，适用于施工现场狭窄的高层建筑施工工程。

目前使用的爬升式塔式起重机主要有 QTZHG25 型、QTZ—60A 型、QTZ—800 型、C5530 型、FO/23B 型、QTB—60 型和 QT5—4/20 型等。爬升式塔式起重机爬升过程如图 7.1.14 所示。

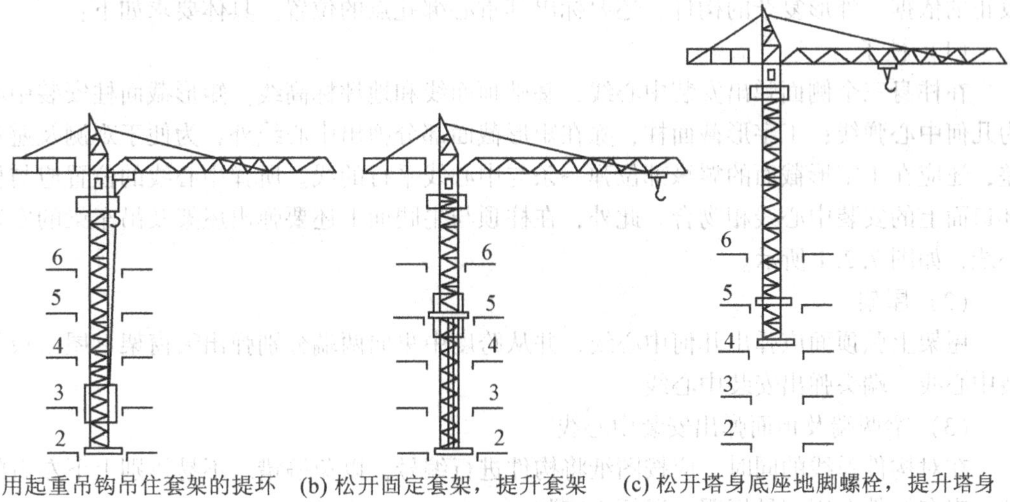

图 7.1.14　爬升式塔式起重机的爬升过程示意图

§7.2 单层工业厂房结构吊装

单层工业厂房主要承重构件有基础、柱、吊车梁、连系梁、屋架、天窗架、屋面板、地基梁等。除基础在施工现场就地浇筑外，其他构件均为预制钢筋混凝土构件，按构件的大小和重量在施工现场和预制厂预制。一般大型构件如柱子、屋架等都在施工现场就地制作，其他小型构件多集中在构件预制厂制作、运到现场安装。

7.2.1 构件吊装前的准备工作

构件吊装前必须做好各项准备工作，准备工作主要包括：场地清理和铺设道路，构件的检查和清理，构件的弹线和编号，基础准备和吊具准备。

1. 场地清理与铺设道路

起重机进场之前，按照现场施工平面布置图，标出起重机的开行路线，清理道路上的杂物和进行平整压实。雨季施工时，要准备好排水设施，以便及时排水。

2. 构件的检查与清理

为保证工程质量，对所有预制构件要进行全面检查。检查的内容包括：

①构件的强度。构件在安装时，混凝土强度应不低于设计对安装所规定的强度，也不低于设计标号的70%；预应力混凝土构件中，孔道灌浆的砂浆强度不低于$15N/mm^2$。

②构件的外形尺寸。检查构件外形尺寸，接头钢筋、预埋件的位置和尺寸是否正确，吊环的规格、位置，有无损伤。

③构件表面。检查构件表面有无损伤、缺陷、变形，预埋铁件上有无污物，粘结的污物均应加以清除，以免影响拼装及焊接。

3. 构件的弹线与编号

构件经过检查，质量合格后，即可在构件上弹出安装中心线，作为构件安装、对位、校正的依据。外形复杂的构件，还要标出其重心绑扎点的位置。具体要求如下：

（1）柱子

在柱身三个侧面弹出安装中心线，基础顶面线和地坪标高线。矩形截面柱安装中心线为几何中心弹线；工字形截面柱，除在矩形截面部分弹出中心线外，为便于观测及避免视差，还应在工字形截面的翼缘部位弹一条与中心线平行的线。所弹中心线的位置应与柱基杯口面上的安装中心线相吻合。此外，在柱顶与牛腿面上还要弹出屋架及吊车梁的安装中心线，如图7.2.1所示。

（2）屋架

屋架上弦顶面应弹出几何中心线，并从跨度中央向两端分别弹出天窗架、屋面板的安装中心线，端头弹出安装中心线。

（3）梁两端及顶面弹出安装中心线

在对构件弹线的同时，应按图纸将构件进行编号，以免搞错。不易辨别上下左右的构件，应在构件上用记号标明，以便于安装。

4. 钢筋混凝土杯形基础准备

先检查杯口的尺寸，在柱吊装之前进行杯底抄平和杯底顶面弹线。杯底顶面弹线应弹

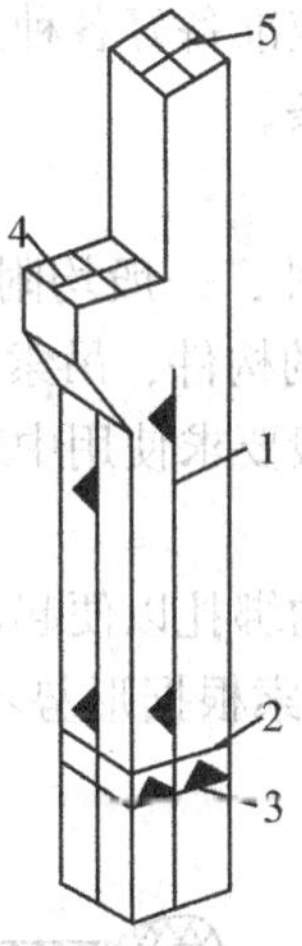

1—柱中心线；2—地坪标高线；3—基础顶面线；4—吊车梁对位线；5—柱顶中心线

图 7.2.1　柱子弹线图

出十字交叉的安装中心线，其对定位轴线的允许偏差为±10mm。

测量杯底标高时，先在杯口内弹出比杯口顶面设计标高低 10cm 的水平线，随后用尺对杯底标高进行测量，小柱测中间一点，大柱测四个角点，得出杯底实际标高。杯底抄平的具体方法如下：

方法 1：

①用水准仪在杯口内壁测一标高线，假定杯口顶面标高为-0.05m，则在杯口内抄上-0.06m的标高线；

②用钢尺自柱子牛腿面在柱身上量出-0.06m 标高的位置，并画出标记；

③量出杯口内-0.06m 标高线至杯底距离设为 a；

④量出柱身上-0.06m 标高线至柱脚的距离设为 b；

⑤比较 a、b 大小，$a=b$，则正好；$a>b$，杯底低了，$a<b$，杯底高了。

方法 2：

①测出杯底原有标高（小柱测中间一点，大柱测四个角点）；

②量出柱脚底面至牛腿面的实际长度，结合柱脚底面制作误差调整。

[**例 7.2.1**] 测出杯底原有标高为-1.2m，牛腿面设计标高为 7.8m，而柱脚至牛腿面的实际标高为 8.95m，则杯底标高调整值为

$$h=(7.80+1.20)-8.95=0.05\text{m}$$

则杯底应加高 50mm，用水泥砂浆抄平。

杯底高或低超过 10mm，应结合柱底面的平整程度，用水泥砂浆或细石混凝土将杯底抹平，垫至所需标高。标高允许偏差±5mm。

杯底抹平后，应将杯口盖上，以防止杂物落入。回填土时，基础周围的土面最好低于杯口，以免泥土及地面水流入杯口。

5. 吊具的准备

结构安装之前，要准备好吊装时使用的辅助工具，如吊钩、吊索、卸甲、横吊梁等。

为临时固定柱子和调整构件的标高，应准备好各种规格的铁垫片、木楔或钢楔，以及构件最后固定焊接所需要的电焊机和电焊条。

（1）吊钩

吊钩一般分单钩、双钩和吊索三种，一般均附于起重机上。单钩用于起吊 150kN 以下的构件，双钩用于起吊 500kN 以上的构件，吊索用于起吊 1000kN 以上的构件。吊钩用优质碳素钢锻成，并经退火处理，一般要求使用中表面光滑、无裂纹和剥落。

（2）吊索

吊索又称千斤绳，主要用于构件的绑扎以便起吊。吊装用的钢丝绳要求质地柔软，容易弯曲，一般要求直径大于 11mm。吊索根据形势不同，分为环形吊索和开口吊索（8 股头吊索），如图 7.2.2 所示。

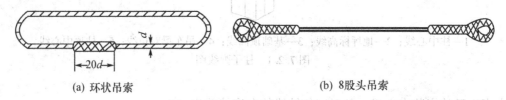

(a) 环状吊索　　(b) 8股头吊索

图 7.2.2　吊索示意图

为保证吊装安全，吊装过程中吊索的拉力不允许超过钢丝绳的允许拉力，吊索的拉力取决于所吊构件重量及吊索水平夹角 α，α 愈小，吊索受力愈大，在条件允许的情况下应尽量加大夹角 α，每根吊索所受的拉力可按下式计算（见图 7.2.3）。

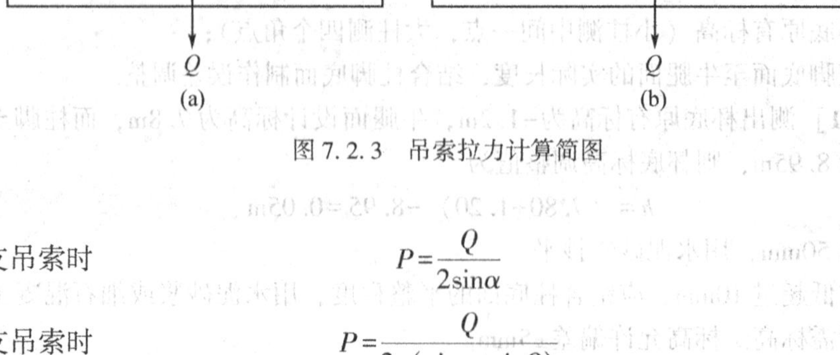

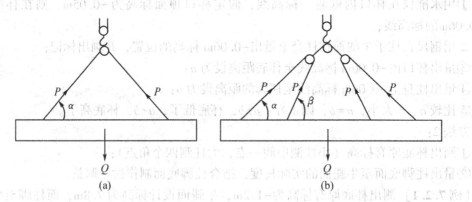

图 7.2.3　吊索拉力计算简图

两支吊索时
$$P=\frac{Q}{2\sin\alpha} \tag{7.2.1}$$

四支吊索时
$$P=\frac{Q}{2(\sin\alpha+\sin\beta)} \tag{7.2.2}$$

式中：P—每根吊索的拉力（kN）；

Q—吊装构件的重量（kN）；

α、β—吊索与水平线的夹角，应不小于 30°，一般可以取 45°~60°。

（3）钢丝绳夹头（卡扣）

钢丝绳夹头（卡扣）主要用于固定钢丝绳端部和连接用，常用的形式有骑马式、压板式和拳握式三种，应用最广泛的是骑马式夹头。选用夹头时必须使 U 形的内净距等于钢丝绳的直径，避免钢丝绳连接受力后产生滑移现象。钢丝绳夹头的形式如图 7.2.4 所示。

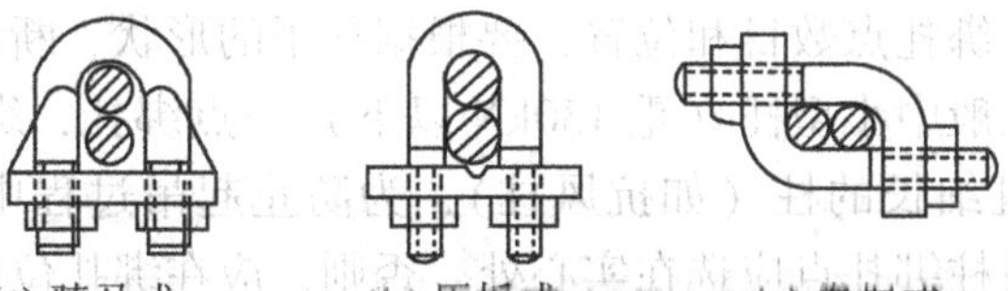

图 7.2.4　钢丝绳夹头示意图

（4）横吊梁（铁扁担）

横吊梁主要用于屋架和柱的吊装，其作用主要是为了降低起吊高度，减少吊索的拉力和吊索的水平分力对构件的压力。常用的横吊梁有滑轮横吊梁、钢板横吊梁和钢管横吊梁。滑轮横吊梁一般用于吊装 80kN 以内的柱（见图 7.2.5）；钢板横吊梁用于吊装 100kN 以下的柱，该横吊梁是由 3 号钢板制作而成（见图 7.2.6）；钢管横吊梁一般用于吊屋架，钢管长度 6~12m（见图 7.2.7）。

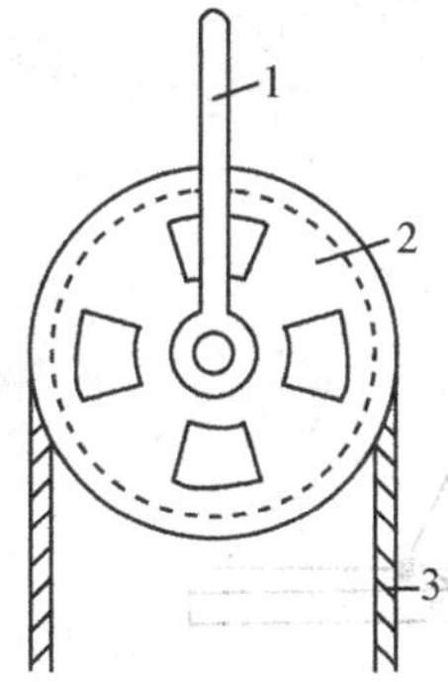

1—吊杆；2—滑轮；3—吊索

图 7.2.5　滑轮横吊梁示意图

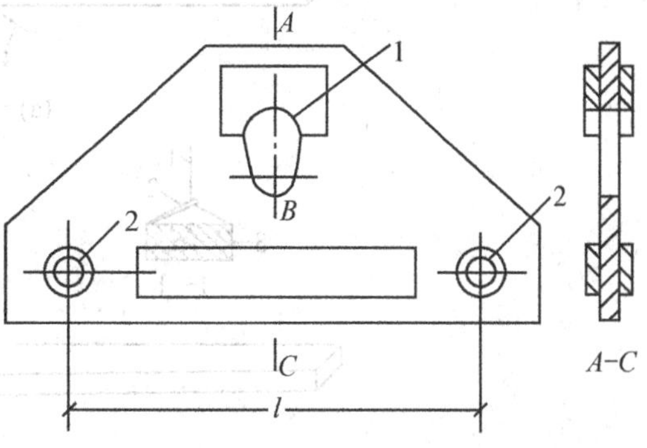

1—挂吊钩孔；2—挂卡环孔

图 7.2.6　钢板横吊梁示意图

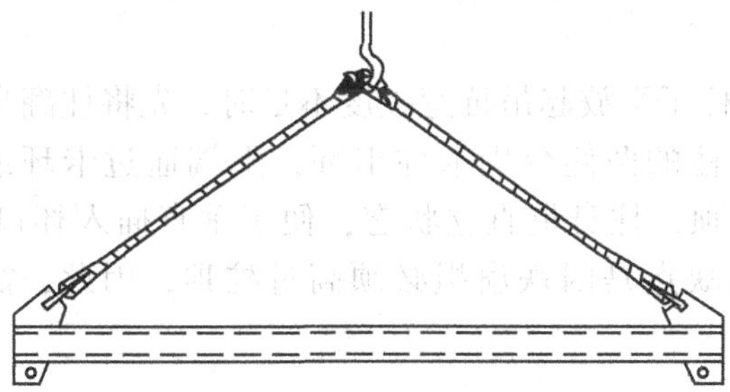

图 7.2.7　钢管横吊梁示意图

7.2.2 构件吊装工艺

单层工业厂房预制构件的吊装过程包括绑扎、起吊、对位、临时固定、校正和最后固定等工序，一般应根据结构的类型，构件的重量和长度选用不同的吊装方法。

1. 柱子的吊装

(1) 柱子的绑扎

柱子的绑扎方法、绑扎点数目和位置，要根据柱子的形状、断面、长度、重量和起重机性能等因素确定。一般中小型柱（重 130kN 以下）一点绑扎，绑扎点在牛腿下 200mm 处；重型柱或配筋少且细长的柱（如抗风柱），为防止起吊过程中柱身断裂，应两点绑扎；工字形截面和双肢柱绑扎点应选在实心处，否则，应在绑扎位置用方木加固翼缘，以免翼缘在起吊时损坏。

常用的绑扎方法有：斜吊绑扎法、直吊绑扎法、两点绑扎法。

①斜吊绑扎法。平放起吊，绑扎点在牛腿一侧，柱起吊后呈倾斜状态，当柱平卧起吊的抗弯能力满足要求时采用。该方法的优点是起吊时柱不需要翻身，吊钩可以低于柱顶，可以降低起吊高度。其缺点是因柱身倾斜，就位时对中较困难。如图 7.2.8 所示。

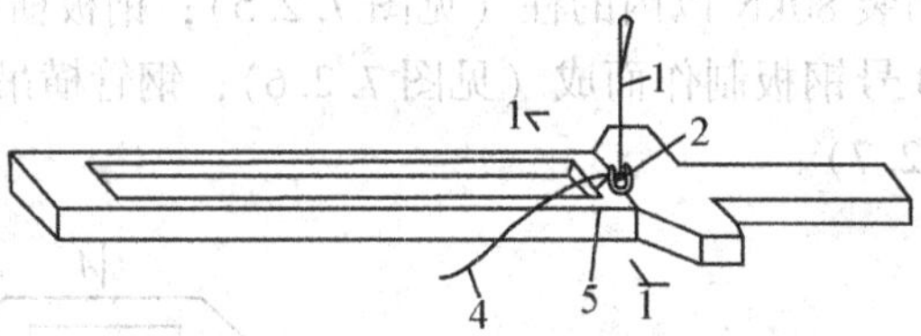

(a) 一点绑扎

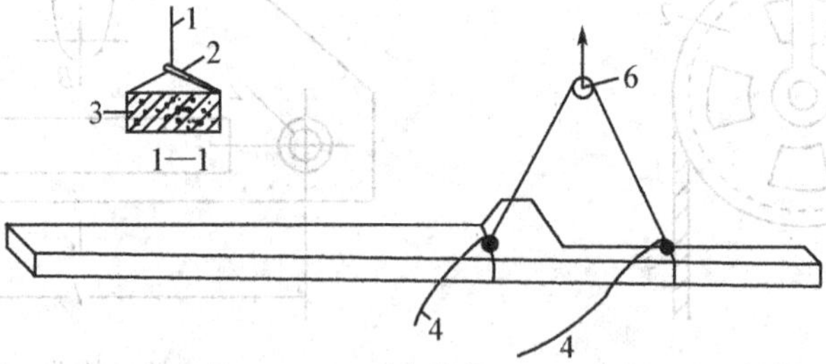

(b) 两点绑扎

1—吊索；2—活络卡环；3—柱；4—棕绳；5—铅丝；6—滑车

图 7.2.8 斜吊绑扎法示意图

②直吊绑扎法。当柱子平放起吊抗弯强度不足时，先将柱翻身后再绑扎起吊，绑扎点在牛腿两侧，吊索从柱的两侧分别卡住卡环，上端通过卡环或滑轮挂在横吊梁上，柱起吊时横吊梁位于柱顶，柱身呈直立状态，便于垂直插入杯口。该方法的优点是便于柱的对中、校正。其缺点是因铁扁担必须高过柱顶，因此，需要较大的起重高度。如图 7.2.9 所示。

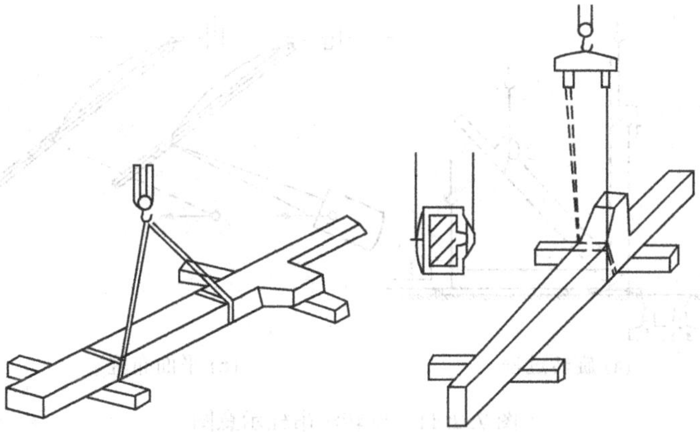

(a) 柱翻身绑扎法　　(b) 柱直吊绑扎法

图 7.2.9　柱的翻身及直吊绑扎法示意图

③两点绑扎法。当柱身较长，一点绑扎不能满足要求时，采用两点绑扎起吊，绑扎点位置应使两根吊索合力作用线高于柱子重心，这样柱子在起吊过程中，可以自行转为直立状态。如图 7.2.10 所示。

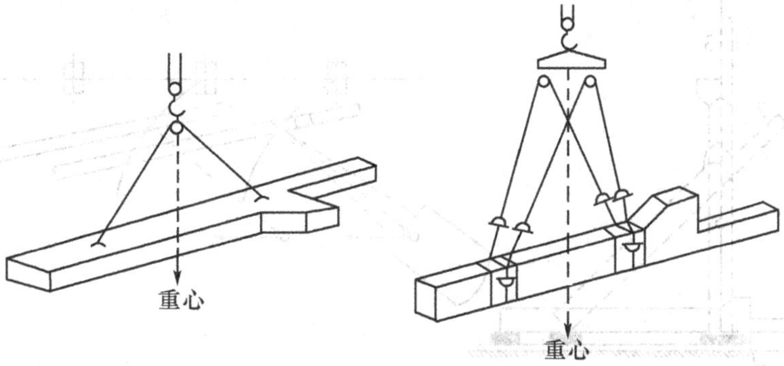

(a)　(b)

图 7.2.10　两点绑扎法示意图

（2）柱子的吊升

柱子的吊升方法，根据柱子的重量、现场预制构件情况和起重机性能而定，按起重机的数量可以分为单机起吊和双机抬吊；按吊装方法可以分为旋转法和滑行法。

采用单机吊装时一般采用旋转法和滑行法。

①旋转法。采用旋转法吊装柱，柱的平面布置要做到杯口中心、柱脚中心和绑扎点中心三点共弧。起重机起吊时，起重半径不变，边升钩边回转起重臂，使柱绕柱脚旋转而转为直立状态后，吊离地面插入杯口。采用旋转法吊装柱，在吊装过程中柱所受振动小，生产率较高，但对起重机的机动性要求高。如图 7.2.11 所示。

②滑行法。采用滑行法吊装柱，柱的平面布置要做到绑扎点与杯口共弧。起吊时起重机不旋转，只升起重钩，使柱脚随着吊钩上升而逐渐向前滑升，直到柱身直立。

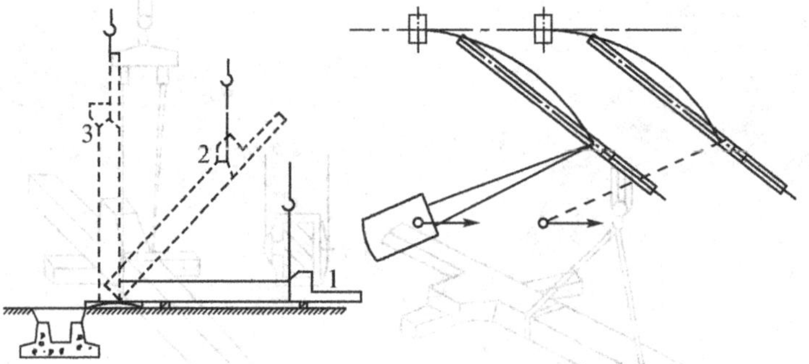

(a) 旋转过程　　(b) 平面布置

图 7.2.11　旋转法吊柱示意图

滑行法适用于柱子较重、较长，柱子无法按旋转法布置时采用，为减少柱脚与地面的摩擦力，需要在柱脚下设置托板、滚筒，并铺设滑行道。滑行法与旋转法相比较，柱身受震动较大，耗费一定的滑行料。如图 7.2.12 所示。

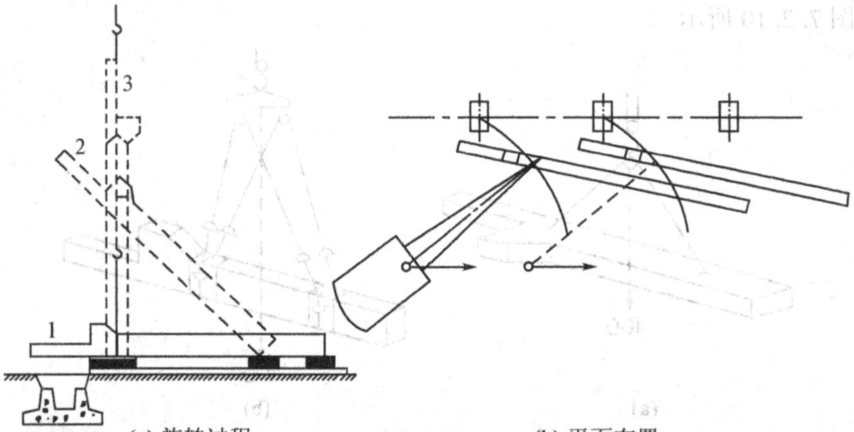

(a) 旋转过程　　(b) 平面布置

1—柱子平卧时；2—起吊中途；3—直立

图 7.2.12　滑行法吊柱示意图

(3) 就位和临时固定

柱脚插入杯口后，应悬离杯底 2~3cm 进行对位，对位时先沿柱子四周放入 8 只楔块，并用撬棍拨动柱脚使柱子的安装中心线对准杯口的安装中心线，保持柱子基本垂直，对位完成后可以落钩将柱脚放入杯底，并复查对线，符合要求后即可将楔块打紧，使之临时固定。高大重型且杯口较浅的柱子除采用以上措施临时固定外，还应设置缆风绳拉锚。如图 7.2.13 所示。

(4) 柱子的校正

柱子的校正应在吊车梁、屋架等构件未安装之前进行，柱子的校正主要包括平面位置校正、柱子标高校正和垂直度校正。

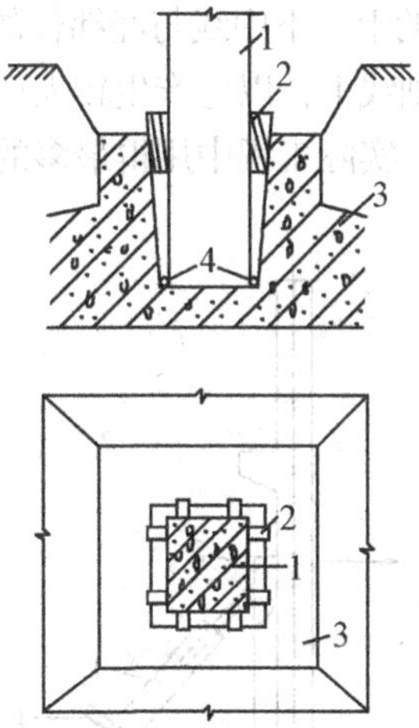

1—柱；2—楔块；3—杯形基础；4—石子

图 7.2.13　柱临时固定

平面位置的校正，在柱子临时固定时已对准安装中心线，若还有误差，可以用钢纤打入杯口校正或用千斤顶侧向顶移纠正。标高的校正在杯口调整时已做好，若还有误差可以在校正吊车梁时用调整砂浆垫层或垫板厚度予以纠正。所以柱子吊装后主要是校正垂直度。

柱子垂直度的校正，用经纬仪和垂球进行校正，用经纬仪校正时，要用两台经纬仪在相互垂直方向对准柱子正面和侧面中心，经纬仪的设置点至所测柱子的距离为柱高的 1.5 倍，当观测中间柱时不能沿两个垂直方向同时观测，此时顺柱纵轴线经纬仪的设置点与柱横轴线的夹角 α 要大于 75°。如图 7.2.14 所示。

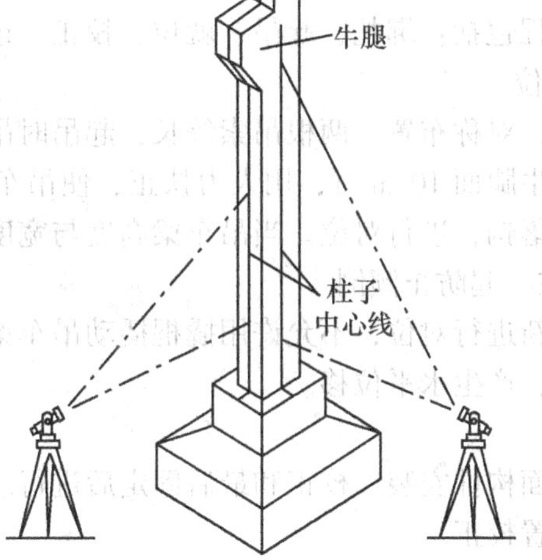

图 7.2.14　柱子垂直度校正示意图

柱子垂直度校正时，要使柱子的上、下中线与经纬仪的竖线相吻合，观测变截面的柱子垂直度时，经纬仪要架在柱子的设计轴线上，以免产生较大误差。柱子垂直度的调整可以采用敲打楔块、千斤顶斜撑、撑杆校正等，实际工程中用得最多的是撑杆校正法，如图 7.2.15 所示。

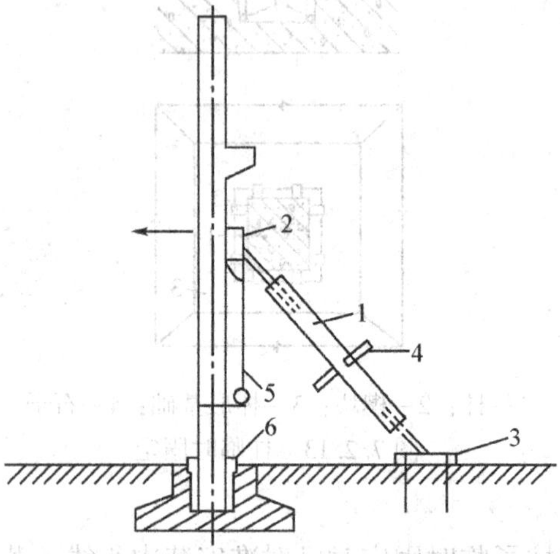

1—钢管；2—头部摩擦板；3—底板；4—转动手柄；5—钢丝绳；6—楔块

图 7.2.15 撑杆校正示意图

(5) 柱子的最后固定

柱子的最后固定应在柱子校正后立即进行，柱子的最后固定就是用细石混凝土将柱与杯口之间缝隙浇筑密实，使柱完全嵌固在基础内。

浇筑前首先将杯口内垃圾清理干净，并用水湿润，接着配置比柱子高一等级的细石混凝土。浇筑混凝土时分两次进行，第一次浇至楔块底面，混凝土达到 25%强度后，把楔块拔出，再浇至杯口顶面。第一次浇筑混凝土后，应立即检查柱子的垂直度，若有偏差立即纠正。

2. 吊车梁吊装

吊车梁的吊装必须在柱子最后固定好，接头的二次浇筑混凝土强度达到 70%以上进行。吊车梁吊装其安装过程包括：绑扎、起吊、就位、校正、最后固定。

(1) 绑扎、起吊、就位

吊车梁采用两点绑扎，对称布置，两根吊索等长，起吊时吊钩对准重心，使构件起吊后保持水平。当梁吊至离牛腿面 10cm 时，用人力扶正，使吊车梁的安装中心线对准牛腿面安装中心线，然后缓慢落钩，进行对位。当吊车梁高度与宽度之比大于 4 时，脱钩前应用 22 号铁丝将梁与柱绑在一起防止倾倒。

若对位不准，吊起重新进行对位，不允许用撬棍撬动吊车梁，因柱纵向刚度较差，若用撬棍撬动会使柱身弯曲，产生水平位移。

(2) 校正、最后固定

吊车梁的校正应在屋面构件安装、校正和最后固定后进行。校正内容主要包括标高校正、垂直度校正和平面位置校正。

吊车梁的标高校正，在杯底调整时已做好，不会有很大出入，若仍有误差可以在铺轨前抹一层砂浆解决。吊车梁垂直度的校正可以用靠尺和线锤进行，如图 7.2.16 所示。

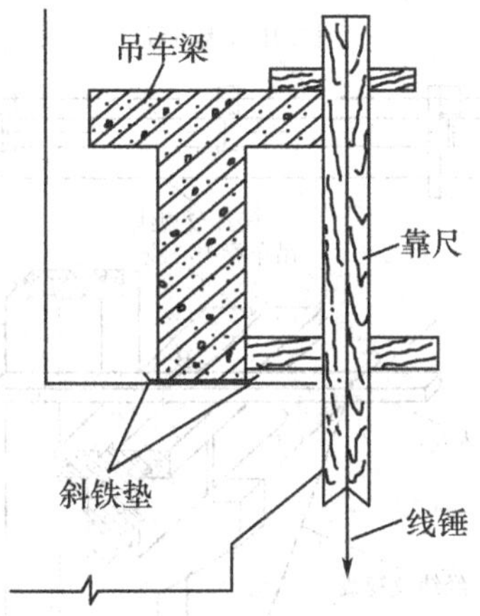

图 7.2.16 吊车梁垂直度的校正示意图

吊车梁平面位置校正包括直线度（同一纵轴线上的各梁的中线在一条直线上）校正和跨距校正两项。一般 6m 长，50kN 以内的吊车梁可以采用拉钢丝法和仪器放线法校正；12m 长及 50kN 以上吊车梁，因吊车梁较重脱钩后校正比较困难，常采用边吊边校法。

①拉钢丝法（通线法）。以两端柱中心线量出吊车梁中心线，并打上木桩，将经纬仪架在两端吊车梁中心线处，将两端四根吊车梁位置校正准确，并检查跨距是否符合要求，然后在吊车梁两端设置支架或垫块（约高 200mm），拉上 16~18 号钢丝，钢丝两端各悬重物将钢丝拉紧，并以此线为准，校正中间各吊车梁的轴线，使每个吊车梁的中心线均在钢丝这条直线上。如图 7.2.17 所示。

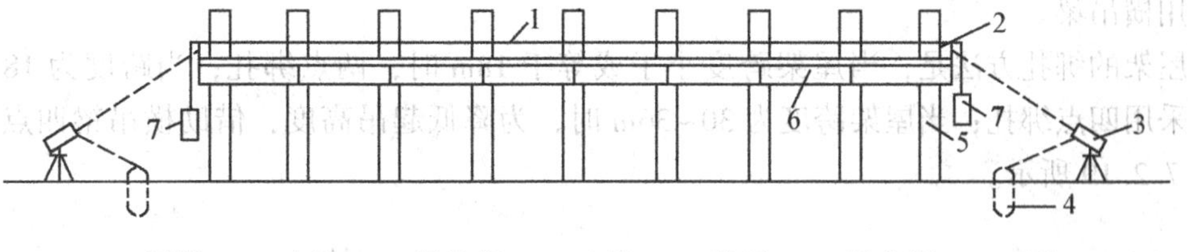

1—通线；2—支架；3—经纬仪；4—木桩；5—柱子；6—吊车梁；7—重物

图 7.2.17 拉钢丝法校正吊车梁示意图

②边吊边校法。在厂房跨度一端，距吊车梁纵轴线 400~600mm 的地面上架设经纬仪，使经纬仪的视线与吊车梁的中心线平行，然后在一木尺上画上两条短线 B、C，其距离必须和仪器视线至吊车梁中心线相等。校正时将 B 线与吊车梁纵轴线重合，用经纬仪观测木尺 C 线，同时指挥拨动吊车梁，使 C 线与望远镜内丝重合为止。如图 7.2.18 所示。吊车梁安装的垂直度及标高的允许误差，均在±5mm 以内，中心线允许误差也不得超过±3mm。

吊车梁校正完毕即进行最后固定，将吊车梁与牛腿上的预埋件焊接，在梁接头处支侧模，浇筑细石混凝土。但预应力鱼腹式吊车梁最后固定一般在安装完毕半年以后进行，过早固定，将会由于混凝土收缩、徐变使梁端产生裂缝。

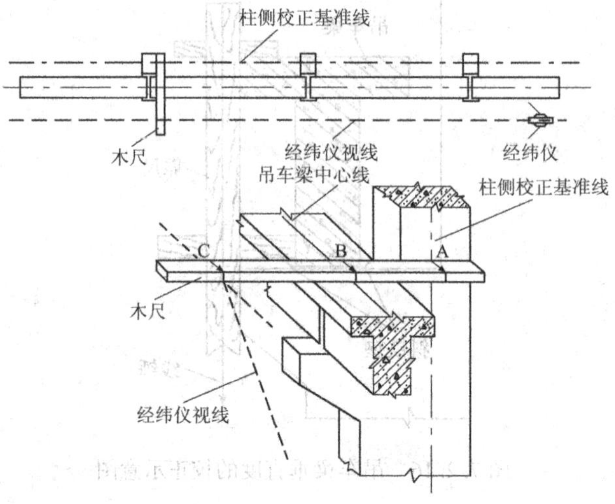

图 7.2.18 吊车梁的边吊边校法示意图

3. 屋架的吊装

单层工业厂房钢筋混凝土屋架，由于场地限制，一般采用现场平卧叠浇。屋架的吊装顺序为：绑扎、翻身、就位、吊升、对位、临时固定、最后固定。

(1) 屋架的绑扎

屋架的绑扎点应选择在上弦节点处，左右对称，并高于屋架中心，吊点的数目由设计单位确定。屋架绑扎时，吊索与水平线的夹角 α 不宜小于45°，以免屋架承受过大的横向压力。若加大夹角 α，吊索过长，为降低起吊高度和减小吊索对屋架上弦的轴向压力，可以采用横吊梁。

屋架的绑扎方法是，当屋架跨度小于或等于 18m 时，两点绑扎；当跨度为 18~24m 时，采用四点绑扎；当屋架跨度为 30~36m 时，为降低起吊高度，借助横吊梁四点绑扎。如图 7.2.19 所示。

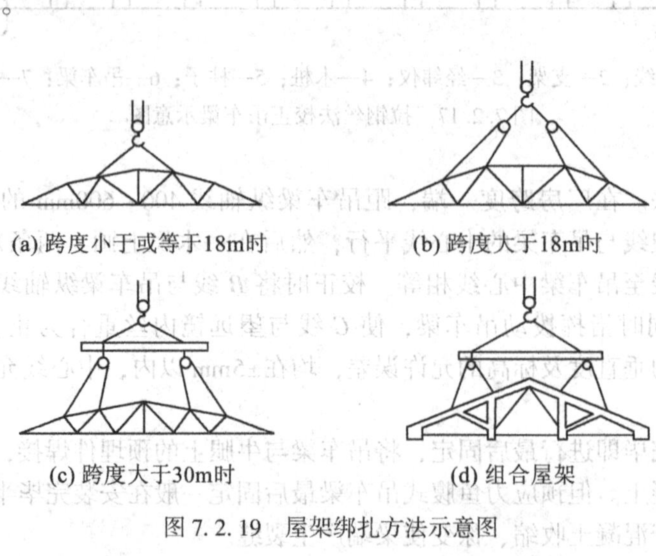

图 7.2.19 屋架绑扎方法示意图

屋架吊装时，钢筋混凝土屋架、三角形组合屋架和侧向刚度差屋架，应绑两道以上杉槁，作为临时加固。

(2) 屋架的扶直、就位

①屋架的扶直。由于屋架在现场平卧预制，安装前先要翻身扶直，并将其吊运到预定地点。屋架的扶直分为正向扶直和反向扶直，如图 7.2.20 所示。

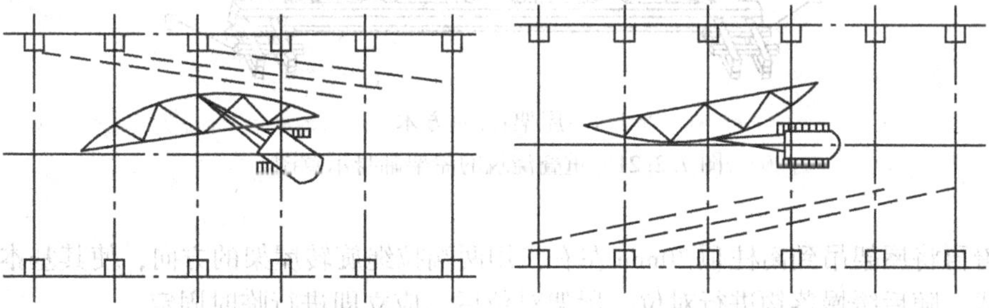

(a) 屋架正向扶直(同侧就位)　(b) 屋架反向扶直(异侧就位)

图 7.2.20　屋架的扶直就位示意图

屋架扶直时，由于受自重影响，改变了杆件的受力性质（平面外受力），特别是上弦杆极易弯曲，造成屋架损伤。因此，屋架扶直时必须采取一定措施，严格遵守操作规程，保证施工安全。

屋架的正向扶直：起重机位于屋架下弦一侧，吊钩对准屋架上弦中点，然后收钩、起臂使屋架脱模，接着再升钩起臂，使屋架以下弦为轴，慢慢转为直立状态。

屋架的反向扶直：起重机位于屋架上弦一侧，吊钩对准屋架上弦中点，收钩、降臂使屋架脱模，然后再收钩降臂，使屋架以下弦为轴慢慢转为直立状态。

屋架正向扶直和反向扶直最大的区别，是在扶直过程中，一为升臂，一为降臂，起重机操作过程中升臂比降臂易于操作，且容易保证构件安全，一般尽可能采用正向扶直。

②屋架的就位。屋架扶直后应立即就位，屋架就位位置和起重机的性能、场地大小和安装方法有关，一般靠柱边斜放就位或 3~5 榀为一组平行柱边纵向就位。屋架就位按就位方式又分为同侧就位和异侧就位。

同侧就位：屋架的预制位置和就位位置在同一侧，如图 7.2.20（a）所示。

异侧就位：屋架的预制位置和就位位置在相反一侧，如图 7.2.20（b）所示。

另外，屋架在扶直过程中，为避免屋架突然悬空，屋架的下弦部位，必须垫以方木（方木可以搭成井字形，高度与下一榀屋架面一般高），以作为屋架扶直时的支点，如图 7.2.21 所示。屋架就位后，应用支撑和 8 号铁丝等与已安装好的柱和屋架拉牢，以保证屋架的稳定。

(3) 屋架的吊装、对位和临时固定

按构件的重量屋架吊装分为单机起吊和双机抬吊，一般应尽量采用单机起吊，若构件重量较重，单机起吊不能满足要求，可以采用双机抬吊，采用双机抬吊时要详细制定吊装方案，避免起重机在双机抬吊过程中不同步，使构件在空中扭断。

采用单机起吊时，先将屋架从就位位置吊离地面 50mm 左右，然后转到吊装位置下

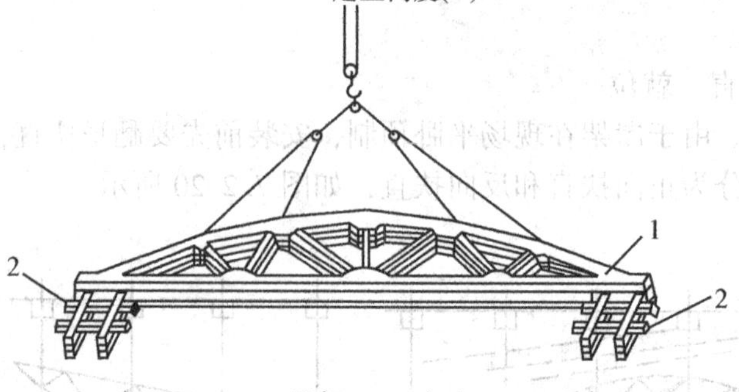

1—屋架；2—方木

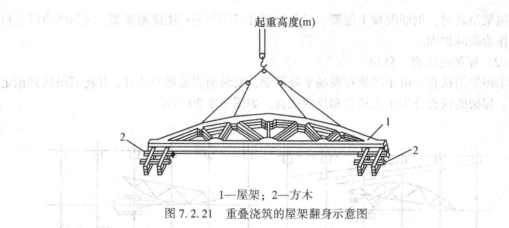

图 7.2.21　重叠浇筑的屋架翻身示意图

方，接着再将屋架吊到离柱顶 30mm 左右，用两端拉绳旋转屋架的方向，使其基本对准安装中心线，随后缓慢落钩进行对位。屋架对位后，应立即进行临时固定。

第一榀屋架为单片结构，侧向稳定性差，同时还是第二榀的支撑，所以必须做好第一榀屋架的临时固定，一般用四根缆风绳从屋架两边拉牢。

第二榀屋架以及其余各榀屋架，都通过工具式支撑支撑在前一榀屋架上，工具式支撑由 $\phi50$ 的钢管制成，两端各有两支撑脚，撑脚上有可调节的螺拴，使用时旋紧撑脚上的螺拴，即可将屋架可靠固定。如图 7.2.22 所示。

屋架经校正，安装若干屋面板后，才可将支撑取下。

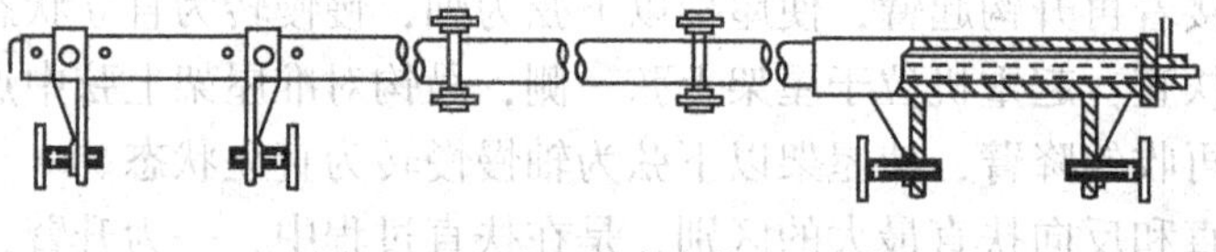

图 7.2.22　工具式支撑示意图

(4) 屋架的校正、最后固定

屋架校正主要校正垂直偏差，垂直偏差的校正可以采用经纬仪和线锤进行校正。用经纬仪检查屋架垂直偏差的方法是，将仪器放在被检查屋架的跨外，距屋架中线 500mm 左右，观测屋架两端和中间所挑出的木尺上的标记，若有偏差，转动工具式螺栓进行调整。如图 7.2.23 所示。

用线锤检查时，木尺设置的方法与经纬仪检查方法相同，木尺的标记距屋架中心线的距离为 300mm，观测时在屋架两端的木尺标记处拉一通线，从屋架顶端中间木尺标记处向下垂球，以观测木尺的三个标记是否在一个平面上，若有偏差，转动工具式支撑进行调整。

屋架经校正无误后，立即用电焊焊牢，焊接时应对角施焊，避免预埋铁板受热变形。

4. 屋面板安装

屋面板一般埋有吊环，用吊钩钩住吊环即可吊装，为加快吊装进度，屋面板的吊装一般采用一钩多吊。安装顺序从两侧檐头板开始左右对称铺向屋脊，对位后立即与屋架上弦焊牢，屋面板一般要施焊三点。

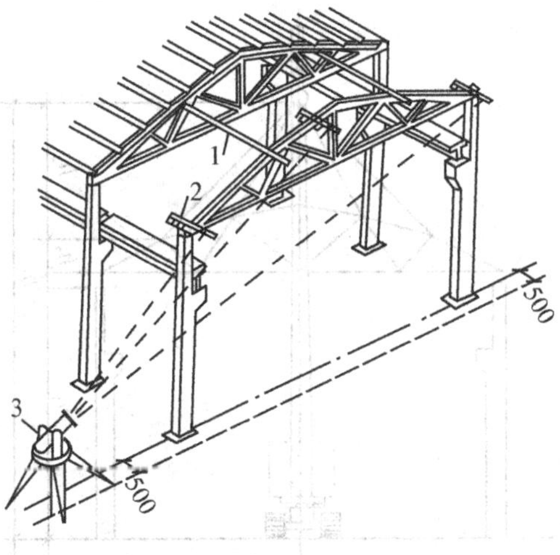

1—工具式支撑；2—标尺；3—经纬仪

图 7.2.23　屋架的校正示意图

7.2.3　结构吊装方案

单层工业厂房结构吊装方案包括起重机的选择、起重机开行路线、构件平面布置和结构安装方法。

1. 起重机型号的选择

履带式起重机的型号应根据所吊装构件的尺寸、重量以及吊装位置来确定。所选型号的起重机的三个工作参数，起重量 Q、起重高度 H 和超重半径 R，均应满足结构吊装的要求。

(1) 起重量

起重机的起重量必须大于所吊装构件的重量与索具重量之和，即

$$Q \geqslant Q_1 + Q_2 \tag{7.2.3}$$

式中：Q——起重机的起重量（kN）；

Q_1——构件的重量（kN）；

Q_2——索具的重量（kN）。

(2) 起重高度

起重机的起重高度必须满足所吊构件的吊装高度要求，如图 7.2.24 所示，对于单层工业厂房吊装应满足

$$H \geqslant h_1 + h_2 + h_3 + h_4 \tag{7.2.4}$$

式中：H——起重机的起重高度（m），从停机面算起至吊钩；

h_1——安装支座表面高度（m），从停机面算起；

h_2——安装空隙，一般不小于 0.3m；

h_3——绑扎点至所吊构件底面的距离（m）；

h_4——索具高度（m），自绑扎点至吊钩中心，视具体情况而定。

(3) 起重半径

当起重机可以不受限制地开到所吊装构件附近去吊装构件时，可以不验算起重半径。

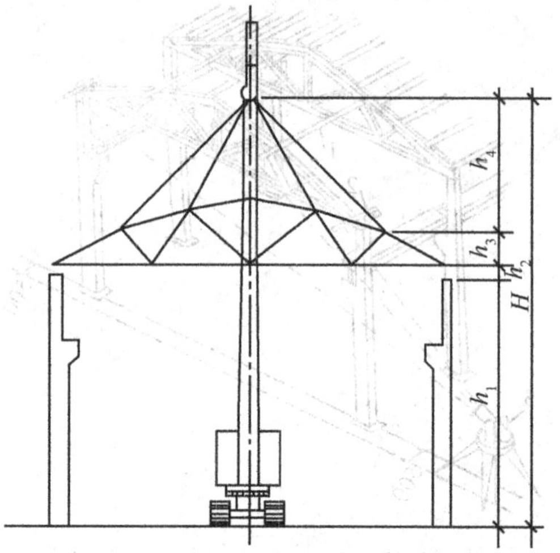

图 7.2.24 起重机的起吊高度示意图

但当起重机受限制不能靠近吊装位置去吊装构件时，则应验算当起重机的起重半径为一定值时的起重量与起重高度能否满足吊装构件的要求。

（4）起重机最小杆长的决定

当起重机的起重杆必须跨过已安装好的屋架去安装屋面板时，为了不与屋架相碰撞，必须求出起重机的最小杆长。求起重机的最小杆长一般可以采用数解法。如图 7.2.25 所示。

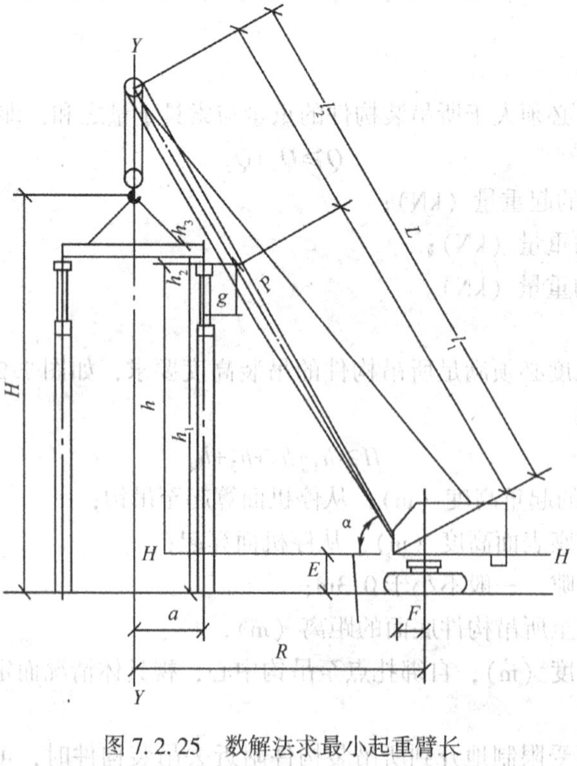

图 7.2.25 数解法求最小起重臂长

$$L \geqslant L_1 + L_2 = \frac{h}{\sin a} + \frac{f+g}{\cos a} \tag{7.2.5}$$

式中：L——起重杆的长度（m）；

h ——起重杆底铰至构件吊装支座的高度（m），$h = h_1 - E$；

f——起重钩需跨过已吊装结构的距离（m）；

g——起重杆轴线与已吊装屋架之间的水平距离，至少取 1m；

E——起重杆底铰至停机面的距离（m）；

a——起重杆的仰角。

为了求得起重机的最小杆长，可以对上式进行微分，并令$\frac{\mathrm{d}L}{\mathrm{d}a}=0$，则

$$\frac{\mathrm{d}L}{\mathrm{d}a} = \frac{-h\cos a}{\sin^2 a} + \frac{(f+g)\ \sin a}{\cos^2 a} = 0$$

$$\frac{(f+g)\ \sin a}{\cos^2 a} = \frac{h\cos a}{\sin^2 a}，\ 即 \frac{\sin^3 a}{\cos^3 a} = \frac{h}{(f+g)}$$

故

$$a = \arctan \sqrt[3]{\frac{h}{f+g}} \tag{7.2.6}$$

将 a 值代入式（7.2.5），即可得出所需起重杆的最小长度。据此，选用适当的起重杆长，然后根据实际采用的 L 及 a 值，计算出起重半径 R

$$R = F + L\cos a \tag{7.2.7}$$

式中：F——起重机吊杆枢轴中心距回转中心距离。

根据起重半径 R 和起重杆长 L，查起重机性能表或曲线，复核超重量 Q 及起重高度 H，即可根据 R 值确定出起重机吊装屋面板时的停机位置。

2. 起重机台数的确定

起重机台数应根据厂房的工程量、工期长短和起重机的台班产量，按下式计算确定

$$N = \frac{1}{T \cdot C \cdot K} \sum \frac{Q_i}{p_i} \tag{7.2.8}$$

式中：N—起重机台数；

T——工期（d）；

C——每天工作班数；

K——时间利用系数，一般取 0.8~0.9；

Q_i——每种构件的安装工程量（件或吨）；

p_i——起重机相应的产量定额（件/台班或吨/台班）。

此外，决定起重机台数时，还应考虑到构件装卸、拼装和就位的需要。当起重机数量已定，可以用公式（7.2.8）计算所需工期或每天应工作的天数。

3. 结构吊装方法

单层工业厂房结构的吊装方法有以下两种，分件吊装法和综合吊装法。

（1）分件吊装法

起重机每开行一次，仅吊装一种或几种构件。通常分三次开行吊装完全部构件。

第一次开行，吊装全部柱子，经校正及最后固定；第二次开行，吊装全部吊车梁、连系梁及柱间支撑（第二次开行接头混凝土强度需达到 70%设计强度后，方可进行）；第三

次开行，依次按节间吊装屋架、屋面支撑、屋面构件（屋面板、天窗架、天沟等）。如图7.2.26所示。

分件吊装法的优点是每次吊装同类构件，构件可以分批进场，索具不需经常更换，吊装速度快，能充分发挥起重机效率，也能为构件校正、接头焊接和浇筑接头混凝土、养护提供充分的时间。其缺点是不能为后续工序尽早提供工作面，起重机的开行路线较长。

(2) 综合吊装法

以节间为单位，起重机每移动一次吊装完节间所有构件。吊装的顺序如图7.2.27所示。即先吊装四根柱子，并加以校正和最后固定；随后吊装这个节间内的吊车梁、连系梁、屋架和屋面板等构件。一个节间的全部构件吊装完后，起重机移至下一个节间进行吊装，直至整个厂房结构吊装完毕。

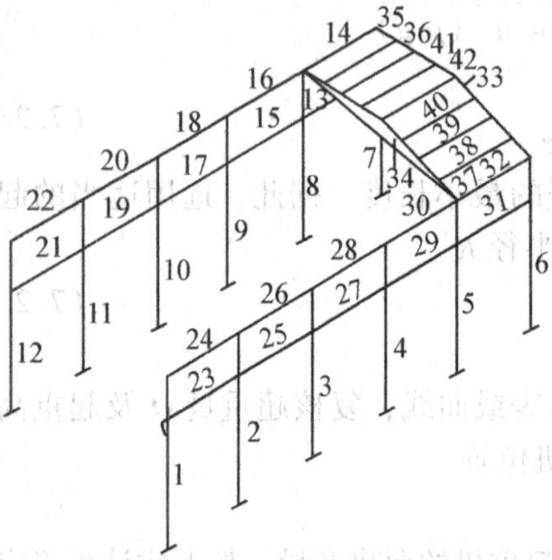

图 7.2.26 分件吊装时的构件吊装顺序

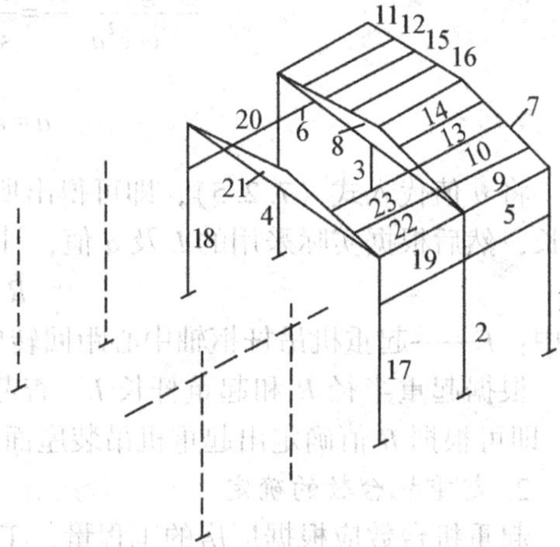

图 7.2.27 综合吊装时的构件吊装顺序

综合吊装法方法的优点是：开行路线短，停机次数少，为后续工种提早让开工作面，加快了施工进度，缩短了工期。其缺点是：由于同时吊装不同类型的构件，索具更换频繁，吊装速度慢，使构件供应紧张且平面布置复杂，构件的校正困难等。因此目前该方法很少采用。但对于某些特殊结构（如采用门式框架结构）或采用桅杆式起重机，因移动比较困难，可以采用综合吊装法。

4. 起重机开行路线及现场预制构件的平面布置

起重机开行路线与停机位置与起重机的性能、构件重量、现场预制构件布置方式和结构安装方法有关。单层工业厂房除柱、屋架、吊车梁等较重构件在施工现场预制外，其余构件都在预制厂预制。

(1) 吊柱起重机开行路线和柱的预制构件平面布置

1) 吊柱起重机开行路线

如图7.2.28所示，吊柱起重机开行路线根据厂房跨度、起重机性能、柱的平面布置方式等，分为跨中开行或跨边开行。

①当起重半径 $R \geq L/2$ 时，起重机沿跨中开行，每个停机点吊2根柱（见图7.2.28(a)）；

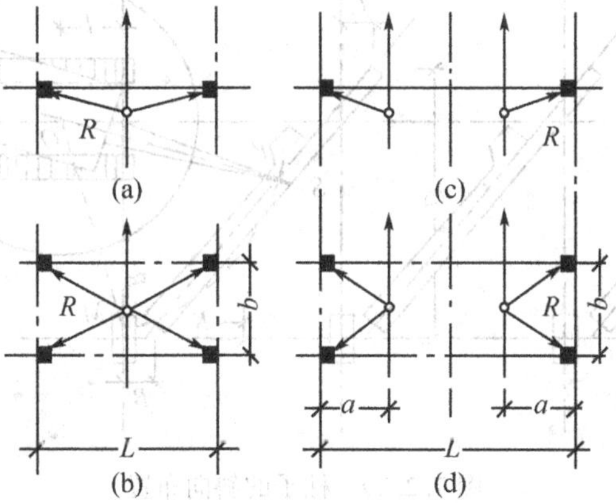

图 7.2.28　吊柱起重机开行路线

②当起重半径 $R \geqslant \sqrt{(L/2)^2+(b/2)^2}$ 时，起重机沿跨中开行，每个停机点吊四根柱（见图 7.2.28（b））；

③当起重半径 $R<L/2$ 时，起重机沿跨边开行，每个停机点吊一根柱（见图 7.2.28（c））；

④当起重半径 $R \geqslant \sqrt{a^2+(b/2)^2}$ 时，起重机沿跨边开行，每个停机点可以安装两根柱（见图 7.2.28（d））。

式中：R——吊柱时起重机的计算起重半径；

L——厂房跨度；

b——柱的间距；

a——起重机开行路线跨边的距离（m）。

若柱跨外布置，起重机开行路线可以按跨边开行计算，每个停机点可以吊 1 根或 2 根柱。

2）柱的预制平面布置

柱子的布置方式与场地大小、安装方法有关，柱子的预制位置即为吊装阶段的就位位置，一般有两种，即柱子的斜向布置、纵向布置。

〈1〉柱子的斜向布置

柱子若采用旋转法起吊，场地空旷，可以按三点共弧布置，即杯口中心、柱脚中心和绑扎点中心共弧。具体布置方法如下：

①确定起重机开行路线到柱基的中线距离 a（见图 7.2.29），a 值与起重机性能、构件尺寸、重量和吊柱时的起重半径有关，一般要求

$$R_{min}<a<R_{max}\text{（计算值）}$$

同时，起重机开行路线不要通过回填土地段和过分靠近构件，防止起重机回转时起重机尾部与构件相撞。

②确定停机点，停机点的确定方法是，以要安装的柱基基础杯口为中心，以吊该柱的起重半径画弧，弧交于开行路线上的 O 点，O 点即为安装这根柱子的停机点。

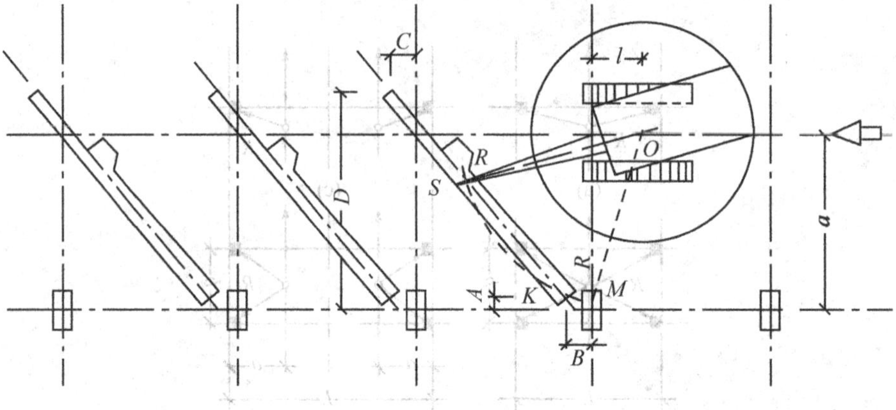

图 7.2.29　柱子的斜向布置

③确定柱子的预制位置，以停机点 O 为圆心，OM 为半径画弧，在弧上靠近柱基选一点 K（K 点为柱基中心），以 K 点为中心，以柱脚到绑扎点的距离为半径画弧，两弧相交于 S，连接 KS 线，得出柱预制时的中心线，按中心线可以画出柱子的模板位置图。量出柱顶、柱脚中心点到纵、横轴线的距离 A、B、C、D 作为支模时的参考。

布置柱子时，由于场地限制或柱身过长无法按三点共弧布置，可以采用绑扎点或柱脚与杯口两点共弧布置，如图 7.2.30 所示。这种布置方式起重机起吊时，需要改变起重半径，工作效率低，也不安全。

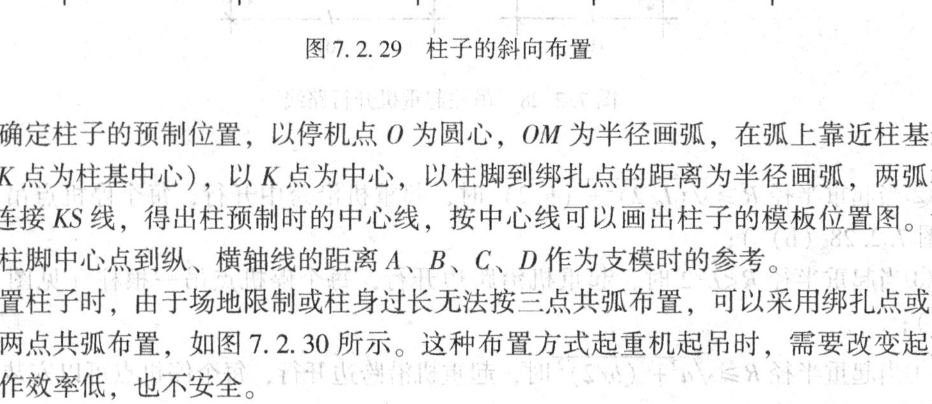

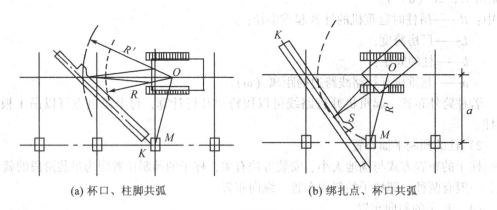

(a) 杯口、柱脚共弧　　(b) 绑扎点、杯口共弧

图 7.2.30　柱子的两点绑扎

〈2〉柱子的纵向布置

由于场地限制或柱子重量较轻，为节约场地且方便构件制作，可以考虑柱子顺柱轴线纵向布置。柱子纵向布置时，起重机的停机点可以布置在两柱基的中点，使 $OM_1 = OM_2$，这样每一个停机点可以吊 2 根柱，如图 7.2.31 所示。

为节约模板，减少用地，柱子斜向布置和纵向布置时，均可以采用两柱叠浇预制，两柱叠浇预制时要刷隔离剂，浇筑上层柱时要等下层混凝土强度达到 5.0N/mm^2 时方可进行。当采用纵向布置时，若柱长大于 12m，两柱叠浇排成两行；若柱长小于 12m，两柱叠浇排成一行。

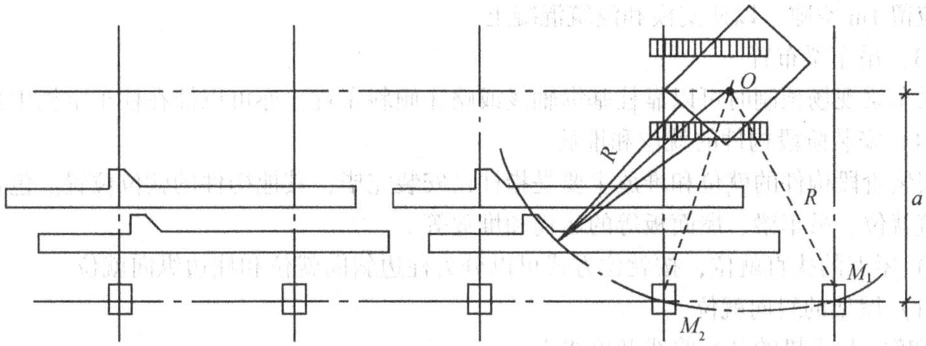

图 7.2.31　柱子的纵向布置

柱子预制时，跨内预制牛腿应面向起重机，跨外预制牛腿应背向起重机。

（2）吊屋架及屋盖系统起重机开行路线和屋架预制构件平面布置

①吊屋架及屋盖系统起重机沿跨中开行或稍偏于跨中一点开行，屋架扶直时起重机沿跨内开行。

②屋架预制构件平面布置。为便于吊装，屋架一般在跨内叠层预制，每叠 3~4 榀。布置的方式有：正面斜向布置、正反斜向布置、正反纵向布置。如图 7.2.32 所示。

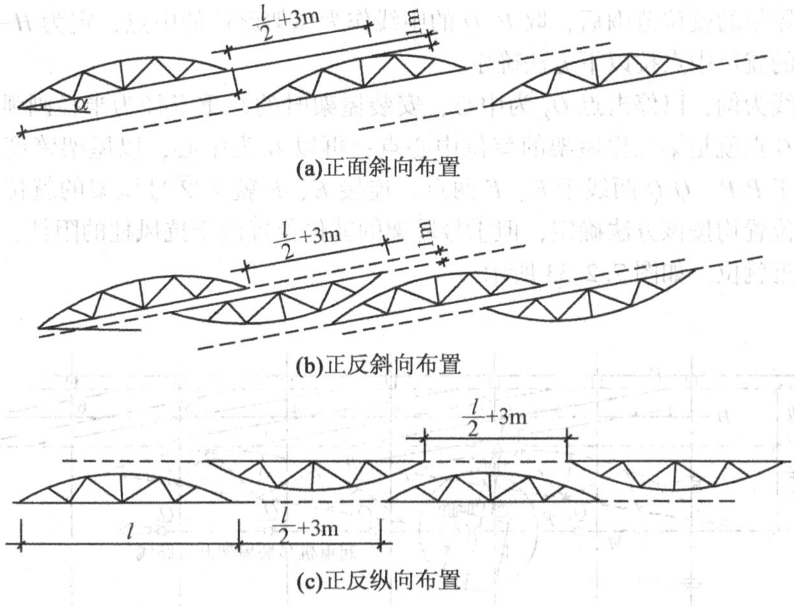

图 7.2.32　屋架的布置

屋架采用正面斜向布置时，下弦与厂房纵轴线的夹角 α 一般为 10°~20°。预应力混凝土屋架，当采用钢管抽芯法两端抽管时，屋架两端应留出 $\frac{L}{2}$+3m 的一段距离（L 为屋架的跨度）作为抽管穿筋的场地；当一端抽管时，应留出 L+3m 的距离。另外，每两垛屋架之间应留 1m 空隙，以便支模和浇筑混凝土。

（3）吊车梁布置

吊车梁现场预制时可以靠柱基纵轴线或略作倾斜布置，亦可以插在柱子空档中预制。

（4）安装阶段构件的就位和堆放

安装阶段构件的就位和堆放主要是指柱已安装完毕，其他构件的就位位置。包括屋架的扶直就位、吊车梁、屋面板等的运输和堆放等。

1）屋架的扶直就位，按就位方式可以分为柱边斜向就位和柱边纵向就位。

〈1〉屋架的斜向就位

①确定起重机的开行路线及停机点

开行路线：吊屋架沿跨中开行，也可以稍偏于跨中一点开行，确定出开行路线。

确定停机点：以吊装某轴线（如②轴线）的屋架中点 M_2 为圆心，以吊该屋架的起重半径为半径画弧，交于开行路线 O_2 点，O_2 点即为吊②轴线屋架的停机点。

②确定屋架的就位范围

屋架一般靠柱边就位，离柱边不小于 200mm，柱可以作为屋架的临时支撑，确定出 *P*–*P*线；在吊屋架及屋面板的过程中起重机回转时不要与已就位的屋架相碰撞，设起重机尾部至机身回转中心的距离为 *A*，则距开行路线 *A*+0.5m 范围内，不宜布置构件，确定出 *Q*–*Q* 线；确定出屋架的就位范围。

③确定出屋架的就位位置

确定出屋架的就位范围后，取 *P*–*Q* 的中线作为屋架就位的中点，定为 *H*–*H* 线。具体每一榀屋架的就位中点按以下方法确定。

以②轴线为例，以停击点 O_2 为中心，安装屋架时的起重半径为半径画弧，交于 *H*-*H* 线的 *G* 点，*G* 点就是第二榀屋架的就位中心点；再以 *G* 为中心，以屋架跨度的一半为半径画弧，交于 *P*-*P*、*Q*-*Q* 两线于 *E*、*F* 两点，连接 *E*、*F* 就为②号屋架的就位位置，其他屋架的就位位置均按该方法确定，但①号屋架的就位位置由于抗风柱的阻挡，可以退到②号屋架的附近就位。如图 7.2.33 所示。

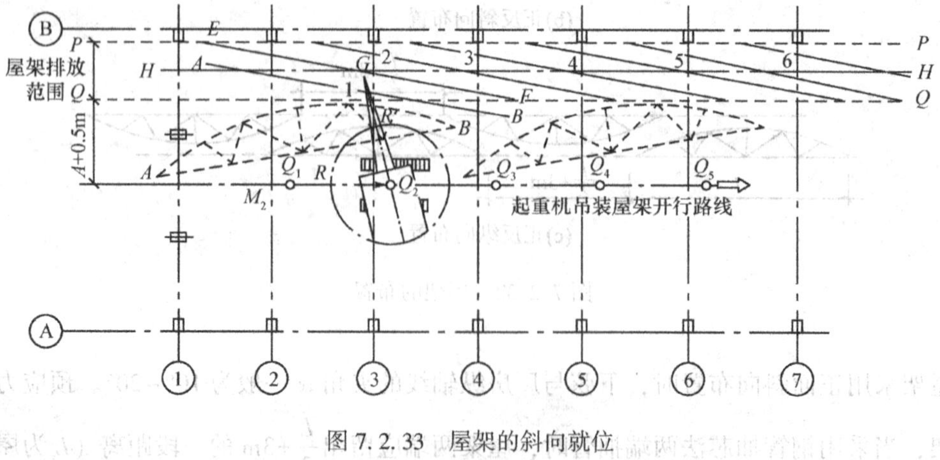

图 7.2.33 屋架的斜向就位

〈2〉屋架的纵向就位

由于场地窄小，屋架无法斜向就位，可以 4~5 榀屋架为一组靠柱边纵轴线就位。

就位时屋架与屋架之间，柱与屋架之间净距离不小于 20cm，相互之间用 8 号铁丝及支撑拉紧撑牢。每组屋架之间应留 3m 左右的间距作为横向通道，每组屋架的就位中心大致安排该组屋架倒数第二榀安装轴线之后 2m 处。屋架绑扎和吊装时不要在已安装好的屋架下面进行，以免和已安装好的屋架相碰撞。如图 7.2.34 所示。

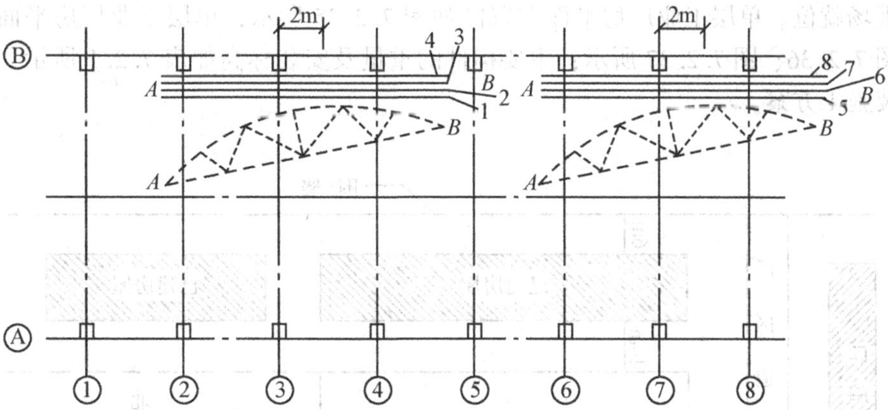

图 7.2.34 屋架的成组纵向就位

2）吊车梁、连系梁、屋面板的运输和堆放

若单层工业厂房的吊车梁、连系梁、屋面板在预制厂预制，吊装之前要运到工地，为保证工程质量，构件运输和堆放时必须满足运输和堆放的要求。

〈1〉运输要求

①运输时混凝土构件应有足够的强度，梁、板类构件不低于设计强度的 75%；

②构件在车上的支承位置应尽可能接近设计受力状态，支承要牢固；

③运输道路应平坦，要有足够的转弯半径和路面宽度，对载重汽车转弯半径不小于 10m；半拖式拖车不小于 15m；全拖式拖车不小于 20m。

〈2〉堆放要求

①吊车梁、连系梁在柱列附近，跨内、跨外均可，堆垛高度 2~3 层，有时也可以不就位，直接从运输车上吊到设计位置。

②屋面板就位，跨内、跨外均可，按起重半径跨内就位时，需后退 3~4 个节间开始堆放；跨外就位时，需后退 1~2 个节间开始堆放。堆垛高度 6~8 层。

构件堆放时，要按接近于设计状态放在垫木上，重叠构件之间也要加以垫木，而且上下层垫木应在同一垂直线上。另外，构件之间应留 20cm 的孔隙，以免构件吊装时相碰撞。

7.2.4 单层工业厂房吊装实例

某工厂机械加工车间为钢筋混凝土单层工业厂房，跨度为 18m，厂房长 72m，柱距 6m，共有 12 开间，建筑面积为 1353.6m，厂房的主要承重结构为装配式工字型柱、T 形吊车梁、预应力折线型屋架和大型屋面板等。厂房柱、屋架均为现场工地预制，吊车梁、连系梁、基础梁、屋架下弦横向水平支撑、柱间支撑和屋面板等均在工厂预制，吊装前运往工地现场就位。单层工业厂房平面布置图如图 7.2.35 所示，单层工业厂房平面图及剖面图如图 7.2.36、图 7.2.37 所示；主要构件的重量及安装标高如表 7.2.1 所示。试拟定结构吊装施工方案。

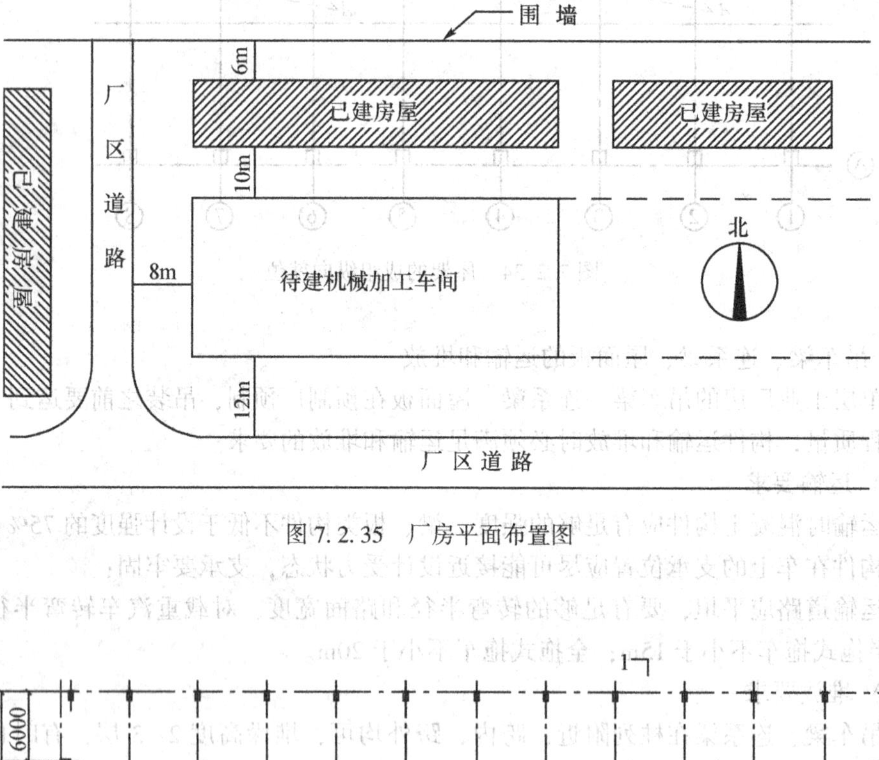

图 7.2.35 厂房平面布置图

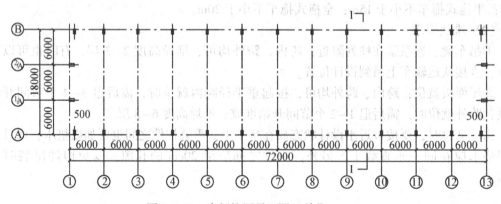

图 7.2.36 车间柱网平面图（单位：mm）

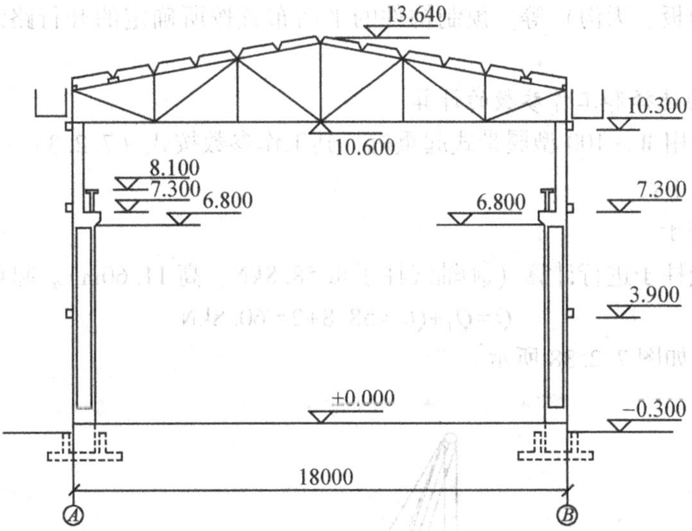

图 7.2.37　车间剖面图（单位：mm）

表 7.2.1　　**车间吊装构件一览表**

次序	跨度	轴线	构件名称及编号	构件数量	构件重/kN	构件长度/m	安装高度/m
1	*A*—*B*	Ⓐ—Ⓑ	地基梁 YJL	24	11.1	5.93	
2	*A*—*B*	①~② ⑫~⑬ ②~⑫	连系梁 YLL1 连系梁 YLL2	12 60	7.2 7.7	5.97 5.97	+3.9 +7.3 +10.30
3	*A*—*B*	①	抗风柱	4	52.9	14.14	-1.00
4	*A*—*B*	①~⑬	柱子	26	58.8	11.6	-1.00
5	*A*—*B*	①~⑬	屋架 YWJ-18	13	41.9	17.7	+10.6
6	*A*—*B*	①~② ⑫~⑬ ②~⑫	吊车梁 DCL1 吊车梁 DCL1	4 20	33.1 33.1	.97 5.97	+7.30 +7.30
7	*A*—*B*	①~⑬	屋面板 YWB	144	10.8	5.97	

1. 结构吊装方案的确定

结构吊装方案的确定主要包括起重机的选择、结构吊装方法、起重机开行路线与预制构件的平面布置。该车间是钢筋混凝土单层工业厂房，其结构构件的吊装拟选用履带式起重机。结构吊装方法拟采用分件吊装法进行吊装作业，起重机开行路线拟分三次开行，对各种构件分别进行吊装。第一次开行吊装柱子，经校正及最后固定；第二次开行吊装地基梁、连系梁、吊车梁、柱间支撑及屋架扶直等（第二次开行接头混凝土强度必须达到70%设计强度后，方可进行吊装）；第三次开行以节间为单位，依次吊装屋架、屋面支撑、屋面构件（屋面板、天沟）等。预制构件的平面布置按所确定的开行路线和结构吊装方法等确定。

2. 起重机的选择和工作参数的计算

起重机拟采用 W_1-100 型履带式起重机，其工作参数按式（7.2.3）~式（7.2.7）计算，计算方法如下：

（1）吊装柱子

选择Ⓐ轴线柱子进行计算（Ⓐ轴线柱子重 58.8kN、高 11.60m）。起重量：

$$Q=Q_1+Q_2=58.8+2=60.8\text{kN}$$

起重高度，如图 7.2.38 所示。

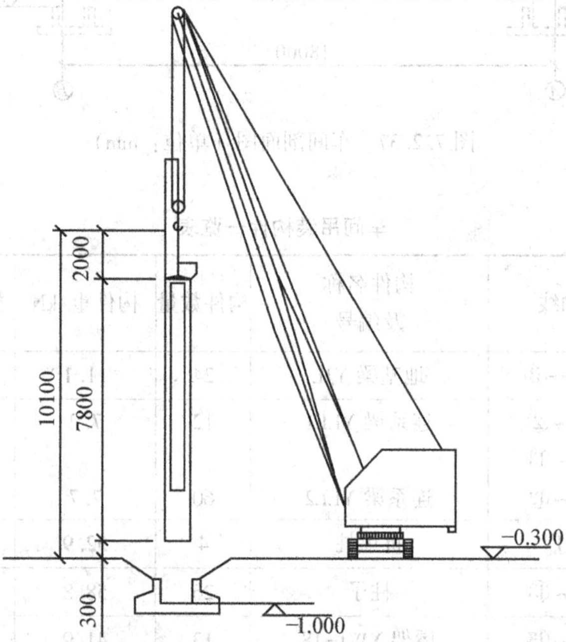

图 7.2.38 柱子吊装图（单位：m，mm）

$H=h_1+h_2+h_3+h_4=0+0.3+7.8+2=10.1\text{m}$（因 h_1 低于停机面，故 $h_1=0$）

式中：Q_2——起重滑车组索具的重量（kN）；

h_2——吊装间隙（m）；

h_3——绑扎点至构件底面的距离（m）；

h_4——索具高度（m）。

（2）吊装屋架

厂房屋架为 18m 预应力折线型屋架（屋架重 $Q_1=41.9\text{kN}$，屋架跨中的高度为 2.8m），吊装时，为降低起吊高度，采用 9m 横吊梁，横吊梁与吊索的水平线夹角取 30°，吊索与屋架的水平线夹角取 45°。

起重量如图 7.2.39 所示。

$$Q=Q_1+Q_2=41.9+3=44.9\text{kN}$$

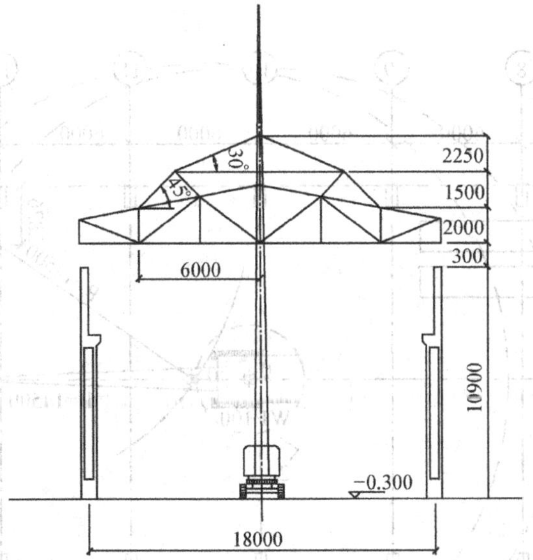

图 7.2.39　屋架吊装示意图（单位：mm）

起重高度

$$H=h_1+h_2+h_3+h_4=(10.6+0.3)+0.3+2.0+3.75=16.95\text{m}。$$

（3）吊装屋面板时的最小臂长计算

如图 7.2.40、图 7.2.41 所示。首先考虑吊装跨中屋面板，初步拟选用 W_1-100 型履带式起重机，起重杆长 23m。验算吊装屋面板时，是否满足吊装条件。

起重量　　　　　　$Q=Q_1+Q_2=10.8+2=12.8\text{kN}$

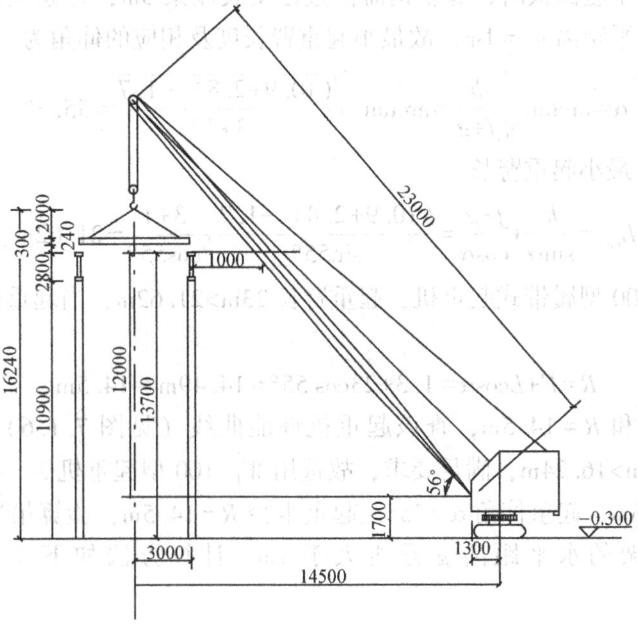

图 7.2.40　吊装跨中屋面板 1-1 剖面图（单位：mm）

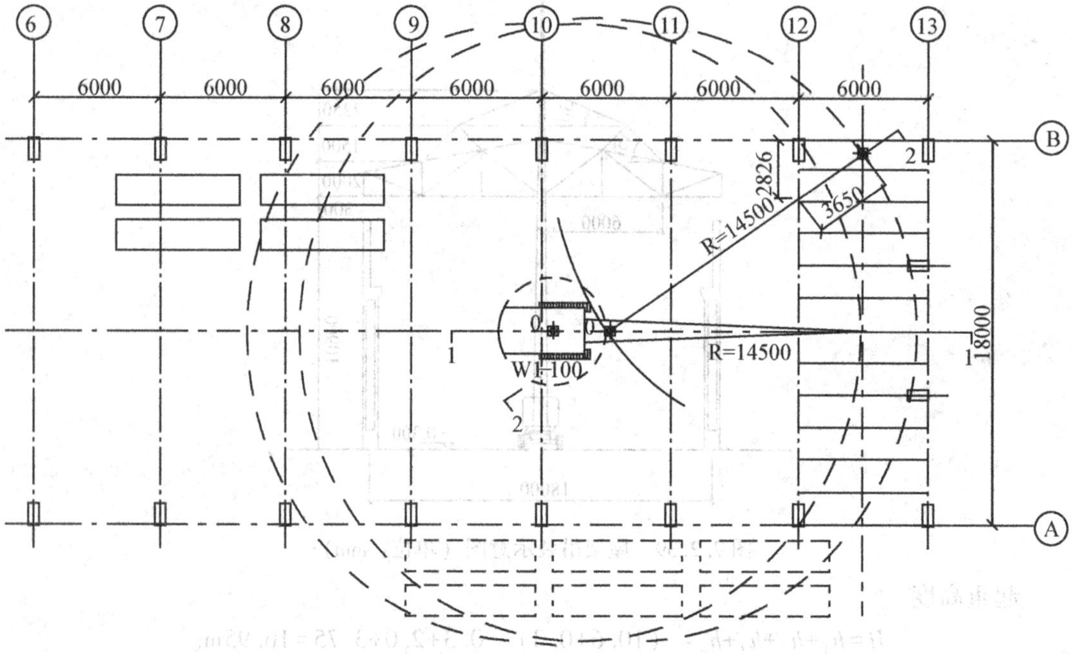

图 7.2.41 屋面板就位布置图（单位：mm）

起重高度

$$H=h_1+h_2+h_3+h_4+h_5=(10.6+0.3)+2.8+0.3+0.24+2.0=16.24\text{m}。$$

起重机吊装跨中屋面板时，起重钩需伸过已安装屋架 3m，且起重臂轴线与已安装屋架上弦中线最小水平距离 g =1m，故最小起重臂长度及相应的仰角为

$$\alpha=\arctan\sqrt[3]{\frac{h}{f+g}}=\arctan\sqrt[3]{\frac{(10.9+2.8)-1.7}{3+1}}=55.3°。$$

故取 $\alpha=55°$，最小起重臂长

$$L_{\min}=\frac{h}{\sin\alpha}+\frac{f+g}{\cos\alpha}=\frac{(10.9+2.8)-1.7}{\sin55°}+\frac{3+1}{\cos55°}=21.62\text{m}。$$

现选用 W_1—100 型履带式起重机，起重臂长 23m>21.62m，当起重仰角 $\alpha=55°$时可得起重半径：

$$R=F+L\cos\alpha=1.3+23\cos55°=14.49\text{m}\approx14.5\text{m}。$$

根据 $L=23$m 和 $R=14.5$m，查该起重机性能曲线（见图 7.1.6），可得 $Q=23$kN>12.8kN；$H=17.3$m>16.24m，满足要求，故选用 W_1-100 型起重机。

按起重臂长 23m，起重仰角 $\alpha=55°$，起重半径 $R=14.5$m，验算吊装最边缘屋面板时起重臂轴线与屋架的水平距离 g 是否大于 1m。计算方法如下（见图 7.2.41 和图 7.2.42）：

在屋架垂直线上起重臂轴线标高为

$$H'=(14.5-1.3-3.7)\tan55°+1.7=15.25\text{m}$$

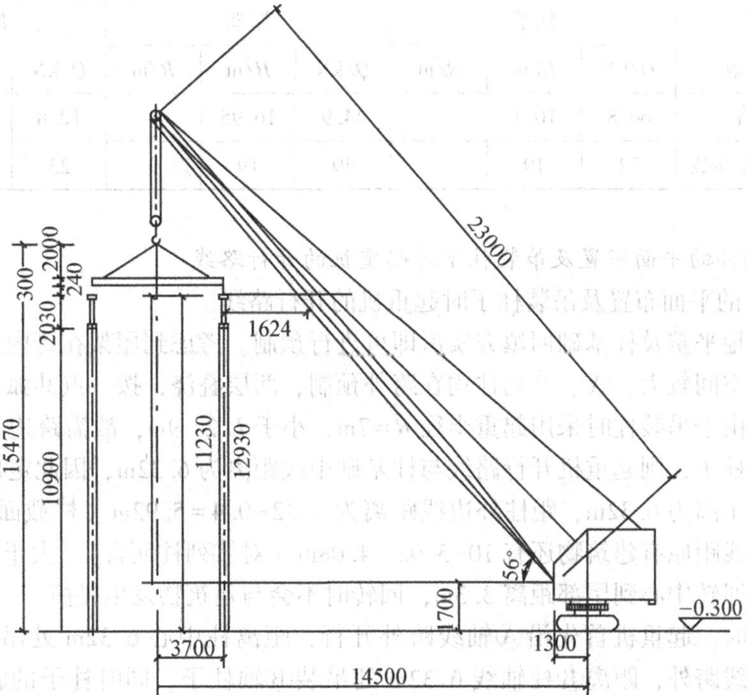

图 7.2.42　吊装最边缘屋面板 2-2 剖面图（单位：m，mm）

屋架的实际标高为

$$H''=(10.9+2.03)=12.93\text{m}$$

起重杆轴线距屋架边缘的垂直距离为

$$H'-H''=15.25-12.93=2.32\text{m}$$

则起重臂轴线距已吊装屋架的水平距离为

$$g=\frac{(H'-H'')}{\tan\alpha}==\frac{2.32}{\tan 55^\circ}=1.624\text{m}$$

故满足要求。按选用的 W_1-100 型履带式起重机和起重臂长度 $L=23$m，查该起重机的性能曲线（见图 7.1.6）可得，当起重量 $Q=60.8$kN，起重高度 $H=10.1$m 时，可以选用起重半径 $R=7$m，其相应的起重量 $Q=72\text{kN}>60.8\text{kN}$，起重高度 $H=19\text{m}>10.1\text{m}$，满足吊装柱子的要求；当起重量 $Q=44.9$kN，起重高度 $H=16.95$m 时，可以选用起重半径 $R=9$m，其相应的起重量 $Q=49\text{kN}>44.9\text{kN}$，起重高度 $H=19\text{m}>16.95\text{m}$，故满足吊装屋架的要求。

综合考虑以上因素，选用 W_1—100 型履带式起重机，起重臂长用 23m。该厂机械加工车间起重机结构安装工作参数如表 7.2.2 所示。

表 7.2.2 机械加工车间结构安装工作参数表

构件名称	柱子			屋架			屋面板		
吊装工作参数	Q/kN	H/m	R/m	Q/kN	H/m	R/m	Q/kN	H/m	R/m
所需最小值	60.8	10.1		44.9	16.95		12.8	16.24	
23m 起重臂工作参数	72	19	7	49	19	9	23	17.3	14.5

3. 预制构件的平面布置及吊装柱子时起重机的开行路线

(1) 柱子的平面布置及吊装柱子时起重机的开行路线

柱子在场地平整及柱基础回填夯实后即可进行预制。考虑到屋架在跨内预制及就位的位置，且跨外空间较大，Ⓐ、Ⓑ列柱均在跨外预制，两层叠浇，按三点共弧布置，按旋转法进行吊装。由于吊装柱时采用起重半径 $R=7$m，小于 $L/2=9$m，故需跨边开行。每一停机点吊装两根柱子，则起重机开行路线与柱基础中线距离为 6.32m，因此定出起重机开行路线到Ⓑ轴线距离为 6.32m，距柱外边线距离为 $6.32-0.4=5.92$m（柱截面长为 0.8m）。另外，开行路线距原有建筑物还有 $10-5.92=4.08$m（对Ⓑ列柱而言），大于 W_1-100 型履带式起重机的回转中心到尾部距离 3.3m，回转时不会与建筑物发生碰撞。

吊装柱子时。起重机首先沿Ⓐ轴线跨外开行，距离柱中心 6.32m 处吊装Ⓐ轴柱子，然后转入Ⓑ轴线跨外，距离Ⓑ柱轴线 6.32m 处吊装Ⓑ轴柱子，同时柱子的临时固定，柱的校正，柱的最后固定等作业紧紧跟上，即完成了第一次开行的吊装作业。

(2) 吊车梁和屋架的平面布置及吊装吊车梁、扶直就位屋架时起重机的开行路线

吊车梁可以在预制厂预制，吊装前运到工地，沿柱边纵向堆放，尽量靠近吊装位置。屋架可以在车间跨内 4 榀叠浇预制，预制时应考虑施工技术中的一些要求，即屋架两端应留有足够的抽管及穿筋所需要的长度，屋架之间应留有 1.0m 左右的间隙，以便支模及浇筑混凝土。

吊装吊车梁时，起重机沿跨中开行，起重机停放一点，可以吊装两根吊车梁及柱间连系梁、地基梁、支撑等。起重机在吊装吊车梁的同时，可以进行屋架扶直就位。屋架扶直就位采用正向扶直，异侧就位。屋架就位时，可以根据吊装屋架停机位置，确定出就位范围，沿Ⓐ轴柱边斜向布置。

起重机可以从 AB 跨中从Ⓐ、Ⓑ轴线开始吊装吊车梁、连系梁、地基梁及扶直屋架，即完成第二次开行的吊装作业。

(3) 吊装屋架和大型屋面板时起重机的开行路线

当屋架就位后，用汽车平板运输车和起重机将大型屋面板沿柱边跨外或跨内堆放，屋面板的就位布置如图 7.2.41 所示，随后用 W_1-100 型履带式起重机在 AB 跨中倒退开行，从⑬⑫轴线开始，以节间为单位吊装屋架、屋面支撑、屋面板及天沟等。即完成第三次开行的吊装作业。

最后，履带式起重机吊装车间两端四根抗风柱，这样就完成了整个车间的吊装任务。

4. 绘制柱、吊车梁、屋架现场预制阶段时的构件平面布置图及吊装时的开行路线

机械加工车间柱、屋架现场预制阶段时的构件平面布置图，起重机的开行路线及停机位置等如图 7.2.43 所示。

5. 吊装工程施工进度计划。

吊装工程施工进度计划如表 7.2.3 所示。

表 7.2.3　　机械加工车间结构吊装施工进度计划表

项次	分部分项工程名称	单位	工程量	产量定额	需用机械	台班数		劳动组织/工				进度表/d															
						计划	实用	司机	吊装	电焊	小计	1	2	3	4	5	6	7	8	9	10	11	12	13	14	15	16
1	W_1-100 型起重机准备工作	台			W_1-100		1	2	5		7	━															
2	柱子吊装	根	26	46	W_1-100	0.6	1	2	9		11		━														
3	柱子校正	根	26	24	W_1-100	1.1	1.5	2	7		9		━	━													
4	地基梁、连系梁 吊车梁吊装	根	102 24	55 42	W_1-100	2.42	2.5	2	8		10				━	━	━										
5	柱间支撑吊装	副	4	12	W_1-100	0.3	0.5	2	11	2	15						━										
6	屋架扶直就位	榀	13	13.5	W_1-100	1	1	2	9		11							━									
7	屋面板就位	块	144	80	汽车式	1.8	2	2	9		11								━	━							
8	屋盖综合吊装	间	12	4.4	W_1-100	2.7	3	2	18		20										━	━	━				
9	抗风柱吊装	根	4	29	W_1-100	0.13	0.5	2	9	2	13													━			
10	吊车梁校正固定	根	24	26	W_1-100	0.9	1	2	5	2	9													━	━		
11	拆起重杆结束工作				W_1-100		1	2	5		7														━	━	

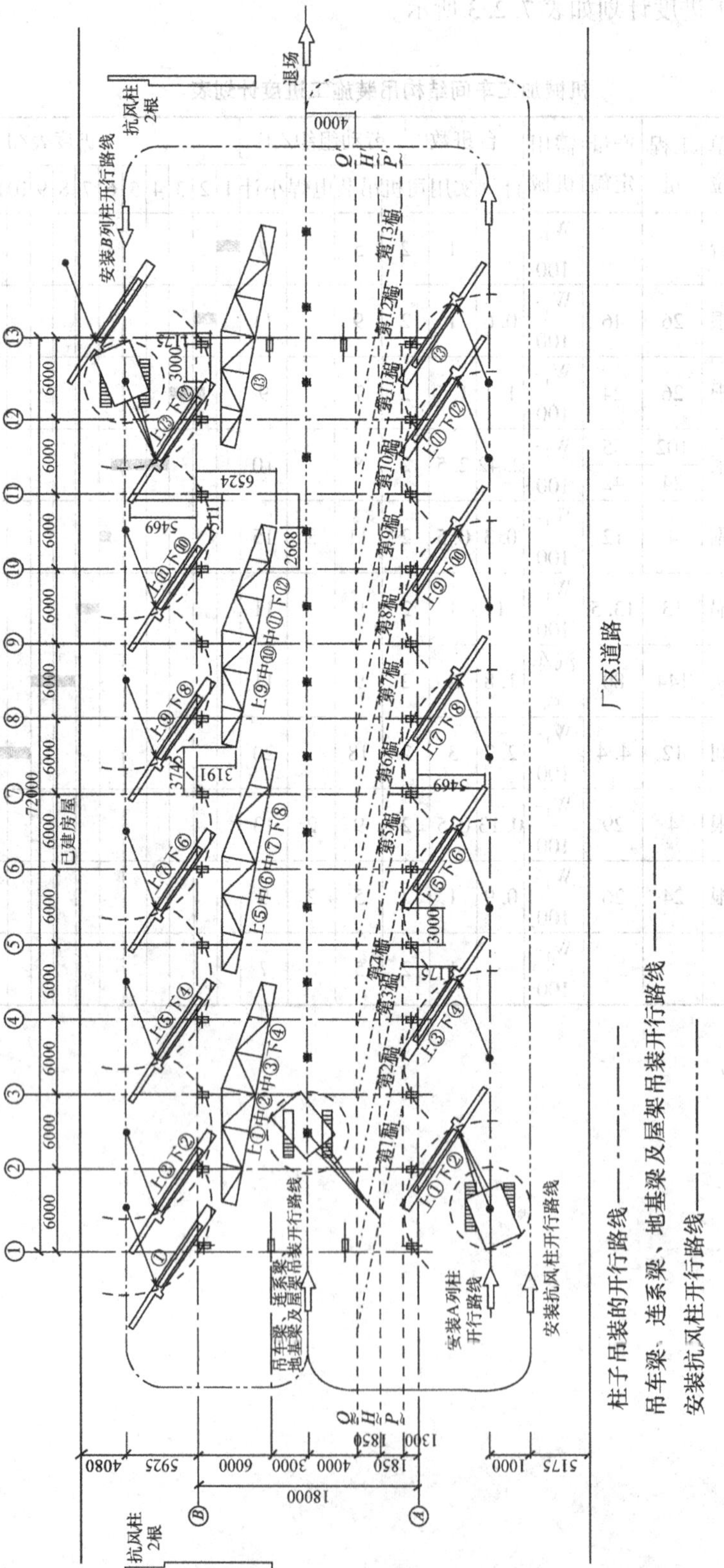

图 7.2.43 构件吊装起重机开行路线及构件平面布置图（单位：mm）

§7.3 多层和高层建筑结构安装

多层和高层建筑结构采用装配式钢筋混凝土结构，在我国工业和民用建筑工程中得到广泛的应用。这种结构形式分为装配式框架结构和装配式墙板结构两大类。这两类结构的结构构件，在工厂或现场预制后运到工地现场吊装，这种施工方法，不仅节约了模板、加快了施工进度，而且还是实现建筑工业化的重要途径。

装配式框架结构按结构型式，又分为梁板式和无梁式两种。梁板式结构由柱、主梁、次梁和楼板组成，主梁多沿横向框架方向布置，次梁沿纵向框架方向布置。无梁式结构由柱、柱帽、柱间板和跨间板组成，无梁式结构近年来多做成升板结构进行升板施工。

装配式墙板结构，按结构型式又分为墙体承重的墙板和框架承重的挂板，墙体承重的墙板主要由与房间同样大小的外墙板、内墙板、楼板和楼梯组成，楼板直接搁在承重墙板上。框架承重的挂板主要由框架结构承重，挂板只作为非承重的外墙板。

普通多层和高层建筑结构安装在拟定吊装方案时要着重解决好起重机械的选择和布置，结构吊装方法与吊装顺序，构件平面布置和结构吊装工艺等问题。

7.3.1 起重机的选择与布置

1. 起重机的选择

起重机的选择应根据建筑物的层数、高度、建筑物的平面尺寸、结构构件重量和起重机的起吊高度，现场施工条件和施工单位现有机械设备能力等因素综合考虑。

5层以下结构采用 W_1-100型、QU20型、QU25型等履带式起重机；6~15层住宅和公用建筑可以选用QT60/80型、QTZ50型塔式起重机；15~30层住宅和公共建筑可以采用QTZ63型和QT80型塔式起重机；重型厂房，由于构件重，吊装高度高，可以采用起重量250~1000kN的塔式起重机或起重量为400kN以上的桅杆式起重机进行吊装。

2. 起重机的布置

起重机的布置按房屋的宽度、高度和构件的重量可以分为单侧布置、双侧布置、U形布置和环形布置，如图7.3.1所示。

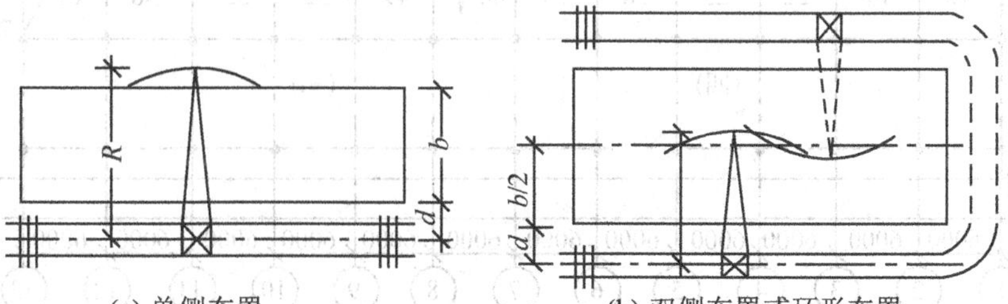

(a) 单侧布置　　(b) 双侧布置或环形布置

图7.3.1 塔式起重机布置方案示意图

(1) 单侧布置。当建筑物宽度较小，构件较轻时，可以采用单侧布置方案，起重机

回转半径应满足

$$R \geqslant b+d$$

式中：b——房屋宽度；

d——房屋外墙面至轨道中心的距离，一般不小于3m。

（2）双侧布置或环形布置。当建筑物宽度较宽（$b \geqslant 17$），或房屋构件重量较大，单侧安装有困难时，可以采用这种布置方案，起重机回转半径应满足

$$R \geqslant \frac{b}{2}+d$$

当建筑物的高度超过45m以上时，普通塔式起重机的吊装高度已不能满足要求，可以采用附着式塔式起重机和爬升式塔式起重机。

7.3.2 结构吊装方法

普通多层和高层建筑结构吊装方法分为分件吊装法、综合吊装法两种。

1. 分件吊装法

分件流水吊装法按其流水方式不同，又分为分层分段流水吊装法和分层大流水吊装法。

分层分段流水吊装法就是以一个楼层为一个施工层（如柱子是两层一节，则以两个楼层为一个施工层），而将每一个施工层又划分为若干个施工段，以便于构件的吊装、校正、焊接和接头灌浆等工序的流水作业。起重机在每一施工段作数次往返开行，每次开行，吊装该段内某一种构件。施工段的划分，主要取决于建筑物的平面形状和平面尺寸，起重机械的性能及其开行路线，完成各个工序所需的时间和临时固定设备的数量等因素。

图7.3.2是采用塔式起重机跨外U形布置，采用分层分段流水吊装法吊装梁板式框架结构的例子。起重机首先依次吊装第（一）施工段中的1~14号柱，吊装完毕后，紧接着进行柱的校正、焊接、接头灌浆等工序。吊装完14号柱之后，回头吊装15~33号主梁

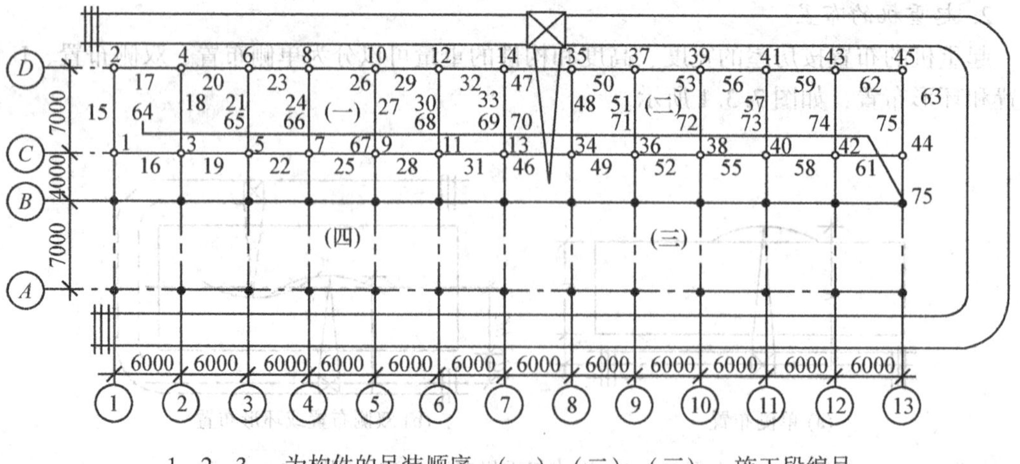

1、2、3…–为构件的吊装顺序；（一）、（二）、（三）…施工段编号

图7.3.2 用分层分段流水吊装法吊装楼板结构

和次梁，同时进行各梁的焊接和灌浆等工序。完成第（一）施工段的施工再按柱、梁的吊装顺序进行第（二）施工段的施工，待第（一）、（二）施工段的柱和梁吊装完毕，顺次安装这两个施工段 64~75 号的楼板，然后如法吊装第（三）、（四）两个施工段。一个施工层完成后再往上吊装另一施工层。

分层大流水吊装法是每个施工层不再划分施工段，而按一个楼区组织各工序的流水施工。

分件吊装法是装配式框架结构最常用的方法，其主要的优点是为构件的校正、焊接、接头灌浆等工序留有间隔时间，便于组织流水作业；易于安排现场预制构件供应和布置；结构吊装时每次吊装同类构件，加快了施工进度。因此，该方法在分层大流水吊装法结构吊装中被广泛采用。

2. 综合吊装法

综合吊装法是以一个节间（或柱网）为一个施工段，以房屋的全高为一个施工层来组织各工序的流水。起重机进行吊装时，完成一个施工段内（全高）所有构件的吊装后，再进行另一个施工段的吊装。

如图 7.3.3 所示为采用履带式起重机跨内开行，以节间吊装法吊装两层框架结构的例子。该工程采用两台起重机，Ⅰ号起重机负责吊装 *C*、*D* 跨的构件，首先吊装第一节间 1~4号柱（柱是一节到顶），随即吊装该节间的第一层 5~8 号楼层梁，形成框架后，接着吊装 9 号楼板；然后吊装第二层 10~13 号屋面梁和 14 号屋面板。吊装完第一节间后，起重机后腿一个节间位置，再按相同的顺序吊装第二节间。Ⅱ号起重机负责吊装 *A*、*B* 节间的构件，吊装方法与Ⅰ号起重机的吊装方法相同。

采用综合吊装法，工人在操作过程中上下频繁，劳动强度大；柱基与柱子连接的接头混凝土未达到设计强度的 70%，随即安装梁等构件，结构的稳定性难以保证，现场预制构件的布置和供应较为复杂。所以，综合吊装法在实际工程中很少采用。

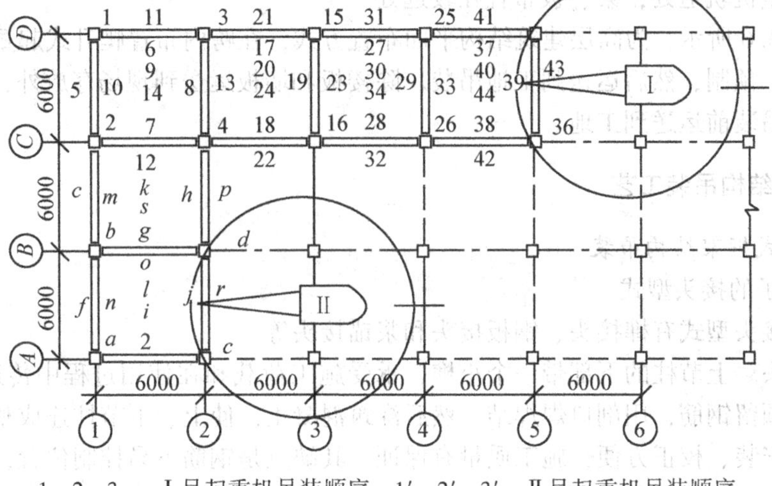

1、2、3…－Ⅰ号起重机吊装顺序；1′、2′、3′…Ⅱ号起重机吊装顺序

图 7.3.3 用综合吊装法吊装楼板结构

7.3.3 构件平面布置

多层和高层钢筋混凝土的预制构件，除较长、较重的柱在施工现场预制外，其他构件均在预制厂预制。所以，现场预制构件的平面布置主要解决柱的现场预制和其他预制构件的堆放问题。

柱为现场预制最主要的构件，布置时应优先考虑，按柱与塔式起重机的相对位置不同，柱的布置方式分为以下三种，如图 7.3.4 所示。

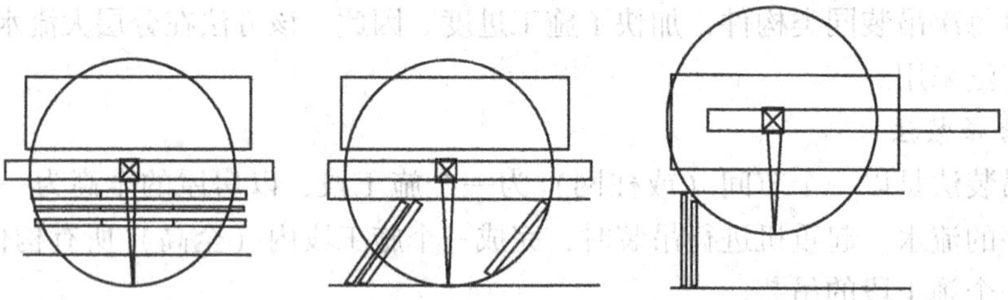

图 7.3.4 使用塔式起重机柱的布置方案

①平行布置。即柱身与起重机轨道平行。这种布置方式的优点是，可以将几层高的柱通长预制，以减少预制时所产生的误差。

②斜向布置。即柱身与起重机轨道成一角度，柱子安装时可以按旋转法吊装柱，适用较长的柱子。

③垂直布置。即柱身与起重机轨道相互垂直。该方法，适用于起重机在跨中开行，柱子布置时起吊点应位于起重机的回转半径之内。

如图 7.3.5 所示，为多层工业厂房柱的平面布置方式，在跨外布置塔式起重机，柱布置在靠近起重机轨道处，梁、板布置在较远处。

如图 7.3.6 所示，为高层建筑结构平面布置方式，在跨内布置爬升式起重机，所有构件均在预制厂预制，然后运送到工地吊装。除楼板和墙板运送到现场存放外，其余构件另辟转运站，吊装前运送到工地。

7.3.4 结构吊装工艺

1. 装配式框架结构吊装

(1) 柱子的接头型式

柱子的接头型式有榫接头、钢板接头和浆锚接头等。

①榫接头。上节柱的下部带一个小榫，承受施工荷载和在使用过程中传递中心压力，上下节柱各预留钢筋，用剖口焊焊结，然后浇筑混凝土，使上、下节柱连成整体。这种接头的优点是安装、校正方便，施工质量有保证。其缺点是钢筋不易控制位置，二次浇筑混凝土工程量大，模板复杂，接头处易开裂。如图 7.3.7（a）所示。

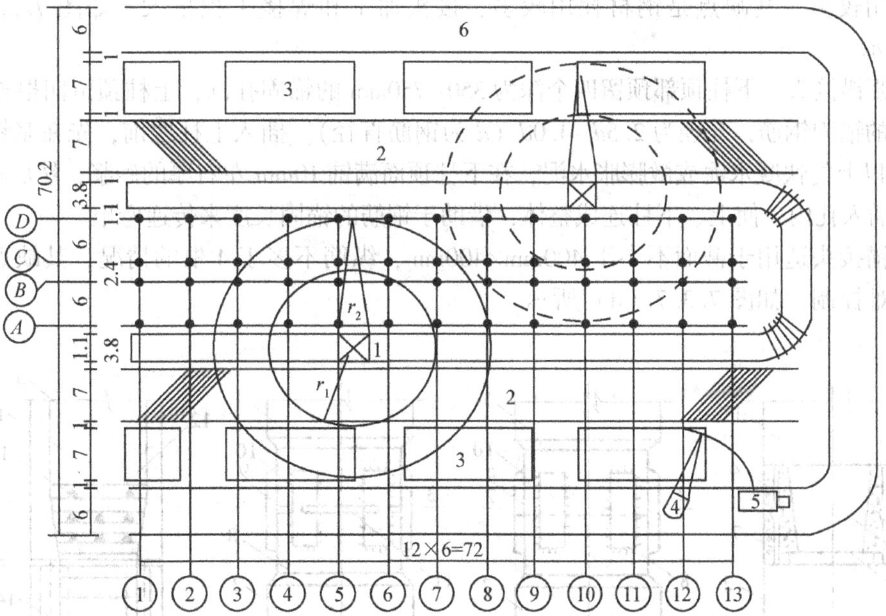

1—塔式起重机；2—柱子预制位置；3—梁板堆放处；4—汽车式起重机；5—载重汽车；6—道路

图 7.3.5　多层工业厂房柱的平面布置方式

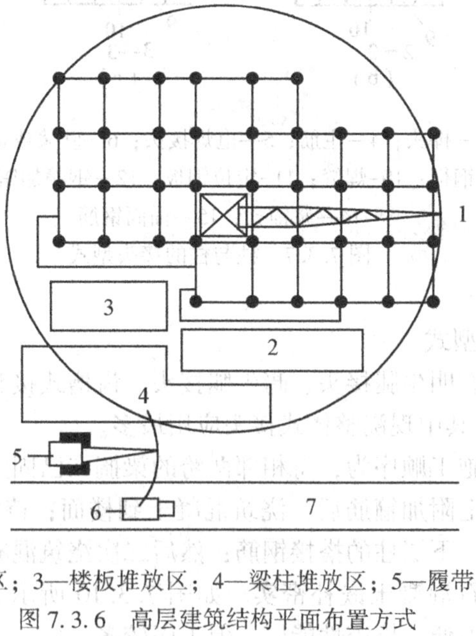

1—塔式起重机；2—墙板堆放区；3—楼板堆放区；4—梁柱堆放区；5—履带吊；6—载重汽车；7—道路

图 7.3.6　高层建筑结构平面布置方式

②钢板接头。上、下节柱接头处四周均用钢板包住，且与柱内纵向钢筋焊接，上柱安装校正后，用连接钢板焊接，以传递弯矩。在上、下柱顶端接触平面各埋一块刨平的钢垫板或设一块空心垫板，或不设垫板，直接用灌浆方法填满空隙，使上、下柱端紧密接触以传递柱子的垂直力。这种接头的优点是构造简单，焊接方便，校正、固定快速，在框架结

构中应用较多。其缺点是钢材耗用较多，接头加工和焊接工程量大。如图 7.3.7（b）、（c）所示。

③浆锚接头。下柱顶部预留四个深为 350~750mm 的锚固孔洞，上柱预留四根长为300~700mm 的锚固钢筋，孔径为 2.5d~4.0d（d 为钢筋直径）。插入上柱之前，先在浆锚孔内灌入 M40 以上的快凝水泥或微膨胀水泥，在下柱顶面满铺 10mm 左右厚的砂浆，然后将上柱锚固钢筋插入孔内，使上、下柱连成整体，借助于钢筋的锚固长度来传递弯矩。

浆锚接头适用于截面不小于 400mm×400mm，纵筋不多于 4 根的情况，其缺点是接头质量较难控制。如图 7.3.7（d）所示。

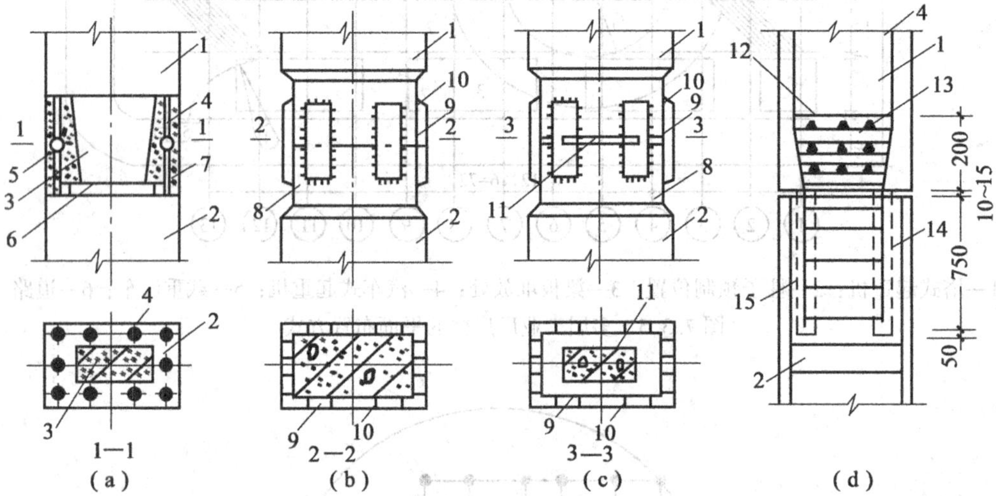

1—上柱；2—下柱；3—榫头；4—主筋；5—电焊接头；6—砂浆或钢板；7—二次灌浆混凝土
8—钢板框；9-连接钢板；10-焊缝；11-定位钢板；12—钢箍加密；13—加强的钢筋网片
14—浆锚孔；15—锚固钢筋

图 7.3.7 柱与柱的接头型式

（2）柱与梁的接头型式

柱与梁的接头型式有明牛腿接头、暗牛腿接头、齿槽式接头和现浇整体式接头。如图 7.3.8、图 7.3.9 所示，其中现浇整体式接头应用最多。

现浇整体式接头的施工顺序为，将相邻两跨的梁搁在已固定的下柱上，且将两梁的底部钢筋焊接在一起；配上附加箍筋后，浇筑混凝土到楼面；待混凝土强度达 10N/mm^2 即可吊装上节柱，焊接上、下层柱的搭接钢筋；然后二次浇筑混凝土到上柱的榫头上方，并留下 35mm 空隙，用细石混凝土嵌补密实。如图 7.3.10 所示。这种接头整体性好，柱、梁构件制作简单，安装方便，抗震性能好，但工序较多。

（3）柱子的吊装

多层和高层建筑结构中柱子的起吊方法和单层工业厂房相同。绑扎点的确定当柱长在 12m 以内时，一般是单点绑扎；拉长超过 12m 则用两点绑扎，必要时进行吊装验算。尽量避免三点绑扎或多点绑扎和起吊。

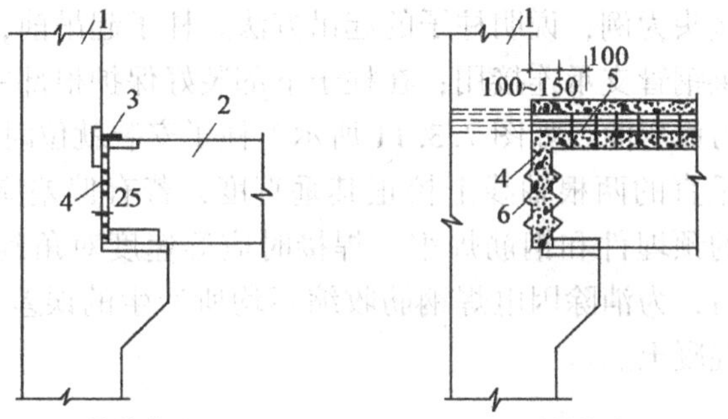

1—柱；2—梁；3—连接钢板；4—细石混凝土；5—坡口焊；6—齿槽

图 7.3.8　明牛腿式柱梁接头

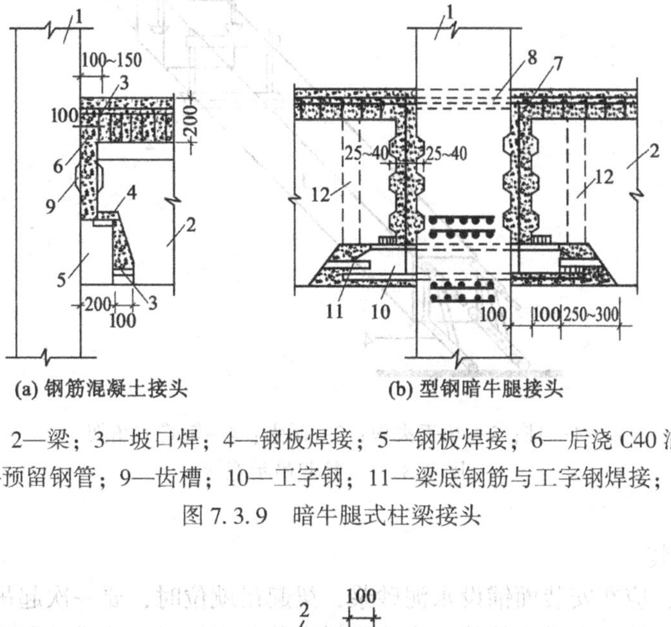

1—柱；2—梁；3—坡口焊；4—钢板焊接；5—钢板焊接；6—后浇 C40 混凝土

7-钢箍；8—预留钢管；9—齿槽；10—工字钢；11—梁底钢筋与工字钢焊接；12—浇注孔

图 7.3.9　暗牛腿式柱梁接头

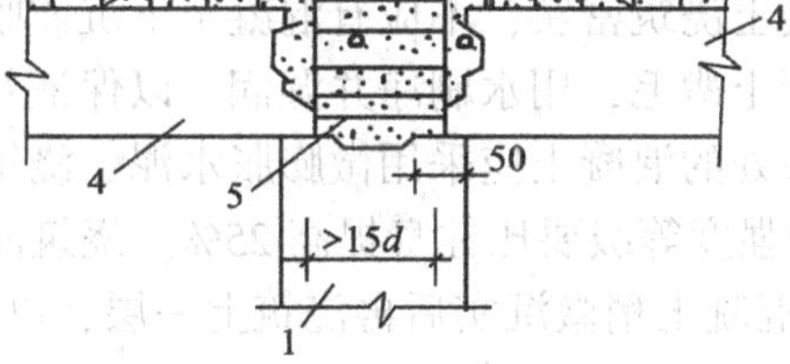

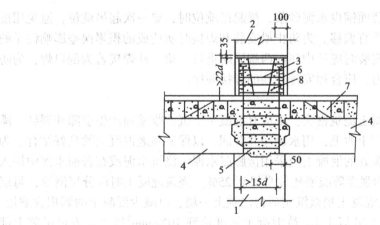

1—下柱；2—上柱；3—上柱榫头；4—梁；5—梁底锚固钢筋焊接（8d）；6—上、下柱钢筋焊接（4d）

7—浇筑柱梁混凝土；8—二次浇筑上柱接头混凝土

图 7.3.10　现浇整体式接头（单位：mm）

现以现浇整体式接头为例，说明柱子的起吊方法。柱子起吊前，先在柱子上部装好支顶柱子的角钢甲板，供钢管支承连接用；在柱子下部装好保护根部主筋的钢管三角架，防止柱子起吊时主筋受力而弯曲，如图 7.3.11 所示。柱子安装就位时，要基本对线和垂直，用两台经纬仪在相互垂直的两根轴线上校正其垂直度，若有偏差应立即纠正。校正无误后，可以将梁、柱间的预埋件和钢筋焊牢，焊接时应等速度对角施焊，防止产生焊接变形。梁、柱接头焊接后，为消除因电焊钢筋收缩不均所产生的误差，应进行第二次校正，校正完毕，浇筑接头混凝土。

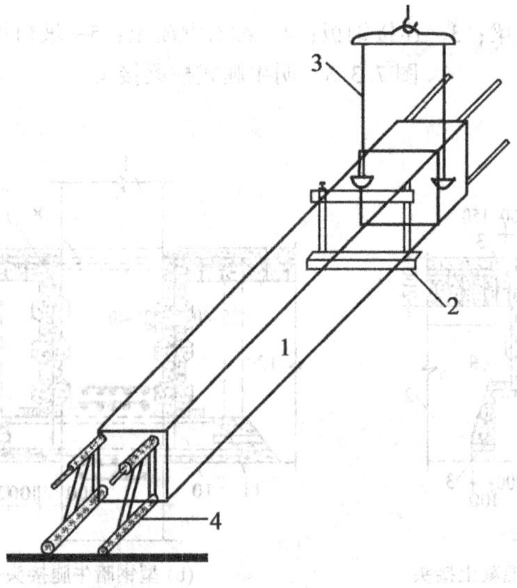

1—柱；2—角钢夹板；3—吊索；4—钢管三角架

图 7.3.11 柱起吊示意图

（4）梁板吊装

梁板安装前，应在安装面铺设水泥砂浆，梁起吊就位时，要一次起吊就位，避免用撬棍过多撬动，防止柱产生垂直偏移。为防止梁安装和焊接时所造成的积累误差影响柱子的垂直度使梁无法安装，梁安装时应从中间向两端同时进行。梁、柱焊接若为剖口焊，为防止热胀冷缩产生的焊接应力，应合理安排梁端的焊接顺序。

（5）接头灌浆

接头灌浆要求接头混凝土浇筑密实，不应有混凝土下沉或收缩而产生空隙和裂缝。灌浆前先将构件接头处的混凝土凿毛，用水刷净并湿润，以保证新老混凝土的良好结合。为保证混凝土浇筑质量，接头处的混凝土应采用微膨胀水泥、浇筑水泥或在普通水泥中掺入 0.25%铝粉，而且混凝土的强度等级要比柱身提高 25%。浇筑混凝土时应分层浇筑，每层间歇 10~15min，使前一层混凝土稍微沉实后再浇筑上一层，以减少混凝土的累积收缩量。混凝土浇筑后应加强养护（7d 以上），待混凝土强度达到 $10N/mm^2$ 以上，方可吊装上部构件。

2. 装配式墙板吊装

（1）装配式墙板的制作

装配式墙板按其材料可以分为振动砖墙板、粉煤灰混凝土墙板、钢筋混凝土墙板、复合材料墙板（由两种以上材料组成，分别承担承重和保温的功能）和加气混凝土轻质板材等。按其构造可以分为单一材料板材和复合材料板材。

装配式墙板的制作方法主要分为立模和平模（包括台座）两大类。在我国北方地区，天气寒冷，多采用预制蒸汽养护，以实现常年生产。而在我国南方地区，由于平均气温较高，多采用平模台座法，这种方法设备简单，采用自然养护，制作成本较低。

①成组立模法。成组立模是采用在模腔内设置蒸汽管道的 6~12 片钢立模组成，每片钢立模的两侧设有两个支承轮，模板采用悬挂支承方式支承在吊车梁的轨道上，可以作水平方向的移动和组合。混凝土由浇筑车分层均匀的进行浇筑，每层浇筑厚度大约为 50cm 左右，混凝土的振捣是利用电动机小车上的电机带动偏心振动器，使模板产生横向振动，达到振实混凝土的目的。模板制品的养护是通过蒸汽加热立模，对墙板混凝土进行干热处理。如图 7.3.12 所示。

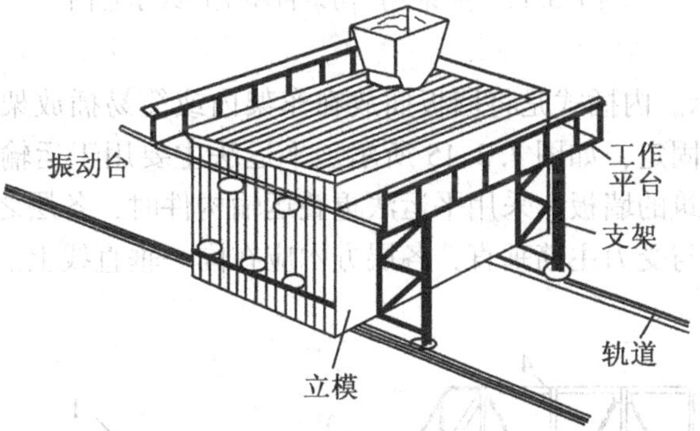

图 7.3.12　成组立模法示意图

成组立模法一次投资费用大，但墙板的成型、养护比较方便，制作的墙板两面光滑，适用于制作单一材料的承重内墙板和隔墙板。

②台座法。台座分为冷台座和热台座，冷台座为自然养护，我国南方地区多采用这种台座，并有临时性、半永久性和永久性之分；热台座是在台座下部和两侧设置蒸汽管道，墙板浇筑后，可以进行覆盖通蒸汽养护。下面主要介绍临时性冷台座的施工方法。

临时性冷台座多设在施工现场，建筑物附近和起重机的起重半径之内，以便脱模后直接进行吊装。临时性冷台座生产墙板构件可以采用单块生产和多块构件重叠生产，由于建筑施工现场用地紧张，所以一般多采用重叠生产。采用重叠生产时台座的生产线，一般应设在建筑物的一侧，宽度可以根据生产台座设置的排放确定，一般为 15~20m；生产线上应包括生产构件所需的台座、构件堆放场地、吊装机械运行路线和运输道路等。生产台座的布置以两排为宜，如果场地不够，也可以将房心地坪作为预制场地，如图 7.3.13 所示。如果建筑物一侧较大，吊装机械的起重半径较大，也可以设置三排台座或在山墙外侧布置台座。

（2）装配式墙板的运输和堆放

大型墙板的运输可以采用立运法和平运法，立运法按其运输方式又分为外挂式和内插式两种。外挂式将墙板靠在车架两侧，用开式索具螺旋扣将墙板构件上的吊环与车架拴

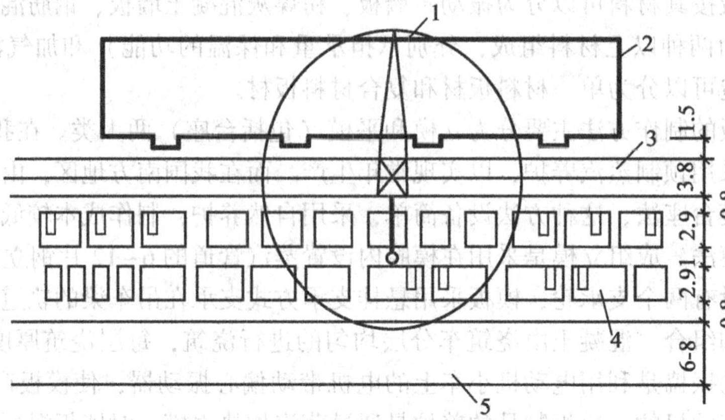

1—塔式起重机；2—建筑物；3—塔式起重机轨道；4—两排生产线；5—运输道路

图 7.3.13 重叠生产两条台座生产线示意图

牢，如图 7.3.14 所示。内插式是将墙板插放在车架内或简易插放架内，利用车架顶部丝杆或木楔将墙板构件固定，如图 7.3.15 所示。平运法主要用于运输民用建筑的楼板、屋面板等构件和工业建筑的墙板。采用平运法重叠运输构件时，各层之间必须垫以方木，方木应设在吊点位置，与受力主筋垂直，各层方木应在同一垂直线上。

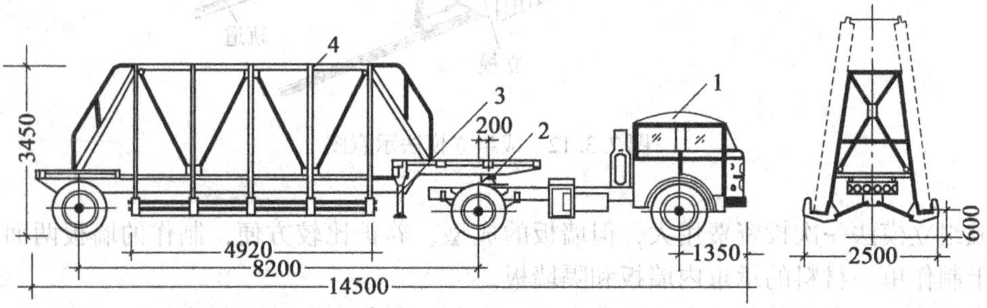

1—牵引车；2—支撑连接装置；3—支腿；4—车架

图 7.3.14 外挂式墙板运输示意图（单位：mm）

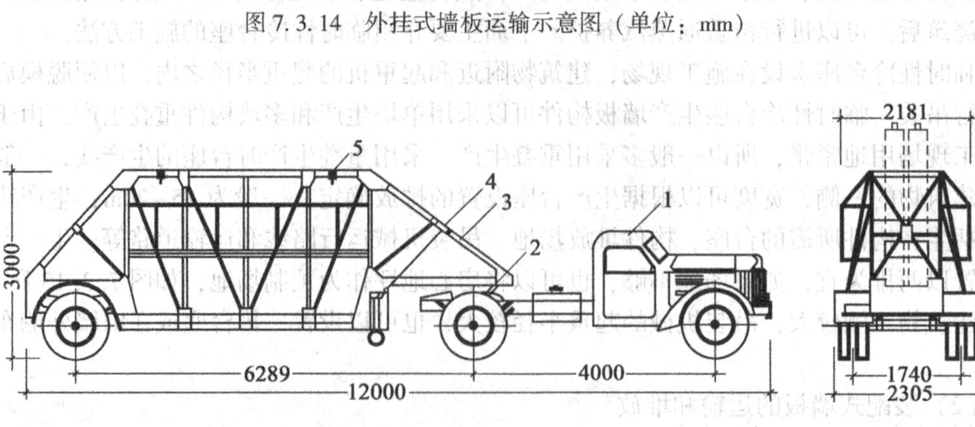

1—牵引车；2—支撑连接装置；3—车架；4—支腿；5—墙板压紧装置

图 7.3.15 内插式墙板运输示意图（单位：mm）

大型墙板的堆放有堆放法和靠放法。堆放法主要用于墙板的堆放，也可以用于外墙板的装修；靠放法用于墙板和楼板的堆放。如图 7.3.16、图 7.3.17 所示。

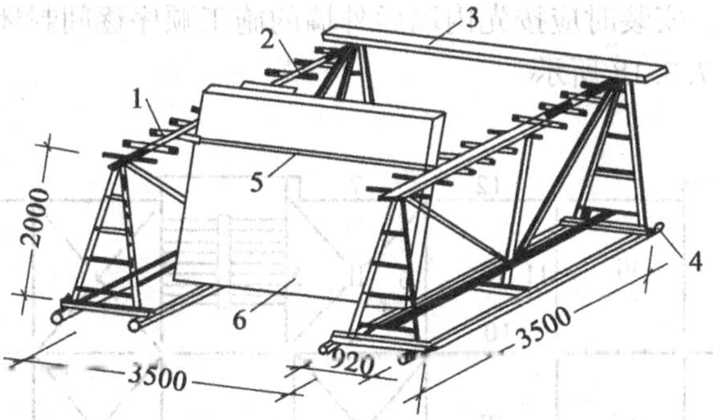

1—活动横杆（套管 $\phi60$，穿管 $\phi50$）；2—上横杆（$\phi50$ 钢管）；3—走道板
4—垫木；5—水平档木（$\phi40$）；6—墙板

图 7.3.16　墙板堆放法示意图（单位：mm）

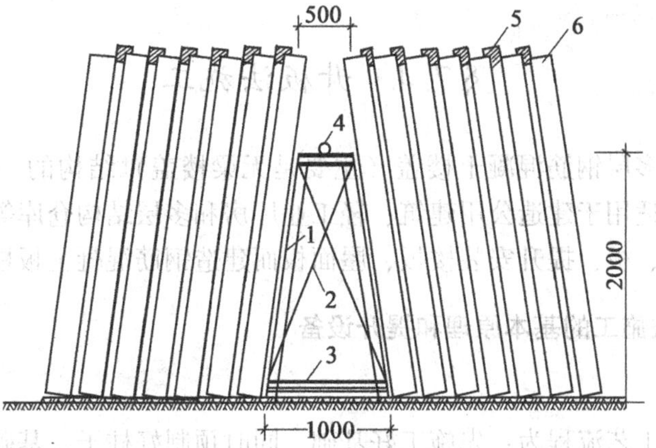

1—斜撑（[8）；2—拉杆（$\phi18$）；3—下档（[8）4—吊钩；5—隔木；6—墙板

图 7.3.17　墙板靠放法示意图（单位：mm）

（3）墙板的吊装

①墙板的吊装方式。墙板的吊装方式主要有直接吊装法和储存吊装法。

直接吊装法：由运输工具将墙板按吊装顺序运送到工地，直接在运输车上进行墙板的安装。该方法的优点是可以减少构件的堆放设施，节约用地。其缺点是需要较多的墙板运输车，要有严密的施工组织管理，否则容易造成窝工。

储存吊装法：将墙板从生产场地按吊装顺序运送到施工现场，储存在起重机的起重半径之内，然后进行安装。储存的数量，民用建筑一般 1~2 层的构配件，工业建筑视具体情况而定。该方法的优点是吊装前的组织工作简便，可以保证墙板的安装工作连续进行。其缺点是占用场地较多，需要较多的堆放设施。

②墙板的吊装顺序。墙板的安装多采用逐间封闭吊装法。单元式居住建筑，一般采用双间封闭。由于采用逐间闭合，随安装随焊接，施工期间整体性好，临时固定方便。当建筑物较长时，为避免安装时的误差积累，一般从建筑物的中间单元开始安装或从建筑物一端第二开间开始安装，安装时应按先内墙后外墙的施工顺序逐间封闭，以保证施工期间建筑物的整体性。如图 7.3.18 所示。

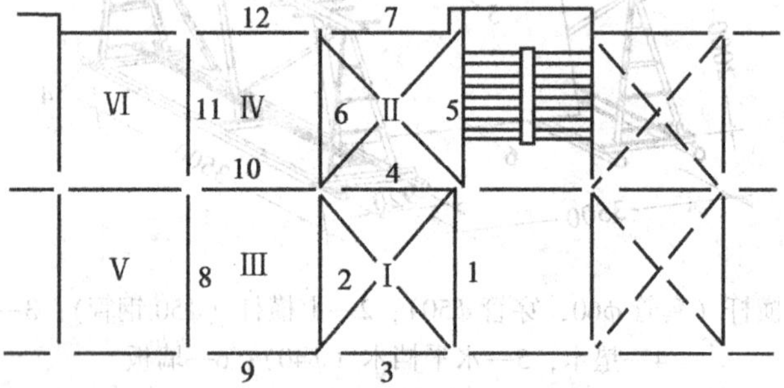

1，2，3，…—墙板的安装顺序；Ⅰ，Ⅱ，Ⅲ，…—逐间封闭安装顺序

图 7.3.18 逐间封闭墙板的吊装顺序

§7.4 升板法施工

升板法是建造多层钢筋混凝土楼盖（主要是无梁楼盖）结构的一种先进的建筑施工方法，该方法主要适用于建造公用建筑、轻工业厂房和多层结构仓库等。简单地说，升板法就是就地预制柱、板，提升安装楼板、屋面板而建造钢筋混凝土板柱结构的施工方法。

7.4.1 升板法施工的基本原理和提升设备

1. 基本原理

升板法施工的工艺流程为：先施工好基础，同时预制好柱子。基础施工完回填土后再进行柱子的吊装。回填房心土，浇筑混凝土地坪。以地坪为底模叠浇各层混凝土板；安装提升设备。以柱子为导架，用提升机将各层楼板提升到设计位置。节点的最后固定和后浇板带施工；围护结构施工；装修工程施工。如图 7.4.1 所示。

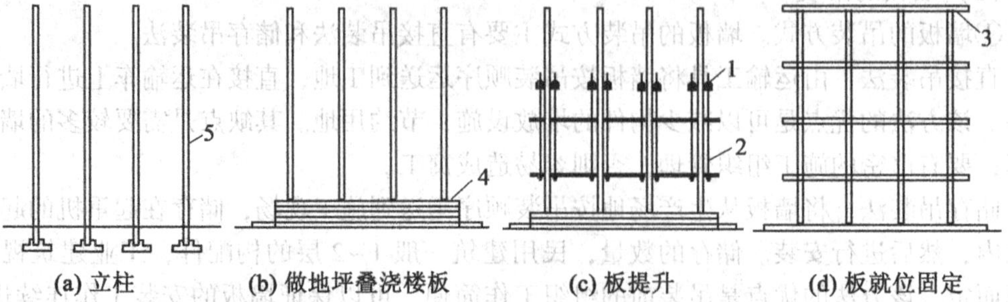

1—提升机；2—吊杆；3—后浇柱帽；4—楼板

图 7.4.1 升板法施工示意图

升板法施工的优点是各层楼板均是叠层预制，可以节省 95%的木材，减少了高空作业，减轻了劳动强度。楼板安装不需要大型的安装设备，节约了施工场地，有利于安全施工。其缺点是需要一定的提升设备，柱子（有预埋件和提升环）和梁的用钢量较框架结构高。

2. 提升设备

升板法施工使用的提升设备主要有电动穿心式提升装置、自动液压千斤顶提升装置和电动螺旋千斤顶提升装置。

电动穿心式提升装置是以一台 3kW 电动机为动力，以两台穿心式提升机为一组，由一电气控制箱集中操纵，螺杆通过穿心螺母作运转、上升、下降和调整提升差异等动作，如图 7. 4. 2 所示。穿心式提升机单只安全负荷 150kN，提升速度为 1. 89m/h，下降速度为 4. 69m/h，提升一次行程为约 1. 8m，提升差异不大于 10mm。

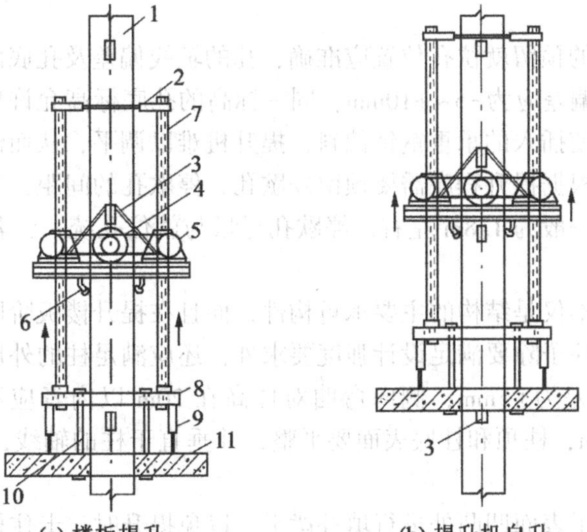

(a) 楼板提升　　(b) 提升机自升

1—柱子；2—丝杆固定架；3—承重销；4—电动机；5—变速箱；6—滑轮；7—丝杆
8—提升架；9—支撑；10—吊杆；11—楼板

图 7. 4. 2　电动穿心式提升机构造和提升简图

提升说明：提升楼板时，提升机组悬挂在柱子休息孔中的承重销上（每隔 1. 8m 一个孔），机组底盘下 4 个滑轮卡住柱子四角，保持提升时的稳定。提升架的作用，一是丝杆上升时，通过提升架和吊杆使楼板相应上升；二是当楼板升过下面的销孔后，穿入承重销，将楼板搁置其上，并将提升架下端的四个支撑放下顶住楼板，取下上面的承重销，再开动电动机，使螺母反转，此时由于提升架阻止螺杆向下降，只能迫使提升机组上升，待提升机组升到螺杆顶部时，又可以悬挂在上面一个承重销上。如此反复，楼板与提升机组不断相互交替上升。如图 7. 4. 2 所示。

7.4.2 升板法施工工艺

1. 基础施工

基础一般采用钢筋混凝土杯形基础。基础施工时要控制好轴线尺寸和杯底标高，因轴线尺寸的偏移会影响提升环的准确性，杯底标高的偏差将造成各柱预留孔位置的偏差，导致提升板过程中的搁置差异。一般要求，基础轴线的偏差不超过±5mm，杯形基础标高的偏差不超过±3mm。

2. 柱的预制和吊装

升板结构柱一般采用预制钢筋混凝土柱、现浇柱、劲性钢柱和柔性配筋柱等。柱一般都在施工现场预制，要求制作场地平整坚实，并做好排水处理。当采用叠浇预制柱时，柱与柱之间应做好隔离层，浇筑上层柱混凝土时，下层柱混凝土强度必须达到 $5N/mm^2$ 以上。

预制柱时，柱上的预留就位孔位置应准确，孔的轴线偏差及孔底两端偏差均应不超过 5mm，孔的大小尺寸偏差应为-5～+10mm，同一标高的孔底标高允许偏差应为-15～0mm。如果孔底不平整，会使插入的承重钢销偏斜，提升机难以调平，从而使提升困难。柱上除预留就位孔外，还应根据提升程序需要预留停歇孔，停歇孔的间距，主要根据起重螺杆一次提升的高度确定，一般为 1.8m 左右，停歇孔尽量与就位孔统一，若无可能，两者净距不宜小于 300mm。

升板结构的柱子不仅是结构的主要承重构件，而且在提升楼板阶段还起着提升机承重和导杆的作用。因此柱子除要满足设计强度要求外，还应满足柱的外形尺寸要求，一般柱子的截面尺寸允许偏差为±5mm，侧向弯曲对柱高在 20m 以内者应不超过 12mm。大于 20m 者应不超过 15mm，柱顶和柱底表面要平整，并垂直于柱的轴线，以保证柱吊装后垂直和提升机安装平整。

柱吊装前应对柱子表面凹凸处进行填补凿平，以免提升时，卡住板的提升环。吊柱时要注意每排柱的提升孔应在同一方向，但排向要交叉。柱插入杯口后，要用两台经纬仪在两个垂直方向同时观测，对中后用钢楔临时固定，要求柱底中线与轴线偏差应不超过 5mm，标高允许偏差不超过±5mm。柱顶竖向偏差应不超过柱长的 1/1000，同时不大于 20mm。杯口浇筑混凝土标号应不低于 C15，混凝土应分两次浇筑完，第二次浇筑需待混凝土强度达到 25%强度后进行。

预制柱的混凝土强度达到设计强度的 70%以上才能吊装。

3. 板的预制

柱吊装后，先做混凝土地坪，并以底层混凝土地坪作为第一层板的胎模，然后依次重叠浇筑各层楼板和屋面板。为保证浇筑楼板的质量，胎模的垫层必须分层夯实，以防止不均匀沉陷。胎模表面应平整光滑，尤其在板周围提升环处胎模的标高偏差应不超过±2mm，以确保提升环的底面标高在同一标高位置，减小板的搁置差异。

板与胎模之间以及板与板之间必须做隔离层，隔离层可以采用涂刷或铺贴方式，目前采用较广的涂刷或铺贴式隔离剂有：

①皂脚滑石粉：皂脚：水：滑石粉=1：1：5 适量，皂脚加水煮沸到 100℃，熬成糊

状，冷却待用，使用时加滑石粉调匀，稀涂两遍，施工时要求涂刷均匀，横、竖各涂一遍。为防止雨水冲刷，宜在隔离层表面涂刷一层厚度约2mm纯水泥浆或石灰水，作为保护层。这种隔离层使用方便，便于涂刷，易脱模，成本低廉。

②石灰膏或麻刀灰：将石灰膏或麻刀灰配制成适当稠度，在构件表面抹1~2mm厚。这种隔离剂成本低，便于操作，易脱模。但其耐水性较差。

③塑料薄膜：这种隔离层吸附力小，不怕雨水冲淋，施工方便。但其价格贵。

涂刷隔离层时，胎模和模板的强度应不低于1.2N/mm²。涂刷隔离剂后，不得踩踏，并要防止雨水冲刷和浸泡，遇有雨水冲刷和浸泡必须补刷。隔离剂表面干燥后才能进行下一道工序。

板浇筑前，板、柱间孔隙和预留孔应进行填塞。混凝土捣固要用表面式振捣器，若板厚大于200mm和柱周围不便使用表面振捣器，可以采用插入式振捣器，使用插入式振捣器时要注意插入深度，防止破坏隔离剂。每个提升单元的每块板应连续一次浇筑完成，不留施工缝，当下层板混凝土强度达到30%设计强度后方可浇筑上层板。

4. 板的提升单元划分和提升程序

提升单元是指一次提升楼板面的施工单元。为便于控制同步和提升差异，提升单元应根据建筑结构的平面布置和提升设备的数量来划分，一般提升单元以不超过24个柱为宜。各提升单元之间应留设1~1.5m宽的后浇带，后浇带的位置必须在跨中。

板提升前必须编制提升程序图，提升程序图必须考虑以下因素：

①提升中间停歇时，要尽量减少各层板之间的距离（若有条件可以重叠提升，重叠停歇），使顶层板在较低标高处，就能使下层板在设计位置上固定，以减少柱子的自由长度。

②方便操作，减少拆除吊杆次数，且要便于安装承重销和剪力块。

③采用自升式电动提升机时，提升机着力点应尽力压低，以提高柱的稳定性。

④为增强结构的刚度和稳定性，各层板就位后，应尽快使板柱形成刚接。

提升程序必须由设计、施工单位共同讨论确定，若有改变，则必须对群柱在提升过程中的稳定性进行验算。

5. 板的提升

（1）板提升前的准备工作

①提升前必须编制提升方案，并进行技术交底，准备好承重销、刚垫片和硬木楔，垫片应采用不同厚度的钢板制作。

②安装提升设备，检查提升机底座是否水平，提升螺杆是否正直和松紧一致，提升机架中线和柱轴线应对准。

③设置提升过程中观测提升差异用的标记，如在每根柱上做板面原始状态的测量放线，作为测量提升差异和搁置差异的基准，其偏差应不超过2mm。

④提升前应测量每根柱的竖向偏差，给出方向偏差图，且作出板的水平位移的基础测点。

⑤对提升机的电器与机械系统进行全面检查，且逐个进行单机试运转。

（2）板的提升过程

①初步提升：初步提升时，为克服板间的吸附力，开动提升机时一般应先四角，再四

边，最后中间的顺序逐步开动提升机（提高 5~8mm），反复逐步进行，使板缝的四周进入空气。也可以采取从一排向另一排逐次提起，每次提一排柱子时间 10 秒钟（5~8mm），顺次进行，直至楼板全部脱开，但提升差异应不超过 10mm。

②同步提升：同时开动提升机，且通过水平控制系统，使楼板保持同步上升，提升楼板的高度允许差异一般不超过 10mm，平面位移不得超过 30mm。

③每提升半个楼层为一个提升阶段，可以将承重销插入孔内作临时搁置，调换吊杆，再开始第二阶段的提升，反复进行，直到提升到需要固定的高度为止。

提升过程中，控制提升的差异是保证质量的关键。目前控制提升的差异的方法多采用标尺法，就是在柱上每隔 800~900mm 画出箭头标志，且统一抄平，在柱边板面上立一个 1000mm 的标尺，将各柱上的箭头标志对准标尺上同一读数，如图 7.4.3 所示。在提升过程中，随时注意观察柱上箭头和标尺读数的关系，若有差异马上进行调整。这种方法简单易行，但精确度较低，不能集中控制，施工管理不便。

目前有些升板结构采用机械同步控制，主要控制起重螺母的旋转圈数或控制起重螺杆上升的螺距数。也有利用连通管原理采用液压同步控制。还有的在试用光电管、激光、数控等现代技术来控制。

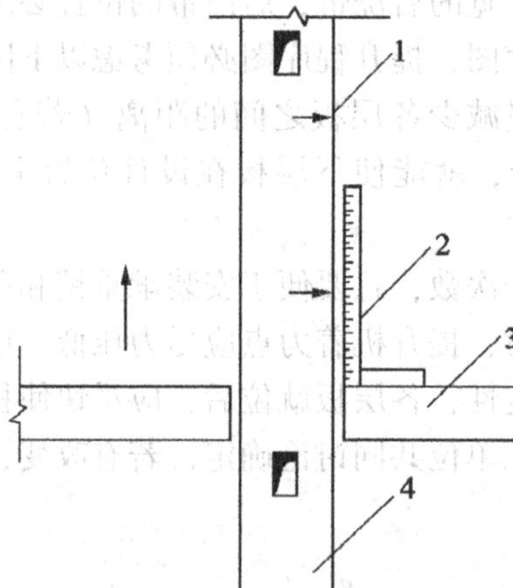

1—箭头标志；2—标尺；3—板；4—柱

图 7.4.3　标尺控制提升差异

6. 板的固定

板的最后固定应在每层楼板提升到位后立即进行，固定前首先对板的搁置误差进行调整，调整时可以采用 5mm 的垫铁来调整搁置差异，以达到板的最后就位差异不超过 5mm，同时板的平面位移不超过 30mm。

板的最后固定方法，主要取决于板柱节点的构造，目前板柱节点的构造主要有后浇柱帽节点和无柱帽节点，其中无柱帽节点又分为承重销节点、剪力块节点等，其中用的最多的是无柱帽节点。如图 7.4.4~图 7.4.6 所示。

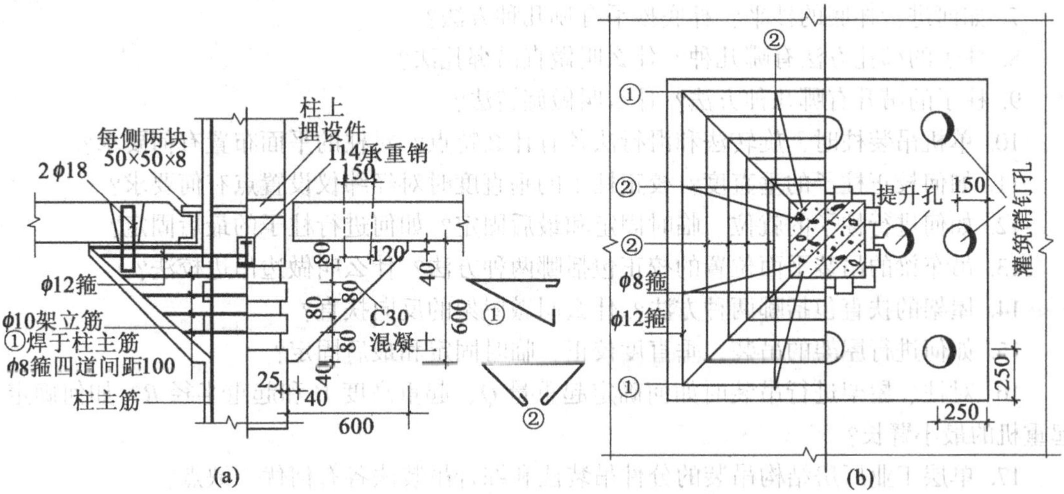

图 7.4.4 后浇柱帽节点

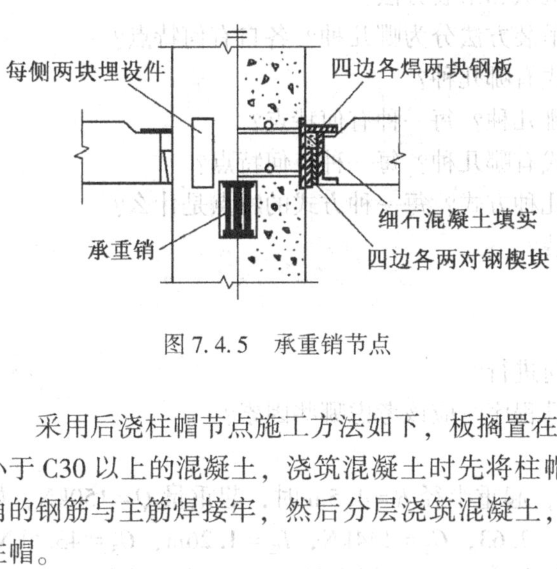

图 7.4.5 承重销节点

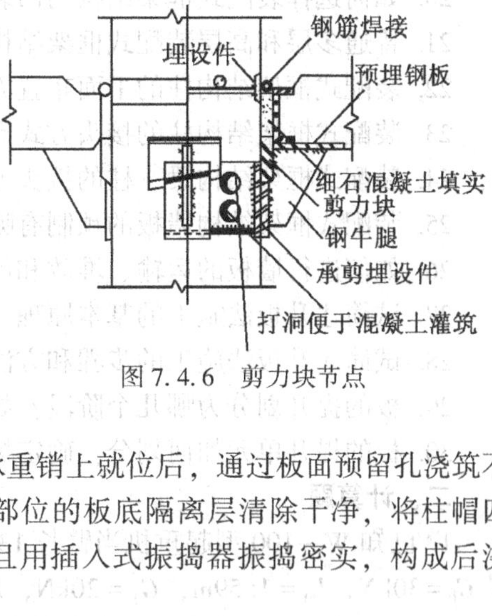

图 7.4.6 剪力块节点

采用后浇柱帽节点施工方法如下，板搁置在承重销上就位后，通过板面预留孔浇筑不小于 C30 以上的混凝土，浇筑混凝土时先将柱帽部位的板底隔离层清除干净，将柱帽四角的钢筋与主筋焊接牢，然后分层浇筑混凝土，且用插入式振捣器振捣密实，构成后浇柱帽。

复习思考题 7

一、问答题

1. 试简述桅杆式起重机的分类、构造和应用，人字拔杆的构成方法和特点。
2. 自行杆式起重机分为哪几种？每一种起重机有何特点？
3. 试简述爬升式起重机的爬升原理和方法。
4. 履带式起重机主要有哪几个参数？各参数之间有何关系？
5. 如何进行履带式起重机的稳定性验算和起重杆接长计算？

6. 构件吊装前应做好哪些准备工作？如何进行构件的弹线和编号？
7. 如何进行杯底的抄平？杯底抄平有哪几种方法？
8. 柱子的绑扎方法有哪几种？什么叫做直吊绑扎法？
9. 柱子的吊升有哪几种方法？什么叫做旋转法？
10. 单机吊装柱时，旋转法和滑行法各有什么特点？对柱的平面布置有何要求？
11. 如何校正柱子的垂直度？校正柱子的垂直度时对经纬仪设置点有何要求？
12. 如何进行柱子的就位、临时固定和最后固定？如何进行柱子的最后固定？
13. 吊车梁的吊装平面位置的校正包括哪两种方法？什么叫做边吊边校法？
14. 屋架的扶直包括哪两种方法？什么叫做屋架的反向扶直？
15. 如何进行屋架的吊装、垂直度校正、临时固定和最后固定？
16. 对柱、屋架进行吊装时如何确定起重量 Q、起重高度 H 和起重半径 R？如何确定起重机的最小臂长？
17. 单层工业厂房结构吊装的分件吊装法和综合吊装法各有何优、缺点？
18. 屋架的预制平面布置有哪几种方式？一般采用哪种布置方式？
19. 屋架的扶直就位包括哪两种方式？如何进行屋架的斜向就位？
20. 如何选择装配式框架结构的吊装机械和吊装方法？
21. 普通多层和高层装配式框架结构吊装方法分为哪几种？各自有何特点？
22. 装配式框架结构柱的平面布置方式有哪几种？
23. 装配式框架结构柱的接头方式有哪几种？每一种有何特点？
24. 装配式框架结构梁、柱的接头方式有哪几种？每一种有何特点？
25. 装配式框架结构墙板的预制有哪几种方式？每一种方式的特点是什么？
26. 如何进行墙板的运输、堆放和吊装？
27. 试简述升板法施工的基本原理。
28. 试简述升板法施工的步骤和方法。
29. 板的提升划分为哪几个阶段？如何进行？
30. 板的提升单元如何划分？确定提升程序时应该考虑哪些因素？

二、计算题

1. 已知 W_1-100 型起重机当臂长 13m，起重半径 $R=4.5$m 时，起重量 $Q=150$kN，如果 $G_0=30$kN，$L_0=1.59$m，$G_1=20$kN，$L_1=2.63$，$G_2=144$kN，$L_2=1.26$m，$G_3=43.5$kN，$L_3=1.56$m，现需用最小起重半径起吊构件重 175kN（包括索具），若不考虑附加荷载，试验算其稳定性，若稳定性不能满足拟加配重，试计算需加的配重。

2. 某单层工业厂房排架柱的牛腿面标高为 7.8m，安装检测杯底底面标高为-1.53m，预制柱的牛腿以下长 9.3m，试求杯底标高的调整值。

3. 某单层工业厂房跨度 18m，柱距 6m，屋面板安装支座表面高度 10.2m，屋面板厚度为 0.24m，试选择履带式起重机的最小臂长（停机面标高-0.3m）。

4. 某车间跨度为 18m，柱距 6m，12 个节间，选用 W_1-100 型起重机进行结构吊装，安装屋架时起重半径为 14m，试绘制屋架的斜向就位图。

第 8 章 地下工程施工

随着城市建设的发展，人口的增加，带来城市交通拥挤和地面用地短缺问题，为解决这些问题，城市地下空间的开发和利用越来越引起人们的关注，其相应的地下工程施工的一些新技术和新方法也越来越引起人们的重视。目前我国许多大城市都力图通过地下空间的开发和利用来解决越来越严重的城市交通拥挤和地面用地紧张问题，如北京、广州、上海、武汉等城市地下铁道的修建，上海、广州、武汉等城市越江隧道工程的修建。本章将结合目前地下工程施工的一些热点问题，重点介绍地下铁道的盾构工程施工方法，越江隧道的沉管工程施工方法以及盾构工作井和顶管工作井的沉井工程施工方法。

§8.1 盾构工程施工

盾构法是在软土层中修建隧道的一种方法。用盾构法可以修建水底公路隧道、地下铁道、水工隧道等。盾构法最大的特点是不受地面建筑物和交通的影响，埋设的深度也可以根据设计要求而定。目前我国许多城市地铁工程施工中均采用盾构法施工，最高的月掘进进度已达到了四百多米。

8.1.1 盾构的构造

盾构是隧道施工时进行土方开挖和衬砌拼装时起保护作用的施工设备。盾构按其外形有圆筒形、半圆形、马蹄形和矩形。通常应用较多，受力状态较好的为圆筒形盾构。盾构基本构造主要由盾构壳体、推进系统、拼装系统三大部分组成。如图 8.1.1 所示。

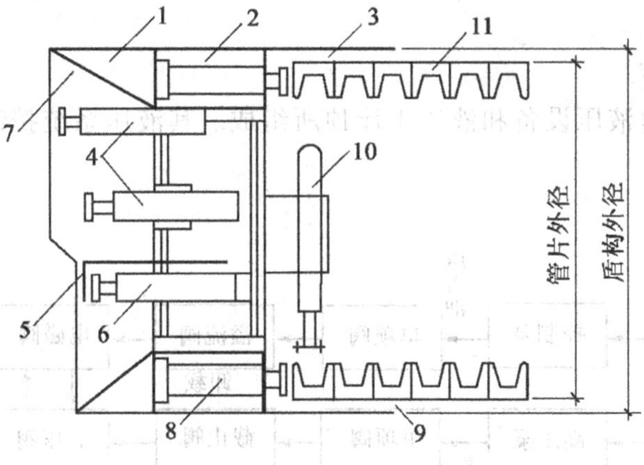

1—切口环；2—支承环；3—盾尾部分；4—支承千斤顶；5—活动平台；6—活动平台千斤顶
7—切口环；8—盾构推进千斤顶；9—盾尾空隙；10—管片拼装器；11—管片

图 8.1.1 盾构构造简图

1. 盾构壳体

盾构壳体由切口环、支承环和盾尾三部分组成，由外壳钢板将这三部分连接成整体。

①切口环部分。切口环部分位于盾构最前端，环内安装挖土设备，如泥水盾构中的切削刀盘、搅拌器及吸头；上压平衡式盾构的刀盘、搅土器和螺旋运十机的进口，水力机械化盾构中的冲水枪及吸泥口等。切口环又可以作为保护罩，对工作面起支撑作用。

②支承环。支承环紧接于切口环后，处于盾构中部、为刚性较好的圆环结构。支承环为基本的承载结构，所有地层土压力、千斤顶顶力、切口、盾尾、衬砌拼装时传来的施工荷载均由支承环承担。支承环的外沿要布置盾构液压推进千斤顶，如果盾构空间较大，所有液压、动力设备、操纵控制系统、衬砌拼装机等也要布置在支承环内；对中小型盾构，支承环内空间较小，可以将部分设备放在盾构后面的车架上。当采用正面局部加压盾构时，由于切口环内压力高于常压，在支承环内还要布置人行加压与减压闸。

③盾尾部分。盾尾一般由盾构外壳钢板延伸而成，其主要作用是保护衬砌的拼装工作。为防止水、土和注浆材料从盾尾和衬砌之间的间隙进入盾构内，盾尾一般需要设置密封装置。盾尾密封装置如图 8.1.2 所示。

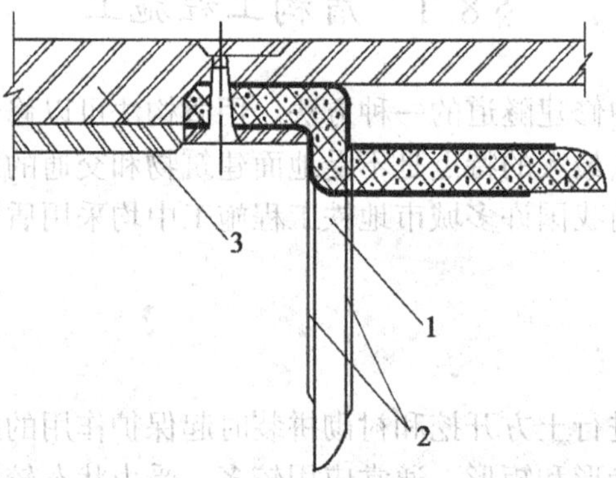

1—橡胶带；2—弹簧钢板；3—盾构壳体

图 8.1.2　盾尾密封装置示意图

2. 盾构推进系统

盾构推进系统由液压设备和液压千斤顶所组成。其液压系统控制示意图如图 8.1.3 所示。

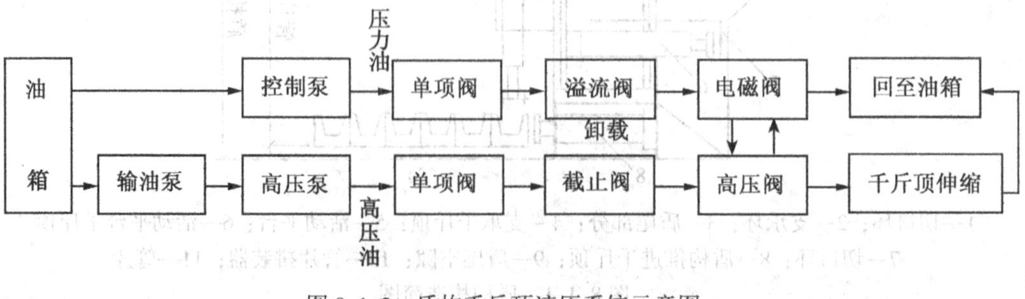

图 8.1.3　盾构千斤顶液压系统示意图

3. 盾构衬砌拼装系统

盾构衬砌拼装系统常采用杠杆式拼装器，常以油压系统为动力。杠杆式拼装器由举重臂和驱动器两部分组成。举重臂主要用于完成衬砌的拼装工作，一般安装在盾构支承环上，也有一些与盾构脱离安装在后部车架上。小型盾构甚至将起重臂安排在平板车上。举重臂安装位置主要与设备类型和施工布置有关，可以按具体情况确定。杠杆式拼装器基本构造如图 8. 1. 4 所示。

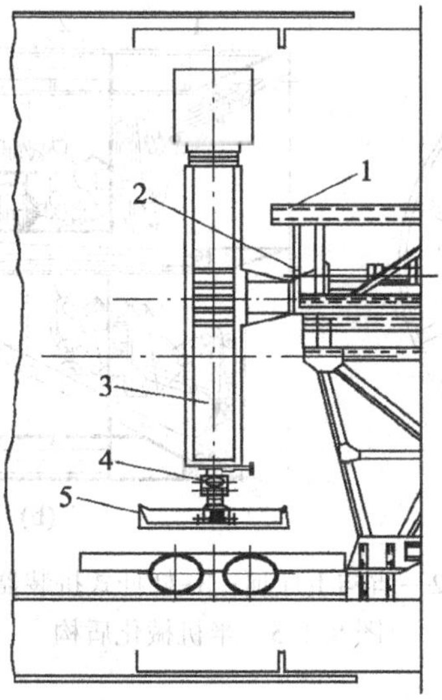

1—工作平台；2—旋转驱动装置；3—举重臂；4—衬砌卡嵌装置；5—衬砌

图 8. 1. 4　盾构杠杆式拼装图

8. 1. 2　盾构的分类和开挖方法

按盾构的开挖方式、挡土方式和工作加压方式可以分为手掘式盾构、半机械化盾构和机械化盾构；按挡土形式又分为敞开式和密闭式；按工作面加压方式又分为气压式、泥水加压式、削土加压式、加水式、加泥式等。手掘式盾构和半机械化盾构均为敞开式（开胸式）开挖，机械化盾构属于密闭式（闭胸式）开挖。

1. 手掘式盾构

手掘式盾构是最古老的一种盾构，由人工挖土或出土，盾构顶部装有活动前檐以支护上部土体。其构造简单、施工方便、配套设备少，是造价最低的一种盾构。其开挖时可以根据土质情况采用全部敞开开挖、正面支承开挖或随挖随撑三种方式。由于其开挖全部采用人工挖土和人工出土，劳动强度大、施工速度慢，当地质条件复杂时还必须采用人工降水或加气压等措施才能进行施工，否则容易产生流砂、涌土等现象，危及施工人员和工程的安全。目前在大型的隧道工程施工中较少采用，但在地质条件较好的小型隧道工程中仍有应用。

2. 半机械化盾构

半机械化盾构是在手掘式盾构上安装挖土装置和出土装置。挖土装置可以安装反铲挖土机、螺旋切削机或两者兼有的混合式挖土装置，地层坚硬还可以安装软岩掘进机的切削头子。直径大于5m时半机械化盾构可以加设工作平台分层施工。半机械化盾构与手工掘进式盾构相同，主要适应于地质条件较好的地层中掘进，其中反铲式挖土机适应于粘土和砂砾混合层；螺旋切削机适应丁硬粘土和硬砂土层；混合式挖土装置适应于自立性较好的地层。这种盾构机械化程度比手掘式盾构高，但制造费用又比机械化盾构低，是比较有发展前途的盾构之一，如图8.1.5所示。

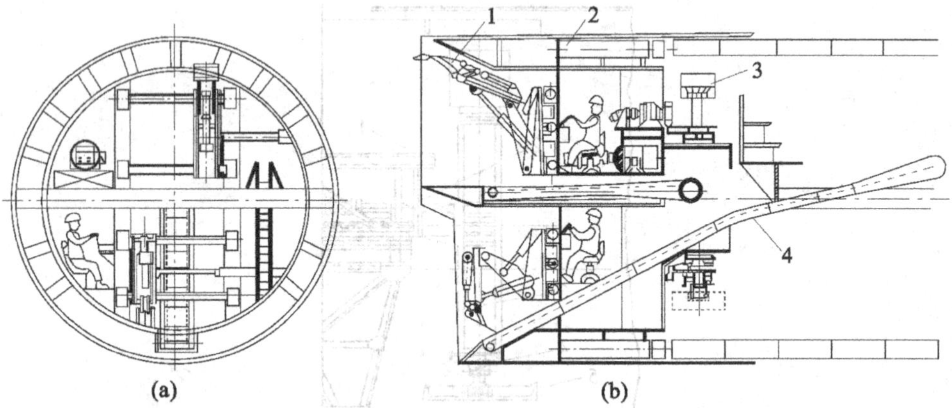

1—反铲挖土机；2—盾构千斤顶；3-杠杆式拼装器；4—皮带运输机

图8.1.5 半机械化盾构

3. 机械化盾构

机械化盾构是在盾构切口环上安装与盾构直径相仿的全断面螺旋切削刀盘（俗称大刀盘）的开挖方式，可以连续掘进进行挖土和土的运输。这种机械的大刀盘可以在液压或电动机带动下进行双向转动切削，切削下来的土经刀盘上的预留槽口进入土舱，再经皮带机、刮板机、转盘、螺旋运输机等完成土的提升和转运。根据地质条件的不同，大刀盘可以分为刀架间无封板和有封板两种。无封板大刀盘适应于土质较好的条件，有封板大刀盘适应于地质条件较差，封板可以对土层起一定的支承作用。机械化盾构可以减轻工人的劳动强度，实现盾构施工的机械化，但这种盾构的缺点是造价高，后续设备多，在弯道施工或纠偏时不如开敞式盾构方便。

目前国内地下隧道施工时采用的泥水加压盾构、土压平衡盾构、均采用这种开挖方式。

8.1.3 机械化盾构的施工

当地层能够自立或采用其他辅助设施能够自立时，一般采用开胸机械化盾构施工。当地质条件较差，且又不能采用其他辅助设施时，采用闭胸式机械化盾构施工。闭胸式机械化盾构施工包括局部气压盾构、泥水加压盾构和土压平衡盾构。

1. 局部气压盾构

局部气压盾构是在开胸式盾构的切口环和支承环之间安装一道密封金属隔板，使开挖面和切口环之间部分形成一个局部密封舱，开挖时密封舱内灌入压缩空气，使开挖面和开挖设备处于压缩空气之内，从而保持开挖面的稳定。这种方法的优点是工人不在压缩空气舱内工作，与整个隧道施工段内加压的全气压盾构法施工相比较，削除了压缩空气对人身体的危害，有较大的优越性。但这种局部气压盾构还存在以下问题需要解决：

①局部密封舱的体积小，压缩空气体积小，遇到透气性较大的地层，空气损失量大，难以保持开挖面气压的稳定。

②盾尾密封装置不严密，压缩空气从盾尾内大量泄漏，对开挖面的气压稳定不利.

③从密封舱内连续出土装置还存在漏气与寿命不长的问题。

2. 泥水加压盾构

泥水加压盾构是 20 世纪 70 年代英国最早开发和应用的，1975 年起在日本得到广泛的应用。1994 年，日本东京湾道路隧道工程采用了 8 台当时世界上最大直径 14.14m 泥水加压盾构机掘进 18.8km 海底隧道，这是世界上最先进、自动化程度最高的盾构掘进机。如图 8.1.6 所示。

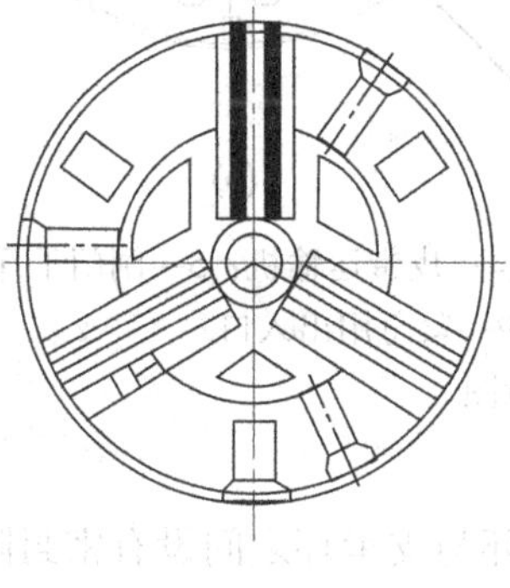

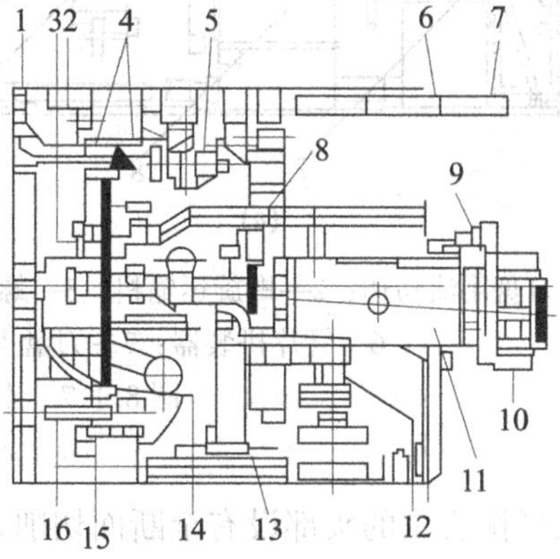

1—侧超挖转力；2—搅拌机；3—土砂密封；4—径向轴；5—刀盘旋转液压电机；6—盾尾密封
7—管片；8—滚筒筛旋转液压电机；9—取砾装置旋转液压电机；10—取砾装置；11—滚筒筛
12—举重臂；13—盾构千斤顶；14—装载车斗；15—推进轮；16—孔口开闭装置

图 8.1.6 泥水加压盾构示意图

泥水加压盾构是在开挖面的密封舱内注入泥水，用泥水压力代替空气压力和化学灌浆抵住开挖面的土压力，用全断面的机械化开挖代替人工开挖或半机械化开挖，用管道输送泥浆的方法替代提升机、皮带运输机等的出土，从而完成开挖掘进的全过程。

泥水加压盾构设有掘进管理、姿态自动计测系统、泥水输送、泥水分离和同步注浆系统。掘进管理和姿态自动计测系统能及时反映盾构开挖面水压、送泥流量、排泥流量、送泥密度、排泥密度、千斤顶顶力和行程、刀盘扭矩、盾构姿态、注浆量和压力等参数，便于准确设定和调整各类参数。

目前国内最大的泥水加压盾构直径达到 14.67m，由常熟市中交天和机械设备制造有限公司生产，2012 年已用于南京纬三路过江隧道的施工中。根据规划南京纬三路过江隧道路线全长 7.363km，两股隧道均为双层结构，上下两层均可以行车。其中，上层均为江北往江南方向的车道，下层均为江南往江北的车道。行车道按照城市快速路标准设计，时速 80km。建成后通行能力将是长江大桥的 2 倍多。计划 2014 年 7 月底通车。

3. 土压平衡盾构

土压平衡盾构又称密闭式或泥土加压式盾构，是在局部气压盾构和泥水加压盾构的基础上发展起来的一种适应于含水饱和软弱地层中施工的新型盾构。如图 8. 1. 7 所示。

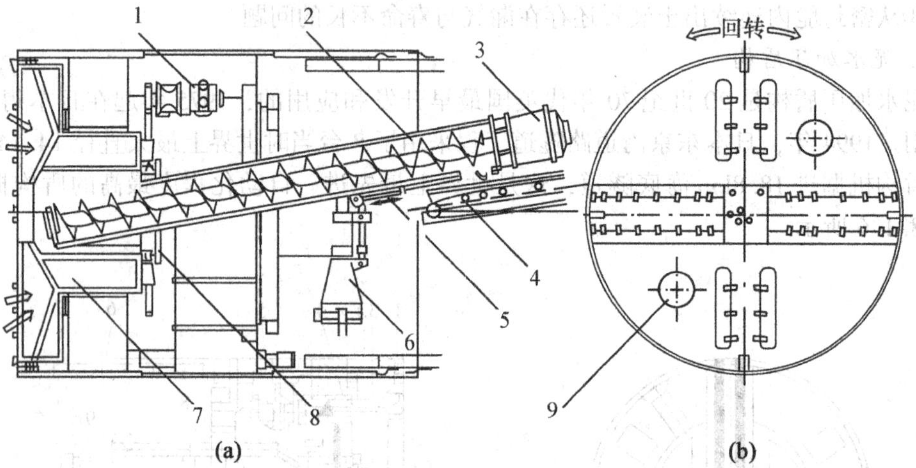

1—刀盘用油马达；2—螺旋运输机；3—螺旋运输机马达；4—皮带运输机；5—闸门千斤顶
6—管片拼装器；7—刀盘支架；8—隔壁；9—紧急用出入口

图 8. 1. 7　土压平衡盾构示意图

土压平衡盾构的头部设有全断面切削刀盘，在切口环与支承环之间设有密封隔板，形成密封的泥土舱，当盾构向前推进时，由切削刀具切削下来的土体进入密封舱，由刀盘后面的搅拌叶片进行强制搅拌，形成具有流动性和不透水性的特殊土，当土足够多时可以与开挖面上的土、水压力相抗衡，以保持开挖面土层的稳定。土压平衡盾构又分为土压式和水压式两种。土压式盾构主要适应于在淤泥和粘土中掘进，其原理是土在螺旋输送机内通过螺旋的旋转产生压缩，形成连续的防水土塞，以抵抗地下水压力，排除的含水泥土可以用皮带运输机运走；水压式盾构主要适应于砂与砾石组成的高渗透性的土层掘进，因为这种土在螺旋输送机内难以形成防水土塞，所以在螺旋输送机的出口处，安装一台排泥隔离器，这台排泥隔离器既可以隔离砾石，又可以给膨润土泥浆提供压力以保持和地下压力相平衡，还可以将排出的泥土以泥浆的形式向隧道外的泥水处理器设备输送。排出泥浆中的砂土经沉淀后运走，而膨润土泥浆需要回收重复循环使用。

目前我国自行研制和设计的土压平衡盾构机直径达到 14. 27m，由上海隧道工程股份有限公司制造，2010 年已经用于上海世界博览大会服务的外滩通道。

8. 1. 4　盾构基本尺寸的选定和盾构推力计算

1. 盾构壳体尺寸的确定与计算

盾构的尺寸必须和隧道的尺寸相适应，一般可以按施工要求或经验确定盾构的直径。

下面介绍几个参数的确定方法。

(1) 盾构的外径

盾构的外径要稍大于隧道衬砌的外径，以便盾构开挖后在隧道衬砌的外径和隧道之间留有一定的建筑间隙，其建筑间隙的大小取决于：盾构制造及衬砌拼装的允许误差；方便于盾构偏离设计轴线时进行水平方向和垂直方向的纠偏；方便于衬砌工作的拼装进行。在满足上述条件时应尽量减小建筑间隙，以免过大的隧道超挖量给结构、施工带来不利和建筑材料的浪费。考虑以上因素，盾构的外径可以按以下两式计算，如图 8.1.8 所示。

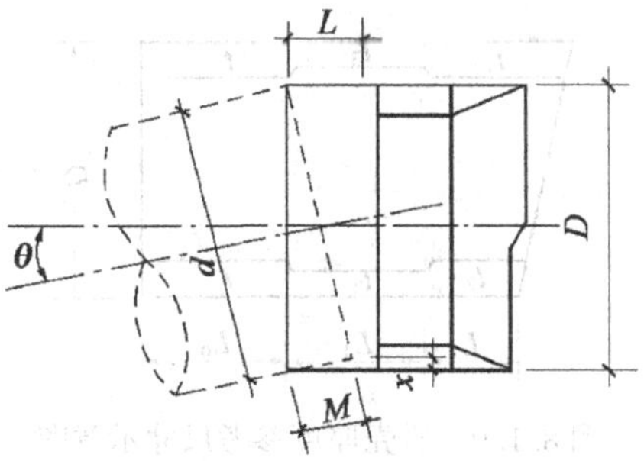

图 8.1.8　盾构直径计算简图

(1)
$$D=d+2(x+\delta) \tag{8.1.1}$$

式中：D——盾构外径 (mm)；

d——隧道外径 (mm)；

x——盾构建筑间隙 (mm)；

δ——盾尾钢板厚度 (mm)。

其中盾构建筑间隙 x 的尺寸，在一般工程中可以按 $0.008d \sim 0.01d$ 考虑，其次为满足盾构在曲线段或纠偏时的需要，盾构建筑间隙的最小值应满足

$$x=\frac{Ml}{d} \tag{8.1.2}$$

式中：M——盾尾遮盖部分的衬砌长度；

l——盾尾内衬砌环上顶点能转动的最大水平距离，通常取 $l=\frac{d}{80}=0.0125d$。

所以 $x=0.0125M$，一般取为 30~60mm。

(2)
$$D=d_{内}+2(t+x+T+t'+e) \tag{8.1.3}$$

式中：$d_{内}$——隧道内径 (mm)；

T——隧道衬砌厚度 (mm)；

t——盾尾钢板厚度 (mm)；

t'——隧道内衬厚度 (双层衬砌时) (mm)；

e——预留施工误差 (事先应有规定)；

D、x 意义同前。

通常盾尾处钢板厚度可以参考已有盾构的盾构外壳厚度或根据经验公式确定。计算盾尾钢板厚度的经验公式为

$$\delta=0.02+0.01\ (D-4)\ (\mathrm{m}) \tag{8.1.4}$$

式中：δ——盾尾钢板厚度（m）；

D——盾构外径（m），当 D<4m 时，则式中第二项为零。

按上式计算的盾尾钢板的厚度往往偏大，实际使用时可以采用工程的类比法来决定其盾尾钢板的厚度。

盾尾的钢板厚度可以参考表 8.1.1 选取，表 8.1.1 中的尺寸部位如图 8.1.9 所示。

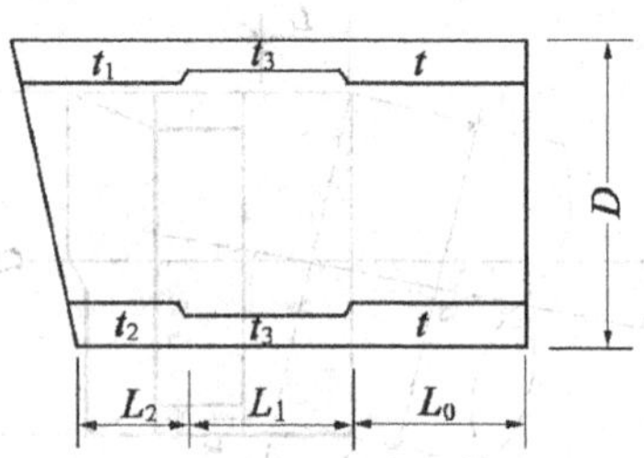

图 8.1.9　盾壳厚度参考尺寸示意图

表 8.1.1　　**盾构钢板厚度表**

盾构外径 D/m	硬土、砂砾	其他土质	t_2/mm	t_3/mm	t/mm
	t_1/mm				
~2.49	22	22	22	22	22
2.5~2.99	28	25	22	22	22
3.0~3.49	32	25	22（25）	22（25）	28
3.50~3.99	32	25	25	25	32
4.0~4.99	36	28	28	28	36
5.0~5.99	40	32	32	32	40
6.0~7.49	45	36	36	36	40
7.5~	50	40	40	40	50

（2）盾构的长度

盾构的长度由切口部分长度、支撑部分长度和盾尾部分长度组成，其长度的大小主要取决于开挖方法、预制衬砌环的宽度和盾构衬砌的灵敏度。盾构衬砌的灵敏度是指盾构的总长度与盾构外径之比。一般盾构的灵敏度在盾径确定之后，可以按以下经验公式确定：

小型盾构（$D=2\sim3\text{m}$），$L/D=1.5$；
中型盾构（$D=3\sim6\text{m}$），$L/D=1.00$；
大型盾构（$D=3\sim6\text{m}$），$L/D=0.75$。

国外也有学者认为当盾构直径 $D<3.5\text{m}$ 时，$L/D\geqslant1.00$；当盾构直径 D 取 $3.5\sim7.0\text{m}$ 时，$L/D<0.75$；当盾构直径 $D>7.0\text{m}$ 时，$L/D<0.45\sim0.50$。

盾构总长可以按切口、支承、盾尾三部分的作用及构造要求确定，其计算公式如下

$$L=L_1+L_2+L_3 \tag{8.1.5}$$

①切口部分长度 L_1。在机械化盾构中仅考虑容纳开挖机具即可，但在手掘式盾构中还要考虑人工开挖的方便，因此要求较长，其最大值应满足下式要求

$$L_{1\cdot\max}=D\cdot\tan\varphi\ （或\ L_{1\cdot\max}\leqslant2000\text{mm}） \tag{8.1.6}$$

式中：D——盾构外径（mm）；

φ——开挖土面的坡度，一般取 45°。

在棚式盾构中，可以按人的高度来分层，即层数 $N=D/H$（H 为人的高度，N 取为整数）。此时 L_1 可以比敞开式盾构小一些。以最大层高 H 代替上式中的 D，则

$$L_{1\cdot\max}=H\tan\varphi \qquad （或\ L_{1\cdot\max}\leqslant2000\text{mm}） \tag{8.1.7}$$

有些盾构另有前檐，其长度可以取为 300~500mm，视盾构直径大小而定。

②支承环长度 L_2。该部分长度取决于千斤顶长度，而千斤顶长度又与预制衬砌的环宽有关，即

$$L_2=W_C+l \tag{8.1.8}$$

式中：W_C——最大衬砌环宽度（mm）（应考虑楔形衬砌与变宽度衬砌）；

l——富余量，一般取 200~300mm，主要考虑维修千斤顶方便等因素。

③盾尾部分长度 L_3。盾尾部分的长度越短越好，盾尾部分短了可以增加盾构操纵的灵活性和改善盾构的受力状况。其计算公式为

$$L_3=KW_C+L_S+C \tag{8.1.9}$$

式中：W_C——衬砌环宽度（mm）；

K——系数，取 1.5~2.5，与是否需要更换损坏的衬砌及盾尾密封装置等因素有关；

L_S——千斤顶分部器（顶块）厚度（mm）；

C——富余长度，取 80~200mm，选取时应考虑穿纵向螺栓及环面清理工作方便。

2. 盾构推力计算

盾构千斤顶的顶力一般应考虑以下几种阻力：盾构外壁与周围土层的摩阻力；盾构切口部位刃口的切入阻力；管片与盾尾之间的摩擦力；盾构自重产生的摩阻力；开挖面支撑阻力等。此外，还要包括盾构曲线施工与纠偏时的阻力；局部气压和泥水压力；土压平衡阻力等。盾构的阻力可以按下面方法计算。

（1）盾构外壁与周围土壤的摩阻力 F_1

$$F_1=\mu_1\ [2\ (P_v+P_h)\ L\cdot D] \tag{8.1.10}$$

式中：μ_1——土与钢壳的摩擦系数，一般取 0.4~0.50；

P_v——垂直土压力，可以用覆盖的 $\gamma \cdot h$ 值（kPa）；

P_h——水平主动土压力，可以用 $\gamma \cdot h\tan^2\left(45°-\dfrac{\varphi}{2}\right)$（kPa）；

L——盾构全长（m）；

D——盾构外径（m）。

（2）切口环部分刃口切入土层阻力 F_2

$$F_2 = D\pi L\ (P_v\tan\varphi + c) \tag{8.1.11}$$

式中：φ——土体的内摩擦角；

C——土体的内聚力（kPa）。

其余符号意义同前。

（3）管片与盾构之间摩擦力 F_3

$$F_3 = \mu_1 WL' \tag{8.1.12}$$

式中：μ_1——盾尾与衬砌（管片）之间的摩擦系数，一般取 0.4~0.5；

W———环衬砌重量（kN）；

L'——盾尾中衬砌的环数。

（4）盾构自重产生的摩阻力 F_4

$$F_4 = G\mu_2 \tag{8.1.13}$$

式中：G——盾构自重（kN）；

μ_2——钢土之间的摩擦系数，一般取 0.2~0.6。

（5）开挖面正面支撑的阻力 F_5

①若盾构推进时切入环不切入地层，则需要克服开挖面支撑上的地层主动土压力。则

$$F'_5 = \frac{\pi D^2}{4} P_h \tag{8.1.14}$$

$$P_h = \gamma \cdot h\tan^2\left(45°-\frac{\varphi}{2}\right)\ (\text{kPa})$$

式中：h——为盾构 1/2 直径高度处的地层深度。

②若盾构推进时切口环切入地层，则切口环部分产生的阻力 F''_5 为

$$F''_5 = \pi D_k \delta_k P_p \tag{8.1.15}$$

式中：D_k——切口环部分平均直径（m）；

δ_k——切口环部分厚度（m）；

P_p——被动土压力，$P_p = \gamma \cdot h\tan\left(45°+\dfrac{\varphi}{2}\right)$（kPa）。

故在开挖地层时，要求支撑开挖面的盾构阻力为 $F_s = F'_5 + F''_5$。

（6）闭胸挤压盾构的地层正面阻力 F''_5 为

$$F'''_5 = \frac{\pi D^2}{4} P_p \tag{8.1.16}$$

其他各项阻力可以根据盾构的实际受力情况计算，叠加后即为盾构推进的总阻力。但是由

于以上计算公式都属于近似计算公式，所以一般在确定盾构千斤顶的总顶推力时，要乘以 1.50~2.0 的安全系数。

8.1.5　盾构法施工的步骤

1. 建造盾构工作井

采用盾构法施工时，一般需在盾构推进的始端和终端设置工作井，按工作井的用途，分为盾构始发井和盾构接收井，主要用于盾构的安装和拆卸工作。

盾构始发井是用于组装、调试盾构，隧道施工期间作为管片、其他施工材料、设备、出碴的垂直运输及作业人员的出入通道。井的平面净尺寸必须满足上述各项的要求。一般情况下在盾构两侧各留 1.5m 作为盾构安装作业的空间。盾构的前后应留出洞口封门拆除、初期推进时出碴、管片运输和其他作业所需的空间，井的长度应比盾构主机长 3.0m 以上。

盾构接收井宽应比盾构直径大 1.5m 以上，井的长度应比盾构主机长 2.0m 以上。

若盾构推进长度较长，还应设检修工作井。这些盾构工作井和检修工作井一般都应尽量结合盾构施工线路上的通风井、排水泵房、地铁车站以及立体交叉、平行交叉、施工方法转换处来设置。

2. 盾构基座

盾构基座在井内主要的作用是放置盾构机和使盾构机通过其上设置的导轨在施工前获得正确的导向。基座可以采用钢筋混凝土浇筑或采用钢结构制作。导轨一般由两根或多根钢轨组成，其平面位置和高程应根据隧道设计、施工要求等进行测量定位。始发基座安装时，要求整个台面处于同一平面上，高度偏差不大于 30mm，前端左右高程偏差不大于 20mm，始发基座与隧道设计轴线的偏差不大于 5‰。

3. 盾构进出洞方法

盾构进出洞是盾构法施工的重要环节，处理好盾构的进出洞，能减少许多后患，提高施工速度。盾构出洞应在始发井内按设计要求和推进方向预留出孔洞及临时封门，待盾构在井内安装就位，所有工作准备就位即可拆除封门，在千斤顶的推力作用下靠后座管片的反作用力将盾构推入地层，如图 8.1.10 所示。

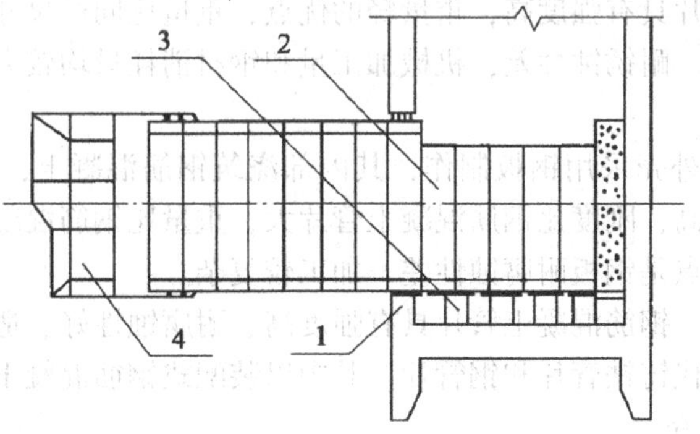

1—工作井；2—后座管井；3—盾构基座；4—盾构

图 8.1.10　盾构出洞示意图

盾构出洞在可能产生流砂的地区，应在工作井外20m左右的区段内采用井点降水处理或在工作井内采用气压帮助出洞施工。

盾构进洞应防止地下水和流砂涌入工作井，对土质较差地段应采用降水、局部冻结或化学灌浆等方法改良土体，以减少水、土压力和稳定洞口土体。改良土体的范围应考虑管片壁后注浆的要求，一般为盾构长度加三环管片长度，如图8.1.11所示。

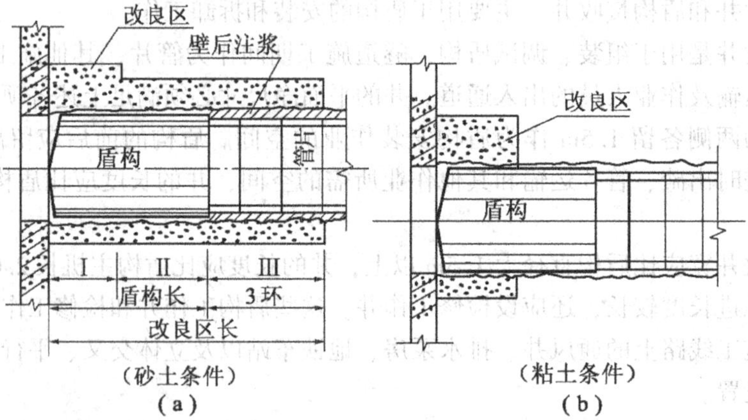

图8.1.11 盾构进洞示意图

8.1.6 盾构衬砌

盾构顶进后应及时进行衬砌工作，衬砌的作用是：在施工过程中，作为施工临时支撑，并承受盾构千斤顶后背的顶力；盾构施工结束后，作为永久性承载结构，承受周围的水、土压力，同时防止泥、水的渗入，满足盾构内部的设计使用要求。

盾构衬砌有如下三类：

1. 按材料区分

①铸铁管片。主要采用球墨铸铁，其延性和强度接近钢材，耐磨性好，机械加工后精度也较高，能较好地防渗抗漏。其缺点是抗拉强度远低于抗压强度，使用过程中易发生脆性破坏，机械加工量也大，价格昂贵，近年来已逐步由钢筋混凝土管片取代。

②钢管片。钢管片具有强度高，重量轻的优点，重量比同样尺寸的铸铁管片轻2~2.5倍，其缺点是刚度小、耐锈蚀性差，机械加工量和钢材消耗量均较大，且价格昂贵，一般采用较少。

③）复合管片。外壳采用钢板制作，其内部浇筑钢筋混凝土，组成一复合结构，强度比钢筋混凝土管片高，刚度比钢筋混凝土管片大，重量比钢筋混凝土管片轻，金属消耗量比钢管片小。其缺点是钢板耐腐蚀性差，加工较复杂。

④钢筋混凝管片。钢筋混凝土管片具有强度高、耐腐蚀性好、适应性强等特点。在国内外盾构衬砌中已取代铸铁管片和钢管片。其中以装配式钢筋混凝土管片使用最广泛。

2. 按结构形式区分

装配式钢筋混凝土管片按使用要求不同可以分为箱形管片、平板形管片等若干种结构形式。一般钢筋混凝土管片均采用螺栓连接，以增加结构的整体性和强度。在特定的条件下平板形管片也可以不设螺栓连接。不设螺栓连接的管片称为砌块。砌块形状有矩形、梯形、中缺形等。

①管片。管片之间采用螺栓连接，螺栓不仅将一环中相邻两管片连接，而且也将相邻两环管片连接。为了提高单块管片的刚度，管片最好采用带肋的，每环管片肋数应不小于盾构千斤顶数。由于管片之间设置了众多的环和纵向螺栓，提高了钢筋混凝土衬砌的强度，可以承受较大的正、负弯矩，但也使拼装速度大为降低，同时也增加了施工费用和衬砌费用。管片一般适用于地质条件不稳定的地层。

②砌块。要根据盾构直径和施工技术条件，确定每环砌块的分块数。由于分块要求，使由砌块拼成的圆环（超过三块以上）成为一个不稳定的多铰圆形结构。衬砌结构必须通过变形后（变形量要加以限制）地质介质对衬砌环的约束使圆环得以稳定。砌块的形状一般可以采用矩形、梯形、中缺形。矩形砌块形状简单，拼装方便，但整体性差；梯形砌块较矩形砌块整体性好；整体性最好的为中缺形砌块。但中缺形砌块安装精度要求较高，若出现误差不易调整。一环中砌块和相邻两环砌块接缝的防水必须处理好，否则容易引起圆环变形量急剧增加，导致圆环丧失稳定。接缝之间的防水一般采用粘着力好，不透水性强的粘结剂，如沥青玛𤥂脂、环氧胶泥等。砌块一般适用于含水量较少的稳定地层内。

3. 按构造形式区分

盾构衬砌按构造形式可以分为单层衬砌和双层衬砌两种形式。

（1）单层衬砌。一般用于含水量较小的软土地层内，含水量较大的软土地层大多数都采用双层衬砌。

（2）双层衬砌。外层采用装配式衬砌结构，内层采用混凝土或钢筋混凝土结构。但采用双层衬砌增大了开挖断面，增加了出土量，同时也使工程成本大大增加。为降低工程成本，也可以将外层衬砌作为施工的临时支撑结构，这就降低了对外层衬砌材料的要求。浇筑内层衬砌之前，首先对外层衬砌进行清理、堵漏，作一些结构处理后，再浇捣内层衬砌，并使外层衬砌和内层衬砌连成整体结构共同抵抗外荷载。

8.1.7　装配式钢筋混凝土管片

装配式钢筋混凝土管片目前应用十分广泛，其构造如下：

1. 环宽

环宽是指管片宽度。金属管片或钢筋混凝土管片环宽一般为 500~1500mm 之间，最常用的为 1200m。环宽过小，接缝数量增加，增加了防水困难；环宽过大，增加了盾尾长度，影响盾构的灵敏度，使盾构纠偏困难。一般来说，大隧道环宽可以比小隧道大一些。

当盾构需要在曲线段上推进时，应增加楔形环，楔形环的锥度可以按隧道曲率半径计算。如表 8.1.2 所示。

表 8.1.2　管片环宽锥度

隧道外径	D 外<3m	3m<D 外<6m	D 外>6m
锥度/m	15~30	20~40	30~50

2. 分块

衬砌圆环的分块主要考虑管片制作、运输、拼装方便，也有少数从受力角度考虑。衬砌圆环分块对双线地下铁道可以分为8~10块，单线地下铁道可以分为6~8块，小断面隧道可以分为4~6块。若从受力角度考虑可以采用4等分管片，将接缝设在内力较小的45°或135°处，使衬砌有较好的强度和刚度。管片最大弧弦长度一般不宜超过4m，衬砌愈薄，长度愈短。

3. 封顶管片

考虑施工方便和受力的需要，按隧道施工经验，一般宜采用小封顶形式。

封顶拼装方式有两种，一种为径向楔入；另一种为纵向插入。从受力角度来看，纵向插入形式较好，承受外载后，不易向内滑移，但结构复杂，制作拼装困难。某些隧道工程也有将封顶块置于45°、135°以至180°处的。

4. 拼装方法

管片拼装方法按结构受力要求分为通缝拼装和错缝拼装两种。通缝拼装要求所有管片纵缝要环环对齐。其优点是拼装方便，衬砌环施工应力小，也易对位。其缺点是环面不平整时，误差容易积累，不易纠正。当采用较厚现浇防水材料时，更是如此。错缝拼装，即每一圆环的纵缝和相邻圆环纵缝错开1/3~1/2管片，为拼装方便可以采用楔形连接。

一般当结构设计需要利用衬砌本身来传递圆环内力时，宜采用错缝拼装。错缝拼装隧道整体性强，但环面不平整，易引起施工应力发生，环、纵缝相交处呈丁字形式，防水处理也较通缝拼装困难。所以通常宜采用通缝拼装，以利于进行结构和防水处理。

管片拼装应符合下列要求：

①管片最大的弧弦长度不宜大于4m；

②管片应按拼装顺序分块编号；

③管片宜采用先纵向后环向的顺序拼装。其接缝宜设置在内力较小的45°或135°位置。

5. 环、纵向螺栓

为提高管片的整圆度和强度，管片宜采用环、纵向螺栓连接。环向螺栓按衬砌接缝内力要求，可以设置成单排和双排。单排螺栓用于直径较小隧道，螺栓孔的位置设置在离管片内侧1/3厚度处。直径较大隧道，按受力要求管片厚度也较大，宜在管片纵向缝上设置双排螺拴，外排抵抗负弯矩，内排抵抗正弯矩，每一排螺栓由2~3只螺栓组成。纵向螺栓要按管片和结构受力要求确定，其数量不一。纵向螺栓孔位置一般设在离隧道内侧管片厚度1/4~1/3处。环、纵向螺栓孔直径宜比螺栓大3~6mm，以便于安装。

8.1.8 装配式衬砌防水

地下盾构工程施工最主要的就是衬砌防水问题。装配式衬砌宜采用防水混凝土制作，当隧道处于侵蚀性介质的地层时，应采取相应的耐侵蚀混凝土或外涂耐侵蚀的外防水涂层的措施。当处于严重腐蚀地层时，可以同时采取耐侵蚀混凝土和外涂耐侵蚀的外防水涂层措施。装配式衬砌按衬砌的构造形式不同，分为单层衬砌防水和双层衬砌防水两大类。无论采用单层衬砌防水或双层衬砌防水，管片防水技术均包括四项主要内容，即管片防水、密封垫防水、嵌缝防水和螺栓防水，如图8.1.12所示。

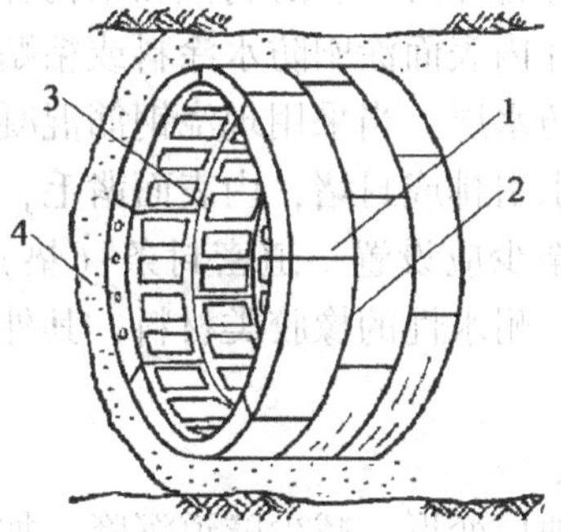

1—纵缝防水密封垫；2—环缝防水密封垫；3—嵌缝槽；4—螺旋孔

图 8.1.12 管片防水部位示意图

1. 单层衬砌防水

单层衬砌防水的关键是防水接缝构造。防水接缝构造所选用的材料的性能和特点，直接影响到单层衬砌的防水效果，为保证单层衬砌的防水质量，除保证混凝土管片本身不漏水外，还应认真选择防水接缝材料。一般要求所选用的防水接缝材料要有较高的耐老化性能，在承受接头的紧固压力和千斤顶推力引起的往复变形后，仍有良好的弹性复原力、粘着力和防水性能。

单层衬砌除设密封条（垫）沟槽外，内侧还应加设嵌缝槽。嵌缝材料应具有弹塑性、收缩性小、与潮湿混凝土结合力强；便于施工等特性。单层衬砌防水接缝构造要求如下：

①管片采用多道防线的防水结构形式，即在每一块管片上设置两道密封沟，管片内沿设置嵌缝槽。如图 8.1.13 所示。

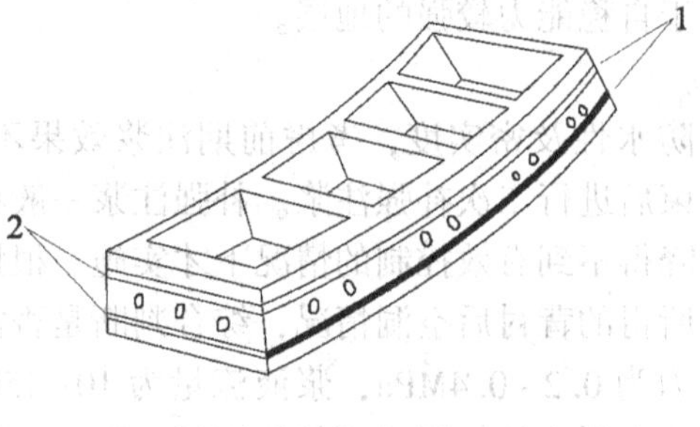

1—环缝密封垫；2—纵缝密封垫

图 8.1.13 单层衬砌防水构造

密封垫视为主要防线，如果防水效果优良，可以省掉嵌缝工序或只进行部分嵌缝。

②密封沟内设置的防水密封垫，主要采用氯丁橡胶或丁苯橡胶制作。橡胶衬垫主要依靠相邻管片的接触压力挤密之后达到防水效果。一般要求橡胶衬垫具有良好的弹性恢复能力，能够永久适应接缝的伸张变形，并具有足够的承压能力。

2. 双层衬砌防水

双层衬砌防水主要解决好管片防水、防腐蚀和结构补强问题。双层衬砌防水，一般内侧要求附加防水层，即在管片内表面涂刷防水涂料或粘贴卷材防水层。如果管片接缝防水效果较好，也可以不作附加防水层。当采用现浇钢筋混凝土作内衬时，内层衬砌混凝土浇筑前，应将外层衬砌的渗漏水引排或封堵，内表面凿毛，并清理干净。

双层衬砌的管片、砌块至少应设置一道密封条（垫）沟槽。弹性密封条（垫）宜选择具有良好回弹性、耐久性、耐水性的橡胶类材料，其外形应与沟槽相一致。

8.1.9 衬砌壁后注浆

衬砌壁后注浆起着控制地层变形，减少隧道沉降，加强衬砌防水性能、改善衬砌受力状态（保持管片衬砌拼装后的早期稳定）的作用，在盾构施工时，可以选择注浆的合理位置注浆，实现盾构纠偏。

1. 注浆工艺

注浆工艺的选择应根据隧道变形及地层变形的控制要求决定。注浆工艺一般有同步注浆、即时注浆、二次补强注浆等类型。注浆应根据地层性质、地面荷载情况、允许变形速率等要求进行合理选定。

（1）同步注浆

同步注浆是通过同步注浆系统及盾尾的注浆管，在盾构向前推进盾尾空隙形成的同时进行。浆液在盾尾空隙形成的瞬间及时起到充填作用，从而使周围岩体获得及时的支撑，可以有效地防止岩体的坍陷，控制地表的沉降。一般而言，同步注浆压力取1.1~1.2倍的静止水土压力，最大不超过0.3~0.4MPa。如果注浆压力过大，会导致地面隆起和管片变形，还易漏浆。如果注浆压力过小，则浆液填充速度赶不上空隙形成速度，又会引起地面沉陷。

（2）即时注浆

即时注浆是通过管片上注浆孔将浆液注入管片背后的方法。其浆液充填时间滞后于掘进一定的时间。一般运用于自稳能力较强的地层。

（3）二次补强注浆

为提高背衬注浆层的防水性及密实度，考虑前期注浆效果不佳以及浆液固结率的影响，必要时在同步注浆结束后进行二次补强注浆。补强注浆一般在管片与岩壁间的空隙充填密实性差，致使地表沉降得不到有效控制的情况下才实施。根据地表沉降监测的反馈信息，结合洞内超声波探测所得的背衬后空洞情况，综合判断是否需要进行补强注浆。二次补强注浆的水泥浆注浆压力为0.2~0.4MPa，浆液流量为10~15L/min，使浆液能沿管片外壁较均匀的渗流，而不致劈裂土体，形成团状加固区，影响注浆效果；水玻璃双液浆注浆压力为0.3~0.6MPa。

2. 注浆的材料

（1）同步注浆材料

同步注浆材料采用水泥砂浆作为同步注浆材料，具有结石率高、结石体强度高、耐久性好和能防止地下水浸袭的特点。其中水泥作为提供浆液固结强度和调节浆液凝结时间的材料，砂作为填充料，粉煤灰可以改善浆液的和易性，膨润土用以减缓浆液的材料分离，降低泌水率，减水剂作为水泥的润滑剂。

在盾构施工中，同步注浆材料应根据地层条件、地下水情况及周边条件等，通过现场试验确定其最优配合比。同步注浆材料配合比如表8.1.3所示，供参考。

表8.1.3　同步注浆材料配比

水泥/kg	粉煤灰/kg	膨润土/kg	砂/kg	水/kg	外加剂
80~140	381~241	60~50	710~934	460~470	按需要根据试验加入

（2）二次补强注浆材料

二次补强注浆材料一般采用水泥浆液和水玻璃双液浆。

首先是将水泥浆液通过管片中部的注浆孔进行二次补强注浆，弥补同步注浆未填充部分和体积减少部分，然后是注水玻璃双液浆对注浆孔（开孔位置）进行封口。

二次补强水泥浆液配合比如表8.1.4所示，供参考。

表8.1.4　二次补强材料配合比

水泥/kg	粉煤灰/kg	膨润土/kg	黄砂/kg	水/kg
160	400	100	680	430

水玻璃双液浆配合比：水泥浆水灰比0.5，水泥浆和水玻璃比例1：1。

§8.2　沉管隧道

沉管法又称为预制管段沉放法。施工方法为先在隧址以外的预制厂或临时干坞制作隧道管段（管段每节长60~140m，多数在100m左右，最长的达到268m），两端用临时封墙密封，制成后用拖轮拖运到隧址制定的位置。这时在设计位置处，已预先挖好了一个水底沟槽，待管段定位就绪后，往管段里灌水压载，使之下沉，然后将沉设完毕的管段在水下连接、接缝处作密封防水处理，再覆土回填，即完成了隧道施工。用这种沉管法施工的隧道，即称为沉管隧道。

如2003年建成的上海外环线隧道工程是上海城市外环线过黄浦江下游的越江隧道工程，设计为双向车道，采用沉管法施工，共设8条机动车道，这条隧道东起浦东三岔港，西至浦西吴淞公园附近，全长2880m，水下沉管长度为736m，每节管段高达9.55m，宽43m，长100~108m不等，自重4.5万吨，为亚洲第一，世界第三。在黄浦江中实施沉管对接时，采用卫星定位系统及三维测深技术等，管段对接精度控制在2cm左右，解决了当今沉管施工中最难克服的管段水下位移，表明我国沉管法隧道施工工艺达到了国际先进水平。

8.2.1　沉管隧道截面形式的选择

沉管隧道的截面形式主要有圆形和矩形两种类型，其设计、施工以及所采用的材料均不相同。

圆形（多用于船台型）沉管隧道施工时，多数利用造船厂的船台制作钢壳，制成后沿着船台滑道滑行下水，然后将沉管隧道系泊于码头边上，在水中浮态中浇筑钢筋混凝土。这类沉管其断面形式内边概为圆形，外边则为圆形、八角形或花篮形，按设计车道的多少，断面形式又可以设计为单筒圆形断面和双筒圆形断面，单筒圆断面段一般为两条车道，双筒圆断面一般设四条车道。如 1972 年建成的穿越维多利亚港的第一座沉管城市道路海底隧道，即为圆形钢壳沉管隧道结构，其断面形式如图 8.2.1 所示。

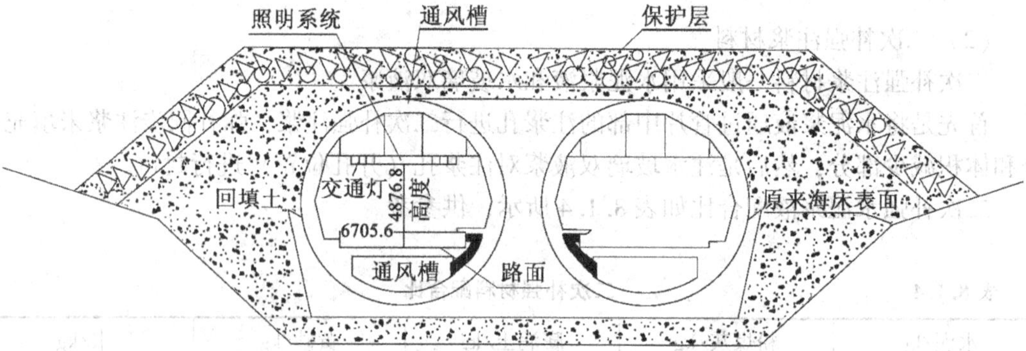

图 8.2.1　香港海底跨港隧道横断面图（单位：mm）

沉管隧道采用圆形断面形式的优点是对结构受力角度较为有利，因其在静水压力作用下主要受压；管段的底宽较小，基础处理较为方便；管段外的钢壳既是浇筑混凝土的外模，又是防水层，施工时不易碰损；充分利用船厂设备，工期较短。其缺点是隧道多余出上下两部分空间，造成隧道横断面较大，为了保证覆土厚度要求需要将隧道埋置较深，增大了基槽的开挖工程量。

矩形（多用于干坞型）沉管隧道施工时，临时在干坞中制作钢筋混凝土管段，制成后往坞内灌水使之浮起并拖运至隧址沉设。该方法自荷兰的鹿特丹 mass 河隧道（1942 年建成）首创矩形沉管以来，在各国得到广泛的应用，我国的沉管隧道大多数也采用矩形截面。矩形沉管断面管段，在同一管段断面内可以同时容纳 4~8 条车道，一般多在临时干坞以钢筋混凝土浇筑而成。如上海的外环线越江隧道，即为三箱八车道，其断面形式如图 8.2.2 所示。

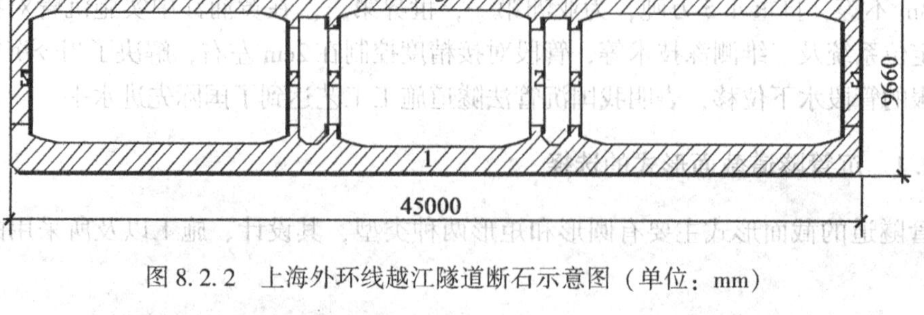

图 8.2.2　上海外环线越江隧道断石示意图（单位：mm）

采用矩形沉管隧道的优点是不占用造船厂设备，不妨碍造船工业的生产；在隧道横断面中，没有过多空余空间，空间利用率较高；所需浚挖的土方量亦较少；不用钢壳防水，大量地节约钢材。其缺点是管段宽度较大，基础处理时不如船台型管段简便；制作管段时必须览址建造临时干坞；混凝土浇筑时必须采用防水混凝土，对混凝土浇筑质量要求较严。

总的来说，在干坞中制作的矩形钢筋混凝土管段比在船台上制作的钢壳圆形、八角形或花蓝形管段经济。所以目前世界各国均采用矩形钢筋混凝土管段代替圆形钢筋混凝土管段。本节也重点介绍矩形沉管管段的施工技术。

8.2.2 沉管隧道施工程序

沉管隧道施工一般包括：预制厂（临时干坞）准备、管节制作、管节浮运、沉管段基槽开挖、临时支座及地垅设置、管节沉放等，具体的施工程序如图 8.2.3 所示。

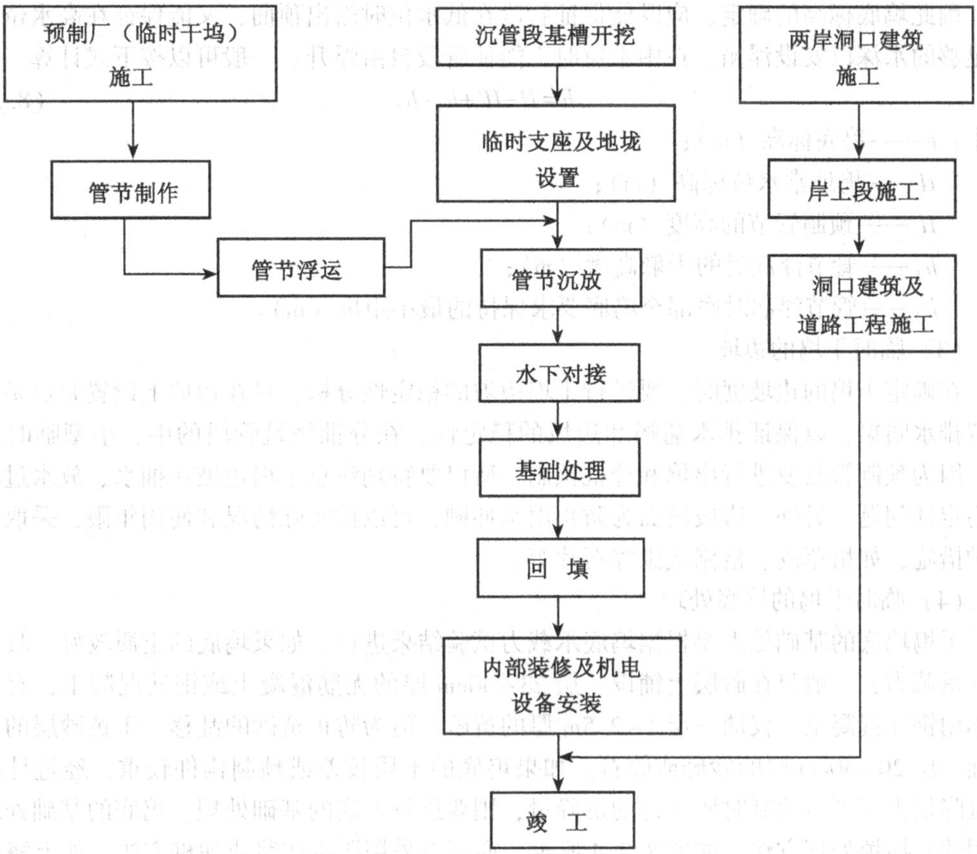

图 8.2.3 一般沉管隧道施工程序框图

8.2.3 沉管隧道的管节制作

1. 临时干坞

矩形钢筋混凝土预制管段大多数是在临时干坞中制作的，因此在水底沉管隧道开工之始，就应在隧址附近建造一个预制管段专用的临时干坞。这种干坞应选择在地址条件较好，场地土具有一定的承载力，管段浇筑后不会产生不均匀沉降，且在干坞附近的航道具备浮运条件，能浮存系泊若干节预制好管段的水域。临时干坞一般比较简单，不同于造船工业的船坞，周边需要有永久性的钢筋混凝土坞墙，很厚的钢筋混凝土底板，临时干坞的周边大多数是采用简单的、没有护坡的天然土坡，底板做得很薄，只有在个别情况下才采用钢板桩围堰。因此临时干坞实系一临时性的工作土坑。

（1）临时干坞的平面尺寸

临时干坞的坞底平面尺度，应根据施工组织设计、管节长度、沉管段长度及工期的长短而定。如果工期很短，干坞的面积就要求很大，一次封堤可以将所有管节均预制完毕；如果工期允许，管节较多的情况下，可以分批进行管节的预制，这样即可以满足工期的要求，又可以节省干坞工程的投资。

（2）临时干坞坞底标高的确定

临时干坞坞底标高的确定，主要应保证管段制成后能顺利地进行安装工作，并浮运出坞。因此坞底标高的确定，应既能保证管段在低水位时露出顶面，又能保证在高水位时具有足够的水深以安设浮箱，在中水位时，能使管段自由浮升。一般可以按下式计算

$$h=H-H'+h_1-h_2 \tag{8.2.1}$$

式中：h——坞底标高（m）；

H——坞址常水位标高（m）；

H'——预制管节的高度（m）；

h_1——管节浮起时的干舷高度（m）；

h_2——管节浮起时底部至坞底要求保持的最小距离（m）。

（3）临时干坞的边坡

在确定干坞的边坡度时，要进行干坞边坡的稳定性分析，且在边坡上设置井点系统或设置排水暗渠，以保证排水通畅和边坡的稳定性。在分批浇筑管段的中、小型临时干坞中，因为预制管段要进行出坞和分批预制，所以要特别注意干坞边坡在抽水、放水过程中的稳定性问题。另外，边坡坡面为防止雨水冲刷，可以按实际情况和使用年限，采取一些保护措施，如植草皮、格栅或砌碎石片等。

（4）临时干坞的坞底处理

干坞坞底的基础处理要根据坞底承载力试验结果进行。如果坞底的土质较好，具有足够的承载力，一般只在砂层上铺设一层23~30cm厚的无筋混凝土或钢筋混凝土，有些工程不用钢筋混凝土，仅铺一层1~2.5m厚的黄砂，但为防止黄砂的乱移，于黄砂层的上面再铺一层20~30cm厚的砂砾或碎石。如果坞底的土质较差或预制构件较重，经过计算坞底沉降量大于管节预制时所允许的沉降量，则要进行坞底的基础处理。坞底的基础处理较常用的是换填处理方法，如图8.2.4所示，亦可以采用压密注浆或加桩方法。如上海外环线越江隧道的坞底处理，采用基础厚度为1.0m。自上而下为18mm胶合板、402mm厚的有级配中粗砂卵石、180mm厚钢筋混凝土板，100mm厚粗砂倒滤层，150mm厚岩渣，150mm厚大石块。

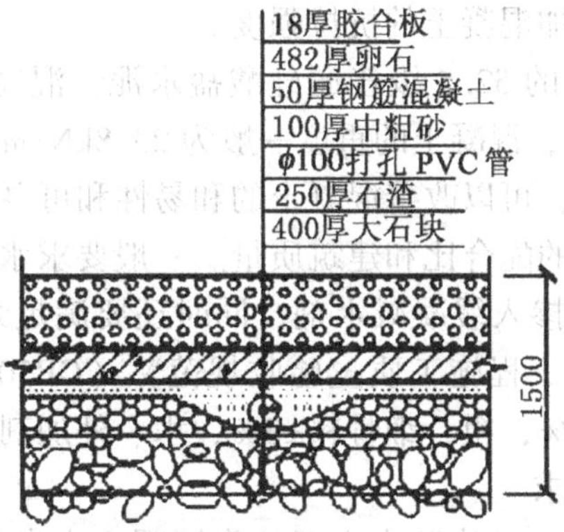

图8.2.4 坞底的换填处理示意图（单位：mm）

（5）临时干坞的坞首和闸门

在沉管隧道的设计与施工中，干坞的设计与施工是相当关键的。尽管干坞是沉管隧道中的临时工程，其功能也仅仅是作为一块预制场地来满足沉管管段的制作要求，但干坞方案的确定却直接影响到整个沉管隧道工程的总体施工流程、施工工艺、总工期以至于总造价。

当采用一次预制所有的沉管管段的干坞方案，则可以实施管段沉放施工的连续性，管段也不需在坞外系泊，只需停泊在坞内等候沉放。而且从干坞的结构上，由于干坞是一次性使用，所以对干坞边坡、基底的要求放宽，还可以免去坞门、坞墩、坞槛系统。干坞施工时也不采用闸门，仅用土围堰或钢板桩围堰作坞首，管段出坞时局部拆除坞首围堰便可以将管段逐一拖运出坞。其缺点是干坞占地面积大，动拆迁范围大，废弃工程量大。

当采用分批预制管节的干坞方案，一般管节出坞口设计成坞门形式，由坞墩、坞槛构成，坞墩两侧设有开合坞门的系统设施。坞门一般采用钢筋混凝土坞门，其结构形式为沉井压重式，且采用钢板桩墙的支撑。管节起浮出坞之前，干坞充水，然后拆除钢板桩墙，打开钢筋混凝土坞门进行管段的托运出坞。管段出坞后，钢筋混凝土坞门重新就位，再打入钢板桩墙，抽干坞内的水，预制另一批管节。我国上海外环线沉管隧道的干坞方案确定，经过对干坞的坞址确定、规模大小、结构形式以及其位置与隧道轴线的关系等进行了反复论证和斟酌，最终确定分为两个干坞、一次性制作所有七节沉管管段的干坞方案。

2. 临时干坞的主要设备

临时干坞的主要设备一般都采用普通土木建筑工程中常见的通用设备。如混凝土搅拌站设备、水平运输车辆、起重设备、空压机、电焊机和钢筋成型设备等。

3. 管段制作

（1）管段制作的材料要求

①粗骨料必须采用自然连续级配，粒级5~25mm，泥块含量小于0.5%（水洗），针片状含量小于1%和含泥量小于1%。这不仅可以提高混凝土的可泵性，还可以减少砂、水泥用量，达到减少混凝土自身收缩的目的。

②细骨料采用级配合理的中粗砂，细度模数M_x为2.5~2.8，含泥量小于1.5%，泥块含量小于0.5%。这可以减少用水量从而降低混凝土的干缩。控制粗细骨料的含泥量，

可以减少混凝土的收缩，增加混凝土的抗拉强度。

③水泥选用水化热较低的52.5级普通硅酸盐水泥，混凝土强度等级应不低于C30，水泥用量应控制在300kg/m^3，混凝土的重度一般为23.8kN/m^3。

④粉煤灰磨细度为二级，可以改善混凝土的和易性和可泵性，降低水化热。

⑤必须严格控制混凝土的配合比和建筑质量。一般要求水灰比应小于0.5，坍落度控制在10~14cm，混凝土中应掺入缓凝减水剂，同时还要满足泵送混凝土的要求。材料计量应符合现行《混凝土结构工程施工质量验收规范》（GB50204—2002，2011年版）要求，即控制水泥、掺合料±2%，粗、细骨料±3%，水、外加剂±2%。

（2）管段制作的防水要求

①抗渗等级应不低于P8，结构防水主要依靠混凝土本身的密实性达到防水要求，即应以自防水为主，外防水为辅。

②施工缝、预埋件、施工使用贯穿结构的管道等特殊部位，应加强防水措施的处理。一般不宜设置贯穿结构内外的永久性金属构件或管道。

③施工缝处的止水带应是闭合的，由于沉管隧道的壁厚较大，一般要在施工缝处设置两道止水带，其中一道止水带以金属止水带为宜。

④混凝土浇筑时必须考虑水泥水化热的影响，严格控制混凝土的入仓温度在28℃以内，控制混凝土内外温差在25℃以内，以免由于混凝土的内外温差而引起混凝土表面裂缝和混凝土收缩裂缝。施工时，可以采用水化热低的水泥，掺入减水剂、缓凝剂或粉煤灰等掺合料，或在混凝土中掺入冰块、冰水，预埋循环冷水管道等。

（3）管段的预制

管段的混凝土预制施工工艺大体上与地面浇筑类似混凝土结构相同，但由于管段要采取浮运沉设的施工方法，而且最终要埋设在河底水中，因此对混凝土匀质性与防水性要求特别高，这是一般土木建筑工程中所没有的。

矩形管段在浮运时的干舷只有10~15cm，仅占管段全高的1.2%~2%，如果混凝土容重变化幅度稍大，超过1%以上，管段就会浮不起来。此外，管段浇筑时各部分尺寸偏差过大，造成管段构件前后、左右的大小不一或混凝土容重不均匀，管段就会倾侧。所以，在管段制作时要严格控制混合物的匀质性和模板的变形与走动，要求混凝土的重度控制在23.8kN/m^3；要求顶板、底板、侧墙厚度精度误差小于1cm。具体要求如下：

①模板的选用。模板要有足够的刚度，能整体移动，能保证混凝土的表面质量。如内模可以采用专门设计的钢模台车，外模可以采用木模或钢框竹胶板模板。钢模台车可以整体移动，避免了模板的装拆工作，生产效率高。钢模台车管节预制模板系统如图8.2.5所示。

当然也可以采用其他模板浇筑，如上海外环沉管隧道，外侧模板选用的1200mm×2400mm钢框竹胶板模板，竹胶板厚14mm；外侧墙外模支撑采用间距900mm的700×300或700×400H型钢，型钢精确定位，固定于坞底置换层钢筋混凝土板上；横围檩采用双拼70mm×50mm×3mm钢管，横向间距600mm；方管与型钢之间采用定加工调节丝杆对撑。管段底板、顶板底模采用18mm九夹板，配以无锡正大生产的支架系统，其挠度为1.3mm。中隔墙采用钢模配E16对拉螺栓。底板、顶板、隔墙加腋处采用定加工八字形钢模。

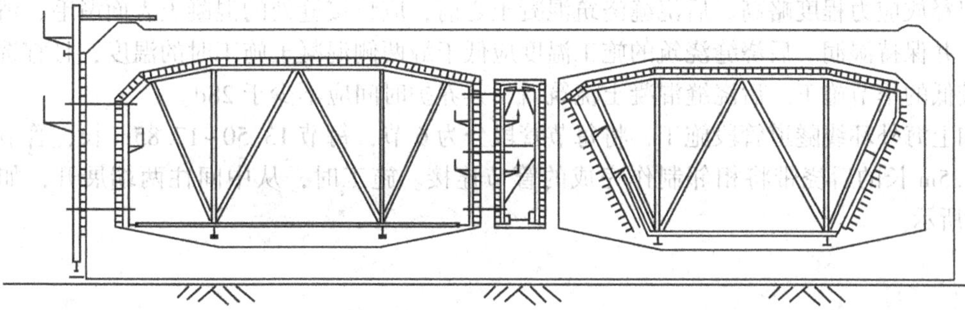

图 8.2.5 管节预制模板系统示意图

②施工缝的留设。施工缝是渗漏的主要途径，所以，在构造和工艺上要采取严格的防水措施，在组织施工时，也要尽量减少不必要的留设。管段在干坞预制时，一般都先浇筑底板，隔若干日后再浇筑外壁、内壁和顶板，因此在管段的横断面上一般都要留设施工缝，这个施工缝，亦称为纵向施工缝。纵向施工缝，一般留设在管壁上，在管壁的上、下端各留一道，下端的一道应高出底板面 30~50cm。如图 8.2.6（a）所示。

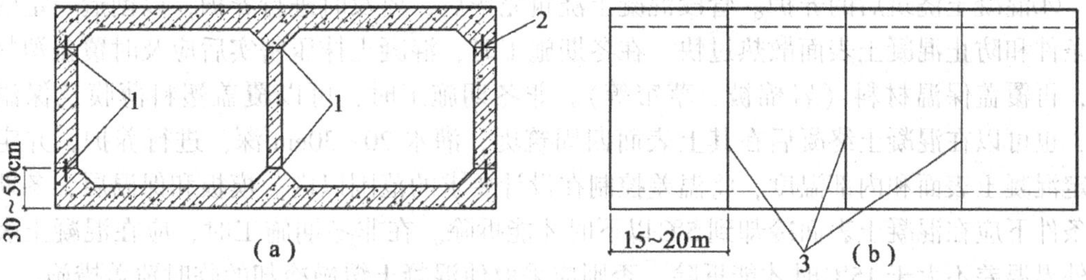

1—纵向施工缝；2—止水带；3-变形缝

图 8.2.6 管段的施工缝与变形缝的位置

③变形缝的留设。管段制作过程中，由于混凝土浇筑的体积庞大，由水泥水化热、气温和地基温度变化等所引起的混凝土的温度变形，在管段施工阶段和使用阶段会引起一定的纵向变形，这种变形有时会导致通透性的横向裂缝。为了防止发生这种通透性的横向裂缝，目前在施工过程中均采用设置温度伸缩缝的方法控制裂缝。伸缩缝的间距波动很大，从 6m 到 40m。但是，在许多情况下，要求结构不留伸缩缝，许多工程（特别是地下工程）的渗漏经常来自伸缩缝，对伸缩缝处渗漏的治理难度又高于对裂缝渗漏的治理，所以在施工条件及施工技术均较困难的情况下，常采用临时性变形缝（即后浇带）这一有效控制裂缝的方法。施工时，可以将管段分为若干个节段，每个节段为 15~20m，可以使施工期间激烈温差及收缩应力得到显著的释放，如图 8.2.6（b）所示。后浇带封闭的时间与缝两边混凝土浇筑时间的间隔越长越好，间隔时间过短将失去作用，一般不少于 40d。

后浇带的填充材料可以采用膨胀混凝土，也可以采用比缝两边混凝土高一个强度等级的普通混凝土，后浇带的宽度为700～1500mm，钢筋可以不断，也可以断开，后者施工麻烦，但释放应力程度略高。后浇缝浇筑混凝土之前，应将接缝处的混凝土表面凿毛，清洗干净，并保持湿润。后浇缝浇筑的施工温度应低于缝两侧混凝土施工时的温度，且宜选择气温较低的季节施工。后浇缝混凝土浇筑后，其养护时间应不少于28d。

如上海外环线隧道管段施工，将每节管段分为6节，每节13.50～17.85m长，管节之间设1.5m长的后浇带将相邻制作完成的管节连接。施工时，从中间往两端展开，如图8.2.7所示。

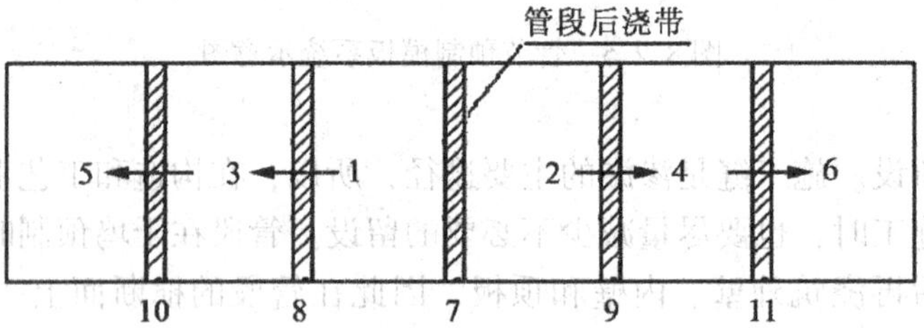

图8.2.7　后浇带留设及管段制作总体流程示意图

④混凝土浇筑后的养护。管段混凝土浇筑完毕后，要及时进行养护，以创造一定的温湿条件和防止混凝土表面散热过快。在冬期施工时，混凝土抹压密实后应及时覆盖塑料薄膜，再覆盖保温材料（岩棉被、草帘等）。非冬期施工时，可以覆盖塑料薄膜及保温材料，也可以在混凝土终凝后在其上表面四周筑堤，灌水20～30cm深，进行养护，并定期测定混凝土表面和内部温度，将温差控制在设计要求的范围以内。模板和保温层，冬期施工条件下应在混凝土表面冷却到5℃以下时才能拆除。在非冬期施工时，应在混凝土表面与外界温差不大于15℃时才能拆除，否则应采取使混凝土缓慢冷却的临时覆盖措施。

对于底板及顶板的上表面，在混凝土浇捣完毕且完成收水后，即可覆盖保温材料浇水养护。外侧墙的养护，在工期允许的条件下，适当推迟混凝土拆模时间，可以在混凝土浇筑7d内带模养护。拆模后，继续保温、保湿养护，养护时间不少于14d。中隔墙的养护可以在拆模两天后覆保温材料并喷水保湿养护。

在施工过程中，为避免管节内出现“穿堂风”现象，内模拆除后两侧孔口处用草帘或土工布封盖，防止空气流动，以减少内孔的水分散失，并经常在管内及外侧墙内表面浇水，保持管内相对湿度大于85%以上。

4. 管段封门

管段浇筑完毕，模板拆除之后，为了使管段能在水中浮运，需要在管段的两端离端面50～100cm处，设置临时封门。封门一般有钢端封门和钢筋混凝土封门两种形式。钢端封门制作时首先焊接钢结构立柱，然后在立柱上焊接封板，焊接排水管、通气管、安装观察入孔的水密门，最后进行灌水试验。如图8.2.8所示。

钢筋混凝土封门是采用钢筋混凝土浇筑而成，其优点是变形小，容易保证不漏，其缺点是拆除比较麻烦。

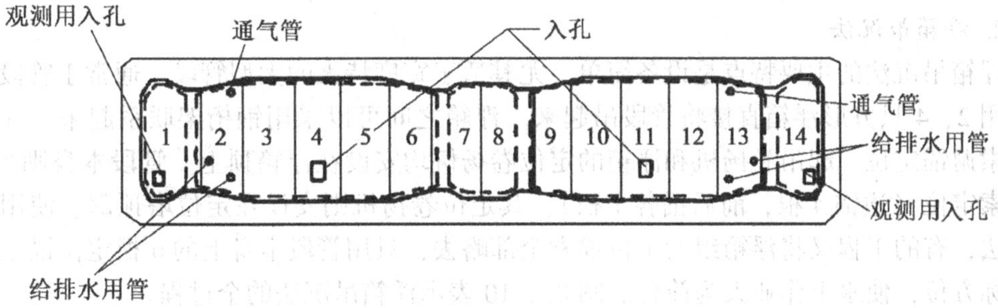

图 8.2.8　钢端封门结构示意图

8.2.4　沉管隧道的管段沉设

预制管段的沉设工作是整个沉管式水底隧道施工中的一个重要环节。管段沉设受到各种条件的制约，如气象、河流自然条件、航道自然条件等。所以在沉管隧道施工中，并没有一套统一通用的管段沉设方法，一般要根据气象、河流、航道等综合条件考虑确定。目前世界上通常使用的管段沉设方法主要有起重船吊沉法、浮箱吊沉法、自升式平台吊沉法和船组杠吊法。

1. 起重船吊沉法

起重船吊沉法就是在管段沉设作业时分别用 2~4 艘起重能力为 1000~2000kN 的起重船，吊着预先在管段顶板上预埋设的吊点（吊点一般在管段预制时埋设），逐渐给管节压载，使管节慢慢沉放到规定位置上。如图 8.2.9 所示。

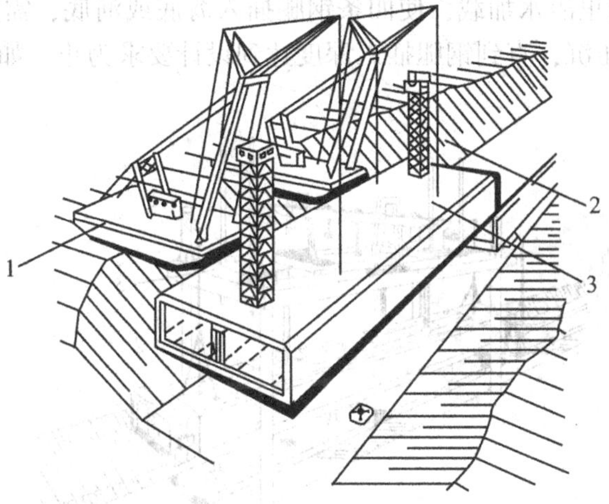

1—起重船；2—定位塔；3—沉管

图 8.2.9　起重船吊沉法示意图

起重船吊沉法的优点是设备简单，施工方便。其缺点是占用水面较宽，对航道交通干扰较大。

2. 浮箱吊沉法

浮箱吊沉法的主要特点是设备简单，尤其适于宽度特大的大型管段。通常于管段顶板上方用2、4只方形浮箱直接将管段吊起来。浮箱之间可以采用钢桁架联系起来，并用四根锚索抛锚定位。起吊卷扬机和浮箱的定位卷扬机均安设在浮箱顶上。管段本身则另用6根锚索定位（边锚4根，前后锚各1根），其定位卷扬机则安设在定位塔顶部。使用浮箱吊沉法，有的工程又将浮箱组的定位锚索全部略去，只用管段本身上的6根定位锚索来控制坐标方位，使水上作业大为简化。图8.2.10表示浮箱吊沉法的全过程。

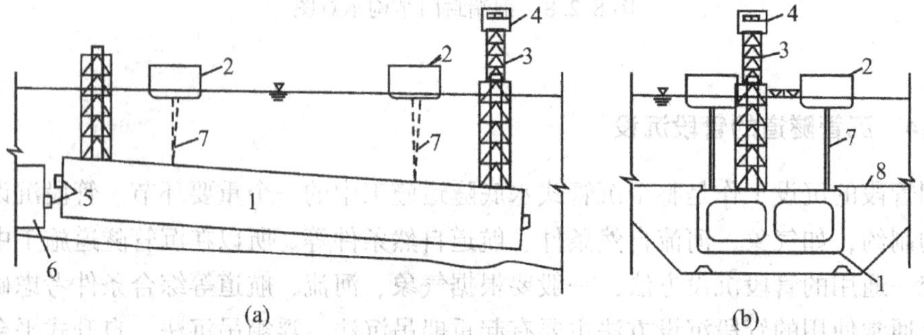

1—管段；2—浮箱；3—定位塔；4—指挥室；5—鼻形托座；6—沉设管段；7—吊索；8—定位锚索

图8.2.10　浮箱吊沉法示意图

3. 自升式平台吊沉法

自升式平台吊沉法即水上作业平台"骑"在管段上方，完成管段沉放作业。水上作业平台是海洋钻探或开采石油的专用设备。其工作平台实际上是一个钢浮箱（常是方环形）。就位时，向浮箱里灌水加载，使四条钢腿插入海底或河底，需要入土较深时，可以反复灌水、排水加荷压沉，直到钢腿插入深度达到设计要求为止。如图8.2.11所示。

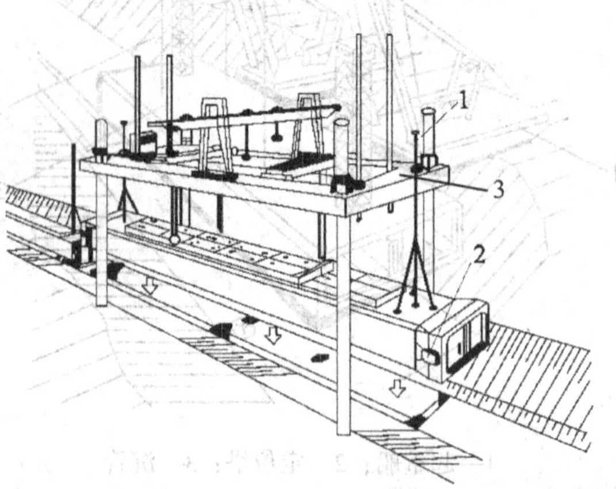

1—定位杆；2—拉合千斤顶；3—水上作业平台

图8.2.11　自升式平台吊沉法示意图

自升式平台吊沉法的优点是不需抛设锚索，施工时不受洪水、潮水、波浪的影响，不需要锚锭，对航道干扰小。其缺点是设备费用较大，因此一般不采用该方法施工。

4. 船组杠吊法

船组杠吊法又分为四驳杠吊法和双驳杠吊法。

“四驳杠吊法”即用四艘小型方驳，左右二艘方驳之间用杠棒（钢梁）联系，前后两组方驳用钢桁架连接，构成一个整体船组。管段和船组有 6 根锚索定位，定位卷扬机安设在船体上，起吊卷扬机安设在“杠棒”上，吊索的吊力通过杠棒传到船体上。如图 8.2.12 所示。

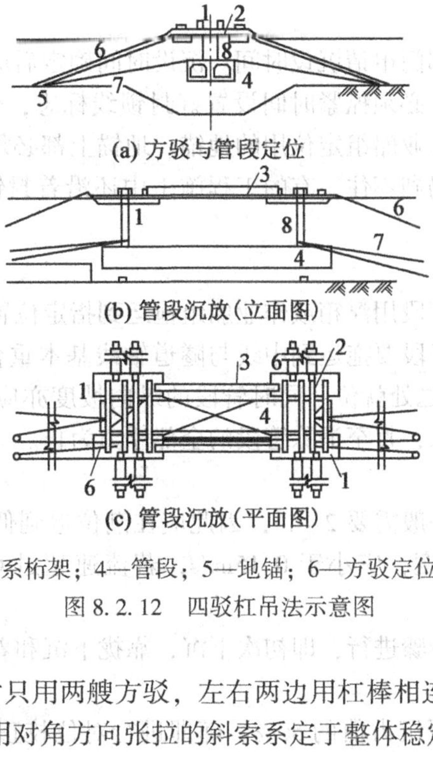

1—方驳；2—杠棒；3—纵向联系桁架；4—管段；5—地锚；6—方驳定位索；7—管段定位索；；8—吊索

图 8.2.12　四驳杠吊法示意图

“双驳杠吊法”吊沉时只用两艘方驳，左右两边用杠棒相连系，前后两边用绷索相连接，将管段的定位锚索改用对角方向张拉的斜索系定于整体稳定性较好的双驳船上。双驳杠吊法的优点是整体稳定性较好，其缺点是设备费用较大（大型驳船费用较贵）。双驳杠吊法示意图如图 8.2.13 所示。

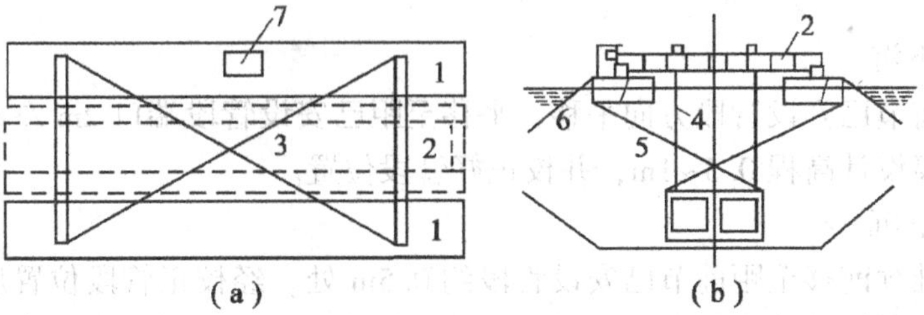

1—方驳；2—杠棒；3—绷索；4—吊索；5—斜索；6—方驳定位索；7—指挥室

图 8.2.13　双驳杠吊法示意图

8.2.5 沉管隧道沉设作业

1. 沉设前的准备

在沉管隧道沉设开始前的1~2d，应作好管节沉设点的基槽检查和基槽的清淤工作，同时还要检查临时支座的安放位置、标高，岸上管段对接位置等。所有工作尽量在岸上作好，以保证管段能顺利地沉放到设计位置，避免沉设中途发生搁浅，临时延长沉设作业时间，打乱港务计划。

其次，要通过气象部门了解管段浮运沉设日期前后7~10d的天气情况，避免在大风、大雨的天气施工，施工时一般要求最大风速要小于10m/s。浮运沉设时间一般最好选在上午10：00时。

最后向港务、港监等部门申请沉设时间。沉设时间确定后应及早通知相关方面。沉设前必须做好水上交通管制，必须抓紧时间设置好封锁线标志，包括浮标、灯号、球号等。同时必须埋设管段定位及休业船组定位用的地锚。地锚上都必须设置浮标。为防止误入封锁线的船只于紧急抛锚后仍刹不住，有的工程施工中还沿着封锁线在河底上敷设勾锚链，以策安全。

2. 管段就位

在高潮平潮之前，将管段用浮箱或作业船组拖运到指定位置上，并带好地锚，校正好前后、左、右位置。一般管段要拖运到中线与隧道轴线基本重合（误差应不大于10cm），离规定沉设位置10~20cm之处就位。同时管段的纵向坡度亦应调整到设计坡度。定位完毕后，可以开始灌注压载水，直至消除管段的全部浮力为止。

3. 管段下沉

管段下沉的全过程，一般需要2~4h，因此应在潮位退到低潮平潮之前1~2h开始下沉。开始下沉时的水流速度，应小于0.15m/s，若流速超过0.5m/s，应采取一些辅助措施。

下沉作业一般分三个步骤进行，即初次下沉，靠拢下沉和着地下沉。

（1）初次下沉

先灌注压载水至规定下沉力值的50%，随即进行对位校正。校正完毕，再继续灌水至规定下沉力值的100%。然后开始按40~50cm/min速度将管段下沉，直至下沉到离设计高程4~5m为止。下沉时要随时校正管段位置。当管节顶面下沉至距水面4m时，管节受力状态最为复杂，各种作用力变化很大，必须引起重视，并要有足够的安全保证措施，以防万一。

（2）靠拢下沉

将管段向前节已安设管段方向平移，平移至距已安设管段端口2m左右处。随后再将管段沉到管底离设计高程0.5~1m，并校正好管段位置。

（3）着地下沉

先将管段继续前移至距前节已安设管段约0.5m处。经校正管段位置后，即开始着地下沉。下沉时要利用对接定位装置不断减少管节的横向摆幅，并自然对中，以提高安装精度。一般要求管节的左右误差小于±20mm，高程误差小于±20mm。在沉设过程中，要注意管节底面下的河（海）水的重度将随着管底与基槽间隙的减少而逐渐加大，尤其是在泥砂含量较高的江、河中更为明显，需及时调整下沉力或采取其他措施，保证管节能继续下沉就位。

8.2.6　沉管隧道的水下压接

1. 管段接头

做好管段接头是沉管隧道施工中的重要环节，其首先要满足水密性要求，即在施工阶段和日后运营阶段不渗漏；第二是具有抵抗各种外力的能力，这些外力包括地震力、浮力、温度变形和地基变形等；第三是方便施工和保证施工质量。

（1）管段接头的种类

管段在水下完成对接时，无论连接时采用水下混凝土法或水力压接法，均需在水下混凝土或胶垫的止水掩护下，在其内侧构筑永久性的管段接头，以使前后两节管段连成一体。永久性管段接头的构造，按其连接方法主要有刚性接头和柔性接头两种：

连接方法　　　　接头种类

水下混凝土法——刚性接头

水力压接法——{刚性接头（先柔后刚）；柔性接头}

两种接头方式中，刚性接头和柔性接头各有利弊，刚性接头的优点是抵抗外力的作用较好，但防水密封性较差；柔性接头由于防水密封性较好，但抵抗外力的作用较弱。近几年来，沉管隧道施工中，为了吸取上述两种接头的利弊，又研制了“先柔后刚（刚性接头）”式接头。

（2）刚性接头

刚性接头是指管段于水下完成连接后，在相邻两节管段的接头部位，两层钢板之间沿管段两侧外墙、底板和顶板之间浇筑一圈钢筋混凝土，形成一个永久性接头。刚性接头要具有抵抗轴力、剪切力和弯矩等外力的强度，因此一般要求其强度要不小于管段本身结构的强度。

在水力压接法出现之前，所有的沉管隧道都采用刚性接头。但其最大的弱点是水密性不可靠，使用不久往往就会因沉降不均、温度变形等因素出现渗漏和滴水现象。水力压接法出现之后，目前许多沉管隧道仍采用刚性接头，但现在的刚性接头与以前的接头有较大的不同，接头的外圈采用 GINA 橡胶止水带，内侧采用连接钢板和后封钢筋混凝土。这种接头方式称为“先柔后刚”式。内侧的后封钢筋混凝土一般要待沉降基本结束之后再进行浇筑。如图 8.2.14 所示。

“先柔后刚”式接头，按构造形式又分为两种：一种为“无接圈式”，即水力压接所用的胶垫直接安装在管段端面上，接头后封钢筋混凝土厚度比沉管外壁稍小。另一种为“接圈式”，即接头后封钢筋混凝土厚度与沉管外壁相同。水力压接时所用的胶垫不直接安设在管段端面上，而另用钢筋混凝土或钢结构沿管段周边外边沿做成悬壁，用来安设胶垫。“无接圈式”刚性接头的优点是施工方便，是目前在沉管隧道施工中采用最多的一种接头方式。“无接圈式”接头和“接圈式”接头的构造形式如图 8.2.15 所示。

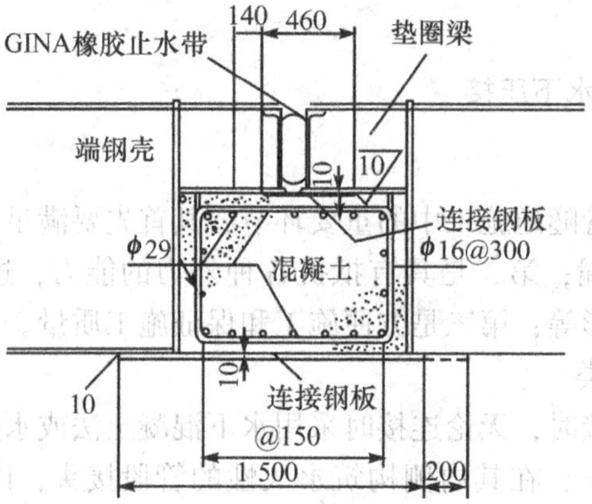

图 8.2.14 刚性接头（先柔后刚）示意图（单位：mm）

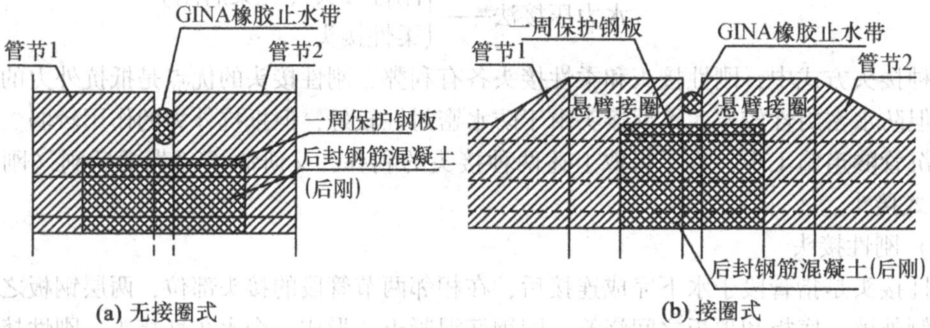

图 8.2.15 "先柔后刚"式接头示意图

(3) 柔性接头

柔性接头一般是采用水力压接法来形成初始密封，即用 GINA 橡胶止水带作为第一道防水。然后在已经形成水密性的沉管段内，在各接头上安装 OMEGA 橡胶止水带。

对于有抗震要求的柔性接头，根据其采用的纵向弹簧构件的不同，主要有两种形式：一种是在管节之间采用 W 型钢板和Ω型钢板作为纵向弹簧构件的柔性接头；另一种是在管节之间采用预应力钢索及连接装置作为纵向弹簧构件的柔性接头。如图 8.2.16 所示。

2. 水下压接

水下压接主要是完成管段接头止水带的压接。止水带的压接是管段沉设过程中的一个重要部分。整个压接过程可以分为两个阶段，即初步压接和最终止水压接。初步压接时主要进行 GINA 止水带的尖头压缩，达到接头初步止水的效果；最终止水压接是依靠管段自由端的水压力将 GINA 止水带进一步压缩，达到最终止水的目的。OMEGA 止水带是管段接头的第二道防水线。由于管段接头是柔性接头，所以要求 OMEGA 止水带在一定水压和变形条件下，以及任何可能的工况条件下（如沉降、位移、地震和温度变化等）保证接头的水密性。如图 8.2.17 所示。

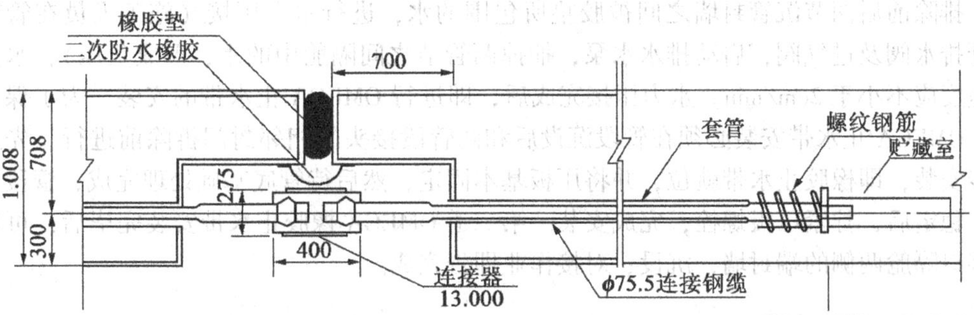

(a) 采用预应力钢索及连接装置的柔性接头

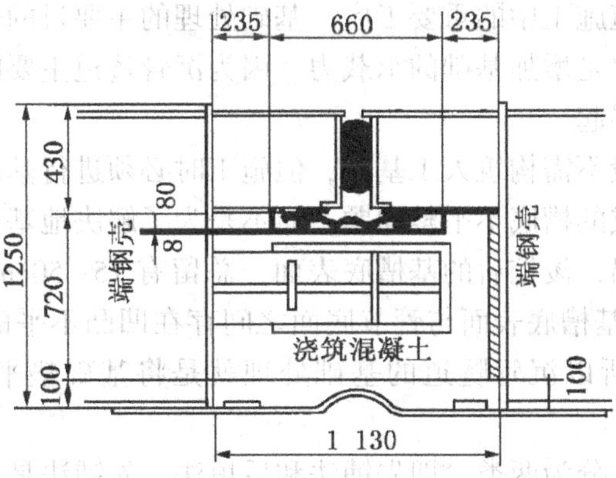

(b) 采用 W 型或 Ω 型钢板的柔性接头

图 8.2.16　柔性接头的主要形式示意图

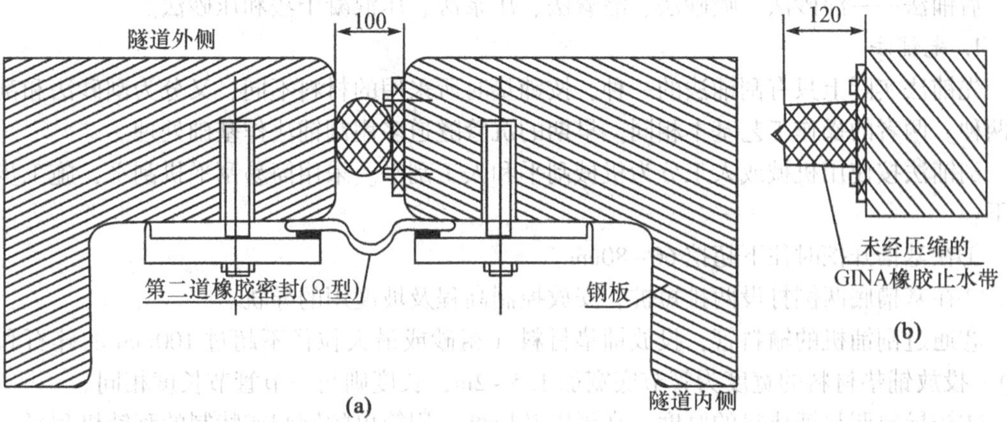

图 8.2.17　GINA 止水带和 OMEGA 止水带安装示意图

水下压接的具体施工操作步骤是：管节沉设精确就位后，拆除 GINA 橡胶止水带保护罩，派潜水员检查 GINA 橡胶止水带及清除附着物，然后用拉合式千斤顶对 GINA 橡胶止水带进行预压。对接拉合的速度应不大于 7cm/min，当两端面相距 210mm 时，对管节进行精细调整，满足安装精度后，再继续拉合到初步止水工况。初步止水工况经检查没问题后，排除前后两节沉管封墙之间被胶垫所包围的水，进行水力压接（施工人员在管节内打开排水阀及进气阀，启动排水水泵，抽掉两管节之间隔舱中的水，形成负压），水力压接速度应不小于2cm/min。水力压接完成后，即进行OMEGA止水带的安装。为了保证安全，OMEGA止水带安装必须在管段沉设后和两管段接头的相邻封门拆除前进行。先进行初步安装，即橡胶止水带就位，并将压板基本固定，然后待管底基础处理完成，管段沉降基本稳定后，拧紧压板螺栓，完成安装。第二道OMEGA橡胶止水带安装完毕后，可以拆除接口隔舱两侧的端封墙，沉设、对接作业即告完成。

8.2.7 基础处理

基础处理是沉管隧道施工中的重要工序。基础处理的主要目的是将基础垫平，而不是像地面基础处理那样主要是增加基础的承载力。因为沉管隧道主要的问题不是怕地基承载力不够，而是怕沉管段浮起。

沉管隧道沉管段一般不需构筑人工基础，但施工时必须进行基础处理。其目的主要是解决基槽开挖作业所造成的槽底不平整问题，而不是为了解决地基土的固结沉降。因为无论使用任何种类的挖泥船，浚挖后的基槽底表面，总留有15~50cm的不平整度（铲斗挖泥船可达100cm），这使基槽底表面与管节底面之间存在凹凸不平的空隙，导致管节结构受力不匀而局部破坏。所以沉管隧道的基础处理就是将基础垫平，以使管片结构受力均匀。

基础处理方法大体上分为两类，即先铺法和后填法。先铺法是在管段沉设之前先铺好砂、石垫层；后铺法是先将管段沉设在槽底事先预制好的临时支座上，随后再补填垫实。这两类方法按施工工艺的不同又可以划分为：

先铺法——刮砂法、刮石法；

后铺法——灌砂法、喷砂法、灌囊法、压浆法、压混凝土法和压砂法。

1. 先铺法

先铺法实际上只有刮铺法的一种，按铺垫时所采用的材料不同，又分为刮砂法和刮石法两种。两者的操作工艺基本相同。早期的沉管隧道多用刮铺法作基础处理。

刮铺法按使用机械或人工分为机械刮平和人工刮平。采用简易刮平机刮平，施工步骤如下：

①在基槽开挖时往下超挖60~80cm。

②在基槽底两侧打设两排短桩，安放控制高程及坡度用的导轨。

③通过刮铺机的输料管，投放铺垫材料（粗砂或最大粒径不超过100mm的碎石和砾石），投放铺垫材料的宽度为管节底宽加1.5~2m，长度则与一节管节长度相同。

④按导轨调整铺垫料的厚度、高程以及坡度，用简单的钢犁或特制的刮铺机刮平，如图8.2.18所示。

刮铺法的表面平整度，使用刮砂法时只能达到±5cm；使用刮石法时只能达到±20cm。为使垫层表面进一步平整，可以在管段沉设后加一“压密”工序，即在管段内灌足压力水，进行加压砂石料，使之发生超荷而使垫层进一步压实平整。当采用刮石法时，可以在管段沉设完毕后，通过管段内预先预埋的压浆孔向垫层内压注水泥膨润土（粘土）混合砂浆。

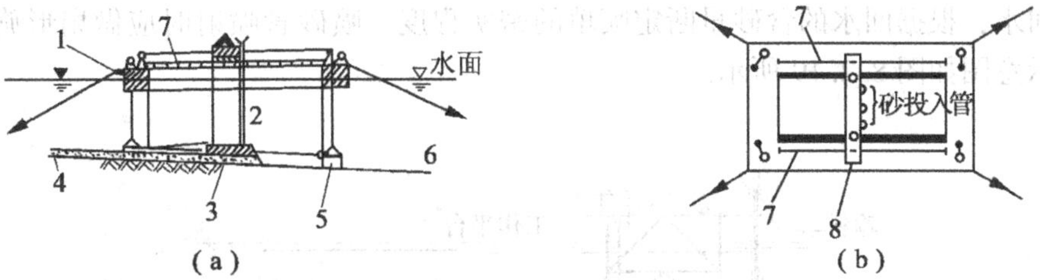

1—方环形浮箱；2—砂石喂料管；3—刮板；4—砂石垫层；5—锚块
6—沟槽底面；7—钢轨；8—移行钢梁
图 8. 2. 18 刮铺机示意图

采用水下人工刮平工法，施工步骤如下：

①设置水下导轨支座。

②铺设行走导轨，要求导轨面标高误差不超过±20mm。

③给砂（或石）装置沿导轨行进，由工程船舶上的给料斗不断供砂（或石）由潜水员在水下人工刮平。

先铺法的主要缺点是：

①必须制造专用的刮铺船舶，费用昂贵。若用简单的钢犁进行刮平作业，则精度较难控制，作业时间亦较长。

②必须按设计高程、坡度、厚度要求，在水底架设导轨。导轨的安装精度较高，否则易造成基础处理失败。

③刮铺作业时间比较长，作业船在水上停留占位时间较长，对航运影响较大。

④在流速大、回淤快的河（海）道上施工较困难，管节底宽超过 15m 左右时施工较困难。

⑤在地震区应尽量避免采用刮砂垫层，只能采用刮石垫层。

2. 后铺法

后铺法的基本工序为：在开挖基槽时先超挖 100cm；然后在槽底安设临时支座；管段沉设搁在临时支座后，往管底空隙回填垫料。后铺法按施工工艺的不同具体又分为：

（1）灌砂法

管节沉设完毕后，通过导管从水面上向管节底部灌填粗砂，构成纵向垫层。该方法设备简单，施工方便，较适用于底宽较小的钢壳圆形、八角形或花篮形管节，不适用于管度较大的管段。这是一种最早的后铺法的基础处理方式，美国早期的沉管隧道沉管段的基础处理常采用该方法，1969 年建成的阿根廷 Parana（Hernandias）隧道，亦采用该方法。

（2）喷砂法

管节宽度较大时，先铺法、灌砂法均不适用。喷砂法是在水面上用砂泵将砂、水混合料通过喷管向管节底部喷注，以填满其空隙。喷砂所筑的垫层厚一般为 1m。喷砂作业之前，需在沉设完毕的管节顶面上安设一套专用台架，台架顶部突出部分作为施工操作平台，且可以沿管节顶面上的铺设轨道作纵向前后移动。在台架的外侧，吊着三根可以深入管片底部呈 L 形的钢管，三根钢管中，中间的一根为喷管，直径为 10cm，旁边两根为吸管，直径为 8cm。作业时，喷砂管将砂、水的混合料喷入管段底部空隙中，同时经两根吸管抽汲回水，根据回水的含砂量断定喷填的密实程度。喷砂管喷射时应做扇形旋移运动。喷砂法示意图如图 8.2.19 所示。

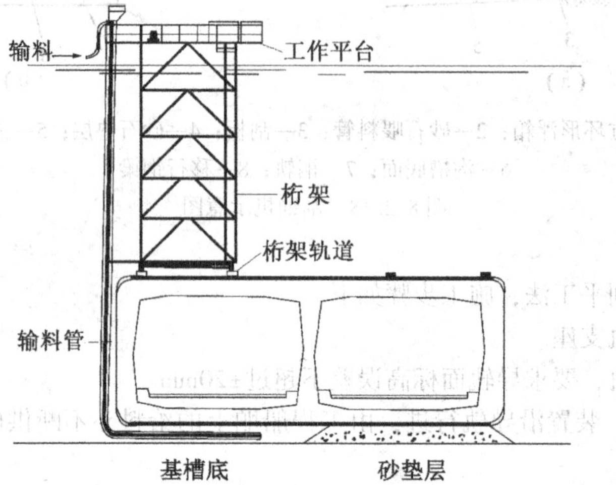

图 8.2.19　喷砂法示意图

喷砂时从管节的一侧前端开始，逐步喷填到管节后端，然后再从管节的另一侧后端开始向前端喷填。喷砂作业的施工速度约为 $200m^3/h$。

喷砂完毕后，随即将支承在临时支座上的千斤顶卸荷，使管节全部重量压到砂垫层上使之压密，此时产生的沉降量一般在 5mm 以内。竣工、通车后的最终沉降量，一般在 15mm 以内。

(3) 灌囊法

灌囊法就是用砂浆囊袋将砂、石垫层上的剩余空隙切实垫密。施工时首先将基槽底面铺设一层砂、石垫层，然后将底面系有空囊袋的管片沉设到距离垫层 15~20cm。待管节沉设就位，从水面操作台上向囊袋内灌入由粘土、水泥和黄砂组成的混合砂浆，以使管底剩余空隙全部消除。如图 8.2.20 所示。

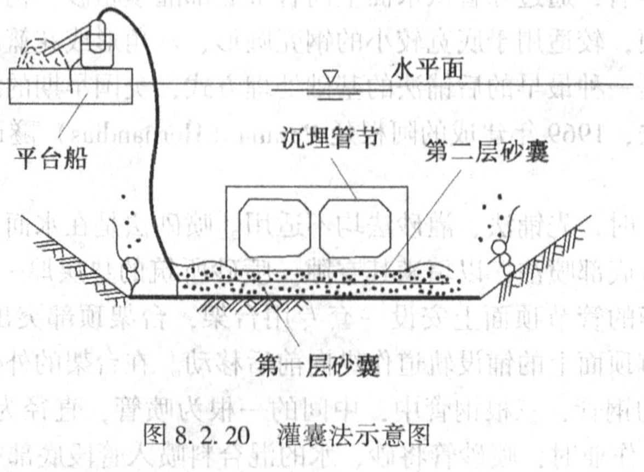

图 8.2.20　灌囊法示意图

囊袋的尺度一般不宜过大，一般以容纳 5~6m^{3}砂浆为度。制造囊袋的材料要有较好的强度、透水性和透气性，以便灌注砂浆的同时可以排除囊袋中的水和空气。

混合砂浆的强度（标号）要求不高，强度略高于基槽原状土即可，但其流动度要求较大。灌浆可以通过水面上 100mm 直径的消防软管，依靠砂浆自重自行灌注，而不加压（所以不称为“压浆”）。灌注时必须采取适当措施防止管节顶起，除密切观测外，还可以采取间隔轮灌等措施。

（4）压浆法

压浆法是对灌囊法的进一步改进，可以省去较贵的囊袋、繁杂的安装工艺、水上作业和潜水作业。施工时，基槽向下超挖 1m 左右，在上面铺设一层碎石（厚 40~50cm）但不必整平，大致整平即可。再堆设临时支座所需的道渣堆，就可以进行管段沉设。

管节沉设对接结束后，沿着管节二侧边及后端底边抛填砂、石混合料至离管节底面标高以上 1m 左右，用以封闭管节周边，然后从管节内部通过预先留设的灌浆孔（灌浆孔带有单向阀），向管节底部空隙压注混合砂浆。如图 8.2.21 所示。

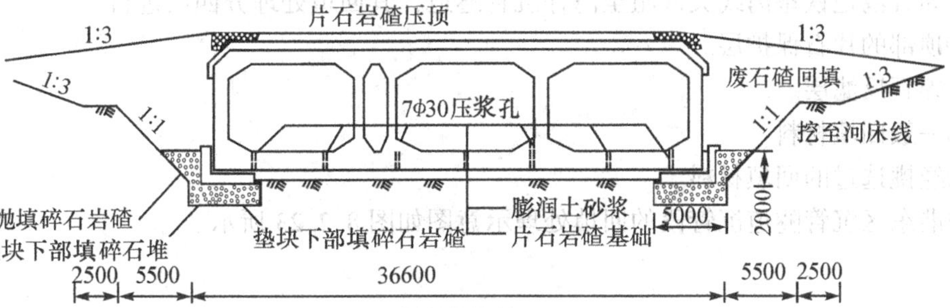

图 8.2.21　压浆法示意图（单位：mm）

压浆所用混合砂浆是由水泥、膨润土、砂和适量缓凝剂配制而成。膨润土亦可以用粘土代替，其掺用目的是为了增加砂浆的流动性，同时又节约水泥。混合砂浆的强度为 0.5MPa 左右，只要略高于地基原状土强度即可。因水的浮力作用，管节作用在基槽底面上的压力很小，一般只有 0.1~0.2MPa，最大也不超过 0.3MPa。每立方米混合砂浆的配比为：水泥 150kg、膨润土 25~30kg、砂 600~1000kg。压浆时所用压力不宜过高，以防止顶起管节，一般比水压力大 0.1~0.2MPa 即可。

（5）压砂法

压砂法亦称为砂流法，与压浆法原理基本相同。但压入的不是砂浆而是砂、水混合料。混合料一般通过ϕ200mm 的钢管经沉管隧道一端，以 2.8 个大气压输入管节内（流速约为 3m/s），再经预埋在管节底板上的压砂孔（带有单向阀），注入管节底面以下的空隙，如图 8.2.22 所示。压砂法最初是于 20 世纪 70 年代在荷兰的弗莱克（Vlake）道路隧道中试成，以后又在该国的波特莱克（Botlek）道路隧道等工程中推广。

8.2.8　回填处理

回填处理主要是指对已经基础处理好的管段进行覆土回填。其目的是对沉管隧道进行

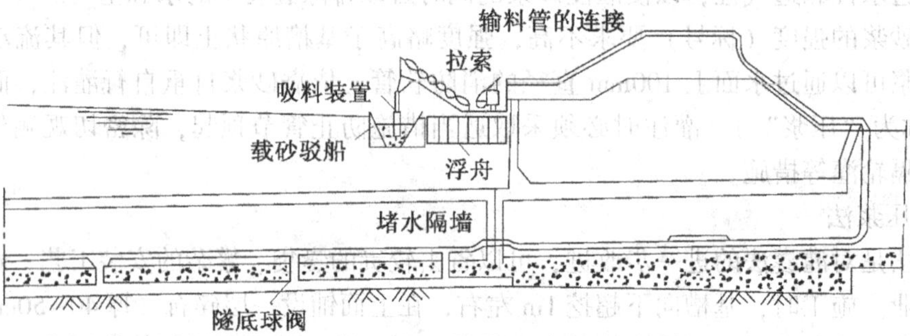

图 8.2.22 压砂法示意图

保护，使其具有较好的防冲刷、防锚、防沉船能力。回填时一般要在管节的基础两侧和顶面进行覆土回填，管节两侧的覆土回填还具有防止基础边缘外侧可能形成的抗地震液化薄弱区。如香港地铁荃湾线尖沙咀至湾仔沉管隧道，其回填处理分四层进行。

①顶部的片石保护层。

②碎石反滤层。

③一般回填材料。

④经挑选过的回填材料。

香港东区沉管隧道沉管段的回填处理示意图如图 8.2.23 所示。

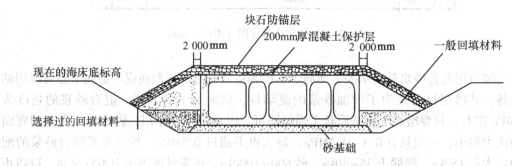

图 8.2.23 香港东区沉管隧道沉管段的回填处理示意图

§8.3 沉井施工

沉井是地下建筑工程施工中常用的一种方法，沉井的施工方法为：先在地面上制作一个上无盖下无底的井筒状结构，该结构常用钢筋混凝土制成，然后在井筒内不断挖土，井筒借助于自重不断下沉，沉至设计标高，再进行沉井封底，形成地下建筑物。该方法广泛使用于矿井、通风道、水泵房、取水用集水井及桥墩等工程。近年来，更多用于地下油库、地下电厂盾构工作井及顶管工作井的建造。如图 8.3.1 所示。

沉井工作内容包括沉井的制作和沉井下沉两个主要部分。根据不同情况和条件（如沉井高度、地基承载力、施工机械设备等），沉井可以采用一次制作或分节制作；也可以一次制作一次下沉，或制作与下沉交替进行。沉井最适于在弱透水的土层中下沉，因为此时可以用不排水下沉，速度快且方向易控制，遇到大的坚硬障碍物，也便于排除。

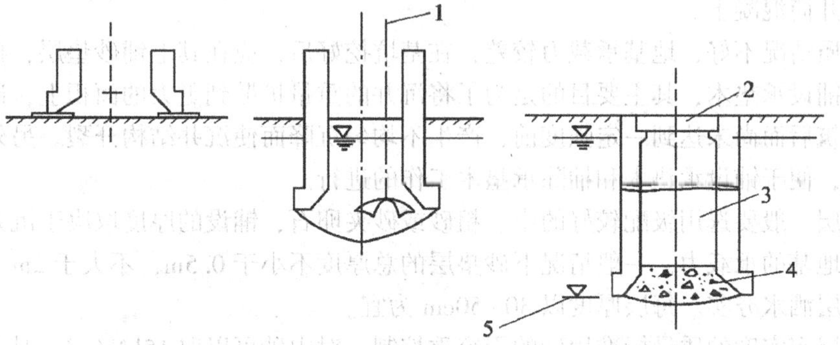

1—挖土；2—顶板；3—井孔；4—封底混凝土；5—设计标高

图 8.3.1　沉井下沉示意图

8.3.1　沉井制作

1. 沉井的构造与基坑开挖

沉井一般为钢筋混凝土结构，其横断面形状为圆形或方形，纵断面形状大多为阶梯形。沉井结构是由刃脚、井筒、内隔墙等组成。刃脚在井筒的最下端形如刀刃，在沉井下沉时起切入土中的作用，因此要求刃脚具有一定的强度和刚度，刃脚一般由钢板、角钢做成或由型钢加固。井筒是沉井的外壁，在下沉过程中起挡土作用，同时还要有足够的重量克服筒壁与土壤之间的摩阻力和刃脚底部的土阻力，使沉井能在人工挖土或机械挖土的情况下，依靠本身的自重逐步下沉。内隔墙的作用是把沉井分成许多小间，减少井壁的净跨距以减小弯矩，施工时亦便于挖土和控制沉降与纠偏。如图 8.3.2 所示。

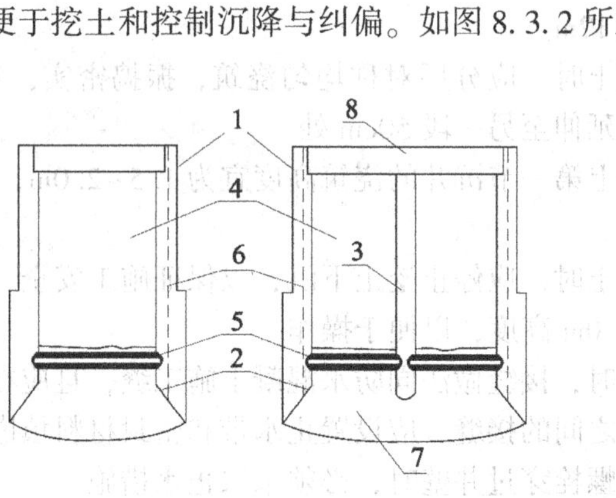

1—井壁；2—刃脚；3—隔墙；4—井孔；5—凹槽；6—射水管组；7—封底混凝土；8—顶板

图 8.3.2　沉井构造示意图

沉井在地面制作时，是否开挖基坑，可以根据施工方法和土质情况而定。若土质情况不好，承载力较差；表土有草根不利于水力机械挖土，或采用大型机械挖去部分土方较为有利时，均应考虑先开挖一定深度的基坑再制作沉井。若土质情况较好，承载力较大，可以考虑原地制作或进行浅基处理，浅基处理时，在沉井与刃脚底面接触范围内，进行原土夯实。采用砂垫层、砂石垫层，灰土垫层等处理，垫层厚度一般取 30~50cm。然后在垫层上浇筑井筒混凝土。

若土质情况不好，地基承载力较差，在基坑挖好后，应在其上铺砂垫层，再沿井壁周边刃脚下铺设承垫木，其主要目的是为了将沉井的重量扩散到更大的面积上，避免沉井混凝土在浇筑后而尚未达到一定强度前，产生不均匀沉降而使沉井结构开裂。另外，砂垫层易于找平，便于铺设承垫木和抽除承垫木工作的进行。

砂垫层一般要选用级配较好的中、粗砂或砂夹卵石，铺设的厚度取决于沉井的重量及垫层底部地基的承载力，一般情况下砂垫层的总厚度不小于 0.5m，不大于 2m。铺设砂垫层时应分层洒水夯实。每层厚度以 30~50cm 为宜。

砂垫层密实度的质量标准用砂的干容重控制。对中砂可以取 $15kN/m^3$；对于粗砂，则可以适当提高。对于较轻的沉井可以适当降低。砂垫层上的承垫木一般采用方木，长度为 2.5m，截面尺寸为 0.2m×0.2m。一般两根或四根排列为一组。两根一组时，组距约 0.2m；四根一组时则应大于 0.35m。沿刃脚长向约每米长度用四根承垫木。

当沉井混凝土强度达到设计要求（一般在设计强度的 70%以上）时，可以开始抽除承垫木。抽除承垫木应分区、对称、同步进行。每抽除一组承垫木，刃脚下即填筑砂或碎石，且随即夯实。

2. 沉井制作及防水处理

沉井制作包括支模、绑扎钢筋、浇筑混凝土及养护、拆模等。其施工方法和施工的顺序与一般钢筋混凝土结构基本相同。但因沉井结构的特殊性，沉井结构的井壁和底板，应采用防水混凝土制作。沉井的施工应符合下列规定：

①制作沉井时可以分节制作，逐步下沉或一次下沉。分层的高度与沉井自身的稳定性、结构的重量（以保证足够的下沉系数）、施工的方便性等因素有关。若考虑分节制作一次下沉则必须根据地基允许承载力进行验算，其最大浇筑高度可以视沉井平面尺寸而定，但一般不宜超过 12m。

②浇筑沉井混凝土时，应分层对称均匀浇筑，振捣密实，每层浇筑厚度 30cm，振捣时在每一段交接处应延伸至另一段 50cm 处。

③在垫层或砖胎上第一节沉井的浇筑高度宜为 1.5~2.0m，且在强度达 70%后，方可浇筑第二节沉井。

④浇筑井壁混凝土时，应停止挖土下沉，以保证施工安全，同时前一段下沉的沉井应在地面上预留 0.5~1.0m 高度，以便于操作。

⑤沉井井壁分节时，接缝做法同防水混凝土施工缝，且应在井壁迎水面接缝处设置附加防水层；连续沉井之间的接缝，应设置止水带和密封材料填嵌。

⑥固定模板用的螺栓穿过井壁时，必须采取止水措施。

8.3.2 沉井的下沉

井筒的混凝土强度达到设计强度 70%时沉井开始下沉。沉井下沉分排水下沉和不排水下沉。

1. 沉井排水下沉

当土质透水性很低或漏水量不大的较稳定土层，其涌水量每立方米沉井面积不超过 $1m^3/h$ 时，排水不会产生流砂，可以采用排水下沉。排水下沉施工简单，易保证工程质量，应尽量优先采用。

排水下沉直接采用水泵或人工降低地下水位方法，将井筒内的地下水排除，然后人工进行挖土，再配以小型机具（台灵架、少先吊及手推车）进行运土。

当沉井较大，为提高施工效率，可以采用抓斗挖土机挖土，配以汽车进行运土。但采用抓斗挖土机挖土，沉井周围应有较好路基，否则易发生塌方。用抓斗挖土机挖土，隔墙或井壁周围处不宜挖掘，还要人工进行修整。

采用水枪冲泥和水力吸泥机排泥方法，具有施工速度快、机械化程度高的特点，在大型沉井施工中应用较多，特别是靠近江、河、海岸边的沉井，因其水源近、排泥方便，应用更多。该方法对排水下沉或不排水下沉均适用，但采用不排水下沉时，有时需潜水员配合工作。采用水枪冲泥和水力吸泥机排泥方法如图 8.3.3 所示。

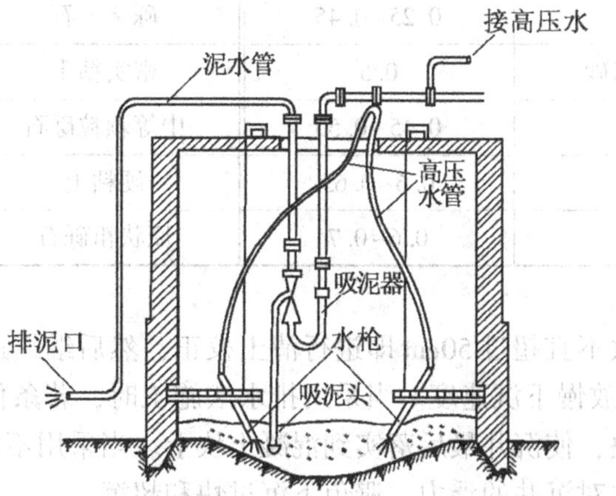

图 8.3.3 水力机械挖土示意图

2. 沉井不排水下沉

当沉井需穿过较厚的，且含水量较大的（$W>30\%\sim40\%$）砂土或粉砂层时，采用排水下沉，容易产生流砂现象，这时宜采用不排水下沉。

采用不排水下沉，为避免流砂现象，井内水位必须高出井外水位 1~2m，以防止流砂涌入井内。不排水下沉，土方也可以由抓斗挖土机挖土。抓斗挖土机将中间土挖成锅底形时，沉井在自重作用下会自动切土，沉井逐渐下沉。

若采用高压水枪冲土，为使井筒下沉均匀，高压水枪宜沿井壁四周均匀布置，每个水枪均应设置阀门，以便沉井下沉不均匀时，进行调整。水枪布置图如图 8.3.4 所示。

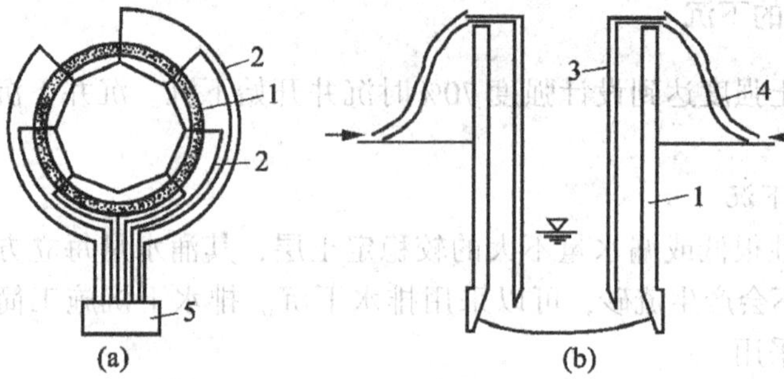

1—井筒；2—水管；3—水枪；4—胶管；5—泵站

图 8.3.4 水枪布置图

水枪直径一般为 63~100mm，喷嘴直径为 10~12mm。高压水枪压力随土的性质而定，如表 8.1.1 所示。

表 8.1.1 高压水枪压力与土质的关系

土　质	水压/（N/mm^2）	土　质	水压/（N/mm^2）
松散细砂	0.25~0.45	中等密实粘土	0.6~0.75
软质粘土	0.25~0.45	砾　石	0.85~0.9
密实腐植土或原状细砂	0.5	密实粘土	0.75~1.25
松散中砂	0.45~0.55	中等颗粒砾石	1.0~1.25
黄　土	0.6~0.65	硬粘土	1.25~1.5
原状中砂	0.6~0.7	原状粗砾石	1.35~1.5

沉井下沉时，每次不宜超过 50cm 即进行清土校正，然后继续进行。沉井下沉至距离设计标高 50cm 时，应放慢下沉速度。当采用排水法施工时，若条件许可，可以在设计标高刃脚处放置混凝土块，使沉井最后落实到混凝土块上。当采用不排水法施工时，可以向井内适当注水，增加水对沉井的浮力，避免下沉过快和超沉。

沉井下沉完毕还会下沉一定深度，为保证符合结构使用要求，一般下沉深度应有 3~5cm 至 5~10cm 的预留量。

8.3.3 沉井封底

沉井封底是一项重要工序，用沉井施工法施工的建筑物，必须做好沉井封底工作，保证不渗不漏。沉井封底分为平封底和湿封底两种。

采用排水下沉的沉井、其基底处于不透水的粘土层中或基底虽有涌水、翻砂、但数量不大时，尽量采用平封底，平封底能保证混凝土的浇筑质量，而且节约材料。

采用平封底时，为便于施工应将地下水位降到低于底平面 500mm 以下，且对基础进行处理。处理方法是：当沉井沉到设计标高且基本稳定后（表现在 8h 内下沉量不大于

10mm)，用煤渣将超挖部分填充夯实。刃脚四周填以毛石，有时尚须铺设 10~30cm 厚的砂垫层，然后再用素混凝土封底。如图 8.3.5 所示。

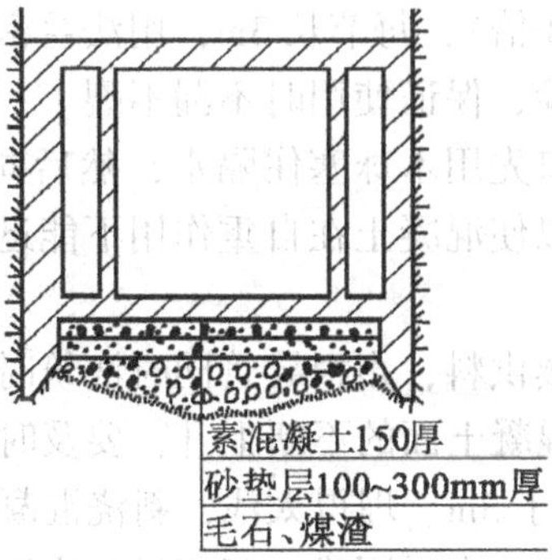

图 8.3.5 沉井基础处理、封底示意图

用素混凝土封底前，应将井壁与底板连接部分凿毛并清洗干净，再将井底和残渣除净。浇筑素混凝土时，应采取分格、对称、均匀浇筑的方法，先沿刃脚四周浇筑，再逐步向锅底中心推移。浇筑时为保证混凝土浇筑质量，应分层浇筑并振捣密实，分层厚度以 30~50cm 为宜。

若在含水地层，井底应铺设 40~50cm 厚的碎石和细石作为倒滤层，其中碎石和细石部分应夯实，且在井底部设置 2~3 个集水井不断抽水。抽水作业需待封底混凝土强度达到设计要求后方可停止，再将集水井封堵。

封堵集水井时，先将集水井内的水抽干，在套管内迅速用微膨胀混凝土堵塞，然后用带胶圈法兰盖严，且用螺栓拧紧，或用钢盖板封焊，最后在盖板上浇筑混凝土抹平。如图 8.3.6 所示。

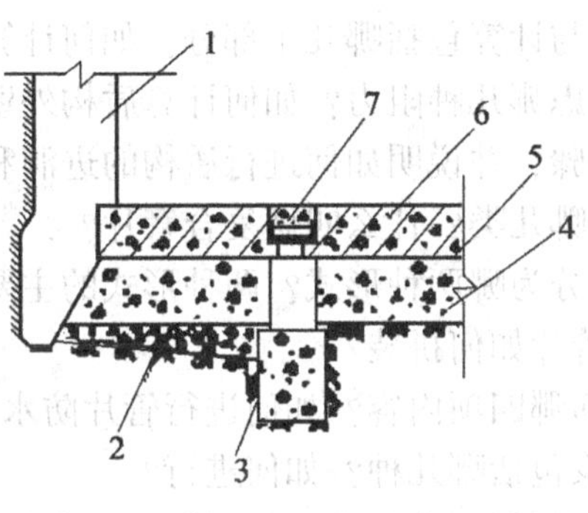

1—刃脚、2—盲沟，填粒径 15~75mm 的砾石；3—积水井，带孔钢管；4—封底混凝土；5—防水层
6—钢筋混凝土底板；7—ϕ300×4mm 滤水钢管，带法兰、垫圈、螺栓

图 8.3.6 沉井封底排水构造示意图

封底混凝土达到设计强度后，铺设油毡防水层，浇筑底板钢筋混凝土。

采用不排水下沉的沉井，封底一般采用湿封底。封底前应将浮泥清除干净且铺碎石垫层，然后采用导管法进行水下浇筑混凝土。

导管法水下浇筑混凝土，导口下口距基底保持 140cm 为宜。导管直径一般为 250~300mm（至少为最大骨料的 8 倍），每节长 3m，用法兰密封连接，顶部有漏斗。导管使用前一定要进行水密、拔力试验，保证使用时不漏不裂。

混凝土浇筑前，导管下口先用木球塞住隔水，然后向导管内浇筑一定数量的混凝土，浇筑数量应通过计算确定，以使混凝土在自重作用下能迅速排出木球进入水中，且将导管底部包围。

混凝土浇筑过程中要连续供料，多根导管同时浇筑时，混凝土面应匀速上升，上升速度应不小于 0.25m/h；随着混凝土面的不断上升，要及时起拔导管。导管埋入混凝土中的深度不宜小于 1m，也不宜大于 3m。埋得太浅，新浇混凝土容易冲破面层混凝土而与泥浆掺混形成泥浆夹层，埋得太深，出料困难，起拔导管也困难。

水下封底混凝土应在沉井全部底面积上连续浇筑，浇筑间歇时间应不超过 30min，混凝土的水泥用量宜为 350~400kg/m^3，砂率为 45%~50%，砂宜用中粗砂，水灰比不宜大于 0.6，骨料粒径以 5~40mm 为宜。为节约水泥，提高混凝土的和易性和扩散性，可以掺适量木钙减水剂，使混凝土能依靠重力和流态达到密实。

水下混凝土达到设计强度后，方可从井内抽水，抽水后应检查封底混凝土质量。浇筑钢筋混凝土底板前，应进行止水或导水，并凿去表层浮浆。

复习思考题 8

1. 盾构的基本构造由哪三部分组成？每一部分的作用是什么？
2. 盾构是如何进行分类的？什么叫做机械化盾构？
3. 什么叫做泥水加压盾构？泥水加压盾构的施工原理是什么？
4. 什么叫做土压平衡盾构？土压平衡盾构的施工原理是什么？
5. 盾构壳体尺寸的确定与计算包括哪几个部分？如何计算？
6. 盾构推力计算时要考虑哪几种阻力？如何计算盾构外壁与周围土壤的摩阻力 F_1？
7. 试简述盾构施工的步骤，并说明如何进行盾构的进洞和出洞。
8. 盾构衬砌按材料分为哪几类？什么叫做复合管片？
9. 盾构衬砌按构造形式分为哪两种形式？两种形式的主要区别是什么？
10. 装配式钢筋混凝土管片如何拼装？
11. 装配式衬砌防水包括哪四项内容？如何进行管片防水？
12. 装配式衬砌壁后注浆包括哪几种？如何进行？
13. 装配式衬砌壁后注浆材料怎样组成？如何保证注浆质量？
14. 试简述沉管隧道的基本施工原理。
15. 沉管隧道的截面形式有哪两种？两种形式的各自优、缺点是什么？
16. 试简述沉管隧道施工的施工程序。
17. 沉管隧道制作时如何建造临时干坞？干坞的作用是什么？
18. 对沉管隧道管段的制作材料有何要求？

19. 沉管隧道制作时防水应满足哪些要求？
20. 沉管隧道制作时如何留设施工缝和变形缝？
21. 沉管管段制作时如何进行混凝土的养护？
22. 沉管管段沉设方法分为哪几种？如何进行沉管的杠吊法施工？
23. 沉管隧道沉设作业分为哪几个步骤？如何进行管段的下沉？
24. 沉管隧道管段接头分为哪几种？什么叫做刚性接头？
25. 沉管隧道水下压接分为哪几个阶段？如何进行？
26. 沉管隧道基础处理分为哪几种方法？什么叫做压浆法？
27. 沉管隧道的回填处理的作用是什么？如何进行？
28. 试简述沉井施工的基本原理。
29. 沉井制作包括哪几个步骤？如何进行？
30. 沉井下沉分为哪两种方法？两种方法各有什么优、缺点？
31. 沉井的封底分为哪几种？什么叫做湿封底？

第9章 道路桥梁施工

道路工程主要是由路基工程和路面工程组成。路基是用当地的土石填筑或在原地面开挖而成的道路主体结构；而路面工程依面层类型不同，有沥青路面、水泥混凝土路面和砂石路面等，其中沥青路面和水泥混凝土路面主要用于高等级公路和城市道路，砂石路面一般用于低等级公路。本章将介绍路基及路面的主要施工方法。

桥梁的施工一般可以分为桥梁上部结构的施工和桥梁下部结构的施工。桥梁的上部结构包括桥面结构和桥跨结构。桥跨结构也称为桥梁结构，是线路中断时跨越障碍的主要承载结构。桥梁的施工方法有多种多样，随着工程技术的进步以及工程设备的不断改善，到现在已得到了迅速的发展。本章将介绍其中桥跨结构主要的施工方法。

§9.1 路基施工

9.1.1 概述

道路是一种带状工程构筑物。道路主要承受汽车荷载的反复作用和经受各种自然因素的长期影响。道路工程的主要组成部分是路基和路面，如图9.1.1（a）所示。其中路面按其组成的结构层次从下至上又可以分为垫层、基层和面层。

1. 路基的主要组成部分

路基通常包括路肩、边坡、排水设施、挡土墙等。由于地形变化，一般又按其填挖形式分为路堤和路堑，高于天然地面的填方路基称为路堤，低于天然地面的挖方路基称为路堑，介于两者之间的称为半堤半堑，如图9.1.1（b）所示。

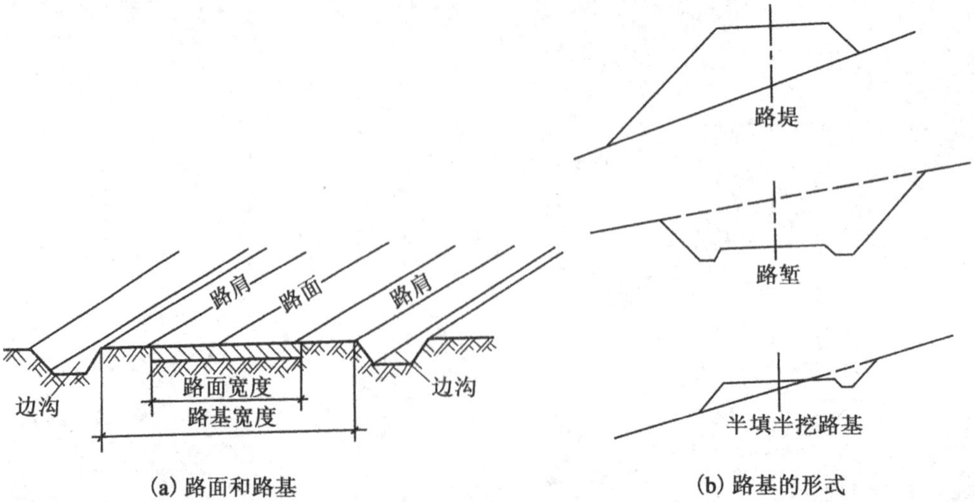

图9.1.1 路面和路基示意图

路基土石方工程量大、分布不均匀，不仅受自身的其他工程，如路基排水、防护与加固等相互制约，而且同公路建设的其他工程项目，如桥涵、隧道、路面及附属设施相互交错。因此，路基施工，在质量标准、技术操作、施工管理等方面具有特殊性，就整个公路建设而言，路基施工往往是施工组织管理的关键。

路基工程的项目很多，影响因素多，灵活性较大，涉及范围广，如土方、石方、砌体等。土质路基包括路堤与路堑在内，基本操作是挖、运、填，工序比较简单，但条件比较复杂，因而施工方法多样化，即使是简单的工序中也会遇到极为复杂的技术和管理的难题。

2. 路基横断面的基本类型

因路基填挖高度不同，地面横坡不同，结合道路排水条件，按照节约用地和路基稳定的要求，路基经常采用的横断面形式如图 9.1.2 所示。

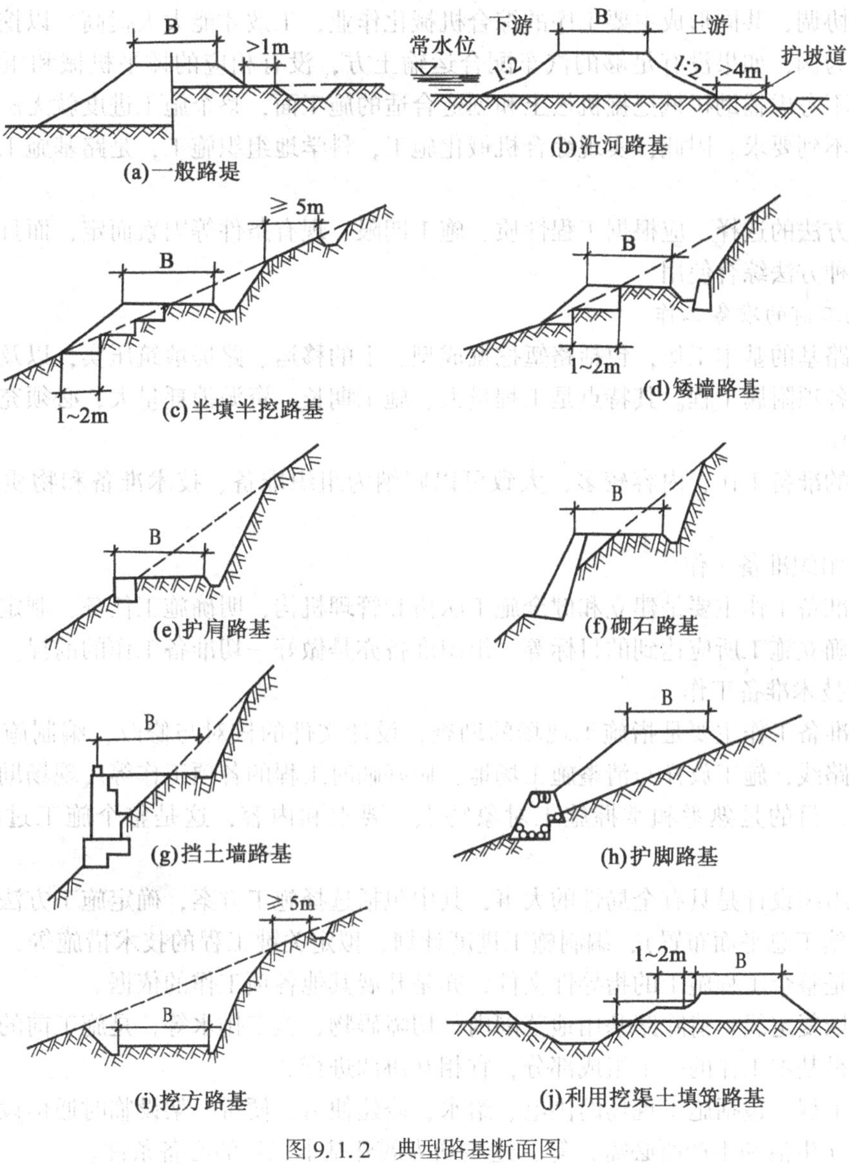

图 9.1.2 典型路基断面图

9.1.2 路基施工

1. 路基施工的基本方法

路基施工的基本方法，按其技术特点大致可以分为：人工加简易机械化、综合机械化、水力机械化和爆破等方法。人力施工是传统施工方法，使用手工工具、劳动强度大、工效低、进度慢、工程质量亦难以保证，但短期内还必然存在并适用于完成某些辅助性工作。为了加快施工进度，提高劳动生产率，实现高标准、高质量施工，对于劳动强度大和技术要求高的工序，应尽量配以机械或简易机械。实践证明，单机作业的效率，比人力及简易机械施工要高得多，但需要大量人力与之配合，由于机械和人力的效率悬殊过大，难以协调配合，单机效率受到限制，造成停机待料，机械的生产率降低。如果对主机配以辅机，相互协调，共同形成主要工序的综合机械化作业，工效才能大大提高。以挖掘机开挖土方路堑为例，如果没有足够的汽车配合运输土方，没有相应的摊平机械和压实机械配合，或者不考虑辅助机械挖掘机松土和创造合适的施工面，整个施工进度就无法协调，工效势必达不到要求。因此，实现综合机械化施工，科学地组织施工，是路基施工现代化的重要途径。

施工方法的选择，应根据工程性质、施工期限、现有条件等因素而定，而且应因地制宜地将各种方法综合使用。

2. 施工前的准备工作

土质路基的基本工作，包括路堑挖掘成型、土的移运、路堤填筑压实，以及与路基直接有关的各项附属工程。其特点是工程量大、施工期长，资源消耗量大，必须充分做好各项准备工作。

施工的准备工作，内容较多，大致可以归纳为组织准备、技术准备和物质准备三个方面。

（1）组织准备工作

组织准备工作主要是建立和健全施工队伍和管理机构，明确施工任务，制定必要的规章制度，确立施工所应达到的目标等。组织准备亦是做好一切准备工作的前提。

（2）技术准备工作

技术准备工作主要是指施工现场的勘查，设计文件的核对与修改，编制施工组织计划，恢复路线，施工放样与清整施工场地，做好临时工程的各项工作等。现场勘查与核对设计文件，目的是熟悉和掌握施工对象特点、要求和内容，这是整个施工过程的重要步骤。

施工组织设计是具有全局性的大事，其中包括选择施工方案，确定施工方法，布置施工现场（施工总平面布置），编制施工进度计划，拟定关键工程的技术措施等，施工组织设计文件是整个工程施工的指导性文件，亦是开展其他各项工作的依据。

路基恢复定线、清除路基用地范围内一切障碍物、施工排水等，是施工前的技术准备工作，亦是基本工作的一个组成部分，宜相互协调进行。

临时工程，包括施工现场的供电、给水，修建便道、便桥，架设临时通信设施，设置施工用房（生活和生产所必需）等，这些均为展开基本工作的必备条件。

（3）物质准备工作

物质准备工作包括各种材料与机具设备的购置、采集、加工、调运与储存，以及生活后勤供应等。为使供应工作能适应基本工作的要求，物质准备工作必须制定具体计划。

3. 土质路基压实

（1）压实路基的意义

相关实践经验表明，在自然因素和行车作用下，未经压实的土质路基，会产生大量的变形和破坏。这种情况，在暴雨地区或季节性冰冻地区尤其严重。前者会出现大规模的水毁，甚至整段路基被冲垮、流失；后者会发生严重的冻胀和翻浆。因此，对填土进行认真的压实，是保证路基质量的关键。

相关试验研究表明，压实土基的作用在于提高土体的密实度，降低土体的透水性，减小毛细水的上升高度，以防止水分积聚和侵蚀而导致土基软化，或因冻胀而引起不均匀变形。保证路基在全年各个季节内都具有足够的力学强度，从而为路面的正常工作和减薄路面厚度创造有利的条件。

（2）土基压实原理

在绝大多数情况下，路基土都是由土粒、水分和空气组成的三相体系。土粒、水分和空气都具有各自的特性，并相互制约共存于一个统一体中，构成土的各种物理特性——渗透性、粘滞性、弹性、塑性和力学强度等。若路基土受压时，土粒空隙内的空气只有极少部分在压力作用下溶于水中，大部分被排除土外，而土粒则不断靠拢，重新排列成密实的新结构。土粒在外压力作用下不断靠拢，使土的内摩擦阻力和粘结力也不断地增加，于是就相应地提高了土的强度。土的强度与密实度的这种关系可以由试验来加以验证。同时，由于土粒不断靠拢，使水分进入土体的通道减少而且阻力增加，于是就降低了土的渗透性，减小了毛细水的上升高度。

（3）影响土基压实度的主要因素

影响土基压实度的内在因素主要是含水量和土的性质，外在因素有压实功能、压实工具和压实方法等。

①含水量。含水量是影响压实效果的决定性因素。在土体最佳含水量时，最容易获得最佳的压实效果。压实到最佳密实度的土体水稳定性最好。

②土质。不同的土类具有不同的最佳含水量及最大干密度 $\rho_{d\max}$，分散性较高（液限较高，粘性较大）的土，其最佳含水量的绝对值较高，而最大干密度的绝对值较低。这是由于粘土颗粒细，比表面积大，需要较多的水分包裹土粒以形成水膜，另外还由于粘土中含有亲水性较高的胶体物质所致。对于砂土，因其颗粒较大，呈松散状，水分易于散失，所以最佳含水量的概念对砂土并没有多大的实际意义。亚砂土和亚粘土的压实性能较好（$\rho_{d\max}>1.85g/cm^3$），而粘性土的压实性能较差（$\rho_{d\max}<1.70g/cm^3$）。

③压实功。同一种土的最佳含水量随压实功的增加而减小，而最大干密度则随压实功的增加而增加；当土体含水量一定时，压实功越大则密实度越高。根据这一特性，施工中如果土体的含水量低于最佳含水量，而加水有困难时，可以采用增加压实功能的办法来提高其密实度，也就是加重落锤或增加落锤高度，采用重碾或适当增加碾压次数等。然而当压实功增加到一定程度后，土体的密实度就增加得不显著了。

④压实工具和压实方法。对土体压实的压实工具不同，压力传递的有效程度也不同。

夯击式机具的压力传递最深，振动式次之，碾压式最浅。根据这一特性即可确定各种机具的最佳压实厚度。

压实机具的重量较小时，荷载作用时间越长，土体的密实度越高，但密实度的增长速度则随时间增加而减小，压实机具较重时，土体的密实度随施荷时间增加而迅速增加，但超过某一时间限度后，土体的变形即急剧增加而达到破坏；机具过重以至超过土体的强度极限时，将立即引起土体破坏。而采用碾压机械压实时，碾压机械行驶的速度越高，压实效果越差。

4. 路基填方

(1) 基底处理

填方基底一般需予以处理。原地面的树根、竹根等应按规定清除，并将坑穴填平、夯实（压实）。原地面表层的种植土、草皮等应予清除，清除的深度按设计要求，一般不小于15cm，基底清理后应进行压实。在大于30cm的深耕地段，必要时应先将土翻松、打碎，再整平、压实。经过水田、池塘、洼地时，应根据情况采用排水疏干，换填稳定性好的土或抛石挤淤、打砂桩、铺垫砂砾石、碎石等处理措施，确保填方基底具有一定的强度和稳定性。

地面横坡为1∶5~1∶2.5时，原地面应挖成台阶，台阶宽度不小于1m；地面横坡陡于1∶2.5时，应作特殊处理，防止填方路基沿基底滑动。

对于零填挖地段路床面以下0~30cm的原地面土，若天然密实度达不到路基压实度的要求，应将原地面土翻挖压实，使其压实度达到要求。零填挖路床若位于易翻浆的土层上，而且经过翻挖晾晒等处理后仍不能降低含水量，压实度难以达到设计要求，则应采取换填透水性良好的材料等技术措施。

(2) 填料选择

一般的土和石都可以用做路基填料。卵石、碎石、砾石、粗砂等透水性良好的填料，只要能分层填筑、压实，可以不控制含水量；采用粘性土等透水性不良的填料，应在接近最佳含水量的情况下分层填筑与压实。

泥炭、淤泥、沼泽土、冻结土，含残余树根和易于腐烂物质的土不宜用做填筑路堤。液限大于50%及塑性指数大于25的土透水性很差，且干时坚硬难挖，湿时又有较大的可塑性，其粘结性、膨胀性、毛细现象显著，能长时间保持水分，承载能力很低，一般不宜用做路基填料；若非用不可时，除要求在接近最佳含水量的情况下充分压实外，还应完善排水设施，或采取改良土性的其他技术措施。

含盐量不符合规定的强盐渍土和过盐渍土不能用做高等级公路路基填料；膨胀土除非表层用非膨胀土封闭，一般也不宜用做高等级公路路基填料。符合要求的工业废渣可以用做路基填料，但应先进行试验及检验有害物质含量，以免污染环境。

实际施工中，当有多种材料源可供选择时，应优先选用那些挖取方便、压实容易、强度高、水稳性好的填料。路基受水浸淹部分更应选用水稳性好的填料。

路基填料的压实施工应在接近土体的最佳含水量状态下进行。

(3) 填筑方式

路堤宜采用水平分层的方式进行填筑，用开山土石混合料填筑路堤时，其高度限制在路床面以下10cm。若土、石易于分清，宜分段填筑；若不易于分清，应按石含量的多少区别对待，不得乱抛乱填。分层填筑时，石块最大尺寸应小于层厚的2/3。当石块多于

75%时，将石大面向下，分开摆放平稳，缝隙内填以土或石屑，每层厚度不超过 50cm，大致平整后进行压实。当石块含量在 50%～75%之间时，石块仍应大面向下分开摆放平稳，每层厚度不得超过 30cm。石块含量少于 50%时，可以在卸土后随摆石块随匀土，整平成厚 30cm 后压实，若石块尺寸大于 30cm，可以挖成洞穴将石块填入，以免妨碍碾压。

实际施工中，沿线土质经常发生变化，应特别注意避免不同性质的土任意混填而造成路基病害，正确的填筑方式应满足下列要求：

1）在纵向使用不同土质填筑相邻路堤时，为防止发生不均匀变形应将交接处做成斜面，且将透水性差的土填在斜面下部。

2）采用不同土质要分层填筑，且应符合下述规定：

①以透水性较小的土填筑路堤下层时，应做成 4%的双向横坡；若用于填筑上层时，除干旱地区外，不应覆盖在由透水性较大的土所填筑的路堤边坡上。

②不同性质的土应分别填筑，不得混填。每种填料层累计总厚宜不小于 0. 5m。

3）为保证水分蒸发和排除，路堤不宜被透水性差的土层封闭。

4）根据强度和稳定性的要求，合理安排不同土层的层位。凡不因潮湿或冻融影响而增加其体积的优良土应填在上层，强度较小的土应填在下层。

5. 路基挖方

（1）路基开挖注意事项

①路堑开挖前应首先处理好排水，并根据断面的土层分布、地形条件、施工方法，以及土方利用和废弃情况等综合考虑，力求做到运距短、占地少。

②开挖土方不得乱挖超挖。严禁掏洞取土。在不影响边坡稳定的情况下，采用爆破施工时，应经过设计审批。

③注意边坡稳定，及时设置必要的支护工程。开挖时必须按横断面自上而下，依照设计边坡逐层进行，防止因开挖不当导致塌方。在地质不良拟设支护构造物的地段，应考虑在分段开挖的同时，分段修建支护构造物，以保证安全。

④有效地扩大工作面，以利于提高生产效率，保证施工安全、施工质量。

⑤开挖中应避免超挖，若路床面发生超挖，承包人还需自费回填并压实。

⑥对开挖出的可使用的土、砂、石等材料，在经济合理的情况下，应尽量利用作为混凝土集料、路面材料、填方填料及施工砌筑料等。

（2）路堑开挖方案

路堑开挖方案的选择，除应考虑当地地形条件、工程量大小、施工工期以及能采用的机具等因素外，还需考虑土层分布及其利用、废弃等情况。一般傍山开挖或半挖半填的路基，可以采用分层纵挖法。路堑开挖可以根据具体情况采用横挖、纵挖或混合式开挖法。

1）横挖法

从路堑的一端或两端按横断面全宽向前开挖，称为横挖法，横挖法适用于较短的路堑。当路堑深度不深时，可以一次挖到设计标高，称为单层横挖法，如图 9.1.3（a）所示；当路堑较深时，可以分成若干个台阶进行开挖，称为分层横挖法。分层开挖的台阶高度应视施工操作的方便和安全而定，一般为 2m 左右，各层要有独立的出土道和临时排水设施。分层横挖使得工作面纵向拉开，多层多向出土，可以容纳较多的施工机械，便于加快开挖进度，提高工作效率，如图 9.1.3（b）所示。

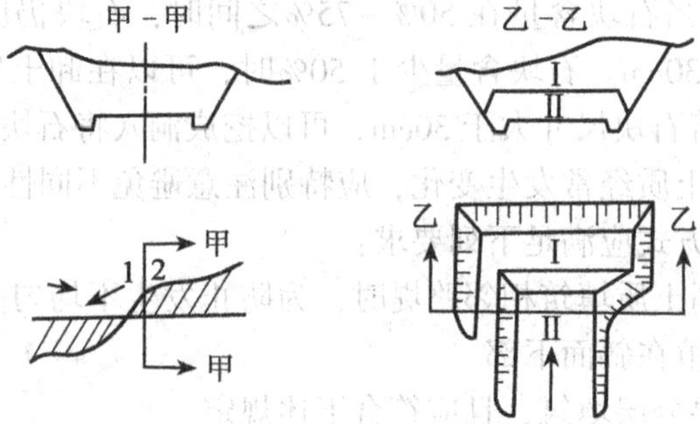

(a) 单层横挖法　(b) 分层横挖法

图 9.1.3　横挖法示意图

2）纵挖法

纵向开挖可以分为分段纵挖法、分层纵挖法和通道纵挖法。

①分段纵挖法适用于路堑较长，运距较远，但一侧路堑壁有条件挖穿（俗称开马口），把长路堑分成若干段同时开挖的路段，如图 9.1.4（a）所示。

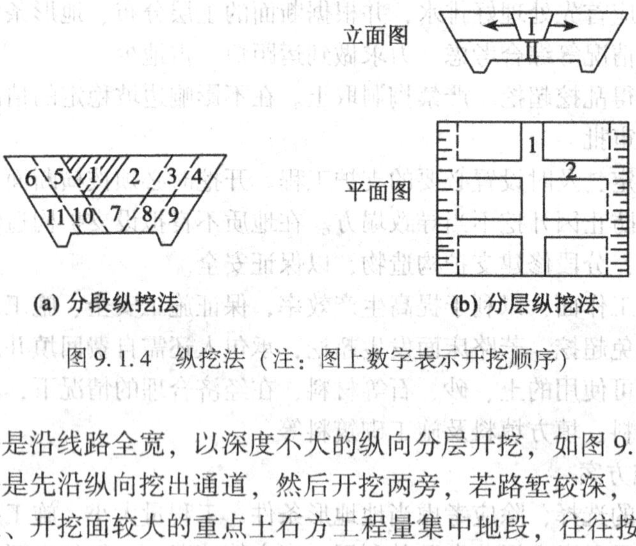

(a) 分段纵挖法　(b) 分层纵挖法

图 9.1.4　纵挖法（注：图上数字表示开挖顺序）

②分层纵挖法是沿线路全宽，以深度不大的纵向分层开挖，如图 9.1.4（b）所示。

③通道纵挖法是先沿纵向挖出通道，然后开挖两旁，若路堑较深，可以分若干次进行开挖。在路幅较宽、开挖面较大的重点土石方工程量集中地段，往往按通道纵挖法开挖，这是加快施工进度的有效开挖方法。

3）混合法

混合式开挖法是将横挖法、通道纵挖法混合使用，即先顺路堑方向挖通通道，然后沿横向坡面挖掘，以增加开挖坡面。在较大的挖方地段，还可以沿横向再开辟工作面。

（3）石方开挖

路基石方除软石的松软部分可以用大马力推土机松动，或人力使用撬棍、十字镐、大锤松动开挖外，软石的紧密部分及次坚石、坚石通常采用爆破法开挖。有条件时宜采用松土法开挖，局部情况亦可以采用破碎法开挖。松土法及破碎法均属于非爆破开挖土石方的施工方法。

1）爆破法

开挖路基石方所采用的爆破方法，应根据石方的集中程度、地质、地形条件及路基断面形状等具体情况而定，一般可以分为小炮和洞室炮两类。小炮是指钢钎炮、葫芦炮、猫洞炮等；洞室炮则随药包性质、断面形状和地形的变化而不同。炸药用量在1000kg以上为大炮，以下为中小炮。应根据地形、地质、开挖断面及施工机械配置等情况，采用能保证边坡稳定的施工方法，应以小型爆破及松动爆破为主，不允许过量爆破，未经批准，不得采用大、中型爆破。

2）松土法

开挖岩石除了采用爆破法之外，松土法也愈来愈被广泛采用。松土法是充分利用岩体自身存在的各种裂面和结构面，用推土机牵引的松土器将岩石翻碎，再用推土机或装载机与自卸汽车配合，将翻松的岩块搬运出去。松土法避免了爆破法所具有的危险性，而且有利于开挖边坡的稳定及附近建筑物的安全。随着推土机和松土器的大型化趋势，能够采用松土法施工的范围将会逐步扩大。从国内外的工程实践及发展趋势看，只要能够使用松土法施工的场合，就应尽量不采用爆破法施工。

§9.2 路面施工

9.2.1 概述

1. 路面结构的要求

路面工程系指在路基的上面用各种筑路材料铺筑而成的一种层状结构物。这种层状结构物的功能就是要保证汽车以一定的速度，安全、舒适而经济地运行，因此结构上要求路面工程满足下述性能：

（1）足够的强度和刚度

路面强度是指路面抵抗破坏的能力。在各种荷载的作用下，路面结构内会产生不同大小的压应力、拉应力和剪应力。如果这些应力超过路面结构整体或某一组成部分的强度，则路面会出现断裂、沉陷、波浪和磨损等破坏，严重时会造成道路交通中断。因此，路面结构整体及其各组成部分必须具备足够的强度，以抵抗上述各种应力。

路面刚度是指路面抵抗变形的能力。如果路面结构整体或某一组成部分刚度不足，即使强度足够，在车轮荷载的作用下也会产生过量的变形，而形成车辙、沉陷或波浪等破坏。所以，整个路面结构及其各组成部分的变形量必须控制在容许范围内。

（2）稳定性

路面结构暴露于大气之中，经常受到温度、阳光、风和水分等变化的影响，其力学性能也就随之不断发生变化，若路面的强度和刚度不稳定，则路况会时好时坏。

路面的稳定性应包括以下内容：

①具有足够的高温稳定性；

②具有足够的低温稳定性；

③具有足够的水稳定性；

④具有足够的大气稳定性（即抗老化能力）。

(3) 耐久性

路面结构要承受行车荷载和冷热、干湿气候等因素的反复作用，由此而逐渐产生疲劳破坏和塑性形变累积。另外，路面材料还可能由于老化衰变而导致破坏。这些都将缩短路面的使用年限，增加养护工作量。因此，路面结构必须具备足够的抗疲劳强度以及抗老化和抗形变累积的能力。

(4) 表面平整度

不平整的路面会增大行车阻力，且使车辆产生附加的振动，造成行车颠簸，影响车速和安全。同时，源自车辆的振动作用还会对路面施加冲击力，从而加剧路面和汽车机件、轮胎的磨损，增加油耗。不平整的路面还会积滞雨水，加速路面的破坏。

(5) 表面抗滑性能

当汽车在光滑的路面上行驶时，车轮与路面之间缺乏足够的附着力或摩擦力。在雨天高速行车，紧急制动或突然起动，以及爬坡、转弯时，车轮易产生空转或打滑，致使车速降低，油耗增多，甚至引起严重的交通事故。因此，路面应具备足够的抗滑性能。

(6) 少尘性

汽车在路面上行驶时，车身后面所产生的真空吸力会将表层较细材料吸出而飞扬尘土。若是砂石路面甚至导致路面松散、脱落和坑洞等破坏。扬尘还会影响驾驶员视距，降低车速，加速汽车机件损坏，影响环境卫生。因此，要求路面在行车过程中尽量减少扬尘。

2. 路面结构层次划分

行车荷载和大气因素对路面的作用是随着路面下深度的增大而逐渐减弱的。同时，路基的湿度和温度状况也会影响路面的工作状况。因此，一般根据使用要求、受力情况和自然因素等，把整个路面结构自上而下分成若干层次来铺筑。

(1) 面层

路面面层是直接与行车和大气接触的表面层次，路面面层承受行车荷载的垂直力、水平力和冲击力作用以及雨水和气温变化的不利影响最大。因此，与其他层次相比较，路面面层应具备较高的结构强度、刚度和稳定性，而且应当耐磨、不透水；其表面还应有良好的抗滑性和平整度。修筑路面面层所用的材料主要有：水泥混凝土、沥青混凝土、沥青碎石混合料、砂砾或碎石掺土或不掺土的混合料以及块石等。

(2) 基层

路面基层主要承受由面层传来的车辆荷载垂直力，且把这种垂直力扩散到垫层和土基中，故基层应具有足够的强度和刚度。由于车轮荷载水平力作用，沿深度递减得很快，对基层影响很小，故对基层没有耐磨性要求。但为保证面层厚度均匀，基层应有平整的表面。基层受大气因素的影响虽比面层小，但因表层可能透水及地下水的浸入，故要求基层结构有足够的水稳性。修筑路面基层所用的材料主要有：各种结合料（如石灰、水泥和沥青等）稳定土或稳定碎石（砾石）、贫混凝土、天然砂砾、各种碎石或砾石、片石、块石或圆石；各种工业废渣（如煤渣、粉煤灰、矿渣、石灰渣等）所组成的混合料，以及这些材料与土、砂、石所组成的混合料等。

(3) 垫层

在土基与基层之间设置垫层，其功能是改善土基的湿度和温度状况，以保证路面面层和基层的强度和刚度的稳定性，避免冻胀翻浆现象。垫层通常设在排水不良和有冰冻翻浆路段，在地下水位较高地区铺设的能起隔水作用的垫层称为隔离层；在冻深较大地区铺设的能起防冻作用的垫层称为防冻层。此外，垫层还能扩散由路面面层和基层传来的车轮荷载垂直作用力，以减小土基的应力和变形；而且垫层也能阻止路基土挤入基层中，影响基层结构的性能。修筑垫层所用的材料强度不一定很高，但水稳定性和隔热性要好。常用材料有两类：一类是松散粒料，如砂、砾石、炉渣、片石或圆石等组成的透水性垫层；另一类是整体性材料，如石灰土或炉渣、石灰土等组成的稳定性垫层。

9.2.2　水泥混凝土路面施工工艺

水泥混凝土路面是指以水泥混凝土面板和基（垫）层所组成的路面，也称刚性路面。水泥混凝上路面一般在高等级公路路面中采用。

1. 材料要求

修筑水泥混凝土路面面层所用的混合料，因其受到动荷载的冲击、摩擦和反复弯曲作用，同时还受到温度和湿度反复变化的影响，所以对其有较高的要求。一般要求路面面层混合料必须具有较高的抗弯拉强度、工作性和耐久性。此外，混合料还应具有适当的施工和易性，其相应的坍落度如表 9.2.1 所示。

表 9.2.1　不同路面施工方式混凝土坍落度

摊铺方式	轨道摊铺机摊铺	三辊轴机组摊铺	小型机具摊铺
出机坍落度/（mm）	40~60	30~50	10~40
摊铺坍落度/（mm）	20~40	10~30	0~20

混凝土混合料中的粗集料（粒径大于 5mm）宜选用岩浆岩或未风化的沉积岩碎石。最好不用石灰岩碎石，因其易被磨光，导致表面过滑。碎石的强度和磨耗率应满足设计要求。符合使用要求的砾石也可以采用，但由于砾石混合料的强度（特别是弯拉强度）低于碎石混合料，故在使用时宜掺加占总量 1/3~1/2 以上轧制的碎砾石。砾石混凝土一般用于双层式板的下层。采用连续级配的集料，混凝土的和易性和均匀性较好；采用间断级配的集料则强度较高。集料的颗粒级配规定按有关道路材料的要求确定。

混凝土中小于 5mm 的细集料可以用天然砂。要求颗粒坚硬耐磨，具有良好的级配，表面粗糙而有棱角，清洁和有害杂质含量少。砂中含泥量按质量计不得大于 3.0%，云母含量不宜大于 2.0%。

面层混凝土一般使用普通硅酸盐水泥。拌制和养护混凝土用的水，宜用自来水。为保证混凝土具有足够的强度和密实度，水灰比应控制在 0.40~0.48。

为了提高混凝土的和易性和抗冻性，以及防止为融化路面冰雪所用盐类对混凝土的侵蚀，常掺入加气剂，使混凝土具有 3.5%~5.5%（体积比）的含气量。加气温凝土的强度稍有降低，此时可以采用降低水灰比和含砂率的办法来补救。为提高混凝土的强度，还可以采用干硬性混凝土，并掺入增塑剂或减水剂，以改善其和易性。

2. 施工准备工作

（1）选择混凝土拌合场地

根据施工路线的长短和所采用的运输工具，混凝土可以集中在一个场地拌制，也可以在沿线选择几个场地，随工程进展情况迁移。混凝土拌合场地的选择首先要考虑运送混合料的运距最短。同时，拌合场应有足够的面积，以供堆放砂石材料和搭建水泥库房。

（2）进行材料试验和混凝土配合比设计

根据技术设计要求与当地材料供应情况，做好混凝土各组成材料的试验，进行混凝土各组成材料的配合比设计。

（3）基层的检查与整修

对基层的宽度、路拱与标高、表面平整度和压实度，均应检查其是否符合要求。若有不符之处，立即整修。半刚性基层的整修一定要及时，过迟则难以修整且很费工。当在旧砂石路面上铺筑混凝土路面时，所有旧路面的坑洞、松散等损坏，以及路拱横坡或宽度不符合要求之处，均应事先翻修调整压实。

混凝土摊铺前，基层表面应洒水润湿，以免混凝土底部的水分被干燥的基层吸去，变得疏松以致产生裂缝，有时也可以在基层和混凝土之间铺设薄层沥青混合料或塑料薄膜。

3. *混凝土面层板的施工程序和施工技术*

面层板的施工程序为：安装模板→安设传力杆→混凝土的拌合与运送→混凝土的摊铺和振捣→接缝的修筑→表面整修→混凝土的养护与填缝。

（1）边模的安装

当路基施工完成后，在摊铺混凝土前，应先安装两侧模板。如果采用手工摊铺混凝土，则边模的作用仅在于支撑混凝土，可以采用厚40~80mm的木模板，在弯道和交叉口路缘处，应采用15~30mm厚的薄模板，以便弯成弧形。条件许可时宜采用钢模，这不仅节约木材，而且保证工程质量。当用机械摊铺混凝土时，必须采用钢模。

侧模按预先标定的位置安放在基层上，两侧用铁钎打入基层以固定位置。模板顶面用水准仪检查其标高，要严格控制在现行相关规范规定的允许偏差范围内。

（2）传力杆安设

当两侧模板安装好后，即在需要设置传力杆的胀缝或缩缝位置上安设传力杆。传力杆是为了保证接缝的传荷能力和路面的平整度，防止产生错台等而设置的。传力杆采用光圆钢筋，主要用于横向接缝。对胀缝或缩缝，传力杆均采用相同的间距和尺寸。对设在缩缝上的传力杆，其长度的一半再加5cm，应涂以沥青或加塑料套，涂沥青端宜在相邻板中交错布置；对设于胀缝上的传力杆，尚应在涂沥青一端加套筒，内留3cm的空隙，填以弹性填料、纱头或泡沫塑料。套筒端宜在相邻板中交错布置。注意其外边的传力杆距离接缝或自由边的距离一般为15~25cm。

混凝土板一般是在嵌缝板上预留圆孔以便传力杆穿过，嵌缝板上面布设木制或铁制压缝板条，其旁再放一块胀缝模板，按传力杆位置和间距，在胀缝模板下部挖成倒U形槽，使传力杆由此通过。传力杆的两端固定在钢筋支架上，支架脚插入基层内，如图9.2.1所示。

对于混凝土板不连续浇筑结束时设置的胀缝，宜用顶头木模固定传力杆的安装方法。即在端模外侧增设一块定位模板，板上同样按照传力杆间距及杆径钻成孔眼，将传力杆穿过端头模板孔眼和外侧定位模板孔眼。两模板之间可以用传力杆一半长度的横木固定，如图9.2.2所示。继续浇筑邻板时，拆除端头模板、横木及定位模板，设置胀缝板、木制压缝板条和传力杆套管。

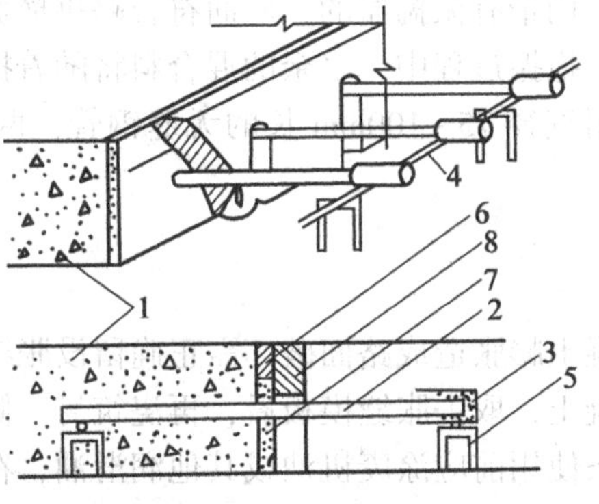

1—先浇筑的混凝土；2—传力杆；3—金属套筒；4—钢筋；5—支架；6—压缝板条
7—嵌缝板；8—胀缝模板
图9.2.1 胀缝传力杆的架设之一（钢筋支架法）

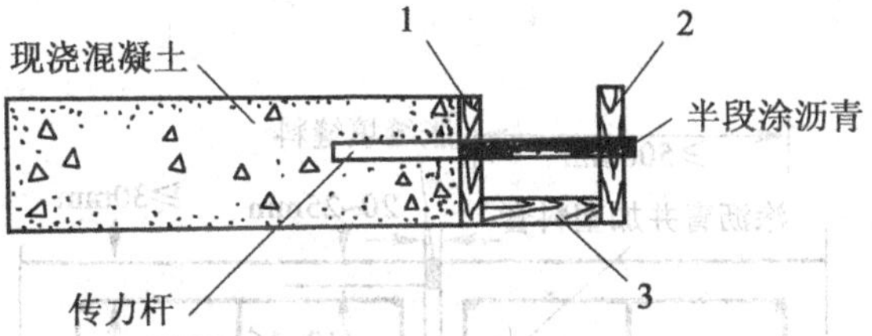

1—端头模板；2—外侧定位模板；3—固定横木
图9.2.2 胀缝传力杆的架设之二（横木固定法）

（3）制备与运送混凝土混合料

在工地制备混凝土混合料时，应在拌合场地上合理布置搅拌机和砂石、水泥等材料的堆放地点，力求提高搅拌机的生产率。拌制混凝土时，应准确掌握配合比，特别要严格控制用水量。每天开始拌合前，应根据天气变化情况，测定砂、石材料的含水量，每盘所用材料均应过秤。

混凝土混合料用手推车、翻斗车或自卸汽车运送。合适的运距视车辆种类和混合料容许的运输时间而定。通常，夏季运输时间不宜超过30~40min，冬季运输时间不宜超过60~90min。高温天气运送混合料时应采取覆盖措施，以防止混合料中水分蒸发。运送用的车箱，必须在每天工作结束后用水冲洗干净。

（4）摊铺和振捣

当运送混凝土混合料的车辆到达摊铺地点后，一般直接将混凝土混合料倒向安装好侧模的路槽内，并通过人工找补均匀，要注意防止出现混凝土离析现象。摊铺的厚度约高出设计厚度的10%，使振捣后的面层标高同设计相符。混凝土混合料的振捣器具，应由平板振捣器、插入式振捣器和振动梁配套作业。混凝土路面板厚在0.24m以内时，一般可以一次摊铺，用平板振捣器振实，凡振捣器不易达到之处，如面板的边角部位、窨井、进水口附近，以及安设钢筋的部位，可以用插入式振捣器进行振实；当混凝土板厚较大时，可以先用插入式振捣器插入振捣，然后再用平板振捣器振捣，以免出现蜂窝现象。

平板振捣器在同一位置停留的时间一般为15~30s，以达到表面振出浆水，混合料不再沉落为度。平板振捣后，用带有振捣器的、底面符合路拱横坡的振捣梁，两端搁在侧模上，沿摊铺方向振捣拖平。拖振过程中，多余的混合料将随着振捣梁的拖移而刮去，低陷处则应随时补足。随后再用直径 75～100mm 长的无缝钢管，两端放在侧模上，沿纵向滚压一遍。

（5）修筑接缝

1）胀缝

为了防止夏天高温混凝土膨胀造成路面破坏需正确留设胀缝，如图 9.2.3 所示。修筑胀缝时先浇筑胀缝一侧混凝土，取去胀缝模板后，再浇筑另一侧混凝土，钢筋支架浇筑在混凝土内不取出。压缝板条使用前应涂废机油或其他润滑油，在混凝土振捣后，先抽动一下，而后最迟在终凝前将压缝板条抽出。抽出压缝板条时为确保两侧混凝土不被扰动，可以用木板条压住两侧混凝土，然后轻轻抽出压缝板条，再用铁抹板将两侧混凝土抹平整。缝隙上部浇灌填缝料，留在缝隙下部的嵌缝板是用沥青浸制的软木板或油毛毡等材料制成的预制板。

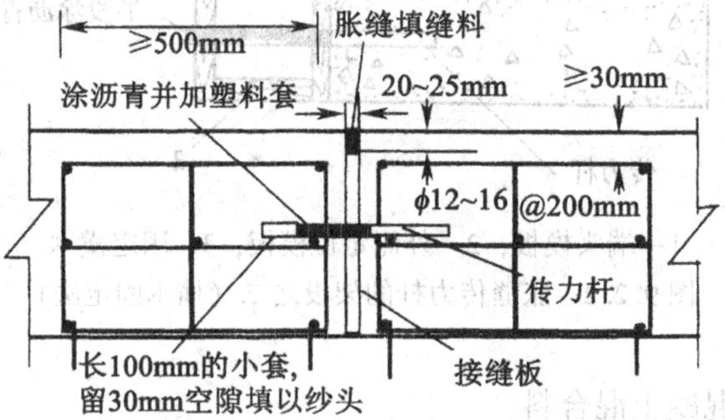

图 9.2.3　胀缝构造示意图

2）横向缩缝（即假缝）

为了防止因冬天气温降低，混凝土收缩造成路面破坏，需正确留设横向缩缝，如图 9.2.4 所示。留设横向缩缝的方法主要有：

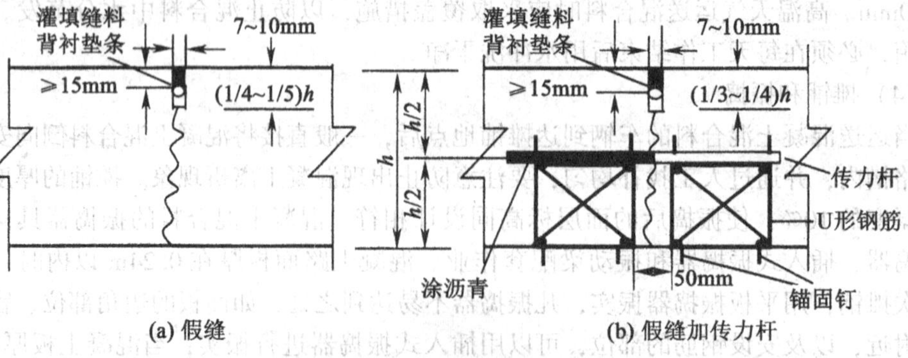

图 9.2.4　缩缝构造图

①切缝法。在混凝土捣实整平后，利用振捣梁将T形振动刀准确地按缩缝位置振出一条槽，随后将铁制压缝板放入，并用原浆修平槽边。当混凝土收浆抹面后，再轻轻取出压缝板，随即用专用抹子修整缝缘。这种做法要求谨慎操作，以免混凝土结构受到扰动和接缝边缘出现不平整（错台）。

②锯缝法。在结硬的混凝土中用锯缝机（带有金刚石或金刚砂轮锯片）锯割出要求深度的槽口。这种方法可以保证缝槽质量和不扰动混凝土结构。但应掌握好切割时间，切割迟了，会因混凝土过硬而使锯片磨损过大且费工，而且更主要的是在锯割前混凝土可能会出现收缩裂缝。切割早了，混凝土因还未结硬，锯割时槽口边缘易产生剥落。合适的时间视气候条件而定，炎热且多风的天气，或者早晚气温有突变时，混凝土板会产生较大的湿度或温度坡差，使内应力过大而出现裂缝，锯缝应在表面整修后4h即可开始。若天气较冷，一天内气温变化不大，锯割时间可以等到12h以上。

（6）表面整修与防滑措施

混凝土终凝前必须用人工或机械抹平其表面。当用人工平板抹面时，不仅劳动强度大、工效低，而且还会把水分、水泥和细砂带至混凝土表面，致使面层比下部混凝土或砂浆有较高的干缩性和较低的强度。而采用机械抹面时可以克服以上缺点。目前国产的小型电动抹面机有两种装置：装上圆盘即可进行粗光；装上细抹叶片即可进行精光。一般情况下，面层表面仅需粗光即可。抹面结束后，有时再用拖光带横向轻轻拖拉若干次。

为保证行车安全，混凝土表面应具有粗糙抗滑的表面。最普通的做法是用棕刷顺横向在抹平后的表面上轻轻刷毛；也可以用金属丝梳子梳成深1~2mm的横槽。近年来，国外已采用一种更有效的方法，即在已硬结的路面上，用锯槽机将路面锯割成深5~6mm、宽2~3mm、间隔20mm的小横槽。

（7）养护与填缝

为防止混凝土中水分蒸发过速而产生缩裂，且保证水泥水化过程的顺利进行，混凝土应及时养护。一般采用下列两种养护方法。

1）洒水湿养护。混凝土抹面2h后，当表面已有相当硬度，用手指轻压不出现痕迹时即可开始养护。一般采用湿麻袋或草垫，或者20~30mm厚的湿砂覆盖于混凝土表面。每天均匀洒水数次，使其保持潮湿状态，至少延续14d。

2）塑料薄膜养护。当混凝土表面不见浮水，用手指按压无痕迹时，即均匀喷洒塑料溶液，形成不透水的薄膜粘附于表面，从而阻止混凝土中水分的蒸发，保证混凝土的水化作用。

近年来国内也有采用塑料布覆盖以代替喷洒塑料溶液的养护方法，效果良好。

填缝工作宜在混凝土初步结硬后及时进行。填缝前，首先将缝隙内泥砂杂物清除干净，然后浇灌填缝料。

理想的填缝料应能长期保持弹性、韧性，夏季缝隙缩窄时不软化挤出，冬季缝隙增宽时能胀大且不脆裂，且能与混凝土粘牢，防止土砂、雨水进入缝内，此外还要耐磨、耐疲劳、不易老化。相关实践表明，填料不宜填满缝隙全深，最好在浇灌填料前先用多孔柔性材料填塞缝底，然后再加填料，这样在夏季胀缝变窄时填料不致受挤而溢出路面。常用的填缝料有下列几种：

①聚氯乙烯类填缝料。这种填缝料适宜灌注各种接缝（包括胀缝、缩缝等），具有软

化点与耐热度高且低温塑性较好的优点，价格适中，施工方便。特别是ZJ型填缝料，由于出厂前已经配制成单组分材料，因此使用更为方便。

②沥青玛蹄脂。这种填缝料具有价格便宜施工方便的优点，但低温延伸率较差，故适宜于南方地区。同时应特别加强养护修理。

③聚氨酯填缝料。这种填缝料同样具有较高的耐热性和较大的低温延伸性，但其价格昂贵，灌注后成形较慢，适宜于严寒地区采用。

④氯丁橡胶条。这种填缝料仅适用于填塞胀缝，施工较麻烦，且与路面缝壁不宜粘结牢固，容易从胀缝中被挤出，价格也较贵，故目前不常使用。

(8) 冬季和夏季施工。

混凝土强度的增长主要依靠水泥的水化作用。当水结冰时，水泥的水化作用即停止，而混凝土的强度也就不再增长，而且当水结冰时体积会膨胀，促使混凝土结构松散破坏。

当摊铺现场连续5昼夜平均气温低于5℃，夜间最低气温在-3℃~5℃之间，混凝土路面的施工应按下述低温季节施工规定的措施进行：

①拌合物中应优选掺加早强剂或促凝剂。

②应选用水化总热量大的R型水泥或单位水泥用量较多的32.5级水泥，不宜掺粉煤灰。

③搅拌机出料温度不得低于10℃，摊铺混凝土温度不得低于5℃。在混凝土养护期间，应始终保持混凝土板最低温度不低于5℃。否则，应采用热水或加热砂石料拌合混凝土，热水温度不得高于80℃；砂石料温度不宜高于50℃。

④应对混凝土加强保温、保湿覆盖养护，可以选用塑料薄膜保湿隔离覆盖或喷洒养生剂，再采用草帘、泡沫塑料垫等保温覆盖初凝后的混凝土路面。若遇雨雪必须再加盖油布、塑料薄膜等。

⑤应随时监测气温、水泥、拌合水、拌合物及路面混凝土的温度，每工班至少测定3次。

在气温超过30℃时施工，铺筑混凝土路面和桥面应采取下列措施：

①当现场气温不低于30℃时，应避开中午高温时段施工，可以选择在早晨、傍晚或夜间施工，夜间施工应有良好的操作照明，并确保施工安全。

②砂石料堆应设遮阳篷；抽用地下冷水或采用冰屑水拌合；拌合物中宜添加允许最大掺量的粉煤灰或磨细矿渣，但不宜掺硅灰。拌合物中应掺足够剂量的缓凝剂、高温缓凝剂、保塑剂或缓凝（高效）减水剂等。

③自卸车上的混凝土拌合物应加遮盖。

④应加快施工各环节的衔接，尽量压缩搅拌、运输、摊铺、饰面等各工艺环节所耗费的时间。

⑤可以使用防雨篷作防晒遮阳篷。在每日气温最高和日照最强烈时段遮阳。

⑥高温天气施工时，混凝土拌合物的出料温度不宜超过35℃，且应随时监测气温、水泥、拌合水、拌合物及路面混凝土温度。必要时加测混凝土水化热。

⑦在对混凝土采用覆盖保湿养护时，应加强洒水，保持足够的湿度。

⑧切缝应视混凝土强度的增长情况或按250℃·h计，宜比常温施工适当提早切缝，以防止断板。特别是在夜间降温幅度较大或降雨时，应提早切缝。

4. 质量控制和检查

进行路面用混凝土设计时，应对取用的各原材料（粗细集料、水泥、水源）分别进行检验，以判断其是否适用。对于合格的材料，可以进一步设计达到要求强度的配合比。

二级及其以上公路混凝土路面工程，使用滑模、轨道、碾压、三辊轴机组机械施工时，在正式摊铺混凝土路面前，必须铺筑试验路段。试验路段长度不应短于200m，高速公路、一级公路宜在主线路面以外进行试铺。路面厚度、摊铺宽度、接缝设置、钢筋设置等均应与实际工程相同。

混凝土路面施工时，施工质量的控制、管理与检查应贯穿整个施工过程，应对每个施工环节严格控制把关，对出现的问题，立即进行纠正直至停工整顿。为保证工程质量，需要控制和检查的主要项目包括：

①土基完成后应检查其密实度，基层完成后应检查其强度、刚度和均匀性。

②按相关规定要求验收水泥、砂和碎石，测定砂、石的含水量，以调整用水量，测定坍落度，必要时调整配合比。

③检查磅秤的准确性，抽查材料配量的准确性。

④摊铺混凝土之前，应检查基层的平整度和路拱横坡，校验模板的位置和标高，检查传力杆的定位。

⑤冬季和夏季施工时，应测定混凝土拌合与摊铺时的温度。

⑥观察混凝土拌合、运送、振捣、整修和接缝等工序的质量。

⑦混凝土路面的检验项目、方法和频率应按相关现行规范执行。其中，对高速公路、一级公路，每班留2~4组试件；当日进度小于500m时，取2组；当日进度不小于500m时，取3组；当日进度不小于1000m时，取4组，每组试件需检测指标包括：合格判定平均弯拉强度f_{cs}、最小弯拉强度f_{min}和实测弯拉强度统计变异系数c_v。

⑧外观鉴定应符合相关规定。

9.2.3　沥青路面施工

1. 概述

沥青路面是指用沥青作为结合料铺筑面层的路面的总称。

在沥青路面工程施工过程中，沥青材料起着非常关键的作用。沥青路面使用的各种材料运至现场后必须取样进行质量检验，经评定合格后方可使用。沥青路面集料的选择必须经过认真的料源调查，确定料源应尽可能就地取材。质量符合使用要求，石料开采必须注意环境保护，防止破坏生态平衡。集料粒径规格以方孔筛为准。不同料源、品种、规格的集料不得混杂堆放。

沥青路面施工技术主要包括：沥青表面处治、沥青贯入式路面、乳化沥青稀浆封层、热拌沥青混合料路面等。

2. 沥青表面处治

沥青表面处治也称为沥青表处，是指用沥青合集料按拌合法或层铺法施工，铺筑成厚度不超过3cm的一种薄层面层。其主要作用是抵抗车轮磨耗，增强抗滑和防水能力，提高路面平整度，改善路面的行车条件。

沥青表处大多用于下列场合：

①用做碎石路面或基层的磨耗层或面层，以改善行车条件并提高路面等级。

②改善或恢复原有面层的使用品质。对原路面磨损较严重的或路面严重老化的或路面过于光滑的道路通过表面处治，则使路面平整度、泌水性、抗滑能力等均得以恢复、改善或提高。

③用做路面封层，即作为空隙较多的沥青面层的防水层。位于沥青面层之上即为上封层，位于非沥青类基层之上即为下封层。

3. 沥青贯入式路面

(1) 沥青贯入式施工的特点

沥青贯入式施工的路面，是指在初步压实的碎石上，分层浇洒沥青、撒布嵌缝料，或再在上部铺筑热拌沥青混合料封层，经压实而成的沥青面层。其厚度一般为4~8cm。这种面层是一种多孔结构，其强度主要依靠有棱角、嵌挤性好的碎石之间的锁结作用，沥青起到粘结碎石的作用，故路面温度的稳定性、抗滑性均好。但沥青贯入式施工的路面孔隙多，结构不密实，易渗水，为了防止表面水浸入，沥青贯入式面层应铺筑封层。若作为沥青混凝土路面的基层或联结层，可以不必做封层。沥青上拌下贯式面层是将沥青贯入式的封层材料改用热拌沥青混合料的一种路面面层结构。其厚度宜为6~8cm，其中拌合层厚度宜为2~4cm。

(2) 施工技术要求

1) 施工程序

撒布主层料→初压→浇洒第一层沥青→撒布第二层嵌缝料→碾压→浇洒第二层沥青→撒布第三层嵌缝料→碾压→浇洒第三层沥青→撒布封层料→终压→开放交通并初期养护。

2) 施工要点

①撒布主层集料应避免颗粒大小不匀，并检查松铺厚度。撒布后严禁车辆在其上通行。

②用6~8t的钢筒式压路机初压，速度宜为2km/h。分别从路边缘压向中心，每次轮迹重叠30cm。并注意检验路拱和纵向坡度，若不合要求，应及时调整找平，直至集料无显著推移为止。然后再用10~12t压路机碾压，每次轮迹重叠1/2，宜碾压4~6遍，直至主层集料嵌挤稳定，无显著轮迹为止。

③主层集料碾压完毕立即浇洒第一层沥青，其施工方法与要求与沥青表面处治相同。

④主层沥青浇洒后，立即均匀撒布第一层嵌缝料，并扫匀，不足处应找补，当使用乳化沥青时，石料撒布必须在乳液破乳前完成。

⑤嵌缝料扫匀后，立即用8~12t钢筒式压路机碾压，轮迹重叠1/2左右，宜碾压4~6遍，直至稳定为止。且应随压随扫，使嵌缝料均匀嵌入。若因气温过高使碾压过程中发生大推移现象，应立即停止碾压，待气温稍低时再进行碾压。

⑥浇洒第二层沥青，撒布第二层嵌缝料，然后碾压，再洒第三层沥青。

⑦撒布封层料。施工要点与撒布嵌缝料相同。

⑧终压。宜采用6~8t压路机碾压2~4遍，然后开放交通。

⑨初期养护与交通管制要点：在通车初期，应设专人指挥交通或设置路障控制行车，使路面全宽均匀受压。在路面完全成型前，应限制车速不超过20km/h。严禁畜力车和铁轮车行驶。当发现路面泛油时，应在泛油处补撒与最后一层石料规格相同的嵌缝料并扫

匀，而过多集料应扫出路面外，且不得搓动已经粘着就位的集料。若还有其他破坏现象，亦应及时进行修补。

⑩若不撒布封层料而加铺沥青混合料拌合层时，应紧跟贯入施工，使上下成为一体。贯入部分采用乳化沥青时，应待其破乳、水分蒸发且成型稳定后方可铺筑拌合层。当拌合层与贯入部分不能连续施工而又要在短期内通行施工车辆时，贯入层部分的第二遍嵌缝料应增加用量（2~3）$m^3/1000m^2$。在摊铺拌合层沥青混合料前，应清除贯入表面的杂物、尘土以及浮动石料，再补充碾压一遍，且应浇洒粘层沥青。

4. 热拌沥青混合料路面

（1）热拌沥青混合料路面的特点

热拌沥青混合料包括沥青混凝土和热拌沥青碎石。高速公路和一级公路的上面层、中面层及下面层应采用沥青混凝土铺筑，沥青碎石混合料仅适用于过渡层及整平层。其他等级公路的沥青面层上面层宜采用沥青混凝土铺筑。

沥青混凝土混合料系指由适当比例的粗集料、细集料和填料组成的符合规定级配、符合相关技术标准的矿料与沥青拌合而成沥青混合料（矿料筛分的标准筛是方孔筛，其级配类型以 AC 表示），简称沥青混凝土。

按其集料中的最大颗粒尺寸可以分为粗粒式、中粒式、细粒式和砂粒式等类型，其最大粒径（方孔筛）分别为 30mm、20mm、13mm、5mm。砂粒式又简称沥青砂。采用粒径 3~10mm 石屑拌制的混合料，则称为沥青石屑。

沥青碎石混合料是由适当比例的粗集料、细集料及少量填料（或不加填料）与沥青拌制而成，压实后剩余孔隙率大于10%以上的半开级配沥青混合料（以 AM 表示），按集料中的最大颗粒尺寸可以分为特粗式、粗粒式、中粒式、细粒式，其最大粒径（方孔筛）分别为 40mm、30mm、20mm、12mm。

（2）施工技术要求

<1>热拌沥青混合料摊铺施工要点

摊铺过程是自动倾卸汽车将混合料卸到摊铺机料斗后，经链式传送器将混合料往后传引至螺旋摊铺器，随着摊铺机向前行驶、螺旋摊铺器即在摊铺带宽度上均匀地摊铺混合料。随后由振捣板捣实，并由摊平板整平。其工艺过程如图 9. 2. 5 所示。

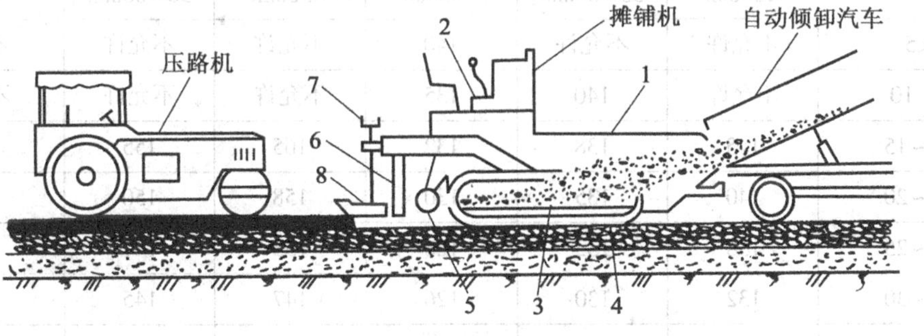

1—料斗；2—驾驶台；3—送料器；4—履带；5—螺旋摊铺器；6—振捣器；7—厚度调节杆；8—摊铺板

图 9. 2. 5 热拌沥青混合料工艺过程示意图

摊铺工序十分重要，其主要施工要点是：

1）检查确认下层质量，当不合要求或未按规定洒布透层、粘层、铺筑下封层时，不得铺筑沥青面层。

2）对高速公路、一级公路宜采用两台以上摊铺机成梯队作业进行摊铺，相邻两幅的摊铺应有5~10cm宽度的重叠。相邻两台摊铺机宜相距10~30m，且不得造成前面摊铺混合料冷却。当混合料供应能满足不间断摊铺时，也可以采用全宽度摊铺机一幅摊铺。

3）摊铺机自动找平时，中、下面层宜采用一侧钢丝绳引导的高程控制方式。表面层宜采用摊铺层前后保持相同高差的雪撬式摊铺厚度控制方式。经摊铺机初步压实的摊铺层应符合平整、横坡的规定要求。

4）沥青路面施工的最低气温应符合相关规范中的要求，寒冷季节遇大风降温，不能保证迅速压实时不得铺筑沥青混合料。根据铺筑层厚度、气温、风速及下卧层表面温度等因素，热拌沥青混合料的最低摊铺温度应符合表9.2.2中的要求。

5）用机械摊铺的混合料，应尽量少用人工反复修整。

6）在路面狭窄部分，平曲线半径过小的匝道或加宽部分，以及小规模工程可以用人工摊铺。人工摊铺沥青混合料应符合下列要求：

①半幅施工时，路中一侧宜事先设置挡板。

②沥青混合料宜卸在铁板上，摊铺时应扣锹摊铺，不得扬锹远甩。

③边摊铺边用刮板整平，刮平时应轻重一致，往返刮2~3次达到平整即可。不得反复撒料，反复刮平，以免引起粗集料离析。

④撒料用的铁锹等工具宜加热使用，也可以沾涂轻柴油或油水混合液，以防止粘结混合料。但涂油不得过于频繁，以免影响混合料的质量。

⑤摊铺后若因故不能及时碾压或遇雨时，应停止摊铺，并对卸下的混合料覆盖保温。低温施工时，卸下的混合料应以苫布覆盖。

表9.2.2　沥青混合料的最低摊铺温度

下卧层的表面温度/（℃）	相应于下列不同摊铺层厚度的最低摊铺温度/（℃）					
	普通沥青混合料			改性沥青混合料或沥青玛蹄脂碎石混合料		
	<50mm	50~80mm	>80mm	<50mm	50~80mm	>80mm
<5	不允许	不允许	140	不允许	不允许	不允许
5~10	不允许	140	135	不允许	不允许	不允许
10~15	145	138	132	165	155	150
15~20	140	135	130	158	150	145
20~25	138	132	128	153	147	143
25~30	132	130	126	147	145	141
>30	130	125	124	145	140	139

<2>热拌沥青混合料的压实及成型要点。

混合料摊铺整平后，应在合适的温度下趁热及时进行碾压。

1）应选择合理的压路机组合方式及碾压步骤。宜采用钢筒式静态压路机与轮胎压路机或振动压路机组合的方式。

2）压实应按初压、复压、终压（包括成型）三个阶段进行。压路机的碾压速度应符合表9.2.3中的要求。

压实后的沥青混合料的压实度和平整度均应达到规定要求，其分层压实厚度不得大于10cm。

表9.2.3　压路机的碾压速度　（单位：km/h）

项　目	初　压		复　压		终　压	
	适宜	最大	适宜	最大	适宜	最大
钢筒式压路机	2~3	4	3~5	6	3~6	6
轮胎式压路机	2~3	4	3~5	6	4~6	8
振动压路机	2~3（静压或振动）	3（静压或振动）	3~4.5（振动）	5（振动）	3~6（静压）	6（静压）

3）初压。

①初压应在混合料摊铺后较高温度下进行，且不得产生推移、发裂，压实温度应根据沥青稠度、压路机类型、气温、铺筑层厚度、混合料类型经试验确定。

②压路机应从外侧向中心碾压。相邻碾压带应重叠1/3~1/2轮宽，最后碾压路中心部分，碾压完全幅为一遍。当边缘有挡板、路缘石、路肩等支挡时，应紧靠支挡碾压。边缘无支挡时，可以用耙子将边缘的混合料稍稍耙高，然后将压路机的外侧轮伸出边缘10cm以上碾压。

③应采用轻型钢筒式压路机或关闭振动装置的振动压路机碾压两遍，其线压力不宜小于350N/cm。初压后检查平整度、路拱，必要时予以适当修整。

④碾压时应将驱动轮面向摊铺机，如图9.2.6所示。碾压路线及碾压方向不应突然改变而导致混合料产生推移。压路机的启动与停机的操作必须低速缓缓进行。

4）复压

①复压宜采用重型轮胎压路机，也可以采用振动压路机或钢筒式压路机。碾压遍数应经试验确定，不宜少于4~6遍，应达到要求的压实度，且无显著轮迹。

②当采用轮胎压路机时，压路机的总质量不宜小于15t。碾压厚层时，压路机的总质量不宜小于22t。轮胎充气压力不小于0.6MPa，相邻碾压带应重叠1/3~1/2的碾压轮宽度。

③当采用三轮钢筒式压路机时，压路机的总质量不宜小于12t，相邻碾压带应重叠后轮1/2宽度。

④当采用振动压路机时，振动频率宜为35~50Hz，振幅宜为0.3~0.8mm，可以根据混合料种类、温度和层厚选用。层厚较厚时，选用较大的频率和振幅。相邻碾压带重叠宽度为10~20cm。振动压路机倒车时应先停止振动，且在向另一方向运动后再开始振动，以免混合料形成鼓包。

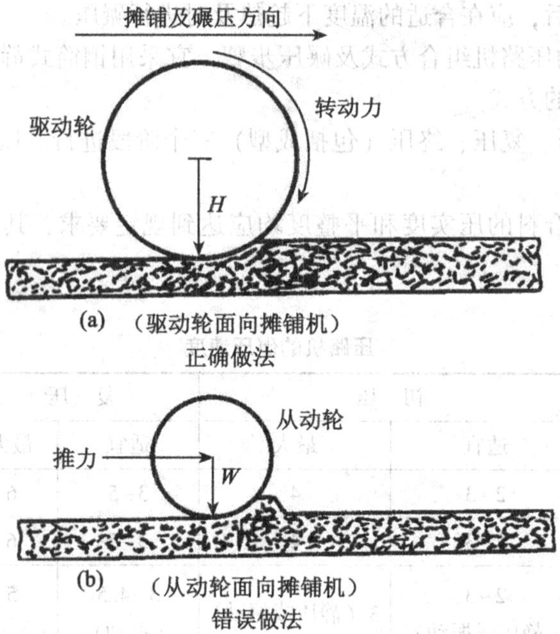

图 9.2.6 压路机的碾压方向示意图

5）终压

终压应紧接在复压后立即进行。可以选用双轮钢筒式压路机或关闭振动的振动压路机碾压，不宜少于两遍，且无轮迹。路面压实成型的终了温度应符合相关规定要求。

碾压段长度以与摊铺速度平衡为原则选定，且保持大体稳定。压路机每次应由两端折回的位置阶梯形地随摊铺机向前推进，使折回处不在同一横断面上。在摊铺机连续摊铺的过程中，压路机不得随意停顿。压路机不得在未碾压成型且冷却的路段上转向、调头或停车等候。振动压路机在已成型的路面上行驶时应关闭振动。

对压路机无法压实的桥梁、挡土墙等构造物接头、拐弯死角、加宽部分以及某些路边缘等局部部位，应采用振动夯板压实。对雨水井与各种检查井的边缘还应用人工夯锤、热烙铁补充压实。

在当天碾压的尚未冷却的层面上，不得停放任何机械设备或车辆，不得散落矿料、油料等杂物。

使用振动压路机压实，若在沥青混合料上进行压实，极易产生纵向裂缝和横向裂缝，且有产生轮迹的可能。若表面塑性太大，也难以获得较高的密实度，为此，可以采用下列方法处理：

①采用低振幅压实。

②压实前使混合料冷却时间长一些，使之基本稳定再压。具体措施是使压路机在摊铺面之后保持较大距离，有时可以达 1000m。

③当有可能形成裂缝时，应先进行 1~2 次慢速静力压实，速度可以为 1~2km/h。

④在第一次压实后应确定是否能够继续碾压或混合料是否需要进一步冷却。

⑤压路机压实时不能急转弯。

5. 乳化沥青稀浆封层

乳化沥青是将热熔状态的沥青和含有乳化剂的水溶液混合，通过外加的机械力作用，使沥青以微粒状态均匀、稳定地分布在水溶液之中而形成的一种乳状液（亦称沥青乳液）。通常把乳化沥青中的沥青微粒从水相界面分离出来，互相结成团以至在石料表面粘连成沥青薄膜的过程，称为破乳。沥青分离出来的快慢程度，称为破乳速度。

乳化沥青稀浆封层是指用适当级配的石屑或砂、填料（水泥、石灰、粉煤灰、石粉等）与乳化沥青、外加剂和水，按一定比例拌制而成的流动状态的沥青混合料，并将其均匀地摊铺在路面上的沥青封层。稀浆可以做上封层，亦可以做下封层。对于空隙较大、透水严重、有裂缝的旧路面或旧沥青路面需要铺筑抗滑层，新建沥青路面需铺筑磨耗层或保护层时，稀浆封层可以用做上封层。对于多雨地区沥青面层的孔隙较大，在铺筑基层后不能及时铺筑沥青面层且需要开放交通时，可以用做下封层。封层的厚度宜为3~6mm。

乳化沥青稀浆封层的主要作用是：

①具有填充作用，由于稀浆中含有占集料质量10%~20%的水和10%~11%的乳液，且稀浆中的混合料较细，具有较好的流动性，很容易进入微细裂缝和小坑槽中，故可以将路面填充密实成为整体。同时稀浆还具有提高路面平整度的作用。

②具有防水作用，由于混合料中集料级配合理，加上沥青膜的粘结性，故能均匀、牢固、密实地粘附在路面上。乳化沥青稀浆本身密实稳定，故具有较好的水稳性并防止水分渗入，进而保持基层稳定。

③具有耐磨作用，由于集料的强度、压碎值、磨光值、含泥量等性能指标均达到标准要求，且对酸性和碱性石料均能很好地粘附在路面上，在路面上形成稳定磨耗层。

④具有抗滑作用，由于选择了坚硬且有棱角的集料，沥青又能均匀地裹覆骨料，封层成型后，路面纹理深度较佳，摩擦系数显著提高，抗滑性能良好。

⑤具有恢复路面使用品质和延长路面使用寿命的作用。

但是，乳化沥青稀浆封层不能控制路面反射裂缝，不能提高路面强度，亦不能解决温度稳定性问题。在泛油的路面上不能进行乳化沥青稀浆封层。

§9.3 常见桥梁施工

桥梁的施工一般可以分为桥梁上部结构的施工和桥梁下部结构的施工。桥梁下部结构由桥墩、桥台及地基基础组成。桥台的作用是将荷载传递给地基基础，使桥梁与路堤相连接，且承受桥头填土的水平土压力，起挡土墙的作用；桥墩连接相邻两孔桥跨结构；地基基础则起支承全部桥梁上部结构和墩台的作用，是保证桥梁实现其功能的基础。桥梁基础的施工应根据当地的水文、地质条件以及工程结构本身和经济效益而定。桥梁的基础工程按其形式大致可以归纳为扩大基础、桩和管柱基础、沉井基础和组合基础几大类。

桥梁的上部结构包括桥面结构和桥跨结构，桥面构造包括行车道铺装、排水系统、人行道（或安全带）、路缘石、栏杆、护栏、照明灯具和伸缩缝等。桥梁结构也称为桥跨结构，是线路中断时跨越障碍的主要承载结构。

桥梁的施工方法多种多样，随着工程技术的进步及工程设备的不断改善，现在桥梁施工方法已得到了迅速的发展。这里主要介绍桥跨结构（即桥梁结构）较常用的施工方法。

9.3.1 悬臂施工法

悬臂施工法就是直接利用支承在桥墩上的悬出支架来进行浇筑混凝土、钢筋张拉等施工，并逐段向径跨方向延伸施工，如图9.3.1所示。悬臂施工法在近代桥梁建设中，广泛用于建造预应力混凝土悬臂梁桥、连续梁桥、斜拉桥和拱桥等。其主要特点为：①在跨间不需要搭设支架；②不受桥高、水深等影响；③多孔结构可以同时施工，加快施工速度；④能充分利用预应力混凝土悬臂结构承受负弯矩能力强的特点，将跨中正弯矩转移为支点负弯矩，使桥梁的跨越能力提高。根据梁体的制作方式，悬臂施工法通常分为悬臂浇筑和悬臂拼装。

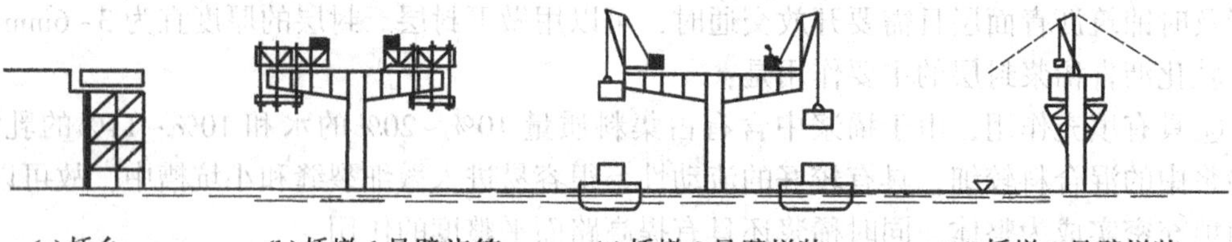

图9.3.1 悬臂施工法全貌

1. 悬臂浇筑施工

悬臂浇筑施工是利用悬吊式的活动脚手架（又称挂篮）在墩柱两侧对称平衡地浇筑梁段混凝土（每段2~5m），每浇筑完一对梁段，待达到规定强度后就张拉预应力筋并锚固，然后向前移动挂篮，进行下一梁段的施工，直到悬臂端为止。

（1）施工挂篮

挂篮是一个能够沿轨道行走的活动脚手架，悬挂在已经张拉锚固与墩身连成整体的箱梁节段上。如图9.3.2所示为一挂篮结构简图，该结构由底模架、悬吊系统、承重结构、行走系统、平衡重及锚固系统、工作平台等部分组成。挂篮的承重结构可以用万能杆件或采用专门设计的结构。该结构除了应能够承受梁段自重和施工荷载外，还要求自重轻、刚度大、变形小、稳定性好、行走方便等。

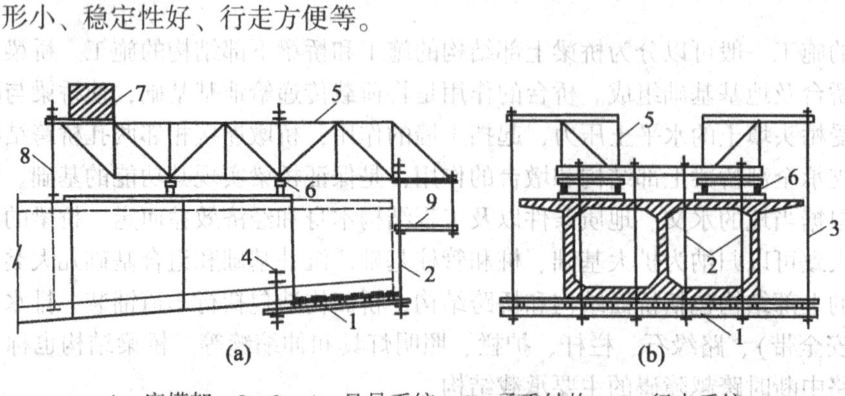

1—底模架；2、3、4—悬吊系统；5—承重结构；6—行走系统

7—平衡重；8—锚固系统；9—工作平台

图9.3.2 挂篮结构简图

(2) 悬臂浇筑施工工艺流程

当挂篮安装就位后，即可在其上进行梁段悬臂浇筑的各项作业。如箱形梁，其每一段的浇筑工艺流程为：

移挂篮→装底、侧模→装底、肋板钢筋和预留管道→装内模→装顶板钢筋和预留管道→浇筑混凝土→养护→穿预应力钢筋、张拉和锚固→管道压浆。

在混凝土浇筑之前，必须用硬方木支垫于台车前轮分配梁上，以分布荷载，减小轮轴压力。浇筑混凝土的过程中，应随时观测挂篮由于受荷而产生的变形。挂篮负荷后，还可能引起新旧梁段接缝处混凝土开裂。尤其是采用两次浇筑法施工，当第二次浇筑混凝土时，第一次浇筑的底板混凝土已经凝结，由于挂篮的第二次变形，底板混凝土就会在新旧梁段接缝处开裂。为了避免这种裂缝，对挂篮可以采取预加变形的方法，如采用活动模板梁等。如图9.3.3所示。

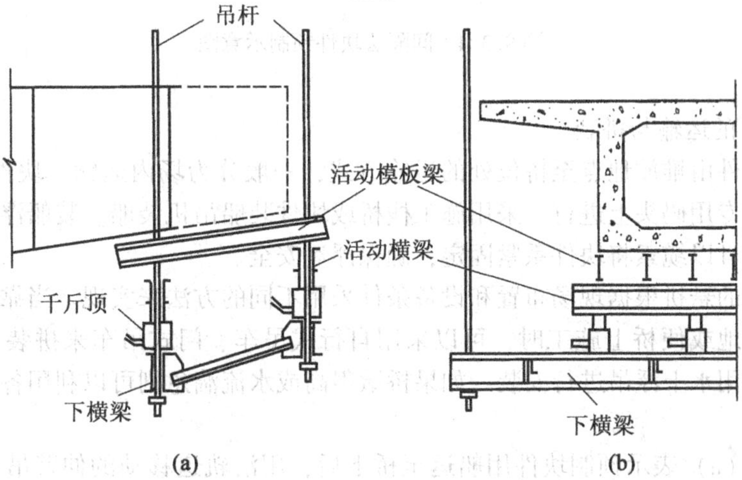

图9.3.3 活动模板梁示意图

悬臂浇筑一般采用由快凝水泥配制的C40~C60混凝土，在自然条件下，浇筑后30~36h，混凝土强度达30MPa。这样可以加快挂篮的移位。目前每段施工周期约7~10d，视工程量、设备、气温等条件而异。

悬臂浇筑施工的主要优点是：不需要占用很大的预制场地；逐段浇筑，易于调整和控制梁段的位置，且整体性好；不需大型机械设备；主要作业在设有顶棚的挂篮内进行，可以做到不受气温影响；各段均属严密的重复作业，需要施工人员少，工作效率高等。其主要缺点是：梁体部分不能与墩柱平行施工，施工周期较长，而且悬臂浇筑的混凝土加载龄期短，混凝土收缩、徐变影响较大。采用悬臂浇筑法施工的适宜跨径为50~120m。

2. *悬臂拼装施工*

悬臂拼装法施工就是在工厂或桥位附近，将梁体沿轴线划分成适当长度的块件进行预制，然后用船或平车，从水上或已建成的桥上运至架设地点，采用活动吊机将预制块件吊起，向墩柱两侧对称均衡地拼装就位，然后完成张拉预应力筋等工序。重复上述这些工序直至拼装完悬臂梁全部块件为止。

(1) 块件预制

预制块件的长度取决于运输、吊装设备的能力，相关实践中已采用的块件长度为1.4~6.0m，块件重为14~170t。但从桥跨结构和安装设备统一来考虑，块件的最佳尺寸应使质量控制在35~60t范围内。

预制块件要求尺寸准确，特别是拼装接缝要密贴，预留孔道对接应顺畅。为此，通常采用间隔浇筑法来预制块件，使得先浇筑好的块件的端面成为浇筑相邻块件的端模，如图9.3.4所示（图9.3.4中数字表示浇筑次序）。在浇筑相邻块件之前，应在先浇筑的块件端面涂刷肥皂水等隔离剂，以便于脱模出坑。在预制好的块件上应精确测量各块件相对标高，在接缝处留设对准标志，以便拼装时易于控制块件位置，保证接缝密贴，外形准确。

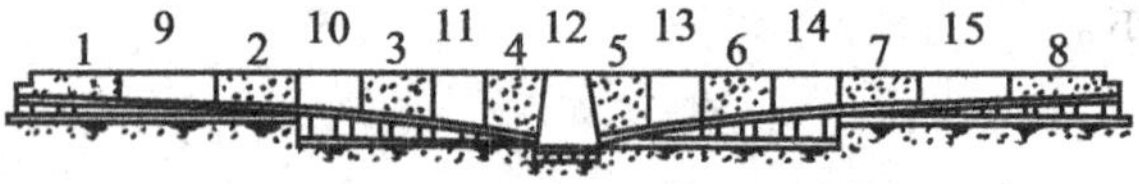

图9.3.4 间隔法块件预制示意图

(2) 块件的运输与拼装

拼装时块件由堆放地点至桥位处的运输方式，一般分为场内运输、块件装船和浮运。块件装船应在专用码头上进行，采用施工栈桥或块件装船吊机装船。装船浮运，应设法降低浮运重心，且以缆索将块件系紧固定，确保浮运安全。

预制块件的悬拼根据现场布置和设备条件采用不同的方法来实现。当靠岸边的桥跨不高且可以在陆地或便桥上施工时，可以采用自行式吊车、门式吊车来拼装。对于河中桥孔，也可以采用水上浮吊进行安装。如果桥墩很高或水流湍急则可以利用各种吊机进行高空悬拼施工。

图9.3.5（a）表示预制块件用船运至桥下后，用沿轨道移动的伸臂吊机进行悬臂拼装。图9.3.5（b）是用拼拆式活动吊机，进行悬拼的示意图。吊机的承重结构与悬臂浇筑法中挂篮相仿，不过在吊机就位固定后起重平车可以沿承重梁顶面的轨道纵向移动，以便拼装时调整位置。图9.3.5（c）是用缆索起重机吊运和拼装块件的简图，这种方法适用于起重机跨度不太大、块件质量也较轻的场合。

悬臂拼装时，预制块件之间接缝的处理分为湿接缝、干接缝和半干接缝等几种形式，如图9.3.6所示。图9.3.6（a）为湿接缝，施工费时，但有利于调整块件的拼装位置和增强接头的整体性。图9.3.6（b）为齿形干接缝，该方法可以简化拼装工作，但接缝渗水会降低结构的耐久性，现已很少应用。图9.3.6（c）为半干接缝，这种接缝可以用来在拼装过程中调整悬臂的平面和主面的位置。图9.3.6（d）、（e）、（f）为用环氧树脂等胶结材料使相邻块件粘结的胶接缝，这类接缝比干接缝抗剪能力强，能提高结构的耐久性，且拼接方便，在悬臂拼装中应用最为广泛。

(3) 穿束与张拉

①穿束。对T形刚构桥，其纵向预应力钢筋的布置有两个特点：第一，较多集中于顶板部位，第二，钢丝束布置对称于桥墩。因此，拼装每一对对称于桥墩块件的预应力钢丝束必须按锚固这一对块件所需长度下料。

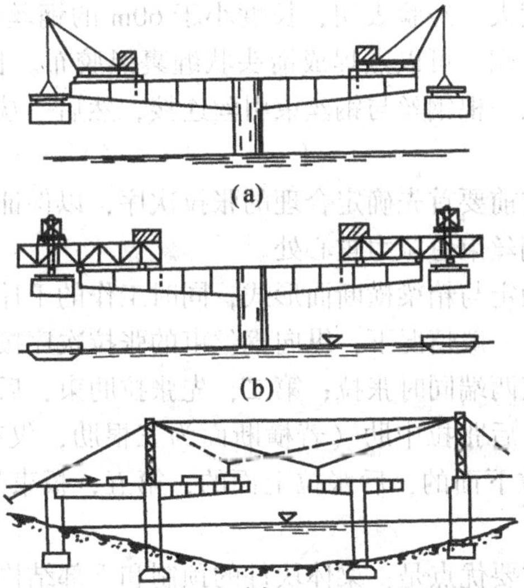

图 9.3.5 高空悬臂拼装示意图

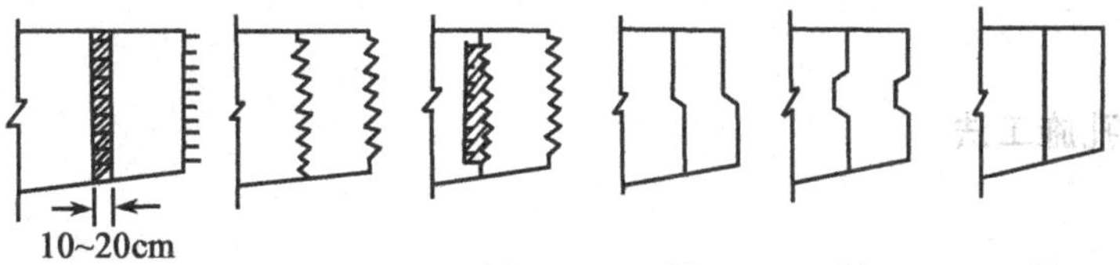

图 9.3.6 预制块件之间接缝形式示意图

明槽钢丝束通常为等间距排列，锚固在顶板加厚的部分（这种板俗称为锯齿板），加厚部分预制有管道，穿束时先将钢丝束在明槽内摆放平顺，然后再分别将钢丝束穿入两端管道之内。钢丝束在管道两头伸出长度要相等，如图 9.3.7 所示。

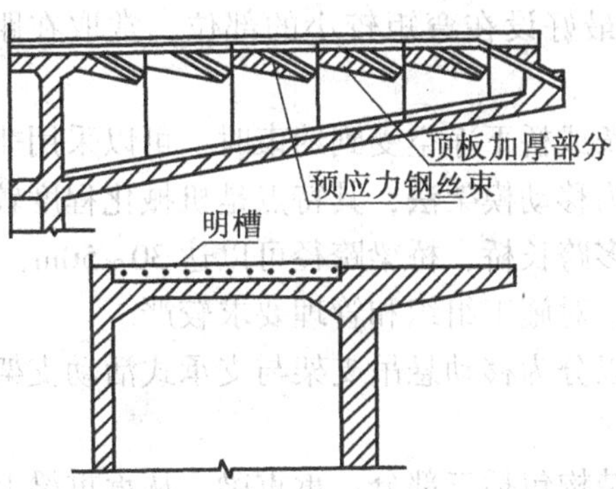

图 9.3.7 明槽钢丝束示意图

暗管穿束比明槽难度大。经验表明，长度小于60m的钢丝束穿束一般均可以采用人工推送。较长钢丝束穿入端，可以点焊成箭头状缠裹黑胶布。长度大于60m的钢丝束穿束时可以先从孔道中插入一根钢丝与钢丝束引丝连接，然后一端以卷扬机牵引，一端以人工送入。

②张拉。钢丝束张拉前要首先确定合理的张拉次序，以保证箱梁在张拉过程中每批张拉合力都接近于该断面钢丝束总拉力重心处。

钢丝束张拉次序的确定与箱梁横断面形式，同时工作的千斤顶数量，是否设置临时张拉系统等因素关系很大。一般情况下，纵向钢丝束的张拉次序按下述原则确定：第一，对称于箱梁中轴线，钢丝束两端同时张拉；第二，先张拉肋束，后张拉板束；第三，肋束的张拉次序是先张拉边肋，后张拉中肋（若横断面为三根肋，仅有两对千斤顶时）；第四，同一肋上的钢丝束先张拉下面的，后张拉上面的；第五，板束的次序是先张拉顶板中部的，后张拉边部的。

悬臂拼装法施工的主要优点是：梁体块件的预制和下部结构的施工可以同时进行，拼装成桥的速度较现浇快，可以显著缩短工期；块件在预制场内集中预制，质量较易保证；梁体塑性变形小，可以减小预应力损失；施工不受气候影响等。其缺点是：需要占地较大的预制场地；移运和安装需要大型的机械设备；如果不用湿接缝，则块件安装的位置不易调整。

9.3.2 逐孔施工法

1. 概述

逐孔施工法是为了适应中等跨径长桥建设需要而出现的。该方法从桥梁的一端开始，采用一套施工设备或一、二跨施工支架逐孔施工，周期循环，直到全部完成。其优点是施工内容标准化、周期化，最大限度地减少人工费的比例，降低工程造价。逐孔施工法从施工技术方面可以分为用临时支承组拼预制节段逐孔施工、使用移动式支架逐孔现浇施工（移动模架法）、整孔吊装或分段吊装的逐孔施工。这里仅介绍移动式支架逐孔施工法。

对中小跨径连续梁桥或建在陆地上的桥跨结构可以使用落地式或梁式移动支架，如图9.3.8所示。梁式支架的承重梁支承在锚固于桥墩的横梁上，也可以支承在已施工完成的梁体上。现浇施工的接头最好设在弯矩较小的部位，常取在距桥墩 $l/5$ 处（l 为桥梁跨度）。

当桥墩较高，桥跨较长或桥下净空受到约束时，可以采用非落地支承的移动模架逐孔现浇施工，该施工方法称为移动模架法，其特点是机械化程度较高，施工速度较快。

移动式支架法适用于多跨长桥，桥梁跨径可以达30~50m，一套设备可以多次移动周转使用。这类桥梁的施工，对施工组织和管理要求较严。

常用的移动式支架可以分为移动悬吊支架与支承式活动支架两种类型。

2. 移动悬吊模架施工

移动悬吊模架的基本结构包括三部分：承重梁、从承重梁上伸出的肋骨状的横梁、吊杆和承重梁的固定及活动支承，如图9.3.9所示。承重梁也称为支承梁，通常采用钢梁，采用单梁或双梁依桥宽而定，承重梁的前段作为前移的导梁，总长度应大于桥梁跨度的两倍。承重梁是承受施工设备自重、模板和悬吊脚手架系统的重量及现浇混凝土重量的主要

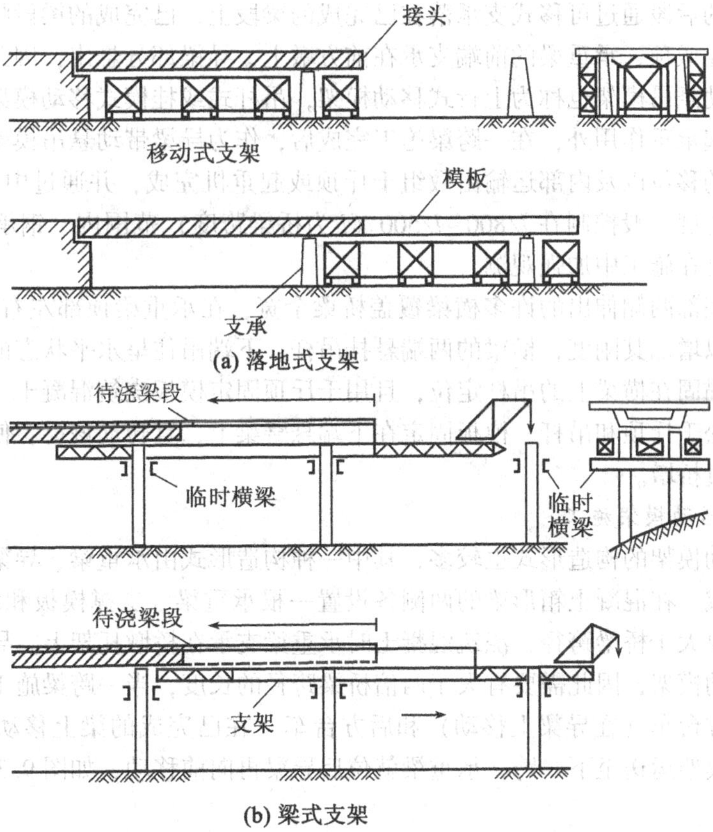

图9.3.8　移动式模架逐孔施工法示意图

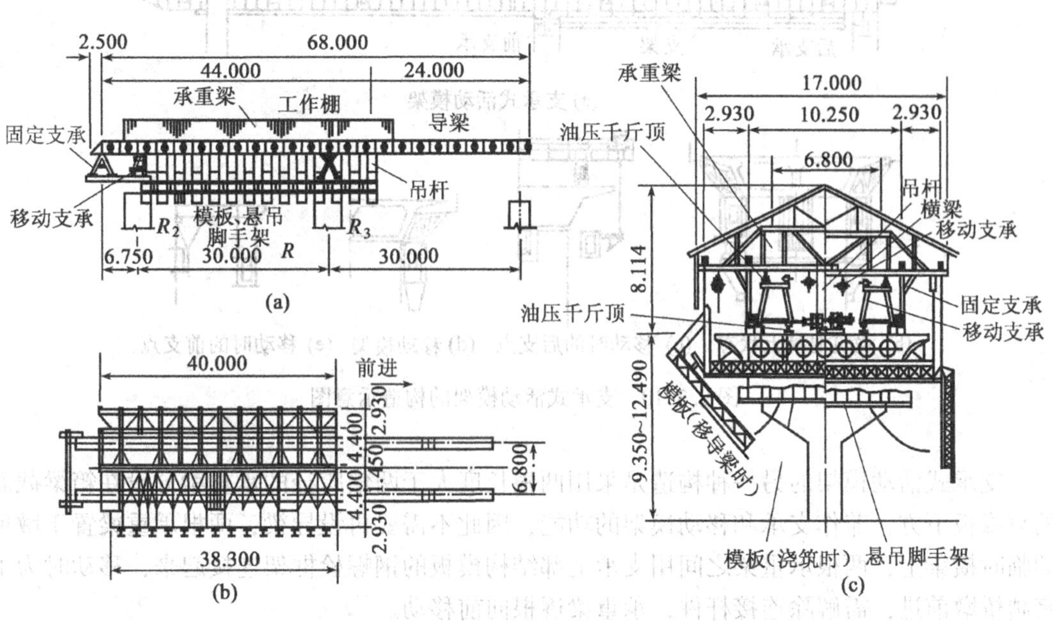

图9.3.9　移动悬吊模架的形式（单位：m）

构件。承重梁的后段通过可移式支承落在已完成的梁段上，已完成的梁段将重量传递给桥墩或直接坐落在墩顶，承重梁的前端支承在前方墩上，导梁部分悬出，因此其工作状态呈单悬臂梁。移动悬吊模架也称为上行式移动模架，吊杆式或挂模式移动模架。

承重梁除起承重作用外，在一跨梁施工完成后，作为导梁带动悬吊模架纵移至下一施工跨。承重梁的移位以及内部运输由数组千斤顶或起重机完成，并通过中心控制室操作。承重梁的设计挠度一般控制在 $l/800 \sim l/500$（l 为桥梁跨度）范围内，钢承重梁制作时要设置预拱度，且在施工中加强观测。

从承重梁底部两侧伸出的许多横梁覆盖桥梁全宽，在承重梁顶部左右用2~3组钢丝束拉住横梁，以增加其刚度，横梁的两端悬挂吊杆，下端吊住呈水平状态的模板，形成下端的悬臂梁和锚固在横梁上的吊杆定位，且用千斤顶固定模板浇筑混凝土。当模板需要向前运送时，放松千斤顶和吊杆，模板固定在下端悬臂梁上，且转动该梁，使在运送时的模架可以顺利通过桥墩。

3. 支承式活动模架施工

支承式活动模架的构造形式也较多，其中一种构造形式由承重梁、导梁、台车和桥墩托架等构件组成。在混凝土箱形梁的两侧各设置一根承重梁，支撑模板和承受施工重量，承重梁的长度要大于桥梁跨径，浇筑混凝土时承重梁支承在桥墩托架上。导梁主要用于运送承重梁和活动模架，因此需要有大于两倍桥梁跨径的长度，当一跨梁施工完成后进行脱模卸架，由前方台车（在导梁上移动）和后方台车（在已完成的梁上移动）沿桥纵向将承重梁和活动模架运送至下一跨，承重梁就位后导梁再向前移动，如图 9.3.10 所示。

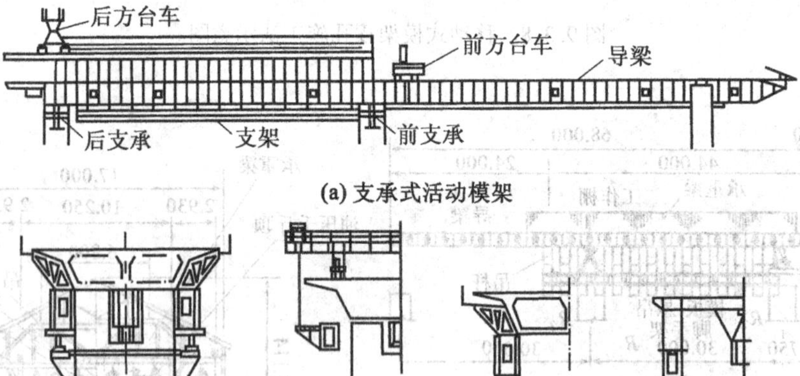

图 9.3.10　支承式活动模架的构造示意图

支承式活动模架的另一种构造是采用两根长度大于两倍跨径的承重梁分设在箱梁截面的翼缘板下方，兼作支承和移动模架的功能，因此不需要再设导梁，两根承重梁置于墩顶的临时横梁上，两根承重梁之间用支承上部结构模板的钢螺栓框架连接起来，移动时为了跨越桥墩前进，需解除连接杆件，承重梁逐根向前移动。

9.3.3　顶推法施工

1. 基本工序

采用顶推法施工时，首先在桥台后面的引道上或刚性好的临时支架上设置制梁场，集中制作（现浇或预制装配）箱梁，一般为等高度的箱形梁段（10~30m 一段），待预制2~3段后，安装临时预应力索，然后用水平千斤顶等顶推设备将支承在聚四氟乙烯板与不锈钢板滑道上的箱梁向前推移，推出一段再接长一段，这样周期性地反复操作直到最终位置，进而调整预应力（通常是卸除支点区段底部和跨中区段顶部的部分预应力筋，并且增加和张拉一部分支点区段顶部和跨中区段底部的预应力筋），使其能满足随后施加恒载和活载内力的需要，最后，将滑道支承移置成永久支座。

2. 顶推施工方法

由于聚四氟乙烯板与不锈钢板之间的摩擦系数为 0.02~0.05，故对于梁重即使达 10 000t 的箱梁，也只需 500t 以下的力即可推出。顶推法施工可以分为单向顶推和双向顶推以及单点顶推和多点顶推等。图 9.3.11（a）表示单向单点顶推的情况。顶推设备设在岸边桥台处。在顶推中为了减少悬臂负弯矩，一般要在梁的前端安装一节长度为顶推跨径 0.6~0.7 倍的钢导梁，导梁应自重轻且刚度大。单向顶推最适宜于建造跨度为 40~60m 的多跨连续梁桥。当跨度更大时，就需在桥墩之间设置临时支墩。

对于特别长的多联多跨桥梁，也可以应用多点顶推的方式使每联单独顶推就位，如图 9.3.11（b）所示。这种情况下，在墩顶上均可设置顶推装置，且梁的前后端都应安装导梁。

如图 9.3.11（c）所示为三跨不等跨连续梁采用从两岸双向顶推施工的方式。采用该方法可以不设临时墩而修建中跨跨径更大的连续梁桥。

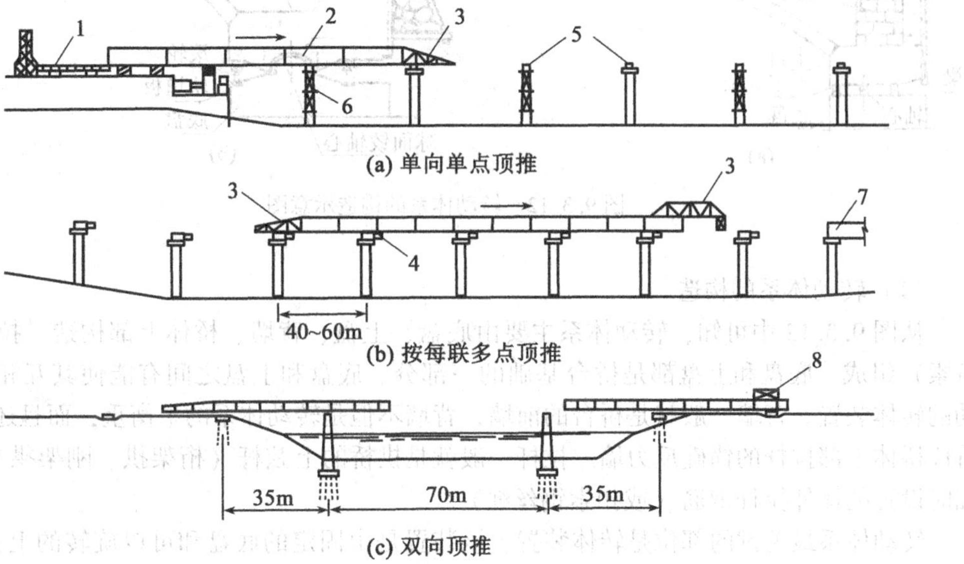

1—制梁场；2—梁段；3—导梁；4—千斤顶；5—滑道支承；6—临时墩；7—已架完的梁；8—平衡重

图 9.3.11　连续梁顶推施工示意图

9.3.4 转体法施工

桥梁转体法施工一般只适用于单孔或三孔的桥梁。转体法施工是首先在河流的两岸或适当的位置，利用地形或使用简便的支架先将半桥预制完成，然后以桥梁结构本身为转动体，使用一些机具设备，分别将两个半桥转体到桥位轴线位置合拢成桥。

用转体法建造大跨径桥，可以不搭设费用昂贵的支架，减少安装架设工序，减少高空作业，施工安全，质量可靠，施工期间不断航，具有良好的技术经济效益。

转体法施工按桥体在空间转动的方向可以分为竖向转体施工法和平面转体施工法。平面转体施工按有无平衡重又分为有平衡重平面转体施工法和无平衡重平面转体施工法。这里仅对平面转体法施工作介绍。

1. 有平衡重平面转体施工

有平衡重转体施工的特点是转体重量大，施工的关键是转体，关键设备是转盘（转体装置）。目前国内使用的转体装置有两种：第一种是以聚四氟乙烯作为滑板的环道平面承重转体，如图 9.3.12（a）所示；第二种是以球面转轴支承辅以滚轮的轴心承重转体，如图 9.3.12（b）所示。

根据相关试验资料，聚四氟乙烯板之间的静摩擦系数为 0.035~0.055，非常小，有利于减少转体施工时的摩阻力。

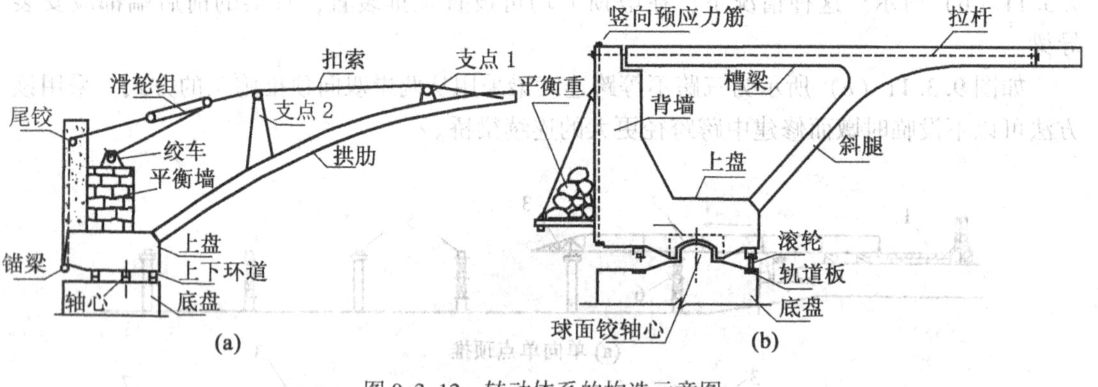

图 9.3.12 转动体系的构造示意图

(1) 转动体系的构造

从图 9.3.12 中可知，转动体系主要由底盘、上盘、背墙、桥体上部构造、拉杆（或拉索）组成。底盘和上盘都是桥台基础的一部分。底盘和上盘之间有能使其互相灵活转动的转体装置。背墙一般就是桥台的前墙，背墙不但是转动体系的平衡重，而且还是转体阶段桥体上部拉杆的锚碇反力墙。拉杆一般就是拱桥的上弦杆（桁架拱、刚架拱），或是临时设置的体外拉杆钢筋（或扣索钢丝绳）。

转动体系最关键的部位是转体装置，该装置是由固定的底盘和可以旋转的上盘构成。底盘就是桥台的下部。

①聚四氟乙烯滑板环道。这是一种平面承重转体装置，该装置由设在底盘和上转盘之

间的轴心以及环形滑道组成，具体构造如图9.3.13所示，其中图9.3.13（a）为环形滑道构造，图9.3.13（b）为轴心构造，环形滑道与轴心由扇形板连接。

环形滑道是一个以轴心为圆心，直径7~8m的圆环形混凝土滑道，宽0.5m，上、下滑道高度约0.5m。

下环道混凝土表面要求既平整又粗糙，以利于铺放80mm宽的环形聚四氟乙烯板。上环道底面嵌设宽100mm的镀铬钢板。最后用扇形预制板把轴帽和上环道连成一体，并浇筑上转盘混凝土，这就形成了一个可以在转轴和环道上灵活转动的上转盘。

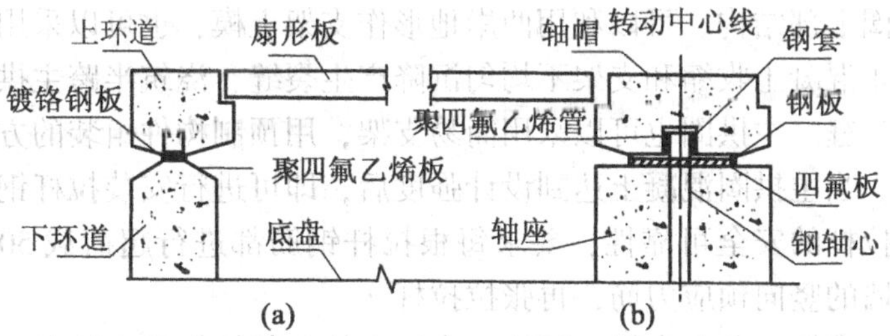

图9.3.13 聚四氟乙烯滑板环道

转盘轴心由混凝土轴座、钢轴心和轴帽等组成。轴座是一个直径1.0m左右的C25钢筋混凝土矮墩，轴座既能对固定钢轴心进行定位，又能支承上转盘部分重量。合金钢轴心直径0.1m，长0.8m，下端0.6m固定在混凝土轴座内，上端露出0.2m车光镀铬，外套10mm厚的聚四氟乙烯管，然后在轴座顶面铺聚四氟乙烯板，在聚四氟乙烯板上放置直径为0.6m的不锈钢板，再套上外钢套。钢套顶端封固，下缘与钢板焊牢，浇筑混凝土轴帽，凝固脱模后轴帽即可绕钢轴心自由旋转。

②球面铰辅以轨道板和钢滚轮。这是一种以铰为轴心承重的转动装置。其特点是整个转动体系的重心必须落在轴心铰上，球面铰既起定位作用，又承受全部转体重力，钢滚轮只起稳定保险作用。

球面铰可以分为半球形钢筋混凝土铰、球缺形钢筋混凝土铰、球缺形钢铰。前两种直径较大，能承受较大的转体重力。

（2）转体拱桥的施工

①制作底盘。这里以球缺形钢铰为例。底盘设有轴心（磨心）和环形轨道板。轴心起定位和承重作用。磨心顶面上的球缺形钢铰及上盖要加工精细，接触面要达70%以上。钢铰与钢管焊接时，焊缝要交错间断并辅以降温，防止变形。

②制作上转盘。在轨道板上按设计位置放好支重滚轮，滚轮下面垫有2~3mm厚的小薄铁片，当上盘一旦转动后该铁片即可取出，以形成一个2~3mm的间隙。这个间隙是保证转动体系的重量压在磨心上而不压在滚轮上的一个重要措施。该间隙还可以用来判断滚轮与轨道板接触的松紧程度，调整重心。

滚轮通过小木盒保护定位后，可以用砂模或木模作底模，在滚轮支架顶板面涂以黄油，在钢球铰上涂以二硫化钼作润滑剂，盖好上铰盖并焊上锚筋，绑扎上盘钢筋，预留灌封盘混凝土的孔洞，即可浇筑上盘混凝土。

③布置牵引系统的锚碇及滑轮，试转上转盘要求主牵引索基本上在一个平面内。上转盘混凝土强度达到设计要求后，在上转盘前方或后方配置临时平衡重，把上转盘重心调到轴心处，最后牵引上转盘到预制拼装上部构造的轴线位置。这是一次试转，一方面可以检查、试验整个转动牵引系统，另一方面也是正式开始预制拼装上部结构前的一道工序。

④浇筑背墙。上转盘试转到上部构造预制轴线位置后即可准备浇筑背墙，背墙往往是一个重量很大的实体，为了使新浇筑背墙与原来的上转盘形成一个整体，必须有一个坚固的背墙模板支架。为了保证背墙上部截面的抗剪强度（主要是指台帽处背墙的横截面），应尽量避免在此留置施工缝。另外也可以利用竖向预应力来确保该截面的抗剪安全。

⑤浇筑主拱圈上部结构。可以利用两岸地形作支架土模，也可以采用扣件式钢管作为满堂支架。为防止混凝土收缩和支架不均匀沉降产生裂缝，浇筑半跨主拱圈时应按相关规范中规定的留施工缝。主拱圈也可以采用简易支架，用预制构件组装的方法形成。

⑥张拉脱架。当主拱圈混凝土达到设计强度后，即可进行安装拉杆钢筋、张拉脱架的工序。为了确定拉杆的安全可靠性，要求每根拉杆钢筋都进行超荷载50%试拉。正式张拉前应先张拉背墙的竖向预应力筋，再张拉拉杆。

通过张拉，要求把支承在支架、滚轮、支墩上的上部结构与上转盘、背墙全部联结成一个转动体系，最后脱离其支承，形成一个悬空的平衡体系支承在轴心铰上。这是一项十分重要的工序，该工序将检验转体阶段的设计和施工质量。张拉脱架后，让转动体系悬空静置一天，观测各部变形有无异常，并检查牵引体系，均确认无误后，即可开始转体。

⑦转体合拢。转体时要平稳，控制角速度为0.5°/min。快合拢时，为防止转体超过轴线位置，采用简易的反向收紧绳索系统，用手拉葫芦拉紧后慢慢放松，且在滚轮前用微量松动木楔的方法徐徐就位。轴线对中以后，进行拱顶标高调整，在上、下转盘之间用千斤顶能很方便地实现拱顶升降，只是应把前后方向的滚轮先拆除，且在上、下转盘四周用混凝土预制块楔紧楔稳，以保证轴线位置不再变化。拱顶最后的合拢标高应考虑桥面荷载以及混凝土收缩、徐变等因素产生的挠度，留够预留拱度。

轴线与标高调整符合要求后，即可将拱顶钢筋以帮条焊接，以增加其稳定性。

⑧封上、下转盘、封拱顶、松拉杆。封盘混凝土的坍落度宜选用17~20cm，且各边应宽出20cm，要求灌注的混凝土应从四周溢流，上、下转盘之间密实。封盘后接着浇筑桥后后座，当后座达到设计要求强度后即可选择夜间气温较低时浇筑封拱顶接头混凝土，待其达到设计要求后，拆除拉杆，实现桥梁体系的转化，完成主拱圈的施工，最后进行常规的拱上建筑施工和桥面铺装。

2. 无平衡重转体施工

无平衡重转体施工是把有平衡重转体施工中的拱圈扣索、拉绳锚在两岸岩体中，从而节省了庞大的平衡重。

锚碇拉力是由尾索预加应力给引桥桥面板（或平撑、斜撑），以压力形式储备，如图9.3.14所示。桥面板的压力随着拱箱的转体角度变化而变化，当转体到位时压力达到最小。

(1) 构造

无平衡重转体施工的锚固体系由锚碇、尾索、平撑、锚梁（或锚块）及立柱组成。锚固体系形成三角形稳定体，使锚块和上转轴为一确定的固定点。拱箱转至任意角度，由

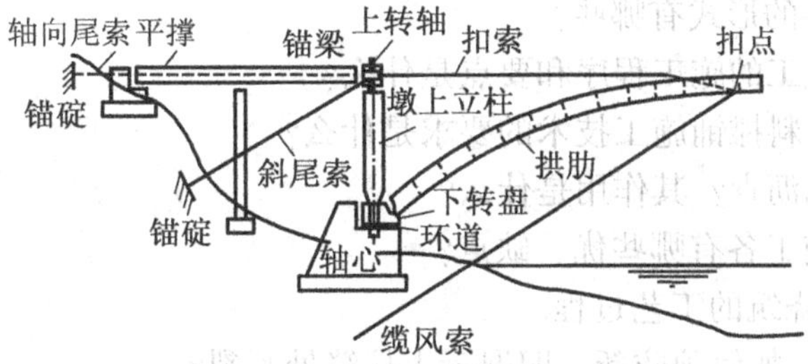

图 9.3.14　无平衡重转体施工

锚固体系平衡拱箱扣索力。

无平衡重转体施工的转动体系由上转动构造、下转动构造、拱箱及扣索组成。上转动构造由埋入锚梁（或锚块）中的轴套、转轴和套环组成，扣索一端与环套连接，另一端与拱箱顶端连接，转轴在轴套与环套间均可转动。

下转动构造由下转盘、下环道与下转轴组成。转盘下设有安装了许多聚四氟乙烯小板块的千岛走板，转盘与转轴的接触面涂有聚四氟乙烯粉黄油，以使拱箱转动。

位控体系由系在拱箱顶端扣点的缆风索与无级调速自控卷扬机、光电测角装置、控制台组成，用以控制在转动过程中转动体的转动速度和位置。

（2）无平衡重转体施工工艺

拱桥无平衡重转体施工的主要工艺过程为：

①转动体系的施工。包括设置下转轴、转盘及环道；设置拱座及预制拱箱；设置立柱；安装锚梁、上转轴、轴套、环套；安装扣索。转动体系的施工主要保证转轴、转盘、轴套、环套的制作安装精度及环道的水平高差的精度。

②锚碇系统施工。包括制作桥轴线上的开口地锚；设置斜向洞锚；安装轴向平撑、斜向平撑；尾索张拉；扣索张拉等。锚碇部分的施工应确保绝对安全可靠。尾索张拉是在锚块端进行，扣索张拉在拱顶段拱箱内进行。张拉时，要按设计张拉力分级、对称、均衡加力，要密切注意锚碇和拱箱的变形、位移和裂缝，若发现异常情况应仔细分析研究，做出处理后再进行下一道工序，直至拱箱张拉脱架。

③转体施工。正式转体施工前应再次对桥体各部分进行全面系统地检查。拱箱的转体是靠上、下转轴事先预留的偏心值形成的转动力矩与收放内外缆风索来实现的。

④合拢卸扣施工。拱顶合拢后的高差，通过张紧扣索提升拱顶，放松扣索降低拱顶来调整到设计位置。封拱宜选择低温时进行。先用 8 对钢楔楔紧拱顶，焊接主筋、预埋铁件，然后先封桥台拱座混凝土，再浇筑封拱接头混凝土。

复习思考题 9

1. 路基施工的基本方法有哪些？
2. 路基填筑时应注意哪些问题？
3. 浇筑混凝土路面的程序是什么？

4. 试简述胀缝和缩缝的区别。
5. 沥青路面面层的形式有哪些？
6. 沥青贯入法施工的施工程序和要点是什么？
7. 热拌沥青混合料摊铺施工技术的要求是什么？
8. 什么叫做乳化沥青？其作用是什么？
9. 悬浇和悬拼施工各有哪些优、缺点？
10. 试简述悬臂浇筑的工艺过程。
11. 悬浇施工时，如何预防新、旧混凝土接缝处开裂？
12. 悬臂法施工时，预应力筋的穿束和张拉有哪些要求？
13. 何谓移动模架法？移动模架法有哪些特点？
14. 转体施工有哪些特点？试简述拱桥有平衡重转体施工的过程。
15. 顶推施工有哪些基本工序？顶推的施工方法有哪些？

第10章 防水工程

防水工程按防水的部位和用途分为屋面防水工程和地下防水工程。所谓防水工程，是指为防止雨水从屋面渗漏，或防止地下水、滞水、毛细管水以及人为因素引起的水文地质改变而产生的水渗入建（构）筑物，所采取的一系列结构、构造和建筑措施。

§10.1 屋面防水工程

屋面防水工程包括卷材防水屋面、涂膜防水屋面、保温屋面、隔热屋面、瓦屋面、金属板防水屋面和玻璃采光顶屋面等。本章重点介绍卷材防水屋面、涂膜防水屋面。屋面的基本构造层次如表10.1.1所示。

表10.1.1 屋面的基本构造层次

屋面类型	基本构造层次
卷材、涂膜屋面	保护层、隔离层、防水层、找平层、保温层、找平层、找坡层、结构层
	保护层、保温层、防水层、找平层、找坡层、结构层
	种植隔热层、保护层、耐根穿刺防水层、防水层、找平层、保温层、找平层、保温层、找平层、找坡层、结构层
	架空隔热层、防水层、找平层、保温层、找平层、找坡层、结构层
	蓄水隔热层、隔离层、防水层、保温层、找平层、找坡层、结构层

屋面防水工程应根据建筑物的类别、重要程度、使用功能要求确定防水等级，且应按相应等级进行防水设防；对防水有特殊要求的建筑屋面，应进行专项防水设计。屋面防水等级和设防要求应符合表10.1.2中的要求。

表10.1.2 屋面防水等级和设防要求

防水等级	建筑类别	设防要求
Ⅰ	重要建筑和高层建筑	两道防水设防
Ⅱ	一般建筑	一道防水设防

10.1.1 卷材防水屋面

卷材防水屋面是指利用胶结材料粘贴卷材进行防水的屋面，是我国传统的屋面防水形式。卷材防水屋面分为高聚物改性沥青防水卷材、合成高分子防水卷材两大类。卷材防水屋面的构造如图 10.1.1 所示。

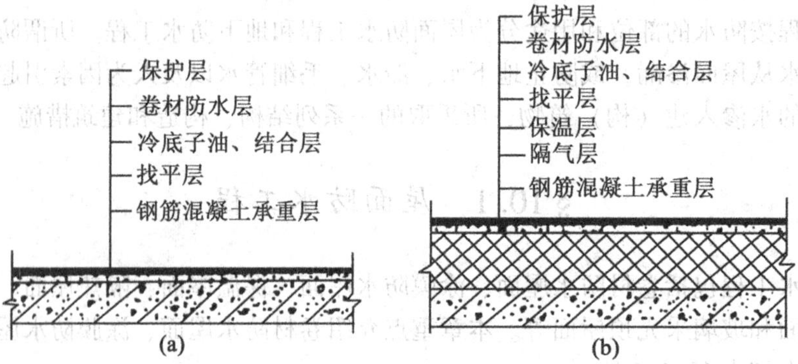

图 10.1.1 卷材防水屋面构造

1. 防水材料

(1) 基层处理剂

基层处理剂是为了增强防水材料和基层之间的粘结力，在防水卷材施工之前预先涂刷在基层上的涂料。常用的基层处理剂有冷底子油及各种高聚物沥青卷材和合成高分子卷材配套的底胶，其选择应与卷材的材性相容，以免和卷材腐蚀或粘结不牢。铺贴不同品种的防水卷材，选用的基层处理剂可以参考表 10.1.3。

表 10.1.3 不同防水卷材用基层处理剂参考表

卷材的名称	基层处理剂	卷材胶粘剂
高聚物改性沥青防水卷材	石油沥青冷底子油或橡胶改性沥青冷胶粘剂稀释液	橡胶改性沥青冷胶粘剂或卷材生产厂家指定产品
合成高分子卷材	卷材生产厂家随卷材配套供应产品或指定的产品	

冷底子油是由 10 号石油沥青或软化点为 50℃~70℃的煤焦沥青溶于有机溶剂（轻柴油、蒽油、煤油、汽油及苯等）调制成的溶液，其中汽油和煤油仅用于调制石油沥青冷底子油，若采用快性挥发油作溶剂，则应采用 30 号石油沥青或软煤沥青。这种调制溶液多在常温下用于防水工程的底层，故称为冷底子油。冷底子油粘度小，具有良好的流动性。涂刷在混凝土、砂浆等基面上，能很快渗入基层孔隙中，待溶剂挥发后，便与基面牢固结合。冷底子油可以封闭基层毛细孔隙，使基层形成防水能力；其作用是处理基层界面，以便沥青油毡便于铺贴，使基层表面变为憎水性，为粘结同类防水材料创造了有利

条件。

橡胶沥青冷胶粘剂以优质石油沥青为基料，加入橡胶改性材料、增粘材料、稀释剂、填充料及多种助剂配制而成。主要用于屋面工程卷材与基层的冷粘接，也可以用于复杂细部节点涂膜附加防水层以及涂膜和卷材复合防水系统。

(2) 胶粘剂

用于铺贴卷材的胶粘剂可以分为基层与卷材粘贴的胶粘剂及卷材与卷材搭接的胶粘剂两种。按其组成成分又可以分为改性沥青胶粘剂和合成高分子胶粘剂。

改性沥青胶粘剂以石油沥青为基料，采用丁基橡胶为改性剂，改性松香树脂为增黏剂，云母粉为填料，制成一种改性沥青胶粘剂，适用于改性沥青防水卷材的冷施工。

合成高分子胶粘剂以合成聚合物或预聚体、单体为主体料制成。除聚合物外，还可以根据情况加入固化剂、增柔剂、无机填料和溶剂等。按化学组成和性能又分为热固性胶粘剂、热塑性胶粘剂、橡胶型胶粘剂和复合型胶粘剂。

改性沥青胶粘剂的粘结剥离强度应不小于 8N/10mm；合成高分子胶粘剂的粘结剥离强度应不小于 15N/10mm，浸水后粘结剥离强度应不小于 70%。

(3) 防水卷材

防水卷材包括高聚物改性沥青防水卷材、合成高分子防水卷材。

高聚物改性沥青防水卷材是以纤维织物或纤维毡为胎体，以合成高分子聚合物改性沥青为涂层，用粉状、粒状或薄膜材料为覆面材料，制成可以卷曲的长条状防水材料。厚度一般为 3mm、4mm、5mm，以沥青基为主体。

合成高分子防水卷材是以合成橡胶、合成树脂或这两者的共混体为基料，加入适量的化学剂和填充料等，经混炼、压延或挤出等工序加工而成的可以卷曲的长条状防水材料，其中又可以分为加筋和不加筋两种。这类卷材有良好的低温柔性和适应变形能力，有较长的防水耐用年限，按厚度可以分为 1mm、1.2mm、1.5mm、2.0mm。合成高分子防水卷材一般采用单层铺设，可以采用冷粘法或自粘法施工。

防水卷材的选择应符合下列规定：

①外露使用的防水层，应选用耐紫外线、耐老化、耐候性好的防水材料；

②上人屋面，应选用耐霉变、拉伸强度高的防水材料；

③长期处于潮湿环境的屋面，应选用耐腐蚀、耐霉变、耐穿刺、耐长期水浸等性能的防水材料；

④薄壳、装配式结构、钢结构及大跨度建筑屋面，应选用耐候性好，适应变形能力强的防水材料；

⑤倒置式屋面应选用适应变形能力强、接缝密封保证率高的防水材料；

⑥坡屋面应选用与基层粘结能力强、感温性小的防水材料。

2. 保温材料

保温层应根据屋面所需传热系数或热阻选择轻质、高效的保温材料，保温层及保温材料应符合表 10.1.4 中的规定。

表 10.1.4 保温层及保温材料

保温层	保温材料
板状材料保温层	聚氯乙烯泡沫塑料、硬质聚氨酯塑料、膨胀珍珠岩制品、泡沫玻璃制品、加气混凝土砌块、泡沫混凝土砌块
纤维材料保温层	玻璃棉制品、岩棉、矿渣棉制品
整体材料保温层	喷涂硬泡聚氨酯、现浇泡沫混凝土

屋面保温层按其使用材料、形状和施工做法可以分为板状保温材料保温层、纤维材料保温层、整体材料保温层。

(1) 板状材料保温层

用松散保温材料或化学合成聚脂与合成橡胶类材料加工制成。如聚氯乙烯泡沫塑料、硬质聚氨酯塑料、膨胀珍珠岩制品、泡沫玻璃制品、加气混凝土砌块、泡沫混凝土砌块等。这类材料具有松散保温材料性能，加工简单、施工方便。

(2) 纤维材料保温层

是将熔融岩石、矿渣、玻璃棉等原料经高温熔化，采用离心法或气体喷射法制成的板状或毡状纤维制品。其中玻璃棉是以生成玻璃的硅酸盐矿物为主要原料，同时添加一定的熟料，经熔融、成纤且同时施加一定量的有机粘结剂而制成的棉状纤维。玻璃棉细长的玻璃纤维紧密交错，内部丰富的空气层起到了良好的隔热保温作用。岩棉是以天然岩石如玄武岩、辉长岩、白云石、铁矿石、铝矾土等为主要原料，经高温熔化、纤维化而制成的无机质纤维，具有良好的保温隔热功能。矿渣棉是利用工业废料矿渣（高炉矿渣或铜矿渣、铝矿渣等）为主要原料，经熔化、采用高速离心法或喷吹法等工艺制成的棉丝状无机纤维。可以用于建筑物的填充绝热、吸声、隔声和保温等。

(3) 整体材料保温层

喷涂硬泡聚氨酯是以异氰酸酯、多元醇为主要原料加入发泡剂等添加剂，现场使用专用喷涂设备在基层上连续多遍喷涂发泡聚氨酯后，形成无接缝的硬泡体。聚氨酯硬泡体是一种具有保温与防水功能的新型合成材料，其导热系数低，仅 0.022～0.02412W/(m·K)，相当于挤塑板的一半，是目前所有保温材料中导热系数最低的，能实现屋面防水、保温一体化。现浇泡沫混凝土是用物理方法将发泡剂水溶液制备成泡沫，再将水泥、骨料、掺合料、外加剂和水等制成的浆料中，经混合搅拌、现场浇筑、自然养护而成的轻质多孔混凝土。这种混凝土属于气泡状轻质高强材料，其突出特点是在混凝土内部形成封闭的泡沫孔，使混凝土轻质化和高强化。

3. 卷材防水屋面的施工

(1) 基层处理

防水层是依附于基层的，基层质量的好坏直接影响防水层的质量，所以基层质量是保证防水层质量的基础。基层质量是指结构层和找平层的刚度、强度、平整度和含水率。

基层找平层宜采用水泥砂浆、细石混凝土。找平层的找平工作应在初凝前完成，压光工序应在终凝前完成，终凝后应进行养护。

当承重结构采用装配式屋面板时，预制板安装应平整、牢固，靠非承重墙的一块板离开墙面应有20mm的空隙，以免三边受力与相邻板受力不一致。当安装屋面板时，相邻板面高差不应超过20mm，若超过这一规定应用砂浆或细石混凝土进行板面调整。屋面板安装后，板端、侧缝应采用细石混凝土灌缝，其强度等级应不小于C20，当板缝宽度大于40mm或上宽下窄时，板缝内应设置构造钢筋。板缝内浇筑混凝土之前，应将板缝内的石硝残渣清理干净，且在混凝土中掺膨胀剂。

找平层施工时，表面应压实平整，找平层的排水坡度应符合设计要求。平屋面采用结构找坡应不小于3%，采用材料找坡宜为2%；天沟、檐沟纵向找坡应不小于1%，沟底水落差不得超过200mm。找平层宜设分格缝，且嵌填密封材料。分格缝应设在板端缝处，其纵、横缝的最大间距不宜大于6m，分格缝的宽度宜为5~20mm。找平层的厚度和技术要求如表10.1.5所示。

表10.1.5　　找平层的厚度和技术要求

<table>
<tr><th>找平层分类</th><th>适用的基层</th><th>厚度/（mm）</th><th>技术要求</th></tr>
<tr><td rowspan="2">水泥砂浆</td><td>整体现浇混凝土板</td><td>15~20</td><td rowspan="2">1：2.5水泥砂浆</td></tr>
<tr><td>整体材料保温层</td><td>20~25</td></tr>
<tr><td rowspan="2">细石混凝土</td><td>装配式混凝土板</td><td rowspan="2">30~35</td><td>C20混凝土，宜加钢筋网片</td></tr>
<tr><td>板状材料保温层</td><td>C20混凝土</td></tr>
</table>

卷材防水层的基层与突出结构（女儿墙、立墙、天窗壁、变形缝、烟囱等）的交接处，以及基层转角处，找平层均应做成圆形，且应整齐平顺。找平层圆弧半径应符合表10.1.6中的要求。内部排水的水落口周围，找平层应做成略低的凹坑。

表10.1.6　　找平层圆弧半径　　（单位：mm）

卷材种类	圆弧半径
高聚物改性沥青防水卷材	50
合成高分子防水卷材	20

（2）保温层施工

保温层施工包括板状材料保温层、纤维材料保温层和整体材料保温层施工。

1）板状材料保温层施工

①板状材料保温层采用干铺法施工时，板状保温材料应紧靠在基层表面上，应铺平垫稳；分层铺设的板块上、下层接缝应相互错开，板间缝隙应采用同类材料的碎屑嵌填密实。

②板状材料保温层采用粘贴法施工时，胶粘剂应与保温材料相容，且应贴严、粘牢；板状材料保温层的平面接缝挤紧拼严，不得在板侧面涂抹胶粘剂，超过2mm的缝隙应采用相同材料板条或片填塞严实。

③板状保温材料采用机械固定法施工时，应选择专用螺丝和垫片；固定件与结构层之

间连接牢固。

板状材料保温层的厚度应符合设计要求，其正偏差应不限，负偏差应为5%，且不大于4mm。

2）纤维材料保温层的施工

①纤维保温材料应紧靠在基层表面上，平面接缝应挤紧拼严，上、下层接缝应相互错开。

②屋面坡度较大时，宜采用金属或塑料专门固定件将纤维保温材料与基层固定。纤维材料填充后，不得上人踩踏。

③装配式骨架纤维保温材料施工时，应先在基层上铺设保温龙骨或金属龙骨，龙骨之间应填充纤维保温材料，再在龙骨上铺钉水泥纤维板。金属龙骨和固定件应经防锈处理，金属龙骨与基层之间应采取隔热断桥措施。

纤维材料保温层的厚度应符合设计要求，其正偏差应不限，毡不得有负偏差，板负偏差应为4%，且不得大于3mm。

3）整体材料保温层的施工

①喷涂硬泡聚氨酯保温层施工前对喷涂设备进行调试，且应制备试样进行硬泡聚氨酯的性能检测。喷涂硬泡聚氨酯的配比应准确计量，发泡厚度应均匀一致，喷涂时喷嘴与施工基面的间距应由实验确定。

②一个作业面应分若干遍喷涂完成，每遍厚度不宜大于15mm。当日的作业面应当日连续地喷涂施工完毕。硬泡聚氨酯喷涂后20min内严禁上人，喷涂硬泡聚氨酯完成后，应及时做保护层。

③在浇筑泡沫混凝土前，应将基层上的杂物和油污清理干净，基层应浇水湿润，但不得积水。保温层施工前应对设备进行调试，且应制备试样进行泡沫混凝土的性能检验。

④泡沫混凝土的配合比应准确计量，制备好的泡沫加入水泥浆料中应搅拌均匀。浇筑过程中，应随时检查泡沫混凝土的湿密度。

现浇泡沫混凝土保温层的厚度应符合设计要求，其正负偏差应为5%，且不得大于5mm。当雨天、雪天和五级风及其以上时不得施工，当施工中途下雨、下雪时应采取遮盖措施。

（3）屋面卷材的铺贴

<1>卷材铺贴要点

1）卷材的铺贴方向

卷材铺贴方向应结合卷材搭接缝顺水接茬和卷材铺贴可操作性两方面因素综合考虑。卷材铺贴应在保证顺直的前提下，宜平行于屋脊铺贴；当防水层采用叠层工法铺贴时，上、下层卷材不得相互垂直铺贴。当屋面坡度大于25%时，卷材常发生下滑现象，故应采取防止卷材下滑措施，卷材应采取满粘和钉压固定措施。在坡度较大和垂直面上粘贴防水卷材时，宜采用机械固定和对固定点进行密封方法。

2）卷材的铺贴厚度

卷材的铺贴厚度应按屋面防水等级和选用的卷材品种确定，如表10.1.7所示。

表 10.1.7 每道卷材防水层最小厚度 （单位：mm）

防水等级	合成高分子防水卷材	高聚物改性沥青防水卷材		
		聚氨胎、玻纤胎聚乙烯胎	自粘聚酯胎	自粘无胎
Ⅰ	1.2	3.0	2.0	1.5
Ⅱ	1.5	4.0	3.0	2.0

3）卷材的铺贴方法

卷材的铺贴方法分为满粘法、空铺法、点粘法和条粘法。满粘法也称全粘法，即铺贴卷材时，卷材与基层采用全部粘贴的方法；空铺法，即铺贴防水卷材时卷材与基层在四周一定宽度内粘结，其余部分不粘结的方法；点粘法，即铺贴防水卷材时，卷材或打孔卷材与基层采用点状粘结，要求粘结 5 点/m^2，每点粘结面积为 100mm×100mm，卷材之间仍满粘的施工方法；条粘法，即铺贴防水卷材时，卷材与基层采用条状粘结。要求每幅卷材与基层粘结面不少于两条，每条宽度不小于 150mm，卷材之间仍满粘的施工方法。

卷材铺贴按其施工工艺又分为冷粘法、热粘法、热熔法、自粘法、焊接法和机械固定法。

冷粘法即在常温下采用胶粘剂等进行卷材与基层、卷材与卷材间进行粘结的施工方法；热粘法即采用热熔胶粘剂将卷材与基层或卷材之间粘结的施工方法；热熔法即采用火焰加热器熔化热熔型防水卷材底层的热熔胶进行粘结的施工方法；自粘法即采用带有自粘胶的防水卷材进行粘结的施工方法；焊接法即采用热风焊枪进行防水卷材搭接粘合的施工方法；机械固定法即采用专用的固定件和垫片或压条，将卷材固定在屋面板或结构构件上的方法。

4）卷材的搭接长度

平行屋脊的卷材搭接应顺流水方向，卷材搭接宽度应符合表 10.1.8 中的规定；相邻两幅卷材短边搭接应错开，且不得小于 500mm；上、下层卷材长边搭接缝应错开，且不得小于幅宽的 1/3。

表 10.1.8 卷材搭接宽度 （单位：mm）

卷材类别		搭接宽度
合成高分子卷材	胶粘剂	80
	胶粘带	50
	单缝焊	60，有效焊接宽度不小于 25
	双缝焊	80，有效焊接宽度 10×2+空腔宽
高聚物改性沥青防水卷材	胶粘剂	100
	自粘	80

5）卷材的铺贴顺序

在同一层屋面施工，卷材防水层施工时，应先进行细部构造处理，然后由屋面最低标高向上铺贴。铺贴檐沟、天沟卷材时，宜顺檐沟、天沟方向铺贴，搭接缝顺流水方向。坡面与立面相交处的卷材，应先铺坡面，由坡面向上铺至立面。当有高底跨屋面时，应先作高跨，后作底跨，且按先远后近的顺序进行。

<2>卷材的铺贴

1）冷粘法卷材铺贴

冷粘法卷材铺贴应符合下列规定：

①胶粘剂涂刷应均匀，不应露底，不应堆积；应控制胶粘剂涂刷与卷材铺贴的间隔时间。

②卷材铺贴应平整顺直，搭接尺寸应准确，不得扭曲、皱折。施工时卷材下面的空气应排尽，且应辊压粘贴牢固。接缝口应采用密封材料封严，宽度不小于10mm。

2）热粘法卷材铺贴

热粘法卷材铺贴应符合下列规定：

①熔化热熔型改性沥青胶结料时，宜采用专用导热油炉加热，加热温度应不高于200℃，使用温度不宜低于180℃。

②粘贴卷材的热熔型改性沥青胶结料厚度宜为1.0～1.5mm；采用热熔型改性沥青料粘贴卷材时，应随刮随铺，且应展平压实。

3）热熔法铺贴卷材

热熔法铺贴卷材应符合下列规定：

①火焰加热器加热卷材应均匀，不得加热不足或烧穿卷材。卷材表面热熔后应立即滚铺，卷材下面的空气应排尽，且应辊压粘贴牢固。

②卷材接缝部位应溢出热熔的改性沥青胶，溢出的改性沥青胶宽度宜为8mm，铺贴的卷材应平整顺直，搭接长度应准确，不得扭曲。厚度小于3mm的高聚物改性沥青防水卷材，严禁采用热熔法施工。

4）自粘法铺贴卷材

自粘法铺贴卷材应符合下列规定：

①铺贴卷材时，应将自粘胶底面隔离纸全部撕净，铺贴的卷材应平整顺直，搭接尺寸应准确，不得扭曲、皱折，卷材下面的空气应排尽，且应辊压粘贴牢固。

②接缝口应采用密封材料封严，宽度应不小于10mm，低温施工时，接缝部位宜采用热风加热，且应随即粘贴牢固。

5）焊接法铺贴卷材

焊接法铺贴卷材应符合下列规定：

①焊接前卷材应铺设平整顺直，搭接长度应准确，不得扭曲、皱折，卷材焊接缝的结合面应干净，干燥、不得有水滴、油污及附着物。

②焊接前应先焊长边搭接缝，后焊短边搭接缝，焊接时应控制加热温度和时间，焊接缝不得有漏焊、跳焊、焊焦或焊接不牢现象。焊接时不得损害非焊接部位的卷材。

6）机械固定法铺贴卷材

机械固定法铺贴卷材应符合下列规定：

①卷材应采用专门固定件进行机械固定，固定件应设置在卷材接缝内，外露固定件应用卷材封严。固定件应垂直钉入结构层有效固定，固定件数量和位置应符合设计要求。

②卷材搭接缝应粘结牢固或焊接牢固，密封应严密，卷材周边800mm范围内应满粘。

卷材防水层的铺贴方向应正确，卷材搭接宽度的允许偏差为-10mm；卷材防水层的收头应与基层粘结，钉压应牢固，密封应严密。卷材防水层在檐口、天沟、水落口、泛水、变形缝以及伸出屋面管道的防水构造，应符合设计要求。

10.1.2 涂膜防水屋面

涂膜防水屋面是靠涂刷的以高分子合成材料为主体防水涂料，经溶剂或水分的挥发，两种组分的化学反映固化后形成有一定厚度的涂膜来达到屋面防水的目的。涂膜防水工程的构造如图10.1.2所示。

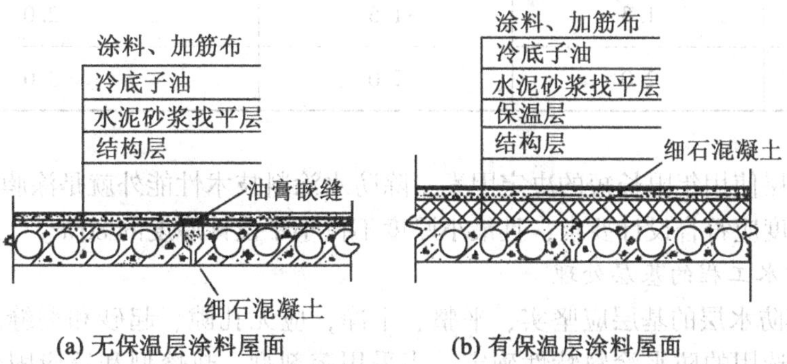

图10.1.2 涂膜防水屋面构造示意图

涂膜防水屋面主要适用于防水等级Ⅰ级、Ⅱ级屋面防水，按《屋面工程技术规范》(GB50345—2012)中的要求，卷材、涂膜屋面防水等级和防水做法应符合表10.1.9中的规定。

表10.1.9 卷材、涂膜屋面防水等级和防水做法

防水等级	防水做法
Ⅰ	卷材防水层和卷材防水层、卷材防水层和涂膜防水层、复合防水层
Ⅱ	卷材防水层、涂膜防水层、复合防水层

1. 涂膜防水材料

涂膜防水材料根据成膜物质的主要成分分为两大类：高聚物改性沥青基防水涂料、合成高分子防水涂料。根据防水涂料的液态类型，涂料分为溶剂型和水乳型。溶剂型涂料是作为主要成膜物质的高分子材料溶解于有机溶剂中，高分子材料以分子状态存于溶液

（涂料）中，如溶剂型氯丁橡胶沥青防水涂料；水乳型涂料是作为主要成膜物质的高分子材料以极微小的颗粒（而不是呈分子状态）稳定悬浮（而不是溶解）在水中，成为乳液状涂料。根据防水涂料的组分不同，防水涂料又分为单组分防水涂料和双组分防水涂料。单组分防水涂料一般只有一种组分，即开即用，施工方便，如单组分聚氨酯防水涂料；双组分防水涂料要按厂家提供的比例将A组分、B组分混合搅拌均匀后使用，如双组分聚氨酯防水涂料。

2. 涂膜防水层的厚度

涂膜防水工程按屋面的防水等级和设防道数有不同的厚度要求，每道涂膜防水层最小厚度应符合表10.1.10中的规定。

表10.1.10　每道涂膜防水层最小厚度　（单位：mm）

屋面防水等级	合成高分子防水涂膜	聚合物水泥防水涂膜	高聚物改性沥青防水涂膜
Ⅰ	1.5	1.5	2.0
Ⅱ	2.0	2.0	3.0

涂膜防水层使用年限长短的决定因素，除防水涂料技术性能外就是涂膜厚度，涂膜防水层的平均厚度应符合设计要求，且最小厚度不得小于设计厚度的80%。

3. 涂膜防水工程的基层处理

（1）涂膜防水层的基层应坚实、平整、干净，应无孔隙、起砂和裂缝。基层的干燥程度应根据所选用的防水涂料特性确定。当采用溶剂型、热熔型和反应固化型防水涂料时，基层应干燥。

（2）基层与突出屋面结构（女儿墙、立墙、天窗壁、变形缝、烟囱等）的连接处，以及基层的转角处（水落口、檐口、天沟、檐沟、屋脊等），均应做成圆弧。圆弧半径应根据卷材种类按表10.1.6中的要求选用。内部排水的水落口周围应做成略低的凹坑。

（3）铺设屋面隔汽层和防水层前，基层必须打扫干净、干燥。

（4）采用基层处理剂时，其配制与施工应符合下列规定：

①基层处理剂应与卷材相容。涂膜基层处理剂的选用应符合表10.1.11中的规定。

表10.1.11　涂膜基层处理剂的选用

涂料	基层处理剂
高聚物改性沥青涂料	石油沥青冷底子油
水乳型涂料	掺0.2%~0.3%乳化剂的水溶液或软水稀释， 质量比为1：0.5~1：1，切忌用天然水或自来水
溶剂型涂料	直接用相应的溶剂稀释后的涂料薄涂
聚合物水泥涂料	由聚合物乳液与水泥在施工现场随配随用

高聚物改性沥青防水涂料，可以用冷底子油做基层处理剂，或在现场以煤油：30号石油沥青=60：40的比例配置而成的溶液作为基层处理剂。对水乳型防水涂料，若无软水可以用冷开水代替，但切忌加入一般的硬水（天然水或自来水）。对溶剂型防水涂料，由于其渗透能力比水乳型防水涂料强，可以直接用涂料薄层做基层处理，如溶剂型氯丁胶沥青防水涂料或溶剂型再生橡胶沥青防水涂料等。若涂料较稠，可以用相应的溶剂稀释后作为基层处理剂。

②基层处理剂应配比准确，且应搅拌均匀。当采用双组分或多组分防水涂料时，应按配合比准确计量，应采用电动机具搅拌均匀，已配制的涂料应及时使用。配料时，可以加入适量的缓凝剂或促凝剂调节固化时间，但不得混合已固化的涂料。

③基层处理剂可以采取喷涂法或涂刷法施工工艺。喷、涂应均匀一致。当喷、涂两遍时，第二遍喷、涂应在第一遍干燥后进行。待最后一遍喷、涂干燥后，方可铺贴卷材。

④喷、涂基层处理剂前，应用毛刷对屋面节点、周边、拐角等处先行涂刷。

4. 涂膜防水屋面工程施工

高聚物改性沥青防水涂料和合成高分子防水涂料按屋面防水等级、设防道数，其设计涂层的总厚度在3mm以下，均属薄层涂料，其施工方法基本相同，因此将这两种涂料的施工方法一起介绍。

（1）涂膜防水层施工工艺

涂膜防水层施工工艺包括刮涂法施工、滚涂法施工、喷涂法施工、刷涂法施工等。水乳型及溶剂型防水涂料宜选用滚涂法或喷涂法施工；反应固化型防水涂料宜选用刮涂法或喷涂法施工；热熔型防水涂料宜选用刮涂法施工；聚合物水泥防水涂料宜选用刮涂法施工；所有防水涂料用于细部构造时，宜选用刷涂或喷涂施工。

（2）防水涂料的涂布

防水涂料涂布前应按屋面面积估算好一次涂布用量，确定配料的多少，在固化干燥前用完，这一规定对于双组分反应固化型的涂料尤为重要。已固化的涂料不能和未固化的涂料混合使用，否则，将会降低防水涂膜的质量。

每次涂布前，应仔细检查前遍涂层是否有流淌、皱折、鼓泡、漏胎体和翘边等缺陷，若有上述缺陷应立即修补，再涂后遍涂层。涂布时应先涂立面，后涂平面，涂布立面时最好采用蘸涂法，涂刷时应均匀一致。

刮涂法是用胶皮刮板涂布涂料的方法，一般先将涂料均匀倒在屋面基层上，用刮板来回刮涂，刮涂时应使其表面平整，厚薄均匀一致，不露底、不存在气泡。采用刮涂法施工时，应注意每遍刮涂的推进方向宜与前一遍相互垂直，后一遍刮涂必须待前一遍表干后方可施工。

滚涂法用的滚子是一直径不大的空心圆柱，表层粘有用合成纤维制成的长毛绒，圆柱两端装有两个垫圈，中心带孔，弯曲的手柄即由这个孔中通过，使用时，先将滚子浸到涂料容器中湿润，然后施工滚涂到所需涂刷的表面。滚涂时应注意滚涂均匀，不允许有露滚和露底现象，多遍滚涂时一定要待前一遍表干后方可施工。

喷涂法是指将防水涂料倒入喷涂设备内，通过喷枪将防水涂料均匀喷出。喷涂法适用于粘度较小的高聚物改性沥青防水涂料和合成高分子防水涂料在大面积上的施工。喷涂法的特点是喷涂后的涂层质量均匀，生产效率高。其缺点是有一部分涂料被损耗，同时由于溶剂的大量蒸发，影响操作者的身体健康。

刷涂法一般采用棕刷、长柄刷、圆辊刷、蘸刷等，用刷子涂刷一般采用蘸涂法，也可以边倒涂料边用刷子刷匀，倒料时应将涂料倒洒均匀，不可在一处堆积太多，以避免造成涂刷厚薄不均，难以刷匀。涂刷时应避免将气泡裹进涂层中，若产生气泡应立即消除，以保证涂层的质量。涂刷时两涂层施工间隔也不宜过长，否则易形成分层现象。

防水涂膜在满足要求的前提下，涂刷的遍数越多对成膜的密实度越好，因此涂料施工时应采用多遍涂布，无论厚质涂料还是薄质涂料均不得一次成膜。每遍涂刷应均匀，不得露底漏涂和堆积现象；多遍涂刷时，应待前遍涂层表干后，方可涂刷后一遍涂料。两涂层施工间隔不宜过长，否则易产生分层现象。

涂膜防水层施工时施工环境应符合以下规定：水乳型及反应形涂料施工时环境温度宜为5℃~32℃；溶剂型涂料施工时环境温度宜为-5℃~35℃；热熔型涂料施工时环境温度不宜低于-10℃；聚合物水泥涂料施工时环境温度不宜低于5℃~35℃。

涂料涂布时，涂布致密是保证质量的关键。应按规定的涂层厚度（以材料用量进行控制）均匀、仔细地涂布。各遍涂层之间的涂布方向应相互垂直，以提高防水层的整体性、均匀性和遮盖性。涂层之间的接槎，在每遍涂布时应退槎50~100mm，接槎时也应超过50~100mm，避免在搭接处涂层薄弱，发生渗漏。

(3) 胎体增强材料的铺设

胎体增强材料主要有聚酯无纺布和化纤无纺布。聚酯无纺布纵向拉力应不小于150N/50mm，横向拉力应不小于100N/50mm，延伸率纵向应不小于10%，横向应不小于20%。化纤无纺布纵向拉力应不小于45N/50mm，横向拉力应不小于35N/50mm，延伸率纵向应不小于20%，横向应不小于25%。

胎体增强材料平行或垂直于屋脊铺设应视方便施工而定。平行于屋脊铺设时，应由最低标高处向上铺设，胎体增强材料顺着流水方向搭接，避免呛水。胎体材料铺贴时，应边涂刷边铺贴，避免两者分离。为了便于工程质量验收和确保涂膜防水层的完整性，规定长边搭接宽度不小于50mm，短边搭接宽度不小于70mm，没有必要按卷材搭接宽度来规定。当采用两层胎体增强材料时，上、下层不得相互垂直铺设，以使其两层胎体材料在同方向有一致的延伸性。铺设胎体材料时，上、下层的搭接缝应错开不小于1/3幅宽，避免上、下层胎体材料产生重缝及防水层厚薄不均匀。

高聚改性沥青防水涂料和合成高分子防水涂料在第二遍涂布时，或第三遍涂布前，即可加铺胎体增强材料。铺贴方法可以采用湿铺法或干铺法。湿铺法就是先在已干燥的涂层上，将涂料仔细涂布均匀，然后将成卷的胎体材料平放在屋面上，慢慢推滚铺贴于刚涂布涂料的屋面上，再用辊刷辊压一遍，务必使胎体的全部网眼浸满涂料，使上、下两层涂料良好结合。干铺法是在前一遍涂层干燥后，边干铺胎体增强材料，边在胎体材料表面上用橡皮刮板均匀满刮一道涂料。也可以先在边缘部位用涂料点粘固定，然后再在上面满刮一道涂料，涂料刮涂时，一定要刮涂均匀，厚薄一致，使涂料浸入网眼渗透到已固化的涂膜上。当胎体增强材料表面有漏白时，表明涂料用量不足，应立即补刷。所以干铺法不适于渗透性较差的涂料与比较密实的胎体增强材料配套使用。

铺贴好的胎体增强材料不得有皱折、翘边、空鼓等现象，也不得有露白现象。因此铺贴时切忌拉伸过紧或刮平时用力过大。对施工完毕的防水层屋面，应立即进行检查，对皱折、翘边、空鼓和针孔，应采用剪刀剪破，局部修补后才能进行下一道工序。

合成高分子防水涂料涂膜防水层的胎体增强材料应尽量设置在防水层的上部，位于胎体下面的涂层厚度不宜小于1mm，最上层的涂层应不少于两遍，以提高涂层的耐穿刺性、耐磨性和充分发挥涂层的延伸性。

(4) 收头处理

涂膜防水层收头屋面细部构造是施工的关键。天沟、檐口、泛水和涂膜防水层的收头是涂膜防水屋面的薄弱环节，应采用防水涂料多遍涂刷，要确保涂膜防水层收头与基层粘结牢固，密封严实。防水涂料在夹铺胎体增强材料时，为了防止收头部位出现翘边、皱折、露胎体等现象，收头处必须多遍涂刷，以增加密封效果。收头处的胎体增强材料不得有漏胎体和翘边等现象，否则会降低防水工程质量而影响使用寿命。

(5) 防水层上的保护层

涂膜防水层完工且经验收合格后，应进行保护层的施工。设置保护层可以提高防水层的合理使用年限。当采用细砂、云母或蛭石等撒布材料作保护层时，应筛去粉料。在涂刮最后一遍涂料时，边涂边撒布均匀，不得漏底。当涂料干燥后，将多余的撒布材料清除。若用水泥砂浆作保护层，表面应留设分格缝，分格面积宜为$1m^2$。若用块材作保护层，分格面积不宜大于$100m^2$，分格缝宽度不宜小于20mm。若用细石混凝土作保护层，混凝土应密实，表面应抹平压光，分格缝面积不大于$36m^2$。采用水泥砂浆、块材和细石混凝土的保护层与防水层之间应设置隔离层。若采用浅色涂料保护层应与卷材粘结牢固，厚薄均匀，不得漏涂。

高聚物改性沥青防水涂膜和合成高分子防水涂膜严禁在雨天、雪天施工；五级风及其以上时不得施工。

10.1.3 复合防水屋面

复合防水屋面就是由彼此相容的卷材和涂料组合而成的防水层。充分发挥涂料和卷材各自的优点，摒弃两者的弱点，组合成一个有效的复合防水层。涂料防水的特点是：粘接和防水两者合一，涂料防水能适应各类复杂的施工基面，且能和基面、卷材紧密粘合；而卷材防水层的特点是抗拉强度较高，延伸好，但其搭接缝多，易空鼓窜水，通过实践把两者有机结合起来，形成优势互补。

卷材防水层和涂料防水层材料要求，施工工艺和施工质量要求如10.1.1节和10.1.2节所述。复合防水屋面的施工要点应符合以下要求。

1. 涂膜防水层施工部位

复合防水层中，卷材与涂料复合使用时，涂膜防水层宜设置在卷材防水层下面，主要体现涂膜防水层粘结强度高，可以修补防水层基层裂缝缺陷，防水层无接缝，整体性好的特点；同时还能体现卷材防水层强度高、耐穿刺、厚薄均匀、使用寿命长等特点。

2. 防水卷材的粘结质量

卷材与涂料复合使用时，防水卷材的粘结质量应符合表10.1.12中的规定。

表 10.1.12 防水卷材的粘结质量

项目	自粘聚合物改性沥青防水卷材和带自粘层防水卷材	高聚物改性沥青防水卷材胶粘剂	合成高分子防水卷材胶粘剂
粘结剥离强度/（N/10mm）	≥10 或卷材断裂	≥8 或卷材断裂	≥15 或卷材断裂
剪切状态下的粘合强度/（N/10mm）	≥20 或卷材断裂	≥20 或卷材断裂	≥20 或卷材断裂
浸水 168h 后粘结剥离强度保持率/（%）	—	—	≥70

注：防水涂料作为防水卷材粘结材料复合使用时，应符合相应的防水卷材胶粘剂的规定。

3. 复合防水层的总厚度

复合防水层的总厚度，主要包括卷材厚度、卷材胶粘剂厚度和涂膜厚度。在复合防水层中，如果防水涂料即是涂膜防水层，又是防水卷材的胶粘剂，那么涂膜厚度应给予适当增加。复合防水层的最小厚度应符合表 10.1.13 中的规定。

表 10.1.13 复合防水层最小厚度

防水等级	合成高分子卷材+合成高分子防水涂膜	自粘聚合物改性沥青防水卷材（无胎）+合成高分子涂膜	高聚物改性沥青防水卷材+高聚物改性沥青防水涂膜	聚乙烯丙纶卷材+聚合物水泥防水胶结材料
Ⅰ	1.2+1.5	1.5+1.5	3.0+2.0	（0.7+1.3）×2
Ⅱ	1.0+1.0	1.2+1.0	3.0+1.2	0.7+1.3

4. 复合防水层施工质量要求

①复合防水层不得有渗漏和积水现象。

②复合防水层在天沟、檐沟、檐口、水落口、泛水、变形缝以及伸出屋面管道的防水构造，应符合设计要求。

§10.2 地下防水工程

地下防水工程包括卷材防水层、水泥砂浆防水层、防水混凝土、涂料防水层、塑料板防水层和金属防水层。由于篇幅所限，本节主要介绍卷材防水层、水泥砂浆防水层和防水混凝土。

10.2.1 卷材防水层

地下工程卷材防水层是用胶粘剂将几层油毡粘贴在结构基层表面，适用于经常处在地下水环境，且受侵蚀性介质作用或受振动作用的地下工程，卷材防水层应铺设在混凝土结构的迎水面。这种防水层的主要优点是，防水性能较好，具有一定的韧性和延伸性，能适应结构的振动和微小变形，不致于产生破坏导致渗水现象，且能抗酸、碱、盐溶液的侵蚀。但卷材防水层耐久性差，吸水率大，机械强度低，施工工序多，发生渗漏时难以修补。

1. 防水材料

（1）卷材

地下工程卷材防水层应尽量采用强度高、延伸率大、具有良好的不透水性和韧性、耐腐蚀性的卷材。如高聚物改性沥青卷材有SBS、APP、APAO、APO等防水卷材；合成高分子防水卷材有三元乙丙、氯化聚乙烯、聚氯乙烯、氯化聚乙烯-橡胶共混等防水卷材。卷材防水层的品种如表10.2.1所示。

表10.2.1 卷材防水层的卷材品种

类别	品种名称
高聚物改性沥青类防水卷材	弹性体改性沥青防水卷材
	改性沥青聚乙烯胎防水卷材
	自粘聚合物改性沥青防水卷材
合成高分子类防水卷材	三元乙丙橡胶防水卷材
	聚氯乙烯防水卷材
	聚乙烯丙纶复合防水卷材
	高分子自粘胶膜防水卷材

（2）胶粘剂

胶粘剂有溶剂型、水乳型、单组分、多组分等，各类不同的卷材都应有与之配套（相容）的胶粘剂及其他辅助材料，使用时应注意配套使用。不同种类的卷材配套材料不能相互混用，否则有可能发生腐蚀侵害或达不到粘贴质量标准。如氯化聚乙烯卷材基层与卷材之间应选用BX-12胶粘剂，卷材与卷材之间应选用BX-12乙组分胶粘剂等。

2. 防水卷材的铺贴厚度

防水卷材不同品种的铺贴厚度如表10.2.2所示。

表 10.2.2　　　　　　　　　　　不同品种卷材的厚度

卷材品种	高聚物改性沥青卷材			合成高分子防水卷材			
	弹性改性沥青防水卷材、改性沥青聚乙烯胎防水卷材	自粘聚合物改性沥青防水卷材		三元乙丙橡胶防水卷材	聚氯乙烯防水卷材	聚乙烯丙纶复合防水卷材	高分子自粘胶膜防水卷材
		聚酯毡胎体	无胎体				
单层厚度/（mm）	≥4	≥3	≥1.5	≥1.5	≥1.5	卷材：≥0.9 粘结料：≥1.3 芯材厚度：0.6	≥1.2
双层总厚度/（mm）	≥（4+3）	≥（3+3）	≥（1.5+1.5）	≥（1.2+1.2）	≥（1.2+1.2）	卷材：≥（0.7+0.7） 粘结料：≥（1.3+1.3） 芯材厚度：≥0.5	—

注：（1）带有聚氨酯毡胎体的自粘聚合物改性沥青防水卷材应执行国家现行标准《自粘聚合物改性沥青聚氨酯胎防水卷材》（JC898—2002）；

（2）无胎体的自粘聚合物改性沥青防水卷材应执行国家现行标准《自粘橡胶沥青防水卷材》（JC840—1999）。

3. 防水卷材的搭接长度

不同品种防水卷材的搭接长度，应符合表 10.2.3 中的要求。

表 10.2.3　　　　　　　　　　　防水卷材搭接长度

卷材品种	搭接长度/（mm）
弹性体改性沥青防水卷材	100
改性沥青聚乙烯胎防水卷材	100
自粘聚合物改性沥青防水卷材	80
三元乙丙橡胶防水卷材	100/60（胶粘剂/胶粘带）
聚氯乙烯防水卷材	60/80（单焊缝/双焊缝）
	100（粘结料）
聚乙烯丙纶复合防水卷材	100（粘结料）
高分子自粘胶膜防水卷材	70/80（自粘胶/胶粘带）

4. 防水卷材的铺贴

地下防水工程卷材按其保护墙施工先后顺序及卷材铺设位置，分为外防外贴法和外防内贴法两种，由于外防外贴法的防水效果优于外防内贴法，所以在施工场地不受限制时一般均采用外防外贴法。

(1) 外防外贴法

先在垫层上铺贴底层卷材，四周留出接头，待底板混凝土和立面混凝土浇筑完毕，养护、拆模后，将立面卷材防水层直接铺设在防水结构的外墙外表面。如图 10.2.1 所示。具体施工顺序如下：

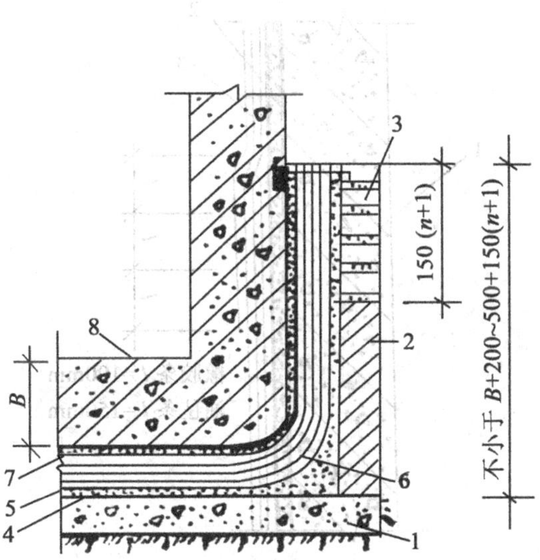

1—混凝土垫层；2—永久性保护层；3—临时性保护墙；4—找平层
5—卷材防水层；6—卷材附加层；7—保护层；8—防水结构

图 10.2.1　外防外贴防水层做法（单位：mm）

①浇筑防水结构底板混凝土垫层，在垫层上抹 1∶3 水泥砂浆找平层，抹平压光。

②然后在底板垫层上砌筑永久性保护墙，保护墙的高度为 B+200~500mm（B 为底板厚度），墙下平铺油毡条一层。

③在永久性保护墙上砌筑临时性保护墙，保护墙的高度为 150mm×（油毡层数+1）。临时性保护墙应用石灰砂浆砌筑。

④在永久性保护墙和垫层上抹 1∶3 水泥砂浆找平层，转角要抹成圆弧形。在临时性保护墙上抹石灰砂浆做找平层，并刷石灰浆。若用模板代替临时性保护墙，应在其上涂刷隔离剂。

⑤保护墙找平层基本干燥后，满涂冷底子油一道，但临时性保护墙不涂冷底子油。

⑥在垫层及永久性保护墙上铺贴卷材防水层，转角处加贴卷材附加层。铺贴时应先底面、后立面，四周接头甩槎部位应交叉搭接，并贴于保护墙上。从垫层折向立面的卷材永久性保护墙的接触部位，应采用胶结材料紧密贴严，与临时性保护墙（或围护结构模板接触部位），应分层临时固定在该墙（或模板）上。

⑦油毡铺贴完毕，在底板垫层和永久性保护墙卷材面上抹热沥青或玛𤧛脂，且趁热撒

上干净的热砂，冷却后在垫层、永久性保护墙和临时性保护墙上抹 1∶3 水泥砂浆，作为卷材防水层的保护层。

⑧浇筑防水结构的混凝土底板和墙身混凝土时，保护墙作为墙体外侧的模板。

⑨防水结构混凝土浇筑完工并检查验收后，拆除临时性保护墙，清理出甩槎接头的卷材，若有破损处应进行修补后，再依次分层铺贴防水结构外表面的防水卷材。此处卷材可以错槎接缝，上层卷材盖过下层卷材应不小于150mm，接缝处加盖条。如图 10.2.2 所示。

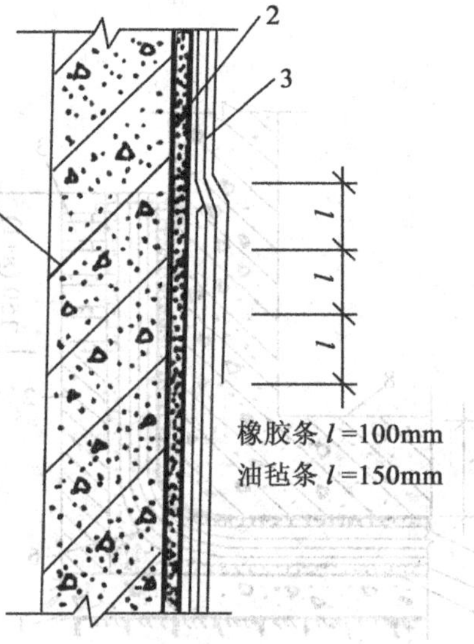

1—围护结构；2—找平层；3—卷材防水层

图 10.2.2 卷材防水层错槎接缝示意图

⑩卷材防水层铺贴完毕，立即进行渗漏检验，若有渗漏立即修补，无渗漏时可以在卷材防水层的外侧直接用氯丁系胶粘剂花粘固定 5~6mm 厚的聚乙烯泡沫塑料板，施工完毕即可回填土，或砌筑永久性保护墙，永久性保护墙每隔 5~6m 及转角处应留缝，缝宽不小于 20mm，缝内用油毡条或沥青麻丝填塞。保护墙与卷材防水层之间缝隙，随砌砖随用 1∶3水泥砂浆填满。

⑪保护墙施工完毕随即回填土

外防外贴法宜选用高聚物改性沥青聚酯胎油毡或合成高分子卷材防水。

(2) 外防内贴法

先浇筑混凝土垫层，在垫层上将永久性保护墙全部砌筑好，抹水泥砂浆找平层，将卷材防水层直接铺贴在垫层和永久性保护墙上，该保护墙可以代替模板，然后浇筑防水结构混凝土。做法如图 10.2.3 所示。具体施工顺序如下：

①做混凝土垫层。若保护墙较高，可以采取加大永久性保护墙下垫层厚度做法，必要时可以配置加强钢筋。

②在混凝土垫层上砌筑永久性保护墙，保护墙厚度采用一砖厚，其下干铺油毡一层。

③保护墙砌筑好后，在垫层和保护墙表面抹 1∶3 水泥砂浆找平层，阴角、阳角处应

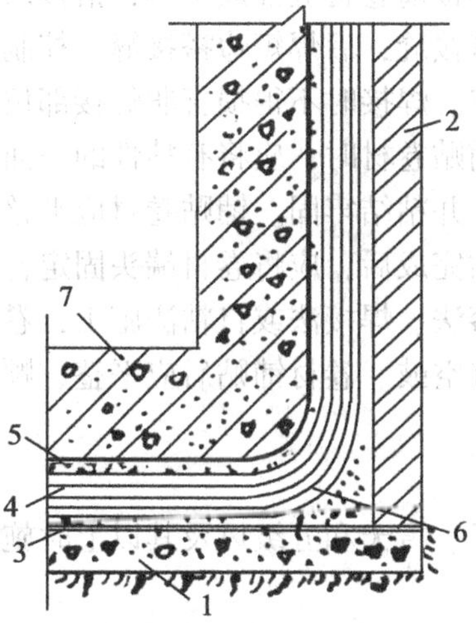

1—混凝土垫层；2—永久性保护墙；3—找平层；4—卷材防水层；5—保护层
6—卷材附加层；7—防水结构
图 10.2.3 外防内贴法防水层做法

抹成钝角或圆角。

④找平层干燥后，刷冷底子油1~2遍，待冷底子油干燥后，将卷材防水层直接铺贴在保护墙和垫层上。铺贴卷材防水层时应先铺立面，后铺平面。铺贴立面时，应先转角，后大面。

⑤卷材防水层铺贴完毕，及时做好保护层，平面上可以浇一层30~50mm厚的细石混凝土或抹一层1∶3水泥砂浆，立面保护层可以贴塑料板，或在卷材表面刷一道沥青胶结料，趁热撒一层热砂，冷却后再在其表面抹一层1∶3水泥砂浆保护层，且槎成麻面，以利于与混凝土墙体的粘结。

⑥浇筑防水结构的底板和墙体混凝土。

⑦回填土。

5. 卷材防水层铺贴要点

①铺贴防水卷材前，应将找平层清扫干净，在基层上涂刷基层处理剂，当基层较潮湿时应涂刷湿固化型胶粘剂或潮湿界面隔离剂。

②当采用冷粘法施工时，胶粘剂应涂刷均匀、不漏底、不堆积。胶粘剂与卷材的铺贴时间间隔要根据胶粘剂的性能、施工温度和施工环境要求综合确定。铺贴时不得用力拉伸卷材，排除卷材下面的空气，辊压粘结牢固。铺贴卷材应平整、顺直，搭接尺寸准确，不得有扭曲、皱折；卷材接缝部位应采用专用粘结剂或胶结带满粘，接缝口应用密封材料封严，其宽度应不小于10mm。

③若采用热熔法施工，加热卷材时幅宽内必须均匀一致，要求火焰加热器的喷嘴与卷材的距离应适当，加热卷材应均匀，不得加热不足或烧穿卷材，卷材表面热熔后应立即滚铺，排除卷材下面的空气，并粘结牢固。铺贴卷材应平整、顺直，搭接尺寸准确，不得有扭曲、皱折。卷材接缝部位应溢出热熔的改性沥青胶料，并粘结牢固，封闭严密。对厚度小于3mm的高聚物改性沥青防水卷材，严禁采用热熔法施工，容易将卷材烧穿。

④若采用焊接法施工，焊接前卷材应铺放平整，搭接尺寸准确，焊接缝的结合面应清扫干净。焊接前应先焊长边搭接缝，后焊短边搭接缝。控制热风加热的温度和时间，焊接处不得漏焊、跳焊或焊接不牢。焊接时不得损害非焊接部位的卷材。

⑤若采用自粘法施工，铺贴卷材时，应将有粘性的一面朝向主体结构。外墙、顶板铺贴时，排除卷材下面的空气，并粘结牢固。铺贴卷材应平整、顺直，搭接尺寸准确，不得有扭曲、皱折。立面卷材铺贴完成后，应将卷材端头固定，并应用密封材料封严。

⑥无论采用冷粘法、热熔法、焊接法或自粘法施工，卷材铺贴时应排除卷材下面的空气，并辊压粘结牢固，不得有空鼓。卷材铺贴后应平整、顺直、搭接尺寸正确，不得有扭曲、皱折。

6. 防水材料施工环境

地下防水工程不得在雨天、雪天和五级风及其以上时施工。防水材料施工环境气温条件宜符合表 10. 2. 4 中的规定。

表 10. 2. 4　　防水材料施工环境气温条件

防水材料	施工环境气温条件
高聚物改性沥青防水卷材	冷粘法、自粘法不低于 5℃，热熔法不低于-10℃
合成高分子防水卷材	冷粘法、自粘法不低于 5℃，焊接法不低于-10℃
有机防水涂料	溶剂型-5℃～35℃，反应型、溶乳型 5℃～35℃

10. 2. 2　水泥砂浆防水层

水泥砂浆防水层是一种刚性防水层，这种防水层主要依靠砂浆本身的憎水性和砂浆的密实性来达到防水的目的。这种防水层取材容易、施工简单、成本较低，适合于一般深度不大、干燥程度要求不高的地下工程。如地下室、地下沟道、水泵房、水池、沉井、水塔等。但这种防水层因抵抗变形能力差，故不适用于环境有侵蚀性、持续振动或温度高于 80℃的地下工程。水泥砂浆防水层应采用聚合物水泥防水砂浆以及掺外加剂或掺合料的防水砂浆。

1. 组成材料要求

水泥砂浆防水层所用材料，应符合下列规定：

（1）水泥

应使用硅酸盐水泥、普通硅酸盐水泥或特种水泥。在受侵蚀性物质作用时，水泥砂浆防水层所用水泥应按设计要求选定。严禁使用过期或受潮结块的水泥，不同品种、标号的水泥不得混用。

（2）砂

一般宜采用中砂，粒径 3mm 以下，砂中不得含有垃圾、草根等有机杂质，含泥量应不大于 1%，含硫化物和硫酸盐量应不大于 1%。

（3）水

拌制水泥砂浆用水，应符合国家现行标准《混凝土用水标准》（JGJ63—2006）中的相关规定。

(4) 聚合物乳液的外观

应为均匀液体，无杂质、无沉淀、不分层。聚合物乳液的质量要求应符合国家现行标准《建筑防水涂料用聚合物乳液》（JC/T1017—2006）中的相关规定。

(5) 外加剂

技术性能应符合现行国家相关标准的质量要求。

防水砂浆的主要性能要求如表10.2.5所示。

表10.2.5　防水砂浆主要性能要求

防水砂浆种类	粘结强度/（MPa）	抗渗性/（MPa）	抗折强度/（MPa）	干缩率/（%）	吸水率/（%）	冻融循环/（次）	耐碱性	耐水性/（%）
掺外加剂、掺合料的防水砂浆	>0.6	≥0.8	同普通砂浆	同普通砂浆	≤3	>50	10% NaOH溶液浸泡14d无变化	—
聚合物水泥防水砂浆	>1.2	≥1.5	≥8.0	≤0.15	≤4	>50	—	≥80

2. 水泥砂浆防水层施工

水泥砂浆抹面防水层，又称为多层抹面水泥砂浆防水层，是利用不同配合比的水泥砂浆和素灰胶浆，相互交替抹压均匀密实，构成一个多层整体的防水层。一般作法是采用“五层抹面法（迎水面）”和“四层抹面法（背水面）”。

(1) 基层处理

基层处理一般包括清理、浇水、补平等工作。其处理顺序为先将基层油污、残渣清除干净，再将表面浇水湿润，最后用砂浆将凹处补平，使基层表面达到清洁平整、潮湿和坚实粗糙。

1) 混凝土和钢筋混凝土基层处理

混凝土和钢筋混凝土基层，模板拆除后应立即将表面清扫干净，并用钢丝刷将混凝土表面打毛。当混凝土表面有凹凸不平处，可以按下面的方法处理：

①当深度小于10mm时，用凿子打平或剔成斜坡，表面凿毛。

②当深度大于10mm时，先剔成斜坡，用钢丝刷清扫干净，浇水湿润，再抹素灰2mm，水泥砂浆10mm，抹完后将砂浆表面打毛。

当深度较深时，待水泥砂浆凝固后，再抹素灰和水泥砂浆各一道，直至与基层表面平直。

③混凝土表面的蜂窝、孔洞、麻面，需先用凿子将松散的不牢的石子剔掉，用钢丝刷清理干净，浇水湿润，再用素灰和水泥砂浆交替抹压，直至与基层齐平，最后将表面横向扫毛。

2）砖砌体基层处理

砖砌体基层处理，需将砖墙面残留的灰浆和污物清除干净，使基层和防水层紧密结合。

①对于用石灰砂浆和混合砂浆砌筑的新砌体，需将砌体灰缝剔成10mm深的直角，以增强防水层和砌体的粘接力。对于用水泥砂浆砌筑的砌体，灰缝不需要剔除，但已勾缝的，需将勾缝砂浆剔除。

②对于旧砌体，用钢丝刷或剁斧将酥松表皮和残渣清除干净，直至露出坚硬砖面，并浇水冲洗。毛石或料石砌体基层处理与混凝土和砖砌体基本相同。

基层处理完毕，必须浇水湿润，夏天应增加浇水次数，使防水层和基层结合牢固。若浇水不足，防水层抹灰内的水分被墙体吸收，防水砂浆内的水泥水化不能正常进行，影响防水砂浆的强度和抗渗性。因此要求浇水必须充分湿透。

水泥砂浆铺抹前，基层的混凝土和砌筑砂浆应不低于设计值的80%。

（2）防水层的施工

防水层的施工顺序，一般是先顶板，再墙面，后地面。当工程量较大需分段施工时，应由里向外按上述顺序进行。

〈1〉混凝土顶板与墙面的施工。混凝土顶板与墙面防水层的施工，一般采用五层抹面法或四层抹面法。五层抹面法主要用于防水工程的迎水面，四层抹面法主要用于防水工程的背水面。

1）五层、四层抹面施工顺序及操作方法如表10.2.6所示。

四层抹面法与五层抹面法相同，去掉第五层水泥浆层即可。

水泥砂浆防水层各层应紧密结合，连续施工不留施工缝，若确因施工困难需留施工缝时，施工缝的留槎应符合下列规定：

①平面留槎采用阶梯坡形槎，接槎要依层次顺序操作，层层搭接紧密。接槎位置一般应留在地面上，亦可以留在墙面上，但必须离开阴角、阳角处200mm，如图10.2.4所示。在接槎部位继续施工时，需在阶梯形槎面上均匀涂刷水泥浆或抹素灰一道，使接头密实不漏水。

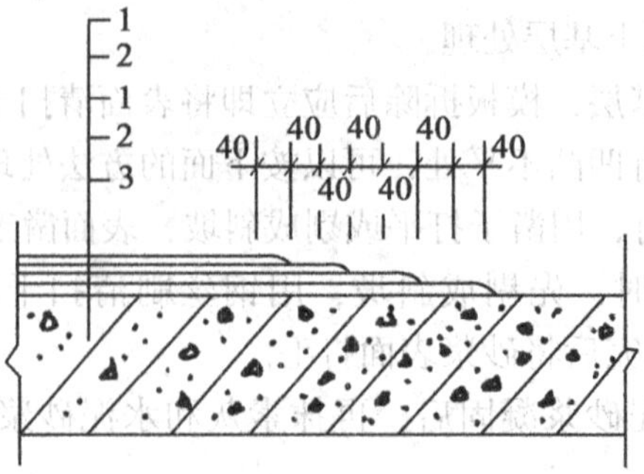

1—砂浆层；2—水泥砂浆；3—围护结构

图10.2.4 平面留槎示意图

表 10.2.6 五层抹面施工操作

层次	水灰比	施工方法	作用
第一层素灰层（厚2mm）	0.4~0.5	1. 分二次抹压。基层浇水湿润后，先抹1mm厚结合层，用铁抹子往返抹压5~6遍，使素灰填实层表面空隙，其上再抹12mm厚素灰找平。 2. 抹完后用湿毛刷按横向轻轻刷一遍，以便打乱毛细孔通路，增强和第二层的结合。	防水层第一道防线
第二层水泥砂浆层（厚4~5mm）	0.4~0.5（水泥：砂=1：2.5）	1. 待第一层素灰稍加干燥，用手指按能进入素灰层1/4~1/2深时，再抹水泥砂浆层，抹时用力压抹使水泥砂浆层能压入素灰层内1/4左右，以使一、二层素灰紧密结合。 2. 在水泥砂浆层初凝前后，用扫帚将砂浆层表面扫成横向条纹。	起骨架和保护素灰作用
第三层素灰层（厚2mm）	0.37~0.4	1. 待第二层水泥砂浆凝固并有一定强度后（一般需24h），适当浇水湿润，即可进行，操作方法同第一层。 2. 若第二层水泥砂浆层在硬化过程中析出游离的氢氧化钙形成白色薄膜时，应刷洗干净。	防水作用
第四层水泥砂浆层（厚4~5mm）	0.4~0.45（水泥：砂=1：2.5）	1. 操作方法同第二层，但抹后不扫条纹，在砂浆凝固前后，分次抹压5~6遍，以增加密实性，最后压光。 2. 每次抹压间隔时间和温度、湿度及通风条件有关，一般夏季12h内完成，冬季14h内完成。	保护第三层素灰层和防水作用
第五层水泥浆层	0.37~0.40	在第四层水泥砂浆抹压两遍后，用毛刷均匀涂刷水泥浆一道，随第四层压光。	防水作用

②基础面与墙面防水层转角留槎如图10.2.5所示。

2）防水层施工操作要点

①素灰抹面。素灰抹面要薄而均匀，不宜太厚，太厚宜形成堆积，反而粘结不牢，容易脱落、起壳。素灰在桶中应经常搅拌，以免产生分层离析和初凝。抹面不要干撒水泥粉，否则容易造成厚薄不匀，影响粘结。

②水泥砂浆揉浆。揉浆的作用主要是使水泥砂浆和素灰紧密结合。揉浆时首先薄抹一层水泥砂浆，然后用铁抹子用力揉压，使水泥砂浆渗入素灰层（但注意不能压透素灰层）。若揉压不够，会影响两层的粘结，揉压时严禁加水，若加水不一容易开裂。

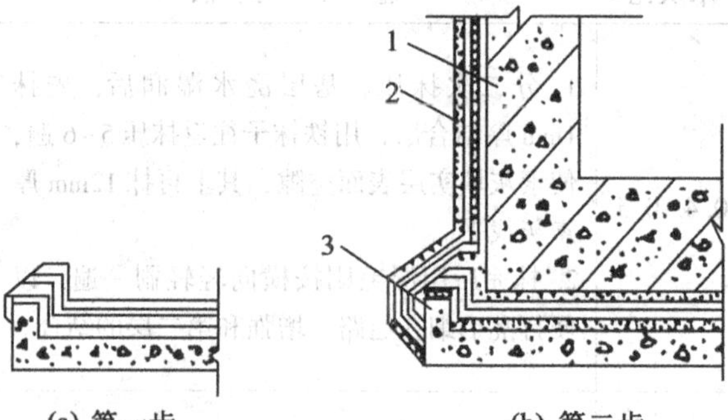

(a) 第一步　　(b) 第二步

1—围护结构；2—水泥砂浆防水层；3—混凝土垫层

图 10.2.5　转角留槎示意图

③水泥砂浆收压。水泥砂浆初凝前，待收水 70%（用手指按上去，砂浆不粘手，有少许水印）时，可以进行收压工作。收压是用铁抹子平光压实，一般作两遍。第一遍收压表面要粗毛，第二遍收压表面要细毛，使砂浆密实、强度高、不易起砂。收压一定要在砂浆初凝前完成，避免在砂浆凝固后再反复抹压，否则容易破坏表面水泥结晶和扰动底层而起壳。

〈2〉砖墙面防水层施工。砖墙面防水层的做法，除第一层外，其他各层操作方法与混凝土墙面操作相同。首先将墙面浇水湿润，然后在墙面上涂刷水泥浆一道，厚度约为 1mm，涂刷时沿水平方向往返涂刷 5~6 遍，涂刷要均匀，灰缝处不得遗漏。涂刷后，趁水泥浆呈浆糊状时即抹第二层防水层。

〈3〉混凝土地面防水层施工。混凝土地面防水层施工与顶板和墙面的不同，主要是素灰层（一、三层）不是刮抹的方法，而是将搅拌好的素灰倒在地面上，用马连根刷往返用力涂刷均匀。

第二层和第四层是在素灰初凝前后，将拌制好的水泥砂浆均匀铺在素灰层上，按顶板和墙面操作要求抹压，各层厚度也与顶板和墙面防水层相同。施工时应由里向外，尽量避免施工时踩踏防水层。

在防水层表面需做瓷砖或水磨石地面时，可以在第四层压光 3~4 遍后，用毛刷将表面扫毛，凝固后再进行装饰面层施工。

〈4〉石墙面和拱顶防水层施工。先做找平层（一层素灰、一层砂浆），找平层充分干燥后，在其表面浇水湿润，即可进行防水层施工，防水层操作方法与混凝土基层防水相同。

〈5〉水塔、水池等贮水工程，一般采用内防水五层作法，其操作方法及厚度与墙面作法相同。

水塔、水池等贮水构筑物，施工的关键是要防止在阴角、阳角、穿墙管和预埋件部位产生漏水，这些部位必须按操作规程精心施工。

墙体和底板或顶板相交的阴角、阳角部位，应抹成圆弧形，一般阴角的半径为 5cm，阳角的半径为10mm。

防水剂砂浆防水层是在水泥砂浆中掺入各种外加剂、掺合剂，可以提高砂浆的密实性、抗渗性，如有机硅防水砂浆、氯丁胶乳防水砂浆（聚合物水泥砂浆）等，应用已较为普遍。而在水泥砂浆中掺入高分子聚合物配置成具有韧性、耐冲击性好的聚合物水泥砂浆，是近来发展较快，具有较好防水效果的新型防水材料。

配置防水砂浆时，由于外加剂、掺合料和聚合物等材料的质量参差不齐，必须根据不同的防水部位的防水要求和所用的材料的特性，提供能满足设计要求的适宜配合比。配置过程中必须做到原材料的品种、规格和性能符合国家相关标准或行业标准。同时计量要准确，搅拌应均匀，现场抽样试验应符合设计要求。

需要注意的是：水泥砂浆防水层不得在雨天、五级及以上大风中施工。冬季施工时，气温应不低于5℃。夏季不宜在30℃以上或烈日照射下施工。

3. 水泥砂浆防水层的养护

①防水层施工完，砂浆终凝后，表面呈灰白色时，就可以覆盖浇水养护。养护时先用喷壶慢慢喷水，养护一段时间后再用水管浇水。

②水泥砂浆终凝后应及时进行养护，养护温度不宜低于5℃，且应保持砂浆表面湿润，养护时间不得少于14d。聚合物水泥防水砂浆未达到硬化状态时，不得浇水养护或直接受雨水冲刷，硬化后应采用干湿交替的养护方法。潮湿环境中，可以在自然条件下养护。

③防水层施工完毕，要防止踩踏，其他工程施工应在防水层养护完毕后进行，以免破坏防水层。

④聚合物水泥防水砂浆未达到硬化状态时，不得浇水养护或直接受雨水冲刷，硬化后应采用干湿交替的养护方法。潮湿环境中，可以在自然条件下养护。地下室、地下沟道比较潮湿，往往通风不良，可以不必浇水养护。

10.2.3　防水混凝土

防水混凝土是以自身壁厚及其憎水性、密实性来达到自防水目的的一种混凝土。地下防水工程设计，应以结构自防水为主，而结构自防水应采用防水混凝土。

1. 防水混凝土的适用范围及规定

防水混凝土适用于一般工业与民用建筑的地下室、地下水泵房、水塔、水池、地下通廊、沉箱、设备基础和地下人防工程等地下的构筑物，以及水坝、桥墩、码头等构筑物。

防水混凝土适用于抗渗等级不低于P6的地下混凝土结构。不适用于环境温度高于80℃的地下工程或遭受剧烈振动或冲击的结构。处于侵蚀性介质中，防水混凝土的耐侵蚀性要求应符合现行国家标准《工业建筑防腐蚀设计规范》（GB50046—2008）和《混凝土结构耐久性设计规范》（GB50476—2008）中的相关规定。

防水混凝土结构，除考虑受力要求外，还要考虑施工方便等因素。一般防水混凝土结构厚度应不小于250mm，其允许偏差为+15mm，-10mm；防水混凝土结构底板的混凝土垫层，强度等级应不低于C15，厚度应不小于100mm，在软弱土层中应不小于150mm；裂缝宽度不得大于0.2mm，且不得贯通；钢筋保护层厚度应根据结构的耐久性和工程环境选用，迎水面钢筋保护层厚度应不小于50mm，其允许偏差为±10mm。

2. 防水混凝土的抗渗等级

防水混凝土的抗渗等级有P6、P8、P10、P12四个等级，相应表示能抵抗0.6MPa、0.8MPa、1.0MPa及1.2MPa的静水压力而不渗水。防水混凝土可以通过调整配合比，或掺加外加剂、掺合料等措施配制而成，其抗渗等级不得小于P6。防水混凝土应满足抗渗等级要求，且应根据地下工程所处的环境和工作条件，满足抗压、抗冻和抗侵蚀性等耐久性要求。

防水混凝土的抗渗等级直接影响防水混凝土的抗渗能力，应根据工程埋置深度，按表10.2.7中的规定选用。

表10.2.7 防水混凝土设计抗渗等级

工程埋置深度 H/m	设计抗渗等级
$H<10$	P6
$10\leqslant H<20$	P8
$20\leqslant H<30$	P10
$H\geqslant 30$	P12

注：（1）本表适应于Ⅰ、Ⅱ、Ⅲ围岩（土层及软弱土层）。

（2）山岭隧道防水混凝土抗渗等级可以按国家现行相关标准执行。

3. 防水混凝土设计的原材料要求

防水混凝土的原材料质量直接影响防水混凝土结构的强度及抗渗性能，为确保防水混凝土的施工质量，防水混凝土所用材料应符合下列规定：

（1）水泥

防水混凝土所用水泥，要求抗水性好，泌水性小，且具有一定的抗侵蚀性，水泥品种应按设计要求选用，其强度等级应不低于32.5级。

在不受侵蚀性介质和冻融作用时，宜采用硅酸盐水泥、普通硅酸盐水泥、采用其他品种的水泥时应经试验确定。在受侵蚀性介质作用时，应按介质的性质选用相应的水泥品种。

在受冻融作用时应优先选用普通硅酸盐水泥，不宜采用火山灰质硅酸盐水泥和粉煤灰硅酸盐水泥。不得使用过期或受潮结块的水泥，且不得将不同品种或标号的水泥混合使用。

（2）砂、石

防水混凝土所用砂、石，应符合下列规定：

①砂宜选用坚硬、抗风化性强、洁净的中粗砂，不宜使用海砂；砂的质量要求应符合国家现行标准《普通混凝土用砂质量标准及检验方法》（JGJ52—1992）中的相关规定。

②石宜选用坚固耐久、粒形良好的洁净石子；最大粒径不宜大于40mm，泵送时其最大粒径应不大于输送管径的1/4；吸水率应不大于1.5%；不得使用碱活性骨料；石子的质量要求应符合国家现行标准《普通混凝土用碎石或卵石质量标准及检验方法》（JGJ53—1992）中的相关规定。

（3）水

用于拌制混凝土的水，应符合国家现行标准《混凝土用水标准》（JGJ63—2006）中的相关规定。

（4）掺合料和外加剂

防水混凝土选用掺合料和外加剂时应符合下列规定。

①粉煤灰的品质应符合现行国家标准《用于水泥和混凝土中的粉煤灰》（GB1596—2005）中的相关规定，粉煤灰的级别应不低于Ⅱ级，烧失量应不大于5%，用量宜为胶凝材料总量的20%~30%，当水胶比小于0.45时，粉煤灰用量可以适当提高。

②硅粉的品质应符合表10.2.8中的要求，用量宜为胶凝材料总量的2%~15%。

表10.2.8　　硅粉品质要求

项　　目	指　　标
比表面积/（m^2/kg）	≥15000
二氧化硅含量/（%）	≥85

③粒化高炉矿渣粉的品质要求应符合现行国家标准《用于水泥和混凝土中的粒化高炉矿渣粉》（GB/T18046—2008）中的相关规定。使用复合掺合料时，其品种和用量应通过试验确定。

④防水混凝土可以根据工程抗裂需要掺入合成纤维或钢纤维，纤维的品种及掺量应通过试验确定。

⑤防水混凝土可以根据工程需要掺入减水剂、膨胀剂、防水剂、密实剂、引气剂、复合型外加剂及水泥基渗透结晶型材料，其品种和用量应经试验确定，所用外加剂的技术性能应符合国家现行相关标准的质量要求。

（5）防水混凝土的配合比。防水混凝土的施工配合比应通过试验确定，试配混凝土的抗渗等级应比设计要求提高0.2MPa。胶凝材料用量应根据混凝土的抗渗等级和强度等级等选用，其总用量不宜小于320kg/m^3；当强度要求较高或地下水有腐蚀性时，胶凝材料用量可以通过试验调整；在满足混凝土抗渗等级、强度等级和耐久性条件下，水泥用量不宜小于260kg/m^3。砂率宜为35%~40%，泵送时可以增至45%；灰砂比宜为1∶1.5~1∶2.5，水胶比不得大于0.50，有侵蚀性介质时水胶比不宜大于0.45；防水混凝土采用预拌混凝土时，入泵坍落度宜控制在120~160mm，坍落度每小时损失值应不大于20mm，坍落度总损失值应不大于40mm。掺加引气剂或引气型减水剂时，混凝土含气量应控制在3%~5%。

防水混凝土拌合物的氯离子含量应不超过胶凝材料总量的0.1%；混凝土中各类材料的总碱量即Na_2O当量不得大于3kg/m^3。

防水混凝土配料应按配合比准确称量，其计量允许偏差应符合表10.2.9中的规定。

表 10.2.9 防水混凝土配料计量允许偏差

混凝土组成材料	每盘计量/（%）	累计计量/（%）
水泥、掺合料	±2	±1
粗、细骨料	±3	±2
水、外加剂	±2	±1

4. 防水混凝土施工

（1）施工准备

防水混凝土施工中，必须做好基坑排水工作，保证基坑干燥，严格防止带水操作，影响混凝土正常硬化，导致混凝土强度及抗渗性降低。当地下水不多时可以采用盲沟排水，地下水较高时，可以采用井点降水或深井泵降水。通常地下水位要降低到施工底面标高以下不小于 30cm，且保持该水位到混凝土养护完毕。

（2）混凝土的搅拌和运输

①防水混凝土拌合物应采用机械搅拌，搅拌时间不宜小于 2min。掺外加剂时，搅拌时间应根据外加剂的技术要求确定。

②防水混凝土运输过程中要防止产生分层离析及坍落度和含气量的损失。防水混凝土拌合物在运输后若出现离析，必须进行二次搅拌。当坍落度损失后不能满足施工要求时，应加入原水胶比的水泥浆或掺加同品种的减水剂进行搅拌，严禁直接加水。防水混凝土采用预拌混凝土时，入泵坍落度宜控制在 120~140mm，坍落度每小时损失应不大于 20mm，坍落度总损失值应不大于 40mm。

混凝土实测的坍落度与要求的坍落度之间的偏差应符合表 10.2.10 中的规定。

表 10.2.10 混凝土坍落度允许偏差

要求坍落度/（mm）	允许偏差
≤40	±10
50~90	±15
≥100	±20

③防水混凝土使用减水剂时，减水剂宜预溶成一定浓度的溶液，严禁将减水剂直接投入搅拌机。

（3）模板和钢筋

①防水混凝土所用模板除满足强度和刚度要求外，还要求接缝严密、不漏浆，模板内不能有积水、泥土、木屑、铁丝等杂物。

②模板固定不宜采用螺栓和铁丝对穿，以防止由于螺栓和铁丝对穿引起渗水通路，影响防水效果。

③防水混凝土结构内部设置的各种钢筋或绑扎铁丝，不得接触模板。用于固定模板的螺栓必须穿过混凝土结构时，可以采用工具式螺栓或螺栓加堵头，螺栓上应加焊方形止水

环。拆模后应将留下的凹槽用密封材料封堵密实，且应采用聚合物水泥砂浆抹平，如图10.2.6所示。

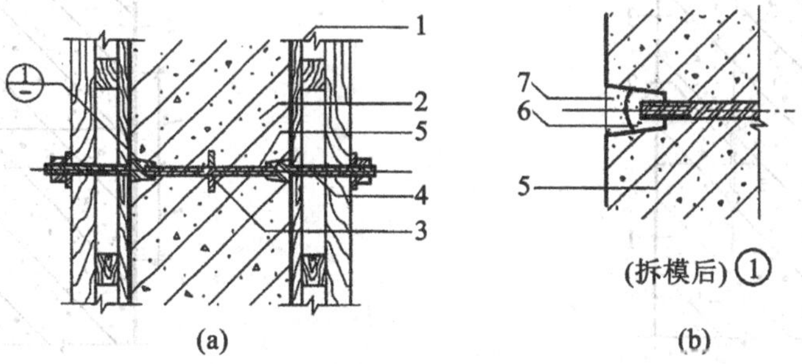

1—模板；2—结构混凝土；3—止水环；4—工具式螺栓；5—固定模板用螺栓
6—密封材料；7—聚合物水泥砂浆
图10.2.6 固定模板用螺栓的防水构造示意图

（4）混凝土浇筑和振捣

①混凝土浇筑要控制自由落差小于1.5m，若自由落差大于1.5m，可以采用溜槽或串筒浇筑，以防止混凝土产生分层离析现象。若钢筋较密，模板窄高不易浇筑时，可以在模板侧面预留浇筑口处浇筑。

②防水混凝土应分层浇筑，一般每层厚度为200~400mm。采用平板式振捣器振捣时，每层厚度不超过200mm；采用插入式振捣器振捣时，每层厚度宜为300~400mm。分层浇筑间歇时间不超过2h，夏天可以适当缩短。

③防水混凝土必须采用机械振捣密实，振捣时间宜为10~30s，以混凝土开始泛浆和不冒气泡为准，且应避免漏振、欠振和超振。

当采用加气剂或加气型减水剂时，应采用高频振捣器振捣，以排除气泡，提高混凝土的抗渗性和抗冻性。

（5）防水混凝土的施工缝

施工时为保证混凝土连续浇筑，需制定周密的混凝土浇筑计划，设法连续施工，尽可能不留或少留施工缝。确因技术或组织上的原因，需要留设施工缝时，应符合下列规定。

①顶板、底板必须一次浇筑完毕，不能留施工缝；顶拱、底拱不宜留纵向施工缝。

②墙体水平施工缝不应留在剪力最大处或底板与侧墙的交接处，应留在高出底板表面不小于300mm的墙体上。拱（板）墙结合的水平施工缝，宜留在拱（板）墙接缝线以下150~300mm处。墙体有预留孔洞时，施工缝距孔洞边缘应不小于300mm。

③垂直施工缝应避开地下水和裂隙水较多的地段，且宜与变形缝相结合。

④施工缝防水构造形式宜按图10.2.7~图10.2.10选用，当采用两种以上构造措施时可以进行有效组合。

⑤施工缝浇筑混凝土时，应将原混凝土表面凿毛，清除松动的石子和浮灰，用水冲洗保持湿润，稍干后，铺一层20~25mm厚与墙体混凝土配合比相同的水泥砂浆或减半石混凝土，再浇筑混凝土。

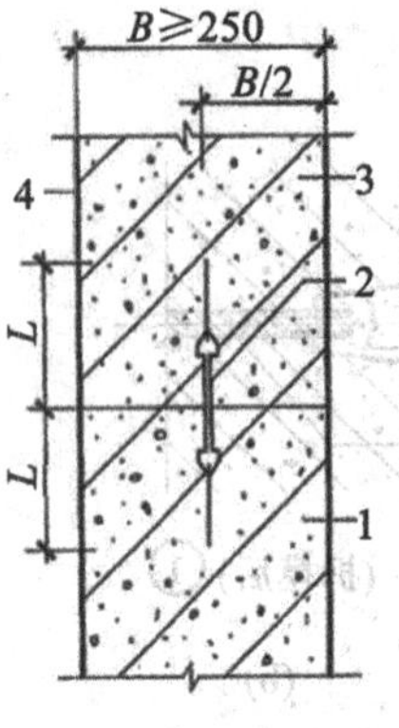

钢板止水带 $L\geqslant150$

橡胶止水带 $L\geqslant150$

钢边橡胶止水带 $L\geqslant150$

1—先浇混凝土；2—中埋止水带

3—后浇混凝土；4—结构迎水面

图 10.2.7　施工缝防水构造（1）

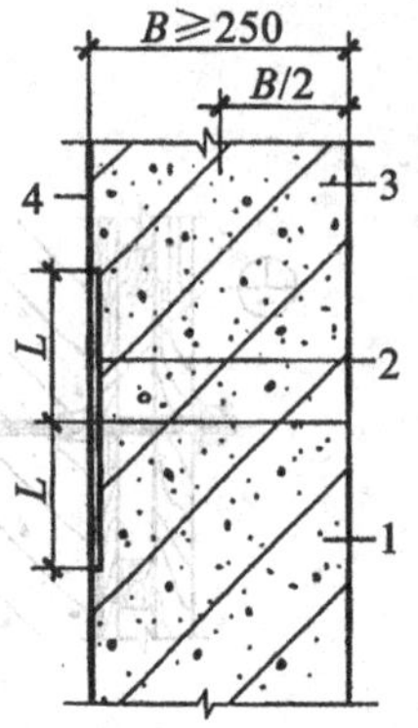

外贴止水带 $L\geqslant150$

外涂防水涂料 $L=200$

外抹防水砂浆 $L=200$

1—先浇混凝土；2—外贴止水带

3—后浇混凝土；4—结构迎水面

图 10.2.8　施工缝防水构造（2）

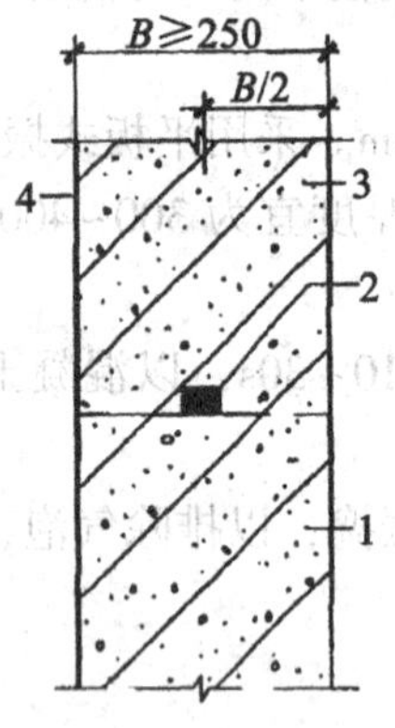

1—先浇混凝土

2—遇水膨胀止水条（胶）

3—后浇混凝土；4—结构迎水面

图 10.2.9　施工缝防水构造（3）

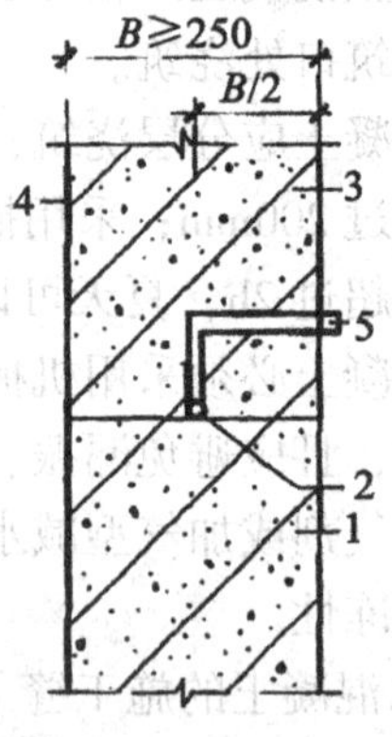

1—先浇混凝土；2—预埋注浆管

3—后浇混凝土；4—结构迎水面；5—注浆导管

图 10.2.10　施工缝防水构造（4）

（6）防水混凝土的养护

①防水混凝土的养护对其抗渗性影响较大，特别应注意早期及时湿润养护，以防止混凝土干缩裂缝。防水混凝土终凝后（浇筑后 4~6h）应立即进行覆盖养护，3d 内每天浇水 3~6 次，3d 后每天浇水 2~3 次，浇水湿润养护时间不少于 14d。结束养护后仍应注意防止干缩裂缝，最好喷涂乙烯薄膜继续养护，直到混凝土投入使用与水接触为止。

②防水混凝土不宜采用电热养护，因电热养护属“干热养护”，是直接或间接对混凝土加热，以加速水泥水化过程，使混凝土内部游离水很快蒸发、混凝土硬化。这种方法的缺点是易使混凝土内部形成连通毛细管网络，产生干缩裂纹，使混凝土的抗渗性降低。同

时这种方法不宜控制混凝土内部与外部温差，容易产生温度裂缝，降低混凝土的质量。

③防水混凝土不宜采用蒸汽养护，蒸汽养护会使混凝土内部毛细管在蒸汽压力作用下扩张，从而导致混凝土结构的抗渗性急剧下降，故防水混凝土的抗渗性能必须以标准条件下的抗渗试块作为依据。

④防水混凝土不宜过早拆模，拆模时要求混凝土表面温度与周围气温之差不得超过15~20℃，以防止混凝土表面出现裂缝。一般要求防水混凝土强度达到设计强度的70%时方可拆模，拆模时应注意勿使防水混凝土结构边角受损。

（7）大体积防水混凝土施工

大体积防水混凝土的施工，应符合下列规定：

①在设计许可的情况下，掺粉煤灰混凝土设计强度等级的龄期宜为60d或90d。

②宜选用水化热低和凝结时间长的水泥，宜掺入减水剂、缓凝剂等外加剂和粉煤灰、磨细矿渣粉等掺合料，以降低水泥用量，减少水化热。

③炎热季节施工时，应采取降低原材料温度、减少混凝土运输时吸收外界热量等降温措施，入模混凝土温度应不高于30℃。为降低大体积混凝土内部温度，可以在混凝土内部预埋管道，进行水冷散热。

④应采取保温、保湿养护。混凝土中心温度与表面温度的差值应不大于25℃，表面温度与大气温度的差值应不大于20℃，温降梯度不得大于3℃/d，养护时间应不少于14d。

（8）防水混凝土冬季施工

①防水混凝土冬季施工，水泥要用普通硅酸盐水泥，施工时可以在混凝土中掺入早强剂，原材料可以采用预热法，保证混凝土的入模温度不低于5℃。水和骨料及混凝土的最高允许温度如表10.2.11所示。

表10.2.11　　冬季施工防水混凝土及材料最高允许温度

水泥种类	最高允许温度/（℃）		
	水进搅拌机时	骨料进搅拌机时	混凝土出搅拌机时
32.5级普通水泥	70	50	40
42.5级普通水泥	60	40	35

②防水混凝土冬季养护应采用综合蓄热法、蓄热法、暖棚法、掺化学外加剂等方法，不得采用电热法或蒸汽直接加热法。

③大体积防水混凝土工程以蓄热法施工时，要防止水化热过高，内外温差过大，造成混凝土表面开裂。混凝土浇筑完后应及时用湿草袋覆盖保持温度，再覆盖干草袋或棉被加以保温，以控制内外温差不超过25℃。

复习思考题10

1. 什么叫做卷材防水屋面？卷材防水屋面是如何构成的？

2. 基层处理剂的作用是什么？包含哪些品种？
3. 胶粘剂共有哪些品种？适合于哪些卷材？
4. 防水卷材包括哪些品种？什么叫做合成高分子卷材？
5. 卷材防水屋面施工一般需经过哪些步骤？如何确定卷材的铺贴方向和铺贴厚度？
6. 卷材铺贴共有哪些方法？每一种方法的施工特点是什么？
7. 卷材铺贴的顺序应满足哪些要求？
8. 什么叫做涂膜防水屋面？涂膜防水屋面是如何构成的？
9. 试简述涂膜防水材料的划分方法。
10. 防水涂料的类别包括哪些？每一类包含哪些品种？
11. 涂膜防水屋面的涂膜厚度是如何确定的？若屋面防水等级为Ⅱ级，涂膜厚度应采用多少？
12. 涂膜防水屋面施工应经过哪些步骤？如何进行防水涂料的涂布？
13. 什么叫做复合防水屋面？复合防水屋面的施工要点有哪些？
14. 地下工程防水包括哪些方法？什么叫做卷材防水层？卷材防水层有何特点？
15. 地下卷材的铺贴有哪两种方法？每一种方法的施工特点是什么？
16. 水泥砂浆防水层的防水原理是什么？包含哪些品种？
17. 水泥砂浆防水层对使用材料有何要求？
18. 水泥砂浆防水层“五层抹面法”和“四层抹面法”有何不同？
19. 水泥砂浆防水层基层处理包括哪些工作？如何对混凝土和钢筋混凝土基层处理？
20. 防水混凝土的防水机理是什么？包括哪些品种？
21. 防水混凝土的适用范围是什么？不适应哪些结构？
22. 防水混凝土的抗渗等级是如何划分的？各适合于什么范围？
23. 如何选用防水混凝土的抗渗等级？
24. 防水混凝土对原材料有何要求？其配合比一般控制在什么范围？
25. 防水混凝土的施工一般要经过哪些步骤？如何进行防水混凝土的浇筑和振捣？
26. 防水混凝土的施工缝有哪几种形式？如何留设？怎样处理？
27. 如何进行防水混凝土的养护与拆模？

第 11 章 建筑装饰工程

建筑装饰工程概括地说，主要有三大作用，即保护主体、改善功能和美化空间。建筑装饰不仅能增加建筑物的美观和艺术形象，而且还能改善清洁卫生条件，保护结构构件和隔热、保温作用。建筑装饰工程按建筑物部位不同可以分为外墙装饰、内墙装饰、地面装饰和顶棚装饰等。按装饰施工工艺不同可以分为抹灰工程、门窗工程、玻璃工程、吊顶工程、隔断工程、饰面工程和地面工程等。

§11.1 抹 灰 工 程

抹灰工程按建筑物部位可以划分为外墙抹灰、内墙抹灰、顶棚抹灰、地面抹灰、饰面安装等。按使用材料和装饰效果可以分为一般抹灰和装饰抹灰。

11.1.1 抹灰的分类与组成

一般抹灰按质量标准、使用要求和操作工序不同，分为普通抹灰和高级抹灰两级。普通抹灰为一底层、一中层、一面层，三遍成活，需设置标筋、阴角找方、分层赶平、修整、表面压光；高级抹灰为一底层、若干遍中层、一面层，多遍成活，需设置标筋、阴角与阳角找方、分层赶平、修整、表面压光。

一般抹灰施工需要分层做成，按抹灰层的作用分为底层、中层和面层。

1. 底层

底层主要起粘结作用和初步找平作用，厚度为 10~12mm。底层所使用的材料随基层不同而异，若为砌体基层，可以采用石灰砂浆或水泥砂浆；混凝土基层可以采用水泥混合砂浆或水泥砂浆；板条、苇箔基层可以采用麻刀石灰掺水泥或麻刀石灰水泥砂浆；金属网基层可以采用麻刀石灰砂浆。当有防水、防潮要求时应采用水泥砂浆打底，使用砂浆的稠度为 10~12cm。

2. 中层

中层主要起找平作用，厚度为 7~9mm，使用的砂浆种类基本上与底层相同，砂浆的稠度为 7~8cm，分层或一次抹成。

3. 面层

面层主要起装饰效果，使用的材料种类主要按设计要求而定，一般室内抹灰采用麻刀石灰、玻璃线灰、纸筋石灰，较高级的墙面也可以采用石灰膏或双飞粉罩面；室外可以采用各种水泥砂浆、水泥混合砂浆、水泥拉毛灰、各种假石和面砖镶嵌。

11.1.2 一般抹灰的施工工艺

1. 内墙抹灰

内墙抹灰分为普通抹灰和高级抹灰。其施工工艺如下：

(1) 基层处理

抹灰前应将表面凹凸不平的部位剔平或用 1∶3 水泥砂浆补齐，表面太光的要凿毛，或用 1∶1 水泥浆掺 108 胶薄薄的刷一层。表面的砂浆、污垢、尘土和油漆等均应清扫干净，浇水湿润基层。

(2) 找规矩、做灰饼

内墙面抹灰为保持抹灰面的垂直平整，首先用托线板检查墙的平整度、垂直程度，经检查后确定抹灰层的厚度，但最薄处不应少于 7mm。若墙面凹度较大应分层涂抹，严禁一次抹灰太厚，否则容易造成砂浆干缩、空鼓开裂。

抹灰前，在墙面距地面 2m 左右，距墙面两边阴角 10~20cm，分别用 1∶3 水泥砂浆或打底砂浆做一个大小 20~30cm^2 的灰饼，厚度以墙面平整和垂直确定，一般取 1~1.5cm。然后根据这两个灰饼，用挂线板或线锤在踢脚线上口做下面两个灰饼。灰饼稍干燥后，在两个灰饼两端砖缝中钉入钉子，拉上横线，沿线每隔 1.2~1.5m 补做灰饼。

(3) 做标筋（冲筋）

灰饼做好稍干后，用砂浆在上、下灰饼之间抹标筋，其宽度和厚度与灰饼相同。做标筋前将墙面浇水湿润，在上、下两个灰饼之间先抹一层宽为 10cm 左右的灰条，接着抹第二层灰条，第二层灰条凸出呈八字形，比灰饼略高，然后用木杠上下左右来回搓，直到与灰饼高度相同，形成竖向标筋。如图 11.1.1 所示。

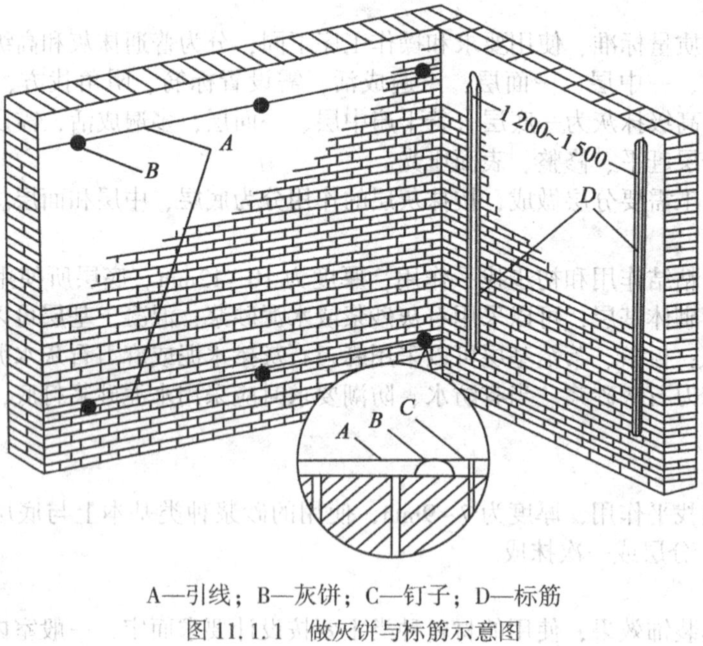

A—引线；B—灰饼；C—钉子；D—标筋

图 11.1.1 做灰饼与标筋示意图

(4) 做护角

室内墙面、柱面和门窗洞口的阳角处应护角，护角的做法应符合设计要求，若设计无要求，应采用 1∶2 水泥砂浆做护角，砂浆收水后用捋角器抹成小圆角。其高度自地面以上 2m，每侧宽度应不小于 50mm。

(5) 抹底层灰

待标筋有了一定强度后，洒水湿润墙面，先薄薄抹一层底灰，接着抹第二层底灰，第二层底灰高度略低于标筋，用木抹子压实搓毛。

（6）抹中层灰

待底层灰干至 6~7 成后，即可抹中层灰，厚度以垫平标筋为准，且使其稍高于标筋。抹上砂浆后，再用刮杆由下往上刮平，用木抹子搓平。局部低凹处，用砂浆填补搓平。中层抹灰后应检查表面平整度和垂直度，检查阴角与阳角是否方正和垂直，若发现质量缺陷应立即处理。

（7）抹窗台板，踢脚板（或墙裙）

窗台板先用 1∶3 水泥砂浆抹底层，稍干燥后表面划毛，隔 1d 后，刷素水泥浆一道，再用 1∶2.5 水泥砂浆抹面层。面层要原浆压光，上口做成小圆角，下口要求平直，不得有毛刺，浇水养护 4d。

抹踢脚板（或墙裙）时，先按设计要求弹出上口水平线，用 1∶3 水泥砂浆或水泥混合砂浆打底。隔 1d 后，用 1∶2 水泥砂浆抹面层，稍干收水后用钢抹子将表面压光。踢脚板（或墙裙）应比墙面的抹灰层高出 3~5mm，根据高度尺寸弹上线，把八子靠尺靠在线上用钢抹子将上口切齐，压实抹平。

（8）抹面层灰

待中层有 6~7 成干时，即可抹面层灰。面层包括麻刀灰面层、纸筋灰面层、石灰砂浆面层、水泥砂浆面层等。

①麻刀灰或纸筋灰面层适应于室内白灰墙面，抹灰时先用钢抹子将麻刀灰或纸筋灰抹在墙面上，同时赶平、压光。稍干后再用钢抹子将面层压实、压光。

②石灰砂浆面层适用于室内墙面，抹后再作饰面。抹灰时先用钢抹子抹灰，再用刮尺由下往上刮平，最后用钢抹子压实、压光。

③混合砂浆抹灰一般采用水泥石灰砂浆。先用钢抹子抹灰，再用刮尺刮平、找直，6~7成干时，用木抹子搓平。若砂浆较干，可以边洒水边搓平，直到表面平整为止。

④水泥砂浆面层适应于有防潮要求的内墙面、墙裙、踢脚线等部位的抹灰。配合比可以采用 1∶2.5（水泥∶砂），抹灰方法与石灰砂浆相同。

⑤石膏面层适应于高级室内抹灰，抹灰时应在石膏灰浆内掺缓凝剂，其掺量根据试验确定。一般控制在 15~20min 内凝结。若墙面做油漆，面层灰内不得掺入食盐或氯化钙。抹灰时应先用 1∶2.5 石灰砂浆打底，再用 1∶2~1∶3 麻刀灰找平，采用石膏罩面不得采用水泥砂浆和水泥混合砂浆打底，以防泛潮和面层脱落。石膏罩面分两遍成活，在第一遍未收水时即进行第二遍，随即用钢抹子修补压光，使表面光滑、洁净、颜色均匀，无抹纹。

操作应从阴角处开始，最好两人同时操作，一人在前面抹灰，另一人紧跟在后用钢抹子压实赶光，阴角、阳角处用阴角、阳角抹子捋光，且用毛刷蘸水将门窗四角等处清理干净。

（9）板条墙抹灰

木板条墙及钉钢板网眼条墙的抹灰仍分底层、中层、面层三层操作。底灰应垂直于板条方向用力将灰浆压入板条缝隙中或钢板网眼内形成转脚。底层与中层灰宜采用麻刀石灰或纸筋石灰（除底层灰外，中层与面层与一般抹灰方法相同）。

（10）清理

抹灰工作完毕后，应将粘在门窗框、墙面的灰浆及落地灰及时清除，打扫干净。

2. 内墙抹灰一般做法

内墙抹灰一般做法如表 11.1.1 所示。

表 11.1.1　　　　内墙抹灰一般做法

名称	适用范围	分层做法	厚度（mm）	说明
纸筋石灰（或麻刀石灰）	砖墙基层	1. 1：3 石灰砂浆打底； 2. 1：3 石灰砂浆找平； 3. 纸筋石灰或麻刀石灰罩面。	9 7 2	普通抹灰可喷刷大白浆
		1. 1：3 石灰砂浆打底； 2. 1：3 石灰砂浆找平； 3. 纸筋石灰或麻刀石灰罩面。	13 8 2	高级抹灰可喷（刷）可赛银浆
	混凝土墙面	1. 刷素水泥浆一道（内掺水重 3%~5%的 108 胶）； 2. 1：3：9 水泥混合砂浆打底； 3. 1：3：9 水泥混合砂浆找平； 4. 纸筋石灰或麻刀石灰罩面。	 7 7 2	普通抹灰喷（刷）大白浆
		1. 刷素水泥浆一道（内掺水重 3%~5%的 108 胶）； 2. 1：3：9 水泥混合砂浆打底； 3. 1：3 石灰砂浆找平； 4. 纸筋石灰或麻刀石灰罩面。	 12 8 2	高级抹灰喷（刷）可赛银浆
水泥砂浆	砖墙面	1. 1：3 水泥砂浆打底； 2. 1：2.5 水泥砂浆罩面压光。	13 5~9	底子分两遍成活，头遍要压紧，表面要扫毛；待 5~6 成干时抹第二遍
	混凝土墙面	1. 刷素水泥浆一道（内掺水重 3%~5%的 108 胶）； 2. 1：3 水泥砂浆打底扫毛或划出纹道； 3. 1：2.5 水泥砂浆罩面压实赶光。	 13 5	
	加气混凝土墙面	1. 刷（喷）一道 108 胶水溶液（配合比 108 胶：水＝1：4）； 2. 2：1：8 水泥混合砂浆打底； 3. 1：1：6 水泥混合砂浆； 4. 1：2.5 水泥砂浆罩面赶光。	 5 6 5	
水泥混合砂浆	混凝土墙面	1. 刷一道素水泥浆（内掺水重 3%~5%的 108 胶）； 2. 1：0.3：3 水泥混合砂浆打底； 3. 1：0.3：2.5 水泥混合砂浆罩面压光。	 13 5	

续表

名称	适用范围	分层做法	厚度(mm)	说明
水泥混合砂浆	加气混凝土墙面	1. 刷（喷）一道 108 胶水溶液（配合比为 108 胶：水 =1：4）; 2. 2：1：8 水泥混合砂浆打底; 3. 1：1：6 水泥混合砂浆; 4. 1：0.3：2.5 水泥混合砂浆罩面压光。	 5 6 5	抹灰表面刷无光油漆
水泥混合砂浆	砖墙面	1. 1：0.3：3 水泥混合砂浆打底; 2. 1：0.3：2.5 水泥混合砂浆罩面。	13 5	抹灰表面刷乳胶漆，油漆颜色应按设计要求选配
水泥混合砂浆	混凝土墙面	1. 刷水泥浆一道（内掺水重 3%~5%的 108 胶）; 2. 1：03：3 水泥混合砂浆打底; 3. 1：03：2.5 水泥混合砂浆罩面压光。	 13 5	抹灰表面刷乳胶漆，油漆颜色应按设计要求选配
水泥混合砂浆	加气混凝土墙面	1. 刷（喷）一道 108 胶水溶液（配合比为 108 胶：水 =1：4）; 2. 2：1：8 水泥混合砂浆打底; 3. 1：1：6 水泥混合砂浆; 4. 1：0.3：2.5 水泥混合砂浆罩面。	 5 6 5	抹灰表面可刷乳胶漆
纸筋或麻刀石灰	预制混凝土板顶棚	1. 预制板用水加 10%火碱清洗油腻; 2. 刷素水泥浆一道（内掺水重 3%~5%的 108 胶）; 3. 1：3：9 水泥混合砂浆打底; 4. 用纸筋石灰或麻刀石灰罩面。	 6 2	抹灰表面可喷大白浆
水泥砂浆	预制混凝土板顶棚	1. 预制板用水加 10%火碱清洗油腻; 2. 刷素水泥浆一道（内掺水重 3%~5%的 108 胶）; 3. 1：3：9 水泥混合砂浆打底; 4. 1：2.5 水泥砂浆罩面。	 5 5	适用于潮气较大的房间
水泥混合砂浆	预制混凝土板顶棚	1. 预制板用水加 10%火碱清洗油腻。 2. 刷素水泥浆一道（内掺水重 3%~5%的 108 胶）; 3. 1：0.3：3 水泥混合砂浆打底; 4. 1：0.3：2.5 水泥混合砂浆罩面。	 5 5	抹灰表面可刷乳胶漆或无光漆
石膏灰抹灰	高级装饰墙面	1. 1：2~3 麻刀石灰抹底层、中层; 2. 1：6：4（石膏粉：水：石灰膏）罩面分两遍成活；在一遍未收水时即进行第二遍抹灰，随即用铁抹子修补压光两遍，最后用铁抹子溜光至表面密实光滑为止。	底层 6 中层 7 面层 2~3	罩面石膏灰不得涂抹在水泥砂浆层上
水砂面层抹灰	高级装饰墙面	1. 1：2~1：3 麻刀石灰砂浆抹底层、中层; 2. 水砂抹面分两遍抹成，应在第一遍砂浆略有收水即进行第二编抹灰，第一遍竖向抹，第二编横向抹。	12 2~3	

3. 外墙抹灰

外墙抹灰一般采用水泥砂浆和水泥混合砂浆。外墙抹灰的工艺流程为：基层处理→吊垂直、套方找规矩→抹底层砂浆→抹面层砂浆→滴水线→养护。外墙抹灰顺序应先上部、后下部、先沿口、再墙面（包括门窗周围、窗台、阳台、雨篷等）。由于外墙抹灰面积较大，抹灰时可以分片、分段同时施工，若一次抹不完，可以在阴角与阳角交接处或分格线处间断施工。

（1）基层处理

基层为砖墙，先将墙面上的残余砂浆、污垢、灰尘等清扫干净，且用水浇墙，将砖缝中的尘土冲掉和湿润基层。

基层为混凝土墙面先对混凝土墙面进行毛化处理，一种方法为先将光滑表面刷洗干净，且用10%碱水除去油污晾干后，在其表面用扫帚甩上一层1：1稀糊状水泥浆（内掺20%水重的108胶），使之凝固在基层表面，用手掰不动为止。另一种方法为用錾子将混凝土表面剔毛，使其粗糙不平。

（2）吊垂直、套方找规矩

按墙面已弹好的基准线，分别在窗口角、垛、墙面等处吊垂直，套方抹灰饼。且按灰饼进行标筋，以墙面的标筋来控制墙面的抹灰平整度。

（3）抹底层砂浆

若为砖墙抹底层灰时，先在标筋之间抹一层5~8mm厚的底灰，抹灰时应用力将砂浆挤入砖缝内；若为混凝土基层，先刷掺10%水重的108胶水泥浆一道，紧接着在标筋之间抹一层厚度为5~8mm水泥砂浆。抹灰时应分层分遍与标筋抹平，且用大杠刮平找直，木抹子搓毛。

（4）抹面层砂浆

底层砂浆抹好后，第二天即可抹面层砂浆。抹灰前，先按要求弹好分格线，粘好分格条（分格条两侧可以用粘稠素水泥浆与墙面抹成45°角）、滴水线和将墙面湿润。抹面层灰时先薄薄抹一层灰使其与底层灰抓牢，紧跟其后抹第二遍，与分格条齐平，且用大杠刮平刮直，紧接着用木抹子搓平，用钢抹子赶平压光。待表面无明水后，用刷子蘸水按垂直地面同一方向轻刷一遍，以保持面层灰的颜色一致。面层抹好后即可以拆除分格条，且用素水泥浆将分格缝勾平整。

（5）滴水线

在檐口、窗台、窗楣、雨篷、阳台、压顶和凸出腰线等部位，应先抹立面、再抹顶面，后抹底面。顶面应抹出流水坡度，底面外沿边应做滴水线（槽），滴水线（槽）应整齐顺直，内高外低，滴水槽的宽度和深度应均不小于10mm。如图11.1.2所示。

（6）养护

面层抹毕24h后应浇水养护。养护时间应根据气温条件而定，一般应不少于7d。

4. 装饰抹灰

装饰抹灰包括水刷石、水磨石、斩假石、干粘石、假面砖等多种施工工艺。这些工艺施工过程中均分层操作，底层和中层操作方法大致相同，而面层的操作方法各异。装饰抹灰不仅可以墙加墙体的耐久性，丰富墙体的颜色与质感，而且线条美观，具有较强的装饰效果。

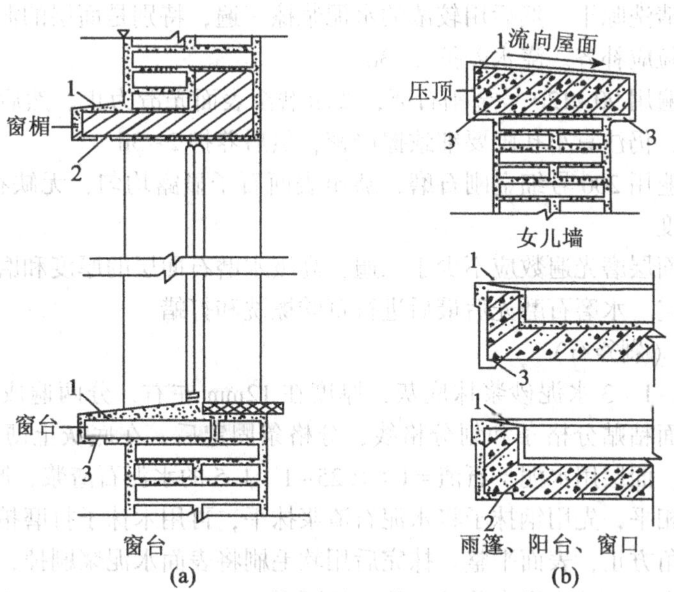

1—流水坡度；2—滴水线；3—滴水槽

图 11.1.2　流水坡度、滴水线（槽）示意图

(1) 水刷石

先将底层湿润，随即刮一层素水泥浆（内掺水重 5%的 108 胶），厚度 1mm 左右。紧接着抹 1∶0.5∶3（水泥∶白灰∶小八厘）石渣浆，从下往上分两次与分格条抹平，且及时用直尺检查其平整，无问题后即压平压实。抹石渣面层要高于分格条 1mm。待水泥石渣浆稍收水后，用抹子拍平揉压，将其内水泥浆挤出，压后使石渣大面朝上，达到灰层密实。然后用刷子蘸水刷去表面浮浆，拍平压光一遍，再刷再压，反复进行 3~4 次。待面层开始初凝，指按无痕，用刷子刷石渣不掉时，一人用刷子蘸水刷去表面水泥浆，一人紧跟其后用喷雾器由上往下顺序喷水刷洗，喷头一般距墙面 10~20cm 为宜。把表面的水泥浆冲洗干净，露出石渣后，随即起出米厘条，且用素浆将缝勾好。最后用水壶浇清水将墙面清洗干净，使其颜色一致。水刷石表面应石粒清晰、分布均匀、紧密平整、色泽一致，应无掉粒和接槎痕迹。

(2) 水磨石

先抹底层灰和中层灰，在中层灰验收合格后，即可在其表面按设计要求弹线、贴嵌玻璃分格条或铜、铝分格条，分格条两侧可以用砂浆固定。砂浆凝固后（一般最少需要两天），先在中层灰面上抹一层水灰比为 0.4 的素水泥浆作为粘接层，再按设计要求的颜色和花纹，将不同颜色的水泥石子浆（1∶2.5 水泥 2 号或 3 号石子浆）填入分格网中，厚度与嵌条齐平，且摊平压实，随即用滚碾横竖碾压，且在低洼处用水泥石子浆找平，压至出浆为止，两小时后再用钢抹子将压出的浆抹平。待其半凝固（1~2d 后），开始试磨，以不掉石渣为准，经检查确认后方可正式开磨。正式开磨包括粗磨、细磨和磨光。

粗磨：第一遍用 60~90 号粗金刚石磨，使磨石机机头在地面上走横“八”字形，边磨边加水，随时清扫水泥浆，且用靠尺检查平整度，直至表面磨平、磨匀，分格条和石粒全部露出，用水清洗晾干。然后用较浓的水泥浆擦一遍，特别是面层的洞眼小孔隙要填实抹平，脱落的石粒应补齐。浇水养护 2~3d。

细磨：第二遍用 90~120 号金刚石磨，要求磨至表面光滑为止。然后用清水冲净，满擦第二遍水泥浆，仍注意小孔隙要细致擦严密，然后养护 2~3d。

磨光：第三遍用 200 号细金刚石磨，磨至表面石子显露均匀，无缺石粒现象，平整、光滑，无孔隙为度。

普通水磨石面层磨光遍数应不少于三遍，高级水磨石面层的厚度和磨光遍数及油石规格应根据设计确定。水磨石磨光后最后进行草酸擦洗和打蜡。

（3）斩假石（剁斧石）

首先用 1∶2~1∶3 水泥砂浆抹底灰，厚度在 12mm 左右，分两遍成活。底层灰凝固后，在底灰的表面粘贴分格条和划分格线，分格条固定后，在底灰上薄薄刮一道素水泥浆，随即抹面层。面层用水泥∶石渣=1∶1.25~1∶1.5 的水泥石渣浆，厚度一般为 10mm 左右，与分格条相平，先用钢抹子将水泥石渣浆抹平，再用木抹子打磨拍实，要求表面无缺陷，阴角、阳角方正，表面平整。抹完后用软毛刷将表面水泥浆刷掉，露出的石渣应均匀一致。面层抹完 24h 后应浇水养护，防止暴晒。

在正常气温（15~30℃）下，面层抹完后 2~3 天开始剁，在气温较低（5~15℃）时抹好后隔 4~5 天开始剁比较适宜，但应试剁，以墙面石粒不掉，容易剁痕，声音清脆为准。剁石前，应先洒水湿润，以免石渣爆裂。剁石时应先上后下，由左到右，先剁转角和四周边缘，后剁中间墙面。转角和四周剁水平纹，中间剁垂直纹，剁纹深度一般以石渣剁掉 1/3 为宜。为了美观，一般在分格缝、阴角、阳角四周留出 15~20mm 边框线不剁。

斩假石表面剁纹应均匀顺直、深浅一致，应无漏剁处，阳角处应横剁且留出宽窄一致的不剁边条。

4. 干粘石

先抹底层灰，且划毛。待底层灰抹好一天后，浇水湿润划毛的底层灰，在其上抹一层 1∶2~1∶2.5 水泥砂浆中层，经检查验收中层抹灰后，即可在中层抹灰面上弹线、粘贴分格条。粘贴分格条后，根据中层灰的干燥程度洒水湿润中层，用水灰比 0.4~0.5 的纯水泥浆满刷一遍，随即抹一层 1∶1∶2∶0.15=水泥∶石灰膏∶砂∶108 胶的粘结层，粘结层的厚度根据所用石渣的粒径确定，当石粒粒径为 4~6mm 时，一般砂浆粘结层的厚度为 4~6mm，砂浆稠度应不大于 8cm。抹粘结层时，应三人同时操作，一人抹粘结层，一人紧跟其后甩石子，一人用钢抹子将石子拍入粘结层，要求拍实拍平，但不能拍出灰浆，石子的嵌入深度不小于 1/2 粒径，待有一定强度后洒水养护。甩石子时，应先上后下，先甩四周易干燥部分，后甩中间，使干粘石表面色泽一致、不露浆、不漏粘、石粒粘结牢固、分布均匀，阳角处应无明显黑边。

§11.2 饰面板（砖）工程

饰面板（砖）工程包括安装天然大理石、人造大理石、花岗岩饰面板和镶贴外墙面砖、陶瓷锦砖、釉面瓷砖等。饰面板工程采用的石材由花岗岩、大理石、青石板和人造石材；采用的瓷板有抛光板和磨边板两种；木材饰面板主要用于内墙裙。陶瓷面砖主要包括釉面瓷砖、外墙面砖、陶瓷锦砖、陶瓷壁画、劈裂砖等；玻璃面砖主要包括玻璃锦砖、彩色玻璃面砖、釉面玻璃等。

11.2.1 大理石和花岗岩饰面

大理石和花岗岩饰面按饰面板的规格采用两种方法，当饰面板边长小于 40cm，安装高度不超过 1m 时，采用粘贴方法；当板块边长大于 40cm，或者安装高度高于 1m 时，应采用锚固并灌浆的方法。

1. 小块饰面板安装

小块饰面板的安装工序为：清理基层、定位弹线、抹底灰、粘贴饰面板等。

（1）清理基层

清除基层的灰尘和杂物，填平和剔除表面凹凸不平处，铺贴前将基层浇水湿润。

（2）定位弹线

按照图纸要求和实际铺贴的部位，进行吊垂直、套方、找规矩。

（3）抹底灰

在基层湿润的情况下，先刷 108 胶素水泥浆一道（内掺水重 10%的 108 胶），随即用 1∶3 水泥砂浆进行打底，分两遍操作，第一遍厚 5mm，第二遍厚 7mm，总厚约 12mm，用短杆刮平。待底灰刮平后，将底灰刮毛。

（4）粘贴饰面板

待底灰凝固后，便可以分块弹出水平线和垂直线，随即将已经湿润并晾干的饰面板块材抹上厚度为 2~3mm 的素水泥浆（内掺水重 20%的 108 胶）进行粘贴，用木锤轻轻敲击，用靠尺找平找直。粘贴完后将流出的砂浆随即抹去，不得沾污附近的饰面。

粘贴饰面板也可以用胶粘剂粘贴，但基层的平整度必须达到高级抹灰的允许偏差，粘贴时直接在饰面板上涂 2~3mm 胶粘剂，直接粘贴，操作方法与上述基本相同。

2. 大块饰面板安装

大块饰面板的安装应采用锚固和灌浆相结合的方法。其施工顺序为：选材、弹线和预排、绑扎钢筋网、钻孔和剔槽、安装饰面板、灌浆等。

（1）选材

先按图挑出品种、规格、颜色一致的块料，校正尺寸，及四角套方。

（2）弹线、预排

安装饰面板之前，用线锤从上至下在墙面上找出垂直线，弹垂直线时应考虑板材的实际厚度及灌注砂浆的空隙（空隙 2mm 为宜，不宜大于 5mm）。在地面上弹好板块的外围尺寸线，以作为第一层饰面板的基准线。然后弹好水平线和垂直线。在弹线的基础上计算出实用块数，需切割的块数和切割的规格尺寸及使用部位，并考虑留缝宽度，画出每块板的位置线。将选好的板材铺在地下进行预排，力求颜色基本一致，花纹近似协调，然后将板材进行编号。

（3）绑扎钢筋网

在墙面和柱面的外围，先预埋支架，在纵向和横向绑扎上 $\phi6 \sim \phi8$ 的钢筋网，钢筋网的间距一般为 30~50cm。水平钢筋应与板的行数一致且平行，以便于板材的绑扎。

（4）钻孔、剔槽

在大理石、花岗岩镶贴前，每块板上下两个边用手电钻各打2～3孔，孔径一般4～5mm，孔深12mm，孔位距板材两端约为板宽的1/4，不得钻透，以距背面8mm为宜。然后在空洞的后面用钢錾子剔一条宽、深稍大于铜丝直径的沟槽，以便使铜丝不漏出板面，不影响板缝。当铜丝或其他锚固件不影响饰面板的安装接缝时，也可以不剔槽。如图11.2.1所示。

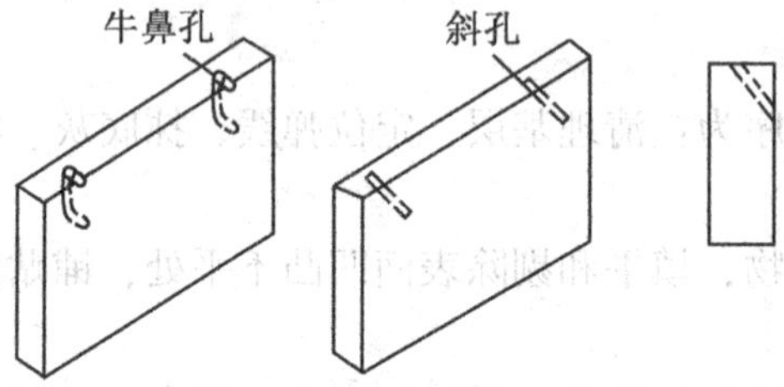

图11.2.1 饰面板打眼示意图

(5) 穿铜丝

大理石、花岗岩饰面属于高级墙面装饰工程，必须使用18号、20号铜丝或不锈钢丝连接，不得使用铁件和普通铁丝，以免锈蚀饰面，影响装饰效果。

用铜丝连接固定，先将铜丝剪成20cm左右长，一端插入孔底且用铅皮固定牢固。另一端将铜丝顺槽弯曲且卧入槽内，使大理石、花岗岩板上、下两端面没有铜丝突出，以便使相邻板接缝严密。

(6) 安装饰面板

安装饰面板可以从边角开始，也可以从中间一块开始。安装时首先按弹好的水平线和垂直线，把最下一行的两头找平、找正，拉上横线，固定边角和中间一块。接着按饰面板预排编号分别就位，用铜丝与钢筋骨架绑扎（或用不锈钢钩与钢筋钩牢），用托线板靠直靠平，用水平尺加以校正，阴角、阳角用方尺找方。为了固定饰面板的位置，安装时可以将上、下口临时固定，用石膏将饰面板两侧的缝隙封严（或者在竖缝上填塞15～20mm深的麻丝以防止漏浆），待砂浆硬化后，将填缝材料清除。如图11.2.2所示。

(7) 灌浆

灌浆宜用配合比1∶2.5水泥砂浆，稠度一般为8～12cm，灌注水泥砂浆时应分层灌注，每层灌注厚度为150mm左右，间隔2h待砂浆初凝后再灌注。每次灌注时应用铁簸箕缓缓倒入，不要碰及已临时固定好的大理石和花岗岩，且边灌注边用橡皮锤轻轻敲击石板面，使灌入的砂浆排气。最后一次灌浆应距上口以下100mm，留作与上一层饰面板灌浆的结合层。

(8) 嵌缝

全部石板安装完毕，清除所有石膏和灌浆遗留痕迹，且用麻布擦洗干净。然后按石板颜色调制砂浆进行嵌缝，嵌缝时要随嵌随擦，使缝隙密实干净、均匀、一致。

饰面板安装完后，表面应平整、洁净、色泽一致，无裂痕和缺损。石材表面应无泛碱等。

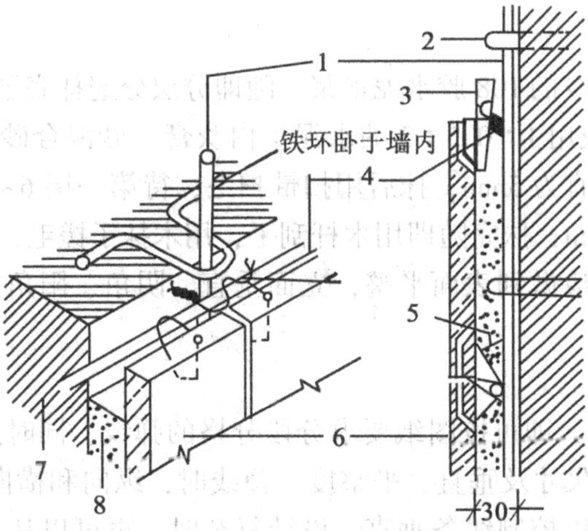

1—立筋；2—铁环；3—定位木楔；4—横筋；5—钢丝或铁丝绑扎牢；6—石料板；7—墙体；8—水泥砂浆

图 11.2.2　饰面板安装固定示意图

11.2.2　镶贴外墙面砖

面砖主要是指外墙面砖，分为有釉和无釉两种，有釉面砖是在已烧成的素坯上施釉，再经煅烧而成；无釉面砖是将破碎成一定粒度的陶瓷原料，经筛分，半干压成型，放入窑内焙烧而成。外墙饰面砖的镶贴工艺为：选砖、处理基层、设置标筋、抹底子灰、弹线分格排砖、浸砖、镶贴面砖、做滴水线和勾缝。

1. 选砖

根据设计要求，按砖的大小和颜色进行选砖。选出的砖应平整方正，无缺楞掉角，颜色均匀，无脱釉现象。

2. 处理基层

首先应将基层表面的灰砂、污垢和油渍清除干净。将门窗洞口框和墙体之间的缝隙用水泥砂浆嵌填密实。对光滑墙体应进行凿毛处理，凿毛深度应为 0.5~1.5mm，间距 30mm 左右。

若为混凝土墙面，应对明显凹凸不平部位，用 1∶3 水泥砂浆补平或剔平。铺贴前，应采用钢丝刷先刷一遍，且浇水湿润基层。为使基体与找平层粘结牢固，可以先刷水泥浆一道，内掺水重 3%~5%的 108 胶，随刷随抹一道 1∶3 水泥砂浆，为增强砂浆的和易性也可以采用水泥混合砂浆，体积比为水泥∶石灰膏∶砂＝1∶0.5∶3，厚度 5mm 左右。砂浆抹完后，应用扫帚扫毛，且浇水湿润，防止干燥脱水。

若为砖墙基体，先将墙面清扫干净，且提前一天浇水湿润。

3. 吊垂直、找方、找规矩

若建筑物为高层建筑物，应在四周大角和门窗洞口边用经纬仪打垂直线找直；若建筑物为多层建筑物，可以从顶层开始用特制的大线锤，崩铁丝吊垂直，然后根据面砖的规格尺寸分层设点，做灰饼。每次打底时以灰饼作为基准点进行标筋，且使底层灰做到横平竖直。

4. 抹底灰

先刷一道掺水重10%的108胶水泥素浆，随即分层分遍抹底层砂浆，底层砂浆一般可以用1∶3水泥砂浆，或用1∶0.5∶3的水泥∶白灰膏∶砂混合砂浆。每次抹灰时厚度不宜太厚，抹第一遍底灰宜为5mm，抹后用扫帚扫毛，待第一层6~7成干时，抹第二遍底灰，厚度控制在5~10mm，抹完随即用木杆刮平，用木抹子搓毛，终凝后浇水养护。底灰做完后，应进行自检，应做到表面平整，立面垂直，阴角、阳角方正和垂直，若误差过大，应立即纠正。

5. 弹线分格

待底灰6~7成干时，即可按图纸要求分段分格的弹线，同时进行面层贴标准点的工作，以控制面层的出墙尺寸及垂直、平整度。弹线时，纵向和横向每隔3~5块面砖的距离弹水平线和垂直线，以控制线条垂直。设计复杂时，也可以从上到下画出皮数杆和接缝，在墙上每隔1.5~2.0m的距离做出标记，以控制表面平整和灰缝的厚度。

6. 排砖

根据大样图及墙面尺寸进行横竖排砖，以保证面砖缝隙均匀。排砖时在同一墙面上不得有一行以上的非整砖，非整砖应排在次要部位，如窗间墙或阴角处。一般要求横缝与碹脸或与窗台取平，窗台阳角一般要用整砖，且在底子灰上弹上垂直线。若横向不是整块的面砖，要用合金钢錾子按所需尺寸划痕，折断后在砂轮上磨平，若按整块分格，可以采取调整砖缝大小的办法予以解决。外墙贴面砖的几种排法如图11.2.3所示。

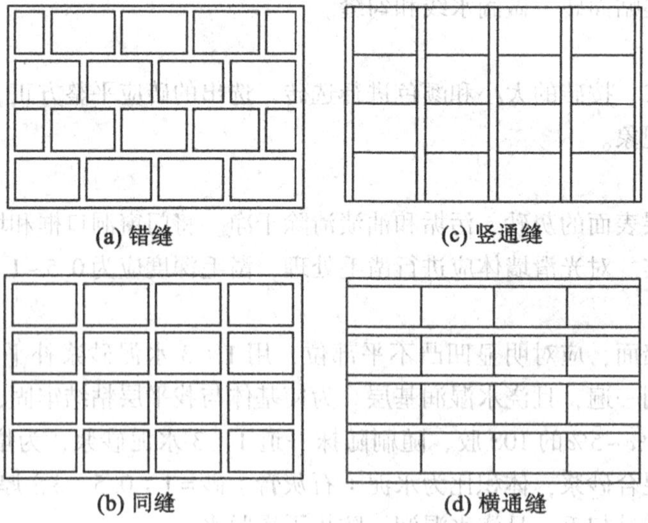

图11.2.3 外墙面砖排砖示意图

7. 浸砖

釉面砖和外墙面砖镶贴前，首先要将面砖清扫干净，在清水中浸泡2~3h，表面晾干和擦净后，方可使用。若采用粘结剂镶贴，是否浸砖，应由粘结剂的性能决定。

8. 镶贴面砖

镶贴面砖可以用水泥砂浆、水泥混合砂浆、聚合物水泥砂浆或专用的胶粘剂。使用水泥砂浆配合比宜为水泥：砂＝1：1.5~1：2.0；使用水泥混合砂浆配合比宜为水泥：石灰膏：砂＝1：0.3：3。粘贴时，首先在面砖背面满刮一层砂浆，厚度为 5~6mm，面砖的四角刮成斜面，放在垫尺上口贴在墙面上，用灰铲把轻轻敲击，使之砂浆饱满和附线，再用钢片开刀调整竖缝，且用小杆通过标准点调整平面的平整度和垂直度。

面砖之间的水平缝宽度用米厘条控制，米厘条贴在已镶贴好的面砖上口，为保证其平整，可以临时加垫小木楔。

9. 做滴水线

镶贴室外凸出的檐口、腰线、窗台、雨篷和女儿墙压顶等外墙面砖时，应按设计要求做出流水坡度，下面再做流水线或滴水槽，以免向内渗水。如女儿墙的压顶的水应流向屋面，顶面的面砖应压住立面的面砖等。

10. 勾缝

勾缝前应检查面砖的质量，逐块敲试，若发现空鼓和粘结不牢必须重贴。勾缝时可以采用 1：1 水泥砂浆进行勾缝，先勾横缝，后勾竖缝，缝宽一般 8mm 以上，严禁使用水泥砂浆进行刮抹填缝，否则勾缝不严，容易产生渗水现象。当勾缝材料已经硬化，清除面砖上的残余砂浆，且用布蘸 10%的稀盐酸擦洗表面，最后用清水由上往下将墙面冲洗干净。

11.2.3 室内贴面砖

室内贴面砖主要是指采用瓷砖和釉面砖铺贴在经常接触水的墙面，如厨房、厕所、浴室和盥洗室等。瓷砖和釉面砖表面光滑，易于清洗，耐酸防潮，能起到保护墙体的作用。室内贴面砖的施工顺序为：选砖、清理基层、抹底子灰、排砖和弹线、贴灰饼、浸砖、垫平尺板、贴瓷砖和釉面砖，擦缝和清洁面层。

1. 选砖

选砖时要求选出楞角整齐方正，表面颜色一致，表面平整，无翘曲和变形的瓷砖和釉面砖。一般可以按照瓷砖和釉面砖的标准尺寸，在木板上钉一个“Π”字形三边框，将面砖从木框的开口塞入检查，然后将面砖旋转 90°再塞入开口处检查，经过两次检查即可分出大于标准尺寸、小于标准尺寸和合乎标准尺寸的三种，分别堆放。铺贴时应将同一尺寸的面砖铺贴在同一房间和同一面墙上。

2. 基层处理

若基层为混凝土墙面，首先将凸出墙面的混凝土剔平，若墙面比较光滑可以采用“毛化处理”，即先将基层清理干净，用 10%火碱水将墙面的油污刷掉，随即用净水将墙面冲洗干净、晾干，然后用 1：1 水泥细砂浆内掺水重 20%的 108 胶，喷或甩在混凝土墙面上，终凝后浇水养护。当采用大模板施工时，混凝土墙面应凿毛，再用钢丝刷满刷一遍，浇水湿润。若基层为砖墙面，将墙面上残余的砂浆、灰尘、油污等清除干净，并提前一天浇水湿润。

3. 抹底子灰

若基层为混凝土墙面，先刷一道掺水重 10%的 108 胶水泥素浆，然后抹头遍灰，用木抹子搓平，养护3d后，再分层抹1∶3水泥砂浆底灰，每层厚度宜为5~7mm。若基层为砖墙面，先将墙面浇水湿润，然后分层抹1∶3水泥砂浆底灰，总厚度控制在12mm，吊直、刮平。

底子灰要求表面平整，立面垂直，阴角、阳角方正与基层粘结牢固，并扫毛或划出纹道，24h后浇水养护。

4. 排砖和弹线

待基层6~7层干时，即可按实测和实量的尺寸进行排砖。排砖时从上到下统一安排，若接缝宽度无要求，按1~1.5mm安排，计算纵、横两个方向的皮数，画出皮数杆，定出水平标准。或者在底子灰上弹竖向和横向控制线，一般竖向间距为1m左右，横向一般根据面砖尺寸每5~10块弹一水平控制线，有墙裙的要弹在墙裙上口。一般排砖从阳角开始，把不成整块的砖排在阴角部位或次要部位。上下方向，上端排成整砖行，下边一行被地面压住。常见室内面砖的排法如图11.2.4所示。

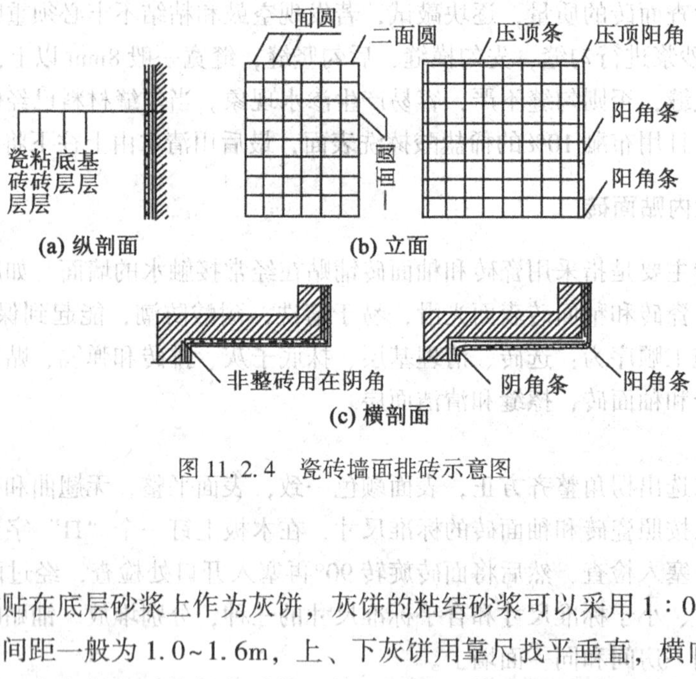

图11.2.4 瓷砖墙面排砖示意图

5. 贴灰饼

用废面砖粘贴在底层砂浆上作为灰饼，灰饼的粘结砂浆可以采用1∶0.1∶3的水泥混合砂浆，灰饼的间距一般为1.0~1.6m，上、下灰饼用靠尺找平垂直，横向几个灰饼拉线或用靠尺板找平，在灰饼面砖的楞角处拉立线，再于立线上拴活动的水平线，来控制水平面的平整。

6. 浸砖

瓷砖和釉面砖铺贴前一般需要浸砖，通常在铺贴的前一天将面砖放在清水中浸泡2h以上，取出阴干或擦净明水，达到外干内湿，以备上墙。

7. 垫底尺

按照计算好的下一皮砖的下口标高，垫放好平尺板作为第一皮砖下口的标准。垫平尺板要注意地漏标高和位置。平尺板的上皮一般要比地面低1cm左右，以便地面压住墙面砖。垫平尺板时一定要垫平垫稳，垫点的间距一般控制在40cm以内。

8. 铺贴面砖

铺贴面砖时应先铺贴大面积面砖，后贴阴角、阳角等费工费时的地方。铺贴面砖时将浸泡过面砖的背面抹一层混合砂浆（配合比为：水泥：石灰膏：砂=1：0.1：2.5），然后紧靠垫平尺的上皮将面砖铺贴在墙上，且用小铲的木把轻轻敲击，使灰浆饱满，上口要以水平线为标准。铺贴好一层后，用靠尺板横向靠水平，竖向靠垂直，不符合要求者，应取下面砖重新铺贴。铺贴时应先在门口、阳角以及长墙每隔 2m 左右均先竖向贴一排砖，作为墙面垂直、平整和砖层的标准，然后以此作为标准向两侧挂线，由下往上铺贴。

9. 擦缝和清洁面层

面砖铺贴完毕，用清水将面砖清洗干净，且用棉纱擦净，然后用长毛刷蘸糊状白水泥素浆涂缝，最后用棉纱将缝子内素浆擦实擦匀。

§11.3 涂饰工程

涂饰工程一般是指采用水性涂料、溶剂型涂料等建筑涂料涂饰于建筑物的构件表面的一项工程，涂饰工程所用材料能与建筑物构件表面很好的结合，形成完整的保护膜。涂饰工程一般使用的材料品种有外墙无机建筑涂料、合成树脂乳液外墙涂料，溶剂型外墙涂料、水溶性内墙涂料、多彩内墙涂料，聚氨酯清漆和聚氨酯磁漆等。

11.3.1 建筑涂料的组成

建筑涂料由主要成膜物质、次要成膜物质和辅助成膜物质组成。

1. 主要成膜物质

主要成膜物质的主要成分包括油脂、天然树脂、人造树脂、合成树脂等。主要成膜物质也称为粘结剂或固着剂，其主要作用是将涂料中的其他组分粘结成一整体，当涂料干燥硬化后，能在被涂基层表面形成均匀、连续且坚韧的保护膜。成膜物质是形成涂膜的基础，也是决定涂膜硬度、柔性、耐磨性、耐水性、耐冲击性、耐候性、耐热性等物理和化学指标的重要因素。

2. 次要成膜物质

次要成膜物质的主要成分包括有机颜料、无机颜料，各种填料等。次要成膜物质不能离开主要成膜物质单独构成涂膜，而是依靠成膜物质的粘结才能成为成膜物质的一个部分。无机着色颜料的耐候性和耐磨性较好，其成分主要有氧化铁黄、氧化铁红、群青、氧化铁绿、氧化络绿、钛白、碳黑、氧化铁黑、氧化铁棕等；有机着色颜料的耐老化性能较差，在建筑工程中应用较少，其成分主要有肽菁蓝和肽菁绿等。填料又称为体质颜料，在建筑工程中常用的有粉料和粒料。粉料有天然石材加工磨细或人工制造两类，如重晶石粉、轻质硫酸钙、重质硫酸钙、滑石粉、瓷土等，这类填料只能增加涂膜的厚度和体质，不能增加涂膜颜色和阻止光线的透过；粒料是由 2mm 以下的不同大小的粒径组成，本身带有不同的颜色，用天然石材加工破碎或人工烧结而成，因此有较强的耐候性，在建筑涂料中作为粗骨料，可以起到色观和质感的作用。

3. 辅助成膜物质

辅助成膜物质的主要成分包括催干剂、固化剂、增强剂、防腐剂、杀虫剂和防污剂等。在涂料中加入一些少量助剂，可以改善涂料的分散效果、柔软性、耐候性、施工性能，提高涂料的成膜质量和涂料的使用价值，赋予涂料一些特殊的功能。

11.3.2 建筑涂料的分类和品种

1. 建筑涂料的分类

建筑涂料的分类方法主要有以下几种：

①按成膜物质的性质来分类，可以将建筑涂料分为有机系涂料，如丙烯酸酯外墙涂料；无机系涂料，如硅酸钾水玻璃外墙涂料；有机无机复合涂料，如硅溶胶—苯丙外墙涂料。

②按涂料的性质分类，有溶剂型涂料，如氧化橡胶外墙涂料；水溶性涂料，如聚乙烯醇水玻璃内墙涂料；乳液型涂料，如苯丙乳胶液；粉沫涂料，如粉沫内墙涂料。

③按特殊功能分类，有防火涂料、防水涂料、防结露涂料、防虫涂料、防霉涂料等。

④按建筑涂刷部位分类，有外墙涂料、内墙涂料、地面涂料、顶棚涂料、屋面涂料等。

⑤按涂料的装饰质感分类，有薄质涂料、复层涂料和厚质涂料。

2. 建筑涂料的品种

（1）外墙涂料

根据装饰质感外墙涂料分为薄涂料、厚涂料和复层涂料，薄涂料包括建 841 外墙涂料、PG—838 外墙涂料、865 外墙涂料、有机无机复合涂料等；厚涂料包括乙—丙乳液厚涂料、8301 水性外用建筑涂料、JH80—1 无机建筑涂料、硅溶胶涂料、PT—82 外墙装饰涂料等；复层外墙涂料包括高级喷磁型外墙涂料、丙烯酸系复层涂料、多层花纹外墙涂料、苯丙喷塑型建筑涂料等。

（2）内墙涂料

根据其化学成分分为聚乙烯醇类涂料、聚乙烯类涂料、苯丙类涂料、丙烯酸类涂料、乙丙类涂料、硅酸盐系涂料、复合类涂料和其他类 8 种。

（3）地面涂料

按涂刷部位划分为木地板涂料、水泥砂浆地面涂料等。木地板涂料包括聚氨酯清漆、酯胶磁漆、钙酯地板漆、酚醛紫红地板漆等；水泥砂浆地面涂料分为薄质涂料和厚质涂料，薄质涂料又分为溶剂型和水乳型，溶剂型包括过氯乙稀地面涂料、苯乙烯地面涂料、聚氨酯地面涂料等，水乳型包括氯—偏乳液地面涂料、丙稀酸地面涂料；厚质涂料又分为溶剂型和水性型，溶剂型包括环氧树脂涂料、聚氨酯涂料等，水性型包括聚乙烯醇缩甲醛水泥涂料、聚醋酸乙烯水泥涂料。

11.3.3 涂料的选择

涂料的选择应根据基层的材质、建筑物的不同部位、建筑物装饰周期等选择。

1. 按基层的材质选用

若基层为混凝土和水泥基面，应选择耐碱性和遮盖性较好的涂料，如 JQ—841 耐擦洗内墙涂料、乙—丙乳胶漆、白色平光乳胶漆等；若基层为石灰和石膏墙面，可以采用聚乙烯醇系涂料，如改性106内墙涂料、121耐擦洗优质内墙涂料等；若基层为木质材料，应采用非碱性涂料，否则容易对木基面产生破坏，可以采用JQ—831耐擦洗内墙涂料、乙—丙内墙乳胶漆、苯丙乳胶内墙涂料等。

2. 按建筑物的不同部位选用

外墙面应优先选用氯化胶涂料、丙烯酸涂料、聚氨酯涂料、苯丙涂料、丙稀酸涂料等；内墙面应优先选用苯乙烯涂料、聚乙烯醇系涂料；屋面应优先选用环氧树脂涂料；地面应优先选用氯—偏涂料和聚合物水泥系涂料等。

3. 按装饰周期选用

若外墙间隔1~2年装修，可以选用氯—偏涂料、聚合物水泥系涂料等，若间隔5年装修，可以选用过氯乙烯涂料、苯乙烯涂料和聚乙烯醇缩丁醛涂料，若间隔10年装修，可以选用氯化橡胶涂料、丙烯酸酯涂料、聚氨酯系涂料等。内墙间隔5年装修，可以选用油性漆、过氯乙烯涂料、聚醋酸乙烯涂料、苯丙涂料和丙烯酸酯涂料等，若间隔10年装修，可以选用氯化橡胶涂料、丙烯酸涂料、聚氨酯系涂料等。若地面间隔1~2年装修，可以选用油性漆、过氯乙稀涂料和苯乙烯涂料等；若间隔10年装修，可以选用聚氨酯系涂料和环氧树脂涂料等。

11.3.4 涂料的施工

1. 基层处理

(1) 混凝土基层

基层表面应平整，应彻底清除基层表面的油污、灰尘、溅沫和砂浆流痕等污染物。拆模后若基层表面有凹凸不平处，应采用凿子剔平或用水泥聚合物腻子进行修补处理。混凝土表面应干燥，一般要求含水率在8%~10%以下，在混凝土或抹灰基层涂刷溶剂型涂料时，含水率不得大于8%；涂刷乳液型涂料时，含水率不得大于10%。混凝土的碱度pH值应在9~10以下，一般情况下，外墙施工完毕后，夏季2周后，冬季3~4周后可以达到碱度要求。新建筑物的混凝土基层或抹灰基层在涂饰前应涂刷抗碱封闭底漆。

(2) 水泥砂浆基层

抹灰表面应平整，阴角、阳角及线角应密实，方正。缺棱掉角处应采用水泥砂浆或水泥聚合物砂浆补齐。基层表面的浮灰、浮土和其他沾污物应彻底清除干净，表面空洞及裂缝应采用腻子补平。砂浆表面的碱度和含水率必须符合涂饰施工要求。

(3) 石灰浆基层

石灰浆碱性很强，可以用3%磷酸水溶液或用5%草酸水溶液清洗，降低碱度，使之符合涂饰施工要求。石灰浆干燥速度慢，施工时应检查表面的含水率，使之符合涂饰要求。若已在石灰浆基层用石灰水刷白，则表面有浮灰，若要涂刷涂料，应铲除表面浮灰，满刮腻子。

(4) 木材基层

木材基层表面应清除表面油污、污垢和灰尘，且用砂纸打磨平滑，钉眼应采用腻子填平，打磨光滑。木材表面的树脂、单宁、色素等杂质等必须清除干净。胶合板有时会渗出碱水，应进行处理，使之满足涂料要求。

2. 涂料的施工工艺

涂料的施工工艺按刷涂方法分为刷涂、滚涂、刮涂、喷涂和抹涂。

（1）刷涂

刷涂施工方法是用漆刷或排笔将涂料均匀的涂刷在建筑物的表面上。其特点是工具简单、操作方便，适应性广，大部分薄质涂料或云母片状质涂料均可以采用该方法，如聚乙烯醇系内墙涂料、内外墙乳胶漆、硅酸盐无机涂料等。采用刷涂法施工时，涂刷时应按先上后下，先左后右，先难后易，先阳台后墙面的规律进行。刷涂法可以用于建筑物内外墙及地面的涂料的施工。

（2）滚涂

滚涂施工是用不同类型的辊具将涂料滚涂在建筑物的表面上。采用这种方法具有施工设备简单、操作方便、工效高、涂刷质量好，对环境无污染的特点。根据涂料的不同类型、装饰质感及使用不同的辊具可以将滚涂分为一般滚涂和艺术滚涂。一般滚涂是用羊毛辊具蘸上涂料，直接滚涂在建筑物的表面上，其作用与刷涂相同，但工效比刷涂高；艺术滚涂是使用带有不同花纹的辊具，按设计要求将不同的花纹滚涂在建筑物的表面上，或在建筑物的表面上形成立体质感强烈的凹凸花纹。艺术滚涂使用的工具有内墙滚花辊具、泡膜塑料辊具和硬橡皮辊具等。

（3）刮涂

刮涂施工是将涂料厚浆均匀分批刮涂在建筑物的表面上，形成厚度为1~2mm的厚涂层。刮涂法常用于地面工程的施工，采用的材料主要有聚合物水泥厚质地面涂料及合成树脂厚质地面涂料等。刮涂法的主要工具采用2mm厚的硬质塑料板，尺寸一般为12mm×20mm，其余工具还有牛角刀、油灰刀等。刮涂法施工为了增强装饰效果，往往利用划刀或记号笔刻画有席纹、仿木纹等各种花纹。采用刮涂法施工时，刮刀与地面倾角一般要成50°~60°夹角，只能来回刮涂1~2次，不能往返进行多次刮涂，否则容易出现“皮干里不干”的现象。

（4）喷涂

喷涂是使用空气压缩机通过喷嘴将涂料喷涂在建筑物的表面上。喷涂施工一般可以根据涂料的品种、稠度、最大粒径等，确定喷涂机械的种类，喷嘴的口径、喷涂压力、与基层之间的距离等。一般要求喷涂作业时手握喷枪要稳，喷嘴中心线与墙面垂直，喷嘴与被涂面的距离保持在40~60cm；喷枪移动时与喷涂面保持平行，喷枪的移动速度一般控制在40~60cm/min。喷涂时一般两遍成活，先喷门窗洞口，后喷大面，先横向喷涂一遍，稍干后，在竖向喷涂一遍，两遍喷涂的时间间隔由喷涂的涂料品种和喷涂的厚度而定。

3. 涂料的施工

（1）聚乙烯醇系内墙涂料施工

聚乙烯醇系内墙涂料主要采用刷涂与滚涂方法施工，其主要施工工序为：清理基层、填补裂缝、磨平、满刮腻子、磨光、第一遍涂刷涂料、复补腻子、磨光、第二遍涂刷涂料、第三遍涂刷涂料。一般墙面只需要涂刷两遍内墙涂料，如果是高级墙面装修，则需要涂刷三遍内墙涂料。

①清理基层。根据基层采用的不同材料按上述方法首先进行基层的清理。

②填补裂缝。将墙面上的麻面、裂缝、凹凸不平等缺陷进行修补，且用涂料腻子填

平。待腻子干燥后，用 1 号砂纸打磨平整。

③满刮腻子。打磨平整后的基层状况较好，可以直接在基层表面满刮腻子，如果基层状况较差，可以先用聚乙烯醇甲醛胶（10%）：水 = 1：3 稀释液在墙面上满涂一遍，再满刮腻子。满刮腻子可以使基层性状一致，质地均匀，有利于内墙涂料颜色的均匀性和一致性。内墙涂料的腻子通常由粉料和粘结材料组成，粉料一般采用滑石粉、熟石膏、大白粉等；粘结材料主要有聚乙烯醇甲醛胶、羧甲基钎维素和石花菜胶等。配置时首先将羧甲基钎维素加水调制成粘糊状，然后加入聚乙烯醇甲醛胶，再加入大白粉（或滑石粉、熟石膏）调制成浆糊状即成腻子。

④磨平。腻子干燥后，采用 0 号或 1 号砂纸打磨平整，然后将表面粉尘及时清理干净。

⑤涂刷内墙涂料：腻子磨平并清埋十净后，可以使用羊毛辊具或采用排笔涂刷内墙涂料，涂刷时一般涂刷两遍即可，如果是高级墙面，涂刷第一遍干燥后，应复补腻子、磨平，再涂刷第二遍和第三遍内墙涂料。

（2）乳胶类内、外墙涂料的施工

乳胶类内、外墙涂料可以采用合成树脂乳胶涂料，如乙—丙内、外墙乳胶漆、聚醋酸乙烯内墙乳胶漆、苯—丙、内外墙乳胶漆、氯—醋—丙、内外墙乳胶漆等。

①基层处理。首先按前述要求进行基层处理，基层表面应平整，纹理质感应均匀一致，否则在光影作用下易使涂膜颜色显得深浅不一。另外基层也不能太光滑，以免影响涂料与基层的粘结力。

②涂刷稀乳液。为了增强基层与腻子或涂料的粘结力，批刮腻子或涂刷料涂刷前，可以先涂刷一遍与涂料体系相容的稀乳液，这样可以使基层坚实干净，增强与涂层的粘结性能。

③满刮腻子。内墙和顶棚应满刮乳胶涂料腻子 2~3 遍，第一遍采用横刮，第二遍采用竖刮，每一遍腻子干燥后均应磨平磨光，并清扫干净。若确实需要也可以刮第三遍涂料腻子，刮第三遍时应用胶皮刮板找补腻子或用钢片刮板满刮腻子，将墙面刮平刮光，干燥后磨平磨光，清扫干净。

④涂刷涂料。涂刷涂料时可以采用排笔或滚涂，其涂刷的顺序内墙应先顶棚，后墙面，墙面是先上后下；外墙先门窗洞口，后大面，先上后下。涂刷要均匀，不能过厚和过薄，过薄不能盖底，影响涂刷质量，过厚容易引起流坠起皱，影响干燥。一般涂刷两遍即可，必要时也可以涂刷三遍。

（3）溶剂型内、外墙涂料施工

溶剂型内、外墙涂料可以采用氯化橡胶内、外墙涂料、过氯乙稀内、外墙涂料和合成丙烯酸酯外墙涂料等。

①基层处理。由于溶剂型涂料具有不透气性及疏水性，因此要求基层充分干燥，含水率控制在 6%以下。但氯化橡胶涂料具有较好的透气性，基层基本干燥的条件下就可以施工。

②满刮腻子。将孔洞、缝隙、凹陷等部位采用腻子填平、磨光，腻子可以采用溶剂型涂料清漆和大白粉或滑石粉调制而成。

③涂料涂刷。涂料涂刷可以采用羊毛辊具和排笔进行涂刷。涂刷前为了提高基层牢固

性及增加基层与涂层的粘结，可以采用该涂料的清漆的稀释液打底，然后再涂刷涂料。涂刷时一般需要涂刷两遍，时间间隔控制在2h左右。施工温度一般在0℃以上均可正常施工。

§11.4 吊顶工程

吊顶又称为顶棚（天棚）、天花板。天棚是建筑物室内重要的装饰部位之一，具有保温、隔热、隔音和吸音作用，又可以安装监控、空调、照明等设备。

吊顶按施工工艺不同一般分为暗龙骨吊顶工程和明龙骨吊顶工程。暗龙骨吊顶工程是指以轻钢龙骨、铝合金龙骨、木龙骨为骨架，以石膏板、金属板、矿棉板、木板、塑料板或隔栅为饰面材料的吊顶工程；明龙骨吊顶工程是指以轻钢龙骨、铝合金龙骨、木龙骨为骨架，以石膏板、金属板、矿棉板、塑料板、玻璃板或格栅等为饰面材料的吊顶工程。暗龙骨吊顶工程和明龙骨吊顶工程材料的构成基本类同，所不同的是暗龙骨吊顶是指龙骨不外漏，表面用饰面板体现整体装修效果的一种吊顶；而明龙骨吊顶是指纵、横龙骨可以外漏或半漏，饰面板搁置其上的一种吊顶。

吊顶按结构形式分为活动式装配吊顶、隐蔽式装配吊顶、开敞式吊顶等；按使用材料又分为板材吊顶、轻钢龙骨吊顶、铝合金吊顶等。

11.4.1 吊顶结构形式

1. *活动式装配吊顶（明龙骨吊顶）*

活动式装配吊顶，是把饰面板明摆浮搁在龙骨上，通常与铝合金龙骨配套使用，或与其他类型的金属材料模压成一定形状的龙骨配套使用。活动式装配吊顶可以将新型装饰面板放在龙骨上，龙骨可以是外漏的，也可以是半漏的。这种吊顶的最大的特点是，龙骨既是吊顶的承重构件，又是吊顶饰面的压条，将过去难以处理的密封吊顶、离缝吊顶和分格缝顺直等问题，用龙骨遮挡起来，这样即方便了施工，又产生了纵、横分格的装饰效果。活动式装配吊顶的示意图如图11.4.1所示。

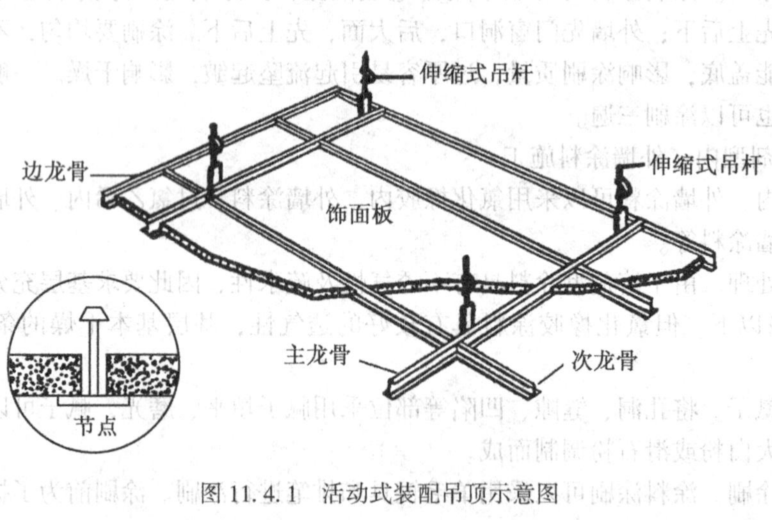

图11.4.1　活动式装配吊顶示意图

活动装配式吊顶采用的饰面板有：石膏板、钙塑装饰板、泡沫塑料板、铝合金板等。活动式装配吊顶一般用于标准较高的建筑物，如写字楼、宾馆建筑等，也可以用于家庭厨房和洗手间的装修。

2. 隐蔽式装配吊顶（暗龙骨吊顶）

隐蔽式装配吊顶，是指龙骨不外漏，表面用饰面板体现整体装修效果的吊顶形式。饰面板与龙骨的连接可以采用三种方式，即企口暗缝连接、胶粘剂连接和自攻螺钉连接等。隐蔽式吊顶按其构造是由主龙骨、次龙骨、吊杆和饰面板组成。如图 11.4.2 所示。

龙骨一般采用薄壁型钢或镀锌铁皮挤压成型，有主龙骨、次龙骨及连接件，其断面形状分为“⊥”形和“Π”形。吊杆一般采用金属吊杆，可以用钢筋加工或型钢一类的型材加工而成。吊杆如果采用的不是标准图集，吊杆的大小及连接构件必须经过设计和计算，以复核其抗拉强度是否满足强度设计要求。

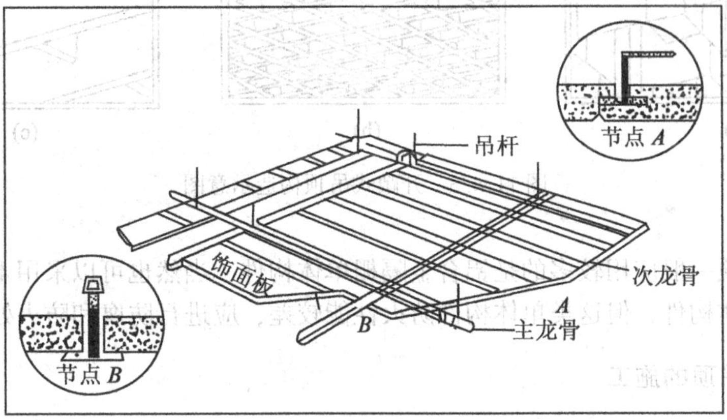

(a)

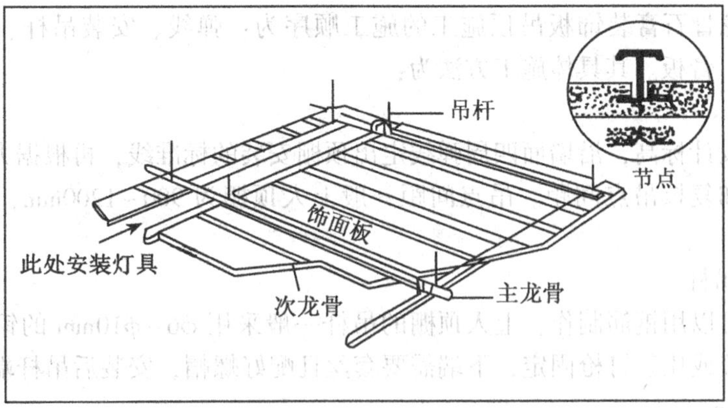

(b)

图 11.4.2　隐蔽式装配吊顶构造示意图

隐蔽式装配吊顶的饰面板有：胶合板、铝合金板、穿孔石膏吸音板、矿棉板、防火纸面石膏板、钙塑泡沫装饰板等，也可以在胶合板上刮灰饰面或裱糊壁纸饰面。

3. 开敞式吊顶

开敞式吊顶，是指即有吊顶，但其饰面又是敞开的。开敞式吊顶主要通过特定形状的单元体及单元体组合和灯光的不同布置，营造出单体构成的韵律感，达到既遮又透的特殊的艺术效果。开敞式吊顶的示意图如图 11.4.3 所示。

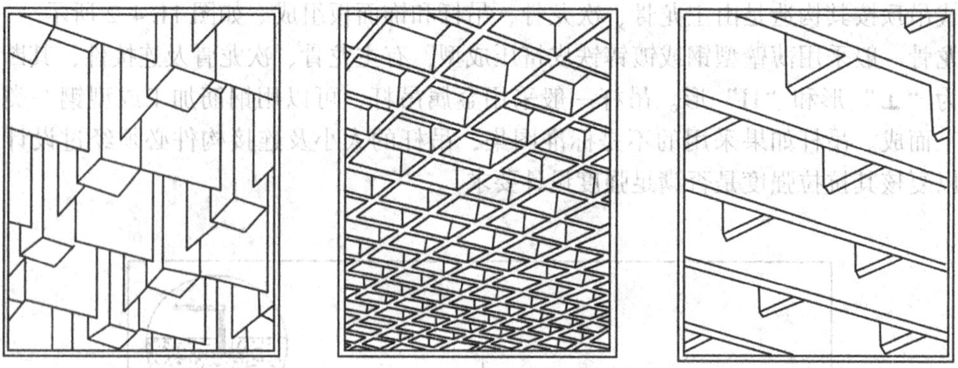

(a) (b) (c)

图 11.4.3 开敞式吊顶构造示意图

开敞式吊顶一般应用较多的是铝合金隔栅单体构件，当然也可以采用木板、胶合板和竹板加工成单体构件，但这类单体构件防火性能较差，应进行防腐和防火处理。

11.4.2 吊顶的施工

1. U 形轻钢龙骨石膏装饰板吊顶施工

U 形轻钢龙骨石膏装饰板吊顶施工的施工顺序为：弹线、安装吊杆、安装龙骨和配件、安装罩面石膏板。其具体施工方法为：

（1）弹线

根据顶棚设计标高，沿墙面四周弹线定出顶棚安装的标准线，再根据大样图在顶棚上弹出吊点位置和复核吊点间距。吊点间距一般上人顶棚为 900～1200mm，不上人顶棚为 1200～1500mm。

（2）安装吊杆

吊杆一般可以用钢筋制作，上人顶棚的吊杆一般采用 $\phi6 \sim \phi10$mm 的钢筋，吊杆的上端与预埋件焊接或用射钉枪固定，下端需要套丝且配好螺帽，安装后吊杆端头螺纹外漏长度应不小于 3mm。

（3）安装大、中龙骨

大龙骨可以用吊挂件固定在吊杆上，将螺丝拧紧且调平，调平时顶棚的起拱高度应不小于房间短向跨度的 1/200；中龙骨可以用吊挂件固定在大龙骨下面，中龙骨的间距按安装的饰面板的板材尺寸确定，当板材的尺寸大于 800mm 时，中龙骨之间需要增加小龙骨，小龙骨与中龙骨平行布置，垂直方向采用吊挂件与大龙骨连接固定。

（4）安装横撑龙骨

横撑龙骨与中、小龙骨垂直，采用中小接插件连接，安装在罩面板的拼接处，沿墙的四周边缘可以安装异型龙骨或铝角条。横撑龙骨可以从中、小龙骨上截取，但对安装在罩面板内部或做边龙骨时，易从小龙骨上截取。安装的横撑龙骨要与中、小龙骨底面平顺，以便安装罩面板。

U 形龙骨吊顶构造如图 11.4.4、图 11.4.5 所示。

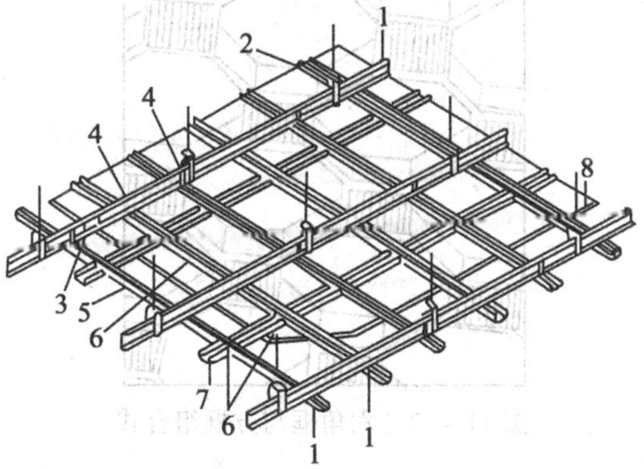

1—主龙骨；2—主龙骨吊件；3—主龙骨连接件
4—龙骨吊挂；5—龙骨连接件；6—龙骨支托连接
7—横撑龙骨；8—吊顶板材

图 11.4.4　U 形龙骨吊顶示意图

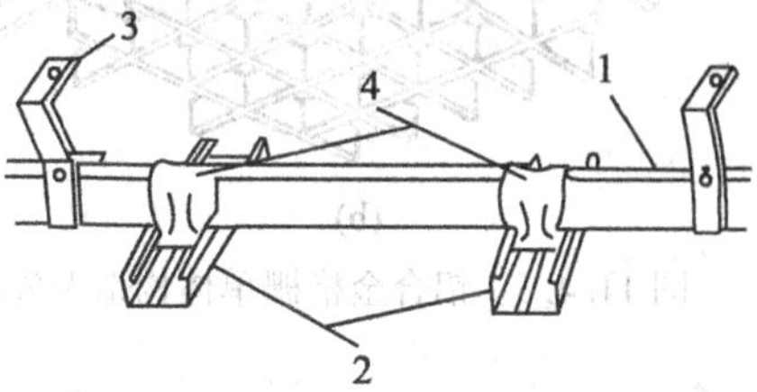

1—大龙骨；2—中龙骨
3—大龙骨吊挂件；4—中龙骨吊挂件

图 11.4.5　斜面吊顶节点

2. 开敞式吊顶的施工

开敞式吊顶主要采用单体造型和单体构件的组合，作为室内吊顶艺术处理的一种方法。其施工顺序为：放线、地面拼装、吊顶安装、饰面调整。

(1) 放线

首先根据顶棚设计标高，沿墙面四周弹线定出顶棚安装的标准线，再根据单体造型或单体组合构件在顶棚上定出分片布置线和吊挂布局线。分片布置线一般先从室内吊顶直角位置开始逐步展开；吊挂布置线要按分片布置线来确定，以使单体和多体吊顶的分片材料受力均匀。

(2) 地面拼装

地面拼装主要是在地面上对单体和多体组合构件完成拼装工作。开敞式吊顶单体构造造型花样繁多，但制作的材料一般大多采用木材、塑料和铝合金材料，特别是铝合金材料由于其质轻、易于加工，防腐、防火性能好，在实际工程中应用较多。而格栅式单体构件由于其组装灵活，施工方便，立体感强，在开敞式吊顶中应用较多。铝合金格栅单体构件常见的尺寸一般为 610mm×610mm，是用双层 0.5mm 厚的薄板加工而成，表面可以是漆膜或阳极氧化膜，色彩可以按需要进行加工，如图 11.4.6 所示。多体组合构件常见有单条板和方板组合式、六角框与方框组合式、方圆体组合式等。如图 11.4.7 所示。

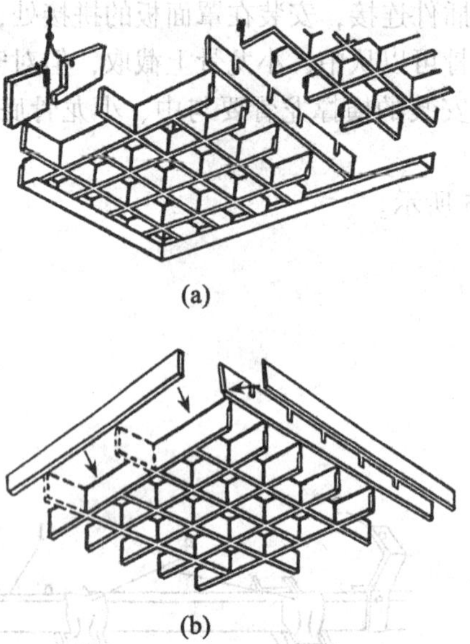

图 11.4.6 铝合金格栅单体构造及安装图

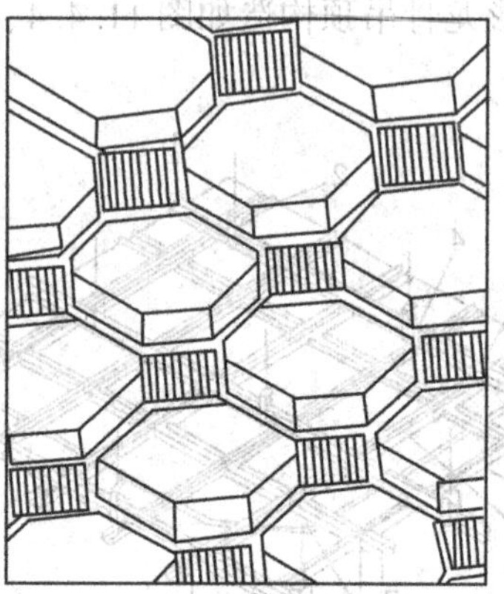

图 11.4.7 六角框与方框组合式

（3）吊顶安装

单体和多体组合构件吊点紧固件一般采用射钉和膨胀螺栓固定角铁吊件的方式。单体和多体组合构件的吊装方法分为直接固定法和间接固定法。

①直接固定法。采用轻质高强一类材料做成的单体构件，往往集骨架和装饰为一体，所以，只要将单体构件直接与吊杆连接固定即可；采用多体组合构件需要将多体的吊顶架与吊杆直接连接。

②间接固定法。单体与多体组合构件不与吊杆直接连接，而是通过卡具或连接件将单体或多体组合构件连成整体，然后再通过通长钢管与吊杆连接；或者采用带卡口的吊管将单体构件卡住，然后再将吊管用吊杆悬吊。采用这种方法可以减少吊杆的数量，加快施工进度，主要适应于结构刚度不够，容易产生变形结构。如图 11.4.8、图 11.4.9 所示。

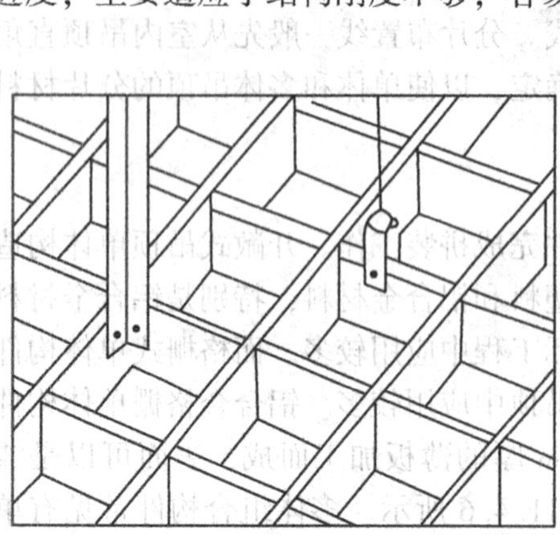

图 11.4.8 直接固定安装法示意图

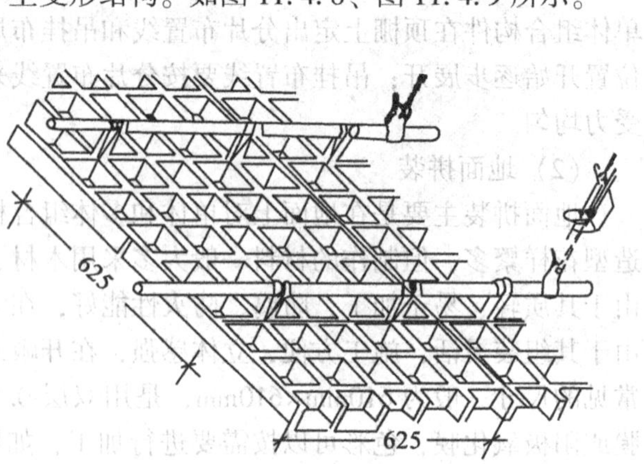

图 11.4.9 间接固定安装法示意图

（4）饰面调整

开敞式吊顶的安装重要的就是整齐问题。若吊顶不齐、不顺，单体构件本身安装误差较大，将使单体构件组成的有规律的韵律感受到破坏。所以，饰面调整时首先检查单体构件的安装与布局，对安装不稳，产生变形部位进行加固和修正，然后再沿标高线拉出多条平行或垂直的基准线，根据基准线进行吊顶面的整体调整，使其符合设计要求。

复习思考题 11

1. 一般抹灰分为几级？每一级如何构成？
2. 一般抹灰需要分几层做成？每一层的作用是什么？
3. 试简述内墙抹灰的施工工艺步骤。
4. 外墙抹灰一般采用什么砂浆？外墙抹灰的工艺流程是什么？
5. 试简述水刷石、水磨石的施工方法。
6. 试简述斩假石、干粘石、假面砖的施工方法。
7. 大理石和花岗岩饰面按规格是如何划分的？分别采用什么施工方法？
8. 试简述小块饰面板和大块饰面板的安装工序和施工的方法。
9. 外墙面砖分为几种？每一种是如何做成的？
10. 外墙面砖的镶贴工艺需经过哪几个步骤？具体每一个步骤如何施工？
11. 建筑涂料主要有哪几部分组成？每一部分的作用是什么？
12. 建筑涂料是如何进行分类的？每一分类又包含哪些涂料？
13. 建筑涂料共有哪些品种？每一品种包含哪些涂料？
14. 如何进行涂料的选择？如果内墙间隔 5 年装修，应该选择什么涂料？
15. 涂料的施工工艺按刷涂方法分为哪几种？什么叫做滚涂法？
16. 如何进行聚乙烯醇系列内墙涂料的施工？
17. 如何进行乳胶内外墙涂料的施工？
18. 吊顶工程按施工工艺不同划分为哪几种？什么是明龙骨吊顶工程？
19. 如何进行开敞式吊顶的施工？

第12章 流水施工

流水施工是一种诞生较早，组织生产行之有效，在土木工程施工中广泛使用且十分有效的科学组织方法。该方法建立在分工协作和大批量生产的基础上，可以充分利用工作时间和操作空间，使生产过程连续、均衡、有节奏地进行，提高劳动生产率，缩短工期，节约施工费用。

§12.1 流水施工的基本概念

12.1.1 流水施工的组织

在组织拟建工程的施工过程中，组织施工的方式可以采用依次施工、平行施工、流水施工组织方法。下面以一个具体工程为例说明这三种组织方式的基本概念和特点。

如果要建造4幢相同的建筑物，其编号分别为Ⅰ、Ⅱ、Ⅲ、Ⅳ，设每个建筑物都由基础工程、主体结构工程和装饰工程组成。每一工程施工时间均为30天，其中基础施工时，工作队由20人组成，主体结构施工时，工作队由40人组成，装修时工作队由10人组成。若按依次施工、平行施工、流水施工组织生产，其进度和资源消耗如图12.1.1所示。

1. 依次施工

依次施工是第一个施工过程结束后才开始第二个施工过程的施工，即按施工次序依次地进行各个施工过程的施工。

从图12.1.1可以看出，依次施工组织方式具有以下特点：

①同时投入的劳动资源和劳动力较少；

②施工现场的组织、管理较简单；

③各专业队不能连续作业，产生窝工现象；

④不能充分利用工作面进行施工，工期长。

2. 平行施工

平行施工是指相同的施工过程同时开工，同时竣工。

从图12.1.1可以看出，平行施工组织方式具有以下特点：

①充分利用工作面进行施工，工期短；

②各专业工作队数量增加，但仍不能连续作业；

③同时投入的劳动力和劳动资源消耗集中，现场临时设施也相应增加；

④施工现场的组织、管理较复杂。

因此平行施工适用于拟建工程任务十分紧迫、工作面允许以及资源能保证供应的工程项目的施工。

工程编号	分部工程名称	工作队人数	施工天数	施工进度/d																				
				依次施工												平行施工			流水施工					
				30	60	90	120	150	180	210	240	270	300	330	360	30	60	90	30	60	90	120	150	180
Ⅰ	基础施工	20	30	—												—			—					
	主体施工	40	30		—												—			—				
	装　修	10	30			—												—			—			
Ⅱ	基础施工	20	30				—									—				—				
	主体施工	40	30					—									—				—			
	装　修	10	30						—									—				—		
Ⅲ	基础施工	20	30							—						—					—			
	主体施工	40	30								—						—					—		
	装　修	10	30									—						—					—	
Ⅳ	基础施工	20	30										—			—						—		
	主体施工	40	30											—			—						—	
	装　修	10	30												—			—						—

劳动力动态图

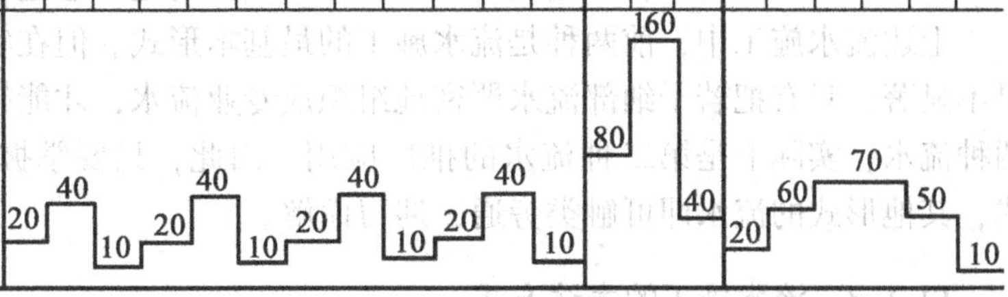

图 12.1.1　不同施工组织方式的进度与劳动力动态图

3. 流水施工

流水施工是把拟建工程项目的全部建造过程，根据其工程特点和结构特征，在工艺上划分为若干个施工过程，在平面上划分为若干个施工段，在竖向上划分为若干个施工层；然后组织各专业队（班组）沿着一定的工艺顺序，依次连续地在各段上完成各自的工序，使施工连续、均衡、有节奏地进行。

从图 12.1.1 可以看出，流水施工是依次施工和平行施工的综合，体现了以上两种组织方式的优点，而消除了上述两种组织方式的缺点，具体来说，该组织方式具有以下特点：

①尽可能地利用了工作面进行施工，工期较为合理；

②各工作队能够连续作业，避免了窝工现象；

③与依次施工相比较，消除了工作间歇时间，缩短了工期；

④与平行施工相比较，克服了同工种高峰现象，劳动力和劳动资源的投入较为均衡；

⑤实行专业队施工，使生产专业化，有利于提高技术水平和改进操作方法，促进劳动生产率的提高。

12.1.2 流水施工的分类

按照流水施工的范围可以划分为以下若干类：

1. 分项工程流水

分项工程流水又称为细部流水，是指一个专业队利用同一生产工具依次连续不断地在各个区段完成同一施工过程的工作。如模板工作队依次在各施工段上连续完成模板支设任务，即称为细部流水。

2. 分部工程流水

分部工程流水施工也称为专业流水，是指在一个分部工程的内部、各分项工程之间组织的流水施工。该施工方法是各个专业工作队共同围绕完成一个分部工程的流水，如基础工程流水、主体结构工程流水、装修工程流水等。

3. 单位工程流水

单位工程流水是指在一个单位工程内部、各分部工程之间组织的流水施工，即为完成单位工程而组织起来的全部专业流水的总和，其进度计划即为单位工程进度计划。

4. 群体工程流水

群体工程流水也称为大流水施工，是指为完成工业企业或民用建筑群而组织起来的全部单位工程流水的总和，其进度计划即为工程项目的施工总进度计划。

上述流水施工中，前两种是流水施工的最基本形式。但在实际工作中，细部流水的效果不显著，只有把若干细部流水严密地组织成专业流水，才能得到较好的经济效果。后面两种流水，实际上是第二种流水的推广应用。因此，只要掌握了前面两种流水的基本形式，其他形式的流水即可触类旁通，迎刃而解。

12.1.3 流水施工的表达方式

流水施工的进度计划可以采用水平图表、垂直图表或时标网络图表示。时标网络图的表示方式详见第13章，水平图表和垂直图表表示方法以实例说明。假设某分项工程有5个施工过程，划分为5个施工段，每个施工过程在每个施工段上的施工持续时间均为2d，其施工进度计划水平图表和垂直图表表示方法如下所述。

1. 水平图表

水平图表又称为横道图，其表示方式如图12.1.2所示。图12.1.2中水平坐标表示流水施工的持续时间，垂直坐标表示施工过程或专业工作队的名称、编号，带有编号的圆圈表示施工项目或施工段的编号，水平线段表示某一施工过程在所编号的施工段上的持续时间。

2. 垂直图表

垂直图表的表达方式如图12.1.3所示。图12.1.3中水平坐标表示流水施工的持续时间；垂直坐标表示施工项目或施工段的编号，斜向指示线段表示施工过程的流水开展情况，斜向指示线段的代号表示施工过程或专业工作队名称、编号。

水平图表具有绘制简单、流水施工形象的优点。垂直图表能直接地反映出在一个施工段或工程对象中各施工过程的先后顺序和相互配合关系，而且其斜线的斜率还能形象地反映出各施工过程的施工速度的快慢。

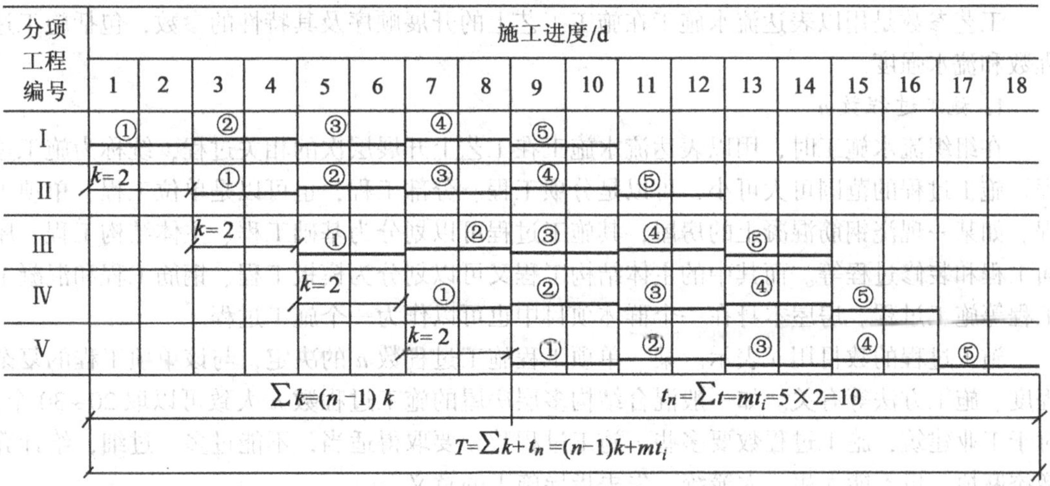

k—流水步距；t_i—最后一个施工过程在第 i 个施工段上的流水节拍；T—流水施工的计算总工期

n—施工过程数；t_n—最后一个施工过程的施工总持续时间

图 12.1.2　流水施工水平图表

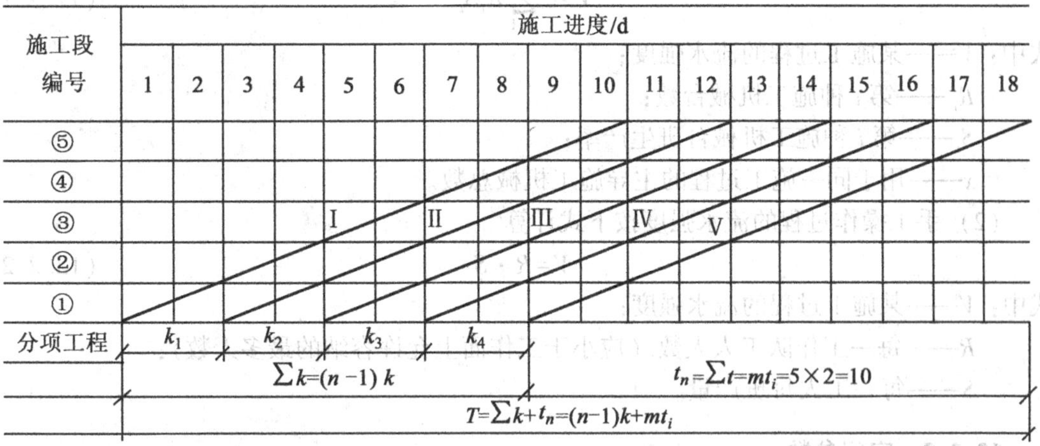

图 12.1.3　流水施工垂直图表

§12.2　流水施工参数

在组织流水施工时，用以表达流水施工在工艺流程、时间及空间方面开展状态的参数，统称为流水参数。按其性质分为三类：工艺参数、空间参数和时间参数。

12.2.1 工艺参数

工艺参数是用以表达流水施工在施工工艺上的开展顺序及其特性的参数，包括施工过程数和流水强度。

1. 施工过程数 n

在组织流水施工时，用以表达流水施工在工艺上开展层次的相关过程，统称为施工过程。施工过程的范围可大可小，可以是分项工程、分部工程，也可以是单位工程、单项工程。如某一现浇钢筋混凝土的房屋，其施工过程可以划分为基础工程、主体结构工程、屋面工程和装修过程等。而其中的主体结构工程又可以划分为模板工程、钢筋工程和混凝土工程等施工过程。房屋本身在一个群体项目中也可以作为一个施工过程。

施工过程的数目用 n 表示。某一单项工程施工过程数 n 的决定，与该单项工程的复杂程度、施工方法等有关。如一般混合结构多层房屋的施工过程数 n 大致可以取 20~30 个，对于工业建筑，施工过程数要多些。施工过程数 n 要取得适当，不能过多、过细，给计算增添麻烦，也不能太粗、太笼统，失去指导施工的意义。

2. 流水强度 V

在组织流水施工时，某一施工过程在单位时间内所完成的工程量，称为该施工过程的流水强度，或称为流水能力、生产能力，一般用 V 表示。

（1）机械施工过程的流水强度按下式计算

$$V = \sum_{i=1}^{x} R_i S_i \qquad (12.2.1)$$

式中：V——某施工过程的流水强度；

R_i——第 i 种施工机械台数；

S_i——第 i 种施工机械台班生产率；

x——用于同一施工过程的主导施工机械总数。

（2）手工操作过程的流水强度按下式计算

$$V=R \cdot S \qquad (12.2.2)$$

式中：V——某施工过程的流水强度；

R——每一工作队工人人数（应小于工作面上允许容纳的最多人数）；

S——每一工人每班产量。

12.2.2 空间参数

在组织流水施工时，用以表达流水施工在空间布置上所处状态的参数，称为空间参数。空间参数包括三种：工作面、施工段和施工层。

1. 工作面 A

工作面也称为工作前线，其大小可以表明施工对象上可能安置多少工人操作或布置施工机械地段的大小，因此工作面是用来反映施工过程（工人操作、机械布置）在空间上布置的可能性。工作面的大小可以根据该工种的计划产量定额和安全施工技术规程的要求确定，记为 A。

工作面按施工过程的性质可以采用不同的计量单位来表示，如对于砌墙，可以采用沿着墙的长度以 m 为单位，对于浇筑混凝土楼板则可以采用整个楼板的面积以 m^2 为单位等。

某些工程施工一开始就在整个长度上或面上形成了工作面，这种工作面称为完整工作面（如土方开挖）。但有些工程的工作面是随着施工过程的进展而逐步（逐层、逐段等）形成的，这种工作面称为部分工作面（如砌墙）。无论是哪一种工作面，通常前一个施工过程的结束就为后一个（或几个）施工过程提供了工作面。

2. 施工段 m

在组织流水施工时，通常把施工对象在平面上划分成若干个劳动量相等或大致相等的独立区段，这些区段就称为施工段，其数目以 m 表示。每一个施工段在某一时间内只供一个施工过程的工作队使用。

当建筑物只有一层时，施工段数就是一层的段数。当建筑物是多层时，施工段是各层段数之和。施工段的数目不能太多，太多易使工作面太小，工人工作效率受影响；太少则不能流水，容易使工程窝工。因此，在划分施工段时，应遵循以下原则：

①同一专业工作队在各个施工段上的劳动量大致相等，相差幅度不宜超过10%~15%。

②施工段的大小要满足专业工种对工作面的要求，一般以主要施工过程的工作需要来决定。

③施工段的界线应尽可能与结构界线相吻合，或设在对结构整体性影响较小的部位，如变形缝、单元分界或门窗洞口处等。凡不允许留设施工缝的部位均不能作为施工段的边界。

④施工段的数目要满足合理流水施工组织的要求，一般 $m \geqslant n$。但不宜太多，过多了势必减少人数，拖长工期。

⑤当房屋有层高关系，分段又分层时，为使各个施工队能够连续施工，即做完第一段，能立即转入第二段，做完第一层的最后一段，能立即转入第二层的第一段。因而要求每层最少施工段的数目应大于或等于施工过程数，即

$$m_{\min} \geqslant n \tag{12.2.3}$$

当 $m=n$ 时，各专业班组连续施工，即施工段上始终有专业工作队施工，直至全部工作完成，施工段内无停歇时间，比较理想。

当 $m>n$ 时，各专业工作队仍可以连续施工，但在施工段上有停歇，未充分利用空间，但不一定有害，可以利用施工段的间歇进行混凝土的养护或其他施工的辅助性工作。

当 $m<n$ 时，工作队不能连续施工，有窝工现象。对组织一个建筑物的流水施工是绝对不允许的，但在组织大流水施工中可以与另一些建筑工程组织流水施工。

12.2.3 时间参数

在组织流水施工时，用以表达流水施工在时间排列上所处状态的参数，称为时间参数。时间参数包括：流水节拍、流水步距、技术间歇、组织间歇和搭接时间等。

1. 流水节拍 t_i

流水节拍是指每个专业工作队在各个施工段上完成各自的施工过程所必须的持续时间，以 t_i 表示。流水节拍的长短直接关系着投入的劳动力、机械和材料量的多少，决定着施工的速度和施工的节奏性。因此流水节拍的确定具有很重要的意义。

流水节拍的确定方式有两种：一种是根据现有能够投入的资源（劳动力、机械台数、材料量）来确定，称为定额计算法；另一种是根据工期要求来确定，称为工期计算法。

(1) 定额计算法

定额计算法又称为顺排进度法，对于某一已知工程，先计算施工过程的工程量，依据劳动定额、补充定额等按下式计算

$$t_i=\frac{Q_i}{S_i\cdot R_i\cdot N_i}=\frac{P_i}{R_i\cdot N_i} \tag{12.2.4}$$

式中：t_i——某一施工过程在施工段 i 上的流水节拍；

Q_i——某一施工过程在施工段 i 上的工程量；

S_i——每一工日（或台班）的计划产量定额；

R_i——某一施工过程在施工段 i 上的工人班组人数（或机械台数）；

N_i——专业工作队的工作班次（或台班数）；

P_i——某一施工过程在施工段 i 上的劳动量或机械台班数量（工日或台班）。

按上式计算的流水节拍应取整数或半天的整倍数。

[**例 12.2.1**] 某混合结构某施工段砌砖 $48m^3$，砌砖工人数为 8 人，计划产量定额为 $1.5m^3$/工日，工作班次 $N=2$，试确定其流水节拍 t。

解：流水节拍 $t=\frac{Q}{S\cdot R\cdot N}=\frac{48}{1.5\times8\times2}=2$（天）

(2) 工期计算法

工期计算法往往又称为倒排进度法，适用于某些在规定工期内必须完成的工程项目。计算过程为：

①根据工期倒排进度，确定某施工过程的工作持续时间；

②确定某施工过程的流水节拍。若同一施工过程的流水节拍不等，采用估算法；若相等，按下式计算

$$t_i=\frac{T_i}{m_i} \tag{12.2.5}$$

式中：t_i——某施工过程的流水节拍；

T_i——某施工过程工作的总持续时间；

m_i——某施工过程的施工段数。

2. 流水步距 K

流水步距是指相邻两个工作队（或施工过程）进入同一施工段进行流水的时间间隔，一般用 k 表示。

流水步距的数目取决于参加流水的施工过程数，如施工过程数为 n，则流水步距的数目为 $n-1$ 个。

在确定流水步距时，通常要满足以下原则：

①要始终保持两个相邻施工过程的先后工艺顺序；

②要保持相邻两个施工过程在各个施工段上都能够连续作业；

③要保持相邻的两个施工过程，在开工时间上实现最大限度、合理地搭接。

3. 技术间歇 Z 和组织间歇 G

在流水施工中，多数施工过程是连续的，但也有间断或停歇。若是由于施工工艺决定

的间歇，称为技术间歇，一般用 Z 表示。如混凝土养护、油漆干燥、抹灰墙面干燥等；若是由于施工组织原因造成的间歇，称为组织间歇，一般用 G 表示，如隐蔽工程的检查验收，施工机械转移等。

在组织流水施工时，技术间歇和组织间歇有时需要统一考虑，有时分别考虑，但两者的概念、内容和作用是不同的，必须结合具体情况优化处理。

4. 搭接时间 C

在组织流水施工时，为了缩短工期，且在工作面允许的前提下，可以采用前后施工过程平行搭接施工，即前一施工过程已完部分可以满足后一施工过程的工作面的要求时，后者可以提前进入同一施工段。两者在同一施工段上搭接的持续时间，称为平行搭接时间，以 C 表示。

为了使流水步距概念明确，计算方便，技术间歇时间、组织间歇时间等均不计入流水步距的含义之中。

§12.3　流水施工的基本方式

在流水施工中，由于流水节拍的规律不同，流水步距的大小、施工总工期的计算方法等也不同，甚至影响各个施工过程的专业工作队的数目。

按流水节拍的特征，流水施工可以划分为有节奏流水和无节奏流水。在有节奏流水中，根据各施工过程之间流水节拍是否相等或是否互成倍数，又可以划分为固定节拍流水和成倍节拍流水，前者称为等节奏流水或固定节拍流水，后者称为异节奏流水。在异节奏流水中，若组织等流水步距的流水，则称为成倍节拍流水。无节奏流水是指流水节拍既不相等，也不成比例，因而其流水步距也不相等。把流水步距不相等的流水，称为分别流水。

因此，根据与流水步距的关系，流水施工可以划分为固定节拍流水、成倍节拍流水和分别流水三种，如图 12.3.1 所示。

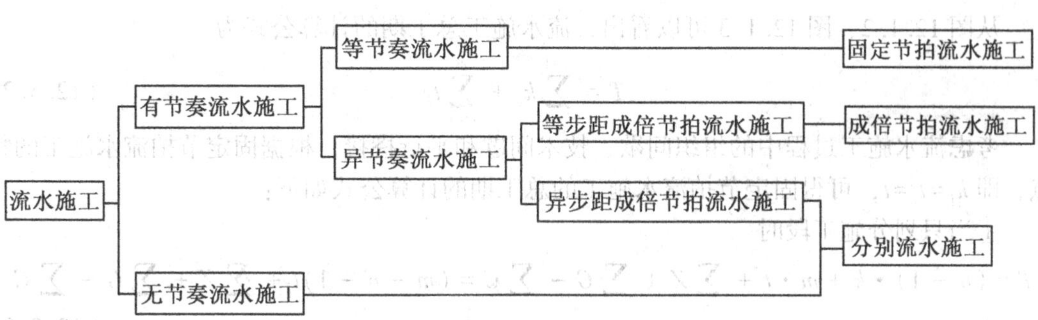

图 12.3.1　流水施工按流水节拍特征分类图

12.3.1　固定节拍流水

固定节拍流水亦称为全等节拍流水，是最理想的流水组织形式。因为这种组织方式能够保证各专业工作队的工作有节奏、连续，均衡的施工。在可能的情况下，应尽量采用这种流水方式组织流水。

1. 固定节拍流水的特点

①施工过程在各施工段上的流水节拍相等；

②各施工过程的流水节拍彼此都相等，为一固定值，即 $t_i = t$；

③流水步距都相等，并且等于流水节拍，即 $k_i = t_i = t$；

④施工的专业工作队数等于施工过程数，即每一个施工过程成立一个专业工作队，完成所有施工段上的任务。

2. 固定节拍流水的计算步骤

（1）确定施工段数 m

一般情况下，可以按划分施工段的原则，结合工程项目的实际情况确定施工段数 m。但当房屋有层高关系，分段又分层时，为了保证组织流水施工，各专业工作队仍能连续施工，而不产生窝工现象，施工段的最小数可以按下式计算

$$m_{\min} = n + \frac{\sum Z + \sum G - \sum C + \sum S}{K} \qquad (12.3.1)$$

式中：$m_{\min}$——最小的施工段数目；

n——施工过程数；

K——流水步距；

$\sum Z$——所有技术间歇之和；

$\sum G$——所有组织间歇之和；

$\sum C$——所有平行搭接时间之和；

$\sum S$——所有层间技术间歇时间之和。

（2）流水施工工期的计算

流水施工工期是指从第一个施工过程开始施工到最后一个施工过程完工的全部时间。从图 12.1.2、图 12.1.3 可以看出，流水施工总工期的计算公式为

$$T = \sum_{i=1}^{n-1} k_i + \sum_{i=1}^{m} t_i \qquad (12.3.2)$$

考虑流水施工过程中的组织间歇、技术间歇和平行搭接，根据固定节拍流水施工的特点，即 $k_i = t_i = t$，可得固定节拍流水施工的总工期的计算公式如下：

①当只划分施工段时

$$T = (n-1) \cdot k + m \cdot t + \sum Z + \sum G - \sum C = (m+n-1)t + \sum Z + \sum G - \sum C \qquad (12.3.3)$$

②当既划分施工段又划分施工层时

$$T = (m \cdot j + n - 1)t + \sum Z + \sum G - \sum C \qquad (12.3.4)$$

式中：T——流水施工的总工期；

j——施工层数目；

t——流水节拍；

其余符号的含义同前。

(3) 绘制流水施工进度表

流水施工进度表可以采取横道图或垂直图表。当某施工过程要求有技术间歇或组织间歇时，应将施工过程与其紧后施工过程的流水步距再加上相应的间歇时间，作为开工的时间间隔而进行绘制。若有平行搭接时间，则从流水步距中扣除。

[**例 12.3.1**] 某两层建筑物由四个施工过程组成，流水节拍均为 2d。第一施工过程与第二施工过程之间有组织间歇 2d，第二施工过程与第三施工过程之间有技术间歇 1d。要求第一层施工完毕停歇 1d 再进行第二层的施工，试计算组织流水施工的总工期，并绘制横道图。

解：由题意知：$n=4$，$j=2$，$t=2\text{d}$，$\sum Z=1\text{d}$，$\sum G=2\text{d}$，$\sum S=1\text{d}$。

①确定流水步距：$k=t=2d$。

②确定施工段数 m

$$m_{\min}=n+\frac{\sum Z+\sum G-\sum C+\sum S}{K}=4+\frac{1+2-0+1}{2}=6$$

故要求 $m \geqslant m_{\min}=6$，取 $m=6$。

③确定流水施工总工期 T

$$T=(n+m\cdot j-1)\times t+\sum Z+\sum G-\sum C=(4+6\times 2-1)\times 2+1+2-0=33\ \text{d}。$$

④绘制流水施工横道图，如图 12.3.2 所示。

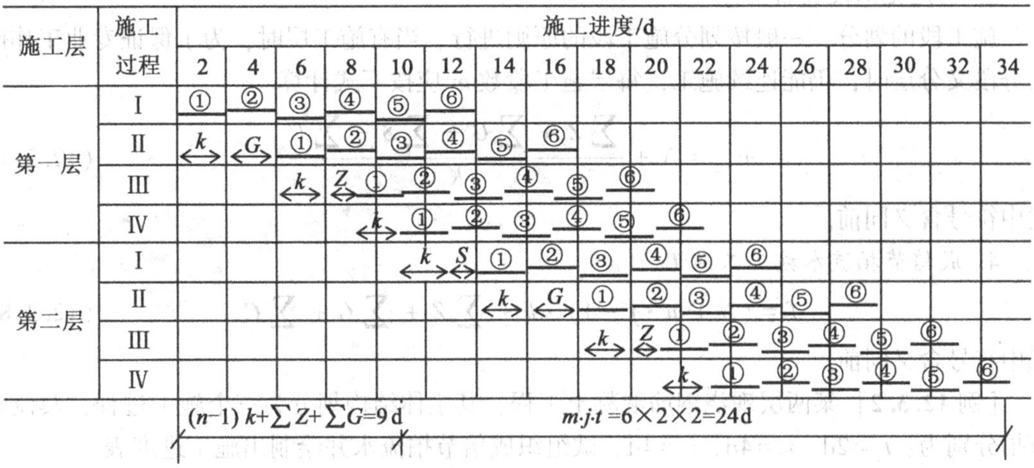

图 12.3.2 有技术间歇与组织间歇的流水施工横道图

12.3.2 成倍节拍流水

在组织流水施工时，通常会遇到不同施工过程之间，由于劳动量的不等以及技术、组织上的原因，其流水节拍不相等，而是互成整倍数。为了使各专业工作队仍能连续、均衡的施工，可以使各施工过程之间的流水节拍互为整倍数，对流水节拍长的施工过程，可以通过增加同专业的工作队数，来完成同一施工过程在不同施工段上的作业，从而组成类似于固定节拍的等步距的成倍节拍流水。

在组织成倍节拍流水施工中，各施工过程在同一施工段的流水节拍虽然互不相等，但彼此之间存在一个最大公约数。因此，组织成倍节拍流水时，可以按流水节拍最大公约数的最小公倍数来确定每个施工过程的专业工作队数，以构成一个工期最短的成倍节拍流水施工方案。成倍节拍流水计算步骤如下：

1. 确定流水步距

在成倍节拍流水施工中，各专业工作队之间的流水步距相等，并且等于各流水节拍的最大公约数，即 k=最大公约数 $\{t_1, t_2, \cdots, t_n\}$。

2. 确定各施工过程专业工作队的数目

$$b_j = \frac{t_t^j}{k} \tag{12.3.5}$$

$$N = \sum_{j=1}^{n} b_j \tag{12.3.6}$$

式中：b_j——施工过程 j 的专业工作队数目；

N——专业工作队的总数；

k——流水步距；

t_i^j——施工过程 j 在施工段 i 上的流水节拍；

n——施工过程数。

3. 确定施工段数 m

施工段的划分，一般按划分施工段的原则进行。当有施工层时，为了保证专业工作队在分段又分层时，仍能连续施工，每层施工段数 m 应按下式计算

$$m_{\min} = N + \frac{\sum Z + \sum G + \sum S - \sum C}{K} \tag{12.3.7}$$

式中符号含义同前。

4. 成倍节拍流水施工工期 T

$$T = (N + m \cdot j - 1) \cdot k + \sum Z + \sum G + \sum C \tag{12.3.8}$$

式中符号含义同前。

[例 12.3.2] 某两层现浇钢筋混凝土工程，其主体结构划分为三个施工过程，其流水节拍分别为：t_1=2d，t_2=4d，t_3=4d。试组织成倍节拍流水并绘制出施工进度表。

解：(1) 确定流水步距：k=最大公约数 {2, 4, 4} =2d

(2) 确定各施工过程专业队数目

$$b_1 = \frac{2}{2} = 1\text{（个）}, \quad b_2 = \frac{4}{2} = 2\text{（个）}, \quad b_3 = \frac{4}{2} = 2\text{（个）}$$

总工作队数 $$N = \sum_{j=1}^{3} b_j = 1 + 2 + 2 = 5\text{(个)}。$$

(3) 确定每层施工段数 m

$$m_{\min} = N + \frac{\sum Z + \sum G + \sum S - \sum C}{K} = N = 5$$

要求 $m \geqslant m_{\min}$，取 $m=5$。

（4）确定流水施工总工期 T

$$T = (N + m \cdot j - 1) \cdot k + \sum Z + \sum G - \sum C = (5 + 5 \times 2 - 1) \times 2 = 28(\text{d})。$$

（5）绘制施工进度表，如图 12.3.3、图 12.3.4 所示。

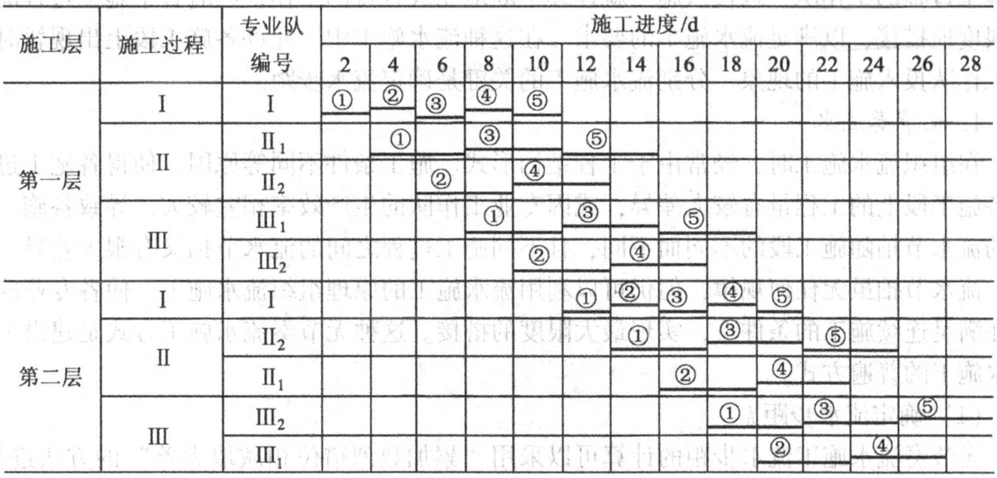
施工层
施工过程
专业队编号
施工进度/d
2 4 6 8 10 12 14 16 18 20 22 24 26 28
第一层
第二层
I
II
III
I
II₁
II₂
III₁
III₂
① ② ③ ④ ⑤

图 12.3.3　成倍节拍流水施工水平图表

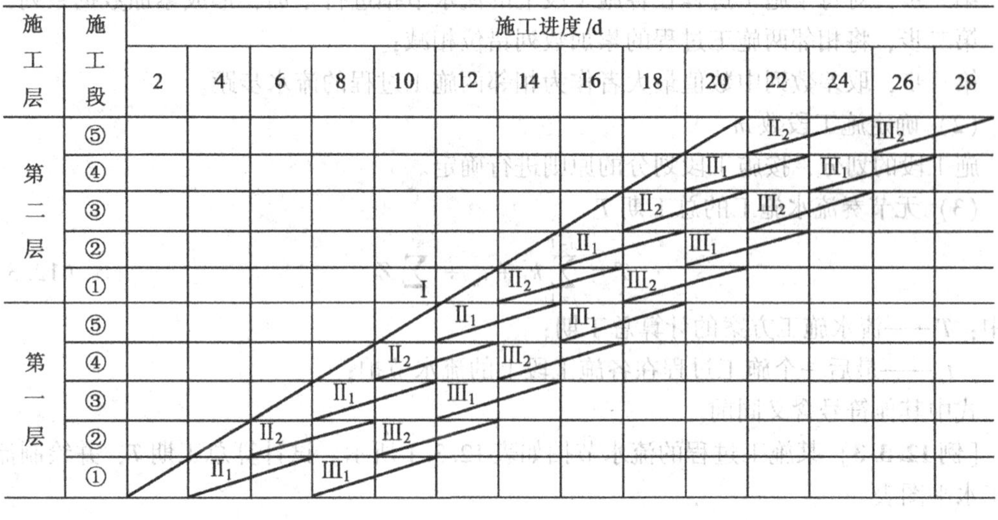

图 12.3.4　成倍节拍流水施工垂直图表

12.3.3 分别流水

从图 12.3.1 流水施工的分类图可以看出，分别流水包括两种情况：异步距成倍节拍流水和无节奏流水。前者各施工过程的流水节拍互成倍数，但每个施工过程只有一个施工队完成，因此各施工队进入流水的步距不等，这种流水方式也称为一般成倍节拍流水。后者是各施工过程的流水节拍随施工段的不同而改变，不同施工过程之间流水节拍又有差异。

组织分别流水施工的基本要求是必须保证每一个施工段上的工艺顺序合理，并且每一个施工过程的工作队一旦投入施工就连续不断地完成各自的工作，同时各个施工过程能最大限度地搭接，以满足流水施工的要求。在这种流水施工中，允许各施工段上出现暂时没有工作队投入施工的现象。分别流水施工的关键是确定流水步距。

1. 无节奏流水

在组织流水施工时，经常由于工程结构形式、施工条件不同等原因，使得各施工过程在各施工段上的工程量有较大差异；或因专业工作队的生产效率相差较大，导致各施工过程的流水节拍随施工段的不同而不同，且不同施工过程之间的流水节拍又有很大差异。这时，流水节拍虽无任何规律，但仍可以利用流水施工的原理组织流水施工，使各专业施工队在满足连续施工的条件下，实现最大限度的搭接。这种无节奏流水施工方式是建设工程流水施工的普遍方式。

（1）确定流水步距 k

无节奏流水施工流水步距的计算可以采用“累加数列错位相减取大差”的方法进行。该方法是由前苏联专家潘特考夫斯基提出的，所以又称潘氏方法。该方法计算流水步距的步骤为：

第一步，对每个施工过程在各施工段上的流水节拍进行累加，形成累加数据系列；

第二步，将相邻两施工过程的累加数列错位相减；

第三步，取差数列中数值最大者作为相邻两施工过程的流水步距。

（2）确定施工段数 m

施工段的划分，按施工段划分的原则进行确定。

（3）无节奏流水施工的总工期 T

$$T = \sum_{j=1}^{n-1} k_j + t_n + \sum Z \qquad (12.3.9)$$

式中：T——流水施工方案的计算总工期；

t_n——最后一个施工过程在各施工段上的流水节拍；

式中其他符号含义同前。

［**例 12.3.3**］某施工过程的流水节拍如表 12.3.1 所示。试计算总工期 T，并绘制流水施工水平图表。

表 12.3.1　**某工程施工的流水节拍**

施工过程	流水节拍/d			
	①	②	③	④
A	2	4	3	2
B	3	3	2	2
C	4	2	3	2

解：(1) 确定流水步距

①计算各施工过程流水节拍的累加数列：

A：2，6，9，11

B：3，6，8，10

C：4，6，9，11

②求两个相邻累加数列的错位差数列

$$\begin{array}{rrrrr} 2 & 6 & 9 & 11 & \\ - & 3 & 6 & 8 & 10 \\ \hline 2 & 3 & 3 & 3 & -10 \end{array} \qquad \begin{array}{rrrrr} 3 & 6 & 8 & 10 & \\ - & 4 & 6 & 9 & 11 \\ \hline 3 & 2 & 2 & 1 & -11 \end{array}$$

③确定流水步距

$K_2 = \max$（2，3，3，3，−10）= 3（d）

$K_3 = \max$（3，2，2，1，−11）= 3（d）。

(2) 计算总工期 T

$$T = \sum_{j=1}^{n-1} k_j + t_n + \sum Z = (3+3) + (4+2+3+2) = 17\ (\text{d})。$$

(3) 绘制流水施工水平图表，如图 12.3.5 所示。

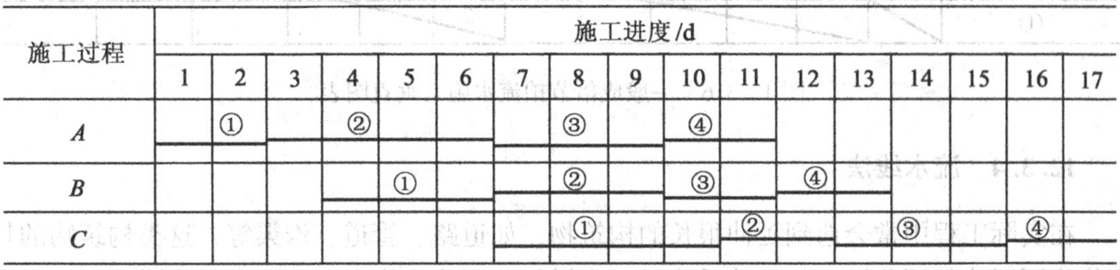

施工过程
施工进度/d
1 2 3 4 5 6 7 8 9 10 11 12 13 14 15 16 17
A
① ② ③ ④
B
① ② ③ ④
C
① ② ③ ④

图 12.3.5　分别流水施工水平图表

2. 一般成倍节拍流水

一般成倍节拍流水是指在组织流水施工时，如果同一施工过程在各施工段上的流水节拍都彼此相等，不同施工过程在各施工段的流水节拍不尽相等，需互为倍数的流水施工方式。

一般成倍节拍流水的组织过程为：

（1）确定项目施工起点流向，分解施工过程；

（2）确定施工顺序，划分施工段；

（3）根据等成倍节拍专业流水要求计算流水节拍数值；

（4）确定流水步距。流水步距按以下公式计算

$$k_j=\begin{cases}t_{j-1}, & \text{当 } t_{j-1}\leqslant t_j\\ mt_{j-1}-(m-1)\ t_i, & \text{当 } t_{j-1}>t_j\end{cases} \tag{12.3.10}$$

式中：t_{j-1}——前面施工过程的流水节拍；

t_j——后面施工过程的流水节拍。

（5）计算流水施工的工期。计算公式同式（12.3.9）。

［**例 12.3.4**］已知有Ⅰ、Ⅱ、Ⅲ三个施工过程，$n=3$。各施工过程的流水节拍分别为：$t_1=1\text{d}$，$t_2=3\text{d}$，$t_3=2\text{d}$，试组织一般成倍节拍流水。

解：（1）确定施工段数 m：$m_{\min}=n=3$，按要求 $m\geqslant m_{\min}$，取 $m=3$。

（2）确定流水步距：

因为 $t_1<t_2$，所以 $k_1=t_1=1$（d）

因为 $t_2>t_3$，所以 $k_2=mt_2-(m-1)\ t_3=5$（d）。

（3）计算总工期 T

$$T=\sum_{j=1}^{n-1}k_j+t_n+\sum Z=1+5+(2+2+2)=12\ (\text{d})。$$

（4）绘制流水施工垂直图，如图 12.3.6 所示。

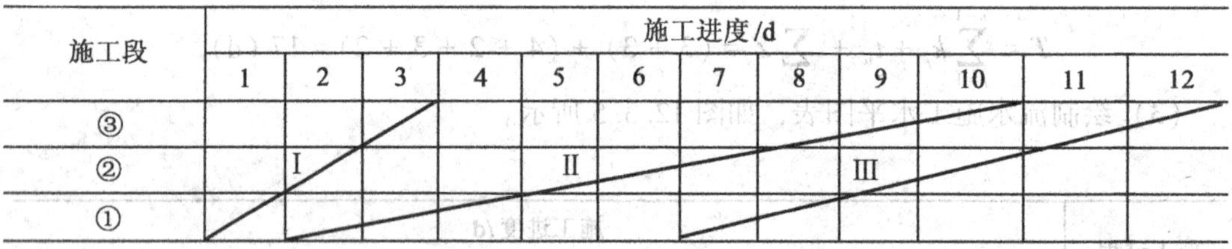

图 12.3.6　一般成倍节拍流水施工垂直图表

12.3.4　流水线法

在实际工程中常会遇到延伸很长的构筑物，如道路、管道、沟渠等，这类构筑物的长度往往可以达数百公里，甚至数千公里，这样的工程称为线形工程。对于线形工程，由于其工程量是沿着长度方向均匀分布的，且结构情况一致，所以可以将线形工程对象划分为若干个施工过程，分别组织施工队，然后各施工段按照一定的工艺顺序相继投入施工，各施工队以某种不变的速度沿着线形工程的长度方向不断地向前移动，每天完成同样长度的工作量。这种流水施工方法称为流水线法。

流水线法只适用于线形工程。与前面介绍的流水施工不同的是流水线法没有明确的施工段，只有进展速度问题。为了便于比较，在线形工程中，可以将施工段理解为在一个工

作班内，施工队在线形工程上完成某一施工过程所进展的长度。因此流水线法施工的总工期为

$$T=\sum_{i=1}^{n-1}k_i+\frac{l}{V}=(n-1)k+\frac{l}{V} \tag{12.3.11}$$

式中：T——线形工程需要的总工期（d）；

l——线形工程总长度（km）；

V——施工队移动的速度（km/班）；

K——流水步距；

n——施工过程数或施工队数。

在线形工程施工中，有时各施工队沿线路移动的速度可能彼此不一致，若将各施工队的移动速度拉平，势必造成某一施工队工人的劳动生产率降低和机械不能充分利用；换言之，施工队移动速度的差异，会破坏流水的协调性。因此对这种情况，必须根据实际采用分别流水的流水线法，即施工队和施工机械按一定的工艺程序，各项工作用不同的速度和流水步距向前施工。其施工总工期为

$$T=t'+\frac{l}{V}=(n-1)k+\frac{l}{V_n} \tag{12.3.12}$$

式中：t'——表示第一施工队与最后一个施工队之间的时间间隔；

V_n——完成最后一项工作的施工队前进的速度（km/班）。

式中其他符号的含义同前。

如果为了保证一定的施工工期，要求在该期限内组织平行流水，则平行流水的数量D_n为

$$D_n=\frac{T-t'}{T_0-t'} \tag{12.3.13}$$

式中 T_0——工程规定的施工期限（d）。

[例12.3.5] 某一管道铺设工程长40km，整个工程的施工过程包括：沟槽开挖、管沟铺设、焊接钢管和回填土。管沟的铺设速度为0.2km/班，相邻两个施工队进入工作的时间间隔为7天。试求总工期。

解：已知 $n=4$，$k=7\text{d}$，$l=40\text{km}$，$V=0.2\text{km/班}$。

（1）确定总工期

$$T=(n-1)k+\frac{l}{V}=(4-1)\times7+\frac{40}{0.2}=221\ (\text{d})。$$

（2）绘制横道图（略）。

以上介绍的几种流水方法，各有其特点和适用范围，在实际工作中必须根据不同的情况，采用对当时的具体条件最有效的一种方法。

复习思考题12

一、问答题

1. 什么是依次施工、平行施工、流水施工？各有何特点？

2. 组织流水施工必须具备什么条件？
3. 流水施工有哪些主要参数？如何确定这些参数？
4. 如何进行施工队的划分？
5. 流水施工有哪几种基本形式？
6. 施工段数与施工过程数有何关系？
7. 试述固定节拍流水施工的特点及其计算方法。
8. 试述成倍节拍流水施工的特点及其计算方法。
9. 什么是分别流水法？试述分别流水法组织流水施工的设计步骤。
10. 什么是流水线法？

二、计算题

1. 试组织某分部工程的流水施工，划分施工段，绘制流水施工进度表并确定其工期。已知各施工过程的流水节拍分别为：

（1）$t_1=t_2=t_3=2\mathrm{d}$；

（2）$t_1=1\mathrm{d}$，$t_2=2\mathrm{d}$，$t_3=1\mathrm{d}$；

（3）$t_1=1\mathrm{d}$，$t_2=2\mathrm{d}$，$t_3=3\mathrm{d}$。

要求第二施工过程需等第一个施工过程完工两天后才能进行工作，共有两个施工层。

2. 试绘制某两层现浇钢筋混凝土楼盖工程的流水施工图。已知：框架平面尺寸为17.4m×144m，沿长度方向每隔48m留温度缝一道。且知$t_{模}=4\mathrm{d}$，$t_{筋}=2\mathrm{d}$，$t_{混}=2\mathrm{d}$，层间技术间歇为2d。

3. 根据下表所列各施工过程在各施工段上的持续时间，试按分别流水法绘制流水施工水平图表。

习题3表　　某施工过程流水节拍

施工段	施工过程			
	A	*B*	*C*	*D*
①	4	3	1	2
②	2	3	4	2
③	3	4	2	1
④	2	4	3	2

4. 某两层房屋的粉刷工程有打底和抹灰两个施工过程。设打底竣工后必须等墙面干燥两天后才能抹面，且抹面工作的流水节拍为1d，打底工作的流水节拍为2d，且每一结构层又分为两个施工层进行施工，若对该工程组织成倍节拍流水施工，试问该工程的施工队队数，施工段数及工期各为多少？并绘制出流水施工水平图表。

5.［例12-2-4］中若组织加快成倍节拍流水，其总工期是多少？试分析一般成倍节拍流水与加快成倍节拍流水有何区别。

第 13 章　网络计划技术

网络计划技术是由箭线和节点组成，用来表示工作流程有向、有序的网状图。这种网状图通常采用网络图的形式表达各项工作的先后顺序和逻辑关系，并找出关键工作和关键线路，按照一定的目标对网络计划进行优化，以选择最优方案。

网络计划技术，最早是 1957 年美国杜邦公司在计划与管理化工厂的建设与维修中，以及 1958 年美国海军在规划和研制从核潜艇上发射中程弹道导弹计划中，提出的控制工程进度的先进方法。20 世纪 60 年代，华罗庚教授把这种方法引入我国，统称为统筹法。统筹法这种网络计划管理的方法目前已广泛应用于我国工业、国防、邮电、土木建筑工程等行业项目的组织和管理工作中，取得了较好的经济效益。

网络计划技术具有逻辑严密、关键突出、便于优化的特点。网络计划技术的应用使土木建筑施工企业计划的编制、组织、管理有了一个可供遵循的科学基础，对缩短工期、提高效益、降低成本都具有显著意义，亦是实现土木建筑施工企业管理现代化的途径之一。

§13.1　双代号网络图的绘制

根据绘图符号的不同，网络图可以分为双代号网络图与单代号网络图。双代号网络图是目前推广应用较为广泛的一种网络计划形式，双代号网络图是以箭线及其两端节点的编号表示工作的一种网络图，如图 13.1.1 所示。

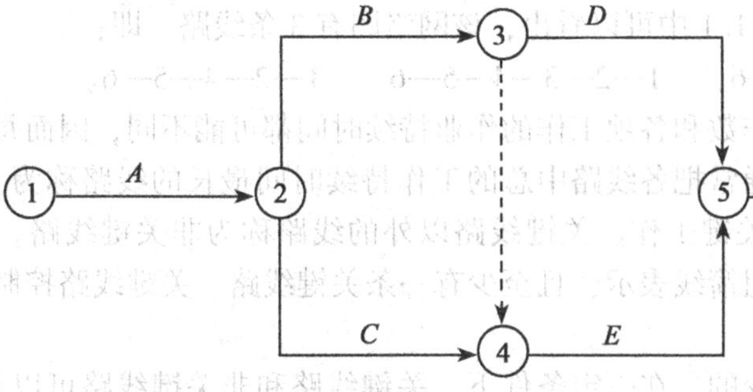

图 13.1.1　双代号网络图

13.1.1　双代号网络图的基本概念

1. 工作

工作（或称工序、活动、施工过程、施工项目等）是网络图的基本组成部分。根据计划任务需要的粗细程度，工作可以划分成消耗时间或同时也消耗资源的一个子项目或子任务。工作一般需要同时消耗时间和资源，如混凝土的浇筑，既需要消耗时间，也需要消耗劳动力、砂石、水泥和水等材料。而有的工作仅仅需要时间而不消耗资源，如混凝土的养护、抹灰面的干燥等。

在双代号网络图中，工作由箭线表示。箭线的箭尾表示该工作的开始，箭线的箭头表示该工作的结束。箭线的长度不反映该工作所占用的时间长短。箭头的方向表示工作的前进方向。工作的名称或内容写在箭线的上面，工作的持续时间写在箭线的下面，如图 13.1.2 所示。箭线宜绘制成水平直线，也可以绘制成折线或斜线。

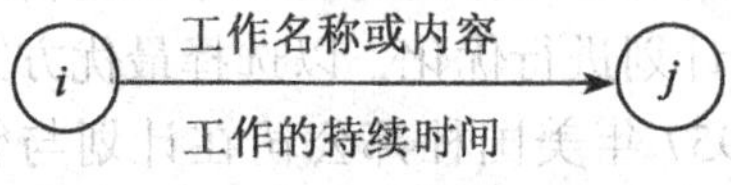

图 13.1.2 双代号网络图工作表示法

2. 节点（事件）

在双代号网络图中，节点表示某项工作开始或结束的瞬间。节点既不消耗时间也不占用资源。节点在网络图中主要起到衔接前后工作、承上启下的交接作用，节点也是检验工作完成与否的标志之一。

节点一般用圆圈或其他形状的封闭图形表示，圆圈中编上正整数号码。每项工作都可以用箭尾和箭头的节点的两个编号（i、j）作为该工作的代号。节点的编号，一般应满足 $i<j$ 的要求，即箭尾号码要小于箭头号码。

网络图的第一个节点称为起点节点，该节点表示一项计划（或工程）的开始；最后一个节点称为终点节点，该节点表示一项计划（或工程）的结束；其他节点都称为中间节点，反映计划（或工程）的形象进度。

3. 线路

线路是指网络图中从起点节点开始，沿箭头方向顺序通过一系列箭线与节点，最后达到终点节点的通路。从图 13.1.1 中可以看出，该网络图有 3 条线路，即：

1—2—3—5—6， 1—2—3—4—5—6， 1—2—4—5—6。

由于组成每条线路的工作数和各项工作的作业持续时间都可能不同，因而每一线路总的持续时间也不一定相等。通常把各线路中总的工作持续时间最长的线路称为关键线路。位于关键线路上的工作称为关键工作。关键线路以外的线路称为非关键线路。在网络图中，关键线路要用双箭线或粗箭线表示，且至少有一条关键线路。关键线路控制着工程的进度，决定着工程的工期。

关键线路并不是一成不变的。在一定条件下，关键线路和非关键线路可以相互转化。当关键线路上的工作持续时间缩短，或非关键线路上的工作持续时间增加，都有可能使关键线路与非关键线路发生转换。

4. 虚工作

虚工作是一项虚拟的工作，既不占用时间也不耗用资源，仅仅表示工作之间的逻辑关系。在网络图中，虚工作用虚箭线表示。例如，从一个节点开始到另一个节点结束的若干项平行的工作，引用虚工作其正确的表达方式如图 13.1.3（a）所示。又如，有四项工作，A、B 同时开始，C、D 同时结束，C 仅在 A 完工后就可开始，D 在 A、B 均完工后才能开始，引用虚工作其正确的表达方式如图 13.1.3（b）所示。

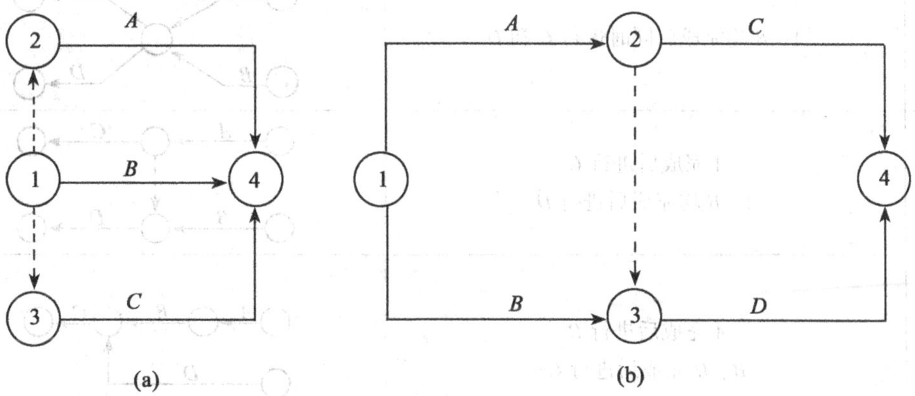

图 13.1.3

5. 紧前工作、紧后工作

紧排在本工作之前的工作称为本工作的紧前工作，紧排在本工作之后的工作称为本工作的紧后工作。本工作与本工作的紧前工作（或紧后工作）之间可以出现虚工作。紧前工作、本工作和紧后工作之间的关系如图 13.1.4 所示。

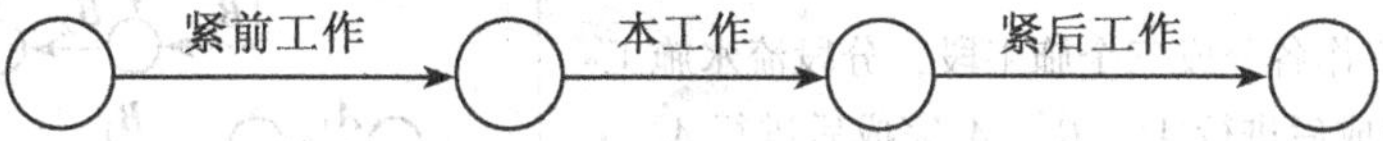

图 13.1.4

13.1.2　双代号网络图的绘制

1. 绘图规则

①正确表达已定的逻辑关系，这是绘制网络图的最基本要求。网络图中常见的逻辑关系表示方法如表 13.1.1 所示。

表 13.1.1　　网络图中常见的逻辑关系表示方法

序　号	工作之间的逻辑关系	表　示　方　法
1	A 完成后进行 B 和 C	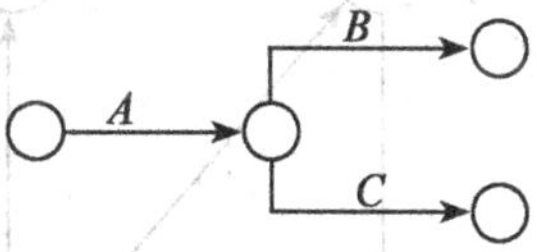
2	A、B 均完成后进行 C	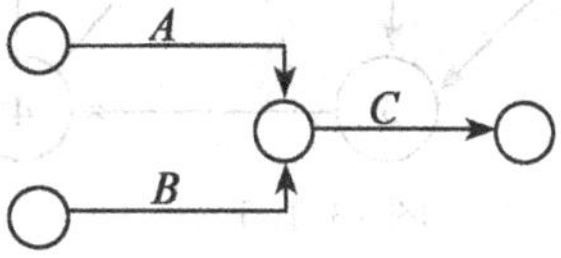

续表

序　号	工作之间的逻辑关系	表　示　方　法
3	A、B 均完成后同时进行 C 和 D	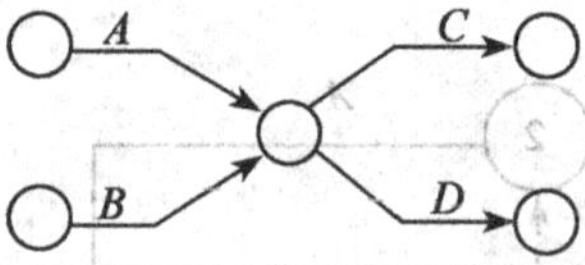
4	A 完成后进行 C A、B 均完成后进行 D	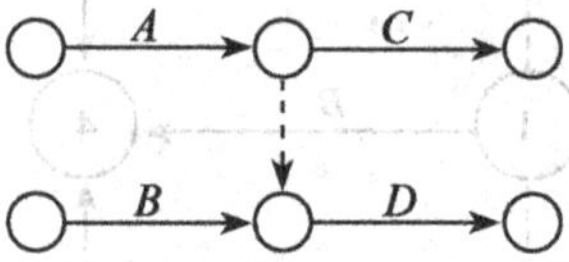
5	A 完成后进行 B B、D 完成后进行 C	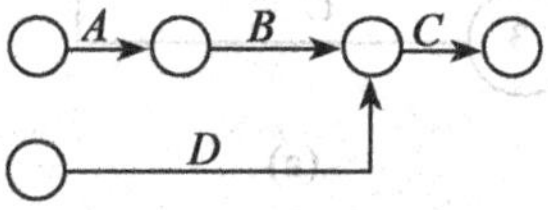
6	A 完成后进行 C、D B 完成后进行 D、E	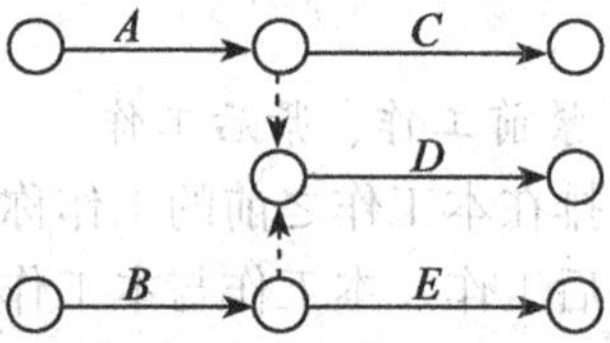
7	A、B 工作各分成三个施工段，分段流水施工 A_1完成后进行 A_2、B_1，A_2完成后进行 A_3 A_2、B_1完成后进行 B_2，A_3、B_2完成后进行 B_3	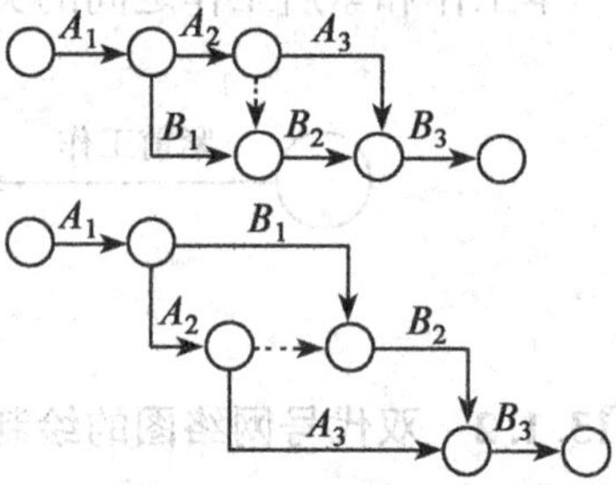

②网络图中严禁出现循环回路。如图 13.1.5 中工作 2-3，3-4 和 4-2 组成的循环回路，其在逻辑关系上是错误的。

③网络图中不可避免地出现箭线交叉时，可以按图 13.1.6 所示方法处理。

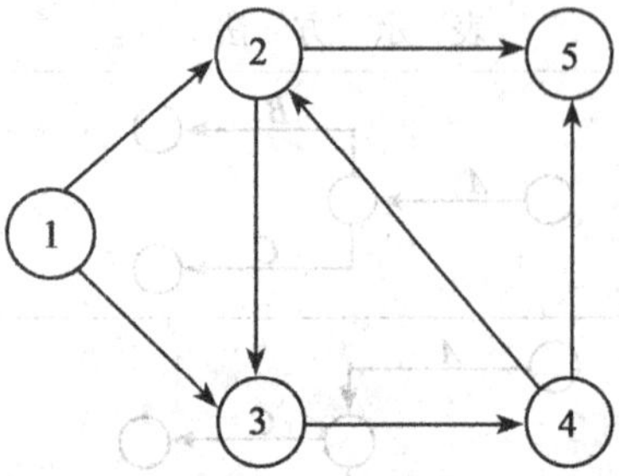

图 13.1.5

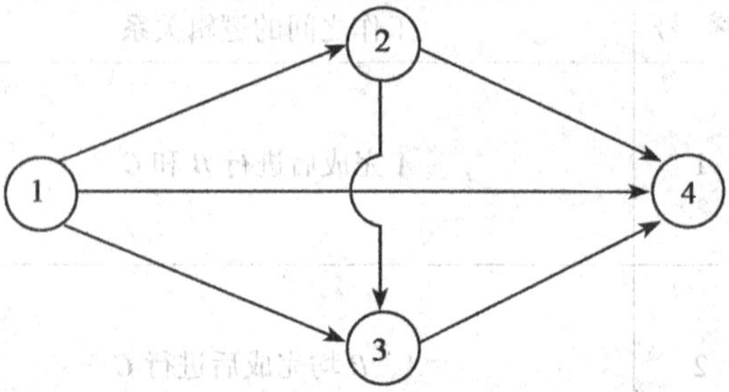

图 13.1.6

④网络图中严禁出现带双向箭头或无箭头的箭线。

⑤网络图中，一项工作应只有唯一的一条箭线和相应的一对节点编号，箭尾的节点编号应小于箭头的节点编号。如图 13.1.7 所示。

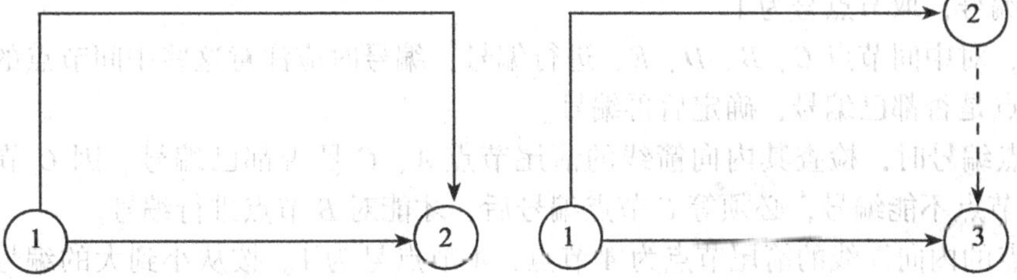

(a)错误　(b) 正确

图 13.1.7

⑥一张网络图只能有一个起点节点和一个终点节点。如图 13.1.8 所示。

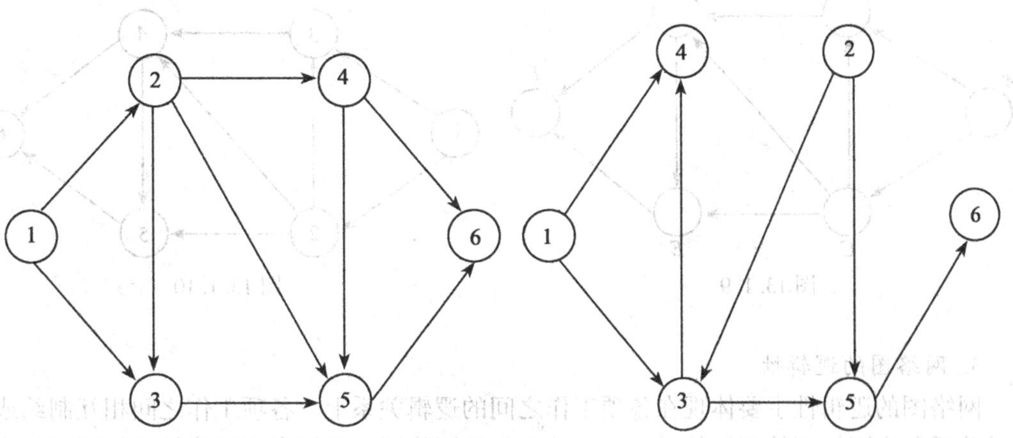

(a) 正确　(b) 错误

图 13.1.8

2. 网络图的节点编号

原则上讲，网络图的节点编号不重复，编号可以任意，不过为了计算方便和容易发现回路，最好从小到大依次进行，保证箭尾号比箭头号小，为考虑增添工作的需要，编号不必连续，但不能重号。归纳起来网络图的节点编号应遵循以下原则：

①起点节点先编号，所编节点号为本图中的最小号码；

②终点节点后编号，所编节点号为本图中的最大号码；

③中间节点在其内向箭线的箭尾节点都已编号后，再编号；

④节点编号次序可以跳跃，但不能重号。

[**例 13.1.1**] 已知一幅未编号的网络图如图 13.1.9 所示，试根据网络图的节点编号原则进行编号。

解： 在进行编号时，为了计算方便和容易发现回路，一般采取从小到大的顺序依次进行编号。

首先，对起点节点进行编号，所编节点号要求为本图中最小号码。*A* 节点为起点节点，首先编号，取节点号为 1。

其次，对中间节点 *C*、*B*、*D*、*E*、进行编号，编号时应注意这些中间节点的内向箭线的箭尾节点是否都已编号，确定后再编号。

B 节点编号时，检查其内向箭线的箭尾节点 *A*、*C* 是否都已编号。因 *C* 节点尚未编号，则 *B* 节点不能编号，必须等 *C* 节点编号后，才能对 *B* 节点进行编号。

C 节点的内向箭线的箭尾节点为 *A* 节点，*A* 节点号为 1。按从小到大的编号顺序，可以取 *C* 节点号为 2。此时，*B* 节点也可以编号，取节点号为 3。

同理，对 *D*、*E* 节点进行编号，依次取节点号为 4、5。

最后，对终点节点 *F* 进行编号。终点节点所编节点号为整个网络图中的最大号码，取节点号为 6。编号后的网络图如图 13.1.10 所示。

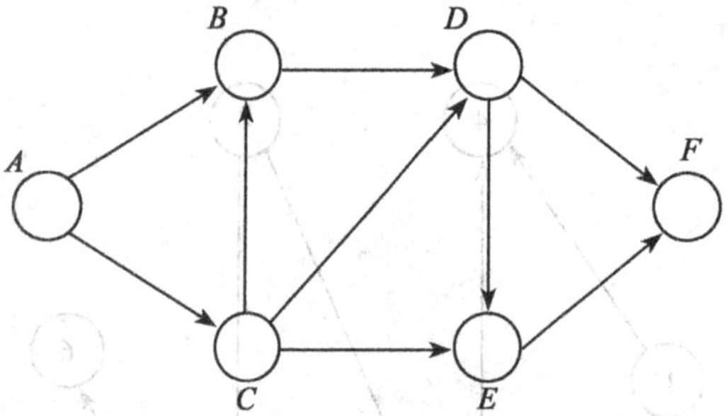

图 13.1.9

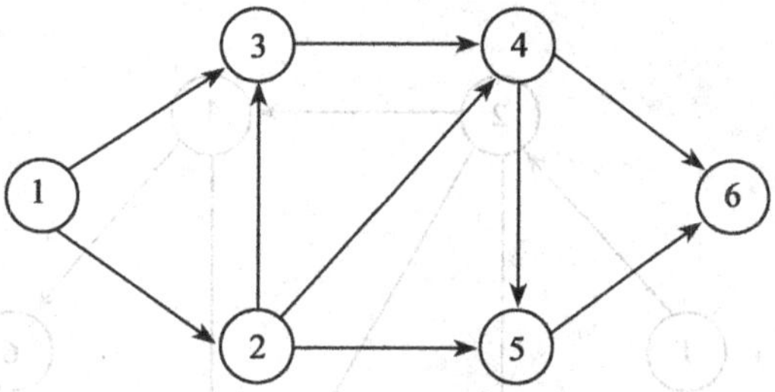

图 13.1.10

3. 网络图的逻辑性

网络图的逻辑性主要体现在各项工作之间的逻辑关系上。各项工作之间相互制约或依赖的关系称为网络图的逻辑关系。要设计出好的网络图，关键在于正确处理好所有工作之间的逻辑关系。

工作之间的逻辑关系包括工艺关系和组织关系。工艺关系是指生产工艺上客观存在的先后顺序。例如，建筑工程施工时，先做基础，后做主体；先做结构，后做装修。这些顺序是不能随意改变的。组织关系是指在不违反工艺关系的前提下，人为安排的工作的先后顺序。例如，建筑群中各幢建筑物的开工顺序的先后；施工对象的分段流水作业等。这些顺序可以根据具体情况，按安全、经济、高效的原则统筹安排。

（1）网络图的排列方法

根据网络图各项工作的逻辑关系，工程网络图的排列方法有下述两种：

①按流水段排列（横向流水）。按流水段排列，即在网络图中，把同一施工段上的相关工序排列在同一条水平线上的方法。如某工程有三个施工过程，即支模、绑扎钢筋和浇筑混凝土，划分为Ⅰ、Ⅱ两个施工段，按流水段排列的网络图如图 13.1.11 所示。

②按工种排列（纵向流水）。按工种排列，即在网络图中，把同一工种的工作排列在同一条水平线上的方法。如上例，按工种排列的网络图如图 13.1.12 所示。

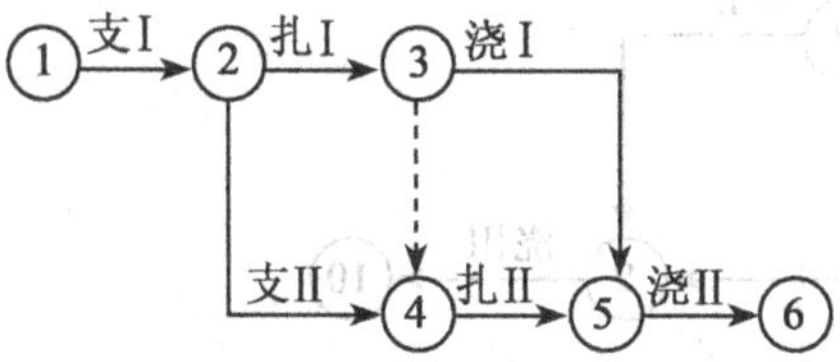

图 13.1.11

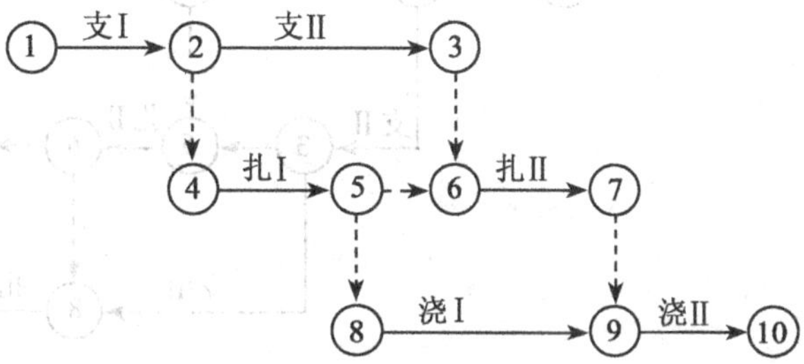

图 13.1.12

（2）网络图的逻辑性

建立网络图，必须了解各项工作之间的相互约束关系，建立必要的约束，减少不必要的约束。如某基础工程，施工过程为支模、绑扎钢筋、浇筑混凝土，划分为两个施工段，按流水段排列网络图如图 13.1.11 所示。从图 13.1.11 中可以看出其逻辑关系的表达是正确的，支Ⅱ受到支Ⅰ的约束，扎Ⅱ受到扎Ⅰ和支Ⅱ的约束，也就是说做完扎Ⅰ和支Ⅱ才能做扎Ⅱ，依次类推。若将上例划分为三个施工段，按流水段排列网络图，则如图 13.1.13 所示。

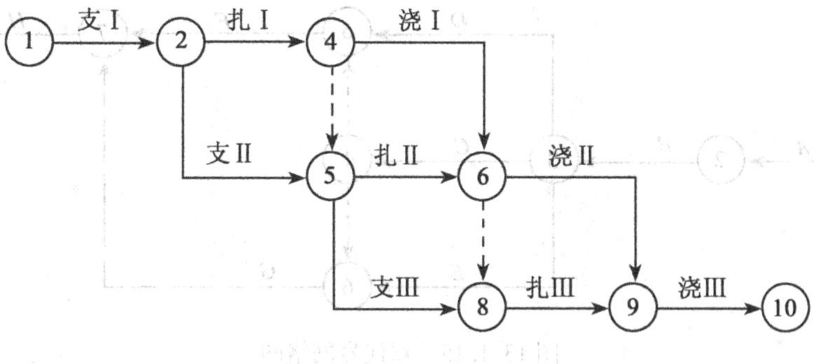

图 13.1.13

根据图 13.1.13 可知，在每一个施工段内各项工作的逻辑关系是正确的，都是按支模、绑扎钢筋、浇筑混凝土的顺序进行施工。但是，在不同的施工段之间就存在逻辑上的错误。例如，支Ⅲ只应受到支Ⅱ的约束，而不应受到扎Ⅰ的制约；同理扎Ⅲ在扎Ⅱ、支Ⅲ完成后就可以开始，而不应受到浇Ⅰ的制约。但是图 13.1.13 中虚工作⑥—⑧却表示了这个制约，因此是错误的。正确的绘制方法如图 13.1.14 所示。

4. 网络图的绘制

绘制网络图时，首先应根据已知的逻辑关系，确定出其紧后工作或紧前工作，然后再根据所确定的逻辑关系，自左向右地绘制出网络图。现举例说明。

［**例 13.1.2**］已知某项工程各项工作的逻辑关系如表 13.1.2 所示，试绘制网络图。

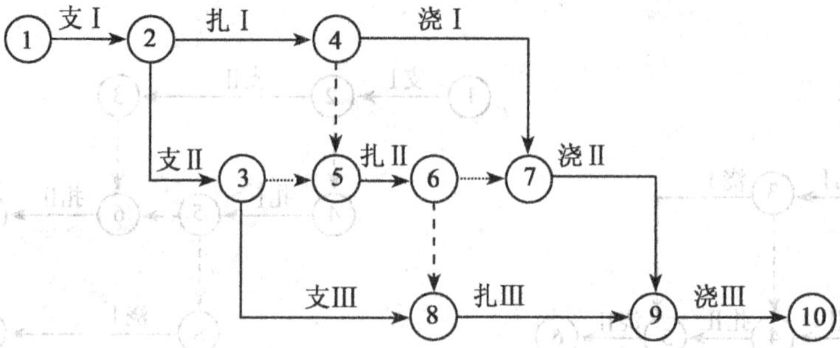

图 13.1.14

表 13.1.2 各项工作之间逻辑关系表

工作	A	B	C	D	E	F	G	H
紧前工作	—	A	B	B	B	C、D	C、E	F、G
紧后工作	B	C、D、E	F、G	F	G	H	H	—

解： 根据已知的逻辑关系，绘制出网络图，如图 13.1.15 所示。

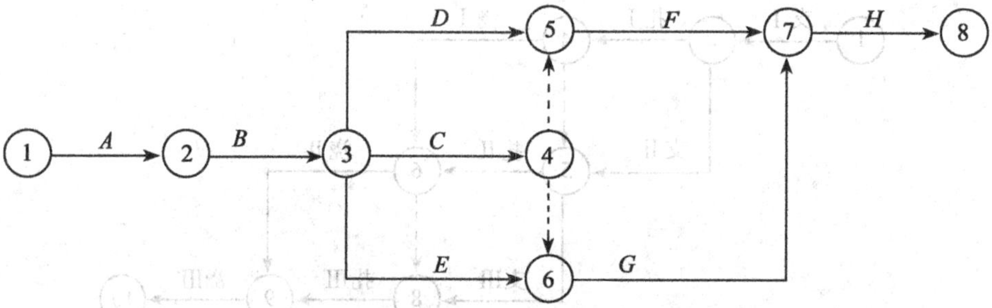

图 13.1.15 双代号网络图

[**例 13.1.3**] 若要建设一大型工业生产基地，工程的主要分项工程有清理场地、基础工程、建造生产厂房、建造控制中心、安装电缆、安装生产设备，调试等。其施工顺序为：清理场地后，同时进行基础工程和安装电缆，基础工程完成后同时建造生产厂房和控制中心，安装生产设备在建造生产厂房和安装电缆完成后开始，建造控制中心和安装生产设备完成之后进行调试。试绘制出该工程网络图。

解：（1）根据施工顺序确定各项工作的逻辑关系如表 13.1.3 所示。

表 13.1.3　各项工作之间的逻辑关系表

工　　作	清理场地	基础工程	建造生产厂房	建造控制中心	安装电缆	安装生产设备	调试
工作代号	*A*	*B*	*C*	*D*	*E*	*F*	*G*
紧前工作	—	*A*	*B*	*B*	*A*	*C*、*E*	*D*、*F*
紧后工作	*B*、*E*	*C*、*D*	*F*	*G*	*F*	*G*	—

（2）根据各项工作之间的逻辑关系，绘制出网络图，如图 13.1.16 所示。

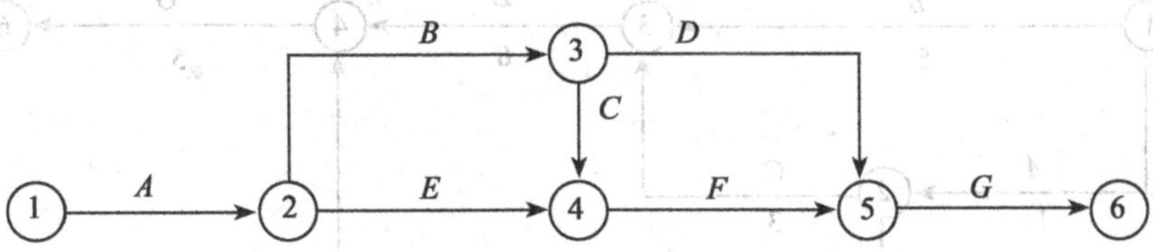

图 13.1.16　双代号网络图

§13.2　双代号网络图的计算

双代号网络图计算的目的在于确定网络图中各项工作的时间参数，为网络计划的执行、调整和优化提供必要的时间依据。双代号网络图时间参数的计算内容包括：各项工作的最早开始时间、最早完成时间、最迟开始时间、最迟完成时间、各项工作的各类时差以及工期等。

网络图时间参数的计算方法有图上计算法、表上计算法和电算法等。

13.2.1　图上计算法

图上计算法计算时间参数的方法主要有两种：工作计算法和节点计算法。工作计算法是指在双代号网络计划中直接计算各项工作的时间参数的方法。节点计算法是指在双代号网络计划中先计算节点时间参数，再据此计算各项工作的时间参数的方法。

1. 按工作计算法计算时间参数

（1）最早开始时间的计算

工作的最早开始时间是指各紧前工作全部完成后，本工作有可能开始的最早时刻。工作 $i\text{-}j$ 的最早开始时间用 ES_{i-j} 表示。其计算应符合下列规定：

①工作 $i\text{-}j$ 的最早开始时间 ES_{i-j} 应从网络图的起点节点开始，顺着箭线方向依次逐项

计算。

②以起点节点 i 为箭尾节点的工作 $i\text{-}j$，当未规定其最早开始时间 ES_{i-j}时，其值应等于零，即

$$ES_{i-j}=0 \qquad (i=1) \tag{13.2.1}$$

③其他工作 $i\text{-}j$ 的最早开始时间 ES_{i-j}应为

$$ES_{i-j}=\max\{ES_{h-i}+D_{h-i}\} \tag{13.2.2}$$

式中：ES_{h-i}——工作 $i\text{-}j$ 的各项紧前工作 $h\text{-}i$ 的最早开始时间；

D_{h-i}——工作 $i\text{-}j$ 的各项紧前工作 $h\text{-}i$ 的持续时间。

[**例 13.2.1**] 如图 13.2.1 所示的双代号网络计划，试计算各项工作的最早开始时间。

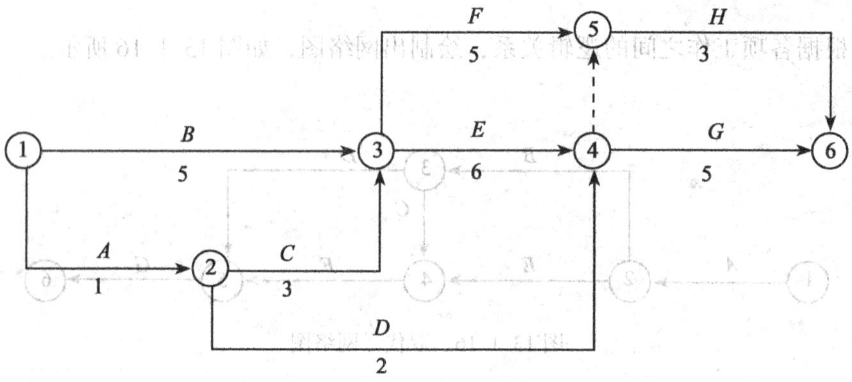

图 13.2.1

解：根据式（13.2.1）和式（13.2.2），计算过程如下：

工作 A　　$ES_{1-2}=0$

工作 B　　$ES_{1-3}=0$

工作 C　　$ES_{2-3}=ES_{1-2}+D_{1-2}=0+1=1$

工作 D　　$ES_{2-4}=ES_{1-2}+D_{1-2}=0+1=1$

工作 E　　$ES_{3-4}=\max\{ES_{1-3}+D_{1-3},\ ES_{2-3}+D_{2-3}\}=\max\{0+5,\ 1+3\}=5$

工作 F　　$ES_{3-5}=\max\{ES_{1-3}+D_{1-3},\ ES_{2-3}+D_{2-3}\}=\max\{0+5,\ 1+3\}=5$

虚工作 4-5　　$ES_{4-5}=\max\{ES_{3-4}+D_{3-4},\ ES_{2-4}+D_{2-4}\}=\max\{5+6,\ 1+2\}=11$

工作 G　　$ES_{4-6}=\max\{ES_{3-4}+D_{3-4},\ ES_{2-4}+D_{2-4}\}=\max\{5+6,\ 1+2\}=11$

工作 H　　$ES_{5-6}=\max\{ES_{3-5}+D_{3-5},\ ES_{4-5}+D_{4-5}\}=\max\{5+5,\ 11+0\}=11$。

(2) 最早完成时间的计算

最早完成时间是指各紧前工作全部完成后，本工作有可能完成的最早时刻。工作 $i\text{-}j$ 的最早完成时间用 EF_{i-j}表示。应按下式计算

$$EF_{i-j}=ES_{i-j}+D_{i-j} \tag{13.2.3}$$

如［例 13.2.1］网络计划中各工作的最早完成时间计算如下

工作 A　　$EF_{1-2}=ES_{1-2}+D_{1-2}=0+1=1$

工作 B　　$EF_{1-3}=ES_{1-3}+D_{1-3}=0+5=5$

工作 C $EF_{2-3}=ES_{2-3}+D_{2-3}=1+3=4$

工作 D $EF_{2-4}=ES_{2-4}+D_{2-4}=1+2=3$

工作 E $EF_{3-4}=ES_{3-4}+D_{3-4}=5+6=11$

工作 F $EF_{3-5}=ES_{3-5}+D_{3-5}=5+5=10$

虚工作 4-5 $EF_{4-5}=ES_{4-5}+D_{4-5}=11+0=11$

工作 G $EF_{4-6}=ES_{4-6}+D_{4-6}=11+5=16$

工作 H $EF_{5-6}=ES_{5-6}+D_{5-6}=11+3=14$。

(3) 网络计划的工期计算

网络计划中通常要求计算两类工期：计算工期和计划工期。其计算应符合下列规定。

1) 计算工期是指根据时间参数计算所得到的工期，用 T_C 来表示。按下式计算

$$T_C=\max\{EF_{i-n}\} \tag{13.2.4}$$

式中：EF_{i-n}——以终点节点 ($j=n$) 为箭头节点的工作 $i-n$ 的最早完成时间。

2) 计划工期是指根据要求工期（任务委托人所提出的指令性工期）和计算工期所确定的作为实施目标的工期，用 T_P 来表示。按下列情况确定：

①当已规定了要求工期 T_r 时

$$T_P\leqslant T_r \tag{13.2.5}$$

②当未规定要求工期时

$$T_P=T_C \tag{13.2.6}$$

如［例 13.2.1］网络计划中就未规定要求工期，根据以上规定可得

$$T_P=T_C=\max\{EF_{i-n}\}=EF_{4-6}=16。$$

(4) 最迟完成时间的计算

最迟完成时间是指在不影响整个任务按期完成的前提下，工作必须完成的最迟时刻。工作 $i-j$ 的最迟完成时间用 LF_{i-j} 来表示。其计算应符合下列规定。

①工作 $i-j$ 的最迟完成时间 LF_{i-j} 应从网络图的终点节点开始，逆着箭线方向依次逐项计算。

②以终点节点 ($j=n$) 为箭头节点的工作的最迟完成时间 LF_{i-n}，应按网络计划的计划工期 T_P 确定，即

$$LF_{i-n}=T_P \tag{13.2.7}$$

③其他工作 $i-j$ 的最迟完成时间 LF_{i-j} 应为

$$LF_{i-j}=\min\{LF_{j-k}-D_{j-k}\} \tag{13.2.8}$$

式中：LF_{j-k}——工作 $i-j$ 的各项紧后工作 $j-k$ 的最迟完成时间；

D_{j-k}——工作 $i-j$ 的各项紧后工作 $j-k$ 的持续时间。

如［例 13.2.1］网络计划中各项工作的最迟完成时间计算如下：

工作 H $LF_{5-6}=T_P=16$

工作 G $LF_{4-6}=T_P=16$

虚工作 4-5 $LF_{4-5}=LF_{5-6}-D_{5-6}=16-3=13$

工作 F $LF_{3-5}=LF_{5-6}-D_{5-6}=16-3=13$

工作 E $LF_{3-4}=\min\{LF_{4-5}-D_{4-5},\ LF_{4-6}-D_{4-6}\}=\min\{13-0,\ 16-5\}=11$

工作 D $LF_{2-4}=\min\{LF_{4-5}-D_{4-5},\ LF_{4-6}-D_{4-6}\}=\min\{13-0,\ 16-5\}=11$

工作 C $LF_{2-3}=\min\{LF_{3-5}-D_{3-5},\ LF_{3-4}-D_{3-4}\}=\min\{13-5,\ 11-6\}=5$

工作 B $LF_{1-3}=\min\{LF_{3-5}-D_{3-5},\ LF_{3-4}-D_{3-4}\}=\min\{13-5,\ 11-6\}=5$

工作 A $LF_{1-2}=\min\{LF_{2-3}-D_{2-3},\ LF_{2-4}-D_{2-4}\}=\min\{5-3,\ 11-2\}=2$。

(5) 最迟开始时间的计算

最迟开始时间是指在不影响整个任务按期完成的前提下，工作必须开始的最迟时刻。工作 i–j 的最迟开始时间用 LS_{i-j} 来表示。按下式计算

$$LS_{i-j}=LF_{i-j}-D_{i-j} \tag{13.2.9}$$

如［例 13.2.1］网络计划中各工作的最迟开始时间计算如下：

工作 H $LS_{5-6}=LF_{5-6}-D_{5-6}=16-3=13$

工作 G $LS_{4-6}=LF_{4-6}-D_{4-6}=16-5=11$

虚工作 4–5 $LS_{4-5}=LF_{4-5}-D_{4-5}=13-0=13$

工作 F $LS_{3-5}=LF_{3-5}-D_{3-5}=13-5=8$

工作 E $LS_{3-4}=LF_{3-4}-D_{3-4}=11-6=5$

工作 D $LS_{2-4}=LF_{2-4}-D_{2-4}=11-2=9$

工作 C $LS_{2-3}=LF_{2-3}-D_{2-3}=5-3=2$

工作 B $LS_{1-3}=LF_{1-3}-D_{1-3}=5-5=0$

工作 A $LS_{1-2}=LF_{1-2}-D_{1-2}=2-1=1$。

(6) 时差的计算

所谓时差是指工作的机动时间，包括总时差、自由时差两类。

1) 总时差

总时差是指在不影响总工期的前提下，本工作可以利用的机动时间。工作 i–j 的总时差用 TF_{i-j} 来表示。按下式计算

$$TF_{i-j}=LS_{i-j}-ES_{i-j} \tag{13.2.10}$$

或

$$TF_{i-j}=LF_{i-j}-EF_{i-j} \tag{13.2.11}$$

如［例 13.2.1］网络计划中，根据式（13.2.10）计算各工作的总时差计算如下：

工作 A $TF_{1-2}=LS_{1-2}-ES_{1-2}=1-0=1$

工作 B $TF_{1-3}=LS_{1-3}-ES_{1-3}=0-0=0$

工作 C $TF_{2-3}=LS_{2-3}-ES_{2-3}=2-1=1$

工作 D $TF_{2-4}=LS_{2-4}-ES_{2-4}=9-1=8$

工作 E $TF_{3-4}=LS_{3-4}-ES_{3-4}=5-5=0$

工作 F $TF_{3-5}=LS_{3-5}-ES_{3-5}=8-5=3$

虚工作 4–5 $TF_{4-5}=LS_{4-5}-ES_{4-5}=13-11=2$

工作 G $TF_{4-6}=LS_{4-6}-ES_{4-6}=11-11=0$

工作 H $TF_{5-6}=LS_{5-6}-ES_{5-6}=13-11=2$。

总时差具有以下性质：

①总时差为 0 的工作称为关键工作。

在［例 13.2.1］中，工作 B、工作 E 和工作 G 的总时差均为 0。因此，工作 B、工作 E 和工作 G 为关键工作，由这几项工作组成的线路 1–3–4–6 为关键线路。关键线路在网络图上通常用粗箭线或双箭线表示。

②如果总时差等于 0，其他时差也都等于 0。

③某项工作的总时差不仅属于本工作，而且与前后工作都有关系，这项工作的总时差为一条线路或线段所共有。

2）自由时差

自由时差是指在不影响其紧后工作最早开始时间的前提下，本工作可以利用的机动时间。工作 $i\text{-}j$ 的自由时差用 FF_{i-j} 来表示。其计算应符合下列规定：

①当工作 $i\text{-}j$ 有紧后工作 $j\text{-}k$ 时，其自由时差应为

$$FF_{i-j}=ES_{j-k}-EF_{i-j} \tag{13.2.12}$$

或

$$FF_{i-j}=ES_{j-k}-(ES_{i-j}+D_{i-j}) \tag{13.2.13}$$

②以终点节点（$j=n$）为箭头节点的工作，其自由时差 FF_{i-n} 应按网络计划的计划工期 T_P 来确定，即

$$FF_{i-n}=T_P-EF_{i-n} \tag{13.2.14}$$

或

$$FF_{i-n}=T_P-(ES_{i-n}+D_{i-n}) \tag{13.2.15}$$

如［例 13.2.1］网络计划中，根据式（13.2.12）和式（13.2.14）计算各工作的自由时差如下：

工作 A	$FF_{1-2}=ES_{2-3}-EF_{1-2}=1-1=0$
工作 B	$FF_{1-3}=ES_{3-4}-EF_{1-3}=5-5=0$
工作 C	$FF_{2-3}=ES_{3-4}-EF_{2-3}=5-4=1$
工作 D	$FF_{2-4}=ES_{4-6}-EF_{2-4}=11-3=8$
工作 E	$FF_{3-4}=ES_{4-6}-EF_{3-4}=11-11=0$
工作 F	$FF_{3-5}=ES_{5-6}-EF_{3-5}=11-10=1$
虚工作 4-5	$FF_{4-5}=ES_{5-6}-EF_{4-5}=11-11=0$
工作 G	$FF_{4-6}=T_P-EF_{4-6}=16-16=0$
工作 H	$FF_{5-6}=T_P-EF_{5-6}=16-14=2$。

计算自由时差时，根据总时差的性质②，也可以直接确定工作 B、工作 E 和工作 G 的自由时差为 0。

自由时差具有以下性质：

①自由时差小于或等于总时差。

②以关键线路上的节点为结束节点的工作，其自由时差与总时差相等。

③自由时差对后续工作没有影响，利用某项工作的自由时差时，其后续工作仍可以按最早开始时间的时间开始，所以这一部分时差应积极加以利用。

（7）时间参数的标注法

网络计划中的时间参数通常采用四时标注法和六时标注法。

四时标注法就是在网络计划中，计算四个时间参数，即：最早开始时间、最迟开始时间、总时差和自由时差，且标注在网络图上。其标注方式如图 13.2.2（a）所示。

六时标注法就是在网络计划中，计算六个时间参数，即：最早开始时间、最早完成时间、最迟开始时间、最迟完成时间、总时差和自由时差，且标注在网络图上。其标注方式如图 13.2.2（b）所示。

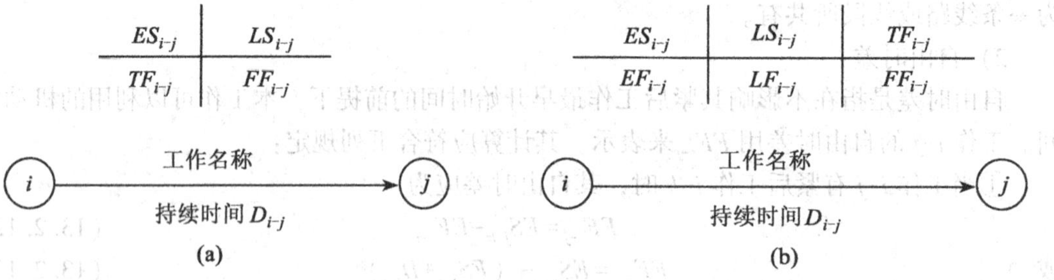

图 13.2.2　时间参数标注法

以［例 13.2.1］网络计划中计算结果为例，按六时标注法标注时间参数如图 13.2.3 所示。

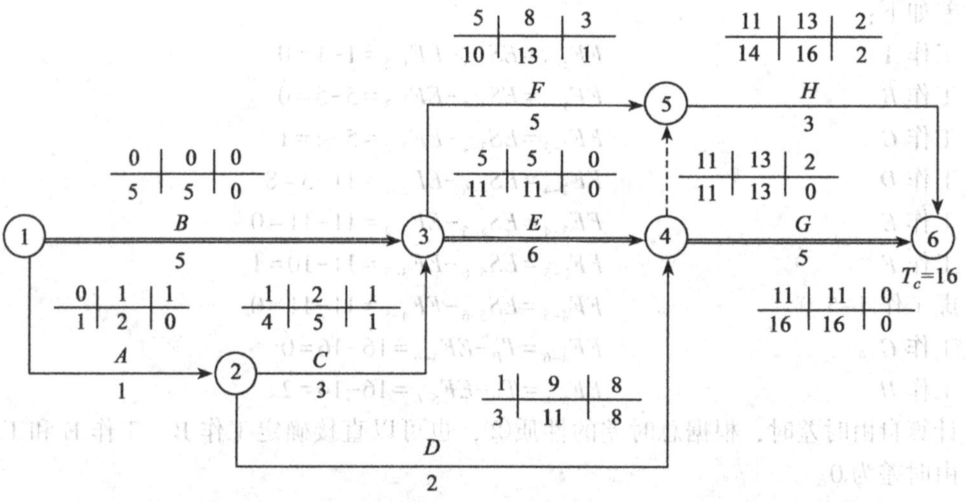

图 13.2.3　网络计划时间参数标注

2. 按节点计算法计算时间参数

（1）节点最早时间的计算，节点最早时间是指在双代号网络图中以该节点为开始节点的各项工作的最早开始时间。节点 i 的最早时间用 ET_i 表示。其计算应符合下列规定：

①节点 i 的最早时间 ET_i 应从网络图的起点节点开始，顺着箭线方向依次逐项计算。

②若起点节点 i 未规定最早时间 ET_i 时，其值应等于零，即

$$ET_i = 0 \quad (i=1) \tag{13.2.16}$$

③其他节点 j 的最早时间 ET_j 应为

$$ET_j = \max\{ET_i + D_{i-j}\} \tag{13.2.17}$$

式中：ET_i——工作 $i-j$ 的箭尾节点 i 的最早时间；

D_{i-j}——工作 $i-j$ 的持续时间。

（2）网络计划的计算工期 T_C 按下式计算

$$T_C = ET_n \tag{13.2.18}$$

式中：ET_n——终点节点 n 的最早时间。

（3）网络计划中计划工期 T_P 的计算与工作计算法中的计算方法相同，即分别根据要求工期 T_r 和计算工期 T_C 按式（13.2.5）和式（13.2.6）计算。

（4）节点最迟时间的计算，节点最迟时间是指在双代号网络图中以该节点为完成节点的各项工作的最迟完成时间。节点 i 的最迟时间用 LT_i 表示。其计算应符合下列规定：

①节点 i 的最迟时间 LT_i 应从网络图的终点节点开始，逆着箭线方向依次逐项计算。

②终点节点 n 的最迟时间 LT_n 应按网络计划的计划工期 T_P 确定，即

$$LT_n = T_P \tag{13.2.19}$$

③其它节点的最迟时间 LT_i 为

$$LT_i = \min\{LT_j - D_{i-j}\} \tag{13.2.20}$$

式中：LT_j——工作 i-j 的箭头节点 j 的最迟时间。

（5）各工作的时间参数可以根据节点时间参数计算如下：

①工作 i-j 的最早开始时间 ES_{i-j} 按下式计算

$$ES_{i-j} = ET_i \tag{13.2.21}$$

②工作 i-j 的最早完成时间 EF_{i-j} 按下式计算

$$EF_{i-j} = ET_i + D_{i-j} \tag{13.2.22}$$

③工作 i-j 的最迟完成时间 LF_{i-j} 按下式计算

$$LF_{i-j} = LT_j \tag{13.2.23}$$

④工作 i-j 的最迟开始时间 LS_{i-j} 按下式计算

$$LS_{i-j} = LT_j - D_{i-j} \tag{13.2.24}$$

⑤工作 i-j 的总时差 TF_{i-j} 按下式计算

$$TF_{i-j} = LT_j - ET_i - D_{i-j} \tag{13.2.25}$$

⑥工作 i-j 的自由时差 FF_{i-j} 按下式计算

$$FF_{i-j} = ET_j - ET_i - D_{i-j} \tag{13.2.26}$$

（6）时间参数的表示法，按节点计算法计算的节点时间参数，其计算结果应标注在节点上，如图 13.2.4 所示。

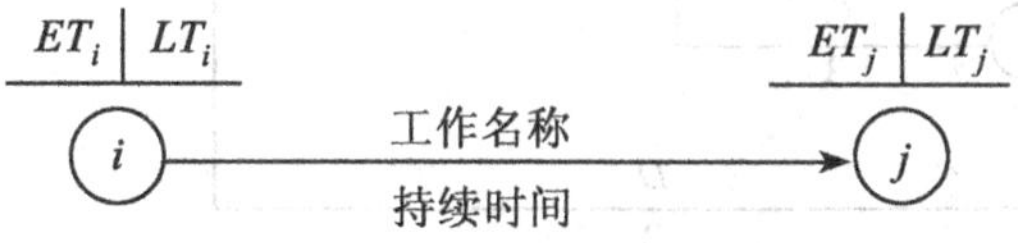

图 13.2.4

［例 13.2.2］按节点计算法计算［例 13.2.1］中节点时间参数，并计算出工作 1—2 的时间参数。

解：（1）节点最早时间的计算，节点 1 为网络计划的起点节点，因未规定其最早时

间，故按式（13.2.16）计算，即

$$ET_1 = 0$$

其他节点的最早时间按式（13.2.17）计算如下

$$ET_2 = ET_1 + D_{1-2} = 0+1 = 1$$

$$ET_3 = \max\{ET_2 + D_{2-3}，ET_1 + D_{1-3}\} = \max\{1+3，0+5\} = 5$$

$$ET_4 = \max\{ET_2 + D_{2-4}，ET_3 + D_{3-4}\} = \max\{1+2，5+6\} = 11$$

$$ET_5 = \max\{ET_4 + D_{4-5}，ET_3 + D_{3-5}\} = \max\{11+0，5+5\} = 11$$

$$ET_6 = \max\{ET_4 + D_{4-6}，ET_5 + D_{5-6}\} = \max\{11+5，11+3\} = 16。$$

（2）计划工期的计算，由于该网络计划未规定要求工期，因此根据式（13.2.6）计算，即

$$T_P = T_C = ET_6 = 16。$$

（3）节点最迟时间的计算，节点 6 为网络计划的终点节点，其最迟时间根据计划工期 T_P 求得，即

$$LT_6 = T_P = 16$$

其他节点的最迟时间按式（13.2.20）计算如下

$$LT_5 = LT_6 - D_{5-6} = 16-3 = 13$$

$$LT_4 = \min\{LT_5 - D_{4-5}，LT_6 - D_{4-6}\} = \min\{13-0，16-5\} = 11$$

$$LT_3 = \min\{LT_5 - D_{3-5}，LT_4 - D_{3-4}\} = \min\{13-5，11-6\} = 5$$

$$LT_2 = \min\{LT_3 - D_{2-3}，LT_4 - D_{2-4}\} = \min\{5-3，11-2\} = 2$$

$$LT_1 = \min\{LT_3 - D_{1-3}，LT_2 - D_{1-2}\} = \min\{5-5，2-1\} = 0。$$

将以上计算结果标注在网络图上，如图 13.2.5 所示。

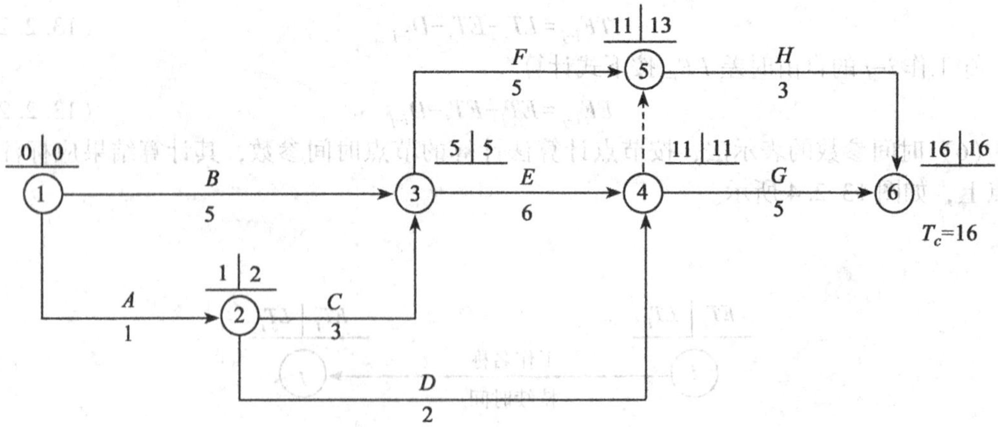

图 13.2.5　网络计划节点时间参数标注

（4）工作 1—2 时间参数的计算，根据节点计算法推算出工作的时间参数，计算结果如下

$$ES_{1-2}=ET_1=0$$
$$EF_{1-2}=ET_1+D_{1-2}=0+1=1$$
$$LF_{1-2}=LT_2=2$$
$$LS_{1-2}=LT_2-D_{1-2}=2-1=1$$
$$TF_{1-2}=LT_2-ET_1-D_{1-2}=2-0-1=1$$
$$FF_{1-2}=ET_2-ET_1-D_{1-2}=1-0-1=0。$$

其他工作的时间参数的计算由读者自行完成。计算完毕，可以将计算结果与［例 13. 2. 1］的结果进行比较分析。

13. 2. 2　表上计算法

当网络计划的工作较多时，为了保持网络图的清晰和计算数据条理化，通常还可以采用表格进行时间参数的计算，这种计算方法称为表上计算法。现仍以图 13. 2. 1 的网络计划来说明用表上计算法计算时间参数的步骤。计算结果如表 13. 2. 1 所示。

1. 计算各工作的最早开始时间和最早完成时间

各工作的最早开始时间和最早完成时间按自上而下的顺序进行计算。

凡是以起点节点为箭尾节点的工作的最早开始时间为零，填入相应的（4）列中；最早完成时间为（3）+（4），填入相应的（5）列中。

其他工作的最早开始时间按式（13. 2. 2）计算，填入相应的（4）列中；最早完成时间为（3）+（4），填入相应的（5）列中。

2. 计算各工作的最迟开始时间和最迟完成时间

各工作的最迟开始时间和最迟完成时间按自下而上的顺序进行计算。

首先计算以终点节点为箭头节点的工作的最迟完成时间。通常取值为网络计划的计划工期，填入相应的（7）列中；最迟开始时间为（7）-（3），填入相应的（6）列中。

其他工作的最迟完成时间按式（13. 2. 8）计算，填入相应的（7）列中；最迟开始时间为（7）-（3），填入相应的（6）列中。

3. 计算各工作的总时差

各工作的总时差为（7）-（5）或（6）-（4），填入相应的（8）列中。

4. 计算各工作的自由时差

各工作的自由时差的计算，是在表格中找出本工作的紧后工作，用紧后工作的（4）列减去本工作的（5）列，取差值的最小值，填入（9）列相应的行内。

5. 确定关键线路

总时差为 0 的工作为关键工作，关键工作组成的线路为关键线路。在表 13. 2. 1 的（8）列中，找出值为 0 的工作，并在相应的（10）列中打“√”。

表 13.2.1　　时间参数计算表

工作	工作编号 $i-j$	持续时间 D_{i-j}	最早开始 ES_{i-j}	最早完成 EF_{i-j}	最迟开始 LS_{i-j}	最迟完成 LF_{i-j}	总时差 TF_{i-j}	自由时差 FF_{i-j}	关键工作
(1)	(2)	(3)	(4)	(5) = (3) + (4)	(6) = (7) - (3)	(7)	(8) = (7) - (5) (6) - (4)	(9) = (4) - (5)	(10)
A	1-2	1	0	1	1	2	1	0	
B	1-3	5	0	5	0	5	0	0	√
C	2-3	3	1	4	2	5	1	1	
D	2-4	2	1	3	9	11	8	8	
E	3-4	6	5	11	5	11	0	0	√
F	3-5	5	5	10	8	13	3	1	
虚工作	4-5	0	11	11	13	13	2	0	
G	4-6	5	11	16	11	16	0	0	√
H	5-6	3	11	14	13	16	2	2	

13.2.3　时标网络计划简介

时标网络计划是网络计划的另一种表示形式，时标网络计划是以水平时间坐标为尺度表示工作时间的网络计划。在实践中，由于使用双代号法编制时标网络计划为多数，因此《工程网络计划技术规程》（JGJ/T 121—99）中只对双代号时标网络计划做出了规定，不提倡使用单代号时标网络计划。本节只对双代号时标网络计划进行介绍。

1. 基本规定

①时标网络计划必须以水平时间坐标为尺度表示工作时间。时标的时间单位根据需要可以是时、天、周、月或季等。

②在时标网络计划中，箭线长短和所在位置表示工作的持续时间和进程，这是时标网络计划与一般网络计划的主要区别。

③时标网络计划应以实箭线表示工作，以虚箭线表示虚工作，以波形线表示工作的自由时差。

在时标网络计划中，有时虚箭线中也有自由时差，亦应采用波形线表示。无论哪一种箭线，当有自由时差时，波形线应紧接在箭线之后，不允许出现在箭线之前。

④时标网络计划中所有符号在时间坐标上的水平投影位置都必须与其时间参数相对应。

在网络图上，节点无论大小均应看成一个点，其中心必须对准相应的时标位置，该点在时间坐标上的水平投影长度应看成 0。

2. 时标网络计划的编制

时标网络计划宜按最早时间编制。在编制时标网络计划之前，应先按已确定的时间单位绘制出时标计划表。时标可以标注在时标计划表的顶部或底部。时标的长度单位必须注明。如表 13.2.2 所示。

表 13.2.2　　时标计划表

日　历																
(时间单位)	1	2	3	4	5	6	7	8	9	10	11	12	13	14	15	16
网络计划																
(时间单位)	1	2	3	4	5	6	7	8	9	10	11	12	13	14	15	16

具体的编制步骤如下：

①计算网络计划各工作的时间参数。

②将所有节点按其最早时间定位在时标计划表上，再用规定线型绘制出工作及其自由时差，形成时标网络计划。

3. 检查全部水平箭线，无时差的箭线就是关键工作。关键工作组成的线路为关键线路，用双箭线或粗箭线表示。

[**例 13.2.3**] 如图 13.2.6 所示双代号网络计划，已分别计算出每个工作的最早开始时间、最迟开始时间、总时差和自由时差。现将双代号网络计划改绘成时标网络计划，如图 13.2.7 所示。

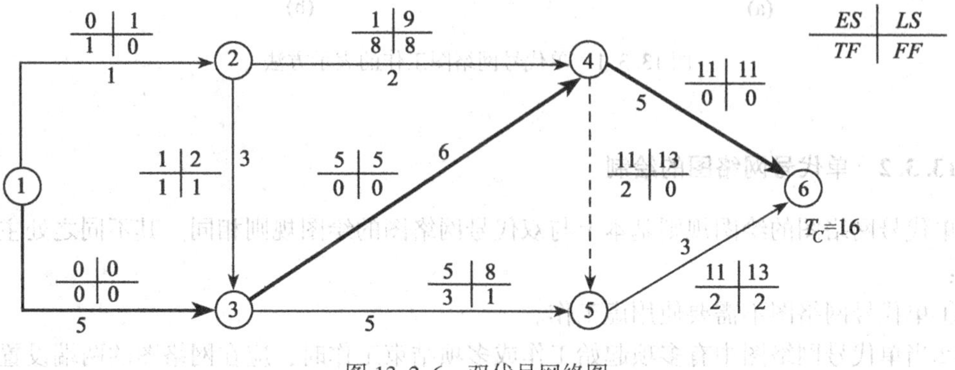

图 13.2.6　双代号网络图

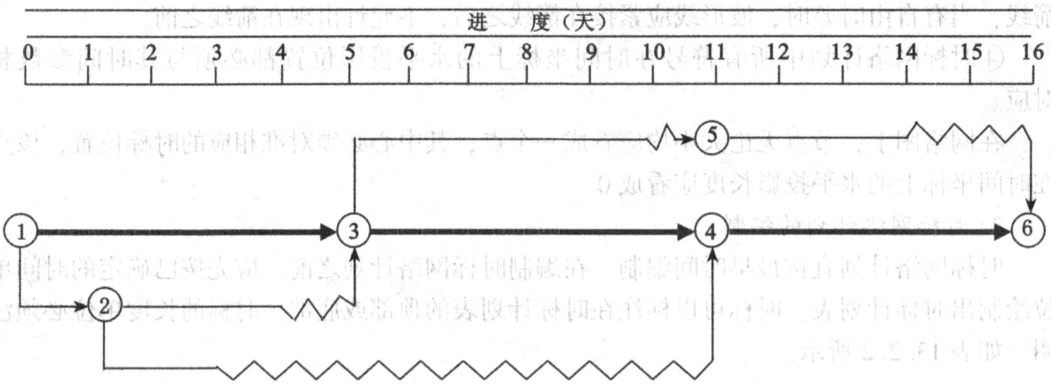

图 13.2.7 时标网络图

§13.3 单代号网络图

13.3.1 单代号网络图的基本构成与符号

单代号网络图也是由节点和箭线构成，但其符号意义与双代号网络图不完全相同。单代号网络图中，箭线表示相邻工作之间的逻辑关系。一个节点表示一项工作，一般用圆圈或矩形表示。节点所表示的工作名称、持续时间和工作代号等应标注在节点内。如图13.3.1所示。

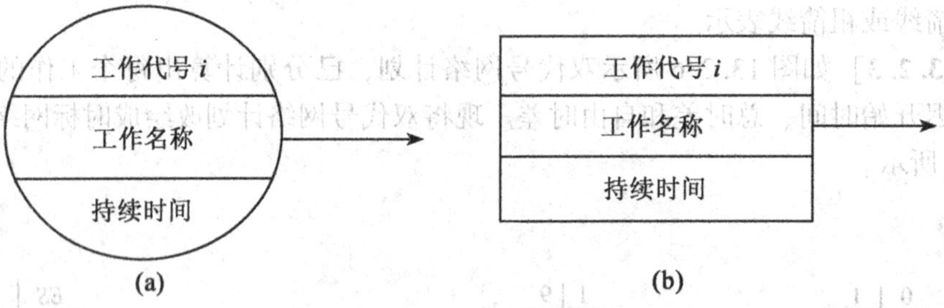

图 13.3.1 单代号网络图工作的表示方法

13.3.2 单代号网络图的绘制

单代号网络图的绘图规则基本上与双代号网络图的绘图规则相同。其不同之处主要有两点：

①单代号网络图不需要使用虚工作。

②当单代号网络图中有多项起始工作或多项结束工作时，应在网络图的两端设置一项虚拟的工作，作为网络图的起始节点和终止节点。

双代号网络图和单代号网络图在我国均有采用，其中双代号网络图更为普遍。这两种网络图仅仅在形式上不同，最终所得结果是完全一致的。

13.3.3　单代号网络图时间参数的计算

单代号网络图时间参数的符号意义与双代号网络图完全相同，只需把双代号改成单代号即可。在单代号网络图中，除了应计算出各个工作的六个主要时间参数（ES、EF、LS、LF、TF、FF）外，还应计算出相邻两个工作之间的时间间隔。这些时间参数的计算步骤如下。

1. 计算最早开始时间和最早完成时间

网络图中各项工作的最早开始时间和最早完成时间的计算应从网络图的起点节点开始，顺着箭线方向依次逐项计算。其计算符合下列规定：

①若起点节点 i 的最早开始时间无规定，其值应等于 0，即

$$ES_i = 0 \quad (i=1) \tag{13.3.1}$$

②其他工作的最早开始时间应为

$$ES_i = \max\{ES_h + D_h\} \tag{13.3.2}$$

式中：ES_h——工作 i 的各项紧前工作 h 的最早开始时间；

D_h——工作 i 的各项紧前工作 h 的持续时间。

③工作 i 的最早完成时间按下式计算

$$EF_i = ES_i + D_i \tag{13.3.3}$$

2. 计算工期

单代号网络图中的计算工期按下式计算

$$T_C = EF_n \tag{13.3.4}$$

式中：EF_n——终点节点 n 的最早完成时间。

单代号网络图中的计划工期的计算与双代号网络图中计划工期的计算完全相同。

3. 计算相邻两项工作之间的时间间隔

某项工作 i 的最早完成时间与其紧后工作 j 的最早开始时间的差，称为相邻工作 i-j 之间的时间间隔，用 LAG_{i-j} 表示。其计算应符合下列规定：

①当终点节点为虚拟节点时，其时间间隔为

$$LAG_{i-n} = T_P - EF_i \tag{13.3.5}$$

②其他节点之间的时间间隔应为

$$LAG_{i-j} = ES_j - EF_i \tag{13.3.6}$$

4. 计算总时差

工作 i 的总时差 TF_i 应从网络图的终点节点开始，逆着箭线方向依次逐项计算。其计算应符合下列规定：

①终点节点所代表工作 n 的总时差 TF_n 的值为

$$TF_n = T_P - EF_n \tag{13.3.7}$$

②其他工作 i 的总时差 TF_i 为

$$TF_i = \min\{TF_j + LAG_{i-j}\} \tag{13.3.8}$$

式中：TF_j——工作 i 的紧后工作的总时差。

5. 计算自由时差

①终点节点所代表工作 n 的自由时差 FF_n 为

$$FF_n = T_P - EF_n \tag{13.3.9}$$

②其他工作 i 的自由时差 FF_i 为

$$FF_i = \min\{LAG_{i-j}\} \tag{13.3.10}$$

6. 计算最迟开始时间和最迟完成时间

网络图中各项工作的最迟开始时间和最迟完成时间应从网络图的终点节点开始，逆着箭线方向依次逐项计算。其计算应符合下列规定：

①终点节点所代表的工作 n 的最迟完成时间，按网络图的计划工期确定，即

$$LF_n = T_P \tag{13.3.11}$$

②其他工作 i 的最迟完成时间为

$$LF_i = EF_i + TF_i \tag{13.3.12}$$

③工作 i 的最迟开始时间按下式计算

$$LS_i = LF_i - D_i \tag{13.3.13}$$

7. 关键线路的确定

总时差为 0 的工作为关键工作。关键工作组成的线路为关键线路。相邻关键工作之间的时间间隔必为 0。在网络图中，关键线路要用双箭线或粗箭线表示。

8. 时间参数的标注方式

在绘制单代号网络计划图时，可参照图 13.3.2 的图例进行时间参数的标注。

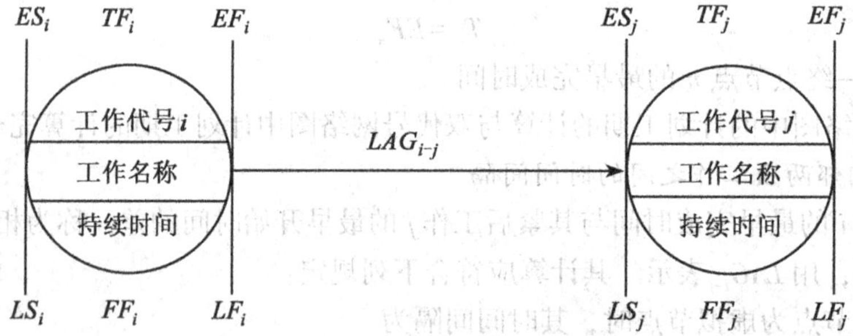

图 13.3.2 单代号网络计划时间参数标注方式

[**例 13.3.1**] 有 A、B、…、H 共 8 项工作，其先后顺序及各项工作的工作持续时间如表 13.3.1 所示。试编制单代号网络图。

表 13.3.1

工　作	A	B	C	D	E	F	G	H
紧前工作	–	–	A	A、B	B	C、D	D、E	F、G
紧后工作	C、D	D、E	F	F、G	G	H	H	–
持续时间	2	4	10	4	6	3	4	2

解 (1) 根据表 13.3.1 中各项工作的逻辑关系，绘制单代号网络图，如图 13.3.3 所示。

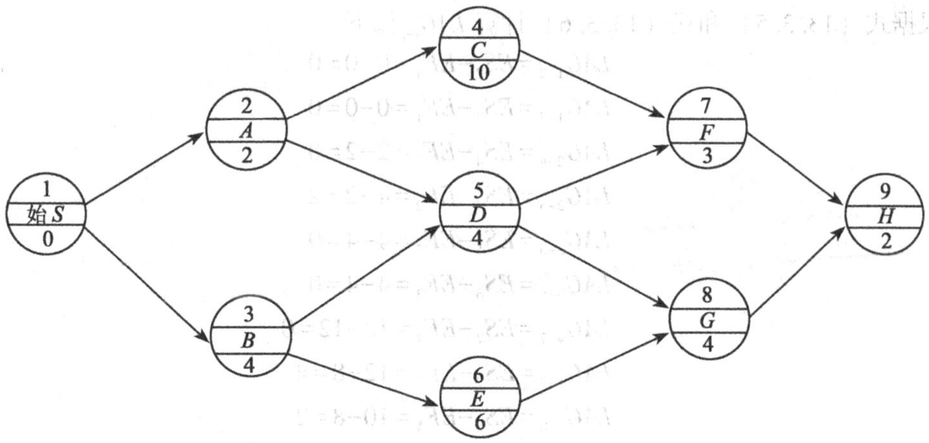

图 13.3.3　单代号网络图

(2) 计算工作的最早开始时间。

根据式（13.3.1）和式（13.3.2）计算 ES_i 如下：

工作 S　　$ES_1=0$

工作 A　　$ES_2=ES_1+D_1=0+0=0$

工作 B　　$ES_3=ES_1+D_1=0+0=0$

工作 C　　$ES_4=ES_2+D_2=0+2=2$

工作 D　　$ES_5=\max\{ES_2+D_2,\ ES_3+D_3\}=\max\{0+2,\ 0+4\}=4$

工作 E　　$ES_6=ES_3+D_3=0+4=4$

工作 F　　$ES_7=\max\{ES_4+D_4,\ ES_5+D_5\}=\max\{2+10,\ 4+4\}=12$

工作 G　　$ES_8=\max\{ES_5+D_5,\ ES_6+D_6\}=\max\{4+4,\ 4+6\}=10$

工作 H　　$ES_9=\max\{ES_7+D_7,\ ES_8+D_8\}=\max\{12+3,\ 10+4\}=15$。

(3) 计算工作的最早完成时间。

根据式（13.3.3）计算 EF_i 如下：

工作 S　　$EF_1=ES_1+D_1=0+0=0$

工作 A　　$EF_2=ES_2+D_2=0+2=2$

工作 B　　$EF_3=ES_3+D_3=0+4=4$

工作 C　　$EF_4=ES_4+D_4=2+10=12$

工作 D　　$EF_5=ES_5+D_5=4+4=8$

工作 E　　$EF_6=ES_6+D_6=4+6=10$

工作 F　　$EF_7=ES_7+D_7=12+3=15$

工作 G　　$EF_8=ES_8+D_8=10+4=14$

工作 H　　$EF_9=ES_9+D_9=15+2=17$。

(4) 计算计划工期。

由于本网络计划未规定要求工期，计划工期计算如下

$$T_P = T_C = EF_9 = 17。$$

(5) 计算相邻两项工作之间的时间间隔。

根据式（13.3.5）和式（13.3.6）计算 LAG_{i-j} 如下：

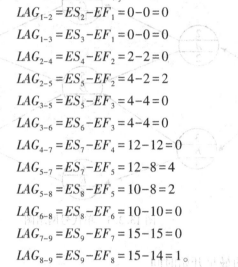

$$LAG_{1-2} = ES_2 - EF_1 = 0-0 = 0$$
$$LAG_{1-3} = ES_3 - EF_1 = 0-0 = 0$$
$$LAG_{2-4} = ES_4 - EF_2 = 2-2 = 0$$
$$LAG_{2-5} = ES_5 - EF_2 = 4-2 = 2$$
$$LAG_{3-5} = ES_5 - EF_3 = 4-4 = 0$$
$$LAG_{3-6} = ES_6 - EF_3 = 4-4 = 0$$
$$LAG_{4-7} = ES_7 - EF_4 = 12-12 = 0$$
$$LAG_{5-7} = ES_7 - EF_5 = 12-8 = 4$$
$$LAG_{5-8} = ES_8 - EF_5 = 10-8 = 2$$
$$LAG_{6-8} = ES_8 - EF_6 = 10-10 = 0$$
$$LAG_{7-9} = ES_9 - EF_7 = 15-15 = 0$$
$$LAG_{8-9} = ES_9 - EF_8 = 15-14 = 1。$$

(6) 计算总时差。

根据式（13.3.7）和式（13.3.8）计算 TF_i 如下：

工作 H　　$TF_9 = T_P - EF_9 = 17-17 = 0$

工作 G　　$TF_8 = TF_9 + LAG_{8-9} = 0+1 = 1$

工作 F　　$TF_7 = TF_9 + LAG_{7-9} = 0+0 = 0$

工作 E　　$TF_6 = TF_8 + LAG_{6-8} = 1+0 = 1$

工作 D　　$TF_5 = \min\{TF_7 + LAG_{5-7},\ TF_8 + LAG_{5-8}\} = \min\{0+4,\ 1+2\} = 3$

工作 C　　$TF_4 = TF_7 + LAG_{4-7} = 0+0 = 0$

工作 B　　$TF_3 = \min\{TF_5 + LAG_{3-5},\ TF_6 + LAG_{3-6}\} = \min\{3+0,\ 1+0\} = 1$

工作 A　　$TF_2 = \min\{TF_4 + LAG_{2-4},\ TF_5 + LAG_{2-5}\} = \min\{0+0,\ 3+2\} = 0$

工作 S　　$TF_1 = \min\{TF_2 + LAG_{1-2},\ TF_3 + LAG_{1-3}\} = \min\{0+0,\ 1+0\} = 0$。

(7) 计算自由时差。

根据式（13.3.9）和式（13.3.10）计算 FF_i 如下：

工作 H　　$FF_9 = T_P - EF_9 = 17-17 = 0$

工作 G　　$FF_8 = LAG_{8-9} = 1$

工作 F　　$FF_7 = LAG_{7-9} = 0$

工作 E　　$FF_6 = LAG_{6-8} = 0$

工作 D　　$FF_5 = \min\{LAG_{5-7},\ LAG_{5-8}\} = \min\{4,\ 2\} = 2$

工作 C　　$FF_4 = LAG_{4-7} = 0$

工作 B　　$FF_3 = \min\{LAG_{3-5},\ LAG_{3-6}\} = \min\{0,\ 0\} = 0$

工作 A　　$FF_2 = \min\{LAG_{2-4},\ LAG_{2-5}\} = \min\{0,\ 2\} = 0$

工作 S　　$FF_1 = \min\{LAG_{1-2},\ LAG_{1-3}\} = \min\{0,\ 0\} = 0$

(8) 计算最迟完成时间。

根据式（13.3.11）和式（13.3.12）计算 LF_i 如下：

工作 S　　$LF_1=EF_1+TF_1=0+0=0$

工作 A　　$LF_2=EF_2+TF_2=2+0=2$

工作 B　　$LF_3=EF_3+TF_3=4+1=5$

工作 C　　$LF_4=EF_4+TF_4=12+0=12$

工作 D　　$LF_5=EF_5+TF_5=8+3=11$

工作 E　　$LF_6=EF_6+TF_6=10+1=11$

工作 F　　$LF_7=EF_7+TF_7=15+0=15$

工作 G　　$LF_8=EF_8+TF_8=14+1=15$

工作 H　　$LF_9=T_P=17$

(9) 计算最迟开始时间。

根据式（13.3.13）计算 LS_i 如下：

工作 S　　$LS_1=LF_1-D_1=0-0=0$

工作 A　　$LS_2=LF_2-D_2=2-2=0$

工作 B　　$LS_3=LF_3-D_3=5-4=1$

工作 C　　$LS_4=LF_4-D_4=12-10=2$

工作 D　　$LS_5=LF_5-D_5=11-4=7$

工作 E　　$LS_6=LF_6-D_6=11-6=5$

工作 F　　$LS_7=LF_7-D_7=15-3=12$

工作 G　　$LS_8=LF_8-D_8=15-4=11$

工作 H　　$LS_9=LF_9-D_9=17-2=15$

将计算结果标注到网络图上形成网络计划，如图 13.3.4 所示。其中总时差为 0 的工作为关键工作，由关键工作构成的线路为关键线路。

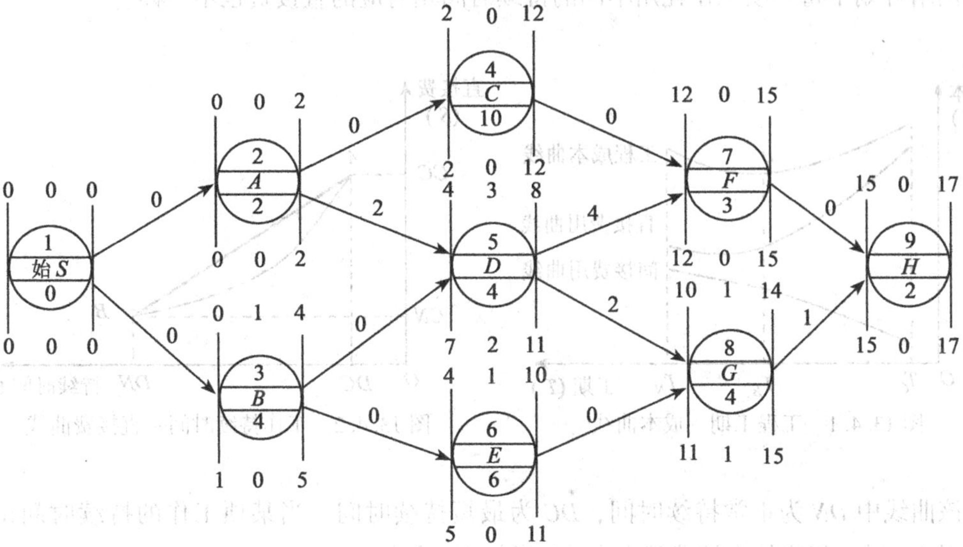

图 13.3.4

§13.4 网络计划的工期—成本优化

土木建筑工程中，施工项目的进度控制、成本控制和质量控制是对工程进行有效管理的重要手段。工期短，成本低，质量好是人们努力追求的目标。但是工期、成本和质量之间往往是相互联系、相互制约的。因此在应用网络计划进行工程管理的时候，必须考虑到网络计划的优化。网络计划的优化是指通过不断改善网络计划的初始可行方案，在满足既定约束条件下，按某一衡量指标（时间、成本、资源）寻求最优方案。

工期—成本优化是指以满足工期要求的最低工程成本为目标的施工方案的调整过程。通常在网络计划的工期大于规定的工期或需要加快施工进度时进行工期—成本优化。

13.4.1 工期与成本的关系

工程成本是由工程直接费和间接费组成的。直接费包括建筑工程的人工费、材料费和机械台班费等，间接费包括企业管理费、财务费和其他费用。工期与成本的关系，可以通过两条曲线来加以说明，即工程的工期—成本曲线和工作的持续时间—费用曲线。

1. 工程的工期—成本曲线

在工程成本的组成中，直接费一般随着工期的缩短而增加，而间接费则随着工期的增加而增加，如图 13.4.1 所示。因此在进行工期—成本优化时，首先应在正常工期 T_N 和极限工期 T_C 之间求出最低直接费用，然后考虑间接费用的影响和其他损益情况，最终确定出最低工程总成本及与之对应的工期 T_B。

2. 工作的持续时间—费用曲线

工作的持续时间与直接费的关系曲线如图 13.4.2 所示。这一曲线反映每一个施工过程即网络计划中每一项工作耗用不同的持续时间相对应的直接费也不一样。

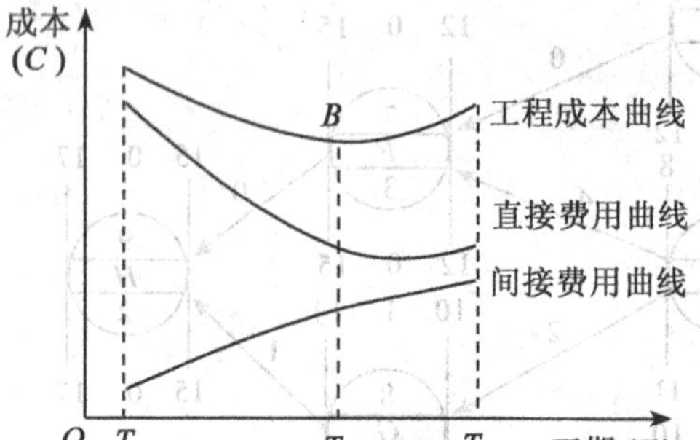

图 13.4.1 工程工期—成本曲线

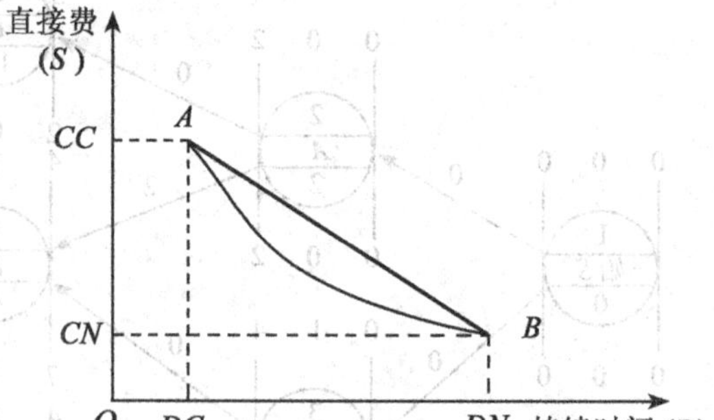

图 13.4.2 工作持续时间—直接费曲线

该曲线中 DN 为正常持续时间，DC 为最短持续时间。当某项工作的持续时间由 DN 缩短至 DC 时，相应的直接费就会由 CN 增加至 CC。

任何一项工作都有一个最短持续时间，小于该时间是不现实的，实际工程中不予考虑。然而一项工作的持续时间也不能任意延长，这将导致直接费用的上升。因此，实际工程中，一项工作的持续时间应控制在 DN 与 DC 之间。

为简化起见，通常用直线 AB 表示工作持续时间与直接费用的关系。

费用率是指为缩短每一单位工作持续时间所需增加的直接费。即

$$\Delta C_{i-j}=\frac{CC_{i-j}-CN_{i-j}}{DN_{i-j}-DC_{i-j}} \tag{13.4.1}$$

式中：ΔC_{i-j}——工作 $i-j$ 的费用率；

CC_{i-j}——将工作 i-j 持续时间缩短为最短持续时间后，完成该工作所需的直接费用；

CN_{i-j}——在正常条件下完成工作 i-j 所需的直接费用；

DN_{i-j}——工作 i-j 的正常持续时间；

DC_{i-j}——工作 i-j 的最短持续时间。

13.4.2　工期-成本优化原则

进行工期-成本优化，主要在于求出不同工期下的最小直接费用之和。因此在进行工期-成本优化时，必须遵守下列原则：

①为使工期缩短而增加费用最小，应先缩短费用率最小的关键工作的持续时间。

由于关键线路持续时间总和决定了工期的长短，因此对于非关键线路上的工作，无论其费用率大小，在所有关键工作压缩至极限值之前不予考虑。

②在缩短选定的关键工作持续时间时，其缩短值必须满足不能使关键工作压缩成非关键工作和缩短后其持续时间不小于最短持续时间的原则。

③若关键线路有两条以上，那么每条线路都需要缩短持续时间，才能使工期相应缩短。这时，必须找出费用率总和为最小的工作组合来进行优化。

13.4.3　工期—成本优化步骤

①计算各项工作的费用率。

②按工作正常持续时间找出关键工作及关键线路。

③在关键工作中找出费用率（或组合费用率）最小的一项关键工作，或一组关键工作缩短其持续时间。

④计算优化后的计划工期及总费用。

⑤重复 2~4 步，直到符合规定的要求。

13.4.4　优化示例

[**例 13.4.1**] 某网络计划中各工作的持续时间—费用数据列于表 13.4.1，表 13.4.1 中各项工作的正常持续时间为 DN，最短持续时间为 DC，与它们相对应的直接费为 CN 和 CC。已知间接费为 70 千元，间接费率为 5 千元/周。试求工程成本最少时的工期。

表 13.4.1

工作 i-j	DN/周	DC/周	CN/千元	CC/千元
1—2	20	17	60	72
1—3	25	23	20	31
2—3	10	8	30	44
2—4	12	6	40	70
3—4	5	2	30	39
4—5	10	5	30	60

解 (1) 计算各工作的费用率，按式（13.4.1）计算工作1—2的费用率，则

$$\Delta C_{1-2}=\frac{CC_{1-2}-CN_{1-2}}{DN_{1-2}-DC_{1-2}}=\frac{72-60}{20-17}=4(\text{千元/周})$$

其他工作的费用率同理可以依次计算。将计算出的结果标注在图13.4.3上各箭线的上（左）方。箭线下（右）方括号外数字为该工作正常持续时间，括号内数字为该工作最短持续时间。图13.4.4～图13.4.7上标注含义与此相同。

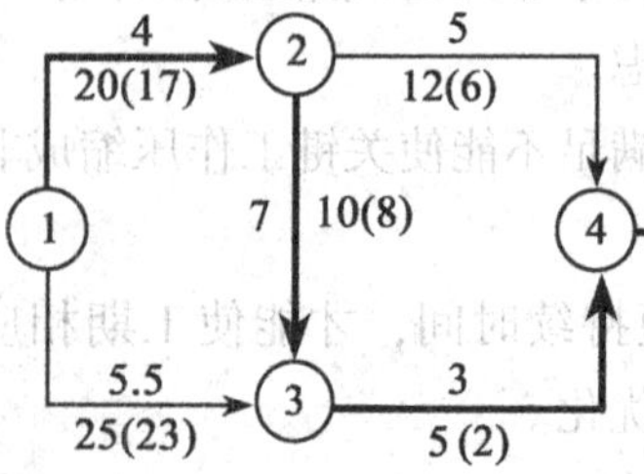

图 13.4.3

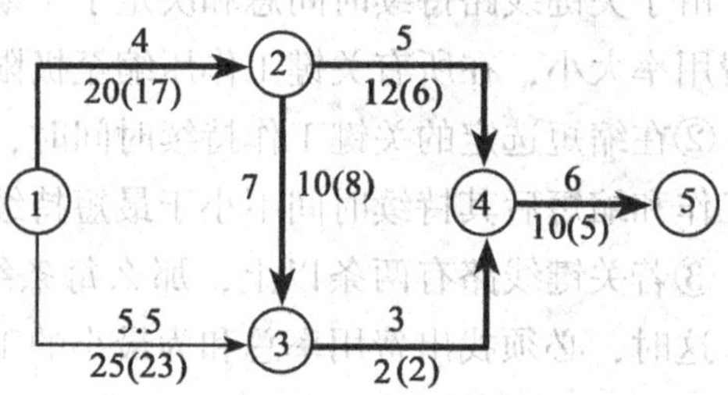

图 13.4.4

(2) 计算各工作以正常持续时间施工时的计划工期 T_{P0} 和直接费用之和 C_0。

由图13.4.3可知，共有三条线路，即：L_1：1—2—4—5；L_2：1—2—3—4—5；L_3：1—3—4—5。三条线路的持续时间分别为42周、45周和40周。因此，线路 L_2 是关键线路。则

$$T_{P0}=45(\text{周})$$

$$C_0=\sum CN_{i-j}=210(\text{千元})。$$

(3) 依次找出费用率最小的关键工作，缩短其持续时间，重新计算工期和直接费用。

第一次调整：费用率最小的关键工作是3-4，可以缩短3周。则

$$\Delta C_{3-4}=3\ (\text{千元/周})$$

$$\Delta T_{3-4}=3\ (\text{周})$$

$$T_{P1}=T_{P0}-\Delta T_{3-4}=45-3=42\ (\text{周})$$

$$C_1=C_0+\Delta C_{3-4}\times\Delta T_{3-4}=210+3\times3=219\ (\text{千元})$$

此时线路 L_1、L_2 持续时间同为42周，线路 L_3 持续时间为37周，关键线路变成两条。

将图 13.4.3 更新为图 13.4.4。

第二次调整：由于有两条关键线路，需考虑关键工作的组合。可以缩短的关键线路组合共有三种，即：

工作 1—2　　$\Delta C_{1-2}=4$（千元/周）

工作 4—5　　$\Delta C_{4-5}=6$（千元/周）

工作 2—3 和工作 2—4　　$\sum \Delta C = 7 + 5 = 12$（千元/周）

显然应该缩短工作 1—2，可以缩短 3 周。则

$$\Delta C_{1-2}=4\text{（千元/周）}$$

$$\Delta T_{1-2}=3\text{（周）}$$

$$T_{P2}=T_{P1}-\Delta T_{1-2}=42-3=39\text{（周）}$$

$$C_2=C_1+\Delta C_{1-2}\times\Delta T_{1-2}=219+4\times3=231\text{（千元）。}$$

此时线路 L_1、L_2 持续时间为 39 周，线路 L_3 持续时间为 37 周，关键线路依然两条。将图 13.4.4 更新为图 13.4.5。

第三次调整：由于有两条关键线路，需考虑关键工作的组合。可以缩短的关键线路组合共有两种，即：

工作 4—5　　$\Delta C_{4-5}=6$（千元/周）

工作 2-3 和工作 2-4　　$\sum \Delta C = 7 + 5 = 12$（千元/周）

显然应该缩短工作 4—5，可以缩短 5 周。则

$$\Delta C_{4-5}=6\text{（千元/周）}$$

$$\Delta T_{4-5}=5\text{（周）}$$

$$T_{P3}=T_{P2}-\Delta T_{4-5}=39-5=34\text{（周）}$$

$$C_3=C_2+\Delta C_{4-5}\times\Delta T_{4-5}=231+6\times5=261\text{（千元）}$$

此时线路 L_1、L_2 持续时间为 34 周，线路 L_3 持续时间为 32 周，关键线路依然两条。将图 13.4.5 更新为图 13.4.6。

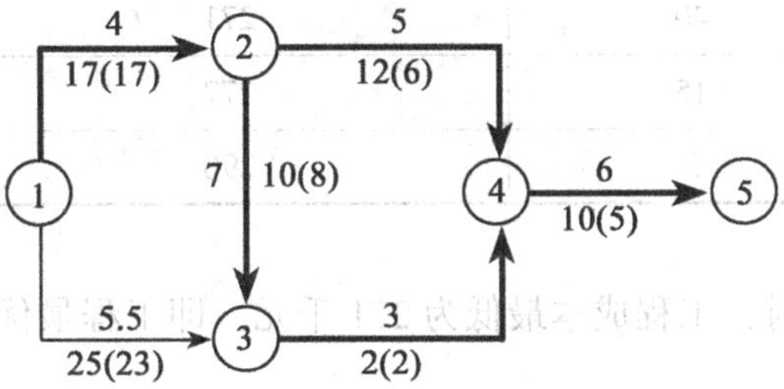

图 13.4.5

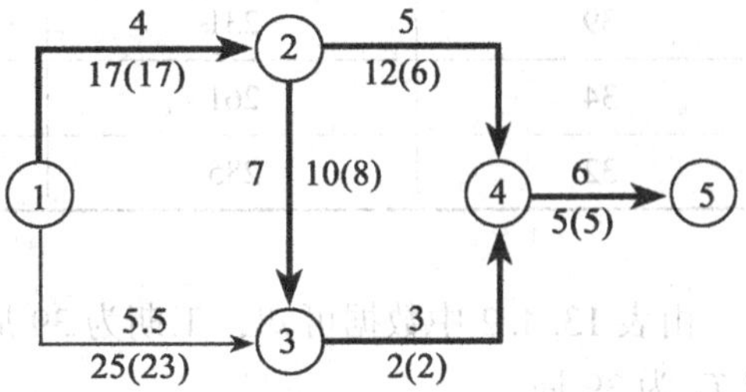

图 13.4.6

第四次调整：关键线路有两条，需考虑关键工作的组合。可以缩短的关键线路组合只有一种，即：

工作 2—3 和工作 2—4　　$\sum \Delta C = 7 + 5 = 12$（千元/周）

取工作 2—3 和工作 2—4 可以缩短时间的最小值 2 周。则

$$\sum \Delta C = 12(\text{千元}/\text{周})$$
$$\Delta T = 2\ (\text{周})$$
$$T_{P4} = T_{P3} - \Delta T = 34 - 2 = 32\ (\text{周})$$
$$C_4 = C_3 + \sum \Delta C \times \Delta T = 261 + 12 \times 2 = 285(\text{千元})$$

此时线路 L_1、L_2和 L_3的持续时间都为 32 周，关键线路变为三条，所有工作都为关键工作。由于线路 L_2上各项工作的持续时间都已压缩为最短时间，不能再继续缩短工期，调整到此结束，最终结果如图 13.4.7 所示。

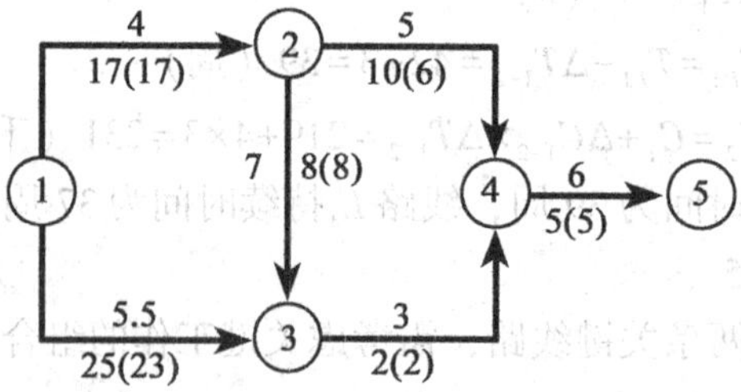

图 13.4.7

经过调整，工期从 45 周缩短至 32 周，直接费用从 210 千元上升至 285 千元。

（4）将上述结果汇总于表 13.4.2 中。并考虑间接费用率的影响，计算出不同工期下的工程成本，进行比较。

表 13.4.2

工　期/（周）	直接费/（千元）	间接费/（千元）	工程成本/（千元）
45	210	70	280
42	219	55	274
39	231	40	271
34	261	15	277
32	285	5	290

由表 13.4.2 中数据可知，工期为 39 周时，工程成本最低为 271 千元，即工程最优工期 T_B 为 39 周。

§ 13.5　网络计划的资源优化

所谓资源是指完成任务所需的人力、材料、机械设备和资金等的统称。在一定的时期内，某项建设项目所需的资源量基本上是不变的，一个部门的人力、物力和财力也是有一定限量的。因此，在编制网络计划时，必须对资源问题统筹安排。资源优化就是通过改变工作的开始时间，使资源按时间的分布符合优化的目标。

资源优化可以分为“资源有限、工期最短”和“工期固定、资源均衡”两类问题。

13.5.1　资源有限，工期最短

资源有限，工期最短的优化是指在资源有限的条件下，保证各项工作的每日资源需要量不变，寻求工期最短的施工计划的优化过程。

例如，某一网络计划如图 13.5.1 所示。箭线上的数字表示各活动的持续时间和所需要的人力资源。

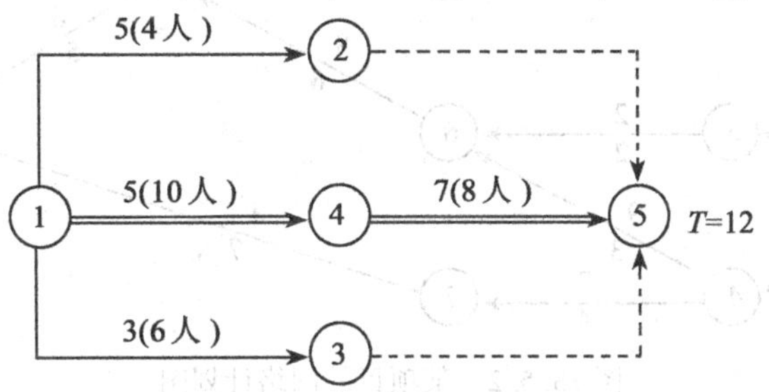

图 13.5.1

现每天需保证出勤人数不超过 15 人。若工作 1—2、1—3 和 1—4 都同时按最早可能开始时间开始工作，则 1 到 3 天每天需要劳动力 20 人，大于出勤限制人数 15 人。但如果将时差较大的工作 1-3 推迟到第 6 天以后开始，则每天最多需要劳动力 14 人。那么这个计划就可以实现了。

1. 优化方法

资源优化的过程实际上就是按照各项工作在网络计划中的重要程度，把有限的资源进行科学合理地分配的过程。因此，资源分配的先后顺序是资源优化的关键。

资源分配的顺序：

第一级：关键工作。按每日资源需要量大小，从大到小依顺序供应资源。

第二级：非关键工作。按总时差大小，从小到大依顺序供应资源。总时差相等时，以叠加量不超过且接近资源限额的工作优先供应资源。

第三级：允许中断的工作。

2. 优化步骤

①将网络计划绘制成时标网络计划图，标明各项工作的每日资源需要量。

②计算出每个“时间单位”的资源需要量之和。

③从计划开始日期起，逐个检查每个“时间单位”的资源需用量是否超过资源限量。若整个工期内都能满足资源限额的要求，则完成优化。否则，进行第④步。

④找到首先出现超过资源限额的时段，按资源分配顺序对该时段内的各项工作重新进行资源分配，未分配到资源的工作向后移出该时段。其后的各时段因此发生资源需要量变化的，不予理会。

⑤绘制出调整后的时标网络计划图。

⑥重复②~⑤步，直至所有时段内的资源需要量都不超过资源限额，资源优化即告完成。

3. 优化实例

[**例 13.5.1**] 已知网络计划如图 13.5.2 所示。图 13.5.2 中箭线上方数据表示该工作每天需要的资源数量，箭线下方的数据表示该工作的持续时间（天）。若资源限量为 22，试求满足资源限量的最短工期。

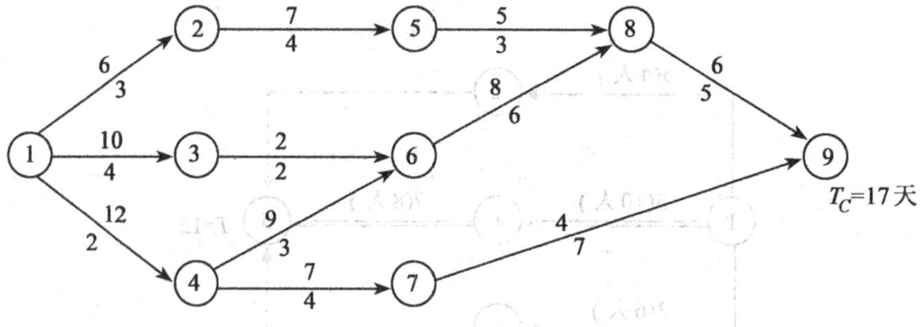

图 13.5.2 某项目的网络计划图

解（1）将网络计划绘制成时标网络计划图，如图 13.5.3 所示。

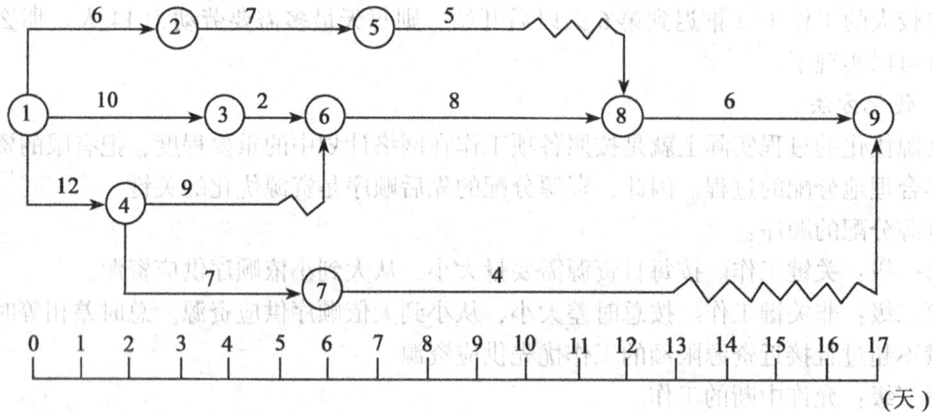

图 13.5.3 某项目时标网络计划图

（2）对时标网络计划进行优化。

第一步：根据图 13.5.3 中数据，计算每日所需资源量，如表 13.5.1 所示。

从计划开始日期起，逐个检查每天的资源数量。找到首先出现超过资源限额的时段，即第 1、2 天。按资源分配顺序对该时段内的各项工作进行资源分配。

表 13.5.1　　每日资源数量表

工作日	1	2	3	4	5	6	7	8	9	10	11	12	13	14	15	16	17
资源数量	28	28	32	33	25	16	19	17	17	17	12	12	10	6	6	6	6

该时段内共有 3 项工作，即 1—3、1—2 和 1—4 工作。根据分配原则，1—3 工作为关键工作，首先分配资源 10 个单位。1—2、1—4 工作均为非关键工作，比较总时差大小。1—2 工作的总时差为 2 天，大于 1—4 工作的总时差 1 天，先分配 1—4 工作资源 12 个单位。1—3 工作和 1—4 工作的资源之和为 22 个单位，满足资源限量 22 个单位。把 1-2 工作向后移 2 天，移出该时段，形成新的时标网络计划，如图 13.5.4 所示。

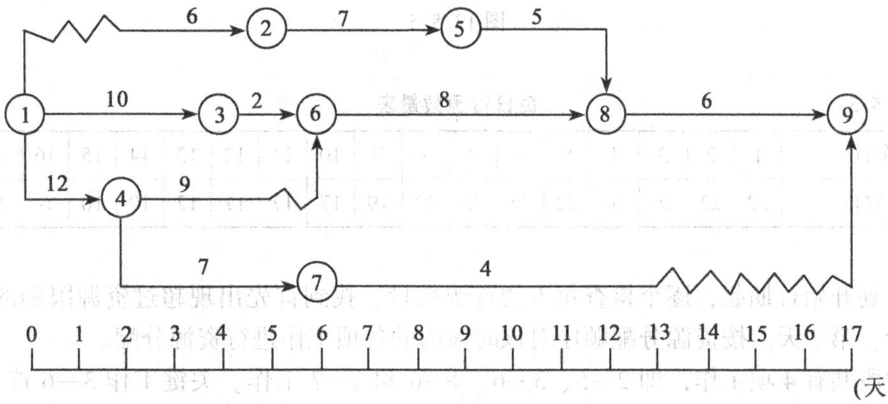

图 13.5.4

第二步：根据图 13.5.4 中的数据，计算每日所需资源量，如表 13.5.2 所示。

表 13.5.2　　每日资源数量表

工作日	1	2	3	4	5	6	7	8	9	10	11	12	13	14	15	16	17
资源数量	22	22	32	32	24	16	19	19	19	17	17	17	10	6	6	6	6

从计划开始日期起，逐个检查每天的资源数量。找到首先出现超过资源限额的时段，即第 3、4 天。按资源分配顺序对该时段内的各项工作进行资源分配。

该时段共有 4 项工作，即 1—2、1—3、4—6 和 4—7 工作。其中 1—3 工作为关键工作，1—2 工作的总时差已耗尽，首先分配资源给 1—3 工作和 1—2 工作，资源之和为 16 个单位。此时，资源无论分配给 4—6 工作或 4—7 工作都会超过资源限量，必须把 4—6 工作和 4—7 工作后移 2 天。由于 4—6 工作的总时差只有 1 天，关键工作 6—8 工作是 4—6 工作的紧后工作，因此要保证资源限量，6—8 工作也必须后移 1 天。形成新的时标网络计划，如图 13.5.5 所示。

第三步：根据图 13.5.5 中的数据，计算每日所需资源量，如表 13.5.3 所示。

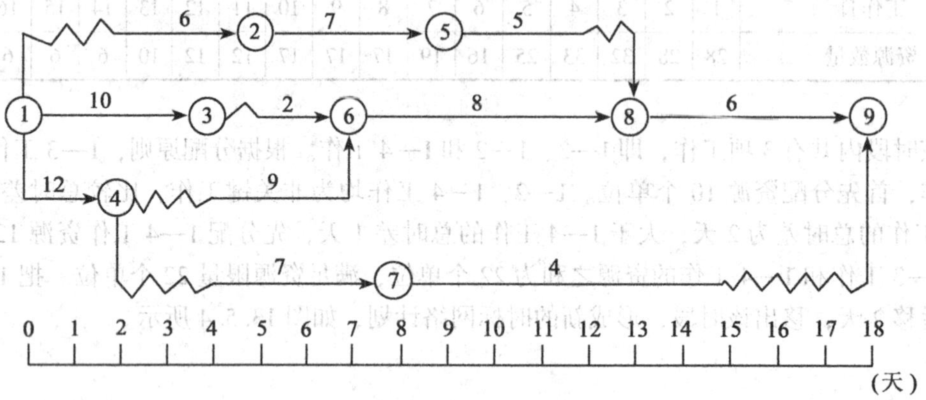

图 13.5.5

表 13.5.3 每日资源数量表

工作日	1	2	3	4	5	6	7	8	9	10	11	12	13	14	15	16	17	18
资源数量	22	22	16	16	22	25	25	22	19	17	17	17	12	10	10	6	6	6

从计划开始日期起，逐个检查每天的资源数量。找到首先出现超过资源限额的时段，即第 6 天、第 7 天。按资源分配顺序对该时段内的各项工作进行资源分配。

该时段共有 4 项工作，即 2—5、3—6、4—6 和 4—7 工作。关键工作 3—6 首先分配资源 2 个单位。按照总时差由小到大的顺序依次给 4—6、2—5 和 4—7 工作试配资源。由于资源限量的控制，4—7 工作要移出该时段，后移 3 天。形成新的时标网络计划，如图 13.5.6 所示。

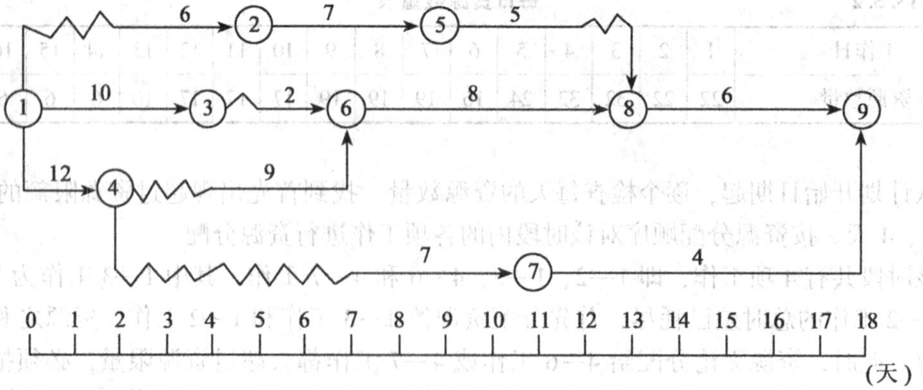

图 13.5.6

第四步：根据图 13.5.6 中的数据，计算每日所需资源量，如表 13.5.4 所示。

表 13.5.4 每日资源数量表

工作日	1	2	3	4	5	6	7	8	9	10	11	12	13	14	15	16	17	18
资源数量	22	22	16	16	15	18	18	22	22	20	20	17	12	10	10	10	10	10

从计划开始日期起，逐个检查每天的资源数量，整个网络计划的资源用量都控制在资源限量以内。图 13.5.6 所示时标网络计划就是最优解。

13.5.2 工期固定，资源均衡

1. 基本概念和指标

工期固定，资源均衡的优化是指在工期保持不变的条件下，使资源需要量尽可能均衡的优化过程。也就是在资源需要量曲线上尽可能不出现短期高峰或长期低谷情况，力求使每天资源需要量接近于平均值。

衡量资源是否均衡的指标通常有三个，即：

（1）资源不均衡系数 K

$$K=\frac{R_{\max}}{R_m} \tag{13.5.1}$$

式中：$R_{\max}$——最高峰日期的资源需要量；

R_m——每天平均资源需要量。

显然，资源不均衡系数 K 愈小，资源均衡性愈好。

（2）资源极差值 ΔR

$$\Delta R=\max\{|R(t)-R_m|\} \tag{13.5.2}$$

式中：$R(t)$——第 t 天的资源需要量。

同样，资源极差值愈小，资源均衡性愈好。

（3）资源均方差 σ^2

$$\sigma^2=\frac{1}{T}\sum_{t=1}^{T}(R(t)-R_m)^2 \tag{13.5.3}$$

同样，资源均方差愈小，资源均衡性愈好。

2. 优化的方法和步骤

（1）优化方法

现说明用资源均方差 σ^2 衡量资源均衡性的方法。资源均方差是用以描述每天的资源需要量对资源需要量的平均值的离散程度。这种方法主要是利用自由时差对网络计划进行改进，使资源需求量曲线的均方差值减到最小，从而达到资源均衡的目标。

资源均方差的表达式可以展开为

$$\begin{aligned}\sigma^2&=\frac{1}{T}\sum_{t=1}^{T}(R(t)-R_m)^2\\&=\frac{1}{T}\sum_{t=1}^{T}(R^2(t)-2R_mR(t)+R_m^2)=\frac{1}{T}\sum_{t=1}^{T}R^2(t)-\frac{2R_m}{T}\sum_{t=1}^{T}R(t)+\frac{1}{T}\sum_{t=1}^{T}R_m^2\\&=\frac{1}{T}\sum_{t=1}^{T}R^2(t)-2R_m^2+R_m^2=\frac{1}{T}\sum_{t=1}^{T}R^2(t)-R_m^2\end{aligned} \tag{13.5.4}$$

由于上式中 T 和 R_m 为常数，只要 $\sum_{t=1}^{T} R^2(t)$ 最小就可以使资源均方差最小，即

$$\sum_{t=1}^{T} R^2(t) = R_1^{\ 2} + R_2^{\ 2} + \cdots + R_T^{\ 2} \to \min$$

假定在网络计划中，有某一非关键工作 i–j 开始于第 k 天，结束于第 l–1 天，每天的资源需要量为 r_{i-j}，则这项工作它向后（右）移动 1 天时，资源均方差之和的增量为

$$[(R_l+r_{i-j})^2+(R_k-r_{i-j})^2]-[R_k^{\ 2}+R_l^{\ 2}]$$

化简后得

$$2r_{i-j}\ [R_l-(R_k-r_{i-j})]$$

当 $R_l-(R_k-r_{i-j})$ 为非正值时，意味着工作 i–j 右移 1 天能使资源均方差之和减小或保持不变，那么就将这项工作向右移 1 天。

在新的资源曲线上按上述同样的方法继续考虑工作 i–j 是否还能再右移 1 天，如果能再右移 1 天，那么就再右移 1 天，直至不能移动为止。

如果 $R_l-(R_k-r_{i-j})$ 为正值，表示工作 i–j 不能向右移 1 天，那么考虑能否（在总时差许可的范围内）向右移 2 天。计算 $[R_l-(R_k-r_{i-j})]+[R_{l+1}-(R_{k+1}-r_{i-j})]$ 的值，若这个值为非正值，那么工作 i–j 就右移 2 天，进一步考虑工作 i–j 能否（在总时差许可的范围内）向右移 3 天的问题。

如果工作 i–j 的右移时间确定以后，再按上述方法考虑其他的工作移动。

（2）优化步骤

①将网络计划改成时标网络计划。

②计算“单位时间”资源需要量之和。

③按节点最早开始时间的后先顺序，自右向左地进行调整。

若节点 n 为最右（后）的一个节点，则首先对以节点 n 为结束点的工作进行调整。在以节点 n 为结束点的工作中，首先调整最早开始时间最迟的工作。最早开始时间相同的工作中，以自由时差较小的工作先行调整。当它们的时差相同时，以资源需要量大的先行调整。

④绘制出调整后的时标网络图，重新计算“单位时间”资源需要量之和。按上述顺序对其他工作进行调整。

⑤按节点最早开始时间的后先顺序，自右向左继续调整。

为使资源均方差值进一步减小，重复③~⑤步，进行第二次优化。反复循环直至所有工作都不能再优化为止。

3. 优化示例

[例 13.5.2] 现仍以图 13.5.2 为例，说明工期固定，资源均衡的优化步骤。

解：（1）将网络计划改成时标网络计划。如图 13.5.7 所示。

根据图 13.5.7 中的数据，计算每日所需资源量，如表 13.5.5 所示。

表 13.5.5　　每日资源数量表

工作日	1	2	3	4	5	6	7	8	9	10	11	12	13	14	15	16	17
资源数量	28	28	32	33	25	16	19	17	17	17	12	12	10	6	6	6	6

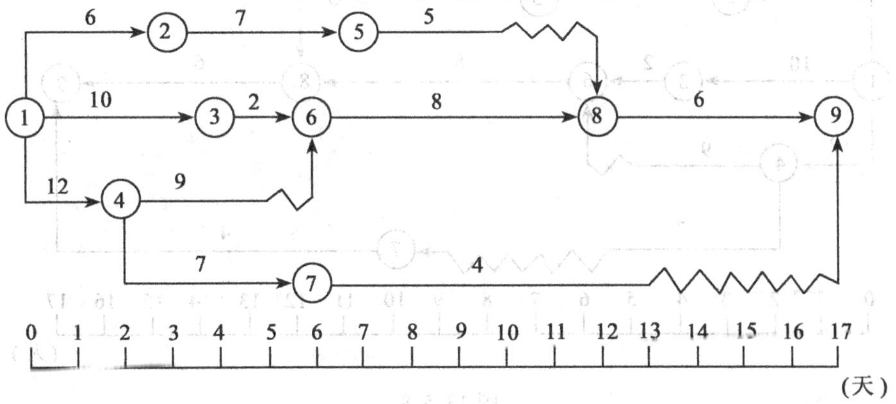

图 13.5.7

假设资源的供应没有限制，则由表 13.5.5 可知，每天资源最大需要量 $R_{max}=33$ 个单位，每天平均需要量为

$$R_m=(28\times2+32\times1+33\times1+25\times1+16\times1+19\times1+17\times3+12\times2+10\times1+6\times4)\div17=17.06$$

资源需要量不均衡系数为

$$K=\frac{R_{max}}{R_m}=\frac{33}{17.06}=1.93。$$

（2）对时标网络计划进行优化。

为了使计划的总持续时间满足工期不变的条件，因此在以下调整过程中不考虑位于关键线路上的工作，即工作 1—3、3—6、6—8 和 8—9 不移动。

第一次调整：

①对以节点 9 为结束点的 7—9 工作进行调整，7—9 工作自由时差为 4 天。

由于 $R_{14}-(R_7-r_{7-9})=6-(19-4)=-9<0$　可以右移 1 天　$ES_{7-9}=7$

又因 $R_{15}-(R_8-r_{7-9})=6-(17-4)=-7<0$　可以再右移 1 天　$ES_{7-9}=8$

$R_{16}-(R_9-r_{7-9})=6-(17-4)=-7<0$　可以再右移 1 天　$ES_{7-9}=9$

$R_{17}-(R_{10}-r_{7-9})=6-(17-4)=-7<0$　可以再右移 1 天　$ES_{7-9}=10$

7—9 工作共向后移动 4 天，已移至最右端，不能再移。

绘制出调整后的时标网络计划图，如图 13.5.8 所示。根据图 13.5.8 中的数据，计算每日所需资源量，如表 13.5.6 所示。

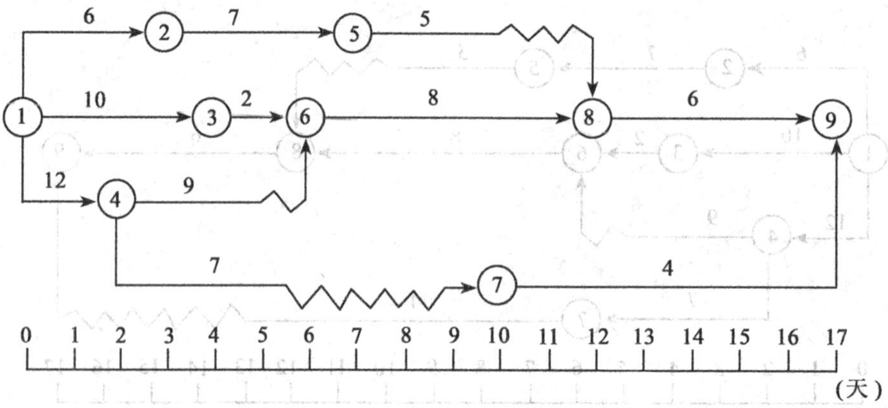

图 13.5.8

表 13.5.6 每日资源数量表

工作日	1	2	3	4	5	6	7	8	9	10	11	12	13	14	15	16	17
资源数量	28	28	32	33	25	16	15	13	13	13	12	12	10	10	10	10	10

②对以节点 8 为结束点的工作 5—8 进行调整，5—8 工作自由时差有 2 天。

由于 $R_{11}-(R_8-r_{5-8})=12-(13-5)=4>0$ 不能右移。

又因 $R_{12}-(R_9-r_{5-8})=12-(13-5)=4>0$ 不能右移。

③对以节点 7 为结束点的工作 4—7 进行调整，4—7 工作自由时差有 4 天。

$R_7-(R_3-r_{4-7})=15-(32-7)=-10<0$ 可以右移 1 天 $ES_{4-7}=3$

$R_8-(R_4-r_{4-7})=13-(33-7)=-13<0$ 可以再右移 1 天 $ES_{4-7}=4$

$R_9-(R_5-r_{4-7})=13-(25-7)=-5<0$ 可以再右移 1 天 $ES_{4-7}=5$

$R_{10}-(R_6-r_{4-7})=13-(16-7)=4>0$ 不能右移。

绘制出调整后的时标网络计划，如图 13.5.9 所示。根据图 13.5.9 中数据，计算每日所需资源量，如表 13.5.7 所示。

表 13.5.7 每日资源数量表

工作日	1	2	3	4	5	6	7	8	9	10	11	12	13	14	15	16	17
资源数量	28	28	25	26	18	16	22	20	20	13	12	12	10	10	10	10	10

④对以节点 6 为结束点的工作 4—6 进行调整，4—6 工作自由时差有 1 天。

$$R_6-(R_3-r_{4-6})=16-(25-9)=0$$

可以不右移。

⑤由于以节点 5、4、3、2 为结束点的工作的自由时差均为 0，故不可右移。自此，第一次调整结束。

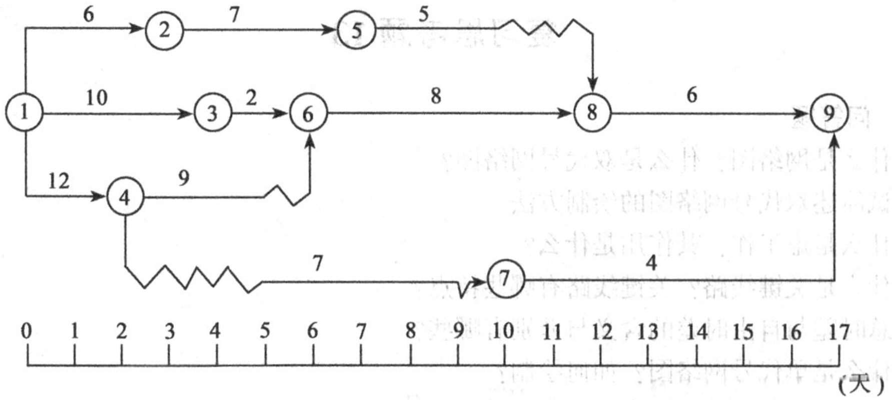

图 13.5.9

按照上述方法自右向左再进行第二、三、……次调整，直至所有工作都不能移动。调整过程由读者自行完成。最后结果如图 13.5.10 所示。

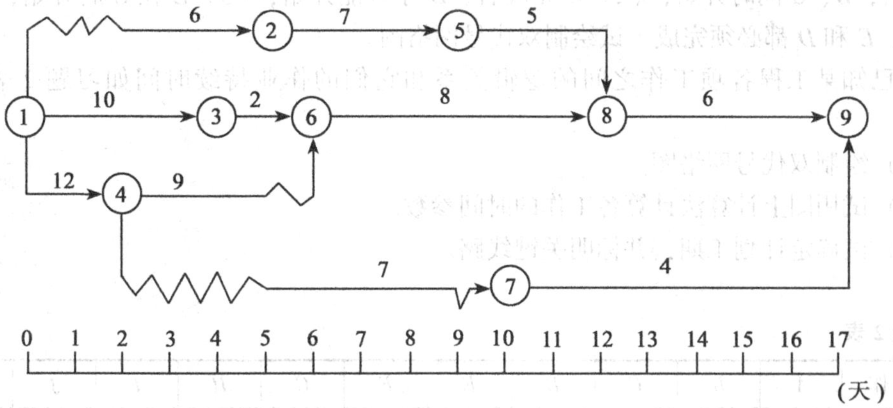

图 13.5.10

根据图 13.5.10 中的数据，计算每日所需资源量，如表 13.5.8 所示。

表 13.5.8　　每日资源数量表

工作日	1	2	3	4	5	6	7	8	9	10	11	12	13	14	15	16	17
资源数量	22	22	25	25	17	16	22	22	22	13	17	17	10	10	10	10	10

由表 13.5.8 可知，每天资源最大需要量 $R_{max}=25$ 个单位，资源需要量不均衡系数为

$$K=\frac{R_{max}}{R_m}=\frac{25}{17.06}=1.47$$

不均衡系数 K 比未优化前的 1.93 改善了许多。

复习思考题 13

一、问答题

1. 什么是网络图？什么是双代号网络图？

2. 试简述双代号网络图的绘制方法。

3. 什么是虚工作？其作用是什么？

4. 什么是关键线路？关键线路有哪些特点？

5. 总时差与自由时差的含义与差别有哪些？

6. 什么是单代号网络图？如何绘制？

7. 网络计划有哪些时间参数？各参数的含义是什么？

8. 什么是网络计划优化？网络计划优化有哪几种？

9 什么是最优工期？什么是费用率？

二、计算题

1. 设某一施工过程包括 *A*、*B*、*C*、*D*、*E*、*F* 六项工作。各工作的相互关系为：（1）*A* 完成后，*B*、*C* 同时开始；（2）*B* 完成后，*D* 才可能开始；（3）*E* 在 *C* 后开始；（4）*F* 开始前，*E* 和 *D* 都必须完成。试绘制双代号网络图。

2. 已知某工程各项工作之间的逻辑关系和它们的作业持续时间如习题 2 表所示，要求：

（1）绘制双代号网络图。

（2）试用图上计算法计算各工作的时间参数。

（3）试确定计划工期，并标明关键线路。

习题 2 表

工　作	A	B	C	D	E	F	G	H	I	J	K
紧前工作	—	A	A	A	C	C、D	B	B、E、F	G、H	H	H
持续时间	1	2	2	1	3	8	1	4	4	5	4

3. 试用表上计算法计算习题 3 图中各项工作的时间参数，并确定关键线路和工期。

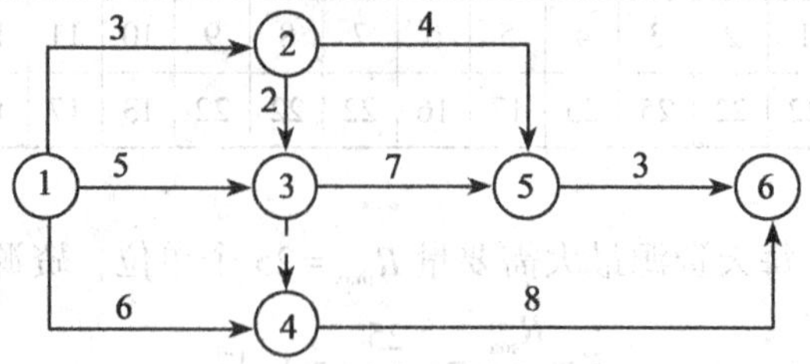

习题 3 图

4. 试将习题 3 中的网络图改为单代号网络图，并计算各项工作的时间参数，确定关键线路。

5. 某网络计划的有关数据如习题 5 表所示。已知每天资源至多供应 30 单位，试求资源有限时，工期最短的方案。

习题 5 表

工　作	1—2	1—3	2—3	2—4	3—4	3—5	4—5	4—6	5-6
持续时间	1	5	3	2	6	5	0	5	3
单位资源需要量	10	20	14	16	16	0	0	18	16

6. 根据习题 5 中的数据，已知没有资源限量规定，试求工期固定，资源均衡的方案。

7. 某网络计划中各项工作的持续时间—直接费用数据列于习题 7 表，已知间接费为 100 千元，间接费率为 10 千元/天。试求工程成本最少时的工期。

习题 7 表

工　作	正常情况		极限情况	
	持续时间/天	费用/千元	持续时间/天	费用/千元
1-2	6	15	4	20
1-3	30	90	20	100
2-3	18	50	10	60
2-4	12	40	8	45
3-4	36	120	22	140
3-5	30	85	18	90
4-5	0	0	0	0
4-6	30	95	16	100
5-6	18	45	10	5

第 14 章 单位工程施工组织设计

单位工程施工组织设计是由施工企业编制的，规划和指导拟建工程从施工准备到竣工验收全过程施工活动的纲领性技术经济文件。单位工程施工组织设计主要是根据拟建工程的特点和建筑施工的规律，确定施工方案，且在施工进度、施工平面布置、人力、材料、机械、资金和绿色施工等方面作出科学合理的安排，从而形成指导施工活动的文件。

单位施工组织设计按用途不同可以分为两类：一类是施工单位在投标阶段编制的组织设计，也称为技术标；另一类是施工前编制的用于指导施工的施工组织设计。这两类施工组织设计的侧重点不同，前一类的主要目的是为了中标获取工程，其施工方案可能较粗略，而在工程质量保证措施、工期和施工的机械化程度、技术水平、劳动生产率等方面较为详细。后一类的重点在施工方案。但有的单位二者统一，只编制一次施工组织设计。本章主要介绍后一类施工组织设计。

§14.1 概 述

单位工程施工组织设计是用以指导施工全过程的的技术、组织、经济文件。是施工企业进行科学管理的主要手段，是一个总体性的工作计划。单位工程施工组织设计对施工具有指导、约束和控制作用。因此，在工程施工之前必须首先编制施工组织设计。

14.1.1 单位工程施工组织设计的主要内容

根据工程性质、工程规模不同，其内容和深度一般也不相同。通常单位工程施工组织设计的主要内容包括：工程概况、施工条件及施工特点；施工方案的拟定（含绿色施工方案的拟定）；施工进度计划；施工平面图；质量安全保证措施等。

1. 工程概况、施工条件及施工特点

工程概况是对工程全貌进行综合描述，说明拟建工程的建设单位、建设地点、工程性质、用途和规模，工程造价、开工日期、竣工日期，施工单位名称、设计单位名称，上级有关要求，施工图纸情况等内容。主要应介绍以下几方面情况。

（1）建筑设计特点

说明拟建工程的平面形状及尺寸、层数、层高、总高、建筑面积，室内、外装修情况，屋面保温隔热及防水的做法等。

（2）结构设计特点

简述建筑物的基础类型、埋置深度，主体结构类型、预制构件的类型及安装位置等。

（3）建设地点特征

包括拟建工程的位置、地形、工程地质和水文地质条件、不同深度土壤分析、冻结期与冻结厚度、地下水位、水质、气温、冬季与雨季施工起止时间、主导风向、风力等。

（4）施工条件及施工特点

包括三通一平（水通、电通、路通、场地平整）情况，现场临时设施及周围环境，当地交通运输条件，材料供应及预制构件加工供应条件，施工企业机具设备供应及劳动力的落实情况，企业管理条件和内部组织形式等。

工程施工特点主要是概略地指出单位工程的施工特点和施工中的关键问题，以便在选择工程施工方案、组织资源供应，技术力量配备以及施工准备上采取有效措施，保证施工顺利进行。

工程概况和施工条件可能会影响施工方案的选择和进度计划的编制。

2. 施工方案的拟定

在任何工程施工之前，必须首先拟定施工方案（含绿色施工方案）。施工方案的选择是施工组织设计的核心内容。包括确定合理的施工顺序、选择施工方法、施工机械设备以及编制绿色施工方案等。施工方案选择的合理与否，对于保证施工质量、降低成本、保证工期和能否满足绿色施工管理的要求具有决定性的影响。因此，一般需要进行多方案的技术经济比较和优化。

3. 施工进度计划

施工进度计划是对整个施工过程在时间上的安排。任何工程的施工都需要计划的指导。施工进度计划也是编制材料供应计划、劳动力供应计划、设备供应计划的依据。施工进度计划对工程施工的时间具有约束性，是保证工期的重要前提条件。

4. 施工平面图

施工平面图就是要在整个施工过程中，对施工现场的场地使用做出规划，是对一幢建筑物或构筑物的现场平面规划和空间布置图。主要包括设备的位置，临时设施，运输道路，水电设施等的布置。施工平面图布置得合理与否会影响到施工的效率，施工质量，进而影响施工成本。施工平面的管理是一个动态的过程，随施工的不同阶段可能会有所调整。

5. 质量、安全、文明施工、绿色施工保证措施

为了保证施工质量、施工安全和绿色施工，一般在确定施工方案以后，结合具体的施工方法，有针对性地对在施工过程中可能产生质量问题的地方和容易发生安全事故的部位提出具体的质量、安全保证措施，且在施工各个过程中建立文明施工和绿色施工的管理措施，以便对施工人员进行技术交底和对质量、安全等问题进行事前控制。

单位工程施工组织设计的内容还包括劳动力、材料、构件、施工机械等需要量的计划，主要技术组织措施，主要技术经济指标等。如果工程规模较小，可以编制简明扼要的施工组织设计，其内容是：施工方案、施工进度计划表、施工平面图，简称“一案一表一图”。

14.1.2　单位工程施工组织设计的编制程序和依据

1. 单位工程施工组织设计的编制程序

单位工程施工组织设计是指导和控制施工企业施工的技术经济文件。单位工程施工组织设计的编制程序一般如图 14.1.1 所示。

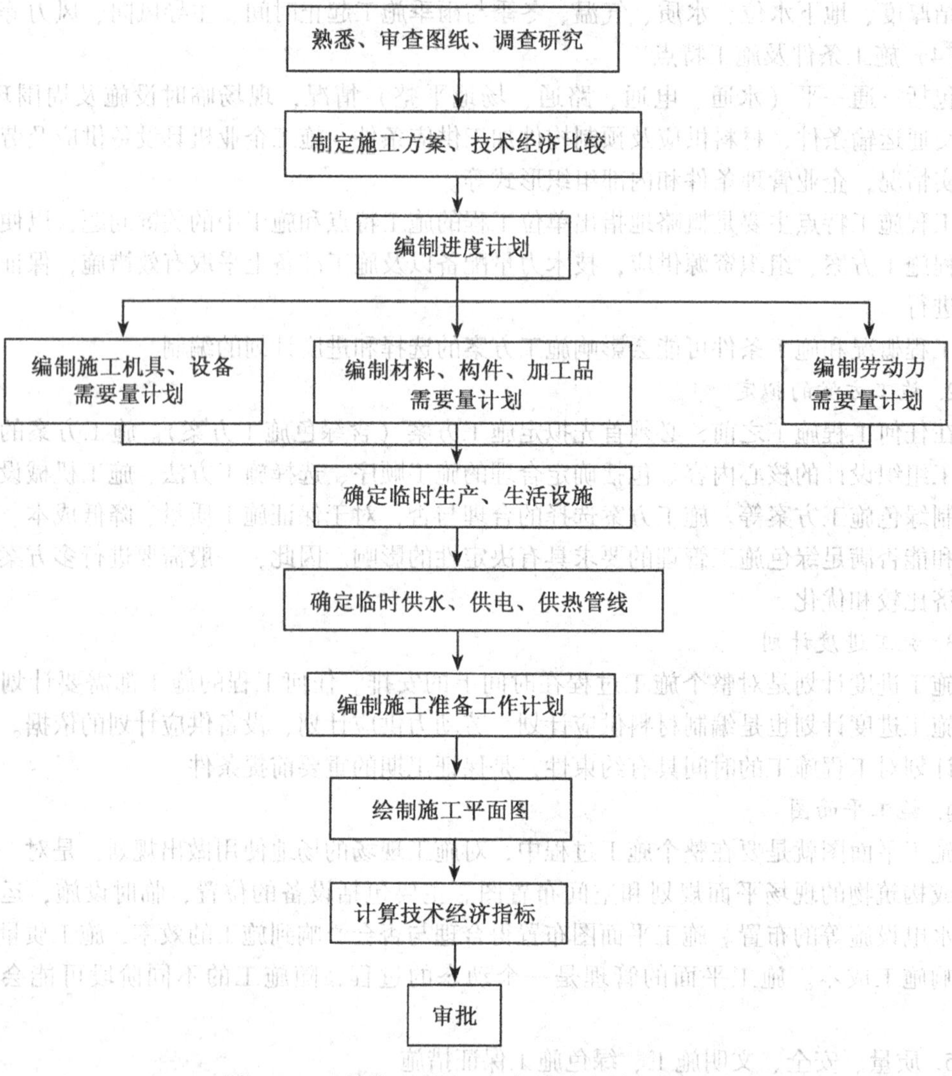

图 14.1.1 单位工程施工组织设计编制程序框图

2. 单位工程施工组织设计的编制依据

单位工程施工组织设计应以工程对象的类型和性质、建设地区的自然条件和技术经济条件及施工企业收集的其他相关资料等作为编制依据。主要应包括：

①工程施工合同。特别是施工合同中有关工期，施工技术限制条件，工程质量标准要求等，对施工方案的选择和进度计划的安排具有重要影响。

②施工组织总设计对该工程的有关规定和安排。

③施工图纸及设计单位对施工的要求。包括全部施工图纸，会审记录和标准图等相关设计资料。

④施工企业年度生产计划对该工程的安排和规定的相关指标，如其他项目的穿插施工的要求。

⑤建设单位可能提供的施工条件和水、电等的供应情况，如业主提供的临时房屋、水

压、供水量、电压、供电量能否满足施工的要求。

⑥各种资源的配备情况，如原材料、劳动力、施工设备和机具、预制构件等的市场供应和来源情况。

⑦施工现场的自然条件和技术经济条件资料，如工程地质、水文地质、气象情况、交通运输及原材料、劳动力、施工设备和机具等的市场价格情况。

⑧预算或报价文件以及国家和行业现行相关规范、规程等资料。预算文件提供了工程量报价清单和预算成本。现行相关规范、规程等资料和相关定额是编制进度计划的主要依据。

⑨国家有关绿色施工的规范和评价指标。

§14.2 施工方案

任何工程的施工必须首先制定施工方案。施工方案（含绿色施工方案）是施工组织设计的核心，施工方案选择得合理与否直接影响单位工程施工的经济效益和工程质量；影响到绿色施工对本工程的评价。一项工程的施工方案往往有多种选择，确定施工方案必须从施工项目的特点和施工条件出发，拟定出各种可行的施工方案，进行技术经济分析比较，选择技术可行、工艺先进、经济合理的施工方案。施工方案选择得合理与否直接关系到工程施工的质量、进度和成本，因此必须特别慎重。

施工方案的制定和选择一般包括：确定施工程序和施工顺序，确定施工起点流向，主要分部、分项工程的施工方法，合理选择施工机械，制定绿色施工方案，制定施工技术组织措施等。

14.2.1 确定施工程序

单位工程施工的一般程序为：接受施工任务→进行施工准备→进行施工→交工验收。每一个阶段都必须完成规定的工作内容，并为下一阶段的工作创造条件。

接受施工任务主要是通过投标获取工程，明确施工项目的内容和范围、技术质量要求、工程造价等。施工准备是指在工程施工前必须完成的各项准备工作，包括施工环境准备，技术准备，材料、设备、劳动力等各种资源的准备。完成施工准备工作以后，就可以正式开工，进入施工阶段。这一阶段应按照施工组织设计确定的施工进度计划以及确定的施工方案进行施工，并对进度、质量、成本等进行管理和控制。最后工程完工，进行交工验收，工程合格交付使用，施工完毕，进入保修期。施工阶段中，单位工程应遵循的一般程序原则为：

①遵守先地下、后地上的原则。先地下、后地上是指在地上工程施工之前，尽量把管道、线路等地下设施和土方工程、基础工程完成或基本完成，以免对地上部分产生干扰，带来不便。

②先土建后设备。先土建后设备是指无论是工业建筑还是民用建筑，都应处理好土建与水、暖、电、卫设备的施工顺序，工业建筑的土建与设备安装的施工顺序与厂房的性质有关，如精密仪器厂房，一般要求土建、装饰工程完工之后安装工艺设备；重型工业厂房则有可能先安装设备，后建厂房或设备安装与土建同时进行。这样的厂房设备一般体积很

大，若厂房建好以后，设备无法进入和安装，如重型机械厂房、发电厂的主厂房等。

③先主体后围护。先主体后围护是指结构中主体与围护的关系。在框架结构施工中应注意在总的程序上有合理的搭接。一般来说，多层建筑主体结构与围护结构以少搭接为宜，而高层建筑则应尽量搭接施工，以便有效地节约时间。

④先结构后装饰。先结构后装饰是指先进行主体结构施工，后进行装饰工程施工，是就一般情况而言的。有时为了节约时间，也可以部分搭接施工。另外，随着建筑施工工业化水平的提高，某些装饰与结构构件是在工厂一次完成以后运到现场组装的。

14.2.2 施工的起点流向

确定施工起点流向，就是确定单位工程在平面和空间上施工的开始部位及其展开方向。对单层建筑物，分区、分段地确定出其在平面上的施工流向。对于多层建筑物，除了确定每层在平面上的施工流向外，还需确定其在竖向上的施工流向。

确定单位工程施工起点流向时，一般应考虑以下因素：

①车间的生产工艺流程。往往是确定施工流向的关键因素。因此，从生产工艺上考虑，凡是影响其他工段试车投产的工段应该先施工。

②满足生产和使用的需要。一般应考虑建设单位对生产或使用急需的工段或部位先施工。

③工程的繁简程度和施工过程之间的相互关系。一般技术复杂、施工进度较慢，工期较长的区段和部位应先施工。密切相关的分部、分项工程的流水施工，一旦前导施工过程的起点流向确定了，后续施工过程也就随之而定了。如单层工业厂房的挖土工程的起点流向决定柱基础施工过程和某些预制、吊装施工过程的起点流向。

④房屋高低层和高低跨。如柱子的吊装应从高低跨并列处开始。屋面防水层施工应按先高后低的方向施工，同一屋面则由檐口到屋脊方向施工。基础有深浅之分时，应按先深后浅的顺序进行施工。

⑤工程现场条件和施工方案，施工场地的大小，道路布置和施工方案中采用的施工方法和机械设备也是确定施工起点与流向的主要因素。如土方工程边开挖边余土外运，则施工起点应确定在离道路远的部位且应按由远及近的方向进展。

⑥分部、分项工程的特点及其相互关系。例如多层建筑物的室内装饰工程除平面上的起点和流向以外，在竖向上还要决定其流向，而竖向的流向确定显得更重要。

根据装饰工程的工期、质量、安全和使用要求，以及施工条件，其施工起点流向一般分为：自上而下、自下而上以及自中而下再自上而中的三种。

①室内装饰工程自上而下的施工起点流向，通常是指主体结构工程封顶、做好屋面防水层后，从顶层开始，逐层往下进行。其施工流向如图 14.2.1 所示，有水平向下和垂直向下两种情况，通常采用如图 14.2.1（a）所示的水平向下的流向较多。这种起点流向的优点是：主体结构完成后，有一定的沉降时间，能保证装饰工程的质量；做好屋面防水层后，可以防止在雨季施工时因雨水渗漏而影响装饰工程的质量。并且，自上而下的流水施工，各工序之间交叉少，便于组织施工，保证施工安全，方便从上往下清理垃圾。其缺点是不能与主体施工搭接，因而工期较长。

②室内装饰工程自下而上的起点流向，是指当主体结构工程施工到 2~3 层以上时，

装饰工程从一层开始，逐层向上进行，其施工流向如图 14.2.2 所示，有水平向上和垂直向上两种情况。这种起点流向的优点是：可以和主体砌墙工程进行交叉施工，故工期缩短。其缺点是：工序之间交叉多，需要很好地组织施工并采取安全措施。当采用预制楼板时，由于板缝填灌不严密，以及靠墙边处较易渗漏雨水和施工用水，影响装饰工程质量，为此在上下两相邻楼层中，应首先抹好上层地面，再做下层天棚抹灰。

③自中而下再自上而中的起点流向，综合了上述两者的优缺点，适用于中、高层建筑的装饰工程。室外装饰工程一般总是采取自上而下的起点流向。应当指出，在流水施工中，施工起点流向决定了各施工段的施工顺序，因此确定施工起点流向的同时，应当确定施工段的划分和顺序编号。

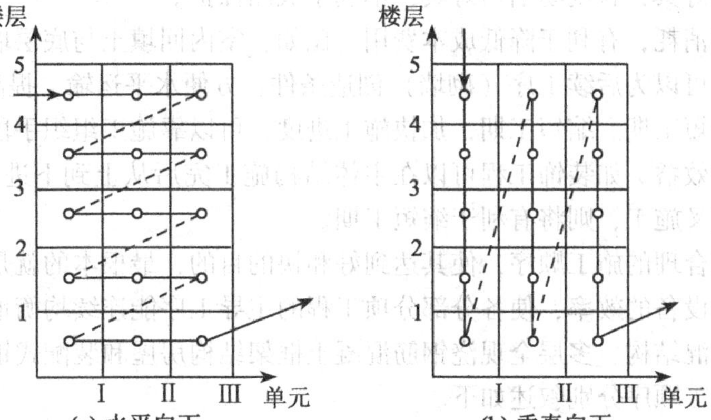

图 14.2.1 室内装饰工程自上而下的流程

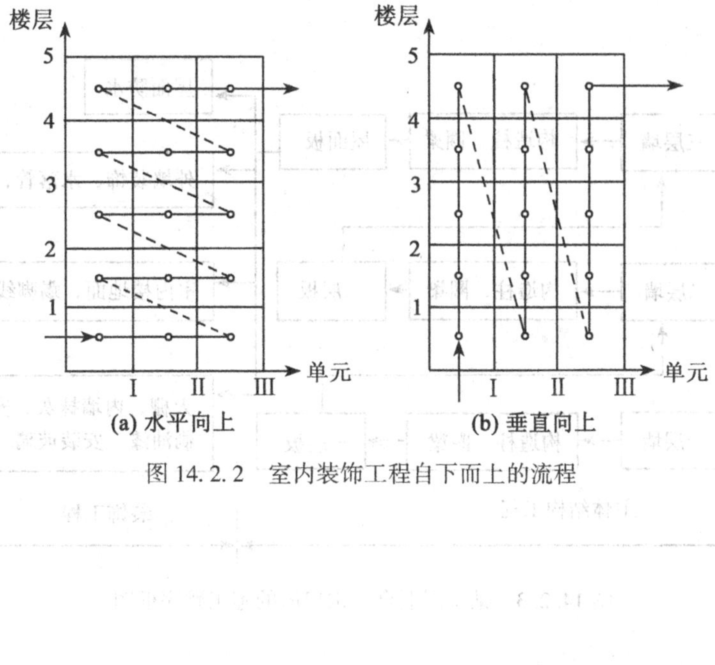

图 14.2.2 室内装饰工程自下而上的流程

14.2.3 确定施工顺序

施工顺序是指分项工程或工序之间的先后顺序。合理确定施工顺序也是编制施工进度计划，充分利用好空间和时间，做好工序之间的搭接，以及缩短工期的需要。

确定施工顺序时应注意以下几点：

①施工流向合理。确定施工流向时，应考虑施工组织的分区、分段以及主导工程的施工顺序。对于单层建筑应确定分段（跨）在平面上的流向，对于多层建筑除了定出平面流向外，还应定出分层的流向。

②有利于保证质量和成品保护。比如，室内装饰宜自上而下，先做湿作业，后做干作业，且便于后续工程插入施工，反之则会影响施工质量。又比如，安装灯具和粉刷，一般应先粉刷后安装灯具，否则易沾污灯具，不利于成品保护。

③减少工料消耗，有利于降低成本费用。比如，室内回填土与底层墙体砌筑，先做回填土比较合理，可以为后续工序（砌墙）创造条件，方便水平运输，提高工效。

④有利于缩短工期。缩短工期，加快施工进度，可以靠施工组织手段在不增加资源的情况下带来经济效益。如装饰工程可以在主体结构施工完后从上到下进行，但工期较长。若与主体工程交叉施工，则将有利于缩短工期。

因此，确定合理的施工顺序，使其达到好和快的目的，最根本的就是要充分利用工作面，发挥工人和设备的效率，使各分部分项工程的主导工序能连续均衡地进行。

现将多层砖混结构、多层全现浇钢筋混凝土框架结构房屋和装配式钢筋混凝土结构单层工业厂房的施工顺序分别叙述如下。

1. *多层混合结构房屋的施工顺序*

多层混合结构居住房屋的施工，一般可以划分为基础工程、主体结构工程、屋面及装修工程，施工顺序如图 14.2.3 所示。

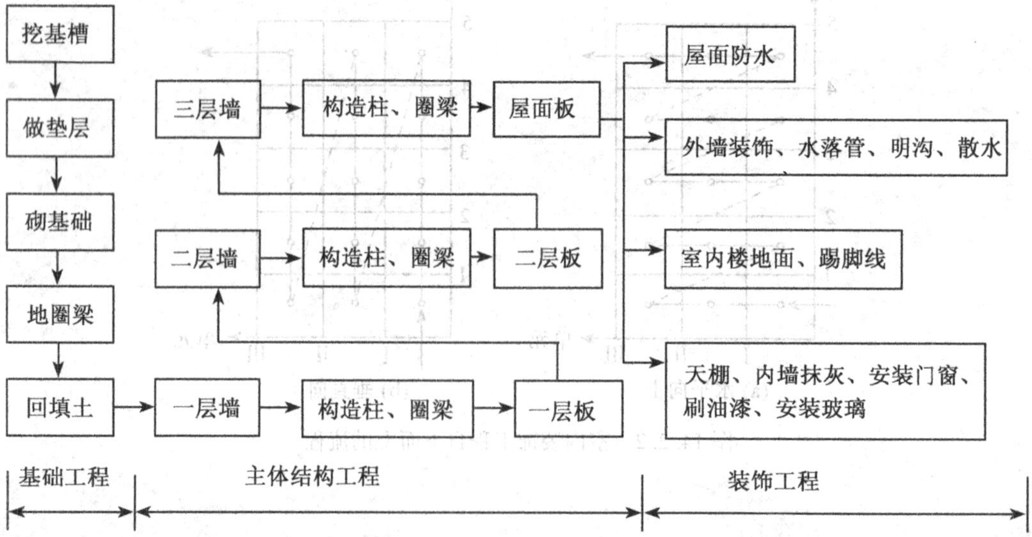

图 14.2.3 某多层混合结构房屋的施工顺序框图

（1）基础工程的施工顺序

基础工程一般以房屋底层的室内地坪±0.000 为界。以上为主体工程，以下为基础工程。其施工顺序一般是：挖土方→做垫层→砌基础→地圈梁→回填土。如果有地下障碍物、坟穴、孔洞、软弱地基等，需先进行处理；如果有桩基础，应先进行桩基础施工。

需注意的是，挖基槽（坑）和做垫层的施工搭接应紧凑，时间间隔不宜过长，以防止雨后基槽（坑）内灌水，影响地基的承载力。垫层施工后要留有一定的技术间歇时间，使其具有一定强度后，再进行下一道工序。各种管沟的挖土、做管沟垫层、砌管沟墙、管道铺设等应尽可能与基础工程施工配合，平行搭接进行。回填土根据施工工艺的要求，可以在结构工程完工以后进行，也可以在上部结构开始以前完成，施工中采用后者的较多。这样，一方面可以避免基槽（坑）遭雨水或施工用水浸泡，另一方面可以为后续工程创造良好的工作条件，提高生产效率。回填土原则上是一次分层夯填完毕。对零标高以下室内回填土（房心土），最好与基槽（坑）回填土同时进行，但要注意水、暖、电、卫、煤气管道沟的回填标高，若不能同时回填，也可以在装饰工程之前，与主体结构施工同时交叉进行。

（2）主体工程结构的施工顺序

主体结构工程施工阶段的工作，通常包括搭脚手架、墙体砌筑、安装门窗框、安装预制门窗过梁、安装预制楼板和楼梯、现浇构造柱、楼板、圈梁、雨篷、楼梯、屋面板等分项工程。若多层砖混结构房屋的圈梁、楼板、楼梯均为现浇时，主导工程是：砌墙、现浇构造柱、楼板、圈梁和雨篷、屋面板等分项工程。其施工顺序为：立柱筋→砌墙→安装柱模→浇筑混凝土→安装梁、板、楼梯模板→安装梁、板、楼梯钢筋→浇筑梁、板、楼梯混凝土。若楼板为预制板时，砌筑墙体和安装预制楼板工程量较大，为主导施工过程，上述工序在各楼层之间的施工是交替进行的。在组织工程施工时应尽量使砌墙连续施工；在浇筑构造柱、圈梁混凝土的同时浇筑厨房、卫生间楼板的混凝土。各层预制楼梯段的吊装应在砌墙、安装楼板的同时完成。

主体结构施工时应尽量组织流水施工，可以将每栋房屋划分为 2~3 个施工段，便于主导工程施工能够连续进行。

（3）屋面及装饰工程的施工顺序

屋面及装饰工程施工阶段具有施工任务多、劳动消耗量大、手工操作多、需要时间长的特点。

主体工程完工后，首先进行屋面防水工程的施工，以保证室内装饰的顺利进行。卷材防水屋面工程的施工顺序一般为：找平层→隔汽层→保温层→找平层→冷底子油结合层→防水层→保护层。对于刚性防水屋面的现浇钢筋混凝土防水层，应在主体结构完成后开始，并尽快完成，以便为室内装饰创造条件。一般情况下，屋面工程可以和装饰工程搭接或平行施工。

装饰工程可以分为室内装饰（天棚、墙面、楼地面、楼梯等抹灰，门窗扇安装，门窗油漆、安装玻璃，墙裙油漆，做踢脚线等）和室外装饰（外墙抹灰、勒脚、散水、台阶、明沟、安装落水管等）。

室内外装饰工程的施工顺序通常有先内后外、先外后内、内外同时进行 3 种施工顺序。具体确定为哪种施工顺序应视施工条件和气候条件而定。通常室外装饰应避开冬季或雨季；当室内为水磨石楼面，为防止楼面施工时水的渗漏对外墙面的影响，应先完成水磨石的施工；如果为了加速脚手架的周转或要赶在冬、雨期到来之前完成室外装修，则应采取先外后内的施工顺序。

室外装饰工程的施工顺序一般为：外墙抹灰（或其他饰面）→勒脚→散水→明沟→台阶。外墙装饰一般采取自上而下，同时安装落水管和拆除脚手架。

同一层的室内抹灰施工顺序有两种：一种是楼地面→天棚→墙面；另一种是天棚→墙面→楼地面。前一种施工顺序便于清理地面，地面质量易于保证，且便于收集墙面和天棚的落地灰，节省材料。但由于地面需要留养护时间及采取保护措施，使墙面和天棚抹灰时间推迟，影响工期。后一种施工顺序在做地面前必须将天棚和墙面上的落地灰和渣滓扫清洗净后再做面层，否则会影响楼面面层同预制楼板之间的粘结，引起地面起鼓。底层地面一般是在各层天棚、墙面、楼面做好之后进行。

楼梯间和踏步抹面，由于其在施工期间易损坏，通常是在其他抹灰工程完成后，自上而下统一施工。门窗扇安装可以在抹灰之前或之后进行，视气候和施工条件而定。例如，室内装饰工程若是在冬季施工，为防止抹灰层冻结和加速干燥，门窗扇和玻璃均应在抹灰前安装完毕。门窗扇玻璃安装一般在门窗扇油漆之后进行。

(4) 水、暖、电、卫等工程的施工顺序

水、暖、电、卫等工程不同于土建工程那样可以分成几个明显的施工阶段，这类工程一般与土建工程中有关的分部、分项工程进行交叉施工，紧密配合。

①基础工程施工时，在回填土之前，应完成上下水、暖气等相应的管道沟的垫层和地沟墙。

②主体结构施工时，应在砌砖墙和现浇钢筋混凝土楼板的同时，预留出上下水管和暖气立管的孔洞、电线孔槽或预埋木砖和其他预埋件。

③在装饰工程施工前，安设相应的各种管道和电器照明用的附墙暗管、接线盒等。水、暖、电、卫安装一般在楼地面和墙面抹灰前（或后）穿插施工。若电线采用明线，则应在室内粉刷后进行。

2. 多层全现浇钢筋混凝土框架结构房屋的施工顺序

钢筋混凝土框架结构房屋施工过程一般可以分为基础工程、主体结构工程、围护工程和装饰工程4个施工阶段。图14.2.4即为一幢7层现浇钢筋混凝土框架结构地下独立基础房屋施工顺序示意图。

(1) ±0.000以下工程施工顺序

多层全现浇钢筋混凝土框架结构房屋的基础一般可以分为有地下室和无地下室基础工程。

若有地下室，且房屋建造在软土地基时，基础工程的施工顺序一般为：桩基→围护结构→土方开挖→垫层→地下室底板→地下室墙、柱（防水处理）→地下室顶板→回填土。

若无地下室，且房屋建造在土质较好的地区时，柱下独立基础工程的施工顺序为：挖基槽（坑）→做垫层→基础（绑扎钢筋、支模、浇筑混凝土、养护，拆模）→回填土。

在多层框架结构房屋的基础工程施工之前，和混合结构施工一样，也要先处理好基础下部的松软土、洞穴等，然后分段进行平面流水施工。施工时，应根据当地的气候条件，加强对垫层和基础混凝土的养护，在基础混凝土达到拆模要求时及时拆模，并提早回填土，从而为上部结构施工创造条件。

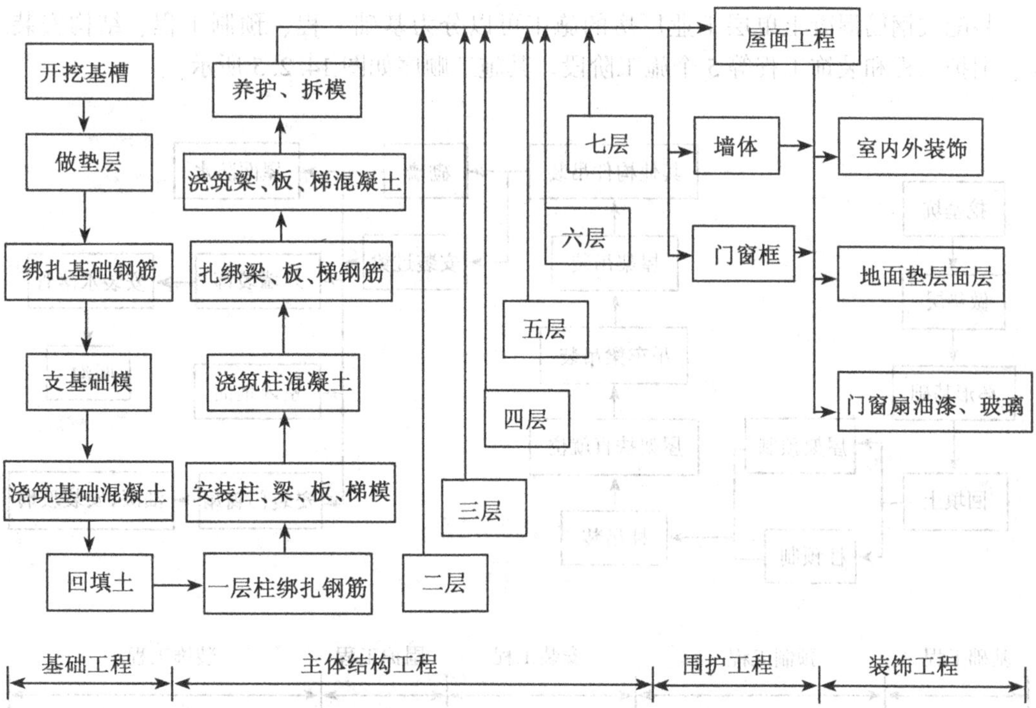

图 14.2.4　现浇钢筋混凝土框架结构房屋施工顺序框图

（2）主体结构工程的施工顺序（假定采用木制模板）

主体结构工程即全现浇钢筋混凝土框架的施工顺序一般为：绑扎钢筋→安装柱、梁、板模板→浇筑混凝土→绑扎梁、板钢筋→浇筑梁、板混凝土。或者为：绑扎钢筋→安装柱、梁、板模板→绑扎梁、板钢筋→浇筑柱、梁、板混凝土。柱、梁、板的支模、绑扎钢筋、浇筑混凝土等施工过程的工程量大，耗用的劳动力和材料多，而且对工程质量和工期也起着决定性作用，为主导施工工序。通常尽可能把多层框架结构的房屋分成若干个施工段，组织平面上和竖向上的流水施工。

（3）围护工程的施工顺序

围护工程的施工包括墙体工程、安装门窗框和屋面工程。墙体工程包括砌筑用的脚手架的搭设，内、外墙砌筑等分项工程。不同的分项工程之间可以组织平行、搭接、立体交叉流水施工。屋面工程、墙体工程应密切配合，如在主体结构工程结束之后，先进行屋面保温层、找平层施工，待外墙砌筑到顶后，再进行屋面油毡防水层的施工。脚手架应配合砌筑工程搭设，在室外装饰之后做散水坡之前拆除。

屋面工程的施工顺序与混合结构房屋的屋面工程的施工顺序相同。

（4）装饰工程的施工顺序

装饰工程的施工分为室内装饰和室外装饰。室内装饰包括天棚、墙面、楼地面、楼梯等抹灰，门窗扇安装，门窗油漆，安装玻璃等，室外装饰包括外墙抹灰、勒脚、散水、台阶、明沟等施工。其施工顺序与混合结构居住房屋的施工顺序基本相同。

3. 装配式钢筋混凝土单层工业厂房的施工顺序

装配式钢筋混凝土单层工业厂房的施工可以分为基础工程、预制工程、结构安装工程、围护工程和装饰工程等5个施工阶段。其施工顺序如图14.2.5所示。

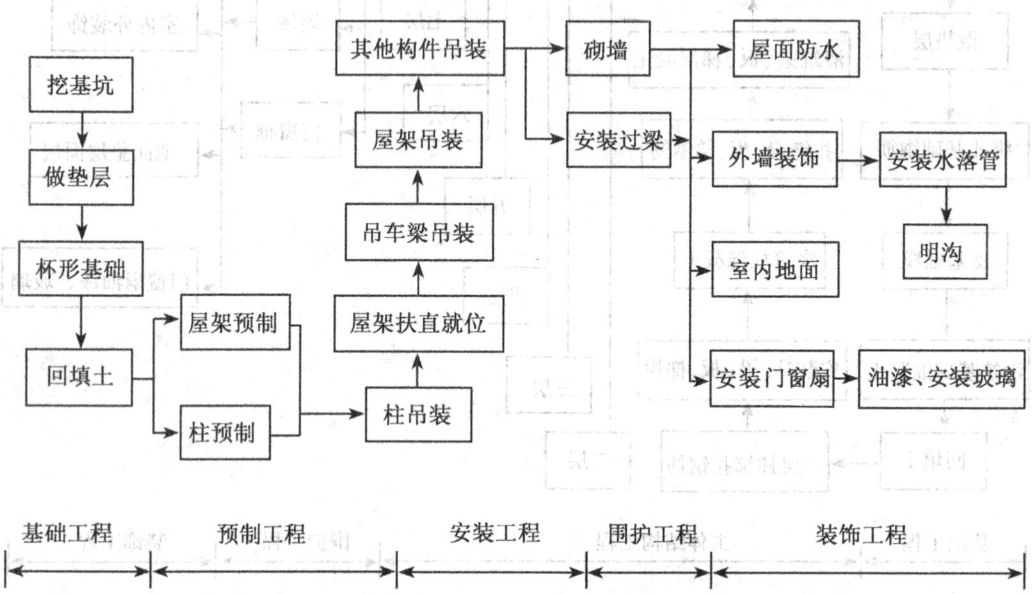

图14.2.5 装配式钢筋混凝土单层工业厂房施工顺序框图

(1) 基础工程的施工顺序

基础工程的施工顺序为：基坑开挖→做垫层→安装基础模板→绑扎钢筋→浇筑混凝土→养护→拆基础模板→回填土。

单层工业厂房与民用建筑不同的是一般具有设备基础和比较复杂的地下管网。由于设备基础与柱基础的埋深不同，且可能设备体积庞大、重量重，因此，厂房柱基础与设备基础的施工顺序存在几种方案，需根据具体情况决定其施工顺序，不同的施工顺序常常会影响到主体结构的安装方法和设备安装投入的时间。通常有两种方案：

①厂房柱基础的埋置深度大于设备基础的埋置深度时，安排厂房柱基础先施工，设备基础后施工，称为“封闭式”施工顺序。

一般来说，当厂房施工处于冬季或雨季施工时，或设备基础不大，在厂房结构安装后对厂房结构的稳定性并无影响时，或对于较大、较深的设备基础采用了特殊的施工方法(如沉井)时，可以采用“封闭式”施工，即厂房主体结构施工完后，机械设备基础开挖。

其主要优点是：厂房施工时，工作面大，构件现场预制、安装方便，起重机开行路线灵活，主体结构施工快，设备基础施工时不受气候影响，还可以利用厂房内的吊车施工。

②当设备基础的埋置深度大于厂房柱基础的埋置深度时，通常设备基础与厂房柱基础同时施工，称为“开敞式”施工顺序。

一般只有当设备基础较大、较深，其基坑的挖土范围已经与厂房柱基础的基坑挖土范围连成一片或深于厂房柱基础，以及厂房柱基础所在地土质不佳时，方采用“开敞式”施工顺序。如果设备基础与厂房柱基础的埋置深度相同或接近时，那么两种施工顺序均可以随意选择。

开敞式施工顺序的优缺点与封闭式施工顺序刚好相反。

在单层工业厂房基础工程施工之前，和民用房屋一样，也要先处理好基础下部的松软土、洞穴等，然后分段进行平面流水施工。施工时，应根据当时的气候条件，加强对钢筋混凝土垫层和基础的养护，在基础混凝土达到拆模要求时及时拆模，并提早回填土，从而为现场预制工程创造条件。

（2）预制工程的施工顺序

单层工业厂房结构构件的预制方式，通常采用加工厂预制和现场预制相结合的方法。在具体确定预制方案时，应结合构件的技术特征、当地加工厂的生产能力、工程的工期要求、现场施工及运输条件等因素，经过技术经济分析之后确定。通常，对于体积大、重量重的大型构件，因运输困难而带来较多问题，所以多采用在拟建厂房内部就地预制，如柱、托架梁、屋架、预应力吊车梁等。对于中小型构件，如大型屋面板等标准构件、木制品及钢结构构件等，可以在加工厂预制。加工厂生产的预制构件应随着厂房结构安装工程的进展陆续运往现场，以便于安装。

单层工业厂房钢筋混凝土预制构件现场预制的施工顺序为：场地平整夯实→支模→绑扎钢筋→埋入铁件→预留孔道→浇筑混凝土→养护→拆模→张拉预应力钢筋→锚固→灌浆。

一般来说，只要基础回填土、场地平整完成一部分以后，且安装方案已定，构件平面布置图已绘制出，就可以开始制作构件。制作构件的起点流向和先后次序，应与基础工程的施工流向一致。这样既能使构件早日开始制作，又能及早让出工作面，为结构安装工程提早开始创造条件。实际上，现场内部就地预制构件的预制位置和流向，是与吊装机械，吊装方法同时考虑的。

①当预制构件采用分件安装方法时，预制构件的施工有 3 种方案：一是若场地狭窄而工期又允许时，不同类型的构件可以分别进行制作，首先制作柱和吊车梁，待柱和吊车梁安装完毕再进行屋架制作；二是若场地宽敞，可以依次安排柱、梁及屋架的连续制作；三是若场地狭窄而工期要求又紧迫，可以首先将柱和梁等构件在拟建厂内部就地制作，接着或同时将屋架在拟建厂房外部进行制作。

②当预制构件采用综合安装方法时，由于是分节间安装完各种类型的所有构件，因此，构件需一次制作。这样在构件的平面布置等问题上，要比分件安装法困难得多，需视场地的具体情况确定出构件是全部在拟建厂房内就地预制，还是一部分在拟建厂房外预制。

（3）结构安装工程的施工顺序

结构安装工程是单层工业厂房施工中的主导工程。其施工内容为：柱、吊车梁、连系梁、地基梁、托架、屋架、天窗架、大型屋面板等构件的吊装、校正和固定。

一般来说，钢筋混凝土柱和屋架的强度应分别达到 70%和 100%设计强度后，才能进行吊装；预应力钢筋混凝土屋架、托架梁等构件在混凝土强度达到 100%设计强度时，才能张拉预应力钢筋，而灌浆后的砂浆强度应达到 $15N/mm^2$时才可以进行就位和吊装。

结构安装工程的施工顺序取决于安装方法。当采用分件安装方法时，一般起重机分3次开行才安装完全部构件，其安装顺序是：第一次开行安装全部柱子，且对柱子进行校正与最后固定，待杯口内的混凝土强度达到设计强度的70%后，起重机第二次开行安装吊车梁、连系梁和基础梁，第三次开行安装屋盖系统。当采用综合吊装方法时，其安装顺序是：先安装第一节间的4根柱，迅速校正并灌浆固定，接着安装吊车梁、连系梁、基础梁及屋盖系统，如此依次逐个节间地进行所有构件安装，直至整个厂房全部安装完毕。抗风柱的安装顺序一般有两种：一是在安装柱的同时，先安装该跨一端的抗风柱，另一端的抗风柱则在屋盖系统安装完毕后进行，二是全部抗风柱的安装均待屋盖系统安装完毕后进行。

结构吊装的流向通常应与预制构件制作的流向一致。当厂房为多跨且有高低跨时，构件安装应从高低跨柱列开始，先安装高跨，后安装低跨，以适应安装工艺的要求。

(4) 围护结构工程的施工顺序

围护结构施工包括：墙体砌筑、安装门窗框和屋面工程。单层工业厂房的围护结构工程的内容和施工顺序与现浇钢筋混凝土框架结构房屋的基本相同。

(5) 装饰工程的施工顺序

装饰工程的施工分为室内装饰和室外装饰。室内装饰包括地面的平整、垫层、面层，门窗扇和玻璃安装，以及油漆，刷白等分项工程，室外装饰包括勾缝、抹灰、勒脚、散水等分项工程。

一般单层工业厂房的装饰工程施工是不占总工期的，常与其他施工过程穿插进行。如地面工程应在设备基础，墙体工程完成了地下部分和地下的管道电缆及管道沟完成之后进行，或视具体情况穿插进行，钢门窗的安装一般与砌筑工程穿插进行，或在砌筑工程完成之后进行，门窗油漆可以在内墙刷白后进行，或与设备安装同时进行，刷白应在墙面干燥和大型屋面板灌缝后进行，且在油漆开始前结束。

(6) 水、暖、电、卫等工程的施工顺序

水、暖、电、卫等工程与混合结构居住房屋水、暖、电、卫等工程的施工顺序基本相同，但应注意空调设备安装工程的安排。生产设备的安装，一般由专业公司承担，由于其专业性强、技术要求高，应遵照有关专业的生产顺序进行。

上面所述3种类型房屋的施工过程及其顺序，仅适用于一般情况。土木工程施工是一个复杂的过程，建筑结构、现场条件、施工环境不同，均会对施工过程及其顺序的安排产生不同的影响。因此，对于每一个单位工程，必须根据其施工特点和具体情况，合理地确定施工顺序，最大限度地利用空间，争取时间。为此应组织立体交叉、平行流水施工，以期达到时间和空间的充分利用。

14.2.4 确定施工方法和施工机械

施工方法和施工机械是紧密联系的。施工机械的选择是确定施工方法的中心环节。施工机械和施工方法在施工方案中具有决定性作用。施工方法一经确定，施工机具和施工组织则只能按确定的施工方法确定。施工方法的选择直接影响施工进度、质量、安全和工程成本。

1. 选择施工方法

确定施工方法时，首先要考虑该方法在工程上是否切实可行，是否符合国家技术政策，经济上是否合算。其次，必须考虑是否满足工期（工程合同）要求，确保工程按期交付使用。

选择施工方法时，应重点考察工程量大的、对整个单位工程影响大以及施工技术复杂或采用新技术、新材料的分部、分项工程的施工方法。必要时编制单独的分部、分项的施工作业设计，提出质量要求以及达到这些质量要求的技术措施。

在确定施工方法时，要注意施工的技术质量要求以及相应的安全技术要求，应力求进行方案比较，在满足工期和质量的同时，选择较优的方案，力求降低施工成本。以下介绍常见的主要分部、分项工程施工方法的选择。

（1）土方工程

确定土方工程施工方法时主要考虑以下几点：

①是采用机械开挖还是采用人工开挖；

②一般建筑物、构筑物墙、柱的基础开挖方法及放坡的坡度、支撑形式等；

③挖、填、余土外运所需机械的型号及数量；

④地下水，地表水的排水方法，排水沟，集水井、井点的布置，所需设备的型号及数量；

⑤大型土方工程土方调配方案的选择。

（2）钢筋混凝土工程

①模板工程：模板的类型和支模方法是根据不同的结构类型、现场条件确定现浇和预制用的各种类型模板（如工具式钢模、木模，翻转模板，土胎模、砖胎模、混凝土胎模，钢丝网水泥模板、竹模板、纤维板模板等）及各种支承方法（如钢柱、木立柱、桁架、钢制托具等），并分别列出采用的模板类型、部位和数量及隔离剂的选用。

②钢筋工程：明确构件厂与现场加工的范围，钢筋调直、切断、弯曲、成型、焊接方法；钢筋运输及安装方法。

③混凝土工程：一般均采用商品混凝土，若采用分散搅拌，则应确定其砂石筛洗，计量、上料方法，拌和料、外加剂的选用及掺量，搅拌设备、运输设备的型号及数量，浇筑混凝土顺序的安排，工作班次，分层浇筑厚度，振捣方法，施工缝的位置，养护制度。

（3）结构安装工程

①构件尺寸、自重、安装高度。

②选用吊装机械型号及吊装方法，塔吊回转半径的要求，吊装机械的位置或开行路线。

③吊装顺序，运输、装卸、堆放方法，所需设备型号及数量。

④吊装运输对道路的要求。

（4）垂直运输及水平运输

①确定标准层垂直运输量，如砖、砌块、砂浆、模板、钢筋、混凝土、各种预制构件、门窗和各种装修用料、水电材料、工具式脚手架等。

②垂直运输方式的选择及其型号、数量、布置、服务范围、穿插班次。通常垂直运输设备选用井架、门架、塔吊等。

③水平运输方式及设备的型号及数量。通常水平运输设备选用各种运输车（手推车、机动小翻斗车、架子车、构件安装小车等）和输送泵。

④地面及楼面水平运输设备的行驶路线。

（5）装饰工程

装饰工程主要包括室内外墙面抹灰、门窗安装、油漆和玻璃等。

①室内外墙面装饰抹灰工艺的确定。

②施工工艺流程与流水施工的安排。

③装饰材料的场内运输，减少临时搬运的措施。

（6）特殊项目

对四新（新结构、新工艺、新材料、新技术）项目，高耸、大跨、重型构件，水下、深基础、软弱地基，冬季施工等项目均应单独编制施工作业计划，单独编制施工作业计划的内容包括工程平面、剖面示意图、工程量、施工方法、工艺流程、劳动组织、施工进度、技术要求、质量与安全措施、材料、构件及机具设备需要量。

2. 施工机械的选择

施工机械的选择是确定施工方法的核心。选择施工机械时应着重考虑以下几点：

①首先选择主导施工机械。如地下工程的土石方机械、桩机，主体结构工程的垂直运输或水平运输机械，结构工程的吊装机械等。

②所选机械的类型及型号必须满足施工要求。此外，为发挥主导施工机械的效率，应同时选择与主机配套的辅助机械，如土方工程施工中，采用挖土机挖土，汽车运土时，汽车的载重量应为挖土机斗容量的整数倍，同时还要选择合适的铲运比，尽可能地发挥挖土机的工作效率，降低工程成本。

③充分发挥本单位现有机械能力。尽量选择本单位现有的或可能获得的机械，以降低成本。选择施工机械时尽可能地减少机械类型，做到实用性与多样性的统一，以方便机械的现场管理和维修工作。当施工单位的机械不能满足工程需要时，则应购买或租赁所需的机械。

14.2.5 绿色施工方案的制定

绿色施工方案应在单位施工组织设计中独立成章，并按相关规定进行审批。

绿色施工方案应包括以下内容：

①环境保护措施，制定环境管理计划及应急救援预案，采取有效措施，降低环境负荷，保护地下设施和文物等资源。

②节材措施，在保证工程安全与质量的前提下，制定节材措施。如进行施工方案的节材优化，建筑垃圾减量化，尽量利用可循环材料等。

③节水措施，根据工程所在地的水资源状况，制定节水措施。

④节能措施，进行施工节能策划，确定目标，制定节能措施。

⑤节地与施工用地保护措施，制定临时用地指标、施工总平面布置规划及临时用地节地措施等。

14.2.6　施工技术组织措施

为保证工程进度、施工质量、安全生产、降低成本、文明施工和绿色施工等目标的实现，需要制定技术组织措施，这些措施应既行之有效，又切实可行。主要的技术组织措施包括以下内容：

1. 保证工程进度的措施

为了保证工程施工按照进度要求顺利进行，通常可以采取以下一些措施：

①建立工程例会制度，定期开会分析、研究、解决各种矛盾问题。一般工程可以由施工企业内部建立例会制度，由工地负责人主持，各工种负责人和材料、构件等物资供应部门负责人参加，主要协调施工企业内部各部门的矛盾问题。较复杂的工程，在施工企业内部例会制度的基础上，应建立更大范围的例会制度，由总承包单位主持，有业主单位、施工单位、设计单位、监理单位以及材料、设备供货单位参加，主要解决影响工程进度的外部各种矛盾问题。

②组织劳动竞赛。在整个施工过程中，有计划地组织若干次劳动竞赛，如填充墙砌块竞赛、抹灰竞赛、贴面砖竞赛等，有节奏地掀起几次生产高潮，调动广大职工的生产积极性，以促进和保证工程进度目标的实现。

③扩大构件预制的工厂化程度和施工机械化程度。如钢筋加工、构件预制尽可能在工厂制作完成后送往工地使用，混凝土采用泵送商品混凝土，垂直运输设备采用移动式塔吊，服务半径大，构件采用机械吊装等。

④采用先进施工技术和合理组织流水作业施工。如采用工具式，组合式模板，拆装方便，损耗少、效率高，组织流水作业施工，扩大施工作业面。

⑤规范操作程序。使施工操作能紧张而有序地进行，避免返工或浪费，促进施工进度加快。

2. 保证工程质量措施

通常可以采取的质量措施包括：

①建立各级技术责任制，完善内部质量保证体系，明确各级技术人员的职责范围，做到职责明确，各负其责。

②推行全面质量管理活动，开展创优工程竞赛，制定奖优罚劣措施。

③定期进行质量检查活动，召开质量分析会议。

④加强人员培训工作，如对使用的新技术、新工艺或新材料，或是质量通病顽症，应进行分析讲解，以提高施工操作人员的质量意识和工作质量，从而确保工程施工质量。

⑤制定和落实季节性施工技术措施，如雨季、夏季高温及冬期施工措施等。

3. 保证安全措施

①建立各级安全生产责任制，明确各级施工人员的安全职责。

②制定重点部位的安全生产措施，如土石方施工时，应明确边坡稳定的措施，对各种机电设备应明确安全用电、安全使用的措施，外用电梯、井架、塔吊等与主体结构拉结的措施，脚手架防止倾斜、倒塌的措施，易燃易爆品、危险品的贮存、使用安全措施，季节性施工安全措施，各施工部位要有明显的安全警示牌等。

③加强安全交底工作，施工班组要坚持每天开好班前会，针对施工操作中的安全及质

量等问题及时进行提示教育。

④定期进行安全检查活动和进行安全生产分析会议，对不安全因素及时进行整改。

⑤重视和加强对新工人的安全知识教育，需要持证上岗的岗位要实行持证上岗制度。

4. 降低施工成本措施

①临时设施尽量利用已有的各项设施，或利用已建工程作临时设施用，或采用工具式活动工棚等，以减少临时设施费用。

②砂浆、混凝土中掺用外加剂，节约水泥用量。有些厚大体积的基础混凝土，亦可以掺入粉煤灰或25%左右的块石，以节约水泥用量。

③在楼面结构层施工和室内装修施工中，采用工具模板、工具式脚手架，以节约模板和脚手架费用。

④合理使用垂直运输设备和吊装设备，尽量减少机械设备的停置费用，缩短大型和重型吊装机械设备的进场施工时间，避免多次重复进场使用。

⑤采用先进的钢筋焊接技术，以节约钢筋。

⑥加快工程款的回收工作。

5. 文明施工措施

①建立现场文明施工责任制，保洁区等管理制度，做到随做随清，谁做谁清。

②各种材料、构件进场应根据工程进度有序进入，避免盲目进场或后用先进等情况，进入现场的材料、构件应堆放整齐。

③定期进行检查活动，针对薄弱环节，不断总结提高。

④做好成品保护和机械保养工作。

6. 绿色施工措施

①建立绿色施工责任管理体制，在施工的各个环节对绿色施工的六个指标，如施工管理、环境保护、节财与材料资源利用、节水与水资源利用、节能与能源利用和节地与施工用地保护进行专门管理，责任到人，并将绿色施工的理念贯穿于施工的全过程。

②制定具体的节约用地、节能、节水、节约材料与资源利用、扬尘污染控制、水土污染控制、噪音污染控制、光污染控制、施工固体废弃物控制等措施，并有专人检查。

③制定环境保护措施和环境评价措施，确保满足绿色施工的各项要求。

14.2.7 施工方案的技术经济比较

任何一个施工项目，其施工方案往往不止一个，通常是先提出所有可行的方案，然后对所有可行方案作技术经济对比分析以后，确定一个最优方案。

施工方案的技术经济分析方法有定性分析和定量分析两种。

定性分析是结合实际的施工经验分析各方案的优、缺点，主要考虑：其工期是否符合要求，能否保证工程质量和施工安全；机械和设备供应的可能性，能否为后续工程提供有利的条件；绿色施工的检查和落实情况，能否满足绿色施工要求；冬、雨季对施工的影响程度，等等。由于评价时受评价人的主观因素影响较大，因此只用于施工方案的初步评价。

定量分析是对各方案的投入与产出进行计算，即计算出各方案的劳动力、材料与机械台班消耗量、工期、成本等。直接进行计算、对比，用数据说话，因此定量分析方法比较客观，是方案评价的主要方法。

施工方案的技术经济分析主要指标有 3 类：①技术性指标，是指各种技术参数，例如主体结构的混凝土用量等；②经济性指标，包括：工程施工成本、施工中主要资源需要量、主要工种工人需要量、劳动力消耗量等；③工程效果指标，是指采用该施工方案后预期达到的效果，例如施工工期、工作效率、成本降低率、资源节约率等；还有其他一些定性或定量指标。

§14.3　单位工程施工进度计划

施工进度计划是施工方案在时间上的具体安排，是单位工程施工组织设计的重要组成部分。施工进度计划的任务是按照组织施工的基本原则，根据选定的施工方案，安排各施工过程的施工顺序和时间，达到以最少的人力，物力和财力在规定的工期内完成工程任务。

施工进度计划的主要作用是控制施工进度，协调各施工过程之间的相互关系，为编制季度、月度、旬、天生产计划提供依据；也为平衡劳动力，协调和供应各种施工机械和材料提供依据；同时也是施工准备工作的基本依据。

14.3.1　施工进度计划的分类

单位工程施工进度计划根据施工项目划分的粗细程度不同可以分为控制性施工计划与指导性施工计划两类。控制性施工进度计划工程项目的划分比较粗略，可以按分部工程来划分，主要适用于控制各分部工程的施工时间及相互搭接配合关系。控制性施工进度计划主要适用于工程规模较大，工期较长，结构复杂的工程。编制控制性施工进度计划的单位工程，在各分部、分项工程的施工条件基本落实后，施工前还应编制各分部工程的指导性施工进度计划，以保证控制性计划的按时实施。指导性施工进度计划的项目划分较细，一般按分项工程来划分施工项目，用于确定各分项工程或施工过程（工序）的施工时间及相互搭接配合关系，用于施工任务具体而明确，施工条件基本落实，各类资源供应正常，施工工期不太长的工程的施工进度计划编制。

14.3.2　施工进度计划的形式

施工进度计划一般用图表来表示，通常有两种形式：横道图和网络图。

本节主要阐述用横道图编制施工进度计划的方法和步骤。网络进度计划的编制详见第 13 章。

横道图通常按表 14.3.1 的格式编制。表的左边列出各分部、分项工程的名称及相应的工程量（通常按施工顺序从上往下排列），劳动量和每天安排的人数和施工时间等，表的右边是由左边数据算得的指示图线，用横线条的形式形象地反映出各施工过程的施工进度以及各分部、分项工程时间的配合关系。

表 14.3.1　　施工进度计划

序号	分部分项工程名称	工程量		定额	劳动量		机械		每天工作班数	每天工作人数	工作日	施工进度							
		单位	数量		工种	工日	名称	台班				月/(天)						月/(天)	
												5	10	15	20	25	30	35	40

网络计划的形式也有两种：一是双代号网络计划；另一是单代号网络计划。目前，国内工程施工中，所采用的网络计划大多是双代号网络计划，且多为时标网络计划。其格式在第 13 章中已表述，此处不再重复。

14.3.3　进度计划的编制依据和程序

1. 施工进度计划的编制依据

①经过审批的图纸。

②主要分部、分项工程的施工方案，包括施工顺序，施工段的划分，施工流程，施工方法，技术及组织措施等。

③施工定额（包括劳动定额、材料消耗定额及机械台班使用定额）。

④当地的地质，水文及气象资料。

⑤施工工期要求及建设单位要求的开工、竣工日期。

⑥施工条件准备情况，资源供应情况，如劳动力，材料，机械的供应条件，分包单位的情况等。

⑦其他相关资料和要求。

2. 施工进度计划的编制程序

单位工程的施工进度计划的编制程序如图 14.3.1 所示。

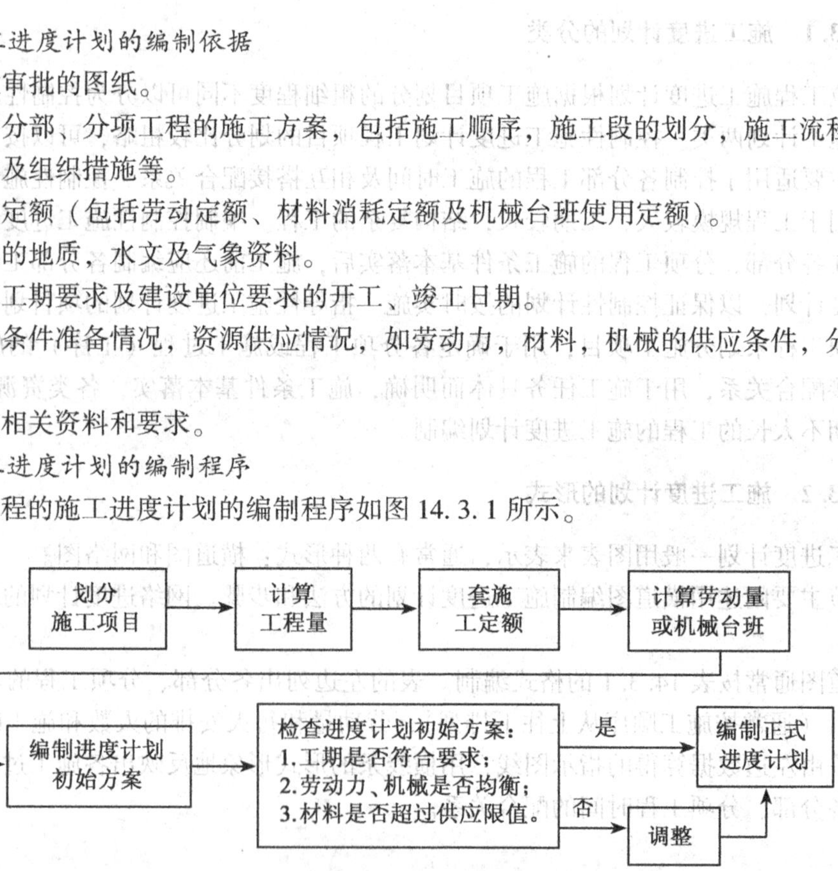

图 14.3.1　单位工程施工进度计划编制程序框图

14.3.4 施工进度计划的编制

1. 划分施工项目（项目分解）

要编制施工项目进度计划和进行施工管理，首先必须对管理的工程对象进行项目分解。通常根据工程性质，按照部位或功能的不同划分为若干分部、分项工程，如一般的土建项目可以划分为：土方工程、基础工程、砌体工程、钢筋混凝土工程、脚手架工程、屋面工程、装饰工程等分部工程。每一个分部工程又可以划分为若干分项工程，如独立柱基础工程，可以按施工顺序划分为挖基槽、做垫层、做基础、回填土等较细的分项工程。

工程项目的划分可粗可细，其粗细程度主要取决于实际需要。对控制进度计划，项目可以划分得粗一些，列出分部工程中的主导工程就可以了。对实施性进度计划，工程项目划分必须详细、具体，以提高计划的精确度，便于指导施工。如框架结构工程施工，除了要列出各分部工程外，还应列出分项工程；如现浇混凝土工程，可以先分为柱的浇筑、梁的浇筑等项目，然后再将其细分为（柱、梁、板的）支模、绑扎钢筋、浇筑混凝土、养护、拆模等项目。

工程项目的划分还要结合施工条件、施工方法和施工组织等因素。同时为了避免划分过细而重点不明，可以将某些施工过程合并在一起或合并到某个主要分项工程中去。对于一些次要的、零星的施工过程，可以合并在一起，作为“其他工程”单独列项，在计算劳动量时综合考虑。

编制施工进度计划则首先按照施工方案所确定的施工顺序，把拟建工程的各施工过程（划分的施工项目）按施工的先后顺序列出，并将其填入施工进度计划表中。

2. 计算工程量

工程量的计算应严格按照施工图和工程量计算规则进行。若有预算文件，则可以直接利用预算文件中有关的工程量，但应注意若有某些项目与实际情况不一致，则应根据实际情况加以调整或补充，甚至重新计算。如计算柱基础土方工程时，应根据土壤的级别和采用的施工方法按实际情况（单独基坑开挖，或者是柱基础与设备基础一起开挖，是放坡还是加支撑）进行计算。

计算工程量时应注意以下几个问题：

①各项目的计量单位应与现行施工定额的计量单位一致，以便计算劳动量、材料、机械台班时直接套定额。

②结合施工方法和技术安全的要求计算工程量。例如，土方开挖应考虑挖土方法、边坡的稳定或支护方法、地下水的处理等情况。

③按照施工组织的要求分层、分段计算工程量。

3. 确定劳动量和机械台班数

计算施工过程的劳动量或机械台班数，应根据各施工过程的工程量和现行的施工定额或已完成类似工程的实际定额计算。亦即

$$p_i=\frac{Q_i}{S_i} \tag{14.3.1}$$

或

$$P_i=Q_iH_i \tag{14.3.2}$$

式中：p_i——劳动量（工日）或机械台班数（台班）；

Q_i——工程量（m^3，m^2，t，…）；

S_i——某分部、分项工程定额的产量定额（m^3，m^2，t，…/每工日或台班）；

H_i——某分部、分项工程定额的时间定额（工日或台班/m^3，工日或台班/m^2，工日或台班/t，…）。

实际应用时，一是应注意劳动定额的取值，应根据工人实际达到的水平确定；二是应特别注意合并前各项目的工作内容和工程量的单位，若合并前各项目的工作内容和工程量的单位不一致时，最终取哪一单位，应根据使用方便而定。

如果定额划分过细，当某一施工过程由若干不同类型的项目合并而成时，可以采用平均产量定额。计算公式如下

$$S = \frac{\sum_{i=1}^{n} Q_i}{\frac{Q_1}{S_1} + \frac{Q_2}{S_2} + \cdots + \frac{Q_3}{S_3}} \tag{14.3.3}$$

$$H = \frac{Q_1H_1 + Q_2H_2 + \cdots + Q_nH_n}{\sum_{i=1}^{n} Q_i} \tag{14.3.4}$$

式中：S——综合产量定额；

H——综合时间定额；

Q_1、Q_2、…、Q_n——合并前各分项的工程量；

S_1、S_2、…、S_n——合并前各分项的产量定额；

H_1、H_2、…、H_n——合并前各分项的时间定额。

4. 确定各施工过程的工作天数

单位工程各施工过程的工作天数，可以根据劳动力限额或机械台数 R 和每天工作班次 b 按下式确定

$$t = \frac{p}{Rb} \tag{14.3.5}$$

式中：p——完成某工作需要的劳动量（工日）或机械台班数（台班）；

R——每班安排在某分部、分项工程上的劳动人数或施工机械台数；

b——每天安排的工作班组数。

施工过程的工作天数也可以根据要求工期倒推，然后再计算完成该工作所需的劳动力限额或机械台数，即

$$R = \frac{p}{tb} \tag{14.3.6}$$

一般情况下，每天宜采用一班制，只有在特殊情况下才可以采用两班制或三班制。在确定劳动力限额，特别是一些技术工种工人时，必须根据公司的调度会议确定。在劳动力供应无限制时，还必须考虑最小工作面的要求。在选择施工机械时，还必须考虑机械供应的可能性。

5. 安排施工进度计划

各分部、分项工程的施工顺序和施工天数确定后，将各分部、分项工程相互搭接、配合、协调成单位工程施工进度计划。安排时，先考虑主导施工过程的进度，最后再将其他

施工过程插入，配合主导施工过程的施工。

当采用横道图施工进度计划时，应尽可能地组织流水施工。但将整个单位工程一起安排流水施工是不可能的，可以分两步进行：首先将单位工程分成基础、主体、装饰 3 个分部工程，分别确定各分部工程的流水施工进度计划（横道图），然后将 3 个分部工程的横道图，相互协调、搭接成单位工程的施工进度计划。

采用网络计划时，有以下两种安排方式：

①单位工程规模较小时，可以绘制一个详细的网络计划图，确定方法及步骤与横道图相同，先绘制各分部工程的子网络计划图，再用节点或虚工作将各分部工程的子网络计划图连接成单位工程网络计划图。

②单位工程规模较大时，若绘制一个详细的网络计划，可能太复杂，图也太大，不利于施工管理。此时，可以绘制分级的网络计划图，先绘制整个单位工程的控制性网络计划图，在该网络计划图中，施工过程的内容较粗（例如，在高层建筑施工中，一根箭线可能就代表整个基础工程或一层框架结构的施工），控制性网络计划主要用于对整个单位工程作宏观的控制。在具体指导施工时，再编制详细的实施性网络计划，例如：基础工程实施性网络计划、主体结构标准层实施性网络计划，等等。

6. 施工进度计划的检查与调整

编制施工进度计划时，需考虑的因素很多，初步编制往往会出现这样或那样的问题。因此，初步进度计划完成后，还必须进行检查、调整。一般从以下若干方面进行检查与调整：

①主要检查其各分部、分项工程的施工顺序是否正确，流水施工的组织方法应用是否正确，技术间歇是否合理。

②工期方面，是否满足合同工期的要求。

③劳动力方面，主要工种工人是否连续施工，劳动力消耗是否均衡。劳动力消耗均衡是指对整个单位工程或各个工种而言，应力求每天出勤的工人人数不出现过大的变动。

为了反映劳动力消耗的均衡情况，通常采用劳动力消耗的动态曲线来表示。对于单位工程的劳动力消耗的动态曲线图，一般绘制在施工进度计划表右边表格部分的下方，如图 14.3.2 所示。

劳动力消耗的均衡性指标可以采用劳动力不均衡系数 K 来评估，即

$$K=\frac{\text{高峰出勤工人数}}{\text{平均出勤工人数}}$$

式中平均出勤工人数可以按加权平均值计算（即每天出勤工人数乘以相应施工天数，然后相加求和，再除以总工期）。最为理想的情况是劳动力不均衡系数 K 接近于 1。劳动力不均衡系数在 1.5 以内为好，超过 2 则不正常。

④主要机械、设备、材料的供应能否满足需要，且是否均衡，施工机械是否充分利用。

经过检查，若发现有不合理的地方，就需要调整。调整进度计划可以通过调整施工过程的工作天数、搭接关系或改变某些施工过程的施工方法等来实现。在调整某一分项工程时应注意该分项工程对其他分项工程的影响。通过调整可以使劳动力、材料的需要量更为均衡，主要施工机械的利用更为合理，避免或减少短期内资源供应过分集中。

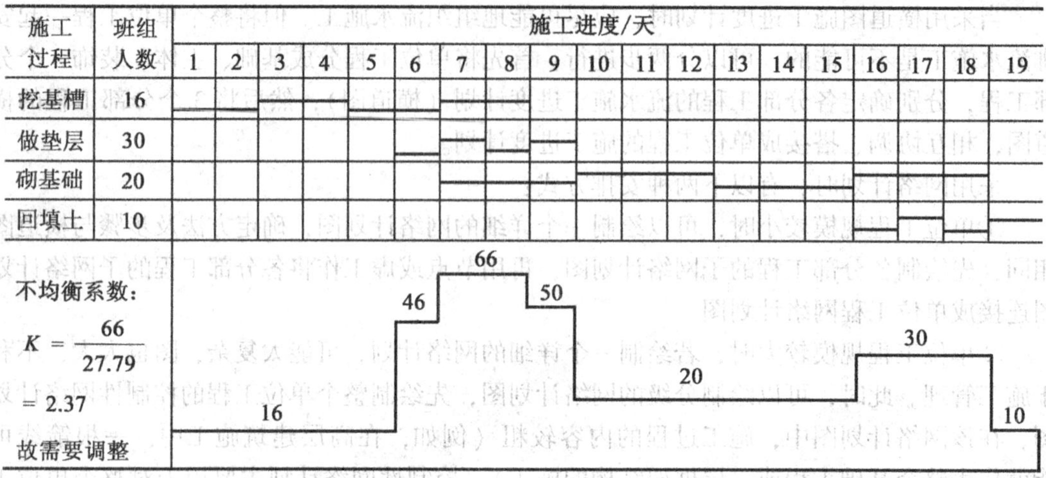

注：$平均出勤工人数=\frac{16\times5+46\times1+66\times2+50\times1+20\times6+30\times3+10\times1}{19}=27.79$

图 14.3.2 进度计划与劳动力消耗的动态曲线图

§14.4 施工准备及资源供应计划

14.4.1 施工准备工作

施工准备工作既是单位工程的开工条件，也是施工中的一项重要内容。开工之前必须为开工创造必要条件，开工后必须为后续各项工作创造必要条件，因此，施工准备工作贯穿于施工过程的始终。

施工准备工作必须有计划、有步骤、分批和分阶段地进行。为了便于检查，监督施工准备工作的进行情况，使各项施工准备工作的内容有明确的分工，有专人负责，并规定期限，可以编制施工准备工作计划，且拟在施工进度计划编制后进行。其表格形式如表14.4.1所示。

表 14.4.1　　施工准备工作计划表

序号	施工准备项目	工作内容	要求	负责单位及具体落实者	涉及单位	要求完成时间	备注
1							
2							
⋮							

施工准备工作按其内容可以分为：基础工作准备，全场性施工准备，单位工程施工条件准备，分部、分项工程作业条件准备等四个方面。

1. 基础工作准备

当施工单位与业主签订承包合同，承接工程任务后，首先要做好一系列的基础准备工作，这些工作包括：

①研究施工项目组织管理模式，筹建项目经理部，明确各部门的职责。

②落实分包单位，审查分包单位的资质，签订分包合同。

③分析掌握工程的特点及要求，抓住主要矛盾及关键问题，制定相应的对策、措施。

④调查分析施工地区的自然条件、技术经济条件和社会生活条件，有哪些因素会对施工造成不利的影响，有哪些因素能充分利用，为施工服务。

⑤取得工程施工的法律依据。因工程施工涉及面广，与城市规划、环境卫生、交通、电力、消防、市政、公用事业等部门都有直接关系，应事先与这些部门办理申请手续，取得相关部门批准的法律依据。

⑥建立健全质量保证体系和各项管理制度，完善技术检测设施。

⑦规划施工力量的集结与任务安排，组织材料、设备的加工订货。

⑧办理施工许可证，提交开工申请报告。充分进行施工准备的同时，应及时向主管部门办理施工许可证，向社会监理单位提交开工申请报告。

2. 全场性施工准备

全场性施工准备，是以整个建设群体项目为对象所进行的施工准备工作。该项工作不仅应为全场性的施工活动创造有利条件，而且要兼顾单位工程施工条件的准备。其内容有：

①编制施工组织总设计，这是指导全工地性施工活动的战略方案。

②进行场区的施工测量，设置永久性经纬坐标桩、水准基桩和工程测量控制网。

③搞好“三通一平”，即水通、电通、道路通和场地平整。

④建设施工使用的生产基地和生活基地，包括附属企业、加工厂站、仓库堆场，以及办公、生活用房。

⑤组织物资、材料、机械、设备的采购、储备及进场。

⑥对所采用的施工新工艺、新材料、新技术进行试验、检验和技术鉴定。

⑦强化安全管理和安全教育，在施工现场要设安全纪律牌、施工公告牌、安全标志牌和安全标语牌等。

⑧对工地的防火安全，施工公害，环境保护，冬、雨季施工等均应有相应的对策措施。

3. 单位工程施工条件准备

单位工程施工条件准备是指以一个建筑物或构筑物为施工对象而进行的施工准备工作。该项工作不仅为该单位工程在开工前应做好一切准备，而且也要为分部、分项工程的作业条件作准备。其主要内容有：

①编制单位工程施工组织设计，这是指导该单位工程全部施工过程的各项施工活动的作战方案。

②编制单位工程施工预算和主要物资供需计划。

③熟悉和会审图纸，进行图纸交底。

④组织施工方案论证，进行技术安全交底。

⑤修建单位工程必要的暂设工程。

⑥组织机械、设备、材料进场和检验。

⑦建筑物定位、放线、引入水准控制点。

⑧拟定和落实冬、雨季施工作业措施。

4. 分部、分项工程作业条件准备

对某些施工难度大、技术复杂的分部、分项工程，如地下连续墙、大体积混凝土、人工降水、深基础、大跨度结构的吊装等，还应单独编制工程作业设计，对其所采用的施工工艺、材料、机具、设备及其安全防护设施等分别进行准备。

14.4.2 资源供应计划

单位工程施工进度计划确定之后，即可编制各项资源需要量计划。资源需要量计划主要用于确定施工现场的临时设施，并按计划供应材料、构件、调配劳动力和施工机械，以保证施工顺利进行。

1. 劳动力需要量计划

劳动力需要量计划主要作为安排劳动力、调配和衡量劳动力消耗指标，安排生活及福利设施等的依据。其编制方法是将单位工程施工进度表内所列各施工过程每天（或旬、月）所需工人人数按工种汇总列成表格。其表格形式如表 14.4.2 所示。

表 14.4.2 劳动力需要量计划表

序号	工程名称	人数	月份									
			1	2	3	4	5	6	7	8	9	10
1												
2												
⋮												

2. 主要材料需要量计划

材料需要量计划是作为备料、供料、确定仓库、堆场面积及组织运输的依据。其编制方法是根据施工预算的工料分析表、施工进度计划表，材料的储备和消耗定额，将施工中所需材料按品种、规格、数量、使用时间计算汇总，填入主要材料需要量计划表。其表格形式如表 14.4.3 所示。

表 14.4.3 主要材料需要量计划表

序号	材料名称	规格	需要量		供应时间	备注
			单位	数量		
1						
2						
⋮						

3. 构件和半成品需要量计划

构件和半成品需要量计划主要用于落实加工订货单位，并按照所需规格、数量、时间，组织加工、运输和确定仓库或堆场，可以按施工图和施工进度计划编制。其表格形式如表 14.4.4 所示。

表 14.4.4　　构件和半成品需要量计划表

序号	品名	规格	图号	需要量		使用部位	加工单位	供应日期	备注
				单位	数量				
1									
2									
⋮									

4. 施工机具需要量计划

施工机具需要量计划主要用于确定施工机具类型、数量、进场时间，以此落实机具来源和组织进场。其编制方法是将单位工程施工进度计划表中的每一个施工过程，每天所需的机具类型、数量和施工时间进行汇总，便得到施工机具需要量计划表。其表格形式如表 14.4.5 所示。

表 14.4.5　　施工机具需要量计划表

序号	机具名称	型号	需要量		货源	使用起止时间	备注
1			单位	数量			
2							
⋮							

§14.5　单位工程施工平面图

施工平面图是施工方案在施工现场空间的具体反映，是现场布置施工机械、仓库、堆场、临时设施、道路等设施的依据，也是施工准备工作的一项重要依据，施工平面图是实现文明施工、合理利用施工场地，减少临时设施及使用费用的前提。施工平面图设计是施工组织设计的重要组成部分。施工平面图不但要在设计时周密考虑，而且还要认真贯彻执行，这样才会使施工现场井然有序，施工顺利进行。当然，施工现场平面的管理是一个动态的过程，在不同的施工阶段可能会发生变化调整，以便适应不同阶段的需要。

施工平面图一般按 1∶200~1∶500 的比例绘制。

14.5.1　单位工程施工平面图设计的内容

1. 垂直运输设备的布置。如塔式起重机，施工电梯或井架的位置。

2. 生产和生活用临时设施的位置和面积。主要有：

①场地内外的临时道路，可以利用的永久性道路；

②各种材料、构件、半成品的堆场及仓库；

③各种搅拌站、加工厂的位置；

④行政和生活用的临时设施，如办公室、食堂、宿舍、门卫等；

⑤临时水、电、气、管线；

⑥一切安全和消防设施的位置，如消防栓的位置等。

3. 测量轴线及定位线标志，测量放线桩和永久水准点的位置。

14.5.2 单位工程施工平面图编制的依据

①有关的设计资料。如建筑设计总平面图，原有的地下管网图等。

②现场可以利用的房屋，施工场地、道路、水源、电源、通讯等情况。

③环境对施工的限制情况。如施工现场周围的建筑物和构筑物的影响，交通运输条件，以及施工周围环境对施工现场噪音、卫生条件，废气、废液、废物的特殊要求。

④施工组织设计资料。包括施工方案资源需要量计划等，以确定各种施工机械、材料和构件的堆场，施工人员办公室和生活用房的位置、面积和相互关系。

14.5.3 单位工程施工平面设计的基本原则

①在满足施工条件的前提下，平面布置要力求紧凑，尽可能减少施工用地，不占或少占农田。

②在满足施工需要的前提下，尽可能减少临时设施，使临时管线的长度最短，尽可能地利用现场或附近原有的建筑物作为临时设施用房，以达到减少施工费用的目的。

③合理地布置现场的运输道路、搅拌站、加工厂、各种材料堆场或仓库的位置，尽可能做到短运距，少搬运，减少或避免二次搬运。

④临时设施的位置，应有利于施工管理和工人的生产、生活。如办公室宜靠近施工现场，生活福利设施最好能与施工区分开。

⑤施工平面布置要符合劳动保护、安全和消防的相关规范要求。

14.5.4 单位工程施工平面图的设计步骤

施工平面图的设计步骤如图 14.5.1 所示。

1. 确定垂直运输设备的位置

确定垂直运输机械的位置直接影响搅拌站、材料堆场、仓库的位置及场内道路和水、电管网的位置。因此，必须首先确定。各种垂直运输设备的位置分述如下：

①固定式垂直运输机械（如井架、龙门架、固定式塔吊等）的布置，应考虑建筑物的平面形状和场地大小、施工段的划分、材料来向和已有运输道路的情况而定。其目的是充分发挥起重机械的能力，且使地面和楼面的运输距离最短。通常，当建筑物各部位的高度相同时，布置在施工段的分界处。当建筑物各部位的高度不相同时，布置在高低分界处。这样布置的优点是：楼面上各施工段的水平运输互不干扰。井架、龙门架最好布置在有窗口的地方，以避免墙体留搓，减少井架拆除以后的修补工作。井架的卷扬机不应距起

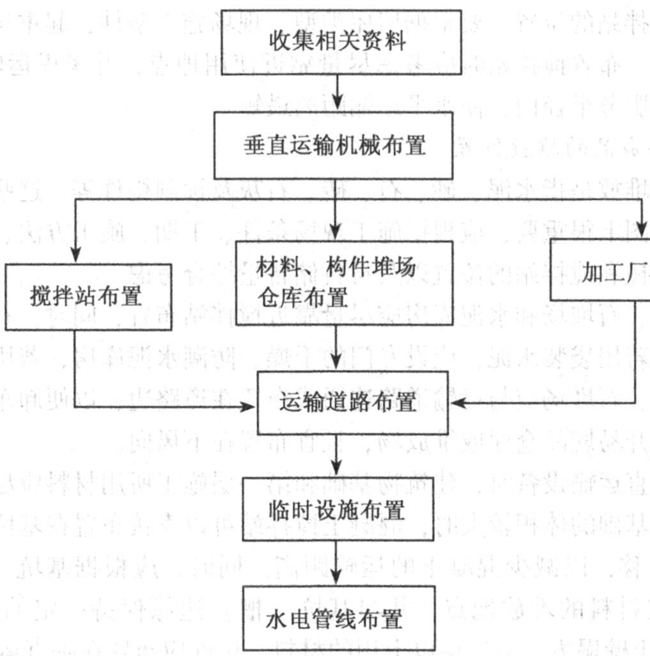

图 14.5.1　单位工程施工平面图的设计步骤框图

重机过近，以便司机的视线能够看到整个升降过程。点式高层建筑，可以选用附着式塔吊或自升式塔吊，布置在建筑物的中间或转角处。

②布置有轨道式塔式起重机时，应考虑建筑物的平面形状、大小和周围场地的具体情况，应尽量使起重机在工作幅度内能将建筑材料和构件运送到操作地点，避免出现死角。

③布置履带式起重机时，应考虑开行路线、建筑物的平面形状、起重高度、构件重量、回转半径和吊装方法等。

④外用施工电梯。外用施工电梯又称为人货两用电梯，是一种安装在建筑物外部，施工期间用于运送施工人员及建筑材料的垂直提升机械。外用施工电梯是高层建筑施工中不可缺少的关键设备之一。在施工时应根据建筑体型、建筑面积、运输量、工期及电梯价格、供货条件等选择外用施工电梯，其布置的位置，应方便人员上下和物料集散，由电梯口至各施工处的平均距离应最近，且便于安装附墙装置等。

⑤混凝土泵。混凝土泵是在压力推动下沿管道输送混凝土的一种设备，该设备能一次连续完成水平运输和垂直运输，配以布料杆或布料机还可以有效地进行布料和浇筑，在高层建筑施工中已得到广泛应用。选择混凝土泵时，应根据工程结构特点，施工组织设计要求，泵的主要参数及技术经济比较等进行选择。通常，在浇筑基础或高度不大的结构工程时，若在泵车布料杆的工作范围内，采用混凝土泵车最为适宜。在施工高度大的高层建筑时，可以用一台高压泵一泵到顶，亦可以采用接力输送方式，这应取决于方案的技术经济比较。在使用中，混凝土泵设置处应场地平整、道路畅通，供料方便，距离浇筑地点近，便于配管，排水、供水、供电，在混凝土泵作用范围内不得有高压线等。

2. 选择搅拌站的位置

砂浆及混凝土搅拌站的位置，要根据房屋类型、现场施工条件，起重运输机械和运输道路的位置等来确定。布置搅拌站时应考虑尽量靠近使用地点，并考虑运输、卸料方便。或布置在塔式起重机服务半径内，使水平运输距离最短。

3. 确定材料及半成品的堆放位置

材料和半成品的堆放是指水泥、砂、石、砖、石灰及预制构件等。这些材料和半成品堆放位置在施工平面图上很重要，应根据施工现场条件、工期、施工方法、施工阶段、运输道路、垂直运输机械和搅拌站的位置以及材料储备量综合考虑。

搅拌站所用的砂、石堆场和水泥库房应尽量靠近搅拌站布置，同时，石灰、淋灰池也应靠近搅拌站布置。若用袋装水泥，应设专门的干燥、防潮水泥库房，若用散装水泥，则需用水泥罐贮存。砂、石堆场应与运输道路连通或布置在道路边，以便卸车。沥青堆放场及熬制锅的位置应离开易燃品仓库或堆放场，且宜布置在下风向。

当采用固定式垂直运输设备时，建筑物基础和第一层施工所用材料应尽量布置在建筑物的附近；当混凝土基础的体积较大时，混凝土搅拌站可以直接布置在基坑边缘附近，待混凝土浇筑完后再转移，以减少混凝土的运输距离。同时，应根据基坑（槽）的深度、宽度和放坡坡度确定材料的堆放地点，并与基坑（槽）边缘保持一定的安全距离（≥0.5m），以避免产生土壁塌方。第二层以上用的材料，构件应布置在垂直运输机械附近。

当采用移动式起重机时，宜沿其开行路线布置在有效起吊范围内，其中构件应按吊装顺序堆放。材料、构件的堆放区距起重机开行路线不小于1.5m。

4. 运输道路的布置

现场运输道路应尽可能利用永久性道路，或先修好永久性道路的路基，在土建工程结束之前再铺路面。现场道路布置时，应保证施工机械行驶畅通，且具有足够的转弯半径。运输道路最好围绕建筑物布置成一条环形道路。单车道路宽不小于3.5m；双车道路宽不小于6m。道路两侧一般应结合地形设置排水沟，深度不小于0.4m，底宽不小于0.3m。

5. 临时设施的布置

临时设施分为生产性临时设施和生活性临时设施。生产性临时设施有钢筋加工棚。木工房、水泵房等。生活性临时设施有办公室、工人休息室、开水房、食堂、厕所等。临时设施的布置原则是有利于生产，方便生活，安全防火。

①生产性临时设施，如钢筋加工棚和木工加工棚的位置，宜布置在建筑物四周稍远位置，且有一定的材料、成品堆放场地。

②一般情况下，办公室应靠近施工现场，设于工地入口处，亦可以根据现场实际情况选择合适的地点设置。工人休息室应设在工人作业区，宿舍应布置在安全的上风向一侧，收发室宜布置在工地入口处等。

6. 水、电管网的布置

(1) 施工现场临时供水

现场临时供水包括生产、生活、消防等用水。通常，施工现场临时用水应尽量利用工程的永久性供水系统，减少临时供水费用。因此在做施工准备工作时，应先修建永久性给水系统的干线，至少把干线修至施工工地入口处。若系高层建筑，必要时，可以增设高压水泵以保证施工对水头的要求。

消防用水一般利用城市或建设单位的永久性消防设施。室外消防栓应沿道路布置，其间距不应超过 120m，距房屋外墙一般不小于 5m，距道路应不大于 4m。工地消防栓 2m 以内不得堆放其他物品。室外消防栓管径不得小于 100mm。

临时供水管的铺设最好采用暗铺法，即埋置在地面以下，防止机械在其上行走时将其压坏。临时管线不应布置在将要修建的建筑物或室外管沟处，以免这些项目开工时，切断水源影响施工用水。施工用水的水龙头位置，通常由用水地点的位置来确定。例如搅拌站、淋灰池、浇砖处等，此外，还要考虑室内外装修工程用水。

(2) 施工现场临时供电

随着机械化程度的不断提高，在施工中用电量将不断增多。因此必须正确地确定用电量和合理选择电源和电网供电系统。通常，为了维修方便，施工现场多采用架空配电线路，且要求架空线与施工建筑物水平距离不小于 10m，与地面距离不小于 6m，供电线路跨越建筑物或临时设施时，垂直距离不小于 2. 5m。现场线路应尽量架设在道路一侧，尽量保持线路水平，以免电杆受力不均。在低电压线路中，电杆间距应为 25～40m，分支线及引入线均应由电杆处接出，不得由两杆之间接线。

单位工程施工用电应在全工地性施工总平面图中一并考虑。一般情况下，计算出施工期间的用电总数，提供给建设单位，不另设变压器，只有独立的单位工程施工时，才根据计算的现场用电量选用变压器，其位置应远离交通要道及出、入口处，布置在现场边缘高压线接入处，四周用铁丝网围绕加以保护。

建筑施工是一个复杂多变的生产过程，工地上的实际布置情况会随时改变，如基础施工、主体施工、装饰施工等各阶段在施工平面图上是经常变化的。但是，对整个施工期间使用的一些主要道路，垂直运输机械，临时供水、供电线路和临时房屋等，则不会轻易变动。对于大型建筑工程，施工期限较长或建设地点较为狭小的工程，要按施工阶段布置多张施工平面图。对于较小的建筑物，一般按主要施工阶段的要求来布置施工平面图。

复习思考题 14

1. 什么是单位工程施工组织设计？单位工程施工组织设计的主要内容有哪些？

2. 单位工程施工组织设计的主要作用是什么？

3. 什么是施工方案？如何衡量施工方案的优劣？

4. 试简述各主要工种的施工基本方法及施工要点。

5. 什么是施工顺序？试分别简述砖混结构、框架结构、单层工业厂房房屋的施工顺序。

6. 单位工程施工进度计划有什么作用？试简述施工进度计划编制的步骤、内容和方法。

7. 施工进度计划与资源有什么关系？

8. 什么是单位工程施工平面图？施工平面图设计的内容有哪些？如何进行施工平面布置？

9. 对施工平面进行管理有什么作用？如何对施工平面图进行管理？

第15章 施工组织总设计

施工组织总设计是以若干个单位工程或整个建设项目为对象，根据初步设计或扩大初步设计图纸以及其他相关资料和现场施工条件编制，用以指导全工地各项施工准备和施工活动的技术经济文件。一般由建设总承包单位或建设主管部门领导下的工程建设指挥部（业主）负责编制。当施工项目有多个单位工程或为群体工程时，一般应编制施工组织总设计。

§15.1 施工组织总设计概述

15.1.1 施工组织总设计的作用

施工组织总设计的作用是：

①从全局出发，为整个项目的施工作出全面的战略部署。

②为单位工程施工组织设计提供依据。

③能够对整个项目的施工进行优化，达到提高经济效益的目的。

④为全场的各种施工准备、物质供应提供依据。

15.1.2 施工组织总设计的内容

施工组织总设计的内容视工程性质、规模、建筑结构的特点、工期要求、施工条件等的不同可以有所不同，通常包括下列内容：工程概况和工程的特点，施工部署和主要建筑物施工方案，施工总进度计划，全场性的施工准备工作计划以及各项资源需要量计划，施工总平面图和主要技术经济指标等部分。

15.1.3 施工组织总设计编制的依据

施工组织总设计一般以下列资料为依据：

①计划文件及相关的合同，包括可行性研究报告，国家批准的固定投资计划，单位工程项目一览表，分期、分批投资交付使用的期限，投资额，材料和设备订货计划，建设项目所在地区主管部门的批件，招标文件及工程承包合同，材料设备的供货合同等。

②设计文件，包括初步设计和技术设计，设计说明书，总概算或修正总概算，建筑总平面图等。

③工程勘察和技术经济调查资料，包括地形地貌、工程地质、水文、气象等自然条件，运输状况、建筑材料、预制构件、商品混凝土，设备等供应及价格等技术经济条件。

④相关的政策法规、技术规范、规程、定额以及类似工程项目建设的资料等。

15.1.4　施工组织总设计编制的程序

施工组织总设计的编制程序如图 15.1.1 所示。

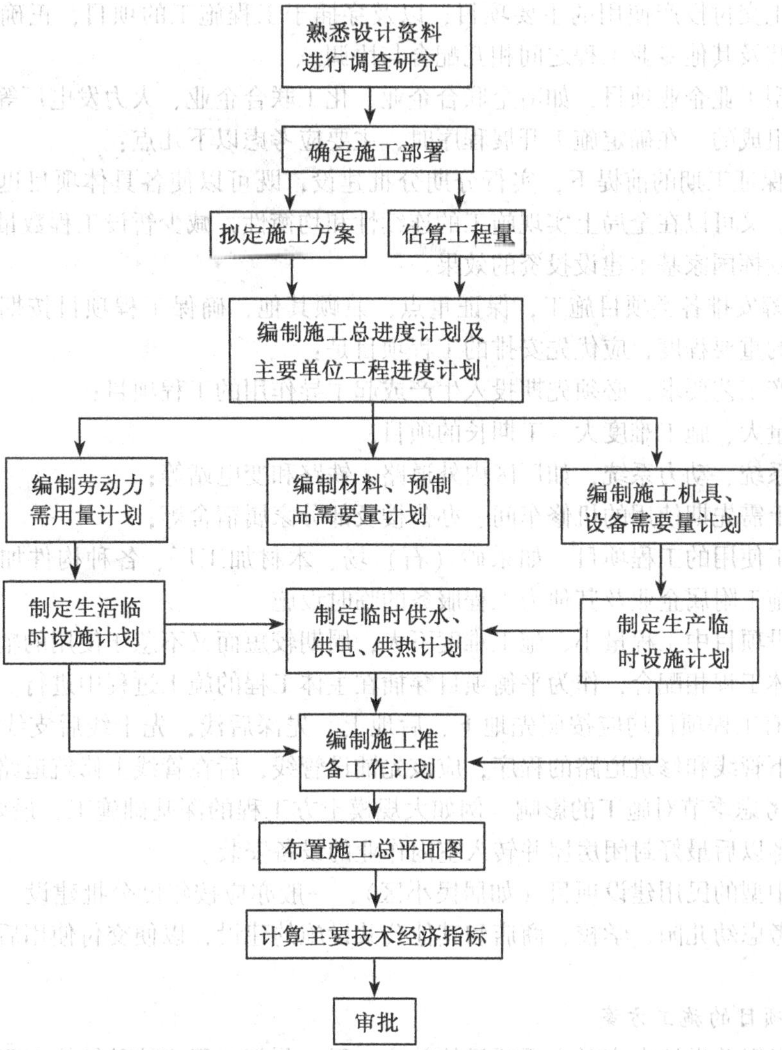

图 15.1.1　施工组织总设计编制程序框图

§15.2　施工部署和主要项目施工方案

施工部署是对整个项目进行全面安排，且对影响全局的重大问题进行战略决策，拟定指导整个项目施工的技术经济文件。施工总体部署必须首先明确项目管理模式及管理目标，总承包单位或工程建设指挥部（业主）应结合实际情况，采取适宜的管理模式，明确应分包的项目，明确各施工单位的工程任务，提出质量、工期、成本等控制目标及要求。施工部署和施工方案分别为施工组织总设计和单项工程施工组织设计的核心。施工部署主要包括以下几个方面的内容。

1. 确定工程项目的开展程序

确定建设项目中各项工程合理的开展顺序，应根据生产工艺和业主的要求，确定分期、分批施工交付投产使用的主要项目，以及穿插于工程施工的项目，正确处理土建工程，设备安装及其他专业工程之间相互配合与协调。

有些大型工业企业项目，如冶金联合企业、化工联合企业、火力发电厂等都是由许多工厂或车间组成的，在确定施工开展程序时，主要应考虑以下几点：

（1）在保证工期的前提下，实行分期分批建设，既可以使各具体项目迅速建成，尽早投入使用，又可以在全局上实现施工的连续性和均衡性，减少暂设工程数量，降低工程成本，充分发挥国家基本建设投资的效果。

（2）统筹安排各类项目施工，保证重点，兼顾其他，确保工程项目按期投产。按照各工程项目的重要程度，应优先安排的工程项目是：

①按生产工艺要求，必须先期投入生产或起主导作用的工程项目；

②工程量大、施工难度大、工期长的项目；

③运输系统、动力系统，如厂区内外道路、铁路和变电站等；

④生产上需先期使用的机修车间、办公楼及部分家属宿舍等；

⑤供施工使用的工程项目。如采砂（石）场、木材加工厂、各种构件加工厂、混凝土搅拌站等施工附属企业及其他为工程服务的临时设施。

对于建设项目中工程量小、施工难度不大，周期较短而又不急于使用的辅助项目，可以考虑与主体工程相配合，作为平衡项目穿插在主体工程的施工过程中进行。

（3）所有工程项目均应按照先地下、后地上，先深后浅，先干线后支线的原则进行安排。如地下管线和修筑道路的程序，应该先铺设管线，后在管线上修筑道路。

（4）要考虑季节对施工的影响。例如大规模土方工程的深基础施工，最好避开雨季；寒冷地区入冬以后最好封闭房屋并转入室内作业的设备安装。

对于大中型的民用建设项目（如居民小区），一般亦应按年度分批建设。除考虑住宅以外，还应考虑幼儿园、学校、商店和其他公共设施的建设，以便交付使用后能保证居民的正常生活。

2. 主要项目的施工方案

在施工组织总设计中应对主要项目的单位工程、分部工程或特种结构工程的施工工艺流程及施工工段的划分提出原则性的意见。这些项目通常是建设项目中工程量大、施工难度大、工期长，对整个建设项目的建成起关键性作用的建筑物（或构筑物），以及全场范围内工程量大、影响全局的特殊分项工程。

拟定主要工程项目的施工方案目的，是为了进行技术和资源的准备工作，同时也为了施工顺利开展和现场的合理布置。

施工方案拟定的主要内容包括确定施工方法、施工工艺流程、施工机械设备等。

施工方法的确定应兼顾技术的先进性和经济上的合理性，对施工机械的选择，应使主导机械的性能既能满足工程的需要，又能发挥其效能，在各项工程中能够实现综合流水作业，减少其拆、装、运的次数。对于辅助配套机械，其性能应与主导施工机械相适应，以充分发挥主导施工机械的工作效率。

3. 全场性的施工准备

如“三通一平”，测量控制网的设置，生产、生活等临时设施的规划，材料设备、构件的加工订货及供应，施工现场排水、防洪、环境保护等所采取的技术措施。根据施工开展程序和主要工程项目方案，编制好施工项目全场性的施工准备工作计划。

施工准备工作规划的主要内容一般包括：

①安排好场内外运输，施工用主干道，水、电、气来源及其引入方案；

②安排场地平整方案和全场性排水、防洪；

③安排好生产和生活基地建设。包括商品混凝土搅拌站、预制构件厂、钢筋加工厂、木材加工厂、金属结构制作加工厂、机修厂以及职工生活设施等；

④安排建筑材料、成品、半成品的货源和运输、储存方式；

⑤安排现场区域内的测量工作，设置永久性测量标志，为放线定位做好准备；

⑥编制新技术、新材料、新工艺、新结构的试制试验计划和职工技术培训计划；

⑦冬、雨季施工所需要的特殊准备工作。

§15.3　施工总进度计划

施工总进度计划是根据施工部署和施工方案，合理确定所有工程项目的先后顺序，施工期限，开工和竣工的日期，以及这些工作之间的搭接关系。据此确定施工现场的劳动力、材料、施工机械的需要量和供应日期，以及现场临时设施、供水、供电的数量等。因此，编制合理的施工总进度计划对于保证各项目以及整个建设项目的按期交付使用，降低成本等具有重要意义。

15.3.1　施工总进度计划的编制原则和内容

1. 施工总进度计划的编制原则

①遵守合同工期，以配套投产为目标。对于工业项目，应处理好生产车间和辅助车间之间，生产性建筑和非生产性建筑之间的先后顺序，分清各项工程的轻重缓急，把工艺调试在前，施工难度较大，工期较长的项目安排在前面，把工艺调试在后，施工难度一般，工期较短的项目安排在后面，以在形成新的生产能力的同时，降低投资额，充分发挥投资效益。

②从资金的时间价值观念出发，在年度投资额的分配上，尽可能将投资额少的工程项目安排在最初年度内施工，投资额大的项目安排在最后施工年度内施工，以减少投资贷款利息。

③采用合理的施工方法。所有单位工程，主要的分部、分项工程尽可能组织流水施工，使施工连续、均衡地进行，降低工程施工成本。

④充分估计设计出图的时间和材料，设备的到货情况，使每个施工项目的施工准备，土建工程，设备安装和试车运行的时间能合理地搭接。

⑤确定一些调剂项目，如办公楼、宿舍楼等穿插其间，以达到既保证重点又达到均衡施工的目的。

⑥合理安排施工顺序，除了本着先地下后地上、先深后浅、先干线后支线、先地下管线后道路的原则外，还应及时完成主要工程必须的准备工作，准备工程完工后主要工程才能开工，充分利用永久性建筑和设施为施工服务，以减少暂设工程的费用；充分考虑当地的气候条件，尽可能减少雨季施工的附加费用。如大规模土方和深基础施工应避开雨季，现浇混凝土结构应避开雨季，高空作业应避开风季等。

2. 施工总进度计划的内容

施工总进度计划一般包括：估算主要项目的工程量，确定各单位工程的施工期限，开工、竣工日期和相互搭接关系，并编制施工总进度计划表。

15.3.2 施工总进度计划的编制步骤和方法

1. 列出项目一览表并计算工程量

由于施工总进度计划主要起控制作用，因此项目划分不宜过细，可以按确定的主要工程项目的开展顺序排列，一些辅助工程，临时设施可以合并列出。在工程项目一览表的基础上，按工程的开展顺序和单位工程计算主要实物工程量。在计算工程量时，可以按初步（或扩大初步）设计图纸且根据各种定额手册进行计算。常用的定额资料有以下几种：

①万元消耗指标，万元、10万元投资工程量、劳动力及材料消耗扩大指标，这种定额规定了某一种结构类型建筑，每万元或每10万元投资中劳动力、主要材料的消耗数量。根据设计图纸中的结构类型，即可估算出拟建工程各分项需要的劳动力和主要材料的消耗数量。

②概算指标或扩大结构定额，两种定额都是预算定额的进一步扩大。概算指标是以建筑物每100m^3体积为单位；扩大结构定额则以每100m^2建筑面积为单位。查定额时，首先查找与本建筑物结构类型、跨度、高度相类似的部分，然后查出这种建筑物按定额单位所需要的劳动力和各项主要材料消耗量，从而推算出拟计算项目所需要的劳动力和材料的消耗数量。

③标准设计或已建房屋、构筑物的资料，可以采用标准设计或已建成的类似房屋实际所消耗劳动力及材料加以类比，按比例估算。但是，由于和拟建工程完全相同的已建工程是极为少见的，因此在利用已建工程资料时，一般都要进行换算、调整。

如果施工图已经完成，则可以按照预算定额计算工程量，得到工程量清单一览表。或者直接以业主招标文件提供的工程量清单的工程量为依据。

2. 确定各单位工程的施工期限

单位工程的施工期限，应根据建筑结构类型，工程规模，施工条件及企业施工技术和管理水平来确定，此外，还应参考相关的类似工程的工期。

3. 确定各单位工程开工、竣工时间和相互搭接的关系

根据施工部署及单位工程施工期限，可以安排各单位工程的开工、竣工时间和相互搭接的关系。安排时通常应考虑以下因素：

①保证重点，兼顾一般。既要保证在规定的工期内能配套投产使用，同时在同一工期施工的项目不宜过多，以免人力，物力分散。

②既要考虑冬、雨季施工的影响，又要做到全年均衡施工，使劳动力，材料和机械设备在全工地内均衡使用。

③应使主要工种工程能流水施工，充分发挥大型机械设备的效能。

④应使准备工程或全场性工程先行，充分利用永久性工程和设施为施工服务。

⑤全面考虑各种条件的限制。如施工场地、出图时间、施工能力等的限制。

4. 总进度计划的调整与修正

施工总进度计划表绘制完后，需要调整一些单位工程的施工速度或开工、竣工时间，以便消除高峰或低谷，使各个时期的工作量尽可能达到均衡。

在编制了各个单位工程的施工进度以后，有时需对施工总进度计划进行必要的调整，在实施过程中，也应随着施工的进展及时作必要的调整，对于跨年度的建设项目，还应根据年度国家基本建设投资情况，对施工进度计划予以调整。

§15.4　资源需要量计划

施工总进度计划编制好以后，就可以编制各种主要资源的需要量计划。其主要内容有劳动力需要量计划、主要材料需要量计划、主要材料、预制加工品需用量进度计划、主要材料、预制加工品运输量计划，及施工机具需用量计划，等等。

15.4.1　编制劳动力需要量计划

劳动力需要量计划是规划暂设工程和组织劳动力进场的依据。将总进度计划表纵坐标方向上各单位工程同工种的人数叠加在一起并连成一条曲线，即为某工种的劳动力动态曲线图。根据各工种劳动力动态曲线图列出主要工种劳动力需要量计划表。将各主要工种劳动力需要量在相同时间上叠加，就可以得到综合劳动力曲线图和计划表，如表 15.4.1 所示。

表 15.4.1　　劳动力需要量计划表

序号	工程名称	施工高峰需用人数	××××年				××××年				现有人数	多余（+）或不足（-）
			一季度	二季度	三季度	四季度	一季度	二季度	三季度	四季度		

注：1. 工种名称除生产工人外，应包括附属辅助工人（如机修、运输、构件加工、材料保管等）以及服务和管理用工。

2. 表下应附以分季度的劳动力动态曲线（纵轴表示人数，横轴表示时间）。

15.4.2　各种物质需要量计划

根据工程量和总进度计划的要求，套用概算指标或类似工程经验资料进行计算和编制。

1. 主要材料需要量计划

根据工程量汇总表所列各建筑物的工程量，参照本地区概算定额或已建类似工程资料，便可计算出主要材料需要量，如表 15.4.2 所示。

表 15.4.2　主要材料需要量计划表

材料名称 工程名称	主要材料						
	钢材/（t）	木材/（m^3）	水泥/（t）	砖/（块）	砂/（m^3）	石/（m^3）	……

2. 主要材料、预制加工品需用量进度计划

根据主要材料需要量计划，参照施工总进度计划和主要分部、分项工程流水施工进度计划，大致估计出某些建筑材料在某季度的需要量，从而编制出主要材料、预制加工品需用量进度计划，如表 15.4.3 所示，以便组织运输和筹建仓库。

表 15.4.3　主要材料、预制加工品需用量进度计划表

序号	材料、预制加工品名称	规格	单位	需要量	需要量进度							
					××××年				××××年			
					一季度	二季度	三季度	四季度	一季度	二季度	三季度	四季度

3. 主要材料、预制加工品运输量计划

主要材料、预制加工品运输量计划如表 15.4.4 所示。

表 15.4.4　主要材料、预制加工品运输量计划表

序号	材料、预制加工品名称	单位	数量	折合吨数	运距/（km）			运输量/（t·km）	分类运输量/（t·km）			备注
					装货点	卸货点	运距		公路	铁路	水路	

4. 施工机具需用量计划

主要施工机械，如挖土机、起重机等的需用量，根据施工进度计划、主要建筑物施工方法和工程量，并套用机械产量定额求得。辅助机械可以根据建筑安装工程每 10 万元扩大概算定额指标求得，运输机械的需要量根据主要材料、预制加工品运输量计划确定，如表 15.4.5 所示。

表 15.4.5　　施工机具需用量计划表

序号	机具设备名称	规格型号	电动机功率	数量				购置价值／(千元)	使用时间	备注
				单位	需用	现有	不足			

§15.5　全场性暂设工程

为满足工程项目施工需要，在工程正式开工之前，应按照工程项目施工准备工作计划的要求，建造相应的暂设工程。其类型和规模因工程而异，主要有：工地加工厂、工地仓库，办公及生活福利设施、工地供水设施和工地供电设施。

15.5.1　工地加工厂组织

1. 工地加工厂类型及结构型式

工地加工厂类型主要有：钢筋混凝土预制构件加工厂、木材加工厂、钢筋加工厂、结构构件加工厂和机械修理厂。

各种加工厂的结构型式，应根据使用期限长短和建设地区的条件而定。一般使用期限较短者，宜采用简易结构，如一般油毡、铁皮或草屋面的竹木结构；使用期限较长者，宜采用瓦屋面的砖木结构、砖石或装拆式活动房屋等。

2. 工地加工厂面积确定

加工厂建筑面积的确定，主要取决于设备尺寸、工艺过程及设计、加工量、安全防火等。通常可以参考《建筑施工手册》以及相关经验指标等资料确定。

对于钢筋混凝土构件预制厂、锯木车间、模板加工车间、细木加工车间、钢筋加工车间（棚）等，其建筑面积可以按下式计算

$$F=\frac{K\cdot Q}{T\cdot S\cdot \alpha} \tag{15.5.1}$$

式中：F——所需确定的建筑面积（m^2）；

Q——加工总量；

K——不均衡系数，取 1.3~1.5；

T——加工总工期（月）；

S——每平方米场地月平均加工定额；

α——场地或建筑面积利用系数，取 0.6~0.7。

常用各种临时加工厂的面积参考指标可以参照《建筑施工手册》中的相关指标。

15.5.2 工地仓库面积

1. 工地仓库类型和结构

建筑工程施工中所用的仓库有：

①转运仓库：设在火车站、码头等地，作为转运之用；

②中心仓库：用以储存整个企业、大型施工现场材料之用；

③现场仓库：即为某一工程服务的仓库；

④加工厂仓库：专供某加工厂储存原材料和已加工的半成品构件的仓库。

工地仓库结构按保管材料的方法不同可以分为露天仓库、库棚和封闭库房。

正确的仓库组织，应在保证施工需要的前提下，使材料的储备量最少，储备期最短，装卸及转运费最省。此外，还应选择经济而适用的仓库形式及结构，尽可能利用原有的或永久性的建筑物，以减少修建临时仓库的费用，且应遵守防火条例的要求。

2. 土地仓库面积的确定

确定某一种建筑材料的仓库面积，与该建筑材料需储备的天数、材料的需要量，每平方米能储存的定额等因素有关。仓库面积的确定可以按下式计算

$$F=\frac{P}{q\cdot k} \qquad (15.5.2)$$

式中：F——仓库总面积（m^2）；

P——仓库材料储备量；

q——每平方米仓库面积能存放的材料、半成品和制品的数量；

k——仓库面积有效利用系数（考虑人行道和车道所占面积），

如表 15.5.1 所示。

对于仓库材料储备量，一方面要确保工程施工顺利进行的需要，另一方面要避免材料的大量积压，以免仓库面积过大，增加投资、积压资金。通常材料的储备量根据现场条件、供应条件和运输条件来确定。对经常或连续使用的材料，如砖、瓦、砂、石、水泥和钢材，可以按下式计算

$$P=T_e\frac{Q_i\cdot R_i}{T} \qquad (15.5.3)$$

式中：P——材料储备量（t 或 m^3）；

T_e——储备期定额（天），如表 15.5.1 所示；

Q_i——材料、半成品的总需量；

T——相关项目的施工工作日；

R_i——材料使用不均衡系数。

在设计仓库时，还应正确决定仓库的长度和宽度，仓库的长度应满足货物装卸的要求。

表 15.5.1　计算仓库面积的相关系数表

序号	材料及半成品	单位	储备天数 T	不均衡系数 R_i	每平方米储存定额	有效利用系数 k	仓库类别	备注
1	水泥	t	30~60	1.3	1.5~1.9	0.65	封闭式	堆高 10~12 袋
2	生石灰	t	30	1.1	1.7	0.7	棚	堆高 2m
3	砂子（人工堆放）	m^3	15~30	1.4	1.5	0.7	露天	堆高 1~1.5m
4	砂子（人工堆放）	m^3	15~30	1.4	2.5~3	0.8	露天	堆高 2.5~3m
5	石子（人工堆放）	m^3	15~30	1.5	1.5	0.7	露天	堆高 1~1.5m
6	砂子（机械堆放）	m^3	15~30	1.5	2.5~3	0.80	露天	堆高 2.5~3m
7	块石	m^3	15~30	1.5	10	0.7	露天	堆高 1.0m
8	预制钢筋混凝土槽形板	m^3	30~60	1.3	0.26~0.30	0.6	露天	堆高 4 块
9	梁	m^3	30~60	1.3	0.8	0.6	露天	堆高 1~1.5m
10	柱	m^3	30~60	1.3	1.2	0.6	露天	堆高 1.2~1.5m
11	钢筋（直筋）	m^3	30~60	1.4	2.5	0.6	露天	堆高 0.5m
12	钢筋（盘筋）	t	30~60	1.4	0.9	0.6	封闭式或棚	堆高 1m
13	钢筋成品	t	10~20	1.5	0.07~0.1	0.6	露天	
14	型钢	t	45	1.4	1.5	0.6	露天	堆高 0.5m
15	金属结构	t	30	1.4	0.2~0.3	0.6	露天	
16	原木	m^3	30~60	1.4	0.3~1.5	0.6	露天	堆高 2m
17	成材	m^3	30~45	1.4	0.7~0.8	0.6	露天	堆高 1m
18	废木材	m^3	15~20	1.2	0.3~0.4	0.6	露天	
19	门窗扇	m^3	30	1.2	45	0.6	露天	堆高 2m
20	门窗框	m^3	30	1.2	20	0.6	露天	堆高 2m
21	木屋架	m^3	30	1.2	0.6	0.6	露天	
22	木模板	m^3	10~15	1.4	4~6	0.7	露天	
23	模板修理	m^3	10~15	1.2	1.5	0.65	露天	
24	砖	千块	15~30	1.2	0.7~0.8	0.6	露天	堆高 1.5~1.6m

15.5.3　办公及生活福利设施的组织

在工程建设期间，必须为施工人员修建一定数量的临时房屋，以供行政办公和生活福利之用。行政管理和生产用房包括：施工单位办公室、传达室、车库及各类材料仓库和辅助性修理车间等；居住生活用房包括：家属宿舍，单身职工宿舍、商店、医务室、浴室、厕所等。这类房屋尽可能利用原有的或永久性的建筑物，以减少修建临时仓库的费用，对必要的所需临时房屋的建筑面积，可以根据建筑工地的人数参照表 15.5.2 所列的指标计算。

计算所需要的各种生活、办公用房屋，应尽量利用施工现场及其附近的永久性建筑物，不足的部分修建临时建筑物。临时建筑物的修建，应遵循经济、适用、装拆方便的原则，按照当地的气候条件、工期长短确定结构型式，通常有帐篷、装拆式房屋或利用地方材料修建的简易房屋等。

表 15.5.2 行政、生活福利临时建筑面积参考指标表 (单位：平方米/人)

序号	临时房屋名称	指标使用方法	参考指标	序号	临时房屋名称	指标使用方法	参考指标
一	办公室	按使用人数	3~4	3	理发室	按高峰年平均人数	0.01~0.03
二	宿舍	按高峰年（季）平均人数		4	俱乐部	按高峰年平均人数	0.1
1	单层通铺	（扣除不在工地住人数）	2.5~3.0	5	小卖部	按高峰年平均人数	0.03
2	双层床	（扣除不在工地住人数）	2.0~2.5	6	招待所	按高峰年平均人数	0.06
3	单层床	按高峰年平均人数	3.5~4.0	7	托儿所	按高峰年平均人数	0.03~0.06
三	家属宿舍		$16 \sim 25m^2$/户	8	其他公用	按高峰年平均人数	0.05~0.1
四	食堂	按高峰年平均人数	0.5~0.8	六	小型		
	食堂兼礼堂	按高峰年平均人数	0.6~0.9	1	开水房	按高峰年平均人数	10~40
五	其他合计	按高峰年平均人数	0.5~0.6	2	厕所	按工地平均人数	0.02~0.07
1	医务室	按高峰年平均人数	0.05~0.07	3	工人休息室	按工地平均人数	0.15
2	浴室	按高峰年平均人数	.0.07~0.1				

15.5.4 临时供水

建筑工地需敷设临时供水系统，以满足生产、生活和消防用水的需要。在规划临时供水系统时，必须充分利用永久性供水设施为施工服务。

工地各类用水量计算如下：

1. 现场施工用水量

$$q_1 = K_1 \sum \frac{Q_1 \cdot N_1}{T_1 \cdot t} \cdot \frac{K_2}{8 \times 3600} \tag{15.5.4}$$

式中：q_1——生产用水量（L/s）；

K_1——未预计的施工用水系数（1.05~1.15）；

Q_1——年（季）度工程量（以实物计量单位表示）；

N_1——施工用水定额（见《建筑施工手册》）；

T_1——年（季）度有效作业日（d）；

t——每天工作班数（班）。

K_2——施工用水不均衡系数，如表 15.3.3 所示。

表 15.3.3　**施工用水不均衡系数**

编　号	用　水　名　称	系　数
K_2	现场施工用水 附属生产企业用水	1.5 1.25
K_3	施工机械　运输机械 动力设备	2.00 1.05~1.10
K_4	施工现场用水	1.30~1.50
K_5	生活区生活用水	2.00~2.50

2. 施工机械用水量

$$q_2 = K_1 \sum Q_2 N_2 \frac{K_3}{8 \times 3600} \quad (15.5.5)$$

式中：q_2——施工机械用水量（L/s）；

K_1——未预见用水量的修正系数（1.05~1.15）；

Q_2——同一种机械台数（台）；

N_2——施工机械用水定额（见《建筑施工手册》）；

K_3——施工机械用水不均衡系数，如表 15.3.3 所示。

3. 施工现场生活用水量

$$q_3 = \frac{P_1 N_3 K_4}{t \times 8 \times 3600} \quad (15.5.6)$$

式中：q_3——施工现场生活用水量（L/s）；

p_1——施工现场高峰期工人数；

N_3——施工现场生活用水定额（一般为 20~60L/人·班，主要视当地气候而定）；

K_4——施工现场用水不均衡系数，如表 15.3.3 所示；

t——每天工作班次。

4. 生活区生活用水量

$$q_4 = \frac{P_2 N_4 K_5}{24 \times 3600} \quad (15.5.7)$$

式中：q_4——生活区生活用水量，L/S；

P_2——生活区居民人数（人）；

N_4——生活区昼夜全部用水定额（见《建筑施工手册》）；

K_5——生活区用水不均衡系数，如表 15.5.3 所示。

5. 消防用水量

消防用水量 q_5，应根据建筑工地的大小及居住人数确定，可以参考表 15.5.4 取值。

表 15.5.4 消防用水量

序号	用水名称	火灾同时发生次数	单位	用水量
1	居民区消防用水			
	5000 人以内	一次	L/s	10
	10000 人以内	二次	L/s	10~15
	25000 人以内	三次	L/s	15~20
2	施工现场消防用水			
	施工现场在 0.25km^{2}以内	一次	L/s	10~5
	每增加 0.25km^{2}递增			5

6. 总用水量 Q

（1）当（$q_1+q_2+q_3+q_4$）$\leqslant q_5$ 时，则

$$Q=q_5+\frac{1}{2}(q_1+q_2+q_3+q_4) \tag{15.5.8}$$

（2）当（$q_1+q_2+q_3+q_4$）$>q_5$ 时，则

$$Q=q_1+q_2+q_3+q_4 \tag{15.5.9}$$

（3）当工地建筑面积小于 50000m^2，并且（$q_1+q_2+q_3+q_4$）$<q_5$ 时，则

$$Q=q_5 \tag{15.5.10}$$

供水管径的大小，则根据工地总的需水量计算确定。即：

$$D=\sqrt{\frac{4Q\times1000}{\pi\times v}} \tag{15.5.11}$$

式中：D——供水管径（mm）；

Q——总用水量（L/s）；

v——管网中的水流速度（m/s），考虑消防供水时取 2.5~3。

15.5.5 建筑工地临时供电

建筑工地临时供电组织包括：计算用电总量，选择电源，确定变压器，确定导线截面面积且布置配电线路等。

1. 工地总用电计算

施工现场用电量大体上可以分为动力用电和照明用电两类。在计算用电量时，应考虑以下几点：

（1）全工地使用的电力机械设备、工具和照明的用电功率；

（2）施工总进度计划中，施工高峰期同时用电数量；

（3）各种电力机械的利用情况。

总用电量可以按下式计算

$$P=(1.05\sim1.1)\left[K_1\frac{\sum P_1}{\cos\varphi}+K_2\sum P_2+K_3\sum P_3+K_4\sum P_4\right] \tag{15.5.12}$$

式中：P——供电设备总需要容量（kV·A）；

P_1——电动机额定功率（kW）；

P_2——电焊机额定容量（kV·A）；

P_3——室内照明容量（kW）；

P_4——室外照明容量（kW）；

$\cos\varphi$——电动机的平均功率因数（施工现场最高为 0.75~0.78，一般为 0.65~0.75）；

K_1，K_2，K_3，K_4——需要系数，如表 15.5.5 所示。

表 15.5.5　　需要系数 K 值

用电名称	数　量	需要系数		备　注
		K	数值	
电动机	3~10 台	K_1	0.7	如果施工中需用电热时，应将其用电量计算进去。为使计算接近实际，式中各项用电根据不同性质分别计算。
	11~30 台		0.6	
	30 台以上		0.5	
加工厂动力设备			0.5	
电焊机	3~10 台	K_2	0.6	
	10 台以上		0.5	
室内照明		K_3	0.8	
室外照明		K_4	1.0	

2. 电源选择

工地上临时供电的电源，应优先选用施工现场附近已有的高压线路或变电所，只有无法利用或电源不足时，才考虑设临时电站供电。通常是将附近的高压电，经设在工地的变压器降压后引入工地。但事先必须将施工需要的用电量向供电部门申请。

3. 确定变压器

变压器功率可以由下式计算

$$P = K\left[\frac{\sum P_{max}}{\cos\varphi}\right] \tag{15.5.13}$$

式中：P——变压器输出功率（kV·A）；

K——功率损失系数，取 1.05；

$\sum P_{max}$——各施工区最大计算负荷（kW）；

$\cos\varphi$——功率因数。

根据计算所得容量，在变压器产品目录中选用略大于该功率的变压器。根据变压器的规格确定变压器站的面积。

4. 确定配电导线的截面积

配电线路的布置方案有枝状、环状和混合式三种，主要根据用户的位置和要求、永久性供电线路的形状而定。一般 3~10kV 的高压线路采用环状，380/220V 的低压线路可以用枝状。线路中的导线截面必须具有足够的机械强度，耐受电流通过所产生的温升，且使得电压损失在允许范围内。通常先根据负荷电流的大小选择导线截面，然后再以机械强度和允许电压降进行复核。

§ 15.6 施工总平面图

施工总平面图是拟建项目施工场地的总布置图。按照施工部署、施工方案和施工总进度计划（施工总控制网络计划），将各项生产、生活设施（包括房屋建筑、临时加工预制场、材料仓库、堆场、水源、电源、动力管线和运输道路等）在现场平面上进行周密规划和布置，从而正确处理全工地施工期间所需各项设施和永久性建筑以及拟建工程之间的空间关系。

施工总平面图是一个具体指导现场施工部署的行动方案，建筑施工的过程是一个变化的过程，工地上的实际情况随时在改变。因此，对于大型建筑工程或施工期限较长或场地狭窄的工程，施工总平面图还应按照施工阶段分别进行布置，或根据工地的变化情况，及时对施工总平面图进行调整和修正，以便适应不同时期的需要。绘图的比例一般为1∶1000或1∶2000。

15.6.1 施工总平面图的内容

施工总平面图的内容如下：

①原有地形图和等高线，一切已有的地上、地下建筑物和构筑物、铁路、道路和各种管线、测量的基准点、钻井和探坑等。

②一切拟建的永久性建筑物、构筑物、铁路、公路、地上地下管线和建筑坐标网。

③为施工服务的一切临时设施的布置，其中包括：

a. 土地上各种运输业务用的建筑物和运输道路；

b. 各种加工厂、半成品制备站及机械化装置等；

c. 各种材料、半成品及零件的仓库和堆场；

d. 行政管理、宿舍、文化生活及福利用的临时建筑物；

e. 水源、电源、变压器位置，临时给水排水管线、供电线路、蒸汽及压缩空气管道等；

f. 机械站和车库位置；

g. 一切安全、防火设施。

④永久性及半永久性坐标位置，取土与弃土位置。

15.6.2 施工总平面图设计的原则

①尽量减少施工用地，少占农田，使平面布置紧凑合理。

②合理组织运输，减少运输费用，保证运输方便通畅。

③施工区域划分和场地的确定应符合施工流程要求，尽量减少专业工种和各工程之间的干扰。

④充分利用各种永久性建筑物、构筑物和原有设施为施工服务，降低临时设施的费用。

⑤各种生产、生活设施应便于工人的生产和生活。

⑥满足安全防火和劳动保护的要求。

15.6.3 设计施工总平面图所需资料

设计施工总平面图所需的资料主要有：

①设计资料，包括建筑总平面图，竖向设计、地形图、区域规划图，建设项目范围内的一切已有和拟建房屋及地下管网位置等。

②施工总进度计划和拟建主要工程施工方案，以了解各施工阶段情况便于进行施工平面规划。

③各种建筑材料、构件、加工品、施工机械和运输机械需要量一览表，以便规划工地内部的储放场地和运输线路。

④各构件加工厂规模、仓库，各种生产、生活用临时房屋及其他临时设施的数量和外轮廓尺寸。

15.6.4 施工总平面图的设计方法与步骤

1. 大宗材料、成品、半成品等进场问题

设计全工地性施工总平面图时，首先应从研究大宗材料、成品、半成品、设备等进入工地的运输方式入手。大宗材料、成品、半成品等进入工地的方式有铁路、公路和水运等。当大宗材料由铁路引入时，应将建筑总平面图中的永久性铁路专用线提前修建以便为工程施工服务，引入时应注意铁路的转弯半径和竖向设计；当大宗材料由水路引入时，应考虑码头的吞吐能力，码头数量一般不少于两个，码头宽度应大于2.5m；当大宗材料均由公路引入时，则应先布置场内仓库和加工厂，然后再布置场内外交通道路，这样做，是因为汽车线路可以灵活布置之故。

2. 仓库的布置

若采用铁路引入现场，仓库位置可以沿铁路线布置，但应有足够的卸货前线。否则，宜设转运站。汽车运输时，仓库布置较灵活。通常在布置仓库时，应考虑尽量利用永久性仓库，仓库和材料堆场应接近使用地点；仓库位于平坦、宽敞、交通便利之处，且应遵守安全技术相关规定和防火规定。

3. 加工厂的布置

由于建设工程的性质、规模、施工方法的不同，建筑工地需设的临时加工厂亦不相同。但一般工程都设有混凝土、木材、钢筋、金属结构等加工厂。决定这些加工厂的位置的主要要求是，使零件及半成品由生产企业运往需要地点所需运输费用最少，同时照顾到生产企业有最好的工作条件，生产与建筑施工不会互相干扰，此外，还需考虑今后的扩建和发展。通常是把生产企业集中布置在工地边缘。这样，既便于管理，又能降低铺设道路、动力管线及给排水管道的费用。例如，木材加工厂，集中搅拌站等布置在铁路线附近或码头附近。当运输条件较差时，多采用分散布置方式。

4. 工地内部运输道路的布置

工地内部运输道路的布置、应根据各生产企业、仓库以及各施工对象的相对位置布置道路，并研究货物周转运行图，以明确各段道路上的运输负担，区别主要道路与次要道路。规划时应注意满足运输车辆的安全行驶，不会产生交通断绝或阻塞现象，道路应具有足够的宽度和转弯半径，主要道路应避免出现盲肠道。

5. 临时房屋的布置

临时房屋的布置应尽量利用已有和拟建的永久性房屋。布置时，生产区与生活区应分开布置，管理用房靠近出口，生活福利用房应布置在干燥地区，工人较集中之处。布置临时房屋时还应注意尽量缩短工人上、下班的路程。

6. 临时水电管网及其他动力线路布置

临时水池、水塔应设在地势较高处，临时给水、排水干管和输电干线应沿主要干道布置，最好布置成环形线路，消防水站一般应设在工地入口附近，沿道路设置消防水栓。消防水栓的间距应不大于100m，消防水栓距道路边缘应不大于2m。

上述布置方法与步骤，并不是截然分割各自孤立进行的，而应是互相结合起来，统一考虑，反复修正，直到满意合理后才能最后确定下来。要得到较妥善的施工总平面图，往往还应编制若干个方案进行比较，从中选择一个最优、最理想的方案。

15.6.5 施工总平面图的管理

加强施工总平面图的管理，对合理使用场地，科学地组织文明施工，保证现场交通道路、给排水系统的畅通，避免安全事故，降低工程成本，以及美化环境、防灾、抗灾等均具有重大意义。为此，必须重视施工总平面图的管理。

①建立统一的施工总平面图管理制度，首先划分施工总平面图的使用管理范围，实行场内、场外、分区、分片管理，应设专职管理人员，深入现场，检查、督促施工总平面图的贯彻，要严格控制各项临时设施的拟建数量、标准、修建的位置、标高等。

②总承包施工单位应负责管理临时房屋，水电管网和道路的位置，挖沟、取土、弃土地点，机具、材料、构件的堆放场地。

③严格控制施工总平面图堆放材料、机具、设备的位置、占用时间和占用面积。施工中做到余料退库，废料入堆，现场无垃圾、无坑洼积水，工完场清；不得乱占场地，擅自拆迁临时房屋或水、电线路，任意变动总图，不得随意挖路断道，堵塞排水沟渠。当需要

断水，断电、堵路时，必须事先提出申请，经相关部门批准后方可实施。

④对各项临时设施要经常性维护检修，加强防火、保安和交通运输的管理。

复习思考题 15

1. 试简述施工组织总设计的内容、编制的程序及依据。
2. 施工部署包括哪些内容？
3. 试简述施工总进度计划的作用、编制的原则和方法。
4. 暂设工程包括哪些内容？如何进行组织？
5. 如何根据施工总进度计划编制各种资源供应计划？
6. 试简述施工总平面图设计的步骤和方法。
7. 如何加强施工总平面图的管理？加强施工总平面图管理有什么作用？

参考文献

[1] 中华人民共和国建设部.《建筑工程施工质量验收统一标准》(GB50300—2001),北京:中国建筑工业出版社,2001.

[2] 《建筑施工手册》编写组.建筑施工手册,第三版,北京:中国建筑工业出版社,1997.

[3] 毛鹤琴主编.土木工程施工,武汉:武汉工业大学出版社,2000.

[4] 杨春风主编.道路工程,北京:中国建材工业出版社,2000.

[5] 文德云主编.公路施工技术,北京:人民交通出版社,2003.

[6] 方先和主编.建筑施工,武汉:武汉大学出版社,1998.

[7] 卢循主编,建筑施工技术,上海:同济大学出版社,1999.

[8] 孙惠镐等编.小砌块建筑设计与施工,北京:中国建筑工业出版社,2001.

[9] 龚晓男主编.深基坑工程设计施工手册,北京:中国建筑工业出版社,1998.

[10] 赵志缙、赵帆主编.高层建筑深基础施工,北京:中国建筑工业出版社,1994.

[11] 冶金工业部建筑研究总院主编.《建筑基坑工程技术规范》(YB9258—97),北京:冶金工业出版社,1998.

[12] 中国建筑科学研究院主编.《建筑桩基技术规范》(JGJ94—2008),北京:中国建筑工业出版社,2008.

[13] 中国建筑东北设计研究院主编.《砌体结构设计规范》(GB50003—2011),北京:中国建筑工业出版社,2011.

[14] 中国建筑科学研究院主编.《多孔砖砌体结构设计规范》(JGJ137—2001),北京:中国建筑工业出版社,2001.

[15] 四川省建筑科学研究院主编.《混凝土小型空心砌块建筑技术规程》(JGJ/T14—2004),北京:中国建筑工业出版社,2008.

[16] 中国建筑材料科学研究院主编.《混凝土小型空心砌块和混凝土砖砌筑砂浆》(JC860—2008),北京:国家建筑材料工业局标准化研究所,2008.

[17] 陕西省发展计划委员会主编.《砌体工程施工质量验收规范》(GB50203—2011),北京:中国建筑工业出版社,2011.

[18] 中国建筑材料科学研究院主编.《混凝土砌块(砖)砌体用灌孔混凝土》(JC861—2008),北京:国家建筑材料工业局标准化研究所,2008.

[19] 中国建筑材料科学研究院主编.《混凝土小型空心砌块灌孔混凝土》(JC861—2000),北京:国家建筑材料工业局标准化研究所,2000.

[20] 孙惠镐等编.混凝土小型空心砌块建筑施工技术,北京:中国建材工业出版社,2002.

[21] 高连玉．论混凝土小型空心砌块，房材与应用，第30卷第4期，2002.1.
[22] 陶有生．对我国建筑砌块发展的现状与展望，建筑砌块与砌块建筑，2002.1.
[23] 李坦平，曾利群．混凝土砌块的发展现状与展望，砖瓦，2001.5.
[24] 刘俊玲主编．建筑施工技术，北京：机械工业出版社，2011.6.
[25] 邓寿昌主编．土木工程施工技术，北京：科学出版社，2011.4.
[26] 陈守兰主编．土木工程施工技术，北京：科学出版社，2010.6.
[27] 刘津明主编．土木工程施工，天津：天津大学出版社，2001.9.
[28] 叶琳昌等编．防水工程（第二版），北京：中国建筑工业出版社，1999.4.
[29] 江正荣等编．简明施工手册（第三版），北京：中国建筑工业出版社，2002.12.
[30] 林文虎，姚刚主编．混凝土结构工程施工手册，北京：中国建筑工业出版社，1999.9.
[31] 江景波，赵志缙等编著．建筑施工．上海：同济大学出版社，1991.2.
[32] 谢尊渊，方先和主编．建筑施工（第二版），北京：中国建筑工业出版社，1988.9.
[33] 中国建筑科学研究院主编．《混凝土结构工程施工质量验收规范》，（GB50204—2002（2011版）），北京：中国建筑工业出版社，2011.
[34] 中华人民共和国住房和城乡建设部主编．《混凝土结构设计规范》，（GB50010—2010），北京：中国建筑工业出版社，2010.
[35] 胡世德主编．高层建筑施工，北京：中国建筑工业出版社，1991.
[36] 赵志缙，赵帆编著．高层建筑施工，北京：中国建筑工业出版社，1996.
[37] 黄士基主编．高层建筑施工，广州：华南理工大学出版社，1997.
[38] 姚刚主编．土木工程施工技术，北京：人民交通出版社，2000.
[39] 刘宗仁主编．土木工程施工，北京：高等教育出版社，2003.
[40] 杨宗放，方先和编著．现代预应力混凝土施工，北京：中国建筑工业出版社，1993.
[41] 重庆建筑大学等．建筑施工（第三版），北京：中国建筑工业出版社，1997.
[42] 陶学康编著．无粘结预应力混凝土设计与施工，北京：地震出版社，1993.
[43] 冯大斌，栾贵臣主编．后张预应力混凝土施工手册，北京：中国建筑工业出版社，1999.
[44] 天津大学等院校编．土层地下建筑施工，北京：中国建筑工业出版社，1998.12.
[45] 雍本编著．装饰工程手册，北京：中国建筑工业出版社，1999.12.
[46] 孙更生，郑大同主编．软土地基与地下工程，北京：中国建筑工业出版社，1984.9.
[47] 侯学渊等编．软土工程施工新技术，合肥：安徽科学技术出版社，1999.9.
[48]《建筑施工手册》（第二版）编写组．建筑施工手册（缩印本），北京，1992.3.
[49] 陈韶章主编．沉管隧道设计与施工，北京，科学出版社，2002.5.
[50] 山西省住房和城乡建设厅主编．《屋面工程质量验收规范》（GB50207—2012），北京：中国建筑工业出版社，2012.
[51] 中华人民共和国住房和城乡建设部主编．《屋面工程技术规范》（GB50345—2012），北京：中国建筑工业出版社，2012.

[52] 王寿华等编著．屋面工程，北京：中国建筑工业出版社，1996.1.
[53] 张延荣编．建筑工程防水技术问答，北京：中国建筑工业出版社，1996.5.
[54] 北京建筑工程总公司编．建筑分项工程施工工艺标准，北京：中国建筑工业出版社，1990.9.
[55] 赵志缙等编著，建筑施工，上海：同济大学出版社，1993.11.
[56] 毛鹤琴主编．建筑施工，北京：中国建筑工业出版社，1996.11.
[57] 方承训、郭立民主编．建筑施工，武汉：武汉工业大学出版社，1989.2.
[58] 严薇主编．土木工程项目管理与施工组织设计，北京：人民交通出版社，1999.9.
[59] 钱昆润，葛筠圃主编．建筑施工组织与计划，南京：东南大学出版社，1989.3.
[60] 中国建筑学会建筑统筹管理分会主编．《工程网络计划技术规程》（JCJ/T121—99），北京：中国建筑工业出版社，1999.8.
[61] 中华人民共和国住房和城乡建设部主编．《混凝土强度检验评定标准》（GB/T50107—2010），北京：中国建筑工业出版社，2010.
[62] 中华人民共和国住房和城乡建设部主编．《混凝土质量控制标准》（GB50164—2011），北京：中国建筑工业出版社，2011.
[63] 中华人民共和国住房和城乡建设部主编．《大体积混凝土施工规范》（GB50496—2009），北京：中国计划出版社，2009.
[64] 中华人民共和国住房和城乡建设部主编．《钢筋焊接及验收规范》（TGJ18—2012），北京：中国建筑工业出版社，2012.
[65] 中国建筑科学研究院主编．混凝土结构工程施工规范（GB50666—2011），北京：中国建筑工业出版社，2011.
[66] 中国建筑科学研究院等主编．《预应力筋用锚具、夹具和连接器应用技术规程》（JGJ85—2010），北京：中国建筑工业出版社，2010.
[67] 天津第一预应力钢丝有限公司等编．《预应力混凝土用钢绞线》（GB/T5224—2003），北京：中国标准出版社，2003.
[68] 天津第一预应力钢丝有限公司等编．《预应力混凝土用钢丝》（GB/T5223—2002），北京：中国标准出版社，2002.
[69] 中国工程建设标准化协会主编．《建筑工程预应力施工规程》（CECS180—2005），北京：中国计划出版社，2005.
[70] 中国建筑科学研究院主编．《高层建筑混凝土结构技术规程》（JGJ3—2010），北京：中国建筑工业出版社，2010.
[71] 中国冶金建设协会主编．《滑动模板工程技术规范》（GB50113—2005），北京：中国计划出版社，2005.
[72] 中国建筑科学研究院主编．《建筑工程大模板技术规程》（JGJ74—2003），北京：中国建筑工业出版社，2003.
[73] 中国建筑科学研究院主编．《无粘结预应力钢绞线》（JGJ161—2004），北京：中国标准出版社，2004.
[74] 中国建筑科学研究院主编．《无粘结预应力混凝土结构技术规程》（JGJ92—2004），北京：中国标准出版社，2005.

[75] 江苏江都建设工程有限公司主编．《液压爬升模板工程技术规程》（JGJ195—2010），北京：中国建筑工业出版社，2010.
[76] 中华人民共和国住房和城乡建设部主编．《钢结构工程施工质量验收规范》（GB50205—2001），北京：中国计划出版社，2002.
[77] 中国建筑股份有限公司等主编．《钢结构工程施工规范》（GB50755—2012），北京：中国建筑工业出版社，2012.
[78] 熊学玉，黄鼎业编．预应力工程设计施工手册，北京：中国建筑工业出版社，2003.